AF294412

Hartstoffe und Hartmetalle

Von

Dr. phil. nat. R. Kieffer und **Dr. Ing. P. Schwarzkopf**

Direktor der Metallwerk Plansee
Ges. m. b. H., Reutte

Präsident der American Electro Metal Corp.,
Yonkers, N. Y.

unter Mitarbeit von

Dr. Ing. F. Benesovsky und Dr. phil. nat. **W. Leszynski**

Leiter der Versuchsanstalt
Metallwerk Plansee Ges. m. b. H., Reutte

American Electro Metal Corp.,
Yonkers, N. Y.

Mit 280 Textabbildungen

Springer-Verlag Wien GmbH

1953

Copyright 1953 by Springer-Verlag Wien
Ursprünglich erschienen bei Springer-Verlag in Vienna 1953

ISBN 978-3-7091-3902-8   ISBN 978-3-7091-3901-1 (eBook)
DOI 10.1007/978-3-7091-3901-1

Vorwort

Das Gebiet der Hartstoffe und Hartmetalle wurde im Buchschrifttum bis jetzt nur in der Monographie von Karl Becker und in Form von Einzelkapiteln in pulvermetallurgischen Standardwerken behandelt. Durch die stürmische Entwicklung der letzten 20 Jahre auf dem vorliegenden Sachgebiet ist ein großer Teil der angegebenen Daten über die bekanntgewordenen metallischen Hartstoffe und Hartmetalle überholt. Um einem dringlichen Bedürfnis der Fachkreise auf dem Hartmetallgebiet und verwandten Gebieten nachzukommen, haben sich die Verfasser veranlaßt gesehen, alle ihnen zugängigen Literaturstellen, unter Verwertung ihrer diesbezüglichen eigenen Erfahrungen und Veröffentlichungen, in Buchform zusammenzufassen.

Unter metallischen *Hartstoffen* wurden im älteren Schrifttum nur Karbide, Boride und Nitride der Übergangsmetalle der vierten bis sechsten Gruppe des Periodensystems verstanden. Die Silizide wurden damals, vornehmlich wegen ihrer vergleichsweise geringen Härte, noch nicht zu den Hartstoffen gezählt. Da die Silizide jedoch bei der Entwicklung warm- und zunderfester Legierungen ein besonderes Interesse gefunden haben und sich ferner herausstellte, daß dieselben neben ihrem metallischen Charakter teilweise doch recht beachtliche Härten aufweisen, die z. B. an die Härte des Molybdän- oder Tantalkarbides herankommen, haben wir uns entschlossen, auch die Silizide parallel mit den Karbiden, Nitriden und Boriden zu behandeln.

Die Strukturuntersuchungen der metallischen Hartstoffe, insbesondere der Boride und Silizide und der betreffenden Mischkristalle bzw. Mischphasen, brachten in der letzten Zeit viele interessante, teils grundlegende Ergebnisse. Es konnten die Arbeiten bis etwa Ende 1952 berücksichtigt werden.

Die Entwicklung neuer *Hartlegierungen* hat keinen so überraschenden Fortgang genommen wie diejenige der metallischen Hartstoffe selbst. Neben den klassischen WC-Co-, WC-TiC-Co-Legierungen haben sich die Tantal-Niobkarbid enthaltenden WC-TiC-Co-Legierungen verstärkt durchgesetzt und sie wurden daher an verschiedenen Stellen eingehender behandelt.. Wolframkarbidfreie Hartmetalle, die seit dem letzten Weltkrieg an Bedeutung gewannen, wurden auch entsprechend gewürdigt, umsomehr, als diese auch zu den heute technisch besonders wichtigen warm- und zunderfesten Hartlegierungen überführen.

Letzteren wurde ein eingehendes Kapitel gewidmet, weil gerade die metallischen Hartstoffe von Art der Karbide, Boride, Nitride und Silizide die geeigneten Grundstoffe für die Entwicklung solcher Legierungen zu sein scheinen. Der Vollständigkeit halber wurden in diesem Kapitel auch noch Hartstoffe auf Oxydbasis, Metall-Metalloxydsysteme. etc. behandelt. Die Verfasser sind sich darüber im klaren, daß gerade dieses Gebiet in starker Entwicklung befindlich ist und daß hier mit baldigen Fortschritten zu rechnen sein wird.

Die Anwendungsgebiete für genormte Hartlegierungen sind in den letzten Jahren sehr stark ausgeweitet worden, wobei über das große Feld der Zerspanung hinaus die Anwendung für verschleißfeste Teile besonders in den Vordergrund trat. Was die Hauptanwendung von Hartmetall als Schneidlegierungen betrifft, war es nicht die Absicht, mit dem Kapitel XIV über Zerspanungsfragen den reinen Bearbeitungsingenieur bzw. Zerspanungsfachmann anzusprechen und ihnen Richtlinien für die Zerspanung von Werkstoffen aller Art zu geben, sondern es sollten dem Hartmetallverbraucher und dem Mann der Praxis nur soviel Informationen vermittelt werden, als zur Kenntnis des Einsatzes von Hartmetall in den Industriewerkstätten notwendig sind.

Durch die Einteilung und den Aufbau des Buches wurden gewisse Fragen zuerst allgemein zusammenfassend und nachher noch im einzelnen in den Hartstoff- bzw. Hartmetallkapiteln behandelt. Trotz dadurch bedingter unvermeidbarer Wiederholungen haben die Verfasser diesen Weg, der Klarheit und der Geschlossenheit der einzelnen Kapiteln wegen, beschritten.

Wir haben uns entschlossen, das Buch gleichzeitig in englischer Sprache (Macmillan Verlag, New York) erscheinen zu lassen. Die Verfasser legen Wert auf die Feststellung, daß es sich nicht um eine Übersetzung, sondern um inhaltsähnliche Ausgaben unter jeweils spezifischer Berücksichtigung der angelsächsischen bzw. kontinentalen Verhältnisse handelt. Die englische Auflage wird aus Zweckmäßigkeitsgründen zweigeteilt erscheinen, nämlich in einem Band I: „Hartstoffe" und einem Band II: „Hartmetalle".

Bei der Abfassung des Kapitels II „Theorie der metallischen Hartstoffe" haben Herr Prof. Dr. H. Nowotny und Herr Prof. Dr. J. T. Norton mit Rat und Tat mitgearbeitet, wofür wir ihnen unseren besonderen Dank aussprechen. Das Kapitel XIV „Die Verwendung von Hartmetall beim Zerspanen" haben sich die Herren Oberingenieur H. Laussmann und Oberingenieur C. Ballhausen freundlicherweise bereit erklärt, kritisch zu überlesen, wobei wir insbesondere dem Erstgenannten für viele wertvolle Ratschläge und Ergänzungen zu Dank verpflichtet sind.

Für die Durchsicht des Kapitels X „Vorgänge bei der Sinterung von metallischen Hartstoffen und Hartstoff-Hilfsmetallgemengen" und kritische Anregungen danken die Verfasser Herrn Prof. Dr. W. Seith wärmstens.

Herr Ing. H. Wagner hat uns bei der Anfertigung von Zeichnungen, Herr A. Ihrenberger bei der Herstellung der Photographien, Frl. R. Erhart und Frau Z. Stock bei der mühsamen Niederschrift des Manuskriptes und Frl. E. Moser bei der Aufstellung der Register und dem Lesen der Korrekturen wertvolle Hilfe geleistet.

Die Verfasser danken ferner dem Forschungsstab bei der Metallwerk Plansee Ges. m. b. H., Reutte/Tirol, bei der American Electro Metal Corp., Yonkers, sowie bei der Metro Cutanit Ltd., London, für die Hilfe beim Korrekturlesen, bei der Anfertigung von Bildern und Tabellen, bei der Beschaffung von Literatur, für kritische Anregungen etc. Insbesondere gilt dabei unser aufrichtiger Dank Herrn Dr. R. Steinitz für seine kritische Überprüfung des deutschen Manuskriptes.

Das „National Advisory Committee for Aeronautics", Washington, hat uns freundlicherweise einige Bilder im Kapitel XV zur Verfügung gestellt. Ebenso kamen uns Autoren, Zeitschriften, Firmen und staatliche Stellen bei der Erlaubnis um Veröffentlichung von Unterlagen sehr entgegen.

Der Springer-Verlag kam allen unseren Wünschen bezüglich der Drucklegung nach und ermöglichte es, auch noch neu erschienene Arbeiten durch umfangreiche Ergänzungen zu berücksichtigen. Dafür und für die wie stets vorbildliche Ausstattung sei diesem unser besonderer Dank ausgesprochen.

Reutte/Tirol, im Frühjahr 1953.

Die Verfasser.

Inhaltsverzeichnis

Erster Teil

Die Hartstoffe

Zweiter Teil

Die Hartmetalle

Inhaltsverzeichnis   XV

Erster Teil

Die Hartstoffe

I. Einleitung und Geschichte der Hartstoffe

Die für die Technik, insbesondere die Hartmetall- und Schleifmittelindustrie, besonders wichtigen *Hartstoffe* lassen sich entsprechend ihrem Vorkommen und ihrer Herstellung in

natürliche Hartstoffe, wie Diamant, Korund und andere harte
Mineralien
sowie in

synthetische Hartstoffe, wie hochschmelzende Karbide, Boride,
Nitride und Silizide
gliedern.

Für den Metallurgen, der Hartstoffe für die Herstellung von geschmolzenen und gesinterten Hartmetallegierungen benötigt, ist es
eine zwangsläufige Forderung, daß Hartstoffe neben ihrer hohen
Härte (z. B. 8 bis 9 Mohs) und ihrem hohen Schmelzpunkt auch
metallischen Charakter und Legierbarkeit mit den Eisenmetallen
aufweisen. Wählt man diese Forderungen des Pulvermetallurgen
als Einteilungsprinzip für die Hartstoffe, so ergeben sich folgende
zwei Gruppen:

1. *Metallische Hartstoffe*, die hochschmelzende Karbide, Boride,
Nitride und Silizide der Übergangsmetalle der 4. bis 6. Gruppe
des Periodensystems umfassen und

2. die *nichtmetallischen Hartstoffe*, welche Diamant, Korund und
andere harte Mineralien, Siliziumkarbid und Borkarbid umfassen.

Wir werden uns in diesem Buche wegen des bevorzugten Einsatzes
der Hartstoffe in Hartmetallegierungen vornehmlich mit den metallischen Hartstoffen befassen und den nichtmetallischen Hartstoffen
wegen ihrer beschränkten Anwendung in Verschleißteilen und hochwarmfesten Werkstoffen nur ein kleines Sonderkapitel widmen.

Die Gruppe der metallischen Hartstoffe ist nun praktisch identisch
mit den „hoch- und höchstschmelzenden Hartstoffen", die K. Becker

in seinem Buche „Hochschmelzende Hartstoffe und ihre technische Anwendung" als binäre Verbindungen des Kohlenstoffs, Bors und Stickstoffs mit den Metallen der 4., 5. und 6. Gruppe des Periodensystems definiert. Sie sollen sich von anderen Metallen, Metalloiden, Metall- und Metalloidverbindungen durch folgende Eigenschaften unterscheiden:

1. Der Schmelzpunkt kommt dem Schmelzpunkt des Kohlenstoffs und dem der hochschmelzenden Metalle Wolfram, Rhenium und anderen nahe und übersteigt dieselben in einigen Fällen (vgl. Schmelzpunktsmaxima von Karbidgemengen).

2. Die Härte liegt in der Mohsschen Skala fast ausnahmslos zwischen jener des Korunds und Diamants, also zwischen 9 und 10.

3. Sie weisen eine hohe chemische Beständigkeit auf und werden in kompakter Form bei Zimmertemperatur — wenn überhaupt — nur von den stärksten konzentrierten Säuregemischen oder von starken oxydierenden alkalischen Lösungsmitteln langsam angegriffen.

4. Sie zeigen metallischen Charakter, insbesondere in bezug auf Glanz, thermische und elektrische Eigenschaften.

5. Sie zeigen fast ausnahmslos Neigung zu Supraleitung.

6. Sie neigen allgemein zu Legierungsbildung mit den Eisenmetallen. Die Löslichkeit ist meist stark temperaturabhängig, bei Zimmertemperatur ist sie oft sehr gering.

7. Sie weisen mit wenigen Ausnahmen Einlagerungsstrukturen auf*.

8. Sie besitzen sehr hohe Werte des Elastizitätsmoduls.

Die von K. Becker 1935 getroffene Formulierung ist heute zum Teil überholt. So werden von der Definition nicht oder nur bedingt erfaßt die Silizide, korrosions- und zunderfeste anorganische Verbindungen des Siliziums mit den Übergangsmetallen, dann gewisse relativ niedrig schmelzende Karbide des Chroms, bei höheren Temperaturen zersetzliche Nitride der Metalle Molybdän und Wolfram und ferner weichere Metallboride.

Unter den Hartstoffen sind es wieder die Karbide, zum Teil auch die Boride, die sich durch metallischen Glanz, elektrische und Wärmeleitfähigkeit in der Größenordnung reiner Metalle, einen positiven

---

* Als um 1930 G. Hägg[1] die Ergebnisse seiner grundlegenden Versuche über die Kristallstruktur von Hartstoffen veröffentlichte, erschien es möglich, eine exakte Definition dieser allein auf Grund des spezifischen Strukturtypus (Einlagerungsverbindung), der in allen zu dieser Zeit bekannten Hartstoffen gefunden worden war, zu geben. Neuere Forschungsergebnisse (vgl. Kap. II) zeigen aber, daß dieser Versuch einer Definition nicht möglich ist.

[1] Hägg, G.: Z. physik. Chem. B **6** (1930), S. 221/32, B **12** (1931), S. 33/56.

Temperaturkoeffizienten des Widerstandes, hohe Härte, einen hohen Elastizitätsmodul, hohe Schmelzpunkte und entsprechend hohe Festigkeit bei erhöhten Temperaturen sowie gute chemische Beständigkeit, zumindest bei Zimmertemperatur, auszeichnen. Aus der Gruppe der Karbide sind es hauptsächlich die Karbide WC, TiC, TaC, im bescheidenen Umfange die Karbide VC, NbC und Mo_2C, die mit Kobalt und Nickel als Bindemetalle die wichtigsten Vertreter dieser Hartstoffklasse bilden und noch heute fast ausschließlich die Basis aller modernen Schneidlegierungen und verschleißfester Werkstoffe bilden. Aus der Gruppe der Boride sind insbesondere Titan- und Zirkonborid für verschleiß- und warmfeste Teile von technischer Bedeutung.

Aus den erwähnten Gründen ist es ratsam, den Aufbau des Buches auf Grund praktischer Überlegungen statt auf Grund einer exakten Definition und Abgrenzung der Stoffklasse „Hartstoffe" vorzunehmen. Um dabei den Umfang nicht unnütz auszuweiten, sollen also bei der Besprechung der metallischen Hartstoffe nur die Verbindungen der vergleichsweise kleinen Metalloid- bzw. Metallatome Kohlenstoff, Stickstoff, Silizium und Bor mit den Übergangsmetallen der 4. bis 6. Gruppe des Periodensystems behandelt werden. Es sei hier darauf hingewiesen, daß es neben den genannten Verbindungen auch noch andere intermetallische Phasen (Metallide), z. B. in Systemen mit Al und Be gibt, die ebenfalls durch hohe Härten und Schmelzpunkte gekennzeichnet sind. Ferner sei auch noch auf die harten Doppelkarbide in Schnellstählen bzw. intermetallische Verbindungen in Systemen, wie z. B. Co-Cr-W hingewiesen. Alle diese metallischen Hartstoffe sollen im Rahmen dieses Buches allerdings nicht besprochen werden, da sie der gegebenen Definition nicht voll entsprechen.

Die Metalle Thorium und Uran, welche man bisher in die 4. bzw. 6. Gruppe des Periodensystems einreihte, gehören nach den neueren Anschauungen über den Schalenaufbau, zusammen mit dem Actinium, Protactinium und den Transuranen, zur Gruppe der Actinide[1]. Sie stehen im Periodensystem in der 3. Gruppe unter den Lanthaniden, wodurch auch ihre enge Verwandtschaft mit diesen zum Ausdruck kommt. Ihre Metalloidverbindungen sind zum Teil wasserzersetzlich. Andererseits bestehen aber doch gewisse Ähnlichkeiten mit den Übergangsmetallen der 4. bis 6. Gruppe. So haben die Metalloidverbindungen des Thoriums und Urans zum Teil metallischen Charakter und wurden, z. B. das Urankarbid, auch als Hartmetallkomponente vorgeschlagen. Wir werden daher aus diesem Grunde auch die Verbindungen des Thoriums, Urans und einiger Transurane mit Kohlenstoff, Stickstoff, Bor und Silizium kurz besprechen.

---

[1] s. Antropoff, A.: Die Umschau **51** (1951), S. 353/55.

Zahlentafel 1. *Periodensystem der Elemente nach A. von Antropoff*

0	I	II
Nm 0	H 1	He 2

0	I	II	III	IV	V	VI	VII	VIII
He 2	Li 3	Be 4	5 B rhomb.? At 10,82 Fp ~2300	6 C ◇ 12,010 ~3900	7 N 14,008 −210,5	O 8	F 9	Ne 10
Ne 10	Na 11	Mg 12	Al 13	14 Si ◇ At 28,06 Fp 1414 Ro 300 bis 1500	P 15	S 16	Cl 17	Ar 18

0a	Ia	IIa	IIIa	IVa	Va	VIa	VIIa	VIIIa			Ib	IIb	IIIb	IVb	Vb	VIb	VIIb	VIIIb
Ar 18	K 19	Ca 20	Sc 21	22 Ti ⬡■ At 47,90 Fp 1730 Ro 43,5 H 115	23 V ■ 50,95 1720 19 250	24 Cr ■⬡ A12 52,01 1920 ~15 70	Mn 25	26 Fe ■⊡ 55,85 1535 817 45	27 Co ⬡⊡ 58,94 1478 5,06 125	28 Ni ⊡⬡ 58,69 1455 6,05 70	Cu 29	Zn 30	Ga 31	Ge 32	As 33	Se 34	Br 35	Kr 36
Kr 36	Rb 37	Sr 38	Y 39	40 Zr ⬡■ At 91,22 Fp 1860 Ro 41 H 80	41 Nb ■ 92,91 2500 13 250	42 Mo ■ 95,95 2620 5,03 250	Tc 43	Ru 44	Rh 45	Pd 46	Ag 47	Cd 48	In 49	Sn 50	Sb 51	Te 52	J 53	X 54
X 54	Cs 55	Ba 56	* La—Cp 57—71	72 Hf ⬡ At 178,6 Fp 2230 Ro 30 H	73 Ta ■ 180,88 3030 12,4 70	74 W ■ A15 183,92 3380 4,91 350	Re 75	Os 76	Ir 77	Pt 78	Au 79	Hg 80	Tl 81	Pb 82	Bi 83	Po 84	At 85	Em 86
Em 86	Fr 87	Ra 88	** Ac— 89—103	104	105	106	107	108	109	110	111	112	113	114	115	116	117	118

	Ce 58	Pr 59	Nd 60	Pm 61	Sm 62	Eu 63	Cd 64	Tb 65	Dy 66	Ho 67	Er 68	Tm 69	Yb 70	Cp 71
* Lanthaniden	Ce 58	Pr 59	Nd 60	Pm 61	Sm 62	Eu 63	Cd 64	Tb 65	Dy 66	Ho 67	Er 68	Tm 69	Yb 70	Cp 71
** Actiniden	Th 90	Pa 91	U 92	Np 93	Pu 94	Am 95	Cm 96	Bk 97	Cf 98	99	100	101	102	103

⊡ = kubisch flächenzentriert A 1
■ = kubisch raumzentriert A 2
⬡ = hexagonal dichtest gepackt A 3
◇ = Diamant-Typ A 4

At = Atomgewicht
Fp = Schmelzpunkt °C
Ro = spez. elektr. Widerstand Mikroohm cm
H = Härte kg/mm²

In Zahlentafel 1 ist zunächst das Periodensystem nach Antropoff wiedergegeben, wobei jener Teil, der hier besonders interessiert, stark hervorgehoben wurde. Neben der Ordnungszahl der betreffenden Metalle und Metalloide sind auch deren Atomgewicht, Kristallstruktur, Schmelzpunkt, elektrischer Widerstand und Härte angeführt. Die Metalle der 8. Gruppe, nämlich Eisen, Kobalt und Nickel, sind deswegen ebenfalls hervorgehoben, weil sie die wichtigsten Bindemetalle für die modernen Karbidhartmetalle sind und weil das Legierungsverhalten der Eisenmetalle mit Hartstoffen einerseits und mit C, B, N und Si andererseits für die Metallurgie der Sinterhartmetalle von besonderer Bedeutung ist. Das bei Zimmertemperatur stabile Fe_3C bildet Doppelkarbide, während Nickel und Kobalt keine stabilen Karbide jedoch beständige Doppelkarbide bilden. Da die Löslichkeit der Karbide der Übergangsmetalle der 4., 5. und 6. Gruppe des Periodensystems in Kobalt bzw. Nickel beim Schmelzpunkt dieser Metalle verhältnismäßig groß, bei Zimmertemperatur aber äußerst gering ist, bilden Kobalt und Nickel die geeigneten zähen Bindemetalle für die Hartmetallherstellung.

In Zahlentafel 2 sind Verbindungen der Übergangsmetalle der 4. bis 6. Gruppe des Periodensystems mit C, N, B und Si sowie deren Kristallstrukturen, Schmelzpunkte, Härten und Leitfähigkeitswerte, soweit bekannt, zusammengestellt. Was die Schmelzpunkte betrifft, ist es interessant festzustellen, daß ebenso wie bei den reinen Metallen, die Schmelztemperatur der Karbide innerhalb der Gruppe mit steigender Ordnungszahl zunimmt. Bei den Nitriden, Boriden und Siliziden ist, wenigstens was die bekannten isotypen Verbindungen betrifft, ein ebensolcher Gang festzustellen. Von der 4. Gruppe über die 5. zur 6. Gruppe, also von links nach rechts, fallen jeweils die Schmelzpunkte der Hartstoffe, während sie bei den Metallen ansteigen. Auf gewisse Zusammenhänge zwischen Atombau, Struktur, Schmelztemperatur und Härte der Karbide, Nitride und Boride wird in Kapitel II näher eingegangen.

Die Frühgeschichte der metallischen Hartstoffe ist sehr eng verknüpft mit der Entwicklung der Schneidlegierungen (s. Zahlentafel 69), die sich aus den Kohlenstoffstählen über die legierten Stähle, Schnelldrehstähle und Stellite zu den modernen Sinterhartmetallen entwickelt haben, die vorzugsweise aus WC, TiC und TaC oder deren Mischungen oder Mischkristallen mit Kobalt als Hilfsmetall bestehen. Die Schneidlegierungen verdanken ihre Verschleißfestigkeit, Härte und Schneidhaltigkeit vorzugsweise ihrem Gehalt an Metallkarbiden. Obwohl die Kenntnis von der Härtbarkeit des Kohlenstoffstahls fast ebenso alt ist wie der Stahl selbst, dauerte es bis in die zweite Hälfte des 19. Jahrhunderts, bis die aufkommende

Zahlentafel 2. *Verbindungen der Übergangsmetalle mit C,*

IV a	V a	VI a	IV a	V a	VI a
TiC ⊡	VC ⊡	Cr_3C_2 D 5_{10}	TiN ⊡	VN ⊡	Cr_2N ⬡
Fp 3140	2830	1895	Fp 2950	2050 ?	
R 68,2	156		R 21,7	86 ?	
H 3200	2800	1300	H 8 bis 9	+ 9 ?	
ZrC ⊡	NbC ⊡	Mo_2C ⬡	ZrN ⊡	NbN ⊡	Mo_2N ⊡
Fp 3530	3500	2690	Fp 2980	2050 ?	zers.
R 75	74	97	R 13,6		
H 2600	2400	1500	H + 8	+ 8	
HfC ⊡	TaC ⊡	WC ⬡	HfN ⊡ ?	TaN ⬡	W_2N ⊡
Fp 3890	3880	2870	Fp 3300	3090	zers.
R 109	30	53	R	135	
H 9 ?	1800	2400	H	+ 8	

⊡ = kubisch flächenzentriert

⬡ = hexagonal

Fp = Schmelzpunkt °C

wissenschaftliche Metallkunde das Eisenkarbid Fe_3C, den Zementit, nachwies und isolierte. Die Chemiker bemühten sich in der Folge, durch geeignete Extraktionsmethoden weitere reine Karbide zu isolieren. Der Reindarstellung des Eisenkarbids Fe_3C[1] folgt die Isolierung des Wolframkarbids WC[2] und des Titankarbids TiC[3]. Es ist dies die eigentliche Geburtsstunde der späteren „Nur-Karbid-Schneidmetalle". Später werden Doppelkarbide des Eisens mit Chrom und Wolfram, sowie das reine Vanadinkarbid[4] isoliert, Hartstoffe, welche die Basis für die Erzeugung moderner Schnelldrehstähle und Stellite bilden.

Die systematische Erforschung der Karbide und Hartstoffe verdanken wir dem genialen französischen Chemiker H. Moissan[5], der uns auch lehrte, die extrem hohen Temperaturen, welche zur Gewinnung der Karbide erforderlich sind, mit Hilfe des elektrischen

---

[1] Müller, F. C. G.: Z. VDI **22** (1878), S. 456.

[2] Williams, P.: Compt. rend. **126** (1898), S. 1722/24, **127** (1898), S. 410/12.

[3] Shimer, P. W.: Chem. News **55** (1887), S. 156/58.

[4] Arnold, J. O. und A. A. Read: J. Iron Steel Inst. **85** (1912), S. 215/22.

[5] Moissan, H.: Der elektrische Ofen, übersetzt von T. Zettel, M. Krayn, Berlin 1900.

N, B und Si und einige Eigenschaften dieser Hartstoffe

IVa	Va	VIa	IVa	Va	VIa
TiB_2 ⬡	VB_2 ⬡	CrB_2 ⬡	$TiSi_2$ rhomb.	VSi_2 ⬡	$CrSi_2$ ⬡
Fp 2900	2100	1850	Fp 1540	1650	1570
R 15,2	16		R 123	9,5	
H 3400	8 bis 9	1800	H 870	1090	1150
ZrB_2 ⬡	NbB_2 ⬡	MoB_2 ⬡	$ZrSi_2$ rhomb.	$NbSi_2$ ⬡	$MoSi_2$ tetrag.
Fp 2990	2900?	2250	Fp 1700	1950	2030
R 9,2	65,5		R 161	6,3	19,2
H 2200	+ 8	1380	H 1030	1050	1290
HfB_2 ⬡	TaB_2 ⬡	W_2B_5 ⬡	$HfSi_2$?	$TaSi_2$ ⬡	WSi_2 tetrag.
Fp 3060	3000?		Fp	2400	2150
R 10	86,5		R	8,5	33,4
H 9?			H	1560	1090

R = spez. elektr. Widerstand Mikroohm · cm

H = Härte (Mikrohärte kg/mm², bzw. Mohs-Härtezahl)

Lichtbogens zu erzeugen und zu beherrschen. So konnte O. Hönigschmid[1], der Verfasser des Buches „Karbide und Silizide", noch 1914 sagen:

„H. Moissan begründete damit die Chemie der Karbide und führte sie bis zu dem Punkt, auf dem wir heute stehen. Er stellte alle bis heute bekannten Karbide in seinem elektrischen Ofen oder nach den später zu besprechenden Methoden dar, analysierte sie und untersuchte ihre physikalischen und chemischen Eigenschaften und konnte so auf Grund seiner Untersuchungsergebnisse konstatieren, daß die Karbide immer eine sehr einfache Form besitzen, und daß der Kohlenstoff mit den verschiedenen Elementen fast immer nur eine Verbindung bildet."

Die Arbeiten von H. Moissan, L. Troost, E. Wedekind u. a. sowie späterer Forscher, vor allem O. Ruff und O. Hönigschmid, waren zunächst von rein theoretischem Interesse im Sinne einer Grundlagenforschung der Hartstoffe. Für die sehr harten und hochschmelzenden Karbide der Übergangsmetalle fanden sich zunächst keine besonderen Anwendungsgebiete, da zu diesem Zeitpunkt noch

---

[1] Hönigschmid, O.: Karbide und Silizide, W. Knapp, Halle/Saale 1914.

kein offener Bedarf der Industrie vorlag. Mit dem Aufschwung der Elektrotechnik und insbesondere der Glühlampenindustrie zu Anfang des 20. Jahrhunderts — 1909 wurde das Sinterverfahren zur Herstellung von Wolframdrähten für Glühlampenwendeln durch C. Coolidge großtechnisch eingeführt — erwachte das Interesse für höchstschmelzende Stoffe als Wendelmaterial. Die Untersuchungen erstreckten sich jetzt auch auf die Nitride und Boride der Übergangsmetalle, die man auch als hochschmelzend und elektrisch gut leitend erkannt hatte. An Stelle der klassischen Moissanschen Herstellungsweise auf dem Schmelzwege, die häufig undefinierte Produkte ergab, wurde die Umsetzung der Metalle mit festen oder gasförmigen Kohlungsmitteln angewendet. Die Nitride wurden meist durch Umsetzung der Metalle mit Ammoniak oder Stickstoff oder durch Glühen von Oxyd-Rußgemischen unter den vorgenannten Gasen erzeugt. Die Namen der Forscher E. Friederich und L. Sittig, C. Agte und K. Moers, H. Alterthum, K. Becker u. a. sind mit dieser Entwicklung verknüpft. In diesem Zeitabschnitt wurden auch die physikalischen Eigenschaften der Karbide, Nitride und Boride näher erforscht, insbesondere wurden die Schmelzpunkte nach der Bohrlochmethode von M. Pirani und die elektrische Leitfähigkeit genauer bestimmt, Eigenschaftsgrößen, die vornehmlich den Glühlampentechniker interessierten. Die Vakuumtechnik ist auch bei den Arbeiten von C. Agte und K. Moers, welche nach der van Arkelschen Methode Aufwachsschichten von Karbiden, Nitriden und Boriden erzeugten, bestimmend gewesen. Im Gegensatz zu den hochschmelzenden Karbiden fanden weiterhin die hochschmelzenden Nitride und Boride ausschließlich theoretisches Interesse. Einzig das Titannitrid, das sich in den Hochofenwürfeln findet, die später als TiC-TiN-Mischkristalle erkannt wurden, treffen wir in der Folge als zwangläufigen Begleiter des TiC in WC-TiC-Co-Hartmetallen.

Die Hartstoffe, insbesondere das Wolframkarbid, interessierten die große Mengen von Industriediamanten verbrauchende Glühlampenindustrie schon frühzeitig, nicht nur wegen ihrer hohen Schmelzpunkte, sondern auch wegen ihrer hohen Härte und Verschleißfestigkeit. Man versuchte an Stelle des teuren Diamanten als Ziehsteinwerkstoff für die Wolframdrähte zunächst geschmolzenes Wolframkarbid, später gesintertes Wolframkarbid und dann ab 1923 Wolframkarbid mit Kobalt als Bindemetallzusatz mit durchschlagendem Erfolg (s. S. 339). Die Erfindung der gesinterten Hartmetalle auf Wolframkarbid-Kobalt-Basis ist mit den Forschern der Osram-Studiengesellschaft, insbesondere mit den Namen K. Schröter, F. Skaupy und Mitarbeitern eng verknüpft. Die Bedeutung des Titankarbides für Sinter- und Schmelzhartmetalle erkannt zu haben, gebührt den Glühlampentechnikern G. Fuchs und A. Kopietz sowie P. Schwarzkopf und Mitarbeitern.

Die glanzvolle Entwicklung der Sinterhartmetalle für Zerspanungszwecke und die Bestrebungen der Hartmetallindustrie, durch metallurgische Maßnahmen die WC-Co-Hartmetalle zu verbessern bzw. neuartige Karbidlegierungen zu finden, lenkte das Interesse der Metallkundler auf die reinen Hartstoffe. Es werden die Systeme der Einzelkarbide, insbesondere die Systeme W-C, Mo-C von W. P. Sykes, A. Westgren und G. Phragmén u. a. genauer untersucht. Die Struktur der Verbindungen der Übergangsmetalle mit H, C, N und B wird bestimmt und von G. Hägg Einlagerungsstrukturen als vorherrschend nachgewiesen. Nachdem man erkannt hatte, daß zahlreiche Karbide und Nitride unter- und miteinander in festem Zustand mischbar sind, werden endlich die pseudobinären und -ternären Systeme metallographisch und röntgenographisch untersucht. Die Pionieruntersuchungen stammen von C. Agte und H. Alterthum, die auf die Schmelzpunktmaxima in Karbid-Karbid- und Karbid-Nitrid-Systemen hingewiesen haben und gesinterte und erschmolzene Mischphasen metallographisch prüften. Systematische Untersuchungen über Karbidsysteme mit vollkommener oder beschränkter Löslichkeit wurden erst in neuerer Zeit durchgeführt. Hier sind die Namen der Forscher J. S. Umanski und A. E. Kovalski, H. Nowotny und R. Kieffer, A. G. Metcalfe, J. T. Norton und A. L. Mowry, P. Duwez und F. Odell u. a. zu nennen.

Trotzdem die Nitride und zum Teil auch die Boride bei der Erforschung der Hartstoffe meist auch in den Kreis der Untersuchungen miteinbezogen wurden, blieb die Kenntnis von den Nitriden, insbesondere aber von den Boriden, stark zurück. Erst in den letzten Jahren hat man sich diesen Stoffklassen, vor allem den Boriden, wieder stärker zugewandt. Man stellte nämlich fest, daß es einige Boride gibt, die bei hohen Schmelzpunkten und guter Härte hervorragend *zunderbeständig* sind. Diese Eigenschaft ist neben der guten Dauerstandsfestigkeit entscheidend bei der Herstellung von Turbinenschaufeln für Strahltriebe, Raketendüsen und anderen hochwarmfesten Teilen. Die Anregung für den Einsatz von Boriden für diese Zwecke gab P. Schwarzkopf.

Unsere Kenntnisse von den Boriden gehen bereits auf die alten, klassischen Arbeiten von H. Moissan, E. Wedekind, A. Binet du Jassonneix u. a. zurück. Die Boride der Übergangsmetalle wurden in reinster Form von L. Andrieux durch Schmelzflußelektrolyse hergestellt. Diese Methode wurde auch von S. J. Sindeband und H. Blumenthal zur Erzeugung verschiedener Boride benutzt. Im Zusammenhang mit den Arbeiten von A. E. van Arkel, C. Agte und K. Moers über die Herstellung von hochschmelzenden Aufdampfschichten von Karbiden und Nitriden, ist auch die Abscheidung von Borid- und Silizidschichten zu erwähnen, eine Technik, die neuerdings von I. E. Campbell und Mitarbeitern in Amerika wieder aufgegriffen wurde. Um die Strukturaufklärung der Boride haben sich insbesondere R. Kiessling und später J. T. Norton, H. Blumenthal und S. J. Sindeband, L. Brewer und Mitarbeiter, F. W. Glaser, B. Post und R. Steinitz verdient gemacht. F. W. Glaser gelang es, kompakte Boridkörper durch Drucksintern herzustellen.

Die Silizide, welche schon ebenfalls verhältnismäßig lange bekannt sind, wurden von H. Moissan und seinen Schülern sowie von O. Hönigschmid in ziemlich reiner Form dargestellt. Auch sie hatten zunächst praktisch keine Bedeutung. Die Silizide haben keine allzu hohe Härte und Schmelzpunkte, sie sind aber zum Teil bei hoher Temperatur an Luft äußerst zunderbeständig. Aus den bei den Boriden angeführten Gründen hat man sich daher in letzter Zeit auch dieser Stoffklasse verstärkt zugewandt. Damit im Zusammenhang stehen auch die Bemühungen, die Struktur der Silizide zu klären. Auf diesem Gebiete hat H. J. Wallbaum bereits wertvolle Vorarbeit geleistet.

Wenden wir uns nun der geschichtlichen Entwicklung der *industriellen Verwendung* der synthetischen, hochschmelzenden Hartstoffe, insbesondere der Karbide in reiner Form zu. Der älteste industriell hergestellte Hartstoff ist das Siliziumkarbid. Mit diesem beschäftigten sich viele Forscher, wobei E. G. Acheson die Priorität zukommt, es in größeren Mengen industriell hergestellt zu haben. Das Siliziumkarbid, später oft Carborundum genannt, verdrängt als Schleifkorn den Korund, zum Teil auch den Diamant aus vielen ihrer Positionen. Auf Grund seiner hervorragenden Oxydationsbeständigkeit und Warmfestigkeit wird das Siliziumkarbid in der Ofentechnik zur Herstellung von Ausmauerungssteinen und in der chemischen Industrie für säurefeste Gefäße verwendet. Dieselben Gründe sind es auch, die das Siliziumkarbid als Rohmaterial für Hochtemperatur-Heizkörper (Globar- und Silitstäbe) geeignet machen.

1902 finden wir den ersten Patentvorschlag, Tantalkarbid als Widerstandsmaterial, Heizleiter und Strahler in Glühlampen zu verwenden. Erst 20 Jahre später gelingt es, aus Tantaldrähten und -wendeln durch Aufkohlung Tantalkarbid-Glühspiralen zu erzeugen, die sich jedoch neben Wolframspiralen wegen ihrer erheblich geringeren Festigkeit nicht behaupten konnten.

Die von H. Moissan um 1900 getroffene Feststellung, daß man mit Titankarbid und insbesondere Borkarbid Diamanten — wenn auch äußerst mühsam — schleifen könne, findet erst in den letzten zehn bis fünfzehn Jahren in veränderter Form dahin Anwendung, daß man heute mit Borkarbid (B_4C), gegebenenfalls unter Zusatz von Diamantboart, große Hartmetallziehsteine und Matrizen schleifend sowie polierend bearbeitet. 1909 wird der Vorschlag gemacht, geschmolzene Wolframkarbidkügelchen als Uhrenlagersteine zu verwenden, eine Patentidee, der keine industriellen Anwendungen folgen. 1914 endlich schlägt H. Lohmann vor, gegossenes Wolframkarbid mit und ohne Zusatz von Molybdänkarbid für Ziehsteine zu verwenden. Der geschmolzene Wolframkarbid-Ziehstein behauptete sich — im Schleudergußverfahren besonders dicht hergestellt — bis 1930 auf dem Markt und ist heute noch vereinzelt anzutreffen. Gleichfalls von H. Lohmann stammt der Vorschlag, die Fehlerquellen beim Wolframkarbidguß, nämlich Graphitausscheidungen und Lunkerbildungen, dadurch auszuschalten, daß man gepulvertes Wolframkarbid durch Pressen und Sintern zu Festkörpern verarbeitet. H. Lohmann erschließt, gefolgt von G. Fuchs, der zuerst anregt, Titankarbid in Wolfram-Kobalt-Chrom-Kohlenstofflegierungen zu verwenden, mit H. Baumhauer, der Wolframkarbidskelettkörper mit Eisenmetallen tränkt und endlich mit K. Schröter, der gesinterte Gemenge, wie Wolframkarbid-Kobalt, vorschlägt, die moderne Pulvermetallurgie der Hartstoffe. P. Schwarzkopf und I. Hirschl haben dann mit hilfsmetallgebundenen Karbidmischkristallen die Entwicklung von Hartmetallen für die Bearbeitung langspanender Werkstoffe entscheidend beeinflußt. Das Sinterverfahren öffnet den Karbiden, in gewissem Umfang auch den Boriden und Nitriden, das große Gebiet der Schneidlegierungen. Erst in neuester Zeit finden wir Sinterhartmetalle auch als korrosions- und warmfeste Werkstoffe in der chemischen Industrie und im Gerätebau eingesetzt.

Aus diesem kurzen Abriß über die industrielle Verwertung der Hartstoffe, dem auch die Verwertung eines harten Metalloidkarbides vorangestellt wurde, sieht man, daß sich viele Industriezweige, so die Hochvakuumtechnik und Glühlampenindustrie, auf ihrer Suche nach neuen Lichtstrahlern, die Verstärker- und Radioröhrenindustrie, die Ofenindustrie, die Schleifmittelindustrie, die Uhrenindustrie, die ziehsteinfertigenden Betriebe mit der Nutzbarmachung der Hartstoffe beschäftigt haben, wobei der größte Erfolg bis heute ohne Zweifel der Anwendung für Schneidwerkzeuge in den modernen Hartmetallegierungen vorbehalten blieb. Ein weiteres Anwendungsgebiet scheint sich den Boriden und Siliziden neuerdings in den Industrien zu eröffnen, die Bedarfsträger für hochwarmfeste und zunderfeste Werkstoffe sind.

II. Theorie der metallischen Hartstoffe

A. Aufbau der Hartstoffphasen

1. Karbide, Nitride (Einlagerungsverbindungen)

Ein großer Teil der Hartstoffe läßt sich hinsichtlich des strukturellen Aufbaues in die Klasse der sogenannten Einlagerungsverbindungen einreihen. Diese Einlagerungsverbindungen wurden erstmalig von G. Hägg[1] studiert, dem es gelang, Gesetzmäßigkeiten für die Stabilität der verschiedenen Phasen aufzuzeigen.

Zahlentafel 3. *Von G. Hägg untersuchte Strukturen von Einlagerungsphasen*

System	Radienverhältnis		Struktur der Phasen*			
	Werte von G. Hägg	korrigierte Werte	M_4X	M_2X	MX	MX_2
Zr-H	0,29	0,19	12 a, 4	12 b, 4	12 a, 4	ThC_2
Ta-H	0,32	0,20	—	12 b, 4	8 a, 4	?
Ti-H	0,32	0,20	—	12 b, 4	12 a, 4	12 a, 4
Pd-H	0,34	0,22	—	12 a, 4	?	?
La- Ce- Pr- Nd- } C	0,42 bis 0,43	0,42 bis 0,44	?	?	?	LaC_2
Th-C	0,43	0,42	?	?	?	ThC_2
Zr-N	0,45	0,44	?	?	12 a, 6	?
Sc-N	0,47	0,44	?	?	12 a, 6	?
U-C	0,48	0,50	?	?	?	LaC_2
Zr-C	0,48	0,48	?	?	12 a, 6	?
Nb-N	0,49	0,49	?	?	12 a, 6	?
Ti-N	0,49	0,48	?	?	12 a, 6	?
W-N	0,51	0,51	—	12 a, 6	?	?
Mo-N	0,52	0,51	—	12 a, 6	8 b, 6	?
V-N	0,53	0,53	?	?	12 a, 6	?
Nb-C	0,53	0,53	?	?	12 a, 6	?
Ti-C	0,53	0,57	?	?	12 a, 6	?
Ta-C	0,53	0,52	?	12 b, 6	12 a, 6	?
Mn-N	0,55	0,56	12 a, 6	12 b, 6	?	?
W-C	0,55	0,55	—	12 b, 6	8 b, 6	?
Cr-N	0,56	0,56	—	12 b, 6	12 a, 6	?
Mo-C	0,56	0,55	—	12 b, 6	?	?
Fe-N	0,56	0,56	12 a, 6	12 b, 6	?	?
V-C	0,58	0,57	—	—	12 a, 6	?

* 12 a, 6 und 12 a, 4: kubisch flächenzentriert.
  8 a, 4: kubisch raumzentriert.
  12 b, 6 und 12 b, 4: hexagonal dichtest gepackt.
  8 b, 6: einfach hexagonal.

[1] Hägg, G.: Z. physik. Chem. B **6** (1929), S. 221/32, B **12** (1931), S. 33/56.

Der Begriff „Einlagerungsstruktur" wurde von G. Hägg geprägt, weil in den Lücken eines Trägergitters der Metallkomponente kleine Atome eingelagert sind. Dabei zeigt sich, daß für die Rolle solcher metallischer Trägergitter Übergangsmetalle besonders geeignet sind und daß die entsprechenden Einlagerungsverbindungen typisch metallischen Charakter aufweisen.

Die Gesamtheit der beobachteten Einlagerungsverbindungen läßt unmittelbar erkennen, daß deren Stabilität in engem Zusammenhang mit dem Radienverhältnis r_X/r_M ($< 0,59$) steht. Als Trägergitter treten fast immer die für echte Metalle charakteristischen Strukturen auf, also die dichte kubische Packung, die dichte hexagonale Packung und nur gelegentlich die hexagonale, primitive Zelle.

Einfache geometrische Überlegungen führen ferner zu einer Systematik hinsichtlich des Auffüllungsgrades und damit des Formeltyps der Einlagerungsphasen (M_4X, M_2X, MX und MX_2); im Hinblick auf die Hartstoffe sind bei Karbiden und Nitriden die Verbindungen der Zusammensetzung MX von besonderem Interesse.

Einen Überblick über die bisher vorliegenden Einlagerungsphasen gibt Zahlentafel 3*. Darin ist neben dem Häggschen Radienverhältnis eine Kolonne aufgenommen, die dieses Verhältnis auf Grund neuerer und besser fundierter Radienwerte wiedergibt. Hiefür dienen die folgenden r_X-Werte:

$$r_H = 0,30\ \text{Å};\ r_O = 0,60\ \text{Å};\ r_N = 0,71\ \text{Å};\ r_C = 0,76\ \text{Å};\ r_B = 0,87\ \text{Å}.$$

Die Kennzeichnung der Strukturtypen wurde auch von G. Hägg übernommen. Die erste Zahl und der darauffolgende Buchstabe deuten die Anordnung der Metallatome an, wobei die Ziffer die Koordinationszahl angibt und die Buchstaben a oder b ein kubisches bzw. hexagonales Gitter anzeigen. Die zweite Ziffer gibt das Koordinationsverhältnis des Metalloidatoms zum Metallatom an. So bedeutet 12 a,6 ein kubisch flächenzentriertes Metallgitter, bei welchem sich die Metalloidatome in den oktaedrischen Zwischenräumen befinden. Diese Anordnung (Abb. 1) wird bei voller

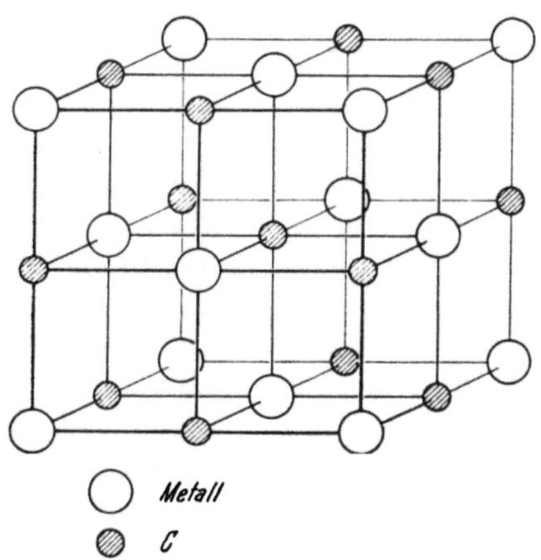

Abb. 1. Steinsalzstruktur (B1-Typ), schematisch

---

* Die in der Hauptsache von G. Hägg stammende Aufstellung ist durch neuere Angaben erweitert.

Lückenbesetzung meist als Steinsalzstruktur bezeichnet. 12b,6 ist ein hexagonal dichtest gepacktes Metallgitter, wo ebenfalls die Metalloidatome in 6er Lücken sitzen. Abb. 2 zeigt z. B. die Anordnung der W- und C-Atome im W_2C. 8b,6 ist die einfach hexagonale Zelle. In dieser haben die Metallatome für sich die 8er Koordination, während die Metalloidatome wieder die 6er Lücken ausfüllen. Abb. 3 zeigt als Beispiel dafür den Aufbau von WC.

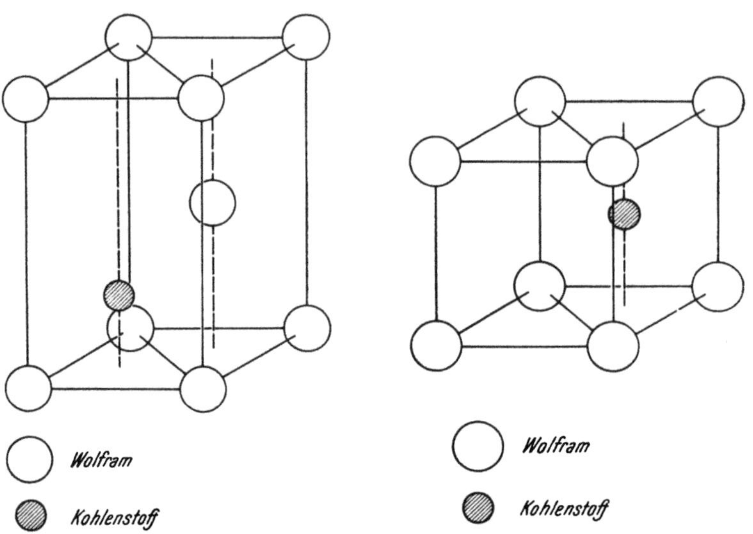

Abb. 2. Hexagonal dichteste Packung, 12b, 6; Zelle von W_2C, schematisch (H. Nowotny)

Abb. 3. Einfach hexagonale Packung, 8b, 6; Zelle von WC, schematisch (H. Nowotny)

G. Hägg fand ferner, daß nahe dem kritischen Radienverhältnis neben diesen normalen Strukturen bei höheren Metallkonzentrationen gelegentlich noch Phasen mit verwickelteren Strukturen bestehen. Eine allgemeine Abgrenzung über das mögliche Auftreten von Einlagerungsphasen erlaubt in erster Näherung, wie erwähnt, die Kenntnis des Radienverhältnisses und Zahlentafel 4 gibt dieses nunmehr für die verschiedenen Übergangsmetalle an, wobei zu den Elementen mit sogenanntem kleinen Atomradius noch das Bor hinzugezählt wird. Man erkennt hieraus, daß bei Bor offensichtlich das kritische Radienverhältnis (0,59) fast in allen Fällen erreicht wird. Es ist demnach zu schließen, daß die Boride in der Hauptsache einem anderen, allerdings verwandten Bauprinzip gehorchen, was auch durch das Tatsachenmaterial bestätigt wird.

Die hier angestellten Betrachtungen gehen von kugelförmigen Atomen aus; werden beispielsweise in einem dicht gepackten kubischen Gitter die oktaedrischen Lücken von Metalloidatomen besetzt, so kann die Stabilität nur dann aufrecht erhalten werden, wenn das Radienverhältnis $r_X : r_M \geq 0{,}41$ ist. Diese Grenze ergibt sich aus dem Kontakt zwischen Metall-Metalloid und liefert daher zusammen mit

Zahlentafel 4. *Radienverhältnis Metalloid : Metall*

$r_{Me} =$	Sc 1,62	Ti 1,47	V 1,34	Cr 1,27	Mn 1,26	Fe 1,26	Co 1,25	Ni 1,24
B	0,54	0,60	0,65	0,69	0,69	0,69	0,70	0,70
C	0,47	0,52	0,57	0,61	0,61	0,61	0,61	0,62
N	0,44	0,49	0,53	0,57	0,56	0,56	0,57	0,57
O	0,37	0,42	0,45	0,48	0,47	0,47	0,48	0,48
H	0,19	0,20	0,22	0,24	0,24	0,24	0,24	0,24

$r_{Me} =$	Y 1,80	Zr 1,60	Nb 1,46	Mo 1,39	Tc 1,35	Ru 1,34	Rh 1,34	Pd 1,37
B	0,48	0,54	0,60	0,62	0,64	0,65	0,65	0,64
C	0,42	0,43	0,53	0,55	0,57	0,57	0,57	0,56
N	0,39	0,39	0,49	0,51	0,53	0,53	0,53	0,52
O	0,33	0,33	0,41	0,43	0,44	0,44	0,44	0,43
H	0,17	0,17	0,20	0,22	0,22	0,22	0,22	0,22

$r_{Me} =$	La-Lu 1,87 bis 1,74	Hf 1,59	Ta 1,48	W 1,39	Re 1,37	Os 1,35	Ir 1,36	Pt 1,39
B	0,47 bis 0,50	0,55	0,59	0,62	0,63	0,64	0,64	0,62
C	0,42 bis 0,44	0,48	0,52	0,55	0,56	0,57	0,57	0,55
N	0,38 bis 0,41	0,44	0,48	0,51	0,52	0,53	0,52	0,51
O	0,32 bis 0,34	0,38	0,40	0,43	0,43	0,44	0,44	0,43
H	0,16 bis 0,17	0,19	0,20	0,21	0,22	0,22	0,22	0,21

$r_{Me} =$	Ac	Th 1,80	Pa	U 1,52	
B		0,48		0,57	$r_B = 0{,}87$
C		0,42		0,50	$r_C = 0{,}76$
N		0,39		0,46	$r_N = 0{,}71$
O		0,33		0,39	$r_O = 0{,}60$
H		0,17		0,19	$r_H = 0{,}30$

dem oberen Grenzwert einen Stabilitätsbereich innerhalb 0,41 und 0,59. Es versteht sich von selbst, daß für die Einlagerung in anderen Lücken bzw. in anderen Gittern dementsprechend andere Stabilitätsgrenzen resultieren.

Die untere Grenze des Radienverhältnisses kann also leicht durch die geometrische Anordnung erklärt werden. Dagegen ist die obere

Grenze rein empirischer Natur. Wenn auch die Leistungen der Hägg schen Regel überraschend große sind, so muß man doch, insbesondere auf Grund neuerer Anschauungen über das Kräftespiel in Gittern, annehmen, daß die Kenntnis des elektronischen Zustandes solcher Phasen ebenfalls sehr wesentlich ist. In praktisch allen Fällen der beschriebenen Einlagerungsstrukturen wird das Trägergitter aufgeweitet, so daß die Bezeichnung „dichte Packung" vielleicht nicht völlig exakt ist, wenn auch für sich allein das Trägergitter, wie bereits gesagt, eine dichte Packung darstellt. Der Kontakt ist aber bei derartigen Einlagerungsphasen vorwiegend durch die Nachbarn Metall-

Zahlentafel 5. *Strukturen von Metallen und deren Einlagerungsverbindungen vom Typ MX*

	Strukturtyp*			
	Metall	Karbid	Nitrid	Oxyd
Sc.........	A 1	—	B 1	—
La	A 1	—	B 1	—
Ce.........	A 1	—	B 1	—
Pr.´........	A 3	—	B 1	—
Nd	A 3	—	B 1	—
Ti.........	A 3, A 2	B 1	B 1	B 1
Zr	A 3, A 2	B 1	B 1	B 1
Hf	A 3	B 1	—	—
Th	A 1	B 1	B 1	B 1
V	A 2	B 1	B 1	B 1
Nb	A 2	B 1	B 1	B 1 (verzerrt)
Ta	A 2	B 1	Hex.	—
Cr	A 2, A 3	—	B 1	—
Mo	A 2	Hex.	Hex.	—
W.........	A 2	Hex.	—	—
U	A 2, A 20	B 1	B 1	B 1

    * A 1: kubisch flächenzentriert.
    A 2: kubisch raumzentriert.
    A 3: hexagonal dichtest gepackt.
    B 1: kubisch flächenzentriert.

Metalloid gegeben. Beispielsweise beträgt die Aufweitung des ursprünglichen Trägergitters bei VC 9% und bei W_2C 7%. In diesem Sinne kann der kritische Wert für das Radienverhältnis nach Hägg auch als Grenzwert für die maximale Aufweitung des Metallgitters aufgefaßt werden. Diese Ansicht wird durch die Beobachtung gestützt, daß bei Radienverhältnissen über 0,59 die beobachteten komplexen Strukturen kleinere Atomvolumina aufweisen, als man bei einfachen, fiktiven Gittern finden würde.

Bemerkenswert sind die Einlagerungsverbindungen MX, die fast durchwegs im B1-Gitter kristallisieren; dabei fällt vor allem die nahe strukturelle Verwandschaft bezüglich C, N und O auf (Zahlentafel 5). Das technisch wichtige WC kristallisiert allerdings hexagonal, hat aber wegen des verwandten Bauprinzipes die Neigung, bei Mischkristallbildung mit Karbiden des B1-Types in die kubische Gitteranordnung umzuklappen[1].

Die Karbide von Chrom, Mangan, Eisen und Kobalt haben ein Radienverhältnis > 0,59; ihre Strukturen sind kompliziert und der Aufbau weicht von dem typischen Einlagerungsprinzip bereits merklich ab. So weiß man, daß bei Fe_3C der Kohlenstoff keine ausgesprochenen Lückenplätze einnimmt. Diese Stoffe unterscheiden sich auch in ihrem Verhalten merklich von den Karbiden mit Einlagerungsstruktur. Es sei aber darauf hingewiesen, daß bei einem nur wenig überschrittenen Verhältnis häufig Anzeichen festzustellen sind, wonach der Einlagerungsmechanismus gültig ist, wie z. B. beim C in γ-Fe (Austenit). Was die obere Grenze des Radienverhältnisses betrifft, so könnte man versuchen, die beobachteten Strukturtypen mit dem Aufbau der entsprechenden Metalle, z. B. mit der Anzahl der zur Verfügung stehenden Valenzelektronen, in Zusammenhang zu bringen. Dies wird besonders durch die Tatsache nahegelegt, daß alle Übergangsmetalle der 4. und 5. Gruppe des Periodensystems sowie Uran mit Kohlenstoff und Stickstoff isotype MX-Verbindungen (B 1) bilden, während Chrom sowie die Übergangsmetalle der 7. und 8. Gruppe Einlagerungsverbindungen mit komplizierterer Struktur bilden. Die Mittelstellung von Einlagerungsverbindungen mit Molybdän und Wolfram ist klar durch die Struktur ihrer Karbide und Nitride gekennzeichnet. Es ist daher wahrscheinlich, daß der Kristalltypus von Einlagerungsphasen durch die Stellung des Metalles im Periodensystem (elektronischer Aufbau) ebenso bedingt ist wie durch die Größenverhältnisse der Atome. Auf die maßgebenden Einflüsse, die aus der Stellung des metallischen Partners für die Anwendung von Einlagerungsstrukturen abgeleitet werden können, soll weiter unten eingegangen werden.

2. Boride und Silizide

Bemerkenswert sowohl vom theoretischen als auch vom praktischen Standpunkt sind die neuen Untersuchungen an *Boriden*. Die meisten Beiträge über diese Gruppe von Hartstoffen stammen von

---

[1] Nowotny, H. u. G. Glenk: Metallforschung **2** (1947), S. 265/69.

R. Kiessling[1-8], der die Systeme Mo-B, W-B[1], Zr-B[2,6], Cr-B[3], Ta-B[4], Mn-B[5], Nb-B, Ni-B und Ti-B[6] strukturell untersuchte. Weitere Arbeiten auf diesem Gebiete gehen auf P. Ehrlich[9] (Ti-B), S. J. Sindeband[10] (Cr-B), J. T. Norton, H. Blumenthal und S. J. Sindeband[11] (Diboride von Ti, Zr, Nb, Ta und V), J. L. Andrieux[12], F. Bertaut und P. Blum[13] (U-B), A. Zalkin und

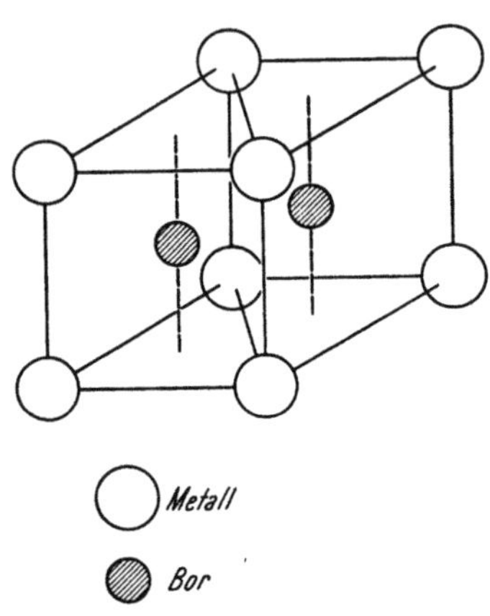

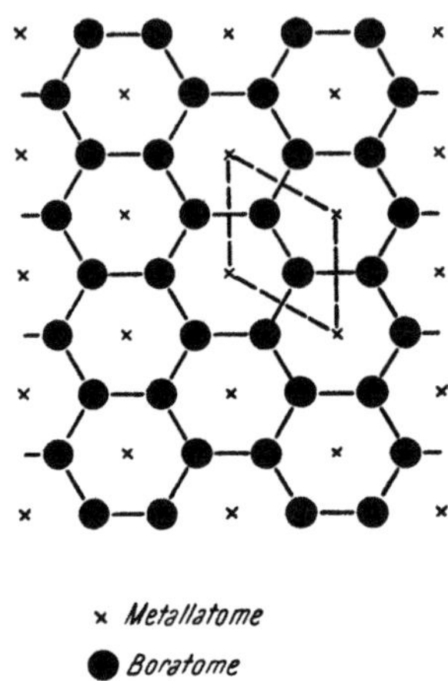

<table>
<tr><td>Abb. 4. Elementarzelle der Boride MB$_2$ (C 32-Typ). (J. T. Norton, H. Blumenthal und S. J. Sindeband)</td><td>Abb. 5. Anordnung der Metall- und Boratome bei der MB$_2$-Struktur, schematisch (R. Kiessling)</td></tr>
</table>

D. H. Templeton[14] (Tetraboride von Ce, Th und U) sowie L. Brewer und Mitarbeiter[15] (Boride von Ce, Ti, Zr, Nb, Ta, Mo, W, Th und U) zurück.

Eine Übersicht über die bis jetzt vorliegenden Boride ergibt Zahlentafel 6, in welcher in Analogie zu den vorher besprochenen

[1] Kiessling, R.: Acta Chem. Scand. 1 (1947), S. 893/916.
[2] Kiessling, R.: Acta Chem. Scand. 3 (1949), S. 90/91.
[3] Kiessling, R.: Acta Chem. Scand. 3 (1949), S. 595/602.
[4] Kiessling, R.: Acta Chem. Scand. 3 (1949), S. 603/15.
[5] Kiessling, R.: Acta Chem. Scand. 4 (1950), S. 146/59.
[6] Andersson, L. H. u. R. Kiessling: Acta Chem. Scand. 4 (1950), S. 160/64.
[7] Kiessling, R.: Acta Chem. Scand. 4 (1950), S. 209/27.
[8] Kiessling, R.: J. Electrochem. Soc. 98 (1951), S. 166/70.
[9] Ehrlich, P.: Z. anorg. allg. Chem. 259 (1949), S. 1/41.
[10] Sindeband, S. J.: Trans. AIME 185 (1949), S. 198/202.
[11] Norton, J. T., H. Blumenthal u. S. J. Sindeband: Trans. AIME 185 (1949), S. 749/51.
[12] Andrieux, J. L.: Compt. rend. 229 (1949), S. 210.
[13] Bertaut, F. u. P. Blum: Compt. rend. 229 (1949), S. 666/67.
[14] Zalkin, A. u. D. H. Templeton: J. Chem. Phys. 18 (1950), S. 391.
[15] Brewer, L., D. L. Sawyer, D. H. Templeton u. C. H. Dauben: J. Am. ceram. Soc. 34 (1951), S. 173/79.

Zahlentafel 6. *Struktur der Boride*

System	Radienverhältnis B : M	Struktur der Phasen*							
		M_2B	MB	M_3B_4	MB_2	M_2B_5	MB_4	MB_6	MB_{12}
Yb-B ...	0,45							VII	
La-B	0,47							VII	
Nd-B	0,48							VII	
Pr-B	0,48							VII	
Gd-B	0,48							VII	
Th-B	· 0,48						VI	VII	
Y-B	0,48							VII	
Ce-B	0,48						VI	VII	
Er-B.....	0,50							VII	
Zr-B.....	0,54		IX		IV				VIII
U-B ....,	0,57						VI		VIII
Ti-B	0,60	I	IX[1]		IV	Va			
Ta-B	0,59	I	IIa	III	IV				
Nb-B	0,60		IIa	III	IV				
W-B.....	0,62	I	IIa,IIb			Va			
Mo-B	0,62	I	IIa,IIb[5]		IV[5]	Vb			
V-B	0,65				IV				
Cr-B[2]	0,69	[2]	IIa	III	IV				
Mn-B[3] ...	0,69	I	IIc	III					
Fe-B.....	0,69	I	IIc						
Co-B.....	0,70	I	IIc						
Ni-B[4]....	0,70	I	[4]						

* I: tetragonal, C 16-Typ	Va, b: hexagonal
II a: orthorhombisch, CrB-Typ	VI: tetragonal
II b: tetragonal, MoB-Typ	VII: kubisch
II c: tetragonal, FeB-Typ	VIII: kubisch
III: orthorhombisch	IX: kubisch flz., B 1-Typ
IV: hexagonal, C 32-Typ	

[1] L. H. Andersson und R. Kiessling (Acta Chem. Scand. **4** [1950], S. 160/64) glauben, daß die experimentellen Ergebnisse von P. Ehrlich so gedeutet werden können, daß die TiB-Phase bei höherer Temperatur stabil ist und daß bei der Abkühlung ein Teil dieser Phase in α-Ti und TiB_2 zerfällt, während der Rest auch bei Raumtemperatur im metastabilen Zustand erhalten bleibt. Nach B. Post und F. W. Glaser (J. Chem. Phys. **20** [1952], S. 1050/51) hat TiB und ZrB Steinsalzstruktur (B 1-Typ).

[2] R. Kiessling (Acta Chem. Scand. **3** [1949], S. 90/91) gibt auch eine δ- und ε-Phase an, mit Borgehalten von 33 bzw. 40 Atom-%. Die δ-Phase hat nach L. H. Andersson u. R. Kiessling (Acta Chem. Scand. **4** [1950], S. 160/64) orthorhombische oder eine ähnliche Struktur.

[3] R. Kiessling (Acta Chem. Scand. **4** [1950], S. 146/59) beschreibt eine δ-Phase mit einer Struktur, welche sehr jener von Mo_2B ähnelt (I).

[4] In Ergänzung zur Ni_2B-Phase wurden weitere Phasen mit etwa 25 bis 30, 40 und 50 Atom-% von L. H. Andersson und R. Kiessling (Acta Chem. Scand. **4** [1950], S. 160/64) gefunden.

[5] R. Steinitz (Powder Metal. Bull. **6** [1951], S. 54/56) hat eine β-Modifikation des MoB mit CrB-Struktur gefunden. Er gibt auch ein hexagonales MoB_2 (C 32-Typ) an.

Hartstoffen ebenfalls das Radienverhältnis angegeben wurde, obzwar man diese Boride nicht ohne weiteres nach den gleichen geometrischen Gesichtspunkten deuten kann. Die hier bestehenden Gitter sind: der C 16-Typ für M_2B-Phasen, der C 32-Typ für MB_2-Phasen (Abb. 4 u. 5), der D 2_1-Typ für MB_6, sowie einige neue, meist kompliziert aufgebaute Strukturen. Eine Übergangsstellung zwischen der typischen Gruppe von Einlagerungsstrukturen und jener der hier zu besprechenden Boride nehmen die Verbindungen TiB* und ZrB, die nach neueren Untersuchungen ebenfalls zum B1-Typ zu rechnen sind, ein[1]. Interessanterweise überschreitet das Radienverhältnis nicht den kritischen Wert 0,59.

Die komplizierter gebauten Boride vom Typ M_2B_5 schließen sich in ihrem Bauprinzip ganz eng an dasjenige an, wie es für die C 32-Struktur (MB_2) gegeben ist.

Die Abarten der verschiedenen Strukturen MB_2 und M_2B_5 kommen dabei im wesentlichen durch den verschiedenen Rhythmus der Übereinanderlegung der Schichten (Metallschichten und Borschichten) zustande. Im Falle der MB- und M_3B_4-Verbindungen haben wir es mit Gittern zu tun, in denen als Bauelement im wesentlichen Zickzackketten von Boratomen bestehen.

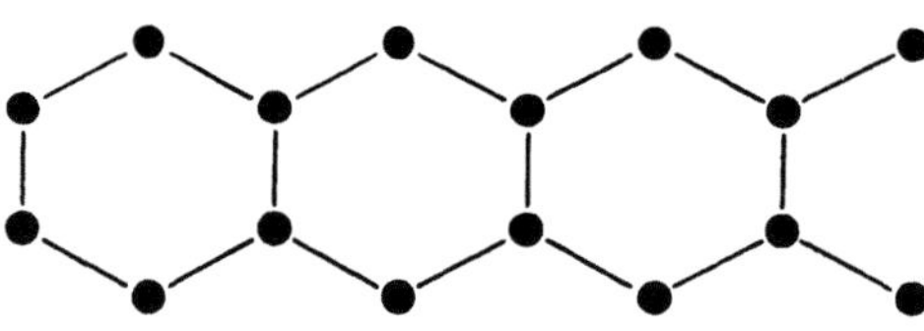

Abb. 6. Doppelketten von Boratomen bei M_3B_4-Strukturen, schematisch (R. Kiessling)

So sind bei den M_3B_4-Strukturen anstatt von Einfachketten Bor-Doppelketten das charakteristische Bauelement (Abb. 6) (Übergang zu den Bornetzen nach der borreichen Seite). Die Verbindungen vom MB_4-Typ sind ihrerseits charakterisiert durch eine noch weitere Vernetzung der Boratome untereinander und man kann sie auffassen als Strukturen mit einer Anordnung von Boratomen, die zwischen einer zweidimensionalen und dreidimensionalen Vernetzung steht. Die Metallatome selbst sind hierbei noch schichtenweise angeordnet. Eine vollkommen dreidimensionale Vernetzung finden wir bei den MB_6-Verbindungen. Schließlich treffen wir auch bei der MB_{12}-Struktur aus naheliegenden Gründen (Hauptmenge Bor) eine dreidimensionale Vernetzung der Boratome, wobei dann die Metallatome in den dabei gebildeten Zwischenräumen liegen.

Interessant ist das analoge Verhalten von Einlagerungsverbindungen einerseits und den Boriden andererseits, indem auch bei letzteren die Phasen häufig einen merklichen Homogenitätsbereich besitzen. Ein Metalloid-(Bor-)Unterschuß kann zwanglos durch Leer-

---

* Nach P. Ehrlich soll allerdings diese Verbindung dem B 3-Typ angehören, wozu zu sagen ist, daß eine Entscheidung zwischen den beiden Auffassungen nicht ganz leicht ist.

[1] Post, B. u. F. W. Glaser: J. Chem. Phys., **20** (1952), S. 1050/51.

stellen im Gitter erklärt werden. Dieser sogenannte Subtraktionstyp bei Mischphasen ist charakteristisch und eindeutig für viele Karbide und Nitride mit Einlagerungsstrukturen nachgewiesen worden.

Die Kristallchemie der *Silizide* ist teilweise gut bekannt, besonders was die in großer Zahl auftretenden Disilizide betrifft. Die Disilizide nehmen ihrem Aufbau nach eine Mittelstellung zwischen den dichten Packungen typischer metallischer Strukturen und den vorhin besprochenen Strukturen ein. Viele Disilizide wurden kristallchemisch von H. J. Wallbaum[1] untersucht; bezüglich der uns interessierenden Metallpartner lassen sich folgende Gruppen angeben:

1. $MoSi_2$, WSi_2 (C 11-Typ),
2. VSi_2, $NbSi_2$, $TaSi_2$, $CrSi_2$ (C 40-Typ),
3. $TiSi_2$, eigener Typ,
4. $ZrSi_2$ (C 49-Typ), dessen Strukturvorschlag jedoch von G. Brauer und A. Mitius[2] angezweifelt wird.

B. Die interatomaren Kräfte

Der Stand der Forschung zeigt, daß es auf Grund der Kristallstruktur (Abstände und Koordination) allein nicht ohne weiteres möglich ist, eine Aussage über das Kräftespiel sowie über die daraus resultierenden und gerade für die Technik wichtigen Eigenschaften zu machen. Neben der Kenntnis des strukturellen Aufbaus müssen noch die energetischen Verhältnisse des Kristalls ermittelt sein, eine Aufgabe, die sich nur durch Anwendung von wellen- bzw. quantenmechanischen Rechenverfahren lösen läßt. Ein erstes Ziel jeder derartigen Behandlung ist daher, das Kräftespiel zwischen den Bausteinen des Gitters (Stärke und Art der Kräfte) abzuschätzen. Es gibt zahlreiche Beispiele, aus denen hervorgeht, daß zwei Stoffe, die bezüglich der Schwerpunktslagen der Teilchen vollkommen gleiches Kristallgitter besitzen, ganz verschiedene Eigenschaften aufweisen können. Die fortschreitende Änderung der Bindungsart läßt sich z. B. sehr klar an der Reihe KF $\rightarrow$ CaO $\rightarrow$ ScN $\rightarrow$ TiC, die alle im B 1-Typ kristallisieren, erkennen, wobei in KF eine vorzugsweise heteropolare, in TiC eine stark metallische Bindung besteht[3].

Der uns hier interessierende Begriff „metallischer Charakter" wird am zweckmäßigsten nur durch das Verhalten hinsichtlich der Elektronenleitfähigkeit bestimmt. Ob also eine Verbindung oder

---

[1] Wallbaum, H. J.: Z. Metallkde. **33** (1941), S. 378/81.
[2] Brauer, G. u. A. Mitius: Z. anorg. allg. Chem. **249** (1942), S. 325/39.
[3] Nowotny, H.: Berg- und Hüttenmänn. Mh. **95** (1950), S. 109/15.

Mischphase mehr oder weniger metallisch ist, wäre demnach auf Grund des Leitwertes zu beurteilen. Bei manchen Hartstoffen fehlen leider diesbezüglich ausreichende Messungen.

Es steht fest, daß die Karbide und Nitride der Übergangselemente gute metallische Leitfähigkeit aufweisen. Ferner ist der metallische Charakter für die Diboride der Übergangsmetalle Titan, Zirkon, Niob, Tantal und Vanadin auf Grund von Leitfähigkeitsmessungen einwandfrei erwiesen[1]; ebenso kann man auch den metallischen Charakter der meisten Silizide als gegeben ansehen.

Die industriell besonders wichtigen Mischkristalle von zwei oder mehreren hochschmelzenden Karbiden haben gleichfalls eine Leitfähigkeit in der Größenordnung von Metallen und einen positiven Temperaturkoeffizienten des Widerstandes. Dementsprechend muß man diesen Stoffen ebenfalls Metallcharakter zuschreiben*.

Zahlentafel 7. *Elektronenaufbau der freien Atome der Übergangsmetalle der 4. bis 6. Gruppe*

| | Bezeichnung der Schale | | | | | | | | | | | | | |
	1s	2s	2p	3s	3p	3d	4s	4p	4d	4f	5s	5p	5d	6s
Gruppe 4 Ti	2	2	6	2	6	2	2							
Zr	2	2	6	2	6	10	2	6	2		2			
Hf	2	2	6	2	6	10	2	6	10	14	2	6	2	2
Gruppe 5 V	2	2	6	2	6	3	2							
Nb	2	2	6	2	6	10	2	6	4		1			
Ta	2	2	6	2	6	10	2	6	10	14	2	6	3	2
Gruppe 6 Cr	2	2	6	2	6	5	1							
Mo	2	2	6	2	6	10	2	6	5		1			
W	2	2	6	2	6	10	2	6	10	14	2	6	4	2

Eine Deutung der Bindungskräfte in den hochschmelzenden Verbindungen sowie eine Erklärung deren besonderer Eigenschaften ist in einer geschlossenen Form heute noch nicht möglich.

Ein formales Schema zur Behandlung solcher Probleme liefert in allen Fällen der Aufbau der freien Atome. Ein gemeinsames Merkmal der hochschmelzenden Metallverbindungen könnte man darin er-

---

* J. T. Norton[2] fand bei derartigen Mischsystemen im Gegensatz zu dem üblichen Verlauf (Leitfähigkeitsminimum) eine lineare Abhängigkeit der Leitfähigkeit von der Zusammensetzung.

[1] Sindeband, S. J. u. P. Schwarzkopf: Electrochem. Soc., 97th Meeting, Cleveland 1950.

[2] Norton, J. T.: Persönliche Mit. 1950.

blicken, daß die Metallkomponente stets zu den Übergangselementen zählt, wobei besonders jene der 4., 5. und 6. Gruppe typisch sind. Wie Zahlentafel 7 erkennen läßt, zeichnen sich diese Metalle im freien Zustand dadurch aus, daß die äußerste d-Schale nicht vollständig besetzt ist.

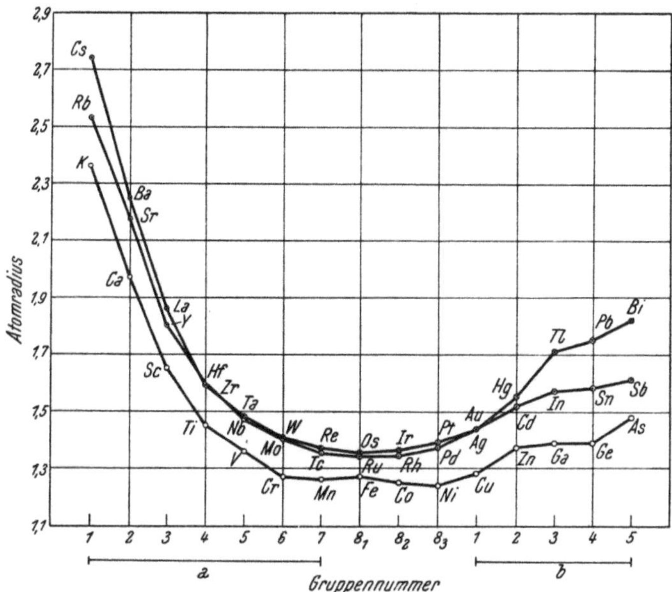

Abb. 7. Atomradien in Abhängigkeit von der Ordnungszahl.

In enger Beziehung zum Periodensystem stehen die Größenverhältnisse der Metallatome (Radien) im festen Zustand. Aus Abb. 7 ist der Gang der Radien ersichtlich und man beobachtet, daß ein Minimum dieser — also ein besonders dichtes Aufeinanderrücken der Atome — zwischen der 4. bis 6. Gruppe angestrebt wird.

Analoge periodische Abhängigkeit findet man auch für den E-Modul, die Kompressibilität, den Ausdehnungskoeffizient, den Schmelzpunkt, die Härte und andere einfache oder zusammengesetzte Eigenschaften. So zeigt Abb. 8 in ausführlicher Weise eine solche Periodizität des E-Moduls nach W. Köster[1].

Andere charakteristische Eigenschaften der festen Übergangsmetalle sind hoher Paramagnetismus bzw. Ferromagnetismus sowie eine vergleichsweise merkliche spezifische Wärme der Elektronen.

---

[1] Köster, W.: Z. Metallkde. **39** (1948), S. 1/12, 111/120, 145/58.

Um den metallischen Zustand zu verstehen, geht man meist von Drudes Vorstellungen über das freie Elektronengas aus. Dieses Elektronengas, das sich zwischen den positiven Atomrümpfen hindurchbewegen kann, vermag erstens das Zustandekommen der hohen elektrischen Leitfähigkeit in einfacher Weise zu erklären und zweitens

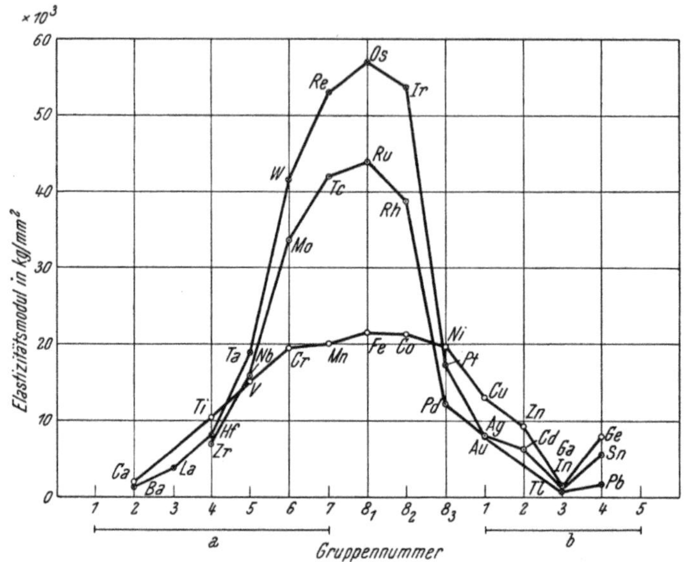

Abb. 8. Elastizitätsmodul in Abhängigkeit von der Ordnungszahl (W. Köster)

infolge der elektrostatischen Anziehung zwischen Elektronen und positivem Metallrumpf ein erstes Bild vom Zusammenhalt derartiger Gitter zu geben. Diese einfache Theorie, bei der eine Bewegung der Elektronen in einem konstanten Feld angenommen wurde, erwies sich aber trotz Teilerfolgen, insbesondere wegen der Folgerungen für die spezifische Wärme der Metalle als unzulänglich. Die Einführung der Quantenmechanik einerseits und des periodischen Kraftfeldes im Gitter andererseits führte dann später zum Bandmodell der Energieverteilung bzw. zur Theorie der *Brillouin*-Zonen.

Dieses Gedankengebäude wurde von N. F. Mott und H. Jones[1] noch weiterentwickelt, die mit Hilfe solcher Überlegungen zur Bestimmung der Energieverteilung bei den Übergangsmetallen Nickel, Palladium und Platin gelangten. Eine interessante Aussage ihrer Berechnungen besteht z. B. im Falle des Nickels bezüglich der Aufteilung der für die Eigenschaften maßgebenden Energiebänder darin,

---

[1] Mott, N. F. u. H. Jones: The Theory and Properties of Metals and Alloys, Clarendon Press, Oxford 1936.

daß die Elektronen nicht, wie im freien Atom, gemäß $(3d)^8$ und $(4s)^2$, sondern im Durchschnitt entsprechend $(3d)^{9,4}$ und $(4s)^{0,6}$ verteilt sind*. In einer vereinfachten Sprache ausgedrückt, gruppieren sich im festen Nickel die Elektronen eines Atoms energetisch so, als ob 1,4 der im freien Atom vorhandenen beiden s-Elektronen jeweils auf die d-Schale übertreten würden. Man ersieht daraus, daß eine für das freie Atom gültige Aufteilung der Valenzelektronen für den festen Zustand nicht zutrifft und daß demnach sowohl Kräftespiel wie auch z. B. Leitfähigkeit in sehr komplizierter Weise vom gesamten Energiezustand abhängen.

Zahlentafel 8. *Verwandtschaft zwischen der Gesamtzahl der verfügbaren äußeren Elektronen und den Elektronen auf Bindebahnen* (L. Pauling)

Gesamtzahl der verfügbaren Elektronen außen		Zahl der Binde-Elektronen*	Zahl der Elektronen auf d-Atombahnen
K	1	1	0
Ca	2	2	0
Sc	3	3	0
Ti	4	4	0
V	5	5	0
Cr	6	5,78	0,22
Mn	7	5,78	1,22
Fe	8	5,78	2,22
Co	9	5,78	3,22
Ni	10	5,78	4,22

* In neueren Arbeiten dieses Autors werden die angegebenen Zahlen bzw. Aufteilungen noch etwas modifiziert, womit ein verfeinertes Modell geschaffen wird.

Von einem anderen Standpunkt aus betrachtet L. Pauling[1-4] die inneren Zusammenhänge zwischen elektronischem Aufbau der Bausteine und ihrer Bindung im Kristall; seine halbempirische Methode erlaubt, eine Beziehung zwischen Radien und der Art der Bindung bzw. Valenz herzustellen. Dabei gelangt er zu dem Schluß, daß z. B. die Valenzen in der Reihe Kalium bis Kupfer den in Zahlentafel 8 gezeigten Gang aufweisen. Bezüglich der besonderen Wahl der Zahlenwerte von Bindungselektronen und Aufteilung dieser Elektronen sei bemerkt, daß diese in Übereinstimmung mit einigen wichtigen experimentellen Befunden ad hoc angenommen werden**.

---

* Die hochgestellte Zahl bedeutet die Zahl der Elektronen, die Klammern das Energieband (Schale).

** Vgl. z. B. die Stellungnahme von W. Hume-Rothery.

[1] Pauling, L.: Phys. Rev. **54** (1938), S. 899/904.

[2] Pauling, L.: The Nature of the Chemical Bond, 2. Aufl., Cornell Univ. Press, Ithaca 1940.

[3] Pauling, L.: J. Am. Chem. Soc. **69** (1947), S. 542/53.

[4] Pauling, L.: Proc. Roy. Soc. London A **196** (1949), S. 343.

Gestützt auf diese so eingeführten Zahlen war Pauling in der Lage, ein weitgehendes Schema für die mathematische Behandlung von Bindungsfragen zu geben.

Grundsätzlich wird in Paulings Theorie die metallische Bindung als eine kovalente Bindung durch Elektronenpaare angesehen und die metallische Valenz ist gleichbedeutend mit der Zahl der an der Bindung beteiligten Elektronenpaare. Eine erhebliche Rolle spielt in dieser Theorie die sogenannte Resonanz, d. h. eine Stabilisierung der Bindung durch ein Pendeln der Elektronenpaare zwischen verschiedenen energetisch gleichwertigen oder annähernd gleichwertigen Grenzzuständen. Der von Pauling benutzte Begriff der Bindezahlen ist das Verhältnis der Anzahl der Elektronenpaare zur Anzahl der Stellungen. Wenn z. B. in einem aus drei Atomen (A, B und C) bestehenden System ein Elektronenpaar zwischen den Stellungen A-B und A-C pendelt, dann wird jeder der beiden Bindungen A-B und A-C die Bindezahl $^1/_2$ zugeschrieben. Solche sogenannte Halbbindungen werden von Rundle zur Deutung der Eigenschaften der Hartstoffe herangezogen.

Während in Paulings Theorie verfügbare äußere s- und p-Bahnen ohne Einschränkung für die Bindung zur Verfügung stehen, wird zwischen zwei prinzipiell verschiedenen Typen von d-Bahnen unterschieden: den sogenannten d-Atombahnen, die nicht zur Bindung beitragen; und den d-Bindungsbahnen, die von Elektronenpaaren besetzt werden können. Wie aus Zahlentafel 7 und 8 ersichtlich ist, führen diese Anschauungen zu einer Sonderstellung für die uns interessierenden Metalle Titan, Zirkon, Hafnium, Vanadium, Niob und Tantal dadurch, daß sie

1. kein Elektron auf einer d-Atombahn und
2. keine maximale Zahl von Bindungselektronen haben.

Diese Metallpartner sind es aber gerade, die hochschmelzende Boride, Karbide und Nitride bilden.

Neuerdings vermochte Pauling zu zeigen, daß die Bandvorstellung (*Brillouin-Zonen*) mit der Theorie der Resonanzbindung in Einklang gebracht werden kann[1].

1. Der Elektronenaufbau von Verbindungen der Übergangsmetalle

Die besondere Art der hier vorliegenden Strukturen legt nahe, die von A. R. Ubbelohde[2] festgestellten Tatsachen und entwickelten Ideen für die Deutung des Aufbaus dieser Verbindungen anzuführen.

---

[1] Pauling L. u. F. J. Ewing: Rev. Mod. Phys. **20** (1948), S. 112.
[2] Ubbelohde, A. R.: Trans. Faraday Soc. **28** (1931), S. 284/91, 275/83, Proc. Roy. Soc. London A **159** (1937), S. 295/306.

Er fand, daß Wasserstoff, der sich in den Übergangsmetallen, wie Palladium, Tantal und Titan, löst, gewissermaßen im metallischen Zustand vorliegt. Dabei nimmt der Autor an, daß Wasserstoff in atomarer Form aufgenommen wird und zu einem Teil in positiv ionisiertem Zustand eingebaut ist. Der experimentelle Befund erfährt eine theoretische Stütze durch die Tatsache, daß man grundsätzlich jeden Stoff in einen metallischen Zustand überführen kann. Nach E. P. Wigner und H. B. Huntington[1] wären z. B. bei Wasserstoff Drucke von $2,5 \cdot 10^5$ Atmosphären erforderlich. Ermittelt man unter vereinfachter Annahme den Gitterdruck, der durch das Auflösen von Wasserstoff in Palladium zustande kommt, so ergibt sich aus der beobachteten Volumzunahme ein übereinstimmender Druckwert.

In Anlehnung an die kurz angedeutete Theorie von Mott und Jones — Palladium ist als homologes Metall ganz ähnlich wie Nickel aufgebaut — kann gefolgert werden, daß der Einbau der von den Wasserstoffatomen abgegebenen Elektronen in die Löcher des d-Bandes erfolgt und dadurch leicht nachweisbar wird, denn in einem solchen Falle (aufgefülltes d-Band) muß das Gitter zwangsläufig diamagnetisch sein. In der Tat konnte durch Experimente diese Annahme vollauf bestätigt werden.

Ganz ähnliche Elektronenverschiebungen sollen sich nun nach Ubbelohde auch bei der Bildung von Einlagerungsverbindungen mit metallischem Charakter ergeben. Der Metallpartner wirkt demnach als Elektronenempfänger.

J. S. Umanski[2] übernimmt diese Anschauungen für die Erklärung des Elektronenzustandes in Karbiden und Nitriden, d. h. also, daß auch Kohlenstoff und Stickstoff als positive Atomrümpfe in den Einlagerungsstrukturen vorliegen.

Die Trägergitter vieler Einlagerungsstrukturen sind zwar im allgemeinen nicht mit dem Metallgitter identisch, doch kann man sich mit Umanski ohne Schwierigkeiten eine der Verbindungsbildung vorausgehende allotrope Umwandlung der Übergangselemente vorstellen. Dies ist umsomehr gerechtfertigt, als die Übergangselemente häufig durch das Bestehen verschiedener allotroper Formen ausgezeichnet sind. Derartige Umwandlungen können entweder durch äußere oder durch innere Drucke bewerkstelligt werden; solche innere Drucke (bis $5 \cdot 10^5$ Atm.) kommen aber gerade durch das Einlagern fremder Atome zustande. Ein Hinweis für die Richtigkeit dieser Theorie ist in der ungefähren Übereinstimmung des Ionisierungspotentials von

---

[1] Wigner, E. P. u. H. B. Huntington: J. Chem. Physics 3 (1935), S. 764/70.

[2] Umanski, J. S.: Ber. Akad. Wiss. USSR, Physik.-chem. Analyse 16 (1943), Nr. 1, S. 127/48.

Kohlenstoff und Stickstoff einerseits und des Wasserstoffs andererseits zu sehen. Einen unmittelbaren Beweis für diese Anschauung liefern die Arbeiten von W. Seith und O. Kubaschewski[1] sowie von W. I. Prosvirin[2]. Erstgenannte Autoren konnten nämlich zeigen, daß im γ-Eisen gelöster Kohlenstoff im elektrischen Feld wandert, und zwar zur Kathode; das legt den Schluß nahe, daß Kohlenstoff im Austenit als positives Ion vorliegt. Ähnliche Ergebnisse fand auch W. I. Prosvirin bei der Diffusion von Kohlenstoff und Stickstoff in Eisen. Im Sinne der Elektronentheorie würde das heißen, daß die gelösten Kohlenstoff- bzw. Stickstoffatome einen Teil ihrer Valenzelektronen an das d-Band des Kristalls abgeben. Die magnetischen und elektrischen Eigenschaften decken sich nach J. S. Umanski mit diesem Bild vollständig.

2. Elektronische Deutung von MX-Verbindungen

Eine Theorie über den Bindungscharakter der wichtigen Gruppe von Einlagerungsverbindungen mit der Zusammensetzung MX wurde neuerlich von R. E. Rundle[3] gegeben. Sie bezieht sich auf die in Zahlentafel 5 angegebenen Einlagerungsphasen, Karbide, Nitride und Oxyde. Die meisten dieser Phasen haben, wie bereits erwähnt, B 1-Struktur. In der Zahlentafel 4 sind jeweils für die verschiedenen Phasen die Abstände Metall-Metall angegeben, wobei man erkennen kann, daß im allgemeinen durch die Einlagerung des Metalloidatoms eine Zunahme des Abstandes M-M erfolgt. Eine Ausnahme davon bilden lediglich die Nitride der seltenen Erdmetalle, bei denen jedoch zweifellos auch starke heteropolare Kräfte eine bedeutende Rolle spielen dürften. Dies zeigt sich im übrigen klar in den Eigenschaften. Von den weiteren Betrachtungen können daher diese Nitride ausgeschlossen werden. R. E. Rundle folgert aus der Vergrößerung des Abstandes Metall-Metall eine Schwächung der M-M-Bindungen und nimmt ferner an, was mit der oben dargelegten Ansicht verträglich ist, daß Elektronen von den M-M-Bindungen abgezogen werden und die Metall-Metalloid-Bindungen verstärken; mit anderen Worten, Rundle glaubt, den hohen Schmelzpunkt in erster Linie durch starke Metall-Metalloid-Bindungen erklären zu können. Auf Grund der hohen Härte (Sprödigkeit) dieser Verbindungen schließt der Autor auf gerichtete Kräfte zwischen Metall- und Nichtmetallatomen. Nachdem das B 1-Gitter bevorzugt auftritt, müßte dieser Bindungstyp so beschaffen sein, daß die Kräfte in der Hauptsache in drei aufeinander senkrechten Richtungen wirken. Das Kräftespiel selbst,

---

[1] Seith, W. u. O. Kubaschewski: Z. Elektrochem. **41** (1935), S. 551/58.
[2] Prosvirin, W. I.: Vestn. Metalloprom. **17** (1937), Nr. 12, S. 102/11.
[3] Rundle, R. E.: Acta Cryst. **1** (1948), S. 180/87.

das Rundle für diese Klasse von Verbindungen für wahrscheinlich hält, geht in seinem Wesen wiederum auf Paulings Vorstellungen der Resonanzbindungen zurück. Die Aufgabe läuft darauf hinaus, entsprechend der 6er Koordination eine geringere Anzahl von Elektronenpaaren als sechs zu verteilen. Man erkennt aus dem elektronischen Aufbau der Atome, daß im allgemeinen, um die sechs Bindungsrichtungen befriedigen zu können, keine vollständige Elektronenpaarbildung in jeder Richtung resultieren kann, sondern daß sich zwangsläufig sogenannte Halbbindungen ergeben. Aus der wellenmechanischen Be-

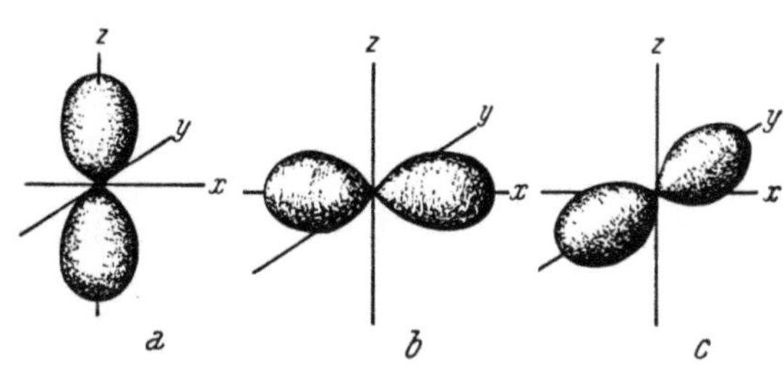

Abb. 9. Dreidimensionale Darstellung der drei p-Bahnen (W. Hume-Rothery)

handlung freier Atome ist die gegenseitige räumliche Orientierung der sogenannten p-Bahnen, die für bestimmte Bindungen maßgebend sind, bekannt, wobei jeweils zwei Bindungen je Bahn einen Winkel von 180° bilden und die der gleichwertigen p-Bahnen aufeinander senkrecht stehen (Abb. 9).

Dieses Bindungsbild ist aber gerade jenes, was auf den Fall der oktaedrischen Umgebung in den MX-Phasen zutrifft. Die Elektronenverteilung hätte man sich in diesem Falle so vorzustellen, daß z. B. bei den leichten Metallen die (2 s)-Bahn von einem Elektronenpaar besetzt ist, während die drei (2 p)-Bahnen die sechs gerichteten Halbbindungen ergeben. Im Sinne Paulings könnte man aber auch die Stabilität des Gitters durch Resonanz aller beteiligten Bindungsbahnen deuten. Im ersten Falle würde eine Bindezahl von $^1/_2$ resultieren, im zweiten Falle müßte man eine solche von $^2/_3$ annehmen. Die Anwendung empirischer Beziehungen über die Metall-Metalloid-Abstände macht tatsächlich derartige Werte wahrscheinlich. Wie man bereits bei den Nitriden der seltenen Erden gesehen hat, dürfte jedoch zunehmende Heteropolarität in Richtung Kohlenstoff/Stickstoff/Sauerstoff die Bindezahl beeinflussen.

3. Versuche zur Deutung der Bindungsfragen bei Boriden und ähnlichen Hartstoffphasen

Wie bereits beim Aufbau der Boride besprochen, sind bei diesen die aus Boratomen gebildeten Bauelemente charakteristisch, wobei gegenüber den meisten Karbiden und Nitriden gerade der X-X-Kontakt eine besondere Aufmerksamkeit beansprucht. Es wurde daher ausführlich diskutiert, ob diesem B-B-Kontakt hinsichtlich der Bindung eine erhebliche Bedeutung zukommt oder ob, ähnlich wie bei den sonstigen Hartstoffphasen, die Bindung M-X wesentlicher ist. Nach R. Kiessling[1], der die Änderungen der Abstände in Boriden systematisch verfolgt, besteht ohne Zweifel eine merkliche Kraft zwischen B-B, nachdem verschiedene Metallatome jeweils nur eine geringe Änderung in den aus Boratomen allein aufgebauten Bauelementen ausüben, dagegen eine größere Abstandsänderung zwischen diesen Bauelementen und den Metallatomen bewirken. R. Kiessling ist bezüglich der Gesamtbindung der Ansicht, daß fast alle Elektronen des Bors an der Bildung von B-B-Bindungen beteiligt sind und daß die Elektronenabgabe an das Metall vermutlich gering ist.

Eine andere Vorstellung wurde in neuerer Zeit von Pauling im Falle des FeB gegeben, der aus den Abstandsverhältnissen wiederum auf Halbbindungen schließt. Man müßte mit diesem Autor dann annehmen, daß Elektronen vom Metallpartner auf das Bor übergehen sollten. Demgegenüber vertritt Kiessling die Ansicht, daß dann B-B-Doppelbindungen auftreten sollten, die sich aber wegen ihres wesentlich kürzeren Abstandes sofort bemerkbar machen müßten. Experimentell fehlen jedoch, wenn man vom Typus der Me_3B_4-Phasen absieht, Hinweise auf derartige B-B-Doppelbindungen.

Abschließend sollte man eher einen Elektronenübergang vom Bor zum Metallgitter annehmen, eine Vorstellung, die sich im großen und ganzen wiederum an jene anschließt, wie sie für die Einlagerungsphasen ebenfalls zugrundegelegt war. Im einzelnen wäre zu folgern, daß neben kovalenten Bor-Bor-Bindungen noch immer eine kräftige Bindung zwischen den Metallatomen und den eventuell schwach geladenen Bauelementen von Bor besteht.

Vorstellungen über das elektronische Kräftespiel in den zu den Diboriden verwandten *Disiliziden* sind in der Hauptsache von H. J. Wallbaum[2] entwickelt worden. Übereinstimmend an den beiden Strukturklassen ist die Tatsache, daß auch bei den Siliziden die Si-Si-Bindungen in gut erkennbaren Silizium-Bauelementen vorliegen. Es zeichnen sich hier meist hexagonale Siliziumnetze (Waben) ab und die Härte solcher Verbindungen spricht außerdem deutlich für das Vorhandensein stark gerichteter Kräfte.

Was die Bindungen in den Hartstoffen betrifft, so kann man aus der Gesamtheit aller vorliegenden Anschauungen und Hypothesen wohl nur sagen, daß, ähnlich wie übrigens bei vielen Legierungs-

[1] Kiessling, R.: Acta Chem. Scand. 4 (1950), S. 209/27.
[2] Wallbaum, H. J.: Z. Metallkde. 33 (1941), S. 378/81.

phasen, eine Überlagerung der möglichen Bindungsarten vorliegt; bei den verschiedenen Hartstoffphasen mag das Verhältnis der Anteile von heteropolarem, homöopolarem und metallischem Bindungstyp verschieden sein. Man kann ferner, wie bereits gesagt, als recht naheliegend annehmen, daß die X-Atome leicht in den positiv ionisierten Zustand übergehen, daß ferner gerichtete M-X-Bindungen bestehen und schließlich merkliche Bindungen X-X ebenfalls vorliegen können. Man gewinnt den Eindruck, daß eine einheitliche Erklärung über den elektronischen Aufbau der Hartstoffe nicht ohne weiteres möglich ist bzw. möglich sein wird, nachdem sie, wie die verschiedenen Bauprinzipien der hier vorkommenden Stoffe zeigen, keine in allen Einzelheiten gemeinsamen Merkmale aufweisen.

C. Versuche zur Errechnung der Härte von Hartstoffen

Die Härte ist neben dem hohen Schmelzpunkt, den guten Warmfestigkeitseigenschaften, der Legierbarkeit mit den Eisenmetallen und der chemischen Beständigkeit, die für die Praxis wichtigste Eigenschaftsgröße metallischer Hartstoffe. Leider ist die Härte keine definierte physikalische Konstante[1]. Man versteht darunter den Widerstand, den ein Stoff dem Eindringen eines anderen Körpers entgegensetzt. Bei diesem Eindringen kann der Gitterverband des Stoffes zerstört (Ritzhärte) oder der Stoff kann plastisch und elastisch deformiert werden (Verformungshärte). Die letztere Härte wird bei der technischen Prüfung gewöhnlich bestimmt (Brinellhärte, Makro- und Mikro-Vickershärte, Knoop-Mikrohärte, Rockwellhärte). Es kann nicht genug betont werden, daß der eigentliche Eindringvorgang, aus dessen Ablauf man eine Härtezahl gewinnt, trotz seiner sehr einfachen Durchführbarkeit ein ungemein komplizierter ist.

Die Härtebestimmung an Hartstoffen ist allerdings keineswegs einfach (s. S. 425) und es hat daher nicht an Versuchen gefehlt, Vergleichswerte der Härte aus physikalischen Größen der Hartstoffkomponenten zu berechnen. Sofern eine solche Grundlage gefunden würde, wäre dies für die Praxis auch insofern von großem Interesse, als man die Möglichkeit hätte, die Härte neuer Hartstoffphasen vorauszusagen.

Sowohl Ritzhärte als auch Verformungshärte sind abhängig von Art und Größe der Bindungskräfte[2,3]. In den vorangehenden Abschnitten wurden die modernen Theorien über die Bindung in metal-

---

[1] Spät, W.: Physik und Technik der Härte und Weiche. Springer-Verlag, Berlin 1940.

[2] Joos, G.: Mitt. dtsch. Akad. Luftfahrtf. 2 (1943), S. 213/20.

[3] O'Neill, H.: Metallurgia 29 (1944), S. 243/47.

lischen Phasen im allgemeinen und in den Einlagerungsphasen im besonderen besprochen. Diese erlauben es zunächst noch nicht, Schlüsse auf Unterschiede in der Härte der verschiedenen Hartstoffphasen zu ziehen. Bei den reinen Metallen, insbesondere bei den hier interessierenden Übergangsmetallen der 4. bis 6. Gruppe des Periodensystems, stehen die Größenverhältnisse der Metallatome (Radien, Atomvolumina) in enger Beziehung zu den mechanischen Eigenschaften, darunter auch der Härte. Die niedrigen Atomradien der Übergangsmetalle bedingen ein besonders dichtes Aufeinanderrücken der in der d-Schale nicht vollständig besetzten Metallatome und damit die hohen atomaren Kräfte. Die für Metalle geltenden Anschauungen können hinsichtlich der Härte nicht ohne weiteres auf Hartstoffphasen übertragen werden. Eher kann man noch die Überlegungen von V. M. Goldschmidt[1] heranziehen; danach ist die „Härtezahl" für Salzkristalle:

$$H = s \cdot \frac{e_M \cdot e_X}{r^m}$$

s: Konstante, die den Strukturtyp charakterisiert
e_M, e_X: formale Valenzzahlen
r: Abstand, M-X
m: ebenfalls vom Strukturtyp abhängige Größe

Es ergibt sich daraus, daß die Härte eindeutig mit dem Strukturtyp in Beziehung steht; es ist also nur ein Vergleich isotyper Gitter sinnvoll. Was die Bindungsart betrifft, so kann TiC rein formell als Endglied der isotypen Reihe mit B 1-Typ: KF → CaO → ScN → TiC aufgefaßt werden.

Dichter gepackte Strukturen sind bei gleichem Abstand härter als weniger hoch koordinierte Gitter, ebenso dürften kubische Gitter — gleiche Abstände und Koordination vorausgesetzt — härter sein als nicht kubische. Der Einfluß des Abstandes geht bei ähnlichem Aufbau klar aus der Reihe: Diamant → Siliziumkarbid → Titankarbid → Silizium hervor, worauf G. Joos[2] hingewiesen hat.

Für Hartstoffphasen wurde von O. Meyer und W. Eilender[3] versucht, auf Grund der alten Ansätze von H. Bottone[4] und anderen[5,6], sowie von E. Friederich[7] aus Mol.-Volumen und Wertigkeit Härtezahlen von Karbiden und Nitriden zu errechnen. Die

[1] Goldschmidt, V. M.: Z. techn. Physik 8 (1927), S. 251/64.
[2] Joos, G.: Mitt. dtsch. Akad. Luftfahrtf. 2 (1943), S. 213/20.
[3] Meyer, O. u. W. Eilender: Arch. Eisenhüttenwes. 11 (1938), S. 545/62.
[4] Bottone, H.: Chem. News 27 (1873), S. 215.
[5] Benedicks, C.: Z. physik. Chem. 36 (1901), S. 529/38.
[6] Rydberg, J. R.: Z. physik. Chem. 33 (1900), S. 353/59.
[7] Friederich, E.: Fortschr. Chem. Phys. u. phys. Chem. 18 (1926), Nr. 12, S. 5/44.

beiden Autoren versuchten bereits auch die molekulare Volumenverminderung (Volumendefekt), welche bei der Bildung von Einlagerungsphasen auftritt, für die rechnerische Ermittlung der Härtewerte heranzuziehen. H. Krainer und K. Konopicky[1] ermittelten einen linearen Zusammenhang zwischen dem Volumendefekt bei Karbiden und der Kompressibilität der metallischen Komponente, der aber mit der Härte nicht symbat geht. Nach dem Volumendefekt (Kompressibilität) sollte die Reihung in der Härte ZrC-TiC-VC-NbC-TaC sein, was aber dem tatsächlichen Mikrohärteverlauf nicht voll entspricht; nach diesem müßte ZrC vor oder nach VC eingereiht werden.

Für den Zusammenhang zwischen mechanischen Größen und strukturellen bzw. thermischen Daten hat R. Born[2] eine Beziehung gefunden, in der die Zerreißfestigkeit eine lineare Funktion der Schmelzwärme ist. Daß die Verhältnisse beim Schmelzen und bei der Verformung sehr verwandt sind, zeigt der Mechanismus des Schmelzens bzw. Gleitens. In beiden Fällen kommt es auf eine gegenseitige Verschiebung von benachbarten Atomschichten an. Da die Härte einen Grenzwert des Verformungswiderstandes darstellt, der von der Größe dieses und vom Verfestigungsverlauf abhängt, sollte auch ein Zusammenhang zwischen Härte und Schmelzwärme bestehen. Bei dem Versuch, einen solchen Ansatz zu finden, dürfte es besonders vorteilhaft sein, die Mikrohärte heranzuziehen, da diese erlaubt, Vergleichswerte an möglichst fehlerfreien Kristallindividuen zu bestimmen. Die Größe des Verformunsgwiderstandes ist in erster Linie abhängig von der Bindungsart und der Gitterstruktur. Eine kennzeichnende Zahl für die Schmelzerscheinung ist die Frequenz ν der Lindemann-Formel. Diese kann nach H. Nowotny[3] als Maß für den Widerstand gegen Verschiebung von Bauelementen gegeneinander — sowohl durch innere (thermische) als auch äußere (mechanische) Energie aufgefaßt werden.

Wenn also ν proportional H ist, dann gilt:

$$H = \text{Konst.} \sqrt{\frac{T_s - T}{M \cdot V^{2/3}}}$$

H = Härte
T_S = Schmelztemperatur °K
T = Prüftemperatur °K
M = Mol.-Gewicht
V = Mol.-Volumen

---

[1] Krainer, H. u. K. Konopicky: Berg- u. Hüttenmänn. Mh. **92** (1947), S. 166/78.

[2] Born, R.: Nature **145** (1940), S. 741/42.

[3] Nowotny, H. u. F. Vitovec: Vortrag „Plansee-Seminar", Reutte/Tirol 1952.

Bei der Anwendung der Formel für reine Metalle zeigt sich ein überraschend ähnlicher Gang zwischen Härte und Frequenzfaktor.

In Zahlentafel 9 sind nun verschieden errechnete Härtezahlen der Karbide der Metalle der 4. bis 6. Gruppe des Periodensystems, ergänzt um Werte für den Diamanten, Siliziumkarbid und Borkarbid, zusammengestellt und praktisch bestimmten Mikrohärtewerten gegen-

Zahlentafel 9. *Berechnete und gefundene Härte von Karbiden*

Karbid	Schmelzpunkt $^\circ$K	Mikro-härte (50 g Be-lastung)	Atom-konzen-tration nach H. Bottone H_1 [1]	Errechnete Härten nach E. Friederich		Frequenz-faktor ν nach H. Nowotny
				H_2 [2]	H_3 [3]	
Titankarbid TiC..	3400	3200	0,167	33,3	4,84	5,6
Zirkonkarbid ZrC	3800	2600	0,134	26,8	—	4,2
Vanadinkarbid VC	3100	2800	0,166	33,4	4,85	5,3
Niobkarbid NbC..	3730	2400	0,144	36,4	—	3,8
Tantalkarbid TaC	4150	1800	0,15	29,01	4,41	3,4
Chromkarbid Cr_3C_2	2170	1300	0,177	28,6	—	—
Molybdänkarbid Mo_2C	2960	1500	0,129	17,2	—	—
WolframkarbidWC	3140	2400	0,160	32,0	—	—
Wolframkarbid W_2C	3000	3000 (W_2C-WC)	0,136	19,1	—	—
Diamant	3970	8000	0,293	117,0	6,97	—
Borkarbid	2720	3700	0,227	13,3	—	—
Siliziumkarbid ...	2450	3500	0,167	32,3	4,75	—

$$^1\ H_1 = \frac{d \cdot Z}{M} \qquad \begin{aligned} &(d = \text{Dichte} \\ &\ Z = \text{Zahl der Atome} \\ &\ M = \text{Molekulargewicht}) \end{aligned}$$

$$^2\ H_2 = \frac{W \cdot d}{M}\, 100 \qquad \begin{aligned} &(W = \text{Wertigkeit} \\ &\ d = \text{Dichte} \\ &\ M = \text{Molekulargewicht}) \end{aligned}$$

$$^3\ H_3 = \tfrac{2}{3} \cdot \frac{W^2}{\left(\dfrac{M}{2d}\right)^{2/3}}$$

übergestellt. Man sieht, daß sich nach den alten Ansätzen von H. Bottone bzw. E. Friederich keine Übereinstimmung im Gang feststellen läßt. Die von H. Nowotny vorgeschlagenen Werte für den Frequenzfaktor zeigen demgegenüber für isotype, gleichartig gebundene Monokarbide eine gute Parallelität mit der Härtereihung. Die Lindemann-Formel erklärt hiermit auch die abnehmende Härte bei steigenden Schmelzpunkten in den Monokarbidreihen TiC-ZrC-HfC bzw. VC-NbC-TaC, bei welchen gleiche Struktur und praktisch dieselbe Bindung gegeben sind.

III. Die Karbide

Von den zu besprechenden Hartstoffen haben die Metallkarbide der 4., 5. und 6. Gruppe des Periodensystems weitaus die größte technische Bedeutung. Es soll daher mit der Behandlung dieser Hartstoffgruppen begonnen werden. Bevor auf die Einzelkarbide und ihre Eigenschaften eingegangen wird, sollen zunächst zusammenfassend die verschiedenen, aber allgemein gültigen Herstellungsmöglichkeiten derselben besprochen werden.

A. Die Herstellung der Karbide

Ganz allgemein lassen sich Karbide durch Einwirkung von Kohlenstoff und Kohlenstoffverbindungen auf Metalle oder Metallverbindungen bei entsprechend hoher Temperatur, zweckmäßig unter Schutzgas, herstellen. Dabei ist die Erzeugung vorzugsweise nach folgenden sechs Wegen möglich:

1. Die Herstellung im Schmelzfluß.

2. Die Karburierung der pulverförmigen Metalle oder Oxyde mit festem Kohlenstoff.

3. Die Karburierung der pulverförmigen Metalle oder Oxyde mit kohlenstoffenthaltenden Gasen, gegebenenfalls unter Zusatz von festem Kohlenstoff.

4. Die Abscheidung aus der Gasphase (Aufwachsverfahren).

5. Die chemische Isolierung aus aufgekohlten Ferrolegierungen bzw. Metallbädern.

6. Die Abscheidung durch Elektrolyse entsprechender Salzschmelzen.

Die den verschiedenen Verfahren zugrundeliegenden schematischen Reaktionsgleichungen sind der Zahlentafel 10 zu entnehmen.

Zahlentafel 10. *Verfahren zur Herstellung von Karbiden*

Verfahren	Reaktionsschema
Synthese aus den Komponenten a) durch Schmelzen b) durch Sintern	$Me + C \rightarrow MeC$ $MeO + C \rightarrow MeC + CO$
Karburierung mit Kohlenstoff enthaltenden Gasen	$Me + C_xH_y \rightarrow MeC + H_2$ $Me + CO \rightarrow MeC + CO_2$
Abscheidung aus der Gasphase	$Me\text{-Halogenid} + C_xH_y + H_2 \rightarrow$ $MeC + \text{Halogenwasserstoff} + (C_mH_n)$ $Me\text{-Carbonyl} + H_2 \rightarrow$ $MeC + (CO, CO_2, H_2, H_2O)$
Umsetzung in Metallschmelzen	$(Fe) + Me + C \rightarrow MeC + (Fe)$
Chemische Isolierung der Karbide und Karbidmischkristalle	$(Ni) + Me_1 + Me_2 + C \rightarrow$ $Me_1C\text{-}Me_2C + (Ni)$
Schmelzflußelektrolyse	$MeO + \text{Alkalikarbonat} +$ $+ \text{Alkaliborat} + \text{Alkalifluorid} \rightarrow$ $MeC + \text{Alkali-Bor-Fluor-Gemenge}$

1. Die Herstellung im Schmelzfluß

Die Bildungstemperaturen und Schmelzpunkte der Hartkarbide sind so hoch, daß die Herstellung auf dem Schmelzwege nur im elektrischen Lichtbogen-, Kohlerohrkurzschluß- oder im Hochfrequenzofen möglich ist. Da zur Erzeugung geschmolzener Körper Temperaturen zwischen 2500 und 4000° erforderlich sind und diese schwer zu beherrschenden Temperaturen bereits über dem Zersetzungspunkt einiger Karbide liegen, erhält man oft Gemische aus Karbid, Metall und elementarem Kohlenstoff. Man zieht daher heute

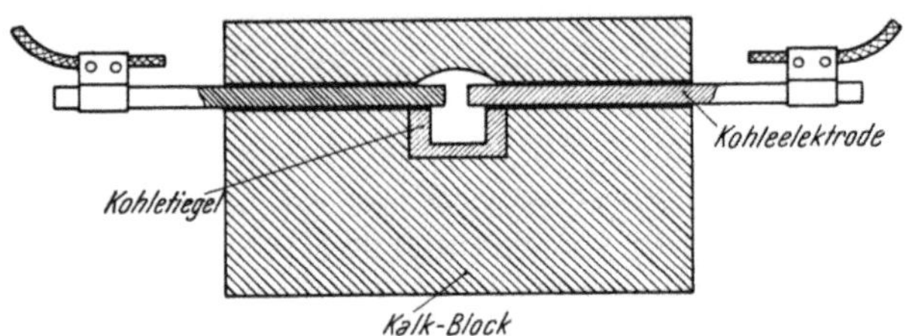

Abb. 10. Moissan-Lichtbogenofen zum Schmelzen von Karbiden, schematisch

die Gewinnung der Karbide im festen pulverförmigen Zustand bei Temperaturen zwischen 1500 und 2000° vor. Lediglich geschmolzenes Wolframkarbid hat sich in Form von Auftropflegierungen für verschleißfeste Teile behauptet. Trotz dieser begrenzten praktischen Anwendung soll auch auf die Schmelzmethode zur Gewinnung von Karbiden näher eingegangen werden, denn es handelt sich um die klassische Weise, nach der H. Moissan[1] die meisten Karbide erstmalig herstellte. In Ermanglung der reinen Metalle ging er von den betreffenden Oxyden aus, mischte diese mit feinpulverisierter Zuckerkohle, verpreßte sie unter Zusatz von etwas Terpentinöl zu Pastillen und erhitzte in einem offenen Kohletiegel im elektrischen Lichtbogen bis zum

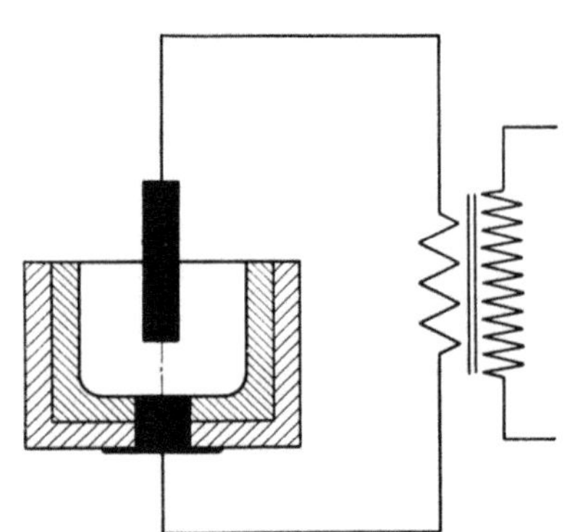

Abb. 11. Siemens-Lichtbogenofen, schematisch

Schmelzen. Abb. 10 zeigt im Schnitt schematisch einen Original Moissan-Ofen. Beim verbesserten Ofen von Siemens (Abb. 11)

---

[1] Moissan, H.: Der elektrische Ofen, übersetzt von T. Zettel, M. Krayn, Berlin 1900.

bildet der Kohletiegel, in welchen Pastillen oder auch die pulverförmigen Gemische portionsweise eingebracht werden, die eine Elektrode, während der zentrisch geführte Kohlestab, welcher in dem Maße, als das Karbid schmilzt, aufgehoben wird, als Gegenelektrode dient. Je nach der Schmelztemperatur sind Ströme von 70 bis 100 V und 400 bis 1000 A erforderlich.

Weitere, häufig zur Karbidherstellung angewandte Ofentypen sind die Cowles- und Acheson-Öfen[1]. Bei diesen wird das Reaktionsgemisch zwischen zwei einander gegenüberstehenden Kohleelektroden aufgeschichtet. Das Gemisch bildet einen elektrischen Leiter von hohem Widerstand und erhitzt sich nach Einschalten des Stromes so hoch, daß es zum Schmelzen kommt[2].

Die Umsetzungen, welche sich bei der Reaktion im Karbidofen abspielen, sind verhältnismäßig verwickelt. Das Oxyd wird zuerst vom Kohlenstoff zum Metall reduziert und dieses verbindet sich mit dem überschüssigen Kohlenstoff zu Karbid, welches, sofern die Temperatur ausreicht und keine neuerliche Zersetzung eintritt, schmilzt. Oft, z. B. beim Titankarbid, tritt intermediär das Metall nicht in Erscheinung. Man erhält das Karbid in Form eines Regulus von kristallinischer Struktur, frei von unverbundenem Metall. Fast immer ist allerdings Kohlenstoff in Form von Graphit zugegen.

Durch Schmelzen haben H. Moissan sowie seine Schüler und andere Forscher, zum Teil erstmalig, die hier interessierenden Karbide des Titans[3], Zirkons[4], Vanadins[5], Chroms[5], Molybdäns[6] und Wolframs[7] aus ihren Oxyden hergestellt.

Heute ist es natürlich auch möglich, von den reinen, pulverförmigen Metallen auszugehen und diese mit Kohlenstoff gemischt niederzuschmelzen, oder auf anderem Wege bereits vorgebildete Karbide als Einsatz zu verwenden. Man kann dazu Lichtbogenschmelzeinrichtungen, wie sie für das Schmelzen von hochschmelzenden Legierungen und den Metallen Molybdän und Wolfram entwickelt wurden, be-

---

[1] Hönigschmid, O.: Karbide und Silizide, W. Knapp, Halle/Saale 1914.

[2] Vgl. auch die sehr eingehende Ausführung über Hochtemperaturöfen von A. Damiens u. A. Morette in P. Lebeau: Les hautes températures et leurs utilisation en chimie. Masson Paris 1950, Bd. 1, S. 507ff., S. 525/30.

[3] Moissan, H.: Compt. rend. **120** (1895), S. 290/96.

[4] Troost L.: Compt. rend. **116** (1893), S. 1227/30.

[5] Moissan, H.: Compt. rend. **122** (1896), S. 1297/1302.

[6] Moissan, H.: Compt. rend. **120** (1895), S. 1320/26.

[7] Moissan, H.: Compt. rend. **123** (1896), S. 13/16, **125** (1897), S. 839/44.

nützen. Abb. 12 zeigt schematisch eine derartige, von der Climax
Molybdenum Co. entwickelte Schmelzanlage nach R. M. Parke und
J. L. Ham[1].

Während die Herstellung von Schmelzkarbiden, die als Ausgangsstoffe für die Erzeugung von Sinterhartmetallen dienen sollen, keine
technische Bedeutung hat, wird geschmolzenes Wolframkarbid, wie
oben gesagt, für Auftropflegierungen mit Zusätzen von Molybdän,
Chrom, Eisen, Kobalt u. a. in geeigneten Kohlerohrkurzschlußöfen
von der Art des kippbaren Tammann-
ofens oder in vertikalen Hochfrequenzöfen im großen hergestellt. Auf weitere
technische   Einzelheiten   moderner
Karbid-Schmelzverfahren   wird   auf
S. 141 eingegangen.

2. Karburierung der pulverför-migen Metalle oder Oxyde mit festem Kohlenstoff

Da die meisten Metalle und deren
Oxyde bereits weit unterhalb ihres
Schmelzpunktes mit Kohlenstoff reagieren, können die Karbide in reiner
und unzersetzter Form schon bei
Temperaturen von etwa 1200 bis
2200° hergestellt werden[2,3,4]. Dieses
Verfahren ist heute bei den Hartmetallerzeugern am gebräuchlichsten
und wird auch für die großtechnische
Herstellung von Wolfram-, Titan-,
Molybdän-, Tantal-, Vanadinkarbid und
andere für die Sinterhartmetallherstel-
lung wichtigen Karbide benützt. Man geht von den reinen pulverförmigen Metallen oder deren Oxyden, in Sonderfällen von den
Hydriden aus. Der Kohlenstoff wird als feingemahlene Zuckerkohle,
am zweckmäßigsten jedoch in Form von ungeglühtem oder geglühtem
Flammruß eingesetzt. Die Metall-Kohle- oder Metalloxyd-Kohle-
Gemenge werden in Kugelmühlen innig trocken oder naß ge-

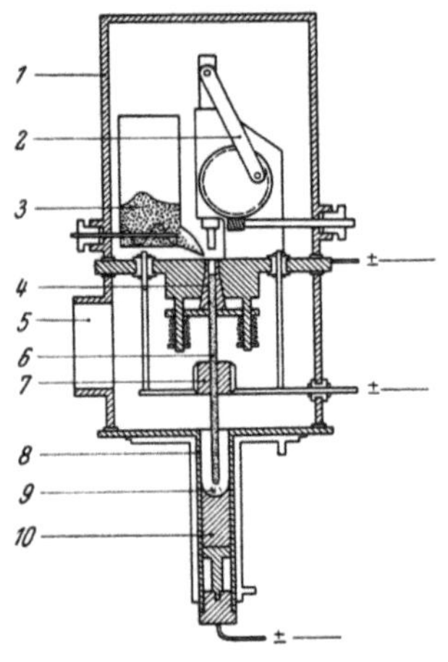

Abb. 12. Vakuum - Lichtbogen-
Schmelzanlage nach R. M. Parke und
J. L. Ham. *1* Vakuumgefäß. *2* Kolben-
antrieb mit Zufuhr. *3* Pulvervorrat.
4 Matrize. *5* Vakuumansatz. *6* Gepreßter Stab. *7* Sinterzone. *8* Wassergekühlte Form. *9* Lichtbogen.
10 Erschmolzenes Karbid

---

[1] Parke, R. M. u. J. L. Ham: Am. Inst. min. metallurg. Engrs., Techn.
Publ. Nr. 2052 (1946).
[2] Ruff, O. u. R. Wunsch: Z. anorg. allg. Chem. **85** (1914), S. 292/328.
[3] Friederich, E. u. L. Sittig: Z. anorg. allg. Chem. **144** (1925), S. 169/89.
[4] Agte, C. u. K. Moers: Z. anorg. allg. Chem. **198** (1931), S. 233/43.

mischt. Bei Metall-Kohle-Gemengen muß man, wegen des Restsauerstoffes in den Metallpulvern und eines Kohlenstoffabbrandes durch die Schutzgasatmosphäre, 5 bis 10% über dem theoretisch notwendigen Gehalt an Kohlenstoff einsetzen. Bei Metalloxyd-Kohle-Gemischen genügen — je nach der Mitwirkung des gebildeten Kohlenoxyds und des verwendeten Schutzgases — für die Reaktion 80 bis 90% des auf CO berechneten Kohlenstoffes. Die Erhitzung des Reaktionsgemisches wird in einer oder mehreren Karburierungsstufen in elektrisch beheizten, seltener gasbeheizten Öfen vorgenommen. Neben kontinuierlich arbeitenden Sintertonerde-Rohröfen und Kohlerohr-Widerstandsöfen, Durchsatzöfen mit Molybdänheizleitern sowie vertikalen 3-Phasen-Kohlegrieß-Öfen sind auch diskontinuierlich arbeitende Hochfrequenzöfen mit Graphittiegeln in Verwendung (s. Kap. IX). Als Schutzgas können Wasserstoff, Kohlenoxyd, Methan und Gemische dieser Gase sowie generatorgasähnliche Gemenge und gespaltenes Ammoniak verwendet werden, falls keine Nitridbildung, wie z. B. bei WC und Mo_2C, zu befürchten ist. Durch Zusatz von Kohlenwasserstoffen, Halogenwasserstoffen, Chlorkohlenwasserstoffen zum Wasserstoff wird die Reaktion im Falle von Ti und wahrscheinlich auch von Zr, V, Nb, Ta und Cr beschleunigt, so daß die Reaktionstemperatur herabgesetzt werden kann[1,2]. Bei Mo und W ist dagegen keine nennenswerte Beschleunigung zu erwarten (s. S. 121).

Im wesentlichen spielt sich die Umsetzung schematisch nach folgenden Hauptreaktionen

$$Me + C \rightleftharpoons MeC* \tag{1}$$
$$MeO + 2\,C = MeC + CO \tag{2}$$

bzw. bei niedriger Reaktionstemperatur auch nach der Formel

$$2\,MeO + 3\,C = 2\,MeC + CO_2 \tag{3}$$

ab.

Nach E. Friederich und L. Sittig[3], welche die Bildung der Karbide im Porzellan- oder Wolframrohrofen vornahmen, tritt die Reduktion der meisten in Betracht kommenden Oxyde der 4. und 5. Gruppe erst bei so hoher Temperatur ein, daß der Kohlenstoff in

---

* Ein Karbidzerfall tritt nur nahe oder oberhalb des Schmelzpunktes der Karbide ein.

[1] Hüttig, G. F., V. Fattinger u. K. Kohla: Powder Met. Bull. 5 (1950), S. 30/37.

[2] Fattinger, V.: in „The Physics of Powder Metallurgy", McGraw Hill, New York 1951, S. 295/301.

[3] Friederich, E. u. L. Sittig: Z. anorg. allg. Chem. 144 (1925), S. 169/89.

Form von Kohlenoxyd austritt. Die erforderliche Menge Kohlenstoff kann also ziemlich genau berechnet werden.

Über die Gasphase spielen sich demnach die Reaktionen

$$MeO + 3\,CO \rightleftharpoons MeC + 2\,CO_2 \qquad (4)$$
$$Me + 2\,CO \rightleftharpoons MeC + CO_2 \qquad (5)$$

sowie die Regeneration der Kohlensäure

$$CO_2 + C \rightleftharpoons 2\,CO \qquad (6)$$

ab.

C. Agte und K. Moers[1] beobachteten, daß man beim Karburieren von Metalloxyden in Graphitrohröfen 15 bis 20% unterhalb der theoretisch zuzumischenden Kohlenstoffmenge bleiben kann. Den restlichen Kohlenstoff liefern Kohlenwasserstoffe, welche sich durch Reaktion des Wasserstoffschutzgases an den heißen Ofenwänden, z. B. nach der Gleichung $C + 2\,H_2 \rightleftharpoons CH_4$ bilden. Neben der Hauptreaktion in fester Phase tritt eine Aufkohlung aus der Gasphase, z. B.

$$Me + CH_4 \rightleftharpoons MeC + 2\,H_2 \qquad (7)$$
$$MeO + CH_4 \rightleftharpoons MeC + H_2 + H_2O \qquad (8)$$

als Nebenreaktion auf, welche den Ablauf der Umsetzung nicht unerheblich beschleunigen kann. Der Wasserstoff selbst kann eine Reduktion zu niedrigeren Oxyden etwa nach den Gleichungen

$$MeO_2 + H_2 \rightleftharpoons MeO + H_2O \quad \text{oder} \qquad (9)$$
$$Me_2O_5 + 2\,H_2 \rightleftharpoons Me_2O_3 + 2\,H_2O \qquad (10)$$

bewirken. Bei der Umsetzung im Vakuumofen oder unter Wasserstoffunterdruck wird man vorzugsweise nach Reaktion 1 und 2 verfahren. Die Reaktionen 4 und 5 über die Gasphase treten nicht in nennenswertem Ausmaße ein.

Der Ablauf der Karburierungsreaktion kann außer durch die unmittelbar an der Reaktion teilnehmenden Gase, wie z. B. CH_4, CO, Propan u. a. auch durch Zusätze von geringen Mengen Chlor, Halogenwasserstoffen oder Chlorkohlenwasserstoffen zur Gasatmosphäre bzw. festes Polyvinylchlorid beeinflußt werden. Diese Stoffe können andere Reaktionen in geringem Ausmaß induzieren, welche den eigentlichen Hauptvorgang der gehemmten Karbidbildung beschleunigen. Tatsächlich konnten G. F. Hüttig und V. Fattinger[2,3]

---

[1] Agte, C. u. K. Moers: Z. anorg. allg. Chem. **198** (1931), S. 233/43.
[2] Hüttig, G. F., V. Fattinger u. K. Kohla: Powder Met. Bull. **5** (1950), S. 30/37.
[3] Fattinger, V.: in „The Physics of Powder Metallurgy", McGraw Hill, New-York 1951, S. 295/301.

bei der Aufkohlung von Titandioxyd in einem modernen Hochtemperaturofen gemäß Abb. 13 eine vollständigere und raschere Karburierung beobachten, wenn das Wasserstoffschutzgas neben Propan noch Chlor-, Brom- oder Jodwasserstoff bzw. flüchtige organische Chlorverbindungen, wie Chloroform oder Tetrachlorkohlenstoff enthält. Ähnliche Beobachtungen machte D. Schuler[1] beim Zusatz von festem Polyvinylchlorid.

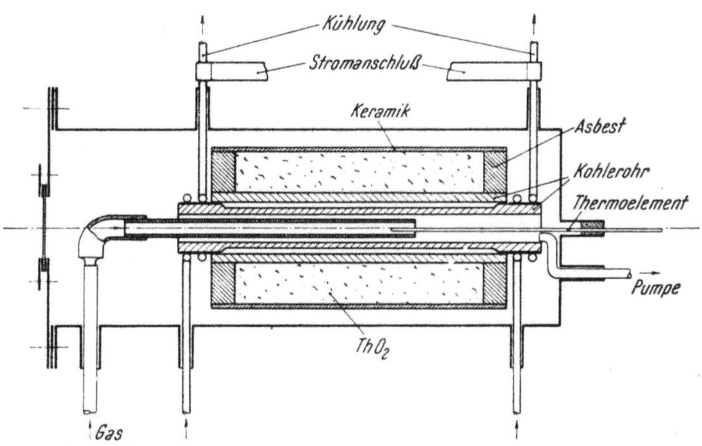

Abb. 13. Vakuum-Kohlerohrkurzschlußofen zur Herstellung von Karbiden, schematisch (G. F. Hüttig und V. Fattinger)

Die Reaktionstemperaturen bei der Umsetzung von Metallen mit festem Kohlenstoff liegen je nach der Karbidart zwischen 1200 bis 2200°. Obwohl mit steigender Temperatur die Karbidbildung rascher abläuft, wählt man wegen des oft unerwünschten Kornwachstums die niedrigst mögliche noch wirtschaftliche Karburierungstemperatur. In Zahlentafel 11 sind die Reaktionstemperaturen für die Herstellung der technisch wichtigsten Karbide aus dem Metall bzw. Hydrid oder dessen Oxyd mit festem Kohlenstoff, gegebenenfalls unter Zusatz von Kohlenwasserstoffen, zusammengestellt.

Im einzelnen werden Molybdän-, Wolfram- und Tantalkarbid am zweckmäßigsten durch Karburierung der Metallpulver mit Ruß bei Temperaturen zwischen 1200 und 1600° gewonnen.

Molybdän bildet Karbide der Formel Mo_2C und MoC. Bei der praktischen Karburierung entspricht der erreichbare Gehalt an gebundenem Kohlenstoff der Formel Mo_2C. Wolfram bildet mit Be-

---

[1] Schuler, D.: Diss. Techn. Hochsch. Zürich 1952.

stimmtheit zwei bei Raumtemperatur stabile Karbide, nämlich W_2C und WC. Bei der üblichen Karburierung in festem Zustand bildet sich vorzugsweise Wolframmonokarbid, im Schmelzfluß W_2C. Die Sinterhartmetalle enthalten ausschließlich das Wolframmonokarbid.

Zahlentafel 11. *Erforderliche Reaktionstemperatur bei der Herstellung von Karbiden durch Karburierung mit festem Kohlenstoff nach verschiedenen Arbeitsweisen*

Karbid	Verfahren	Reaktionstemperatur °C
TiC	TiO_2 + Ruß; Ti (TiH_2) + Ruß; TiO_2 + Ruß + Chlorkohlenwasserstoff	1700 bis 2100
ZrC	ZrO_2 + Ruß; Zr (ZrH_2) + Ruß; ZrO_2 + Ruß + Chlorkohlenwasserstoff	1800 bis 2200
HfC	HfO_2 + Ruß (Hf + Ruß)	1900 bis 2300
VC	V_2O_5 bzw. V_2O_3 + Ruß (V + Ruß)	1100 bis 1200
NbC	Nb_2O_5 bzw. Nb_2O_3 + Ruß (Nb + Ruß)	1300 bis 1400
TaC	Ta_2O_5 + Ruß; Ta + Ruß	1300 bis 1500
Cr_3C_2	Cr_2O_3 + Ruß; (Cr + C)	1400 bis 1800
Mo_2C	MoO_3 + Ruß; Mo + Ruß Mo + Ruß + Kohlenwasserstoff	1200 bis 1400 1100 bis 1300
WC	WO_3 + Ruß; W + Ruß W + Ruß + Kohlenwasserstoff	1400 bis 1600 1200 bis 1400

Bei der Herstellung von Titankarbid geht man von einem Gemenge von möglichst reinem Titandioxyd (TiO_2) mit Ruß aus. Die Karburierungstemperatur liegt hier zwischen 1700 und 2100°. Um den theoretisch erreichbaren Kohlenstoffgehalt zu erzielen, empfiehlt es sich, das gebildete Rohkarbid im Falle einer Überkohlung unter Zusatz von freiem Metall oder Metalloxyd, im Falle einer Unterkohlung unter Zusatz von weiterem Ruß nochmals in einer zweiten Stufe auf Karburierungstemperatur zu erhitzen. Diese Verfahrensweise ist auch bei anderen Karbiden allgemein anwendbar.

Die Herstellung des Zirkonkarbids und Hafniumkarbids geschieht analog zur Gewinnung des Titankarbids aus dem Metalloxydgemenge, wobei allerdings eine Karburierungstemperatur von 1800 bis 2200° notwendig ist.

Vanadin- und Niobkarbid werden durch Karburierung der Tri-, vorzugsweise jedoch der Pentoxyde gewonnen. Die Karburierung der Metalle selbst scheidet in der Praxis wegen des hohen Preises der reinen Metallpulver aus.

Beim Chromkarbid geht man von den Oxyden, seltener von Elektrolytchrom aus.

Über Einzelheiten der technischen Herstellung von pulverförmigen Karbiden, welche für die Sinterhartmetallerzeugung von Bedeutung sind, wird auf S. 71 und auf S. 138 eingehend berichtet.

3. Die Karburierung der Metalle oder Oxyde mit Kohlenstoff enthaltenden Gasen, gegebenenfalls unter Zusatz von festem Kohlenstoff

Im vorigen Abschnitt wurde erwähnt, daß die Karbidbildung im festen Zustand teilweise über die Gasphase läuft und durch Kohlenwasserstoffe im Schutzgas beschleunigt werden kann. Die Gasaufkohlung von Metallen erfolgt bei höheren Temperaturen nach der allgemeinen Gleichung

$$\text{Metall} + \text{Kohlenwasserstoff} = \text{Metallkarbid} + \text{Wasserstoff}$$

Bei dieser Umsetzung muß in der Praxis darauf geachtet werden, daß der Partialdruck des Kohlenwasserstoffes nur so groß ist, daß der freiwerdende Kohlenstoff sofort vom Metall als Karbid gebunden und nicht als überschüssiger Ruß oder graphitischer Kohlenstoff abgeschieden wird.

Zwecks Herstellung von hochschmelzendem Leuchtkörpermaterial wurde schon 1905 Tantalkarbid und 1908 von F. Skaupy[1] Wolframkarbid auf diesem Wege erzeugt. Die genauen Bedingungen der Umsetzung wurden aber erst viel später geklärt[2,3].

Bei der Aufkohlung von Tantaldrähten mit methanhaltigem Wasserstoff sind nach K. Becker und H. Ewest[4] bei 2500°, $^1/_8$ bis $^1/_4$% CH_4 im Wasserstoff-Reaktionsgas erforderlich. Die Geschwindigkeit des Aufkohlens hängt weitgehend vom Drahtdurchmesser ab und bei etwa 2380° sind Drähte von 0,1 mm Durchmesser in 10 bis 15 Minuten durchkarburiert.

---

[1] Skaupy, F.: Z. Elektrochem. **33** (1927), S. 487/91.

[2] Andrews, R. M.: J. Phys. Chem. 27 (1923), S. 270/83; Andrews, M. R. u. S. Dushman: J. Phys. Chem. **29** (1925), S. 462/72.

[3] Becker, K.: Z. Elektrochem. **34** (1928), S. 640/42; Z. Metallkde. **20** (1928), S. 437/41.

[4] Becker, K. u. H. Ewest: Z. techn. Physik 11 (1930), S. 148/50 u. 216/20.

Nach dem Aufwachsverfahren[1,2] hergestellte Hafnium-, Niob- und Molybdänschichten können, ähnlich wie Tantal, ebenfalls aus der Gasphase aufgekohlt werden[3,4].

Die Aufkohlung von Wolframdrähten mit Benzoldampf oder Methan ist eingehend von K. Becker[5] untersucht worden. Die Verhältnisse sind hier etwas verwickelter als beim Tantal, weil sich die Reaktionen

$$W + CH_4 \rightleftharpoons WC + 2\,H_2$$
$$2\,W + CH_4 \rightleftharpoons W_2C + 2\,H_2 \text{ und}$$
$$2\,WC + 2\,H_2 \rightleftharpoons W_2C + CH_4$$

je nach Temperatureinstellung abspielen können. In durchkarburierten Drähten konnte röntgenographisch nur W_2C festgestellt werden, während an der Oberfläche teilweise karburierter Drähte größtenteils WC gefunden wurde. Die Kohlenstoffaufnahme beginnt bei etwa 980°, bei 1900° ist ein Draht von 0,3 mm Stärke bei einer Methankonzentration von 1% im Reaktionsgas in 30 Sekunden durchkarburiert.

Neuestens berichten auch I. E. Campbell, C. F. Powell, D. H. Nowicki und B. W. Gonser[6] im Rahmen einer eingehenden Arbeit über die Abscheidung von hochschmelzenden Materialien aus der Gasphase, über die Aufkohlung von Molybdän, Wolfram, Niob, Tantal und Chrom mit Methan und Kohlenwasserstoffen in Wasserstoff- bzw. Wasserstoff-Stickstoffatmosphäre. Dazu wurde eine Apparatur gemäß Abb. 14, S. 51 verwendet. Angaben über das Reaktionsschema, die Zersetzungstemperatur und den Gasdruck sind in Zahlentafel 12 zu finden.

Nach Untersuchungen von M. Niessner und E. Fitzer[7] ist es auch möglich, Wolfram- und Molybdändiffusionsschichten, welche auf Eisenkörper aufgebracht wurden, bei Temperaturen von etwa 1000° mit Propan-Butan-Wasserstoffgemischen aufzukohlen. Die karbidhaltige Oberflächenschicht ist sehr hart und verschleißfest.

---

[1] van Arkel, A. E. u. J. H. de Boer: Z. anorg. allg. Chem. 148 (1925), S. 345/50.

[2] de Boer, J. H. u. J. D. Fast: Z. anorg. allg. Chem. 153 (1926), S. 1/8, 187 (1930), S. 177/89, 193/208.

[3] Moers, K.: Z. anorg. allg. Chem. 198 (1933), S. 243/61.

[4] Westgren, A. u. G. Phragmen: Z. anorg. allg. Chem. 156 (1926), S. 27/36.

[5] Becker, K.: Z. Elektrochem. 34 (1928), S. 640/42; Z. Metallkde. 20 (1928), S. 437/41.

[6] Campbell, I. E., C. F. Powell, D. H. Nowicki u. B. W. Gonser: J. Electrochem. Soc. 96 (1949), S. 318/33.

[7] Niessner, M. u. E. Fitzer: 1. Internat. pulvermet. Tagung, Graz 1948, Ref. 45.

Während die Aufkohlung von Wolframdrähten keine technische Bedeutung erlangt hat, ist die Aufkohlung von Wolframpulver aus der Gasphase aussichtsreicher. Beim Überleiten von Kohlenoxyd über Wolframpulver findet nach S. Hilpert und M. Ornstein[1] zwischen 800 und 1000° eine Kohlenstoffaufnahme statt, die bei 860° zur Bildung von Wolframmonokarbid führt. Bei Verwendung

Zahlentafel 12. *Aufkohlung hochschmelzender Metalle aus der Gasphase* (I. E. Campbell, C. F. Powell, D. H. Nowicki u. B. W. Gonser)

Karbid	Abscheidungsreaktion	Abscheidungs-temperatur $^\circ$ C	Gesamt-gasdruck
Molybdänkarbid MoC	$Mo + H_2 + CH_4 \rightarrow$ $MoC + H_2 + (CH)$[1]	700	$\sim$ 1 atm.
Molybdänkarbid Mo$_2$C	$Mo + H_2 + CH_4 \rightarrow$ $Mo_2C + H_2 + (CH)$	800	$\sim$ 1 atm.
Wolframkarbid WC..	$W + 3 N_2 + H_2 + C_xH_y$[2] $\rightarrow$ $WC + H_2 + N_2 + (CH)$	1000 bis 2200	1 atm.
Wolframkarbid α-W$_2$C	$W + H_2 + C_xH_y \rightarrow$ α-$W_2C + H_2 + (CH)$	2100 bis 2400	1 atm.
Wolframkarbid β-W$_2$C	$W + H_2 + C_xH_y \rightarrow$ β-$W_2C + H_2 + (CH)$	2440 bis 2550	1 atm.
Niobkarbid NbC	$Nb + H_2 + C_xH_y \rightarrow$ $NbC + H_2 + (CH)$	1300	1 atm.
Tantalkarbide	$Ta + H_2 + C_xH_y \rightarrow$ Tantalkarbide $+ H_2 +$ $+ (CH)$	1300 bis 2900	1 atm.
Chromkarbide	$Cr + H_2 + CH_4 \rightarrow$ Chromkarbide $+ H_2 +$ $+ (CH)$	600 bis 800	$\sim$ 1 atm.

[1] Kohlenwasserstoff-Spaltprodukte.
[2] CH_4, C_6H_6, $C_6H_5CH_3$, C_2H_2, $CO + H_2$ u. a.

von Methan an Stelle von Kohlenoxyd entsteht schon bei 800° das WC. Bei höheren Glühtemperaturen wird mehr Kohlenstoff aufgenommen, was aber nicht auf die Bildung eines höheren Karbides, sondern lediglich auf Abscheidungen von freiem Kohlenstoff zurückzuführen ist.

Die Aufkohlung von Wolframpulver zur Herstellung von Wolframkarbid durch Behandlung mit Leuchtgas, Kohlenoxyd oder Wasserstoff-Benzoldampf-Gemischen bei etwa 1000° wurde auch für tech-

---

[1] Hilpert, S. u. M. Ornstein: Ber. d. deutsch. chem. Ges. **46** (1913), S. 1669/75.

nische Zwecke vorgeschlagen. Näheres darüber bei Wolframkarbid auf S. 129.

Selbstverständlich sind mit gasförmigen Kohlungsmitteln auch die Metallpulver von Titan, Zirkon, Hafnium, Vanadin, Niob, Tantal, Chrom und Molybdän in Karbide überzuführen. Sehr vorteilhaft ist dabei ein Zusatz von Ruß, der die Karburierungsarbeit des gasförmigen Kohlungsmittels teilweise übernimmt. Daß dabei Zusätze von Halogenwasserstoffen oder Chlorkohlenwasserstoffen zum Schutzgas nach G. F. Hüttig, V. Fattinger und K. Kohla[1] die Reaktion in gewissen Fällen beschleunigen können, wurde schon erwähnt (S. 40). Die Karburierung von Oxyden mit Kohlenstoff abgebenden Gasen wird selten vorgenommen. Der Weg ist jedoch bei der Herstellung von Molybdänkarbid und Wolframkarbid gangbar.

4. Die Abscheidung aus der Gasphase (Aufwachsverfahren)

Die Herstellung größerer Mengen von technisch reinen Hartkarbiden geschieht heute meist nach den im Abschnitt 2 und 5 beschriebenen Verfahren. Eine Möglichkeit zur Herstellung von *reinsten* hochschmelzenden *Hartstoffen* (Karbiden, Nitriden, Boriden und Siliziden) bietet das sogenannte „Aufwachsverfahren[2]" (s. S. 210). Das Verfahren beruht darauf, daß an einem glühenden Faden eines hochschmelzenden Metalles (meist Wolfram, Platin, Iridium, Molybdän, Tantal oder Niob), eines Hartstoffes oder von Kohle, Dampfgemische aus einer Metallhalogenverbindung, Kohlenoxyd oder einem Kohlenwasserstoff und Wasserstoff gleichzeitig zur Zersetzung und Reaktion gebracht werden. Man erhält das Karbid allerdings in geringen Mengen, aber in kurzer Zeit und in einer für physikalische Messungen besonders günstigen Form. Das Aufwachsverfahren hat seinen Vorläufer im sogenannten „Substitutionsverfahren" von A. Just und F. Hanamann[3] für die Herstellung von Wolframfäden. Auf einem dünnen glühenden Kohlefaden wurde aus einer Atmosphäre von Wolframhexachlorid und Wasserstoff eine gleichmäßige Wolframschicht niedergeschlagen. In einer zweiten Stufe wurde dieser Wolframmanteldraht auf helle Weißglut erhitzt, wobei der Kohlekern unter Karbidbildung vom Wolframmantel aufgenommen wurde. Das so erhaltene wolframkarbidhaltige Wolframröhrchen

---

[1] Hüttig, G. F., V. Fattinger u. K. Kohla: Powder Met. Bull. 5 (1950), S. 30/37.

[2] Fast, J. D.: Vortrag 1. Internat. Pulvermet. Tagung, Graz, Ref. Nr. 20.

[3] D.R.P. 154262 (1903), 184379 (1905), 193221 (1906).

wurde dann unter feuchtem Wasserstoff so lange gesintert, bis Entkohlung eingetreten war.

Bei dem Aufwachsverfahren wird das betreffende Karbid in reiner kompakter und unter bestimmten Umständen einkristalliner Form auf den Glühdraht niedergeschlagen. Die Reaktion verläuft beispielsweise bei der Bildung von Zirkonkarbid nach der Bruttogleichung

$$ZrCl_4 + CH_4 \; (+ H_2) \; \rightleftharpoons \; ZrC + 4\,HCl \; (+ H_2).$$

Dieses Verfahren, welches früher schon zur Abscheidung reiner hochschmelzender Metalle, wie Wolfram[1], Molybdän[2], Titan[3], Zirkon[4], Hafnium[5] u. a. benutzt worden war, wobei natürlich das Reaktionsgas keinen kohlenstoffabgebenden Zusatz enthielt, wurde von A. E. van Arkel[3,6], erstmalig auch zur Herstellung von Karbiden des Zirkons, Titans und Tantals aus deren Halogenverbindungen in Gegenwart von Kohlenoxyd und Wasserstoff angewandt.

K. Moers[7] hat sich ebenfalls sehr eingehend mit dem Verfahren beschäftigt und unter Benutzung von Kohlenwasserstoffen, wie z. B. Toluol, Methan, Azetylen, weitere Karbide hergestellt.

Nach K. Moers sind für den Ablauf der Reaktion, die Fadentemperatur und das Verhältnis der Konzentration der Reaktionsteilnehmer von wesentlicher Bedeutung. Die Fadentemperatur muß stets so gewählt werden, daß sie über dem Schmelzpunkt der Metallkomponente liegt. Die Abscheidung von Wolframkarbid und Tantalkarbid gelingt daher wegen der hohen Schmelzpunkte der Metalle nur unvollkommen. Die Partialdrucke der Reaktionsteilnehmer müssen ferner so eingestellt werden, daß der Metallhalogeniddampf eine größere Konzentration hat als der die Kohlenstoffkomponente enthaltende Dampf. Dadurch kann erreicht werden, daß sich die Metallkomponente nicht als solche abscheidet und daß die Kohlenkomponente überwiegende Mengen Halogeniddampf vorfindet, ohne daß sich elementarer Kohlenstoff niederschlägt.

Der Wasserstoff erleichtert die Fadenreaktion infolge seines Reduktionsvermögens. Die Zerfallstemperaturen der Halogenverbindungen werden zum Teil bedeutend herabgesetzt; sie liegen unter H_2,

---

[1] Koref, F.: Z. Elektrochem. 28 (1922), S. 511/17; van Arkel, A. E.: Physica 3 (1923), S. 76/87.

[2] Fischvoigt, H. u. F. Koref: Z. techn. Physik 6 (1925), S. 296/98.

[3] van Arkel, A. E. u. J. H. de Boer: Z. anorg. allg. Chem. 148 (1925), S. 345/50.

[4] de Boer, J. H. u. J. D. Fast: Z. anorg. allg. Chem. 187 (1930), S. 177/89.

[5] de Boer, J. H. u. J. D. Fast: Z. anorg. allg. Chem. 187 (1930), S. 193/208.

[6] van Arkel, A. E.: Physica 4 (1924), S. 286/301.

[7] Moers, K.: Z. anorg. allg. Chem. 198 (1931), S. 243/61.

sogar noch tiefer als beim Arbeiten im Vakuum. Je dünner der Glühfaden ist, umso leichter kommt die Reaktion in Gang. Auch gekrümmte Flächen und kantige Ansätze begünstigen die Reaktion am Trägerdraht. Die Geschwindigkeit der Aufwachsung ist — abgesehen von dem entscheidenden Einfluß der Fadentemperatur — bei den einzelnen Reaktionen je nach Metall verschieden. Um einen Draht vom Durchmesser 0,05 mm auf etwa 0,35 mm anwachsen zu lassen, werden Zeiten, die zwischen 2 und 30 Minuten schwanken, gebraucht. Sehr schnell wachsen z. B. Zirkonkarbid und Hafniumkarbid auf.

Je tiefer die Fadentemperatur gewählt wird, umso feinkristalliner ist die Abscheidung. Meist bilden sich lose zusammenhängende Kristallhaufwerke, deren Gefüge locker und porös ist. Je höher die Fadentemperatur ist, umso größere Kristalle entstehen, wobei die Schicht fest auf dem Faden haftet.

Bei mittleren Fadentemperaturen übt die Struktur des als Träger dienenden Drahtes keinen oder nur geringfügigen Einfluß auf die Abscheidungsform des Aufwachsproduktes aus. Die Abscheidung erfolgt polykristallin, gleichgültig ob der als Träger verwendete Draht selbst polykristallin oder einkristallin ist. Wird dieser jedoch extrem hoch erhitzt, dann wird erreicht, daß bei Verwendung von Einkristall- oder Langkristallfäden und konstant gehaltener Temperatur die Aufwachsung völlig einkristallin wird. Es ist so K. Moers gelungen, von den meisten einheitlichen Verbindungen Einkristallaufwachsungen mit wohlausgebildeten Flächen und Kanten zu erhalten. Für die Abscheidungsform ist die Gegenwart von reaktionsfähigen oxydierenden Fremdgasen von Einfluß. Schon Spuren von Sauerstoff, Wasserdampf und Kohlendioxyd bewirken eine starke Veränderung der Aufwachsform, indem lange spießige oder knollige Kristalle vom Draht aus in den Raum hineinwachsen. Aufwachsungen dieser Art sind locker und brüchig, während die einkristallinen Überzüge sich durch hohe Dichte und relativ große Zugfestigkeit auszeichnen.

In Zahlentafel 13 sind die Ergebnisse und die Abscheidungsbedingungen einiger Karbide bei der Abscheidung auf einer Wolframseele nach K. Moers zusammengestellt. In der 2. Spalte der Tafel ist die Temperatur des Wolframdrahtes, in der 4. und 6. Spalte die Temperatur (Einstelltemperatur) angegeben, die dem günstigsten Dampfdruck der Metallhalogenverbindung bzw. des Kohlenwasserstoffs entspricht. Nach dem Aufwachsverfahren kann man auch schlechtleitende Karbide, z. B. Siliziumkarbid, niederschlagen. Als Träger eignen sich in diesem Falle an Stelle der Wolframseele besser Kohlenstoffäden oder Zirkonkarbid- bzw. Tantalkarbidaufwachsschichten.

Die Gewinnung von Überzügen, welche aus mehreren Karbiden bestehen, gelingt nach K. Moers nur in einzelnen Fällen. Es ergibt sich in der Regel, daß die Reaktionsgeschwindigkeit in der Abscheidung der festen Phase die ausschlaggebende Rolle spielt und falls der Unterschied in den Geschwindigkeiten der Abscheidungsvorgänge erheblich ist, eine völlige Unterdrückung der langsamer verlaufenden Reaktion erfolgt. Man kann so eine Stufenleiter der Fadenreaktion bezüglich ihrer Geschwindigkeit für einen engen Temperaturbereich

Zahlentafel 13. *Abscheidungsbedingungen für verschiedene Karbide nach dem Aufwachsverfahren* (K. Moers)

Karbid	Günstigste Faden- temperatur $^\circ$ K	Ausgangsmaterial für			
		Metall- kom- ponente	Einstell- temperatur $^\circ$ C	Kohlenstoff- komponente	Einstell- temperatur $^\circ$ C
Zirkonkarbid ZrC ...	2000 b. 2700	$ZrCl_4$	300 b. 350	$C_6H_5 \cdot CH_3$	— 15
Hafniumkarbid HfC .	2400 b. 2800	$HfCl_4$	300 b. 350	$C_6H_5 \cdot CH_3$	— 15
Titankarbid TiC	1600 b. 2000	$TiCl_4$	20	$C_6H_5 \cdot CH_3$	— 15
Vanadinkarbid VC ..	1800 b. 2300	VCl_4	50	$C_6H_5 \cdot CH_3$	— 15
Siliziumkarbid SiC schwarz	1600 b. 2300	$SiCl_4$	— 5	$C_6H_5 \cdot CH_3$	+ 20
Siliziumkarbid SiC gelb, durchsichtig..	2300 b. 2700	$SiCl_4$	— 25	$C_6H_5 \cdot CH_3$	+ 20

aufstellen. Mit der Höhe der Fadentemperatur ist natürlich auch ein Wechsel in der Reihenfolge möglich.

Wird z. B. ein Reaktionsgemisch von Zirkonchlorid, Titanchlorid, Toluoldampf und Wasserstoff am glühenden Faden zur Reaktion gebracht, wobei Zirkonchlorid und Titanchlorid in ungefähr gleicher Konzentration angewendet werden, so schlägt sich statt eines Gemisches von Zirkonkarbid und Titankarbid innerhalb eines gewissen größeren Temperaturbereiches nur das Zirkonkarbid ab. Die langsamer verlaufende Bildung von Titankarbid wird völlig unterdrückt. Bei einem Gemisch aus Tantalchlorid, Zirkonchlorid, Toluol und Wasserstoff wird bei niederen Temperaturen (900 bis 1500°) nur Tantalmetall abgeschieden, da die Geschwindigkeit der Reduktion des Tantalchlorides zum Metall selbst noch die Geschwindigkeit der Zirkonkarbidbildung übertrifft. Die Zirkonkarbidbildung ist also träger als die Tantalbildung, aber lebhafter als die Titankarbidbildung.

Nur in den Fällen, wo bei Einhaltung bestimmter Temperaturgrenzen eine annähernde Übereinstimmung in der Geschwindigkeit der am Faden stattfindenden Reaktion vorhanden ist, lassen sich Gemische hochschmelzender Verbindungen niederschlagen.

Selbstverständlich ist es möglich, durch Variation der Abscheidungstemperaturen Schichten von verschiedenen Karbiden übereinander abzuscheiden und durch Diffusionsglühung bei Temperaturen über 2200° zu Karbidmischkristallen zu kommen.

W. G. Burgers und J. C. M. Basart[1] verwendeten bei der Herstellung von Titankarbid, Zirkonkarbid und Tantalkarbid aus $TiCl_4$, $ZrCl_4$ bzw. $TaCl_5 + H_2$ einen Kohlefaden als Aufwachsdraht. Bei Abscheidungstemperaturen von 1800 und 2500° scheidet sich unter Auflösung des Kohlefadens ein Karbidröhrchen mit einem Kohlenstoffgehalt ab, der allerdings weit unter dem theoretisch zu erwartenden liegt.

Durch Glühen im Hochvakuum zwecks Ausdampfen des gelösten Metalles oder durch Umsetzung des Metallüberschusses in einer Kohlenwasserstoffatmosphäre gelangt man zu den reinen Karbiden.

Beim Glühen eines Kohlefadens in einer $TiCl_4$-, einer $ZrCl_4$- oder einer $TaCl_5$-H_2-Atmosphäre kann sowohl Karbidbildung als auch Metallabscheidung eintreten. Meist werden beide Prozesse nebeneinander stattfinden. Die Drahttemperatur bestimmt einerseits die Geschwindigkeit der Karbidbildung, insbesondere die Diffusionsgeschwindigkeit des Metalles und des Kohlenstoffs in der schon gebildeten Karbidschicht, andererseits die Dissoziation des Chloriddampfes und die Abscheidung des Metalles. Bei verhältnismäßig hoher Fadentemperatur wird die Diffusion rascher als die Abscheidung verlaufen und das abgeschiedene Metall wird sich solange zu Karbid umsetzen, bis aller Kohlenstoff verbraucht ist. Darüber hinaus abgeschiedenes Metall kann offenbar vom Karbid in fester Lösung aufgenommen werden. Ist die Drahttemperatur verhältnismäßig niedrig, dann ist die Metallabscheidung rascher als die Karbidbildung und das Metall wird sich schon absetzen oder im Karbid in Lösung gehen, bevor noch der ganze Kohlefaden verbraucht ist. Die beschriebenen Vorgänge kann man deutlich am Verlauf der Änderung des elektrischen Widerstandes der Drähte verfolgen.

Neben Schichten aus hochschmelzenden Metallen haben auch Karbid-, Borid- und Nitridüberzüge für hochzunder- und hochwarmfeste Zwecke neuerdings größeres Interesse gefunden. Das Aufwachsverfahren wurde in diesem Zusammenhang von I. E. Campbell, C. F. Powell, D. H. Nowicki und B. W. Gonser[2] sehr eingehend untersucht und eine große Zahl derartiger Schichten aufgedampft. Eine moderne Apparatur für die Behandlung von Drähten ist

---

[1] Burgers, W. G. u. J. C. M. Basart: Z. anorg. allg. Chem. 216 (1934), S. 209/22.

[2] Campbell, I. E., C. F. Powell, D. H. Nowicki u. B. W. Gonser: J. Electrochem. Soc. 96 (1949), S. 318/33.

in Abb. 14 wiedergegeben, eine solche für Düsen auf S. 675 abgebildet.
Das gasförmige Reaktionsgemisch wird in einem besonderen Ver-

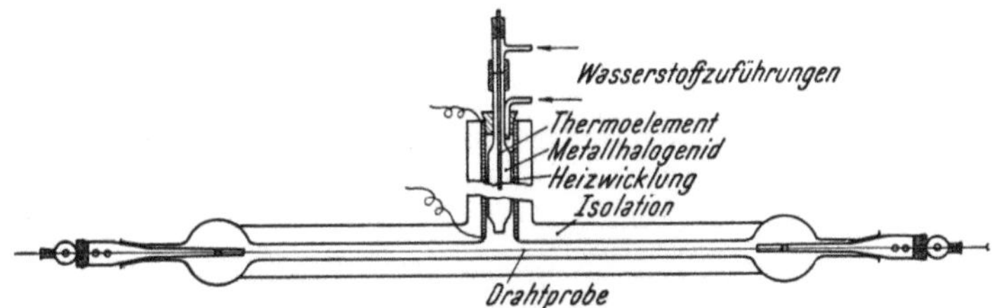

Abb. 14. Aufdampfapparatur für Drähte (I. E. Campbell, C. F. Powell,
D. H. Nowicki und B. W. Gonser)

dampfer erzeugt und die Reaktionsprodukte werden sofort aus dem
Reaktionsraum abgeführt, was verfahrensmäßige Vorteile hat. Die
von den Autoren gemachten Angaben über Reaktionsverlauf und
Abscheidungstemperaturen bestätigen die Angaben von A. E. van
Arkel und K. Moers. Da die Ergebnisse bereits gewisse praktische
Bedeutung zu haben scheinen, werden sie in Zahlentafel 14 auszugs-
weise wiedergegeben.

Zahlentafel 14. *Abscheidungsbedingungen für verschiedene Karbide nach dem Aufwachsverfahren* (I. E. Campbell, C. F. Powell, D. H. Nowicki u. B. W. Gonser)

Karbid	Abscheidungsreaktion	Abscheidungs-Temperatur °C	Gesamt-gasdruck
Titankarbid TiC	$TiCl_4 + H_2 + C_xH_y$ [1] $\rightarrow$ $TiC + HCl + (CH)$ [2]	1300 bis 1700	1 atm.
Zirkonkarbid ZrC ...	$ZrCl_4 + H_2 + C_xH_y \rightarrow$ $ZrC + HCl + (CH)$	1700 bis 2400	1 atm.
Hafniumkarbid HfC .	$HfCl_4 + H_2 + C_xH_y \rightarrow$ $HfC + HCl + (CH)$	2100 bis 2500	1 atm.
Vanadinkarbid VC ..	$VCl_4 + H_2 + C_xH_y \rightarrow$ $VC + HCl + (CH)$	1500 bis 2000	1 atm.
Borkarbid B_4C	$BCl_3 + H_2 + C_xH_y \rightarrow$ $B_4C + HCl + (CH)$	1200 bis 2000	1 atm.
Siliziumkarbid α-SiC.	$SiCl_4 + H_2 + C_xH_y \rightarrow$ $SiC + HCl + (CH)$	1300 bis 2000	1 atm.
Siliziumkarbid β-SiC.	$SiCl_4 + H_2 + C_xH_y \rightarrow$ $SiC + HCl + (CH)$	2000 bis 2400	1 atm.
Molybdänkarbid Mo_2C	$Mo (CO)_6 + H_2 \rightarrow$ $Mo_2C + (C, H, O)$ [2]	300 bis 800	0,1 bis 3 mm
Wolframkarbid W_2C .	$W (CO)_6 + H_2 \rightarrow$ $W_2C + (C, H, O)$	300 bis 800	10 mm

[1] CH_4, C_6H_6, $C_6H_5CH_3$, C_2H_2, $CO + H_2$ u. a.
[2] Kohlenwasserstoff-Spaltprodukte.

Unter bestimmten Bedingungen gelingt es auch, bei wesentlich niederer Temperatur und Unterdruck, aus Metallcarbonylen die betreffenden Karbide niederzuschlagen. In Zahlentafel 14 sind nach I. E. Campbell und Mitarbeitern[1] Wolfram- und Molybdänkarbid als Beispiel mit aufgeführt.

Eine Abscheidung hochschmelzender Metalle und Hartstoffe gelingt in technischem Umfang nach M. Auwärter[2] im Inneren von Rohren aus hochschmelzenden Metallen, z. B. aus Molybdän oder Wolfram. Es können mehrere Millimeter starke Schichten in Rohren von etwa 20 bis 30 mm Durchmesser hergestellt werden.

5. Die chemische Isolierung aus aufgekohlten Ferrolegierungen bzw. Metallschmelzen

Schon sehr frühzeitig wurde erkannt, daß die Härteträger in legierten Stählen Karbide und Doppelkarbide der sogenannten karbidbildenden Elemente Chrom, Wolfram, Molybdän, Vanadin, Titan, Zirkon, Tantal und Niob sind. Da die Karbide und Doppelkarbide gegen Säuren beständiger sind als das Grundmetall, gelingt es, diese unter bestimmten Bedingungen zu isolieren.

Bereits P. W. Shimer[3] hat gelegentlich der Untersuchung von titanhaltigem Gußeisen durch Behandlung mit Salzsäure einen unangreifbaren feinkörnigen Rückstand von stahlgrauer Farbe und metallischem Glanz erhalten. Die unter dem Mikroskop würfelförmigen Kristalle enthielten neben Verunreinigungen (Fe, Mn, P, S) 71,6% Titan sowie 16,9% Kohlenstoff und entsprachen also etwa einem Karbid der Formel TiC.

P. Williams[4] fand bei der Auflösung einer Schmelze, welche aus WO_3, Eisen und Kohle im elektrischen Ofen hergestellt worden war, einen in heißer Salzsäure unlöslichen Rückstand, der im wesentlichen aus dem Doppelkarbid des Wolframs mit dem Eisen und einem damals noch unbekannten zweiten Karbid mit etwa 93,5% Wolfram und 6,1% Kohlenstoff, entsprechend der Formel WC, bestand. H. Moissan und M. K. Hoffmann[5] wollen aus einer Schmelze von Aluminium, Molybdän und Kohlenstoff ein Karbid der Zusammensetzung MoC isoliert haben.

---

[1] Campbell, I. E., C. F. Powell, D. H. Nowicki u. B. W. Gonser: J. Electrochem. Soc. **96** (1949), S. 318/33.

[2] Auwärter, M.: Persönliche Mitteilung 1950.

[3] Shimer, P. W.: Chem. News **55** (1887), S. 156/58.

[4] Williams, P.: Compt. rend. **126** (1898), S. 1722/24.

[5] Moissan, H. u. M. K. Hoffmann: Compt. rend. **138** (1904), S. 1358/61; Ber. d. chem. Ges. **37** (1904), S. 3324/27.

Ein viel benutztes Verfahren zur Isolierung von Karbiden aus Legierungen und Stählen durch elektrolytische Auflösung wurde von J. O. Arnold und A. A. Read[1] ausgearbeitet. Danach wurde z. B. Chromkarbid mit 4 bis 8,5% Kohlenstoff aus Chromschmelzen als silberglänzende Kristalle isoliert. T. Takei[2] hat durch Behandlung einer Molybdän-Kohlenstoff-Legierung mit 5% C durch anodische Behandlung mit Salzsäure das Karbid Mo_2C isoliert und näher untersucht. Die elektrolytische Isolierung von Karbiden aus legierten und unlegierten Stählen nach der von P. Klinger und W. Koch[3-5] angegebenen Methode hat wichtige Aufschlüsse über die Zusammensetzung und Beschaffenheit dieser Karbide und Doppelkarbide gebracht[6-9]. Die anodische Auflösung des Eisens erfolgt meist in verdünnter Salzsäure. Die zurückbleibenden Karbide sind in gewissen Fällen luftempfindlich.

Diese Verfahren der Rückstandsanalyse von Gußeisen und Stählen sind mehr von theoretischem Interesse und haben für die praktische Herstellung von Hartkarbiden bisher keine Bedeutung erlangt. Dagegen kann man nach dem von B. Fetkenheuer[10] angegebenen Verfahren Titankarbid aus Ferrotitan in technischem Umfange durch Isolierung mittels Mineralsäuren herstellen.

In einem englischen Patent[11] wird ferner die Isolierung von Tantalkarbid bzw. Tantal-Niobkarbid aus einer hochkohlenstoffhaltigen Eisenschmelze mit Salzsäure beschrieben. Von R. Kieffer[12] wurden in Anlehnung an die Fetkenheuersche Vorschrift Mischkristalle von Tantal-Niobkarbid aus niobhaltigem Ferrotantal hergestellt. Die so isolierten Mischkristalle sind bemerkenswert rein, d. h. graphit-, sauerstoff- und stickstofffrei. Der Gestehungspreis bei dieser Art der Herstellung liegt beträchtlich niedriger als bei der Erzeugung der Karbide aus Tantal-Niob-Oxyd bzw. Tantal-Niob-Metallpulver.

---

[1] Arnold, J. O. u. A. A. Read: J. Iron Steel Inst. **83** (1911), S. 249/60, **85** (1912), S. 215/20.

[2] Takei, T.: Sci. Rep. Tohoku Univ. **17** (1928), S. 939/44.

[3] Klinger. P. u. W. Koch: Arch. Eisenhüttenwes. **11** (1937/38), S. 569/82.

[4] Houdremont, E. P., P. Klinger u. G. Blaschczyk: Arch. Eisenhüttenwes. **15** (1941/42), S. 257/70.

[5] Klinger, P. u. W. Koch: Beiträge zur metallkundlichen Analyse, Verlag Stahleisen, Düsseldorf 1950, S. 49/94.

[6] Koch, W.: Stahl u. Eisen **69** (1949), S. 1/8.

[7] Koch, W. u. H. J. Wiester: Stahl u. Eisen **69** (1949), S. 73/79.

[8] Blickwede, D. J. u. M. Cohen: Trans. AIME **185** (1949), S. 578/84.

[9] Crafts, W. u. J. L. Lamont: Trans. AIME **188** (1950), S. 561/74.

[10] D.R.P. 571292 (1929).

[11] E.P. 457760 (1935).

[12] Ö.P. 157947 (1938).

P. M. McKenna[1] stellte Tantalkarbid durch Eintragen von Tantal und Kohlenstoff in geschmolzenes Aluminium und Erhitzen der Schmelze auf 2000° her. Nach dem Abkühlen wird der Schmelzkönig in Säure gelöst, wobei das Tantalkarbid in Form goldfarbiger Kristalle zurückbleibt. Das so erhaltene Karbid soll sich in seinen physikalischen Eigenschaften erheblich von dem durch Aufkohlung in festem Zustand erhaltenen Produkt unterscheiden und besonders für die Herstellung von Sinterhartmetallen für die Stahlbearbeitung geeignet sein.

Das gleiche Verfahren benutzt P. M. McKenna[2] zur Herstellung von Wolframkarbid-Titankarbid-Mischkristallen (s. S. 163). Es lassen sich in einem Nickelbad WC-TiC-Mischkristalle beliebiger Zusammensetzung herstellen. Auch TiC-TaC(NbC)-Mischkristalle haben J. C. Redmond und E. N. Smith[3] neuerdings auf diese Weise erzeugt. Die McKennaschen Mischkristalle sind durch niedrige Graphit-, Oxyd- und Nitridgehalte gekennzeichnet und haben für die technische Herstellung von Sinterhartmetallen in USA beachtliche Bedeutung erlangt.

6. Die Abscheidung durch Elektrolyse von Salzschmelzen

Bei der Schmelzflußelektrolyse von Karbonaten findet unter gewissen Bedingungen eine Reduktion derselben bis zu freiem Kohlenstoff statt, wobei im Bad gleichzeitig anwesende Metalle als Metallkarbide abgefangen werden können[4].

Im Rahmen von Arbeiten über die Schmelzelektrolyse von Karbonaten beschäftigten sich L. Andrieux und G. Weiss[5,6] eingehend mit der Herstellung von Metallkarbiden insbesondere von Wolframkarbid und Molybdänkarbid. Die Instabilität gewisser Karbonate bei hoher Temperatur und die geringe Löslichkeit von Metalloxyden in den geschmolzenen Salzen verursachen allerdings Schwierigkeiten bei der Elektrolyse. Aus Natriumkarbonatschmelzen und aus Bädern von Natriumkarbonat und Natriumfluorid bzw. Kaliumkarbonat und Kaliumfluorid scheiden sich bei der Elektrolyse zu geringe Mengen von Kohlenstoff ab. Bei der Elektrolyse von Barium- und Lithiumkarbonat wird ausreichend Kohlenstoff ausgeschieden.

---

[1] McKenna, P. M.: Metal Progress **36** (1939), S. 152/55.
[2] A.P. 2113353 bis 2113356 (1937).
[3] Redmond, J. C. u. E. N. Smith: Trans. AIME **185** (1949), S. 987/993.
[4] Andrieux, J. L. in P. Lebeau: „Les hautes températures et leurs utilisation en chimie", Masson, Paris 1950, Bd. 1, S. 375/446.
[5] Weiss, G.: Diss. Univ. Grenoble 1946, Ann. Chim. 1 (1946). S. 446/525.
[6] Andrieux, L. u. G. Weiss: Compt. rend. **184** (1927), S. 91, Bull. Soc. Chim. France **15** (1948), S. 598/601.

Setzt man den Karbonatschmelzen eutektische Gemische von $BaCl_2$-$NaCl$ und $BaCl_2$-$LiCl$ zu, dann kann man an der Graphitelektrode amorphen Kohlenstoff mit einer Reinheit von 90 bis 95% (die Verunreinigungen bestehen aus Restsalzen und Feuchtigkeit) abscheiden. Um nun den bei der Elektrolyse freigewordenen Kohlenstoff mit einem Metall als Karbid zu binden, muß erst durch Zugabe von Borsäure in Form von Natriummetaborat zum Elektrolyten die Löslichkeit des Bades für Metalloxyde gesteigert werden.

Zwecks Herstellung von Wolfram- und Molybdänkarbid werden daher am vorteilhaftesten Schmelzen, welche Natriummetaborat und Natriumkarbonat, Lithiumfluorid und Wolfram- bzw. Molybdäntrioxyd enthalten, bei Temperaturen von etwa 800° unter Verwendung einer Kohleelektrode in einem Kohletiegel bei etwa 3 V und 20 A in einer Einrichtung gemäß Abb. 15 um

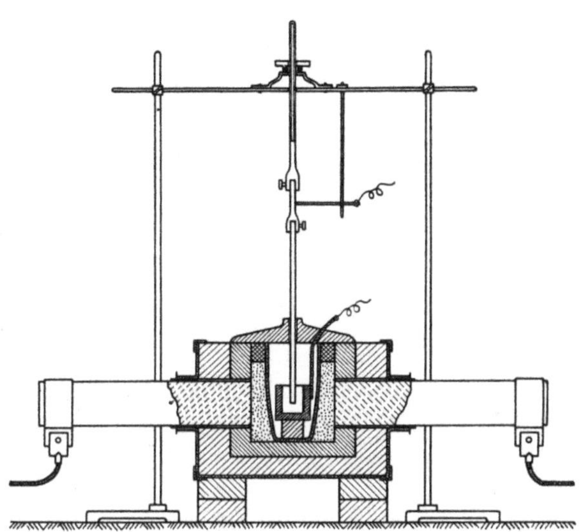

Abb. 15. Einrichtung zur Herstellung von Karbiden, Boriden und Siliziden durch Schmelzflußelektrolyse (L. Andrieux)

gesetzt. Die Karbide scheiden sich in Form feinkristalliner Agglomerate ab. Die Zusammensetzung der Abscheidungsprodukte kann durch die Zusammensetzung des Bades, insbesondere durch das Verhältnis Karbonat zu WO_3 bzw. MoO_3 beeinflußt werden. Z. b. scheidet sich aus einem Bad, welches etwa $Na_2O \cdot B_2O_3 + 0,5\,Na_2CO_3 + 3\,LiF + 1/6, 6\,WO_3$ enthält, hauptsächlich W_2C ab, während man aus einem stärker basischen Salzgemenge mit $Na_2O \cdot B_2O_3 + 2\,Na_2CO_3 + 4,5\,LiF + + 1/6$ bis $1/8\,WO_3$ größtenteils WC erhält.

Das Karbid MoC_2 erhält man aus einem Bad von $Na_2O \cdot B_2O_3 + + 2\,Na_2CO_3 + 4,5\,LiF + 1/2,8$ bis $1/3,5\,MoO_3$. Aus einem Bad, dessen Gehalt an Molybdänsäure erheblich niedriger ist, z. B. der Zusammensetzung $Na_2O \cdot B_2O_3 + 3\,Na_2CO_3 + 6\,LiF + 1/7\,MoO_3$, scheidet sich ein Karbid der Zusammensetzung *MoC* ab.

Obwohl bis heute außer den genannten Karbiden keine weiteren Karbide nach dem Verfahren von L. Andrieux und G. Weiss gewonnen und in der Literatur beschrieben worden sind, ist mit Sicherheit anzunehmen, daß auch die anderen Metallkarbide der 4., 5. und 6. Gruppe des Periodensystems in gleicher Weise aus Metaborat-Karbonat-Fluorid-Oxyd-Bädern gewonnen werden können. Dieser Schluß wird dadurch bekräftigt, daß es L. Andrieux[1,2] gelungen ist, die Boride fast aller hier interessierender Metalle der Übergangselemente aus ähnlich zusammengesetzten Bädern abzuscheiden (s. S. 255).

7. Reinigung der hochschmelzenden Karbide und Herstellung von dichten Sinterkörpern

Bei den technisch üblichen Herstellungsverfahren fallen die Karbide meist pulverförmig und mehr oder weniger stark verunreinigt an. Die Rohkarbide sind daher für die Bestimmung des Schmelzpunktes, der Härte, der elektrischen Leitfähigkeit und anderer Eigenschaften selten geeignet. Um reine Präparate mit möglichst stöchiometrischem Verhältnis Metall zu Kohlenstoff zu erhalten, muß man die Rohkarbide Reinigungsverfahren unterwerfen und sie hierbei gegebenenfalls in kompakte Körper überführen. Da dafür das Schmelzverfahren wegen der erforderlichen extrem hohen Schmelztemperaturen und der Zerfallsneigung der Karbide im Schmelzfluß nur in Ausnahmefällen geeignet ist, bedient man sich heute ausschließlich des Sinter- bzw. Drucksinterverfahrens.

Nach C. Agte und K. Moers[3] werden die möglichst reinen pulverförmigen Karbide bzw. Rohkarbide — über die Darstellung dieser vergleiche die einzelnen Abschnitte — mit einem Preßdruck von etwa 2 t/cm² zu Stäben verpreßt[4]. Diese Stäbe werden sodann in einem Graphitschiffchen im Kohlerohrkurzschlußofen unter Wasserstoff etwa $^1/_4$ Stunde auf Temperaturen von 2500 bis 3000° erhitzt. Die Einbettung der Stäbe in Karbidpulver, die als Getter wirken, gewährleistet einen Schutz gegen Aufkohlung, Oxydation oder Nitridbildung. Bei der Vorsinterung bleiben die Karbidstäbe trotz Schrumpfung stark porös. Zwecks Erreichung höherer Dichte werden sie nochmals zerkleinert und unter Zusatz geringer Mengen von ungesintertem Karbidpulver wieder zu Stäben verpreßt und gesintert. Diese Prozedur wird gegebenenfalls mehrmals wiederholt.

---

[1] Andrieux, L.: Diss. Univ. Paris 1929.

[2] Andrieux, L.: Rev. Mét. **45** (1948), S. 49/59.

[3] Agte, C. u. K. Moers: Z. anorg. allg. Chem. **198** (1931), S. 233/43.

[4] s. a. Agte, C., H. Alterthum, K. Becker, G. Heyne u. K. Moers: Z. anorg. allg. Chem. **196** (1931), S. 129/59.

Die genügend dichten und festen Vorsinterstäbe werden nun in einer Apparatur gemäß Abb. 16 im direkten Stromdurchgang bis nahe an den Schmelzpunkt hochgesintert[1-3]. Zu diesem Zweck wird der Stab zwischen Wolframbacken, die mit Molybdänschrauben zusammengehalten werden, eingespannt. Die erforderlich hohe Strommenge wird den Wolframbacken über massive Kupferstäbe, die durch Glimmerscheiben gegeneinander isoliert sind, zugeführt. Über die gesamte Einrichtung wird ein Glasrezipient gestülpt, der gegen eine Kupferscheibe abgedichtet ist. Der Apparat besitzt ferner einen Anschlußstutzen zum Evakuieren bzw. zur Füllung mit Schutzgas. Da einige Karbide sich im Vakuum zum Teil zersetzen, verwendet man als Schutzgas technisches Argon (12 bis 15% N_2). Die Karbide des Titans, Zirkons und Hafniums, die gegen Stickstoff empfindlich sind, müssen

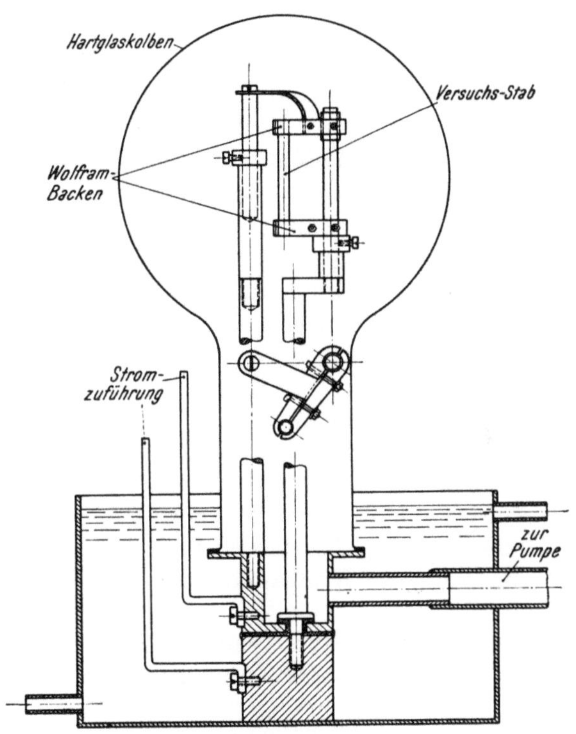

Abb. 16. Apparatur zum Hochsintern und Schmelzen von hochschmelzenden Stoffen im Vakuum oder in indifferenter Atmosphäre (C. Agte und H. Alterthum)

unter reinstem Argon (99%ig) gesintert werden. Bei den extrem hohen Temperaturen der Hochsinterung tritt durch Verdampfen der oxydischen, metallischen und sonstigen Verunreinigungen eine Selbstreinigung ein, da die Dampfdrucke dieser Verunreinigungen höher liegen als die der Karbide.

Die klassische Methode der Herstellung von reinen Karbiden und Karbid-Sinterkörpern ist vielfach abgewandelt worden. Insbesondere

---

[1] Pirani, M. u. H. Alterthum: Z. Elektrochem. **29** (1923), S. 5/8.

[2] Agte, C. u. H. Alterthum: Z. techn. Physik **11** (1930), S. 182/91.

[3] s. a. Agte, C.: Diss. Techn. Hochsch. Berlin 1931.

hat man erkannt, daß geringe Mengen an Zusatzmetallen — als solche sind besonders jene der Eisengruppe geeignet — den Sintervorgang erleichtern, so daß man ohne langwierige Maßnahmen rasch zu dichten Körpern gelangt. Zusätze von Kobalt, Nickel, Kobaltoxyd, Nickeloxyd, Molybdänkarbid, Chromoxyd u. a. in Mengen von etwa 0,2 bis 1,5% haben sich insbesondere bei der Herstellung von dichten Körpern aus Karbidmischkristallen bewährt[1,2]. Die Zusätze wirken als flüssige Phase und unterstützen durch Diffusionsvorgänge den Selbstreinigungseffekt insbesondere bei den Karbiden der Metalle der 4. und 5. Gruppe des periodischen Systems.

Verdichtet man die gereinigten Karbide in einer üblichen Heißpreßvorrichtung (s. S. 376), so kann man praktisch porenfreie Körper erhalten. So gelingt es, bei Heißpreßtemperaturen bis 3000° praktisch dichte TiC-Körper aus TiC-Pulver ohne Bindemetall herzustellen[3]. Durch Heißpressen gelingt es auch, praktisch dichte WC-Körper zu erzeugen[4,5].

Die geringen Zusätze an Hilfsmetall können ohne Schwierigkeiten im Hochfrequenzvakuumofen bei einem Druck von etwa 0,1 mm Hg und bei Temperaturen von 2000 bis 2500° restlos verdampft werden. Auf diese Weise wurden von L. S. Foster[6] unter Verwendung von 0,25 bis 0,5% Co oder Ni bzw. deren Oxyde, praktisch dichte Körper aus reinem Wolframkarbid, Tantalkarbid und Niobkarbid hergestellt.

Von P. Chiotti[7] wurden bei der Herstellung von Tantalkarbidkörpern weit höhere Zusätze von Fe, Ni bzw. Co benutzt. Auch diese größeren Metallmengen verdampften weitgehend bei der Sintertemperatur von 2750° im Vakuum.

B. Die Einzelkarbide

Die Einzelkarbide, ihre Herstellung und Eigenschaften sollen aus Gründen der Einfachheit und der Übersicht nicht in der Reihenfolge ihrer Bedeutung für die Hartmetallherstellung, sondern nach ihrer Stellung im Periodensystem besprochen werden. Es werden daher zuerst die Karbide der Metalle der 4. Gruppe des periodischen

---

[1] Nowotny, H. u. R. Kieffer: Metallforschung 2 (1947), S. 257/65.

[2] Norton, J. T. u. A. L. Mowry: Trans. AIME 185 (1949), S. 133/36.

[3] Glaser, F. W. u. W. Ivanick: J. Metals 4 (1952), S. 387/90.

[4] D. R. P. 504 484 (1926), E. P. 294 084 (1928).

[5] Williams, A. E.: Metal Treatment 18 (1951), S. 445/49.

[6] Foster, L. S., L. W. Forbes, L. B. Friar, L. S. Moody u. W. H. Smith: J. Am. ceram. Soc. 33 (1950), S. 27/33.

[7] Chiotti, P.: J. Am. ceram. Soc. 35 (1952), S. 123/30.

Systems, Titan, Zirkon und Hafnium, dann die der 5. Gruppe, Vanadin, Niob und Tantal und endlich die der 6. Gruppe, Chrom, Molybdän und Wolfram behandelt. Dann wird noch auf die Karbide des Thoriums, Urans und der Transurane kurz eingegangen.

1. Titankarbid

a) Herstellung

α) Geschichtliches. Bei der Untersuchung von titanhaltigem Gußeisen isolierte P. W. Shimer[1] schon 1887 durch Behandlung mit Salzsäure eine Verbindung der angenäherten Zusammensetzung TiC. Gelegentlich der Versuche zur Herstellung von Titan*metall* durch Reduktion von TiO_2 mit Kohle im Lichtbogenofen beobachtete H. Moissan[2] die Bildung von Titankarbid, wenn zur Reduktion ein Überschuß von Kohle verwendet wurde. Das gebildete Titankarbid schmolz unter den Versuchsbedingungen zu einem dichten, kristallinen Regulus zusammen, welcher aber stets graphithaltig war. Auch die Reduktion von TiO_2 mit Kalziumkarbid gelang nach H. Moissan[2] im elektrischen Ofen, wobei allerdings ein sehr unreines Titankarbid anfiel.

Beim Erhitzen von Rutil oder reinem TiO_2 mit Kohle in einem Graphittiegel auf 1900 bis 2100° erhielt O. Ruff[3] durch Reaktion in festem Zustand ein feinkörniges Titankarbid.

Dieses Verfahren, bei welchem man in Pulverform ein wesentlich reineres Produkt als beim Schmelzen bekommt, wurde in der Folge nicht nur zur Darstellung im Laboratorium, sondern auch ausschließlich zur Herstellung von Titankarbid in technischem Umfang benutzt.

β) Herstellung in wissenschaftlich und halbtechnischem Rahmen sowie Versuche zur Reindarstellung von Titankarbid. E. Friederich und L. Sittig[4] erzeugten pulverförmiges Titankarbid durch Erhitzen eines Gemisches von TiO_2 mit Kohle in einem Porzellan- oder Wolframrohrofen unter reinem Wasserstoff auf 1700 bis 1800°. Wurde als Ausgangsmaterial nicht reines TiO_2, sondern Rutil verwendet, dann erhielt das Titankarbid etwas Eisen, welches aber leicht durch Auskochen mit Salzsäure entfernt werden konnte. Die Gewichtszunahmen der Präparate beim Glühen an Luft betrugen 29,9 bis 32,9% (theoretisch 33,4%).

---

[1] Shimer, P. W.: Chem. News **55** (1887), S. 156/58.

[2] Moissan, H.: Compt. rend. **120** (1895), S. 290/96, Compt. rend. **125** (1897), S. 839/44.

[3] Ruff, O.: Z. anorg. allg. Chem. **82** (1913), S. 373/400, D.R.P. 286054 (1914).

[4] Friederich, E. u. L. Sittig: Z. anorg. allg. Chem. **144** (1925), S. 169/89.

Um möglichst gut ausgebildete Titankarbidkristalle zu erhalten, ging B. Fetkenheuer[1] auf folgende Weise vor: Ferrotitanpulver wird mit Kohle gemischt, gepreßt und in einem Kohletiegel unter Wasserstoff oder im Vakuum sehr hoch gesintert bzw. bei 1800° geschmolzen. Der entstandene Kuchen oder Regulus wird pulverisiert und zwecks Entfernung des Eisens bzw. Eisenkarbides mit Salzsäure in der Wärme behandelt. Der im Rohtitankarbid enthaltene Graphit wird durch Abschlämmen entfernt und das noch nicht ganz reine graphitarme Titankarbid mit Flußsäure weiter gereinigt. Das Endprodukt ist durch große, gut ausgebildete Kristalle gekennzeichnet. Aus Fetkenheuerschem Karbid, welches ursprünglich besonders für Schleifzwecke gedacht war, konnten die Verfasser 1930/31, wegen seiner Sauerstoff- und Stickstofffreiheit, ein einwandfreies TiC-Mo_2C-Ni-Hartmetall herstellen.

C. Agte und K. Moers[2] erzeugten Titankarbid aus TiO_2 und reinstem geglühtem Ruß durch einhalbstündiges Erhitzen in einem Graphitrohrofen unter getrocknetem luftfreiem Wasserstoff auf 1700 bis 2100° (s. S. 41). Dabei erwies es sich als günstig, 15 bis 25% unterhalb der theoretisch notwendigen Kohlenstoffmenge zu bleiben. Den restlichen Kohlenstoff liefern Kohlenwasserstoffe, welche sich durch Reaktion des Wasserstoffes an den heißen Graphitrohrwänden bilden. Durch wiederholtes Glühen gepreßter und wiederzerkleinerter Titankarbidstäbe bei 2500 bis 3000° und anschließendes Erhitzen der Titankarbidstäbe im direkten Stromdurchgang unter Argon bis nahe an den Schmelzpunkt konnte durch Ausdampfen der Verunreinigungen (Selbstreinigung) ein sehr reines Titankarbid hergestellt werden.

Ein ebenfalls sehr reines Titankarbid in polykristalliner und einkristalliner Form kann man nach dem Aufwachsverfahren[3,4], nach K. Moers[5] durch Zersetzen von Dampfgemischen aus $TiCl_4$, H_2 und Toluol an einem glühenden Wolframdraht von 1600 bis 2000° K erzeugen.

W. G. Burgers und J. C. M. Basart[6] zersetzten an einem Kohlefaden bei 1800 bis 2100° K $TiCl_4$-H_2-Dampfgemische, wobei unter

[1] D.R.P. 571292 (1929).

[2] Agte, C. u. K. Moers: Z. anorg. allg. Chem. **198** (1931), S. 233/43.

[3] van Arkel, A. E.: Physica **4** (1924), S. 286/301.

[4] van Arkel, A. E. u. J. H. de Boer: Z. anorg. allg. Chem. **148** (1925), S. 345/50.

[5] Moers, K.: Z. anorg. allg. Chem. **198** (1931), S. 243/61.

[6] Burgers, W. G. u. J. C. M. Basart: Z. anorg. allg. Chem. **216** (1934), S. 209/22.

Auflösung des Kohlefadens ein Titankarbidröhrchen verblieb. Dieses enthielt auf Grund der chemischen Analyse und der Gitterkonstantenbestimmung beträchtliche Mengen Titanmetall, vermutlich in fester Lösung, und entsprach beispielsweise der Bruttozusammensetzung $Ti_{1,1}C$. Durch Glühen im Hochvakuum bei 2200 bis 2400° K kann der gelöste Metallüberschuß ausgedampft werden. Man erhält dann ein Karbid mit 19,6% C.

Neuestens erzeugten I. E. Campbell und Mitarbeiter[1] an einem Wolframdraht bei 1300 bis 1700° Titankarbidaufwachsschichten aus einem Dampfgemisch von $TiCl_4$, H_2 und Kohlenwasserstoffen in einer Apparatur gemäß Abb. 14.

Im Rahmen von Untersuchungen an Titanstählen und des ternären Systems Fe-Ti-C wurde TiC wiederholt durch Isolierung gewonnen[2-5].

Die Schwierigkeiten bei der Herstellung von reinem Titankarbid mit theoretischem Gehalt an Kohlenstoff und das immer größere Interesse der Hartmetallerzeuger für ein derartiges Produkt waren der Grund dafür, den Reaktionsmechanismus der Titankarbidbildung aus TiO_2 unter Verwendung von festen Kohlungsmitteln näher zu untersuchen. Insbesondere G. A. Meerson[6,7] und Mitarbeiter haben sich um die Aufklärung der Verhältnisse verdient gemacht.

Die Umsetzung von TiO_2 mit Kohle erfolgt nach der Summengleichung:

$$TiO_2 + 3\,C = TiC + 2\,CO.$$

Die Reaktion verläuft, wie G. A. Meerson[6] auf Grund chemischer Analysen und der beobachteten Änderungen der Gitterparameter zeigen konnte, in Stufen. Die letzte dieser Stufen verläuft nach der Gleichung

$$TiO + 2\,C = TiC + CO,$$

wobei TiO und TiC eine lückenlose Reihe von Mischkristallen bilden.

---

[1] Campbell, I. E., C. F. Powell, D. H. Nowicki u. B. W. Gonser: J. Electrochem. Soc. **96** (1949), S. 318/33.

[2] Vogel, R.: Ferrum **14** (1917), S. 177/97.

[3] Tofaute, W. u. A. Büttinghaus: Arch. Eisenhüttenwes. **12** (1938), S. 33/37.

[4] Northcott, L.: Iron Steel Inst., Spec. Rep. Nr. 24 (1939), S. 107/46.

[5] Fishel, W. P. u. B. Robertson: Am. Inst. min. metallurg. Engrs., Techn. Publ. Nr. 1763 (1944).

[6] Meerson, G. A.: Redkije Metaly **4** (1935), Nr. 4, S. 6/20.

[7] Meerson, G. A. u. J. M. Lipkes: Zur. Prikl. Chim. (russ.) **12** (1939), S. 1759/67, **14** (1941), S. 291/301, **18** (1945), S. 24/34, 251/58.

L. R. Brantley und A. O. Beckmann[1] haben, ausgehend von der Summengleichung

$$TiO_2 + 3\,C = TiC + 2\,CO,$$

die Gleichgewichtskonstante aus dem CO-Dampfdruck bestimmt.

G. A. Meerson und J. M. Lipkes[2] weisen aber darauf hin, daß diese Bestimmungen unzureichend seien, da die Bildung fester TiO-TiC-Lösungen nicht in Betracht gezogen sei.

Es muß auch berücksichtigt werden, daß unter den üblichen Karburierungsbedingungen, z. B. bei Temperaturen von 1800 bis 2000° unter Wasserstoffatmosphäre im Tammannofen, CO nicht der einzige gasförmige Reaktionsteilnehmer ist. Unter diesen Bedingungen muß man mit der Bildung von Kohlenwasserstoffen, vornehmlich Azetylen, rechnen. Azetylen könnte dann an der Reaktion teilnehmen gemäß:

$$TiO + C_2H_2 = TiC + CO + H_2.$$

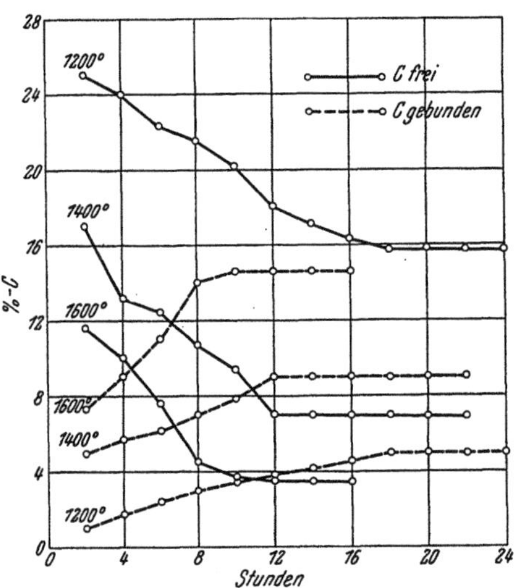

Abb. 17. Abhängigkeit des Kohlenstoffgehaltes von Titankarbid von Karburierungszeit und Temperatur (G. A. Meerson)

G. A. Meerson[2,3] und Mitarbeiter untersuchten zunächst den Einfluß verschiedener Glühmethoden auf ein stöchiometrisches Gemisch von $TiO_2 +$ $+\,3\,C$ und fanden bei der Karburierung unter Wasserstoff bzw. CO von 1 Atm. Druck in Abhängigkeit von der Glühtemperatur, Anheizdauer und Reaktionsdauer Produkte mit Kohlenstoffgehalten gemäß Abb. 17 und Zahlentafel 15. Als wichtigstes Ergebnis wurde festgestellt, daß bei Temperaturen über 1600° die Anheizdauer von entscheidendem Einfluß auf den Gehalt von gebundenem Kohlenstoff ist (Zahlentafel 16). Trotzdem ist man noch verhältnismäßig weit vom theoretischen Gehalt an gebundenem Kohlenstoff entfernt.

---

[1] Brantley, L. R. u. A. O. Beckmann: J. Am. chem. Soc. 52 (1930), S. 3956/62.

[2] Meerson, G. A. u. J. M. Lipkes: Zur. Prikl. Chim. (russ.) 12 (1939), S. 1759/67, 14 (1941), S. 291/301, 18 (1945), S. 24/34, 251/58.

[3] Meerson, G. A.: Redkije Metaly 4 (1935), Nr. 4, S. 6/20.

Durch Heißpressen von rohem Titankarbid (17,5% gebundener C)
mit der noch erforderlichen Menge an Ruß bei 2900° unter Wasserstoff mit einem Zusatz von Kohlenwasserstoffdampf konnte

Zahlentafel 15. *Einfluß der Herstellungsbedingungen auf die Zusammensetzung von Titankarbid (Karburierung von Ti unter CO von 1 Atm.)*
(G. A. Meerson)

Temperatur ° C	Anheiz- dauer Stunden	Glüh- dauer Stunden	C geb. %	C frei %	C gesamt %	Parameter Å
1200	$1^1/_2$	18	6,1	18,3	23,31	TiC + TiO
1400	$1^1/_2$	12	10,07	7,34	17,23	4,265
1600	$1^1/_2$	10	15,7	3,25	18,36	4,28
1800	3	2	18,54	0,31	18,85	4,29
2000	3	1	18,05	0,38	18,43	4,29
2200	3	1	18,62	0,13	18,75	4,30
2400	3	1	18,8	0,08	18,88	4,31

G. A. Meerson[1] Sinterkörper aus Titankarbid mit bis zu 19,2% gebundenem Kohlenstoff erhalten.

In einer späteren Arbeit haben G. A. Meerson und J. M. Lipkes[2]
die Umsetzung von TiO_2 mit verschiedenen Kohlungsmitteln (Gas-

Zahlentafel 16. *Einfluß der Anheizzeit auf den Gehalt an Kohlenstoff bei der
Herstellung von Titankarbid* (G. A. Meerson)

Anheizzeit Stunden	Glühdauer Stunden	CO-Atmosphäre		H$_2$-Atmosphäre	
		C geb. %	C frei %	C geb. %	C frei %
$1^1/_2$	2	16,6	1,35	15,8	1,45
4	2	18,7	0,23	18,3	0,25

ruß, Lampenruß, Zuckerkohle) bei Temperaturen von 1700 bis
1900° sehr genau untersucht und dabei wieder den Einfluß der Anheizdauer festgestellt. Bei längerem Verweilen auf der Karburierungstemperatur tritt wieder eine Entkohlung ein. Gemäß Zahlentafel 17
erhält man die günstigsten Ergebnisse, wenn man das Reaktionsgemisch rasch auf 1900° erhitzt und abkühlt. Längeres Verweilen

---

[1] Meerson, G. A.: Redkije Metaly 4 (1935), Nr. 4, S. 6/20.

[2] Meerson, G. A. u. J. M. Lipkes: Zur. Prikl. Chim. (russ.) 12 (1939),
S. 1759/67, 14 (1941), S. 291/301, 18 (1945), S. 24/34, 251/58.

auf der Reaktionstemperatur führt wieder zur Entkohlung (Abb. 18). Auf Grund thermodynamischer Überlegungen konnte auch eine Erklärung für diese Erscheinung gegeben werden.

Zahlentafel 17. *Einfluß des Temperaturanstieges bei der Karburierung auf die Zusammensetzung des Titankarbides* (G. A. Meerson u. J. M. Lipkes)

Bedingungen*	Reaktionstemperatur 1900°		
	C ges. %	C geb. %	C frei %
Anstieg von 1100 auf 1900° in 80 Minuten und abkühlen	22,26	16,08	6,18
1¹/₂ Stunden auf Reaktionstemperatur gehalten.............	21,57	14,28	7,29
Anstieg von 1100 auf 1900° in 20 Minuten	21,28	19,14	2,14
1¹/₂ Stunden auf Reaktionstemperatur gehalten.............	21,28	14,64	6,64

* Karburierungsmittel: Lampenruß.
  Atmosphäre: Wasserstoff.

Die Vorgänge bei der Reduktion von TiO_2 mit festem Kohlenstoff hat auch E. Junker[1] untersucht. Es bildet sich oberhalb 870° zunächst ein niedriges Oxyd und erst über 1600° Titankarbid. E. P. Beljakova, A. Komar und V. V. Michajlov[2] verfolgten ebenfalls diese Reaktion in Abhängigkeit von den Temperaturen an Hand von Gitterkonstantenmessungen des entstandenen TiC-TiO-TiN-Mischkristalles.

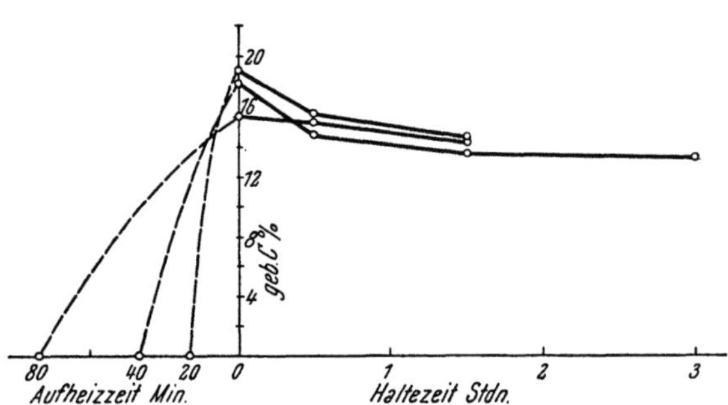

Abb. 18. Abhängigkeit des Kohlenstoffgehaltes von Titankarbid von der Anheizzeit und der Karburierungsdauer bei einer Reaktionstemperatur von 1900° (G. A. Meerson und J. M. Lipkes)

Die Umsetzung von Titandioxyd mit Kohlenstoff kann durch Anwendung von Vakuum, stärker noch durch Anwesenheit eines geeigneten Lösungsmittels für das entstehende Ti bzw. TiC beschleunigt werden. W. Baukloh und

[1] Junker, E.: Z. anorg. allg. Chem. 228 (1936), S. 97/111.
[2] Beljakova, E. P., A. Komar u. V. V. Michajlov: Metallurg 14 (1939), Nr. 4/5, S. 23/25, 15 (1940), Nr. 4, S. 5/8.

R. Durrer[1] fanden, daß Eisen besonders geeignet ist und daß bei der Reduktion von Gemischen aus TiO_2, Graphit und Eisenpulver schon bei 1200° in $2^1/_2$ Stunden ein fast vollständiger Sauerstoffabbau stattgefunden hat.

Die Schwierigkeiten bei der Herstellung von WC-TiC-Hartmetallen unter Verwendung eines sauerstoffhaltigen Titankarbides veranlaßten G. A. Meerson, G. L. Zverev und B. J. Osinovskaja[2] dazu, die Karburierung von TiO_2 mit Ruß im Vakuum vorzunehmen, ein Verfahren, das schon 1910 von M. A. Hunter[3] zur Darstellung

Zahlentafel 18. *Eigenschaften von durch Vakuumkarburierung hergestellten Titankarbiden* (G. A. Meerson, G. L. Zverev u. B. J. Osinovskaja)

Ausgangs-mischung	Temp. ° C	Druck μ Hg	Zusammensetzung in %				Gitter-konstante Å
			Gesamt-C	freier C	Ti	O	
$TiO_2 + 3$ C	—	130	18,66	2,44	79,81	1,53	
$TiO_2 + 3$ C	—	93	19,36	2,02	79,86	0,78	
$TiO_2 + 2{,}97$ C	—	93	19,56	0,55	79,95	0,49	4,311
$TiO_2 + 2{,}97$ C	1375	204	19,21	0,61	79,62	1,17	
$TiO_2 + 2{,}97$ C	1425	154	19,40	0,42	79,71	0,95	
$TiO_2 + 3{,}05$ C	1540	320	19,93	0,61	79,19	0,88	4,317
$TiO_2 + 3{,}05$ C	1380	404	18,86	0,27	78,85	2,29	4,316
$TiO_2 + 3{,}05$ C	1450	140	19,32	0,24	—	1,11[1]	

[1] Errechnet aus dem Gehalt an gebundenem und freiem Kohlenstoff.

benutzt wurde und von P. Schwarzkopf und Mitarbeitern 1930 in die Praxis eingeführt worden war. Bei den früheren Versuchen hat G. A. Meerson[4] gezeigt, daß die technischen Titankarbide Gemische fester Lösungen von TiC, TiO und TiN sind, und daß es außerordentlich schwierig ist, bei der üblichen Karburierung im Kohlerohrofen unter Wasserstoff ein graphit-, sauerstoff- und stickstofffreies Produkt mit theoretischem Kohlenstoffgehalt zu erhalten.

Das Titandioxyd (98,78% TiO_2, 0,30% SiO_2, 0,10% Fe_2O_3, 0,22% SO_4, 0,19% Feuchtigkeit) wurde mit Ruß (0,017% S, 0,25% Feuchtigkeit, 0% Asche) sehr innig gemischt, zu kleinen Quadern verpreßt und in einem Kohlerohrvakuumofen bei verschiedenen, verhältnismäßig niedrigen Temperaturen karburiert. Dabei ergaben sich Karbide, deren Zusammensetzung der Zahlentafel 18 zu entnehmen

[1] Baukloh, W. u. R. Durrer: Stahl u. Eisen **60** (1940), S. 12/13.

[2] Meerson, G. A., G. L. Zverev u. B. J. Osinovskaja: Zur. Prikl. Chim. **13** (1940), Nr. 1, S. 66/75.

[3] Hunter, M. A.: J. Am. chem. Soc. **32** (1910), S. 330/36.

[4] Meerson, G. A.: Redkije Metaly 4 (1935), Nr. 4, S. 6/20; s. a. Meerson, G. A.: Izvest. Sekt. fiz.-chim. Anal. (russ.) **16** (1943), Nr. 1, S. 197/219. Meerson, G. A. u. J. M. Lipkes: Zur. Prikl. Chim. (russ.) **18** (1945), S. 251/58.

sind. Im Vergleich zu den in Zahlentafel 15 angegebenen Werten sind die Gehalte an gebundenem Kohlenstoff bei den vakuumkarburierten Titankarbiden tatsächlich höher.

Bei der Herstellung von porenfreien Hartmetallen auf WC-TiC-Basis spielt das Kobaltbindemetall, welches bei der Sinterung als flüssige Phase auftritt, eine wichtige Rolle. Die Poren der Sinterkörper können aber nur dann restlos ausgefüllt werden, wenn die feinen Karbidteilchen während der Sinterung von der flüssigen Phase gut benetzt werden. Unreines, insbesondere sauerstoffhaltiges Titankarbid wird schlecht von flüssigem Kobalt benetzt. Darauf begründet G. A. Meerson und Mitarbeiter[1] eine Prüfmethode zur Unterscheidung von verschiedenen Titankarbiden bezüglich ihrer Reinheit und Verwendbarkeit. Preßlinge aus Titankarbid ($4 \times 4 \times 50$ mm) werden in Kohleformen mit Kobalt unter Wasserstoff auf 1550° erhitzt. Dabei werden Körper, die aus einem durch Karburierung im Kohlerohrofen erzeugten Karbid bestehen, nur an der Oberfläche benetzt (Abb. 19, Probe 1, 2), während Körper aus vakuumkarburiertem Titankarbid (Abb. 19, Probe 3) durchgehend benetzt und getränkt werden.

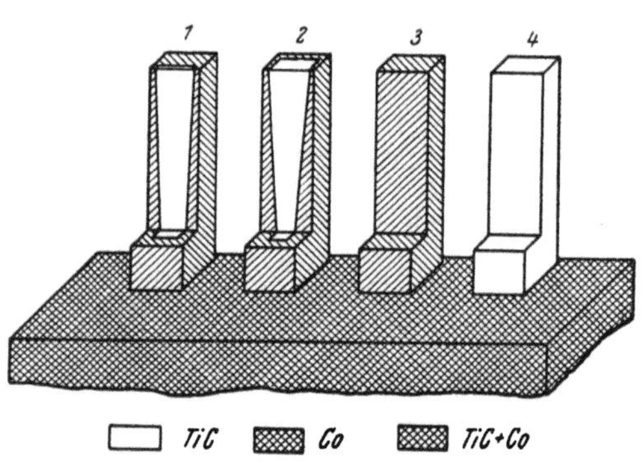

Abb. 19. Tränkung von Titankarbidpreßlingen mit Kobalt (Körper aufgeschnitten). (G. A. Meerson, G. L. Zverev und B. J. Osinovskaja). Probe *1* und *2:* Titankarbid, hergestellt durch Karburierung im Kohlerohrofen. Probe *3:* Titankarbid, hergestellt durch Vakuumkarburierung. Probe *4:* Unreines, nicht benetzbares Titankarbid

Von Proben aus sauerstoffhaltigem Karbid wird das flüssige Kobalt überhaupt nicht aufgenommen (Abb. 19, Probe 4). Bei voll mit Kobalt getränkten Preßlingen tritt schon während der Seigerung Kornwachstum und ein bedeutender Schwund ein. Derartige, gut netzende Karbide sind für die Herstellung von Hartmetallen besonders geeignet.

Da TiC, TiO und TiN Mischkristalle bilden, ist zu erwarten, daß die röntgenographische Untersuchung weitgehende Aufschlüsse über den Aufbau von unreinen Titankarbiden bringt. H. Krainer und K. Konopicky[2] haben bei verschiedenen Temperaturen aus TiO_2

---

[1] Meerson, G. A., G. L. Zverev u. B. J. Osinovskaja: Zur. Prikl. Chim. **13** (1940). Nr. 1, S. 66/75.

[2] Krainer, H. u. K. Konopicky: Berg- u. Hüttenm. Mh. **92** (1947), S. 166/78.

Zahlentafel 19. *Zusammensetzung und Eigenschaften verschiedener Titankarbide[1] (H. Krainer u. K. Konopicky)*

Kohlenstoff im Ansatz %	Gesamt-C im Karbid %	freier C %	gebundener C %	Sauerstoff %	Gitterkonstante* Å
27,5	16,07	0,05	16,0	4,25	4,3051
28,5	16,46	0,05	16,4	3,6	4,3064
29,0	16,48	0,07	16,41	4,02	4,3060
29,5	18,10	0,25	17,85	2,0	4,3115
30,0	18,34	0,23	18,11	2,2	4,3122
30,5	18,37	0,7	17,65	2,0	4,3106
31,0	18,4	0,9	17,5	2,2	4,3098
31,5	19,1	1,8	17,3	2,4	4,3091
32,0	20,1	3,15	16,95	2,6	4,3083
fremder	18,87	0,24	18,63	1,77	4,3140
Herkunft	16,6	0,4	16,2	5,9	4,3065
31,0[2]			16,0	4,5	4,3040
31,0[3]			15,8	3,8	4,3040

* Bestimmt nach dem asymmetrischen Verfahren mit Fe-Strahlung.
[1] Karburierung mit Ruß bei 2100° C.
[2] Karburierung mit Ruß bei 1900° C.
[3] Karburierung mit Ruß bei 1750° C.

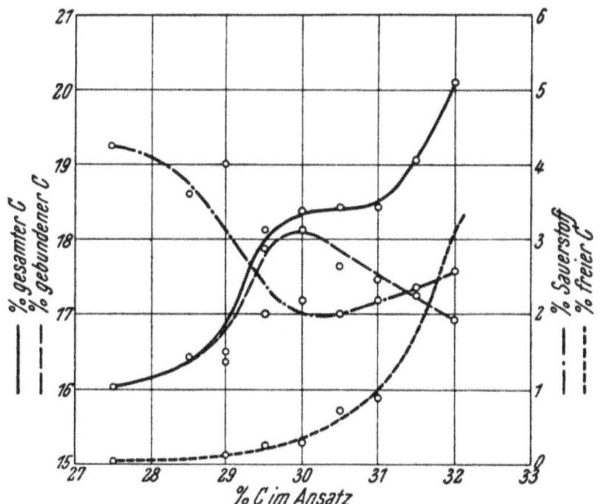

Abb. 20. Einfluß des Kohlenstoffgehaltes im Ansatz auf die Zusammensetzung des Titankarbides (Karburierungstemperatur 2100°). (H. Krainer)

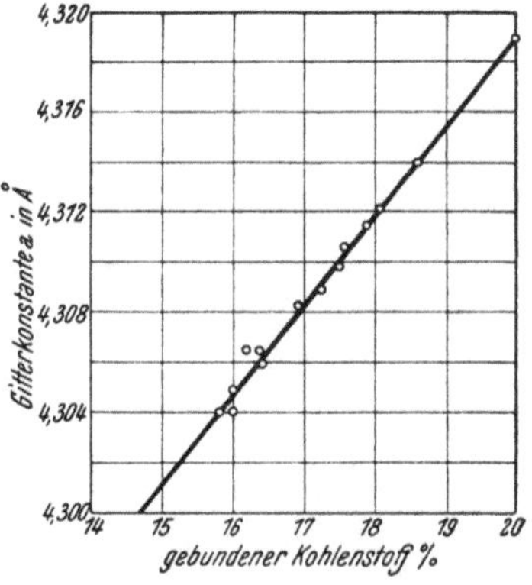

Abb. 21. Gitterkonstanten von TiC-TiO-Mischkristallen in Abhängigkeit vom Gehalt an gebundenem Kohlenstoff. (H. Krainer und K. Konopicky)

und verschiedenen Mengen Ruß die in Zahlentafel 19 beschriebenen Titankarbide hergestellt. Abb. 20 zeigt, wie sich die Zusammensetzung des Titankarbides in Abhängigkeit vom Kohlenstoffgehalt im Ansatz ändert[1]. In Abb. 21 sind die gefundenen Werte der Gitter-

[1] Krainer, H.: Arch. Eisenhüttenwes. **21** (1950), S. 119/27.

konstanten in Abhängigkeit vom Gehalt an gebundenem Kohlenstoff dargestellt. Man sieht, daß die Gitterkonstante in annähernd linearem Zusammenhang mit dem Gehalt an gebundenem Kohlenstoff steht, so daß man durch Extrapolation für TiC eine Gitterkonstante von 4,319 Å findet, welcher Wert gut mit den in der Literatur angegebenen übereinstimmt. Die Ermittlung der Gitterkonstanten von TiC-TiO-Mischkristallen scheint daher zur raschen Ermittlung des Gehaltes an gebundenem Kohlenstoff geeignet zu sein. Da die untersuchten Präparate im ternären System Ti-C-O auf oder nahe der Linie des quasibinären Schnittes TiC-TiO liegen, ist anzunehmen, daß die technischen Titankarbide stets TiC-TiO-Mischkristalle sind.

Da Sauerstoff und graphithaltiges Titankarbid, wie früher erwähnt, sich ungünstig auf die Eigenschaften von WC-TiC-Hartmetallen auswirken, wurde vorgeschlagen, bei der Herstellung von sauerstofffreiem Titankarbid nicht von TiO_2, sondern von TiN auszugehen[1]. Ferner ist Titanmetall- bzw. Titanhydridpulver als Ausgangsmaterial für die Herstellung von reinem TiC sehr gut geeignet.

Bezüglich des Stickstoffes im Titankarbid liegen keine näheren Untersuchungen vor. TiN (s. S. 244) vermag so wie TiO mit dem TiC, wie schon mehrfach erwähnt, feste Lösungen zu bilden und bei der technischen Herstellung von Hartmetallen, bei der also nicht in absolut stickstofffreier Atmosphäre gearbeitet wird, tritt stets Stickstoff im Fertigprodukt auf. Insbesondere die titankarbidhaltigen Sorten enthalten beträchtliche Mengen Stickstoff[2] (s. Zahlentafel 89, S. 423).

Auf Grund der Beobachtung von G. F. Hüttig und K. Sedlatschek[3] über die reaktionsfördernde Wirkung von kleinen Zusätzen von Chlor auf die Reduktionsgeschwindigkeit von Eisenoxyd lag die Vermutung nahe, daß auch die Reduktion und Karburierung von TiO_2 durch geringe Zusätze von chlorabgebenden Stoffen, z. B. HCl, CCl_4, $CHCl_3$ u. a. beschleunigt werden kann. Bei der Karburierung von TiO_2 mit Ruß unter verschiedenen Bedingungen (a) Vakuum von 1 mm Hg, b) Wasserstoffunterdruck von 40 mm Hg, c) strömender, bei 10° mit CCl_4 gesättigter Wasserstoff, 40 mm Hg) wurde nach G. F. Hüttig und V. Fattinger[4,5] in Abhängigkeit von der Temperatur tatsächlich bei Anwesenheit von CCl_4 im Reaktionsgas ein Titankarbid mit beträchtlich höherem Gehalt an gebundenem

---

[1] D.R.P. 733318 (1943).

[2] B. I. O. S. Final Rep. Nr. 1385 (1945), S. 40.

[3] Hüttig, G. F. u. K. Sedlatschek: Z. anorg. allg. Chem. **250** (1942), S. 23/35.

[4] Hüttig, G. F. u. V. Fattinger: Powder Met. Bull. **5** (1950), S. 30/37.

[5] Fattinger, V.: in „The Physics of Powder Metallurgy", McGraw Hill, New York, 1951, S. 295/301.

Kohlenstoff erhalten als bei der Karburierung im Vakuum oder Wasserstoffunterdruck (Abb. 22). Bei der hohen Reaktionstemperatur liegen die organischen Chlorverbindungen gespalten vor und es spielt sich z. B. die Reaktion:

$$Ti + 2\,HCl \rightleftharpoons TiCl_2 + H_2$$

ab. In Gegenwart von Kohlenstoff und Wasserstoff tritt bei hohen Temperaturen (s. Aufwachsverfahren) die Spaltung:

$$TiCl_x + \frac{x}{2}\,H_2 + C \rightleftharpoons TiC + x\,HCl$$

ein. Bei niedriger Temperatur verläuft die Reaktion im umgekehrten Sinn, so daß man in salzsäurefreier Atmosphäre abkühlen muß. Aus der Praxis ist bekannt, daß der Gehalt an gebundenem Kohlenstoff durch mehrmaliges Karburieren gesteigert werden kann. G. F. Hüttig und V. Fattinger haben daher ein graphitfreies TiC mit 17,3% gebundenem Kohlenstoff mit CH_4-haltigem Wasserstoff, welcher durch Überleiten des Wasserstoffes über eine erhitzte Kohleschicht (Abb. 23 a) hergestellt worden war und außerdem noch Chloroformdampf enthielt, weiter karburiert und dabei ein Karbid mit 18,6% gebundenem Kohlenstoff erhalten.

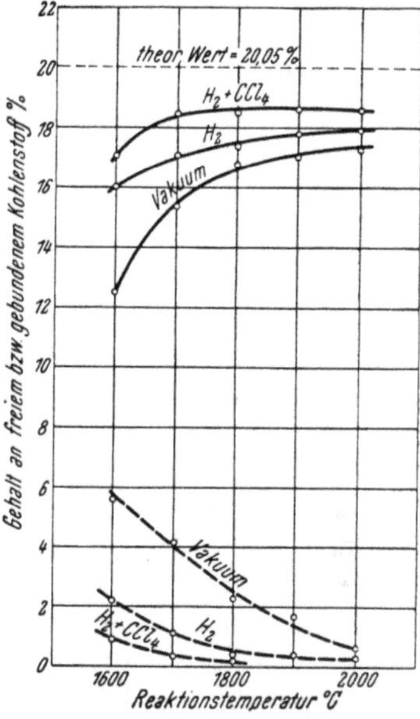

Abb. 22. Einfluß der Karburierungstemperatur auf die Zusammensetzung von unter verschiedenen Bedingungen hergestelltem Titankarbid (G. F. Hüttig und V. Fattinger)

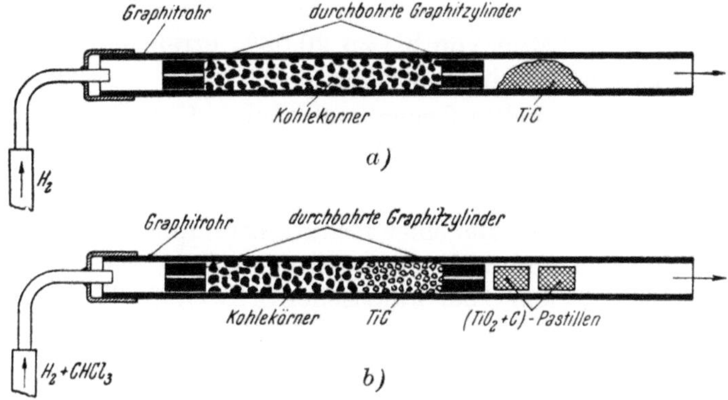

Abb. 23. Versuchseinrichtung bei der Herstellung von reinstem Titankarbid aus vorkarburiertem TiC a) und aus TiO_2 + Ruß b) (G. F. Hüttig und V. Fattinger)

Führt man die Karburierung sehr lang (80 Minuten) und bei sehr hoher Temperatur (2300°) unter einem Gasgemisch von Wasserstoff und Chloroform im Verhältnis 8 : 1, welches durch eine erhitzte Kohleschicht und eine Schicht von Titankarbid gemäß Abb. 23b strömt, durch, dann gelingt es, den stabilen TiC-TiO-Mischkristall größtenteils zu zerstören und ein Präparat mit 19,7% gebundenem Kohlenstoff und mit 0,36% freiem Kohlenstoff zu erzeugen.

Nach Untersuchungen von D. Schuler[1] gelingt es beim Nachkarburieren von TiC (19,2% geb. C, 0,13% freier C) bei einem Zusatz von 9% Polyvinylchlorid ein TiC-Präparat mit 19,55% geb. C und 0,8% freiem C zu erhalten (Reaktionstemperatur 2000°, Reaktionszeit 3 Minuten).

Nach 'dem Hedvallschen Prinzip[2] besitzt ein fester Stoff im Verlauf einer Umwandlung eine erhöhte Reaktionsbereitschaft. Diese Erscheinung kann man nach G. F. Hüttig und K. Kohla[3] bei der Herstellung von Titankarbid aus TiO_2 durch Karburierung mit festem Kohlenstoff vorteilhaft ausnützen. TiO_2 existiert in zwei Modifikationen, dem Anatas und Rutil, wobei der Anatas je nach Herstellungsart im Temperaturgebiet von etwa 1000° monotrop in den Rutil übergeht. Wenn man die Aufkohlung des TiO_2 gleichzeitig mit einer Anatas-Rutil-Umwandlung vor sich gehen läßt, dann sind TiC-Präparate mit höherem Gehalt an gebundenem Kohlenstoff zu erwarten. Karburierungsversuche unter absolut trockenem Wasserstoff in einem Graphitrohrofen zeigten tatsächlich, daß man aus den Anataspräparaten Titankarbid mit höherem Gehalt an gebundenem Kohlenstoff erhält als aus den Rutilproben.

Durch Kombination der Anatas-Rutil-Umwandlung mit dem von G. F. Hüttig und V. Fattinger angegebenen Verfahren über die Verwendung von karburierend und auflockernd wirkenden Gasen (Chloroform u. a.) kann man TiC-Präparate mit einem Gehalt an gebundenem Kohlenstoff von bis zu 20,03% erreichen, was praktisch dem theoretischen Gehalt entspricht.

D. Schuler[1] versuchte ferner auch durch Umsetzung von Titansulfid mit Kohle nach der Gleichung

$$TiS_2 + 2C \rightleftharpoons TiC + CS_2$$

reinstes TiC zu erhalten. Bei einer Reaktionstemperatur von 2000° und einer Reaktionszeit von 3 Minuten gelang es ihm, ein TiC mit 19,9% geb. C und 0,04% freiem C bei praktischer Schwefelfreiheit zu erzeugen.

---

[1] Schuler, D.: Diss. Techn. Hochsch. Zürich 1952.
[2] Eine zusammenfassende Darstellung dieses Prinzips gibt G. F. Hüttig in dem von G. M. Schwab herausgegebenen Handbuch der Katalyse, Bd. VI, S. 374ff., Springer-Verlag, Wien 1943.
[3] Hüttig, G. F. u. K. Kohla: Unveröffentlichte Versuche 1949.

Die gesamten Erfahrungstatsachen bei der Herstellung von TiC
mit höchstmöglichem Kohlenstoffgehalt, ergänzt um eigene Versuche,
insbesondere unter Verwendung von Polyvinylchlorid, hat D. Schuler[1]
in einer sehr eingehenden Studie zusammengefaßt. Auch bei Anwendung der oben beschriebenen reaktionsfördernden Maßnahmen
ist es sehr schwierig, ein TiC mit theoretischem Kohlenstoffgehalt
darzustellen. Es gelingt allerdings, die Reaktionszeit auf einen Bruchteil der bei der technischen Karburierung benötigten herabzusetzen.

γ) *Die industrielle Herstellung von Titankarbid.* Bei der Herstellung
von Titankarbid in industriellem Maßstab geht man heute fast ausschließlich von reinem Titanoxyd, z. B. der Zusammensetzung
99,8% TiO_2, 0,06% S, 0,05% P oder 98,8% TiO_2, 0,1% SiO_2,
0,05% Fe, 0,1% S und 0,1% P aus. Die geringen Mengen von Verunreinigungen schaden nicht, weil sie bei den hohen Karburierungstemperaturen größtenteils flüchtig sind. Titanmetallabfälle, die man
durch eine schwache Aufkohlung verspröden und pulverisieren kann,
dürften in Zukunft, nachdem es gelungen ist, Titanmetall in groß-
technischem Umfang herzustellen, auch für die Titankarbid-
erzeugung herangezogen werden.

Geht man von Titandioxyd aus, dann wird z. B. 68,5% TiO_2 mit
31,5% Ruß oder feinstgemahlenem reinstem Graphit längere Zeit
sehr innig in Mischern und Mühlen trocken oder naß gemischt. Wird
unter Zusatz von Wasser gearbeitet, dann muß die pasteartige Masse
sehr sorgfältig getrocknet werden, da Feuchtigkeitsreste bei der
Karburierung entkohlend wirken. Die Karburierung selbst kann
unter Wasserstoff in Kohlerohrkurzschlußöfen oder im eigenen
Schutzgas in vertikalen Dreiphasen-Kohlegrieß-Öfen vorgenommen
werden. Besonders vorteilhaft sind Hochfrequenz-Vakuumöfen bei
der Titankarbidherstellung.

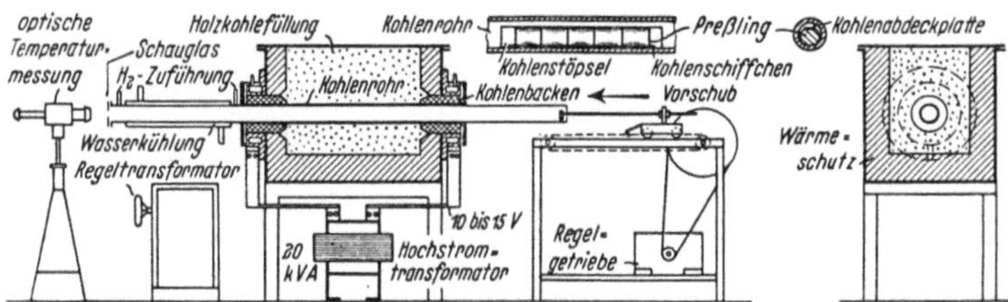

Abb. 24. Kohlerohrkurzschlußofen zur Herstellung von Hartkarbiden, schematisch
(C. Ballhausen)

Wenn man die Karburierung in *Kohlerohrkurzschlußöfen* (Abb. 24)
unter Wasserstoff vornimmt[2], dann ist dazu ein sehr reines, trockenes

---

[1] Schuler, D.: Diss. Techn. Hochsch. Zürich 1952.
[2] B. I. O. S. Final Rep. Nr. 1385 (1945), S. 64/65.

und insbesondere stickstofffreies Gas erforderlich. Die Ausgangsmischung wird üblicherweise zu Blöcken gepreßt und in Kohleschiffchen bei etwa 2250° kontinuierlich durch den Ofen geschoben. Die anfallenden Karbidbrocken werden sorgfältig zerkleinert. Das abgesiebte Karbid hat einen Gesamtkohlenstoffgehalt von 20,0 bis 20,5%, davon 1,5 bis 2% in freier graphitischer Form.

Abb. 25. Dreiphasen-Kohlerohr-Ofen zur großtechnischen Herstellung von Titankarbid (F. Krall)

Ein besonders leistungsfähiger Ofen für industrielle Zwecke ist der vertikale *Dreiphasen-Kohlerohr-Ofen*, den Abbildung 25 in der Ansicht zeigt. Bei diesem Ofen kann ohne Wasserstoffschutzgas gearbeitet werden. Das bei der Reaktion entstehende, nach oben abströmende Kohlenoxyd reicht zum Schutz des Karburierungsgutes aus. Im übrigen verfährt man ähnlich, wie oben beschrieben. Die TiO_2-Ruß-Mischung wird in Papiersäcken verpreßt und die Preßlinge unter Zusatz von Graphitgrieß, der ein Anbacken an der heißen Ofenwandung verhindert, in den Ofen gefüllt. Die Karburierungstemperatur beträgt hierbei 2300 bis 2700°. Die Erreichung dieser und noch höherer Temperaturen bereitet bei der Ofenkonstruktion keine Schwierigkeiten. Das Titankarbid fällt in gleichmäßigen, hellgrauen Brocken an, welche kontinuierlich aus dem Ofen ausgetragen werden.

Nach L. D. Brownlee, G. A. Geach und T. Raine[1] wird bei der *Vakuumkarburierung* die TiO_2-Ruß-Mischung mit einem Preßdruck von etwa 1,5 t/cm² zu Blöcken von etwa 15 × 6,5 × 2,5 cm

---

[1] Brownlee, L. D., G. A. Geach u. T. Raine: Iron Steel Inst., Spec. Rep. No. 38, London 1947, S. 73/78.

verpreßt. Die Mischung läßt sich schlecht verdichten und die Preßlinge haben zahlreiche Spaltstellen, die allerdings nicht schaden,
weil durch sie bei der Reaktion die
Gase leichter entweichen können.
Die Blöcke werden in einem Graphittiegel, der in dem Vakuumofen
gemäß Abb. 26 sitzt, eingeschichtet
und dieser mit einem Graphitdeckel
verschlossen, welcher Bohrungen für
die entweichenden Gase und zur
Temperaturmessung besitzt. Der
Graphittiegel wird in einem
Sillimanittiegel eingesetzt und der
Zwischenraum zwischen beiden mit
Graphitpulver als Wärmeisolator
ausgefüllt. Der Tiegel ist von
der Hochfrequenzspule umgeben.
Das ganze ist durch einen vakuum-
dichten, oft wassergekühlten Stahlmantel geschützt, welcher gasdichte
Stromzuführungen, Schaufenster und
Anschlußstutzen für die Vakuum-
pumpe aufweist. Der Unterdruck
wird von einer rotierenden Ölpumpe

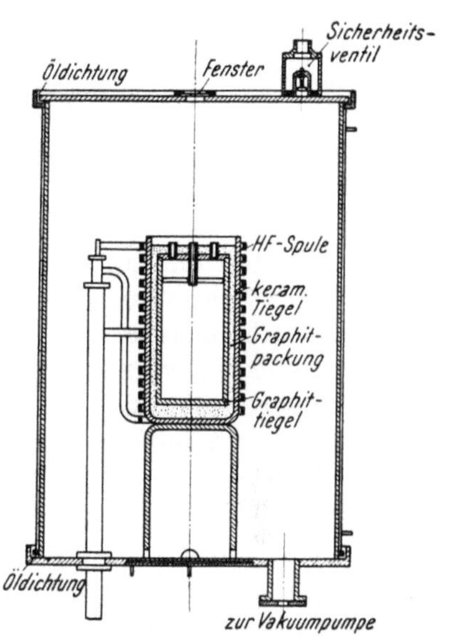

Abb. 26. Hochfrequenz-Vakuumofen zur
Herstellung von Titankarbid (L. D.
Brownlee, G. A. Geach und T. Raine)

erzeugt. Die Temperaturmessung erfolgt mit optischem Pyrometer.

Wie sich der Druck in Abhängigkeit von der Temperatur und Zeit
während einer Ofenfahrt ändert, zeigt Abb. 27. Die Reaktion beginnt
bei etwa 800° und schreitet
bei 1200 bis 1400° rasch fort.
Der maximale Druck von
40 mm Hg wird bei etwa
1300° beobachtet und bei
1600 bis 1650° geht die
Reaktion zu Ende, d. h. die
Gasentwicklung hört auf.
Die letzten Spuren von
Oxyd werden aber erst bei
einhalbstündigem Erhitzen
bei 1900 bis 1950° zersetzt,
wobei der Unterdruck auf
etwa 4 mm Hg herunter-
geht. Die erhaltenen Kar-
bidbrocken, welche in

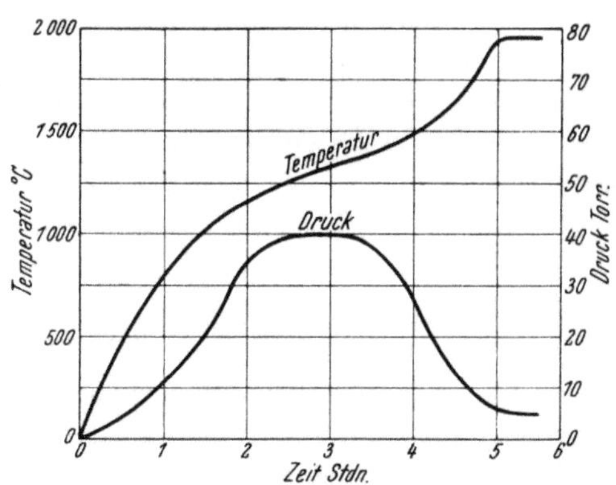

Abb. 27. Änderung von Temperatur und Unterdruck während der Herstellung von Titankarbid
(L. D. Brownlee, G. A. Geach und T. Raine)

Backenbrechern und Mühlen zerkleinert und abgesiebt werden, enthalten etwa 19,5 bis 20,3% Gesamtkohlenstoff, 0,1 bis 0,8% freien Kohlenstoff und 79,5 bis 80,2% Titan.

Eine interessante Vorrichtung zum kontinuierlichen Karburieren von Metalloxyden, insbesondere zur Herstellung von Titankarbid wurde von C. Ballhausen[1] entwickelt. Zwei horizontal angeordnete Graphitwalzen stehen sich mit einem geringen Abstand gegenüber und bewegen sich während des Karburierungsvorganges gegeneinander. Die Walzen sind in schweren Graphit- und Kupferlagern gehalten und an eine Stromquelle von etwa 100 kW Leistung und 10 Volt Spannung angeschlossen. Die Walzen sind in einem gasdichten Stahlgehäuse untergebracht, an dessen oberen Teil sich eine Beschickungsvorrichtung befindet. An der Unterseite des Stahlgehäuses sorgt eine wassergekühlte Austragsvorrichtung für die Austragung des karburierten Gutes. Durch ein Abzugrohr kann das während der Karburierung gebildete Kohlenmonoxyd entweichen und abbrennen.

Die Karburierung selbst vollzieht sich etwa wie folgt: Das TiO_2-Ruß-Gemisch fällt von der Beschickungsvorrichtung direkt zwischen die beiden Walzen und stellt so einen elektrischen Schluß zwischen diesen her, wobei sich das Gemenge auf etwa 1400 bis 1700° erhitzt. Durch die Gegeneinanderbewegung der Walzen wird das Pulver unter leichtem Druck kontinuierlich durchgepreßt. Das karburierte Gemenge, welches das Walzenpaar passiert hat, fällt in Stücken in die Austragsvorrichtung, die für ein kontinuierliches Austragen unter Schutzgas sorgt.

Im Gegensatz zu anderen Öfen, bei denen die Durchwärmung des Ausgangsgemenges längere Zeit benötigt, geschieht hier die Erhitzung in dünnen Schichten in verhältnismäßig sehr kurzer Zeit, so daß eine sehr gute Ausbeute pro Zeiteinheit erzielt wird. Nach Ansicht der Verfasser ist die Einrichtung von C. Ballhausen[1] besonders zur Herstellung eines Roh-Titankarbides geeignet, welches zweckmäßig in einem zweiten Karburierungsgang in Kohlerohrkurzschluß- oder Vakuumöfen fertigkarburiert wird.

Wenn das erhaltene Titankarbid, welches nach einem der beschriebenen Verfahren hergestellt wurde, zu wenig gebundenen Kohlenstoff enthält, dann ist es manchmal erforderlich, die ganze Karburierungsoperation unter Zusatz von weiteren Mengen an Ruß zu wiederholen. Enthält das Karbid zu viel freien Kohlenstoff, dann kann man durch

---

[1] Ballhausen, C.: vgl. B. I. O. S. Final Report No. 1385 (1945), S. 87, B. I. O. S. Final Rep. Nr. 925, App. II.

Beimengung von TiO_2 oder unterkohltem TiC, den Kohlenstoffgehalt bei der zweiten Karburierung ausgleichen.

Die Reinigung von Titankarbid kann nach der von C. Agte und K. Moers[1] vorgeschlagenen Methode erfolgen. Das Titankarbidpulver wird zu dicken Stäben verpreßt und diese im direkten Stromdurchgang unter Wasserstoff kurzzeitig sehr hoch erhitzt, wobei die Verunreinigungen teilweise verdampfen. Gegebenenfalls wird die Operation nach Zerkleinerung der Stäbe nochmals wiederholt.

Eine Reinigung des Titankarbides kann auch durch Mischkristallbildung mit anderen Karbiden bewirkt werden (s. S. 58). Das Zweitkarbid braucht dabei allerdings nur in solchen Mengen zugesetzt werden, daß es gewissermaßen nur katalytisch wirkt. Beispielsweise haben sich Zusätze von 0,5 % Molybdänkarbid bewährt.

Nach einem amerikanischen Patent[2] werden der TiO_2-Ruß-Mischung 0,6 bis 1% Cr_2O_3 zugesetzt. Das resultierende, gut kristallisierte Karbid enthält weniger als 0,2% freien Kohlenstoff und ist härter als auf übliche Weise hergestelltes Titankarbid.

Die Herstellung von dichten Titankarbidkörpern durch Pressen und Sintern bzw. durch Drucksintern wird von zahlreichen Autoren beschrieben[3-6].

b) Das System Titan-Kohlenstoff

Einen Ausschnitt aus dem Zustandsdiagramm des Systems Titan-Kohlenstoff zeigt nach I. Cadoff und J. P. Nielsen[7] Abb. 28. In diesem System existiert lediglich die kubisch flächenzentriert, im Steinsalztyp (B 1) kristallisierende Ver-

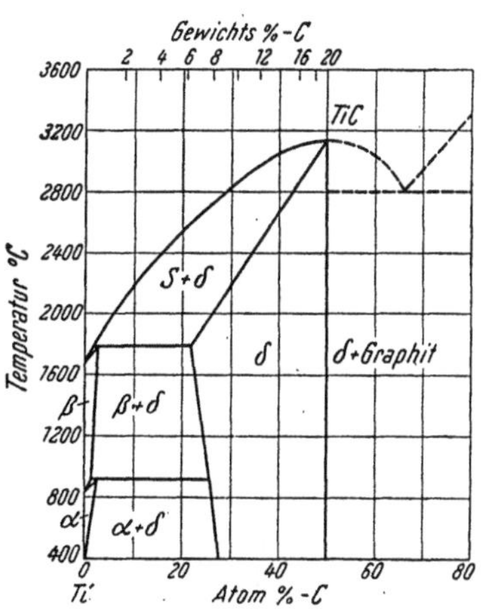

Abb. 28. Zustandsschaubild Titan-Kohlenstoff. (I. Cadoff und J. P. Nielsen)

---

[1] Agte, C. u. K. Moers: Z. anorg. allg. Chem. 198 (1931), S. 233/43.

[2] A.P. 2491410 (1945).

[3] Ivensen, V. A.: Zur techn. Fiz. (russ.) 17 (1947), S. 1301/20.

[4] Gangler, J. J., C. F. Robards u. J. E. McNutt: NACA Techn. Note Nr. 1911 (1949), J. Am. Ceram. Soc. 33 (1950), S. 367/74.

[5] Kieffer, R. u. F. Kölbl: Berg- u. Hüttenmänn. Mh. 95 (1950), S. 49/58.

[6] Glaser, F. W. u. W. Ivanick: J. Metals 4 (1952), S. 387/90.

[7] Cadoff, I. u. J. P. Nielsen: J. Metals 5 (1953), S. 248/52.

bindung TiC. (Eine dem W_2C (Mo_2C) analoge Verbindung Ti_2C mit hexagonal dichtester Packung wollen B. Jacobson und A. Westgren[1] gefunden haben. W. G. Burgers und J. C. M. Basart[2] vermuten eher eine Löslichkeit von Ti in TiC.)

Genauere Angaben über das System macht P. Ehrlich[3] auf Grund von röntgenographischen Untersuchungen an sehr sorgfältig hergestellten, reinsten Titankarbidpräparaten*. Die Breite der TiC-Phase ist auffallend groß. Sie reicht von $TiC_{1,0}$ bis herunter zu etwa $TiC_{0,22}$, wobei es sich bei den kohlenstoffärmeren Präparaten um Subtraktionsmischkristalle handelt. Bei $TiC_{0,2}$ treten bereits die Linien auf, welche der Titanphase entsprechen, aber erst bei $TiC_{0,05}$ findet man das reine Titanbild. Andererseits sind bei $TiC_{0,1}$ die Interferenzen der Titankarbidphase noch vertreten. Das Lösungsvermögen von Titan für Kohlenstoff reicht also etwa bis $TiC_{0,08}$.

Die Veränderung der Gitterkonstanten in der TiC-Phase zeigt Abb. 29. Der Wert für $TiC_{1,0}$ von $4{,}31_3$ Å stimmt gut mit den Literaturwerten überein. Präparate der Bruttozusammensetzung $TiC_{1,5}$ und $TiC_{2,0}$ zeigen keine Änderung des Parameters mehr, so daß die obere Phasengrenze $TiC_{1,0}$ darstellt. Bei den kohlenstoffreicheren Präparaten lag, wie auch schon aus dem dunklen Aussehen zu erkennen war, ein Gemisch von Titankarbid und freiem Kohlenstoff vor. Im Gegensatz zu der Lückenbesetzung des TiO (15%) und TiN (4%) ist beim $TiC_{1,0}$ das Gitter praktisch vollkommen besetzt. Für die kohlenstoffärmeren Präparate stimmen die pyknometrischen Werte gut mit dem für Subtraktionsmischkristallen berechneten überein. Gegenüber den additiven Werten für das Mol.-Volumen zeigt die

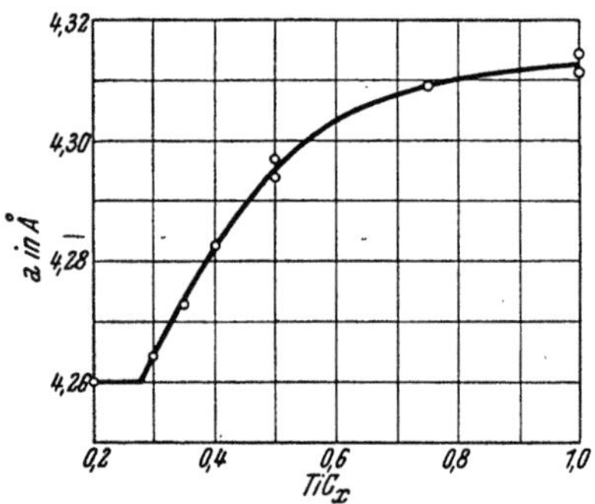

Abb. 29. Verlauf der Gitterkonstanten der TiC-Phase (P. Ehrlich)

---

* Die Präparate wurden nach dem Sinterverfahren hergestellt. Als Ausgangsmaterial diente reinstes Titanblech (99,9% Ti), welches durch schwache Aufkohlung versprödet und dadurch leicht pulverisierbar gemacht worden war. Aschefreier, bei 2000° entgaster Azetylenruß diente als Karburierungsmittel. Die Karburierung wurde in kleinen, direkt beheizten Wolframblechschiffchen im Hochvakuum vorgenommen.

[1] Jacobson, B. u. A. Westgren: Z. physik. Chem. B **20** (1933), S. 361/67.

[2] Burgers, W. G. u. J. C. M. Basart: Z. anorg. allg. Chem. **216** (1934), S. 209/22.

[3] Ehrlich, P.: Z. anorg. Chem. **259** (1949), S. 1/41.

gefundene Mol.-Volumenkurve innerhalb der TiC-Phase im Sinne einer Kontraktion große Differenzen. Beim $TiC_{1,0}$ beträgt die Abweichung 1,8 cm³.

R. I. Jaffee, H. R. Ogden und D. J. Maykuth[1] haben die Löslichkeit von C in α- und β-Titan, sowie den Einfluß auf die Umwandlungstemperatur und auf die Festigkeitseigenschaften untersucht. Geringe Mengen von Kohlenstoff (Sauerstoff und Stickstoff) beeinflussen die mechanischen Eigenschaften von α-Titan sehr beträchtlich[2,3].

Auf Grund von Schmelzversuchen an TiC-Graphitmischungen stellte R. Kieffer eine Löslichkeit von TiC für C unter Schmelzpunktserniedrigung fest, so daß auf ein Eutektikum TiC-C geschlossen werden kann (vgl. die Verhältnisse bei ZrC).

Die Untersuchungen im System Titan-Kohlenstoff werden dadurch erschwert, daß bekanntlich das TiC mit isomorphem TiO und TiN Mischkristalle zu bilden vermag. Der Phasenbereich des TiO erstreckt sich nach P. Ehrlich[4] von etwa $TiO_{0,6}$ bis $TiO_{1,25}$, wobei die Gitterkonstante von 4,185 Å auf 4,153 Å fast linear abnimmt. Für $TiO_{1,0}$ ergibt sich also eine Konstante von etwa 4,165 Å. Nach Untersuchungen von H. Krainer und K. Konopicky[5] kann man bei sauerstoffhaltigem Titankarbid auf Grund der röntgenographischen Gitterkonstantenmessung auf den Sauerstoffgehalt des Präparates schließen, weil die Gitterkonstante sich im System TiC-TiO annähernd linear ändert (s. Zahlentafel 19).

c) Eigenschaften*

Titankarbid der chemischen Formel TiC mit 20,05% C fällt, im festen Zustand hergestellt, als ein hellgraues metallisches Pulver an; es ist chemisch sehr widerstandsfähig und wird von Salzsäure und Schwefelsäure kaum angegriffen. In Salpetersäure — Flußsäure ist es leicht löslich; der freie graphitische Kohlenstoff bleibt dabei un-

---

* Vgl. dazu auch die zusammenfassende Darstellung in: Gmelins-Handbuch der anorganischen Chemie, System Nr. 41, Titan, Verlag Chemie, Weinheim 1951, S. 361/66.

[1] Jaffee, R. I., H. R. Ogden u. D. J. Maykuth: Trans. AIME **188** (1950), S. 1261/66, s. a. W. J. Kroll: Metaux **26** (1951) S. 329/46.

[2] Finlay, W. L. u. J. A. Snyder: Trans. AIME **188** (1950), S. 277/86.

[3] Gee, E. A., J. B. Sutton u. W. J. Barth: Ind. Eng. Chem. **42** (1950), S. 243/49.

[4] Ehrlich, P.: Z. Elektrochem. **45** (1939), S. 362/70, Z. anorg. allg. Chem. **247** (1941), S. 53/64.

[5] Krainer, H. u. K. Konopicky: Berg- u. Hüttenmänn. Mh. **92** (1947), S. 166/78.

gelöst zurück. Ebenso wird TiC in alkalischen, oxydierenden Schmelzen gelöst. Ab 1500° tritt in stickstoffhaltiger Atmosphäre Nitridbildung ein. Von Chlor wird es bei höherer Temperatur unter Chlorid-, gegebenenfalls unter Oxychloridbildung angegriffen.

Nach dem Aufwachsverfahren hergestelltes Titankarbid zersetzt sich bei Temperaturen über 1000° im Vakuum, wobei beträchtliche Mengen von eingelagertem H_2 frei werden. In einer Atmosphäre von O_2, CO_2, N_2O wird es bei höherer Temperatur unter Bildung von TiO_2 zerlegt. N_2, H_2 und CO reagieren kaum[1].

Titankarbid kristallisiert kubisch flächenzentriert (Steinsalztyp B 1). Da es außerordentlich schwierig ist, sauerstoff- und stickstofffreie Titankarbidpräparate der theoretischen Zusammensetzung herzustellen, schwanken die von verschiedenen Autoren bestimmten Gitterkonstanten[2-20] ziemlich stark. Als ziemlich gesichert kann heute eine Gitterkonstante von 4,319 Å angenommen werden.

Die Dichte wurde von P. Ehrlich[17] sehr exakt zu $4,93_9$ und $4,90_1$ g/cm³ bestimmt. Die errechnete Röntgendichte unter Zugrundelegung der obigen Gitterkonstanten ist 4,938 g/cm³.

[1] Pollard, F. H. u. P. Woodward: Trans. Faraday Soc. **46** (1950), S. 190/99.

[2] van Arkel, A. E.: Physica 4 (1924), S. 286/301.

[3] Becker, K. u. F. Ebert: Z. Physik 31 (1925), S. 268/72.

[4] Brantley, L. R.: Z. Kristallogr. 77 (1931), S. 505/06.

[5] v. Schwarz, M. u. O. Summa: Z. Elektrochem. 38 (1932), S. 743/44.

[6] Burgers, W. G. u. J. C. M. Basart: Z. anorg. allg. Chem. 216 (1934), S. 209/22.

[7] Meerson, G. A.: Redkije Metaly 4 (1935), Nr. 4, S. 6/20.

[8] Hofmann, W. u. A. Schrader: Arch. Eisenhüttenwes. 10 (1936/37), S. 65/66.

[9] Dawihl, W. u. W. Rix: Z. anorg. allg. Chem. 244 (1940), S. 191/97.

[10] Umanski, J. S. u. S. S. Chydekel: Zur. Fiz. Chim. (russ.) 15 (1941), S. 983/96.

[11] Zumbusch, W. u. W. Sander: Unveröffentlichte Untersuchungen 1942.

[12] Hume-Rothery, W., G. V. Raynor u. A. T. Little: J. Iron Steel Inst. 145 (1942), S. 129/41.

[13] Kovalski, A. E. u. J. S. Umanski: Zur. Fiz. Chim. 20 (1946), S. 769/72.

[14] Nowotny, H. u. R. Kieffer: Metallforschung 2 (1947), S. 257/65.

[15] Krainer, H. u. K. Konopicky: Berg- u. Hüttenmänn. Mh. 92 (1947), S. 166/78.

[16] Metcalfe, A. G.: J. Inst. Met. 73 (1947), S. 591/607.

[17] Ehrlich, P.: Z. anorg. Chem. 259 (1949), S. 1/41.

[18] Norton, J. T. u. A. L. Mowry: Trans. AIME 185 (1949), S. 133/36.

[19] Goldschmidt, H. J.: Metallurgia 40 (1949), S. 103/04, Iron Steel 22 (1949), S. 239/46.

[20] Duwez, P. u. F. Odell: J. Electrochem. Soc. 97 (1950), S. 299/304.

Die Härte beträgt nach E. Friederich und L. Sittig[1] 9 bis 10 Mohs. Eigene Mikrohärtebestimmungen[2] ergaben einen Mittelwert von 3200 kg/mm^2 (50 g Belastung). J. Hinnüber[3] findet bei 20 g Belastung den gleichen Wert.

Bezüglich der Biegebruchfestigkeit, Warmfestigkeit und Temperaturwechselbeständigkeit vgl. die Ausführungen in Kap. XV, S. 646.

Der E-Modul wird von W. Köster und W. Rauscher[4] mit 32 200 kg/mm^2 angegeben. Für die Kompressibilität gibt P. W. Bridgman[5] einen Wert von 4,7 · 10^{-7} cm^2/kg an.

Der Schmelzpunkt beträgt nach E. Friederich und L. Sittig[1] 3160 + 100°, nach C. Agte und K. Moers[6] 3140 $\pm$ 90° und nach F. W. Glaser[7] 3250°. Der Siedepunkt wird von W. R. Mott[8] auf 4300° geschätzt.

Die Wärmeleitfähigkeit beträgt nach neueren Untersuchungen[9] 0,041 cal/cm · sec · °C. Angaben über die thermodynamischen Daten werden von W. A. Roth und G. Becker[10], K. K. Kelley[11], B. F. Naylor[12], G. L. Humphrey[13] und L. Brewer und Mitarbeitern[14] gemacht.

Magnetisch findet man beim Titankarbid, wie auch bei den verwandten MC-Phasen, niedrige Suszeptibilitätswerte[15]. Bei eisenfreien Präparaten ist die Suszeptibilität unabhängig von Temperatur und Feldstärke.

Der spezifisch elektrische Widerstand beträgt nach E. Friederich und L. Sittig[1] bei Zimmertemperatur 180 bis 250 Mikroohm · cm, nach K. Moers[16] 193, bei — 60° 239 und bei der Tem-

[1] Friederich, E. u. L. Sittig: Z. anorg. allg. Chem. 144 (1925), S. 169/89.

[2] Kieffer, R. u. F. Kölbl: Powder Met. Bull. 4 (1949), S. 4/17.

[3] Hinnüber, J.: Z. VDI. 92 (1950), S. 111/17.

[4] Köster, W. u. W. Rauscher: Z. Metallkde. 39 (1948), S. 111/20.

[5] Bridgman, P. W.: Proc. Am. Acad. 66 (1932), S. 255/70.

[6] Agte, C. u. K. Moers: Z. anorg. allg. Chem. 198 (1931), S. 233/43.

[7] Glaser, F. W.: Persönliche Mitteilung 1951.

[8] Mott, W. R.: Trans. Am. Electrochem. Soc. 34 (1919), S. 255/88.

[9] Sindeband, S. J. u. P. Schwarzkopf: Electrochem. Soc. 97th Meeting, Cleveland 1950.

[10] Roth, W. A. u. G. Becker: Z. phys. Chem. 159 (1932), S. 1/26.

[11] Kelley, K. K.: U. S. Bur. Mines Bull. Nr. 407 (1937), Ind. Eng. Chem. 36 (1944), S. 865/66.

[12] Naylor, B. F.: J. Am. Chem. Soc. 68 (1946), S. 370/71, 1077/78.

[13] Humphrey, G. L.: J. Am. Chem. Soc. 73 (1951), S. 2261/63.

[14] Brewer, L., L. A. Bromley, P. W. Gilles u. N. L. Lofgren in L. L. Quill: The Chemistry and Metallurgy of Miscellaneous Materials-Thermodynamics. McGraw Hill, New York 1950, S. 40/59.

[15] Klemm, W. u. W. Schüth: Z. anorg. allg. Chem. 201 (1931), S. 24/31.

[16] Moers, K.: Z. anorg. allg. Chem. 198 (1931), S. 262/75.

peratur der flüssigen Luft 294, nach neueren Angaben[1] bei 20° 105 Mikroohm · cm. An praktisch dichten Heißpreßkörpern aus technisch
reinem Titankarbid wurde sogar nur ein Widerstandswert von
68,2 Mikroohm · cm bestimmt[2]. Bei 1,15° K dürfte Titankarbid supraleitend werden[3].

Nach Messungen von R. E. Haddad, D. L. Goldwater und
F. H. Morgan[4-6] erscheint die thermoionische Emission nicht
ausreichend für praktische Zwecke.

d) Verwendung

Titankarbid ist heute neben dem Wolframkarbid der wichtigste
Ausgangsstoff für die Sinterhartmetallherstellung. Hartmetalle für
die Stahlbearbeitung, also jene Sorten, welche zur Bearbeitung langspanender Werkstoffe dienen, ferner sehr harte und verschleißfeste
aber spröde Feinbohrqualitäten enthalten neben Wolframkarbid und
Kobalt bis zu 60% Titankarbid. Neuestens sind auch hochwarm-
und hochzunderfeste Hartmetalle auf Titankarbid-Basis mit Kobalt-
oder Nickel-Chrom-Bindung entwickelt worden (s. S. 662).

Die Anwendung von Titankarbid als Bogenlampenelektroden[7],
als Schutzbelag für elektrische Widerstandsöfen[8] sowie als Tiegelmaterial[9] sind heute überholt. Ebenso haben die Anwendungen als
Desoxydationsmittel sowie als Auflage für Stumpfschweißelektroden
keine Bedeutung erlangt.

2. Zirkonkarbid

a) Herstellung

Beim Versuch Zirkonerde mit Kohle im elektrischen Lichtbogen
zu reduzieren, erhielt L. Troost[10] ein geschmolzenes, graphitdurchsetztes Produkt, welches er als ein Zirkonkarbid der Formel ZrC

---

[1] Sindeband, S. J. u. P. Schwarzkopf: Electrochem. Soc.
79th Meeting, Cleveland 1950.
[2] Glaser, F. W. u. W. Ivanick: J. Metals 4 (1952), S. 387/90.
[3] Meissner, W., H. Franz u. H. Westerhoff: Z. Physik 75 (1932),
S. 521/30.
[4] Haddad, R. E., D. L. Goldwater u. F. H. Morgan: J. Appl. Phys.
20 (1949), S. 1130.
[5] Goldwater, D. L. u. R. E. Haddad: J. Appl. Phys. 22 (1951), S. 70/73.
[6] Morgan, F. H.: J. Appl. Phys. 22 (1951), S. 108/09.
[7] D.R.P. 231231 (1910), 234466 (1910), E.P. 13381 (1905).
[8] E.P. 20810 (1904).
[9] Meyer, O.: Ber. d. chem. Ges. 11 (1930), S. 333/63, Arch. Eisenhüttenwes. 4 (1930), S. 193/98.
[10] Troost, L.: Compt. rend. 61 (1865), S. 109, 116 (1893), S. 1227/30.

ansprach. H. Moissan und M. Lengfeld[1] erzeugten im Lichtbogenofen unabhängig vom Verhältnis ZrO_2 : C ein geschmolzenes Karbid der Zusammensetzung ZrC. Der überschüssige Kohlenstoff wurde beim Erkalten als Graphit abgeschieden. Auf gleiche Weise gewannen L. Renaux[2] und E. Wedekind[3] Zirkonkarbid aus Zirkonerde unter einem Zusatz von Kalk.

Zur Herstellung von feinpulverigem Zirkonkarbid erhitzt man nach O. Ruff[4] rohes oder gereinigtes Zirkondioxyd mit Kohle in einem Graphittiegel auf 1900 bis 2100°. E. Friederich und L. Sittig[5] erzeugten Zirkonkarbid aus ZrO_2 und Kohle im Wolframrohrofen unter Wasserstoff bei Temperaturen von etwa 1900°. Beim Glühen des erhaltenen Präparates an Luft ergab sich eine Gewichtszunahme von 20% (berechnet 19,4%). Dabei trat, ähnlich wie beim Zirkonhydrid, eine Flamme auf, welche auf einen geringen Wasserstoffgehalt des Karbides schließen läßt.

C. Agte und K. Moers[6] bildeten Zirkonkarbid aus reinstem ZrO_2 und Kohle im Graphitrohrofen. Dabei konnte ähnlich wie beim Titankarbid die Neigung des Zirkonkarbids, über den der einfachen Formel ZrC entsprechenden Gehalt hinaus Kohlenstoff aufzunehmen, beobachtet werden. Der Schmelzpunkt wird dabei von 3530° auf 2430° erniedrigt. Beim Abkühlen tritt eine Abscheidung des Kohlenstoffs ein.

In sehr reiner Form kann man Zirkonkarbid nach dem Aufwachsverfahren herstellen[7-10] Durch Zersetzen von $ZrCl_4 + H_2$ in Gegenwart von CO, CH_4, Toluol und anderen flüchtigen Kohlenwasserstoffen kann man polykristalline und einkristalline Abscheidungen an Wolframdrähten, die auf 2000 bis 2700° K erhitzt sind, erzeugen.

---

[1] Moissan, H.: Compt. rend. **116** (1893), S. 1222/24; Moissan, H. u. M. Lengfeld: Compt. rend. **122** (1896), S. 651/54.

[2] Renaux, L.: Diss. Univ. Paris 1900.

[3] Wedekind, E.: Ber. d. chem. Ges. **43** (1910), S. 290/97, Chem. Ztg. **30** (1906), S. 938, **31** (1907), S. 654/55.

[4] D.R.P. 286054 (1914); Ruff, O. u. R. Wallstein: Z. anorg. allg. Chem. **128** (1923), S. 96/116.

[5] Friederich, E. u. L. Sittig: Z. anorg. allg. Chem. **144** (1925), S. 169/89.

[6] Agte, C. u. K. Moers: Z. anorg. allg. Chem. **198** (1931), S. 233/43.

[7] van Arkel, A. E. u. J. H. de Boer: Z. anorg. allg. Chem. **148** (1925), S. 347/48.

[8] Prescott, C. H.: J. Am. chem. Soc. **48** (1926), S. 2534/50.

[9] Moers, K.: Z. anorg. allg. Chem. **198** (1931), S. 243/61.

[10] Burgers, W. G. u. J. C. M. Basart: Z. anorg. allg. Chem. **216** (1934), S. 209/22.

Nach W. G. Burgers und J. C. M. Basart[1] zersetzt sich $ZrCl_4$ an einem Kohlefaden im Vakuum bei Temperaturen über 2500° K unter Bildung von ZrC. Das Karbid z. B. der Bruttozusammensetzung $Zr_{1,3}C$, welches in Form eines Röhrchens anfällt, enthält aber noch beträchtliche Mengen von freiem Zirkon, woraus die Autoren auf eine Löslichkeit des Zirkons im Zirkonkarbid schließen. Beim Glühen im Hochvakuum bei 2200 bis 2400° K verflüchtigt sich das überschüssige Metall und man erhält ein Karbid mit der zu erwartenden Gitterkonstanten.

Bei der Reaktion von Zr mit CO bzw. CO_2 bildet sich schon bei 600 bis 800° neben ZrO_2 auch ZrC[2].

Neuestens erzeugten I. E. Campbell und Mitarbeiter[3] Zirkonkarbidschichten, ebenfalls durch Zersetzung von $ZrCl_4 + H_2$ in Gegenwart von Kohlenwasserstoffen an Wolframdrähten von 1700 bis 2400° in einer Apparatur gemäß Abb. 14.

In größerem Umfange wird Zirkonkarbid technisch durch Karburieren von reinem Zirkonoxyd mit Ruß oder Zuckerkohle bei den verhältnismäßig hohen Temperaturen von 1800 bis 2400° oder durch Karburierung von Zirkonmetallpulver oder Zirkonhydrid bei Temperaturen von 1400 bis 1600° hergestellt. Es treten bei der Karburierung von Oxyd ähnliche Schwierigkeiten auf wie bei der Herstellung von Titankarbid. Wegen der Bildung stabiler Mischkristalle ZrC — ZrO — ZrN gelingt es nur schwer, reine, sauerstoff- und stickstofffreie Präparate herzustellen.

Aus einem Gemisch von 78,75% hochgeglühtem ZrO_2 und 21,25% Zuckerkohle, welches sehr sorgfältig vermengt wird, erhält man beim Karburieren in Kohleschiffchen in einem Kohlerohrkurzschlußofen bei 2400° ein Zirkonkarbid mit 11,3% gebundenem Kohlenstoff (theoretisch 11,64%), Spuren von freiem Kohlenstoff und 88,32% Zr[4].

R. Kieffer[5] erhielt in halbtechnischem Umfang Zirkonkarbid, indem er reinstes ZrO_2 in einem hochfrequenzbeheizten Graphittiegel bei 1800° vorkarburierte und in einer zweiten Stufe, nach Zerkleinerung und Zugabe von weiterem Kohlenstoff, in einem Kohlerohrvakuumofen bei 1700° fertigkarburierte. Das Produkt enthielt

---

[1] Burgers, W. G. u. J. C. M. Basart: Z. anorg. allg. Chem. **216** (1934), S. 209/22.

[2] Guldner, W. G. u. L. A. Wooten: J. Electrochem. Soc. **93** (1948), S. 223/34.

[3] Campbell, I. E., C. F. Powell, D. H. Nowicki u. B. W. Gonser: J. Electrochem. Soc. **96** (1949), S. 318/33.

[4] B. I. O. S. Final Rep. Nr. 1385 (1945), S. 63.

[5] Kieffer, R.: Metall **4** (1950), S. 132/36.

11,8 % Kohlenstoff, davon 0,5 % in ungebundener Form. Durch Drucksintern des Pulvers bei 2200° ließ sich allerdings ein Karbid mit fast theoretischem Kohlenstoffgehalt herstellen.

Auch bei der Erzeugung von Zirkonkarbid dürfte die von G. F. Hüttig und V. Fattinger[1] angegebene Methode des Zusatzes von chlorabgebenden Stoffen zum Karburierungsgas von Vorteil sein, wenn man zu Präparaten mit theoretischem Kohlenstoffgehalt gelangen will.

Größere Mengen von technisch reinem Zirkonkarbid werden nach dem von W. J. Kroll und Mitarbeitern[2] beschriebenen Verfahren durch Zusammenschmelzen von Zirkonerde mit Kohle in einem Lichtbogenofen gemäß Abb. 30 gewonnen.

Der Ofen wird üblicherweise mit ungefähr 100 V und einer durchschnittlichen Stromstärke von 2500 A betrieben. Als Reduktionsmittel wird ausschließlich Graphit verwendet, der als Abfall aus abgebrannten Tiegeln und Elektroden zur Verfügung steht. Aschearmer Koks könnte auch verwendet werden, insbesondere wenn die Asche nur geringe Mengen Al_2O_3 enthält.

Die Beschickung des Ofens besteht aus einer Mischung von

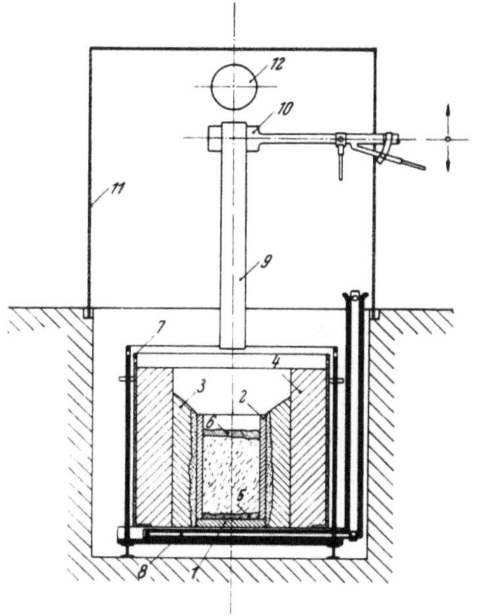

Abb. 30. Lichtbogenofen zur technischen Herstellung von Zirkonkarbid, schematisch (W. Kroll und Mitarbeiter)

1 Graphitblock. *2* Graphittiegel. *3* Holzkohlegrieß. *4* Keramische Isolation aus Siliziumkarbid. *5* und *6* Graphitpulver. *7* Eisenmantel. *8* Wassergekühlte Stromzuführung. *9* Graphitelektrode. *10* Wassergekühlte Stromklemme. *11* Eisenhaube. *12* Abzug

ungemahlenem Zirkonsand (Gehalt ungefähr 67 % ZrO_2) und Graphitpulver mit einer Korngröße von 0,84 mm. Die Zahlentafel 20 gibt den ungefähren Kohlenstoff- und Siliziumgehalt der Rohkarbide an, die mit verschiedenen Graphitzuschlägen in der Charge erzielt wurden.

---

[1] Hüttig, G. F. u. V. Fattinger: Powder Met. Bull. **5** (1950), S. 30/37.

[2] Kroll, W. J., A. W. Schlechten, W. R. Carmody, L. A. Yerkes, H. P. Holmes u. H. L. Gilbert: Trans. Electrochem. Soc. **92** (1947), S. 187/201.

Der Zirkongehalt scheint durch ein Maximum zu gehen, während die niedrig kohlehaltigen Proben beträchtliche Mengen an Zirkonoxyd enthalten, die bei der späteren Chlorierung zurückbleiben.

Zahlentafel 20. *Einfluß des Graphitzusatzes auf die Zusammensetzung von im Lichtbogenofen erzeugtem technischem Zirkonkarbid* (W. J. Kroll u. Mitarbeiter)

Graphit in der Ausgangsmischung %	Kohlenstoff im Karbid %	Zirkon %	Silizium %
37	28	63	8
33	17	70	6
22	7	80	4
16,5	4	76	2

Es wurde festgestellt, daß Silizium fast vollständig entfernt werden kann, wenn zwischen der portionsweisen Zugabe der Mischung Zeit gelassen wird.

Die Reduktion von Zirkonsilikat durch Kohle läuft nach folgenden Reaktionsgleichungen ab:

$$ZrO_2 \cdot SiO_2 + 6\,C = ZrC + SiC + 4\,CO \tag{1}$$
$$ZrO_2 \cdot SiO_2 + 5\,C = ZrC + Si + 4\,CO \tag{2}$$
$$ZrO_2 \cdot SiO_2 + 4\,C = Zr + Si + 4\,CO \tag{3}$$
$$ZrO_2 \cdot SiO_2 + 3\,C = Zr + SiO + 3\,CO \tag{4}$$
$$2\,SiO_2 + ZrO_2 + 6\,C = ZrSi_2 + 6\,CO \tag{5}$$
$$SiO_2 + C = SiO + CO \tag{6}$$
$$SiO + ZrO_2 = SiO_2 + ZrO \tag{7}$$
$$ZrO_2 + 6\,SiO = ZrSi_2 + 4\,SiO_2 \tag{8}$$
$$SiC \rightleftharpoons Si + C \tag{9}$$
$$ZrSi_2 + C \rightleftharpoons ZrC + Si \tag{10}$$
$$ZrO_2 + 3\,Si \rightleftharpoons ZrSi_2 + SiO_2 \tag{11}$$
$$ZrO_2 \cdot SiO_2 + Si = ZrO_2 + 2\,SiO \tag{12}$$

Die vier ersten Gleichungen zeigen den Einfluß von abnehmenden Kohlezuschlägen. Sie entsprechen 28,3%, 24,6%, 20,9% und 16,5% Kohle in der Charge. Etwas Kohle wird auch aus dem Tiegel und aus der Elektrode aufgenommen. Man sieht aus Gleichung 1, daß zuerst sowohl Siliziumkarbid als auch Zirkonkarbid gebildet wird. Mit fallendem Kohlezusatz wird jedoch ausschließlich ZrC neben freiem Si gebildet. Mit noch weniger Kohle tritt freies Zirkonmetall und freies Silizium auf. Mit dem niedrigst möglichen Gehalt an Kohle bildet sich Zirkonmetall neben Siliziummonoxyd, das gasförmig entweicht. Alle diese Gleichungen wurden durch Versuche bestätigt. Mit weniger als 22% Kohle im Ansatz erscheint ein metallisches Produkt, das häufig goldgelb gefärbt und gut durchgeschmolzen ist und bis zu 88% Zr, ungefähr 2% Si, bis zu 2% N, weniger als 6% C und geringe Sauerstoffmengen enthält.

Die anderen Gleichungen zeigen Nebenreaktionen, die unter verschiedenen Bedingungen ablaufen, je nachdem ob im Ofen auf Karbid oder Zirkonmetall hingearbeitet wird. Ein niedrigschmelzendes Silizid fällt entsprechend der Gleichung 5 bei niedrigen Temperaturen durch Reduktion beider Oxyde mit Kohlenstoff an. Entsprechend der Gleichung 8 fällt dieses Silizid auch durch Reaktion von Siliziummonoxyd mit Zirkonoxyd und gemäß Gleichung 11 durch Umsetzung von Zirkonoxyd mit Siliziummetall an. Das leicht schmelzende Silizid verursacht große Schwierigkeiten in einem Widerstandsofen, geringere jedoch in einem Lichtbogenofen, weil es sich abtrennt und von dem Reaktionsgut wegfließt. Es steht, wie durch die Gleichung 10 ausgedrückt wird, im Gleichgewicht mit Kohle und es wird Zirkonkarbid gebildet, wenn das Silizid mehr als 38% Zirkonmetall enthält. Das Siliziummonoxyd, welches viel flüchtiger ist als SiO_2, verdampft und verbrennt mit leuchtender Flamme zu SiO_2. Die Dissoziation des Siliziumkarbids gemäß Gleichung 9 findet oberhalb 2500° statt. Es ist die letzte Hochtemperaturphase des Karburierungsprozesses, wobei sich freier Graphit bildet. SiC kann nur mit den höchsten Zuschlägen an Kohle erzielt werden, wie auch die Gleichung 1 zeigt.

Die Reduktion von Zirkonoxyd durch Siliziummetall unter Bildung von Zirkonsilizid (s. Gleichung 11) kann leicht durchgeführt werden, wenn man Mischungen dieser beiden Substanzen unter Helium auf ungefähr 1200° erhitzt. Das so erzielte Produkt entwickelt große Mengen an Zirkontetrachlorid bei der Chlorierung.

Die Reaktion gemäß Gleichung 12 wurde zuerst von E. Zintl und Mitarbeiter[1] beobachtet, die zeigten, daß SiO_2 vollständig aus Zirkonsilikat ausgetrieben werden kann, wenn man eine Mischung von Zirkonsilikat und Silizium im Vakuum auf 1500° erhitzt.

W. J. Kroll und Mitarbeiter kontrollierten diese Ergebnisse und bestätigten sie. Zirkonoxyd verliert, wenn es ohne Silizium im Vakuum auf 1500° erhitzt wird, nur sehr wenig an Gewicht.

---

[1] Zintl, E., W. Brauning, H. L. Grube, W. Krings u. W. Morawietz: Z. anorg. allg. Chem. **245** (1940), S. 1/7.

Das typische Ergebnis einer Ofenfahrt zeigt Zahlentafel 21.

Zirkonkarbid und Zirkonmetall, die im Lichtbogenofen gewonnen werden, sind pyrophor. Grobes Karbid beginnt an Luft bei 700° zu brennen, was man vorteilhaft dazu ausnutzen kann, ein billiges, ziemlich reines Zirkonoxyd herzustellen. Die Pyrophorität verur-

Zahlentafel 21. *Reaktionsprodukte und deren Zusammensetzung bei der Erzeugung von Zirkonkarbid im Lichtbogenofen* (W. J. Kroll u. Mitarbeiter)

Produkt*	Gewicht kg	Zirkon		Silizium		Kohlen-stoff %	Stick-stoff %
		%	kg	%	kg		
Gelbes Material	17,25	77,2	13,3	0,2	0,035	3,9	0,93
Graues Material	2,95	76,2	2,26	0,4	0,012	4,3	1,3
Schwammiges Karbid	14,10	72,5	10,2	2,8	0,225		
Wiederoxyd. fein.Rückstand	2,32	58,8	1,37	8,1	0,183		
			27,13[1]		0,455[2]		

* 75 kg Einsatz aus 16,5% Graphit und 83,5% Zirkonsand (49,6% Zr, 15,4% Si)
[1] Bei 31,05 kg Einsatz, Ausbeute von 90%
[2] Bei 9,65 kg Einsatz, Abbrand von 95,3%

sacht gelegentlich Zirkonverluste im Lichtbogenofen, wenn Luft während der Kühlperiode zum Tiegelinhalt gelangen kann. Der Ansatz muß daher sorgfältig mit Graphitpulver nach Abschalten des Stromes geschützt werden. Oxydiertes Material muß in den Kreislauf zurückgeführt werden.

Zirkonkarbid schmilzt bei etwa 3500° und dissoziiert nicht, ähnlich wie Siliziumkarbid. Die Verwendung von Zirkonkarbid als Widerstandsmaterial in elektrischen Öfen ist jedoch wegen seiner pyrophoren Eigenschaften beschränkt. Es könnte jedoch als Widerstandsmaterial an Stelle von Wolfram in Hochfrequenzöfen verwendet werden, die unter Edelgas arbeiten.

b) Das System Zirkon-Kohlenstoff

Einen Ausschnitt aus dem hypothetischen Zustandsdiagramm des Systems Zirkon-Kohlenstoff zeigt nach H. J. Goldschmidt[1] Abb. 31. Es existiert eindeutig nur die Verbindung ZrC. Ein zweites Karbid ZrC_2, welches nach L. Troost[2], O. Ruff und R. Wallstein[3] bestehen soll, dürfte aber ein Gemenge von ZrC und Graphit sein.

[1] Goldschmidt, H. J.: J. Iron Steel Inst. **160** (1948), S. 345/62.
[2] Troost, L.: Compt. rend. **116** (1893), S. 1227/30.
[3] Ruff, O. u. R. Wallstein: Z. anorg. allg. Chem. **128** (1923), S. 96/116.

Bei Temperaturen über 2430° besteht eine Löslichkeit des ZrC für Kohlenstoff, so daß der Schmelzpunkt des ZrC von etwa 3530° auf 2430° gesenkt wird[1]. Die genaue Lage des Eutektikums ZrC-C ist nicht bekannt. Durch Auflösung von Kohlenstoff im β-Zirkon dürfte der Schmelzpunkt desselben wie bei Titan geringfügig herabgesetzt werden. Mit Auftreten der Zirkonkarbid-Phase steigt der Schmelzpunkt mit zunehmendem Kohlenstoffgehalt stark an.

In Fe-Zr-C-Legierungen erscheint nur das Karbid ZrC[2].

c) Eigenschaften

Zirkonkarbid der chemischen Formel ZrC (theoretischer Kohlenstoffgehalt 11,64%) fällt meist als ein graues metallisches Pulver an. In Salzsäure ist es unlöslich, löslich in konzentrierter Salpetersäure + Flußsäure und konzentrierter Schwefelsäure. Von Wasserdampf wird es selbst bei Dunkelrotglut nicht angegriffen[3]. Feines Zirkonkarbidpulver ist pyrophor.

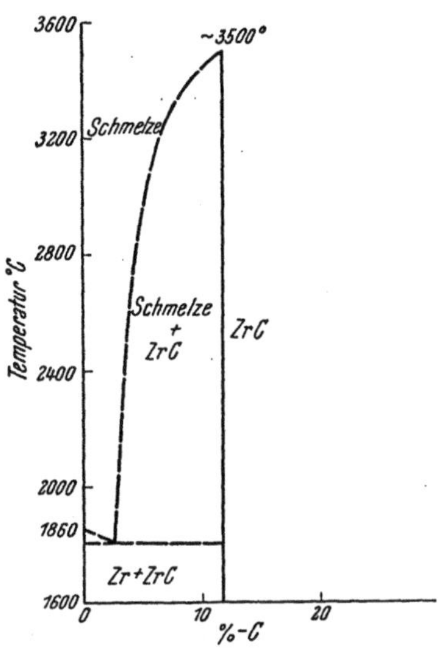

Abb. 31. Zustandsschaubild Zirkon-Kohlenstoff, Ausschnitt, schematisch (H. J. Goldschmidt)

Halogene und alkalische Oxydationsmittel zersetzen es leicht. Ab etwa 1500° ist es gegen Stickstoff empfindlich und bildet Zirkonnitrid.

Zirkonkarbid kristallisiert kubisch flächenzentriert (Steinsalztyp B 1)[4-7]. Die Gitterkonstante wurde von verschiedenen Autoren[4, 5, 7, 8-11] bestimmt, der sicherste Wert dürfte 4,685 Å sein.

Die Dichte wurde zu 6,9 g/cm³ bestimmt, die Röntgendichte ist unter Zugrundelegung der obigen Gitterkonstanten 6,66 g/cm³.

[1] Agte, C. u. K. Moers: Z. anorg. allg. Chem. 198 (1931), S. 233/43.
[2] Vogel, R. u. K. Löhberg: Arch. Eisenhüttenwes. 7 (1934), S. 473/78.
[3] Moissan, H. u. M. Lengfeld: Compt rend. 122 (1896), S. 651/54.
[4] van Arkel, A. E.: Physica 4 (1924), S. 286/301.
[5] Becker, K. u. F. Ebert: Z. Physik 31 (1925), S. 268/72.
[6] Prescott, C. H.: J. Am. chem. Soc. 48 (1926), S. 2534/50.
[7] Burgers, W. G. u. J. C. M. Basart: Z. anorg. allg. Chem. 216 (1934), S. 209/22.
[8] Kovalski, A. E. u. J. S. Umanski: Zur. Fiz. Chim. 20 (1946), S. 769/72.
[9] Nowotny, H. u. R. Kieffer: Metallforschung 2 (1947), S. 257/65.
[10] Norton, J. T. u. A. L. Mowry: Trans. AIME 185 (1949), S. 133/36.
[11] Duwez, P. u. F. Odell: J. Electrochem. Soc. 97 (1950), S. 299/304.

Die Härte beträgt bei einem hochgraphithaltigen Präparat 8 bis 9 nach Mohs, graphitfreies Zirkonkarbid dürfte noch härter sein[1]. Eigene Bestimmungen[2] ergaben eine Mikrohärte von 2600 kg/mm^2 (50 g Belastung).

Der Schmelzpunkt wird von E. Friederich und L. Sittig[1] mit 3030 + 200°, nach C. Agte und H. Alterthum[3] mit 3530 ± 125° und nach F. W. Glaser[4] mit 3175 ± 50° angegeben. Die Wärmeleitfähigkeit beträgt 0,049 cal/cm · sec. °C[5]. Thermodynamische Daten werden von C. H. Prescott[6], K. K. Kelley[7] u. a.[8,9] angegeben.

Über die magnetischen Eigenschaften berichten W. Klemm und W. Schüth[10]. Der spezifisch elektrische Widerstand beträgt nach E. Friederich und L. Sittig[1] 70 Mikroohm · cm, nach K. Moers[11] 63,4 Mikroohm · cm, bei der Temperatur der flüssigen Luft 37,8 Mikroohm · cm. Neue Messungen ergaben 75 Mikroohm · cm[5]. Zwischen 4,1 und 2,1° K wird Zirkonkarbid supraleitend[12].

Das Emissionsvermögen von ZrC-Schichten ist von R. E. Haddad, D. L. Goldwater und F. H. Morgan[13-15] untersucht worden.

d) Verwendung

Ältere Vorschläge für die Verwendung von Zirkonkarbid als Elektroden[16] und für feuerfeste Tiegel[17] sind heute überholt. Als

---

[1] Friederich, E. u. L. Sittig: Z. anorg. Chem. **144** (1925), S. 169/89.

[2] Kieffer, R. u. F. Kölbl: Powder Met. Bull 4 (1949), S. 4/17.

[3] Agte, C. u. H. Alterthum: Z. techn. Physik **11** (1930), S. 182/91.

[4] Glaser, F. W.: Persönliche Mitteilung 1951.

[5] Sindeband, S. J. u. P. Schwarzkopf: Electrochem. Soc. 97th Meeting, Cleveland 1950.

[6] Prescott, C. H.: J. Am. chem. Soc. **48** (1926), S. 2534/50.

[7] Kelley, K. K.: U. S. Bur. Mines Bull. Nr. 407 (1937).

[8] Roth, W. A. u. G. Becker: Z. phys. Chem. A 145 (1930), S. 461/69, A 159 (1932), S. 1/26.

[9] Brewer, L., L. A. Bromley, P. W. Gilles u. N. L. Lofgren in L. L. Quill: The Chemistry and Metallurgy of Miscellaneous Materials-Thermodynamics. McGraw Hill, New York, 1950, S. 40/59.

[10] Klemm, W. u. W. Schüth: Z. anorg. allg. Chem. **201** (1931), S. 24/31.

[11] Moers, K.: Z. anorg. allg. Chem. **198** (1931), S. 262/75.

[12] Meissner, W., H. Franz u. H. Westerhoff: Z. Physik **75** (1932), S. 521/30.

[13] Haddad, R. E., D. L. Goldwater u. F. H. Morgan: J. Appl. Phys. **20** (1949), S. 886.

[14] Goldwater, D. L. u. R. E. Haddad: J. Appl. Phys. **22** (1951), S. 70/73.

[15] Morgan, F. H.: J. Appl. Phys. **22** (1951), S. 108/09.

[16] A.P. 789 609 (1905).

[17] Meyer, O.: Ber. d. chem. Ges. 11 (1930), S. 333/63, Arch. Eisenhüttenwes. 4 (1930), S. 193/98.

Zusatzkarbid in Sinterhartmetallen ist es aber, da es mit einer Reihe anderer Karbide Mischkristalle zu bilden vermag, verwendbar, zumal der Preis von reinem Zirkonoxyd nicht übermäßig hoch ist[1]. Als Zwischenprodukt spielt unreines Zirkonkarbid bei der Herstellung von duktilem Zirkonmetall nach dem Zirkonchlorid-Magnesium-Reduktionsverfahren eine wichtige Rolle[2].

3. Hafniumkarbid

a) Herstellung

Hafniumkarbid kann man nach K. Moers[3] in sehr reiner Form durch Zersetzen eines Dampfgemisches von $HfCl_4 + H_2 +$ Toluol an einem Wolframfaden von 2400 bis 2800° K in einkristalliner Form abscheiden.

Man kann auch nach dem Aufwachsverfahren[4,5] hergestellte Hafniummetallschichten bei 2300 bis 2500° K aus der Gasatmosphäre aufkohlen[6], was bei Zirkon wegen des niedrigeren Metallschmelzpunktes nicht gelingt. Die Zeitdauer der Aufkohlung ist allerdings erheblich länger als bei der unmittelbaren Abscheidung als Karbid.

Neuestens beschreiben I. E. Campbell und Mitarbeiter[7] die Abscheidung von Hafniumkarbidschichten an Wolframdrähten aus Dampfgemischen von $HfCl_4$, H_2 und Kohlenwasserstoffen bei Temperaturen von 2100 bis 2500°.

Größere Mengen von Hafniumkarbid erzeugt man am besten durch Umsetzung von reinem Hafniumoxyd mit Ruß im Kohlerohrofen bei 1900 bis 2300°[8]. Die Schwierigkeit besteht nur in der Beschaffung eines reinen, zirkonfreien Hafniumoxydes, da die Trennung der beiden Metalle verhältnismäßig schwierig ist.

Den großtechnischen Einsatz des interessanten, sehr harten und hochschmelzenden Hafniumkarbides schließt der zur Zeit hohe Preis von technisch reinem, zirkonoxydarmem oder -freiem HfO_2 aus.

---

[1] Kieffer, R.: Metall 4 (1950), S. 132/36.

[2] Kroll, W. J., A. W. Schlechten, W. R. Carmody, L. A. Yerkes, H. P. Holmes u. H. L. Gilbert: Trans. Electrochem. Soc. 92 (1947), S. 187/201.

[3] Moers, K.: Z. anorg. allg. Chem. 198 (1931), S. 243/61.

[4] van Arkel, A. E. u. J. H. de Boer: Z. anorg. allg. Chem. 148 (1925), S. 345/50.

[5] de Boer, J. H. u. J. D. Fast: Z. anorg. allg. Chem. 187 (1930), S. 193/208.

[6] D.R.P. 499069 (1928).

[7] Campbell, I. E., C. F. Powell, D. H. Nowicki u. B. W. Gonser: J. Electrochem. Soc. 96 (1949), S. 318/33.

[8] Agte, C. u. K. Moers: Z. anorg. allg. Chem. 198 (1931), S. 233/43.

b) Das System Hafnium-Kohlenstoff

Einen Ausschnitt aus dem hypothetischen Zustandsschaubild des Systems Hafnium-Kohlenstoff zeigt nach H. J. Goldschmidt[1] Abb. 32. Es existiert nur die Verbindung HfC mit einem extrem hohen Schmelzpunkt. Wie bei Titan- und Zirkonkarbid nimmt auch das Hafniumkarbid bei hohen Temperaturen über den seiner einfachen Formel entsprechenden Gehalt hinaus Kohlenstoff auf, wodurch der Schmelzpunkt des reinen Karbides beträchtlich herabgesetzt wird. Ebenso dürfte eine Löslichkeit des Hafniumkarbides für Hafnium bestehen.

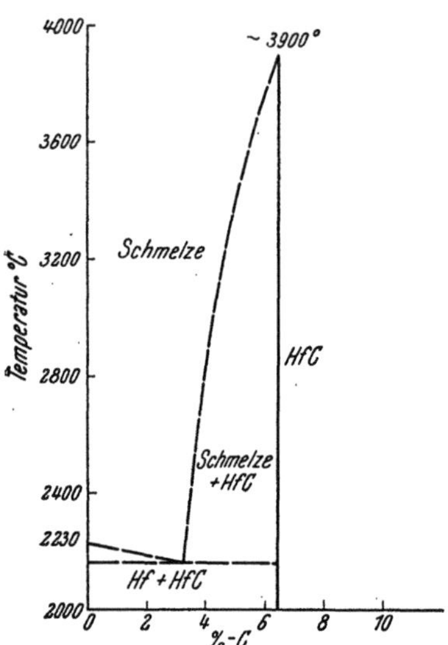

Abb. 32. Zustandsschaubild Hafnium-Kohlenstoff, Ausschnitt, schematisch (H. J. Goldschmidt)

c) Eigenschaften

Hafniumkarbid der chemischen Formel HfC, (theoretischer Kohlenstoffgehalt 6,30% C) fällt meist als ein graues metallisches Pulver an.

Hafniumkarbid kristallisiert kubisch flächenzentriert (Steinsalztyp B 1). Die Gitterkonstante beträgt 4,64 Å[2]

Die Dichte wurde zu 12,2 g/cm³ bestimmt, die Röntgendichte ist unter Zugrundelegung der obigen Gitterkonstanten 12,7 g/cm³.

Der Schmelzpunkt wurde von C. Agte und H. Alterthum[3] zu 3890 ± 150° bestimmt.

Der spezifische elektrische Widerstand beträgt nach K. Moers[4] 109 Mikroohm cm.

Nach Messungen von W. Meissner, H. Franz und H. Westerhoff[5] wird HfC bis herab zu 1,23° K nicht supraleitend.

d) Verwendung

Hafniumkarbid hat wegen des hohen Preises der Ausgangsmaterialien bisher keine praktische Verwendung gefunden. Es ist

---

[1] Goldschmidt, H. J.: J. Iron Steel Inst. **160** (1948), S. 345/62.

[2] Glaser, F. W., D. Moskowitz u. B. Post: J. Metals, demnächst.

[3] Agte, C. u. H. Alterthum: Z. techn. Physik **11** (1930), S. 182/91.

[4] Moers, K.: Z. anorg. allg. Chem. **198** (1931), S. 262/75.

[5] Meissner, W., H. Franz u. H. Westerhoff: Z. Physik **75** (1932), S. 521/30.

insofern interessant, als es mit einer Reihe anderer Karbide vermutlich harte Mischkristalle zu bilden vermag (s. S. 186).

Wegen des außerordentlich hohen Schmelzpunktes wurde es als Glühdraht vorgeschlagen[1].

4. Vanadinkarbid

a) Herstellung

Die Umsetzung von Vanadinpentoxyd mit Zuckerkohle im elektrischen Lichtbogenofen wird nach H. Moissan[2] zur Vermeidung von Nitridbildung zweckmäßig innerhalb eines eingelegten Kohlerohres vorgenommen, welches den Zutritt von Luft verhindert. Man erhält bei der Reaktion gut geschmolzene, schwach graphitdurchsetzte Körper, die bei einer Zusammensetzung von 81,3% V und 18,4% C der Formel VC entsprechen. Durch Variierung der Ofentemperatur stellte H. Moissan[2] auch noch eine Reihe vanadinreicher Vanadinkarbide her, die als Lösungen von V in VC aufzufassen sind.

O. Ruff und W. Martin[3] haben geschmolzenes Vanadinkarbid durch rasches Erhitzen von Preßlingen aus V_2O_5-C-Mischungen bis auf 2800° hergestellt und ferner den Einfluß von steigenden Mengen Kohlenstoff auf den Schmelzpunkt des Vanadins untersucht. Das gefundene Karbid VC hatte 19% gebundenen Kohlenstoff und 0,2% freien graphitischen Kohlenstoff (theoretisch 19,08% C).

Viele Forscher haben durch chemische und elektrolytische Isolierung der Vanadinkarbide aus Vanadinstählen versucht, Aufschluß über deren Zusammensetzung zu bekommen. So fand P. Pütz[4] ein zweifelsohne graphitdurchsetztes Karbid, dem er die Formel V_2C_3 (26,11% C) zuschreibt. J. O. Arnold und A. A. Read[5], E. Maurer[6], A. Morette[7], W. Crafts und J. L. Lamont[8] fanden ein Karbid der Formel V_4C_3 (15,01% C). Weitere bisher nicht bestätigte Karbidphasen gibt A. Osawa und M. Oya[9] in Vanadin-Kohlenstoff-Legie-

---

[1] D.R.P. 499069 (1928).

[2] Moissan, H.: Compt. rend. **116** (1893), S. 1225/27, **122** (1896), S. 1297/1302.

[3] Ruff, O. u. W. Martin: Z. angew. Chem. **25** (1912), S. 49/56.

[4] Pütz P.: Metallurgie **3** (1906), S. 6.

[5] Arnold J. O. u. A. A. Read: J. Iron Steel Inst. **85** (1912), S. 215/22.

[6] Maurer E.: Stahl u. Eisen **45** (1925), S. 1629/32.

[7] Morette, A.: Bull. Soc. Chim. France **5** (1938), S. 1063/69.

[8] Crafts, W. u. J. L. Lamont: Trans. AIME **188** (1950), S. 561/74.

[9] Osawa A. u. M. Oya: Kinzoku no Kenkyu **5** (1928), S. 434/42, Sci. Rep. Tohoku Univ. **19** (1930), S. 95/108.

rungen mit 1,5 bis 16% Kohlenstoff an, die durch Schmelzen oder Sintern von Vanadin-Kohle-Pulvergemischen oder durch chemische Isolierung aus Vanadinstählen gewonnen worden waren.

Das Vanadinkarbid, ein Karbid mit Einlagerungsstruktur, neigt wie Titankarbid zu Defektgitterbildung, d. h. daß Kohlenstoffplätze im Gitter frei bleiben oder auch durch Sauerstoff oder Stickstoff besetzt sein können. Dies ist auch der Grund dafür, warum bei chemischen und röntgenographischen Untersuchungen oft mehrere Vanadinkarbide gefunden werden. In der Tat liegt aber ein Vanadinkarbid VC mit sehr weitem Phasenbereich vor, welches man etwa als VC_{1-x} schreiben müßte.

E. Friederich und L. Sittig[1] stellten Vanadinkarbid aus V_2O_3, welches durch Glühen von V_2O_5 bei 1000° im Wasserstoffstrom erzeugt worden war, und Ruß her. Dabei wurde die Mischung von $V_2O_3 + 5 C$ in einem Porzellanrohrofen bei 1100° unter Wasserstoff erhitzt. Die Gewichtszunahme des erhaltenen VC betrug beim Glühen an Luft 46,5% (theoretisch 44,5%).

Nach K. Moers[2] macht die Abscheidung von Vanadinkarbid aus VCl_4 in Gegenwart von Wasserstoff und Kohlenwasserstoffen nach dem Aufwachsverfahren Schwierigkeiten. Das bei 1720° schmelzende Vanadinmetall legiert sich bei dieser Temperatur schon sehr lebhaft mit dem Wolfram und die Abscheidung bei hoher Fadentemperatur ist daher nicht möglich. Man muß zuerst eine niedrigere Temperatur, etwa unter 1400°, wählen und kann erst wenn sich eine genügend starke Vanadinkarbidschicht gebildet hat, bis auf 2000° gehen. Einkristalline Aufwachsschichten wurden nicht erzielt. Es bilden sich Aggregate gleichorientierter Kriställchen eisengrauer Farbe.

I. E. Campbell und Mitarbeiter[3] konnten ebenfalls Vanadinkarbidschichten aus VCl_4-H_2-Kohlenwasserstoff-Dampfgemischen an Wolframdrähten von 1500 bis 2000° abscheiden.

Ähnlich wie beim Titan sind auch VC, VO und VN isomorph, so daß Mischkristallbildung möglich ist. H. Krainer und K. Konopicky[4] haben Vanadinkarbide durch Karburierung von V_2O_5 mit Ruß bei 1500° unter Wasserstoff hergestellt und diese chemisch und röntgenographisch untersucht. Die Zusammensetzung der Karbide ist der Zahlentafel 22 zu entnehmen. Bis auf das Karbid V 4 liegen

---

[1] Friederich E. u. L. Sittig: Z. anorg. allg. Chem. **144** (1925), S. 169/89.

[2] Moers, K.: Z. anorg. allg. Chem. **198** (1931) S. 243/61.

[3] Campbell, I. E., C. F. Powell, D. H. Nowicki u. B. W. Gonser: J. Electrochem. Soc. **96** (1949), S. 318/33.

[4] Krainer, H. u. K. Konopicky: Berg- u. Hüttenmänn. Mh. **92** (1947), S. 166/78.

alle im ternären Schaubild V-C-O oberhalb des quasibinären Schnittes VC-VO. In Übereinstimmung mit E. Maurer und Mitarbeitern[1] muß angenommen werden, daß trotz des Sauerstoffgehaltes der Präparate Kohlenstoffplätze im Gitter unbesetzt geblieben sind.

Zahlentafel 22. *Zusammensetzung und Gitterkonstanten der untersuchten Vanadinkarbide* (H. Krainer u. K. Konopicky)

Probe	V %	C gesamt %	C frei %	C gebunden %	O %	Gitterkonstante* Å
V 1........	82,25	11,50	—	11,50	6,25	4,136
V 2........	82,07	12,85	0,0	12,85	5,08	4,137
V 3........	82,37	15,08	0,07	15,01	2,55	4,148
V 4........	80,23	18,49	0,33	18,16	1,28	4,157

* Bestimmt nach dem asymmetrischen Verfahren mit Cu-Strahlung. Gitterkontante von reinem VO: 4,08 Å.

Als Ausgangsmaterial für die Herstellung von Vanadinkarbid in technischem Maßstab kann Ammoniumvanadat, Vanadinpentoxyd, durch Wasserstoffreduktion aus V_2O_5 gewonnenes V_2O_3 oder seltener Vanadinpulver verwendet werden. Beispielsweise mischt man 73% V_2O_5 mit 27% Graphit sehr innig in Mischern oder Kugelmühlen. Preßlinge aus diesem Gemisch werden unter Wasserstoff bei 1800° im Kohlerohrkurzschlußofen karburiert. Dabei findet zuerst die Reduktion des V_2O_5 zu V_2O_3 statt. Das so erhaltene Rohkarbid enthält 16,8 bis 17% Gesamtkohlenstoff, davon 0,1 bis 1% in freier, graphitischer Form. Durch eine zweite Karburierung in Vakuum bei 1600 bis 1700° kann man ein Produkt mit 18,5 bis 19% Gesamtkohlenstoff, davon 0 bis 0,5% in freier Form erzielen. Wegen der oben erwähnten Isomorphie von VC, VO, VN ist es verhältnismäßig schwierig, den theoretischen Gehalt an gebundenem Kohlenstoff von 19,08% zu erreichen.

b) Das System Vanadin-Kohlenstoff

H. J. Goldschmidt[2] stellte auf Grund der alten Schmelzpunktsbestimmungen von O. Ruff und W. Martin[3] und neuen Ergebnissen

---

[1] Maurer, E., W. Döring u. H. Pulewka: Arch. Eisenhüttenwes. **13** (1939/40), S. 337/44.

[2] Goldschmidt, H. J.: J. Iron Steel Inst. **160** (1948), S. 345/62.

[3] Ruff, O. u. W. Martin: Z. angew. Chem. **25** (1912), S. 49/56.

ein Zustandsdiagramm Vanadin-Kohlenstoff gemäß Abb. 33 auf.
Nach den heutigen Erkenntnissen über Einlagerungsstrukturen ist
nur das Karbid VC (19,08% C) gittermäßig gesättigt. Eine Reihe
von Forschern glauben, eine Verbindung V_4C_3 (15,01% C, entsprechend $VC_{0,75}$), aus vanadinlegierten
Stählen isoliert zu haben. Andere in
älteren Arbeiten angegebene Phasen
sind: V_2C, V_3C_2, V_5C u. a. Die Zusammensetzung $VC_{0,75}$ gibt wahrscheinlich den unteren Existenzbereich der
VC-Phase wieder. Der Bereich dieser
Phase ist im Diagramm noch mit aufgenommen, aber nur gestrichelt angedeutet.

Nach Untersuchungen von J. O.
Arnold und A. A. Read[1] und insbesondere E. Maurer[2], H. Krainer und
R. Mitsche[3] kommt in vanadinlegierten Stählen nur das ungesättig-
te Karbid V_4C_3 vor. Dieser Befund
wurde von R. Vogel und E. Martin[4],
F. Wever und Mitarbeitern[5] bestätigt.
Nach W. Bischof[6] soll bei höheren

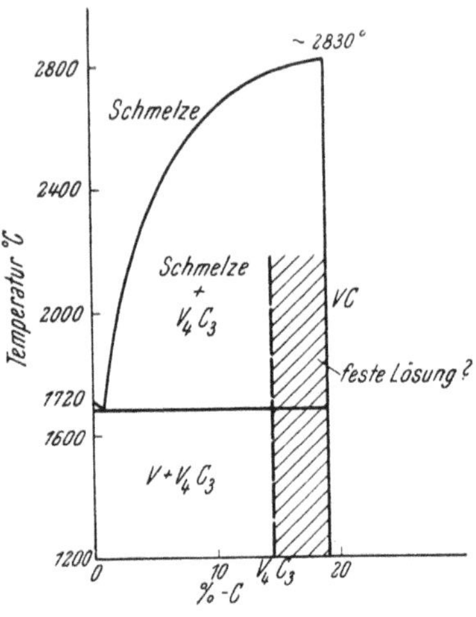

Abb. 33. Zustandsschaubild Vanadin-
Kohlenstoff, Ausschnitt (H. J. Goldschmidt)

Kohlenstoffgehalten des Stahls auch das Karbid VC selbst auftreten.
A. Osawa und M. Oya[7] haben zahlreiche Vanadin-Kohlenstoff-
Legierungen mit 1,5 bis 16% C, welche sie durch Schmelzen von
Vanadin- und Kohlepulver bei 2000°, durch Sinterung von Preßlingen aus den Komponenten und durch Isolierung aus Vanadinstählen hergestellt hatten, röntgenographisch und mikroskopisch
untersucht. Sie fanden, daß Kohlenstoff im festen Vanadin nur in
sehr geringem Maße löslich ist, ein Befund, der sich mit den Angaben
von G. Tammann und K. Schönert[8] deckt, wonach Kohlenstoff
bei 800 bis 980° nicht in Vanadin hineindiffundiert. Ferner sollen

[1] Arnold, J. O. u. A. A. Read: J. Iron Steel Inst. 85 (1912), S. 215/22.
[2] Maurer, E.: Stahl u. Eisen 45 (1925), S. 1629/32.
[3] Krainer, H u. R. Mitsche: Arch. Eisenhüttenwes. 20 (1949), S. 197/98.
[4] Vogel, R. u. E. Martin: Arch. Eisenhüttenwes. 4 (1930/31), S. 487/95.
[5] Wever, F., A. Rose u. H. Eggers: Mitt. KWI Düsseldorf 18 (1936),
S. 239/46.
[6] Bischof, W.: Arch. Eisenhüttenwes. 8 (1934/35), S. 255/58.
[7] Osawa, A. u. M. Oya: Kinzoku no Kenkyu 5 (1928), S. 434/42, Sci.
Rep. Tohoku Univ. 19 (1930), S. 95/108.
[8] Tammann, G. u. K. Schönert: Z. anorg. allg. Chem. 122 (1922),
S. 27/43.

nach A. Osawa und M. Oya[1] zwei intermediäre Phasen bestehen, und zwar eine vanadinreichere mit hexagonal dichtester Packung und eine kohlenstoffreichere mit kubisch flächenzentriertem Gitter. Diese beiden Verbindungen sollen die Formel V_5C (4,5% C, entsprechend $VC_{0,20}$) und V_4C_3 (15,01% C, entsprechend $VC_{0,75}$) haben, wobei nach mikroskopischen Untersuchungen bereits bei 1,5% C V_5C und bei 9% C V_4C_3 primär auftritt. Die Existenz des hexagonal dichtest gepackten Karbides V_5C wird von A. Westgren und G. Phragmén[2] bezweifelt. Möglicherweise liegt, was G. Hägg[3] annimmt, eine feste Lösung von VC in V vor. A. Westgren[4] nimmt in einer zusammenfassenden Arbeit ein Karbid VC und in Analogie zu entsprechenden Karbiden anderer Übergangsmetalle, z. B. Molybdän-Kohlenstoff (Mo_2C), ein kohlenstoffärmeres Karbid der Zusammensetzung V_2C (6,23% C, entsprechend $VC_{0,50}$) an.

Tatsächlich dürften die Verhältnisse im System Vanadin-Kohlenstoff aber am einfachsten mit dem sehr breiten Existenzbereich der VC-Phase zu erklären sein. E. Maurer, W. Döring und H. Pulewka[5] haben die Karbide V_4C_3 und VC synthetisiert, röntgenographisch untersucht und mit den aus Stählen isolierten Karbiden verglichen. Sie fanden bei allen Proben innerhalb der Meßgenauigkeit ein kubisch flächenzentriertes Gitter mit einer Gitterkonstanten von $4,152 \pm \pm 0,005$ Å. Der Befund läßt sich aus der Einlagerungsstruktur des VC deuten. Wie andere Karbide, welche eine ähnliche Struktur haben, z. B. TiC, neigt Vanadinkarbid ebenfalls zur Defektgitterbildung. Es können also Kohlenstoffplätze im Gitter unbesetzt bleiben, so daß man durch chemische Untersuchung verschiedene Karbide mit scheinbar stöchiometrischem Verhältnis von V zu C finden kann. Tatsächlich liegt aber ein Vanadinkarbid vor, dessen Formel vielleicht richtiger VC_{1-x} zu schreiben wäre und das alle Zusammensetzungen von V_4C_3 bis VC umfaßt* (Subtraktionsmischkristalle).

---

* Eine Klärung der Verhältnisse dürfte eine Untersuchung, ähnlich wie sie von P. Ehrlich[6] im System Titan-Kohlenstoff ausgeführt wurde, bringen. Dabei müßte die Herstellung der Präparate aus reinsten Ausgangsmaterialien erfolgen und exakteste Reaktionsbedingungen eingehalten werden.

[1] Osawa, A. u. M. Oya: Kinzoku no Kenkyu **5** (1928), S. 434/42, Sci. Rep. Tohoku Univ. **19** (1930), S. 95/108.

[2] Westgren, A. u. G. Phragmén: Z. anorg. allg. Chem. **156** (1926), S. 27/36.

[3] Hägg, G.: Z. physik. Chem. B **12** (1933), S. 33/56.

[4] Westgren, A.: Metallwirtsch. **9** (1930), S. 919/23.

[5] Maurer, E., W. Döring u. H. Pulewka: Arch. Eisenhüttenwes. **13** (1939/40), S. 337/44.

[6] Ehrlich, P.: Z. anorg. Chem. **259** (1949), S. 1/41.

VC vermag ähnlich wie TiC mit dem isotypen VN und VO Mischkristalle zu bilden (s. S. 248). Es liegt bei dem in Stählen gefundenen Vanadinkarbid wahrscheinlich in den meisten Fällen ein solcher Mischkristall vor, da ja alle Stähle Sauerstoff und Stickstoff enthalten, der an Vanadin gebunden sein kann. Nach den Untersuchungen von H. Krainer und K. Konopicky[1], welche sauerstoffhaltige Vanadinkarbidpräparate untersucht haben, ändert sich die Gitterkonstante der VC-VO-Mischkristalle gemäß Abb. 34 linear mit dem Kohlenstoffgehalt (s. a. Zahlentafel 22). Der Verlauf der Gitterkonstanten ist bei höheren Kohlenstoffgehalten im Mischkristall derselbe, gleichgültig ob die nicht mit Kohlenstoff besetzten Plätze leergeblieben oder mit Sauerstoff besetzt sind.

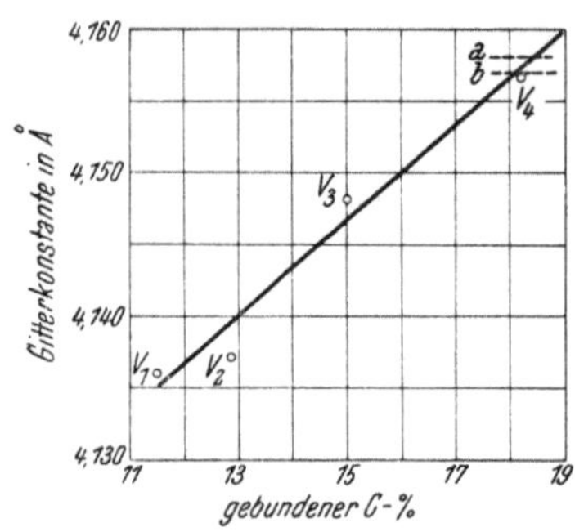

Abb. 34. Abhängigkeit der Gitterkonstanten von VC-VO-Mischkristallen vom Gehalt an gebundenem Kohlenstoff

a Gitterkonstanten von VC in Schnelldrehstahl, *b* Gitterkonstanten von VC in Stahl SVT1

(H. Krainer und K. Konopicky)

Wegen der Isomorphie VC, VN und VO ist man nach heutiger Ansicht zweifelsohne auch berechtigt, das V_4C_3, welches von einer Reihe von Forschern gefunden wurde, als $V_3C_3 + V$ (N, O) aufzufassen, d. h. also als ein Karbid, bei dem eine Reihe von Gitterplätzen, die nicht durch Kohlenstoff abgesättigt sind, durch Stickstoff oder Sauerstoff besetzt sein können. Eine Bestätigung dieser Annahme bieten die Befunde von H. Krainer und K. Konopicky[1], die zeigten, daß an Stelle des fehlenden Kohlenstoffs Sauerstoff im VC-Gitter verbleiben kann. Über Stickstoff werden dort keine Angaben gemacht. Es besteht aber kein Zweifel, daß die technischen Vanadinkarbide, ebenso wie technische Titankarbide (s. Zahlentafel 89) noch mehrere Prozente Vanadinnitrid enthalten können. Zusammenfassend könnte man also die Phase V_4C_3 in vielen Fällen richtiger als V_4 (C, N, O)$_4$ auffassen.

Geht man von chemisch reinem Vanadinmetall aus und hält bei der Karburierung bei der Zusammensetzung V_4C_3, dann handelt es sich um einen echten Kohlenstoffdefekt. Aber auch bei solchen Präparaten schleicht sich sehr gerne Sauerstoff und Stickstoff ein, da die Metalle der 4. und 5. Gruppe wie erstklassige Getter wirken und selbst aus scheinbar reinstem Wasserstoff Feuchtigkeitsreste

---

[1] Krainer, H. u. K. Konopicky: Berg- u. Hüttenmänn. Mh. **92** (1947), S. 166/78.

(Sauerstoff) und Stickstoffspuren begierig aufnehmen. Die Analyse eines Karbides der 4. und 5. Gruppe erscheint den Verfassern daher erst dann vollkommen eindeutig, wenn außer dem Metall- und Kohlenstoffgehalt auch genauere Angaben über Stickstoff und Sauerstoff gemacht werden.

c) Eigenschaften

Vanadinkarbid der chemischen Formel VC (theoretischer Kohlenstoffgehalt 19,08%) fällt meist als ein graues, metallisches Pulver an. Es ist sehr widerstandsfähig, in der Kälte wird es nur von HNO_3 angegriffen; H_2O, H_2S und HCl sind auch bei Rotglut ohne Wirkung, Cl_2 wirkt unter 500° ein.

Vanadinkarbid kristallisiert kubisch flächenzentriert (Steinsalztyp B 1). Der Bestwert der von zahlreichen Autoren[1-10] bestimmten Gitterkonstanten dürfte 4,160 Å betragen.

Die Dichte wurde zu 5,36 g/cm³ bestimmt[11]. Die Röntgendichte unter Zugrundelegung der obigen Gitterkonstanten beträgt 5,81 g/cm³.

Nach E. Friederich und L. Sittig[11] ritzt Vanadinkarbid Korund. Die Mikrohärte (50 g Belastung)[12] beträgt 2800 kg/mm². J. Hinnüber[13] gibt einen Wert von 2100 kg/mm² (20 g Belastung) an.

W. Köster und W. Rauscher[14] finden einen Elastizitätsmodul von 27 600 kg/mm².

Der Schmelzpunkt soll nach E. Friederich und L. Sittig[11] bei 2830° liegen. O. Ruff und W. Martin[15] geben 2810° an.

Die thermodynamischen Daten von VC hat E. G. King[16] bestimmt.

Der spezifisch elektrische Widerstand beträgt nach E. Friederich und L. Sittig[11] bei 20° 156 Mikroohm · cm, bei 2500° K etwa 320 Mikroohm · cm.

[1] Becker, K. u. F. Ebert: Z. Physik 31 (1925) S. 268/72.
[2] Maurer, E.: Stahl u. Eisen 45 (1925) S. 1629/32.
[3] Osawa, A. u. M. Oya: Sci. Rep. Tohoku Univ. 19 (1930), S. 95/108.
[4] Dawihl, W. u. W. Rix: Z. anorg. allg. Chem. 244 (1940), S. 191/97.
[5] Morette, A.: Bull. Soc. Chim. France 5 (1938). S. 1063/69.
[6] Kovalski, A. E. u. J. S. Umanski: Zur. Fiz. Chim. 20 (1946), S. 769/72.
[7] Nowotny, H. u. R. Kieffer: Metallforschung 2 (1947), S. 257/65.
[8] Krainer, H. u. K. Konopicky: Berg- u. Hüttenmänn. Mh. 92 (1947), S. 166/78.
[9] Norton, J. T. u. A. L. Mowry: Trans. AIME 185 (1949), S. 133/36.
[10] Duwez, P. u. F. Odell: J. Electrochem. Soc. 97 (1950), S. 299/304.
[11] Friederich E. u. L. Sittig: Z. anorg. allg. Chem. 144 (1925), S. 169/89.
[12] Kieffer, R. u. F. Kölbl: Powder Met. Bull. 4 (1949), S. 4/17.
[13] Hinnüber, J.: Z. VDI 92 (1950) S. 111/17.
[14] Köster, W. u. W. Rauscher: Z. Metallkde. 39 (1948), S. 111/20.
[15] Ruff, O. u. W. Martin: Z. angew. Chem. 25 (1912), S. 49/56.
[16] King, E. G.: J. Am. chem. Soc. 71 (1949), S. 316/17.

Die Leitfähigkeit bei tiefen Temperaturen haben W. Meissner und H. Franz[1] bestimmt.

d) Verwendung

Vanadinkarbid hat, trotzdem es hart, leicht herstellbar und billig ist, wegen seiner verhältnismäßig großen Sprödigkeit als Einzelkarbid keine verbreitete Anwendung in der Hartmetallherstellung gefunden. VC wird aber in Mengen bis 1% in Sorten für Sonderstahlgußbearbeitung zugesetzt. Es vermag mit einer Reihe von anderen Karbiden Mischkristalle zu bilden, welche als Zusatz sowie als Basis für wolframfreie Hartmetalle vorgeschlagen und angewendet wurden.

5. Niobkarbid

a) Herstellung

Ein NbC mit 11,37% C wurde erstmalig von A. Joly[2] durch Reduktion von $K_2O \cdot 3 Nb_2O_5$ mit Kohlenstoff dargestellt. E. Friederich und L. Sittig[3] reduzierten reines Nb_2O_5 zunächst bei 1000° unter Wasserstoff zu Nb_2O_3, vermengten dieses mit der entsprechenden Menge Kohle und karburierten bei 1200° in Molybdänschiffchen unter Wasserstoff in einem Porzellanrohrofen.

C. Agte und K. Moers[4] erzeugten Niobkarbid aus schwach tantalhaltigem Niobmetallpulver durch Karburierung mit Ruß im Graphitrohrofen unter trockenem Wasserstoff bei etwa 1700°. Die Gewichtszunahme der Präparate beim Verbrennen unter Wasserstoff ergab im Mittel 26,0%.

Nach K. Moers[5] gelingt die Abscheidung von reinem Niobkarbid aus kohlenwasserstoffhaltigen Niobchlorid-Wasserstoff-Dampfgemischen an glühenden W-Drähten, ähnlich wie beim Tantalkarbid, nicht, weil bereits bei Temperaturen von 900 bis 1000° die Metallabscheidung so lebhaft ist, daß die Karbidbildung überlagert wird. Man gelangt immer zu Aufwachsschichten, die neben Niobkarbid metallisches Niob enthalten. Durch nachträgliches Glühen bei 2600 bis 3200° K in kohlenwasserstoffhaltiger Atmosphäre (CH_4, C_2H_2), wie es von K. Becker und H. Ewest[6] für Tantaldrähte angegeben wurde, gelingt es, das Abscheidungsprodukt vollständig in Niobkarbid überzuführen. Diese Methode wurde auch von I. E. Camp-

---

[1] Meissner, W. u. H. Franz: Z. Physik 65 (1930) S. 30/54.
[2] Joly, A.: Compt. rend. 82 (1876), S. 1195.
[3] Friederich E. u. L. Sittig: Z. anorg. allg. Chem. 144 (1925), S. 169/89.
[4] Agte, C. u. K. Moers: Z. anorg. allg. Chem. 198 (1931), S. 233/43.
[5] Moers, K.: Z. anorg. allg. Chem. 198 (1931), S. 243/61.
[6] Becker, K. u. H. Ewest: Z. techn. Physik 11 (1930), S. 148/50 u. 216/20.

bell und Mitarbeiter[1] benutzt, um bei Temperaturen von 1300°
Niobschichten unter Wasserstoff mit Kohlenwasserstoffen in der
Gasphase aufzukohlen.

H. Eggers und W. Peter[2] haben Ferroniob (60% Nb) mit
Holzkohlepulver im Verhältnis 5 : 1 gemischt und in einem Graphittiegel im Tammanofen unter Argon erhitzt. Bei 1600 bis 1700°
trat teilweises Schmelzen ein, später konnte aber die fest gewordene
Masse auf 2000° erhitzt werden. Durch Behandeln der erhaltenen
Schmelze mit verdünnter HCl wurde ein Rückstand mit 4,04% C,
71% Nb und 25% Fe erhalten, welcher aus Fe_3Nb_2 und einem Karbid
Nb_4C_3 bestand.

Technisch erzeugt man Niobkarbid aus Nb_2O_5, Nb_2O_3 oder Niob-
metallpulver durch Erhitzen einer Mischung mit Ruß auf 1300 bis
1400° im Kohlerohrofen. Es bereitet keine Schwierigkeiten, sauer-
stoffarme Produkte herzustellen. Zur Erzeugung wolframkarbidfreier
Hartmetalle auf NbC-TiC-Basis und zur Untersuchung von Niobkar-
bid-Mischkristallsystemen verwendeten R. Kieffer und F. Kölbl[3] und
H. Nowotny und R. Kieffer[4] als Ausgangsmaterial eine tantalfreie
Niobsäure und karburierten dieses im Kohlerohrofen unter Wasserstoff und im Vakuum.

Auch die Erzeugung von NbC aus einem Metallbad[5] ist ähnlich wie
beim Tantalkarbid (s. S. 105) möglich, nur sind Niobverluste wegen des
Angriffes der feinsten Niobkarbidteilchen durch Säuren unvermeidlich.
Um diesen herabzusetzen, muß man mit großem Kohlenstoffüberschuß
und bei hoher Temperatur arbeiten, damit ein möglichst grob-
kristallines Karbid anfällt. Zweckmäßiger ist es, NbC in Form von
säurestabilen Mischkristallen aus dem Metallbad abzuscheiden.

b) Das System Niob-Kohlenstoff

Ein hypothetisches Zustandsschaubild des Systems Niob-Kohlenstoff zeigt nach H. J. Goldschmidt[6] Abb. 35. Der Schmelzpunkt
von reinem Niob wird durch Kohlenstoff geringfügig herabgesetzt.
Es existiert nur ein stabiles Karbid der Zusammensetzung NbC[7],
dessen Einheitlichkeit von K. Becker und F. Ebert[8] röntgenographisch nachgewiesen wurde.

---

[1] Campbell, I. E., C. F. Powell, D. H. Nowicki u. B. W. Gonser:
J. Electrochem. Soc. **96** (1949), S. 318/33.
[2] Eggers, H. u. W. Peter: Mitt. KWI. Düsseldorf **20** (1938), S. 205/11.
[3] Kieffer, R. u. F. Kölbl: Powder Met. Bull. **4** (1949), S. 4/17.
[4] Nowotny, H. u. R. Kieffer: Metallforschung **2** (1947), S. 257/65.
[5] McKenna, P. M.: Ind. Eng. Chem. **28** (1936), S. 767/72.
[6] Goldschmidt, H. J.: J. Iron Steel Inst. **160** (1948), S. 345/62.
[7] Agte C. u. H. Alterthum: Z. techn. Physik **11** (1930), S. 182/91.
[8] Becker, K. u. F. Ebert: Z. Physik **31** (1925), S. 268/72.

H. Eggers und W. Peter[1] wollen zwar bei Untersuchungen im System Fe-Nb-C ein Karbid der Formel Nb_4C_3 (analog dem V_4C_3) gefunden haben, doch ist anzunehmen, daß auch im System Nb-C, ähnlich wie im System V-C, eine Mischreihe Nb_4C_3/NbC, ferner Mischkristalle von NbC, NbO und NbN entsprechend der Formel Nb_1 $(C, N, O)_1$ bestehen.

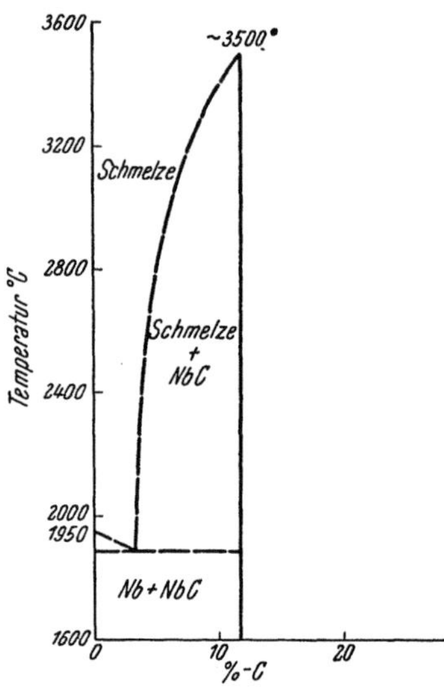

Abb. 35. Zustandsschaubild Niob-Kohlenstoff, Ausschnitt, schematisch (H. J. Goldschmidt)

In diesem Sinne ist vielleicht auch der Befund von G. Brauer[2], der ein Nb_2C und von J. S. Umanski[3], der ein Nb_4C angibt, zu deuten.

Im Gegensatz zu den Metallen der 4. Gruppe besteht beim Niobkarbid keine Neigung, bei höchsten Temperaturen weitere Mengen Kohlenstoff aufzunehmen und bei der Abkühlung als Graphit wieder abzuscheiden.

c) Eigenschaften

Niobkarbid der chemischen Formel NbC, (theoretischer Kohlenstoffgehalt 11,45%) fällt meist als ein graubraunes metallisches Pulver mit einem Schimmer ins Violette an[4-6]. C. Agte und K. Moers[7] beschreiben es als hellbraunes Pulver. Es ist gegen Säuren sehr widerstandsfähig und verbrennt beim Glühen an Luft unter hellem Aufleuchten. Es neigt leicht zu Nitridbildung.

Niobkarbid kristallisiert kubisch flächenzentriert (Steinsalztyp B 1). Die Gitterkonstante wurde von zahlreichen Forschern[6, 8-13] bestimmt. Der wahrscheinlichste Wert dürfte 4,461 Å sein.

[1] Eggers, H. u. W. Peter: Mitt. KWI. Eisenforsch. Düsseldorf 20 (1938), S. 205/11.

[2] Brauer, G.: Z. Elektrochem. 46 (1940), S. 397/402.

[3] Umanski, J. S.: Zur. Fiz. Chim. 14 (1940), S. 332/39.

[4] Kieffer R. u. F. Kölbl: Powder Met. Bull. 4 (1949), S. 4/17.

[5] Kieffer, R.: Metall 4 (1950), S. 132/36.

[6] McKenna, P. M.: Ing. Eng. Chem. 28 (1936), S. 767/72.

[7] Agte, C. u. K. Moers: Z. anorg. allg. Chem. 198 (1931), S. 233/43.

[8] Becker, K. u. F. Ebert: Z. Physik 31 (1925), S. 268/72.

[9] Kovalski, A. E. u. J. S. Umanski: Zur. Fiz. Chim. 20 (1946), S. 769/72.

[10] Nowotny, H. u. R. Kieffer: Metallforschung 2 (1947), S. 257/65.

[11] Krainer, H. u. K. Konopicky: Berg- u. Hüttenm. Mh. 92 (1947), S. 166/78.

[12] Norton, J. T. u. A. L. Mowry: Trans. AIME 185 (1949), S. 133/36.

[13] Duwez, P. u. F. Odell: J. Electrochem. Soc. 97 (1950), S. 299/304.

Die Dichte wurde zu 7,56 g/cm^3 bestimmt[1]. Nach dem Verfahren von P. M. McKenna[2] aus einem Metallbad abgeschiedenes Niobkarbid hat eine Dichte von 7,82 g/cm^3. Die Röntgendichte ist unter Zugrundelegung der obigen Gitterkonstanten 7,85 g/cm^3.

Niobkarbid ist härter als Korund. Nach eigenen Untersuchungen[3] beträgt die Mikrohärte 2400 kg/mm^2. L. S. Foster und Mitarbeiter[4] fanden einen Mittelwert der Knoop-Mikrohärte von 2470.

W. Köster und W. Rauscher[5] geben einen Elastizitätsmodul von 34 500 kg/mm^2 an.

Nach E. Friederich und L. Sittig[6] schmilzt Niobkarbid bei 4000 bis 4100° K unter Zersetzung. C. Agte und H. Alterthum[7] geben einen Schmelzpunkt von 3500 $\pm$ 125° C an. Die Wärmeleitfähigkeit beträgt 0,034 cal/cm $\cdot$ sec. $°$ C[8].

Der spezifisch elektrische Widerstand[6] beträgt 150, beim Schmelzen 250 Mikroohm $\cdot$ cm; nach neueren Angaben[8] 74 Mikroohm $\cdot$ cm.

Ab 10° K wird NbC nach W. Meissner und H. Franz[9] supraleitend.

d) Verwendung

Niobkarbid findet für sich allein keine technische Verwendung. Da es aber mit einer Reihe von Karbiden harte Mischkristalle zu bilden vermag, ist es als Basis für wolframkarbidarme bzw. wolframkarbidfreie Hartmetalle sowie als Zusatzkarbid vorgeschlagen worden. In TaC-haltigen Hartmetallen kommt es oft als zwangsläufiger Begleiter des TaC vor.

6. Tantalkarbid

a) Herstellung

Tantalmonokarbid TaC entsteht beim Zusammenschmelzen von Ta$_2$O$_5$ oder Tantaliten und Na$_2$CO$_3$ mit Kohle bei etwa 1500° in Form feiner, messinggelb glänzender Nadeln[10]. O. Ruff und E. Schil-

---

[1] Becker, K.: Physik Z. **34** (1933), S. 185/97.

[2] McKenna, P. M.: Ing. Eng. Chem. **28** (1936), S. 767/72.

[3] Kieffer, R. u. F. Kölbl: Powder Met. Bull. **4** (1949), S. 4/17.

[4] Foster, L. S., L. W. Forbes, jr., L. B. Friar, L. S. Moody u. W. H. Smith: J. Am. ceram. Soc. **33** (1950), S. 27/33.

[5] Köster, W. u. W. Rauscher: Z. Metallkde. **39** (1948), S. 111/20.

[6] Friederich, E. u. L. Sittig: Z. anorg. allg. Chem. **144** (1925), S. 169/89.

[7] Agte, C. u. H. Alterthum: Z. techn. Physik **11** (1930), S. 182/91.

[8] Sindeband, S. J. u. P. Schwarzkopf: Electrochem. Soc. 97th Meeting, Cleveland 1950.

[9] Meissner, W. u. H. Franz: Z. Physik **65** (1930), S. 30/54.

[10] Joly, A.: Compt. rend. **82** (1876), S. 1905. Bull. Soc. Chim. France **25** (1876), S 506.

ler[1] gewannen Tantalkarbid aus Tantalpentoxyd und Zuckerkohle im Lichtbogenofen.

E. Friederich und L. Sittig[2] stellten TaC durch Erhitzen des Oxyd-Kohlegemisches in Molybdänschiffchen schon bei 1250° unter Wasserstoff im Porzellanrohrofen her. Das Produkt enthielt keine freie Kohle.

A. E. van Arkel und J. H. de Boer[3,4] beobachteten, daß die Zersetzung von Tantalhalogenid-Dampf in Gegenwart von Wasserstoff und Kohlenoxyd an glühenden Wolframdrähten zu tantalkarbidhaltigen Aufwachsschichten führt.

Nach K. Moers[5] gelingt es nicht ohne weiteres aus kohlenwasserstoffhaltigen $TaCl_5$-H_2-Dampfgemischen an glühenden Wolframdrähten reines TaC abzuscheiden. Die Abscheidung von Tantalmetall erfolgt nämlich schon bei so tiefen Temperaturen (etwa 900 bis 1000°) und so lebhaft, daß die Karbidbildung von der Metallabscheidung überlagert wird. Das Abscheidungsprodukt enthält daher immer metallisches Tantal neben Tantalkarbid. Nach K. Becker und H. Ewest[6] gelingt es, durch Glühen in kohlenwasserstoffhaltiger Atmosphäre (CH_4, C_2H_2) bei 2330 bis 2930°, das Abscheidungsprodukt in reines Tantalkarbid überzuführen.

K. Becker und H. Ewest[6] haben den Umsetzungsmechanismus dieses Verfahrens näher untersucht. Zur Aufkohlung von Tantaldrähten aus der Gasphase genügt bei einer gegebenen Temperatur eine Mindestkonzentration von Kohlenwasserstoff im indifferenten Spülgas, bei welcher sich das Karbid gerade noch zu bilden vermag. Das Ende der Aufkohlungsreaktion kann an der Konstanz des elektrischen Widerstandes der Drähte festgestellt werden, da das Tantalkarbid einen wesentlich höheren Widerstand hat als das Tantalmetall[7]. Die Geschwindigkeit der Reaktion hängt weitgehend vom Drahtdurchmesser[8] ab, z. B. sind bei 2650° K Drähte von 0,1 mm Durchmesser in 10 bis 15 Minuten, Drähte von 0,3 mm Durchmesser in 30 bis 45 Minuten und Drähte von 0,9 mm Durchmesser in drei Stunden durchkarburiert.

[1] Ruff, O. u. E. Schiller: Z. anorg. allg. Chem. 72 (1911) S. 329/57.
[2] Friederich, E. u. L. Sittig: Z. anorg. allg. Chem. 144 (1925), S. 169/89.
[3] van Arkel, A. E.: Physica 4 (1924), S. 286/31.
[4] van Arkel, A. E. u. J. H. de Boer: Z. anorg. allg. Chem. 148 (1925), S. 345/50.
[5] Moers, K.: Z. anorg. allg. Chem. 198 (1931); S. 243/61.
[6] Becker, K. u. H. Ewest: Z. techn. Physik 11 (1930), S. 148/50 u. 216/20.
[7] Andrews, M. R.: J. Am. chem. Soc. 54 (1932), S. 1845/54.
[8] Geiss, W. u. J. A. M. van Liempt: Z. Metallkde. 16 (1924), S. 317/18.

Bei der Reaktion von $TaCl_5$-Dampf an einem glühenden Kohlefaden von etwa 2500° K findet nach W. G. Burgers und J. C. M. Basart[1] unter Auflösung des Fadens Tantalkarbidbildung statt. Bei hoher Fadentemperatur bildet sich ein glattes, gelblich gefärbtes Röhrchen, welches aus einem Karbid mit kubisch flächenzentriertem Gitter besteht (TaC). Daneben entstehen aber auch noch graue Drähte aus einem Karbid mit hexagonal dichtest gepacktem Gitter (Ta_2C). Bei niedriger Drahttemperatur schließlich scheidet sich Tantalmetall ab. Die verschiedenen Phasen bilden sich meist nebeneinander aus, etwa in der Brutto-Zusammensetzung $Ta_{1,2}C$ und es ist anzunehmen, daß teilweise Tantal mit Tantalkarbid in fester Lösung vorliegt (s. S. 107). Durch Glühen im Hochvakuum kann der Metallüberschuß verdampft werden. Man kann aber auch nach K. Becker und H. Ewest[2] die unreinen Tantalkarbiddrähte in kohlenwasserstoffhaltiger Atmosphäre, wie oben ausgeführt, glühen. Das mit hexagonal dichtester Packung kristallisierende Ta_2C soll ähnlich wie das W_2C auf Grund röntgenographischer Untersuchungen in zwei Modifikationen als α-Ta_2C und β-Ta_2C auftreten (s. S. 108). Bei einer halbstündigen Aufkohlung von Tantalblech im Vakuum bei 2300 bis 2400° bilden sich nach F. H. Ellinger[3] mikroskopisch gut nachweisbare Schichten von TaC sowie Ta_2C und Übergangszonen.

Neuestens haben I. E. Campbell und Mitarbeiter[4] in einer Apparatur gemäß Abb. 14 ebenfalls Tantalkarbidschichten durch Aufkohlung aus der Gasphase mit Kohlenwasserstoffen bei Temperaturen von 1300 bis 2900° hergestellt.

C. Agte und K. Moers[5] haben durch Karburierung von reinster Tantalsäure bzw. Tantalmetallpulver im Graphitrohrofen unter Wasserstoff ein Tantalkarbid hergestellt, welches beim Verbrennen unter Sauerstoff eine Gewichtszunahme von 14,46% aufwies. Eine Kohlenstoffaufnahme über den der Formel TaC entsprechenden Gehalt trat bei hohen Temperaturen nicht auf.

F. C. Kelley[6] erzeugte Tantalkarbid aus feinstem Tantalpulver oder Ta_2O_5 durch 5- bis 8stündige Karburierung unter Wasserstoff

---

[1] Burgers, W. G. u. J. C. M. Basart: Z. anorg. allg. Chem. **216** (1934), S. 209/22.

[2] Becker, K. u. H. Ewest: Z. techn. Physik **11** (1930), S. 148/50 u. 216/20.

[3] Ellinger, F. H.: Trans. Am. Soc. Met. **31** (1943), S. 89/102.

[4] Campbell, I. E., C. F. Powell, D. H. Nowicki u. B. W. Gonser: J. Electrochem. Soc. **96** (1949), S. 318/33.

[5] Agte, C. u. K. Moers: Z. anorg. allg. Chem. **198** (1931), S. 233/43.

[6] Kelley, F. C.: Trans. Am. Soc. Steel Treat. **19** (1932), S. 233/43.

bei 1500 bis 1600°. Enthält das Ausgangsoxyd unbestimmte Mengen Nioboxyd, dann erhält man, wenn man den Kohlezusatz auf reines Ta_2O_5 abstimmt, unterkohltes Tantalkarbid (s. spätere Bemerkung).

Für Untersuchungen im System Ta-C stellte F. H. Ellinger[1] Tantal-Kohlenstoff Legierungspulver aus Mischungen von 99%igem Tantalpulver und Graphit durch Pressen zu Stäben und Sintern im Vakuum bei 2400 bis 2500° her. Versuche zur Herstellung von

Zahlentafel 23. *Kohlenstoffgehalt von Tantalkarbid, hergestellt durch Karburierung von Tantalpulver mit Ruß unter verschiedenen Bedingungen* (L. P. Molkov u. A. V. Chochlova)

Glühdauer* Stunden	Temperatur ° C	Kohlenstoff** gebunden %	Kohlenstoff frei %
2	1400	5,69	0,26
2	1500	6,1	0,11
3	1400	5,7	0,32
3	1500	6,14	0,11
$2^1/_2$	1600	6,08 bis 6,34	—
6	1600	6,3	—
8	1600	6,28	—

* Anheizzeit jeweils 1 Stunde.
** Theoretisch 6,23% C.

Ta_2C durch Aufkohlung von Ta_2O_5 schlugen fehl, da sich immer Mischungen von TaC neben unzersetztem Tantaloxyd bildeten.

Sehr eingehend haben L. P. Molkov und A. V. Chochlova[2] die Tantalkarbidbildung untersucht, und zwar gingen sie von Tantalpulver, Tantalblechabfällen und Ta_2O_5 aus.

Tantalpulver der Zusammensetzung 96,34% Ta, 0,30% Na, 0,006% Fe, 0,31% C, Rest O_2, welches durch Reduktion von K_2TaF_7 mit metallischem Natrium gewonnen worden war, wurde mit der zur Reduktion der Restoxyde und zur Karburierung notwendigen Menge Ruß sehr innig gemischt und in einem Kohlerohrkurzschluß-ofen in verschlossenen Kohlehülsen unter trockenem Wasserstoff zwischen 1400 und 1600°, 2 bis 8 Stunden karburiert. Die Zusammensetzung der so erhaltenen Tantalkarbide ist der Zahlentafel 23 zu entnehmen. Am günstigsten erwies sich danach eine Temperatur von 1600° bei $2^1/_2$stündiger Erhitzungsdauer. Bei einigen Präparaten beobachteten L. P. Molkow und A. V. Chochlova[2] einen Gehalt

---

[1] Ellinger, F. H.: Trans. Am. Soc. Met. 31 (1943), S. 89/102.
[2] Molkov, L. P. u. A. V. Chochlova: Redkije Metally 4 (1935), Nr. 1, S. 10/23.

an gebundenem Kohlenstoff, der über den theoretisch zu erwartenden hinausgeht. Sie nehmen an, daß Kohlenstoff in Tantalkarbid löslich ist. Nach Ansicht der Verfasser dürfte es sich aber eher um eine Verunreinigung des TaC durch NbC handeln, welches theoretisch 11,45% C enthält, und daher scheinbar den Gehalt an gebundenem Kohlenstoff hebt. Bei reinem TaC haben die Verfasser in Übereinstimmung mit C. Agte und K. Moers[1] niemals höhere Gehalte an

Zahlentafel 24. *Kohlenstoffgehalt von Tantalkarbid, hergestellt durch Karburierung von Tantalblechabfällen unter verschiedenen Bedingungen* (L. P. Molkov u. A. V. Chochlova)

Glühdauer* Stunden	Temperatur ° C	Kohlenstoff** gebunden %
2	1400	4,4
3	1700	5,4 bis 6,07
3	1750	6,23
3	1800	5,79 bis 6,26
6	1800	6,28

* Anheizzeit jeweils 40 Minuten.
** Freier Kohlenstoff nicht vorhanden.

gebundenem Kohlenstoff als 6,23% festgestellt. Umgekehrt kann ein TaC mit scheinbarem theoretischem Kohlenstoffgehalt tatsächlich unterkohlt sein, wenn NbC zugegen ist.

Die Karburierung von Tantalblechabfällen in geschlossenen Kohlehülsen mit Kohlegrieß ist ebenfalls möglich, sie erfolgt aber langsam und erfordert höhere Temperaturen. Gemäß Zahlentafel 24 sind 1800° und 3 Stunden Dauer die günstigsten Bedingungen.

Die Herstellung von Tantalkarbid aus Ta_2O_5, welches durch Glühen von Tantalmetallpulver gewonnen worden war, erfolgt wie oben beschrieben. Die Präparate enthielten nach $2^1/_2$stündiger Karburierung bei 1600° 6,28 bis 6,74% gebundenen Kohlenstoff (s. obige Bemerkung). Freier Kohlenstoff war nicht nachweisbar.

P. M. McKenna[2] stellt Tantalkarbid durch Umsetzung von Tantal mit Kohle in einem Aluminiummetallbad, welches in einem Graphittiegel auf 2000° erhitzt wird, her. Der Schmelzkönig wird mit Säure behandelt, wobei Aluminium und Aluminiumkarbid in Lösung gehen, während das Tantalkarbid in Form goldfarbiger, glänzender Kristalle zurückbleibt. Das erhaltene Karbid hat eine

---

[1] Agte, C. u. K. Moers: Z. anorg. allg. Chem. **198** (1931), S. 233/43.
[2] McKenna, P. M.: Metal Progress **36** (1939), S. 152/55.

höhere Dichte (14,48 g/cm^3) als das durch Aufkohlung im festen
Zustand erhaltene (14,05 g/cm^3) und soll besonders als Zusatzkarbid
für Sinterhartmetalle, die zur Stahlbearbeitung dienen, geeignet
sein[1]. Als Metallbad eignen sich auch Eisenmetalle, z. N. Nickel,
wobei TaC auch in Form von Mischkristallen mit NbC und TiC (WC)
abgeschieden werden kann.

Bei der industriellen Herstellung von Tantalkarbid — für die
Praxis ist nur das Monokarbid TaC interessant — kann man folgendermaßen verfahren:

1. Tantalmetallpulver wird mit Kohle karburiert.
2. Tantalpentoxyd wird mit Kohle reduziert und gleichzeitig
karburiert.
3. Ferrotantal, Tantalabfälle oder tantalhaltige Schlacken bzw.
Erze werden in einem Metallbad karburiert und das Tantalkarbid
durch Säurebehandlung isoliert.

Die erste Methode wird gern angewandt, obwohl reines Tantalpulver verhältnismäßig teuer ist. 93% Tantalpulver werden z. B. mit
7% Zuckerkohle sehr innig gemischt, die Mischung verpreßt und
die Preßlinge in Zirkonoxyd eingebettet, bei 1600° im Kohlerohrkurzschlußofen unter reinstem Wasserstoff karburiert. Nach Entfernen des anhaftenden ZrO_2 wird das Karbid zerkleinert und abgesiebt. Es enthält 6,0 bis 6,1% Gesamtkohlenstoff, davon 0,1%
in freier Form. Der Tantalgehalt beträgt 93,78%[2].

Häufig wird auch die zweite Methode benützt[3]. Man geht von einer
sehr innigen Mischung von Tantalpentoxyd und Ruß aus und karburiert bei etwa 1700° im Kohlerohrofen unter sauerstoff- und stickstofffreiem Wasserstoff. Bei der Vakuumkarburierung der genannten
Mischung erhält man schon bei 1600° in zwei Stunden ein Karbid
mit fast theoretischem Kohlenstoffgehalt von 6,0 bis 6,1%

Für technische Zwecke kann man auch reine Tantalerze oder hochtantalhaltige Schlacken direkt karburieren, wobei man Mischungen
von TaC-NbC erhält[4].

Billiges, niobenthaltendes Tantalkarbid erhält man nach der
dritten Methode[5]. Ferrotantal mit 60 bis 70% Tantal (+ Niob)
wird in einem Induktionsofen geschmolzen und Kohle solange zu-

---

[1] McKenna, P. M.: Ind. Eng. Chem. **28** (1936), S. 767/72.
[2] B. I. O. S. Final Rep. No. 1385 (1945), S. 63.
[3] Brownlee, L. D., G. A. Geach u. T. Raine: Iron Steel Inst., Spec.
Rep. No. 38, London 1947, S. 73/78.
[4] Myers, R. H. u. J. N. Greenwood: Proc. Australasian Inst. Min. Met.
(1943), Nr. 129, S. 41/53.
[5] Genders, R. u. R. Harrison: J. Iron Steel Inst. (1936), No. 2, S. 202/04.

gesetzt, bis die Schmelze zäh wird. Dabei bildet sich TaC (+ NbC). Nach dem Abkühlen wird die spröde Schmelze zerkleinert und gemahlen und hierauf mit warmer 50%iger Salzsäure behandelt. Dabei geht das Eisen und andere Bestandteile in Lösung, während TaC (+ NbC) zurückbleibt. Das Rohkarbid wird mit der erforderlichen Menge an fehlendem Kohlenstoff vermischt und bei 1600° bis 1700° unter Wasserstoff fertigkarburiert. In ähnlicher Weise lassen sich hochtantalhaltige Schlacken oder Erze direkt auf NbC-TiC-haltiges TaC aufarbeiten.

b) Das System Tantal-Kohlenstoff

Auf Grund mikroskopischer und röntgenographischer Untersuchungen und von Schmelzpunktsbestimmungen an vakuumgesinterten, geschmolzenen und durch oberflächliches Aufkohlen von Tantal hergestellten Tantalkarbidpräparaten hat F. H. Ellinger[1] ein Zustandsdiagramm des Systems Tantal-Kohlenstoff aufgestellt, dessen tantalreiche Ecke Abb. 36 zeigt. Es existieren zwei definierte Verbindungen Ta_2C (3,21% C, Schmelzpunkt etwa 3400°) und TaC (6,23% C, Schmelz-

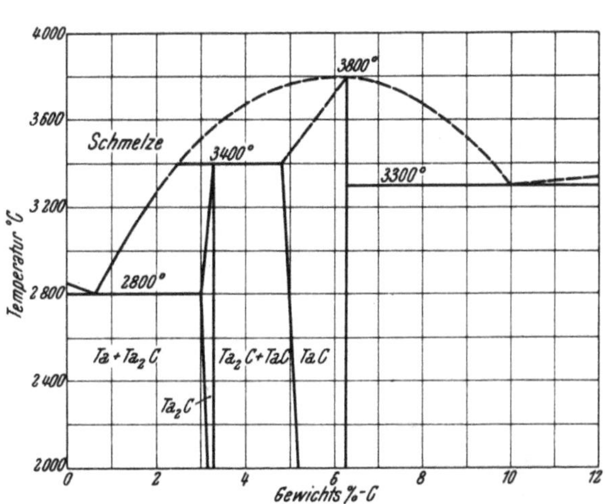

Abb. 36. Tantalecke des Systems Tantal-Kohlenstoff (F. H. Ellinger)

punkt etwa 3800°). Bei 0,6% C bildet Ta mit Ta_2C ein Eutektikum bei einer Temperatur von etwa 2800°, wobei Ta_2C 0,2% Ta zu lösen vermag. Eine nennenswerte Löslichkeit von Kohlenstoff in Tantal ist nicht nachzuweisen. Der Schmelzpunkt des TaC von etwa 3800° wird durch Kohlenstoffaufnahme bis zu einem zweiten Eutektikum bei 10% C auf 3300° herabgesetzt. Bei 3400° vermag TaC bis zu 1,2% Ta zu lösen, was bereits von W. G. Burgers und J. C. M. Basart[2] vermutet wurde.

[1] Ellinger, F. H.: Trans. Am. Soc. Met. **31** (1943), S. 89/102.
[2] Burgers, W. G. u. J. C. M. Basart: Z. anorg. allg. Chem. **216** (1934), S. 209/22.

Das von W. C. Burgers und J. C. M. Basart erstmalig beschriebene Karbid Ta_2C kristallisiert im Gegensatz zu TaC, welches kubisch flächenzentriertes Gitter hat, hexagonal dichtest gepackt mit den Gitterkonstanten a = 3,091 $\pm$ 0,001 Å, c = 4,93 $\pm$ 0,007 Å, c/a = 1,595. F. H. Ellinger[1] gibt das Verhältnis c/a mit 1,6 bis 1,62 Å an.

Das Ta_2C soll nach W. G. Burgers und J. C. M. Basart[2] ähnlich wie das W_2C in zwei allotropen Modifikationen, dem α-Ta_2C und β-Ta_2C, vorkommen. Durch Aufkohlung von Tantaldrähten aus der Gasphase unter bestimmten Bedingungen konnte an der Oberfläche des Drahtes β-Ta_2C röntgenographisch nachgewiesen werden. Nach dem Pulverisieren des Drahtes erschienen im Röntgenogramm die Linien des α-Ta_2C, wobei offen bleibt, ob das β-Ta_2C nur an der Oberfläche des Drahtes vorkommt oder beim Pulvern in α-Ta_2C umgewandelt wird. Beim raschen Abkühlen durchgebrannter TaC-Drähte von oberhalb 2530° tritt α-Ta_2C auf (im Gegensatz zu W_2C, welches beim raschen Abkühlen als β-W_2C erscheint). Da bei der Umlagerung der beiden Modifikationen nicht ein Verschwinden bestimmter Linien, sondern eine Abschwächung derselben im Röntgenogramm beobachtet wird, ist anzunehmen, daß der Übergang kontinuierlich erfolgt.

F. H. Ellinger[1] konnte bei der röntgenographischen Untersuchung zahlreicher Ta_2C-haltiger Präparate nicht den Nachweis verschiedener Modifikationen erbringen.

H. Nowotny[3] hat auf Grund neuerer röntgenographischer Untersuchungen an einem Präparat von R. Kieffer und F. Kölbl die Existenz und die Gitterkonstante des Ta_2C bestätigt.

c) Eigenschaften

Tantalkarbid der chemischen Formel TaC, (theoretischer Kohlenstoffgehalt 6,23%) fällt meist als ein metallisches Pulver von dunkel- bis hellbrauner Farbe an. Die Farbe wird durch Nitridbeimengungen und feinste Oxydfilme beeinflußt. Reine, aus dem Metallbad isolierte Kristalle sind goldglänzend. Es wird auch als graues Pulver beschrieben; dabei handelt es sich sehr wahrscheinlich um Ta_2C.

Tantalkarbid ist in Säuren schwer löslich. Es verbrennt an Luft unter hellem Aufleuchten.

---

[1] Ellinger, F. H.: Trans. Am. Soc. Met. **31** (1943), S. 89/102.

[2] Burgers, W. G. u. J. C. M. Basart: Z. anorg. allg. Chem. **216** (1934), S. 209/22.

[3] Nowotny, H.: Unveröffentlichte Untersuchungen 1951.

Tantalkarbid (TaC) kristallisiert kubisch flächenzentriert (Steinsalztyp B 1). Der wahrscheinlichste Wert, der von verschiedenen Autoren[1-11] bestimmten Gitterkonstanten beträgt 4,455 Å.

Das Karbid Ta_2C hat hexagonal dichteste Kugelpackung und Gitterkonstanten a = 3,091 ± 0,001 Å, c = 4,93 ± 0,007 Å[4].

Die Dichte von TaC wurde von E. Friederich und L. Sittig[12] zu 13,96 g/cm³, von K. Becker u. H. Ewest[13] zu 14,05 g/cm³ gefunden. Das nach dem Verfahren von P. M. McKenna[6] (s. S. 105) hergestellte Tantalkarbid hat die fast theoretische Dichte von 14,48 g/cm³. Die Röntgendichte beträgt auf Grund obiger Gitterkonstanten 14,53 g/cm³.

Die Härte wird von E. Friederich und L. Sittig[12] mit 9 bis 10 Mohs zu hoch angegeben; die Mikrohärte ist nach eigenen Messungen[14] 1800 kg/mm² (50 g Belastung). J. Hinnüber[15] gibt denselben Wert bei 20 g Belastung an. L. S. Foster und Mitarbeiter[16] fanden einen Knoop-Mikrohärtewert von 1952.

Von W. Köster und W. Rauscher[17] wurde ein Elastizitätsmodul von 29100 kg/mm² bestimmt.

Der Schmelzpunkt beträgt nach E. Friederich und L. Sittig[12] unter Zersetzung 4000 bis 4100° K. C. Agte und H. Alterthum[18] geben einen Schmelzpunkt von 3880 ± 150° an. Ta_2C schmilzt bei 3400° unter Zersetzung[5].

[1] van Arkel, A. E.: Physica 4 (1924), S. 286/301.
[2] Becker, K. u. F. Ebert: Z. Physik 31 (1925), S. 268/72.
[3] v. Schwarz, M. u. O. Summa: Metallwirtsch. 12 (1933), S. 298.
[4] Burgers, W. G. u. J. C. M. Basart: Z. anorg. allg. Chem. 216 (1934), S. 209/22.
[5] Ellinger, F. H.: Trans. Am. Soc. Met. (1943), S. 89/102.
[6] McKenna, P. M.: Ind. Eng. Chem. 28 (1936), S. 767/72.
[7] Molkov, L. P. u. A. V. Chochlova: Redkije Metaly 4 (1935) Nr. 1, S. 10/23.
[8] Kovalski, A. E. u. J. S. Umanski: Zur. Fiz. Chim. 20 (1946), S. 769/72.
[9] Krainer, H. u. K. Konopicky: Berg. u. Hüttenmänn. Mh. 92 (1947), S. 166/78.
[10] Nowotny, H. u. R. Kieffer: Metallforschung 2 (1947), S. 257/65.
[11] Norton, J. T. u. A. L. Mowry: Trans. AIME 185 (1949), S. 133/36.
[12] Friederich, E. u. L. Sittig: Z. anorg. allg. Chem. 144 (1925), S. 169/89.
[13] Becker, K. u. H. Ewest: Z. techn. Physik 11 (1930), S. 148/50, 216/20.
[14] Kieffer, R. u. F. Kölbl: Powder Met. Bull. 4 (1949), S. 4/17.
[15] Hinnüber, J.: Z. VDI. 92 (1950), S. 111/17.
[16] Foster, L. S., L. W. Forbes jr., L. B. Friar, L. S. Moody u. W. H. Smith: J. Am. ceram. Soc. 33 (1950), S. 27/33.
[17] Köster, W. u. W. Rauscher: Z. Metallkde. 39 (1938), S. 111/20.
[18] Agte, C. u. H. Alterthum: Z. techn. Physik 11 (1930), S. 182/91.

Der röntgenographisch, von K. Becker[1] bestimmte lineare Wärmeausdehnungskoeffizient von TaC ist $8,2 \cdot 10^{-6}$.

TaC hat eine Wärmeleitfähigkeit von $0,053$ cal/cm $\cdot$ sec $\cdot$ °C[2]. Angaben über die thermodynamischen Daten machen P. M. McKenna[3] u. a.[4,5].

Der spezifische elektrische Widerstand ist nach E. Friederich und L. Sittig[6] 175 Mikroohm $\cdot$ cm, nach K. Moers[7] 104 Mikroohm $\cdot$ $\cdot$ cm, nach M. R. Andrews[8] 170 Mikroohm $\cdot$ cm, nach neueren Angaben[2] nur 30 Mikroohm $\cdot$ cm. Die Temperaturabhängigkeit des Widerstandes wurde von K. Becker und H. Ewest[1] genau untersucht.

Tantalkarbid wird nach W. Meissner und H. Franz[9] bei 9,3° K, nach W. Meissner, H. Franz und H. Westerhoff[10] zwischen 9,5 und 7,6° K supraleitend.

Die Elektronenemission von TaC ist bei 2300° 2,8mal kleiner als jene von Tantalmetall[1]. Die Emissionsdaten von TaC wurden von R. E. Haddad, D. L. Goldwater und F. H. Morgan[11-13] bestimmt.

Die Suszeptibilität haben W. Klemm und W. Schüth[14] bestimmt. Über die optischen Eigenschaften berichten sehr eingehend K. Becker und H. Ewest[1].

d) Verwendung

Tantalkarbid in Form von Drähten oder Fäden ist wegen des extrem hohen Schmelzpunktes für Glühlampen mit sehr hoher Leuchtdichte vorgeschlagen worden. Einer allgemeinen Verwendung steht jedoch die geringe Festigkeit von Tantalkarbidfäden im Wege.

---

[1] Becker, K. u. H. Ewest: Z. techn. Physik 11 (1930), S. 148/50, 216/20.

[2] Sindeband, S. J. u. P. Schwarzkopf: Electrochem. Soc., 97th Meeting, Cleveland 1950.

[3] McKenna, P. M.: Ind. Eng. Chem. 28 (1936), S. 767/72.

[4] Brewer, L., L. A. Bromley, P. W. Gilles u. N. L. Lofgren in L. L. Quill: The Chemistry and Metallurgy of Miscellaneous Materials-Thermodynamics. McGraw Hill, New York 1950, S. 40/59.

[5] Kelley, K. K.: J. Am. chem. Soc. 62 (1940), S. 818/19.

[6] Friederich, E. u. L. Sittig: Z. anorg. allg. Chem. 144 (1925), S. 169/89.

[7] Moers, K.: Z. anorg. allg. Chem. 198 (1931), S. 262/75.

[8] Andrews, M. R.: J. Am. chem. Soc. 54 (1932), S. 1845/54.

[9] Meissner, W. u. H. Franz: Z. Physik 65 (1930), S. 30/54.

[10] Meissner, W., H. Franz u. H. Westerhoff: Z. Physik 75 (1932), S. 521/30.

[11] Haddad, R. E., D. L. Goldwater u. F. H. Morgan: J. Appl. Phys. 20 (1949), S. 1130.

[12] Goldwater, D. L. u. R. E. Haddad: J. Appl. Phys. 22 (1951), S. 70/73.

[13] Morgan, F. H.: J. Appl. Phys. 22 (1951), S. 108/09.

[14] Klemm, W. u. W. Schüth: Z. anorg. allg. Chem. 201 (1931) S. 24/31.

Ferner wurde vorgeschlagen, Rheniumdrähte mit einem Überzug von Tantalkarbid zu versehen und für strahlungstechnische Zwecke zu verwenden[1]. Eine Reaktion zwischen Metallkern und Tantalkarbid tritt, da das Rhenium kein Karbid bildet, nicht ein. Auch Schutzüberzüge von Tantalkarbid auf Wolframdrähte für glühlampentechnische Zwecke wurden bereits früher vorgeschlagen[2].

Zur Erzielung höchster Temperaturen, die z. B. für die Bestimmung der Schmelzpunkte hochschmelzender Hartstoffe erforderlich sind, wurden hochgesinterte Tantalkarbidrohre benützt[3].

Viel größere Bedeutung hat aber heute Tantalkarbid für die Herstellung von Sinterhartmetallen. Insbesondere die Hartmetallsorten für die Stahlbearbeitung enthalten neben WC als Hauptkarbid immer entweder TiC oder TaC, oder vorzugsweise beide. Diese Karbide setzen die Schweißneigung des Hartmetalles mit dem ablaufenden Stahlspan herab, so daß eine Verschleißerscheinung an der Spanablauffläche, die sogenannte Auskolkung, hintangehalten wird.

7. Chromkarbid

a) Herstellung

Gelegentlich der Versuche zur Herstellung von kohlefreien Metallen beobachtete H. Moissan[4], daß Chromoxyd im elektrischen Lichtbogen leicht reduzierbar ist, wobei ein stark kohlehaltiges Material entsteht, welches nach nochmaligem Umschmelzen ein gut kristallisiertes Produkt mit einer Zusammensetzung von 86,72% Cr und 13,21% C ergibt, was einem Karbid Cr_3C_2 entspricht (theoretisch 13,33% C). Ein zweites Karbid fand H. Moissan[5] beim Erhitzen von reinem Chrom in einem Kohletiegel bei der höchsten Temperatur eines Gebläseofens. Die Zusammensetzung war 94,22% Cr und 5,40% C, was einem Karbid Cr_4C (theoretisch 5,45% C) entsprechen würde.

E. Friederich und L. Sittig[6] haben 97 Teile Chrompulver und 3 Teile Kohle vermischt, zu Stäben verpreßt und diese im direkten Stromdurchgang geschmolzen. Das an der Schmelzstelle

[1] D.R.P. 536749 (1930).

[2] D.R.P. 437165 (1924).

[3] Agte, C. u. H. Alterthum: Z. techn. Physik 11 (1930), S. 182/91.

[4] Moissan, H.: Compt. rend. 116 (1893), S. 349/51, Ann. Chim. phys. 8 (1896), S. 559.

[5] Moissan, H.: Compt. rend. 119 (1894), S. 185/91.

[6] Friederich, E. u. L. Sittig: Z. anorg. allg. Chem. 144 (1925), S. 169/89.

entstandene Karbid unbekannter Zusammensetzung war sehr hart und ritzte leicht Korund.

Sehr zahlreich sind die Untersuchungen an Chrom-Kohlenstoff-Legierungen zwecks Aufstellung des Zustandsdiagrammes Chrom-Kohlenstoff. Dabei wurden die Karbide (und Doppelkarbide) meist aus Stählen und Ferrolegierungen durch chemische Isolierung erhalten. So fanden W. Crafts und J. L. Lamont[1] in Cr-legierten Stählen die Karbide Cr_4C und Cr_7C_3, F. Wever und W. Koch[2] in Cr-Mn-Stählen nur das Karbid Cr_7C_3, J. F. Brown und D. Clark[3] in Cr-Ni-Stählen auch das Karbid $Cr_{23}C_6$.

Da für die Hartmetallherstellung nur das kohlenstoffreichste Karbid Cr_3C_2, und dieses nur in beschränktem Umfang, interessiert, soll auf die Herstellung kohlenstoffärmerer, im Hilfsmetall leicht löslicher Karbide, die zu spröden Hartmetallen führen (s. S. 495), nicht eingegangen werden.

O. Ruff und T. Foehr[4], welche Chrom-Kohlenstoff-Legierungen durch Schmelzen herstellten, fanden, daß aus Schmelzen mit mehr als 12,1% C sich Graphit abscheidet. Bei höheren Temperaturen vermag aber die überhitzte Chromschmelze beträchtliche Mengen Kohlenstoff aufzunehmen, was zur Annahme eines bei hohen Temperaturen beständigen Karbides CrC berechtigt. Der Gehalt der bei einer bestimmten Temperatur mit Graphit gesättigten Chromschmelze ergab sich zu:

t °C	1840	1960	2035	2140	2233	2348	2442
% C	12,42	13,33	13,75	13,96	14,03	14,96	16,00

Bei 2570° und 10 mm Hg siedet die an C gesättigte Schmelze mit 17% C unter Abgabe von fast reinem Cr-Dampf.

Neuestens haben sich D. S. Bloom und N. J. Grant[5] im Rahmen einer Untersuchung über das System Chrom-Kohlenstoff mit der Herstellung von Cr_3C_2 und der versuchsweisen Gewinnung von CrC eingehend beschäftigt. Letzteres hätte gegebenenfalls wegen einer zu erwartenden geringeren Löslichkeit im Hilfsmetall (verbunden mit einer höheren Zähigkeit), sowie einer höheren Härte und eines höheren Schmelzpunktes, Interesse für die Hartmetalltechnik. Elektrolytchrom wurde in einem Graphittiegel im Hochvakuum bis auf 2250° erhitzt. Es ergab sich ein graphitdurchsetztes Karbid Cr_3C_2 mit einem Gesamtkohlenstoffgehalt von 16,50%. Dasselbe

[1] Crafts, W. u. J. L. Lamont: Trans. AIME **188** (1950), S. 561/74.

[2] Wever, F. u. W. Koch: Arch. Eisenhüttenwes. **21** (1950), S. 143/52.

[3] Brown, J. F. u. D. Clark: Nature **167** (1951), S. 728.

[4] Ruff, O. u. T. Foehr: Z. anorg. allg. Chem. **104** (1918), S. 27/46.

[5] Bloom, D. S. u. N. J. Grant: Trans. AIME **188** (1950), S. 41/46.

Karbid kann man auch im elektrischen Lichtbogenofen bzw. im Hochfrequenzofen herstellen. Weiters wurde auch die Herstellung von Cr_3C_2 im Metallbad vorgenommen (Menstruumverfahren). Dazu eignet sich eine auf 1800 bzw. 2000° überhitzte Schmelze von Kupfer oder Nickel. Aluminium eignet sich nicht als Metallbad, weil sich ein Aluminium-Chrom-Karbid bildet. Aus der erstarrten Schmelze kann das Cr_3C_2 durch längeres Behandeln mit Salzsäure 1:1 als Rückstand erhalten werden. Versuche, durch Aufkohlung des Cr_3C_2 mit Kohle im festen Zustand bei 1800° im Vakuum zu dem Karbid CrC zu kommen, schlugen fehl.

Nach I. E. Campbell und Mitarbeitern[1] ist es auch möglich, Chromkarbidschichten wechselnder Zusammensetzung durch Aufkohlung von Chrom aus der Gasphase mit CH_4 bei 600 bis 800° zu erzeugen. Die Herstellung solcher, sehr harter Karbidschichten, die bei Anwesenheit von Stickstoff auch noch das sehr harte Chromnitrid enthalten, dürfte für verschleißfeste Zwecke gewisse Bedeutung erlangen. B. B. Owen und R. T. Webber[2] zersetzten Chromcarbonyl in Gegenwart von H_2 zwischen 250 und 850° an Eisenoberflächen und erzeugten so sehr harte und verschleißfeste Schichten. Die bei 625° aufgebrachten Schichten bestehen aus 40% Cr, Rest Cr_2O_3 und Cr_3C_2 und hatten Vickershärten von 2000 kg/mm^2.

Bei der technischen Herstellung von Chromkarbid[3] für die Hartmetallerzeugung geht man vorteilhaft von reinem Chromoxyd (68,42% Cr) aus. Man mischt 74% Cr_2O_3 mit 26% Ruß sehr innig und karburiert Preßlinge aus dieser Mischung im Kohlerohrofen unter Wasserstoff bei 1600°. Die Temperatur muß sehr genau eingehalten werden, da sonst niedrigere Karbide auftreten. Das zerkleinerte und abgesiebte Karbid enthält 13,0 bis 13,3% Gesamtkohlenstoff (theoretisch 13,33%), 0,2 bis 0,3% freien Kohlenstoff und 86,67% Chrom.

b) Das System Chrom-Kohlenstoff

Die Untersuchungen im System Chrom-Kohlenstoff sind außerordentlich zahlreich. Eine Besprechung sämtlicher Arbeiten, insbesondere jener, welche sich mit der Zusammensetzung und den Existenzbereichen der niedrigen Karbide befassen, würde hier viel zu weit führen. Es sei auf die zusammenfassenden Darstellungen von

---

[1] Campbell, I. E., C. F. Powell, D. H. Nowicki u. B. W. Gonser: J. Electrochem. Soc. **96** (1949), S. 318/33.

[2] Owen, B. B. u. R. T. Webber: Am. Inst. min. metallurg. Engrs., Techn. Publ. Nr. 2306 (1948).

[3] B. I. O. S. Final Rep. No. 1385, S. 62/63.

M. Hansen[1], S. L. Hoyt[2], H. J. Goldschmidt[3] und die Einzelarbeiten[4-31] verwiesen.

Zustandsdiagramme des Systems Chrom-Kohlenstoff wurden von A. Westgren und C. Phragmén[17], R. Kraiczek und F. Sauerwald[21], E. Friemann und F. Sauerwald[23] sowie K. Hatsuta[25]

[1] Hansen, M.: Der Aufbau der Zweistofflegierungen Springer-Verlag, Berlin 1936, S. 354/60.

[2] Hoyt, S. L.: Trans. AIME **89** (1930), S. 9/58.

[3] Goldschmidt, H. J.: Iron Steel Inst. **160** (1948), S. 345/62.

[4] Carnot, A. u. E. Goutal: Compt. rend. **126** (1898), S. 1240/45.

[5] Williams, C. R.: Compt. rend. **127** (1898) S. 410/12.

[6] Hempel, W.: Z. angew. Chem. **17** (1904), S. 296/301, 321/25.

[7] Arnold, J. O. u. A. A. Read: J. Iron Steel Inst. **83** (1911), S. 249/60.

[8] Baraduc-Muller, L.: Rev. Mét. **7** (1910), S. 657/834.

[9] Murakami, T.: Sci. Rep. Tohoku Univ. **7** (1918), S. 217/76.

[10] Ruff, O. u. T. Foehr: Z. anorg. allg. Chem. **104** (1918), S. 27/46.

[11] Edwards, C. A., H. Sutton u. G. Oishi: J. Iron Steel Inst. **101** (1920), S. 403/21.

[12] Honda, K. u. T. Murakami: Sci. Rep. Tohoku Univ. **6** (1918), S. 235/38, **9** (1920), S. 143/68.

[13] Tammann, G. u. K. Schönert: Z. anorg. allg. Chem. **122** (1922), S. 27/43.

[14] Nischk, K.: Z. Elektrochem. **29** (1923), S. 373/90.

[15] Ruff, O.: Z. Elektrochem. **29** (1923), S. 469/70.

[16] Hedvall, A. u. E. Norström: Svensk. kem. Tidskr. **37** (1925), S. 166/73, Z. anorg. allg. Chem. **154** (1926), S. 1/29.

[17] Westgren, A. u. G. Phragmén: Sv. Vetenskapsakad. Hdl. **2** (1926), Nr. 5, S. 1/11.

[18] Westgren, A., G. Phragmén u. T. Negresco: J. Iron Steel Inst. **117** (1928), S. 383/400.

[19] v. Vegesack, A.: Z. anorg. allg. Chem. **154** (1926), S. 30/60.

[20] Heusler, O.: Z. anorg. allg. Chem. **154** (1926), S. 353/74.

[21] Kraiczek, R. u. F. Sauerwald: Z. anorg. allg. Chem. **185** (1929), S. 193/216.

[22] Westgren, A. u. G. Phragmén: Z. anorg. allg. Chem. **187** (1930), S. 401/03.

[23] Friemann, E. u. F. Sauerwald: Z. anorg. allg. Chem. **203** (1931), S. 64/74.

[24] Sauerwald, F. u. A. Wintrich: Z. anorg. allg. Chem. **203** (1931), S. 64/74.

[25] Hatsuta, K.: Kinzoku no Kenkyu 8 (1931), S. 81/88, Sci. Rep. Tohoku Univ. **10** (1932), S. 680/88.

[26] Schenck, R., F. Kurzen u. H. Wesselkock: Z. anorg. allg. Chem. **203** (1931), S. 159/87.

[27] Adcock, F.: J. Iron Steel Inst. **124** (1931), S. 99/146.

[28] Sauerwald, F., W. Teske u. G. Lempert: Z. anorg. allg. Chem. **210** (1933), S. 21/23.

[29] Westgren, A.: Jernkont. Ann. **117** (1933), S. 501/12, **119** (1935), S. 231/40.

[30] Hellbom, K. u. A. Westgren: Svensk kem. T. **45** (1933), S. 141/50.

[31] Testut, R.: Compt. rend. **203** (1936), S. 1007/09.

nach den klassischen Methoden der thermischen, chemischen und röntgenographischen Analyse und Gefügeuntersuchung aufgestellt. Auf Grund neuester Untersuchungen wird in Abb. 37 das Diagramm nach D. S. Bloom und N. J. Grant[1] wiedergegeben.

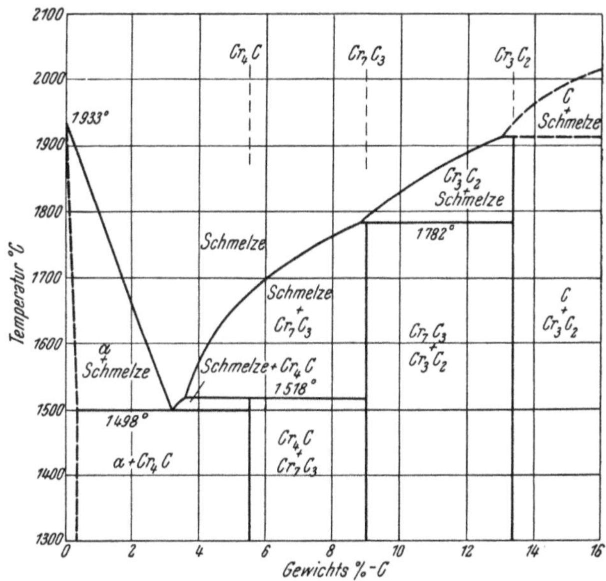

Abb. 37. Zustandsschaubild Chrom-Kohlenstoff (D. S. Bloom und N. J. Grant)

Es bestehen mit Sicherheit drei Karbide[2,3]:

$Cr_{23}C_6$ (5,33% C), welches in vielen Arbeiten als Cr_4C aufscheint.

Es hat kubisch flächenzentriertes Gitter[4] mit 92 Chrom- und 24 Kohlenstoffatomen in der Elementarzelle; a = 10,638 kX und zeichnet sich durch geringes Kristallisationsvermögen aus, so daß es bei rascher Abkühlung zur Ausbildung eines metastabilen Systems zwischen Cr und Cr_7C_3 kommt.

Cr_7C_3 (9,0% C) mit hexagonalem Gitter[4] und 56 Chrom- und 24 Kohlenstoffatomen in der Elementarzelle; a = 13,98 kX, c = = 4,523 kX.

[1] Bloom, D. S. u. N. J. Grant: Trans. AIME 188 (1950), S. 41/46.
[2] Goldschmidt, H. J.: Iron Steel Inst. 160 (1948), S. 345/62.
[3] Goldschmidt, H. J.: Metallurgia 40 (1949), S. 103/04, Nature 162 (1948), S. 855/56.
[4] Westgren, A.: Jernkont. Ann. 117 (1933), S. 501/12, 119 (1935), S. 231/40.

Cr_3C_2 (13,33% C), das für die Hartmetallherstellung interessierende Karbid, hat orthorhombisches Gitter[1] mit 12 Chrom- und 8 Kohlenstoffatomen in der Elementarzelle.

Ein Karbid CrC (18,76% C), welches bei Temperaturen über 2000° anscheinend existiert, zerfällt bei der Abkühlung peritektisch in Cr_3C_2 und Graphit. Die Schmelzpunkte der einzelnen Phasen auf Grund der neuesten Untersuchungen im Vergleich mit älteren Werten sind der Zahlentafel 25 zu entnehmen.

Zahlentafel 25. *Schmelzpunkte von Chromkarbiden und Chrommetall*

Autor	Schmelzpunkte von in ° C			
	Cr	Cr_4C	Cr_7C_3	Cr_3C_2
K. Hatsuta	1760	1530	1670	1830
E. Friemann u. F. Sauerwald		1550	1665	
W. Tofaute, C. Küttner u. A. Büttinghaus......		1550		
D. S. Bloom u. N. J. Grant..........	1933	1520	1780	1895

c) Eigenschaften

Trotzdem den Chromkarbiden als Härteträger in Stählen größte Bedeutung zukommt, sind über die Eigenschaften der einzelnen, isolierten Verbindungen nur verhältnismäßig spärliche Angaben in der Literatur zu finden.

Für die Hartmetallherstellung ist bislange nur das gesättigte Karbid Cr_3C_2 von Bedeutung.

Das Chromkarbid der chemischen Formel Cr_3C_2, (theoretischer Kohlenstoffgehalt 13,33%), fällt meist als ein graues metallisches, gegen Säuren beständiges Pulver an.

Cr_3C_2 kristallisiert orthorhombisch mit den Gitterkonstanten a = 2,821 kX, b = 5,52 kX, c = 11,46 kX.

Die Dichte wurde zu 6,683 g/cm³ bestimmt[2]. Aus obigen Gitterdaten ergibt sich eine Röntgendichte von 6,67 g/cm³.

Ein allerdings niedriger kohlenstoffhaltiges Karbid (Cr_4C) ist nach E. Friederich und L. Sittig[3] sehr hart und ritzt Korund.

---

[1] Hellbom, K. u. A. Westgren: Svensk kem. T. **45** (1933), S. 141/50.
[2] Lidman, W. G. u. H. J. Hamjian: NACA Techn. Note Nr. 2491 (1951).
[3] Friederich, E. u. L. Sittig: Z. anorg. allg. Chem. **144** (1925), S. 169/89.

Cr_3C_2 hat nach eigenen Untersuchungen[1] eine Mikrohärte von 1300 kg/mm² (50 g Belastung).

Der Schmelzpunkt beträgt nach D. S. Bloom und N. J. Grant[2] 1895°.

Angaben über die thermodynamischen Daten werden von F. S. Boericke[3], K. K. Kelley und Mitarbeitern[4] u. a.[5] gemacht.

Einzelne Angaben über die Eigenschaften der niedrigen Chromkarbide s. die Einzelarbeiten der Zusammenstellung auf S. 114.

d) Verwendung

Chromkarbid findet wegen der hohen Löslichkeit in dem für die Hartmetallherstellung gebräuchlichen Kobalt-Bindemetall nur beschränkt Anwendung. Als Zusatzkarbid in wolframkarbidarmen Hartmetallen und als Zusatz zu Titankarbid in warm- und zunderfesten Hartlegierungen wurde es neuerdings verwendet (s. S. 660). Chromkarbid-Nickel-Sinterhartmetalle[1,6,7] werden vermutlich auch für Verschleißteile sowie für säurebeständige Teile in der chemischen Industrie und für ähnliche Anwendungen die TiC-Ni-Cr-Hartmetalle ergänzen.

8. Molybdänkarbid

a) Herstellung

Bei der Reduktion von Molybdänoxyd mit Kohle oder Kalziumkarbid im elektrischen Lichtbogen hat H. Moissan[8] ein geschmolzenes Produkt mit 5,48 bis 5,68% C erhalten, was praktisch der Zusammensetzung Mo_2C (theoretisch 5,88% C) entspricht. Später haben H. Moissan und M. K. Hoffmann[9] Molybdän und Aluminium

---

[1] Kieffer, R. u. F. Kölbl: Powder Met. Bull. 4 (1949), S. 4/17.

[2] Bloom, D. S. u. N. J. Grant: Trans. AIME 188 (1950), S. 41/46.

[3] Boericke, F. S.: U. S. Bur. Mines, Rep. Invest. Nr. 3747 (1944).

[4] Kelley, K. K., F. S. Boericke, G. E. Moore, E. H. Huffmann u. W. M. Bangert: U. S. Bur. Mines, Techn. Paper Nr. 662 (1944).

[5] Brewer, L., L. A. Bromley, P. W. Gilles u. N. L. Lofgren in L. L. Quill: The Chemistry and Metallurgy of Miscellaneous Materials-Thermodynamics. McGraw Hill, New York 1950, S. 40/59.

[6] Patton, W. G.: Iron Age 168 (1951), Nr. 17, S. 57.

[7] Anonym: Materials & Methods 34 (1951), Nr. 6, S. 69, Iron Age 169 (1952), Nr. 1, S. 205, Machinery, N. Y. 58 (1951), Nov., S. 185/86.

[8] Moissan, H.: Compt. rend. 116 (1893), S. 1225/27, 120 (1895), S. 1320/26, 125 (1897), S. 839/44.

[9] Moissan, H. u. M. K. Hoffmann: Compt. rend. 138 (1904), S. 1558/61, Ber. d. chem. Ges. 37 (1904), S. 3324/27.

in Gegenwart von Petrolkoks zusammengeschmolzen und durch chemische Behandlung der erstarrten Schmelze mit NaOH oder Na_2CO_3 ein Karbid von der annähernden Zusammensetzung MoC (theoretisch 11,13% C) isoliert.

Bei der Umsetzung von Molybdänchloriddampf an einem elektrisch erhitzen Kohlestab im Vakuum bildet sich nach J. N. Pring und W. Fielding[1] Mo_2C oberhalb 1300°. Nach S. Hilpert und M. Ornstein[2] kann man auch Molybdänpulver mit kohlenstoffabgebenden Gasen bei höheren Temperaturen aufkohlen. Dabei werden Grenzen in der Kohlenstoffaufnahme gefunden, die einfachen stöchiometrischen Verhältnissen entsprechen. Mo_2C wurde bei der Aufkohlung mit CO zwischen 600 und 1000° gefunden; bei 800° schwankte die Zusammensetzung zwischen MoC und Mo_2C_3. Angaben über den Gehalt an gebundenem bzw. freiem Kohlenstoff werden allerdings nicht gemacht. Nach H. Tutiya[3] bildet sich bei der Zersetzung von Kohlenoxyd in Gegenwart von Molybdän zwischen 450 und 600° nur Mo_2C, bei 750 bis 800° C wird nach röntgenographischen Untersuchungen daneben ein ebenfalls hexagonales Karbid, wahrscheinlich MoC, gebildet.

E. Friederich und L. Sittig[4] erhitzten gepreßte Stäbe aus einer Mischung von Molybdän und Ruß im molaren Verhältnis 2:1, eine Stunde bei 1200° unter Wasserstoff. Das entstandene Karbid zeigte beim Glühen an Luft eine Gewichtszunahme von 40,6% (theoretisch für Mo_2C 41,2%). Beim Erhitzen im direkten Stromdurchgang schmolz der Karbidstab ohne zu entkohlen.

Mischt man Molybdän und Ruß im molaren Verhältnis 1:1, verpreßt und erhitzt im Wolframrohrofen auf 1500 bis 1600°, dann soll nach E. Friederich und L. Sittig[4] ein Karbid der vermutlichen Zusammensetzung MoC entstehen. R. Kieffer arbeitete diese Herstellungsmethode nach, ohne jedoch einen Gehalt an gebundenem Kohlenstoff, der jenen der Formel Mo_2C übersteigt, zu beobachten.

A. Westgren und G. Phragmén[5] haben für ihre röntgenographischen Versuchspräparate Molybdänpulver mit Graphit mehrere Male bei 2000° in Magnesiatiegeln im Kohlerohrvakuumofen karbu-

[1] Pring, J. N. u. W. Fielding: J. chem. Soc. 95 (1909), S. 1497/1506.

[2] Hilpert, S. u. M. Ornstein: Ber. d. chem. Ges. 46 (1913), S. 1669/75.

[3] Tutiya, H.: Sci. Pap. Inst. phys. chem. Res. Tokio 19 (1932), S. 384/92.

[4] Friederich, E. u. L. Sittig: Z. anorg. allg. Chem. 144 (1925), S. 169/89.

[5] Westgren, A. u. G. Phragmén: Z. anorg. allg. Chem. 156 (1926), S. 27/36.

riert, ein Verfahren, welches auch von C. Agte und H. Alterthum[1] und W. P. Sykes, K. R. van Horn und C. M. Tucker[2] für die Darstellung von reinem Mo_2C verwendet wurde.

Durch anodische Behandlung einer 5%igen erschmolzenen Molybdän-Kohlenstofflegierung mit Salzsäure hat T. Takei[3] das Karbid Mo_2C isoliert. Geschmolzenes Ni_3Mo_3C, Co_3Mo_3C, Fe_3Mo_3C ist nicht stabil[4]. Es zerfällt beim Abkühlen in Mo_2C, welches elektrolytisch isoliert werden kann[5].

Ein interessantes Verfahren zur Herstellung von Karbiden durch Schmelzflußelektrolyse von Karbonat-Borat-Fluorid-Metalloxyd-Salzschmelzen (s. S. 54) haben G. Weiss und J. L. Andrieux[6,7] für die Darstellung von Mo_2C und MoC benutzt. Bei der Schmelzflußelektrolyse einer Salzmischung, bestehend aus

$$B_2O_3 \cdot Na_2O + 2\,Na_2CO_3 + 4{,}5\,LiF + 1/2{,}8 \text{ bis } 1/3{,}5\,MoO_3,$$

scheidet sich bei einer Temperatur von 780 bis 800°, einer Spannung von 2,5 V und einer Stromstärke von 20 A an der Graphitelektrode ein Karbid Mo_2C mit etwa 5,9% C und 94,0% Mo in Form silberglänzender Kristalle ab. Die Alkalität des Bades, d. h. das Verhältnis $MoO_3 : CO_2$, welches dabei 1 : 5,5 bis 1 : 7 beträgt, ist von Einfluß auf die Zusammensetzung des Karbides. Benutzt man nämlich stark basische Bäder, wobei man den Zusatz von Lithiumfluorid zwecks Herabsetzung des Schmelzpunktes steigern muß, etwa der Zusammensetzung:

$$B_2O_3 \cdot Na_2O + 3\,Na_2CO_3 + 6 \text{ bis } 6{,}75\,LiF + 1/7 \text{ bis } 1/8\,MoO_3$$

(Verhältnis $MoO_3 : CO_2$, 1 : 21 bis 1 : 28), dann erhält man ein Karbid mit etwa 11,5% C und 87,9% Mo, was der Formel MoC entspricht. Die Kristalle sind kleiner als die des Mo_2C, ihre Farbe etwas dunkler, der Glanz etwas stumpfer. Bei Bädern, in welchen das Verhältnis $MoO_3 : CO_2$ 1 : 8 bis 1 : 18 beträgt, kann man Mischungen beider

---

[1] Agte, C. u. H. Alterthum: Z. techn. Physik 11 (1930), S. 182/91.

[2] Sykes, W. P., K. R. van Horn u. C. M. Tucker: Trans. Am. Inst. min. metallurg. Engrs. 117 (1935), S. 173/86.

[3] Takei, T.: Sci. Rep. Tohoku Univ. 17 (1928), S. 939/44.

[4] Adelsköld, V., A. Sundelin u. A. Westgren: Z. anorg. allg. Chem. 212 (1933), S. 401/09.

[5] Arnold, J. O. u. A. A. Read: Proc. Inst. Mech. Eng. (1914), Nr. 2, S. 223.

[6] Weiss, G.: Ann. Chim. 1 (1946), S. 446/525, Dissert. Univ. Grenoble 1946.

[7] Andrieux, J. L. u. G. Weiss: Bull. Soc. Chim. France 15 (1948), S. 598/601.

Karbide oder Molybdän + Mo_2C abscheiden. Abb. 38 zeigt die Abhängigkeit des Kohlenstoffgehaltes im Abscheidungsprodukt vom Gehalt des Bades an MoO_3 bzw. vom Verhältnis $MoO_3 : CO_2$, welches für die Abscheidungsreaktion entscheidend ist.

Molybdänkarbid-Schichten kann man nach I. E. Campbell und Mitarbeitern[1] auch aus der Gasphase herstellen, und zwar benutzt man dazu Molybdäncarbonyl-Wasserstoff - Dampfgemische, welche bei 300 bis 800°, bei 0,1 bis 3 mm Hg Unterdruck zerlegt werden.

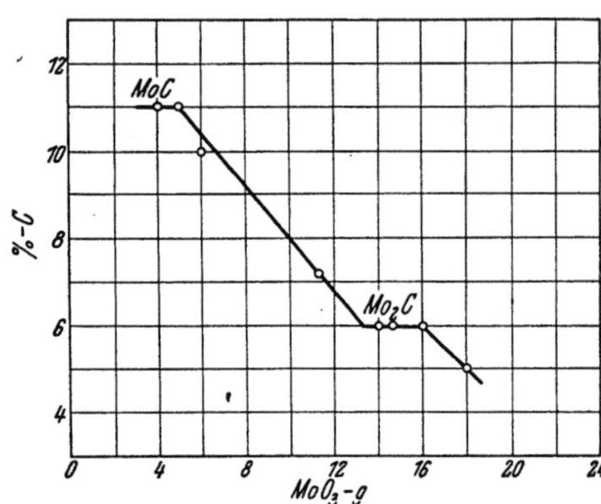

Abb. 38. Kohlenstoffgehalte des Abscheidungsproduktes bei der Herstellung von Molybdänkarbid durch Schmelzelektrolyse (G. Weiss)

Bei der Abscheidung von Molybdän aus Molybdäncarbonyl-H_2-Dampfgemischen bilden sich nach J. J. Lander und L. H. Germer[2] Schichten, welche je nach Abscheidungsbedingungen Mo und Mo_2C enthalten. Bei tiefen Temperaturen und höherem CO-Partialdruck bildet sich ein *kubisches* Mo_2C, bei höheren Temperaturen das normale hexagonale Mo_2C bzw. Mischungen beider mit dem reinen Metall.

Man kann auch Molybdändrähte aus der Gasphase bei etwa 800° mit Kohlenoxyd[3], Methan[4] oder Naphthalindampf[5] aufkohlen.

Bei der Herstellung von Titankarbid hatte sich nach G. F. Hüttig und V. Fattinger[6] ein Zusatz von chlorabgebenden Stoffen zur Gasatmosphäre als sehr reaktionsfördernd erwiesen. G. F. Hüttig und V. Fattinger[7] haben daher auch untersucht, ob bei der Karburierung von MoO_3 mit Ruß ein reaktionsfördernder Einfluß von Halogenwasserstoffen in der Gasatmosphäre zu beobachten ist.

[1] Campbell, I. E., C. F. Powell, D. H. Nowicki u. B. W. Gonser: J. Electrochem. Soc. **96** (1949), S. 318/33.

[2] Lander, J. J. u. L. H. Germer: Am. Inst. min. metallurg. Engrs., Techn. Publ. Nr. 2259 (1947).

[3] Westgren, A. u. G. Phragmén: Z. anorg. allg. Chem. **156** (1926), S. 27/36.

[4] Schenck, R., F. Kurzen u. H. Wesselkock: Z. anorg. allg. Chem. **203** (1932), S. 183/85.

[5] Ravdel, A. A.: J. russ. phys. chem. Ges. **62** (1930), S. 515/22.

[6] Hüttig, G. F. u. V. Fattinger: Powder Met. Bull. **5** (1950), S. 30/37.

[7] Fattinger, V.: Dissert. Techn. Hochsch. Graz 1950.

Mischungen aus 1 Mol. MoO_3 und 2,3 Mol. C wurden eine halbe Stunde bei 950° unter verschiedenen Gasatmosphären in einem Sintertonerde-rohrofen karburiert und aus dem Kohlengehalt der erhaltenen Karbide auf die Vollständigkeit des Reaktionsablaufes geschlossen. Die Versuchsergebnisse gemäß Zahlentafel 26 zeigen, daß bei An-

Zahlentafel 26. *Zusammensetzung von Molybdänkarbid, hergestellt durch halbstündige Karburierung von Molybdäntrioxyd mit Ruß bei 950° unter verschiedenen Reaktionsatmosphären* (G. F. Hüttig u. V. Fattinger)

Reaktionsatmosphäre	Gesamt-kohlen-stoff %	Kohlen-stoff frei %	Kohlen-stoff gebunden %	Reaktions-ablauf in %
H_2 + 1,3% Propan	5,8	0,73	5,07	87.5
Vakuum	5,6	1,2	4,4	78,5
H_2 + HCl (6 : 1,3) + 1,3% Propan	6,2	0,46	5,74	97,5
H_2 + HBr (6 : 1,3) + 1,3% Propan	6,0	0,3	5,7	97
H_2 + HJ (6 : 1,3) + 1,3% Propan	5,9	0,15	5,75	98

wesenheit von Halogenwasserstoff im Reaktionsgas die Karburierung schon bei sehr niedrigen Temperaturen fast vollständig abläuft, wobei die Verluste durch absublimierendes MoO_3 oder Molybdän-oxychloride unmerklich sind.

Daß bei der Herstellung von Molybdänkarbid — im Gegensatz zu den Verhältnissen bei Titankarbid — der Einfluß von chlorabgebenden Stoffen in der Gasatmosphäre nicht allzugroß ist, ist darauf zurückzu-führen, daß Mo_2C gegen Halogene sehr beständig ist und daher keine Zwischenstufenreaktionen, wie sie auf S. 69 beschrieben wurden, auftreten können. Man kann sogar Molybdänkarbid aus Molybdän-trioxyd und Ruß unter reinem Chlorwasserstoff herstellen, wobei man sehr reine Präparate ohne Verluste erhält.

Über die Darstellung des umstrittenen, heute aber erwiesenen MoC, wird im Abschnitt b) berichtet.

Bei der technischen Herstellung von Molybdänkarbid[1] geht man von reinem MoO_3 aus, welches man zunächst unter Wasserstoff bei etwa 900° zu Molybdänmetallpulver reduziert. 93,4% Molybdän-pulver werden z. B. mit 6,6% Zuckerkohle oder Ruß sehr innig gemischt, gepreßt oder ungepreßt im Kohlerohrkurzschlußofen unter Wasser-stoff bei etwa 1400 bis 1500° karburiert. Das Karbid enthält 6,05 bis 6,1% Gesamtkohlenstoff, davon manchmal bis 0,15% in freier Form.

---

[1] B. I. O. S. Final Rep. Nr. 1385 (1945).

b) Das System Molybdän-Kohlenstoff

Die Arbeiten, welche zur Aufstellung des Systems Molybdän-Kohlenstoff geführt haben, sind sehr zahlreich. Die meisten wurden bereits in dem Abschnitt über die Herstellung von Molybdänkarbid selbst erwähnt. Es sei auch noch auf die zusammenfassende Darstellung bei M. Hansen[1] verwiesen.

Auf Grund röntgenographischer und metallographischer Untersuchungen an Molybdän-Kohlenstoff-Legierungen mit bis zu 12% C wurde von W. P. Sykes, K. R. van Horn und C. M. Tucker[2] ein Zustandsschaubild gemäß Abb. 39 entworfen.

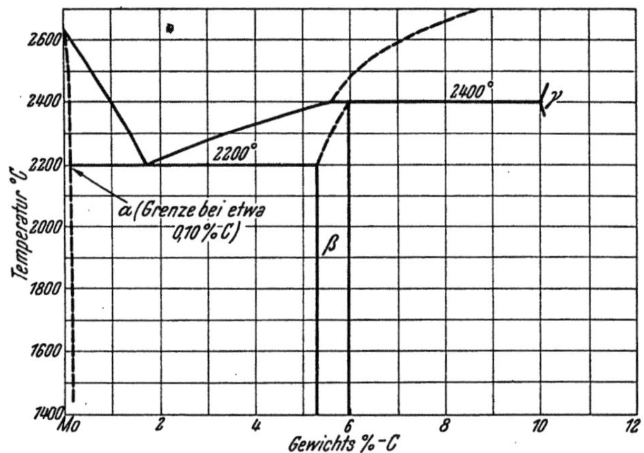

Abb. 39. Zustandsschaubild Molybdän-Kohlenstoff (W. P. Sykes, K. R. van Horn und C. M. Tucker).

Die Löslichkeit von Molybdän für Kohlenstoff betrage bei 1500 bis 2000° bis etwa 0,09% C. T. Takei[3] gibt eine Löslichkeit von 0,3% C an, wobei eine starke Temperaturabhängigkeit bestehen soll. Ein Präparat mit 0,21% C enthält nach W. P. Sykes, K. R. van Horn und C. M. Tucker[2] schon viel Mo_2C (β). W. E. Few und G. K. Manning[4] geben auf Grund metallographischer Befunde folgende Löslichkeiten an: Bei 1650° 0,005 bis 0,009% C, bei 1925° 0,012 bis 0,013% C und bei 2200° 0,018 bis 0,022% C. Man wird

---

[1] Hansen, M.: Der Aufbau der Zweistofflegierungen, Springer-Verlag, Berlin 1936, S. 375/78.
[2] Sykes, W. P., K. R. van Horn u. C. M. Tucker: Am. Inst. min. metallurg. Engrs., Techn. Publ. Nr. 647 (1935).
[3] Takei, T.: Sci. Rep. Tohoku Univ. 17 (1928), S. 939/44.
[4] Few, W. E. und G. K. Manning: J. Metals 4 (1952), S. 271/74.

im Sykesschen System wahrscheinlich den α-Bereich mit fallender Temperatur stärker einengen müssen. Nach R. Speiser und Mitarbeitern[1] nimmt die Gitterkonstante von 3,14664 Å bei reinem Molybdän auf 3,14768 Å zu, wenn 0,018% C gelöst werden. Im Vakuumlichtbogen geschmolzenes Reinstmolybdän kann nach R. M. Parke und J. L. Ham[2] bis 0,06% C zum Teil in fester Lösung enthalten, ohne daß seine Warmverarbeitbarkeit leidet. Bei höheren C-Gehalten scheidet sich Molybdänkarbid verformungshemmend in den Korngrenzen ab.

Die stabile Verbindung Mo_2C mit hexagonal dichtester Kugelpackung und Einlagerungsstruktur wird durch peritektische Reaktion zwischen 5,5 und 10% C bei 2400° gebildet. Ihr Zustandsgebiet liegt bei 1400 bis 2200° zwischen 5,4 und 6% C. A. Westgren und G. Phragmén[3] fassen das Mo_2C mit einem Existenzbereich von 5,1 bis 7,4% C als feste Lösung von Kohlenstoff in Molybdän auf. S. L. Hoyt[4] und zahlreiche andere Forscher halten an dem Bestehen der Verbindung Mo_2C fest. T. Takei[5] gibt deren Existenzbereich zwischen 5,5 und 6% C an. Mo_2C soll Mo in fester Lösung aufzunehmen vermögen. Die molybdänreiche α-Phase bildet mit der Mo_2C-Phase (β) bei 1,8% C und 2200° ein Eutektikum. T. Takei[5] gibt den eutektischen Punkt bei 4% C an. Die Natur eines höheren Karbides (γ), welches wahrscheinlich 12,3 bis 13% C enthalte und ab 6% C im Gefügebild auftritt, konnte von W. P. Sykes, K. R. van Horn und C. M. Tucker[6] nicht aufgeklärt werden.

In Molybdänaufwachsschichten, welche durch Spaltung von Molybdäncarbonyl-Dampf hergestellt worden waren, wollen J. J. Lander und L. H. Germer[7] neben Mo und hexagonalem Mo_2C auch ein kubisch flächenzentriertes Mo_2C gefunden haben.

Bezüglich der Existenz des kohlenstoffreicheren Karbides MoC waren die Meinungen lange geteilt. H. Moissan[8], E. Friederich und

---

[1] Speiser, R., J. W. Spretnak, W. E. Few u. R. M. Parke: J. Metals 4 (1952), S. 275/77.

[2] Parke, R. M. u. J. L. Ham: Am. Inst. min. metallurg. Engrs., Techn. Publ. Nr. 2052 (1946).

[3] Westgren, A. u. G. Phragmén: Z. anorg. allg. Chem. 156 (1926), S. 27/36.

[4] Hoyt, S. L.: Trans. Am. Inst. min. metallurg. Engrs. 89 (1930), S. 9/58.

[5] Takei, T.: Sci. Rep. Tohoku Univ. 17 (1928), S. 939/44.

[6] Sykes, W. P., K. R. van Horn u. C. M. Tucker: Am. Inst. min. metallurg. Engrs., Techn. Publ. Nr. 647 (1935).

[7] Lander, J. J. u. L. H. Germer: Am. Inst. min. metallurg. Engrs., Techn. Publ. Nr. 2259 (1947).

[8] Moissan, H. u. M. K. Hoffmann: Compt. rend. 138 (1904), S. 1358/61, Ber. d. chem. Ges. 37 (1904), S. 3324/27.

L. Sittig[1], S. Hilpert und M. Ornstein[2] wollen das Monokarbid gefunden haben. Bei den älteren Präparaten dürfte es sich aber meist um Gemenge von $Mo_2C + C$ gehandelt haben. K. Becker und F. Ebert[3] stellten bei der Strukturuntersuchung eines Stoffes der Zusammensetzung MoC fest, daß ihm jedenfalls kein kubisches Gitter zukommt. Es blieb unbewiesen, ob er überhaupt eine einheitliche Zusammensetzung habe. Für die Beständigkeit eines Molybdänkarbides der Formel MoC konnten A. Westgren und G. Phragmén[4] röntgenographisch keine Anhaltspunkte finden. C. Agte und H. Alterthum[5] wollen ein Molybdänkarbid der Formel MoC erzeugt haben, ohne jedoch nähere Angaben über die Zusammensetzung zu machen. Der Schmelzpunkt wurde um 5° höher als der des Karbides Mo_2C gefunden. Röntgenuntersuchungen von C. Agte[6] lassen aber wieder die Existenz des MoC fraglich erscheinen.

A. A. Ravdel[7] will in mit Naphthalindampf aufgekohlten Drähten sowohl das Mo_2C als auch das MoC nachgewiesen haben. Nach R. Schenck, F. Kurzen und H. Wesselkock[8], welche Molybdänpulver mit Methan bei 700 bis 850° aufkohlten und dann durch isothermen Abbau mit Wasserstoff aus dem Gasgleichgewicht Aufschluß über die Zusammensetzung des Bodenkörpers zu bekommen versuchten, soll nur das Mo_2C bei 800° stabil sein. Ein zweites Karbid, vielleicht MoC, dürfte metastabil auftreten. Letzteres soll bei 850°, also bei höherer Temperatur, in $Mo_2C + C$ zerfallen.

Nach H. Tutiya[9] bildet sich bei der Umsetzung von Kohlenoxyd in Gegenwart von Molybdän bei 450° bis 600° Mo_2C, bei höheren Temperaturen von 750 bis 800° auch ein ebenfalls hexagonales Karbid mit 11,1% C, das MoC sein könnte.

W. Meissner, H. Franz und H. Westerhoff[10] beobachteten, daß durch Zusatz von Kohlenstoff zum Mo_2C der Punkt, bei dem Supraleitfähigkeit eintritt (Sprungpunkt), gesteigert wird, was auf eine vom Mo_2C verschiedene metallische Phase schließen läßt. Dagegen tritt bei der Steigerung des Kohlenstoffgehaltes über MoC hinaus keine wesentliche Erhöhung des Sprungpunktes ein.

[1] Friederich, E. u. L. Sittig: Z. anorg. allg. Chem. **144** (1925), S. 169/89.
[2] Hilpert, S. u. M. Ornstein: Ber. d. chem. Ges. **46** (1913), S. 1669/75.
[3] Becker, K. u. F. Ebert: Z. Physik **31** (1925), S. 268/72.
[4] Westgren, A. u. G. Phragmén: Z. anorg. allg. Chem. **156** (1926), S. 27/36.
[5] Agte, C. u. H. Alterthum: Z. techn. Physik **11** (1930), S. 182.
[6] Agte C.: Dissert. Techn. Hochsch. Berlin 1931.
[7] Ravdel, A. A.: J. russ. phys. chem. Ges. **62** (1930), S. 515/22.
[8] Schenck, R., F. Kurzen u. H. Wesselkock: Z. anorg. allg. Chem. **203** (1932), S. 159/87.
[9] Tutiya, H.: Sci. Pap. Inst. phys. chem. Res. Tokio **19** (1932), S. 384/92.
[10] Meissner, W., H. Franz u. H. Westerhoff: Z. Physik **75** (1932), S. 521/24.

Die γ-Phase, welche W. P. Sykes, K. R. van Horn und C. M. Tucker bei ihren mikroskopischen Untersuchungen im System Mo-C fanden, zeigt röntgenographisch nicht dieselben Reflexe, die von H. Tutiya für reines MoC angegeben werden. Trotz eines Gehaltes von etwa 12,3 bis 13,0% C ist daher die Identität der γ-Phase mit MoC (11,13% C) nicht eindeutig erwiesen.

Durch die Versuche von G. Weiss[1] und L. Andrieux[2], die allerdings noch durch röntgenographische Untersuchungen ergänzt werden müßten, dürfte die Existenz des MoC erwiesen sein.

In Wolframkarbid-Molybdänkarbid-Mischkristallen, die auf dem Sinterwege bei 2000° hergestellt wurden, ist nach W. Dawihl[3] das kohlenstoffreichere Molybdänkarbid MoC beständig (s. S. 194).

Kürzlich haben H. Nowotny und R. Kieffer[4] durch Abschrecken von Mo-C-Schmelzen das MoC neben Mo_2C stabilisiert.

Faßt man die Ergebnisse der neueren Arbeiten von L. Andrieux, W. Dawihl sowie H. Nowotny und R. Kieffer zusammen, dann kann die Existenz der Hochtemperaturphase MoC als erwiesen betrachtet werden*.

c) Eigenschaften

Molybdänkarbid der chemischen Formel Mo_2C (theoretischer Kohlenstoffgehalt 5,89%) fällt meist als ein metallisches Pulver von dunkelgrauer Farbe an.

Nichtoxydierende Säuren greifen nicht an, dagegen lösen HNO_3 und Königswasser unter Abscheidung von Kohlenstoff. Chlor wirkt erst bei höherer Temperatur, Fluor bereits bei Zimmertemperatur ein. Beim Erhitzen an Luft bilden sich Molybdänoxyde.

Molybdänkarbid (Mo_2C) kristallisiert hexagonal dichtest gepackt. Die Gitterkonstanten, welche von zahlreichen Autoren[5-12] bestimmt

---

* K. Kuo und G. Hägg [Nature 170 (1952), S. 245/46] haben neuerdings eine weitere Modifikation des MoC gefunden.

[1] Weiss, G.: Dissert. Univ. Grenoble 1946, Ann. Chim. 1 (1946), S. 446/525.

[2] Andrieux, L. u. G. Weiss: Bull. Soc. Chim. France 15 (1948), S. 598/601.

[3] Dawihl, W.: Z. anorg. allg. Chem. 262 (1950), S. 212/17.

[4] Nowotny, H. u. R. Kieffer: Z. anorg. allg. Chem. 267 (1952). S. 261/64.

[5] Becker, K. u. F. Ebert: Z. Physik 31 (1925), S. 268/72.

[6] Tutiya, H.: Sci. Rep. Inst. phys. chem. Res., Tokio 19 (1932), S. 384/92.

[7] Westgren, A. u. G. Phragmén: Z. anorg. allg. Chem. 156 (1926), S. 27/36.

[8] Takei, T.: Sci. Rep. Tohoku Univ. 17 (1928), S. 939/44.

[9] Adelsköld, V., A. Sundelin u. A. Westgren: Z. anorg. allg. Chem. 212 (1933), S. 401/09.

[10] Sykes, W. P., K. R. van Horn u. C. M. Tucker: Am. Inst. min. metallurg. Engrs., Techn. Publ. Nr. 647 (1935).

[11] Sander, W.: Unveröffentlichte Versuche 1942.

[12] Nowotny, H. u. R. Kieffer: Metallforschung 2 (1927), S. 257/65.

wurden, betragen wahrscheinlich a = 3,004 Å, c = 4,722 Å. J. J. Lander und L. H. Germer[1] wollen auch ein kubisch flächenzentriertes Mo_2C mit a = 4,14 Å gefunden haben.

Das Molybdänkarbid MoC (11,13% C) kristallisiere angeblich hexagonal dichtest gepackt. K. Becker[2] gibt Gitterkonstanten von a = 4,88 Å und c = 6,54 Å an. H. Tutiya[3] will an einem Karbid, das er als MoC ansprach, a = 2,901 Å, c = 2,768 Å gefunden haben. H. Nowotny und R. Kieffer[4] vermuten beim MoC ein kubisch flächenzentriertes Gitter mit a = 4,27 kX. Zusammenfassend kann die Struktur des MoC als nicht eindeutig geklärt angesehen werden.

Die ermittelte Dichte des Mo_2C beträgt 9,18 g/cm³, die Röntgendichte aus obigen Gitterkonstanten 9,20 g/cm³. Die Dichte des MoC soll nach E. Friederich und L. Sittig[5] 8,4 g/cm³ betragen.

Mo_2C hat eine Härte von etwa 7 Mohs, das MoC soll etwas härter sein[6]. Die Mikrohärte betrage 1500 kg/mm² (50 g Belastung)[7]. Sehr exakte neue Messungen von H. Bückle[8] ergaben einen Wert von 1,75 HM_{10} μ = 1800 kg/mm².

Der Elastizitätsmodul wurde von W. Köster und W. Rauscher[9] zu 22 100 kg/mm² bestimmt.

Nach E. Friederich und L. Sittig[5] schmilzt Mo_2C zersetzlich zwischen 2500 bis 2600° K, MoC bei 2840° K. C. Agte und H. Alterthum[10] geben für das Mo_2C einen Schmelzpunkt von 2690 ± 50° an. Der Schmelzpunkt des MoC soll um 5° höher liegen. Nach T. Takei[11] schmilzt Mo_2C inkongruent unter Abspaltung von Graphit. Thermodynamische Daten werden von K. K. Kelley[12] u. a.[13] angegeben.

Der spezifisch elektrische Widerstand von Mo_2C beträgt nach E. Friederich und L. Sittig[5] bei 20° 97,5 Mikroohm · cm, beim

[1] Lander, J. J. u. L. H. Germer: Am. Inst. min. metallurg. Engrs., Techn. Publ. Nr. 2259 (1947).
[2] Becker, K. u. F. Ebert: Z. Physik 31 (1925), S. 268/72.
[3] Tutiya, H.: Sci. Rep. Inst. phys. chem. Res., Tokio 19 (1932) S. 384/92.
[4] Nowotny, H. u. R. Kieffer: Z. anorg. allg. Chem. 267 (1952), S. 261/64.
[5] Friederich, E. u. L. Sittig: Z. anorg. allg. Chem. 144 (1925), S. 169/89.
[6] Weiss, G.: Ann. Chim. 1 (1946), S. 446/525.
[7] Kieffer, R. u. F. Kölbl: Powder Met. Bull. 4 (1949), S. 4/17.
[8] Bückle, H.: Unveröffentlichte Versuche 1951.
[9] Köster, W. u. W. Rauscher: Z. Metallkde. 39 (1948), S. 111/20.
[10] Agte, C. u. H. Alterthum: Z. techn. Physik 11 (1930), S. 182/91.
[11] Takei, T., Sci. Rep. Tohoku Univ. 17 (1928), S. 939/44.
[12] Kelley, K. K.: US. Bur. Mines Bull. Nr. 407 (1937).
[13] Brewer, L., L. A. Bromley, P. W. Gilles u. N. L. Lofgren in L. L. Quill: The Chemistry and Metallurgy of Miscellaneous Materials-Thermodynamics. McGraw Hill, New York 1950, S. 40/59.

Schmelzen 181 Mikroohm · cm. Beim MoC sollen die entsprechenden Werte 49 bzw. 70 Mikroohm · cm betragen. Die Temperaturabhängigkeit der Leitfähigkeit von Mo-C-Legierungen, die durch Aufkohlen von Molybdändraht erzeugt wurden, hat A. A. Ravdel[1] untersucht. Nach W. Meissner und H. Franz[2] wird Mo_2C bei 2,9° K, MoC bei 7,9° K supraleitend.

Das Elektronenemissionsvermögen von karburierten Molybdändrähten hat E. Bas-Taymaz[3] untersucht. Bei 1810° K ändert sich dabei der Emissionsstrom plötzlich sehr stark, was mit einer Phasenumwandlung erklärt werden könnte.

d) Verwendung

Da Molybdänkarbid verhältnismäßig leicht herzustellen und dabei billiger ist als Wolframkarbid, könnte ihm große praktische Bedeutung für die Hartmetallherstellung zukommen. Leider ist es spröde und weit weniger hart als das Wolframkarbid. Als Mischkristall mit anderen harten Karbiden, z. B. TiC, ergibt es aber brauchbare Hartmetalle, welche bereits gewisse praktische Anwendung gefunden haben (s. S. 505).

9. Wolframkarbid

a) Herstellung in wissenschaftlichem und halbtechnischem Rahmen

α) *Schmelzen.* Die klassische Art, Wolframkarbid zu erzeugen, ist das Schmelzverfahren, sei es im Lichtbogen oder Kohlerohrkurzschlußofen.

Durch Schmelzen von Wolfram sowie durch Reduktion von WO_3 mit Kohle oder Kalziumkarbid gewann H. Moissan[4] im Kohlelichtbogenofen einen Wolfram-Kohlenstoff-Regulus mit 3,05 bis 3,22% C, den er als die Verbindung W_2C (theoretisch 3,16% C) ansprach.

O. Ruff und R. Wunsch[5], A. Westgren und G. Phragmén[6], A. Hultgren[7], K. Becker[8], W. P. Sykes[9] u. a. haben Wolfram-

---

[1] Ravdel, A. A.: J. russ. phys. chem. Ges. **62** (1930), S. 515/22.

[2] Meissner, W. u. H. Franz: Z. Physik **65** (1930), S. 30/54.

[3] Bas-Taymaz, E.: Z. angew. Math. Phys. 2 (1951), S. 49/51.

[4] Moissan, H.: Compt. rend. **116** (1893), S. 1225/27, **123** (1896), S. 13/16, **125** (1897), S. 839/44.

[5] Ruff, O. u. R. Wunsch: Z. anorg. allg. Chem. **85** (1914), S. 292/328.

[6] Westgren, A. u. G. Phragmén: Z. anorg. allg. Chem. **156** (1936), S. 27/36.

[7] Hultgren, A.: Metallographic Study of Tungsten Steels. New-York 1920.

[8] Becker, K.: Z. Elektrochem. **34** (1928), S. 640/42, Z. Metallkde. **20** (1928), S. 437/41, Z. Physik **51** (1928), S. 481/89.

[9] Sykes, W. P.: Trans. Am. Soc. Steel. Treat. **18** (1930), S. 968/91.

Kohlenstoff-Legierungen vorzugsweise durch Schmelzen hergestellt, um die Konstitution des Systems W-C, die auftretenden Phasen und die Temperaturabhängigkeit der Löslichkeit derselben genau zu untersuchen.

Durch Schmelzen gelingt es leicht, das Karbid W_2C sowie angenähert eutektische Gemenge W_2C-WC (etwa 4 bis 4,5% C) herzustellen. In Legierungen mit WC tritt stets, wegen des peritektischen Zerfalles des WC, freier Graphit beim Schmelzen auf.

Die Herstellung von geschmolzenem Wolframkarbid mit etwa 3,5 bis 4% C hat großtechnisch für die Herstellung gegossener Verschleißteile und von Aufschweißlegierungen auf Wolframkarbidbasis Bedeutung erlangt. Auf S. 141 wird näher auf diese technische Herstellungsweise eingegangen.

β) Isolierung aus wolframkarbidhaltigen Legierungen. P. Williams[1] isolierte durch Auflösen in Säure aus einer im elektrischen Ofen hergestellten Schmelze aus WO_3 + Eisen + Kohlenstoff neben Eisen enthaltenden Doppelkarbiden graue, sehr harte und verhältnismäßig reine Kristalle mit einer Zusammensetzung von 93,5% W und 6,1% C. Sie entsprachen der Formel WC. Beim Umschmelzen zerfiel das isolierte Wolframmonokarbid unter Graphitabscheidung.

J. O. Arnold und A. A. Read[2] haben durch elektrolytische Behandlung von Wolframstählen ebenfalls Wolframmonokarbid isoliert. Die elektrolytische Isolierung der in Stählen auftretenden Karbide und Doppelkarbide ist später häufig zur Klärung der Konstitution derselben benutzt worden. So haben A. Westgren und G. Phragmén[3] für ihre röntgenographischen Untersuchungen im System W-C ebenfalls Wolframmonokarbid aus hoch aufgekohlten Ferrowolframschmelzen isoliert.

Im Rahmen einer Untersuchung über den Einfluß der Eisenverdampfung bei der Sauerstoffbestimmung von Ferrowolfram stellten G. Thanheiser und R. Paulus[4] fest, daß durch Kohlenstoffaufnahme aus dem Graphittiegel das Doppelkarbid Fe_3W_3C zu W_2C, WC, Fe_3C und Fe umgesetzt wird. Aus dem Gemisch kann das Wolframmonokarbid WC entweder durch längeres Digerieren mit 20%iger Salzsäure oder durch vorsichtiges Chlorieren unter 400°

[1] Williams, P.: Compt. rend. **126** (1898), S. 1722/24, **127** (1898), S. 410/12.

[2] Arnold, J. O. u. A. A. Read: Proc. Inst. Mech. Eng. (1914), Nr. 2, S. 223.

[3] Westgren, A. u. G. Phragmén: Z. anorg. allg. Chem. **156** (1936), S. 27/36.

[4] Thanheiser, G. u. R. Paulus: Mitt. KWI **22** (1940), S. 217/28.

abgetrennt werden, da es gegen beide Agenzien im Gegensatz zu Fe, Fe_3C und W_2C praktisch indifferent ist. Das so erhaltene WC enthält meist noch rund 1% Eisen, wahrscheinlich in fester Lösung.

Die Doppelkarbide der Schnellstähle, nämlich Ni_3W_3C, Co_3W_3C und Fe_3W_3C, deren Konstitution A. Westgren[1] und Mitarbeiter geklärt haben, zerfallen bei hohen Temperaturen, wobei WC auftritt[2]. Diese Beobachtung wurde auch von S. Takeda[3] bei hochkohlenstoffhaltigen Fe-W-C-Legierungen gemacht.

Die Herstellung von reinem WC aus einem Metallbad nach der von P. M. McKenna angegebenen Methode ist nicht üblich. Dagegen werden heute im technischen Umfange WC-TiC-Mischkristalle durch Reaktion von W, Ti und C im Nickelschmelzbad hergestellt und durch Säurebehandlung isoliert (s. S. 163).

γ) Aufkohlung aus der Gasphase. Die Aufkohlung von metallischem Wolfram durch kohlenstoffabgebende Gase ist schon bei verhältnismäßig niedriger Temperatur möglich. So kohlten S. Hilpert und M. Ornstein[4] Wolframpulver mit Kohlenoxyd und Methan-Wasserstoff-Gemischen auf und beobachteten, daß die Kohlenstoffaufnahme nach einfachen stöchiometrischen Verhältnissen erfolgt. Sie fanden bei einer Temperatur von 860°, daß WC entsteht und daß bei Temperaturen von 1000° weiterer Kohlenstoff aufgenommen wird. Dies ist zweifelsohne nicht auf die Bildung vermuteter höherer Karbide (W_3C_4), sondern auf Ausscheidung von freiem Kohlenstoff zurückzuführen. Bei Aufkohlung mit Methan-Wasserstoff-Gemischen entsteht schon bei 800° WC.

Sehr zahlreich sind die Arbeiten, welche sich mit der Herstellung von WC-Schichten und WC-Drähten durch Aufkohlung von Wolframdrähten bei höherer Temperatur in einer kohlenstoffabgebenden Atmosphäre befassen. So stellten M. R. Andrews[5] und M. R. Andrews und S. Dushman[6] durch Aufkohlen von Wolframdraht bei 1800° im Naphthalindampf unter Unterdruck Wolframkarbide der Zusammensetzung W_2C und WC her. Ähnliche Beobachtungen

---

[1] Westgren, A. u. G. Phragmén: Trans. Am. Soc. Steel Treat. **13** (1928), S. 539/54.

[2] Adelsköld, V., A. Sundelin u. A. Westgren: Z. anorg. allg. Chem. **212** (1933), S. 401/09.

[3] Takeda, S.: Techn. Rep. Tohoku Univ. **9** (1931), S. 483/87, 488/514, 627/64.

[4] Hilpert, S. u. M. Ornstein: Ber. d. chem. Ges. **46** (1913), S. 1669/75.

[5] Andrews, M. R.: J. Phys. Chem. **27** (1923), S. 270/83.

[6] Andrews, M. R. u. S. Dushman: J. Franklin Inst. **192** (1921), S. 545/46, J. Phys. Chem. **29** (1925), S. 462/72.

machten B. T. Barnes[1] und A. A. Ravdel[2]. Für röntgenographische Untersuchungen haben A. Westgren und G. Phragmén[3] im System Wolfram-Kohlenstoff Wolframdrähte mit Kohlenoxyd bei 1500° aufgekohlt. Auch bei dem alten Just-Hanamann[4]-Verfahren zur Herstellung von Wolframdrähten dürfte intermediär WC aufgetreten sein.

Bei der Bildung von Wolframkarbiden aus Wolframpulver und Methan haben R. Schenck, F. Kurzen und H. Wesselkock[5] durch isothermen Aufbau und nachfolgenden Abbau mit Wasserstoff gefunden, daß bei 800° nur WC gebildet wird. Bei 700° deuteten sie ihren Befund durch die Annahme der Existenz instabiler, kohlenstoffärmerer Karbide (W_5C_2, W_3C_2), die bei höherer Temperatur wegen der großen Umwandlungsgeschwindigkeit nicht in Erscheinung treten.

Das Problem der Herstellung von Wolframkarbiddrähten, welche seinerzeit für die Erzeugung von Glühdrähten interessant zu sein schienen, wurde sehr eingehend von F. Skaupy[6] und K. Becker[7] behandelt. Dabei wurden Wolframdrähte von 60 bis 300 μ $\varnothing$ in Wasserstoff oder in Wasserstoff-Stickstoff-Gemischen (75% N_2 + + 25% H_2) mit einer bestimmten Methan- oder Benzol-Konzentration in gasdichten Zylindern auf höhere Temperatur erhitzt. Zahlentafel 27 zeigt die mit steigender Temperatur bei einstündiger Glühdauer zunehmende Karburierung eines 300 μ dicken Wolframdrahtes, der in einem mit Benzoldampf beladenen Wasserstoff-Stickstoff-Gemisch geglüht wird, wobei die gleichbleibende Benzolkonzentration unterhalb der Kohlenstoffabscheidungsgrenze bleibt. Der Röntgenbefund der Oberfläche derartiger Drähte (zweite Spalte) bezieht sich auf eine Schicht von etwa höchstens 2 μ. Der Röntgenbefund des gepulverten Drahtes (dritte Spalte) bezieht sich auf sämtliche vorhandenen Phasen, soweit ihr Gehalt oberhalb der röntgenographischen Nachweisgrenze liegt, was bei Wolfram und seinen Karbiden bei rund 2% der Fall ist.

---

[1] Barnes, B. T.: J. Phys. Chem. **33** (1929), S. 688/91.

[2] Ravdel, A. A.: J. russ. phys. chem. Ges. **62** (1930), S. 515/22.

[3] Westgren, A. u. G. Phragmén: Z. anorg. allg. Chem. **156** (1936), S. 27/36.

[4] D.R.P. 154262 (1903), 184379 (1905), 193221 (1906).

[5] Schenck, R., F. Kurzen u. H. Wesselkock: Z. anorg. allg. Chem. **203** (1932), S. 177/83.

[6] Skaupy, F.: Z. Elektrochem. **33** (1927), S. 487/91.

[7] Becker, K.: Z. Elektrochem. **34** (1928), S. 640/42, Z. Physik **51** (1928), S. 481/89, Z. Metallkde. **20** (1928), S. 437/41.

Die Aufkohlungsreaktion von Wolfram mit Methan aus der Gasphase kann nach den Gleichungen

$$W + CH_4 \rightleftharpoons WC + 2\,H_2 \quad \text{oder} \quad 2\,W + CH_4 \rightleftharpoons W_2C + 2\,H_2$$

verlaufen.

Die Reaktionen sind umkehrbar, d. h. von einer bestimmten Mindestkonzentration von Methan an werden sie für eine bestimmte Temperatur von links nach rechts verlaufen. K. Becker[1] hat diese Mindest-

Zahlentafel 27. *Karbidbildung bei einstündiger Glühung eines Wolframdrahtes bei verschiedenen Temperaturen in einer benzolhaltigen Stickstoff-Wasserstoff-atmosphäre* (K. Becker)

Temperatur	Röntgenbefund der Oberfläche	Röntgenbefund des gepulverten Drahtes	Schliff
975	WC, W	W (WC zu wenig vorhanden, um in diesem Falle sichtbar zu sein)	Zone von $1\,\mu$
1300	WC	W mit Spuren von WC	Zone von $6\,\mu$
1555	WC	W, W_2C, WC	äußere Zone 5 bis 8 μ innere Zone 20 bis 30 μ
1975	WC	W, W_2C, WC	äußere Zone 5 bis 8 μ innere Zone 30 bis 40 μ
2200	WC	W, W_2C, WC	undeutliche Zonenbildung, verschiedene Kristallarten
2440	W_2C	W_2C	vollständig durchkarburiert, eine einzige Kristallart

konzentration bestimmt, wobei als Nachweis der fortschreitenden Karbidbildung im Wolframdraht die Änderung des Widerstandes herangezogen wurde. Die dabei entstehenden Phasen können röntgenographisch nachgewiesen werden. Setzt man die Grenzkonzentration an Methan in Beziehung zur Temperatur, dann erhält man eine Kurve, die bei etwa 2400° einen deutlichen Knickpunkt zeigt, welcher der Umwandlung von α-W_2C in β-W_2C entspricht (s. S. 144).

W. P. Sykes[2] hat bei seinen Untersuchungen im System W-C durch 24stündiges Aufkohlen von Wolframpulverpreßlingen bei

---

[1] Becker, K.: Z. Elektrochem. **34** (1928), S. 640/42, Z. Physik **51** (1928), S. 481/89, Z. Metallkde. **20** (1928), S. 437/41.

[2] Sykes, W. P.: Trans. Am. Soc. Steel Treat. **18** (1930), S. 968/91.

1500 bis 1600° in einem Kohlerohrofen unter Wasserstoff zwei gut unterscheidbare Schichten von WC (außen) und W_2C (darunter) festgestellt. Dieselbe Beobachtung machte C. W. Horstig[1] bei der Aufkohlung von thorierten Wolframdrähten mit Kohlenwasserstoffen bei 2200°.

δ) Karburierung mit festen Kohlungsmitteln. Der übliche Weg zur Herstellung von Wolframkarbid für Sinterhartmetalle ist die Karburierung von Wolframmetall, seltener von Wolframtrioxyd mit festen Kohlungsmitteln.

Nach W. Geiss und J. A. M. van Liempt[2] beginnt die Aufkohlung von vielkristallinen Wolframdrähten mit Kohlepulver bei 1550°. Bei Einkristalldrähten ist auch bei 1900° noch keine Karbidbildung zu beobachten.

E. Friederich und L. Sittig[3] haben Wolfram und Ruß im molaren Verhältnis gemischt, gepreßt und die Stäbe im direkten Stromdurchgang auf 2000° erhitzt, wobei viel Kohle ungebunden blieb. Nach nochmaligem Zerkleinern und Erhitzen erhielten sie ein Produkt, welches beim Glühen an Luft eine Gewichtszunahme von 18,7% aufwies (theoretisch für Wolframkarbid 18,4%). Der geschmolzene Stab zeigte keine Entkohlung.

Bei der Karburierung von Wolfram mit Ruß ist zur Karbidbildung die Gegenwart eines Gases von bestimmtem Kohlenstoffpartialdruck erforderlich. Die Reaktionen

$$2\,W + C \rightleftharpoons W_2C \quad \text{und}$$
$$W + C \rightleftharpoons WC$$

verlaufen je nach Ofenart und Atmosphäre in verschiedener Richtung. Bei der Karburierung unter Wasserstoff mit Kohle im Graphitrohrofen findet die Karbidbildung sehr leicht statt, während sie im kohlenstofffreien Wolframrohrofen nur langsam abläuft. F. Skaupy[4] und K. Becker[5,6] haben die Karbidbildung von Mischungen, bestehend aus $W + C$ und $2\,W + C$, in verschiedenen Ofenarten untersucht und die gemäß Zahlentafel 28 angegebenen Endprodukte röntgenographisch nachgewiesen. Man sieht, daß die Gegenwart eines kohlenden Gases notwendig ist, um die Reaktion quantitativ durchzuführen; allerdings erfolgt stets eine vollständige Aufkohlung

---

[1] Horstig, C. W.: J. Appl. Physics 18 (1947), S. 95/102.
[2] Geiss, W. u. J. A. M. van Liempt: Z. Metallkde. 16 (1924), S. 317/18.
[3] Friederich, E. u. L. Sittig: Z. anorg. allg. Chem. 144 (1925), S. 169/89.
[4] Skaupy, F.: Z. Elektrochem. 33 (1927), S. 487/91.
[5] Becker, K.: Z. Elektrochem. 34 (1928), S. 640/42, Z. Physik 51 (1928), S. 481/89, Z. Metallkde. 20 (1928), S. 437/41.
[6] Becker, K. u. R. Hölbling: Z. angew. Chem. 40 (1927), S. 512/13.

bis zum höchsten Karbid WC, wie die Versuchsergebnisse beim Karburieren des Gemisches aus $2W + C$ im Kohlerohrofen zeigen. Die kohlende Atmosphäre (Kohlenwasserstoff) entsteht durch Reaktion des Wasserstoffes mit dem glühenden Kohlerohr.

Die Methode der Aufkohlung von Wolframpulver mit festem Kohlenstoff wurde später sehr häufig für die Herstellung von Präparaten zwecks Untersuchungen im System W-C herangezogen. So

Zahlentafel 28. *Karburierung von Wolfram unter verschiedenen Bedingungen*
(F. Skaupy u. K. Becker)

Ofen	Beschickung des Ofens		
	W	2 W + C	W + C
Kohlerohrofen mit Wasserstoffspülung, 1400° C, Glühdauer 1¹/₂ Stunden.......	W_2C	WC	WC
Wolframdrahtofen mit Wasserstoffspülung, 1400° C, Glühdauer 1¹/₂ Stunden.......	W	W, wenig W_2C	W, wenig W_2C
Wolframrohrofen im Vakuum von 10^{-4} mm Hg, 1400° C, Glühdauer 1¹/₂ Stunden.......	—	—	W, W_2C, WC
Wolframrohrofen im Vakuum von $5 \cdot 10^{-3}$ mm Hg, 2000° C, Glühdauer 8 Minuten	—	—	W_2C, WC und freier C

haben A. Westgren und G. Phragmén[1] durch Wasserstoffreduktion gewonnene Wolframpulver mit Acheson-Graphit gemischt und in Magnesia-Tiegeln zehn Minuten auf 2000° im Kohlerohr-Vakuumofen erhitzt. Um reine Präparate zu bekommen, wurde die Operation nach Zerkleinerung der zusammengesinterten Reaktionsprodukte nochmals wiederholt.

W. P. Sykes[2] hat bei seinen Untersuchungen im System W-C Wolframpulver mit entsprechenden Mengen Ruß oder Graphit gemischt und in Kohleschiffchen bei 1500 bis 1600° unter Wasserstoff im Kohlerohrofen karburiert. Versuche, um durch Zusatz von 8 bis 12% Kohlenstoff zu höheren Karbiden als WC zu gelangen, schlugen fehl, da der 6,12% C übersteigende Gehalt immer als freier Graphit vorlag.

---

[1] Westgren, A. u. G. Phragmén: Z. anorg. allg. Chem. **156** (1936), S. 27/36.

[2] Sykes, W. P.: Trans. Am. Soc. Steel Treat. **18** (1930), S. 968/91.

Bei der Aufkohlung von geschmolzenem Wolfram mit festem Kohlenstoff zwecks Bestimmung des Diffusionskoeffizienten in Abhängigkeit von der Temperatur entsteht nach M. Pirani und J. Sandor[1] vornehmlich WC.

H. Krainer und K. Konopicky[2] haben Wolframmetallpulver mit verschiedenen Mengen Ruß in Kohleschiffchen bei 1400° unter Wasserstoff im Kohlerohrkurzschlußofen karburiert und dabei Karbide einer Zusammensetzung gemäß Zahlentafel 29 erhalten. Man

Zahlentafel 29. *Zusammensetzung von Wolframkarbidpulvern in Abhängigkeit vom Kohlenstoffzusatz* (H. Krainer u. K. Konopicky)

Kohlenstoff im Ansatz	Wolframkarbidpulver		
	Gesamt-C %	gebundener C %	freier C %
5,21	5,57	5,57	—
5,50	5,94	5,94	—
5,66	6,12	6,12	—
6,10	6,14	6,11	—
6,28	6,17	6,11	0,06
6,35	6,29	6,15	0,14
6,45	6,35	6,12	0,23
6,55	6,43	6,14	0,29
6,63	6,50	6,15	0,35
6,72	6,58	6,10	0,48

sieht, daß unter diesen Bedingungen ausschließlich Wolframmonokarbid WC entsteht.

Eine andere Möglichkeit zur Herstellung von Wolframmonokarbid besteht in der direkten Reduktion der Wolframsäure mit einem Kohlenstoffüberschuß, wobei intermediär Wolframmetall, als Endprodukt Wolframkarbid entsteht. Diese klassische Methode wurde schon lange vor H. Moissan, nämlich 1786 von D'Elhuyar bei dem Versuch, Wolframmetall herzustellen, angewendet. Die Reduktion beginnt schon bei 650°. Es entstehen jedoch dann vorerst niedrige Oxyde; oxydfreie Endprodukte erhält man erst oberhalb 1500°. Sollen Karbide mit einem definierten Kohlenstoffgehalt hergestellt werden, dann ist zu berücksichtigen, daß die zum Ablauf der Reaktionen

$$WO_3 + 3\,C = W + 3\,CO \quad \text{bzw.} \quad WO_3 + 4\,C = WC + 3\,CO$$

notwendige Kohlenstoffmenge praktisch nur 80 bis 90% der theo-

---

[1] Pirani, M. u. J. Sandor: J. Inst. Met. **73** (1947), S. 385/95.

[2] Krainer, H. u. K. Konopicky: Berg- u. Hüttenmänn. Mh. **92** (1947), S. 166/78.

retisch notwendigen betragen darf, da auch das gebildete CO sich an der Reaktion mitbeteiligt.

Das Wolframkarbid W_2C kann gleichfalls in reiner Form durch Glühen von Wolframmetallpulver mit der erforderlichen Menge Kohlenstoff unter Wasserstoff im elektrischen Ofen zwischen 1000 und 1600° hergestellt werden[1,2]. Es sind gewisse Vorsichtsmaßregeln einzuhalten, um eine Aufkohlung oder Entkohlung zu vermeiden. Je nach den Arbeitsbedingungen treten jedoch Gemenge von W und WC bzw. W, W_2C und WC auf. Reines W_2C erhält man oberhalb 2000° im Kohlerohr-Vakuumofen, am besten jedoch durch Niederschmelzen eines entsprechenden W-C-Gemenges.

Die Erfahrungen über die reaktionsfördernde Wirkung von chlorabgebenden Gasen bei der Karburierung von TiO_2 veranlaßten G. F. Hüttig und V. Fattinger[3] dazu, diese Frage auch bei der Herstellung von Wolframkarbid zu untersuchen. Wolframmetallpulver wurde mit Ruß im molaren Verhältnis 1 : 1 innig gemischt und vier Stunden bei 1100° in einem Sintertonerderohrofen unter verschiedenen Gasatmosphären karburiert. Die Präparate wurden auf ihren Gehalt an Kohlenstoff untersucht und daraus auf die Vollständigkeit des Reaktionsablaufes geschlossen. Gemäß Zahlentafel 30 sieht man, daß Vakuum reaktionshemmend wirkt, was

Zahlentafel 30. *Zusammensetzung von Wolframkarbid, hergestellt durch vierstündige Karburierung von Wolframmetallpulver mit Ruß bei 1100° unter verschiedenen Reaktionsatmosphären* (G. F. Hüttig u. V. Fattinger)

Reaktionsatmosphäre	Gesamtkohlenstoff %	Kohlenstoff frei %	Kohlenstoff gebunden %	Gewichtsverlust %	Reaktionsablauf in %
H_2 + 0,5% Propan	6,03	0,85	5,18	0,15	81
Vakuum	6,03	3,2	2,83	0,8	46,7
H_2 + HCl (6 :1,3) + 0,5% Propan	6,1	0,75	5,35	1,2	87,6
H_2 + HBr (6 : 1,3) + 0,5% Propan	6,1	0,71	5,39	1,3	88,5
H_2 + HJ (6 : 1,3) + 0,5% Propan	6,05	0,4	5,65	0,9	93,5

erklärlich ist, weil die Reaktion bei niedriger Temperatur größtenteils über die Gasphase abläuft. Der Einfluß von reaktionsfördernden

---

[1] Becker, K. u. R. Hölbling: Z. angew. Chem. **40** (1927), S. 512/13.
[2] Sykes, W. P.: Trans. Am. Soc. Steel Treat. **18** (1930), S. 968/91.
[3] Hüttig, G. F. u. V. Fattinger: Powder Met. Bull. **5** (1950), S. 30/37.

Zusätzen (Halogenwasserstoffverbindungen) zum Schutzgas ist verhältnismäßig gering, beim Jodwasserstoff aber immerhin merklich.

Der Einfluß der Gasatmosphäre ist größer, wenn man nicht von Wolframmetallpulver, sondern von WO_3 ausgeht. Die Karburierung läuft dabei je nach Temperatur nach einer der Gleichungen:

$$WO_3 + 4\,C = WC + 3\,CO$$
$$2\,WO_3 + 5\,C = WC + 3\,CO_2$$

und man muß für jede Reaktionstemperatur die erforderliche Menge an zuzusetzendem Kohlenstoff ermitteln. Bei einstündiger Karburierung bei 1100° hat sich ein Zusatz von 3,1 Mol. Ruß zu 1 Mol. WO_3 am günstigsten erwiesen. Das Ergebnis der Karburierung unter verschiedenen Reaktionsatmosphären ist der Zahlentafel 31

Zahlentafel 31. *Zusammensetzung von Wolframkarbid, hergestellt durch einstündige Karburierung von Wolframtrioxyd mit Ruß bei 1100° unter verschiedenen Reaktionsatmosphären* (G. F. Hüttig u. V. Fattinger)

Reaktionsatmosphäre	Gesamt-kohlen-stoff %	Kohlen-stoff frei %	Kohlen-stoff gebunden %	Reaktions-ablauf in %
H_2 + 0,5% Propan	6,0	1,85	4,15	69,2
Vakuum	5,8	2,3	3,5	60,4
H_2 + HCl (6 : 1,3) + 0,5% Propan ..	6,3	0,66	5,64	92
H_2 + HBr (6 : 1,3) + 0,5% Propan .	6,2	0,45	5,75	92,5
H_2 + HJ (6 : 1,3) + 0,5% Propan ..	6,05	0,1	5,95	98

zu entnehmen. Man sieht, daß der Einfluß der reaktionsfördernden Halogenwasserstoffe deutlicher ist als bei der Karburierung von Wolframmetall. Außerdem besteht kein so großer Unterschied bei der Erhitzung im Vakuum oder unter Atmosphärendruck, was wahrscheinlich auf die reaktionsfördernde Wirkung der entstehenden Gase (CO, CH_4) vor deren Absaugung zurückzuführen ist.

Die Reaktionsbeschleunigung durch Halogene in der Gasatmosphäre ist bei der Herstellung von Wolframkarbid im Gegensatz zu den Verhältnissen bei Titankarbid verhältnismäßig gering. WC wird nämlich von Halogenen nicht angegriffen, so daß sich daher keine reaktionsfördernden Zwischenreaktionen (s. S. 69) abspielen können.

Die Herstellung von Wolframmonokarbid durch Karburierung von Wolframpulver im festen Zustand ist von zahlreichen weiteren Autoren laboratoriumsmäßig durchgeführt und beschrieben worden. Über Einzelheiten des technischen Verfahrens sei auf Abschnitt b) und die dort angeführte Literatur verwiesen.

ε) Aufwachsverfahren. Bei der ersten Stufe des sogenannten „Substitutionsverfahrens" von A. Just und F. Hanamann[1] (vgl. S. 46), zwecks Herstellung von Wolframdrähten, wird auf einen dünnen glühenden Kohlefaden aus einer Atmosphäre von Wolframhexachlorid und Wasserstoff eine gleichmäßige Wolframschicht niedergeschlagen. Dabei bildet sich nach J. N. Pring und W. Fielding[2], von gewissen Temperaturen ab, bereits WC. Durch Glühen bei höchster Temperatur setzt sich dann die Kohleseele mit dem Wolfram zu Wolframkarbid um. Hierauf wird unter feuchtem Wasserstoff solange gesintert, bis alle Kohlereste und Kohlenwasserstoffe verflüchtigt sind und ein Röhrchen von reinstem Wolfram zurückbleibt. Dieses Verfahren ist der Vorläufer des von A. E. van Arkel[3], K. Moers[4] u. a. beschriebenen Aufwachsverfahrens (s. S. 47). Wegen der erforderlichen sehr hohen Fadentemperaturen gelingt die Abscheidung von reinem Wolframkarbid aus Wolframhalogeniddampf in Gegenwart von Kohlenwasserstoffen allerdings nur unvollständig. Bei der Abscheidung von Wolfram durch Spaltung von Wolframcarbonyl-Dampf entsteht unter gewissen Bedingungen nach J. J. Lander und L. H. Germer[5] auch ein kubisch flächenzentriertes W_2C.

Aus Wolframcarbonyl-Wasserstoff-Dampfgemischen kann man nach E. I. Campbell und Mitarbeitern[6] Wolframkarbidschichten bei 300 bis 800° und 10 mm Hg Unterdruck abscheiden. D. T. Hurd[7] hat neuestens gezeigt, daß WC-Pulver in einer für die Hartmetallherstellung geeigneten Korngröße von 1 bis 20 μ durch Spaltung von Wolframcarbonyl bei 800 bis 1250° erhalten werden kann.

ζ) Schmelzelektrolyse. Ähnlich wie die Molybdänkarbide (s. S. 119) kann man nach G. Weiss[8] und L. Andrieux[9] auch die Wolfram-

---

[1] D.R.P. 154262 (1903), 184379 (1905), 193221 (1906), s. R. Kieffer u. W. Hotop: Pulvermetallurgie u. Sinterwerkstoffe, 2. Aufl., Springer-Verlag, Berlin-Göttingen-Heidelberg 1948, S. 223.

[2] Pring, J. N. u. W. Fielding: J. chem. Soc. 95 (1909), S. 1497/1506.

[3] van Arkel, A. E.: Physica 3 (1923), S. 76/78.

[4] Moers, K.: Z. anorg. allg. Chem. 198 (1931), S. 243/61.

[5] Lander, J. J. u. L. H. Germer: Am. Inst. min. metallurg. Engrs., Techn. Publ. Nr. 2259 (1947).

[6] Campbell, I. E., C. F. Powell, D. H. Nowicki u. B. W. Gonser: J. Electrochem. Soc. 96 (1949), S. 318/33.

[7] Hurd, D. T., H. R. McEntee u. P. H. Brisbin: Ind. Eng. Chem. 44 (1952), S. 2432/35; s. a. A. P. 2601023 (1950).

[8] Weiss, G.: Diss. Univ. Grenoble 1946, Ann. Chim. 1 (1946), S. 446/525.

[9] Andrieux, L. u. G. Weiss: Bull. Soc. Chim. France 15 (1948), S. 598/601, Andrieux, L.: Rev. Mét. 45 (1948), S. 49/59.

karbide W_2C und WC aus Borat-Karbonat-Fluorid-Metalloxyd-Salz-schmelzen durch Elektrolyse abscheiden (s. S. 55). Dabei hat das Verhältnis $WO_3 : CO_2$ im Elektrolyten einen entscheidenden Einfluß auf den Kohlenstoffgehalt des Abscheidungsproduktes, wie Abb. 40 zeigt. Ist das Verhältnis $CO_2 : WO_3$, 3,3 bis 6, dann bildet sich das Karbid W_2C (3,16% C), ist es aber 12 oder größer, dann scheidet sich das Karbid WC (6,13% C) ab. Dazwischen bilden sich Mischungen beider Karbide. Ist das Verhältnis größer als 16, dann scheidet sich kein Karbid mehr ab.

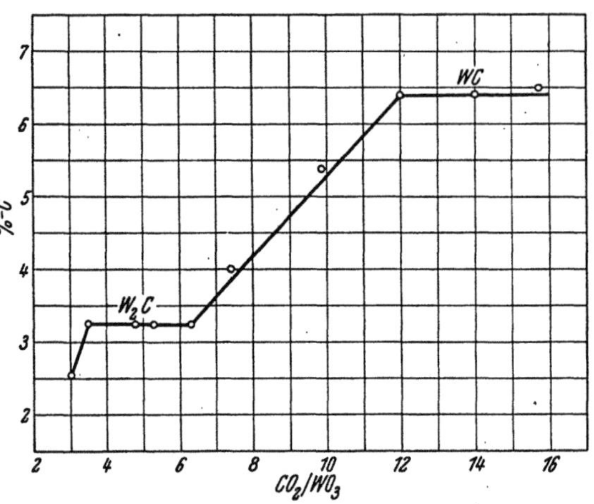

Abb. 40. Zusammensetzung des Abscheidungsproduktes in Abhängigkeit vom Verhältnis Karbonat/Wolfram-trioxyd bei der Herstellung von Wolframkarbid durch Schmelzelektrolyse (G. Weiss)

b) Technische Herstellung von Wolframkarbid WC

Wolframkarbid WC für die Hartmetallher-stellung wird in groß-technischem Umfang durch Karburierung von Wolframmetallpulver mit Ruß in Kohlerohr-oder offenen Hochfrequenz-öfen unter Wasserstoff sowie in gas- oder koksbeheizten Großmuffel-öfen hergestellt. Als Ausgangsmaterial für die Herstellung des Wolfram-metallpulvers wird reinstes Wolframtrioxyd, Wolframhydratsäure oder Ammoniumparawolframat verwendet. Die Korngröße, Korn-beschaffenheit und das Füllvolumen der Ausgangsmaterialien sind von großer Wichtigkeit für die spätere Beschaffenheit des Wolframmetall- bzw. Karbidpulvers. Die Korngröße des Kar-bides hat nämlich eine große Bedeutung für die Härte und Zähigkeit des fertigen Hartmetalles (s. S. 452). Sie kann nachträglich nur schwer durch sehr langes Mahlen unter eine gewisse Mindestgröße gebracht werden.

Die Herstellung von Wolframmetallpulver aus WO_3 und anderen Ausgangsmaterialien ist im Schrifttum[1] über Wolfram eingehend

---

[1] Smithells, C. J.: Tungsten, 3. Aufl., Chapman & Hall, London 1952, S. 24ff.; Skaupy, F.: Metallkeramik, 4. Aufl., Verlag Chemie, Berlin 1950, S. 141ff.; Kieffer, R. u. W. Hotop: Pulvermetallurgie und Sinterwerkstoffe, 2. Aufl., Springer-Verlag, Berlin-Göttingen-Heidelberg 1948, S. 226ff.

beschrieben worden. WO_3 wird z. B. mit Wasserstoff in Durchsatzöfen mit Molybdänheizleitern oder in rotierenden Stahl-, Porzellan- oder Sintertonerderohröfen bei 750 bis 900° zu Metallpulver reduziert. Die Reduktionsbedingungen haben ebenfalls einen großen Einfluß auf die Kornbeschaffenheit des Metallpulvers bzw. auf die des daraus erzeugten Karbides.

Bei der praktischen Durchführung der Reduktion von WO_3 zu Wolframmetallpulver zwecks Herstellung von duktilem Wolfram sind folgende praktische Erfahrungen gemacht worden:

Feine Pulver erhält man z. B., wenn man von feinster Wolframhydratsäure ausgeht, die Reduktion bei niedriger Temperatur beginnt, langsam steigert und einen raschen Strom von trockenem Wasserstoff benützt. Grobes Pulver bekommt man, wenn man von grober, hochgeglühter Wolframsäure ausgeht und diese bei hoher Temperatur unter feuchtem Wasserstoff reduziert.

Die Veränderung der Korngröße während der Reduktion von Wolframsäure bzw. niedrigeren Wolframoxyden mit Wasserstoff hat neuerdings B. Kopelman[1] eingehend untersucht. Der Einfluß der Reduktionstemperatur und -zeit und des Feuchtigkeitsgehaltes des Wasserstoffgases während der einzelnen Stufen der Reduktion kann sehr verschieden sein. Bei der Reduktion konkurrieren zwei Faktoren miteinander. Einerseits tritt beim Übergang vom Oxyd zum Metall starke Volumsverminderung ein, anderseits neigen feine Teilchen zu starkem Kornwachstum. Es kann bei der Reduktion sowohl eine Sprengung der Teilchen als auch eine Agglomerierung eintreten.

Die Verunreinigungen des Wolframausgangspulvers sollen für die Sinterhartmetallherstellung 0,2% nicht übersteigen; es soll demnach $< 0,05\%$ Fe, $< 0,05\%$ $SiO_2 + Al_2O_3$, $< 0,05\%$ Alkalien u. a. enthalten. Als Karburierungsmittel wird meistens reinster Ruß, z. B. mit 99% C, $< 0,1\%$ Asche, $< 0,5\%$ flüchtige Substanzen und $< 0,2\%$ Feuchtigkeit, verwendet.

Das Wolframpulver wird je nach Sauerstoffgehalt mit etwa 6,3 bis 6,8% Ruß in Kugelmühlen trocken längere Zeit gemischt. Dabei ist wegen der großen Unterschiede in der Dichte, insbesondere bei gröberen Wolframpulvern, darauf zu achten, daß keine Entmischung eintritt. Die Mischung wird gepreßt oder lose durch Kohlerohr- oder Hochfrequenzöfen durchgesetzt.

Bei Verwendung von Kohlerohröfen werden die mit der Karburierungsmischung gefüllten Graphitschiffchen kontinuierlich bei 1400

---

[1] Kopelman, B.: Am. Inst. min. metallurg. Eng., Techn. Publ. Nr. 2100 (1946).

bis 1600° durch den Ofen geschoben. Der langsam durch den Ofen streichende Wasserstoff brennt am Ofeneingang ab. Die Temperaturmessung erfolgt optisch.

Größere einheitliche Chargen erhält man in offenen Hochfrequenzöfen gemäß Abb. 41[1]. Das Karburierungsgut befindet sich in einem Graphittiegel, welcher mit durchlochtem Deckel verschlossen ist. Der Graphitbehälter ist von der ihn umgebenden Hochfrequenzspule mit Zirkonoxyd wärmeisoliert. Öffnungen am Deckel dienen zum Zu- und Ableiten des Wasserstoffes und der Reaktionsgase, sowie für die optische Temperaturmessung. Der Ofen wird nach raschem Anheizen etwa zwei Stunden auf Karburierungstemperatur von etwa 1430 bis 1500° gehalten, dann wird das Karbid etwa zehn Stunden unter Wasserstoff abgekühlt. Wie bei einer Ofenfahrt der Gehalt

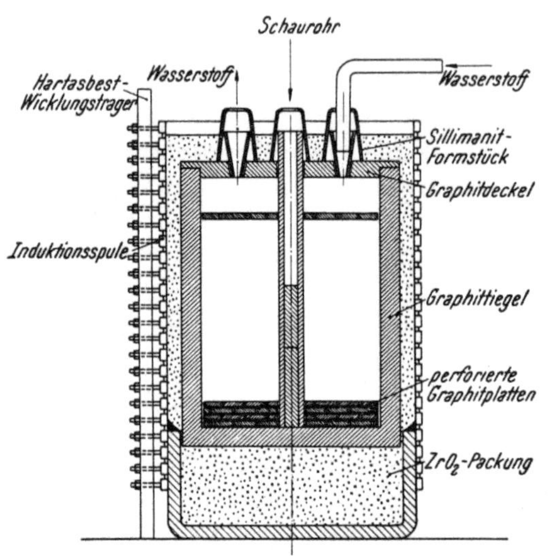

Abb. 41. Hochfrequenzofen zur Herstellung von Wolframkarbid (L. D. Brownlee, G. A. Geach und T. Raine)

an gebundenem Kohlenstoff mit der Temperatursteigerung zunimmt, zeigt Abb. 42. Die Kohlenstoffaufnahme beginnt bei 850°, sie ist bei 1400 bis 1410° vollständig.

Das abgekühlte Karbid, welches in Form eines zusammengesinterten hellgrauen Blockes dem Ofen entnommen wird, wird in den üblichen Einrichtungen zerkleinert und abgesiebt. Das Karbid soll 6,1 bis 6,15% Gesamtkohlenstoff, davon 0,05 bis 0,1% in freier, ungebundener Form enthalten.

Großtechnisch läßt sich WC auch in gas- oder kohlebeheizten Öfen, wie sie zur Herstellung von technisch reinem Wolframmetall verwendet werden, aus $WO_3 + C$ in einem Arbeitsgang herstellen. Man kann dabei natürlich auch in zwei Stufen verfahren, indem man technisches Wolframmetall mit Ruß in derartigen Öfen bei höherer Temperatur karburiert.

---

[1] Brownlee, L. D., G. A. Geach u. T. Raine: Iron Steel Inst., Spec. Rep. Nr. 38, London 1947, S. 37/78.

Neuerdings wurde von K. C. Li und C. M. Dice[1] vorgeschlagen, Wolframkarbid aus wolframoxydhaltigen Erzen durch Reduktion mit Kohle in Gegenwart von Eisen-Zinn-Legierungen bei Temperaturen um 1420° herzustellen. Dieses Verfahren dürfte für die Praxis von Interesse sein; es hat Ähnlichkeit mit dem von R. Kieffer[2] vorgeschlagenen Verfahren der direkten Herstellung von Wolframkarbid-Hilfsmetall-Legierungen aus Wolframerzen.

Technische Herstellung von geschmolzenem Wolframkarbid (W₂C). Das Wolframkarbid (W₂C) ist der einzige metallische Hartstoff, der in technischem Umfange durch Schmelzen hergestellt wird. Das geschmolzene Karbid dient in Form von Splitt als Füllung für Schweißstäbe, die zur Herstellung von verschleißfesten Überzügen, z. B. an Bohrkronen, Baggerzähnen usw., dienen. Auch Formstücke können gegossen werden. Ausgangsmaterial ist technisch reines Wolframpulver von etwa 50 bis 500 μ Korngröße, welches mit etwa 3 % Graphit und bis 5 % Eisen gemischt zu Briketts verpreßt wird. In der Praxis werden der Mischung häufig bis 60 % Wolframkarbidschrott, Wolframmetallabfall und zwecks Verbesserung der Vergießbarkeit bis etwa 5 % Tantal-Niob-Karbid zugesetzt[3].

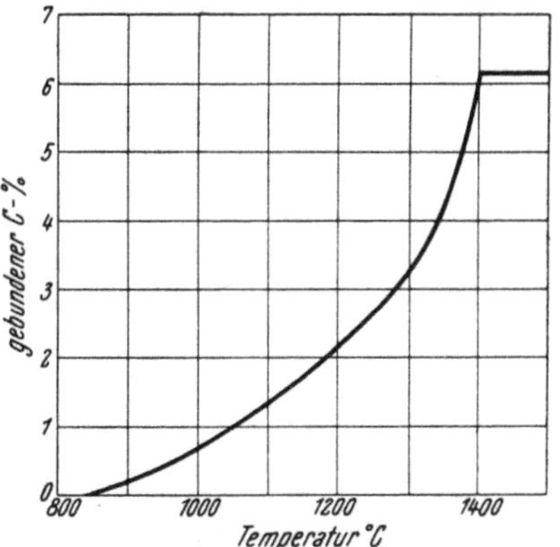

Abb. 42. Ablauf der Karburierungsreaktion bei der technischen Herstellung von Wolframkarbid (L. D. Brownlee, G. A. Geach und T. Raine)

Abb. 43. Kohlerohrkurzschlußofen zum Schmelzen von Wolframkarbid W₂C.

Das Schmelzen der Mischung, für welches Temperaturen von etwa 3000 bis 3250° erforderlich sind, erfolgt in horizontalen kippbaren Kohlerohrkurzschlußöfen besonderer Konstruktion (Abb. 43) oder

[1] A. P. 2535 217 (1948).
[2] D. R. P. 661 842 (1936).
[3] B. I. O. S. Final Rep. Nr. 1076.

in vertikalen hochfrequenzbeheizten Öfen (Abb. 44). Das Schmelzgut befindet sich in einem Graphittiegel, an welchem die Gußform direkt angesetzt ist. Beim horizontalen Ofen wird, sobald das Gut geschmolzen ist, der Ofen geneigt und die Schmelze fließt in die Form ab. Bei der vertikalen Ofenanordnung befindet sich am Boden des Schmelzraumes eine Öffnung, durch welche die Schmelze bei der Erreichung entsprechender Temperatur in eine darunter befindliche Form durchrinnt. Bei der Herstellung von geschmolzenem Wolframkarbid in größeren Mengen sind wegen der extrem hohen Schmelztemperaturen schwierige ofentechnische Probleme zu lösen. Zu erwähnen sind die Wärmeisolierung des Schmelzraumes, die Kühlung der Stromzuführungen für die sehr großen erforderlichen Strommengen, die Anbringung und Ausbildung der Gußformen, die Temperaturmessung u. a. Über die Zusammensetzung des geschmolzenen Karbides sowie über dessen Eigenschaften wurden in den vorhergehenden Abschnitten Angaben gemacht. Weitere Einzelheiten, insbesondere Angaben über die Verwendung von geschmolzenem Wolframkarbid, sind auf S. 558 zu finden.

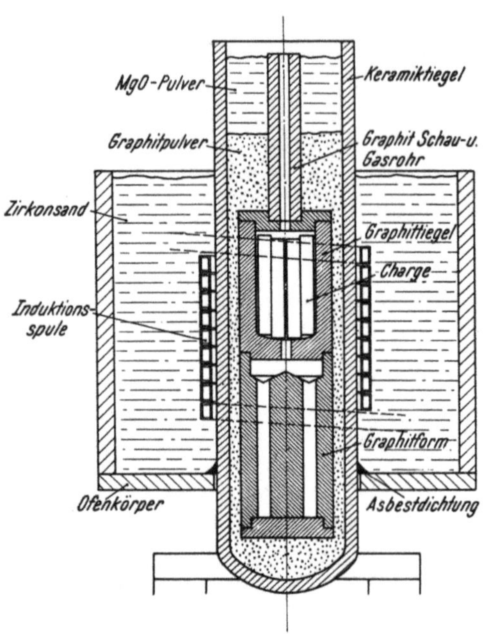

Abb. 44. Hochfrequenzofen zum Schmelzen von Wolframkarbid W₂C, schematisch (Metropolitan Vickers Electrical Co., Ltd.)

c) Das System Wolfram-Kohlenstoff

Eine kritische Zusammenstellung der sehr zahlreichen Arbeiten im System Wolfram-Kohlenstoff und über die Wolframkarbide gibt M. Hansen[1]. Insbesondere wird dort die Existenz der beiden Karbide W_2C und WC sowie anderer hypothetischer Karbide diskutiert.

---

[1] Hansen, M.: Der Aufbau der Zweistoffsysteme, Springer-Verlag, Berlin 1936, S. 386/92.

W. P. Sykes[1] hat in einer klassischen, sehr sorgfältigen Arbeit hauptsächlich auf Grund von Schmelzpunktsbestimmungen und sehr zahlreichen mikroskopischen Beobachtungen und qualitativen Röntgenuntersuchungen an geschmolzenen und gesinterten Wolfram-Kohlenstoff-Legierungen ein Zustandsschaubild des Systems gemäß Abb. 45 entworfen. Die Schwierigkeiten, die beim Herstellen und Arbeiten mit diesen Legierungen auftreten, sind wegen der extrem hohen Schmelzpunkte und der leichten, unkontrollierbaren Zersetzlichkeit dabei außerordentlich groß. Trotzdem kann in Verbindung mit den Beobachtungen früherer Forscher, insbesondere O. Ruff und R. Wunsch[2], A. Westgren und G. Phragmén[3], M. R. Andrews[4], K. Becker[5], F. Skaupy[6], J. L. Gregg und C. W. Küttner[7] sowie S. L. Hoyt[8], das System in seinem grundsätzlichen Aufbau als gesichert angesehen werden.

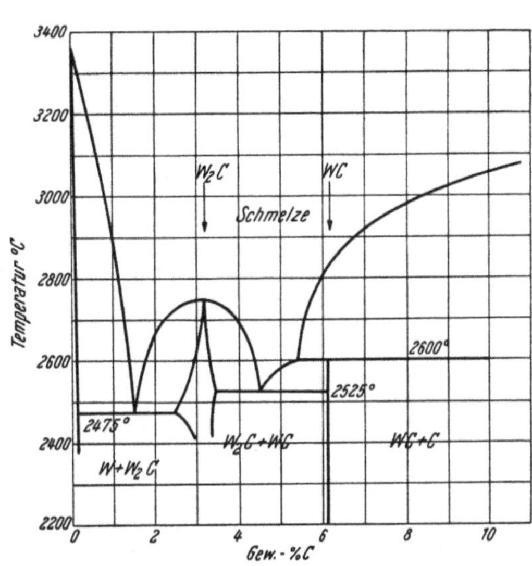

Abb. 45. Zustandsschaubild Wolfram-Kohlenstoff (W. P. Sykes)

Wolfram vermag bei 2400° etwa 0,05% C zu lösen. O. Ruff und R. Wunsch[3] geben eine Löslichkeit von unter 0,12% C an. Das erste Eutektikum zwischen dem wolframreichen Mischkristall und dem Karbid W_2C liegt bei 1,5% C bei einer Temperatur von 2475°. Das Karbid W_2C (3,16% C), dessen Existenz durch sehr zahlreiche Arbeiten bewiesen ist, hat einen Schmelzpunkt von

[1] Sykes, W. P.: Trans. Am. Soc. Steel Treat. **18** (1930), S. 968/91.
[2] Ruff, O. u. R. Wunsch: Z. anorg. allg. Chem. **85** (1914), S. 292/328.
[3] Westgren, A. u. G. Phragmén: Z. anorg. allg. Chem. **156** (1936), S. 27/36.
[4] Andrews, M. R.: J. Phys. Chem. **27** (1923), S. 270/83.
[5] Becker, K. u. R. Hölbling: Z. angew. Chem. **40** (1927), S. 511/13.
[6] Skaupy, F.: Z. Elektrochem. **33** (1927), S. 487/91.
[7] Gregg, J. L. u. C. W. Küttner: Trans. Am. Inst. min. metallurg. Engrs. **88** (1929), S. 581/90.
[8] Hoyt, S. L.: Trans. Am. Inst. min. metallurg. Engrs. **89** (1930), S. 9/58.

2650 bis 2750°. Von anderen Forschern bestimmte Schmelzpunkte sind der Zahlentafel 32 zu entnehmen.

J. T. Norton[1] hat neuerdings röntgenographisch sehr genau den Homogenitätsbereich der W_2C-Phase über 1400° untersucht. Es ergaben sich dabei geringfügige Abweichungen vom Sykesschen System.

Bei der Untersuchung von aus der Gasphase aufgekohlten Wolframdrähten beobachten F. Skaupy[2] und K. Becker neben

Zahlentafel. 32. *Schmelzpunkte von W_2C und WC in °C*

Autor	W_2C	WC
O. Ruff u. R. Wunsch	—	2600 bis 2700°
M. R. Andrews u. S. Dushman	2880°	2780°
E. Friederich u. L. Sittig..	—	2880° Zers.
C. Agte u. H. Alterthum ..	2860 ± 50°	2870 ± 50°
B. T. Barnes	2730 ± 15°	—
W. P. Sykes	2700 ± 50°	2780° Zers.

WC und W_2C das Auftreten einer neuen Phase, welche K. Becker[3] auf Grund röntgenographischer und physikalischer Messungen als polymorphe Modifikation des hexagonalen W_2C erkannte. Die bei etwa 2400° stattfindende Umwandlung von β-W_2C in α-W_2C erfolgt unter deutlich hörbarem metallischem Klingen. Durch mechanische Bearbeitung geht das instabile β-W_2C in α-W_2C über. Die Gitterstruktur der bei hohen Temperaturen stabilen Modifikation konnte nicht geklärt werden. Das Röntgenogramm des β-W_2C zeigt gegenüber dem bei 20° beständigem α-W_2C eine gewisse Vereinfachung des Liniencharakters. Fast sämtliche Linien des β-W_2C stimmen mit jenen des α-W_2C überein, so daß man sich das Röntgenogramm des β-W_2C durch Auslöschung einiger Linien des α-W_2C entstanden denken kann. Es scheint so, als ob das β-W_2C durch eine einfache Atomumlagerung aus dem α-W_2C entsteht. W. P. Sykes[4] hat in seinem System die Polymorphie des W_2C nicht berücksichtigt. Durch Eintragung einer entsprechenden Umwandlungslinie wäre diese noch zu ergänzen.

---

[1] Norton, J. T.: Vortrag „Plansee-Seminar" Reutte/Tirol 1952.
[2] Skaupy, F.: Z. Elektrochem. **33** (1927), S. 487/91.
[3] Becker, K.: Z. Elektrochem. **34** (1928), S. 640/42, Z. Physik **51** (1928), S. 481/89, Z. Metallkde. **20** (1928), S. 437/41.
[4] Sykes, W. P.: Trans. Am. Soc. Steel Treat. **18** (1930), S. 968/91.

Nach Angaben von J. J. Lander und L. H. Germer[1] tritt in Wolframschichten, welche durch Zersetzung von Wolframcarbonyl abgeschieden wurden, unter gewissen Abscheidungsbedingungen ein kubisch flächenzentriertes W_2C auf. Vielleicht besteht ein Zusammenhang zwischen dieser Phase und der Beckerschen α-β-Umwandlung des W_2C.

Das zweite Eutektikum W_2C und WC schmilzt bei etwa 2525° und hat einen Kohlenstoffgehalt von etwa 4,5%. Das Karbid WC (6,12% C), dessen von verschiedenen Autoren bestimmte Schmelzpunkte ebenfalls der Zahlentafel 32 zu entnehmen sind, zersetzt sich bei 2600° in eine wolframreiche Schmelze (W_2C) und Kohlenstoff.

Eine Mischkristallbildung zwischen W, W_2C und WC kann in nennenswertem Umfange nicht beobachtet werden.

d) Eigenschaften

α) Eigenschaften von Wolframkarbid WC. Wolframkarbid der chemischen Formel WC mit 6,13% C fällt meist als ein graues, metallisches Pulver an. Von Säuren wird es nur langsam angegriffen, so wird es im Gegensatz zu W_2C von HNO_3-HF-Gemischen 1 : 4 nicht gelöst[2]. Gegen Cl ist es bis 400° beständig[3] und reagiert erst lebhaft ab 600 bis 800°[4]. Fluor greift schon in der Kälte unter Feuererscheinung an. Beim Erhitzen an Luft oder in Sauerstoff oxydiert es langsam zu WO_3.

Wolframkarbid kristallisiert einfach hexagonal[5-8] in einem besonderen Strukturtyp, dessen wahrscheinliche Elementarzelle in Abb. 3, S. 14, gezeigt wurde. Die Gitterkonstanten wurden von verschiedenen Autoren[5,6,9-15] bestimmt. Auf Grund der derzeitigen Best-

---

[1] Lander, J. J. u. L. H. Germer: Am. Inst. min. metallurg. Engrs., Techn. Publ. Nr. 2259 (1947).

[2] Ruff, O. u. R. Wunsch: Z. anorg. allg. Chem. 85 (1914), S. 292/328.

[3] Becker, K. u. R. Hölbling: Z. angew. Chem. 40 (1927), S. 512/13.

[4] Iitaka, I. u. Y. Aoki: Bull. Chem. Soc. jap. 7 (1932), S. 108/14.

[5] Westgren, A. u. G. Phragmén: Z. anorg. allg. Chem. 156 (1926), S. 27/36.

[6] Becker, K. u. F. Ebert: Z. Physik 31 (1925), S. 268/72.

[7] Becker, K.: Z. Physik 51 (1928). S. 481/89.

[8] Gregg, J. L. u. C. W. Küttner: Am. Inst. min. metallurg. Engrs., Techn. Publ. Nr. 184 (1929).

[9] Adelsköld, V. A. Sundelin u. A. Westgren: Z. anorg. allg. Chem. 212 (1933), S. 401/09.

[10] Zumbusch, W. u. W. Sander: Unveröffentlichte Versuche 1942.

[11] Kovalski, A. E. u. J. S. Umanski: Zur. Fiz. Chim. 20 (1946), S. 769/72.

[12] Nowotny, H. u. R. Kieffer: Metallforschung 2 (1947), S. 257/65.

[13] Krainer, H. u. K. Konopicky: Berg- u. Hüttenmänn. Mh. 92 (1947), S. 166/78.

[14] Metcalfe, A. G.: J. Inst. Met. 73 (1947), S. 591/607.

[15] Krainer, H.: Arch. Eisenhüttenwes. 21 (1950), S. 119/27.

werte a $= 2,900\,\text{Å}$, c $= 2,831\,\text{Å}$, beträgt die Röntgendichte $15,77\,\text{g/cm}^3$, was mit der von verschiedenen Autoren bestimmten, praktischen Dichte von 15,5 bis 15,7 g/cm³ gut übereinstimmt[1-5].

Die Härte beträgt $+ 9$ nach Mohs. E. W. Engle[6] nimmt auf Grund des Verlaufes der Härtekurve bei WC-Co-Legierungen einen extrapolierten Wert von 94 R_A an (s. S. 452). In neuerer Zeit ist die Mikrohärte von reinem WC mehrfach bestimmt worden[7,8]. Die Angaben schwanken aus den auf S. 427 angegebenen Gründen stark. Eigene Messungen[9] ergaben eine Mikrohärte von 2400 kg/mm² (50 g Belastung). J. Hinnüber[10] gibt bei 20 g Belastung einen Wert von 2500 kg/mm² an. L. S. Foster und Mitarbeiter[8] fanden einen Höchstwert der Knoop-Mikrohärte von 2105 und einen Mittelwert aus stark schwankenden Bestimmungen von 1307. An praktisch dichten Heißpreßkörpern aus reinem WC hat A. E. Williams[5] eine Vickershärte von 1620 kg/mm² gefunden. H. Bückle[11] gibt eine Abhängigkeit der Mikrohärte von WC-Kristallen von ihrer Größe an.

Die Zugfestigkeit eines hochgesinterten WC-Stabes wird von C. Agte[12] mit 35 kg/mm² angegeben. Heißgepreßtes, dichtes WC hat nach A. E. Williams[5] eine Biegebruchfestigkeit von 52 bis 56 kg/mm².

Den Elastizitätsmodul und seine Temperaturabhängigkeit haben W. Köster und W. Rauscher[13] bestimmt. Er beträgt bei 20° 72 200 kg/mm².

Wegen der Zersetzlichkeit des WC beim Schmelzen haben die

[1] Ruff, O. u. R. Wunsch: Z. anorg. allg. Chem. **85** (1914), S. 292/328.

[2] Westgren, A. u. G. Phragmén: Z. anorg. allg. Chem. **156** (1926), S. 27/36.

[3] Becker, K.: Z. Physik **51** (1928), S. 481/89.

[4] Williams, P.: Compt. rend. **126** (1898), S. 1722/24.

[5] Williams, A. E.: Metal Treatment **18** (1951), S. 445/49.

[6] Engle, E. W. in J. Wulff: Powder Metallurgy, Am. Soc. Met., Cleveland 1942, S. 436/53.

[7] Thibault, N. W. u. H. L. Nyquist: Trans. Am. Soc. Met. **38** (1947), S. 271/330.

[8] Foster, L. S., L. W. Forbes, L. B. Friar, L. S. Moody u. W. H. Smith: J. Am. ceram. Soc. **33** (1950), S. 27/33.

[9] Kieffer, R. u. F. Kölbl: Powder Met. Bull. **4** (1949), S. 4/17.

[10] Hinnüber, J.: Z. VDI **92** (1950), S. 111/17.

[11] Bückle, H.: Rev. Mét. **48** (1951), S. 957/65.

[12] Agte, C.: Metallwirtsch. **9** (1930), S. 401/02.

[13] Köster, W. u. W. Rauscher: Z. Metallkde. **39** (1948), S. 111/20.

Angaben verschiedener Autoren[1-5] über den Schmelzpunkt (Zahlentafel 32) nur bedingten Wert,

Der lineare Wärmeausdehnungskoeffizient ist röntgenographisch von K. Becker[6] ermittelt worden. Er beträgt in Richtung der a-Achse $5,2 \cdot 10^{-6}$, in Richtung der c-Achse $7,3 \cdot 10^{-6}$.

Angaben über die Bildungs- und Verbrennungswärme und andere thermodynamische Daten machen P. M. McKenna[7], K. K. Kelley[8] sowie L. D. McGraw und Mitarbeiter[9] u. a.[10].

Die magnetische Suszeptibilität von WC haben W. Klemm und W. Schüth[11] bestimmt.

Sehr eingehend wurden die elektrischen Eigenschaften von WC untersucht. Die Leitfähigkeit beträgt bei Zimmertemperatur nach M. R. Andrews[5, 12] 40% der des reinen Wolframs. Der spezifische elektrische Widerstand ist nach E. Friederich und L. Sittig[2] bei 20° 53 Mikroohm $\cdot$ cm, beim Schmelzen 260 Mikroohm $\cdot$ cm. Bei etwa 2,5° K wird WC supraleitend[13]. Angaben über das Elektronenemissionsvermögen machen W. H. Bennett[14] und E. Bas-Taymaz[15].

β) Eigenschaften von Diwolframkarbid W_2C. Wolframkarbid der Formel W_2C mit 3,16% C ist gegen kalte Mineralsäuren beständig, nur HNO_3 löst in der Wärme. Im Gegensatz zu WC wird es in HNO_3-HF 1 : 4 leicht gelöst[1]. Mit Cl reagiert es bei 400° unter Bildung von WCl_6 und Graphit[16]. Fluor greift schon in der Kälte an. Im Sauerstoffstrom verbrennt es bei 500° zu WO_3.

---

[1] Ruff, O. u. R. Wunsch: Z. anorg. allg. Chem. **85** (1914), S. 292/328.

[2] Friederich, E. u. L. Sittig: Z. anorg. allg. Chem. **144** (1925), S. 169/89.

[3] Agte, C. u. H. Alterthum: Z. techn. Physik **11** (1930), S. 182/91.

[4] Sykes, W. P.: Trans. Am. Soc. Steel Treat. **18** (1930), S. 968/91.

[5] Andrews, M. R. u. S. Dushman: J. Franklin Inst. **192** (1921), S. 545/46, J. Phys. Chem. **29** (1925), S. 462/72.

[6] Becker, K.: Z. Physik **51** (1928), S. 481/89.

[7] McKenna, P. M.: Ind. Eng. Chem. **28** (1936), S. 767/72.

[8] Kelley, K. K.: U. S. Bur. Mines Bull. Nr. 407 (1937).

[9] McGraw, L. D., H. Seltz u. P. E. Snyder: J. Am. chem. Soc. **69** (1947), S. 329/31.

[10] Brewer, L., L. A. Bromley, P. W. Gilles u. N. L. Lofgren in L. L. Quill: The Chemistry and Metallurgy of Miscellaneous Materials-Thermodynamics, McGraw Hill, New York 1950, S. 40/59.

[11] Klemm, W. u. W. Schüth: Z. anorg. allg. Chem. **201** (1931), S. 24/31.

[12] Andrews, M. R.: J. Phys. Chem. **27** (1923), S. 270/83.

[13] Meissner, W. u. H. Franz: Z. Phys. **65** (1930), S. 30/54.

[14] Bennett, W. H.: Phys. Rev. **37** (1931), S. 582.

[15] Bas-Taymaz, E.: Z. angew. Math. Phys. **2** (1951), S. 49/51.

[16] Becker, K. u. R. Hölbling: Z. angew. Chem. **40** (1927), S. 512/13.

Über die Unterscheidung von W_2C, WC und W im Gefüge durch Anätzung mit verschiedenen Ätzmitteln vergleiche das Schrifttum[1-3].

Wolframkarbid W_2C kristallisiert hexagonal dichtest gepackt[3-7]. Der Strukturtyp ist nicht eindeutig geklärt, Abb. 2, S. 14, zeigt den wahrscheinlichen Aufbau der Elementarzelle. Die Gitterkonstanten[4, 5, 8] betragen a = 2,98 Å, c = 4,71 Å; daraus ergibt sich eine Röntgendichte von 17,34 g/cm³, welche mit der praktisch bestimmten Dichte von 17,2 g/cm³ gut übereinstimmt[6].

Die Gitterstruktur der von K. Becker[6, 9] gefundenen Hochtemperaturmodifikation des W_2C (β) ist noch nicht geklärt. Ebenso ist das von J. J. Lander und L. H. Germer[10] in Wolframkarbidaufwachsschichten gefundene kubisch flächenzentrierte W_2C mit a = 4,16 Å noch nicht bestätigt worden.

W_2C ritzt Korund, hat also eine Mohs-Härte von $+ 9$[11]. Die Mikrohärte, bestimmt an geschmolzenen Produkten (W_2C — WC), beträgt nach eigenen Untersuchungen[12] etwa 3000 kg/mm² (50 g Belastung).

Den Elastizitätsmodul und seine Temperaturabhängigkeit haben W. Köster und W. Rauscher[13] bestimmt. Er beträgt bei 20° 42 800 kg/mm².

Der Schmelzpunkt von W_2C ist von verschiedenen Autoren bestimmt worden[2, 14, 15]. Die Werte sind der Zahlentafel 32 zu entnehmen.

---

[1] Schröter, K.: Z. Metallkde. **20** (1928), S. 31/33.

[2] Sykes, W. P.: Trans. Am. Soc. Steel Treat. **18** (1930), S. 968/91.

[3] Gregg, J. L. u. C. W. Küttner: Am. Inst. min. metallurg. Engrs., Techn. Publ. Nr. 184 (1929).

[4] Becker, K. u. R. Hölbling: Z. angew. Chem. **40** (1927), S. 512/13.

[5] Westgren, A. u. G. Phragmén: Z. anorg. allg. Chem. **156** (1926), S. 27/36.

[6] Becker, K.: Z. Physik **51** (1928), S. 481/89.

[7] Davey, W. P.: General Electr. Rev. **25** (1922), S. 565.

[8] Krainer, H. u. K. Konopicky: Berg- u. Hüttenmänn. Mh. **92** (1947), S. 166/78.

[9] Becker, K.: Z. Elektrochem. **34** (1928), S. 640/42, Z. Metallkde. **20** (1928), S. 437/41.

[10] Lander, J. J. u. L. H. Germer: Am. Inst. min. metallurg. Engrs., Techn. Publ. Nr. 2259 (1947).

[11] Friederich, E. u. L. Sittig: Z. anorg. allg. Chem. **144** (1925), S. 169/89.

[12] Kieffer, R. u. F. Kölbl: Powder Met. Bull. **4** (1949), S. 4/17.

[13] Köster, W. u. W. Rauscher: Z. Metallkde. **39** (1948), S. 111/20.

[14] Barnes, B. T.: J. Phys. Chem. **33** (1929), S. 688/91.

[15] Andrews, M. R. u. S. Dushman: J. Franklin Inst. **192** (1921), S. 545/46, J. Phys. Chem. **29** (1925), S. 462/72.

Der lineare Wärmeausdehnungskoeffizient, welcher röntgenographisch von K. Becker[1] bestimmt wurde, beträgt in Richtung der a-Achse $1,2 \cdot 10^{-6}$, in Richtung der c-Achse $11,4 \cdot 10^{-6}$.

Angaben über die thermodynamischen Daten werden von K. K. Kelley[3] gemacht.

Die elektrische Leitfähigkeit bei Zimmertemperatur beträgt nach M. R. Andrews[3,4] 7% der des reinen Wolframs. Der elektrische Widerstand von W_2C ist von K. Becker[5] bis 2650° untersucht worden. Bei Zimmertemperatur beträgt er etwa 80 Mikroohm · cm, bei etwa 2000° 125 Mikroohm · cm. Bei etwa 2300° tritt ein Knickpunkt in der Leitfähigkeitskurve auf, welcher durch die Umwandlung des $\alpha\text{-}W_2C$ in das $\beta\text{-}W_2C$ bedingt ist. Die Leitfähigkeit des $\beta\text{-}W_2C$ ist um etwa 4 bis 5% geringer als jene von $\alpha\text{-}W_2C$.

Das Elektronenemissionsvermögen von W_2C hat B. T. Barnes[6] untersucht.

e) Verwendung

Wolframkarbid WC ist der wichtigste Bestandteil der modernen Sinterhartmetalle. Es wird allein, sowie in Form von Mischkristallen mit TiC und TaC in diesen Hochleistungsschneidlegierungen verwendet (s. S. 467 und 478).

Gesinterte Hartmetall-Formstücke, Wolframkarbidpulver und geschmolzenes Wolframkarbid in Form von Splitt oder Bohrformstücken werden für hochverschleißfeste Bestückungen bzw. Aufschweißungen auf Bergbaugeräten u. a. benützt (s. S. 560).

Gegenüber diesen wichtigsten Anwendungsgebieten treten alle anderen Vorschläge und Möglichkeiten in den Hintergrund[7]. Neuerdings wird die Herstellung von Tiegeln und Teilen für Hochtemperaturöfen durch Heißpressen von reinem Wolframkarbidpulver eingehend beschrieben[8].

---

[1] Becker, K.: Z. Physik 51 (1928), S. 481/89.

[2] Kelley, K. K.: U. S. Bur. Mines Bull. Nr. 407 (1937).

[3] Andrews, M. R. u. S. Dushman: J. Franklin Inst. 192 (1921), S. 545/46, J. Phys. Chem. 29 (1925), S. 462/72.

[4] Andrews, M. R.: J. Phys. Chem. 27 (1923), S. 270/83.

[5] Becker, K.: Z. Elektrochem. 34 (1928), S. 640/42, Z. Metallkde. 20 (1928), S. 437/41.

[6] Barnes, B. T.: J. Phys. Chem. 33 (1929), S. 688/91.

[7] Luszak, A.: Öst. Chem. Ztg. 52 (1951), S. 72/73.

[8] Williams, A. E.: Metal Treatment 18 (1951), S. 445/49.

10. Thoriumkarbid

a) *Herstellung*

Über die Darstellung vom Thoriumkarbid ThC_2 im elektrischen Lichtbogenofen aus Thoriumoxyd und Kohle berichten erstmalig L. Troost[1] sowie H. Moissan und A. Etard[2].

Im Rahmen von Systemuntersuchungen wurden neuestens ThC und ThC_2 von H. A. Wilhelm und Mitarbeitern[3,4] durch Pressen und Sintern von Thorium-Graphit-Pulvergemengen und durch Reaktion von geschmolzenem Thorium mit Graphit hergestellt.

b) *Das System Thorium-Kohlenstoff*

Das System Th-C wurde eingehend von H. A. Wilhelm und Mitarbeitern[3,4] thermisch, mikroskopisch und röntgenographisch untersucht. Übereinstimmend mit unveröffentlichten früheren Befunden von N. C. Baenziger und D. Trieck[5] existiert das Karbid ThC. Bei höherer Temperatur sind Th und ThC im flüssigen und im festen Zustand vollständig ineinander löslich, während bei tieferen Temperaturen eine Mischungslücke zu bestehen scheint. Das Monokarbid ThC ist mit dem Dikarbid ThC_2, der zweiten im System vorhandenen Verbindung, ebenfalls bei höherer Temperatur lückenlos mischbar, während bei Raumtemperatur wahrscheinlich keine Löslichkeit besteht. Zwischen ThC_2 und Graphit tritt bei etwa 12,6% C ein bei 2500° schmelzendes Eutektikum auf.

c) *Eigenschaften*

Erschmolzenes Thoriumkarbid ThC_2 (9,37% C) wird von verdünnten Säuren rasch zersetzt. Mit Wasser reagiert es unter Bildung von Kohlenwasserstoffen, vornehmlich Methan. Beim Erhitzen im Ammoniakstrom bildet sich Thoriumnitrid.

M. von Stackelberg[6] schreibt dem ThC_2 tetragonale Kristallstruktur zu, welche ähnlich jener des CaC_2 und der Dikarbide der seltenen Erden sein soll. N. C. Baenzinger und D. Trieck[5] be-

---

[1] Troost, L.: Compt. rend. **116** (1893), S. 1227/30.

[2] Moissan, H. u. A. Etard: Compt. rend. **122** (1896), S. 573/77.

[3] Wilhelm, H. A., P. Chiotti, A. I. Snow u. A. Daane: J. chem. Soc. (1949), Suppl. Nr. 2, S. 318/21.

[4] Wilhelm, H. A. u. P. Chiotti: Trans. Am. Soc. Met. **42** (1950), S. 1295/1310.

[5] Baenziger, N. C. u. D. Trieck: Ames. Lab., Unveröffentlichte Versuche **1945**.

[6] v. Stackelberg, M.: Z. physik. Chem. B **9** (1930), S. 437/75.

zweifeln jedoch diese Strukturdeutung und E. B. Hunt und R. E. Rundle[1] ermittelten eine monokline Struktur mit a = 5,63, b = 4,24, c = 6,56 Å, β = 104°. Die Dichte des ThC_2 beträgt nach älteren Angaben 8,96 g/cm³.

Das Monokarbid ThC (4,92% C) kristallisiert kubisch flächenzentriert (Steinsalztyp B 1). Die von H. A. Wilhelm und P. Chiotti[2] angegebene Gitterkonstante beträgt a = 5,34 Å und entspricht einer Röntgendichte von 10,67 g/cm³.

Der Schmelzpunkt von ThC beträgt nach H. A. Wilhelm und P. Chiotti[2] 2625°, von ThC_2 2655°. Angaben über die thermodynamischen Daten des ThC_2 werden von W. A. Roth und G. Becker[3] sowie von L. Brewer und Mitarbeitern[4] gemacht.

Die Emissionswerte von ThC_2 wurden von D. L. Goldwater und R. E. Haddad[5] gemessen.

Das ThC_2 hat auf Grund seines elektrischen Leitvermögens nach E. Friederich und L. Sittig[6] metallischen Charakter. Auch das ThC ist nach E. B. Hunt und R. E. Rundle[1] aus strukturmäßigen Überlegungen metallisch. R. Kieffer[7] gibt jedoch an, daß Thoriumkarbid ThC_2 von Kobalt nicht benetzt wird und mit anderen Hartkarbiden keine Mischkristalle bildet. Es kommt daher — worauf auch schon S. L. Hoyt[8] hinwies — für technische Hartmetalle, insbesondere auch wegen seiner Wasserzersetzlichkeit, nicht in Betracht.

11. Urankarbid

a) Herstellung

Bei der Reduktion des Uranoxyds U_3O_8 mit Kohle im elektrischen Lichtbogenofen bildet sich nach H. Moissan[9] bei entsprechenden Verhältnissen von Oxyd zu Kohle ein scheinbar definiertes Karbid U_2C_3. Später haben P. Lebeau[10] sowie O. Ruff und A. Heinzel-

[1] Hunt, E. B. u. R. E. Rundle: J. Am. chem. Soc. 73 (1951), S. 4777/81.

[2] Wilhelm, H. A. u. P. Chiotti: Trans. Am. Soc. Met. 42 (1950), S. 1295/1310.

[3] Roth, W. A. u. G. Becker: Z. physik. Chem. A 159 (1932), S. 1/26.

[4] Brewer, L., L. A. Bromley, P. W. Gilles u. N. L. Lofgren in L. L. Quill: The Chemistry and Metallurgy of Miscellaneous Materials-Thermodynamics, McGraw-Hill, New York 1950, S. 40ff.

[5] Goldwater, D. L. u. R. E. Haddad: J. Appl. Phys. 22 (1951), S. 70/73.

[6] Friederich, E. u. L. Sittig: Z. anorg. allg. Chem. 144 (1925), S. 169/89.

[7] Kieffer, R.: Metall 4 (1949), S. 132/36.

[8] Hoyt, S. L.: Trans. Am. Inst. min. metallurg. Engrs., 89 (1930), S. 9/58.

[9] Moissan, H.: Compt. rend. 116 (1893), S. 347, 1433, 122 (1896), S. 274/80.

[10] Lebeau, P.: Compt. rend. 152 (1911), S. 955/58, 156 (1913), S. 1987/89.

mann[1] durch Schmelzen ein Karbid erhalten, dem sie die Formel UC_2 zuschrieben. Diese Formel wurde von O. Heusler[2], welcher UO_2 mit C bei verschiedenen Temperaturen und Drucken im festen Zustand umsetzte, bestätigt und von G. Hägg[3] röntgenographisch bewiesen.

In Uranstählen soll nach E. P. Poluschkin[4] das Karbid U_2C_3 (UC-UC_2?) und das Karbid UC vorkommen.

R. E. Rundle und Mitarbeiter[5] sowie H. A. Wilhelm und Mitarbeiter[6] untersuchten UC und UC_2, die durch Umsetzung von reinstem Uran oder Uranoxyd mit entsprechender Menge Kohle bei hohen Temperaturen im hochfrequenzbeheizten Graphittiegel hergestellt worden waren. UC läßt sich auch aus niedrig aufgekohltem Uran durch Behandlung mit HCl und H_2O_2 isolieren. P. Chiotti[7] hat UC aus UH_3 und Graphit unter Helium bei 825° erzeugt.

U. Esch und A. Schneider[8] mischten Uranmetallpulver mit Zuckerkohle in verschiedenen Verhältnissen und stellten aus den Mischungen Preßlinge her, welche in Kohleschiffchen im Kohlerohrkurzschlußofen unter Argon bei 1800° gesintert wurden. Für die röntgenographische Untersuchung wurden die luftempfindlichen Sinterkörper unter Argonatmosphäre zerkleinert. Bei niedrigen Kohlenstoffgehalten in der Ausgangsmischung wird teilweise Kohlenstoff aus dem Schiffchen aufgenommen. Bei 1800° gelang die Aufkohlung des UC nur bis zu $UC_{1,56}$. Bei 2300° soll jedoch die Stufe UC_2 erreicht werden können.

Das Karbid U_2C_3 haben W. Mallett und Mitarbeiter[9] durch Erhitzen einer Mischung von UC und UC_2 zwischen 1250 und 1800° im Vakuum erhalten. Auf dem Schmelzwege kann man es nicht erzeugen.

[1] Ruff, O. u. A. Heinzelmann: Z. anorg. allg. Chem. **72** (1911), S. 63/84.

[2] Heusler, O.: Z. anorg. allg. Chem. **154** (1926), S. 353/74.

[3] Hägg, G.: Z. physik. Chem. Abt. B **12** (1933), S. 33/56.

[4] Poluschkin, E. P.: Carnegie Schol. Mem. J. Iron Steel Inst. **10** (1920), S. 129/50; Rev. Met. **17** (1920) S. 421/37.

[5] Rundle, R. E., N. C. Baenziger, A. S. Wilson u. R. A. McDonald: J. Am. chem. Soc. **70** (1948), S. 99/105.

[6] Wilhelm, H. A., P. Chiotti, A. I. Snow u. A. H. Daane: J. chem. Soc. (1949), Suppl. Nr. 2, S. 318/321.

[7] Chiotti, P.: I. Am. ceram. Soc. **35** (1952), S. 123/30.

[8] Esch, U. u. A. Schneider: Z. anorg. Chem. **257** (1948), S. 254/66.

[9] Mallett, W., A. F. Gerds u. D. A. Vaughan: J. Electrochem. Soc. **98** (1951), S. 505/09.

b) Das System Uran-Kohlenstoff

Das System Uran-Kohlenstoff ist durch die Untersuchungen von U. Esch und A. Schneider[1], R. E. Rundle und Mitarbeiter[2] sowie H. A. Wilhelm und Mitarbeiter[3] gesichert (Abb. 46)[4]. Es existiert das kubisch flächenzentrierte Karbid UC, welches mit UN und UO isotyp ist und daher sehr leicht mit diesen Mischkristalle zu bilden vermag. Eine Löslichkeit von C oder U in UC ist bei Raumtemperatur nicht feststellbar.

Das umstrittene Karbid U_2C_3 existiert nach R. E. Rundle und Mitarbeitern[2] nur bei Temperaturen über 2000°. Auch in schroff abgeschreckten Proben kann röntgenographisch immer nur UC neben UC_2 nachgewiesen werden. Nach W. Mallett und Mitarbeitern[5] soll aber U_2C_3 bis 1800° beständig sein. Darüber zersetzt es sich in $UC + UC_2$.

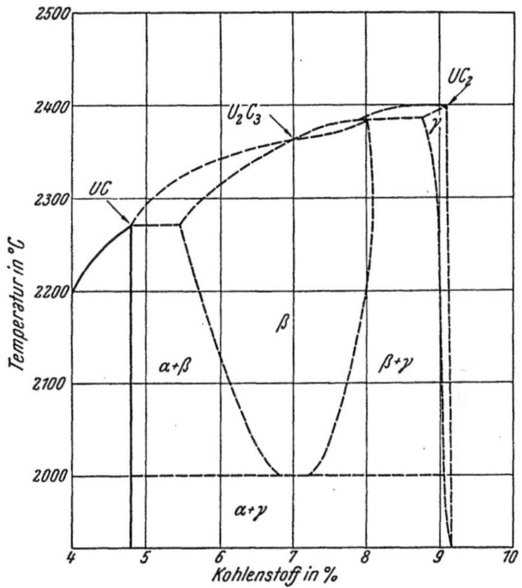

Abb. 46. Zustandsschaubild Uran-Kohlenstoff, Ausschnitt (J. J. Katz und E. Rabinowitch)

Das Karbid UC_2 hat nach U. Esch und A. Schneider[1] einen weiten Homogenitätsbereich, der sich bis zu $UC_{0,35}$ erstreckt. Kohlenstoff löst sich im Dikarbid bei hohen Temperaturen und kann durch Abschrecken in Lösung gehalten werden. In unabgeschreckten Proben scheidet sich C neben UC aus[2].

c) Eigenschaften

Das geschmolzene Urankarbid Moissans der Zusammensetzung U_2C_3 hat metallischen Glanz und kristallinen Bruch. Bei der Zer-

---

[1] Esch, U. u. A. Schneider: Z. anorg. Chem. 257 (1948), S. 254/66.

[2] Rundle, R. E., N. C. Baenziger, A. S. Wilson u. R. A. McDonald: J. Am. chem. Soc. 70 (1948), S. 99/105.

[3] Wilhelm, H. A., P. Chiotti, A. I. Snow u. A. H. Daane: J. chem. Soc. (1949), Suppl. Nr. 2, S. 318/321.

[4] Katz, J. J. u. E. Rabinowitch: The Chemistry of Uranium. McGraw-Hill, New York 1951, S. 215/26.

[5] Mallett, W., A. F. Gerds u. D. A. Vaughan: J. Electrochem. Soc. 98 (1951), S. 505/09.

kleinerung an Luft entzündet es sich sofort. Auch die Karbide UC und UC_2, graue metallische Pulver, sind äußerst pyrophor. Mit Stickstoff bildet sich aus UC_2 ab 1100° Urannitrid. Mit Wasser zersetzen sich UC und UC_2 unter Bildung von Kohlenwasserstoffen. Das U_2C_3 reagiert nach W. Mallett und Mitarbeitern[1] bis 75° nicht mit Wasser. Es ist ein harter und spröder Körper.

Die Härte des Moissanschen Urankarbides liegt zwischen der des Quarzes und Korunds.

Urankarbid UC (4,8% C) kristallisiert kubisch flächenzentriert (Steinsalztyp B 1)[2]. Die Gitterkonstante beträgt 4,951 Å. Die daraus berechnete Röntgendichte 13,63 g/cm³.

Das Karbid U_2C_3 (7,03% C) ist kubisch raumzentriert mit einer Gitterkonstanten von 8,088 Å[1]. Die Röntgendichte von 12,88 g/cm³ stimmt gut mit der ermittelten Dichte von 12,7 g/cm³ überein.

Das Urankarbid UC_2 (9,16% C) kristallisiert tetragonal raumzentriert[2-4] (Kalziumkarbidtyp). Die Gitterkonstanten sind a = 3,517 Å, c = 5,987 Å und danach beträgt die Röntgendichte 11,86 g/cm³. Die pyknometrische Dichte stimmt mit dieser gut überein. Sie ändert sich mit Zunahme der Kohlenstoff-Leerstellen[4].

Der Schmelzpunkt des UC_2 wird von O. Ruff und A. Heinzelmann[5] mit 2425° angegeben. Nach L. Brewer und Mitarbeitern[6] schmilzt U_2C_3 ebenfalls bei 2427°, UC bei 2280°, nach neueren Angaben[7] bei 2590 ± 50°. L. Brewer und Mitarbeiter führen auch thermodynamische Daten für Urankarbide an.

d) *Verwendung*

Trotz des schwach metallischen Charakters und der beschränkten Fähigkeit, mit anderen Hartkarbiden Mischkristalle zu bilden[8], hat Urankarbid wegen seiner Pyrophorität und geringen chemischen Beständigkeit bisher keine Anwendung in der Hartmetalltechnik

[1] Mallett, W., A. F. Gerds, u. D. A. Vaughan: J. Electrochem. Soc. **98** (1951), S. 505/09.

[2] Rundle, R. E., N. C. Baenziger, A. S. Wilson u. R. A. McDonald: J. Am. chem. Soc. **70** (1948), S. 99/105.

[3] Hägg, G. (nach K. Arnfeld): Z. phys. Chem. Abt. B **12** (1931), S. 42.

[4] Esch, U. u. A. Schneider: Z. anorg. Chem. **257** (1948), S. 254/66.

[5] Ruff, O. u. A. Heinzelmann: Z. anorg. allg. Chem. **72** (1911), S. 63/84.

[6] Brewer, L., A. Bromley, P. W. Gilles u. N. L. Lofgren in L. L. Quill: The Chemistry and Metallurgy of Miscellaneous Materials-Thermodynamics, McGraw-Hill, New York 1950, S. 40ff.

[7] Chiotti, P.: J. Am. ceram. Soc. **35** (1952), S. 123/30.

[8] Ö.P. 165868 (1948).

gefunden[1,2]. R. Kieffer[3] fand beim Einsatz von Urankarbid in WC-Co-Legierungen ein ähnliches Verhalten wie beim Thoriumkarbid.

12. Plutoniumkarbid

Plutoniumkarbid der Formel PuC hat nach W. H. Zachariasen[4] kubisch flächenzentriertes Gitter (Steinsalztyp B 1) mit einer Gitterkonstante von 4,920 Å. Weitere hartmetalltechnisch interessante Angaben werden in der Literatur nicht gemacht.

C. Zusammenfassung der Eigenschaften der Karbide

In Zahlentafel 33 und 34 sind die wichtigsten Eigenschaftswerte der Karbide, soweit bekannt, zusammengestellt. Weitere Einzelheiten sind den Abschnitten über die Einzelkarbide, den Standard-Tabellenwerken sowie der Literatur[5-8] zu entnehmen.

Zahlentafel 33. *Eigenschaften der Karbide*

Karbid	Dichte gef. g/cm³	Dichte theor. g/cm³	Härte* H_v kg/mm²	Schmelzpunkt °C	Elektrischer Widerstand Mikroohm · cm	Wärmeleitfähigkeit cal/cm · sec ·°C
TiC.....	4,93	4,94	3200	3140 ± 90	68,2	0,041
ZrC	6,9	6,66	2600	3530 ± 125	75	0,049
HfC	12,2	12,7	1	3890 ± 150	109	—
VC	5,36	5,81	2800	2830	156 (?)	—
NbC ...	7,82	7,85	2400	3500 ± 125	74	0,034
TaC	14,48	14,53	1800	3880 ± 150	30	0,053
Cr₃C₂ ...	6,68	6,67	1300	1895	—	—
Mo₂C ...	9,18	9,20	1500	2690 ± 50	97	—
WC	15,7	15,77	2400	2870±50 zers.	53	—
W₂C ...	17,2	17,34	3000²	2730 ± 15	∼ 80	0,07

* Mikrohärte, 50 g Belastung.
[1] Aus Literaturangaben kann auf eine Härte ähnlich wie bei ZrC geschlossen werden.
[2] W₂C-WC geschmolzen.

[1] Hoyt, S. L.: Trans. Am. Inst. min. metallurg. Engrs., **89** (1930), S. 9/58.
[2] Kieffer, R.: Unveröffentlichte Versuche 1943/44.
[3] Kieffer, R.: Metall **4** (1950), S. 132/36.
[4] Zachariasen, W. H.: Acta Cryst. **2** (1949), S. 388/90.
[5] Biltz, W.: Raumchemie der festen Stoffe, L. Voss, Leipzig 1934, S. 104/07.
[6] Nowotny, H. in W. Klemm: Naturforschung und Medizin in Deutschland 1939—1946. Anorganische Chemie, Bd. 26, Teil IV, Dieterich'sche Verlagsbuchhandlung, Wiesbaden 1949, S. 67/96.
[7] Brewer, L., L. A. Bromley, P. W. Gilles u. N. L. Lofgren in L. L. Quill: The Chemistry and Metallurgy of Miscellaneous Materials-Thermodynamics, McGraw-Hill, New York 1950, S. 40/59.
[8] Epprecht, W.: Chimia **5** (1951), S. 49/60.

Zahlentafel 34. *Struktur und Gitterkonstanten der Karbide*

Karbid	Kristallsystem	Strukturtyp	Gitterkonstanten Å
TiC.....	kubisch fl.-z.	B 1	4,319
ZrC	kubisch fl.-z.	B 1	4,685
HfC	kubisch fl.-z.	B 1	4,64
VC	kubisch fl.-z.	B 1	4,160
NbC ...	kubisch fl.-z.	B 1	4,461
TaC	kubisch fl.-z.	B 1	4,455
Ta_2C ...	hexagonal d. g.	L' 3, A 3 Einlager.	a$=$3,091; c$=$4,93
$Cr_{23}C_6$ ..	kubisch fl.-z.	D 8_4	10,65
Cr_7C_3 ...	hexagonal		a$=$13,98; c$=$4,53
Cr_3C_2 ...	orthorhombisch	D 5_{10}	a$=$2,82; b$=$5,53; c$=$11,47
Mo_2C ...	hexagonal d. g.	L' 3, A 3 Einlager.	a$=$3,004; c$=$4,722
Mo_2C ..	kubisch fl.-z.		4,14
MoC....	kubisch fl.-z.	B 1	4,28
W_2C ...	hexagonal d. g.	L' 3, A 3 Einlager.	a$=$2,98; c$=$4,71
W_2C ...	kubisch fl.-z.		4,16
WC	hexagonal einfach		a$=$2,9004; c$=$2,8311

D. Karbid-Mehrstoffsysteme

1. Allgemeines

Die besprochenen Metallkarbide der 4., 5. und 6. Gruppe des
Periodensystems beanspruchen nicht nur für sich allein, sondern
auch nebeneinander und besonders in Form mischkristallenthaltender
Zwei- und Mehrstofflegierungen großes Interesse. Die Karbidmischkristalle, deren technische Bedeutung erstmalig P. Schwarzkopf
und I. Hirschl[1] erkannt haben, bilden nämlich die Grundlage für
jene Hartmetallsorten, welche zur Bearbeitung langspanender
Werkstoffe geeignet sind. Die Kenntnis über den Aufbau, die Eigenschaften und das Verhalten ist daher von erheblicher praktischer
Bedeutung. Die Möglichkeiten für die Verwendung neuartiger
Karbidsysteme scheinen dabei lange noch nicht in allen Legierungs-
varianten erschöpft zu sein. Bei Drei- und Vierstoff-Hart-
metallen scheint sich eine ähnliche Entwicklung anzubahnen wie
seinerzeit bei den mehrfachlegierten Stählen.

Daß die hier in Frage kommenden Karbide in weitem Maße
Mischkristalle zu bilden vermögen, ist seit langem vermutet bzw.
für einzelne Karbidpaare schon frühzeitig nachgewiesen worden.
Dabei wurde beobachtet, daß die Härte durch Mischkristallbildung
zunimmt[1] und meistens eine Selbstreinigung der Karbide von freiem

---

[1] D.R.P. 720502 (1929).

Graphit, Oxyden und Nitriden eintritt[1]. Aus diesen Gründen bieten Karbidmischkristalle und Gemische solcher mit freien Karbiden für die Herstellung von Hartmetallen große Vorteile gegenüber der Verwendung von Gemengen unlegierter Karbide.

Lückenlose Mischkristallreihen bilden jeweils Karbide homologer Elemente und Karbide mit gleicher Gitterstruktur (isotype Karbide), sofern die Unterschiede in den Gitterkonstanten nicht allzugroß sind (s. S. 158). Nach H. Nowotny und R. Kieffer[2] sind demnach gemäß Abb. 47 jeweils die Karbide der 4. und 5. Gruppe des periodischen Systems innerhalb der Gruppe untereinander lückenlos mischbar (ausgezogene Verbindungslinien). Die Karbide der 4. und 5. Gruppe sind isotyp und haben alle kubische Kristallstruktur (Steinsalztyp). Es ist also ebenfalls lückenlose Mischbarkeit der Karbide beider Gruppen untereinander zu erwarten. Dies trifft auch tatsächlich bis auf das Paar ZrC-VC (punktierte Verbindungslinie) zu. Die Systeme mit HfC (gestrichelte Verbindungslinie) sind noch nicht untersucht, teilweise Mischbarkeit ist aber wahrscheinlich. Nach W. Hume-Rothery[3] ist für die Bildung von einfachen binären Mischkristallen die Atomgröße der beiden Komponenten entscheidend. Auf Grund eines empirischen Gesetzes ist Mischkristallbildung nur möglich, wenn der Unterschied in der Atomgröße von lösender und gelöster Komponente weniger als 15% beträgt. Ist er größer, dann ist die Löslichkeit beschränkt. Errechnet man die Unterschiede in den Gitterkonstanten, dann sieht man gemäß Zahlentafel 35, daß sich beim Paar ZrC-VC die Differenz an der Grenze bewegt und daß also nur beschränkte Löslichkeit zu erwarten ist. Auch im System TiC-ZrC ist der Gitterunterschied verhältnismäßig groß, so daß auch hier beschränkte

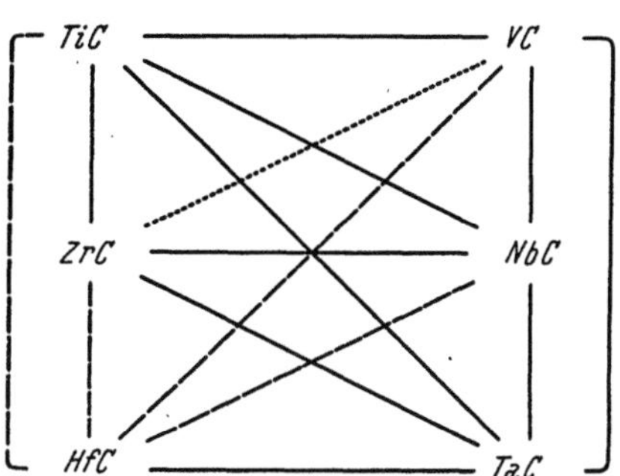

Abb. 47. Mischbarkeit isotyper Karbidpaare, schematisch (H. Nowotny und R. Kieffer)

Ausgezogene Verbindungen: vollkommene Mischbarkeit

Gestrichelte Verbindungen: noch nicht untersuchte Systeme, teilweise Mischbarkeit zu erwarten

Punktierte Verbindung: beschränkte Löslichkeit

---

[1] Kieffer, R. u. W. Hotop: Pulvermetallurgie u. Sinterwerkstoffe, 2. Aufl., Springer-Verlag, Berlin/Göttingen/Heidelberg 1948, S. 298 ff.

[2] Nowotny, H. u. R. Kieffer: Metallforschung 2 (1947), S. 257/65.

[3] Hume-Rothery, W.: The Structure of Metals and Alloys. Inst. of Metals Monograph, London 1936, S. 52.

Mischbarkeit zu vermuten wäre. Tatsächlich ist aber dieses Karbidpaar lückenlos mischbar.

J. T. Norton und A. L. Mowry[1] berechnen die Unterschiede
aus den Durchmessern der Metallatome im Karbidgitter. Legt man
diese Werte, die ebenfalls in Zahlentafel 35 angeführt sind, zu
Grunde, dann wird die Regel von Hume-Rothery genau erfüllt.

Die Karbide der 4. und 5. Gruppe einerseits und die Karbide der
6. Gruppe andererseits sind wegen der verschiedenen Kristallstruktur

Zahlentafel 35. *Unterschiede in den Gitterkonstanten isotyper Karbide*

Karbidpaar	Unterschied in der Gitter-konstanten % größer oder kleiner als das Zweitkarbid		Unterschied im Atomdurch-messer % größer oder kleiner als das Zweitmetall	
TiC — ZrC	8,5	7,9	13,0	11,5
TiC — VC	3,7	3,8	5,5	6,0
TiC — NbC	3,5	3,4	5,1	4,8
TiC — TaC	3,1	3,0	4,8	4,6
ZrC — VC	11,2	12,6	16,7	19,9
ZrC — NbC	4,8	5,0	7,1	7,6
ZrC — TaC	4,9	5,2	7,2	7,8
VC — NbC	7,2	6,7	11,7	10,5
VC — TaC	7,1	6,6	11,1	10,0
NbC— TaC	0	0	0	0

nur beschränkt miteinander mischbar. Auf Seite der Karbide der
6. Gruppe besteht meist eine auch bei hoher Temperatur sehr geringe Löslichkeit, während die als Solvent wirkenden Karbide der
4. und 5. Gruppe bei Raumtemperatur bis 70% und bei hoher
Temperatur bis zu 95% Karbide der 6. Gruppe zu lösen vermögen.
Gerade hierher gehören aber die für die Technik sehr wichtigen
Systeme WC-TiC und WC-TaC. Die Kenntnis von den gegenseitigen
Löslichkeitsgrenzen ist daher von besonderer Bedeutung und zahlreiche Arbeiten haben versucht, in dieser Richtung Klarheit zu
schaffen (s. S. 173). In Abb. 62 sind z. B. die Verhältnisse für das
genauer untersuchte System VC-WC wiedergegeben, die grundsätzlich auch für ähnliche Systeme Geltung haben.

Kombiniert man die hier interessierenden Karbide untereinander,
dann ergeben sich über 40 Karbidpaare, deren Systeme allerdings bis
heute noch lange nicht alle eingehend erforscht sind. Dies gilt insbesondere für die Cr_3C_2- und HfC-enthaltenden Systeme.

---

[1] Norton, J. T. u. A. L. Mowry: Trans. AIME **185** (1949), S. 133/36.

2. Die Herstellung von Karbidmischkristallen

Karbidmischkristalle kann man nach folgenden Verfahren herstellen:

a) Feinstgemahlene *Metalloxyd*gemenge werden mit Ruß oder Kohle auf Karbidbildungstemperatur erhitzt. Man kann auch von vorher chemisch gemeinsam gefällten Metalloxyden ausgehen. Gegebenenfalls wird die Karburierung bzw. Mischkristallbildung mehrmals wiederholt.

b) Innig gemischte, pulverförmige *Metall*gemenge werden mit Ruß oder Kohle auf Karbidbildungstemperatur erhitzt. Das Verfahren kann mit a) kombiniert werden. Gegebenenfalls wird die Karburierung bzw. Mischkristallbildung mehrmals wiederholt.

c) Innige Gemische aus bereits *vorgebildeten* Karbiden werden auf Mischkristallbildungstemperatur erhitzt. Der Vorgang wird zweckmäßig mehrfach wiederholt. Das Verfahren kann mit a) und b) kombiniert werden.

d) Metalloxyd-Kohlenstoff-, Metall-Kohlenstoff- bzw. Karbidgemenge gemäß a) bis c) werden mit 0,5 bis 5% Metallen, Oxyden oder Karbiden, z. B. Co, Ni, Fe, W, Co-Oxyd, MoO_3, Mo_2C, VC, Cr_3C_2 u. a., welche als diffusionsfördernde Zusätze wirken, auf Mischkristallbildungstemperatur erhitzt. Die Eisenmetalle können durch Säurebehandlung wieder entfernt werden.

e) Isolierung von Karbidmischkristallen aus aufgekohlten komplexen Ferrolegierungen gegebenenfalls unter Zusatz von überschüssigen Eisenmetallen (Ni, Co) oder von freien Karbiden zu den geschmolzenen oder gesinterten Ferrolegierungen.

f) Gemeinsames Niederschmelzen unzersetzt schmelzender Karbide.

g) Gemeinsame Abscheidung durch Elektrolyse von entsprechend zusammengesetzten Salzschmelzen.

a) Mischkristallbildung durch Karburierung von Metalloxydgemengen

Die gleichzeitige Karburierung und Mischkristallbildung durch Erhitzen entsprechender Oxydgemische mit Kohlenstoff ist durch verhältnismäßig niedrige Mischkristallbildungstemperaturen gekennzeichnet. Sie hat bei der Herstellung der von P. Schwarzkopf und Mitarbeitern entwickelten Hartmetalle zur Bearbeitung von Stahl auf Basis von mit Nickel abgebundenen Mo_2C-TiC-Mischkristallen technische Bedeutung erlangt (s. S. 505). Gemische aus MoO_3-TiO_2 wurden mit entsprechenden Mengen Ruß in Kohlerohröfen unter Wasserstoff auf 1500 bis 2000° erhitzt[1]. Später wurde dieses Verfahren zugunsten der Mischkristallbildung aus fertigen Karbiden verlassen.

Auch bei der Herstellung von WC-TiC-Mischkristallen, welche vornehmlich für Hartmetalle zur Stahlbearbeitung dienen, kann man nach C. Ballhausen[2] von den Oxyden ausgehen. WO_3, TiO_2 und entsprechende Mengen Ruß, welche zur Reduktion und Karburierung ausreichen, werden sehr innig gemischt, zu Blöcken verpreßt und in Hochfrequenzöfen bei 1600 bis 1700° geglüht. Der entstandene Mischkristall ist sehr rein und enthält nur 0,5 bis 0,6% freien Graphit. Durch Nachkarburierung mit Wolframmetallpulver kann der Kohlenstoffüberschuß herabgesetzt werden.

Selbstverständlich kann man bei der WC-TiC-Mischkristall-herstellung auch nur eine Komponente — meist das Titan — in Form des Oxydes einsetzen. Man kann also von Mischungen aus $W\text{-}TiO_2\text{-}C$ oder $WC\text{-}TiO_2\text{-}C$ ausgehen und diese im Kohlerohrofen unter Wasserstoff bei 1600° umsetzen[3-5]. Nach H. Franssen[6] hat sich dieses Verfahren bei der Herstellung von Mischkristallen für WC-TiC-Co-Hartmetalle als sogenanntes „Knickverfahren" bewährt. G. A. Meerson[7] reduzierte innige Gemenge von WO_3 und TiO_2 zunächst unter Wasserstoff bei 850° und erhitzte das gebildete $W\text{-}TiO_2$-Gemenge unter Zusatz von Ruß in einer zweiten Stufe zwecks Bildung des Mischkristalles. Bereits bei 1500 bis 1550° tritt dann dabei schon nach zwei Stunden fast vollständige Karburierung des TiO_2 und gleichzeitig Mischkristallbildung ein.

b) Mischkristallbildung durch Karburierung von Metallgemengen

Die gleichzeitige Karburierung und Mischkristallbildung von Metallpulvergemengen mit Kohlenstoff ist möglich, wurde aber selten, beispielsweise zur Herstellung von $Mo_2C\text{-}WC$- und $MoC\text{-}WC$-Mischkristallen, angewandt[8-10]. Die für technische Mischkristalle

---

[1] Ö.P. 160172 (1931).

[2] Ballhausen, C.: Persönliche Mitt. 1936; s. B. I. O. S. Final Rep. Nr. 1385 (1945), S. 86/87.

[3] Brownlee, L. D., G. A. Geach u. T. Raine: Iron Steel Inst., Spec. Rep. No. 38, London 1947, S. 73/78.

[4] B. I. O. S. Final Rep. Nr. 1385 (1945), S. 26.

[5] Lvovskaja, V. P. u. J. S. Umanski: Zur. Tek. Fiz. 20 (1950), S. 1167/74.

[6] Franssen, H.: Arch. Eisenhüttenwes. 19 (1948), S. 79/84.

[7] Meerson, G. A.: Redkije Metally 4 (1935), Nr. 4, S. 6/20.

[8] A.P. 1959879 (1929).

[9] Kieffer, R. u. W. Hotop: Pulvermetallurgie u. Sinterwerkstoffe, 2. Aufl., Springer-Verlag, Berlin/Göttingen/Heidelberg 1948, S. 298/99.

[10] Dawihl, W.: Z. anorg. Chem. 262 (1950), S. 212/17.

interessierenden Metalle Titan, Tantal, Zirkon, Vanadin und Niob sind nämlich in reiner, metallischer Form verhältnismäßig teuer. In nächster Zeit ist aber beispielsweise mit Titan- und Zirkonpulver in größeren Mengen und zu tragbaren Preisen zu rechnen[1,2]. Für die Herstellung reinster Mischkristallpräparate ist dieser Weg zu empfehlen.

c) Mischkristallbildung aus Gemengen vorgebildeter Karbide

Der klassische Weg zur Herstellung von Karbidmischkristallen ist das gemeinsame Erhitzen der einzeln vorgebildeten Karbide auf Mischkristallbildungstemperatur. Seit dem Pioniervorschlag von P. Schwarzkopf und I. Hirschl[3] werden die für die Hartmetallherstellung wichtigen Mischkristalle WC-TiC, WC-TaC (NbC), WC-TiC-TaC (NbC), WC-VC-TaC, Mo_2C-TiC, TiC-VC und andere binäre und ternäre Mischkristalle für wolframarme und -freie Hartmetalle bevorzugt auf diese Weise erzeugt[4-7].

Die getrennt gebildeten Einzel- bzw. Rohkarbide werden gegebenenfalls unter Zusatz von fehlendem Kohlenstoff trocken oder naß sehr innig gemischt und die Mischung in Kohlerohröfen unter Schutzgas oder in Hochfrequenzvakuumöfen etwa zwei Stunden auf Mischkristallbildungstemperatur von 1600 bis 2200° erhitzt. Die Geschwindigkeit der Mischkristallbildung ist dabei stark von der Diffusionsgeschwindigkeit der Komponenten, von der Höhe der Temperatur, weniger von der Zeit, abhängig. Durch Zusatz von geringen Mengen an Fremdmetallen oder Fremdkarbiden (s. S. 362) können die Mischkristallbildung und die Selbstreinigungseffekte beschleunigt werden.

Die Herstellung, insbesondere von WC-TiC-Mischkristallen für technische Zwecke und für Systemuntersuchungen, ist in zahlreichen Arbeiten[8-11] eingehend beschrieben worden (s. S. 172). Wesentlich neue Gesichtspunkte haben sich dabei aber nicht ergeben.

---

[1] Report of Symposium on Titanium, Office of Naval Research, Washington 1949.

[2] Kroll, W. J.: Trans. AIME **188** (1950), S. 1445/53.

[3] D.R.P. 720502 (1929).

[4] Kieffer, R. u. W. Hotop: Pulvermetallurgie u. Sinterwerkstoffe, 2. Aufl., Springer-Verlag, Berlin/Göttingen/Heidelberg 1948, S. 298ff.

[5] Kieffer, R. u. F. Kölbl: Powder Met. Bull. **4** (1949), S. 4/17.

[6] Kieffer, R.: Metall **4** (1950), S. 132/36.

[7] Molkov, L. P. u. I. V. Vikker: Vestn. Metalloprom. **16** (1936), S. 75/82.

[8] Krainer, H. u. K. Konopicky: Berg- u. Hüttenmänn. Mh. **92** (1947), S. 166/78.

[9] Metcalfe, A. G.: J. Inst. Met. **73** (1947), S. 591/607.

[10] Brownlee, L. D., G. A. Geach u. T. Raine: Iron Steel Inst., Spec. Rep. Nr. 38, London 1947, S. 73/78.

[11] Lvovskaja, V. P. u. J. S. Umanski: Zur. Tek. Fiz. **20** (1950), S. 1167/74.

d) *Mischkristallbildung unter Verwendung diffusionsfördernder Zusätze*

Die Bildung von Karbidmischkristallen aus Metalloxyd-Kohlenstoff-, Metall-Kohlenstoff-, Metallhydrid-Kohlenstoff- oder Karbidgemengen unter Zusatz diffusionsfördernder Stoffe, z. B. Kobalt, Nickel, Kobaltoxyd, Molybdänkarbid u. a. in Mengen von 0,5 bis 5% durch Erhitzen auf Mischkristallbildungstemperatur wird für großtechnische und für wissenschaftliche Zwecke sehr häufig angewendet. Man erhält dabei infolge eines Selbstreinigungseffektes, welcher durch eine gegebenenfalls auftretende flüssige Phase unterstützt wird, in kurzer Zeit sehr reine Mischkristalle. Die Sinterkörper fallen dabei ziemlich dicht an, so daß sie für technologische Untersuchungen, z. B. zur Bestimmung der Härte, Biegebruchfestigkeit u. a., besonders geeignet sind. Der geringe Zusatz von Fremdmetallen oder Karbiden beeinträchtigt die Eigenschaften des Endproduktes nicht. Für die Reindarstellung von Karbidmischkristallen wird man die Zusätze an Eisenmetallen ausdampfen oder chemisch entfernen[1].

Nach H. Nowotny und R. Kieffer[2] geht man bei der Herstellung von Karbidmischkristallen z. B. folgendermaßen vor:

Die Karbidpulver mit einer Körnung $< 0,06$ mm werden unter Zusatz von 0,5% Kobaltpulver in Kugelmühlen sehr innig trocken oder naß gemischt, das abgesiebte Pulver mit einem Druck von etwa $^1/_2$ t/cm^2 zu Platten verpreßt und diese zwei Stunden im Vakuum auf 1500° bzw. 1600° erhitzt. Auf diese Weise gelingt es, Mischkristalle von VC-, Mo_2C- und Cr_3C_2-enthaltenden Systemen herzustellen. Bei vielen Systemen mit diffusionsträgen Karbiden genügt diese niedrige Sintertemperatur nicht. H. Nowotny und R. Kieffer[2] haben in diesen Fällen die Sinterung der Karbidgemenge mit 1% Kobaltpulver bei 2100° $\pm$ 100° im direkten Stromdurchgang in einer gebräuchlichen Heißpreßeinrichtung vorgenommen, wobei die Erhitzungsdauer nur etwa fünf Minuten betrug. Der Einfluß der Sintertemperatur ist bei der Mischkristallbildung von entscheidender Bedeutung. Insbesondere konnte dies in den Systemen mit ZrC beobachtet werden. In manchen Fällen gelingt es nach H. Nowotny und R. Kieffer auch bei verhältnismäßig niedrigen Sintertemperaturen durch sehr lange Sinterzeiten Mischkristalle zu bilden. Es wurden Preßlinge der Karbidgemenge mit 5% Kobalt kurzzeitig bei 1550° heißgepreßt und anschließend 110 Stunden bei 1400 $\pm$ 50°

---

[1] Foster, L. S., L. W. Forbes, L. B. Friar, L. S. Moody u. W. H. Smith: J. Am. ceram. Soc. **33** (1950), S. 27/33.

[2] Nowotny, H. u. R. Kieffer: Metallforschung **2** (1947), S. 257/65.

nach dem Verfahren von R. Kieffer[1] langzeitgesintert. Es tritt dabei Mischkristallbildung ein, wobei allerdings die Körper wegen des Ausdampfens des Kobalts gerne porös werden und häufig Entkohlungen in den Außenzonen aufweisen. Man erhält aber dabei besonders gut ausgebildete und große Mischkristalle, die z. B. für die Bestimmung der Mikrohärte besonders gut geeignet sind.

J. T. Norton und A. L. Mowry[2] haben bei ihren Untersuchungen von Mischkristallsystemen der Karbide der 4. und 5. Gruppe die Ausgangskarbide ebenfalls mit 1% Kobaltpulver in nichtrostenden Kugelmühlen unter Zusatz organischer Lösungsmittel sehr innig gemischt, die getrocknete, abgesiebte Mischung zu Körpern verpreßt und diese im Hochfrequenzvakuumofen drei Stunden bei 2100° gesintert. Diese hohe Sintertemperatur und lange Sinterzeit genügte in allen Fällen, um den Beweis der Mischkristallbildung bei den betreffenden Systemen zu erbringen. Lediglich im System ZrC-VC trat aus den früher erwähnten theoretischen Gründen nur beschränkte Mischbarkeit auf, worauf H. Nowotny und R. Kieffer schon hingewiesen hatten.

e) Mischkristallherstellung durch Umsetzung im Schmelzbad und Isolierung

Die Herstellung von Wolframkarbid-Titankarbid-Mischkristallen nach dem sogenannten „Menstruum-Verfahren" von P. M. McKenna[3] hat in USA. für die technische Erzeugung von Sinterhartmetallen beachtliche Bedeutung erlangt. Dabei werden in einer Nickelschmelze Wolframmetall, Ferrotitan, Titandioxyd oder Titan und Graphit bei etwa 2000° zur Reaktion gebracht[4]. P. M. McKenna glaubte bei stöchiometrischem Einsatz ein Doppelkarbid der Formel $WTiC_2$ durch Behandlung der gepulverten Schmelze mit Königswasser isoliert zu haben. Die als Verbindung bzw. Doppelkarbid $WTiC_2$ gedeutete Karbidlegierung ist aber nichts anderes als ein Mischkristall von Wolframkarbid und Titankarbid im Verhältnis 1:1. Aus dem Nickelbad lassen sich WC-TiC- und WC-TaC-, TiC-NbC-TaC-Mischkristalle[5] *beliebiger* Zusammensetzung herstellen. Die Mischkristalle sind durch niedrige Oxyd-, Nitrid- und Graphitgehalte gekennzeichnet und daher für die Herstellung von porenfreien Sinterhartmetallen hervorragend geeignet. Bei der Herstellung von TiC-NbC-TaC-Mischkristallen, welche als Zusatz für hochwarm- und

---

[1] Kieffer, R.: Z. Metallkunde 46 (1944), H. 9, Metallforschung 2 (1947), S. 236/38, Powder Met. Bull. 2 (1947), S. 104/11.

[2] Norton, J. T. u. A. L. Mowry: Trans. AIME 185 (1949), S. 133/36.

[3] McKenna, P. M.: Metal Progress 36 (1939), S. 152/55.

[4] A.P. 2113353 bis 2113356 (1937), A.P. 2124509 (1935).

[5] Redmond, J. C. u. E. N. Smith: Trans. AIME 185 (1949), S. 987/93.

zunderfeste Werkstoffe auf TiC-Kobalt-Basis dienen (s. S. 657), kann man direkt Ferro-Niob-Tantal oder Ferro-Tantal-Niob verwenden und dadurch die schwierige Tantal-Niob-Trennung umgehen[1].

Nach R. Kieffer[2] kann man aus hochgekohltem, niobhaltigem Ferrotantal durch Säurebehandlung TaC-NbC-Mischkristalle isolieren, welche sich ebenso wie die McKennaschen Mischkarbide durch Graphit-, Sauerstoff- und Nitridfreiheit auszeichnen.

f) Mischkristallbildung durch gemeinsames Niederschmelzen

Aus Karbiden, welche sich beim Schmelzen nicht zersetzen, kann man selbstverständlich auch auf klassische Weise durch Zusammenschmelzen Karbidmischkristalle bilden. Es sei hier auf die ersten geschmolzenen Hartmetallziehsteine aus Wolfram- und Molybdänkarbid verwiesen. C. Agte und H. Alterthum[3] haben bereits an den Systemen W_2C-TaC, W_2C-NbC, W_2C-ZrC, NbC-TaC, NbC-ZrC, TaC-ZrC und TaC-HfC die Schmelzpunkte in Abhängigkeit vom Mischungsverhältnis bestimmt und die geschmolzenen Mischkarbide mikroskopisch und röntgenographisch untersucht. Zu diesem Zwecke wurden stäbchenförmige Preßlinge aus den pulverförmigen Karbidmischungen hochgesintert und der Schmelzpunkt des Mischkristalles nach der Bohrlochmethode bestimmt (s. S. 57). Aus dem gleichmäßigen Temperaturanstieg bei gleichbleibender Energiezufuhr kann geschlossen werden, daß in der Mischkristallreihe keine neuen Verbindungen (Doppelkarbide) auftreten, bzw. in dem betreffenden Karbidsystem nur beschränkte Mischbarkeit vorliegt.

Auf dem Schmelzwege hergestellte Karbidmischkristalle haben wegen ihrer Sprödigkeit nur für Hartaufschweißlegierungen Bedeutung erlangt. Es sei hier noch auf die umfangreiche Literatur[4] über geschmolzene Hartlegierungen aus den Anfängen der Hartmetallherstellung verwiesen. In vielen dieser Hartlegierungen dürften neben intermediären eisenenthaltenden Phasen mehr oder weniger definierte Mischkristalle von Karbiden enthalten gewesen sein.

g) Mischkristallbildung durch Schmelzflußelektrolyse

Setzt man nach der von G. Weiss und L. Andrieux[5,6] angegebenen Methode den Metaborat-Fluorid-Karbonat-Salzschmelzen

---

[1] Redmond, J.C. u. E. N. Smith: Trans. AIME **185** (1949), S. 987/93.

[2] Ö.P. 157947 (1938).

[3] Agte, C. u. H. Alterthum: Z. techn. Physik **11** (1930), S. 182/91.

[4] Becker, K.: Hochschmelzende Hartstoffe und ihre technische Anwendung. Verlag Chemie, Berlin 1933, S. 120/21, Patentzusammenstellung S. 125/29, Nachtrag 1933/34, S. 6/8, Nachtrag 1935, S. 4/5.

[5] Weiss, G.: Ann. Chim. 1 (1946), S. 446/525.

[6] Andrieux, L. u. G. Weiss: Bull. Soc. Chim. France **15** (1948), S. 598/601.

mehrere Oxyde von Metallen, die unter den gegebenen Bedingungen zur Karbidbildung befähigt sind, zu, dann erhält man als Abscheidungsprodukt feinstdisperse Karbidgemenge oder, nach anschließender Diffusionsglühung, Karbidmischkristalle.

3. Karbid-Zweistoffsysteme

Titankarbid-Zirkonkarbid. Trotz des verhältnismäßig großen Unterschiedes in den Gitterkonstanten zwischen TiC und ZrC, der etwa 8,2% beträgt, besteht in diesem System vollkommene Mischbarkeit. Bei den Untersuchungen von H. Nowotny und R. Kieffer[1] zeigte sich zwar zunächst auf Grund von Gitterkonstantenmessungen, daß Proben, welche mit 25 bzw. 75% ZrC, Rest TiC unter Zusatz von 0,5% Co, zwei Stunden bei 1600° im Vakuum gesintert worden waren, noch eindeutig heterogen sind und die gleichen Gitterkonstanten haben wie die Komponenten. Dagegen zeigen heißgepreßte Proben mit 25 bzw. 75% ZrC, die kurzzeitig bei 2100° gesintert worden waren, praktisch Homogenität. Hochgesinterte Proben mit 50% ZrC waren ebenso wie 110 Stunden bei 1400° $\pm$ 50° langzeitgesinterte Proben mit 50% ZrC allerdings noch heterogen. Trotzdem nehmen H. Nowotny und R. Kieffer[1] auf Grund der Diffusionsversuche bei 2100° an, daß eine lückenlose Mischreihe besteht, weil in diesem System die Gleichgewichtseinstellung äußerst träge verläuft.

J. T. Norton und A. L. Mowry[2] haben bei ihren sehr exakten Untersuchungen TiC-ZrC-Preßlinge mit 1% Co drei Stunden bei 2100° im Vakuum gesintert. Die Gitterkonstanten, bestimmt an den Sinterkörpern in Abständen von 10 Mol.-% ZrC, weichen schwach positiv von der Vegardschen Geraden ab (Abb. 48). Die von H. Nowotny und R. Kieffer[1] angenom-

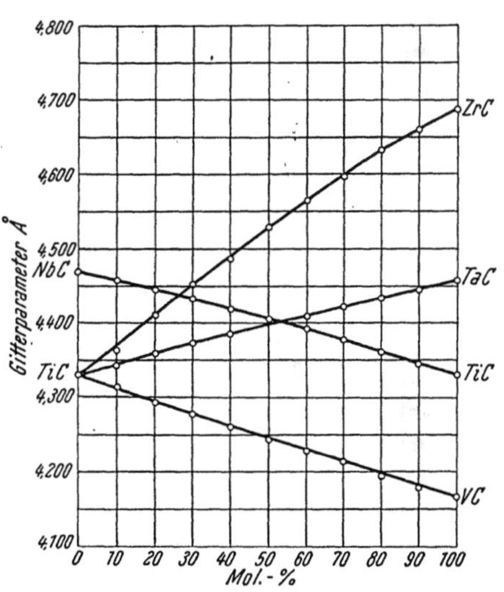

Abb. 48. Gitterkonstanten der Mischkristallreihen TiC-ZrC, TiC-VC, TiC-NbC und TiC-TaC (J. T. Norton und A. L. Mowry)

---

[1] Nowotny, H. u. R. Kieffer: Metallforschung 2 (1947), S. 257/65.
[2] Norton, J. T. u. A. L. Mowry: Trans. AIME 185 (1949), S. 133/36.

mene lückenlose Mischbarkeit der beiden Karbide wird eindeutig bestätigt.

Titankarbid-Hafniumkarbid. Die Karbide des Titans und Hafniums sind isotyp und aus dem Unterschied im Gitterabstand kann angenommen werden, daß die beiden Karbide vollkommen mischbar sind. Das System wurde bis jetzt noch nicht untersucht.

Titankarbid-Vanadinkarbid. Bei der Sinterung von Titankarbid-Vanadinkarbid-Mischungen unter Zusatz von 0,5% Kobalt erfolgt nach H. Nowotny und R. Kieffer schon bei 1500° und

Zahlentafel 36. *Zusammensetzung und Ergebnisse der Röntgenuntersuchung einiger der geprüften Titan-Vanadin-Mischkarbide* (H. Krainer u. K. Konopicky)

Be-zeich-nung	Titan-karbid %	Vanadin-karbid %	Kohlen-stoff im Karbid-anteil %	Bin-de-metall	Gitter-konstante Å	Bemerkungen
VT 1.	50 (16,6%C)	50 (15% C)	16,2	—	4,20	Reflexe stark verwaschen
VT 2.	42,5	42,5	15,5	15	4,223	
VT 3.	75 (16,6%C)	25 (15% C)	16,5	—	4,214 4,277	2 Phasen nebeneinander, Reflexe unscharf
VT 4.	75 (18,1%C)	25 (15% C)	17,3	—	a) 4,285 b) 4,246	Die titanreiche Phase a) in größerer Menge als b) vorhanden
VT 5.	75 (16,6%C)	25 (18,5%C)	17,2		a) 4,251 b) 4,292	Die vanadinreiche Phase a) überwiegt hier
VT 6.	64	21	14,5	15	4,22 4,27	Geringe Schärfe der Reflexe
VT 7.	66	22	16,2	12	a) 4,250 b) 4,285	Die Reflexe der vanadinreicheren Phase a) sind intensiver als die von b)
VT 8.	66	22	15,0	12	4,253	
VT 9.	66	22	16,8	12	4,261	
VT 10	66	22	17,0	12	4,263	

zweistündiger Sinterzeit Mischkristallbildung. Auf Grund der Gitterkonstantenwerte wurde gefolgert, daß TiC-VC eine lückenlose Mischkristallreihe bilden.

H. Krainer und K. Konopicky[1] untersuchten ebenfalls röntgenographisch TiC-VC-Mischkristalle und bestimmten die Gitter-

---

[1] Krainer, H. u. K. Konopicky: Berg- u. Hüttenmänn. Mh. **92** (1947), S. 166/78.

konstanten in Abhängigkeit vom Kohlenstoffgehalt der Präparate. Gemäß Zahlentafel 36 ist das Mischkarbid mit 50% TiC und 50% VC einphasig, die Röntgenreflexe sind jedoch sehr unscharf, was offenbar auf eine zu niedrige Sinter- temperatur schließen läßt. Die Mischkarbide aus 75% TiC und 25% VC bestehen aus einer VC- und einer TiC-reichen Phase. Die wenig scharfen Reflexe lassen eben- falls auf starke Gitterstörungen schließen. Bei Mischkarbiden aus 75% TiC und 25% VC, bei denen der Gehalt an Kohlenstoff im VC höher ist, sind die Reflexe der VC- reicheren Phase schärfer und inten- siver als die der TiC-reicheren. Die gefundenen Gitterkonstanten stehen damit in Übereinstimmung. Es hat den Anschein, als ob Karbide, deren Kohlenstoffgehalt näher der theoretischen Zusammen- setzung für TiC bzw. VC liegen,

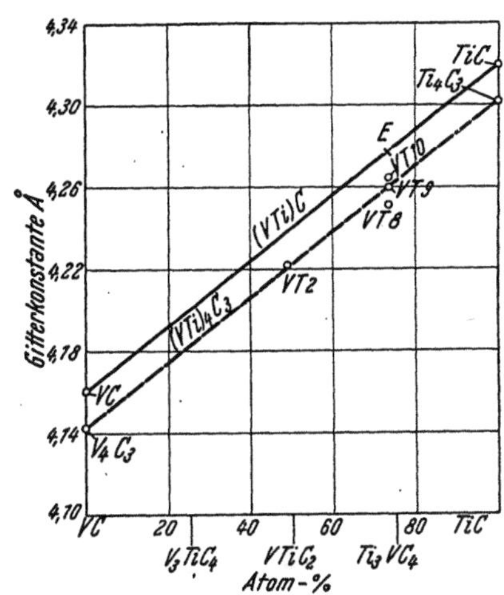

Abb. 49. Gitterkonstanten der Misch- kristallreihe TiC-VC (H. Krainer und K. Konopicky)

leichter fremde Karbide aufzulösen vermögen, eine Beobachtung, die auch bei TiC-WC- und TiC-TaC-Mischkristallen gemacht werden kann.

Die Gitterkonstanten des Mischkristalles 3 TiC-VC än- dern sich in Abhängigkeit vom Kohlenstoffgehalt, wie Abb. 50 zeigt, linear. Der Ver- lauf ist grundsätzlich der gleiche wie in den Rand- systemen Ti-C-O und V-C-O (s. S. 96). Extrapoliert man daraus den Wert der Gitterkonstante für 3 TiC-VC (19,75% C), so liegt dieser ge- mäß Abb. 49 auf der Ge- raden, welche einer linearen Abhängigkeit der Gitterkon-

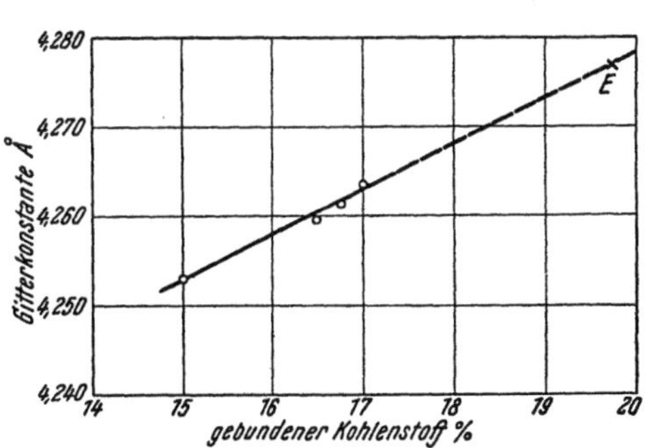

Abb. 50. Abhängigkeit der Gitterkonstante der Mischkarbide (Ti₃V) Cx vom gebundenen Kohlenstoff (H. Krainer und K. Konopicky)

stante vom Mischungsverhältnis TiC-VC entspricht. Titankarbid- Vanadinkarbid bilden daher eine lückenlose Reihe von Misch- kristallen, deren Gitterkonstante sich additiv berechnen läßt und wie bei den Randsystemen vom gebundenen Kohlenstoff beeinflußt wird. Bei zu niedrigen Sintertemperaturen und ungenügenden Sinterzeiten verläuft jedoch die Mischkristallbildung unvollständig, was vermutlich durch hohe Sauerstoffgehalte und Stickstoffgehalte ähnlich wie im System TiC-WC verursacht wird.

In Titan-Vanadin-legierten Stählen ist ebenfalls röntgenographisch der Nachweis von titankarbid- bzw. vanadinkarbidreichen Mischkristallen möglich.

Von J. T. Norton und A. L. Mowry[1], welche Gitterkonstantenmessungen an vakuumgesinterten VC-TiC-Mischkristallen in Abständen von 10 Mol.-% VC durchführten, wurde neuerlich die vollkommene Mischbarkeit in diesem System bestätigt (Abb. 48, S. 165). Die Untersuchungen im System TiC-VC sind insofern von praktischem Interesse, weil nach R. Kieffer[2] aus diesen Mischkristallen unter Zusatz von Kobalt oder Nickel brauchbare wolframkarbidfreie Hartmetalle hergestellt werden können.

K. Becker[3] schlägt vor, aus VC-reichen Mischkristallen Sandstrahldüsen zu erzeugen und R. Kieffer[2] benützt für Schneidplättchen TiC-reiche Mischkristalle.

Titankarbid-Niobkarbid. Nach A. E. Kovalski und J. S. Umanski[4] sowie H. Nowotny und R. Kieffer[5] liegen die Gitterkonstantewerte von TiC-NbC-Mischkristallen exakt auf der Vegardschen Geraden. Es ist daher anzunehmen, daß TiC und NbC eine lückenlose Reihe von Mischkristallen bilden. Dies wurde auch von J. T. Norton und A. L. Mowry[1] bestätigt, welche in Abständen von 10 Mol.-% NbC an bei 2100° im Vakuum gesinterten Körpern die Gitterkonstanten bestimmten. Dieselben weichen gemäß Abb. 48 schwach positiv von der Vegardschen Geraden ab.

Titankarbid-Tantalkarbid. Da die Gitterkonstantewerte von TiC-TaC-Legierungen verschiedener Zusammensetzung ziemlich genau auf der Vegardschen Geraden liegen, nehmen A. E. Kovalski und J. S. Umanski[4] sowie H. Nowotny und R. Kieffer[5] lückenlose Mischbarkeit in diesem System an.

J. T. Norton und A. L. Mowry[1] stellten in Abständen von 10 Mol.-% TaC-Mischkristalle mit TiC her und fanden auf Grund von Gitterkonstantenbestimmungen ebenfalls lückenlose Mischbarkeit. Die Werte weichen gemäß Abb. 48 von der Vegardschen Geraden schwach positiv ab.

[1] Norton, J. T. u. A. L. Mowry: Trans. AIME **185** (1949), S. 133/36.
[2] D.R.P. 748933 (1938).
[3] Schweiz. P. 167 854 (1933).
[4] Kovalski, A. E. u. J. S. Umanski: Zur. Fiz. Chim. **20** (1946), S. 769/72.
[5] Nowotny, H. u. R. Kieffer: Metallforschung **2** (1947), S. 257/65.

Der Befund von L. D. Brownlee, G. A. Geach und T. Raine[1], daß im System TiC-TaC eine Mischungslücke besteht, dürfte ohne Zweifel auf das Ungleichgewicht der untersuchten Proben zurückzuführen sein.

Titankarbid-Chromkarbid. Das System $TiC-Cr_3C_2$ ist bisher nur ungenau untersucht worden. Auf Grund von Röntgenogrammen von L. P. Molkov und I. V. Vikker[2] dürfte beträchtliche gegenseitige Löslichkeit vorliegen. An Körpern mit 30 Gew.-% TiC und 70 Gew.-% Cr_3C_2, welche bei 1600° gesintert worden waren, tritt sowohl eine feste Lösung von TiC in Cr_3C_2 als auch von Cr_3C_2 in TiC auf.

Druckgesinterte Legierungen von TiC mit 5% Chrom, welches wahrscheinlich teilweise in Form von Chromkarbid vorliegt, sind sehr hart und verschleißfest. TiC-Cr- bzw. $TiC-Cr_3C_2$-Hilfsmetalllegierungen wurden von R. Kieffer[3, 4] für Sandstrahldüsen vorgeschlagen. Größere Mengen als 10% Chrom bzw. Chromkarbid machen die Legierungen zwar außerordentlich hart, aber sehr spröde, so daß diesen Zusätzen enge Grenzen gesetzt sind. Geringe Zusätze von Cr_2O_3 bei der Herstellung von Titankarbid sollen zu besonders reinen und harten Produkten führen[5] (s. S. 75). Mit Nickel-Chrom, Kobalt-Chrom bzw. Nickel-Kobalt-Chrom abgebundene Hartmetalle auf TiC-Basis scheinen als Werkstoffe für hochwarm- und -zunderfeste Zwecke steigende Bedeutung zu finden[6, 7] (s. S. 662). Bei diesen Legierungen dürfte das Chrom sicher auch teilweise in das TiC-Gitter eingebaut sein[8]. Dasselbe gilt auch für durch Pressen und Sintern von $TiC-Cr_2O^3$- bzw. $TiC-Cr_3C_2$-Gemischen hergestellte zunderbeständige Werkstoffe[8, 9] (s. S. 660) und für TiC-Körper, die mit Chrom getränkt wurden[10].

Titankarbid-Molybdänkarbid. Auf der Basis $TiC-Mo_2C$ wurde 1930 von P. Schwarzkopf, I. Hirschl und R. Kieffer[11]

---

[1] Brownlee, L. D., G. A. Geach u. T. Raine: Iron Steel Inst., Spec. Rep. Nr. 38, London 1947, S. 73/78.

[2] Molkov, L. P. u. I. V. Vikker: Vestn. Metalloprom. **16** (1936), S. 75/82.

[3] D.R.G.M. 1505455 (1941).

[4] Kieffer, R. u. F. Kölbl: Powder Met. Bull. **4** (1949), S. 4/17.

[5] A.P. 2491410 (1945).

[6] Kieffer, R. u. F. Kölbl: Berg- u. Hüttenmänn. Mh. **95** (1950), S. 49/58.

[7] Kieffer, R. u. F. Kölbl: Z anorg. Chem. **262** (1950), S. 229/47.

[8] Trent, E. M., A. Carter u. J. Batemann: Metallurgia **42** (1950), S. 111/15.

[9] Roach, J. D.: J. Electrochem. Soc. **98** (1951), S. 160/65.

[10] Engel, W. J.: NACA Technical Note, Nr. 2187, Metal Progress **59** (1951), S. 664/67.

[11] Ö.P. 160172 (1931).

das erste für die Stahlbearbeitung brauchbare Sinterhartmetall entwickelt.

Mischkristalle von $TiC\text{-}Mo_2C$ können aus Gemischen von MoO_3, TiO_2 und Ruß durch Erhitzen auf 1500 bis 2000° im Kohlerohrkurzschlußofen unter Wasserstoff hergestellt werden. Man kann aber auch Gemische der bereits vorgebildeten Karbide auf Mischkristallbildungstemperatur erhitzen. Über die Eigenschaften von $TiC\text{-}Mo_2C$-Sinterhartmetallen mit Nickel- und Nickel-Chrom-Abbindung vergleiche die Ausführungen auf S. 505.

Trotzdem $TiC\text{-}Mo_2C$-Hilfsmetall-Legierungen gewisse Bedeutung zukam, ist das System $TiC\text{-}Mo_2C$ nicht eindeutig geklärt worden. Auf Grund der verschiedenen Kristallstruktur ist begrenzte Mischbarkeit zu erwarten. Nach älteren Untersuchungen von M. v. Schwarz[1] besteht auf der TiC-Seite bei etwa 1900° eine Löslichkeit bis 50% Mo_2C, auf der Mo_2C-Seite eine solche von max. 20% TiC. W. Sander[2] hat bei $TiC\text{-}Mo_2C$-Mischkristall im Verhältnis 1:1 einen Gitterparameter von 4,231 Å bestimmt (reines TiC 4,31 Å). In einem Sinterhartmetall mit 65% TiC, 15% Mo_2C, 10% WC und 8% Co, welches auch ein reines TiC-Gitter aufweist, beträgt der Parameter 4,277 Å.

Nach den Röntgenogrammen von L. P. Molkov und I. V. Vikker[3] löst TiC bei steigender Temperatur bis zu 85 Gew.-% Mo_2C. Über die Löslichkeit von TiC in Mo_2C werden keine Angaben gemacht. J. S. Umanski[4] gibt bei 2600° eine Löslichkeit von 90 Mol.-% Mo_2C in TiC an.

Ein Mischkristall aus 75% Mo_2C und 25% TiC hat nach A. E. Kovalski und L. A. Kanova[5] eine Mikrohärte von 2140 kg/mm².

Titankarbid-Wolframkarbid. Zur Herstellung von Sinterhartmetallen für die Bearbeitung langspanender Werkstoffe werden seit den grundsätzlichen Erkenntnissen von P. Schwarzkopf und Mitarbeitern über die Eigenschaften und Vorzüge von Karbidmischkristallen, mischkristallhaltigeWC-TiC-Co-Sinterlegierungen verwendet (s. S. 478). Da ein großer Teil dieser Karbide als Mischkristall eingesetzt wird bzw. im Fertigprodukt als Mischkristall vorliegt und dieser die Eigenschaften des Hartmetalles wesentlich beeinflußt, ist die Kenntnis von der Herstellung von TiC-WC-Mischkristallen und vom Aufbau

---

[1] v. Schwarz, M.: Unveröffentlichte Arbeiten 1931/32.

[2] s. R. Kieffer u. W. Hotop: Pulvermetallurgie u. Sinterwerkstoffe, 2. Aufl., Springer-Verlag, Berlin/Göttingen/Heidelberg 1948, S. 301/02.

[3] Molkov, L. P. u. I. V. Vikker: Vestn. Metalloprom. 16 (1936), S. 75/82.

[4] Umanski, J. S.: Akad. d. Wiss. USSR, Ber. phys. chem. Analyse 16 (1943), S. 127/48.

[5] Kovalski, A. E. u. L. A. Kanova: Zavod. Lab. 16 (1950), S. 1362/65.

des pseudobinären Systems TiC-WC von größter technischer Bedeutung.

Herstellung von TiC-WC-Mischkristallen. Für präparative Zwecke wird man bei der Herstellung von TiC-WC-Mischkristallen meist von den bereits vorgebildeten Karbiden ausgehen. So hat A. G. Metcalfe[1] für seine Untersuchungen im System TiC-WC Karbidmischkristalle durch einstündiges Erhitzen der Karbidgemische in Graphitschiffchen im Kohlerohrkurzschlußofen unter trockenem Wasserstoff auf 2000° hergestellt. Auf diese Weise gelingt es, Mischkristalle bis etwa 60 Mol.-% WC herzustellen. Bei höheren WC-Gehalten sind sehr hohe Temperaturen bzw. Co-Zusätze erforderlich, um in tragbaren Zeiten zum Gleichgewicht zu kommen. Solche Mischkristalle kann man auch durch Schmelzen im Hochfrequenzofen herstellen; wegen der Zersetzung des WC beim Schmelzen ist aber die Herstellung von TiC-WC bzw. TiC-W_2C-Mischkristallen auf diese Weise nicht gut beherrschbar.

Die Herstellung von TiC-WC-Mischkristallen durch Diffusionsglühung der bereits vorgebildeten Karbide ist von zahlreichen Forschern, insbesondere bei Systemuntersuchungen, angewandt worden[2-7].

Bei verhältnismäßig niedrigen Temperaturen gelingt nach G. A. Meerson[8] die Mischkristallbildung, wenn man innige Gemenge von WO_3 und TiO_2 zunächst unter Wasserstoff bei 850° reduziert und das gebildete sehr reaktionsfreudige W-TiO_2-Gemenge mit entsprechenden Mengen Ruß in einer zweiten Stufe bei 1500 bis 1550° umsetzt. Dabei findet schon nach zwei Stunden vollständige Karburierung und gleichzeitig Mischkristallbildung statt.

Auch durch geringe Mengen diffusionsfördernder Zusätze, z. B. Kobalt, Mo_2C, Cr_3C_2 u. a., kann die Mischkristallbildung beschleunigt werden[4, 9]

Da heute Titanmetallpulver in reinster Form technisch hergestellt wird, dürfte es zwecks Erzielung reinster TiC-WC-Präparate

---

[1] Metcalfe, A. G.: J. Inst. Met. **73** (1947), S. 591/607.

[2] Molkov, L. P. u. I. V. Vikker: Vestn. Metalloprom. **16** (1936), S. 75/82.

[3] Krainer, H. u. K. Konopicky: Berg- u. Hüttenmänn. Mh. **92** (1947), S. 166/78.

[4] Nowotny, H. u. G. Glenk: Metallforschung **2** (1947), S. 265/69.

[5] Umanski, J. S. u. S. S. Chydekel: Zur. Fiz. Chim. **15** (1941), S. 997/1004.

[6] Oswald, M.: Chimie & Ind. Fasc. Nr. 980, Dezember 1942.

[7] Lvovskaja, V. P. u. J. S. Umanski: Zur. Tek. Fiz. **20** (1950), S. 1167/74.

[8] Meerson, G. A.: Redkije Metally **4** (1935), Nr. 4, S. 6/20.

[9] Nowotny, H. u. R. Kieffer: Metallforschung **2** (1947), S. 257/65.

am günstigsten sein, Ti-W-C-Gemische umzusetzen. Dieser Weg wurde zwar bisher nur für die Herstellung von TiC beschritten, unzweifelhaft wird man aber praktisch sauerstoff- und stickstofffreie Produkte bekommen, die für die Feinstrukturuntersuchung von größter Bedeutung sind.

Technische Herstellung von TiC-WC-Mischkristallen. Bei der technischen Herstellung von TiC-WC-Mischkristallen geht man heute fast ausschließlich von den getrennt hergestellten Karbiden aus. Im allgemeinen stellt man Mischkristalle im Verhältnis 20 : 80 und 80 : 20, insbesondere aber 50 : 50 und 65 : 35 her[1]. Die Ausgangskarbide werden zunächst in Kugelmühlen trocken oder naß sehr innig gemischt. Die pulverförmige Mischung wird in Graphittiegel eingefüllt und diese in Hochfrequenzvakuumöfen etwa zwei Stunden auf 1800° erhitzt (vgl. die Herstellung von reinem TiC, S. 72). Die gesinterte Masse wird unter Wasserstoff erkalten gelassen, dann zerkleinert und abgesiebt. Der 50 : 50-Mischkristall enthält beispielsweise 13,1 $\pm$ 0,1% Gesamtkohlenstoff, davon 12,7 bis 12,8% in gebundener Form.

Nach C. Ballhausen[2] kann man technische TiC-WC-Mischkristalle auch durch Erhitzen von WO_3-TiO_2-C-Gemengen auf 1600 bis 1700° im Hochfrequenzofen erzeugen, wobei man sehr reine Produkte, die allerdings etwas freien Kohlenstoff enthalten, erhält (s. S. 160). Man kann auch nur eine Komponente — meist das Titan — in Form des Oxydes einsetzen. Nach dem sogenannten „Knickverfahren" werden W-TiO_2-C-Gemenge bei 1600° unter Wasserstoff im Kohlerohrofen umgesetzt[3] (s. S. 160).

In Amerika werden nach dem Verfahren von P. M. McKenna großtechnisch TiC-WC-Mischkristalle, meist im Verhältnis 1 : 1, hergestellt. Die Komponenten werden in einer überhitzten Nickelschmelze zur Umsetzung gebracht und der gebildete Mischkristall, der sich durch Graphit-, Sauerstoff- und Stickstoffreinheit auszeichnet, durch Behandeln der zerkleinerten Schmelze mit Königswasser isoliert (s. S. 163). Außer den Angaben in Veröffentlichungen[4, 5] und Patentschriften[6] sind technische Einzelheiten des Verfahrens nicht bekannt geworden.

---

[1] Brownlee, L. D., G. A. Geach u. T. Raine: Iron Steel Inst., Spec. Rep. Nr. 38, London 1947, S. 73/78.

[2] Ballhausen, C.: Stahl und Eisen **71** (1951), S. 1090/97.

[3] Franssen, H.: Arch. Eisenhüttenwes. **19** (1948), S. 79/84.

[4] McKenna, P. M.: Metal Progress **36** (1939), S. 152/55.

[5] Redmond, J. C. u. E. N. Smith: Trans. AIME **185** (1949), S. 987/93.

[6] A.P. 2113353 bis 2113356 (1937), A.P. 2124509 (1935).

Das System Titankarbid-Wolframkarbid. Seit der Einführung von Titankarbid-Wolframkarbid-Mischkristallen in die Hartmetalltechnik hat es nicht an Versuchen gefehlt, die Verhältnisse im pseudobinären System TiC-WC zu klären. Zahlreiche Forscher haben versucht, insbesondere auf Grund röntgenographischer Untersuchung, die Struktur dieser Mischkristalle zu bestimmen und die Temperaturabhängigkeit der Löslichkeit von WC in TiC und TiC in WC im festen Zustand festzulegen. Wenn die erhaltenen Ergebnisse oft stark voneinander abweichen, so hat dies seinen Grund darin, daß bereits bei der Herstellung von reinem TiC und definierten Mischkristallpräparaten große Schwierigkeiten auftreten. Zur Erzeugung homogener Proben und zur Bestimmung der Temperaturabhängigkeit der Löslichkeit muß im schwer zu beherrschenden Temperaturbereich von 1700 bis 2500° gearbeitet werden. Die Neigung des TiC zu Defektgitterbildung und die vollständige Mischbarkeit von TiC mit TiO und TiN (s. S. 66) komplizieren die Verhältnisse noch wesentlich, so daß bis heute das System TiC-WC noch nicht in allen Punkten eindeutig geklärt erscheint. Wenn auch die Löslichkeitsgrenze und die Gitterveränderungen auf der TiC-Seite als ziemlich gesichert gelten können, sind die Verhältnisse auf der WC-Seite noch strittig.

Nach Untersuchungen von C. Sykes und R. Kieffer[1] beobachtet man im Röntgenogramm von TiC-WC-Mischkristallen (Bildungstemperatur 1500 bis 1900°) erst oberhalb 30 bis 35 Gew.-% TiC das reine TiC-Gitter, woraus man den Schluß ziehen kann, daß TiC 65 bis 70 Gew.-% WC bei 1500 bis 1900° zu lösen vermag. Ein Mischkristall im Verhältnis 1 : 1 zeigt das reine TiC-Gitter mit einem Parameter von 4,251 Å gegenüber 4,317 Å des reinen TiC. Die Autoren fanden ferner, daß Kobaltzusätze bis 6% die Mischkristallbildung erheblich erleichtern. Im System TiC-W_2C wurden ähnliche Löslichkeitsverhältnisse wie im System TiC-WC auf der TiC-Seite gefunden.

Durch die Aufnahme von TiC in das WC-Gitter tritt nach W. Zumbusch und W. Sander[2] eine Kontraktion des WC-Gitters auf, und zwar für a von 2,898 auf 2,857 Å und für c von 2,827 auf 2,818 Å, so daß c/a statt 0,972 nunmehr 0,986 wird. Zwischen 5 und 30% TiC treten nach R. Kieffer reines WC bzw. Mischkristalle mit WC-Gitter neben solchen mit TiC-Gitter auf[3,4].

---

[1] Sykes, C. u. Kieffer, R.: Unveröffentlichte Untersuchungen 1932/33.
[2] Zumbusch, W. u. W. Sander: Unveröffentlichte Untersuchungen 1942,
[3] Kieffer, R. u. W. Hotop: Pulvermetallurgie und Sinterwerkstoffe, 2. Aufl., Springer-Verlag, Berlin/Göttingen/Heidelberg, 1948, S. 301.
[4] Kieffer, R.: Z. Metallkde. 46 (1944), Heft 9. Metallforschung 2 (1947), S. 236/38. Powder Met. Bull. 2 (1947), S. 104/11.

L. P. Molkov und I. V. Vikker[1] haben auf Grund von Röntgenogrammen an bei 2000° gesinterten, im Gleichgewicht befindlichen WC-TiC-Mischkristallen eine maximale Löslichkeit von 82,2 Gew.-% WC (etwa 55 Mol.-%) in TiC festgestellt. Der Parameter des verwendeten TiC (17% gebundener C), der zu 4,28 Å bestimmt wurde, fällt dabei auf 4,22 Å an der Löslichkeitsgrenze.

J. S. Umanski und S. S. Chydekel[2] haben röntgenographisch die Löslichkeit von WC in TiC an gesinterten Mischungen beider Karbide in Abhängigkeit von der Temperatur untersucht. Zwecks Bestimmung der maximalen Löslichkeit wurden die Proben von 2500° abgeschreckt und die Änderung des Gitterparameters in Abhängigkeit von der Zusammensetzung bestimmt. Auffallend ist, daß sich der Parameter bis etwa 40 Mol.-% WC (70 Gew.-%) wenig ändert, von da ab stark abnimmt. Die maximale Löslichkeit bei den verschiedenen Temperaturen wurde durch die Gitterkonstantemessungen an angelassenen Proben ermittelt. Daraus ergibt sich die Temperaturabhängigkeit der Löslichkeit von WC in TiC. Bei 1500° sind rund 75 Gew.-% WC (47,8 Mol.-%), bei 2500° 90 Gew.-% WC (73,4 Mol.-%) gelöst. Ein Mischkristall, der bei 2700° schmilzt, hatte eine maximale Löslichkeit von 97 Gew.-% WC (91,8 Mol.-%). A. G. Metcalfe[3] hat den Schmelzpunkt dieses Grenzmischkristalles mit 2760° ermittelt. Da bei zweiphasigen Legierungen die Gitterkonstante des ·WC unverändert bleibt, schließen J. S. Umanski und S. S. Chydekel[2], daß TiC in WC praktisch unlöslich ist. Die hohe Löslichkeit von WC in TiC führen die beiden Autoren auf eine allotrope Umwandlung des hexagonalen WC in kubisches WC bei Anwesenheit von TiC zurück. Dieses kubische WC vermag dann eine lückenlose Mischkristallreihe mit TiC zu bilden.

Ist unterkohltes unreines TiC (also ein Mischkristall Ti [C, O, N]) zugegen, dann ändern sich die Gitterkonstanten im WC-TiC-Mischkristall nicht wie bei reinen WC-TiC-Legierungen, sondern die Werte sind im allgemeinen beträchtlich niedriger. Diese Beobachtung ist auch von H. Krainer gemacht worden (s. S. 181).

Bei der Lösung von WC in unterkohltem TiC tritt eine Ergänzung des Kohlenstoffes in letzterem ein. Bei etwa 25 bis 30 Mol.-% WC (50 bis 60 Gew.-%) ist die Aufkohlung abgeschlossen und der normale Parameter wieder erreicht. Die Aufkohlung des unterkohlten TiC geht dabei, falls anderweitig kein Kohlenstoff zur Verfügung steht,

---

[1] Molkov, L. P. u. I. V. Vikker: Vestn. Metalloprom. 16 (1936), S. 75/82.
[2] Umanski, J. S. u. S. S. Chydekel: Zur. Fiz. Chim. 15 (1941), S. 997/1004.
[3] Metcalfe, A. G.: J. Inst. Met. 73 (1947), S. 591/607.

auf Kosten des Kohlenstoffes im WC, welches dabei zu W_2C abgebaut wird. Letzteres kann röntgenographisch nachgewiesen werden.

M. Oswald[1], der die Abhängigkeit der Gitterkonstanten des Mischkristalles TiC-WC (hergestellt durch Sinterung bei Temperaturen über 1600°) bestimmte, fand, daß der Parameter mit steigendem WC-Gehalt bis zum Mischkristall 1 : 1 fast linear geringfügig abnimmt, dann steil zum Wert des Grenzmischkristalles, der mit 80,5 ± 0,5 Gew.-% WC (55 Mol.-% WC) angegeben wird, absinkt. Über die Löslichkeit von TiC in WC werden keine Angaben gemacht. Die stark streuenden Werte des Parameters von TiC-WC-Mischkristallen, welche L. P. Molkov und I. V. Vikker[2] angeben, führen M. Oswald[1] und A. G. Metcalfe[3] auf den Stickstoff- und Sauerstoffgehalt des verwendeten TiC zurück.

Erhitzt man sauerstoff- und stickstoffhaltige Titankarbide mit WC zwecks Mischkristallbildung, dann erfolgt der Einbau des WC unter Freiwerden von Kohlenoxyd und Stickstoff. Diese Gase können, falls man bei der Herstellung von Hartmetall nicht von vorgebildeten Mischkristallen ausgeht, Ursache zu erhöhter Porosität und damit zu verminderten mechanischen Eigenschaften sein (s. S. 470; vgl. die Bemerkung von A. C. Metcalfe[3] über die Porosität von TiC-WC-Teilchen).

H. Krainer und K. Konopicky[4] haben die Frage der gegenseitigen Löslichkeit von TiC-WC an *technisch* hergestellten Mischkarbiden aus 75% WC und 25% TiC untersucht. Die röntgenographisch bestimmte Gitterkonstante für den *WC-Mischkristall* ergab a = 2,8985 bis 2,9007 Å; das Achsenverhältnis c/a entsprach dem Wert von reinem WC. Die Gitterkonstanten der WC-Mischkristalle sind innerhalb geringer Streuungen von den Herstellungsbedingungen abhängig, so daß sich keine Aussagen über die allfällig gelösten Mengen TiC in WC machen lassen.

Die Gitterkonstanten des *TiC-Mischkristalles*, der je nach Herstellungsbedingungen beträchtliche Mengen WC enthält, weicht nicht wesentlich von dem Wert des als Ausgangsstoff verwendeten TiC ab, eine Beobachtung, die bereits von L. P. Molkov und I. V. Vikker[2], J. S. Umanski und S. S. Chydekel[5], M. Oswald[1] sowie H. Nowotny und G. Glenk[6] gemacht wurde. Auf Grund der

[1] Oswald, M.: Chimie & Ind. Fasc. Nr. 980, Dezember 1942.
[2] Molkov, L. P. u. I. V. Vikker: Vestn. Metalloprom. 16 (1936), S. 75/82.
[3] Metcalfe, A. G.: J. Inst. Met. 73 (1947), S. 591/607.
[4] Krainer H. u. K. Konopicky: Berg- u. Hüttenmänn. Mh. 92 (1947), S. 166/78.
[5] Umanski, J. S. u. S. S. Chydekel: Zur. Fiz. Chim. 15 (1941), S. 997/1004.
[6] Nowotny, H. u. G. Glenk: Metallforschung 2 (1947), S. 265/69.

Röntgenogramme und unter der Annahme, daß TiC in WC kaum oder nur wenig löslich ist, ergibt sich eine höchste Löslichkeit von 72 Gew.-% WC in TiC bei 1500°. Mischkristalle aus der laufenden Fertigung enthalten je nachdem, ob einmal oder zweimal diffusionsgeglüht wurde, 65 bis 71% WC gelöst. Mischkristalle mit erheblich weniger WC in fester Lösung ergeben Hartmetalle mit unbefriedigenden Eigenschaften, wie der Zahlentafel 37 zu entnehmen ist.

Zahlentafel 37. *Röntgenographische Untersuchung verschiedener Hartmetalle der Zusammensetzung 70,5% WC, 23,5% TiC und 6% Co* (H. Krainer u. K. Konopicky)

Gitterkonstante		% WC in TiC gelöst	Bemerkungen über Linienschärfe usw.	Verhalten im Schneidversuch
Wolframkarbid Å	TiC Mischkarbid Å			
2,900	4,312	55	TiC-Reflexe scharf ausgebildet	sehr gut
2,9007	4,3113	58	Klare und scharfe Linien	sehr gut
2,8995	4,310	56	Noch gute Schärfe der Reflexe, geringe Störungen	gut
2,900	4,3085	56	Reflexe noch zieml. scharf	noch gut
2,900	4,301	45	Reflexe etwas verbreitert	poröser Kern
2,900	4,297	41	Reflexe etwas verbreitert	unbrauchbar
2,900	4,300	45	Reflexe etwas unscharf	unbrauchbar
2,8986	4,3005	37,5	Linienschärfe gering	unbrauchbar
2,900	4,282 b. 4,302	70!	TiC-Reflexe in einzelne Punkte aufgelöst, TiC-Mischkristalle außergewöhnlich vergröbert	unbrauchbar

Der Zusammenhang zwischen den Gitterkonstanten des TiC-Mischkristalles bzw. der Löslichkeit von WC in TiC mit dem Schneidverhalten eines Sinterhartmetalles mit 6% Co ist auffallend.

H. Nowotny und G. Glenk[1] haben aus betriebsmäßig hergestelltem TiC und WC durch zweimalige, jeweils einstündige Sinterung bei 1700° im Vakuum Mischkristalle von TiC und WC in Abständen von 5% hergestellt. Um dichte Körper für mikroskopische Untersuchungen zu erhalten, wurden die zweimal erhitzten Karbidmischkristalle unter Zusatz von 5% Kobalt heißgepreßt (s. S. 162).

Wegen der starken Neigung der Karbide zur Defektgitterbildung wurden zunächst die Mischkristalle sehr genau auf ihren Kohlen-

---

[1] Nowotny, H. u. G. Glenk: Metallforschung 2 (1947), S. 265/69.

stoffgehalt untersucht. In Zahlentafel 38 sind die erhaltenen Werte zusammen mit dem auf 50 Atom-% C fehlenden Gehalt (Defekt) wiedergegeben. Man sieht, daß die Gehalte an gebundenem Kohlenstoff durchwegs unter dem Wert entsprechend der Zusammensetzung MeC liegen. Die Analysenergebnisse zeigen klar, daß man nicht ohne weiteres den Schnitt TiC-WC im Dreistoffsystem Ti-W-C untersuchen kann, sondern daß man immer die Verhältnisse in einem

Zahlentafel 38. *Kohlenstoffdefekt gesinterter WC-TiC-Legierungen* (H. Nowotny u. G. Glenk)

Ausgangsmischung Gew. %		Kohlenstoffgehalt in % nach der zweiten Sinterung		Kohlenstoffdefekt Atom-%
TiC	WC	gesamt	gebunden	
5	95	7,20	6,71	0,96
25	75	9,24	9,24	3,10
50	50	12,40	12,40	3,70
60	40	13,40	12,53	9,88
75	25	15,55	14,65	7,92
85	15	16,65	16,65	4,98
95	5	17,46	16,10	11,20

mehr oder weniger breiten Gebiet unmittelbar in der Nähe der Linie TiC-WC betrachtet. Es ist also leicht verständlich, warum frühere Autoren zu widersprechenden Ergebnissen gelangten. Ohne genaue Angaben des Gehaltes an gebundenem Kohlenstoff ist es unmöglich, eine systematische Abhängigkeit der Gitterkonstanten des TiC-Mischkristalles zu finden, da die Veränderung der Zelle sowohl vom fehlenden Kohlenstoff als auch vom Austausch der Titanatome durch Wolframatome herrühren kann. Dazu kommt noch, daß Reste nicht völlig ausreagierter Produkte, insbesondere von noch vorhandenen Oxyden und Nitriden, die Werte fälschen können. Das TiC ist — wie bereits mehrfach ausgeführt — nämlich befähigt, sehr leicht mit dem isomorphen TiO und TiN äußerst beständige Mischkristalle zu bilden (s. S. 66).

Die röntgenographische Untersuchung der Mischkristalle erfolgte mit Hilfe von Pulveraufnahmen. Die qualitative Betrachtung zeigte, daß von 10% TiC an bereits die TiC-Linien auftreten. Je größer der Gehalt an TiC, desto schwächer werden die Interferenzen des WC und bei 30% TiC sind die WC-Linien gerade noch erkennbar, bei 40% verschwinden sie vollkommen. Dies bedeutet, daß Titankarbid nach visuellem Befund 60 bis 70 Gew.-% WC bei 1700° löst.

Die Gitterkonstantenmessung an TiC-WC-Mischkristallen ist wegen des geringen Unterschiedes im Radius zwischen den Titan- und Wolframatomen im TiC-Gitter nicht einfach. Es ist höchste Genauigkeit in der Gitterkonstantenbestimmung zu verlangen, um überhaupt Angaben machen zu können. Es ergibt sich die auffallende Tatsache, daß die Werte zunächst weder eine eindeutige Abhängigkeit von der Konzentration ergeben noch eine genaue Festlegung der Phasengrenzen erlauben. Im Mittel kann man wohl eine geringfügige Abnahme des Parameters feststellen, wobei zwischen 70 und 90 Gew.-% WC sprungartig die niedrigsten Werte erreicht werden. Es scheint demnach eine Löslichkeitsgrenze von 70 bis 78% WC bei etwa 1700° wahrscheinlich zu sein.

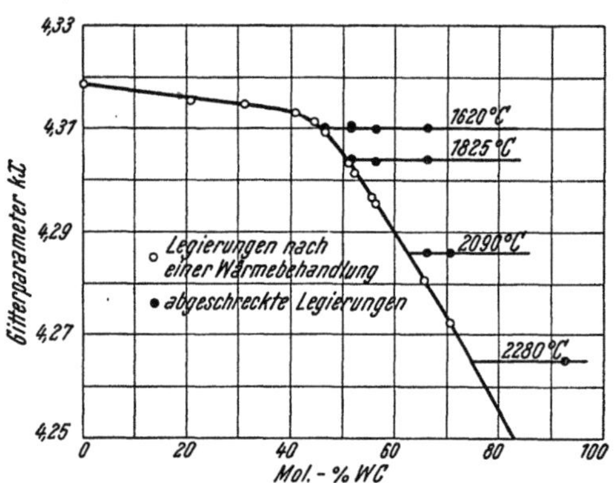

Abb. 51. Gitterkonstanten von TiC-WC-Mischkristallen (A. G. Metcalfe)

Die Löslichkeit des WC für TiC liegt unter 10 Gew.-% TiC. Das Volumen der Elementarzelle des WC-Mischkristalles nimmt durch Aufnahme von TiC bis etwa 5 Gew.-% etwas zu, dann merklich ab.

A. G. Metcalfe[1] hat in einer eingehenden Arbeit auf Grund sehr exakter röntgenographischer und mikrographischer Untersuchungen die Löslichkeit von WC in TiC zwischen 1400 und 2800° an gesinterten und geschmolzenen Präparaten untersucht. Die Änderung des Gitterparameters von bei 2100° hergestellten Mischkristallen in Abhängigkeit von der Zusammensetzung ist in Abb. 51 wiedergegeben. Die Parameter des TiC-Mischkristalles nehmen bis etwa 45 Mol.-% WC nur geringfügig ab, dann fällt die Kurve bis zum Grenzmischkristall steil ab. Schreckt man die Karbidmischkristalle von verschiedenen Temperaturen ab (bei den niedrigeren Temperaturen sind vorher zur Erzielung des Gleichgewichtes sehr lange Glühzeiten bzw. zur Diffusionsförderung Co-Zusätze erforderlich) und bestimmt den Parameter, dann kann man daraus Schlüsse auf die maximale Löslichkeit bei der betreffenden Temperatur ziehen. Gemäß Zahlentafel 39 ändert sich dabei der Parameter für gewisse

---

[1] Metcalfe, A.G.: J. Inst. Met. 73 (1947), S. 591/607, Metal Treatment 13 (1946), S. 127.

Zahlentafel 39. *Gitterkonstanten von WC-TiC-Mischkristallen* (A. G. Metcalfe)

WC Mol.-%	C-Gehalt % von der Theorie	Gitterkonstante kX
0	98,1	4,3189
20,7	99,0	4,3157
31,3	91,5	4,3153
41,0	97,6	4,3135
44,7	94,2	4,3121
45,8	94,6	4,3091
46,1	89,6	4,3093
46,9	94,5	4,3095
50,8	90,6	4,3031
52,0	96,4	4,3018
56,0	91,8	4,2970
56,2	96,6	4,2979

Konzentrationsbereiche an WC nicht wesentlich. Bringt man die horizontale Verbindungsgerade dieser Gitterwerte mit der Kurve, welche die Abhängigkeit des Parameters von der Konzentration wiedergibt, zum Schnitt, dann kann man, wie das in Abb. 52 geschehen ist, die Löslichkeitswerte für die betreffende Temperatur ablesen. Daß dabei gewisse Kobaltgehalte, die zwecks Diffusionsförderung bei niedrigen Sintertemperaturen erforderlich sind, keinen Einfluß auf den Parameter haben, zeigt Zahlentafel 40.

Zur Herstellung von Mischkristallen bzw. Schmelzen mit mehr als 90 Gew.-% WC (73 Mol.-% WC) sind

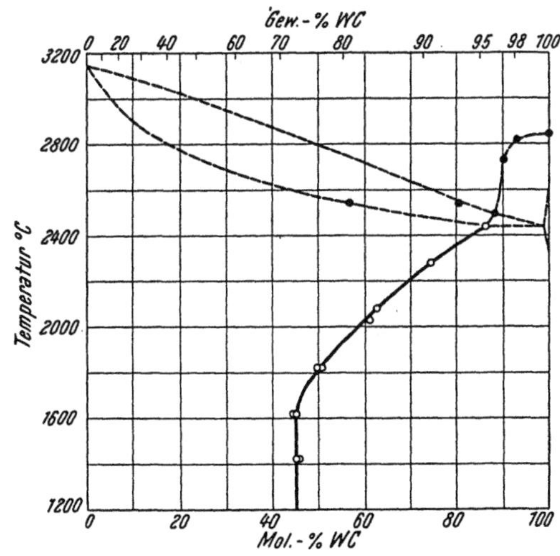

Abb. 52. Zustandsschaubild des Systems Ti-W-C im Schnitt TiC-WC (A. G. Metcalfe)

Temperaturen über 2300° erforderlich. Auf Grund der in Zahlentafel 41 zusammengestellten Schmelzpunkte und der röntgenographisch bestimmten Löslichkeit im festen Zustand hat A. G. Metcalfe[1] ein Zustandsschaubild des Systems Ti-W-C im Schnitt

[1] Metcalfe, A. G.: J. Inst. Met. **73** (1947), S. 591/607, Metal Treatment **13** (1946), S. 127.

TiC-WC entworfen. Die Löslichkeit von WC in TiC beträgt demnach bei 1400° 73 Gew.-% WC. Sie erreicht bei 2450° $\pm$ 50° die maximale Löslichkeit von 95,5 Gew.-% WC (a = 4,239 $\pm$ 0,005 Å). Die Löslichkeit des TiC in WC ist schwer zu bestimmen und die

Zahlentafel 40. *Gitterkonstanten von gesättigten WC-TiC-Co-Legierungen*
(A. G. Metcalfe)

Temperatur ° C	Gitterkonstante kX			Zusammensetzung Mol.-% WC		
	0 % Co	9 % Co	25 % Co	0 % Co	9 % Co	25 % Co
1415 ...	...	4,3007	4,3101	...	45,5	45,1
1620 ...	...	4,3103	4,3104	...	44,9	44,8
1825 ...	4,3039	4,3054	4,3043	50,8	49,6	50,3
2030 ...	...	4,2887	...	...	61,3	...
2090 ...	4,2861	...	...	62,6	...	...
2280 ...	4,2650	...	...	74,4	...	...

Änderungen der Gitterparameter liegen bei den entsprechend geschmolzenen Legierungen gemäß Zahlentafel 42 innerhalb der Fehlergrenzen. TiC soll nach A. G. Metcalfe nur bei höchsten Tem-

Zahlentafel 41. *Schmelzpunkte und Gefüge von WC-reichen TiC-WC-Legierungen*
(A. G. Metcalfe)

WC Gew.-%	WC Mol.-%	Schmelzpunkt ° C	Gefügeausbildung
100	100	2840	WC + W_2C-Eutektikum + C
98	93,7	etwa 2800	Große WC- und W_2C-Kristalle und kleinere TiC-Körner. Etwas Eutektikum vorhanden
97	90,7	2730	W_2C-WC-Eutektikum. Ein zweites Eutektikum ist vermutlich zugegen (ähnlich dem bei der Legierung mit 96% WC)
96	88,0	2490	Eutektikum und Spuren TiC
94	80,7	2540	Eutektikum und etwas TiC

peraturen in WC etwas löslich sein, was im Zustandsschaubild angedeutet ist. In W_2C wird eine höhere Löslichkeit vermutet.

Vergleicht man die röntgenographisch bestimmte Dichte von TiC-WC-Mischkristallen mit der tatsächlich bestimmten, dann ergeben sich, wie Zahlentafel 43 zu entnehmen ist, beträchtliche Unterschiede. Diese Differenzen sind auf sehr feine Poren innerhalb der Mischkristallteilchen zurückzuführen, welche, wie es auch von

M. Oswald[1] angedeutet wurde, wahrscheinlich durch Gasentwicklung während der Mischkristallbildung entstehen.

L. D. Brownlee, G. A. Geach und T. Raine[2] prüften die Frage der gegenseitigen Löslichkeit von WC und TiC an technisch her-

Zahlentafel 42. *Gitterparameter geschmolzener WC-TiC-Legierungen* (A. G. Metcalfe)

WC Gew.-%	Parameter WC		Parameter W_2C		Parameter TiC
	a	c	a	c	a
98	$2,900_0$	$2,830_5$	2,993	4,721	$4,24 \pm 0,01$
97	$2,899_4$	$2,831_0$	—	—	4,232
96	—	—	—	—	$4,239 \pm 0,005$
94	$2,899_4$	$2,831_0$			4,245 — 4,296
reines Karbid	2,9004	2,8311	2,9888	4,7167	4,3189

gestellten Karbidgemischen. Bei ungepreßten und nicht im Gleichgewicht befindlichen Karbidmischkristallen ergab sich eine maximale Löslichkeit bei 2000° von 75 Gew.-% WC in TiC. Werden die Ausgangskarbide vor dem Sintern gepreßt, dann kann eine maximale

Zahlentafel 43. *Röntgendichte und pyknometrisch bestimmte Dichte von TiC-WC-Mischkristallen* (A. G. Metcalfe)

WC Mol.-%	Röntgendichte g/cm³	Pyknometer-Dichte g/cm³
0	4,908	4,902
20,7	7,32	7,26
45,8	9,96	9,57

Löslichkeit von 80 bis 82% WC erreicht werden. Anhaltspunkte über die Löslichkeit von TiC in WC konnten nicht gefunden werden. Wenn eine solche besteht, dann wird sie mit weniger als 2% TiC angenommen.

Die neuesten von H. Krainer[3] auf röntgenographischem Wege bestimmten Werte der Löslichkeit von WC in TiC in Abhängigkeit von der Temperatur stimmen sehr gut mit den Ergebnissen von A. G. Metcalfe[4] überein. Die Gitterkonstante des WC-TiC-Misch-

---

[1] Oswald, M.: Chimie & Ind. Fasc. Nr. 980 (1942), Dezember, S. 1/9.
[2] Brownlee, L. D., G. A. Geach u. T. Raine: Iron Steel Inst., Spec. Rep. Nr. 38, London 1947, S. 73/78.
[3] Krainer, H.: Arch. Eisenhüttenwes. 21 (1950), S. 119/27.
[4] Metcalfe, A. G.: J. Inst. Met. 73 (1947), S. 591/607.

kristalles wird durch Anwesenheit von unterkohltem TiC (also einem Ti[C, O, N]-Mischkristall) beträchtlich erniedrigt, eine Beobachtung, die auch schon J. S. Umanski und S. S. Chydekel[1] gemacht haben (s. S. 174). Da unterkohltes TiC die Eigenschaften von WC-TiC-Co-Hartmetallen im ungünstigen Sinne stark beeinträchtigt, erlaubt die röntgenographische Gitterkonstantenbestimmung eine rasche Gütekontrolle (s. S. 432).

Die außerordentlich starke Temperaturabhängigkeit der Löslichkeit von WC in TiC legt den Schluß nahe, daß beim Abschrecken von Mischkristallen aus dem Temperaturgebiet von beispielsweise 2500° und Anlassen bei Temperaturen von 1500°, Aushärtungen durch feinst verteiltes ausgeschiedenes WC erfolgen. Mit diesem Problem beschäftigen sich neuerdings V. P. Lvovskaja und J. S. Umanski[2], welche Mischkristalle bei 2300 bis 2350° erzeugten und den Zerfall dieser, d. h. die Wiederausscheidung von feinstverteiltem WC im Restmischkristall in Abhängigkeit von der Glühdauer bei 1600° röntgenographisch verfolgten. R. Kieffer[3] konnte mikroskopisch die Ausscheidung von WC beim Anlassen abgeschreckter WC-TiC-Mischkristalle 80/20 und 90/10 eindeutig nachweisen.

Zirkonkarbid-Hafniumkarbid.   Die Karbide ZrC-HfC sind isotyp und dürften, da der Unterschied in den Gitterkonstanten klein ist, vollkommen mischbar sein. Das System wurde bisher noch nicht untersucht.

Zirkonkarbid-Vanadinkarbid.   Das Karbidpaar ZrC-VC ist trotz der Isotypie unmischbar. Theoretisch kann diese Erscheinung mit dem großen Unterschied in den Gitterkonstanten, der etwa 12% beträgt, erklärt werden. Nach W. Hume-Rothery[4] darf nämlich die Differenz in der Atomgröße der beiden Komponenten etwa 15% nicht überschreiten, wenn Mischkristallbildung möglich sein soll (s. S. 158). Nach Untersuchungen von H. Nowotny und R. Kieffer[5] findet man auf Grund von Gitterkonstantenbestimmungen weder bei tiefgesinterten noch bei hoch- oder langzeitgesinterten Proben aus Mischungen beider Karbide Anzeichen für eine Mischkristallbildung. Dieser Befund steht in guter Übereinstimmung mit den Ergebnissen von J. T. Norton und A. L. Mowry[6].

---

[1] Umanski, J. S. u. S. S. Chydekel: Zur. Fiz. Chim. 15 (1941), S. 997/1004.

[2] Lvovskaja, V. P. u. J. S. Umanski: Zur. Tek. Fiz. 20 (1950), S. 1167/74.

[3] Kieffer, R.: Vortrag Göteborg 1952, Plansee-Seminar, Reutte/Tirol 1952.

[4] Hume-Rothery, W.: The Structure of Metals and Alloys. Inst. of Metals Monograph, London 1936, S. 52.

[5] Nowotny, H. u. R. Kieffer: Metallforschung 2 (1957), S. 257/65.

[6] Norton, J. T. u. A. L. Mowry: Trans. AIME 185 (1949), S. 133/36.

Auf Grund von Gitterkonstantenbestimmungen an bei 2100° drei Stunden gesinterten Proben wurde bis auf die Randkonzentrationen praktische Unlöslichkeit festgestellt.

Gemäß Abb. 53 kann auf der VC-Seite eine Löslichkeit kleiner als 1%, auf der ZrC-Seite eine solche von etwa 5% angenommen werden.

Zirkonkarbid-Niobkarbid. Nach Untersuchungen von C. Agte und H. Alterthum[1] liegen die Schmelzpunkte der Karbide ZrC-NbC im Mischungsverhältnis 1 : 1, 1 : 2 und 1 : 4 praktisch bei der gleichen Temperatur. Es wird eine Mischkristallreihe vermutet.

Nach den Röntgenuntersuchungen von A. E. Kovalski und J. S. Umanski[2] sowie H. Nowotny und R. Kieffer[3] bilden ZrC-NbC eine lückenlose Mischkristallreihe, sofern die Gleichgewichtseinstellung erreicht wird[3].

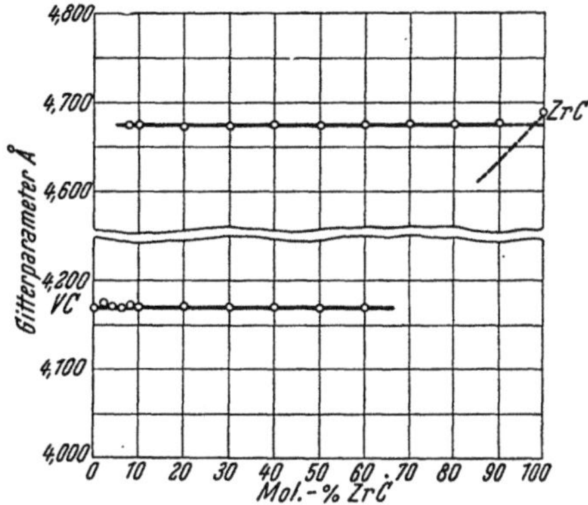

Abb. 53. Gitterkonstanten der Mischkristallreihe ZrC-VC (J. T. Norton und A. L. Mowry)

Auf Grund von Gitterkonstantenbestimmungen an bei 2100° drei Stunden gesinterten Proben hat J. T. Norton und A. L. Mowry[4] die lückenlose Mischbarkeit im System ZrC-NbC eindeutig bestätigt. Die Werte weichen gemäß Abb. 54 schwach negativ von der Vegardschen Geraden ab.

Zirkonkarbid - Tantalkarbid. Im System ZrC-TaC haben C. Agte und H. Alterthum[1] die Schmelzpunkte in Abhängigkeit vom Mischungsverhältnis der beiden Karbide bestimmt und gemäß Abb. 55 festgestellt, daß ein Schmelzpunktsmaximum auftritt. Die Mischung 4 TaC + 1 ZrC hat einen Schmelzpunkt von

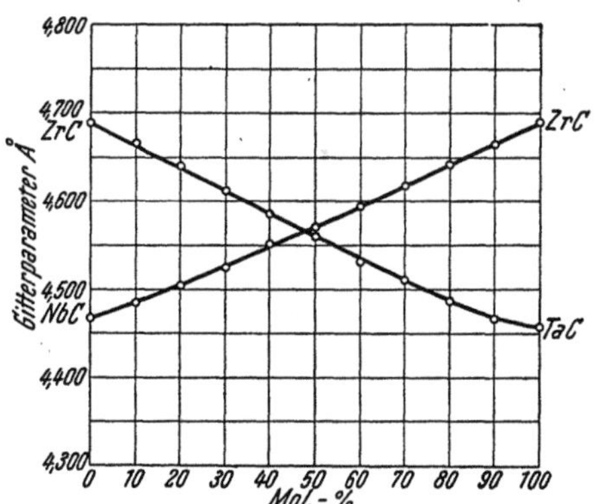

Abb. 54. Gitterkonstanten der Mischkristallreihen ZrC-NbC und ZrC-TaC (J. T. Norton und A. L. Mowry)

---

[1] Agte, C. u. H. Alterthum: Z. techn. Physik 11 (1930), S. 182/91.
[2] Kovalski, A. E. u. J. S. Umanski: Zur. Fiz. Chim. 20 (1946), S. 769/72.
[3] Nowotny, H. u. R. Kieffer: Metallforschung 2 (1947), S. 257/65.
[4] Norton, J. T. u. A. L. Mowry: Trans. AIME 185 (1949), S. 133/36.

4205° K, der also um 60° über dem Schmelzpunkt des reinen TaC liegt. Der Verlauf der Schmelzpunkte deutet auf eine kontinuierliche Mischreihe hin. Röntgenographische Gitterkonstantenbestimmungen an Mischkristallen 4 TaC + 1 ZrC und 1 TaC + 1 ZrC brachten Übereinstimmung mit der Vegardschen Regel, so daß der Beweis der lückenlosen Mischbarkeit erbracht ist. Auch A. E. Kovalski und J. S. Umanski[1] fanden an gesinterten TaC-ZrC-Gemischen lückenlose Mischkristallbildung.

Gitterkonstantenmessungen im System ZrC-TaC in Abständen von 10 Mol.-% an bei 2100° gebildeten Mischkristallen erbrachten nach J. T. Norton und A. L. Mowry[2] neuerlich den Beweis der lückenlosen Mischbarkeit. Die Werte weichen gemäß Abb. 54 schwach negativ von der Vegardschen Geraden ab.

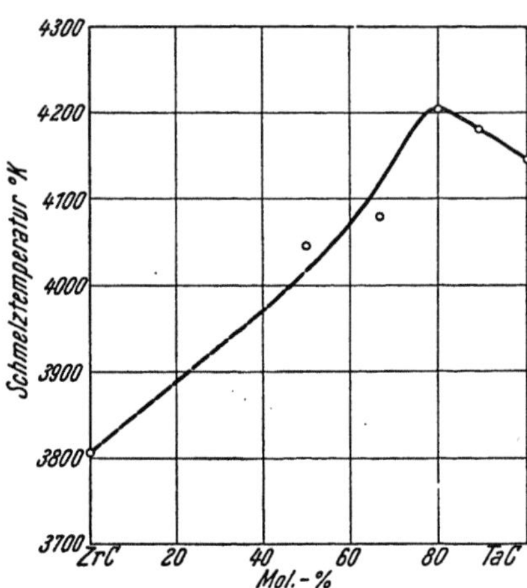

Abb. 55. Schmelzpunktsverlauf im System ZrC-TaC (C. Agte und H. Alterthum)

Zirkonkarbid-Chromkarbid. Das System $ZrC-Cr_3C_2$ ist bisher nicht näher untersucht worden. Ein Hinweis findet sich lediglich bei R. Kieffer und F. Kölbl[3]. Auf der ZrC-Seite wird eine stärkere, auf der Cr_3C_2-Seite keine oder eine geringe Löslichkeit zu erwarten sein.

Zirkonkarbid-Molybdänkarbid. Die Verhältnisse im System ZrC-Mo_2C (MoC) sind noch nicht ausreichend geklärt. Es besteht eine starke Temperaturabhängigkeit der Löslichkeit von Molybdänkarbid in ZrC. J. S. Umanski[4] gibt auf Grund von Röntgenuntersuchungen

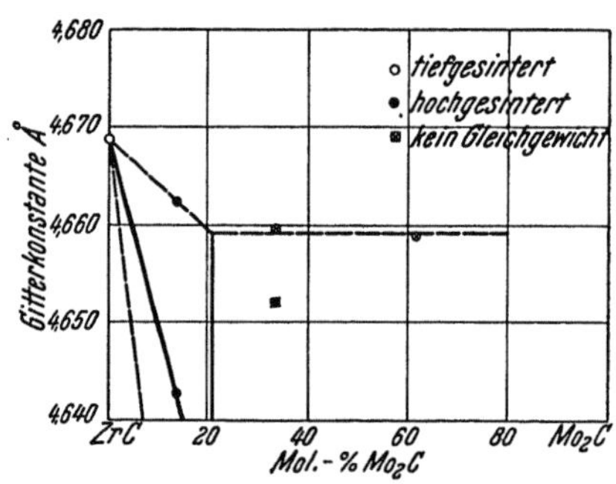

Abb. 56. Gitterkonstanten der Mischkristallreihe ZrC-Mo₂C (H. Nowotny und R. Kieffer)

bei 2600° eine Löslichkeit bis zu 90 Mol.-% Molybdänkarbid in ZrC an.

[1] Kovalski, A. E. u. J. S. Umanski: Zur. Fiz. Chim. **20** (1946), S. 769/72.
[2] Norton, J. T. u. A. L. Mowry: Trans. AIME **185** (1949), S. 133/36.
[3] Kieffer, R. u. F. Kölbl: Powder Met. Bull. **4** (1949), S. 4/17.
[4] Umanski, J. S.: Akad. Wiss. USSR, Ber. phys. chem. Analyse **16** (1943), S. 127/48.

H. Nowotny und R. Kieffer versuchten es gleichfalls mittels röntgenographischer Untersuchungen, die Löslichkeitsgrenzen zu bestimmen. Auf Grund tiefgesinterter Proben (1600°, zwei Stunden) kann gemäß Abb. 56 ungefähr eine Löslichkeit von etwa 20 Mol.-% Mo_2C bei 1600° angenommen werden. Bei hochgesinterten Proben (2100°, fünf Minuten) nahm der ZrC-Mischkristall zwar mehr Mo_2C auf, die Karbidgitter waren aber offensichtlich weniger durchgebildet. Die Dubletteaufspaltung verschwand und die diffuse Streuung nahm zu. Es dürfte hier ähnlich wie beim System VC-Mo_2C (s. S. 188) ein Zerfall der Karbide, das heißt, Aufnahme von Kohlenstoff bei höherer Temperatur und Abscheidung von Graphit beim Abkühlen, eintreten. Aus der Lage der Werte ersieht man, daß keinerlei Gleichgewicht bestand. Eine Löslichkeitsgrenze läßt sich daher schwer angeben. Sicher liegt sie aber nahe, wenn nicht über 15 Mol.-% Mo_2C, da die hochgesinterte Probe mit 25 Gew.-% Mo_2C praktisch homogen ist.

Zirkonkarbid - Wolframkarbid. C. Agte und H. Alterthum[1] haben versucht, die Schmelzpunkte von Mischungen der Karbide ZrC und WC im Verhältnis 1:1 und 4:1 zu bestimmen. Beim Schmelzen von gepreßten Stäben im direkten Stromdurchgang tritt jedoch Entmischung ein (Tropfenbildung), woraus die Autoren schließen, daß keinerlei Mischkristallbildung erfolgt. Auch Gefügebilder zeigen zwei Phasen. Auf Grund von röntgenographischen Untersuchungen an gesinterten ZrC-WC-Körpern haben J. S. Umanski und R. L. Petrusevich[2] gemäß Abb. 57 die Temperaturabhängigkeit der Löslichkeit untersucht. Bei 2000° werden etwa 30% WC gelöst. Die Löslichkeit von WC für ZrC ist auch bei 1500 bis 1800° kaum meßbar.

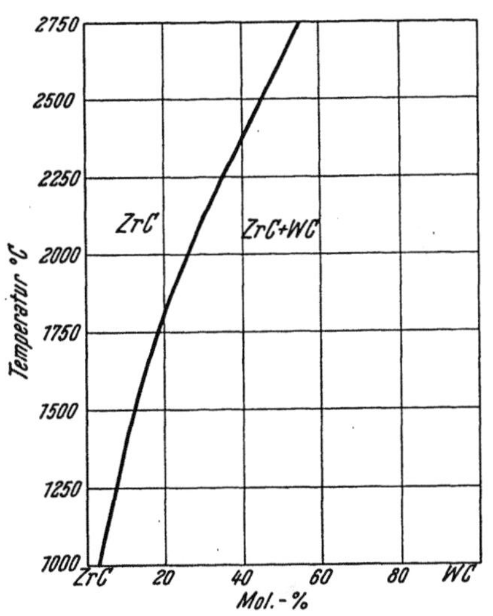

Abb. 57. Abhängigkeit der Löslichkeit von Wolframkarbid in Zirkonkarbid von der Sintertemperatur (J. S. Umanski und R. L. Petrusevich)

---

[1] Agte, C. und H. Alterthum: Z. technische Physik **11** (1930), S. 182/91.

[2] s. Umanski, J. S.: Akad. Wiss. USSR, Ber. phys. chem. Analyse **16** (1943), S. 127/48.

Nach H. Nowotny und R. Kieffer[1] ergäbe sich aus dem Verlauf der Gitterkonstanten an tiefgesinterten ZrC-WC-Proben (1600°, zwei Stunden) gemäß Abb. 58 eine Löslichkeit von etwa 15 bis 20 Mol.-% WC, vorausgesetzt, daß die Löslichkeit temperaturunabhängig ist. Hochgesinterte Proben (2100°, fünf Minuten) mit 25, 30, 35 und 50% WC zeigen aber, daß man vom Gleichgewicht erheblich entfernt ist. Nach dem Röntgenogramm der hochgesinterten (nachgesinterten) Probe stellt man Homogenität fest. Die Löslichkeit beträgt demnach sicher mehr als 35 Mol.-% WC. Ob eine beschränkte Löslichkeit des WC für ZrC (in Analogie zur beschränkten Löslichkeit von WC in TiC) vorhanden ist, konnte von H. Nowotny und R. Kieffer mangels homogener hochgesinterter Proben auf der WC-Seite nicht eindeutig entschieden werden. Nach J. S. Umanski[2] ist die Löslichkeit des WC für ZrC erheblich geringer als die für TiC.

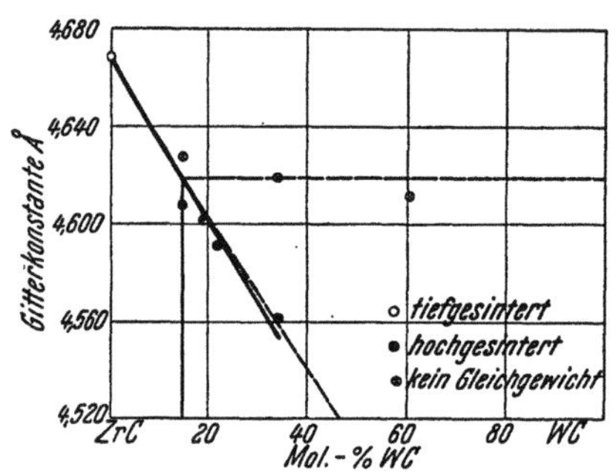

Abb. 58. Gitterkonstanten der Mischkristallreihe ZrC-WC
(H. Nowotny und R. Kieffer)

Die Erzeugung von ZrC-WC-Mischkristallen und die Herstellung von titankarbidfreien Hartmetallen aus diesen wird eingehend von R. Kieffer[3] beschrieben (s. S. 494).

An einem Mischkristall aus 75% ZrC und 25% WC haben A. E. Kovalski und L. A. Kanova[4] eine mittlere Mikrohärte von 3230 kg/mm² bestimmt.

Hafniumkarbid-Vanadinkarbid. Die Karbide HfC-VC sind isotyp und auf Grund des geringen Unterschiedes in den Gitterkonstanten wäre vollkommene Mischbarkeit möglich. Das System ist bisher nicht untersucht worden.

Hafniumkarbid-Niobkarbid. Die Karbide HfC-NbC sind isotyp und auf Grund der ähnlichen Gittergröße ist vollkommene Mischbarkeit zu erwarten. Das System ist bisher nicht untersucht worden.

Hafniumkarbid-Tantalkarbid. Im System HfC-TaC haben C. Agte und H. Alterthum[5] die Schmelzpunkte in Abhängigkeit

---

[1] Nowotny, H. u. R. Kieffer: Metallforschung 2 (1947), S. 257/65.
[2] Umanski, J. S.: Akad. Wiss. USSR, Ber. phys. chem. Analyse 16 (1943), S. 127/48.
[3] Kieffer, R.: Metall 4 (1950), S. 132/36.
[4] Kovalski, A. E. u. L. A. Kanova: Zavod. Lab. 16 (1950), S. 1362/65.
[5] Agte, C. u. H. Alterthum: Z. techn. Physik 11 (1930), S. 182/91.

vom Mischungsverhältnis der beiden Karbide bestimmt und gemäß Abb. 59 festgestellt, daß ähnlich wie im System ZrC-TaC ein Schmelzpunktsmaximum existiert. Es liegt bei 4205° K beim Mischungsverhältnis 1 : 4. Der Schmelzpunkt dieses Mischkristalles ist der höchste aller bisher bekannten Körper. Röntgenographisch konnte in diesem System vollkommene Mischbarkeit gefunden werden.

Hafniumkarbid-Chromkarbid, Hafniumkarbid-Molybdänkarbid, Hafniumkarbid-Wolframkarbid. Die Systeme HfC-Cr_3C_2, HfC-Mo_2C und HfC-WC sind bisher noch nicht untersucht worden.

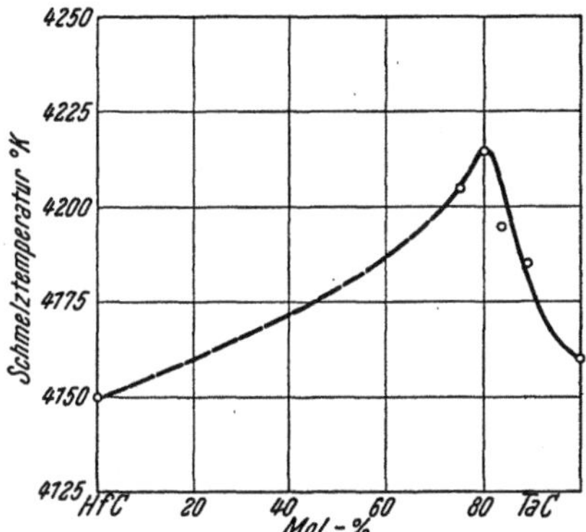

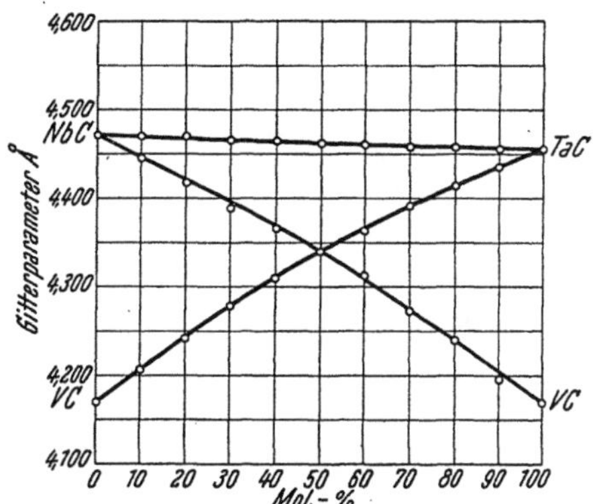

Abb. 59. Schmelzpunktsverlauf im System HfC-TaC (C. Agte und H. Alterthum)

Abb. 60. Gitterkonstanten der Mischkristallreihen VC-NbC, VC-TaC und NbC-TaC (J. T. Norton und A. L. Mowry)

Ähnlich wie bei Systemen von Titankarbid mit Karbiden der 6. Gruppe dürfte auch HfC eine temperaturabhängige starke Löslichkeit für diese Karbide der Chromgruppe haben; letztere dürften jedoch keine oder nur eine beschränkte Löslichkeit für das HfC aufweisen.

Vanadinkarbid-Niobkarbid. Auf Grund röntgenographischer Untersuchungen an hochgesinterten VC-NbC-Mischungen (2100°, drei Stunden) sind nach J. T. Norton und A. L. Mowry[1] gemäß Abb. 60 beide Karbide lückenlos mischbar. Die in Abständen von 10 Mol.-% NbC bestimmten Gitterkonstanten weichen schwach positiv von der Vegardschen Geraden ab.

Vanadinkarbid-Tantalkarbid. Hochgesinterte Proben von VC-TaC-Mischungen mit 25 Mol.-% TaC (2100°, fünf Minuten) sind nach H. Nowotny und R. Kieffer[2] homogen. Auf Grund der Gitterkonstantenwerte liegt eine lückenlose Mischreihe vor. J. T. Norton und A. L. Mowry[1] konnten die lückenlose Mischbarkeit im System

[1] Norton, J. T. u. A. L. Mowry: Trans. AIME **185** (1949), S. 133/36.
[2] Nowotny, H. u. R. Kieffer: Metallforschung **2** (1947), S. 257/65.

VC-TaC ebenfalls auf Grund röntgenographischer Untersuchungen an hochgesinterten Mischungen (2100°, drei Stunden) bestätigen. Die in Abständen von 10 Mol.-% bestimmten Gitterkonstantenwerte weichen schwach positiv von der Vegardschen Geraden ab (Abb. 60).

Vanadinkarbid-Chromkarbid. Das System VC-Cr$_3$C$_2$ wurde bisher noch nicht untersucht. Wahrscheinlich dürfte Ähnlichkeit mit dem System TiC-Cr$_3$C$_2$ bestehen.

Vanadinkarbid - Molybdänkarbid. Röntgenographisch gaben L. P. Molkov und I. V. Vikker[1] bei 1600° eine Löslichkeit von etwa 76 Gew.-% Mo$_2$C in VC an.

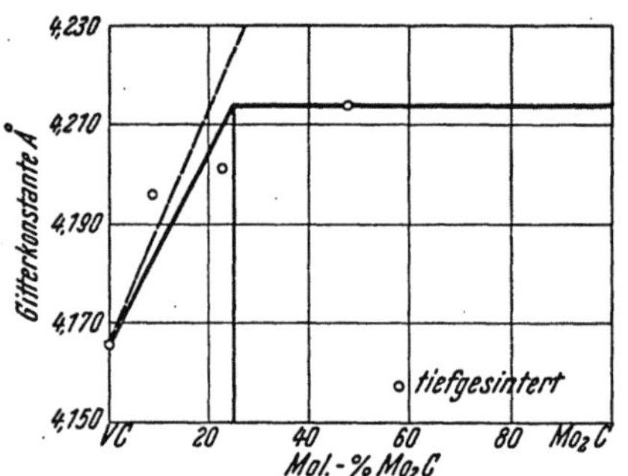

Abb. 61. Gitterkonstanten der Mischkristall-reihe VC-Mo$_2$C
(H. Nowotny und R. Kieffer)

Das System VC-Mo$_2$C wurde von H. Nowotny und R. Kieffer[2] genauer röntgenographisch untersucht. Das Mischkristallgebiet von VC geht, wie sich aus den tiefgesinterten Proben (1500°, zwei Stunden) ergibt, bis etwa 25 Mol.-% Mo$_2$C (Abb. 61). Interessant ist, daß dieseKarbide beim Hochsintern zerfallen (vgl. die Verhältnisse im System ZrC-Mo$_2$C). So sieht man an der Aufnahme der hochgesinterten Probe mit 25 Gew.-% Mo$_2$C neben der stark entwickelten Untergrundstreuung kaum mehr Interferenzen. An der hochgesinterten Probe mit 50 Gew.-% Mo$_2$C ist die Mischkristallbildung wieder zurückgegangen.

Vanadinkarbid-Wolframkarbid. Auf Grund von Röntgenuntersuchungen von L. P. Molkov und I. V. Vikker[1] löst VC bei 1900° etwa 76 Gew.-% WC.

Die Löslichkeit von VC für WC ist bei gesinterten Präparaten nach J. S. Umanski und V. N. Galovana[4] stark temperaturabhängig (Abb. 62). Bei 2000° werden etwa 60 Mol.-% WC gelöst. Oberhalb 2300° ist auch eine temperaturabhängige Löslichkeit von WC für VC bis etwa 10 Mol.-% VC zu beobachten.

---

[1] Molkov, L. P. u. I. V. Vikker: Vestn. Metalloprom. **16** (1936), S. 75/82.
[2] Nowotny, H. u. R. Kieffer: Metallforschung 2 (1947), S. 257/65.
[3] s. Umanski, J. S.: Akad. Wiss. USSR, Ber. phys. chem. Analyse **16** (1943), S. 127/48.

Nach H. Nowotny und R. Kieffer[1] ist auf Grund von Gitterkonstantenbestimmungen bei tiefgesinterten Proben (1500°, zwei Stunden) auf der VC-Seite nur ein Mischkristallbereich bis etwa 12 Mol.-% WC anzunehmen (Abb. 63). Hochgesinterte Proben (2100°, fünf Minuten) mit 25, 27 und 30% WC sprechen für eine Vergrößerung der Löslichkeit, die, sofern die heterogen tiefgesinterten Proben mit 50 bzw. 75% WC im Gleichgewicht sein würden, etwa 20 Mol.-% WC beträgt. Wahrscheinlich ist aber auch hier das Gleichgewicht noch nicht erreicht, weshalb H. Nowotny und R. Kieffer 20 Mol.-% WC nur als untere Löslichkeitsgrenze angeben.

Niobkarbid-Tantalkarbid. Die von C. Agte und H. Alterthum[2] nach der Bohrlochmethode bestimmten Schmelzpunkte einiger NbC-TaC-Mischungen lassen auf eine lückenlose Mischbarkeit schließen (Abb. 64).

Die röntgenographische Untersuchung im System NbC-TaC stößt auf methodische Schwierigkeiten, weil die Gitterkonstanten sich

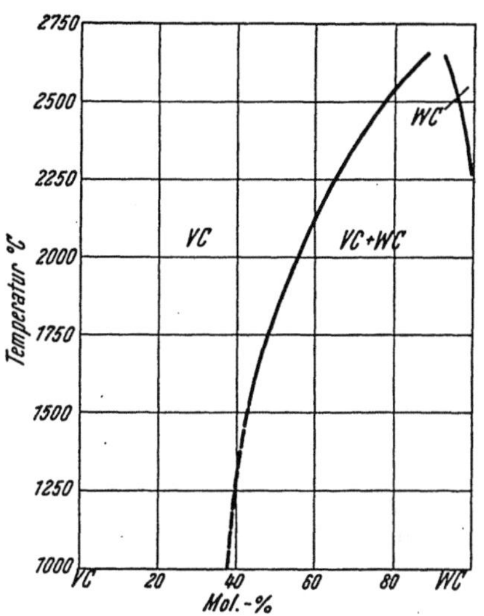

Abb. 62. Löslichkeitsverhältnisse im System VC-WC (J. S. Umanski und V. N. Galovana)

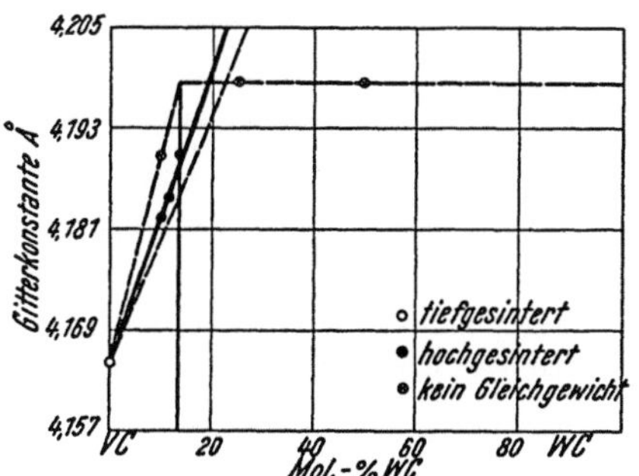

Abb. 63. Gitterkonstanten der Mischkristallreihe VC-WC (H. Nowotny und R. Kieffer)

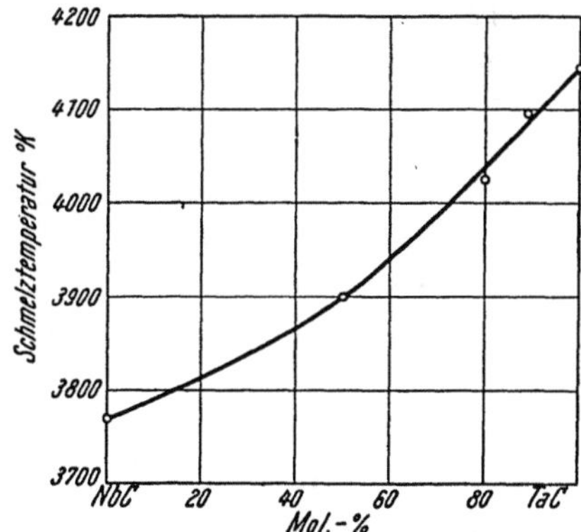

Abb. 64. Schmelzpunktsverlauf im System TaC-NbC (C. Agte und H. Alterthum)

---

[1] Nowotny, H. u. R. Kieffer: Metallforschung 2 (1947), S. 257/65.
[2] Agte, C. u. H. Alterthum: Z. techn. Physik 11 (1930), S. 182/91.

sehr wenig unterscheiden. Nach H. Nowotny und R. Kieffer[1] läßt sich lediglich an der 440-Interferenz der Gang der Parameter beurteilen. Hochgesinterte Proben (2100°, fünf Minuten) mit 15 bzw. 65 Mol.-% TaC zeigen ein einziges Gitter. Der homogene Übergang dürfte dadurch bewiesen sein. Die lückenlose Mischbarkeit von NbC-TaC wurde von J. T. Norton und A. L. Mowry[2] neuerlich

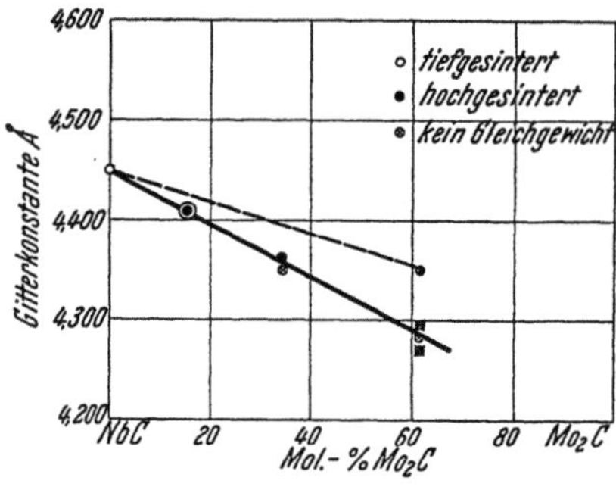

Abb. 65. Gitterkonstanten der Mischkristallreihe NbC-Mo$_2$C (H. Nowotny und R. Kieffer)

bestätigt. Die Gitterkonstantenwerte von bei 2100° drei Stunden gesinterten Karbidmischkristallen liegen genau auf der Vegardschen Geraden (Abb. 60).

Niobkarbid-Chromkarbid. Das System NbC-Cr$_3$C$_2$ ist bisher noch nicht untersucht worden. Es dürften ähnliche Verhältnisse wie im System NbC-WC bzw. TiC-WC vorliegen.

Niobkarbid - Molybdänkarbid. Nach H. Nowotny und R. Kieffer[1] mischen sich die Karbide NbC-Mo$_2$C auf der NbC-Seite bis 55 Mol.-% Mo$_2$C. Hochgesinterte Präparate (2100°, fünf Minuten) mit 75 Gew.-% Mo$_2$C sind nicht im Gleichgewicht (Abb. 65). Es bestehen weiterhin zwei kubische Gitter nebeneinander, die sich in den Gitterkonstanten allerdings nur wenig unterscheiden. Der Gehalt an Mo$_2$C geht beim Hochsintern zurück, bleibt aber in merklichen Mengen enthalten. Demnach dürfte die Löslichkeitsgrenze nahe 60 Mol.-% Mo$_2$C liegen. J. S. Umanski[3] nimmt bei 2600° eine Löslichkeit bis 90 Mol.-% Molybdänkarbid an.

Niobkarbid-Wolframkarbid. Die Schmelzpunkte von NbC-W$_2$C-Gemischen wurden nach der Bohrlochmethode von C. Agte und

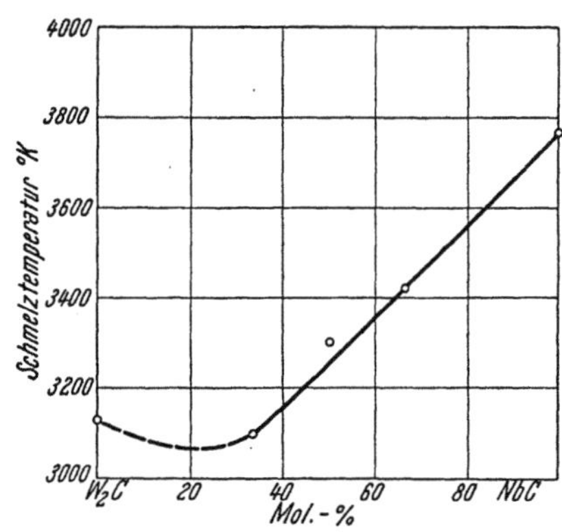

Abb. 66. Schmelzpunktsverlauf im System NbC-W$_2$C (C. Agte und H. Alterthum)

mischen wurden nach der Bohrlochmethode von C. Agte und

---

[1] Nowotny, H. u. R. Kieffer: Metallforschung **2** (1947), S. 257/65.
[2] Norton, J. T. u. A. L. Mowry: Trans. AIME **185** (1949), S. 133/36.
[3] Umanski, J. S.: Akad. Wiss. USSR, Ber. phys. chem. Analyse **16** (1943), S. 127/48.

H. Alterthum[1] bestimmt. Der Verlauf der Schmelzpunktskurve ist ähnlich wie im System TaC-WC (Abb. 66). Es tritt ein Schmelzpunktsminimum ein, sowie Zerfall beim Abkühlen. Nach A. E. Kovalski und J. S. Umanski[2] besteht im System Nb-WC temperaturabhängige Löslichkeit (Abb. 67). Die ebenfalls temperaturabhängige Löslichkeit von NbC in WC ist gering und dürfte bei hohen Temperaturen 1 bis 2% betragen.

Auf Grund röntgenographischer Untersuchungen ergäbe sich nach H. Nowotny und R. Kieffer[3] an tiefgesinterten Proben (1500°, zwei Stunden) eine Löslichkeit bis etwa 15 Mol.-% WC. Hochgesinterte Proben (2100°, fünf Minuten) sind aber einwandfrei homogen (Abb. 68). Die tiefgesinterten Mischkristalle mit 50

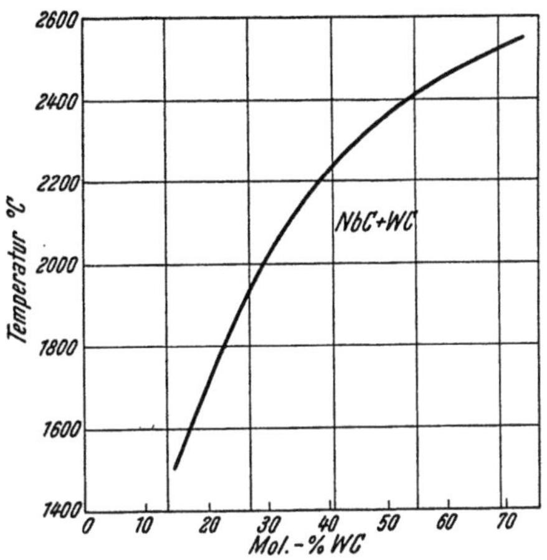

Abb. 67. Löslichkeitsverhältnisse im System NbC-WC (A. E. Kovalski und J. S. Umanski)

bzw. 75% WC sind bestimmt nicht im Gleichgewicht. H. Nowotny und R. Kieffer nehmen daher an, daß die Mischkristallbildung erheblich weiter als bis 30 Mol.-% WC reicht.

Tantalkarbid-Chromkarbid. Das System TaC-Cr$_3$C$_2$ ist bishernoch nicht eingehender untersucht worden. Hinweise sind bei R. Kieffer und F. Kölbl[4] zu finden.

Tantalkarbid-Molybdänkarbid. Auf Grund der Röntgenuntersuchung von L. P. Molkov und I. V. Vikker[5] zeigt ein bei 2100° gesinterter TaC-Mo$_2$C-Körper mit 40 Gew.-% TaC nur TaC-Gitter.

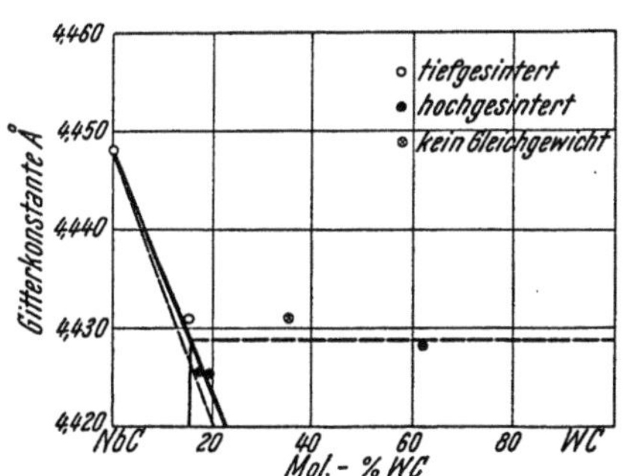

Abb. 68. Gitterkonstanten der Mischkristallreihe NbC-WC (H. Nowotny und R. Kieffer)

Nach H. Nowotny und R. Kieffer[3] ist bei tiefgesinterten Proben

[1] Agte, C. u. H. Alterthum: Z. techn. Physik 11 (1930), S. 182/91.
[2] Kovalski, A. E. u. J. S. Umanski: Zur. Fiz. Chim. 20 (1946), S. 773/78.
[3] Nowotny, H. u. R. Kieffer: Metallforschung 2 (1947), S. 257/65.
[4] Kieffer, R. u. F. Kölbl: Powder Met. Bull. 4 (1949), S. 4/17.
[5] Molkov, L. P. u. I. V. Vikker: Vestn. Metalloprom. 16 (1936), S. 75/82.

der Karbide $TaC-Mo_2C$ (1500°, zwei Stunden) mit einer Löslichkeit von etwa 40 Mol.-% Mo_2C in TaC zu rechnen (Abb. 69).

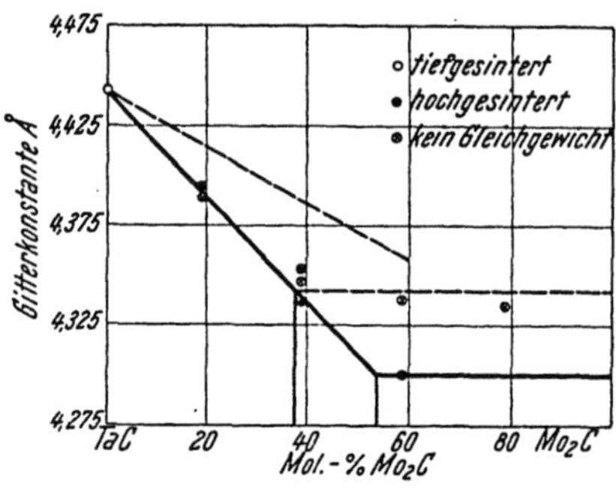

Abb. 69. Gitterkonstanten der Mischkristallreihe $TaC-Mo_2C$ (H. Nowotny und R. Kieffer)

Die hochgesinterte Probe (2100°, fünf Minuten) mit 40 Gew.-% Mo_2C scheint auch im Gleichgewicht zu sein. Sie enthält noch freies Mo_2C. Der homogene Bereich des TaC-Mischkristalles dürfte daher bis etwa 60 bis 65 Mol.-% Mo_2C reichen. Über die Löslichkeit von TaC in Mo_2C werden keine Angaben gemacht. J. S. Umanski[1] gibt bei 2600° eine Löslichkeit bis 90% Molybdänkarbid im TaC an.

Tantalkarbid - Wolframkarbid.
Zwecks Bestimmung der Schmelzpunkte nach der Bohrlochmethode haben C. Agte und H. Alterthum[2] gepreßte Stäbe aus Mischungen von $TaC + W_2C$ in verschiedenen Verhältnissen im direkten Stromdurchgang erhitzt. Es ergibt sich ein Schmelzpunktverlauf gemäß Abb. 70. Die Schmelzpunktskurve zeigt ein Minimum, wobei die Verfasser offen lassen, ob ein Eutektikum oder Mischkristallbildung in allen Verhältnissen mit Schmelzpunktsminimum vorliegt. Im Gefüge rasch abgekühlter Schmelzen (Mol.-Verhältnis 1 : 1) sind zwei Gefügebestandteile zu sehen, was also auf Zerfall des Mischkristalles deutet. Im Einklang damit steht die röntgenographische Untersuchung, die bei hohem W_2C-Gehalt die Interferenzen der beiden Karbide nebeneinander, von

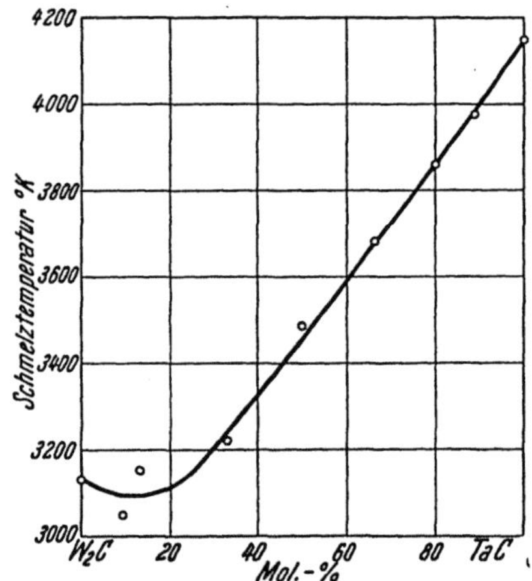

Abb. 70. Schmelzpunktsverlauf im System $TaC-W_2C$ (C. Agte und H. Altherthum)

80 Mol.-% TaC an nur die Interferenzen dieses Karbides zeigt. Daraus muß man auf eine mindestens teilweise Entmischung beim Schmelzen schließen.

---

[1] Umanski, J. S.: Akad. Wiss. USSR, Ber. phys. chem. Analyse **16** (1943), S. 127/48.

[2] Agte, C. u. H. Alterthum: Z. techn. Physik **11** (1930), S. 182/91.

Auf Grund röntgenographischer Untersuchungen an bei verschiedenen Temperaturen gesinterten Mischungen von TaC-WC haben A. E. Kovalski und J. S. Umanski[1] die Temperaturabhängigkeit der Löslichkeit bestimmt. Diese ändert sich, wie Abb. 71 zeigt, sehr stark mit der Temperatur. Bei 2540° werden über 80 Mol.-% WC von TaC gelöst, bei 2000° etwa 25 Mol.-% und bei 1500° beträgt die Löslichkeit nur etwa 10 Mol.-%. Die ebenfalls temperaturabhängige Löslichkeit von TaC in WC dürfte 1 bis 2% nicht übersteigen.

Gitterkonstanten - Bestimmungen von H. Nowotny und R. Kieffer[2] ergaben

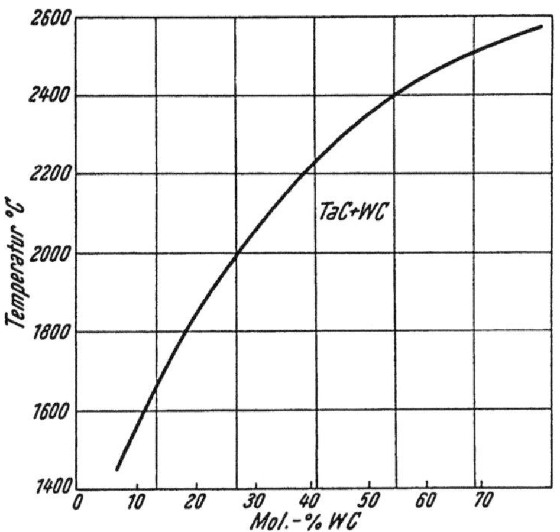
Abb. 71. Löslichkeitsverhältnisse im System TaC-WC (A. E. Kovalski und J. S. Umanski)

bei tiefgesinterten Proben (1500°, zwei Stunden) eine Löslichkeitsgrenze von unter 25 Mol.-% WC (Abb. 72). Auf Grund von hochgesinterten Proben (2100°, fünf Minuten) mit 10, 15 und 25 Mol.-% WC ergibt sich die Mischbarkeit zu etwa 17 Mol.-% WC. Der Gehalt an WC in tiefgesinterten Proben mit 25 Mol.-% WC geht bei der hochgesinterten etwas zurück. Die Gitteränderung ist aber so gering, daß man auf weitgehende Gleichgewichtseinstellung auch bei den tiefgesinterten Karbiden schließen kann.

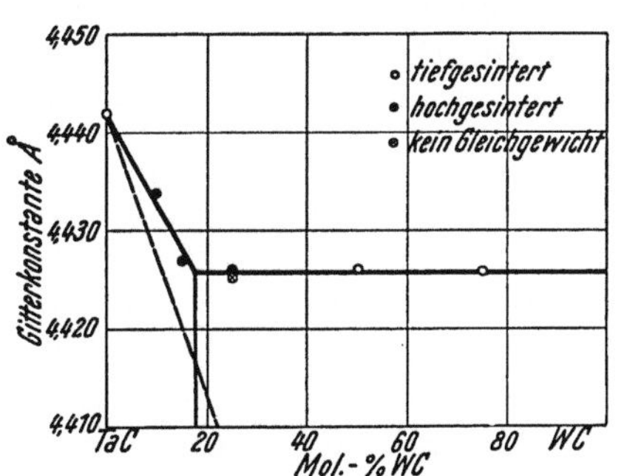

Abb. 72. Gitterkonstanten der Mischkristallreihe TaC-WC (H. Nowotny und R. Kieffer)

In guter Übereinstimmung mit A. E. Kovalski und J. S. Umanski geben L. D. Brownlee, G. A. Geach und T. Raine[3] bei 2000° eine Löslichkeit von 27 Mol.-% WC an. Die Löslichkeit von TaC in WC soll außerordentlich gering sein. TaC-WC-Mischkristalle

---

[1] Kovalski, A. E. u. J. S. Umanski: Zur. Fiz. Chim. **20** (1946), S. 773/78.

[2] Nowotny, H. u. R. Kieffer: Metallforschung 2 (1947), S. 257/65.

[3] Brownlee, L. D., G. A. Geach u. T. Raine: Iron Steel Inst., Spec. Rep. Nr. 38, London 1947, S. 73/78.

haben große Bedeutung bei der Herstellung von Hartmetallen für die Bearbeitung langspanender Werkstoffe (s. S. 480).

An einem TaC-WC-Mischkristall haben A. E. Kovalski und L. A. Kanova[1] eine Mikrohärte von 1837 kg/mm² bestimmt.

Tantalkarbid-Urankarbid. In kohlenstoffhaltigen Tantal-Uranlegierungen haben C. H. Schramm und Mitarbeiter[2] röntgenographisch zwei Phasen gefunden.

Chromkarbid-Molybdänkarbid, Chromkarbid-Wolframkarbid. Die Systeme Cr_3C_2-Mo_2C, Cr_3C_2-WC sind bisher noch nicht näher untersucht worden. Beim Sintern von Cr_3C_2-WC-Gemischen bei 1800° treten nach L. P. Molkov und I. V. Vikker[3] im Röntgenogramm neben Linien des WC und Cr_3C_2 auch Linien einer neuen tetragonalen Phase, welche wahrscheinlich dem Doppelkarbid Cr_3C_2-W_2C entsprechen, auf[4].

Chromkarbid versprödet WC-Hartmetalle infolge Auftretens von Doppelkarbiden[5].

Molybdänkarbid-Wolframkarbid. Die Systeme Mo_2C-WC und Mo_2C-W_2C sind trotz des historischen Interesses nur oberflächlich untersucht worden. Es dürfte eine beschränkte gegenseitige Löslichkeit bestehen. Nach L. P. Molkov und L. V. Vikker[2] zeigen bei 1900° gesinterte Proben aus Mischungen von 47 Gew.-% Mo_2C und 53 Gew.-% WC nur das Gitter von Mo_2C. Höhere Gehalte an WC bedingen das Auftreten von WC-Linien neben den Linien der festen Lösungen von WC in Mo_2C.

Nach W. Dawihl[6] soll es bei hohen Temperaturen gelingen, auch MoC-WC-Mischkristalle zu erzeugen. Die Wolframkarbid-Molybdänkarbidkörper wurden aus Mischungen von WC bzw. W mit Mo und Kohle, gegebenenfalls unter Zusatz von Kobalt hergestellt. Die Preßlinge wurden in einem Kohlerohrofen in Kohleeinbettung unter Wasserstoff bei 1600 bis 2000° verschieden lang gesintert. In Zahlentafel 44 sind die Gehalte der Präparate an Kohlenstoff in Abhängigkeit von der Zusammensetzung der Ausgangsmischung und der Sinterbehandlung zusammengestellt. Da WC theoretisch 6,13% C, Mo_2C 5,89% C enthält, kann man aus den Gehalten an

---

[1] Kovalski, A. E. u. L. A. Kanova: Zavod. Lab. **16** (1950), S. 1362/65.

[2] Schramm, C. H., P. Gordon u. A. R. Kaufmann: Trans. AIME **188** (1950), S. 195/204.

[3] Molkov, L. P. u. I. V. Vikker: Vestn. Metalloprom. **16** (1936), S. 75/82.

[4] s. Adelsköld, V., A. Sundelin u. A. Westgren: Z. anorg. allg. Chem. **212** (1933), S. 401/09.

[5] Kieffer, R. u. F. Kölbl: Powder Met. Bull. **4** (1949), S. 4/17.

[6] Dawihl, W.: Z. anorg. Chem. **262** (1950), S. 212/17.

gebundenem Kohlenstoff bei Mischung 3 und 4, welche bei 2000°
zwei Stunden bzw. bei 1600° 24 Stunden gesintert wurden, auf
ein höhergekohltes Molybdänkarbid schließen.

Zahlentafel 44. *Kohlenstoffgehalt von Wolframkarbid-Molybdänkarbid-Sinterkörpern* (W. Dawihl)

Mischung	Sintertemperatur 1600° C, 2 Stunden			Sintertemperatur 2000° C, 2 Stunden			Sintertemperatur 1600° C, 24 Stunden		
	ges. C %	fr. C %	geb. C %	ges. C %	fr. C %	geb. C %	ges. C %	fr. C %	geb. C %
1. 70 g WC + 30 g Mo + 3,8 Kohle[1]	7,62	1,67	5,95	7,55	1,60	5,95	7,20	1,18	6,02
2. 30 g Mo + 3,8 g C	10,90	5,35	5,55	11,19	5,76	5,43	10,50	5,11	5,39
3. 30 g geglühte Mischung 2. + 70 g WC	7,55	1,63	5,92	7,59	0,46	7,13	7,19	0,85	6,34
4. 30 g geglühte Mischung 2. + 70 g WC + 5 g Co	7,05	0,49	6,56	7,96	0,51	7,45	6,92	0,15	6,77
5. 90 g Mo + 5 g Co + 11,4 g Kohle	10,32	4,94	5,38	11,70	5,62	6,08	10,09	5,18	4,91

[1] 3,8 g Kohle auf 30 g Mo entspricht dem Atomverhältnis 1 : 1.

Berechnet man das Atomverhältnis für den im Molybdän gebundenen Kohlenstoff unter der Annahme, daß das Wolfram als
WC vorliegt, dann ergeben sich Werte gemäß Zahlentafel 45. Nach
zweistündiger Erhitzung bei 1600° enthalten alle Mischungen bis
auf Mischung 4 nur soviel freien Kohlenstoff, daß das Molybdän

Zahlentafel 45. *Atomverhältnis des an Molybdän gebundenen Kohlenstoffes in
Wolframkarbid-Molybdänkarbid-Sinterkörpern* (W. Dawihl)

Mischung*	Atomverhältnis Mo : C	
	1600° C, 2 Stunden	2000° C, 2 Stunden
1	1 : 0,49	1 : 0,49
2	1 : 0,50	1 : 0,49
3	1 : 0,48	1 : 0,81
4	1 : 0,77	1 : 1,03
5	1 : 0,50	1 : 0,56

* Siehe Zahlentafel 44.

nur als Mo_2C vorliegen kann. Lediglich bei Mischung 4 ist das Molybdän höher gekohlt. Bei einer Sintertemperatur von 2000° weisen die Mischungen 3 und 4 eine vermehrte Bindung des Kohlenstoffes an Molybdän auf. Eine Kohlenstoffbindung an Molybdän über Mo_2C hinaus ist bei den wolframkarbidfreien Mischungen, selbst wenn man 24 Stunden bei 1600° sintert, nicht zu beobachten. Es ist also der Schluß zu ziehen, daß tatsächlich durch Mischkristallbildung des Molybdänkarbides mit Wolframkarbid ein kohlenstoffreicheres Molybdänmonokarbid beständig wird und daß das anwesende Kobalt die Bildung dieses Karbides und seine Auflösung in Wolframkarbid beschleunigt.

Die röntgenographische Untersuchung der bei 1600 und 2000° gesinterten Körper bestätigt die chemische Untersuchung in vollem Umfange. Während bei den Mischungen 1, 2, 3, und 5 bei 1600° und bei den Mischungen 1, 2 und 5 bei 2000° zwei Kristallarten entstanden sind und ineinander unlösliche Karbide von WC und Mo_2C nachgewiesen werden konnten, wurde in den Mischungen 4 bei 1600° und 3, 4 bei 2000° nur eine Kristallart, und zwar die des WC aufgefunden. Fremde Linien waren nur außerordentlich schwach vorhanden.

4. Ternäre und komplexe Karbidsysteme

Die Legierungsmöglichkeiten der Hartkarbide in Drei- und Mehrfachsystemen sind außerordentlich zahlreich. Trotzdem einer ganzen Reihe von Systemen aus den bei den Karbidzweistoffsystemen beschriebenen Gründen (s. S. 156) technisch große Bedeutung zukommen dürfte, sind bisher nur ganz wenige eingehend untersucht worden. Meist hat man sich damit begnügt, die Eigenschaften von aus solchen Mischkristallen oder Karbidgemengen hergestellten Hartmetallen zu untersuchen.

Allgemein kann man wieder zwei Gruppen von Legierungen unterscheiden, welche technisches Interesse haben. Man kann die Karbide der 4. und 5. Gruppe kombinieren[1]. Da diese Karbide alle isotyp sind, ist auch in Drei- und Mehrstofflegierungen, mit Ausnahme hoch-ZrC-haltiger Systeme (s. Abb. 81), vollständige Mischbarkeit zu erwarten. Bei Mischungen der Karbide der 4. und 5. Gruppe einerseits und der 6. Gruppe andererseits ist, wie bei den Zweistoffsystemen, nur beschränkte Löslichkeit möglich. Die Mischkarbide der 4. und 5. Gruppe werden mit steigender Temperatur wachsende Mengen des Karbides der 6. Gruppe lösen. Diese Lös-

---

[1] Kieffer, R. u. F. Kölbl: Powder Met. Bull. 4 (1949), S. 4/17.

lichkeit kann durch Anwesenheit des Drittkarbides bedeutend gesteigert werden, wodurch sich beträchtliche herstellungs- und anwendungstechnische Vorteile gegenüber binären Legierungen ergeben. Umgekehrt wird die Löslichkeit im Karbid der 6. Gruppe sehr gering bzw. verhältnismäßig klein sein.

Bei der Herstellung von Mehrstoffkarbid-Mischkristallen verfährt man ähnlich wie bei den Zweistoffsystemen (s. S. 161). Man wird also bei der technischen Herstellung Mischungen von bereits vorgebildeten Karbiden auf Mischkristallbildungstemperatur erhitzen. Für technische und präparative Zwecke hat sich dabei ein Zusatz von diffusionsfördernden Stoffen bewährt[1]. Praktische Bedeutung hat auch die Herstellung von Karbidmehrstoffsystemen durch Bildung im Nickelschmelzbad und chemische Isolierung[2].

Titankarbid - Niobkarbid - Tantalkarbid. H. Nowotny und R. Kieffer[1] versuchten aus TiC und TaC-NbC-Mischkristallen (Verhältnis TaC : NbC etwa 3 : 2) ternäre Legierungen zu erzeugen.

In den tiefgesinterten Proben (1500°, zwei Stunden) bestand auf Grund von Gitterkonstantenbestimmungen nur auf der TiC-Seite Homogenität (20% NbC-TaC) (Abb. 73). Die Erklärung, daß sich dabei der TiC-Mischkristall unter Verkleinerung der Gitterkonstanten bildet, ist zweifellos in der von 50 Atom-% C abweichenden Konzentration zu suchen. Wegen des fehlenden Gleichgewichtes auf der NbC-TaC-Seite lassen sich daher keinerlei

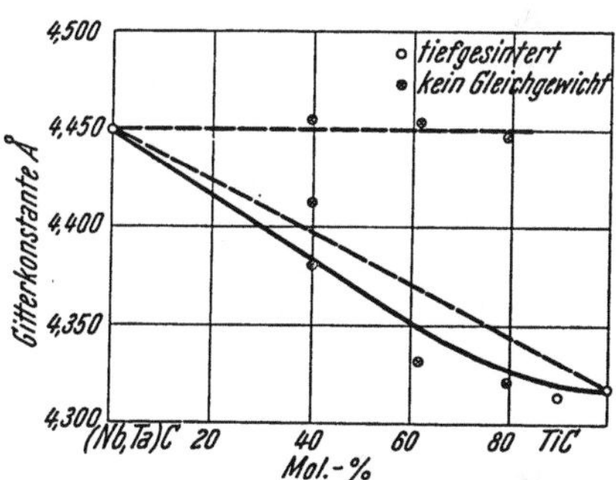

Abb. 73. Gitterkonstanten der Mischkristallreihe TiC-NbC-TaC (H. Nowotny und R. Kieffer)

weitere Aussagen machen. Auch die bei 2100° gesinterten Proben zeigen in diesem Fall die gleichen Verhältnisse. Da aber die Lage des einen Teilgitters jeweils mit der Bildung einer lückenlosen Mischreihe vereinbar ist, kann man das Bestehen einer solchen für sehr wahrscheinlich halten, vor allem weil alle drei Randsysteme TiC-NbC, TiC-TaC und NbC-TaC lückenlos mischbar sind. Demnach kann für jeden beliebigen Schnitt im pseudoternären Dreistoffsystem TiC-NbC-TaC lückenlose Mischbarkeit erwartet werden.

Mischkristalle der Zusammensetzung 7% Ti, 50,0% Nb, 32,5% Ta und 10,5% C, welche als Zusatz zu hochwarm- und zunderfesten

[1] Nowotny, H. u. R. Kieffer: Metallforschung **2** (1947), S. 257/65.
[2] Redmond, J. C. u. E. N. Smith: Trans. AIME **185** (1949), S. 987/93.

Hartlegierungen auf TiC-Co-Basis dienen (s. S. 656), stellte auch J. C. Redmond[1] nach dem sogenannten Menstruum-Verfahren von P. M. McKenna her (s. S. 163). Das Niob und Tantal bringt man dabei in die Nickelschmelze mit Vorteil in Form von zerkleinertem Ferro-Niob-Tantal ein, welcher die beiden Metalle bereits in dem gewünschten Verhältnis enthält. Es erübrigt sich dadurch die schwierige Nb-Ta-Trennung. Bei dem von J. C. Redmond erzeugten Produkt dürfte es sich um einen homogenen TiC-NbC-TaC-Mischkristall mit Steinsalzgitter handeln.

Titankarbid-Niobkarbid-Wolframkarbid. Das System TiC-NbC-WC ist von A. E. Kovalski und J. S. Umanski[2] röntgenographisch untersucht worden. Die Herstellung der Legierungen erfolgte durch Sinterung der Karbidmischungen bei Temperaturen von 1500 bis 2550°. In Abb. 74 ist das pseudoternäre System TiC-NbC-WC dargestellt, wobei die Homogenitätsgrenzen des kubischen Mischkristalles für verschiedene Temperaturen eingetragen wurden. Für die Randsysteme wurden von den Autoren bestimmte Löslichkeitswerte eingesetzt. Die Löslichkeit des TiC-NbC-Mischkristalles (α) für WC nimmt mit steigender Sintertemperatur beträchtlich zu, so daß bei 2550° ein nur kleines heterogenes Feld verbleibt. Eine geringe Löslichkeit von WC für NbC-TiC ist nicht näher untersucht worden, dürfte aber vorhanden sein (β).

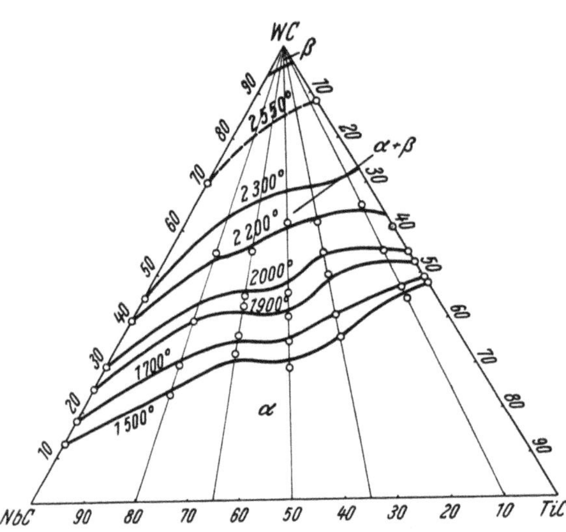

Abb. 74. Aufteilung der Phasenfelder im System TiC-NbC-WC für verschiedene Temperaturen (A. E. Kovalski und J. S. Umanski)

Titankarbid-Tantalkarbid-Wolframkarbid. In den letzten Jahren haben WC-TiC-TaC-Co-Hartmetalle mit 2 bis 20% TiC und 2 bis 20% TaC stark an Bedeutung gewonnen und fast zur Gänze die WC-TiC-Co-Hartmetalle in USA. und zum Teil in Europa verdrängt.

[1] Redmond, J. C. u. E. N. Smith: Trans. AIME **185** (1949), S. 987/93.
[2] Kovalski, A. E. u. J. S. Umanski: Zur. Fiz. Chim. **20** (1946), S. 929/33.

Die Kenntnisse von den Verhältnissen im System TiC-TaC-WC
sind daher von großer technischer Bedeutung. Von H. Nowotny,
R. Kieffer und O. Knotek[1] wurde erstmalig der Versuch unternommen, auf Grund mikroskopischer und röntgenographischer Untersuchungen ein Zustandsschaubild des quasiternären Systems TiC-TaC-
WC aufzustellen. Bei der Herstellung der Mischkristalle wurde nach
der auf S. 162 beschriebenen Weise verfahren. Aus Mischungen der vorgebildeten Karbide und Kobaltzusätzen wurden Preßlinge hergestellt und diese $1^{1}/_{2}$ Stunden bei 1450° im Vakuum bzw. unter
Wasserstoff sowie bei 2200° unter Wasserstoff gesintert. Um zu
möglichst weitgehender Gleichgewichtseinstellung auch bei niedriger
Temperatur zu kommen, wurden bei 1500° druckgesinterte Körper
einer 40stündigen Langzeitsinterung bei 1450° unterworfen. Diese
Proben zeigen für die mikroskopische Untersuchung besonders
günstige Kornausbildung. Im Gefügebild (Abb. 75) einer Legierung

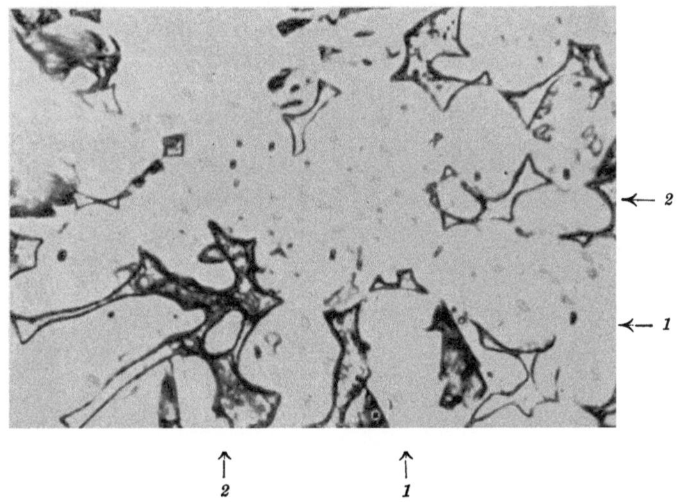

Abb. 75. Gefüge einer WC-TiC-TaC-Co-Hartmetallegierung mit homogener Karbidphase
(× 1000) (H. Nowotny, R. Kieffer und O. Knotek)
1 Mischkristallphase   *2* Hilfsmetallphase

mit 48% TiC, 20,6% TaC, 31,4% WC und 8% Co sieht man neben
der Hilfsmetallphase einen homogenen Mischkristall der drei Karbide.
In Abb. 76 ist bei einer Legierung der Zusammensetzung 4,2% TiC,
13,5% TaC, 82,3% WC und 8% Co die Mischkristallphase und die
WC-Phase festzustellen. Bei einigen Proben mit heterogener Karbidphase war noch eine dritte, nicht genauer untersuchte Phase zu

[1] Nowotny, H., R. Kieffer u. O. Knotek: Berg- u. Hüttenmänn. Mh.
96 (1951), 6/8.

beobachten, wahrscheinlich ein kobalthaltiges Doppelkarbid von Art des CoW(Ta,Ti)C$_2$ (Abb. 77). Auf Grund von röntgeno-

Abb. 76. Gefüge einer WC-TiC-TaC-Co-Hartmetallegierung mit heterogener Karbidphase (× 1000) (H. Nowotny, R. Kieffer und O. Knotek)

1 Wolframkarbidphase　　*2* Mischkristallphase　　*3* Hilfsmetallphase

Abb. 77. Gefüge einer heterogenen WC-TiC-TaC-Co-Hartmetallegierung mit Versprödungsphase (× 1000) (H. Nowotny, R. Kieffer und O. Knotek)

1 Wolframkarbidphase　　*2* Mischkristallphase　　*3* Versprödungsphase

graphischen Untersuchungen, welche mit dem mikroskopischen Befund gut übereinstimmen, wurde das Zustandsschaubild des quasiternären Systems TiC-TaC-WC im Schnitt bei 1450° bzw. 2200° aufgestellt (Abb. 78, 79). Es besteht ein Feld homogener TiC-TaC-WC-Mischkristalle und ein Feld, in welchem der gesättigte Mischkristall neben praktisch reinem WC vorliegt. Die Homogenitätsgrenze verschiebt sich bei höheren Temperaturen in Richtung einer größeren Löslichkeit des WC im lückenlosen Mischkristall TiC-TaC. Das sicherlich sehr schmale Feld des WC-Mischkristalles ist bei der Darstellung nicht berücksichtigt worden.

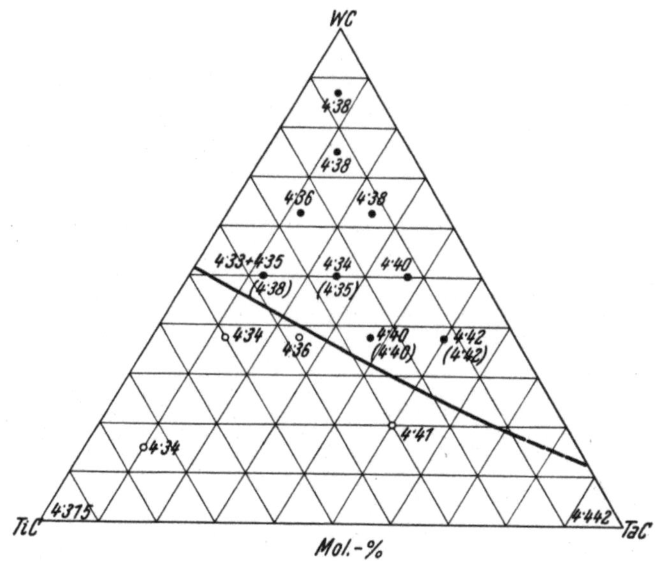

Abb. 78. Aufteilung der Phasenfelder im System WC-TiC-TaC bei 1450° mit den Gitterkonstanten für den kubischen Mischkristall in Å. Die eingeklammerten Werte gelten für die Langzeitsinterproben (H. Nowotny, R. Kieffer und O. Knotek)

Die ermittelten Gitterkonstanten sind ebenfalls im Zustandsschaubild eingetragen und die Konoden angedeutet. Diese lassen sich allerdings wegen Schwankungen der Werte schwer genau festlegen, was in manchen Fällen mit der unvollkommenen Gleichgewichtseinstellung bzw. mit einem Kohlenstoffdefekt zu erklären ist. Sehr auffallend ist die Gestalt der Gitterkonstantenfläche, die im homogenen Raum von einer Ebene (Additivität) beträchtlich abweicht. Während in den quasibinären Systemen TiC-WC und TaC-WC die Mischkristallbildung unter Gitterkontraktion vor sich geht, erfahren

die TiC-TaC-Mischkristalle mittlerer Konzentration durch den Einbau
von WC eher eine Aufweitung.

Aus den Gitterkonstantenwerten in Nähe der Randsysteme kann
auch auf die gegenseitige Löslichkeit der betreffenden Karbidpaare

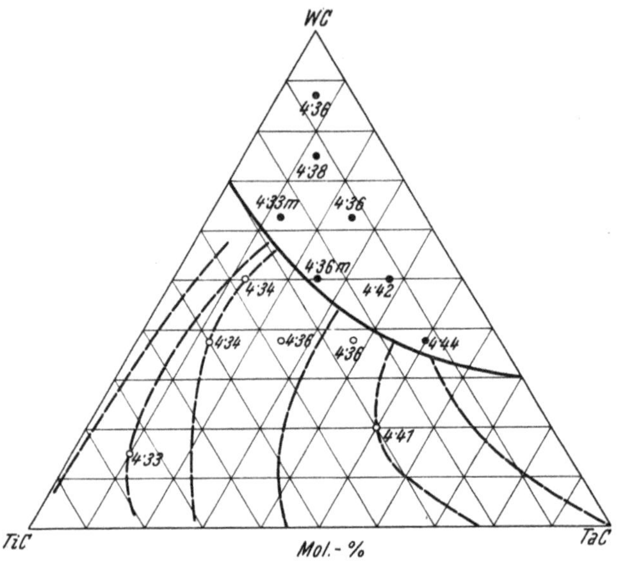

Abb. 79. Aufteilung der Phasenfelder im System WC-TiC-TaC bei 2200° mit den Gitterkonstanten für den kubischen Mischkristall in Å. m bedeutet Mittelwert. Die Isochoren
sind im homogenen Gebiet strichliert eingezeichnet (H. Nowotny, R. Kieffer und
O. Knotek)

geschlossen werden. Hinsichtlich des Systems TiC-WC stehen die
Werte in guter Übereinstimmung mit der Literatur. Dagegen ist
die Übereinstimmung mit dem Randsystem TaC-WC weniger befriedigend. Bei 1450° finden A. Kovalski und J. S. Umanski[1]
eine Löslichkeit, die mit dem vorliegenden Befund einigermaßen
übereinstimmt. Dagegen geben diese Autoren bei 2200° eine Löslichkeit von rund 50% WC an (s. S. 193). H. Nowotny und
R. Kieffer[2] haben aber nur eine solche von 17% WC bei etwa 2100°
ermittelt (s. S. 193). Die nunmehr durchgeführten Versuche machen
eine maximale Löslichkeit von rund 30% bei 2200° wahrscheinlich.
Es sei allerdings bemerkt, daß infolge der außerordentlich trägen
Gleichgewichtseinstellung diese Werte nicht mit übertriebener
Genauigkeit betrachtet werden dürfen.

[1] Kovalski, A. E. u. J. S. Umanski: Zur. Fiz. Chim. 20 (1946), S. 769/78.
[2] Nowotny, H. u. R. Kieffer: Metallforschung 2 (1947), S. 257/65.

K. Whitehead und L. D. Brownlee[1] untersuchten das System TiC-TaC-WC gleichfalls röntgenographisch in einer eingehenden Arbeit. Ihre Ergebnisse stehen in guter Übereinstimmung mit den Resultaten von H. Nowotny, R. Kieffer und O. Knotek[2].

Zirkonkarbid - Niobkarbid - Tantalkarbid. C. Agte und H. Alterthum[3] haben versucht, im System ZrC-NbC-TaC eine Mischung mit höchstem Schmelzpunkt zu finden. Sie hatten aber keinen Erfolg, da nämlich die Schmelzpunkte aller Legierungen zwischen denen der Bestandteile lagen. Eine geschmolzene Probe aus 1 ZrC, 2 NbC und 4 TaC hatte einen Schmelzpunkt von 4010° K und war zweiphasig.

Vanadinkarbid-Niobkarbid-Tantalkarbid. Auf Grund von Gitterkonstantenbestimmungen lassen nach H. Nowotny und R. Kieffer[4] bereits die Aufnahmen von tiefgesinterten Proben (1500°, 2 Stunden) aus Mischungen dieser Karbide eine lückenlose Mischreihe vermuten (Abb. 80). Nur eine Probe mit 87 Mol.-% VC enthielt einen ganz geringen Anteil eines zweiten Gitters. Aus der unerheblichen Verschiedenheit der nebeneinander vorliegenden Gitter und aus deren Lage zur Vegard-schen Geraden folgt schon mit großer Wahrscheinlichkeit die durchgehende Mischbarkeit. Die Abweichung von der Additivitäts-regel geht hier in Richtung einer relativen Dilatation des Gitters. Eine Aufnahme der hochgesinter-ten Probe (2100°, 5 Minuten) mit 87 Mol.-% VC ist homogen. Die drei Karbide sind also lückenlos mischbar.

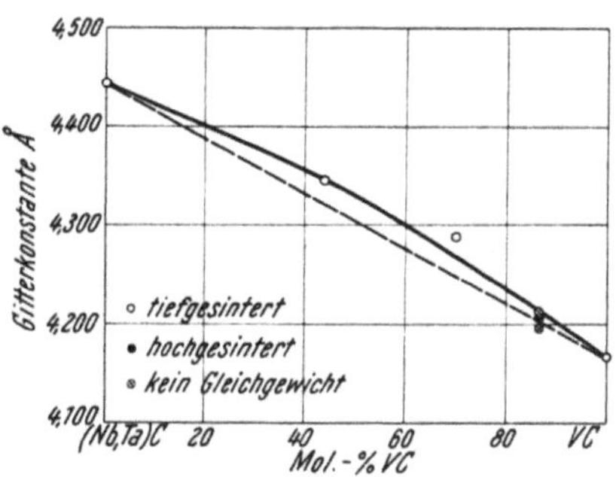

Abb. 80. Gitterkonstanten der Mischkri-stallreihe VC-NbC-TaC (H. Nowotny und R. Kieffer)

Vanadinkarbid - Zirkonkarbid - Titankarbid (-Tantalkarbid, -Niobkarbid). Im pseudobinären System VC-ZrC besteht eine weitreichende Mischungslücke[4, 5] und es ist von Interesse, festzu-stellen, wie sich durch Zusatz von Drittkarbiden von Metallen der 4. und 5. Gruppe des Periodensystems die Löslichkeitsverhältnisse

---

[1] Whitehead, K. u. L. D. Brownlee: Persönliche Mitt. 1952.
[2] Nowotny, H., R. Kieffer u. O. Knotek: Berg- u. Hüttenmänn. Mh. **96** (1951), S. 6/8.
[3] Agte, C. u. H. Alterthum: Z. techn. Physik **11** (1930), S. 182/91.
[4] Nowotny, H. u. R. Kieffer: Metallforschung **2** (1947), S. 257/65.
[5] Norton, J. T. u. A. L. Mowry: Trans. AIME **185** (1949), S. 133/36.

ändern. J. T. Norton und A. L. Mowry[1] haben im System VC-ZrC-TiC, VC-ZrC-TaC und VC-ZrC-NbC bei 2000°, 12 Stunden gesinterte Proben röntgenographisch untersucht und die Löslichkeitsgrenzen bestimmt (Abb. 81). Das Einphasenfeld wird durch NbC beträchtlich, durch TiC nur geringfügig erweitert. Die Maxima der Begrenzungskurven zwischen homogenem und heterogenem Gebiet liegen bei 77 Mol.-% TiC, 64 Mol.-% TaC und 51 Mol.-% NbC.

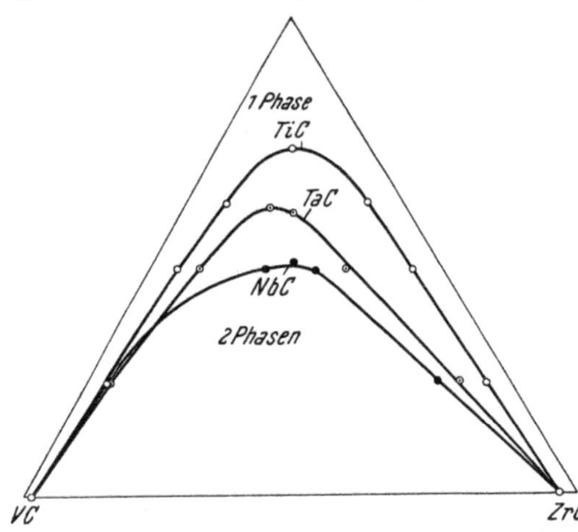

Abb. 81. Abgrenzung der Phasenfelder im System VC-ZrC-TiC (-TaC, -NbC). Schnitt bei 2000° (J. T. Norton und A. L. Mowry)

Niobkarbid-Tantalkarbid-Molybdänkarbid. Auf Grund von Gitterkonstantenbestimmungen von H. Nowotny und R. Kieffer[2] an Mischungen der Karbide NbC, TaC und Mo_2C (Verhältnis TaC-NbC etwa 3 : 2) besteht bei tiefgesinterten Proben (1500°, 2 Stunden),

wie Abb. 82 zeigt, kein Gleichgewicht. Die Löslichkeit wäre danach etwa 10 bis 20 Mol.-% Mo_2C. Die hochgesinterten Proben (2100°, 5 Minuten) sind, was die Zusammensetzung 20, 40 und 60% Mo_2C betrifft, wiederum eindeutig im Gleichgewicht und homogen. Die Mischbarkeit dürfte also bis mindestens 60 Mol.-% Mo_2C reichen. Die Löslichkeit von Mo_2C im NbC-TaC-Mischkristall entspricht weitgehend den Verhältnissen bei den Zweistoffsystemen mit Mo_2C (s. S. 190). Über die Löslichkeit von NbC-TaC in Mo_2C werden keine Angaben gemacht.

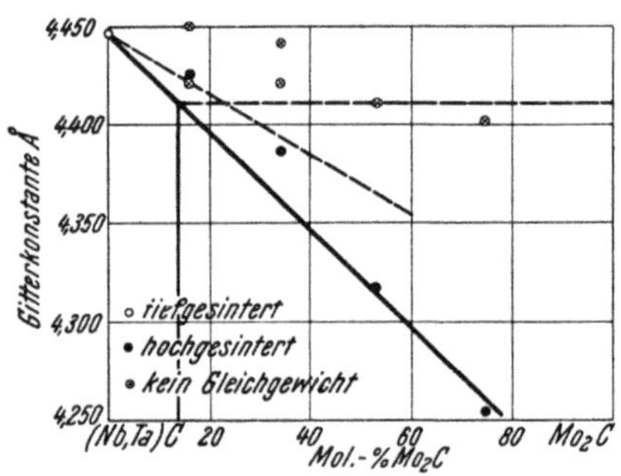

Abb. 82. Gitterkonstanten der Mischkristallreihe NbC-TaC-Mo_2C (H. Nowotny und R. Kieffer)

Niobkarbid-Tantalkarbid-Wolframkarbid. Nach Gitterkonstantenbestimmungen von H. Nowotny und R. Kieffer[2] an

---

[1] Norton, J. T. u. A. L. Mowry: J. Metals **3** (1951), S. 923/25.
[2] Nowotny, H. u. R. Kieffer: Metallforschung **2** (1947), S. 257/65.

Mischungen aus den Karbiden NbC, TaC und WC (Verhältnis TaC : NbC etwa 3 : 2) besteht bei tiefgesinterten Proben (1500°, 2 Stunden), wie Abb. 83 zeigt, kein Gleichgewicht. Bemerkenswert ist, daß ein Teilgitter jeweils gleiche Gitterkonstanten aufweist, was auch auf eine geringe Sättigung bei tiefer Temperatur schließen lassen könnte. Die Löslichkeit, ermittelt aus den hochgesinterten Proben (2100°, 5 Minuten), muß sehr viel höher liegen, jedenfalls nahe 40 Mol.-% WC. Da jedoch auch die hochgesinterten Proben noch nicht im Gleichgewicht waren, kann keine genauere Aussage über die Löslichkeitsgrenze gemacht werden. Es kann jedoch mit Sicherheit angenommen werden, daß der NbC-TaC-Mischkristall nicht wesentlich mehr WC aufnimmt als die Einzelkarbide NbC und TaC (s. S. 192). Über die Löslichkeit auf der WC-Seite werden keine Angaben gemacht.

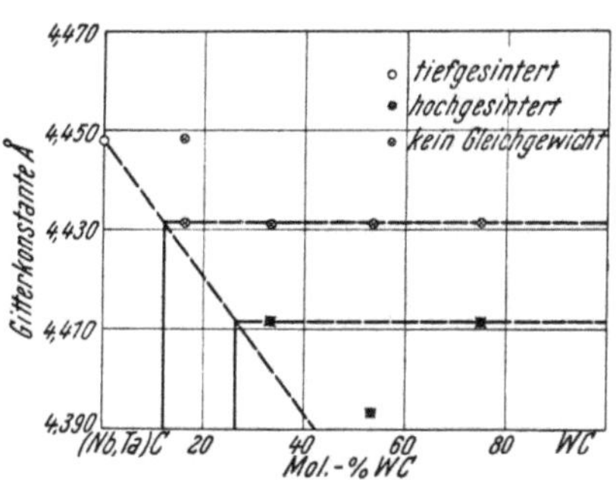

Abb. 83. Gitterkonstanten der Mischkristallreihe NbC-TaC-WC (H. Nowotny und R. Kieffer)

Tantalkarbid - Molybdänkarbid - Wolframkarbid. Bei 2100° gesinterte Körper aus 21,5 Gew.-% TaC, 40 Gew.-% Mo_2C und 38,5 Gew.-% WC zeigen nach L. P. Molkov und I. V. Vikker[1] nur TaC-Gitter.

Titankarbid-Vanadinkarbid-Niobkarbid-Molybdänkarbid. Von quaternären Karbidlegierungen kommt nach Untersuchungen von R. Kieffer und F. Kölbl[2] technische und wirtschaftliche Bedeutung Hartmetallen zu, welche Mischkristalle etwa der Zusammensetzung 45 bis 65% TiC, 5 bis 10% VC, 3 bis 25% NbC und 1 bis 20% Mo_2C enthalten (s. S. 513). Die Mischkristalle der genannten Zusammensetzung sind homogene feste Lösungen mit kubischem Gitter.

Titankarbid - Vanadinkarbid - Molybdänkarbid - Wolframkarbid. Mischungen von 50 bis 58 Gew.-% TiC, 5 bis 22% VC, 5 bis 9% Mo_2C und 22 bis 28 Gew.-% WC, welche bei 1950° gesintert worden waren, zeigen nach L. P. Molkov und I. V. Vikker[1] nur TiC-Gitter.

---

[1] Molkov, L. P. u. I. V. Vikker: Vestn. Metalloprom. **16** (1936), S. 75/82.

[2] Kieffer, R. u. F. Kölbl: Powder Met. Bull. **4** (1949), S. 4/17.

IV. Die Nitride

Auch die Nitride der Metalle der 4. und 5. sowie teilweise der 6. Gruppe des Periodensystems haben metallischen Charakter und sind durch hohe Härten und Schmelzpunkte charakterisiert. Es sind echte Einlagerungsverbindungen. Ihre technische Bedeutung in reiner Form ist aber bei weitem nicht so groß wie die der Karbide. Sie treten meistens als zwangsläufige Verunreinigungen bzw. Begleiter entsprechender Karbide auf.

A. Herstellung der Nitride

Ganz allgemein lassen sich Nitride der 4., 5. und 6. Gruppe des Periodensystems durch Einwirkung von Stickstoff oder stickstoffabgebenden Gasen auf Metalle, deren Oxyde, Hydride und andere

Zahlentafel 46. *Verfahren zur Herstellung von Nitriden*

Verfahren	Reaktionsschema
Nitrierung von Metalloxyden in Gegenwart von Kohlenstoff	$MeO + N_2 (NH_3) + C \rightarrow$ $MeN + CO + H_2O + H_2$
Nitrierung von Metallen	$Me + N_2 (NH_3) \rightarrow MeN + H_2$ $MeH + N_2 (NH_3) \rightarrow MeN + H_2$
Umsetzung von Metallchloriden und Metalloxychloriden mit NH_3,	$MeCl_4 + NH_3 \rightarrow MeN + HCl$ $MeOCl_3 + NH_3 \rightarrow MeN + HCl + H_2O + H_2$
Zersetzung von Ammoniakverbindungen	$NH_4MeO_3 + NH_3 \rightarrow MeN + H_2O + H_2$
Umsetzung von Oxyden mit Calciumnitrid	$MeO + Ca_3N_2 \rightarrow MeN + CaO$
Abscheidung aus der Gasphase	$Me\text{-Halogenid} + N_2 + H_2 \rightarrow$ $MeN + Halogenwasserstoff$

Verbindungen herstellen. Die Erzeugung der interessierenden Nitride ist bevorzugt nach folgenden Verfahren möglich:

1. Nitrierung von Metalloxyden mit N_2 oder NH_3 bei gleichzeitiger Anwesenheit von Kohlenstoff.

2. Nitrierung von Metallen oder Metallhydriden mit N_2 oder NH_3.

3. Umsetzung von Metallchloriden, Metalloxychloriden mit NH_3, Zersetzung von Ammoniakverbindungen.

4. Abscheidung aus der Gasphase (Aufwachsverfahren).

Die den verschiedenen Herstellungsverfahren zugrunde liegenden schematischen Reaktionsgleichungen sind der Zahlentafel 46 zu entnehmen.

1. Nitrierung von Metalloxyden mit N_2 oder NH_3 bei gleichzeitiger Anwesenheit von Kohlenstoff

Die Erzeugung von Nitriden durch Glühen des Oxyd-Kohlegemisches in Gegenwart von N_2 oder NH_3 ist wegen der Anwendung der Oxyde als Ausgangsmaterial billig, liefert aber meist verhältnismäßig unreine Produkte. Die Methode beruht darauf, daß sich die Nitride der Metalle der 4. und 5. Gruppe und teilweise auch 6. Gruppe beim Glühen im Stickstoffstrom schon bei Temperaturen bilden, die wesentlich niedriger liegen als die Bildungstemperatur der entsprechenden Karbide. Die Herstellung ist daher im elektrischen Porzellanrohrofen auch bei Gegenwart von Kohlenstoff möglich. Bei der Umsetzung von Metalloxyden mit freiem Stickstoff unter Gegenwart von Kohlenstoff sind gemäß Zahlentafel 47 Temperaturen von etwa 1250° erforderlich. Bei diesen Temperaturen tritt eine Reduktion der in Betracht kommenden Oxyde zu Metall noch nicht ein. Es spielt vielmehr die starke Verwandtschaft, insbesondere der Metalle

Zahlentafel 47. *Herstellung von Nitriden durch Umsetzung der Oxyde mit Stickstoff in Gegenwart von Kohlenstoff*

Reaktionsgleichung	Reaktionstemperatur °C
$TiO_2 + C + N_2 \rightarrow TiN + CO$	1250 bis 1400
$ZrO_2 + C + N_2 \rightarrow ZrN + CO$	1250 bis 1400
$HfO_2 + C + N_2 \rightarrow HfN + CO$	1250 bis 1400
$V_2O_5 + C + N_2 \rightarrow VN + CO$	1200
$Nb_2O_5 (Nb_2O_3) + C + N_2 \rightarrow NbN + C$	1200

der 4. Gruppe des periodischen Systems, zum Stickstoff eine wesentliche Rolle. Bei den Metallen der 5. und insbesondere der 6. Gruppe kommt es allerdings bereits zu schwacher Karbidbildung.

In ihrer klassischen Arbeit haben E. Friederich und L. Sittig[1] die Herstellung der Nitride des Ti, Zr, V und Nb aus deren Oxyden in Gegenwart von Kohlenstoff unter reinstem Stickstoff beschrieben. Unzweifelhaft ist nach dieser Methode auch die Herstellung von Hafniumnitrid aus $HfO_2 + C + N_2$ möglich. Bei der Herstellung von Tantalnitrid treten wegen Karbidbildung Schwierigkeiten auf. Heute wird diese Methode, da man verhältnismäßig unreine Reaktionsprodukte erhält, nur noch vereinzelt verwendet. Zweckmäßiger sind die Verfahren 2 und 3.

---

[1] Friederich, E. u. L. Sittig: Z. anorg. allg. Chem. **143** (1925), S. 293/320.

2. Nitrierung von Metallen oder Metallhydriden mit N_2 oder NH_3

Die Herstellung von Nitriden durch Glühen der reinen pulverförmigen Metalle unter reinstem N_2 oder NH_3 hat den Vorteil, daß man, sofern reine Ausgangsmaterialien benutzt werden, reinste karbidfreie Nitride erhält. Die Reaktionstemperaturen sind in Zahlentafel 48 zusammengestellt. Sie liegen um etwa 1200°, so daß man leicht in elektrisch beheizten Porzellanrohröfen oder in hochfrequenzbeheizten Vakuumöfen arbeiten kann.

C. Agte und K. Moers[1] haben die Nitride des Ti, Zr und Ta durch Glühen der Metallpulver unter reinstem Stickstoff in Molybdän

Zahlentafel 48. *Herstellung von Nitriden durch Behandlung von Metallen bzw. Metallhydriden mit N_2 oder NH_3*

Reaktionsgleichung	Reaktionstemperatur* °C
$Ti + N_2 \rightarrow TiN$	1200
$TiH_2 + N_2 \rightarrow TiN + H_2$	1200
$Zr + N_2 \rightarrow ZrN$	1200
$ZrH_2 + N_2 \rightarrow ZrN + H_2$	1200
$Hf + N_2 \rightarrow HfN$	1200
$V + N_2 \rightarrow VN$	1200
$Nb + N_2 \rightarrow NbN$	1200
$Ta + N_2 \rightarrow TaN$	1100 bis 1200
$Cr + NH_3 \rightarrow CrN + H_2$	800 bis 1000
$Mo + NH_3 \rightarrow MoN + H_2$	400 bis 700
$W + NH_3 \rightarrow WN + H_2$	700 bis 800

* Hierunter werden die niedrigsten Reaktionstemperaturen verstanden. Zwecks vollständiger und beschleunigter Umsetzung empfehlen sich insbesondere bei Anwendung von Stickstoff 300 bis 600° höhere Temperaturen. Bei der Umsetzung mit NH_3 werden, bei allerdings sehr langen Umsetzungszeiten, noch weit niedrigere Reaktionstemperaturen in der Literatur angegeben.

schiffchen in einem Porzellanrohrofen erzeugt. Insbesondere bei Tantal ist die Verwendung von kohlenstofffreiem Stickstoff erforderlich, um die Bildung von Karbid zu vermeiden. Durch Umsetzung der Metalle mit N_2 oder NH_3 sind von zahlreichen Forschern

---

[1] Agte, C. u. K. Moers: Z. anorg. allg. Chem. **198** (1931), S. 233/43.

die Nitride des Titans[1,2], Zirkons[2,3], Hafniums[4], Vanadins[5], Niobs[6], Tantals[2,7] und Chroms[8] hergestellt worden.

Die Metalle Molybdän und Wolfram reagieren mit molekularem Stickstoff bei den erforderlichen niedrigen Umsetzungstemperaturen zu langsam. Es ist hier notwendig, reinstes Ammoniakgas zu verwenden. Wegen der hohen Reaktionsfähigkeit des sich bildenden atomaren Stickstoffes gelingt die Nitridbildung bei Molybdän und Wolfram auch bei niedrigen Temperaturen in tragbaren Reaktionszeiten[9].

An Stelle der reinen Metalle kann man als Ausgangsstoffe für die Nitridbildung auch die leicht herstellbaren Metallhydride, z. B. des Titans, Zirkons und Urans, verwenden und diese mit N_2 oder NH_3 umsetzen. Auf diese Weise wurden kürzlich reinste Präparate für röntgenographische Untersuchungen hergestellt, wobei allerdings Nitridbildungstemperaturen von über 2000° angewandt wurden[3,10].

3. Umsetzung von Metallverbindungen

Durch Umsetzung von Metallchloriden, Metalloxychloriden mit NH_3 oder durch Zersetzung von Ammoniakverbindungen kann man sehr reine Nitride herstellen. Beispielsweise wurde TiN aus $TiCl_4 +$ $+ NH_3$ [11], VN aus $VOCl_3 + NH_3$ [12] oder $NH_4VO_3 + NH_3$ [13], Chromnitrid aus $CrCl_3$ oder $CrO_3Cl_2 + NH_3$ [14] erzeugt.

[1] Ehrlich, P.: Z. anorg. allg. Chem. **259** (1949), S. 1/41.

[2] Chiotti, P.: J. Am. ceram. Soc. **35** (1932), S. 123/30.

[3] Duwez, P. u. F. Odell: J. Electrochem. Soc. **97** (1950), S. 299/304.

[4] Glaser, F. W., D. Moskowitz u. B. Post: J. Metals, demnächst.

[5] Hahn, H.: Z. anorg. Chem. **258** (1949), S. 58/68.

[6] Brauer, G.: Z. Elektrochem. **46** (1940), S. 397/402.

[7] Friederich, E. u. L. Sittig: Z. anorg. allg. Chem. **143** (925), S. 293/320.

[8] unter vielen anderen Angaben Blix, R.: Z. physik. Chem. B **3** (1929), S. 229/39.

[9] Hägg, G.: Z. physik. Chem. B **7** (1930), S. 339/62.

[10] Rundle, R. E., N. C. Baenziger, A. S. Wilson u. R. A. McDonald: J. Am. chem. Soc. **70** (1948), S. 99/105.

[11] Brager, A.: Acta physicochim. USSR **10** (1939), S. 887/902.

[12] Whitehouse, N.: J. Soc. chem. Ind. **26** (1907), S. 738/39.

[13] Epelbaum, W. u. A. Brager: Acta physicochim. USSR **13** (1940), S. 595/99; Hahn, H.: Z. anorg. Chem. **258** (1949), S. 58/68.

[14] vgl. Literaturzusammenstellung S. 231.

4. Abscheidung aus der Gasphase (Aufwachsverfahren)

Ebenso wie Karbide kann man auch Nitride nach dem von A. E. van Arkel[1] beschriebenen Aufwachsverfahren in reinster und für physikalische Untersuchungen besonders geeigneter Form herstellen (s. S. 46). Die Abscheidung der Nitride von Ti, Cr, Hf, V, Nb und bedingt Ta am glühenden Wolframfaden erfolgt dabei aus Dampfgemischen der betreffenden Metallhalogenverbindung in Gegenwart von reinstem Stickstoff oder Ammoniak und Wasserstoff etwa nach der Summengleichung:

$$2\,TiCl_4 + N_2 + 4\,H_2 = 2\,TiN + 8\,HCl$$

Zur Methodik, Form der Abscheidung usw., ist über das bei den Karbiden Gesagte nichts hinzuzufügen (s. S. 47). Nach A. E. van Arkel und J. H. de Boer[2], H. Fischvoigt und F. Koref[3] kann

Zahlentafel 49. *Abscheidungsbedingungen für verschiedene Nitride nach dem Aufwachsverfahren* (K. Moers)

Nitrid	Günstigste Fadentemperatur °K	Ausgangsmaterial für		
		Metallkomponente	Einstelltemperatur °C	andere Komponente
Titannitrid TiN ..	1400 bis 2000	$TiCl_4$	20	$N_2 + H_2$
Zirkonnitrid ZrN	2300 bis 2800	$ZrCl_4$	300 bis 350	$N_2 + H_2$
	2800 bis 3000	$ZrCl_4$	300 bis 350	N_2
Vanadinnitrid VN	1400 bis 1600	VCl_4	20	$N_2 + H_2$
Tantalnitrid TaN .	2400 bis 2600	$TaCl_5$	250 bis 350	N_2

man nach dem Aufwachsverfahren Nitride des Titans, Zirkons und Tantals erzeugen. K. Moers[4] gibt in seiner eingehenden Arbeit genauere Angaben über die Abscheidungsbedingungen (Zahlentafel 49). Dort ist auch erwähnt, daß es bei gleichzeitiger Anwesenheit von Stickstoff und Kohlenstoff gelingt, z. B. Gemische von TaN + TaC abzuscheiden. Die gleichzeitige Abscheidung von Titan- bzw. Zirkonnitrid und Karbid gelingt aus den früher beschriebenen Gründen nicht (s. S. 49).

Auf der Suche nach hochwarm- und zunderfesten Überzügen haben I. E. Campbell und Mitarbeiter[5] ebenfalls die Abscheidung

---

[1] van Arkel, A. E.: Physica 4 (1924), S. 286/301.

[2] van Arkel, A. E. u. J. H. de Boer: Z. anorg. allg. Chem. 148 (1925), S. 345/50.

[3] Fischvoigt, H. u. F. Koref: Z. techn. Physik 6 (1925), S. 296/98.

[4] Moers, K.: Z. anorg. allg. Chem. 198 (1931), S. 243/61.

[5] Campbell, I. E., C. F. Powell, D. H. Nowicki u. B. W. Gonser: J. Electrochem. Soc. 96 (1949), S. 318/33.

von Nitriden nach dem Aufwachsverfahren durchgeführt. In einer Apparatur gemäß Abb. 14 können auch Nitridschichten unter den in Zahlentafel 50 angegebenen Bedingungen abgeschieden werden. Die Autoren erwähnen ebenfalls die gleichzeitige Abscheidung von TaN + TaC.

5. Reinigung der Nitride und Herstellung von Sinterkörpern

Zur Reinigung der Nitride und zur Erzeugung dichter Körper werden nach C. Agte und K. Moers[1] die pulverförmigen Ausgangsmaterialien mit einem Preßdruck von $2\ t/cm^2$, gegebenenfalls unter Zusatz von 2 bis 5% an freiem Metall, welches bei der Vor- und Hochsinterung unter Stickstoff ebenfalls in Nitrid übergeführt wird, zu Stäben verpreßt und in einem Wolframrohrofen unter reinstem Stickstoff auf etwa 2300° erhitzt. Nach Zerkleinerung der Sinterstäbe wird die ganze Prozedur wiederholt. Bei der Reinigungsoperation

Zahlentafel 50. *Abscheidungsbedingungen für verschiedene Nitride nach dem Aufwachsverfahren* (I. E. Campbell, C. F. Powell, D. H. Nowicki u. B. W. Gonser)

Nitrid	Abscheidungsreaktion	Abscheidungstemperatur* ° C
Titannitrid TiN	$TiCl_4 + 3\,N_2 + H_2 \rightarrow$ $TiN + HCl$	1100 bis 1700
Zirkonnitrid ZrN.......	$ZrCl_4 + 3\,N_2 + H_2 \rightarrow$ $ZrN + HCl$	1100 bis 2700
Hafniumnitrid HfN	$HfCl_4 + 3\,N_2 + H_2 \rightarrow$ $HfN + HCl$	1100 bis 2700
Vanadinnitrid VN......	$VCl_4 + 3\,N_2 + H_2 \rightarrow$ $VN + HCl$	1100 bis 1600

* Bei Atmosphärendruck.

muß die Aufnahme von Sauerstoff und insbesondere Kohlenstoff peinlich vermieden werden, da die meist niedriger schmelzenden Oxyde nur schwer, die Karbide mit ihrem hohen Schmelzpunkt überhaupt nicht zu beseitigen sind. Bei der Sinterung von Nitridstäben gewährt eine Einbettung in Nitridpulver (Getterung) einen wirksamen Schutz gegen oberflächliches Anlaufen durch Oxydation. Die Hochsinterung der Nitridstäbe zwecks Erzeugung reiner und möglichst dichter Produkte, d. h. die Verflüchtigung der Verunreinigungen erfolgt im direkten Stromdurchgang unter reinstem Stickstoff. Man muß dabei bis nahe an den Schmelzpunkt der Nitride herangehen.

---

[1] Agte, C. u. K. Moers: Z. anorg. allg. Chem. **198** (1931), S. 233/43.

Die Herstellung von Formteilen aus Nitriden des Ti, Zr, Ta,
U und Th durch Sinterung von Pulverpreßlingen im Hochfrequenz-
vakuumofen hat P. Chiotti[1] beschrieben.

B. Die Einzelnitride

1. Titannitrid

a) Herstellung

Beim Glühen eines Gemisches aus Titanoxyd und Kohle unter
Stickstoff setzt sich das intermediär gebildete Metall mit dem Stickstoff etwa nach folgender Hauptreaktion um:

$$2\,TiO_2 + 4\,C + N_2 = 2\,TiN + 4\,CO \tag{1}$$

Dabei können folgende Nebenreaktionen ablaufen:

$$TiO_2 + C = TiO + CO \rightleftharpoons Ti + CO_2 \tag{2}$$
$$TiO + C + N = TiN + CO \tag{3}$$
$$2\,Ti + N_2 = 2\,TiN \tag{4}$$
$$2\,TiO_2 + 4\,C = TiO\text{-}TiC\ (MK) + 3\,CO \tag{5}$$
$$TiO\text{-}TiC + N_2 = 2\,TiN + CO \tag{6}$$
$$TiO + 2\,C = TiC + CO \tag{7}$$
$$TiO + TiC + TiN = TiO\text{-}TiC\text{-}TiN\ (MK) \tag{8}$$
$$TiO\text{-}TiC\text{-}TiN + N_2 = 3\,TiN + CO \tag{9}$$

Da sich Titankarbid erst bei Temperaturen bildet, die wesentlich
höher sind als jene, bei denen Nitridbildung eintritt, ist das erhaltene Pulver nahezu karbidfrei.

Auf diese Weise haben viele Forscher Titannitrid-Präparate
hergestellt[2-8]. Beispielsweise vermischten E. Friederich und
L. Sittig[9] TiO_2 oder Rutil mit geglühtem Kienruß sehr innig und
erhitzten das Gemisch in Molybdän- oder Wolframschiffchen im
Porzellanrohrofen unter reinstem Stickstoff 3 Stunden auf 1250°.
Das erhaltene Produkt bestand aus 76,1% Ti, 21,9% N und 1,96%
Unlöslichem (theoretisch für TiN 77,4% Ti, 22,6% N). Der im Königs-
wasser unlösliche Rückstand bestand aus SiO_2 und etwas blauem
Titanoxyd.

---

[1] Chiotti, P.: J. Am. ceram. Soc. 9 (1938), S. 179/81, 35 (1952), S. 123/30.

[2] Moissan, H.: Compt. rend. 120 (1895), S. 290/96.

[3] Friedel, C. u. J. Guérin: Compt. rend. 82 (1876), S. 972, Bull. Soc.
Chim. France 24 (1876), S. 530.

[4] Schneider, E. A.: Z. anorg. allg. Chem. 8 (1895), S. 81/97.

[5] Whitehouse, N.: J. Soc. chem. Ind. 26 (1907), S. 738/39.

[6] Weiss, L. u. H. Kaiser: Z. anorg. allg. Chem. 65 (1910), S. 345/402.

[7] Bichowsky, F. v.: Chem. met. Engg. 33 (1926), S. 749/50, s. a.
A.P. 1 391 147/48 (1920).

[8] Umezu, S.: Proc. Imp. Acad. Tokio 7 (1931), S. 353/56.

[9] Friederich, E. u. L. Sittig: Z. anorg. allg. Chem. 143 (1925), S. 293/320.

Auch die Umsetzung von TiO_2 mit NH_3 ist möglich und wurde von zahlreichen Forschern zur Darstellung von TiN benützt[1-4].

TiN erhält man nach P. Duwez und F. Odell[5] auch durch Umsetzung von Titanhydrid mit reinem Stickstoff bei 1800 bis 1900°.

Da heute metallisches Reintitan zur Verfügung steht, kann man dieses auch direkt nitrieren[2,6-11]. P. Ehrlich[12] hat grobe Titanspäne (99,9% Ti) 2 bis 3 Stunden bei 1200° unter reinstem Stickstoff in Korundrohren erhitzt. Bei einmaligem Nitrieren erhielt er ein Produkt $TiN_{0,95}$, nach Pulverisieren und nochmaliger Behandlung wurde ein Nitrid der Zusammensetzung $TiN_{1,0}$ erhalten. Höher nitrierte Produkte wurden in keinem Fall beobachtet. Durch Vermischen des Nitrides TiN mit reinem Titanpulver und Erhitzen in Wolframschiffchen können stickstoffärmere Präparate hergestellt werden.

Nach einem älteren Vorschlag von O. Ruff und F. Eisner[13] kann man nach A. Brager[14] Titannitrid durch Umsetzen von Titantetrachlorid und Ammoniak darstellen[15]. Bleibt man bei dieser Methode bei Temperaturen unter 1400°, so wird ein Nitrid erhalten, in dessen Gitter 15 bis 20% der Titanstellen unbesetzt sind, was eine starke Veränderung der Gitterkonstanten bedingt.

Sehr reine Titannitrid-Präparate erhält man nach dem Aufwachsverfahren (s. S. 210). Aus einem Dampfgemisch von $TiCl_4$, N_2 und H_2 kann man an einem glühenden Wolframfaden Titannitrid abscheiden. Das Verfahren wurde erstmalig von A. E. van Arkel und J. H. de Boer[16,17] zur Abscheidung von Titannitrid erwähnt.

[1] Friedel, C. u. J. Guérin: Compt. rend. 82 (1876), S. 972, Bull. Soc. Chim. France 24 (1876), S. 530.

[2] Montemartini, C. u. L. Losana: Giorn. Chim. ind. appl. (1924), S. 323, Notizario chim. ind. 1 (1924), S. 237/40.

[3] Ruff, O,: Ber. d. chem. Ges. 42 (1909), S. 900.

[4] Ostroumov, E. A.: Zavod. Lab. 4 (1935), S. 506, Z. anorg. allg. Chem. 227 (1936), S. 37/42.

[5] Duwez, P. u. F. Odell: J. Electrochem. Soc. 95 (1950), S. 299/304.

[6] Naylor, B. F.: J. Am. Chem. Soc. 68 (1946), S. 370/71.

[7] Shomate, C. H.: J. Am. chem. Soc. 68 (1946), S. 310/12.

[8] Weiss, L. u. H. Kaiser: Z. anorg. Chem. 65 (1920), S. 345/402.

[9] Alexander, P. P.: Metals & Alloys 9 (1938), S. 179/81.

[10] Agte, C. u. K. Moers: Z. anorg. allg. Chem. 198 (1931), S. 233/43.

[11] Chiotti, P.: J. Am. ceram. Soc. 9 (1938), S. 179/81; 35 (1952), S. 123/30.

[12] Ehrlich, P.: Z. anorg. Chem. 259 (1949), S. 1/41.

[13] Ruff, O. u. F. Eisner: Ber. d. chem. Ges. 41 (1908), S. 2250/64, 42 (1909), S. 900.

[14] Brager, A.: Acta Physicochim. USSR 10 (1939), S. 593/600, 11 (1939), S. 617/32.

[15] s. a. A.P. 2413778 (1947).

[16] van Arkel, A. E.: Physica 4 (1924), S. 286/301.

[17] van Arkel, A. E. u. J. H. de Boer: Z. anorg. allg. Chem. 148 (1925), S. 345/50.

H. Fischvoigt und F. Koref[1] dürften bei ihren früheren Versuchen zur Herstellung von Titan bzw. Titankarbid titannitridhaltige Aufwachsschichten erhalten haben. Nach K. Moers[2] gelingt die Abscheidung bei Fadentemperaturen von 1400 bis 2000° K am leichtesten bei gleichzeitiger Anwesenheit von Stickstoff und Wasserstoff. Man kann sowohl Einkristalldrähte als auch polykristalline Aufwachsungen mit kupfer- bis goldglänzender Farbe erzeugen. Die günstigsten Bedingungen der Abscheidung von TiN aus der Gasphase sind nach F. H. Pollard und P. Woodward[3]: Drahttemperatur etwa 1450°, Gesamtgasdruck 300 bis 400 mm Hg, Partialdruck des $TiCl_4$ etwa 17 mm, Verhältnis $H_2 : N_2 = 1 : 1$. I. E. Campbell und Mitarbeiter[4] haben neuerdings die Erzeugung von Titannitridschichten aus $TiCl_4$-N_2-H_2-Gemischen bei 1100 bis 1700° in einer Apparatur gemäß Abb. 14 beschrieben.

Für technische Zwecke kann man Titanpulver im Lichtbogen unter Stickstoff niederschmelzen, wobei sehr hartes, als Diamantersatz dienendes Titannitrid entsteht[5].

Die Herstellung von Formkörpern aus TiN wurde mehrfach beschrieben[6-9]; über ihre praktische Anwendung als hochhitzebeständiges Material ist aber noch nichts bekannt geworden.

b) Das System Titan-Stickstoff

Die älteren Arbeiten von F. Wöhler[10], C. Friedel und J. Guérin[11], E. A. Schneider[12], H. Geisow[13] und N. Whitehouse[14], in denen u. a. auch Nitride der Zusammensetzung Ti_5N_6, Ti_3N_4 und TiN_2 angegeben werden, sind auf Grund der neueren Erkenntnisse über Einlagerungsstrukturen und Subtraktionsmischkristalle zum Teil

[1] Fischvoigt, H. u. F. Koref: Z. techn. Physik 6 (1925), S. 296/98.
[2] Moers, K.: Z. anorg. allg. Chem. 198 (1931), S. 243/61.
[3] Pollard, F. H. u. P. Woodward: J. Am. chem. Soc. 10 (1948), S. 1709/13.
[4] Campbell, I. E., C. F. Powell, D. H. Nowicki u. B. W. Gonser: J. Electrochem. Soc. 96 (1949), S. 318/33.
[5] Remin, V. P.: Vestn. Metalloprom. (1938), Nr. 7, S. 54/63.
[6] Ruff, O. u. F. Eisner: Ber. d. Chem. Ges. 41 (1908), S. 2250/64, 42 (1909), S. 900.
[7] D.R.P. 282 748 (1913), 286 992 (1913).
[8] Meyer, O.: Ber. d. chem. Ges. 11 (1930), S. 333/63.
[9] Chiotti, P.: J. Am. ceram. Soc. 35 (1952), S. 123/50.
[10] Wöhler, F.: Liebigs Ann. 73 (1850), S. 46.
[11] Friedel, C. u. J. Guérin: Bull. Soc. Chim. France 24 (1876), S. 530, Compt. rend. 82 (1876), S. 972.
[12] Schneider, E. A.: Diss. München 1902.
[13] Geisow, H.: Diss. München 1902.
[14] Whitehouse, N.: J. Soc. chem. Ind. 26 (1907), S. 738/39.

überholt. Nach O. Ruff und F. Eisner[1], L. Weiss und K. Kaiser[2], E. Friederich und L. Sittig[3], A. E. van Arkel[4], K. Moers[5] sowie K. Becker und F. Ebert[6] besteht im System Titan-Stickstoff nur die Verbindung TiN mit kubischem Gitter (Steinsalztyp B 1) und breitem Existenzbereich. J. P. Nielsen[7] gibt zwar in einem hypothetischen, auf Literaturangaben aufgebauten Zustandsschaubild des Systems Titan-Stickstoff auch andere als unbewiesen geltende Phasen an.

Neuerdings hat P. Ehrlich[8] an Präparaten von TiN, hergestellt durch Umsetzung von reinstem Titan mit Stickstoff, das System röntgenographisch untersucht und sehr exakte Dichtebestimmungen durchgeführt. Das Homogenitätsgebiet der TiN-Phase, in welcher 4% der Gitterstellen nicht besetzt sind, reicht bis etwa $TiN_{0,42}$. Mit Zunahme des Stickstoffgehaltes verschwinden die Fehlstellen im Metallgitter und es liegen reine Subtraktionsmischkristalle vor. Bei $TiN_{0,33}$ und $TiN_{0,25}$ sind zwei Phasen vorhanden, erst darunter zeigt das Röntgenogramm nur die reine Metallphase auf. Stickstoff löst sich demnach im Titan etwa bis zur Zusammensetzung $TiN_{0,2}$. Die quantitative Auswertung der Röntgenogramme ergab für TiN eine Gitterkonstante von 4,234 Å. Mit abnehmendem Stickstoffgehalt fällt die Gitterkonstante ge

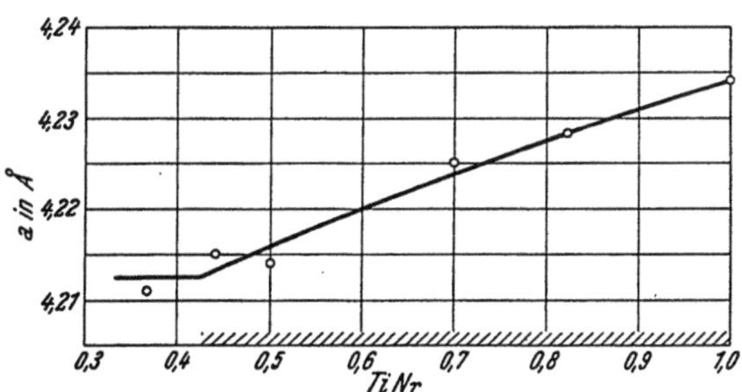

Abb. 84. Verlauf der Gitterkonstanten der TiN-Phase (P. Ehrlich)

mäß Abb. 84 linear auf etwa 4,213 Å bei $TiN_{0,42}$ ab. A. Brager[9] beobachtete an Titannitriden, welche durch Zersetzung von Titantetrachlorid-Ammoniakaten ($TiCl_4 \cdot 4\,NH_3$) bei verschiedenen Temperaturen

[1] Ruff, O. u. F. Eisner: Ber. d. chem. Ges. 41 (1908), S. 2250/64, 42 (1909), S. 900.

[2] Weiss, L. u. K. Kaiser: Z. anorg. allg. Chem. 65 (1910), S. 345/402.

[3] Friederich, E. u. L. Sittig: Z. anorg. allg. Chem. 143 (1925), S. 293/320.

[4] van Arkel, A. E.: Physica 4 (1924), S. 286/301.

[5] Moers, K.: Z. anorg. allg. Chem. 198 (1931), S. 243/61.

[6] Becker, K. u. F. Ebert: Z. Physik 31 (1925), S. 268/72.

[7] Nielsen, J. P.: Report of Symposium on Titanium, Office of Naval Res., Washington 1949, S. 153/57.

[8] Ehrlich, P.: Z. anorg. Chem. 259 (1949), S. 1/41.

[9] Brager, A.: Acta Physicochim. USSR. 10 (1939), S. 887/902, 11 (1939), S. 617/32.

erhalten worden waren, daß der Homogenitätsbereich der TiN-Phase bis $TiN_{1,16}$ reicht. W. Hume-Rothery, G. V. Raynor und A. T. Little[1] fanden bei eisenhaltigen Produkten ein Atomverhältnis Ti : N bis zu 1 : 1,052. Mit fallendem Stickstoffgehalt fällt die Gitterkonstante nach P. Ehrlich[2] von 4,235 auf 4,213 Å in der Phasengrenze ab (s. Abb. 84). Auf Grund des Verlaufes der Gitterkonstanten in der hexagonalen Metallphase dürfte die obere Grenze dieser bei $TiN_{0,23}$ liegen.

Nach H. T. Clark[3] ändert sich die Gitterkonstante von reinem Titan bei Aufnahme von Stickstoff in der c-Richtung wesentlich stärker als in der a-Richtung.

Auf die zahlreichen Arbeiten über die Löslichkeit von Stickstoff in Titan, über die Kinetik der Umsetzung und den Einfluß auf die Eigenschaften des Titans kann nur verwiesen werden[4-12].

c) Eigenschaften*

Titannitrid der chemischen Formel TiN mit 22,63% N fällt meist als hellbraunes bis bronzebraunes Pulver an. Hochgesinterte Stäbe aus TiN sind spröde und haben bronzegelben Bruch. Von Salzsäure, Salpetersäure und Schwefelsäure wird es nicht angegriffen, dagegen ist es im Königswasser leicht löslich. Beim Erhitzen mit Natronkalk oder beim Kochen mit Alkalien entwickelt sich Ammoniak.

Nach dem Aufwachsverfahren hergestelltes TiN ist im Vakuum über 1000° zersetzlich, wobei neben N_2 auch eingelagertes H_2 frei wird[13].

---

* Vgl. dazu auch die mit sehr viel Literaturhinweisen belegte, zusammenfassende Darstellung in: „Gmelins-Handbuch der anorganischen Chemie", System Nr. 41, Titan, Verlag Chemie, Weinheim 1951, S. 278/85.

[1] Hume-Rothery, W., G. V. Raynor u. A. T. Little: J. Iron Steel Inst. **145** (1942), S. 129/41.

[2] Ehrlich, P.: Z. anorg. Chem. **259** (1949), S. 1/41.

[3] Clark, H. T.: Trans. AIME **185** (1949), S. 588/89.

[4] Shukow, I.: J. Russ. phys. chem. Ges. **40** (1908), S. 457/59, **42** (1910), S. 40/41.

[5] Lorenz, R. u. J. Woolcock: Z. anorg. allg. Chem. **176** (1928), 289/304.

[6] Neumann, B., C. Kröger u. H. Kunz: Z. anorg. allg. Chem. **218** (1934), S. 379/401.

[7] Fast, J. D.: Metallwirtsch. **17** (1938), S. 641/44.

[8] Carpenter, L. G. u. R. F. Reavell: Metallurgia **39** (1948), S. 63/65.

[9] Gulbransen, E. A. u. K. F. Andrew: Trans. AIME **185** (1949), S. 741/48.

[10] Jaffee, R. I. u. I. E. Campbell: Trans. AIME **185** (1949), S. 646/54.

[11] Jaffee, R. I., H. R. Ogden u. D. J. Maykuth: Trans. AIME **188** (1950), S. 1261/66.

[12] Finlay, W. L. u. J. A. Snyder: Trans. AIME **188** (1950), S. 277/86.

[13] Pollard, F. H. u. P. Woodward: Trans. Faraday Soc. **46** (1950), S. 277/86.

TiN kristallisiert kubisch flächenzentriert (Steinsalztyp B 1). Bei der Gitterkonstantenbestimmung treten wegen der leichten Mischbarkeit mit TiO und TiC Schwierigkeiten auf. Die Gitterkonstante

Zahlentafel 51. *Dichte und Molvolumen von Titannitriden* (P. Ehrlich)

Zusammensetzung	$d^{25°}_{4°}$	Mol.-Vol.
$TiN_{1,00}$	$5,21_3$	11,87
$TiN_{0,70}$	$5,10_2$	11,31
$TiN_{0,44}$	$4,87_0$	11,10
$TiN_{0,30}$	$4,74_2$	10,98
$TiN_{0,20}$	$4,67_7$	10,84
$TiN_{0,10}$	$4,57_6$	10,77
Ti	$4,45_4$	10,75

wurde von verschiedenen Autoren[1-7] bestimmt. Der von A. E. van Arkel[2] ermittelte Wert von 4,23 Å kann noch heute als gültig angenommen werden und stimmt mit dem Ehrlichschen Wert gut überein.

Dichtebestimmungen von K. Becker und F. Ebert[3] ergaben d = 4,81 g/cm³. F. Weibke[8] fand an einem Aufwachsdraht 5,48 g/cm³, was infolge von Resten der Wolframseele zu hoch sein könnte. J. H. de Boer[9] gibt einen Wert von 5,29 an. A. Brager[10] fand bei seinen TiN-Präparaten, daß die Dichte vom Erhitzungsgrad abhängt. Er findet z.B. $TiN_{400°}$ d = 4,5 g/cm³, $TiN_{800°}$ d = 4,84 g/cm³, $TiN_{1200°}$ d = 5,02 g/cm³, $TiN_{1600°}$ d = 5,1 g/cm³. P. Ehrlich[1] hat an seinen sehr reinen Präparaten in Abhängigkeit vom Stickstoffgehalt Dichten gemäß Zahlentafel 51 bestimmt. Diese Werte und die entsprechenden Mol-Volumina dürfen als gut gesichert gelten.

---

[1] Ehrlich, P.: Z. anorg. Chem. 259 (1949), S. 1/41.

[2] van Arkel, A. E.: Physica 4 (1924), S. 286/301.

[3] Becker, K. u. F. Ebert: Z. Physik 31 (1925), S. 268/72.

[4] Brager, A.: Acta Physicochim. USSR. 10 (1939), S. 593/600.

[5] Dawihl, W. u. W. Rix: Z. anorg. allg. Chem. 244 (1940), S. 191/97.

[6] Duwez, P. u. F. Odell: J. Electrochem. Soc. 97 (1950), S. 299/304.

[7] Hofmann, W. u. A. Schrader: Arch. Eisenhüttenwes. 10 (1936), S. 65/66.

[8] Weibke, F.: in W. Biltz: Raumchemie der festen Stoffe, Leipzig 1934, S. 109.

[9] van Arkel, A. E. u. J. H. de Boer: Z. anorg. allg. Chem. 148 (1925), S. 345/50.

[10] Brager, A.: Acta Physicochim. USSR. 11 (1939), S. 617/32.

Die Härte beträgt nach Literaturangaben 9 bis 10 Mohs, sie liegt jedoch bei TiC-freien Präparaten niedriger (8 bis 9)[1].

Angaben über die Temperaturabhängigkeit des Elastizitätsmoduls eines porösen TiN-Körpers werden von W. Köster und W. Rauscher[2] gemacht.

Der Schmelzpunkt wird von E. Friederich und L. Sittig[3] mit 2930°, von C. Agte und K. Moers[4] mit $2950 \pm 50°$ angegeben. Beim Schmelzen soll Stickstoffabspaltung eintreten. Thermodynamische Daten für TiN wurden von B. Neumann und Mitarbeitern[5], K. K. Kelley[6], S. Sato[7], B. F. Naylor[8], C. H. Shomate[9] und G. L. Humphrey[10] bestimmt. Titannitrid hat nach W. Klemm und W. Schüth[11] eine Suszeptibilität von $0,8 \cdot 10^{-6}$.

Der spezifisch elektrische Widerstand beträgt nach E. Friederich und L. Sittig[3] bei Zimmertemperatur 1,3 beim Schmelzen $3,4 \cdot 10^{-4} \Omega \cdot$ cm. C. Agte und K. Moers[4] geben bei 20° 21,7, bei der Temperatur der flüssigen Luft 8,13 Mikroohm · cm an. P. Clausing[12] fand $\varrho_0 = 11,1$ Mikroohm · cm. Zwischen 1,2 bis 1,6° K wird TiN supraleitend[13].

Das Elektronenemissionsvermögen wurde von D. L. Goldwater und R. E. Haddad[14] bestimmt.

2. Zirkonnitrid

a) Herstellung

E. Friederich und L. Sittig[3] haben Zirkonnitrid durch Erhitzen eines äquivalenten Gemisches von reinem ZrO_2 mit Kienruß in Kohle- oder Wolframschiffchen unter reinstem Stickstoff bei etwa 1300° hergestellt. Im Gegensatz zum Titannitrid sind die erhaltenen

[1] Brager, A.: Acta Physicochim. USSR. **10** (1939), S. 593/600.

[2] Köster, W. u. W. Rauscher: Z. Metallkde. **39** (1948), S. 111/20.

[3] Friederich, E. u. L. Sittig: Z. anorg. allg. Chem. **143** (1925), S. 293/320.

[4] C. Agte u. K. Moers: Z. anorg. allg. Chem. **198** (1931), S. 233/75.

[5] Neumann, B., C. Kröger u. H. Kunz: Z. anorg. allg. Chem. **218** (1934), S. 379/401.

[6] Kelley, K. K.: Bur. Mines Bull. Nr. 407 (1937), Ind. Eng. Chem. **36** (1944), S. 865/66.

[7] Sato, S.: Sci. Pap. Inst. phys. chem. Res., Tokio **34** (1938), S. 888/96.

[8] Naylor, B. F.: J. Am. chem. Soc. **68** (1946), S. 370/71, 1077/78.

[9] Shomate, C. H.: J. Am. chem. Soc. **68** (1946), S. 310.

[10] Humphrey, G. L.: J. Am. chem. Soc. **73** (1951), S. 2261/63.

[11] Klemm, W. u. W. Schüth: Z. anorg. allg. Chem. **201** (1931), S. 24/31.

[12] Clausing, P.: Z. anorg. allg. Chem. **208** (1932), S. 401/19.

[13] Meissner, W. u. H. Franz: Z. Physik **65** (1930), S. 30/54; Meissner, W., H. Franz u. H. Westerhoff: Z. Physik **75** (1932), S. 521/30.

[14] Goldwater, D. L. u. R. E. Haddad: J. Appl. Phys. **22** (1951), S. 70/73.

Produkte verhältnismäßig unrein und enthalten beträchtliche Mengen an nicht umgesetztem Oxyd.

P. Duwez und F. Odell[1] haben Zirkonnitrid aus Zirkonhydrid- bzw. Zirkonmetallpulver durch Überleiten von trockenem Stickstoff bei 2000° hergestellt.

Reine Zirkonnitridpräparate erhält man auch durch Überleiten von Ammoniak über Zirkonmetallpulver[2]. Aus ZrN können durch Pressen und Sintern im Vakuum kompakte Formkörper hergestellt werden.

A. E. van Arkel und J. H. de Boer[3,4] erwähnen die Abscheidung von ZrN nach dem Aufwachsverfahren. Die Abscheidung von Einkristallen und polykristallinen Aufwachsungen goldglänzender Farbe gelingt nach K. Moers[5] an einem glühenden Wolframdraht ohne Schwierigkeit. Ist im Reaktionsgas neben $ZrCl_4$ nur reiner Stickstoff zugegen, dann sind allerdings Fadentemperaturen bis 3000° erforderlich. Bei Anwendung von NH_3 oder Stickstoff-Wasserstoffgemischen reichen aber Temperaturen von 2000° bis 2400° aus. Durch Nitrieren von nach dem Aufwachsverfahren hergestellten Zirkondrähten mit reinstem Stickstoff erhält man bei Temperaturen knapp unter dem Schmelzpunkt des Zirkons nur sehr langsam Zirkonnitrid. Neuestens berichten I. E. Campbell und Mitarbeiter[6] ebenfalls über Herstellung von warm- und zunderfesten Schichten von Zirkonnitrid nach dem Aufwachsverfahren.

b) Das System Zirkon-Stickstoff

Die einzige Verbindung im System Zirkon-Stickstoff ist das Nitrid ZrN mit Einlagerungsstruktur und weitem Existenzbereich. Es bildet, ähnlich wie TiN, Subtraktionsmischkristalle und die von älteren Autoren angegebenen Formeln Zr_3N_2[7], Zr_3N_4[8], Zr_2N_3[9,10], Zr_3N_8[9] sind als überholt anzusehen.

---

[1] Duwez, P. u. F. Odell: J. Electrochem. Soc. **97** (1950), S. 299/304.

[2] Chiotti, P.: J. Am. ceram. Soc. **35** (1952), S. 123/30.

[3] van Arkel, A. E. u. J. H. de Boer: Z. anorg. allg. Chem. **148** (1925), S. 345/50.

[4] de Boer, J. H. u. J. D. Fast: Z. anorg. allg. Chem. **153** (1926), S. 1/8.

[5] Moers, K.: Z. anorg. allg. Chem. **198** (1931), S. 243/61.

[6] Campbell, I. E., C. F. Powell, D. H. Nowicki u. B. W. Gonser: J. Electrochem. Soc. **96** (1949), S. 318/33.

[7] Wedekind, E.: Liebigs Ann. **395** (1913), S. 149/94.

[8] Bruére, P. u. E. Chauvenet: Compt. rend. **167** (1918), S. 201/03.

[9] Mathews, J. M.: J. Am. chem. Soc. **20** (1898), S. 843/46.

[10] Wedekind, E.: Z. anorg. allg. Chem. **45** (1905), S. 385/95.

In Zirkonmetall soll nach R. Ishii[1] ein α-ZrN und β-ZrN auftreten, welche in verdünnter, kalter Flußsäure verschiedene Löslichkeit haben.

Auf das sehr zahlreiche Schrifttum über die Löslichkeit von N in Zr und über die Kinetik der Nitridbildung kann hier nur verwiesen werden[2-12].

c) Eigenschaften

Zirkonnitrid der chemischen Formel ZrN mit 13,3% N fällt meist als ein gelbbraunes Pulver an. Hochgesinterte Stäbe aus ZrN sind spröde und haben zitronengelben Bruch. In Salpetersäure ist ZrN unlöslich. Ebenso ist es schwer löslich in verdünnter Salzsäure und Schwefelsäure, dagegen löst konzentrierte Schwefelsäure leicht. Beim Erhitzen mit Natronkalk oder beim Kochen mit Alkalien entwickelt sich Ammoniak.

Zirkonnitrid kristallisiert kubisch flächenzentriert (Steinsalztyp B 1). Die Gitterkonstante wurde von verschiedenen Autoren[13-15] bestimmt. Der Bestwert dürfte 4,56 Å sein.

Von E. Friederich und L. Sittig[16] wird die Dichte zu 6,93 g/cm³, von K. Becker und F. Ebert[13] erheblich zu niedrig mit 5,18 g/cm³ angegeben. Aus der Gitterkonstanten ergibt sich eine Röntgendichte von 7,349 g/cm³.

Die Härte beträgt + 8 nach Mohs, die Knoop-Mikrohärte 1510.

Der Schmelzpunkt wird von E. Friederich und L. Sittig[16] mit 2930°, von C. Agte und K. Moers[17] mit 2980 $\pm$ 50° angegeben. ZrN zersetzt sich beim Schmelzen nicht.

[1] Ishii, R.: Sci. Pap. Inst. Phys. Chem. Res., Tokio 41 (1943), S. 1/21.

[2] Lorenz, R. u. J. Woolcock: Z. anorg. allg. Chem. 176 (1928), S. 289/304.

[3] de Boer, J. H. u. J. D. Fast: Rec. trav. chem. Paybas 55 (1936), S. 459/67, Metallwirtsch. 17 (1938), S. 641.

[4] Vogel, R. u. W. Tonn: Z. anorg. allg. Chem. 202 (1931), S. 292.

[5] Fast, J. D.: Foot Prints 13 (1940), Nr. 1.

[6] Ehrke, L. F. u. G. M. Slack: J. Appl. Physics 11 (1940), S. 129/37.

[7] Hukagawa, S. u. J. Nambo: Electrotechn. J., jap. 5 (1941), S. 27/30.

[8] Raynor, W. M.: Foot Prints 15 (1943), Nr. 2.

[9] Guldner, W. G. u. L. A. Wooten: J. Electrochem. Soc. 93 (1948), S. 223/34.

[10] Gulbransen, E. A. u. K. F. Andrew: Trans. AIME 185 (1949), S. 515/25.

[11] Hayes, E. T. u. A. H. Roberson: J. Electrochem. Soc. 96 (1949), S. 142/51.

[12] Dravnieks, A.: J. Am. chem. Soc. 72 (1950), S. 3568/71.

[13] Becker, K. u. F. Ebert: Z. Physik 31 (1925), S. 268/72.

[14] van Arkel, A. E.: Physica 4 (1924), S. 286/301.

[15] Duwez, P. u. F. Odell: J. Electrochem. Soc. 97 (1950), S. 299/304.

[16] Friederich, E. u. L. Sittig: Z. anorg. allg. Chem. 143 (1925), S. 293/320.

[17] Agte, C. u. K. Moers: Z. anorg. allg. Chem. 198 (1931), S. 233/75.

Die thermadynamischen Daten haben B. Neumann und Mitarbeiter[1], K. K. Kelley[2], S. Sato[3], S. S. Todd[4] und J. P. Coughlin und E. G. King[5] bestimmt.

Zirkonnitrid hat nach W. Klemm und W. Schüth[6] eine magnetische Suszeptibilität von $+ 0{,}6 \cdot 10^{-6}$.

Der spezifisch elektrische Widerstand beträgt nach E. Friederich und L. Sittig[7] bei Zimmertemperatur 1,6, beim Schmelzen $3{,}2 \cdot 10^{-4} \, \Omega \cdot$ cm. Agte und Moers geben bei 20° 0,136, bei der Temperatur der flüssigen Luft $0{,}0397 \cdot 10^{-4} \, \Omega \cdot$ cm an. P. Clausing[8] fand $\varrho_0 = 0{,}1152$.

Nach W. Meissner, H. Franz und H. Westerhoff[9] wird Zirkonnitrid bei 9,45° K supraleitend.

Die Elektronenemission von ZrN ist stets kleiner als jene des reinen Zirkons[10]. Angaben darüber machen D. L. Goldwater und R. E. Haddad[11].

3. Hafniumnitrid

Ähnlich wie Zirkonnitrid kann man auch Hafniumnitrid durch Glühen von Hafniumoxyd-Kohle-Gemischen unter Stickstoff oder durch Erhitzen von metallischem Hafnium unter Stickstoff oder Ammoniak herstellen. Das Nitrid HfN ist gelbbraun gefärbt[12].

Hafniumnitrid kann auch unter ähnlichen Bedingungen wie Zirkonnitrid nach dem Aufwachsverfahren hergestellt werden. Das von A. E. van Arkel und J. H. de Boer[12] abgeschiedene Produkt hatte metallische Eigenschaften. I. E. Campbell und Mitarbeiter[13] geben Abscheidungstemperaturen von 1100 bis 2700° an.

---

[1] Neumann, B., C. Kröger u. H. Kunz: Z. anorg. allg. Chem. **218** (1934), S. 379/401.

[2] Kelley, K. K.: US. Bur. Mines Bull. Nr. 407 (1937).

[3] Sato, S.: Sci. Pap. Inst. Phys. Chem. Res., Tokio **34** (1938), S. 399/405.

[4] Todd, S. S.: J. Am. chem. Soc. **72** (1950), S. 2914/15.

[5] Coughlin, J. P. u. E. G. King: J. Am. chem. Soc. **72** (1950), S. 2262/65.

[6] Klemm, W. u. W. Schüth: Z. anorg. allg. Chem. **201** (1931), S. 24/31.

[7] Friederich, E. u. L. Sittig: Z. anorg. allg. Chem. **143** (1925), S. 293/320.

[8] Clausing, P.: Z. anorg. allg. Chem. **208** (1932), S. 401/19.

[9] Meissner, W., H. Franz u. H. Westerhoff: Z. Physik **75** (1932), S. 521/30.

[10] Becker, K.: Phys. Z. **32** (1931), S. 489/507.

[11] Goldwater, D. L. u. R. E. Haddad: J. Appl. Phys. **22** (1951), S. 70/73.

[12] van Arkel, A. E. u. J. H. de Boer: Z. anorg. allg. Chem. **148** (1925), S. 345/50.

[13] Campbell, I. E., C. F. Powell, D. H. Nowicki u. B. W. Gonser: J. Electrochem. Soc. **96** (1949), S. 318/33.

HfN hat kubisch flächenzentriertes Gitter (B1-Struktur). Die Gitterkonstante beträgt 4,51 Å[1].

Die thermodynamischen Daten hat S. Sato[2] bestimmt.

Die Elektronenemission von HfN ist stets kleiner als jene des reinen Hafniums[3].

4. Vanadinnitrid

a) Herstellung

Vanadinnitrid ist durch Glühen von Vanadinoxyd-Kohle-Gemischen im Stickstoffstrom schwierig herzustellen, da bereits bei Temperaturen von etwa 1200° das Nitrid in Gegenwart von Kohlenstoff in Karbid überführt wird. Immerhin gelang es E. Friederich und L. Sittig[4] durch Erhitzen eines Gemisches von 1 Teil V_2O_3 und 3 Teilen Kienruß in Molybdänschiffchen im Porzellanrohrofen bei 1200° unter reinstem Stickstoff ein Produkt mit 78,3% V, 21,1% N und 0,5% SiO_2 (theoretisch für VN 78,45% V, 21,55% N) herzustellen.

In älteren Arbeiten wird die präparative Herstellung von Vanadinnitrid durch Erhitzen von $VOCl_3$ oder V_2O_3 im Ammoniakstrom beschrieben[5-7].

VN stellten W. Epelbaum und Mitarbeiter[8] durch Umsetzung von Ammoniumvanadat mit NH_3 bzw. $N_2 + H_2$ bei 900 bis 1100° bzw. 600 bis 1400° her. Diese Arbeitsweise ist auch von H. Hahn[9] bei der Herstellung von sehr reinen Präparaten für Untersuchungen im System VN benützt worden. NH_4VO_3 wurde in einem sehr sorgfältig getrockneten Ammoniakstrom mehrere Stunden bei 900 bis 1000° erhitzt. Die Präparate hatten genau die stöchiometrische Zusammensetzung. H. Hahn[9] sowie P. Duwez und F. Odell[10] nitrierten auch feinstes Vanadinmetallpulver (99,7% V) im Stick-

---

[1] Glaser, F. W., D. Moskowitz u. B. Post: J. Metals, demnächst.

[2] Sato, S.: Sci. Pap. Inst. Phys. Chem. Res., Tokio 34 (1938), S. 1356/63.

[3] Becker, K.: Phys. Z. 32 (1931), S. 489/507.

[4] Friedrich, E. u. L. Sittig: Z. anorg. allg. Chem. 143, (1925) S. 293/320.

[5] Whitehouse, N.: J. Soc. chem. Ind. 27 (1907), S. 738/39.

[6] Urlaub, E.: Pogg. Ann. 103 (1858), S. 134/39.

[7] Muthmann, W., L. Weiss u. R. Riedelbauch: Liebigs Ann. Chem. 355 (1907), S. 58/136.

[8] Epelbaum, W. u. B. F. Ormont: Zavod. Lab. 14 (1928), S. 104/05; Epelbaum, W. u. A. K. Brager: Acta physicochim. USSR. 13 (1940), S. 595/99, 600/03; Epelbaum, W. u. B. F. Ormont: J. phys. Chem. USSR. 20 (1946), S. 459, 21 (1947), S. 3/10.

[9] Hahn, H.: Z. anorg. Chem. 258 (1949), S. 58/68.

[10] Duwez, P. u. F. Odell: J. Electrochem. Soc. 97 (1950), S. 299/304.

stoffstrom. Zwecks Herstellung niedriger stickstoffhaltiger Produkte erhitzte H. Hahn[1] gepreßte Gemische von VN mit metallischem V-Pulver in geschlossenen Quarzröhren 24 Stunden auf 1000 bis 1100°.

Vanadinnitrid kann man nach K. Moers[2] auch nach dem Aufwachsverfahren aus VCl_4-N_2-H_2-Dampfgemischen auf Wolframdrähten bei einer Temperatur von 1400 bis 1600° niederschlagen. Der kleinkristalline Überzug hat bräunlichgraue Farbe. I. E. Campbell und Mitarbeiter[3] geben beim Aufwachsen zunderfester Vanadinnitridschichten aus Vanadinchlorid-Stickstoff-Wasserstoff-Dampfgemischen Temperaturen von 1100 bis 1600° an.

b) Das System Vanadin-Stickstoff

Im System Vanadin-Stickstoff existiert die von zahlreichen Forschern hergestellte Verbindung VN als Einlagerungsstruktur mit vermutlich weitem Existenzbereich. Die Existenz eines stickstoffreicheren Produktes der Formel VN_2, welches H. E. Roscoe[4] und E. Urlaub[5] gefunden haben wollen, ist wenig wahrscheinlich. E. Urlaub[5], W. Muthmann, L. Weiss und R. Riedelbauch[6] geben auch niedrigere Nitride der Formel V_2N und V_3N an; diese Verbindungen wurden aber nicht näher identifiziert.

Auf Grund röntgenographischer Untersuchungen an sehr sorgfältig hergestellten Vanadinnitrid-Präparaten mit verschiedenem Stickstoffgehalt konnte H. Hahn[1] zwei gut unterscheidbare Phasen feststellen, und zwar das kubisch flächenzentrierte Nitrid der Formel VN und ein hexagonales Nitrid mit niedrigem Stickstoffgehalt, entsprechend etwa der Formel V_3N. Das kubische Nitrid VN (γ-Phase) hat einen breiten Existenzbereich, der von $VN_{1,0}$ bis $VN_{0,71}$ reicht. Mit abnehmendem Stickstoffgehalt nimmt auch die Gitterkonstante fast linear, wie Abb. 85 zeigt, von 4,126 Å auf 4,064 Å (16,4% N) ab. Von 16,4% N an tritt neben der kubischen eine zweite hexagonale annähernd dichtest gepackte Phase auf (β-Phase), welche ebenfalls Einlagerungsstruktur und breiten Existenzbereich hat. Der zweiphasige Bereich ($\beta + \gamma$) geht bis $VN_{0,43}$ (10,5% N). Zwischen $VN_{0,43}$ und $VN_{0,37}$ (10,5% bis 9,3% N, entsprechend den Formeln

---

[1] Hahn, H.: Z. anorg. Chem. **258** (1949), S. 58/68.

[2] Moers, K.: Z. anorg. allg. Chem. **198** (1931), S. 243/61.

[3] Campbell, I. E., C. F. Powell, D. H. Nowicki u. B. W. Gonser: J. Electrochem. Soc. **96** (1949), S. 318/33.

[4] Roscoe, H. E.: Ann. Pharm. Suppl. **6** (1868), S. 114, 7 (1870), S. 191.

[5] Urlaub, E.: Pogg. Ann. **103** (1858), S. 134/39.

[6] Muthmann, W., L. Weiss u. R. Riedelbauch: Liebigs Ann. Chem. **355** (1907), S. 58/136.

V_2N und V_3N) ist die hexagonale Phase allein vorhanden. Die Gitter-konstante dieser ändert sich ebenfalls mit dem Stickstoffgehalt und nimmt von a = 2,835 Å, c = 4,541 Å auf a = 2,832 Å, c = = 4,533 Å an der unteren Phasengrenze ab. Ab $VN_{0,37}$ (9,3% N)

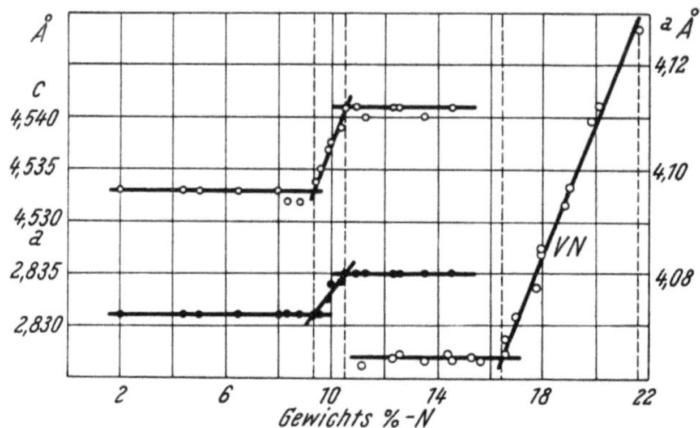

Abb. 85. Gitterkonstanten im System Vanadin-Stickstoff (H. Hahn)

besteht ein Zweiphasengebiet von Vanadinmetall (α-Phase) neben hexagonalem Nitrid. Stickstoff ist in der Metallphase kaum löslich.

Die Kinetik der Umsetzung von Vanadin mit Stickstoff und Ammoniak ist von zahlreichen Forschern untersucht worden. Auf die einzelnen Arbeiten sei nur verwiesen[1-3].

c) Eigenschaften

Vanadinnitrid der Formel VN mit 21,5% N ist pulverförmig in reiner Form graubraun, mit einem Schimmer ins Violette. H. Hahn[4] beschreibt hochstickstoffhaltige Präparate als metallische, bronze-farbene Pulver. Bei niedrigeren Stickstoffgehalten geht die Farbe ins Stahlgraue über. Vanadinnitrid ist in Salzsäure und Schwefel-säure unlöslich, löslich in Salpetersäure. Bei längerem Kochen in konzentrierter Schwefelsäure geht das Nitrid unter Stickstoffabgabe langsam in Lösung. Starke Alkalien zersetzen das Nitrid unter Ammoniakentwicklung. Nach H. Hahn ist die hexagonale Phase (V_3N) weniger chemisch beständig als das kubische Nitrid VN.

---

[1] Kelley, K. K.: US. Bur. Mines Bull. Nr. 407 (1937), Nr. 384 (1935), Nr. 476 (1949).

[2] Iwase, K. u. N. Nasu: Sci. Rep. Tohoku Univ., Honda Ann. 1936, S. 476/79.

[3] Gulbransen, E. A. u. K. F. Andrew: J. Electrochem. Soc. 97 (1950), S. 396/404.

[4] Hahn, H.: Z. anorg. Chem. 258 (1949), S. 58/68.

Vanadinnitrid der Formel VN kristallisiert kubisch flächenzentriert (Steinsalztyp B 1). Die Gitterkonstante wurde von verschiedenen Forschern[1-5] bestimmt. Ein Wert von 4,126 Å dürfte am wahrscheinlichsten sein. Die hexagonale Phase hat nach H. Hahn[1] Gitterkonstanten, die gemäß Abb. 85 vom Stickstoffgehalt abhängig sind.

Die Dichte wird von E. Friederich und L. Sittig[6] mit 5,91, von K. Becker und F. Ebert[3] mit 5,63 g/cm³ angegeben. H. Hahn[1] hat an seinen Präparaten in Abhängigkeit vom Stickstoffgehalt sehr genau die Dichte pyknometrisch bestimmt (Zahlentafel 52). Die

Zahlentafel 52. *Dichten und Molekularvolumina von Vanadinnitriden* (H. Hahn)

Zusammen-setzung	d_4^{25}	d_R	Mol.-Vol. cm³	Mol.-Vol. $_R$ cm³	Mol.-Vol. berechnet cm³
$VN_{1,00}$	6,040	6,102	10,72	10,65	11,72
$VN_{0,87}$	5,988	6,089	10,58	10,40	10,94
$VN_{0,72}$	5,972	6,066	10,33	10,16	10,55
$VN_{0,38}$	5,967	5,987	9,58	9,54	9,66

Übereinstimmung zwischen ermittelter und berechneter Dichte ist sehr gut, was darauf hindeutet, daß im Gegensatz zu TiN kein beträchtlicher Leerstelleneffekt im Gitter auftritt. In der letzten Spalte der Zahlentafel 52 sind die Mol-Volumina eingetragen, die nach dem Biltzschen Rauminkrement für intermetallische und halbmetallische Bildung berechnet werden kann. Die gute Übereinstimmung dieser Werte mit den aus der pyknometrischen und der röntgenographischen Dichte berechneten Werte läßt erkennen, daß sowohl das VN als auch die hexagonale Phase metallische Nitride sind.

Der Schmelzpunkt wird von E. Friederich und L. Sittig[6] mit 2050° angegeben, wobei Zersetzung eintritt. VN ist thermisch außerordentlich beständig und der Stickstoffpartialdruck erreicht nach R. E. Slade und G. I. Higson[7] bei 1271° weniger als 0,5 mm.

---

[1] Hahn, H.: Z. anorg. Chem. **258** (1949), S. 58/68.

[2] Epelbaum, W. u. A. K. Brager: Acta physicochim. USSR. **13** (1940), S. 595/99, 600/03.

[3] Becker, K. u. F. Ebert: Z. Physik **31** (1925), S. 268/72.

[4] Dawihl, W. u. W. Rix: Z. anorg. allg. Chem. **244** (1940), S. 191/97.

[5] Epelbaum, W. u. B. F. Ormont: J. phys. Chem. USSR. **20** (1946), S. 459, **21** (1947), S. 3/10.

[6] Friederich, E. u. L. Sittig: Z. anorg. allg. Chem. **143** (1925), S. 293/320.

[7] Slade, R. E. u. G. I. Higson: J. chem. Soc. **115** (1919), S. 205/14, 215/16.

Thermodynamische Daten von VN wurden von K. K. Kelley[1], S. Sato[2] und E. G. King[3] bestimmt.

Der spezifisch elektrische Widerstand beträgt nach E. Friederich und L. Sittig[4] bei Zimmertemperatur 2, beim Schmelzen $8,5 \cdot 10^{-4}\ \Omega \cdot$ cm. C. Agte und K. Moers[5] geben einen Wert von 85,9 Mikroohm·cm an. Nach W. Meissner und H. Franz[6] wird VN bei etwa 1,3° K supraleitend.

5. Niobnitrid

a) Herstellung

Niobnitrid kann man durch Glühen von Nioboxyd-Kohle-Gemischen im Stickstoffstrom herstellen. E. Friederich und L. Sittig[4] reduzierten zunächst Nb_2O_5 unter Wasserstoff zu Nb_2O_3 und setzten dieses in Gegenwart von Kohle mit Stickstoff zu einem Nitrid mit 87% Nb und 12,8% N (theoretisch für NbN 87% Nb, 13% N) um. Ohne Schwierigkeiten kann man auch NbN durch Nitrieren von Niob-Metallpulver mit Stickstoff bei 1200° herstellen[7, 8]. Dieses Verfahren hat G. Brauer[9] bei der Herstellung seiner Präparate für die Untersuchung im System Nb-N benützt. Erhitzt man Preßlinge äquiatomarer Gemische von NbN und Nb, dann erhält man bei 1700° ein Nitrid Nb_2N von hellgrauem, metallischem Aussehen.

E. A. Gulbransen und K. F. Andrew[10] haben die Reaktion von Stickstoff mit Niob bei Temperaturen von 500 bis 850° in Abhängigkeit von der Zeit und Druck untersucht.

b) Das System Niob-Stickstoff

Im System Niob-Stickstoff existiert das kubisch flächenzentrierte NbN[11] mit Einlagerungsstruktur. G. Brauer[9], G. Ascherman[12]

---

[1] Kelley, K. K.: US. Bur. Mines Bull. Nr. 407 (1937).

[2] Sato, S.: Sci. Pap. Inst. Phys. Chem. Tokio 34 (1938), S. 241/49.

[3] King, E. G.: J. Am. chem. Soc. 7 (1949), S. 316/17.

[4] Friederich, E. u. L. Sittig: Z. anorg. allg. Chem. 143 (1925), S. 293/320.

[5] Agte, C. u. K. Moers: Z. anorg. allg. Chem. 198 (1931), S. 233/75.

[6] Meissner, W. u. H. Franz: Z. Physik 65 (1930), S. 30/54.

[7] Duwez, P. u. F. Odell: J. Electrochem. Soc. 97 (1950), S. 299/304.

[8] Horn, F. H. u. W. T. Ziegler: J. Am. chem. Soc. 69 (1947), S. 2762/69.

[9] Brauer, G.: Z. Elektrochem. 46 (1940), S. 397/402.

[10] Gulbransen, E. A. u. K. F. Andrew: Trans. AIME 188 (1950), S. 586/99.

[11] Becker K. u. F. Ebert: Z. Physik 31 (1925), S. 268/72.

[12] Ascherman, G., E. Friederich, E. Justi u. J. Kramer: Physik Z. 42 (1941), S. 349/60.

und J. S. Umanski[1] haben ein zweites, wahrscheinlich hexagonales Nitrid Nb_2N gefunden. Ein Nitrid der Formel Nb_3N_5, welches W. Muthmann, L. Weiss und R. Riedelbauch[2] angeben, ist nicht erwiesen.

c) Eigenschaften

Niobnitrid der chemischen Formel NbN mit 13,1% N ist pulverförmig hellgrau mit einem Schimmer ins Gelbliche. In Salzsäure, Salpetersäure und Schwefelsäure ist es auch beim Kochen unlöslich. Beim Erhitzen an Luft oxydiert es sich unter Freiwerden von Stickstoff zu Niobsäure. Beim Erhitzen mit Natronkalk oder beim Kochen mit starken Alkalien wird Ammoniak frei. Das Nb_2N wird ebenfalls von Säuren nicht angegriffen. Beim Erhitzen mit starken Laugen oder geschmolzenen Alkalien entwickelt sich aber nicht Ammoniak, sondern reiner Stickstoff.

NbN kristallisiert kubisch flächenzentriert (Steinsalztyp B 1)[1, 3-5]. Die Gitterkonstante ist a = 4,375 Å. Das hexagonal dichtest gepackte Nitrid Nb_2N hat nach G. Brauer[6] Gitterkonstanten von a = 3,058 Å, c = 4,961 Å, nach J. S. Umanski[1] a = 3,017 $\pm$ 0,02 Å, c = 5,580 $\pm$ 0,006 Å. G. Ascherman[4] u. a. schreiben diesem Nitrid tetragonales Gitter zu.

Die Dichte von Niobnitrid wird von E. Friederich und L. Sittig[7] mit 8,4 g/cm³ angegeben. Die Röntgendichte aus obiger Gitterkonstante beträgt 8,48 g/cm³. G. Brauer[6] gibt für Nb_2N eine pyknometrische Dichte von 8,08 g/cm³ an.

Die Härte von NbN beträgt + 8 nach Mohs.

Thermodynamische Daten werden von B. Neumann und Mitarbeitern[8] sowie von C. I. Armstrong[9] angegeben.

E. Friederich und L. Sittig[7] fanden, daß ein gepreßter Stab aus Niobnitrid im direkten Stromdurchgang bei etwa 2050° unter teilweiser Zersetzung schmilzt. Dabei beträgt der spezifisch elektrische Widerstand $4,5 \cdot 10^{-4} \cdot \Omega \cdot cm$, bei Zimmertemperatur $2 \cdot 10^{-4} \cdot \Omega \cdot cm$.

---

[1] Umanski, J. S.: Zur. Fiz. Chim. 14 (1940), S. 332/39.

[2] Muthmann, W., L. Weiss u. R. Riedelbauch: Liebigs Ann. Chem. 355 (1907), S. 58/136.

[3] Becker, K. u. F. Ebert: Z. Physik 31 (1925), S. 268/72.

[4] Ascherman, G., E. Friederich, E. Justi u. J. Kramer: Physik Z. 42 (1941), S. 349/60.

[5] Horn, F. H. u. W. T. Ziegler: J. Am. chem. Soc. 69 (1947), S. 2762/69.

[6] Brauer, G.: Z. Elektrochem. 46 (1940), S. 397/402.

[7] Friederich, E. u. L. Sittig: Z. anorg. allg. Chem. 143 (1925), S. 293/320.

[8] Neumann, B., C. Kröger u. H. Kunz: Z. anorg. allg. Chem. 218 (1934), S. 379/401.

[9] Armstrong, C. I.: J. Am. chem. Soc. 71 (1949), S. 3583.

Niobnitrid NbN besitzt nach E. Justi[1] den höchsten bisher bekannten Sprungpunkt, der zwischen 20 bis 30° K liegt. F. H. Horn und W. T. Ziegler[2] geben 15,2° K, D. B. Cook[3] und Mitarbeiter finden in Abhängigkeit vom Stickstoffgehalt einen Bereich von 16,2° bis 12,2° K an. Diese Eigenschaft von Niobnitriddrähten ist bereits praktisch für sehr empfindliche Geräte zum Nachweis von Wärmestrahlungen ausgenützt worden[4,5]. Nb_2N ist bis 9,5° K nicht supraleitend[2,6].

6. Tantalnitrid

a) Herstellung

Beim Glühen eines Gemenges von Ta_2O_5 mit entsprechenden Mengen Kohle unter Stickstoff erhält man stets ein stark mit Karbid verunreinigtes Produkt.

Ein von E. Friederich und L. Sittig[7] erzeugtes Produkt hatte 6,9% N (theoretisch für TaN 7,19% N). Nitride der Formel Ta_3N_5 und TaN_2 wollen A. Joly[8] wie W. Muthmann, L. Weiss und R. Riedelbauch[9] dargestellt haben.

Reinstes Tantalnitrid erhält man durch Erhitzen von Tantalmetallpulver unter reinstem Stickstoff schon bei 1100 bis 1200°[2].

P. Chiotti[10] hat versucht, TaN durch Überleiten von NH_3 über Tantalmetallpulver bei 900° zu erzeugen, bekam aber keine Produkte, die mehr als 6,12% N enthielten. Beim Erhitzen des Reaktionsproduktes auf 2000° im Vakuum entstand ein hexagonales Nitrid mit 3,6% N, entsprechend der Formel Ta_2N. Aus diesem Ta_2N können durch

---

[1] Justi, E.: Leitfähigkeit und Leitfähigkeitsmechanismus fester Stoffe, Göttingen 1948; s. a. G. Ascherman, E. Friederich, E. Justi u. J. Kramer: Physik. Z. 42 (1941), S. 349/60.

[2] Horn, F. H. u. W. T. Ziegler: J. Am. chem. Soc. 69 (1947), S. 2762/69.

[3] Cook, D. B., M. W. Zemansky u. H. A. Boorse: Phys. Rev. 79 (1950), S. 1021.

[4] Andrews, D. H., R. Milton u. W. de Sorro: J. opt. Soc. Am. 36 (1946), S. 518.

[5] Andrews, D. H., W. F. Bruksch, W. T. Ziegler u. E. R. Blanchard: Rev. Sci. Instr. 13 (1942), S. 281.

[6] Hulm, J. K. u. B. T. Matthias: Phys. Rev. 82 (1951), S. 273/74.

[7] Friederich, E. u. L. Sittig: Z. anorg. allg. Chem. 143 (1925), S. 293/320.

[8] Joly, A.: Bull. Soc. chim. France 2, Bd. 25 (1876), S. 506, Compt. rend. 82 (1876), S. 1195.

[9] Muthmann, W., L. Weiss u. R. Riedelbauch: Liebigs Ann. Chem. 355 (1907), S. 58/136.

[10] Chiotti, P.: J. Am. ceram. Soc. 35 (1952), S. 123/30.

Pressen und Sintern im Hochvakuum Formkörper hergestellt werden.

Die Abscheidung von Tantalnitrid aus Dampfgemischen von $TaCl_5$, N_2 und H_2 wird von A. E. van Arkel und J. H. de Boer[1] bei der Beschreibung ihres Aufwachsverfahrens erwähnt. Nach K. Moers[2] ist die Abscheidung schwierig, weil sich in Gegenwart von Wasserstoff Tantalmetall niederschlägt. Am besten arbeitet man mit reinem Stickstoff als Spülgas und wendet hohe Fadentemperaturen von etwa 2500 bis 2800° an. Die Herstellung einkristalliner Überzüge macht Schwierigkeiten. Auch durch bloßes Erhitzen von Tantaldrähten in Stickstoff kann man Tantalnitrid-Schichten erzeugen[3], was auch von I. E. Campbell und Mitarbeitern[4] erprobt wurde.

Die Kinetik der Umsetzung von Ta mit Stickstoff haben E. A. Gulbransen und K. F. Andrew[5] untersucht.

b) Das System Tantal-Stickstoff

Im System Tantal-Stickstoff besteht mit Sicherheit die Verbindung TaN mit hexagonal dichtester Packung. Die Verbindungen Ta_2N [6], Ta_3N [2] und TaN_2 [7,8] sind bis auf erstere nicht eindeutig bewiesen. Neuerdings zeigte P. Chiotti[9], daß TaN bei hohen Temperaturen unter Stickstoffabspaltung in Ta_2N übergeht.

c) Eigenschaften

Tantalnitrid der chemischen Formel TaN mit 7,19% N fällt meist als stumpfgraues bis blaugraues Pulver an. Sinterstäbe sind spröde und haben blaugrauen Bruch. Bei hohen Temperaturen sind sie aber ebenso wie Tantalnitrid-Aufwachsdrähte weich und plastisch.

Tantalnitrid kristallisiert abweichend von den anderen Nitriden der 4. und 5. Gruppe hexagonal dichtest gepackt (vermutlich

---

[1] van Arkel, A. E. u. J. H. de Boer: Z. anorg. allg. Chem. 148 (1925), S. 345/50.

[2] Moers, K.: Z. anorg. allg. Chem. 198 (1931), S. 243/61.

[3] Andrews, M. R.: J. Am. chem. Soc. 54 (1932), S. 1845/54.

[4] Campbell, I. E., C. F. Powell, D. H. Nowicki u. B. W. Gonser: J. Electrochem. Soc. 96 (1949), S. 318/33.

[5] Gulbransen, E. A. u. K. F. Andrew: Trans. AIME 188 (1950), S. 586/99.

[6] Ascherman, G., E. Friederich, E. Justi u. J. Kramer: Physik. Z. 42 (1941), S. 349/60.

[7] Joly, A.: Bull. Soc. chim. France 2, Bd. 25 (1876), S. 506, Compt. rend. 82 (1876), S. 1195.

[8] Muthmann, W., L. Weiss u. R. Riedelbauch: Liebigs Ann. Chem. 355 (1907), S. 58/136.

[9] Chiotti, P.: J. Am. ceram. Soc. 35 (1952), S. 123/30.

Wurtzit-Typ)[1-3]. Die Gitterkonstanten sind a = 3,05 Å, c = 4,95 Å. E. Friederich und L. Sittig[4] geben eine Dichte von 14,1 g/cm³ an.

Die Härte von TaN ist nach Mohs + 8.

Tantalnitrid schmilzt nach E. Friederich und L. Sittig[4] bei 2890° unter Stickstoffabspaltung. C. Agte und K. Moers[5] geben einen Schmelzpunkt von 3090 ± 50° an. Thermodynamische Daten wurden von B. Neumann[6] und Mitarbeitern, K. K. Kelley[7] und S. Sato[8] bestimmt.

Der spezifisch elektrische Widerstand beträgt bei Zimmertemperatur nach C. Agte und K. Moers[5] 135 Mikroohm · cm. Die Veränderung des spezifisch elektrischen Widerstandes bei der Nitrierung von Tantaldrähten hat M. Andrews[9] untersucht. TaN ist auch bei 1,88° K nicht supraleitend[10].

Die Elektronenemission von TaN ist stets kleiner als jene des reinen Tantals[11].

7. Chromnitrid

a) Herstellung

Die Verbindungen des Chroms mit Stickstoff sind insofern von Interesse, als der Stickstoff einen großen Einfluß auf den Schmelzpunkt des reinen Chroms und die Erstarrungs- und Umwandlungstemperaturen chromreicher Legierungen hat[12,13]. Die Nitrierhärtung hochlegierter chromhaltiger Stähle und die Bedeutung der Nitride der Metalle Cr, V, Ti und Ta führte schon sehr frühzeitig zu eingehenden Untersuchungen der Nitridbildung durch Reaktion der Komponenten.

Hartmetalltechnisch haben Chromnitride, wenn man von Hartchromschichten, die unter den üblichen Herstellungsbedingungen

[1] van Arkel, A. E.: Physica 4 (1924), S. 286/301.
[2] Becker, K. u. F. Ebert: Z. Physik 31 (1925), S. 268/72.
[3] s. Fußnote 1 bei G. Hägg: Z. phys. Chem. B 12 (1931), S. 46.
[4] Friederich, E. u. L. Sittig: Z. anorg. allg. Chem. 143 (1925), S. 293/320.
[5] Agte, C. u. K. Moers: Z. anorg. allg. Chem. 198 (1931), S. 233/75.
[6] Neumann, B., C. Kröger u. H. Kunz: Z. anorg. allg. Chem. 218 (1934), S. 379/401.
[7] Kelley, K. K.: US. Bur. Mines. Bull. Nr. 407 (1937).
[8] Sato, S.: Sci. Pap. Inst. Phys. Chem. Res., Tokio 34 (1938), S. 477/86.
[9] Andrews, M. R.: J. Am. chem. Soc. 54 (1932), S. 1845/54.
[10] Horn, F. H. u. W. T. Ziegler: J. Am. chem. Soc. 69 (1947), S. 2762/69.
[11] Becker, K.: Phys. Z. 32 (1931), S. 489/507.
[12] Adcock, F.: Iron Steel Inst. 114 (1926), S. 117/26.
[13] Sauerwald, F. u. A. Wintrich: Z. anorg. allg. Chem. 203 (1931), S. 73/74.

stickstoffhaltig sind, absieht, bisher keine Bedeutung erlangt. Dies gilt auch für die anderen Nitride der Metalle der 6. Gruppe des periodischen Systems, die bei Hartmetallsintertemperaturen bereits wieder zerfallen.

Präparativ erhält man stark verunreinigte Chromnitride nach zahlreichen Angaben[1-6] durch Umsetzung von $CrCl_3$ oder CrO_2Cl_2 mit Ammoniak oder Alkali- bzw. Erdalkalinitriden.

Reinere Präparate stellten F. Briegleb und A. Geuther[7] durch Überleiten von NH_3 über Chrom bei etwa 1400° her. Die unvollständigen nitrierten Teile des Produktes wurden durch Salzsäure herausgelöst. Das erhaltene Nitrid enthielt 78,9% Cr, war also praktisch reines CrN (theoretisch 78,8% Cr). Dasselbe Nitrid hat H. Férée[8] durch gelindes Glühen von pyrophorem Chrompulver unter NH_3 erhalten. G. G. Henderson und J. C. Galletly[9] wollen beim Nitrieren von Chrom in Ammoniak ein Nitrid Cr_3N_2 (15,22% N) hergestellt haben. Dieses soll auch nach E. Urlaub[4] bei starkem Glühen von Chrommononitrid entstehen.

Zwecks Bestimmung der Bildungswärme haben B. Neumann, C. Kröger und H. Haebler[10] reines Elektrolytchrom und aus Chromamalgam hergestelltes pyrophores Chrompulver bei 600 und 900° unter Druck mit Stickstoff azotiert und ein Produkt der Zusammensetzung CrN erhalten.

R. Kiessling und Y. H. Liu[11] beschreiben die Bildung von Cr_2N und CrN bei der Reaktion von Chromborid mit NH_3. Bei 735° wird nur CrN, zwischen 800 und 1100° CrN und Cr_2N und bei 1180° nur Cr_2N erhalten.

b) Das System Chrom-Stickstoff

In zahlreichen älteren Arbeiten wird auf Grund von physikalisch-chemischen Messungen (Bestimmung der Dissoziationsspannung,

[1] Liebig, J.: Pogg. Ann. 24 (1831), S. 359.

[2] Schrötter, A.: Liebigs Ann. 37 (1841), S. 129/52.

[3] Ufer, C. E.: Liebigs Ann. 112 (1859), S. 281/302.

[4] Urlaub, E.: Pogg. Ann. 101 (1857), S. 605/25.

[5] Smits, A.: Rec. Trav. chim. Pays-Bas 15 (1897), S. 136.

[6] Guntz, A.: Compt. rend. 135 (1902), S. 738/40.

[7] Briegleb, F. u. A. Geuther: Liebigs Ann. 123 (1862), S. 228.

[8] Férée, H.: Bull. Soc. chim. France 3, Bd. 25 (1901), S. 618.

[9] Henderson, G. G. u. J. C. Galletly: J. Soc. chem. Ind. 27 (1908), S. 387/89.

[10] Neumann, B., C. Kröger u. H. Haebler: Z. anorg. allg. Chem. 196 (1931), S. 65/78.

[11] Kiessling, R. u. Y. H. Liu: J. Metals 3 (1951), S. 639/42.

Ermittlung der elektrischen Leitfähigkeit) versucht, die Verhältnisse im System Chrom-Stickstoff zu klären. Es sei auf die kritische Zusammenstellung bei M. Hansen[1] und auf die Einzelarbeiten verwiesen[2-6].

R. Blix[7] hat Chrom-Stickstoff-Legierungen, die durch Behandlung von reinstem Chrom (99,6%) mit Ammoniak bei 800° hergestellt und zwecks Homogenisierung bei 1100 bis 1300° im Vakuum geglüht worden waren, röntgenographisch untersucht. Auf Grund der Röntgenogramme kann die Löslichkeit von Stickstoff in Chrom (α) nur sehr gering sein. Flüssiges Chrom löst nach R. M. Brick und J. A. Creevy[8] bei 1 Atm. 4 Gew.-% Stickstoff.

Es existieren zwei intermediäre Phasen Cr_2N und CrN. Zwischen 11,3 und 11,9% N (entsprechend 32 bis 33,3 Atomprozent N) — nach neueren Untersuchungen von S. Eriksson[9] zwischen 9,3 und 11,9% N — tritt eine intermediäre Phase (β) mit hexagonal dichtester Kugelpackung, entsprechend der Formel Cr_2N, auf. Die Stickstoffatome sind dabei willkürlich in das hexagonal dichtest gepackte Chromgitter eingelagert. Die Verbindung CrN (21,7% N) (γ-Phase) hat kubisches Gitter (Steinsalztyp). Das von G. G. Henderson und J. C. Galletly[10] vermutete Cr_3N_2 besteht nicht.

c) Eigenschaften

Die Chromnitride Cr_2N (11,9% N) und CrN (21,2% N) sind graue, metallische, gegen Säuren sehr beständige Pulver.

Cr_2N hat hexagonal dichteste Kugelpackung. Die Gitterkonstanten ändern sich innerhalb des Homogenitätsbereiches a = = 4,806 bis 4,760 Å, c = 4,479 bis 4,438 Å.

[1] Hansen, M.: Aufbau der Zweistofflegierung, Springer-Verlag, Berlin 1936, S. 534/39.

[2] Baur, E. u. G. L. Voerman: Z. phys. Chem. 52 (1905), S. 467/78.

[3] Shukow, I.: J. russ. phys. chem. Ges. 40 (1908), S. 457/59, 42 (1910), S. 40/41, 42/55.

[4] Valensi, G.: J. chim. physique 26 (1929), S. 152/77 u. 202/09.

[5] Tammann, G.: Z. anorg. allg. Chem. 188 (1930), S. 396/408.

[6] Duparc, L., P. Wenger u. W. Schusselé: Helv. chim. Acta 13 (1930), S. 917/29.

[7] Blix, R.: Z. phys. Chem. B 3 (1929), S. 229/39.

[8] Brick, R. M. u. J. A. Creevy: Am. Inst. min. metallurg. Engrs., Techn. Publ. Nr. 1165 (1940).

[9] Eriksson, S.: Jernkont. Ann. 118 (1934), S. 530/43.

[10] Henderson, G. G. u. J. C. Galletly: J. Soc. chem. Ind. 27 (1908), S. 387/89.

CrN ist kubisch (Steinsalztyp B 1)[1-3] mit einer von der Bildungs-temperatur abhängigen Gitterkonstanten a = 4,148 Å. Die Dichte wurde zu 6,1 g/cm³ bestimmt. Die Röntgendichte beträgt 6,14 g/cm³.

Die thermodynamischen Daten wurden von B. Neumann und Mitarbeitern[4,5], C. G. Maier[6], K. K. Kelley[7] und S. Sato[8] bestimmt. Die elektrische Leitfähigkeit wurde von I. Shukow[9] untersucht.

8. Molybdännitrid

a) Herstellung

Die Nitridbildung des Molybdäns geht noch langsamer vor sich als die des Chroms. E. Urlaub[10] erhielt durch Überleiten von NH_3 über $MoCl_5$ oder MoO_3 stickstoffhaltige Produkte. A. Rosenhein und H. J. Braun[11] erhitzten $MoCl_3$ im Ammoniakstrom bei 340°. Das bei 760° nachgeglühte Produkt enthielt nur Mo und N. Es wurde ihm die Formel Mo_3N_2 zugeschrieben. G. G. Henderson und J. C. Galletly[12] fanden, daß Molybdän bei 850° mit Ammoniak reagiert, wobei nur ein kleiner Teil des Metalles in Nitrid übergeht. Zwecks Untersuchung des Systems Molybdän-Stickstoff hat G. Hägg[13] reinstes reduziertes Molybdänpulver in einem Porzellanrohrofen mit Ammoniak zwischen 400 und 725° vier Stunden nitriert. Es wurden so Molybdän-Stickstoff-Legierungen mit 0,77 bis 7,15% N dar-gestellt. Oberhalb 725° tritt wieder Dissoziation des gebildeten Nitrides ein. Höhere Stickstoffkonzentrationen (8,2 bis 11,95% N) wurden durch sehr langes Nitrieren (bis zu 120 Stunden) bei 400° erhalten.

b) Das System Molybdän-Stickstoff

Auf Grund von röntgenographischen Untersuchungen hat G. Hägg[13] ein schematisches Zustandsschaubild des Systems Molybdän-Stick-

[1] Blix, R.: Z. phys. Chem. B 3 (1929), S. 229/39.

[2] Eriksson, S.: Jernkont. Ann. 118 (1934), S. 530/43.

[3] Kiessling, R. u. Y. H. Liu: J. Metals 3 (1951), S. 639/42.

[4] Neumann, B., C. Kröger u. H. Haebler: Z. anorg. allg. Chem. 196 (1931), S. 65ε78.

[5] Neumann, B., C. Kröger u. H. Kunz: Z. anorg. allg. Chem. 207 (1932), S. 133/41.

[6] Maier, C. G.: US. Bur. Mines Bull. Nr. 436 (1942).

[7] Kelley, K. K.: US. Bur. Mines Bull. Nr. 407 (1937).

[8] Sato, S.: Sci. Pap. Inst. Phys. Chem. Res., Tokio 34 (1938), S. 1001/09.

[9] Shukow, I.: J. Russ. phys. chem. Ges. 42 (1910), S. 40/41.

[10] Urlaub, E.: Pogg. Ann. 101 (1857), S. 605/25.

[11] Rosenhein, A. u. H. J. Braun: Z. anorg. Chem. 46 (1905), S. 311/22.

[12] Henderson, G. G. u. J. C. Galletly: J. Soc. chem. Ind. 27 (1908), S. 387/89.

[13] Hägg, G.: Z. phys. Chem. B 7 (1930), S. 339/62.

stoff aufgestellt (Abb. 86). Man kann annehmen, daß Stickstoff in der Molybdänphase (α) sehr wenig löslich oder fast unlöslich ist. Die Löslichkeit von Stickstoff in Molybdän haben neuerdings F. J. Norton und A. L. Marshall[1] bestimmt.

Die stickstoffärmste intermediäre β-Phase liegt nach G. Hägg bei etwa 28 Atomprozent N (5,4% N). Sie ist nur oberhalb 600° beständig und in normal abgekühlten Präparaten nicht nachweisbar. Wie die Unter-

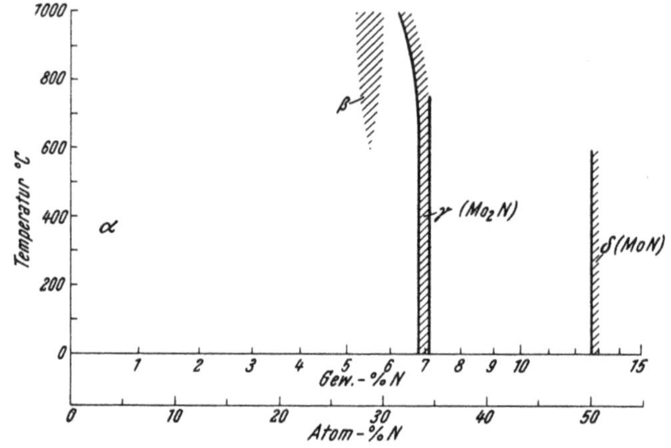

Abb. 86. System Molybdän-Stickstoff (G. Hägg)

suchung abgeschreckter Präparate zeigte, sind die Molybdänatome in einem flächenzentriert-tetragonalen Gitter angeordnet. Die Gitterkonstanten betragen a = 4,180 Å, c = 4,016 Å. Die Lagen der Stickstoffatome konnten nicht bestimmt werden.

Die nächsthöhere Nitridphase (γ) hat bei Temperaturen unterhalb 600 bis 700° ein schmales Homogenitätsgebiet in der Nähe von 33 Atomprozent N (6,75 Gewichtsprozent N) und läßt sich also durch die Formel Mo_2N ausdrücken. Bei höheren Temperaturen wird das Homogenitätsgebiet nach höheren Molybdängehalten verschoben. Die Molybdänatome bilden ein flächenzentriertes kubisches Gitter mit einer Gitterkonstante a = 4,155 Å bis 4,160 Å. Die Stickstoffatome liegen wahrscheinlich in den größten Zwischenräumen des Molybdängitters.

Die stickstoffreichste Phase (δ) existiert bei etwa 50 Atomprozent N, sie entspricht also der Formel MoN (12,73% N). Ihre Molybdänatome bilden ein einfaches hexagonales Gitter mit Gitter-

---

[1] Norton, F. J. u. A. L. Marshall: Trans. Am. Inst. min. met. Eng. 156 (1944), S. 351.

konstanten a = 2,860 Å, c = 2,804 Å. Die Lagen der Stickstoffatome konnten nicht bestimmt werden. Die Struktur dieser Phase ist analog der des Wolframkarbides WC.

c) Eigenschaften

Außer der Struktur sind die Eigenschaften von Molybdännitriden wenig untersucht worden. Die Veränderung der Festigkeit von oberflächlich nitrierten Molybdändrähten haben P. Tury und St. Krausz[1] verfolgt. Die thermodynamischen Daten haben B. Neumann und Mitarbeiter[2], K. K. Kelley[3] und S. Sato[4] bestimmt.

Nach J. K. Hulm und B. T. Matthias[5] wird Mo_2N bei 5° K und MoN bei 12,0° K supraleitend.

9. Wolframnitrid

a) Herstellung

Die Bildung von Wolframnitrid durch Nitrieren von Wolfram mit NH_3 erfolgt noch langsamer als beim Molybdän. Dies erklärt den Befund von G. G. Henderson und J. C. Galletly[6], daß sich durch Überleiten von Ammoniak über Wolfram kein Nitrid bildet. Auch A. Sieverts und E. Bergner[7] fanden, daß Stickstoff bis 1500° mit Wolframdraht nicht reagiert. P. Lafitte und P. Grandadam[8] stellten fest, daß W bis 900° mit N_2 nicht reagiert, mit NH_3 dagegen schon ab 140°, wobei das gebildete Nitrid durch Wasserstoff ab 200° wieder reduziert wird.

J. Langmuir[9] u. a.[10] fanden beim Erhitzen eines Wolframdrahtes auf 2500° in einer Stickstoffatmosphäre an den Wänden des Reaktionsgefäßes einen braunen Niederschlag, dem sie die Formel WN_2 (13,2% N) zuschrieben.

---

[1] Tury, P. u. St. Krausz: Nature 138 (1936), S. 331.

[2] Neumann, B., C. Kröger u. H. Kunz: Z. anorg. allg. Chem. 218 (1934), S. 379/401.

[3] Kelley, K. K.: US. Bur. Mines Bull. Nr. 407 (1937).

[4] Sato, S.: Sci. Pap. Inst. Phys. Chem. Res., Tokio 34 (1938), S. 362/71.

[5] Hulm, J. K. u. B. T. Matthias: Phys. Rev. 82 (1951), S. 273/74.

[6] Henderson, G. G. u. J. C. Galletly: J. Soc. chem. Ind. 27 (1908), S. 387/89.

[7] Sieverts, A. u. E. Bergner: Ber. d. chem. Ges. 44 (1911), S. 2394/402.

[8] Lafitte, P. u. P. Grandadam: Compt. rend. 200 (1935), S. 1039/41.

[9] Langmuir, J.: J. Am. chem. Soc. 35 (1913), S. 931/45, 37 (1915), S. 1139/67.

[10] Smithells, C. J. u. H. P. Rooksby: J. chem. Soc. (1927), S. 1882/88.

Den Reaktionsmechanismus der Einwirkung von NH_3 auf fein-verteiltes Wolfram haben A. Mittasch und W. Frankenburger[1] studiert und fanden, daß bei niedriger Temperatur (250 bis 360°) sich Wolframimid als Zwischenverbindung bildet. G. Hägg[2] hat für röntgenographische Untersuchungen im System Wolfram-Stickstoff feines Wolframpulver mit Ammoniak in einem Röhren-ofen bei 700 bis 800° behandelt. Trotz 48stündiger Reaktionszeit wurde nur ein Stickstoffgehalt von 1,67% N (18,2 Atomprozent N) erzielt. Die Homogenitätsgrenze dürfte dabei noch lange nicht erreicht worden sein.

b) Das System Wolfram-Stickstoff

Die Röntgenogramme der von G. Hägg[2] erzeugten Wolfram-Stickstoff-Legierungen zeigen immer nur Linien der Wolframphase (α) und einer neuen Phase (β). Stickstoff ist in Wolfram praktisch unlöslich. Die β-Phase hat analog der γ-Phase im System Molybdän-Stickstoff flächenzentriert kubisches Gitter. Die Gitterkonstante des Elementarwürfels beträgt an der Homogenitätsgrenze a = 4,118 Å. Die Stickstoffatome sind wahrscheinlich in die größten Zwischen-räume des Wolframgitters eingelagert. In Analogie mit dem System Molybdän-Stickstoff ist anzunehmen, daß die β-Phase bei etwa 33 Atomprozent N (3,67 Gewichtsprozent N) homogen ist, was etwa der Zusammensetzung W_2N entsprechen würde. R. Kiessling und Y. H. Liu[3] fanden im System W-N eine neue Phase (γ), welche bei Nitrierungstemperaturen von 825 bis 875° auftritt. Sie ist kubisch mit a = 4,131 bis 4,122 Å (abhängig von der Nitriertemperatur) und entspricht ebenfalls etwa der Formel W_2N. Es ist ungeklärt, ob diese γ-Phase mit der Häggschen β-Phase identisch ist.

c) Eigenschaften

Thermodynamische Daten von W_2N haben B. Neumann und Mitarbeiter[4] und L. Brewer und Mitarbeiter[5] bestimmt.

---

[1] Mittasch, A. u. W. Frankenburger: Z. Elektrochem. **35** (1929), S. 920/27.

[2] Hägg, G.: Z. phys. Chem. B 7 (1930), S. 339/62.

[3] Kiessling, R. u. Y. H. Liu: J. Metals **3** (1951), S. 639/42.

[4] Neumann, B., C. Kröger u. H. Kunz: Z. anorg. allg. Chem. 218 (1934), S. 379ε401.

[5] Brewer, L., L. A. Bromley, P. W. Gilles u. N. L. Lofgren in L. L. Quill: The Chemistry and Metallurgy of Miscellaneous Materials-Thermodynamics. McGraw-Hill, New York 1950, S. 40/59.

C. Nitride der Actinide

1. Thoriumnitrid

J. J. Chydenius[1] berichtete zuerst über Thoriumnitrid, das er durch Erhitzen einer Thoriumchlorid-Ammoniumchlorid-Mischung im Salzsäurestrom gewann. Das Reaktionsprodukt, ein weißes Pulver, war wahrscheinlich nicht mit der Verbindung Th_3N_4 identisch, die durch spätere Forscher[2,3] in Form eines braunen Pulvers erzeugt wurde. H. Moissan und A. Etard[2] berichteten über Nitridbildung beim Erhitzen von Thoriumkarbid in einem NH_3-Strom und C. A. Matignon[3] und V. Kohlschütter[4] beobachteten eine lebhafte Gasabsorption beim Erhitzen von Gemengen aus ThO_2 und Mg oder Al in einem Stickstoffstrom. W. Düsing und M. Hüniger[5] fanden, daß sich auch geringe Mengen eines Nitrides mit niedriger elektrischer Leitfähigkeit bilden, wenn Thoriumhalogenverbindungen auf Wolfram-Glühlampendrähten unter Stickstoff zersetzt werden. Sowohl H. Moissan und A. Etard[2] als auch C. A. Matignon[3] erhielten durch Erhitzen von Thoriummetall in Stickstoff ein Nitrid der stöchiometrischen Zusammensetzung Th_3N_4. Rasche Abkühlung dieses Nitrides bewirkt teilweisen Zerfall. Von R. E. Rundle[6] wurde die Existenz eines vorher noch nicht aufgefundenen kubischen Mononitrides ThN mit Steinsalzstruktur und metallischem Charakter bewiesen.

P. Chiotti[7] fand beim Überleiten von NH_3 über Thoriumspäne ein kubisches Nitrid ThN (a = 5,21 Å) und ein höher stickstoffhaltiges Produkt, etwa der Formel Th_2N_3 mit hexagonalem Gitter (a = 3,87 Å, c = 6,16 Å), welches bei hohen Temperaturen unbeständig ist. ThN ist bis 2600° stabil. Der Schmelzpunkt unter Helium liegt bei 2630 ± 50°.

Nach C. A. Matignon und M. Delépine[8] wird Th_3N_4 von Wasser

---

[1] Chydenius, J. J.: Chem. Unterssuch. von Thorerzen und Thorsalzen. Helsingfors 1861.

[2] Moissan, H. u. A. Etard: Compt. rend. **122** (1896), S. 573, Ann. chim. phys. 7, **12** (1897), S. 427.

[3] Matignon, C. A.: Compt. rend. **131** (1900), S. 837/39.

[4] Kohlschütter, V.: Liebigs Ann. **317** (1901), S. 158/89.

[5] Düsing, W. u. M. Hüniger: Techn. wiss. Abh. Osram **2** (1931), S. 357/65.

[6] Rundle, R. E.: Acta Cryst. 1 (1948), S. 180/87.

[7] Chiotti, P.: J. Am. ceram. Soc. **35** (1952), S. 123/30.

[8] Matignon, C. A. u. M. Delépine: Compt. rend. **132** (1901), S. 36/38.

nach der Gleichung: $Th_3N_4 + 6\,H_2O = 3\,ThO_2 + 4\,NH_3$ zersetzt. Es hat jedoch nach G. Hägg[1] metallische Eigenschaften.

Thermodynamische Eigenschaften von Th_3N_4 wurden durch B. Neumann und Mitarbeiter[2], K. K. Kelley[3], S. Sato[4] und L. Brewer und Mitarbeiter[5] angegeben.

2. Urannitrid

Die Formeln der von älteren Autoren[6–12] angegebenen Urannitride sind zweifelhaft. Nach R. E. Rundle und Mitarbeitern[13] sowie nach P. Chiotti[14] kann man Urannitrid der Formel UN durch Umsetzung von Uran bzw. Uranhydrid mit Stickstoff bzw. Ammoniak erzeugen. Man kann auch höhere Urannitride im Vakuum zersetzen oder Uran mit höheren Urannitriden umsetzen. Weiters kann man höhere Urannitride mit Wasserstoff reduzieren. Höhere Urannitride, z. B. U_2N_3 haben die Autoren durch direkte Umsetzung von Uran oder Uranhydrid mit Stickstoff bzw. Ammoniak, sowie durch Reduktion noch höherer Nitride mit Wasserstoff hergestellt. Ein Nitrid der Formel UN_2 wurde bei der Umsetzung von Uran mit Stickstoff unter einem Druck von 126 Atmosphären erhalten.

Das System Uran-Stickstoff wurde röntgenographisch von R. E. Rundle und Mitarbeitern[13] untersucht. Danach ist eine Löslichkeit von Stickstoff in Uran nicht nachweisbar. Die stickstoffärmste Phase UN ist kubisch flächenzentriert, hat Steinsalzstruktur

---

[1] Hägg, G.: Z. phys. Chem. B 6 (1929), S. 221/32.

[2] Neumann, B., C. Kröger u. H. Haebler: Z. anorg. allg. Chem. 207 (1932), S. 145/49, 218 (1934), S. 379/401.

[3] Kelley, K. K.: US. Bur. Mines Bull. Nr. 407 (1937).

[4] Sato, S.: Sci. Pap. Inst. Phys. Chem. Res., Tokio 35 (1939), S. 182/90.

[5] Brewer, L., A. Bromley, P. W. Gilles u. N. L. Lofgren in L. L. Quill: The Chemistry and Metallurgy of Miscellaneous Materials-Thermodynamics, McGraw-Hill, New York 1950, S. 40ff.

[6] Rammelsberg, C.: Pogg. Ann. 55 (1842), S. 323.

[7] Urlaub, E.: Diss. Göttingen 1859.

[8] Moissan, H.: Compt. rend. 122 (1896), S. 276, 1092.

[9] Kohlschütter, V.: Liebigs Ann. 317 (1901), S. 158/89.

[10] Colani, A.: Compt. rend. 137 (1903), S. 382/84.

[11] Heusler, O.: Z. anorg. allg. Chem. 154 (1926), S. 353/74.

[12] Neumann, B., C. Kröger u. H. Haebler: Z. anorg. allg. Chem. 207 (1932), S. 145/49.

[13] Rundle, R. E., N. C. Baenziger, A. S. Wilson u. R. A. McDonald: J. Am. chem. Soc. 70 (1948), S. 99/105.

[14] Chiotti, P.: J. Am. ceram. Soc. 35 (1952), S. 123/30.

und eine Gitterkonstante a = 4,880 Å. Die Röntgendichte ist demnach 14,32 g/cm³. Die nächste Phase U_2N_3 ist kubisch raumzentriert und gehört dem Mn_2O_3-Typ an. Die Gitterkonstante a = = 10,678 Å, die Röntgendichte ist 11,24 g/cm³. Die Phasengrenze nach der uranreichen Seite liegt scharf bei U_2N_3. Auf der stickstoffreicheren Seite erfolgt ein kaum merklicher Übergang in UN_2 mit CaF_2-Struktur. Allerdings gelangt man bei der Nitrierung unter Atmosphärendruck nur bis zum Nitrid $UN_{1,75}$ mit a = 10,580 Å. Nitrierung unter einem Druck von 126 Atmosphären führt zwischen 55 und 66 Atom-% N zu den zwei Phasen UN und UN_2. UN_2 hat eine Gitterkonstante von a = 5,31 Å und ist UN-frei schwierig darstellbar, was verständlich ist, weil der Zerfall $U_2N_3 = UN + UN_2$ mit einer Volumenabnahme der Elementarzelle von 13% verbunden ist.

Nach P. Chiotti[1] ist von den drei Urannitriden nur das UN, welches einen Schmelzpunkt von 2650 ± 100° hat, bei höherer Temperatur beständig. Aus UN können durch Pressen und Sintern im Vakuum hochhitzebeständige Formkörper hergestellt werden.

Außer den Struktureigenschaften werden in der Literatur lediglich Angaben über die thermodynamischen Daten von Urannitrid gemacht[2-4]

Nach einem Patentvorschlag[5] soll Urannitrid der Zusammensetzung $UN_{1,5}$ bis $UN_{1,75}$, hergestellt aus Uranspänen durch Überleiten von NH_3 bei etwa 800°, zur Reinigung von Stickstoff geeignet sein. Das auf 500 bis 600° erwärmte Nitrid entzieht dem Stickstoff allen Sauerstoff.

3. Neptunium- und Plutoniumnitrid

Die Nitride NpN und PuN haben nach W. H. Zachariasen[6] kubisches Gitter (Steinsalztyp B 1) mit den Gitterkonstanten 4,897 Å (NpN) und 4,905 Å (PuN).

---

[1] Chiotti, P.: J. Am. ceram. Soc. 35 (1952), S. 123/30.

[2] Kelley, K. K.: US. Bur. Mines Bull. Nr. 407 (1937).

[3] Brewer, L., L. A. Bromley, P. W. Gilles u. N. L. Lofgren in L. L. Quill: The Chemistry and Metallurgy of Miscellaneous Materials-Thermodynamics, McGraw-Hill, New York 1950, S. 40ff.

[4] s. a. J. J. Katz u. E. Rabinowitch: The Chemistry of Uranium, McGraw Hill, New York 1951, S. 232/41.

[5] A.P. 2487360 (1949).

[6] Zachariasen, W. H.: Acta Cryst. 2 (1949), S. 388/90.

D. Zusammenfassung der Eigenschaften der Nitride

In Zahlentafel 53 und 54 sind die wichtigsten Eigenschaftswerte der Nitride zusammengestellt. Weitere Einzelheiten finden sich in den Abschnitten über die Einzelnitride und in der Literatur[1-3].

Zahlentafel 53. *Struktur und Gitterkonstanten der Nitride*

Nitrid	Kristallsystem	Strukturtyp	Gitterkonstante Å
TiN	kubisch fl.-z.	B 1	4,23
ZrN	kubisch fl.-z.	B 1	4,56
HfN	kubisch fl.-z.	B 1	4,51
V_3N	hexagonal d. g.		a = 2,835
			c = 4,541
VN	kubisch fl.-z.	B 1	4,126
Nb_2N	hexagonal	L' 3, A 3 Einlager.	a = 3,058
			c = 4,961
NbN	kubisch fl.-z.	B 1	4,375
TaN	hexagonal d. g.	B 4 (?)	a = 3,05
			c = 4,95
Cr_2N	hexagonal	L' 3, A 3 Einlager.	a = 4,806 bis 4,760
			c = 4,479 bis 4,438
CrN	kubisch fl.-z.	B 1	4,148
Mo_2N	kubisch fl.-z.	L' 1, A 1 Einlager.	4,155 bis 4,160
MoN	einfach hexagonal		a = 2,860
			c = 2,804
W_2N (β) ...	kubisch fl.-z.	L' 1, A 1 Einlager.	4,118
W_2N (γ) ...	kubisch		4,131 bis 4,122

Zahlentafel 54. *Eigenschaften von Mononitriden*

Nitrid	Dichte gef. g/cm³	Dichte theor. g/cm³	Härte Mohs	Schmelz- punkt ° C	Elektrischer Widerstand Mikroohm · cm
TiN	5,213	5,43	8 bis 9 (K100/1770)[1]	2950 ± 50	21,7
ZrN	6,93	7,34	+ 8 (K100/1510)[1]	2980 ± 50	13,6
VN	6,04	6,13	+ 9 (?)	2050 ?	86 ?
NbN ...	8,4	8,48	+ 8	2050 ?	
TaN ...	14,1		+ 8	3090 ± 50	135
CrN	6,1	6,14			

[1] Knoop-Mikrohärte.

---

[1] Biltz, W.: Raumchemie der festen Stoffe, L.Voss, Leipzig 1934, S. 109/10.

[2] Brewer, L., L. A. Bromley, P. W. Gilles u. N. L. Lofgren in L. L. Quill: The Chemistry and Metallurgy of Miscellaneous Materials, Thermodynamics, McGraw-Hill, New-York 1950, S. 40/59.

[3] Nowotny, H. in W. Klemm: Naturforschung und Medizin in Deutschland 1939—1946, Anorganische Chemie, Bd. 26, Teil IV. Dieterich'sche Verlagsbuchhandlung, Wiesbaden 1949, S. 67/96.

E. Die Systeme Nitrid-Nitrid

1. Allgemeines und Herstellung

Die Nitride der Metalle der 4. und 5. Gruppe des periodischen Systems haben bis auf das Tantalnitrid Steinsalzstruktur (B 1-Typ). In Analogie zu den entsprechenden Karbiden der 4. und 5. Gruppe kann bei unter 15% liegenden Unterschieden in den Gitterkonstanten isotyper Nitride und auf Grund der Tatsache, daß die betreffenden fast bis zum Schmelzpunkt stabil sind, vollkommene Mischbarkeit angenommen werden. Bei den nichtisotypen Nitridpaaren mit Tantalnitrid kann, ähnlich wie im System TiC-WC, eine Löslichkeit der kubischen Nitride für das hexagonale TaN vermutet werden, während TaN wahrscheinlich nur eine beschränkte Löslichkeit für die kubischen Nitride haben dürfte.

Die Nitride der Metalle der 6. Gruppe sind wegen ihrer Zersetzlichkeit bei hohen Temperaturen hartmetalltechnisch nicht von Interesse. Sie sollen daher nicht in den Kreis der Betrachtungen einbezogen werden.

Nitridmischkristalle der Nitride der Metalle der 4. und 5. Gruppe des periodischen Systems wurden von P. Duwez und F. Odell[1] durch zwei- bis vierstündige Glühung gepreßter Gemische unter Stickstoff im Hochfrequenzofen oder Kohlerohrkurzschlußofen bei Temperaturen über 2000° hergestellt. Die Systeme mit Tantalnitrid wurden wegen der unvollständigen Mischbarkeit dieses hexagonalen Nitrides mit den kubischen Nitriden nicht untersucht. Ebenso wurde HfN nicht in den Kreis der Untersuchungen einbezogen. Es darf jedoch ein ähnliches Legierungsverhalten wie beim ZrN unterstellt werden. Die entstandenen Mischkristalle wurden röntgenographisch untersucht, wobei in den einzelnen Systemen nachstehende Zusammenhänge gefunden wurden.

2. Nitrid-Zweistoffsysteme

Titannitrid-Zirkonnitrid. An drei Stunden bei 2600° geglühten Preßlingen wurde röntgenographisch lückenlose Mischbarkeit festgestellt. Die Gitterkonstanten weichen gemäß Abb. 87 schwach positiv von der Vegardschen Geraden ab.

Titannitrid-Vanadinnitrid. Die Mischungen mit 40 bis 70% VN wurden zwei Stunden bei 2425°, die restlichen Proben bei 2125° geglüht. Auf Grund der Röntgenogramme ist lückenlose Misch-

---

[1] Duwez, P. u. F. Odell: J. Electrochem. Soc. **97** (1950), S. 299/304.

barkeit vorhanden. Die Gitterkonstanten weichen schwach positiv gemäß Abb. 87 von der Vegardschen Geraden ab.

Titannitrid-Niobnitrid. Die Mischungen bis 50% Niobnitrid wurden vier Stunden bei 2550°, die Preßlinge mit über 50% NbN vier Stunden bei 2575° geglüht. Beide Nitride sind lückenlos mischbar. Die Gitterkonstanten weichen schwach positiv gemäß Abbildung 87 von der Vegardschen Geraden ab.

Zirkonnitrid - Vanadinnitrid. An Proben, welche vier Stunden bei 2375°, teilweise auch vier Stunden bei 2550° geglüht worden waren, konnte, in Analogie zum System ZrC-VC, keine lückenlose Mischbarkeit festgestellt werden. Auf Grund der röntgenographischen Untersuchung löst VN weniger als 1% ZrN und ZrN etwa 5% VN.

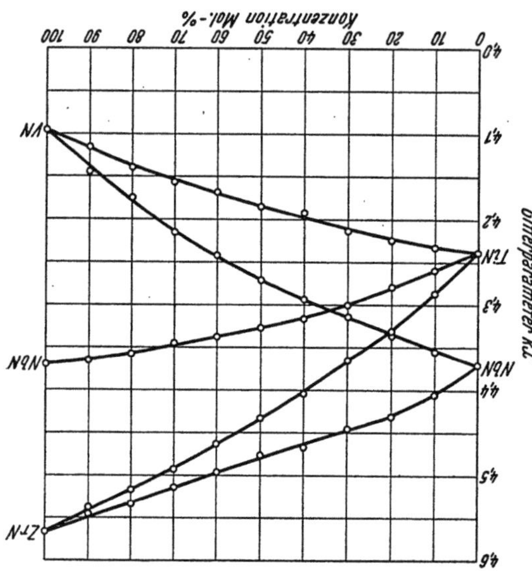

Abb. 87. Gitterkonstanten der Mischkristallreihen TiN-ZrN, TiN-VN, TiN-NbN, ZrN-NbN und VN-NbN (P. Duwez und F. Odell)

Zirkonnitrid-Niobnitrid. Die Proben wurden vier Stunden bei 2550° geglüht. Die Temperatur mußte sehr genau eingehalten werden, da die Preßlinge mit 90% NbN bereits bei 2600° schmolzen. Auf Grund der Röntgenogramme liegt eine lückenlose Mischkristallreihe vor. Die Gitterkonstanten weichen schwach positiv von der Vegardschen Geraden ab.

Vanadinnitrid-Niobnitrid. Diese beiden Nitride sind lückenlos mischbar (Abb. 87). Trotzdem war bei Proben, welche zwei Stunden bei 2150° geglüht wurden, die Dublettaufspaltung unscharf, was wahrscheinlich auf ungenügende Diffusion zurückzuführen ist. Bei der Sinterung von Proben mit 50% VN trat schon bei 2225° Zersetzung ein. Einige Proben mit 20 und 30% VN wurden nochmals auf 2400° erhitzt. Dies änderte aber nichts an der Schärfe der Linien. Die Ursache dieser Erscheinung dürfte in Verunreinigungen des verwendeten Vanadins zu suchen sein.

Hafniumnitrid-Titannitrid (Zirkonnitrid, Vanadinnitrid, Niobnitrid). Diese Systeme sind bisher noch nicht untersucht worden.

Auf Grund der Unterschiede in den Gitterkonstanten ist, außer im System HfN-VN, vollkommene Mischbarkeit anzunehmen.

Tantalnitrid–Titannitrid (Zirkonnitrid, Hafniumnitrid, Vanadinnitrid, Niobnitrid). Diese Systeme wurden bisher noch nicht untersucht. Da Tantalnitrid hexagonale Kristallstruktur hat, dürfte es von den kubischen Nitriden nicht unbeschränkt gelöst werden. Ebenso dürfte auf der TaN-Seite eine, allerdings sehr beschränkte, temperaturabhängige Löslichkeit bestehen.

Faßt man die Ergebnisse von P. Duwez und F. Odell[1] und die als wahrscheinlich anzunehmenden Verhältnisse in den Systemen mit HfN und TaN zusammen, so kann man ein Schema der Mischbarkeit von Nitriden der Metalle der 4. und 5. Gruppe des periodischen Systems entwerfen (Abb. 88). Die voll ausgezogenen Linien deuten lückenlose Mischreihen an, während die punktiert verbundenen Nitride nur beschränkt mischbar sein dürften. Im System ZrN-VN ist dies experimentell bewiesen.

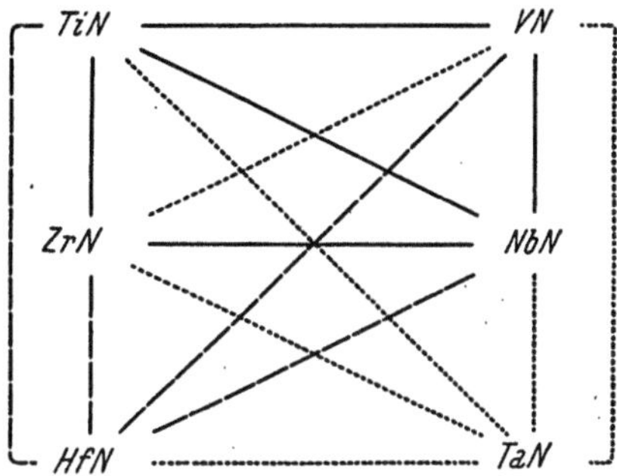

Abb. 88. Mischarbeit der Metallnitride der 4. und 5. Gruppe des Periodensystems, schematisch

Ausgezogene Verbindungen: vollkommene Mischbarkeit

Gestrichelte Verbindungen: noch nicht untersuchte Systeme, vollkommene Mischbarkeit zu erwarten (Ausnahme HfN-VN)

Punktierte Verbindungen: beschränkte Löslichkeit

F. Die Systeme Nitrid-Karbid

1. Allgemeines und Herstellung

Vom hartmetalltechnischen Standpunkt sind nur die Nitride der Metalle der 4. und 5. Gruppe des Periodensystems von einem gewissen Interesse, insbesondere weil diese Nitride meist als Begleiter der entsprechenden Karbide in den üblichen Hartlegierungen auftreten. So enthalten z. B. TiC, ZrC, VC, NbC und TaC und Mischkristalle dieser Karbide oft bis zu 10% Nitride in fester Lösung. Systeme aus Karbiden der 4. Gruppe und Nitriden der 5. Gruppe sowie Karbiden der 5. Gruppe und Nitriden der 4. Gruppe wurden erst in neuester Zeit eingehender untersucht. Die Karbide und Nitride der 4. und 5. Gruppe haben bis auf das Tantalnitrid Steinsalzstruktur

---

[1] Duwez, P. u. F. Odell: J. Electrochem. Soc. 97 (1950), S. 299/304

(B 1-Typ). Es war also vollkommene Mischbarkeit der isotypen Nitride und Karbide untereinander zu erwarten, um so mehr, als die geringen Unterschiede in den Gitterkonstanten (Ausnahme machen die Systeme ZrN-HfN-VC) für feste Lösungen sprachen. In den Systemen, bei denen das hexagonale Tantalnitrid beteiligt ist, dürfte nur beschränkte Mischbarkeit vorliegen. Dabei wird, ähnlich wie im System WC-TiC, die kubische Komponente eine beträchtliche Löslichkeit für das hexagonale Tantalnitrid haben, umgekehrt wird das Tantalnitrid in geringen Mengen die kubische Komponente zumindest bei höheren Temperaturen lösen.

C. Agte und K. Moers[1] haben Mischungen von Nitriden und Karbiden des Titans und Tantals in Form von Preßstäben teilweise geschmolzen und versucht, Aufschluß über die Konstitution dieser Legierungen zu bekommen. P. Duwez und F. Odell[2] haben in einer umfassenden Arbeit Mischkristalle der Nitride und Karbide der Metalle der 4. und 5. Gruppe des periodischen Systems durch Sinterung von gepreßten Mischungen derselben unter Stickstoff im Hochfrequenzofen oder im Kohlerohrkurzschlußofen bei sehr hohen Temperaturen (2200 bis 2600°) erzeugt und röntgenographisch untersucht. Da bei Temperaturen um 2400° Zirkonkarbid unter Stickstoff unbeständig ist, wurde auf eine Untersuchung dieser Systemgruppe verzichtet. Die Systeme mit Hafniumnitrid und Hafniumkarbid wurden wegen der schwierigen Beschaffung dieser seltenen Stoffe nicht berücksichtigt. Von den Verfassern wurden auch keine Untersuchungen mit dem hexagonalen Tantalnitrid als Komponente durchgeführt, da dieses nur beschränkte Mischbarkeit erwarten ließ.

2. Nitrid-Karbid-Zweistoffsysteme

Titannitrid-Titankarbid. Die kubisch kristallisierenden, von F. Wöhler[3] erstmalig beschriebenen sogenannten „Hochofenwürfel" stellen einen Mischkristall von 20% TiC und 80% TiN vor[4]. Über die Bildungsweise dieses Mischkristalles im Hochofen bzw. bei der Stahlherstellung sowie über die Deutung der Zusammensetzung existiert ein umfangreiches Schrifttum[5]. Das System Titannitrid-Titankarbid ist insofern von größerem technischen Interesse, weil wegen der leichten Mischbarkeit der beiden isotypen Komponenten in allen titanhaltigen Hartmetallen, die unter Betriebsbedingungen gesintert

---

[1] Agte, C. u. K. Moers: Z. anorg. allg. Chem. **198** (1931), S. 233/43.
[2] Duwez, P. u. F. Odell: J. Electrochem. Soc. **97** (1950), S. 299/304.
[3] Wöhler, F.: Lieb. Ann. **73** (1850), S. 34/41.
[4] Goldschmidt, V. M.: Nachr. Gött. Ges. (1927), S. 390/93.
[5] s. die Zusammenstellung in „Gmelin's-Handbuch der anorganischen Chemie", Syst. Nr. 41, Titan, Verlag Chemie, Weinheim 1951, S. 276, 369/70.

werden, feste Lösungen von Titannitrid und Titankarbid vorliegen (s. S. 423).

C. Agte und K. Moers[1] haben nach der Bohrlochmethode an Sinterstäben die Schmelzpunkte von Titannitrid-Titankarbid-Gemischen in Abhängigkeit vom Mischungsverhältnis bestimmt. Abb. 89 zeigt den Verlauf der Schmelzpunktskurve, die beim Verhältnis 1:1 ein Schmelzpunktsmaximum aufweist. Das Gefüge der hochschmelzenden Mischung war im Schliff homogen. Auch Röntgenuntersuchungen deuteten auf Mischkristallbildung hin. P. Duwez und F. Odell[2] stellten röntgenographisch an bei 2425° vier Stunden geglühten Gemischen von TiN und TiC die lückenlose Mischbarkeit beider Komponenten fest.

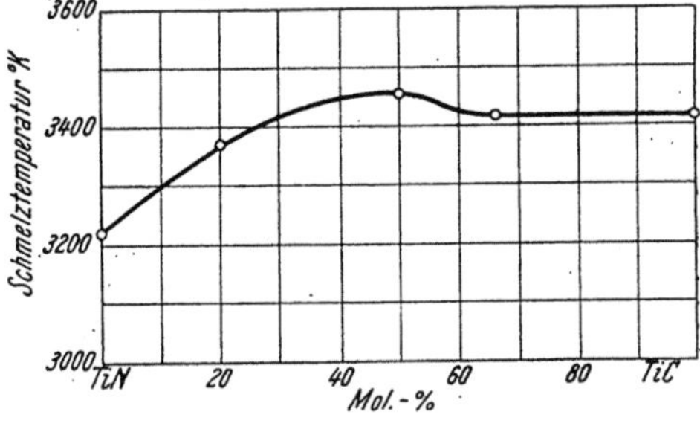

Abb. 89. Schmelzpunktsverlauf im System TiN-TiC (C. Agte und K. Moers)

Die Gitterkonstanten ändern sich gemäß Abb. 90 praktisch nach der Vegardschen Regel.

In diesem Zusammenhang ist auch die Kenntnis von der Reaktion des Titankarbides mit Stickstoff, welche von A. N. Selikman und Mitarbeitern[3, 4] bei verschiedenen Temperaturen und Drucken untersucht wurde, von Interesse.

Titannitrid - Zirkonkarbid. Da Zirkonkarbid bei den hohen erforderlichen Umsetzungstemperaturen mit Stickstoff reagiert, ist die Herstellung von Titan-

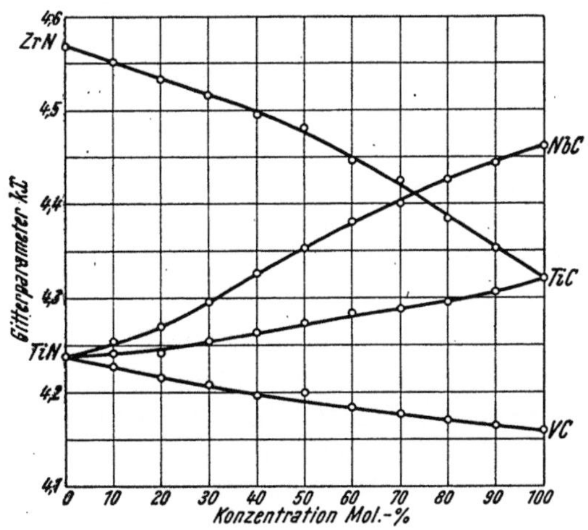

Abb. 90. Gitterkonstanten der Mischkristallreihen TiN-TiC, TiN-NbC, TiN-VC und ZrN-TiC (P. Duwez und F. Odell)

[1] Agte, C. u. K. Moers: Z. anorg. allg. Chem. **198** (1931), S. 233/43.

[2] Duwez, P. u. F. Odell: J. Electrochem. Soc. **97** (1950), S. 299/304.

[3] Selikman, A. N. u. S. S. Loseva: Tsvet. Metaly **20** (1947), Nr. 4, S. 41/48.

[4] Selikman, A. N. u. N. N. Gorovitz: Zur. Prikl. Chim. **23** (1950), S. 689/95.

nitrid-Zirkonkarbid-Mischkristallen nicht ohne weiteres, d. h. nur bei mittleren Temperaturen und sehr langen Glühzeiten, gegebenenfalls unter Verwendung von Metallpulver-Kohlegemengen als Ausgangsmaterial, möglich. Der Unterschied in der Gitterkonstante der beiden isotypen Komponenten beträgt etwa 10% und ließe noch lückenlose Mischarbeit erwarten.

Titannitrid-Hafniumkarbid. Dieses System ist bisher noch nicht untersucht worden. Auf Grund des Unterschiedes in den Gitterkonstanten ist unter Umständen Mischkristallbildung zu erwarten.

Titannitrid-Vanadinkarbid. P. Duwez und F. Odell[1] glühten Mischungen aus TiN-VC mit 70 bis 90% VC bei 2325°, die restliche Mischung bei 2250° zwei Stunden. Bei 2100° war die Umsetzung unvollständig. Auf Grund der Röntgenogramme besteht in diesem System vollkommene Mischbarkeit. Die Gitterkonstantenwerte weichen gemäß Abb. 90 schwach negativ von der Vegardschen Geraden ab.

Titannitrid-Niobkarbid. Die Preßlinge aus den Mischungen beider Komponenten wurden vier Stunden bei 2550° geglüht. Bei 2250° ist die Umsetzung unvollständig. Die Röntgenogramme beweisen die vollkommene Mischbarkeit beider Komponenten. Die Gitterkonstantenwerte liegen gemäß Abb. 90 praktisch auf der Vegardschen Geraden.

Titannitrid-Tantalkarbid. Dieses System ist bisher noch nicht untersucht worden. Auf Grund des Unterschiedes in den Gitterkonstanten kann weitgehende Mischbarkeit beider Hartstoffe angenommen werden.

Zirkonnitrid-Titankarbid. Preßlinge aus beiden Komponenten, die bei 2425° geglüht worden waren, befanden sich nicht im Gleichgewicht. Auch Proben, die eine Stunde bei 2650° bzw. zwei Stunden bei 2600° geglüht wurden, zeigten noch immer unscharfe Reflexe. Trotzdem kann auf Grund der Röntgenogramme lückenlose Mischbarkeit angenommen werden. Die Gitterkonstantenwerte weichen gemäß Abb. 90 schwach positiv von der Vegardschen Geraden ab.

Zirkonnitrid-Hafniumkarbid. Dieses System ist bisher noch nicht untersucht worden. Aus dem geringen Unterschied in den Gitterkonstanten kann lückenlose Mischbarkeit angenommen werden.

---

[1] Duwez, P. u. F. Odell: J. Electrochem. Soc. **97** (1950), S. 299/304.

Zirkonnitrid-Zirkonkarbid. Dieses System ist aus den früher erwähnten Gründen schwierig zu untersuchen. Unter Stickstoff ist vollkommene Mischbarkeit unterhalb der Karbidzerfallstemperatur anzunehmen.

Zirkonnitrid-Vanadinkarbid. Preßlinge, welche drei Stunden bei 2450° geglüht worden waren, zeigten bei keinem Mischungsverhältnis Umsetzung. Die Unmischbarkeit ist in diesem Falle wahrscheinlich auf den verhältnismäßig großen Unterschied in den Gitterkonstanten zurückzuführen (vgl. Verhältnisse im System ZrC-VC).

Zirkonnitrid-Niobkarbid. Entgegen der Hume-Rothery-Regel trat nach den Untersuchungen von P. Duwez und F. Odell[1] in diesem System bei Mischungen, welche zwei Stunden bei 2450° geglüht worden waren, noch keine Umsetzung ein. Sicher ist hierfür die bekannte Diffusionsträgheit des ZrN verantwortlich zu machen. Bei Verwendung von Metallpulver-Kohlegemengen als Ausgangsmaterial ist weitgehende Mischbarkeit zu erwarten.

Zirkonnitrid-Tantalkarbid. Dieses System ist bisher noch nicht untersucht worden. Der geringe Unterschied in den Gitterkonstanten läßt lückenlose Mischbarkeit vermuten.

Hafniumnitrid-Karbide der 4. und 5. Gruppe. Keines der Systeme ist bisher untersucht worden. Auf Grund der Unterschiede in den Gitterkonstanten ist aber wegen der Isotypie der Komponenten unbegrenzte Mischbarkeit anzunehmen. (Ausnahme HfN-VC.)

Vanadinnitrid-Titankarbid. Zwei Stunden bei 2125° geglühte Preßlinge zeigten auf Grund röntgenographischer Untersuchungen vollkommene Mischbarkeit. Die Gitterkonstantenwerte liegen gemäß Abb. 91 praktisch auf der Vegardschen Geraden.

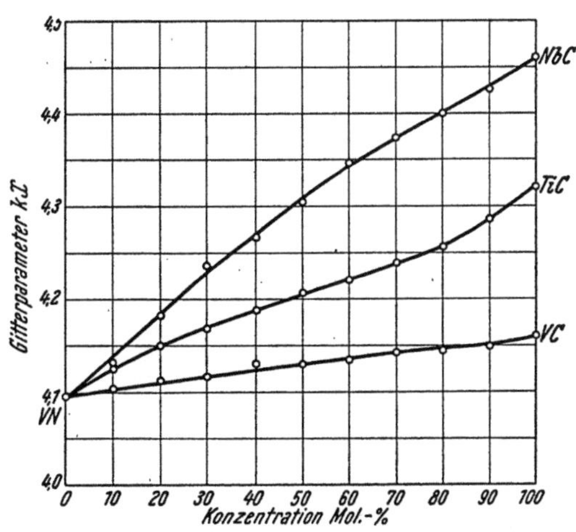

Abb. 91. Gitterkonstanten der Mischkristallreihen VN-TiC, VN-NbC und VN-VC (P. Duwez und F. Odell)

Vanadinnitrid-Zirkonkarbid. Dieses System ist aus den früher besprochenen Gründen noch nicht untersucht worden. Der Unter-

---

[1] Duwez, P. u. F. Odell: J. Electrochem. Soc. **97** (1950), S. 299/304.

schied in den Gitterkonstanten ist aber so groß, daß kaum Mischbarkeit anzunehmen ist.

Vanadinnitrid-Hafniumkarbid. Dieses System ist bisher noch nicht untersucht worden. Vollkommene Mischbarkeit ist zu erwarten, da der Unterschied in den Gitterkonstanten dies zuläßt.

Vanadinnitrid-Vanadinkarbid. Bei 2200° zwei Stunden geglühte Preßlinge aus Mischungen beider Komponenten zeigten auf Grund der Röntgenogramme vollkommene Mischbarkeit. Die Gitterkonstantenwerte liegen gemäß Abb. 91 exakt auf der Vegardschen Geraden.

Vanadinnitrid-Niobkarbid. Bei Preßlingen, welche bei 2250° geglüht worden waren, fand nur unvollständige Umsetzung statt. Auch zwei Stunden bei 2375° gesinterte Körper zeigten unscharfe Reflexe. Trotzdem kann nach P. Duwez und F. Odell[1] lückenlose Mischbarkeit angenommen werden, da die Gitterkonstantenwerte gemäß Abb. 91 genau auf der Vegardschen Geraden liegen.

Vanadinnitrid-Tantalkarbid. Dieses System ist bisher noch nicht untersucht worden. Da der Unterschied in den Gitterkonstanten es zuläßt, ist lückenlose Mischbarkeit anzunehmen.

Niobnitrid-Titankarbid. Bei 2425° ist die Umsetzung beider Komponenten noch unvollständig. Erst Proben, die bei 2550° geglüht worden waren, zeigten gut aufgelöste Reflexe. Die Gitterkonstantenwerte weichen gemäß Abb. 92 schwach positiv von der Vegardschen Geraden ab. Beide Komponenten sind lückenlos mischbar.

Niobnitrid - Zirkonkarbid. Dieses System ist bisher noch nicht untersucht worden, weil Schwierigkeiten wegen der Instabilität des Zirkonkarbides unter Stickstoff bei den hohen Reaktionstemperaturen auftreten. Lückenlose Mischbarkeit ist wahrscheinlich.

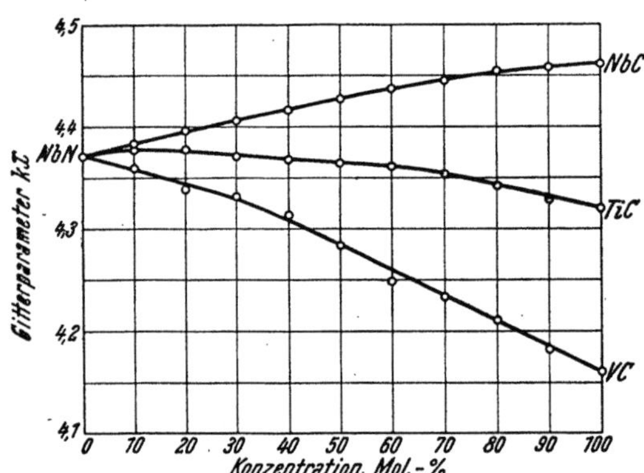

Abb. 92. Gitterkonstanten der Mischkristallreihen NbN-TiC, NbN-NbC und NbN-VC (P. Duwez und NbN-VC F. Odell)

Niobnitrid-Hafniumkarbid. Dieses System ist bisher noch nicht untersucht worden. Die Unterschiede in den Gitterkonstanten deuten auf lückenlose Mischbarkeit hin.

---

[1] Duwez, P. u. F. Odell: J. Electrochem. Soc. **97** (1950), S. 299/304.

Niobnitrid-Vanadinkarbid. Proben, welche zwei Stunden bei 2250° geglüht worden waren, zeigen unscharfe Reflexe. Die Gitterkonstantenwerte, welche gemäß Abb. 92 schwach positiv von der Vegardschen Geraden abweichen, deuten aber auf lückenlose Mischbarkeit hin.

Niobnitrid-Niobkarbid. Die röntgenographische Untersuchung von Proben, welche zwei Stunden bei 2125° geglüht worden waren, deutet auf lückenlose Mischbarkeit hin. Die Gitterkonstantenwerte weichen gemäß Abb. 92 schwach positiv von der Vegardschen Geraden ab.

Niobnitrid-Tantalkarbid. Dieses System ist bisher noch nicht untersucht worden. Auf Grund des geringen Unterschiedes in den Gitterkonstanten ist vollkommene Mischbarkeit anzunehmen.

Tantalnitrid-Karbide der 4. und 5. Gruppe. Bei diesen Systemen dürfte wegen der hexagonalen Kristallstruktur des Tantalnitrides keine oder nur beschränkte Mischbarkeit mit den kubischen Komponenten bestehen. Keines dieser Systeme bis auf TaN-TaC ist bisher näher untersucht worden. Es ist anzunehmen, daß in Analogie zum System TiC-WC die kubischen Karbide, temperaturabhängig, beträchtliche Mengen des hexagonalen Tantalnitrides lösen und umgekehrt auch Tantalnitrid ein gewisses Lösungsvermögen für die kubischen Karbide hat.

Tantalnitrid - Tantalkarbid. C. Agte und K. Moers[1] haben nach der Bohrlochmethode die Schmelzpunktskurve von Tantalnitrid-Tantalkarbid-Mischungen aufgenommen (Abb. 93). Die Schmelze im Verhältnis 1 : 1 ist im Gefügebild zweiphasig. Auch die rötgenographische Untersuchung deutet darauf

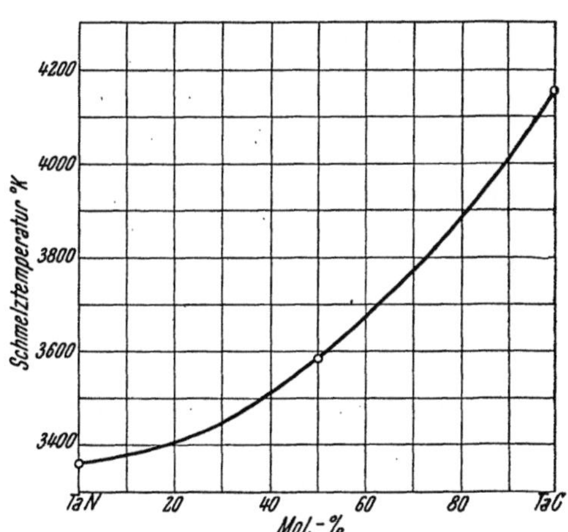

Abb. 93. Schmelzpunktsverlauf im System TaN-TaC (C. Agte und K. Moers)

hin, daß bei der Umsetzung kein reiner Mischkristall entsteht.

Neuerdings haben I. E. Campbell und Mitarbeiter[2] Aufwachsschichten, welche aus Tantalnitrid und Tantalkarbid bestehen,

---

[1] Agte, C. u. K. Moers: Z. anorg. allg. Chem. **198** (1931), S. 233/43.

[2] Campbell, I. E., C. F. Powell, D. H. Nowicki u. B. W. Gonser: J. Electrochem. Soc. **96** (1949), S. 318/33.

durch Abscheidung aus einem Dampfgemisch, welches $TaCl_5$, Stickstoff und Kohlenwasserstoffe enthielt, erzeugt.

Urannitrid-Urankarbid. UN und UC sind nach R. E. Rundle und Mitarbeitern[1] lückenlos mischbar.

Faßt man die Ergebnisse der Untersuchungen an Karbid-Nitrid-Systemen zusammen, dann kann man gemäß Zahlentafel 55 ein Schema der Mischbarkeitsverhältnisse aufstellen.

Zahlentafel 55. *Mischbarkeit von Nitriden und Karbiden der Übergangsmetalle der 4. bis 6. Gruppe des Periodensystems*

	TiC	ZrC*	HfC	VC	NbC	TaC
TiN	●	(●)	(●)	●	●	(●)
ZrN	●	(●)	(●)	○	○	(●)
HfN	(●)	(●)	(●)	(○)	○	(●)
VN	●	(○)	(●)	●	●	(●)
NbN	●	(●)	(●)	●	●	(●)
TaN	(◐)	(◐)	(◐)	(◐)	(◐)	◐

● = vollkommene Mischbarkeit
○ = keine oder sehr beschränkte Mischbarkeit
(●) = noch nicht untersuchtes System, vollkommene Mischbarkeit wahrscheinlich
(○) = noch nicht untersuchtes System, beschränkte Mischbarkeit wahrscheinlich
◐ = Mischkristallbildung auf Seite der kubischen Phase
(◐) = noch nicht untersuchtes System, Mischkristallbildung auf Seite der kubischen Phase wahrscheinlich

* Zirkonkarbid ist bei hohen Temperaturen unter Stickstoff unbeständig.

V. Die Boride

Die Boride der Metalle der 4., 5. und 6. Gruppe des Periodensystems zeichnen sich durch ihren metallischen Charakter. durch hohe Schmelzpunkte und sehr hohe Härte und chemische Beständigkeit aus. Ihre technische Bedeutung ist aber bisher nicht groß, weil bis vor kurzem über diese Stoffgruppe und ihre Eigenschaften noch verhältnismäßig wenig bekannt geworden ist. Neuerdings werden hochschmelzende Boride als Hochtemperaturwerkstoffe in Betracht gezogen.

---

[1] **Rundle, R. E., N. C. Baenziger, A. S. Wilson** u. **R. A. McDonald:** J. Am. chem. Soc. **70** (1948), S. 99/105.

A. Herstellung der Boride

Ganz. allgemein lassen sich Boride der 4., 5. und 6. Gruppe des Periodensystems durch Reaktion der Metalle mit Bor oder borabgebenden Verbindungen herstellen. Die Erzeugung der hier interessierenden Boride erfolgt vorzugsweise nach folgenden Verfahren:

1. Das Metall und Bor werden gemeinsam niedergeschmolzen.

2. Das Metall und Bor werden unterhalb des Schmelzpunktes umgesetzt (Sinterverfahren).

3. Das Metalloxyd wird mit B_2O_3 in Gegenwart von Aluminium, Silizium oder Kohlenstoff umgesetzt.

4. Das Metall oder Metalloxyd wird mit Borkarbid, eventuell unter Zusatz von B_2O_3 umgesetzt.

5. Schmelzflußelektrolyse.

6. Abscheidung aus der Gasphase (Aufwachsverfahren).

Die den verschiedenen Herstellungsverfahren zugrunde liegenden Reaktionsgleichungen sind der Zahlentafel 56 zu entnehmen.

Zahlentafel 56. *Verfahren zur Herstellung von Boriden*

Verfahren	Reaktionsschema
Synthese aus den Komponenten a) durch Schmelzen b) durch Sintern (Drucksintern)	$Me + B \rightarrow MeB$ $(MeH + B \rightarrow MeB + H_2)$
Aluminothermische, silikothermische, magnesothermische Herstellung	$MeO + B_2O_3 + Al\,(Si, Mg) \rightarrow$ $MeB + Al\,(Si, Mg)$-Oxyd
Kohlenstoffreduktion von Oxyd-B_2O_3-Gemengen	$MeO + B_2O_3 + C \rightarrow MeB + CO$
Borkarbidverfahren	$Me\,(MeO, MeH, MeC) + B_4C + B_2O_3 \rightarrow$ $MeB + CO$
Schmelzflußelektrolyse	$MeO + Alkali\text{-}(Erdalkali\text{-})borat +$ $Alkali\text{-}(Erdalkali\text{-})fluorid \rightarrow$ $MeB + Alkali\text{-}(Erdalkali\text{-})Bor\text{-}Fluor\text{-}Gemenge$
Abscheidung aus der Gasphase	$Me\,(Me\text{-}Halogenid) + B\text{-}Halogenid +$ $+ H_2 \rightarrow MeB + Halogenwasserstoff$

1. Herstellung von Boriden durch Zusammenschmelzen des Metalles mit Bor

Das Schmelzverfahren zur Herstellung von Boriden der Metalle der 4., 5. und 6. Gruppe des Periodensystems ist schon verhältnismäßig sehr alt. Ähnlich wie bei den Karbiden sind die Temperaturen, bei denen sich aus den Elementen der Komponenten Boride bilden, verhältnismäßig hoch. Die gebildeten Boride schmelzen meist höher als die Komponenten, so daß nur elektrische Lichtbogenöfen oder Hochfrequenzöfen zum Niederschmelzen in Frage kommen[1].

Durch Schmelzen der entsprechenden Metalle in Gegenwart von Bor oder durch Erhitzen vorgesinterter Gemische' der beiden Komponenten im elektrischen Lichtbogen haben zahlreiche Forscher Boride des Titans[2,3], Zirkons[3], Vanadins[3], Chroms[4,5], Molybdäns[3,6] und Wolframs[3,7] hergestellt. Die erhaltenen Produkte sind allerdings verhältnismäßig unrein und die Boride müssen durch chemische Behandlung isoliert werden. Bedingt durch die Uneinheitlichkeit werden daher von älteren Autoren für die erhaltenen Produkte chemische Formeln angegeben, die unseren heutigen, insbesondere röntgenographischen Erkenntnissen oft nicht entsprechen.

Neuestens wurde das Schmelzverfahren für die Herstellung von reinsten Chromboridpräparaten von R. Kiessling[8] benützt. Dabei wurde ein Hochfrequenzvakuumofen verwendet, mit dem ohne Schwierigkeiten die Reaktionstemperaturen von 1600° erreicht werden können.

2. Herstellung von Boriden durch Umsetzung des Metalles mit Bor in festem Zustand

Die Bildung von Boriden durch Zusammensintern von Gemischen des betreffenden Metalles mit Bor gehört zu den bequemsten Herstellungsverfahren für Metallboride. Die Schwierigkeiten, welche ältere Autoren bei dieser Methode hatten, bestanden in der Beschaffung eines entsprechend reinen Bors, da dieses nur mit einer Reinheit von 65 bis 80% erhältlich war. Die Zirkon-, Chrom- und Wolframboride von S. A. Tucker und H. R. Moody[9] dürften verhältnismäßig unrein gewesen sein. Dasselbe gilt von dem von C. Agte[10] hergestellten Zirkon- und Wolframborid.

---

[1] s. a. Damiens, A. u. A. Morette in P. Lebeau: Les hautes temperatures et leurs utilisation en chimie, Masson, Paris 1950, Bd. 1, S. 507ff., S. 531/32.

[2] Moissan, H.: Compt. rend. 120 (1895), S. 290/96.

[3] Wedekind, E.: Ber. d. chem. Ges. 46 (1913), S. 1198/1207.

[4] Moissan, H.: Compt. rend. 119 (1894), S. 185, Ann. Chim. Phys. 8 (1896), S. 565.

[5] Binet du Jassonneix, A.: Compt. rend. 143 (1906), S. 897/99, 1149/51.

[6] Binet du Jassonneix, A.: Compt. rend. 143 (1906), S. 169/72.

[7] Moissan, H.: Compt. rend. 123 (1896), S. 13/16.

[8] Kiessling, R.: Acta Chem. Scand. 3 (1949), S. 595/602.

[9] Tucker, S. A. u. H. R. Moody: Proc. chem. Soc. 17 (1901), S. 129/30.

[10] Agte, C.: Diss. Techn. Hochsch. Berlin 1931.

Sehr reine Präparate von Zirkon-, Tantal-, Chrom-, Molybdän- und Wolframborid hat R. Kiessling[1] nach dem Sinterverfahren erhalten. Er benutzte nämlich neben reinen Metallen reinstes Bor (99%), welches durch Reduktion von BBr_3-Dampf mit Wasserstoff im Quarzrohr bei 800° gebildet worden war[2]. Gemische aus dem Metall mit Bor wurden sehr lange in evakuierten Quarzrohren auf Temperaturen von etwa 1200° erhitzt. Auf diese Weise war es erst möglich, Boride mit genau definierten Zusammensetzungen zu erhalten.

P. Ehrlich[3] hat durch Sinterung von Gemischen aus reinstem Titan und nach dem Aufwachsverfahren hergestellten Bor im Vakuumofen in Wolframschiffchen reinste Titanboridpräparate erzeugt.

Durch Vakuumsinterung wurde von D. L. Sawyer und L. Brewer[4] aus den Komponenten auch Uranborid dargestellt. Neuerdings berichten L. Brewer und Mitarbeiter[5] über die Darstellung der reinen Boride des Ti, Zr, Nb, Ta, Mo, W und U durch Sintern der Metall-Borpulver-Mischungen unter Argon-Überdruck, bei 1300 bis 2050°. Die exotherme Reaktion setzt bereits bei 950 bis 1250° ein. Das Borpulver darf einige Prozent Magnesium enthalten, da dieses während des Sinterns verdampft.

Durch Drucksintern von Metall-Bor-Gemischen gelangt man nach E. R. Honak[6,7] zu dichten Boridkörpern der Metalle der 4. bis 6. Gruppe des Periodensystems. Ebenfalls durch Drucksinterung der Hydride bzw. Karbide des Ti, Zr, Ta und Nb, sowie der metallischen Pulver bzw. Karbide von V, Cr, Mo und W mit elementarem Bor hat F. W. Glaser[8] nicht nur die bereits bekannten Boride in den betreffenden Systemen, sondern auch zahlreiche neue Boridphasen gefunden (s. a. Einzelabschnitte).

3. Umsetzung des Metalloxydes mit B_2O_3 in Gegenwart von Aluminium, Silizium oder Kohlenstoff

Die aluminothermische bzw. silikothermische Herstellung von Boriden gehört zu den klassischen Boridherstellungsverfahren. Die Methode beruht darauf, daß Metalloxyd und B_2O_3 von Aluminium

---

[1] Kiessling, R.: Acta Chem. Scand. 3 (1949), S. 90/91, 3 (1949), S. 603/15, 3 (1949), S. 595/602, 1 (1947), S. 893/916.

[2] Kiessling, R.: Acta Chem. Scand. 2 (1948), S. 707/12.

[3] Ehrlich, P.: Z. anorg. allg. Chem. 259 (1949), S. 1/41.

[4] siehe Zalkin, A. u. D. H. Templeton: J. Chem. Phys. 18 (1950), S. 391.

[5] Brewer, L., D. L. Sawyer, D. H. Templeton u. C. H. Dauben: J. Am. ceram. Soc. 34 (1951), S. 173/79.

[6] Honak, E. R.: Diss. Techn. Hochschule Graz 1951.

[7] Kieffer, R., F. Benesovsky u. E. R. Honak: Z. anorg. Chem. 268 (1952), S. 191/200.

[8] Glaser, F. W.: J. Metals 4 (1952), S. 391/96.

oder Silizium reduziert werden und daß sich die intermediär gebildeten Metalle mit dem freiwerdenden Bor zu Boriden umsetzen. In analoger Weise kann auch Magnesium als Reduktionsmittel benützt werden.

So kann Chromborid durch Umsetzung von Cr_2O_3 mit B_2O_3 und Al hergestellt werden[1-3]. Auch die Herstellung von Wolframborid aus WO_3, B_2O_3 und Al in Gegenwart von S wird beschrieben[4]. Die Thermit-Verfahren erlauben die rasche Herstellung von größeren Mengen von Boriden, es ist aber schwierig und zeitraubend, durch chemische Isolierung die gebildeten Boridkriställchen von den Begleitstoffen zu trennen, so daß man praktisch meist mehr oder weniger unreine Produkte erhält.

Auch bei der Umsetzung von Metalloxyden mit einem Überschuß von B_2O_3 und Kohlenstoff in einem Graphittiegel bei Temperaturen von etwa 2000° nach der von P. M. McKenna[5] angegebenen Methode erhält man Boride, die allerdings karbidhaltig sind. Auf diese Weise wurden Titan-, Zirkon-, Vanadin-, Tantal- und Niobboride von P. M. McKenna[5] sowie von J. T. Norton und Mitarbeitern[6] hergestellt.

4. Umsetzung des Metalles, Hydrides, Oxydes oder Karbides mit Borkarbid

Durch Umsetzung von Metallpulvern des Molybdäns, Wolframs, Titans, Zirkons u. a. oder deren Oxyde mit Borkarbid[7] bei Temperaturen von etwa 2000° in Kohlerohrkurzschluß- oder Drucksinteröfen kann man ebenfalls Boride erzeugen, welche allerdings meist durch Karbide verunreinigt sind. Durch Zugabe von B_2O_3 kann der Karbidgehalt stark herabgesetzt werden[8-10]. Von J. A. Nelson und Mitarbeitern[11] sowie von H. M. Greenhouse und Mitarbeitern[12] wurde

---

[1] Wedekind, E. u. K. Fetzer: Ber. d. chem. Ges. **40** (1907), S. 297/301.

[2] Sindeband, S. J.: Trans. AIME **185** (1949), S. 198/202.

[3] Cole, N. W. u. W. H. Edmonds: A.P. 2 088 838 (1937).

[4] Halla, F. u. W. Thury: Z. anorg. allg. Chem. **249** (1942), S. 229.

[5] McKenna, P. M.: Ind. Eng. Chem. **28** (1936), S. 767/72.

[6] Norton, J. T., H. Blumenthal u. S. J. Sindeband: Trans. AIME **185** (1949), S. 749/51.

[7] Ö.P. 162 373 (1943).

[8] Honak, E.: Diss. Techn. Hochsch. Graz 1951.

[9] Kieffer, R., F. Benesovsky und E. R. Honak: Z. anorg. allg. Chem. **268** (1952), S. 191/200.

[10] Schedler, W.: Diss. Techn. Hochsch. Graz 1952.

[11] Nelson, J. A., T. A. Willmore und R. C. Womeldorph: J. Electrochem. Soc. **98** (1951), S. 465/73.

[12] Greenhouse, H. M., O. E. Accountius u. H. H. Sisler: J. Am. chem. Soc. **73** (1951), S. 5086/87.

Titanborid durch Umsetzung von TiC mit Borkarbid hergestellt. Bei der Untersuchung von Dreistoffsystemen der Übergangsmetalle der 4. bis 6. Gruppe des Periodensystems mit Bor und Kohlenstoff hat F. W. Glaser[1] die Hydride und die Karbide der betreffenden Metalle mit Borkarbid durch Heißpressen umgesetzt und dabei die entsprechenden Diboride neben anderen Boridphasen und Graphit erhalten.

5. Abscheidung durch Schmelzelektrolyse von Salzgemischen

Bei der Schmelzelektrolyse von Alkali- und Erdalkaliboraten scheidet sich unter gewissen Bedingungen an der Kathode elementares Bor ab. Ist gleichzeitig im Bad ein freies Metall zugegen, dann bildet dieses mit dem Bor Metallboride.

L. Andrieux und G. Weiss[2,3] haben in ihren grundlegenden Arbeiten über die Schmelzelektrolyse von Borat-Metalloxydbädern eingehend die Bildung von Metallboriden studiert. Bei der Elektrolyse von Borax bzw. anderen Alkali- und Erdalkaliboraten in einem Graphittiegel bei 900° scheidet sich an der Kathode ein Produkt ab, welches bis zu 85% elementares Bor enthält. Bei der Elektrolyse reduziert nämlich das intermediär entstehende Natrium bzw. Erdkalimetall das Borsäureanhydrid nach der Gleichung:

$$2\,B_2O_3 + 3\,Na \rightleftharpoons 3\,NaBO_2 + B$$

Alkali- und Erdalkalifluoride, die gleichzeitig im Bad anwesend sind, erleichtern die Abscheidung wesentlich.

Sind in der Schmelze gleichzeitig Metalloxyde der hier interessierenden Metalle der 4., 5. und 6. Gruppe des Periodensystems gelöst, dann werden diese gleichfalls reduziert. Die freiwerdenden Metalle reagieren mit Bor und die entsprechenden Metallboride werden abgeschieden. Zwecks Herstellung von Titan-, Zirkon-, Vanadin-, Niob-, Tantal- und Chromboriden werden daher Schmelzen, welche Borsäureanhydrid, Magnesium-, Kalzium- oder Lithiumoxyd, Magnesium-, Kalzium- oder Lithiumfluorid und TiO_2, ZrO_2, V_2O_5, Nb_2O_5, Ta_2O_5 oder Cr_2O_3 enthalten, bei Temperaturen von etwa 1000° unter Verwendung einer Graphitkathode und eines Graphit-

---

[1] Glaser, F. W.: J. Metals **4** (1952), S. 391/96.

[2] Andrieux, L.: Diss. Univ. Paris 1929, Ann. Chim. (10) **12** (1929), S. 423/507; Rev. Mét. **45** (1948), S. 49/59; Compt. rend. **189** (1929), S. 1279/81; s. a. Andrieux, J. L. in P. Lebeau: Les hautes températures et leurs utilisation en chimie, Masson, Paris 1950, Bd. 1, S. 375/446.

[3] Weiss, G.: Diss. Univ. Grenoble 1946. Ann. Chim. 1 (1946), S. 446/525; Andrieux, L. u. G. Weiss: Bull. Soc. Chim. France **15** (1948), S. 598/601.

tiegels bei etwa 5 V und 20 A umgesetzt. Bei der Schmelzelektrolyse scheiden sich die Boride an der Kathode in Form gut ausgebildeter feinkristalliner Agglomerate ab.

Bei der Herstellung von Molybdän- und Wolframborid enthält das Bad nach G. Weiss[1] nur Borax und NaF neben MoO_3 oder WO_3. Die Zusammensetzung des Bades, insbesondere der Gehalt an Metalloxyden, hat bei der Abscheidung von Molybdän- und Wolframborid einen Einfluß auf die Zusammensetzung des Abscheidungsproduktes, so daß man in diesem Falle Boride verschiedener chemischer Formeln erhalten kann.

Einzelheiten über dieses sehr interessante Verfahren zur Herstellung von reinen Boriden sind bei den Einzelboriden zu finden.

6. Abscheidung aus der Gasphase (Aufwachsverfahren)

In Analogie zur Herstellung von Karbiden und Nitriden durch Zersetzung von Metallhalogenverbindungen an glühenden Wolframfäden in Gegenwart von kohlenstoffabgebenden Stoffen oder Stickstoff kann man auch Boride aus entsprechend zusammengesetzten Dampfgemischen nach dem Aufwachsverfahren herstellen. Als borabgebende Komponenten wird dem Dampfgemischen nach K. Moers[2] Bortribromid neben Wasserstoff beigemengt. Die Abscheidung erfolgt also z. B. nach dem Reaktionsschema:

$$HfCl_4 + BBr_3 + H_2 \rightarrow HfB_2 + HCl + HBr$$

Die Abscheidung von Titan-, Zirkon-, Hafnium- und Vanadinborid gelingt unter den in Zahlentafel 57 angegebenen Bedingungen. Die Abscheidung von reinem Tantal- und Wolframborid gelingt nicht ohne weiteres, weil sich neben dem Borid stets auch Metall niederschlägt. Die Boridüberzüge sind feinkristallin. Die Abscheidung einkristalliner Schichten gelingt nicht.

Im Rahmen eingehender Untersuchungen zur Auffindung hochwarm- und zunderfester Schichten haben I. E. Campbell und Mitarbeiter[3] auch Boridschichten der Metalle der 4. und 5. Gruppe des periodischen Systems in einer Apparatur gemäß Abb. 14 abgeschieden. Es wurde dabei BCl_3 als borabgebender Stoff benutzt und Abscheidungsbedingungen gemäß Zahlentafel 58 gewählt. Boridschichten von Tantal, Chrom, Wolfram und Molybdän wurden durch

---

[1] Weiss, G.: Diss. Univ. Grenoble 1946, Ann. Chim. 1 (1946), S. 446/525; Andrieux, L. u. G. Weiss: Bull. Soc. Chim. France 15 (1948), S. 598/601.

[2] Moers, K.: Z. anorg. allg. Chem. 198 (1931), S. 243/61.

[3] Campbell, I. E., C. F. Powell, D. H. Nowicki u. B. W. Gonser: J. Electrochem. Soc. 96 (1949), S. 318/33.

Umsetzung der zuerst abgeschiedenen metallischen Aufwachsschichten mit BCl_3 in Gegenwart von Wasserstoff erzeugt.

In diesem Zusammenhang ist zu erwähnen, daß schon A. Binet du Jassonneix[1] Chromborid durch Überleiten von Borchlorid-Wasserstoff-Gemischen über feinverteiltes metallisches Chrom erzeugt hat.

Zahlentafel 57. *Abscheidungsbedingungen für verschiedene Boride nach dem Aufwachsverfahren* (K. Moers)

| Borid* | Günstigste Fadentemperatur °K | Ausgangsmaterial für | | | |
		Metallkomponente	Einstelltemperatur °C	andere Komponente	Einstelltemperatur °C
Titanborid	1400 b. 1600	$TiCl_4$	+ 20		
Zirkonborid	2000 b. 2800	$ZrCl_4$	300 b. 350		
Hafniumborid ...	2200 b. 3000	$HfCl_4$	300 b. 350	BBr_3	20
Vanadinborid	1200 b. 1600	VCl_4	+ 20		
Tantalborid (Wolframborid) .	(1600 b. 2000)	$TaCl_5$	(250 b. 350)		

* Verhältnis M : B unbekannt, wahrscheinlich MB_2-Phasen

Zahlentafel 58. *Abscheidungsbedingungen für verschiedene Boride nach dem Aufwachsverfahren* (I. E. Campbell, C. F. Powell, D. H. Nowicki u. B. W. Gonser)

Borid*	Abscheidungsreaktion	Abscheidungstemperatur** °C
Titanborid	$TiCl_4 + BCl_3 + H_2 \rightarrow$ Titanborid + HCl	1000 bis 1300
Zirkonborid	$ZrCl_4 + BCl_3 + H_2 \rightarrow$ Zirkonborid + HCl	1700 bis 2500
Hafniumborid	$HfCl_4 + BCl_3 + H_2 \rightarrow$ Hafniumborid + HCl	1900 bis 2700
Vanadinborid	$VCl_4 + BCl_3 + H_2 \rightarrow$ Vanadinborid + HCl	900 bis 1300
Tantalborid	$Ta + BCl_3 + H_2 \rightarrow$ Tantalborid + HCl	1800 bis 2000
Chromborid	$Cr + BCl_3 + H_2 \rightarrow$ Chromborid + HCl	1200 bis 1600
Molybdänborid........	$Mo + BCl_3 + H_2 \rightarrow$ Molybdänborid + HCl	1800 bis 2000
Wolframborid.........	$W + BCl_3 + H_2 \rightarrow$ Wolframborid + HCl	1800 bis 2000

* Verhältnis M : B unbekannt, wahrscheinlich hauptsächlich MB_2-Phasen
** Bei Atmosphärendruck.

---

[1] Binet du Jassonneix, A.: Compt. rend. **143** (1906), S. 897/991, 1149/51.

7. Reinigung der Boride und Herstellung von Sinterkörpern

Um zu kompakten Körpern aus reinen Boriden zu gelangen, wendet man, wie bei den Karbiden und Nitriden beschrieben, das Sinterverfahren an (s. S. 56). Die pulverförmigen, möglichst reinen Boride werden mit einem Preßdruck von etwa 2 t/cm^2 zu Stäben gepreßt und diese zunächst bei Temperaturen bis 2500° im Vakuum-Kohlerohrkurzschlußofen vorgesintert[1]. Zwecks Erzielung dichter Körper werden die Vorsinterstäbe zerkleinert und unter Zusatz von noch nicht gesintertem Borid wieder verpreßt und gesintert. Die hinreichend dichten und festen Vorsinterstäbe werden nun in einer Apparatur gemäß Abb. 16, S. 57, im direkten Stromdurchgang im Vakuum auf so hohe Temperatur erhitzt, daß die oxydischen, metallischen und anderen Verunreinigungen verdampfen.

Zur Herstellung von Sinterkörpern aus Boriden ist auch das Heißpreßverfahren (s. S. 58) anwendbar[2-6], wobei man mit Vorteil geringe Mengen von Metallen der Eisengruppe zusetzt, die durch eine nachfolgende Hochtemperatur-Vakuumbehandlung wieder verdampft werden können.

B. Die Einzelboride

1. Titanborid

a) Herstellung

H. Moissan[7] fand, daß bei der Darstellung von Titan im elektrischen Lichtbogen sich in Gegenwart von Silizium und Bor metallische Kristallisationsprodukte bilden, welche außerordentlich hart sind.

Bei der Umsetzung von Titan mit Bor im elektrischen Vakuum-Lichtbogenofen fanden E. Wedekind und M. Koestlein[8] metal-

---

[1] Agte, C. u. K. Moers: Z. anorgan. allgem. Chem. **198** (1931), S. 233/43.

[2] Glaser, F. W.: Powder Met. Bull. **6** (1951), S. 51/54.

[3] Glaser, F. W.: J. Metals **4** (1952), S. 391/96.

[4] Honak, E. R.: Diss. Techn. Hochschule Graz 1951.

[5] Kieffer, R., F. Benesovsky und E. R. Honak: Z. anorg. allg. Chem. **268** (1952), S. 191/200.

[6] Schedler, W.: Diss. Techn. Hochschule Graz 1952.

[7] Moissan, H.: Compt. rend. **120** (1895), S. 290/96.

[8] Wedekind, E. u. M. Koestlein: Ber. d. chem. Ges. **46** (1913), S. 1207.

lische Kügelchen, welche den elektrischen Strom leiten und als Titanboride aufgefaßt wurden.

In einer sehr eingehenden und grundsätzlichen Arbeit hat L. Andrieux[1] die Abscheidung von Metallboriden, darunter auch Titanborid, durch Schmelzflußelektrolyse beschrieben. Aus einem Bad, welches $\frac{1}{2}\,TiO_2 + 2\,B_2O_3 + MgO + MgF_2$ oder als Flußmittel $CaO + CaF_2$ enthält, kann man bei etwa 1000° metallische Kriställchen in Form hexagonaler Lamellen abscheiden, welche 30,8 bis 31,2% B und 68,5 bis 69,1% Ti enthalten und welche der chemischen Formel TiB_2 entsprechen (theoretisch 31,12% B). Die Andrieuxsche Methode wurde auch von J. T. Norton und Mitarbeitern[2] zur Herstellung von reinem TiB_2 für Gitteruntersuchungen benützt.

Die Abscheidung von Titanborid an glühenden Wolframfäden aus Dampfgemischen von $TiCl_4$, BBr_3 und Wasserstoff erfolgt nach K. Moers[3] bei 1400 bis 1600° K nicht so rasch wie die von Zirkon- und Hafniumborid. Der dunkelgraue Überzug unbestimmter Zusammensetzung ist feinkristallin. I. E. Campbell und Mitarbeiter[4] scheiden Schichten von Titanborid aus $TiCl_4$ und BCl_3-Dampfgemischen in Gegenwart von Wasserstoff bei 1000 bis 1300° ab.

P. Ehrlich[5] hat für seine Untersuchungen im System Titan-Bor Präparate mit bis 66 Atom-% B (1 Ti : 2 B) durch Umsetzung von reinstem Titan (99,9% Ti) mit reinstem gepulvertem Bor bei Temperaturen von 1900 bis 2000° im Hochvakuum erzeugt. Die Gemische reagierten sehr heftig, wenn nicht besonders vorsichtig angeheizt wurde. Zwischenprodukte kann man durch Umsetzung von Ti mit TiB bzw. TiB_2 und längeres Homogenisieren im Hochvakuum bei Temperaturen bis 2300° erzeugen. Die Sinterung von Titan-Borpulvermischungen zwecks Herstellung von TiB_2 nahmen L. Brewer und Mitarbeiter[6] unter Argon in Molybdäntiegeln vor. Bei der Umsetzung von W_2B mit Ti entsteht nach diesen Autoren weder TiB_2 noch eine feste Lösung von B in Ti, sondern vielleicht eine ternäre Ti-W-B-Phase.

---

[1] Andrieux, L.: Diss. Paris 1929, Ann. Chim. (10) 12 (1929), S. 423/507. Rev. Mét. 45 (1948), S. 49/59.

[2] Norton, J. T., H. Blumenthal u. S. J. Sindeband: Trans. AIME 185 (1949), S. 749/52.

[3] Moers, K.: Z. anorg. allg. Chem. 198 (1931), S. 243/61.

[4] Campbell, I. E., C. F. Powell, D. H. Nowicki u. B. W. Gonser: J. Electrochem. Soc. 96 (1949), S. 318/33.

[5] Ehrlich, P.: Z. anorg. allg. Chem. 259 (1949), S. 1/41.

[6] Brewer L., D. L. Sawyer, D. H. Templeton u. C. H. Dauben: J. Am. ceram. Soc. 34 (1951), S. 173/79.

P. P. Alexander[1] deutete darauf hin, daß man sehr reines Titanborid aus Titanhydrid und Bor unter dem dabei entstehenden nascierenden Wasserstoff herstellen kann. Dieses Verfahren wurde auch von F. W. Glaser[2] zur Herstellung von Titanboriden benutzt.

Titanborid der Formel TiB_2 kann man auch nach der von P. M. McKenna[3] angegebenen Methode durch Umsetzung von TiO_2 mit B_2O_3 in Gegenwart von Kohle bei 2000° im hochfrequenzbeheizten Graphittiegel darstellen, eine Methode, die von J. T. Norton und Mitarbeiter[4] neben der Schmelzflußelektrolyse auch zur Herstellung von Titanborid-Präparaten benutzt wurde. Die Produkte enthielten 30,1% B und 68,9% Ti.

Zu praktisch kohlenstofffreien TiB_2-Präparaten gelangt man nach E. Honak[5,6] auch durch Umsetzung von TiO_2 mit Borkarbid gegebenenfalls unter Zusatz von B_2O_3.

TiB_2 tritt auf Grund neuerer Arbeiten [2,7,8] auch bei der Umsetzung von Titankarbid mit Borkarbid bzw. elementarem Bor auf.

b) Das System Titan-Bor

P. Ehrlich[9] hat auf Grund pyknometrischer und röntgenographischer Untersuchungen an sehr sorgfältig hergestellten Titan-Bor-Legierungen versucht, die Verhältnisse im System Titan-Bor zu klären.

Die Löslichkeit von Bor in Titan ist sehr gering. C. M. Craighead, O. W. Simmons und L. W. Eastwood[10] stellten an im Vakuumlichtbogen erschmolzenen Ti-B-Legierungen eine Löslichkeit kleiner als 0,1% B fest. H. R. Ogden und R. I. Jaffee[11] geben eine Löslichkeitsgrenze bei 0,4% B an. Aus dem Metallgitter bildet sich nach P. Ehrlich bereits bei der Zusammensetzung $TiB_{0,1}$ ohne

[1] Alexander, P. P.: Metals & Alloys **9** (1938) Juli, S. 179/81.

[2] Glaser, F. W.: J. Metals 4 (1952), S. 391/96.

[3] McKenna, P. M.: Ind. Eng. Chem. **28** (1936), S. 767/772.

[4] Norton, J. T., H. Blumenthal u. S. J. Sindeband: Trans. AIME **185** (1949), S. 749/52.

[5] Honak, E.: Diss. Techn. Hochsch. Graz 1951.

[6] Kieffer, R., F. Benesovsky und E. R. Honak: Z. anorg. allg. Chem. **268** (1952), S. 191/200.

[7] Nelson, J. A., T. A. Willmore u. R. C. Womeldorph: J. Electrochem. Soc. **98** (1951), S. 465/73.

[8] Greenhouse, H. M., O. E. Accountius u. H. H. Sisler: J. Am. chem. Soc. **73** (1951), S. 5086/87.

[9] Ehrlich, P.: Z. anorg. allg. Chem. **259** (1949), S. 1/41.

[10] Craighead, C. M., O. W. Simmons u. L. W. Eastwood: AIME Trans. **188** (1950), S. 485/513.

[11] Ogden, H. R. u. R. I. Jaffee: J. Metals **3** (1951), S. 335/36.

erkennbaren Phasensprung eine titanähnliche Überstruktur, deren Bereich bis $TiB_{0,8}$ reicht. Der Ordnungszustand dieser Überstrukturphase konnte nicht geklärt werden; sie besteht wahrscheinlich aus dem statistisch substituierten Metallgitter. H. R. Ogden und R. I. Jaffee[1] neigen zur Annahme einer Ti_2B-Phase. Die Gitterkonstanten des hexagonalen Titans ändern sich mit steigendem Borgehalt gemäß Abb. 94. Im Konzentrationsbereich um $TiB_{1,0}$ beobachtet man das Bild einer weiteren Phase, die zwar aus experimentellen Gründen nicht völlig frei von den benachbarten Phasen erhalten werden kann und deren Existenzbereich daher nicht genau abgegrenzt werden kann.

L. H. Andersson und R. Kiessling[2] nehmen auf Grund strukturmäßiger Überlegungen an, daß TiB nur bei hohen Temperaturen beständig sein kann und beim Abkühlen in α-Ti $+$ TiB_2 zerfällt. L. Brewer und Mitarbeiter[3] vermuteten, daß die kubische TiB-Phase ein Mischkristall TiN-TiO sei. Neuerdings konnten aber B. Post und F. W. Glaser[4,5] das TiB als kubisch flächenzentrierte Verbindung identifizieren.

Bei der Zusammensetzung $TiB_{2,0}$ und innerhalb eines nicht genau angebbaren Phasenbereiches besteht die Verbindung TiB_2 mit hexagonal einfachem Gitter.

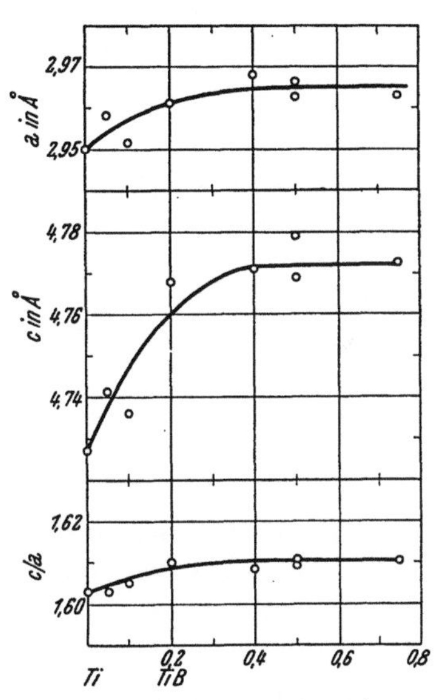

Abb. 94. Verlauf der Gitterkonstanten der Metallphase im System Ti-B (P. Ehrlich)

Beim Verhältnis 1 Ti : 3 B liegt nach P. Ehrlich ein Zweiphasengebiet vor, dessen Komponenten TiB_2 und eine noch borreichere, nicht näher untersuchte Verbindung sind. Der Phasenbereich kann dabei nicht genau abgegrenzt werden, da die Gitterkonstanten zwischen TiB_2 und TiB_3 sich praktisch nicht ändern.

J. T. Norton und Mitarbeiter[6] geben im System Titan-Bor nur die hexagonal einfach kristallisierende Verbindung TiB_2 (C 32-Typ,

[1] Ogden, H. R. u. R. I. Jaffee: J. Metals 3 (1951), S. 335/36.

[2] Andersson, L. H. u. R. Kiessling: Acta. Chem. Scand. 4 (1950), S. 160/64.

[3] Brewer, L., D. L. Sawyer, D. H. Templeton u. C. H. Dauben: J. Am. ceram. Soc. 34 (1951), S. 173/79.

[4] Post, B. u. F. W. Glaser: J. Chem. Phys. 20 (1952), S. 1050/51.

[5] Glaser, F. W.: J. Metals 4 (1952), S. 391/96.

[6] Norton, J. T., H. Blumenthal u. S. J. Sindeband: Trans. AIME 185 (1949), S. 749/52.

AlB_2-Struktur) an, bei welcher abwechselnd Schichten von Bor- und Titanatomen übereinander angeordnet sind.

Neuerdings beobachteten H. M. Greenhouse und Mitarbeiter[1] bei der Umsetzung von Titankarbid mit Borkarbid eine neue Phase, welche ein TiB_{12} sein könnte, das allerdings nicht mit AlB_{12} isotyp ist.

B. Post und F. W. Glaser[2,3] haben ferner röntgenographisch das tetragonale Ti_2B und das hexagonale Ti_2B_5 (isotyp mit W_2B_5) gefunden, so daß im System Ti-B nunmehr 4 Phasen als wahrscheinlich existierend angenommen werden können.

c) Eigenschaften*

Titanborid der chemischen Formel TiB_2 mit 31,12% B fällt meist als ein graues, metallisches Pulver an. Durch Schmelzflußelektrolyse erzeugt, sind es feine lamellare, hexagonale Kriställchen mit metallisch gelblichem Glanz.

TiB_2 wird von HCl und von HF nicht angegriffen. Leicht wird es von HNO_3-H_2O_2, H_2SO_4-HNO_3-Gemischen gelöst. H_2SO_4 reagiert in der Wärme. Von schmelzenden Alkalihydroxyden, -karbonaten und -bisulfaten wird es zerlegt. Mit Bleisuperoxyd und Natriumsuperoxyd ist die Reaktion sehr heftig[4].

TiB_2 hat hexagonale Kristallstruktur (C 32-Typ, AlB_2-Struktur). Die Gitterkonstanten betragen nach P. Ehrlich[5] a = 3,026 Å, c = 3,213 Å, daraus ergibt sich eine Röntgendichte von 4,53 g/cm³. Die pyknometrische Dichte beträgt 4,38 g/cm³. J. T. Norton und Mitarbeiter[6] und W. H. Zachariasen[7] geben ähnliche Gitterkonstantenwerte an. L. Andrieux[4] fand bei seinen Präparaten bei 15° eine Dichte von 4,40 g/cm³.

Das Borid TiB hat nach P. Ehrlich[5] kubische Kristallstruktur (Zinksulfidstruktur, B 3-Typ) mit einer Gitterkonstante von a = = 4,202 Å. Die röntgenographische Dichte beträgt 5,26 g/cm³, die pyknometrische Dichte 5,09 g/cm³. B. Post und F. W. Glaser[2,3] haben für TiB ein kubisch flächenzentriertes Gitter mit einer Gitter-

---

* Vgl. dazu auch die zusammenfassende Darstellung in „Gmelins-Handbuch der anorganischen Chemie", System Nr. 41, Titan, Verlag Chemie, Weinheim 1951, S. 354/57.

[1] Greenhouse, H. M., O. E. Accountius u. H. H. Sisler: J. Am. chem. Soc. **73** (1951), S. 5086/87.

[2] Glaser, F. W.: J. Metals **4** (1952), S. 391/96.

[3] Post, B. u. F. W. Glaser: J. Chem. Phys. **20** (1952), S. 1050/51.

[4] Andrieux, L.: Diss. Paris 1929, Rev. Mét. **45** (1948), S. 49/59.

[5] Ehrlich, P.: Z. anorg. allg. Chem. **259** (1949), S. 1/41.

[6] Norton, J. T., H. Blumenthal u. S. J. Sindeband: Trans. AIME **185** (1949), S. 749/52.

[7] Zachariasen, W. H.: Acta Cryst. **2** (1949), S. 94.

konstanten von 4,24 Å bestimmt. Dem Ti_2B_5 schreiben sie hexagonales Gitter (isotyp mit W_2B_5) mit Gitterkonstanten von a = 2,98 Å, c = 13,98 Å und dem Ti_2B tetragonales Gitter mit den Gitterkonstanten a = 6,11 Å, c = 4,56 Å zu.

TiB_2 ritzt nach L. Andrieux[1] Korund und Karborundum. Die Härte muß daher nach Mohs größer als 9 sein. Die Mikrohärte beträgt 3400 kg/mm² (50 g Belastung)[2,3].

Der Schmelzpunkt von TiB_2 wurde zu 2900 ± 80° bestimmt[2,3]. Die Wärmeleitfähigkeit wird von J. T. Norton und Mitarbeitern[4] mit 0,0624 cal./cm · ° C · sec angegeben.

Der elektrische Widerstand von TiB_2 wird von K. Moers[5] bei 20° mit 15,2 Mikroohm · cm, bei der Temperatur der flüssigen Luft mit 3,7 Mikroohm · cm angegeben. Nach J. T. Norton und Mitarbeitern[4] hat ein Sinterstab mit 85% Raumerfüllung einen Widerstand von 28,3 Mikroohm. Bis 1,26° K wird TiB_2 nicht supraleitend[6].

TiB hat nach F. W. Glaser[7] einen Widerstand von etwa 40 Mikroohm · cm.

2. Zirkonborid

a) Herstellung

Durch Sintern und Schmelzen eines Gemisches von Zirkon und Bor haben S. A. Tucker und H. R. Moody[8] ein Zirkonborid der Zusammensetzung Zr_3B_4 mit 13,66% B erzeugt. E. Wedekind[9] hat ein Produkt im Hochvakuum gesintert und hierauf im Lichtbogenofen erschmolzen, welches 12,3 bis 12,5% B enthielt, dessen Einheitlichkeit allerdings nicht überprüft wurde, so daß die Formel Zr_3B_4 nicht erwiesen ist.

Nach L. Andrieux[10] gelingt es durch Schmelzflußelektrolyse von Salzgemischen, die $^1/_4$ ZrO_2 + 2 B_2O_3 + MgO + MgF_2 bzw. CaO + + CaF_2 oder Li_2O + LiF enthalten, bei Temperaturen von 990 bis

[1] Andrieux, L.: Diss. Paris 1929, Rev. Mét. 45 (1948), S. 49/59.

[2] Honak, E. R.: Diss. Techn. Hochschule Graz 1951.

[3] Kieffer, R., F. Benesovsky u. E. R. Honak: Z. anorg. allg. Chem. 268 (1952), S. 191/200.

[4] Norton, J. T., H. Blumenthal u. S. J. Sindeband: Trans. AIME 185 (1949), S. 749/52.

[5] Moers, K.: Z. anorg. allg. Chem. 198 (1931), S. 262/75.

[6] Meissner, W., H. Franz u. H. Westerhoff: Z. Physik 75 (1932), S. 521/30.

[7] Glaser, F. W.: J. Metals 4 (1952), S. 391/96.

[8] Tucker, S. A. u. H. R. Moody: Proc. chem. Soc. 17 (1901), S. 129/30.

[9] Wedekind, E.: Ber. d. chem. Ges. 35 (1902), S. 3929/32, 46 (1913), S. 1198/1207.

[10] Andrieux, L.: Diss. Univ. Paris 1929, Ann. Chim. (10) 12 (1929), S. 423/507. Rev. Mét. 45 (1948), S. 49/59.

1050° metallische Kriställchen von Zirkonborid mit 13,4 bis 13,8% B und 85,8 bis 86,3% Zr abzuscheiden, welche demnach der Formel Zr_3B_4 entsprechen (theoretisch 13,66% B). J. T. Norton und Mitarbeiter[1] haben nach der Andrieuxschen Methode ein Borid der Zusammensetzung ZrB_2 abgeschieden (theoretisch 19,4% B).

Durch Sintern von Zr-B-Gemischen im Wolframrohrofen bei 1800 bis 2000° hat C. Agte[2] Boride der Zusammensetzung ZrB und ZrB_2 erhalten.

Bei Fadentemperaturen von 2000 bis 2800° K kann man nach K. Moers[3] aus $ZrCl_4$-BBr_3-Dampfgemischen in Gegenwart von stickstofffreiem Wasserstoff sehr feinkristalline, aus eisengrauen Würfeln bestehende Schichten von Zirkonborid abscheiden. Eine chemische Analyse des Abscheidungsproduktes wurde nicht durchgeführt, so daß nicht entschieden werden konnte, welche Formel dem Zirkonborid zukam. Röntgenographisch konnte aber eine von Zr und B deutlich verschiedene Kristallphase nachgewiesen werden. Auch die starke Zunahme der elektrischen Leitfähigkeit ist ein Zeichen für die Bildung einer Borverbindung.

I. E. Campbell und Mitarbeiter[4] haben ebenfalls Zirkonboridschichten aus $ZrCl_4$-BCl_3-Dampfgemischen in Gegenwart von Wasserstoff bei 1700 bis 2500° niedergeschlagen.

P. M. McKenna[5] erzeugte ein Zirkonborid durch Umsetzung von ZrO_2 mit einem Überschuß von B_2O_3 in Gegenwart von Kohlenstoff in einem hochfrequenzbeheizten Graphittiegel bei etwa 2000°. Das erhaltene Produkt enthielt 78,55% Zr, 18,15% B, 1,89% C und Si. Durch nochmaliges Erhitzen mit B_2O_3 im elektrischen Vakuumofen auf 1530° ergab sich ein Produkt mit nur 1,09% C, welches wahrscheinlich der Formel ZrB_2 entspricht (theoretisch 19,2% B, 80,8% Zr). Auf die gleiche Weise erhielten J. T. Norton[1] und Mitarbeiter ein reines ZrB_2 mit 80,0% Zr und 18,9% B.

R. Kiessling[6] hat für seine Untersuchungen im System Zirkon-Bor reinstes Zirkon (99%) mit reinstem Bor im hochfrequenzbeheizten Ofen zusammengeschmolzen. L. Brewer und Mitarbeiter[7]

---

[1] Norton, J. T., H. Blumenthal u. S. J. Sindeband: Trans. AIME **185** (1949), S. 749/51.

[2] Agte, C.: Diss. Techn. Hochsch. Berlin 1931.

[3] Moers, K.: Z. anorg. allg. Chem. **198** (1931), S. 243/61.

[4] Campbell, I. E., C. F. Powell, D. H. Nowicki u. B. W. Gonser: J. Electrochem. Soc. **96** (1949), S. 318/33.

[5] McKenna, P. M.: Ind. Eng. Chem. **28** (1936), S. 767/72.

[6] Kiessling, R.: Acta Chem. Scand. **3** (1949), S. 90/91.

[7] Brewer, L., D. L. Sawyer, D. H. Templeton u. C. H. Dauben: J. Am. ceram. Soc. **34** (1951), S. 173/79.

stellten ZrB_2 durch Sintern der Pulvermischung bei 1600° unter Argon her. Auch bei der Umsetzung von W_2B mit Zr erhält man ZrB_2.

Bei der Umsetzung entsprechender Mischungen von metallischem Zirkon mit Borkarbid und B_2O_3 erhielt E. R. Honak[1,2] kohlenstoffarmes Zirkondiborid. W. Schedler[3] stellte ZrB_2 nach dem Borkarbidverfahren unter Verwendung von ZrO_2 als Ausgangsmaterial her.

Beim Heißpressen von Mischungen aus Zirkonhydrid und Bor konnte F. W. Glaser[4] im Endprodukt ZrB, ZrB_2 und ZrB_{12} nachweisen, während beim Heißpressen von Mischungen aus Zirkonkarbid und Bor bzw. Borkarbid ausschließlich das Diborid gebildet wurde.

b) Das System Zirkon-Bor

Auf Grund der röntgenographischen Untersuchungen hat R. Kiessling[5] die Verhältnisse im System Zr-B teilweise geklärt. α-Zirkon löst bis 1 Atom-% B, wobei die Gitterkonstante von a = = 3,229 Å, c = 5,139 Å auf a = 3,249 Å, c = 5,203 Å ansteigt. Geringe Borgehalte steigern außerordentlich die Härte von Zirkon.

Als einzige intermediäre Phase wurde ZrB_2 mit engem Homogenitätsbereich gefunden. Die Struktur ist einfach hexagonal (C 32-Typ, AlB_2-Struktur) mit einem Molekül in der Elementarzelle. Schichten von hexagonal gepacktem Bor wechseln mit hexagonal dichten Schichten von Zirkonatomen ab. ZrB_2 ist isotyp mit den anderen Diboriden der Metalle der 4. und 5. Gruppe des periodischen Systems. J. T. Norton und Mitarbeiter[6] und L. Brewer und Mitarbeiter[7] haben die Struktur des ZrB_2 bestätigt.

Neuerdings haben allerdings B. Post und F. W. Glaser[4,8,9] unter speziellen Arbeitsbedingungen ein Borid ZrB_{12} gefunden, welches isotyp mit UB_{12} ist. Ferner existiere auch ein kubisch flächenzentriertes Borid ZrB, welches sich über 1200° zersetze.

---

[1] Honak, E. R.: Diss. Techn. Hochschule Graz 1951.

[2] Kieffer, R., F. Benesovsky u. E. R. Honak: Z. anorg. allg. Chem. 268 (1952), S. 191/200.

[3] Schedler, W.: Diss. Techn. Hochschule Graz 1952.

[4] Glaser, F. W.: J. Metals 4 (1952), S. 391/96.

[5] Kiessling, R.: Acta Chem. Scand. 3 (1949), S. 90/91.

[6] Norton, J. T., H. Blumenthal u. S. J. Sindeband: Trans. AIME 185 (1949), S. 749/51.

[7] Brewer, L., D. L. Sawyer, D. H. Templeton u. C. H. Dauben: J. Am. ceram. Soc. 34 (1951), S. 173/79.

[8] Post, B. u. F. W. Glaser: J. Chem. Phys. 20 (1952), S. 1050/51.

[9] Post, B. u. F. W. Glaser: J. Metals 4 (1952), S. 631/32.

c) Eigenschaften

Zirkonborid der Formel ZrB_2 mit 19,18% B fällt meist als ein feinkristallines, metallisch graues Pulver an. Von HCl wird es wenig angegriffen, rascher wird es von HNO_3, von Königswasser und H_2SO_4-HNO_3-Gemischen gelöst. Es reagiert in der Wärme mit H_2SO_4. Geschmolzene Alkalihydroxyde, -karbonate und -bisulfate greifen es leicht an. Mit Bleisuperoxyd und Natriumsuperoxyd reagiert es heftig.

ZrB_2 hat einfach hexagonales Gitter[1-3]. Die Gitterkonstante beträgt a = 3,169 Å, c = 3,530 Å. Die Dichte wurde von verschiedenen Autoren[1,3,4] bestimmt; sie ist 6,17 g/cm³.

Das von B. Post und F. W. Glaser[5,6,7] gefundene ZrB_{12} ist kubisch flächenzentriert und isotyp mit UB_{12}. Die Gitterkonstante beträgt 7,408 Å, die Dichte 3,7 g/cm³ (theoretisch 3,63 g/cm³). ZrB hat kubisch flächenzentriertes Gitter (B 1-Typ) mit einer Gitterkonstanten von 4,68 Å.

Die Härte von ZrB_2 wird von L. Andrieux[4] mit 8 nach Mohs angegeben. Die Mikrohärte beträgt 2200 kg/mm² (50 g Belastung)[8,9].

ZrB_{12} hat eine Härte von 92,5 R_A[6].

Der Schmelzpunkt von ZrB_2 beträgt nach C. Agte[10] 2990 $\pm$ 50°, die Wärmeleitfähigkeit nach J. T. Norton und Mitarbeitern[3] 0,0550 cal/cm · ° C · sec. ZrB_{12} hat eine Wärmeleitfähigkeit von 0,029 cal/cm · ° C · sec.[6].

Der spezifische elektrische Widerstand von ZrB_2 ist nach K. Moers[11] bei 20°, 9,2 Mikroohm · cm, bei der Temperatur der flüssigen Luft 1,8 Mikroohm · cm. Zirkonborid ist demnach bei tiefen Temperaturen sehr gut leitend und hat einen Widerstand, der etwa jenem von Kupfer bei Zimmertemperatur entspricht. J. T. Norton und Mitarbeiter[3] geben an einem Sinterstab mit 85% Raumerfüllung einen Widerstand von 38,8 Mikroohm · cm an. Er ist nach neuen Unter-

[1] McKenna, P. M.: Ind. Eng. Chem. **28** (1936), S. 767/72.

[2] Kiessling, R.: Acta Chem. Scand. **3** (1949), S. 90/91.

[3] Norton, J. T., H. Blumenthal u. S. J. Sindeband: Trans. AIME **185** (1949), S. 749/51.

[4] Andrieux, L.: Diss. Univ. Paris 1929, Rev. Mét. **45** (1948), S. 49/59.

[5] Glaser, F. W.: J. Metals **4** (1952), S. 391/96.

[6] Post, B. u. F. W. Glaser: J. Metals **4** (1952), S. 631/32.

[7] Post, B. u. F. W. Glaser: J. Chem. Phys. **20** (1952), S. 1050/51.

[8] Honak, E. R.: Diss. Techn. Hochschule Graz 1951.

[9] Kieffer, R., F. Benesovsky u. E. R. Honak: Z. anorg. allg. Chem. **268** (1952), S. 191/200.

[10] Agte, C.: Diss. Techn. Hochsch. Berlin 1931.

[11] Moers, K.: Z. anorg. allg. Chem. **198** (1931), S. 262/75.

suchungen von F. W. Glaser[1] stark abhängig von der Sintertemperatur und -zeit. Bei einer Heißpreßtemperatur von 2865° und einer Preßdauer von 180 sec erhielt man sehr dichte Körper, welche einen Widerstand von etwa 9 bis 11 Mikroohm · cm hatten.

Bei 2,8 bis 3,2° K soll Zirkondiborid supraleitend werden[2]; neuere Untersuchungen ergaben aber bis 1,61° K keine Supraleitung[3].

ZrB_{12} hat einen Widerstand von etwa 60 Mikroohm · cm[4].

Das Emissionsvermögen von ZrB_2 wurde von D. L. Goldwater, R. E. Haddad und F. H. Morgan[5, 6] untersucht.

3. Hafniumborid

a) Herstellung

Hafniumborid unbestimmter Zusammensetzung kann man nach K. Moers[7] ähnlich wie Zirkonborid aus $HfCl_4$-BBr_3-Dampfgemischen bei Gegenwart von stickstofffreiem Wasserstoff bei 2200 bis 3000° K in einkristalliner Form abscheiden. I. E. Campbell und Mitarbeiter[8] geben für die Abscheidung von Hafniumboridschichten aus $HfCl_4$-BCl_3-Dampfgemischen in Gegenwart von Wasserstoff Abscheidungstemperaturen von 1900 bis 2700° an.

Ohne Zweifel kann man Hafniumborid auch nach dem Verfahren von P. M. McKenna[9] durch Umsetzung von HfO_2 mit B_2O_3 und Kohle, oder durch direkte Umsetzung von Hf mit B, sowie durch Schmelzflußelektrolyse entsprechender Bäder nach L. Andrieux[10] herstellen. Bisher sind aber von Hafniumborid, dem wahrscheinlich die Formel HfB_2 zukommen dürfte und welches isotyp mit den anderen Diboriden der Metalle der 4. und 5. Gruppe des periodischen Systems sein dürfte, keine Einzelheiten bekannt geworden.

---

[1] Glaser, F. W.: Powder Met. Bull. **6** (1951), S. 51/54.

[2] Meissner, W., H. Franz u. H. Westerhoff: Z. Physik **75** (1932), S. 521/30.

[3] Unveröffentlichte Versuche Westinghouse El. Co. 1951.

[4] Post, B. u. F. W. Glaser: J. Metals **4** (1952), S. 631/32.

[5] Goldwater, D. L. u. R. E. Haddad: J. Appl. Phys. **22** (1951), S. 70/73.

[6] Morgan, F. H.: J. Appl. Phys. **22** (1951), S. 108/09.

[7] Moers, K.: Z. anorg. allg. Chem. **198** (1931), S. 243/61.

[8] Campbell, I. E., C. F. Powell, D. H. Nowicki u. B. W. Gonser: J. Electrochem. Soc. **96** (1949), S. 318/33.

[9] McKenna, P. M.: Ind. Eng. Chem. **28** (1936), S. 767/72.

[10] Andrieux, L.: Diss. Univ. Paris 1929, Rev. Mét. **45** (1948), S. 49/59.

b) Eigenschaften

Hafniumborid hat nach K. Moers[1] metallischen Charakter, einen Schmelzpunkt von etwa 3060°. Der elektrische Widerstand bei 20° beträgt 10 Mikroohm · cm. Bis 1,26° K wird Hafniumborid nicht supraleitend[2].

4. Vanadinborid

a) Herstellung

E. Wedekind und C. Horst[3] haben pulverförmiges Vanadin und Bor im Hochvakuum zusammengesintert und hierauf im Lichtbogen geschmolzen. Die erhaltenen Kügelchen enthielten 17,48% B, was der Formel VB entsprechen würde. Die Einheitlichkeit des Produktes wurde aber nicht bewiesen.

In seiner grundlegenden Arbeit beschreibt auch L. Andrieux[4] die Herstellung eines Vanadinborides durch Schmelzflußelektrolyse eines Salzgemisches von $\frac{1}{3} V_2O_5 + 2 B_2O_3 + MgO + MgF_2$ bzw. $CaO + CaF_2$ oder $Li_2O + LiF$ als Flußmittel bei 910 bis 1050°. Die erhaltenen nadelförmigen, metallisch glänzenden, stahlgrauen Kriställchen haben eine Zusammensetzung von 29,4 bis 30,2% B, 69,6 bis 70,0% V, entsprechen also der Formel VB_2 (theoretisch 29,8% B).

Die Abscheidung von Vanadinborid aus VCl_4-BBr_3-Dampfgemischen erfolgt unter Gegenwart von stickstofffreiem Wasserstoff nach K. Moers[5] schon bei 1200 bis 1600° K. Sie kommt bei höheren Temperaturen bald zum Stillstand, kann aber nach Abkühlung des Drahtes wieder in Gang gebracht werden. Bei mehrmaliger Wiederholung dieses Vorganges kann man genügend starke Aufwachsschichten erzeugen. Die Einheitlichkeit und Zusammensetzung der Schichten wurde nicht ermittelt. I. E. Campbell und Mitarbeiter[6] schieden Vanadinboridschichten aus VCl_4-BCl_3-Dampfgemischen bei Gegenwart von Wasserstoff und Temperaturen von 900 bis 1300° ab.

---

[1] Moers, K.: Z. anorg. allg. Chem. **198** (1931), S. 262/75.

[2] Meissner, W., H. Franz u. H. Westerhoff: Z. Physik **75** (1932), S. 521/30.

[3] Wedekind, E. u. C. Horst: Ber. d. chem. Ges. **46** (1913), S. 1203/04.

[4] Andrieux, L.: Diss. Univ. Paris 1929, Rev. Mét. **45** (1948), S. 49/59.

[5] Moers, K.: Z. anorg. allg. Chem. **198** (1931), S. 243/61.

[6] Campbell, I. E., C. F. Powell, D. H. Nowicki u. B. W. Gonser: J. Electrochem. Soc. **96** (1949), S. 318/33.

J. T. Norton und Mitarbeiter[1] hatten bei der Herstellung von VB_2 nach der Andrieuxschen Methode keinen Erfolg. Sie benützten daher die von P. M. McKenna[2] angegebene Arbeitsweise und setzten ein Gemisch von $V_2O_5 + 6 B_2O_3 + 11 C$ in einem hochfrequenzbeheizten Graphittiegel bei etwa 2000° um. Das Produkt enthielt 25,3% B und 68,9% V, entsprach also etwa der Formel VB_2.

F. W. Glaser[3] hat bei der Umsetzung von Vanadinmetall mit Bor durch Heißpressen im Reaktionsprodukt VB_2 und ein Borid VB gefunden, das mit dem früher von H. Blumenthal[4] gefundenen VB identisch sein dürfte. Das Diborid kann auch durch Umsetzung von Vanadinkarbid mit Bor bzw. Borkarbid erhalten werden.

b) Das System Vanadin-Bor

Im System Vanadin-Bor existiert auf Grund röntgenographischer Untersuchungen von J. T. Norton und Mitarbeitern[1] die Verbindung VB_2. Sie hat einfach hexagonale Struktur (C 32-Typ, AlB_2-Struktur). VB_2 ist isotyp mit den anderen Diboriden der 4. und 5. Gruppe des Periodensystems.

Neuerdings hat unabhängig von H. Blumenthal[4], F. W. Glaser[3] das Borid VB (CrB-Typ) gefunden.

c) Eigenschaften

Vanadinborid der Formel VB_2 fällt meist als ein graues Pulver mit 29,81% B an. Durch Schmelzflußelektrolyse abgeschieden, sind es nadelförmige, stahlgraue, metallisch glänzende Kriställchen.

Vanadinborid ist unlöslich in HCl, HF und H_2SO_4, leicht löslich in HNO_3[5]. Von schmelzenden Alkalihydroxyden, -karbonaten, -nitraten und -bisulfat wird es zersetzt. Mit Bleisuperoxyd und Natriumsuperoxyd reagiert es sehr heftig.

Das einfach hexagonale VB_2 (C 32-Typ, AlB_2-Struktur) hat nach J. T. Norton und Mitarbeitern[1] die Gitterkonstanten a = 2,998 Å und c = 3,057 Å. Die Röntgendichte beträgt demnach 5,10 g/cm³, praktisch wurde allerdings nur eine Dichte von 4,61 g/cm³ bestimmt. L. Andrieux[6] fand bei seinen Präparaten bei 15° eine Dichte von 5,28 g/cm³.

---

[1] Norton, J. T., H. Blumenthal u. S. J. Sindeband: Trans. AIME 185 (1949), S. 749/51.

[2] McKenna, P. M.: Ind. Eng. Chem. 28 (1936), S. 767/72.

[3] Glaser, F. W.: J. Metals 4 (1952), S. 391/96.

[4] Blumenthal, H.: J. Am. chem. Soc. 74 (1952), S. 2942).

[5] Weiss, G. u. P. Blum: Bull. Soc. chim. France 14 (1947), S. 1077/79.

[6] Andrieux, L.: Diss. Univ. Paris 1929, Rev. Mét. 45 (1948), S. 49/59.

VB hat nach H. Blumenthal[1] orthorhombisches Gitter (CrB-Typ). Die Härte von VB_2 beträgt nach Mohs 8 bis 9.

E. R. Honak[2,3] fand für VB_2 einen Schmelzpunkt von $2100 \pm 60°$.

K. Moers[4] gibt bei 20° einen Widerstand von 16 Mikroohm · cm, bei der Temperatur der flüssigen Luft einen solchen von 3,5 Mikroohm · cm an. F. W. Glaser[5] fand für VB 35 Mikroohm · cm, für VB_2 den gleichen Wert wie K. Moers.

5. Niobborid

a) Herstellung

Die Schmelzflußelektrolyse nach L. Andrieux[6] von Salzgemischen aus $\frac{1}{10} Nb_2O_5 + 2 B_2O_3 + MgO + MgF_2$ bzw. $CaO + CaF_2$, $Li_2O + LiF$ oder $Na_2B_2O_3 + NaF$ als Flußmittel führt bei Temperaturen von 980 bis 1000° zur Abscheidung grauer, metallischer Kriställchen, welche aus 80,9 bis 81,7% Nb und 18,2 bis 18% B bestehen, demnach der Formel NbB_2 entsprechen (theoretisch 18,89% B). Auf gleiche Weise haben J. T. Norton und Mitarbeiter[7] NbB_2 für ihre Systemuntersuchungen hergestellt, welches 81,3% Nb und 16,9% B enthielt.

Unzweifelhaft kann man Niobborid auch durch direkte Umsetzung von Bor und Niob oder nach McKenna[8] durch Reaktion von Nb_2O_3 mit B_2O_3 und C im Graphittiegel bei hoher Temperatur herstellen. McKenna gelang es allerdings nicht, auf diese Weise röntgenographisch identifizierbare Produkte zu erzeugen.

Neuerdings haben L. Brewer und Mitarbeiter[9] Niobboride durch Sintern von Niob-Borpulvermischung unter Argon erzeugt. Sie fanden röntgenographisch in Proben mit 25 bis 50 Atom-% B neben NbB zwei neue Phasen der vermutlichen Zusammensetzung Nb_3B und Nb_2B.

Beim Heißpressen von Mischungen aus Niobhydrid mit Bor konnte F. W. Glaser[5] die Boride NbB bzw. NbB_2 herstellen, während

[1] Blumenthal, H.: J. Am. chem. Soc. 74 (1952), S. 2942.

[2] Honak, E. R.: Diss. Techn. Hochschule Graz 1951.

[3] Kieffer, R., F. Benesovsky u. E. R. Honak: Z. anorg. allg. Chem. 268 (1952), S. 191/200.

[4] Moers, K.: Z. anorg. allg. Chem. 198 (1931), S. 262/75.

[5] Glaser, F. W.: J. Metals 4 (1952), S. 391/96.

[6] Andrieux, L.: Compt. rend. 189 (1929), S. 1279/81.

[7] Norton, J. T., H. Blumenthal u. S. J. Sindeband: Trans. AIME 185 (1949), S. 749/51.

[8] McKenna, P. M.: Ind. Eng. Chem. 28 (1936), S. 767/72.

[9] Brewer, L., D. L. Sawyer, D. H. Templeton u. C. H. Dauben: J. Am. ceram. Soc. 34 (1951), S. 173/79.

beim Heißpressen von Mischungen von Niobkarbid mit Bor bzw. Borkarbid nur das Diborid erhalten wurde.

b) Das System Niob-Bor

Im System Niob-Bor existiert auf Grund röntgenographischer Untersuchungen nach J. T. Norton und Mitarbeitern[1] die Einlagerungsverbindung NbB_2, welche isotyp mit den anderen Diboriden der Metalle der 4. und 5. Gruppe des periodischen Systems ist. Sie hat einfach hexagonale Struktur (AlB_2-Struktur, C 32-Typ). L. H. Andersson und R. Kiessling[2] haben diese Phase (ε) bestätigt und weitere borärmere Phasen gefunden, und zwar das orthorhombische NbB (γ), welches isotyp mit CrB bzw. TaB ist und das mit Ta_3B_4 isotype orthorhombische Nb_3B_4 (δ). L. Brewer und Mitarbeiter[3] haben die von R. Kiessling im System Niob-Bor angegebenen Phasen bestätigt und röntgenographisch zwei neue Phasen der vermutlichen Zusammensetzung Nb_3B (isotyp mit Ta_3B) und Nb_2B (*nicht* isotyp mit Ta_2B) gefunden. Beide haben einen beschränkten Temperaturbereich der Beständigkeit. Nur NbB und NbB_2 sind bis zum Schmelzpunkt beständig.

c) Eigenschaften

Niobborid der chemischen Formel NbB_2 mit 18,89% B fällt meist als ein graues Pulver an. Durch Schmelzflußelektrolyse erzeugt, sind es kleine, graue, metallisch glänzende Kristalle.

Von HCl, HNO_3 und Königswasser wird es nicht angegriffen. H_2SO_4 und HF greifen es in der Wärme langsam an. Auf Rotglut an Luft erhitzt, oxydiert es. Von geschmolzenen Alkalihydroxyden, -karbonaten, -bisulfaten und Natriumsuperoxyd wird es rasch gelöst.

NbB_2 hat einfach hexagonale Kristallstruktur (C 32-Typ, AlB_2-Struktur) mit den Gitterkonstanten a=3,086 Å und c = 3,306 Å. Die Röntgendichte ergibt sich daraus zu 7,21 g/cm³. J. T. Norton und Mitarbeiter[1] fanden allerdings nur eine Dichte von 6,60 g/cm³. L. Andrieux[4] gibt bei 15° eine Dichte von 6,4 g/cm³ an.

---

[1] Norton, J. T., H. Blumenthal u. S. J. Sindeband: Trans. AIME **185** (1949), S. 749/51.

[2] Andersson, L. H. u. R. Kiessling: Acta Chem. Scand. **4** (1950), S. 160/64, 209/27.

[3] Brewer, L., D. L. Sawyer, D. H. Templeton u. C. H. Dauben: J. Am. ceram. Soc. **34** (1951), S. 173/79.

[4] Andrieux, L.: Compt. rend. **189** (1929), S. 1279/81, Rev. Mét. **45** (1948), S. 49/59.

Das orthorhombische NbB (CrB-Struktur) hat Gitterkonstanten von a = 3,298 Å, b = 8,724 Å und c = 3,166 Å, das ebenfalls orthorhombische Nb_3B_4 die Konstanten a = 3,305 Å, b = 14,08 Å, c = 3,137 Å[1].

Nach L. Andrieux[2] ritzt Niobborid leicht Quarz und Topas. Die Härte ist demnach nach Mohs größer als 8.

Der Schmelzpunkt von NbB_2 soll bei 2900° liegen. Die Wärmeleitfähigkeit beträgt 0,040 cal/cm · sec · ° C.

NbB_2 sei ein verhältnismäßig schlechter Leiter. Der elektrische Widerstand[3] betrage bei Zimmertemperatur 65,5 Mikroohm · cm, bei — 80° 58,3 Mikroohm · cm. F. W. Glaser[4] fand allerdings für dichtes, heißgepreßtes NbB_2 32 Mikroohm · cm und für NbB 64,5 Mikroohm · cm. Nach J. K. Hulm und B. T. Matthias[5] wird NbB bei 6° K supraleitend. Dagegen ist Nb_3B_4 und NbB_2 bis 1,27° K nicht supraleitend.

6. Tantalborid

a) Herstellung

Die Schmelzflußelektrolyse von Salzgemischen aus $\frac{1}{10}$ Ta_2O_5 + + 2 B_2O_3 + CaO + CaF_2 bzw. MgO + MgF_2, Li_2O + LiF oder $Na_2B_2O_3$ + NaF als Flußmittel führt nach L. Andrieux[2] bei 980 bis 990° zur Abscheidung feiner, metallisch glänzender Kriställchen der Zusammensetzung 89,1 bis 89,4% Ta, 10,3 bis 10,7% B, was der Formel TaB_2 entspricht (theoretisch 10,68% B). Nach der Andrieuxschen Methode haben J. T. Norton und Mitarbeiter[6] ebenfalls TaB_2 mit 10,5% B und 89,2% Ta abgeschieden.

Die Abscheidung von Tantalborid gelingt nach K. Moers[3] nach dem Aufwachsverfahren nicht ohne weiteres. Bei der Umsetzung von $TaCl_5$-BBr_3-Dampfgemischen in Gegenwart von Wasserstoff scheidet sich metallisches Tantal neben Borid ab. Nach I. E. Campbell und Mitarbeitern[7] kann man Tantalaufwachsschichten mit BCl_3

[1] Andersson, L. H. u. R. Kiessling: Acta Chem. Scand. 4 (1950), S. 160/64, 209/27.

[2] Andrieux, L.: Compt. rend. 189 (1929), S. 1279/81, Rev. Mét. 45 (1948), S. 49/59.

[3] Moers, K.: Z. anorg. allg. Chem. 198 (1931), S. 243/61.

[4] Glaser, F. W.: J. Metals 4 (1952), S. 391/96.

[5] Hulm, J. K. u. B. T. Matthias: Phys. Rev. 82 (1951), S. 273/74.

[6] Norton, J. T., H. Blumenthal u. S. J. Sindeband: Trans. AIME 185 (1949), S. 749/51.

[7] Campbell, I. E., C. F. Powell, D. H. Nowicki u. B. W. Gonser: J. Electrochem. Soc. 96 (1949), S. 318/33.

in Gegenwart von Wasserstoff bei 1800 bis 2000° umsetzen und erhält Tantalboridschichten.

P. M. McKenna[1] hat Tantalboride der Zusammensetzung TaB_2 und TaB durch Umsetzung von Ta_2O_5 mit einem Überschuß von B_2O_3 und Kohle im hochfrequenzbeheizten Graphittiegel bei etwa 2000° erzeugt.

R. Kiessling[2] stellt bei seinen Systemuntersuchungen Tantal-Borlegierungen mit bis zu 72 Atom-% B durch Sinterung von Mischungen aus reinstem, handelsüblichem Tantalpulver und reinstem, durch Reduktion von BBr_3 mit Wasserstoff erzeugtem Bor im Hochfrequenz-Vakuumofen bei 1800 bis 1900° her. Andere Präparate wurden durch 100- bis 150stündiges Erhitzen der Mischungen in evakuierten Quarzrohren bei 1150° erzeugt.

L. Brewer und Mitarbeiter[3] haben Tantalboride durch Sintern von Tantal-Borpulvermischungen bei 1565° bis 2050° unter Argon in Molybdäntiegeln hergestellt. Ein Borid der vermutlichen Zusammensetzung Ta_3B erhielten sie durch Umsetzung von Ta_2B mit Ta bei 1950° im Vakuum und Abschrecken der Probe. Auch bei der Umsetzung von W_2B mit Ta bei 1980° entsteht neben TaB und W die Phase Ta_3B.

Beim Heißpressen von Mischungen aus Tantalhydrid und Bor konnte F. W. Glaser[4] alle bekannten Boridphasen im System Ta-B herstellen, während Heißpressen von Mischungen von Tantalkarbid und Bor bzw. Borkarbid und von TaB und Borkarbid ausschließlich zum Diborid führte.

b) Das System Tantal-Bor

R. Kiessling[2] hat in einer eingehenden Arbeit auf Grund röntgenographischer Befunde eine Reihe gut definierter intermediärer Phasen im System Tantal-Bor gefunden. Das metallische Tantal löst temperaturabhängig kleine Mengen Bor (α-Phase). Die Gitterkonstante des reinen, kubisch raumzentrierten Tantals von a = 3,03 Å, nimmt bei Proben mit 10 Atom-% B, welche von 950°, 1170° bzw. 1270° abgeschreckt wurden, auf 3,309 Å, 3,313 Å bzw. 3,321 Å zu. Eine genaue Grenze der α-Phase kann wegen sehr langsamer Einstellung des Gleichgewichtszustandes nicht angegeben werden.

---

[1] McKenna, P. M.: Ind. Eng. Chem. **28** (1936), S. 767/72.
[2] Kiessling, R.: Acta Chem. Scand. **3** (1949), S. 603/15.
[3] Brewer, L., D. L. Sawyer, D. H. Templeton u. C. H. Dauben: J. Am. ceram. Soc. **34** (1951), S. 173/79.
[4] Glaser, F. W.: J. Metals **4** (1952), S. 391/96.

Als nächste Phase tritt mit steigendem Borgehalt die β-Phase auf, wobei bis 14 Atom-% B immer noch die α-Phase, bei höheren Borgehalten bereits die Linien der γ-Phase im Röntgenogramm auftreten. Wegen der langsamen Gleichgewichtseinstellung bei der tiefen Temperatur, bei welcher die β-Phase beständig ist, kann man sie nicht rein erhalten. Die β-Phase hat tetragonale Kristallstruktur und gehört dem $CuAl_2$-Struktur C 16-Typ an und ist isotyp, z. B. mit Mo_2B und W_2B. Wahrscheinlich kommt ihr die Formel Ta_2B zu.

Bei etwa 50 Atom-% B tritt eine weitere homogene Phase (γ-Phase) mit engem Existenzbereich auf. Sie ist orthorhombisch und isotyp mit CrB. Ihr kommt wahrscheinlich die Formel TaB zu.

Über 50 Atom-% B tritt die δ-Phase auf, der die Zusammensetzung Ta_3B_4 zukommt. Sie ist orthorhombisch.

Endlich erscheinen bei mehr als 58 Atom-% B die Linien der ε-Phase, welche einen Homogenitätsbereich von etwa 61 bis 72 Atom-% B hat. Sie hat einfach hexagonale Gitter (C 32-Typ, AlB_2-Struktur). Es kommt ihr die Formel TaB_2 zu und sie ist isotyp mit CrB_2 und anderen Diboriden der Metalle der 4. und 5. Gruppe des periodischen Systems.

Die Struktur des TaB_2 wurde von J. T. Norton und Mitarbeiter[1] bestätigt. Die Gitterkonstanten liegen innerhalb der Grenzen, die R. Kiessling[2] für die Abhängigkeit vom Borgehalt innerhalb des weiten Homogenitätsbereiches angegeben hat. L. Brewer und Mitarbeiter[3] haben neuerdings sämtliche von R. Kiessling im System Tantal-Bor angegebenen Verbindungen bestätigt. Darüber hinaus haben sie eine neue Phase der ungefähren Zusammensetzung Ta_3B gefunden, welche allerdings nur bei sehr hohen Temperaturen beständig ist. Der Nachweis gelingt röntgenographisch nur in schroff von 1950° abgeschreckten Proben. Auch die Phasen Ta_2B und Ta_3B_4 sind nur in einem beschränkten Temperaturbereich beständig. Lediglich TaB und TaB_2 sind bis zum Schmelzpunkt stabil.

c) Eigenschaften

Tantalborid der Formel TaB_2 mit 10,68% B fällt meist als ein graues, metallisches Pulver an. Durch Schmelzflußelektrolyse erzeugt, sind es gut ausgebildete graue, metallisch glänzende Kriställchen.

---

[1] Norton, J. T., H. Blumenthal u. S. J. Sindeband: Trans. AIME **185** (1949), S. 749/51.

[2] Kiessling, R.: Acta Chem. Scand. **3** (1949), S. 603/15.

[3] Brewer, L., D. L. Sawyer, D. H. Templeton u. C. H. Dauben: J. Am. ceram. Soc. **34** (1951), S. 173/79.

HCl, HNO$_3$ und Königswasser greifen Tantaldiborid nicht an. H$_2$SO$_4$ + HF zersetzen es in der Hitze langsam. Beim Erhitzen auf Rotglut oxydiert es an der Luft. Es wird rasch von geschmolzenen Alkalihydroxyden, -karbonaten, -bisulfaten und -superoxyden gelöst[1].

Die von R. Kiessling[2] gefundenen Tantalboride haben folgende Strukturen:

Ta$_2$B: tetragonal (CuAl$_2$-Struktur, C 16-Typ) a = 5,778 Å, c = = 4,864 Å.

TaB: orthorhombisch, a = 3,276 Å, b = 8,669 Å, c = 3,157 Å, daraus ergibt sich unter der Annahme, daß die Zelle vier Moleküle enthält, eine Röntgendichte von 14,9 g/cm³. Die pyknometrische Dichte beträgt 14,0 g/cm³.

Ta$_3$B$_4$: orthorhombisch, a = 3,29 Å, b = 14,0 Å, c = 3,13 Å, daraus ergibt sich, wenn die Zelle zwei Moleküle enthält, eine Röntgendichte von 13,69 g/cm³, die pyknometrische Dichte wurde zu 13,5 g/cm³ bestimmt.

TaB$_2$: einfach hexagonal (AlB$_2$-Struktur, C 32-Typ), a = 3,078 Å, c = 3,265 Å.

J. T. Norton und Mitarbeiter[3] geben für TaB$_2$ Gitterkonstanten von a = 3,088 Å, c = 3,241 Å an. Die Röntgendichte beträgt daraus 12,60 g/cm³, die pyknometrisch bestimmte Dichte 11,70 g/cm³.

Der Schmelzpunkt von TaB$_2$ soll bei 3000° liegen. Die Wärmeleitfähigkeit beträgt 0,026 cal/cm · sec · ° C.

Das schlecht leitende TaB$_2$ hat bei Zimmertemperatur einen elektrischen Widerstand von 86,5 Mikroohm · cm, bei — 80° C, 79,5 Mikroohm · cm. F. W. Glaser[4] gibt folgende Widerstandswerte an: TaB$_2$ 68 Mikroohm · cm; TaB etwa 100 Mikroohm · cm. Nach J. K. Hulm und B. T. Matthias[5] sind TaB, Ta$_3$B$_4$ und TaB$_2$ bis 1,30° K nicht supraleitend.

Die Emmissionseigenschaften von Tantalborid haben D. L. Goldwater, R. E. Haddad und F. H. Morgan[6,7] untersucht.

---

[1] Andrieux, L.: Compt. rend. 189 (1929), S. 1279/81, Rev. Mét. 45 (1948), S. 49/59.

[2] Kiessling, R.: Acta Chem. Scand. 3 (1949), S. 603/15.

[3] Norton, J. T., H. Blumenthal u. S. J. Sindeband: Trans. AIME 185 (1949), S. 749/51.

[4] Glaser, F. W.: J. Metals 4 (1952), S. 391/96.

[5] Hulm, J. K. u. B. T. Matthias: Phys. Rev. 82 (1951), S. 273/74.

[6] Goldwater, D. L. u. R. E. Haddad: J. Appl. Phys. 22 (1951), S. 70/73.

[7] Morgan, F. H.: J. Appl. Phys. 22 (1951), S. 108/09.

7. Chromborid

a) Herstellung

Schon H. Moissan[1] hat durch gemeinsames Zusammenschmelzen von Chrom und Bor im elektrischen Lichtbogen eine sehr harte Chrom-Bor-Legierung hergestellt. S. A. Tucker und H. R. Moody[2] haben durch Sinterung eines entsprechenden Gemisches ein Borid der Zusammensetzung CrB erhalten. Aus aluminothermisch gewonnenen Chrom-Bor-Reguli haben E. Wedekind und K. Fetzer[3] ein Kristallpulver mit 83,5 bis 83,9% Cr isoliert, das ebenfalls der Formel CrB entsprechen würde. Durch Umsetzung von Chromoxyd mit Bor im elektrischen Ofen und durch Überleiten von Borchloriddampf über feinverteiltes Chrom in Gegenwart von Wasserstoff will A. Binet du Jassonneix[4] CrB, Cr_2B und Cr_3B_2 erhalten haben. Die Einheitlichkeit der Produkte konnte aber nicht bewiesen werden.

Durch Schmelzflußelektrolyse eines Salzgemisches, bestehend aus $\frac{1}{5}\,Cr_2O_3 + 2\,B_2O_3 + MgO + MgF_2$ bzw. $CaO + CaF_2$, hat L. Andrieux[5] bei 1000° graue metallische Kriställchen der Zusammensetzung 11,8 bis 12,1% B und 87,4 bis 87,6% Cr, entsprechend der Formel Cr_3B_2, abgeschieden (theoretisch 12,18% B). Auf die gleiche Weise hat S. J. Sindeband[6] ein Chromborid mit 13,2% B, 82% Cr, Rest C u. a. hergestellt.

Durch aluminothermische Reduktion von Cr_2O_3 in Gegenwart von B_2O_3 hat S. J. Sindeband[6] ein Borid mit 18,0% B, 76,12% Cr, Rest Al, Fe und durch Reduktion von Cr_2O_3 mit Kohle und Silizium in Gegenwart von B_2O_3 ein Borid mit 14,1% B und 70,35% Cr, Rest Si, Fe, Ca u. a. erhalten. Die unbefriedigende Reinheit der Präparate läßt nicht den Schluß zu, daß ein einheitliches Borid der Formel CrB vorliegt.

Sehr reine Chrom-Bor-Legierungen mit bis zu 66,7% Atom-% B hat R. Kiessling[7] durch Schmelzen von reinem Elektrolytchrom (99,4% Cr) mit reinem Bor (98 bis 99% B) im Hochfrequenzvakuumofen bei 1600° erzeugt. Weiters wurden entsprechende Gemenge von Cr und B in evakuierten Quarzrohren 48 bis 72 Stunden bei 1150° gesintert. Einkristalle von Chromboriden wurden durch

---

[1] Moissan, H.: Compt. rend. 119 (1894), S. 185/91, Ann. Chim. Phys. 8 (1896), S. 565.

[2] Tucker, S. A. u. H. R. Moody: J. chem. Soc. 81 (1902), S. 14/17.

[3] Wedekind, E. u. K. Fetzer: Ber. d. chem. Ges. 40 (1907), S. 297/301.

[4] Binet du Jassonneix, A.: Compt. rend. 143 (1906), S. 897/99, 1149/51.

[5] Andrieux, L.: Diss. Univ. Paris 1929, Rev. Mét. 45 (1948), S. 49/59.

[6] Sindeband, S. J.: Trans. AIME 185 (1949), S. 198/202.

[7] Kiessling, R.: Acta Chem. Scand. 3 (1949), S. 595/602.

Sinterung der Mischungen bei 1150° in der Dauer von 20 Tagen erhalten. Über die aufgefundenen fünf intermediären Phasen wird weiter unten berichtet.

Chrommetallaufwachsschichten kann man nach I. E. Campbell[1] mit BCl_3 und Wasserstoff bei 1200 bis 1600° umsetzen, wobei Chromboridschichten entstehen.

CrB_2 kann man nach F. W. Glaser[2] auch beim Heißpressen von Mischungen aus Chrom und Bor bzw. Chromkarbid und Bor oder Borkarbid neben CrB und Borkarbid erhalten.

Für technische Zwecke (Hartaufschweißlegierungen) kann kohlenstoffarmes CrB und CrB_2 durch Umsetzung von Cr_2O_3 mit B_2O_3 und Kohlenstoff bei 1600° im Vakuum hergestellt werden[3]. Auch das aluminothermische Verfahren ergibt technische Chromboride.

b) Das System Chrom-Bor

Nach A. Binet du Jassonneix[4] und L. Andrieux[5] existiert im System Chrom-Bor die Verbindung Cr_3B_2. S. A. Tucker und H. R. Moody[6], E. Wedekind und K. Fetzer[7] und A. Binet du Jassonneix[4] haben auch die Verbindung CrB gefunden. S. J. Sindeband[8] nahm sogar an, daß in diesem System nur die Verbindung CrB existiert, obzwar er Chromboride mit 12 bis 20% B hergestellt hat.

Tatsächlich sind die Verhältnisse im System Cr-B nach R. Kiessling[9] wesentlich verwickelter. Auf Grund röntgenographischer Untersuchungen existieren nicht weniger als fünf intermediäre Phasen.

Die Löslichkeit von Bor im Chromgitter ist sehr gering.

Die borärmste δ-Phase hat einen Gehalt von etwa 33 Atom-% B, was der Formel Cr_2B entsprechen würde. Sie kristallisiert in dünnen, hexagonalen Platten.

Die ε-Phase hat einen Gehalt von etwa 40 Atom-% B, was der Formel Cr_3B_2 entsprechen würde. Die ξ-Phase hat einen engen Existenzbereich bei 50 Atom-% B. Sie entspricht der Formel CrB und kristallisiert in Form gut ausgebildeter Nadeln oder Platten

---

[1] Campbell, I. E., C. F. Powell, D. H. Nowicki u. B. W. Gonser: J. Electrochem. Soc. **96** (1949), S. 318/33.

[2] Glaser, F. W.: J. Metals 4 (1952), S. 391/96.

[3] Rutherford, M. E.: Persönliche Mitt. 1951.

[4] Binet du Jassonneix, A.: Compt. rend. **143** (1906), S. 897/99, 1149/51.

[5] Andrieux, L.: Diss. Univ. Paris 1929, Ann. Chim. (10) **12** (1929), S. 423/507.

[6] Tucker, S. A. u. H. R. Moody: J. chem. Soc. **81** (1902), S. 14/17.

[7] Wedekind, E. u. K. Fetzer: Ber. d. chem. Ges. **40** (1907), S. 297/301.

[8] Sindeband, S. J.: Trans. AIME **185** (1949), S. 198/202.

[9] Kiessling, R.: Acta Chem. Scand. **3** (1949), S. 595/602.

mit quadratischem Querschnitt. Die Kristallstruktur ist orthorhombisch und isotyp mit den Hochtemperaturmodifikationen der Monoboride.

Die η-Phase enthält über 55 Atom-% B (Cr_3B_4). Die Kristalle ähneln jenen der ξ-Phase. Cr_3B_4 ist isotyp mit Ta_3B_4.

Die θ-Phase enthält 66,7 Atom-% B, hat engen Existenzbereich und entspricht der Formel CrB_2. Sie hat einfach hexagonale Kristallstruktur (AlB_2-Struktur, C 32-Typ). Sie ist isotyp mit den Diboriden der Metalle der 4. und 5. Gruppe des periodischen Systems.

c) Eigenschaften

Chromborid der chemischen Formel CrB mit 17,2% B ist ein graues, metallisches Pulver. Durch Schmelzflußelektrolyse erzeugtes Cr_3B_2 besteht aus grauen, metallisch glänzenden Kriställchen[1].

Cr_3B_2 ist sehr beständig gegen HF, HCl und H_2SO_4. Im Gegensatz zu anderen Boriden wird es auch nicht von HNO_3 angegriffen. Auch gegen Lösungen von Alkalien ist es sehr beständig. Lediglich Perchlorsäure löst es rasch. Ebenso wird es von schmelzenden Alkalihydroxyden und -karbonaten gelöst. Peroxyde greifen Chromboride wesentlich langsamer an als andere Boride[1].

Cr_2B (δ) ist nach L. H. Andersson und R. Kiessling[2] orthorhombisch mit Gitterkonstanten a = 14,7 Å, b = 7,34 Å, c = 4,29 Å.

CrB (ξ) hat nach R. Kiessling[3] orthorhombische Kristallstruktur mit Gitterkonstanten a = 2,969 Å, b = 7,858 Å, c = 2,932 Å. Die Röntgendichte beträgt 6,11 g/cm³, unter Annahme, daß die Elementarzelle vier Moleküle enthält. Die pyknometrische Dichte beträgt 6,05 g/cm³. S. J. Sindeband[4] gibt auf Grund von Untersuchungen von A. J. Frueh[5] Gitterkonstanten von a = 2,95 Å, b = 7,80 Å und c = 2,93 Å an. Die pyknometrische Dichte beträgt 6,15 bis 6,20 g/cm³.

Das Borid Cr_3B_4 (η) ist ebenfalls orthorhombisch[2] mit Gitterkonstanten a = 2,984, b = 13,02 und c = 2,954.

Das Borid CrB_2 (θ) hat nach R. Kiessling[3] einfach hexagonale Kristallstruktur (AlB_2-Struktur, C 32-Typ) mit Gitterkonstanten a = 2,969 Å, c = 3,066 Å, entsprechend einer Röntgendichte von 5,6 g/cm³.

[1] Andrieux, L.: Diss. Univ. Paris 1929.
[2] Andersson, L. H. u. R. Kiessling: Acta Chem. Scand. 4 (1950), S. 160/64, 209/27.
[3] Kiessling, R.: Acta Chem. Scand. 3 (1949), S. 595/602.
[4] Sindeband, S. J.: Trans. AIME 185 (1949), S. 198/202.
[5] Frueh, A. J.: Acta Cryst. 4 (1951), S. 66.

Für das Borid Cr_3B_2 gibt A. Binet du Jassonneix[1] eine Dichte von 6,7 g/cm^3, L. Andrieux[2] eine solche von 6,13 g/cm^3 an.

Die Härte von Cr_3B_2 wird nach L. Andrieux[2] mit $+ 9$ nach Mohs, die Härte von CrB nach S. J. Sindeband[3] mit 8,5 nach Mohs angegeben. Für CrB_2 fand E. R. Honak[4,5] eine Mikrohärte von 1800 kg/mm^2 (100 g Belastung).

Die Schmelzpunkte sind für CrB $1550 \pm 50°$, für Cr_3B_2 $1960 \pm 50°$ und für CrB_2 $1850 \pm 50°$[4].

Der elektrische Widerstand[6] von CrB beträgt 64 Mikroohm · cm, von CrB_2 21 Mikroohm · cm.

Über die Eigenschaften von aus Chromborid unter Verwendung von Nickel als Bindemittel hergestellten Sinterkörpern, welche als hochwarm- und zunderfeste Werkstoffe neuestens Bedeutung erlangt haben, siehe Kap. XV.

8. Molybdänborid

a) Herstellung

Aus Reaktionsprodukten, die durch Sintern und Schmelzen von Molybdän-Bor-Mischungen erzeugt worden waren, versuchten A. Binet du Jassonneix[7], E. Wedekind und O. Jochem[8] Molybdänboride zu isolieren. S. A. Tucker und H. R. Moody[9] wollen dabei ein Borid der Formel Mo_3B_4 gefunden haben, während E. Wedekind[8] seinen Produkten die Formel Mo_2B zuschreibt.

Durch Schmelzelektrolyse von Salzgemischen, bestehend aus $\frac{1}{4}$ bis $\frac{1}{5}$ $MoO_3 + 2B_2O_3 + NaF$ haben G. Weiss und L. Andrieux[10] bei 1000° ein gut kristallisiertes Borid mit 5,32 bis 5,55% B und 93,6 bis 94,0% Mo der Formel Mo_2B abgeschieden (theoretisch 5,33% B). Enthält das Bad nur $\frac{1}{8}$ bis $\frac{1}{10}$ MoO_3, dann scheidet sich unter obigen

---

[1] Binet du Jassonneix, A.: Compt. rend. 143 (1906), S. 897/99, 1149/51.

[2] Andrieux, L.: Diss. Univ. Paris 1929.

[3] Sindeband, S. J.: Trans. AIME 185 (1949), S. 198/202.

[4] Honak, E. R.: Diss. Techn. Hochschule Graz 1951.

[5] Kieffer, R., F. Benesovsky u. E. R. Honak: Z. anorg. allg. Chem. 268 (1952), S. 191/200.

[6] Glaser, F. W.: J. Metals 4 (1952), S. 391/96.

[7] Binet du Jassonneix, A.: Compt. rend. 143 (1906), S. 169/72.

[8] Wedekind, E. u. O. Jochem: Ber. d. chem. Ges. 46 (1913), S. 1205/06.

[9] Tucker, S. A. u. H. R. Moody: Proc. chem. Soc. 17 (1901), S. 129/30, J. chem. Soc. 81 (1902), S. 14/17.

[10] Weiss, G.: Ann. Chim. 1 (1946), S. 446/525, Diss. Univ. Grenoble 1946; Andrieux, L. u. G. Weiss: Bull. Soc. Chim. France 15 (1948), S. 598/601.

Bedingungen ein Borid mit 9,89 bis 10,5% B, 88,9 bis 89,2% Mo, welches der Formel MoB entspricht, ab (theoretisch 10,13% B). Wie sich der Borgehalt des Abscheidungsproduktes in Abhängigkeit vom MoO_3-Gehalt im Bad ändert, zeigt Abb. 95.

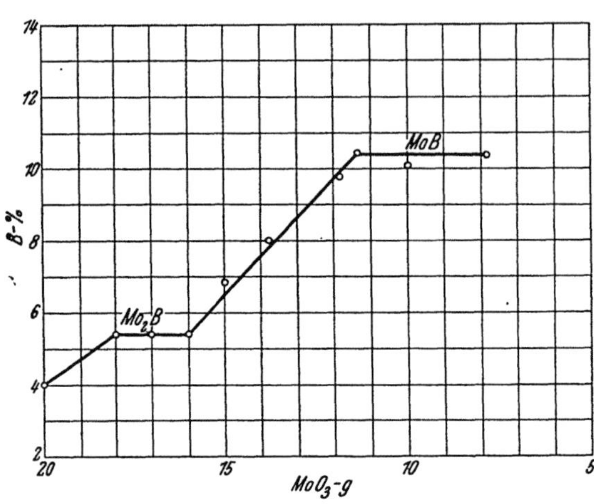

Abb. 95. Zusammensetzung des Abscheidungsproduktes in Abhängigkeit vom Gehalt an MoO_3 im Bad, bei der Herstellung von Molybdänboriden durch Schmelzelektrolyse (G. Weiss)

Bei der aluminothermischen Umsetzung von MoO_3 mit B_2O_3, Al und S bildet sich nach F. Halla und W. Thury[1] ein Doppelborid der Zusammensetzung $Mo_7Al_6B_7$ in Form dunkelgrau glänzender, metallischer Schuppen. Molybdän-Bor-Legierungen mit bis 71,4 Atom-% Mo hat R. Kiessling[2] durch 48-stündiges Sintern von Molybdänpulver mit reinem Bor in evakuierten Quarzrohren bei 1200° hergestellt. Preßlinge aus Molybdän und Bor wurden auch kurzzeitig im Vakuumofen im Magnesittiegel auf 1500 bis 1600° erhitzt. Die Boride Mo_2B und MoB kann man nach L. Brewer und Mitarbeiter[3] durch Sintern von Mischungen der Komponenten unter Argon in Molybdäntiegeln herstellen.

I. E. Campbell und Mitarbeiter[4] haben Molybdänboridschichten durch Umsetzung von Molybdänaufwachsschichten mit BCl_3 unter Wasserstoff bei 1800 bis 2000° erhalten. Nach C. W. Tobias und St. Naray-Szabo[5] haben auf Molybdändrähten abgeschiedene Borüberzüge je nach Abscheidungstemperatur verschiedene Struktur. Molybdänboride konnten nicht nachgewiesen werden. Dagegen finden F. Bertaut und P. Blum[6] bei der elektrolytischen Abscheidung

---

[1] Halla, F. u. W. Thury: Z. anorg. allg. Chem. 249 (1942), S. 229/37.

[2] Kiessling, R.: Acta Chem. Scand. 1 (1947), S. 893/916.

[3] Brewer, L., D. L. Sawyer, D. H. Templeton u. C. H. Dauben: J. Am. ceram. Soc. 34 (1951), S. 173/79.

[4] Campbell, I. E., C. F. Powell, D. H. Nowicki u. B. W. Gonser: J. Electrochem. Soc. 96 (1949), S. 318/33.

[5] Tobias, C. W. u. St. Naray-Szabo: J. Am. chem. Soc. 71 (1949), S. 1882/83.

[6] Bertaut, F. u. P. Blum: Acta Cryst. 4 (1951), S. 72.

von Bor auf Molybdändrähten die Boride MoB und Mo_2B_5, aber kein Mo_2B. Zu Beginn der Elektrolyse tritt MoB_2 auf, welches alsbald in Mo_2B_5 übergeht.

Beim Heißpressen von Mischungen aus Molybdän, Bor und Graphit können im Endprodukt je nach der Zusammensetzung der Ausgangsmischung alle Boride nachgewiesen werden, während MoB_2 das einzige Borid ist, das beim Heißpressen von Mischungen aus Molybdänkarbid und Bor oder Borkarbid erhalten wird[1].

b) Das System Molybdän-Bor

In einer grundlegenden Arbeit hat R. Kiessling[2] auf Grund röntgenographischer Untersuchungen die Verhältnisse im System Molybdän-Bor weitgehend geklärt.

Die Löslichkeit von Bor im Molybdängitter ist sehr gering.

Es existieren drei intermediäre Phasen. Die γ-Phase ist bei 33,3 Atom-% B homogen, sie entspricht also der Formel Mo_2B. Sie hat tetragonale Kristallstruktur ($CuAl_2$-Struktur, C 16-Typ). Mo_2B ist isotyp mit W_2B, Fe_2B, Co_2B und Ni_2B.

Bei 48 bis 51 Atom-% B tritt die δ-Phase auf, welche der Formel MoB entspricht. Sie hat ebenfalls tetragonale Kristallstruktur. R. Steinitz[3] hat eine Hochtemperaturphase des MoB (β-Modifikation) mit CrB-Struktur gefunden. Sie kann durch Mischkristallbildung (Löslichkeit bis 50 Gew.-%) mit CrB stabilisiert werden.

Über 70 Atom-% B, genau bei 71,4 Atom-% B, existiert die ε-Phase. Ihre Struktur ist nicht geklärt. Die Röntgenogramme deuten auf ein rhombisches Gitter hin. In Analogie zur hexagonalen ε-Phase im System Wolfram-Bor ist auch hexagonale Struktur möglich. Die chemische Zusammensetzung der ε-Phase entspricht etwa der Formel Mo_2B_5 ($= MoB_{2,5}$). R. Steinitz[3] fand in den Röntgenogrammen von Mo_2B_5 Linien einer hexagonalen Phase, der er die Zusammensetzung MoB_2 zuschreibt. Sie ist isotyp mit den Diboriden der Metalle der 4. und 5. Gruppe des Periodensystems. Das MoB_2 ist von F. Bertaut und P. Blum[4] bestätigt worden.

Faßt man die verschiedenen Ergebnisse zusammen, dann kann man mit R. Steinitz[5] ein Zustandsdiagramm des Systems Mo-B auf-

[1] Glaser, F. W.: J. Metals 4 (1952), S. 391/96.
[2] Kiessling, R.: Acta Chem. Scand. 1 (1947), S. 893/916.
[3] Steinitz, R.: Powder Met. Bull. 6 (1951), S. 54/56.
[4] Bertaut, F. u. P. Blum: Acta Cryst. 4 (1949), S. 72.
[5] Steinitz, R., I. Binder u. D. Moskowitz: J. Metals 4 (1952), S. 982/87.

stellen (Abb. 96). Es existieren demnach 6 Verbindungen, von denen das noch nicht bestätigte Mo_3B_2, β-MoB und MoB_2 nur bei höheren Temperaturen beständig sind.

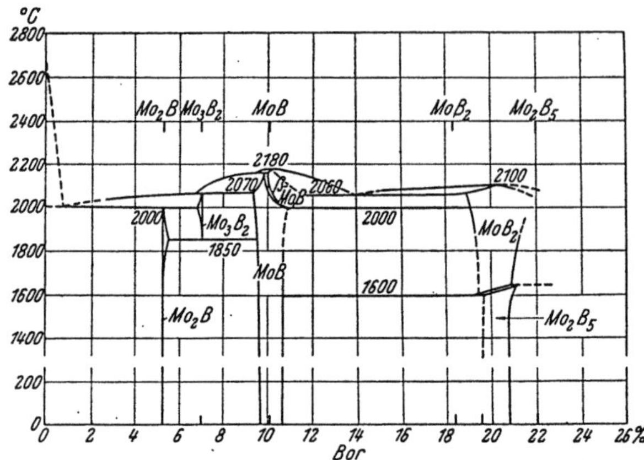

Abb. 96. Zustandsschaubild Molybdän-Bor (R. Steinitz)

c) Eigenschaften

Molybdänborid der Formel Mo_2B mit 5,33% B fällt meist als ein graues, metallisches Pulver an. Durch Schmelzflußelektrolyse abgeschiedenes Mo_2B bildet glänzende, tafelförmige Kriställchen. Das nadelförmige MoB ist in der Farbe etwas dunkler.

Molybdänborid wird von HCl nicht angegriffen. Leicht wird es von HNO_3 auch in der Kälte gelöst. H_2SO_4 wird in der Hitze zersetzt. Von schmelzenden Alkalihydroxyden und Oxydationsmitteln wird es rasch gelöst[1].

Mo_2B hat nach R. Kiessling[2] tetragonale Kristallstruktur ($CuAl_2$-Struktur, C 16-Typ) mit Gitterkonstanten a = 5,543 Å, c = 4,735 Å, c/a = 0,854. Die Röntgendichte beträgt unter der Annahme, daß die Elementarzelle vier Moleküle enthält, 9,31 g/cm³. Die pyknometrische Dichte beträgt 9,1 g/cm³, ein Wert, der auch von G. Weiss[1] für seine Präparate angegeben wurde.

Das Borid MoB hat nach R. Kiessling[2] tetragonale Kristallstruktur mit Gitterkonstanten a = 3,110 Å und c = 16,95 Å. Die Röntgendichte beträgt 8,77 g/cm³, die pyknometrische Dichte 8,3 g/cm³. G. Weiss[1] gibt bei seinem MoB eine Dichte von 8,2 g/cm³ an.

β-MoB hat nach R. Steinitz[3] CrB-Struktur, mit Gitterkonstanten a = 3,16 Å, b = 8,61 Å und c = 3,08 Å.

Bei dem Borid Mo_2B_5 ($MoB_{2,5}$), welches rhombische Kristallstruktur haben könnte, mit r = 7,190 und α = 24° 10, vermutet R. Kiessling[2]

[1] Weiss, G.: Ann. Chim. 1 (1946), S. 446/525, Diss. Univ. Grenoble 1946; Andrieux, L. u. G. Weiss: Bull. Soc. Chim. France 15 (1948), S. 598/601.
[2] Kiessling, R.: Acta Chem. Scand. 1 (1947), S. 893/916.
[3] Steinitz, R.: Powder Met. Bull. 6 (1950), S. 54/56.

auch hexagonalen Kristallbau mit $a = 3{,}011$ Å, $c = 20{,}93$ Å. Die Röntgendichte beträgt $7{,}48$ g/cm³, die pyknometrische Dichte $8{,}01$ g/cm³. S. A. Tucker und H. R. Moody[1] geben für ihr Borid Mo_3B_4 eine Dichte von $7{,}1$ g/cm³ an.

Das von R. Steinitz[2] sowie F. Bertaut und P. Blum[3] angegebene MoB_2 hat hexagonale Struktur (C 32-Typ) mit Gitterkonstanten $a = 3{,}05$ Å und $c = 3{,}113$ Å.

Die Härte von Mo_2B beträgt nach G. Weiss[4] 8 bis 9 nach Mohs, von MoB 8. Nach L. Andrieux[5] ist Mo_2B_5 nicht hart. Die Mikrohärten bei 100 g Belastung betragen nach E. R. Honak[6,7] für Mo_2B 1660 kg/mm², für MoB 1570 kg/mm² und für MoB_2 1280 kg/mm².

Die Schmelzpunkte der verschiedenen Boridphasen sind dem Zustandsschaubild Abb. 96 zu entnehmen.

Der elektrische Widerstand beträgt nach F. W. Glaser[8] für MoB 50 Mikroohm · cm, für Mo_2B_5 22,5 Mikroohm · cm. Nach Untersuchungen von J. K. Hulm und B. T. Matthias[9] wird MoB bei $4{,}4°$ K supraleitend. Mo_2B_5 ist bis $1{,}32°$ K nicht supraleitend.

9. Wolframborid

a) Herstellung

Nach H. Moissan[10] bildet Wolfram und Bor im elektrischen Lichtbogen eine sehr harte Legierung. Durch Zusammenschmelzen und Sintern im Lichtbogen von Wolfram-Bor-Gemischen wollen S. A. Tucker und H. R. Moody[11] und E. Wedekind[12] ein Wolframborid der Formel WB_2 erhalten haben.

Die Abscheidung von Wolframborid gelingt nach K. Moers[13] nach dem Aufwachsverfahren aus den bei Tantal beschriebenen

---

[1] Tucker, S. A. u. H. R. Moody: Proc. chem. Soc. 17 (1901), S. 129/30, J. chem. Soc. 81 (1902), S. 14/17.

[2] Steinitz, R.: Powder Met. Bull. 6 (1950), S. 54/56.

[3] Bertaut, F. u. P. Blum: Acta Cryst. 4 (1951), S. 72.

[4] Weiss, G.: Ann. Chim. 1 (1946), S. 446/525. Diss. Univ. Grenoble 1946; Andrieux, L. u. G. Weiss: Bull. Soc. Chim. France 15 (1948), S. 598/601.

[5] Andrieux, L.: Diss. Univ. Paris 1929.

[6] Honak, E. R.: Diss.Techn.-Hochschule Graz 1951.

[7] Kieffer, R., F. Benesovsky u. E. R. Honak: Z. anorg. allg. Chem. 268 (1952), S. 191/200.

[8] Glaser, F. W.: J. Metals 4 (1952), S. 391/96.

[9] Hulm, J. K. u. B. T. Matthias: Phys. Rev. 82 (1951), S. 273/74.

[10] Moissan, H.: Compt. rend. 123 (1896), S. 13/16.

[11] Tucker, S. A. u. H. R. Moody: Proc. chem. Soc. 17 (1901), S. 129/30.

[12] Wedekind, E.: Ber. d. Chem. Ges. 46 (1913), S. 1198/1207.

[13] Moers, K.: Z. anorg. allg. Chem. 198 (1931), S. 243/61.

Gründen nicht (s. S. 272). Es scheidet sich neben einem Borid immer metallisches Wolfram ab.

Aus Salzgemischen, bestehend aus $\frac{1}{9}\,WO_3 + 2\,B_2O_3Na_2O + NaF$, hat G. Weiss[1] bei 960° ein gut kristallisiertes Borid mit 5,1 bis 5,4% B und 93,9 bis 94,5% W, entsprechend der Formel WB, abgeschieden (theoretisch 5,56% B). Die Zusammensetzung des abgeschiedenen Borids ist im allgemeinen unabhängig vom Gehalt des Bades an WO_3. In einigen Fällen wurden allerdings Präparate mit einem höheren Borgehalt, als der Formel WB entspricht, erhalten.

In einem Wolframrohr-Vakuumofen hat C. Agte[2] W und B im entsprechenden Mischungsverhältnis auf 1800 bis 2000° erhitzt und dabei ein Borid der vermutlichen Formel WB erhalten.

Bei der aluminothermischen Umsetzung von WO_3 mit B_2O_3, Al, und S bildet sich nach F. Halla und W. Thury[3] das Borid WB_2, welches allerdings aus dem Reaktionsprodukt nur schwierig in Form undurchsichtiger, dunkelbrauner, metallischer, hexagonaler Täfelchen zu isolieren ist.

Wolfram-Bor-Legierungen mit bis zu 71,4 Atom-% B hat R. Kiessling[4] durch 48stündige Umsetzung von W-Pulver mit reinem Bor in evakuierten Quarzrohren bei 1200° hergestellt. Preßlinge aus Mischungen von Wolfram und Bor wurden auch kurzzeitig im Magnesiatiegel im Vakuumofen auf 1500 bis 1600° erhitzt. L. Brewer und Mitarbeiter[5] erzeugten die Boride W_2B, WB und W_2B_5 aus den Komponenten durch Sintern unter Argon in Molybdäntiegeln.

Nach I. E. Campbell und Mitarbeiter[6] gelingt es, Wolframboridschichten durch Umsetzung von metallischen Wolfram-Aufwachsschichten mit BCl_2 in Gegenwart von Wasserstoff in einer Apparatur gemäß Abb. 14, S. 51 zu erzeugen. Nach C. W. Tobias und St. Naray-Szabo[7] haben Borüberzüge auf Wolframdrähten

[1] Weiss, G.: Diss. Univ. Grenoble 1946, Ann. Chim. 1 (1946), S. 446/525; Andrieux, L.: Diss. Univ. Paris 1929; Andrieux, L. u. G. Weiss: Bull. Soc. chim. France 15 (1948), S. 598/601.

[2] Agte, C.; Diss. Techn. Hochsch. Berlin 1931.

[3] Halla, F. u. W. Thury: Z. anorg. allg. Chem. 249 (1942), S. 229/37.

[4] Kiessling, R.: Acta Chem. Scand. 1 (1947), S. 893/916.

[5] Brewer, L., D. L. Sawyer, D. H. Templeton u. C. H. Dauben: J. Am. ceram. Soc. 34 (1951), S. 173/79.

[6] Campbell, I. E., C. F. Powell, D. H. Nowicki u. B. W. Gonser: J. Electrochem. Soc. 96 (1949), S. 318/33.

[7] Tobias, C.W. u. St.Naray-Szabo: J. Am. chem. Soc. 71 (1949), S.1882/83·

je nach Abscheidungsbedingungen verschiedenartige Struktur; Wolframboride sollen sich keine bilden.

Beim Heißpressen von Mischungen aus Wolfram bzw. Wolframkarbid und Bor oder Borkarbid entstehen nach F. W. Glaser[1] WB
und W_2B_5. Bei höheren Temperaturen ist dabei eine β-Modifikation
des WB beständig.

b) Das System Wolfram-Bor

Durch röntgenographische Untersuchungen von R. Kiessling[2]
erscheinen die Verhältnisse im System W-B grundsätzlich geklärt. Die
auftretenden drei Phasen ähneln außerordentlich jenen im System
Molybdän-Bor.

Die Löslichkeit von Bor in Wolfram ist sehr gering. Die γ-Phase,
welche bei 33,3 Atom-% B homogen ist und der Formel W_2B entspricht, hat tetragonale Kristallstruktur ($CuAl_2$-Struktur, C 16-Typ).
Sie ist isotyp mit Mo_2B, Fe_2B, Co_2B und Ni_2B. Die δ-Phase mit
einem Existenzbereich von 48 bis 51 Atom-% B entspricht der Formel
WB. Sie hat ebenfalls tetragonale Kristallstruktur. In Analogie zu
den Verhältnissen im System MoB haben B. Post und F. W. Glaser[1,3]
im System WB eine Hochtemperaturmodifikation (β) des WB (Um-
wandlungspunkt etwa 1850°) mit orthorombischem Gitter (isotyp
mit CrB) gefunden. Die ε-Phase ist nach R. Kiessling bei etwa
67 bis 68 Atom-% homogen. Sie hat hexagonale Struktur und
entspricht etwa der Formel W_2B_5 ($WB_{2,5}$). Das dem MoB_2 analoge
WB_2 konnte bisher noch nicht gefunden werden. Die Schmelzpunkte
der Eutektika zwischen den drei Wolframboriden liegen über 2000°.
Die Schmelzpunkte der reinen Boride, welche unzersetzt schmelzen,
liegen demzufolge weit höher[4].

c) Eigenschaften

Wolframborid der chemischen Formel WB ist meist ein graues
metallisches Pulver. Durch Schmelzflußelektrolyse abgeschieden,
sind es gut ausgebildete, metallisch glänzende Kriställchen.

Wolframborid wird von HCl nicht angegriffen. H_2SO_4 und HNO_3
lösen nur in der Wärme. Königswasser löst insbesondere in Gegenwart von HF leicht. Schmelzende Alkalihydroxyde und Nitrite
reagieren leicht[5].

---

[1] Glaser, F. W.: J. Metals 4 (1952), S. 391/96.
[2] Kiessling, R.: Acta Chem. Scand. 1 (1947), S. 893/916.
[3] Post, B. u. F. W. Glaser: J. Chem. Phys. 20 (1952), S. 1050/51.
[4] Brewer, L., D. L. Sawyer, D. H. Templeton u. C. H. Dauben:
J. Am. ceram. Soc. 34 (1951), S. 173/79.
[5] Weiss, G.: Diss. Univ. Grenoble 1946, Ann. Chim. 1 (1946), S. 446/525.

W_2B wird von Ti, Ta und Zr reduziert. Mit Kohlenstoff bildet es bei 1990° WB und WC[1].

Nach R. Kiessling[2] hat W_2B tetragonale Kristallstruktur ($CuAl_2$-Struktur, C 16-Typ) mit den Gitterkonstanten a = 5,564 Å, c = 4,740 Å. Die Röntgendichte beträgt 16,72 g/cm³. Die pyknometrische Dichte ist 16,0 g/cm³. W_2B ist bis 2150° unter Argon beständig[1].

Das Borid WB hat ebenfalls tetragonale Kristallstruktur mit Gitterkonstanten a = 3,115 Å und c = 16,92 Å. Die Röntgendichte beträgt 16,0 g/cm³. Die pyknometrische Dichte ist 15,3 g/cm³. G. Weiss[3] gibt für WB eine Dichte von 15,1 g/cm³ an. Die Hochtemperaturmodifikation, das β-WB, hat nach B. Post und F. W. Glaser[4] orthorhombisches Gitter (CrB-Typ) mit den Gitterkonstanten a = 3,19 Å, b = 8,40 Å und c = 3,07 Å.

Das von R. Kiessling[2] gefundene Borid W_2B_5 ($WB_{2,5}$) hat hexagonale Kristallstruktur mit Gitterkonstanten a = 2,982 Å und c = = 13,87 Å. Die Röntgendichte beträgt demnach 13,1 g/cm³. Die pyknometrische Dichte beträgt 11,0 g/cm³. An einem Wolframborid der Formel WB_2 hat E. Wedekind[5] eine Dichte von 10,77 g/cm³ ermittelt. F. Halla und W. Thury[6] geben für dieses Borid Dichten von 13,1 bis 13,6 g/cm³ und Gitterkonstanten von wahlweise a = 6,35 (8,24) Å, c = 16,4 (15,6) Å an.

Die Härte von WB beträgt nach G. Weiss[3] 9 nach Mohs.

E. R. Honak[7] hat für W_2B einen Schmelzpunkt von 2770 $\pm$ 80°, für WB einen solchen von 2860 $\pm$ 80° bestimmt.

C. Agte[8] hat den Schmelzpunkt eines Preßlings der Zusammensetzung WB mit 2920 $\pm$ 50° (?) ermittelt. Nach neueren Angaben zersetzt sich WB schon bei 2040°, W_2B_5 bei 1810° unter Argon beträchtlich[1].

F. W. Glaser[9] gibt für W_2B_5 einen elektrischen Widerstand von etwa 21 Mikroohm · cm an.

[1] Brewer, L., D. L. Sawyer, D. H. Templeton u. C. H. Dauben: J. Am. ceram. Soc. **34** (1951), S. 173/79.
[2] Kiessling, R.: Acta Chem. Scand. (1947), S. 893/916.
[3] Weiss, G.: Diss. Univ. Grenoble 1946, Ann. Chim. 1 (1946), S. 446/525.
[4] Post, B. u. F. W. Glaser: J. Chem. Phys. **20** (1952), S. 1050/51.
[5] Wedekind, E.: Ber. d. Chem. Ges. **46** (1913), S. 1206.
[6] Halla, F. u. W. Thury: Z. anorg. Chem. **249** (1942), S. 229/37.
[7] Honak, E. R.: Diss. Techn. Hochschule Graz 1951.
[8] Agte, C.: Diss. Techn. Hochsch. Berlin 1931.
[9] Glaser, F. W.: J. Metals **4** (1952), S. 391/96.

C. Boride der Actinide

1. Thoriumborid

a) Herstellung

G. Allard[1], M. v. Stackelberg und F. Neumann[2] sowie L. Andrieux[3] haben durch Schmelzflußelektrolyse ein Borid der Formel ThB_6 hergestellt. L. Brewer und Mitarbeiter[4] erhielten bei der Sinterung von Mischungen aus Thorium- und Borpulver ein Tetraborid ThB_4 und weitere Phasen mit kubischer Struktur, welche aber wahrscheinlich feste Lösungen von ThO_2 in Thoriumborid darstellten. Beim Heißpressen entsprechend zusammengesetzter Thorium-Bor-Gemenge bildet sich nach F. W. Glaser[5] ThB_6.

b) Das System Thorium-Bor

Im System Thorium-Bor existieren die Boride ThB_4 und ThB_6. Nach L. Brewer und Mitarbeitern[4] hat ThB_4 einen engen Homogenitätsbereich. Die eutektische Temperatur Th-ThB_4 beträgt etwa 1550°. Eine von L. H. Andersson und R. Kiessling[6] in Proben mit 50-Atom-% B gefundene Phase dürfte nach L. Brewer und Mitarbeitern[4] ThB_4 sein.

c) Eigenschaften

Die Struktur von ThB_6 wurde zuerst von G. Allard[1] untersucht und von M. v. Stackelberg und F. Neumann[2] geklärt. Es kristallisiert kubisch (CaB_6-Typ). Die Gitterkonstante beträgt a = 4,32 Å, die Röntgendichte 6,08 g/cm³, die gefundene Dichte 6,27 g/cm³. ThB_6 ist isotyp mit den Hexaboriden der seltenen Erden und Erdalkalien. Die Struktur ist sehr *ähnlich* dem Aufbau des UB_{12} und ZrB_{12} (s. S. 289).

Das Borid ThB_4 hat nach A. Zalkin und D. H. Templeton[7] tetragonale Struktur mit Gitterkonstanten a = 7,256 Å und c = 4,113 Å; diese entsprechen einer Röntgendichte von

---

[1] Allard, G.: Compt. rend. **189** (1929), S. 108.

[2] v. Stackelberg, M. u. F. Neumann: Z. physik. Chem. **B 19** (1932), S. 314/20.

[3] Andrieux, L.: Diss. Univ. Paris 1929, Ann. Chim. (10) **12** (1929), S. 423 bis 507.

[4] Brewer, L., D. L. Sawyer, D. H. Templeton u. C. H. Dauben: J. Am. ceram. Soc. **34** (1951), S. 173/79.

[5] Glaser, F. W.: J. Metals **4** (1952), S. 391/96.

[6] Andersson, L. H. u. R. Kiessling: Acta Chem. Scand. **4** (1950), S. 160/64.

[7] Zalkin, A. u. D. H. Templeton: J. Chem. Phys. **18** (1950), S. 391.

8,45 g/cm³. Das ThB_4 ist isotyp mit den Tetraboriden des Urans und Cers.

Das ThB_4 schmilzt bei etwa 2500°, das ThB_6 zersetzt sich beim Schmelzen[1].

Das Thermoemissionsvermögen von ThB_6-Kathoden wurde von J. M. Lafferty[2] gemessen.

2. Uranborid

a) Herstellung

E. Wedekind und O. Jochem[3] haben Bor und Uran im atomaren Verhältnis 1 : 2 zusammengesintert und dann im Lichtbogen geschmolzen. Das erhaltene Produkt hatte 8,33% B (UB_2 8,33% B).

Bei der Schmelzelektrolyse eines Salzgemisches von $\frac{1}{20}$ U_3O_8 + + $2\,B_2O_3$ + MgO + MgF_2 bzw. CaO + CaF_2 oder LiO + LiF erhält man nach L. Andrieux[4] bei Temperaturen von 950 bis 1000° metallisch glänzende prismatische Kriställchen der chemischen Formel UB_4.

L. Andrieux und P. Blum[5] haben nach der gleichen Methode Mischungen von UB_4 und UB_{12} abgeschieden, aus denen das letztere chemisch isoliert werden kann.

Durch Vakuumsinterung von Mischungen aus Uranmetall und Bor bei 1500° hat L. Brewer[1] Boride der Formel UB_2 und UB_4 erzeugt.

b) Das System Uran-Bor

Die Verhältnisse im System Uran-Bor sind noch nicht vollkommen geklärt. Es dürften mit Sicherheit die Verbindungen UB_2, UB_4 und UB_{12} existieren[6].

Die Temperatur des Eutektikums U-UB_2 liegt sehr nahe der Schmelztemperatur des reinen Urans von 1132°[1].

Die Größe der Elementarzelle der Verbindung UB_4 wurde von F. Bertaut und P. Blum[7] bestimmt. Neuestens ist die Struk-

---

[1] Brewer, L., D. L. Sawyer, D. H. Templeton u. C. H. Dauben: J. Am. ceram. Soc. **34** (1951), S. 173/79.

[2] Lafferty, J. M.: Phys. Rev. **79** (1950), S. 1012.

[3] Wedekind, E. u. O. Jochem: Ber. d. chem. Ges. **46** (1913), S. 1204/05.

[4] Andrieux, L.: Diss. Univ. Paris 1929, Rev. Met. **45** (1948), S. 49/59.

[5] Andrieux, L. u. P. Blum: Compt. rend. **229** (1949), S. 210/12.

[6] Katz, J. J. u. E. Rabinowitch: The Chemistry of Uranium, McGraw Hill, New York 1951, S. 214/15.

[7] Bertaut, F. u. P. Blum: Compt. rend. **229** (1949), S. 666/67.

tur des Borides UB_4 von A. Zalkin und D. H. Templeton[1]
auf Grund röntgenographischer Untersuchungen geklärt worden.
Es hat tetragonales Kristallgitter und stellt einen besonderen Strukturtyp dar (UB_4-Typ). Der Schmelzpunkt des Eutektikums UB_2-UB_4
muß bedeutend höher als 1570° liegen. UB_2 schmilzt niedriger als
UB_4. Von L. Andrieux und P. Blum[2] wurde auch ein Borid der
Formel UB_{12} gefunden und dessen Struktur bestimmt[3]. Die Verbindungen UB_2, UB_4 wurden neuerdings von L. Brewer und Mitarbeitern[4] bestätigt, das UB_{12} konnte in Sinterkörpern nicht gefunden
werden, da es sich wahrscheinlich bei der Sintertemperatur von
1500° rasch zersetzt.

c) Eigenschaften

Uranborid der Formel UB_2 mit 8,33% B fällt meist als ein graues,
metallisches Pulver an. Durch Schmelzelektrolyse hergestelltes UB_4
bildet metallisch glänzende graue Kriställchen.

Die Boride UB_4 und UB_{12} werden in $HNO_3 + H_2O_2$ leicht gelöst.
Superoxyde reagieren heftig[2,5]. Während das UB_4 von HCl und HF
gelöst wird, ist das Borid UB_{12} gegen kochende HCl und HF beständig;
eine Trennung ist daher möglich. Kochende konzentrierte H_2SO_4
greift UB_{12} sehr langsam, UB_4 dagegen rasch an.

Das Uranborid UB_2 hat nach A. H. Daane und N. C. Baenziger[6]
einfach hexagonale Struktur (AlB_2-Struktur, C 32-Typ) und ist
isotyp mit den anderen Diboriden der Übergangsmetalle[4]. Die Gitterkonstanten betragen a = 3,136 Å und c = 3,988 Å entsprechend einer
Röntgendichte von 12,71 g/cm³.

Das Borid UB_4 ist nach F. Bertaut und P. Blum[3] sowie A. Zalkin und D. H. Templeton[1] tetragonal und isotyp mit ThB_4. Die
Gitterkonstanten betragen a = 7,075 Å, c = 3,979 Å, daraus die
Röntgendichte 9,38 g/cm³. L. Andrieux und P. Blum[2] bestimmten
die Dichte zu 9,32 g/cm³.

Das Borid UB_{12} hat nach F. Bertaut und P. Blum[3] kubisch
flächenzentriertes Gitter mit a = 7,473 Å. Die Röntgendichte beträgt 5,825 g/cm³, die gefundene Dichte 5,65 g/cm³. Die Struktur
des UB_{12} ist identisch mit jener des letzthin aufgefundenen ZrB_{12}
(s. S. 287). Isotype Boride anderer Übergangsmetalle wurden bisher

---

[1] Zalkin, A. u. D. H. Templeton: J. Chem. Phys. **18** (1950), S. 391.
[2] Andrieux, L. u. P. Blum: Compt. rend. **229** (1949), S. 210/12.
[3] Bertaut, F. u. P. Blum: Compt. Rend. **229** (1949), S. 666/67.
[4] Brewer, L., D. L. Sawyer, D. H. Templeton u. C. H. Dauben:
J. Am. ceram. Soc. **34** (1951), S. 173/79.
[5] Andrieux, L.: Diss. Univ. Paris 1929, Ann. Chim. (10) **12** (1929), S. 423
bis 507, Rev. Mét. **45** (1948), S. 49/50.
[6] Daane, A. H. u. N. C. Baenziger: US. AEC Report 1 SC-53 (1949).

nicht gefunden. Bemerkenswert dabei ist, daß U und Zr fast gleiche Atomradien haben.

D. Zusammenfassung der Eigenschaften der Boride

In Zahlentafel 59 sind die Strukturen und Gitterkonstanten der heute bekannten Boride der Metalle der 4., 5. und 6. Gruppe des

Zahlentafel 59. *Struktur und Gitterkonstanten der Boride*

Borid	Kristallsystem	Strukturtyp	Gitterkonstanten $\mathring{A}$
Ti_2B	tetragonal		a = 6,11 c = 4,56
TiB	kubisch fl.-z.	B1	a = 4,24
TiB_2	hexagonal	C 32	a = 3,026 c = 3,213
Ti_2B_5	hexagonal	W_2B_5-Typ	a = 2,98 c = 13,98
ZrB	kubisch fl.-z.	B1	a = 4,68
ZrB_2.......	hexagonal	C 32	a = 3,169 c = 3,530
ZrB_{12}	kubisch fl.-z.	UB_{12}-Typ	a = 7,408
HfB_2	hexagonal	C 32	a = 3,141 .c = 3,470
VB	orthorhombisch	CrB-Typ	a = 3,14 b = 3,24 c = 3,00
VB_2	hexagonal	C 32	a = 2,998 c = 3,057
Nb_3B	n. b.		
Nb_2B	n. b.		
NbB.......	orthorhombisch	CrB-Typ	a = 3,298 b = 8,724 c = 3,166
Nb_3B_4	orthorhombisch		a = 3,305 b = 14,08 c = 3,137
NbB_2	hexagonal	C 32	a = 3,086 c = 3,306
Ta_3B	n. b.		
Ta_2B	tetragonal	C 16	a = 5,778 c = 4,864
TaB	orthorhombisch	CrB-Typ	a = 3,276 b = 8,669 c = 3,157
Ta_3B_4......	orthorhombisch		a = 3,29 b = 14,0 c = 3,13

Borid	Kristallsystem	Strukturtyp	Gitterkonstanten Å
TaB_2	hexagonal	C 32	a = 3,078 c = 3,265
Cr_2B	orthorhombisch		a = 14,7 b = 7,34 c = 4,29
Cr_3B_2	n. b.		
CrB	orthorhombisch	CrB-Typ	a = 2,969 b = 7,858 c = 2,932
Cr_3B_4	orthorhombisch		a = 2,984 b = 13,02 c = 2,954
CrB_2	hexagonal	C 32	a = 2,969 c = 3,066
Mo_2B	tetragonal	C 16	a = 5,543 c = 4,735
MoB	tetragonal	MoB-Typ	a = 3,110 c = 16,95
β-MoB	orthorhombisch	CrB-Typ	a = 3,16 b = 8,61 c = 3,08
Mo_2B_5	hexagonal		a = 3,011 c = 20,93
MoB_2	hexagonal	C 32	a = 3,05 c = 3,113
W_2B	tetragonal	C 16	a = 5,564 c = 4,740
WB	tetragonal	MoB-Typ	a = 3,115 c = 16,93
β-WB	orthorhombisch	CrB-Typ	a = 3,19 b = 8,40 c = 3,07
W_2B_5	hexagonal	W_2B_5-Typ	a = 2,982 c = 13,87

Periodensystems zusammengestellt[1]. Zahlentafel 60 enthält Angaben über Dichte, Härte, Schmelzpunkt, elektrischen Widerstand und Wärmeleitfähigkeit einiger Boride.

Weitere Einzelheiten vgl. die Einzelboride und die Literatur[2].

---

[1] Kiessling, R.: Acta Chem. Scand. 4 (1950), S. 209/27.
[2] Biltz, W.: Raumchemie der festen Stoffe. L. Voss, Leipzig 1934, S. 103/04.

Zahlentafel 60. *Eigenschaften der Boride*

Borid	Dichte g/cm³ gefunden	Härte Mohs	Mikrohärte kg/mm² (100 g Belastung)	Schmelzpunkt °C	El. Widerstand Mikro- ohm · cm	Wärmeleit- fähigkeit cal/cm·s·°C
TiB_2 ...	4,40	9	3400*	2900 ± 80	15,2	0,0624
ZrB_2 ...	6,17	8	2200*	2990 ± 50	9,2	0,0550
HfB_2 ...	—	—	—	~ 3060	10	—
VB_2	5,1	8 bis 9	—	2100 ± 60	16	—
NbB_2 ...	6,6	+ 8	—	~ 2900	32	0,040
TaB_2 ...	11,7	+ 8	—	~ 3000	68	0,026
Cr_3B_2 ...	6,14	9	—	1960 ± 50	—	—
CrB	6,05	8,5	—	1550 ± 50	64	—
CrB_2	5,60	—	1800	1850 ± 50	21	—
Mo_2B ...	9,1	8 bis 9	1660	1850 ± 50	40	—
MoB	8,3	8	1570	1930 ± 60	50	—
MoB_2 ...	8,0	—	1380	2250 ± 60	45	—
W_2B	16,0	—	—	2770 ± 80	—	—
WB	15,3	9	—	2860 ± 80	—	—

* 50 g Belastung

E. Die Systeme Borid-Borid

Die meisten Systeme zwischen den verschiedenen Boriden der Metalle der 4., 5. und 6. Gruppe des Periodensystems sind bisher noch nicht näher untersucht worden. In Analogie zu den Ergebnissen der Systemuntersuchungen der entsprechenden Karbide und Nitride kann man schließlich annehmen, daß die Diboride des Titans, Zirkons und Hafniums einerseits und Vanadins, Niobs und Tantal andererseits, welche alle gleiche Kristallstruktur haben (hexagonal, AlB_2-Typ), untereinander unbegrenzt mischbar sind. Zwischen den nicht isotypen Boriden der Metalle der 4. und 5. Gruppe einerseits und der 6. Gruppe andererseits dürfte wegen der verschiedenen Kristall-struktur, ähnlich wie bei den entsprechenden Karbidsystemen, keine oder nur begrenzte Mischbarkeit zu erwarten sein[1]. Die Verhältnisse werden hier allerdings dadurch kompliziert, daß verschiedene Metalle, wie z. B. Tantal, Chrom, Molybdän und Wolfram, mehrere, genau definierte Boride mit verschiedener Kristallstruktur bilden können.

Durch Versuche wurde von R. Steinitz[2] festgestellt, daß β-MoB und MoB_2 in CrB löslich sind. So zeigen bei 1900° gesinterte Mischungen von MoB und CrB im Verhältnis 1 : 1 nur die Linien der CrB-Struktur, woraus man auf die Existenz einer isotypen β-MoB-Phase schließen

---

[1] Kieffer, R.: Vortrag Plansee-Seminar, Reutte/Tirol 1952.
[2] Steinitz, R.: Powder Met. Bull. **6** (1951), S. 54/56.

kann. (Vgl. die analogen Verhältnisse bei MoC-WC-Mischkristallen, die von W. Dawihl[1] hergestellt wurden.) Durch Anwesenheit geringer Mengen TiB_2 wird die Umwandlung des MoB in die β-Modifikation begünstigt. WB und MoB sind ferner weitgehend in ZrB_2 löslich, wenn überschüssiges Bor zugesetzt wird.

Bei der Umsetzung von W_2B mit Zirkon und Tantal bilden sich nach L. Brewer und Mitarbeitern[2] Boridphasen des Zirkons bzw. Tantals neben Wolfram. Bei der Reaktion von W_2B mit Titan bildet sich kein TiB_2, sondern es entsteht vielleicht eine Ti-W-B-Phase.

An heißgepreßten Proben aus Mischungen von TiB_2 und ZrB_2 konnte W. Schedler[3,4] metallographisch und röntgenographisch vollkommene Mischbarkeit feststellen.

F. Die Systeme Borid-Karbid

Die Systeme der Übergangsmetalle der 4. bis 6. Gruppe des Periodensystems mit Bor und Kohlenstoff sind in letzter Zeit Gegenstand zahlreicher Untersuchungen gewesen. Wegen der Vielzahl der möglichen Boridphasen sind die Verhältnisse recht verwickelt und in gewissen Systemen hat man bei der Umsetzung der Komponenten sogar eine Reihe neuer Boridphasen entdeckt[5,6].

R. Steinitz[7] und F. W. Glaser[5,8] konnten feststellen, daß die Diboride des Titan und Tantals in Gegenwart von Kohlenstoff beständig sind und daher aus den Komponenten in Graphittiegeln hergestellt werden können. Beim Versuch, die Monoboride TiB bzw. TaB in Gegenwart von Kohlenstoff herzustellen, bilden sich aber die entsprechenden Diboride und Karbide.

Bei der Umsetzung von W_2B mit C bilden sich nach L. Brewer und Mitarbeitern[2] WB und WC.

J. A. Nelson und Mitarbeiter[9] haben die Reaktion von Borkarbid mit Titankarbid untersucht. Dabei bildet sich bei 1200° stets TiB_2.

[1] Dawihl, W.: Z. anorg. Chem. **262** (1950), S. 212/17.

[2] Brewer, L., D. L. Sawyer, D. H. Templeton u. C. H. Dauben: J. Am. ceram. Soc. **34** (1951), S. 173/79.

[3] Schedler, W.: Diss. Techn. Hochschule Graz 1952.

[4] Nowotny, H.: Vortrag Verein Österr. Chem., Graz 1952; Planseeber. 1 (1953), S. 43/60.

[5] Glaser, F. W.: J. Metals 4 (1952), S. 391/96.

[6] Post, B. u. F. W. Glaser: J. Chem. Phys. 20 (1952), S. 1050/51.

[7] Steinitz, R.: Powder Met. Bull. **6** (1951), S. 54/56.

[8] Glaser, F. W.: Powder Met. Bull. **6** (1951), S. 51/54.

[9] Nelson, J. A., T. A. Willmore u. R. C. Womeldorph: J. Electrochem. Soc. **96** (1951), S. 465/73.

Das gleiche Ergebnis erzielten H. M. Greenhouse und Mitarbeiter[1]. Wenn das gesamte Karbid umgesetzt ist, dann tritt bei einer Reaktionstemperatur von 2000° neben dem TiB_2 eine neue höhere Ti-B-Phase auf.

Boride und Karbide scheinen nicht mischbar zu sein. C und B können sich anscheinend in den verschiedenen Hartstoffphasen nicht substituieren, obwohl Umsetzungen zwischen Boriden und Karbiden bei hohen Temperaturen die Regel sind[2].

Eine systematische Untersuchung der Metall-Bor-Kohlenstoffsysteme hat neuerdings F. W. Glaser[3] durchgeführt. Durch röntgenographische Untersuchung von Heißpreßkörpern aus den Metallen, Metallhydriden bzw. Metallkarbiden mit Bor oder Borkarbid konnte festgestellt werden, daß sich stets Boridphasen bilden und die Boride demnach beständiger sind als die entsprechenden Karbide. Unabhängig von der Form, in welcher der Kohlenstoff zugeführt wird (Graphit, Metallkarbid oder Borkarbid), bilden sich bei den Metallen Ti, Zr, V, Nb und Ta stets die Diboride · dieser Metalle. Bei den Metallen der 6. Gruppe Cr, Mo und W bilden sich, je nach der Menge

Zahlentafel 61. *Verhalten von Boriden gegen Kohlenstoff* (F. W. Glaser)

Metall	M_3B	M_2B	M_3B_2	MB	M_3B_4	MB_2	M_2B_5	MB_4	MB_6	MB_{12}
Ti......	—	U	—	U	—	B	U	—	—	—
Zr	—	—	—	U	—	B	—	—	—	U*
Hf......	—	—	—	—	—	—	—	—	—	—
V	—	—	—	U	—	B**	—	—	—	—
Nb	U	U	—	U	U	B**	—	—	—	—
Ta......	U	U	—	U	U	B**	—	—	—	—
Cr	—	B	B	B	B	B	—	—	—	—
Mo	—	B	B*	B* B	—	B*	B	—	—	—
W	—	B	—	B* B	—	—	B	—	—	—
Th......	—	—	—	—	—	—	—	U	B	—

U = Unbeständig in Gegenwart von Kohlenstoff

B = Beständig in Gegenwart von Kohlenstoff

* Nur bei hoher Temperatur beständig (Hochtemperaturmodifikation)

** Zersetzt sich beim Schmelzen unter Bildung des Monoborides + Bor

[1] Greenhouse, H. M., O. E. Accountius u. H. H. Sisler: J. Am. chem. Soc. **73** (1951), S. 5086/87.

[2] Kieffer, R.: Vortrag Plansee-Seminar, Reutte/Tirol 1952.

[3] Glaser, F. W.: J. Metals **4** (1952), S. 391/96.

des zugesetzten Bors, auch andere Boridphasen. Im System Th-C-B tritt das Hexaborid auf.

Die Ergebnisse der Untersuchungen von F. W. Glaser[1] sind in Zahlentafel 61 zusammengefaßt.

G. Die Systeme Borid-Nitrid

Die Systeme Borid-Nitrid der Metalle der 4., 5. und 6. Gruppe des Periodensystems sind bisher noch nicht untersucht worden. Im Hinblick darauf, daß die meisten Boride auch nitridhaltig sind, dürften Untersuchungen dieser Systemgruppe von Interesse sein.

Bei der Behandlung von verschiedenen Chromboriden und Wolframboriden im Ammoniakstrom bei höherer Temperatur fand R. Kiessling[2], daß eine Zersetzung der Boride stattfindet und sich Metallnitride und Bornitrid bilden. Die Beständigkeit des Ausgangsborides ist stark abhängig von der Zusammensetzung und nimmt mit steigendem Borgehalt der Phase zu.

VI. Die Silizide

Die Silizide der 4., 5. und 6. Gruppe des Periodensystems haben zum Teil auch hohe Härten, hohe Schmelzpunkte, metallischen Charakter und gute Korrosions- und Zunderbeständigkeit. Ihre Struktur ist im Gegensatz zu den Karbiden und Nitriden verwickelter Natur und es liegen Analogien zu den Boriden vor. Die bis heute verhältnismäßig wenig durchforschte Stoffgruppe der Silizide dürfte wegen der genannten günstigen chemischen Eigenschaften für das Gebiet der hochwarm- und -zunderfesten Werkstoffe von besonderer Bedeutung sein.

A. Herstellung der Silizide

Fast alle in den vorangehenden Kapiteln für die Darstellung der Karbide und Boride beschriebenen Verfahren lassen sich auch auf die Gewinnung der Silizide übertragen. Silizium vereinigt sich, ähnlich wie Kohlenstoff und Bor, erst bei verhältnismäßig hohen Temperaturen mit den Metallen, wobei die Reaktionsgeschwindigkeit durch Anwendung feinstdisperser Gemenge der Komponenten beschleunigt werden kann. Silizium vermag auch unter denselben Bedingungen wie Kohlenstoff Metalloxyde zu reduzieren.

---

[1] Glaser, F. W.: J. Metals **4** (1952), S. 391/96.
[2] Kiessling, R. u. Y. H. Liu: J. Metals **3** (1951), S. 639/42.

Die wichtigsten Herstellungsverfahren für Silizide sind folgende:
1. Zusammenschmelzen und Sintern der Metalle mit Silizium.
2. Reduktion der Metalloxyde mit Silizium.
3. Umsetzung der Metalloxyde mit SiO_2 und C.
4. Aluminothermisches Verfahren.
5. Kupfersilizidverfahren.
6. Herstellung aus der Gasphase.
7. Schmelzflußelektrolyse.

Die den verschiedenen Herstellungsverfahren zugrunde liegenden schematischen Reaktionsgleichungen sind der Zahlentafel 62 zu entnehmen.

Zahlentafel 62. *Verfahren zur Herstellung von Siliziden*

Verfahren	Reaktionsschema

Synthese aus den Komponenten
  a) durch Schmelzen
  b) durch Sintern (Drucksintern)
	$Me + Si \rightarrow MeSi$
	$(MeH + Si \rightarrow MeSi + H_2)$

Umsetzung von Metalloxyden mit Si, SiC, SiO_2 (Silikate) $+$ C	$MeO + Si \rightarrow MeSi + SiO_2$ $MeO + SiC \rightarrow MeSi + CO$ $MeO + SiO_2 + C \rightarrow MeSi + CO$ $Me\text{-}Silikat + C \rightarrow MeSi + CO$
Alumino- bzw. magnesothermisches Verfahren	$MeO + Al\,(Mg) + SiO_2 + S \rightarrow$ $MeSi + Al\,(Mg)\text{-}S\text{-haltige Schlacken}$
Kupfersilizidverfahren	$(Cu\text{-}Si) + Me \rightarrow MeSi + (Cu)$ $(Cu\text{-}Si) + MeO \rightarrow MeSi + (Cu + CuO\text{-}SiO_2)$
Abscheidung aus der Gasphase	$Me + SiCl_4 + H_2 \rightarrow MeSi + HCl$
Schmelzflußelektrolyse	$K_2SiF_6 + MeO \rightarrow$ $MeSi + KF$

1. Direkte Vereinigung der Metalle mit Silizium durch Schmelzen oder Sintern

Die klassische Methode der Silizidherstellung ist das schon von H. Moissan[1] angegebene Zusammenschmelzen der reinen Metalle mit Silizium. Die Temperaturen, die dafür erforderlich sind, liegen sehr hoch, so daß in älteren Arbeiten der elektrische Lichtbogenofen oder der Kohlerohrkurzschlußofen verwendet wurde[2]. In Ermangelung reiner Metalle bzw. von reinem Silizium konnten ältere Forscher nur verhältnismäßig unreine Silizidpräparate erschmelzen[3].

---

[1] Moissan, H.: Der elektrische Ofen. Übersetzt von T. Zettel. M. Krayn, Berlin 1900.
[2] S. a. Damiens, A. u. A. Morette in P. Lebeau: Les hautes températures et leurs utilisation en chimie, Masson Paris 1950, Bd. 1, S. 507ff., 530/31.
[3] Warren, H. N.: Chem. News 78 (1898), S. 318/19.

Nach H. J. Wallbaum[1] gelingt die Herstellung der Silizide des Vanadins, Niobs und Tantals durch Sinterung pulverförmiger Mischungen der Komponenten in Al_2O_3-Tiegeln unter Argon oder im Vakuum schon bei verhältnismäßig niedrigen Temperaturen. Die exotherme Reaktion läuft sehr heftig ab, ohne daß die Produkte dabei schmelzen.

Beim Einsatz reiner Ausgangskomponenten erhält man reine Silizide in beliebiger, genau definierter Zusammensetzung. Die Verwendung der Metalle in Hydridform (z. B. Titanhydrid, Zirkonhydrid) erleichtern die Umsetzung[2]. Für Systemuntersuchungen haben L. Brewer und Mitarbeiter[3] Ta, Mo und W mit reinstem Si (99,87%) unter Argon im Hochfrequenzofen umgesetzt.

M. Hansen, H. D. Kessler und D. J. McPherson[4] haben für ihre· Untersuchungen des Systems Titan-Silizium sehr reine Legierungen in einem Lichtbogenofen mit Wolframelektrode unter Helium oder Argon erschmolzen.

Durch Drucksinterung von Metall-Silizium-Mischungen gelangt man zu praktisch dichten Silizidkörpern. E. Cerwenka[5,6] hat so Molybdänsilizide und die Disilizide der Metalle der 4., 5. und 6. Gruppe des Periodensystems, E. Gallistl[7,8] die Silizide des Wolframs und H. Schachner[9,10] die Silizide des Tantals hergestellt.

2. Reduktion der Metalloxyde mit Silizium

Silizium vermag, ähnlich wie Kohlenstoff, Metalloxyde zu reduzieren. Die Reaktion setzt erst bei sehr hohen Temperaturen ein[11-14]. Wegen der Trennung der gebildeten Kieselsäure und Schlacke von

---

[1] Wallbaum, H. J.: Z. Metallkde. 33 (1941), S. 778/81.

[2] Alexander, P. P.: Metals & Alloys 9 (1938), Juli, S. 179/81.

[3] Brewer, L., A. W. Searcy, D. H. Templeton u. C. H. Dauben: J. Am. ceram. Soc. 33 (1950), S. 291/94.

[4] Hansen, M., H. D. Kessler u. D. J. McPherson: Am. Soc. Met., Preprint Nr. 4 (1951).

[5] Cerwenka, E.: Diss. Techn. Hochsch. Graz 1951.

[6] Kieffer, R. u. E. Cerwenka: Z. Metallkde. 43 (1952), S. 101/05.

[7] Gallistl, E.: Diss. Techn. Hochschule Graz 1951.

[8] Kieffer, R., F. Benesovsky u. E. Gallistl: Z. Metallkde. 43 (1952), S. 284/91.

[9] Schachner, H.: Diss. Universität Wien 1953.

[10] Kieffer, R., F. Benesovsky u. H .Schachner: Z.Metallkde, demnächst.

[11] Moissan, H.: Compt. rend. 120 (1895), S. 290/96, 121 (1895), S. 621/26.

[12] Moissan, H. u. A. Holt: Compt. rend. 135 (1902), S. 78/81, 493/97.

[13] Wedekind, E.: Ber. d. chem. Ges. 35 (1902), S. 3929/32.

[14] Vigouroux, E.: Compt. rend. 127 (1898), S. 393/95, 129 (1899), S. 1238/39.

den Siliziden empfiehlt es sich, über den Schmelzpunkt des SiO_2 hinauszugehen.

3. Umsetzung der Metalloxyde mit SiO_2 in Gegenwart von Kohlenstoff

Die Reaktion von Metalloxyden mit SiO_2 oder Silikaten und C läuft unter ähnlichen Bedingungen ab wie unter 2. beschrieben, am besten also im elektrischen Lichtbogenofen[1]. Die Silizide fallen in Form gut geschmolzener Reguli an. An Stelle von SiO_2 ist auch der Zusatz von Siliziumkarbid vorgeschlagen worden[2].

Intermediär entsteht nach W. J. Kroll[3] auch Zirkonsilizid bei der Umsetzung von natürlichem Zirkonsilikat mit Kohlenstoff im elektrischen Lichtbogenofen zwecks Herstellung von Zirkonkarbid (s. S. 84).

4. Aluminothermisches Verfahren

Bei der thermitartigen Reaktion von Gemischen aus feinverteiltem Metalloxyd, Quarzmehl, Aluminium- oder Magnesiumgrieß und Schwefelblumen im Tontiegel erhält man gut geschmolzene Reguli, welche das Silizid des betreffenden Metalles in wohlausgebildeten Kriställchen enthalten. Durch abwechselnde Behandlung der erkalteten und zerkleinerten Schmelze mit verdünnter Salzsäure und Kalilauge können die Silizide isoliert werden. Der Schwefelzuschlag bezweckt die Bildung einer leicht flüssigen Schlacke an Stelle einer schwer schmelzenden Tonerdeschlacke. Die Sulfidschlacke hat außerdem den Vorteil, daß sie wasserzersetzlich ist und leicht vom Metallregulus abgetrennt werden kann.

Das aluminothermische Verfahren hat insbesondere O. Hönigschmid[4,5] zur Darstellung der meisten hier behandelten Silizide benutzt.

5. Umsetzung der Metalle mit Silizium in einem Kupferbad

Während die vorgenannten Schmelzverfahren zu Siliziden führen, die oft einen Überschuß an Silizium oder Metall enthalten und man daher bei Systemen mit mehreren Verbindungen oft nur zur höchsten

[1] Moissan, H.: Compt. rend. **121** (1895), S. 621/26.
[2] Frilley, R.: Rev. Mét. **8** (1911), S. 457/559.
[3] Kroll, W. J., A. W. Schlechten, W. R. Carmody, L. A. Yerkes, H. P. Helmes u. H. L. Gilbert: Trans. Electrochem. Soc. **92** (1947), S. 187/201.
[4] Hönigschmid, O.: Compt. rend. **143** (1906), S. 224/26, Mh. Chem. **27** (1906), S. 1067/69, **28** (1907), S. 1017/28.
[5] Hönigschmid, O.: Karbide und Silizide, W. Knapp, Halle/Saale 1914, S. 142.

oder niedrigsten Silizidstufe gelangen kann, erlaubt das von P. Lebeau[1] ausgearbeitete Kupfersilizidverfahren die Herstellung verhältnismäßig reiner Silizide bestimmter Zusammensetzung. Dabei wird Kupfer-Silizium mit dem Metall oder dem betreffenden Metalloxyd, dessen Silizid man herstellen will, zusammen eingetragen. Es bildet sich das Silizid, welches meist in Form gut ausgebildeter Kriställchen in der Kupferschmelze fein verteilt ist. Bei Einhaltung einer bestimmten Siliziumkonzentration im Kupferbad gegenüber einer bestimmten Menge Metall kann man nach O. Hönigschmid[2] Silizide von gewollter Zusammensetzung erhalten. Da die Silizide gegen Salpetersäure beständig sind, lassen sie sich durch chemische Behandlung aus dem erkalteten und zerkleinerten Regulus isolieren.

Nach dem Lebeauschen Verfahren gelingt es auch, Silizidmischungen bzw. -mischkristalle gleichzeitig zu bilden und anschließend zu isolieren.

Das Kupfersiliziumverfahren hat übrigens viele Ähnlichkeiten mit dem McKennaschen Menstruumverfahren zur Herstellung von Karbiden aus dem Nickel- oder Aluminiumbad (s. S. 54).

6. Einwirkung von Siliziumhalogeniden auf das Metall

Zur Darstellung der Silizide nach diesem Verfahren leitet man den Dampf eines Siliziumhalogenides, zweckmäßig $SiCl_4$, in Gegenwart von Wasserstoff über das hocherhitzte Metallpulver[3-5].

Man kann auch nach der von A. E. van Arkel[6] angegebenen Weise arbeiten und $SiCl_4$ in Gegenwart von Wasserstoff an entsprechend hoch erhitzten Drähten oder Gegenständen, welche aus dem betreffenden Metall bestehen, zersetzen (s. S. 47). Auch Aufwachsschichten aus den betreffenden Metallen lassen sich auf diese Weise silizieren. Nach diesem Verfahren wurden von I. E. Campbell und Mitarbeitern[7] eine Reihe von Siliziden unter den in Zahlen-

---

[1] Lebeau, P. u. J. Figueras: Compt. rend. **136** (1903), S. 1329/31.

[2] Hönigschmid, O.: Karbide und Silizide, W. Knapp, Halle/Saale 1914, S. 143.

[3] Vigouroux, E.: Compt. rend. **144** (1907), S. 83/85.

[4] Kieffer, R. u. E. Nachtigall: Heraeus-Festschrift, Hanau 1950, S. 186/205.

[5] Fitzer, E.: Berg- u. Hüttenmänn. Mh. **97** (1952), S. 81/91.

[6] van Arkel, A. E.: Physica **4** (1924), S. 286/301.

[7] Campbell, I. E., C. F. Powell, D. H. Nowicki u. B. W. Gonser: J. Electrochem. Soc. **96** (1949), S. 318/33.

tafel 63 angegebenen Bedingungen in einer Apparatur gemäß Abb. 14 abgeschieden. Wegen der guten Zunderbeständigkeit und vor allem

Zahlentafel 63. *Abscheidungsbedingungen für verschiedene Silizide nach dem Aufwachsverfahren* (I. E. Campbell, C. F. Powell, D. H. Nowicki u. B. W. Gonser)

Silizid[*]	Abscheidungsreaktion[**]	Abscheidungstemperatur °C
Titansilizid	$Ti + SiCl_4 + H_2 \rightarrow$ Ti-Silizid + HCl	1100 bis 1500
Zirkonsilizid	$Zr + SiCl_4 + H_2 \rightarrow$ Zr-Silizid + HCl	1100 bis 1500
Niobsilizid.............	$Nb + SiCl_4 + H_2 \rightarrow$ Nb-Silizid + HCl	1100 bis 1800
Tantalsilizid	$Ta + SiCl_4 + H_2 \rightarrow$ Ta-Silizid + HCl	1100 bis 1800
Chromsilizid	$Cr + SiCl_4 + H_2 \rightarrow$ Cr-Silizid + HCl	1100 bis 1400
Molybdänsilizid	$Mo + SiCl_4 + H_2 \rightarrow$ Mo-Silizid + HCl	1100 bis 1800
Wolframsilizid	$W + SiCl_4 + H_2 \rightarrow$ W-Silizid + HCl	1100 bis 1800

  [*] Verhältnis M : Si unbekannt, wahrscheinlich MSi_2-Phasen
 [**] Gasdruck: 1 Atmosphäre

chemischen Widerstandsfähigkeit dürfte davon insbesondere Molybdänsilizidschichten gewisse praktische Bedeutung zukommen[1-3].

Es besteht auch die Möglichkeit, Metallhalogeniddampf, z. B. $TiCl_4$, an reinem Siliziummetallpulver zu zersetzen und auf diese Weise Silizide für präparative Zwecke zu erhalten[4].

7. Herstellung durch Schmelzflußelektrolyse

Zersetzt man Salzschmelzen aus Alkalifluorsilikaten und entsprechenden Metalloxyden oder Metallfluoriden nach der von J. L. Andrieux[5] angegebenen Weise, dann erhält man an der Kathode gut ausgebildete Kriställchen der Metallsilizide. Bei der Zerlegung

[1] Beidler, E. A., C. F. Powell, I. E. Campbell u. L. F. Yntema: J. Electrochem. Soc. **98** (1951), S. 21/25.

[2] Kieffer, R. u. E. Nachtigall: Heraeus-Festschrift, Hanau 1950, S. 168/205.

[3] Fitzer, E.: Berg- u. Hüttenmänn. Mh. **97** (1952), S. 81/91.

[4] Levy, L.: Compt. rend. **121** (1895), S. 1148/50.

[5] Andrieux, J. L.: Rev. Mét. **45** (1948), S. 49/59; s. a. Andrieux, J. L. in P. Lebeau: Les hautes températures et leurs utilisation en chimie. Masson, Paris 1950, Bd. 1, S. 375/446.

des Silikates bildet sich metallisches Silizium, welches sich sofort mit dem durch die reduzierende Wirkung des Alkalis aus dem Oxyd freigemachten Metall vereinigt. Auf diese Weise wurden von M. Dodero[1] die Disilizide des Titans, Zirkons und Chroms ab-abgeschieden.

B. Die Einzelsilizide

1. Titansilizid

a) Herstellung

Durch Umsetzung von TiO_2 mit Silizium im elektrischen Ofen hat H. Moissan[2] ein sehr hartes Titansilizid unbestimmter Zusammensetzung erhalten. L. Levy[3] ließ $TiCl_4$-Dämpfe auf erhitztes Siliziummetall einwirken und erhielt geringe Mengen eines Silizides, dem er die Formel Ti_2Si zuschrieb.

Auf aluminothermischem Wege hat O. Hönigschmid[4] aus einem Gemisch von Quarz, Titankaliumfluorid, Aluminiumgrieß und Schwefel einen Regulus erzeugt, aus dem durch abwechselnde Behandlung mit HCl und verdünnter KOH gut ausgebildete Kriställchen eines Silizides $TiSi_2$ (53,9% Si) isoliert werden konnten. Die Einheitlichkeit eines von P. Askenasy und C. Ponnaz[5] hergestellten Silizides der Formel Ti_2Si_3 ist nicht bewiesen. Die ältere Literatur über die Herstellung von Titansiliziden wurde von L. Baraduc-Muller[6] zusammenfassend behandelt.

Bei der Schmelzflußelektrolyse eines Salzbades, welches $K_2SiF_6 +$ $+ \frac{1}{10} TiO_2$ enthält, scheidet sich nach M. Dodero[1] an der Kathode $TiSi_2$ in Form kleiner Kristalle ab.

Schwammförmiges Titansilizid erhält man nach P. P. Alexander[7] durch Umsetzung von Titanhydrid und Silizium. Der dabei entstehende nascierende Wasserstoff erleichtert die Reaktion wesentlich.

Legierungen von Titan mit 0,5 bis 10% Si haben E. I. Larsen und Mitarbeiter[8] durch Vakuumsinterung entsprechender Mischungen der Komponenten erhalten. Für Systemuntersuchungen haben

---

[1] Dodero, M.: Diss. Univ. Grenoble 1937.

[2] Moissan, H.: Compt. rend. **120** (1895), S. 290/96.

[3] Levy, L.: Compt. rend. **121** (1895), S. 1148/50.

[4] Hönigschmid, O.: Compt. rend. **143** (1906), S. 224/26.

[5] Askenasy, P. u. C. Ponnaz: Z. Elektrochem. **14** (1908), S. 810/11.

[6] Baraduc-Muller, L.: Rev. Mét. **7** (1910), S. 657/834.

[7] Alexander, P. P.: Metals & Alloys **9** (1938), Juli, S. 179/81.

[8] Larsen, E. I., E. F. Swazy, L. S. Busch u. R. H. Freyer: Report of Symposium on Titanium. Office of Naval Res., Washington 1949, S. 105/24.

M. Hansen, H. D. Kessler und D. J. McPherson[1] Ti-Si-Legierungen in einem Lichtbogenofen mit Wolframelektroden unter
Helium bzw. Argon erschmolzen.

I. E. Campbell und Mitarbeiter[2] haben Titansilizidschichten
aus der Gasphase durch Umsetzung von Titan mit $SiCl_4$ bei 1100
bis 1500° erzeugt. Angaben über die Zusammensetzung dieser Schichten werden nicht gemacht.

b) Das System Titan-Silizium

Das Zustandsdiagramm des Systems Titan-Silizium ist von
M. Hansen, H. D. Kessler und D. J. McPherson[1] aufgestellt

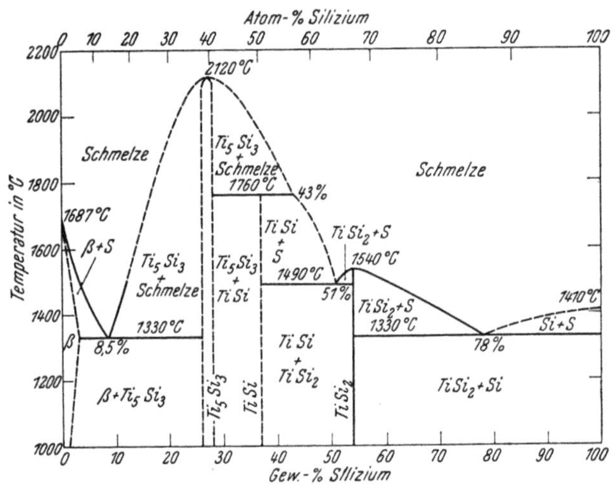

Abb. 97. Zustandsschaubild Titan-Silizium (M. Hansen,
H. D. Kessler u. D. J. McPherson)

worden (Abb. 97). Die Legierungen wurden in einem Lichtbogenofen
erschmolzen und thermisch, metallographisch und röntgenographisch
untersucht. Das Glühen und Abschrecken gewisser Legierungen erfolgte in einem Spezialofen unter Argon. M. Hansen und Mitarbeiter[1]
konnten die Existenz des $TiSi_2$ bestätigen, welches schon von
O. Hönigschmid[3] gefunden worden war und dessen Struktur
F. Laves und H. J. Wallbaum[4] geklärt hatten. Ferner fanden sie

[1] Hansen, M., H. D. Kessler und D. J. McPherson: Am. Soc. Met.,
Preprint Nr. 4 (1951).

[2] Campbell, I. E., C. F. Powell, D. H. Nowicki u. B. W. Gonser
J. Electrochem. Soc. 96 (1949), S. 318/33.

[3] Hönigschmid, O.: Compt. rend. 143 (1906), S. 224/26.

[4] Laves, F. u. H. J. Wallbaum: Z. Kristallogr. A 101 (1939), S. 78/93.

auch das von P. Pietrokowsky und P. Duwez[1] angegebene Ti_5Si_3 (isotyp mit Ti_5Ge_3 und Ti_5Sn_3). Als dritte neue intermediäre Phase wurde von M. Hansen und Mitarbeitern[2] ein TiSi entdeckt. Dieses bildet sich peritektisch aus Ti_5Si_3 und Schmelze mit 43% Si bei 1760°. Die drei Eutektika sind: Ti-Ti_5Si_3 (Fp. 1330°), Ti_5Si_3-$TiSi_2$ (Fp. 1490°) und $TiSi_2$-Si (Fp. 1330°).

Die Löslichkeit von Silizium in α- bzw. β-Titan ist nach C. M. Craighead und Mitarbeitern[3] auf Grund mikroskopischer Untersuchungen an lichtbogengeschmolzenen Ti-Si-Legierungen kleiner als 0,4% Si. M. Hansen und Mitarbeiter[2] fanden, daß die Löslichkeit von Silizium in β-Titan bei 1330° etwa 3% beträgt. Bei 860° zerfällt die feste Lösung von β-Titan mit 0,9% Si eutektoidisch in die α-Lösung mit 0,5% Si und Ti_5Si_3; bei 750° beträgt die Löslichkeit von Silizium im α-Titan etwa 0,3%.

c) Eigenschaften*

Titansilizid der chemischen Formel $TiSi_2$ enthält 53,9% Si und kristallisiert in eisengrauen, flachen tetragonalen Pyramiden.

Es oxydiert nur langsam bei Rotglut an Luft. Mineralsäuren greifen bis auf Flußsäure nicht an. Schmelzende Alkalien reagieren heftig[4].

$TiSi_2$ hat ein rhombisch schwach deformiertes Kristallgitter ($TiSi_2$-Typ)[5,6] mit den Gitterkonstanten a = 8,236 Å, b = 4,773 Å und c = 8,523 Å.

Die Dichte[7] von $TiSi_2$ beträgt 4,39 g/cm³.

Ti_5Si_3 kristallisiert hexagonal[1] mit den Gitterkonstanten a = = 7,465 Å und c = 5,162 Å.

M. Hansen und Mitarbeiter[2] geben für die Titansilizide folgende Knoop-Mikrohärten (100 g Bel.) an: Ti_5Si_3 986; TiSi 1039; $TiSi_2$ 618. E. Cerwenka[7] findet bei $TiSi_2$ eine Mikrohärte (100 g Bel.) von 870 kg/mm².

Nach M. Hansen und Mitarbeitern[2] schmilzt Ti_5Si_3 bei 2120°, $TiSi_2$ bei 1540°. E. Cerwenka[7] findet bei letzterem einen Schmelzpunkt von 1460°.

---

* Vgl. dazu auch die zusammenfassende Darstellung in Gmelins Handbuch der anorg. Chemie, System Nr. 41, Titan, Verlag Chemie, Weinheim 1951, S. 375/76.

[1] Pietrokowsky, P. u. P. Duwez: J. Metals 3 (1951), S. 772/73.

[2] Hansen, M., H. D. Kessler u. D. J. McPherson: Am. Soc. Met., Preprint Nr. 4 (1951).

[3] Craighead, C. M., O. W. Simmons u. L. W. Eastwood: Trans. AIME 188 (1950), S. 485/513.

[4] Hönigschmid, O.: Karbide und Silizide, W. Knapp, Halle/Saale 1914, S. 177/78.

[5] Laves, F. u. H. J. Wallbaum: Z. Kristallogr. A 101 (1939), S. 78/93.

[6] Wallbaum, H. J.: Z. Metallkde. 33 (1941), S. 378/81.

[7] Cerwenka, E.: Diss. Techn. Hochsch. Graz 1951.

Der elektrische Widerstand[1] von heißgepreßtem $TiSi_2$ beträgt 123 Mikroohm $\cdot$ cm.

2. Zirkonsilizid

a) Herstellung

E. Wedekind[2] erhielt beim Zusammenschmelzen von Zirkonoxyd mit Silizium einen Regulus, der ein Silizid der Formel ZrSi enthalten soll. Durch Einwirkung von überschüssigem Silizium auf Zirkonkaliumfluorid im elektrischen Ofen gewann E. Wedekind[3] ein gut kristallisiertes Silizid $ZrSi_2$, welches durch Behandlung mit Kalilauge vom überschüssigen Silizium befreit werden konnte.

Bereits bei Temperaturen von etwa 1000° gelingt es nach E. Wedekind, $ZrSi_2$ durch Reaktion entsprechender Mengen der pulverförmigen Komponenten in evakuierten Porzellanrohren herzustellen.

Reines $ZrSi_2$ (38,1% Si) wurde von O. Hönigschmid[4] aluminothermisch, ähnlich wie $TiSi_2$, aus Gemengen von SiO_2, ZrO_2, S und Al hergestellt.

Eine Zusammenfassung über die Herstellung von Zirkonsiliziden auf Grund der älteren Arbeiten gibt L. Baraduc-Muller[5].

Bei der großtechnischen Umsetzung von natürlichem Zirkonsilikat mit Kohle im elektrischen Lichtbogenofen zwecks Herstellung von Zirkonkarbid entsteht nach W. J. Kroll[6] intermediär ebenfalls Zirkonsilizid (s. S. 84).

Bei der Schmelzflußelektrolyse eines Salzbades, bestehend aus Alkalifluorsilikat und etwas Zirkonoxyd, scheidet sich nach M. Dodero[7] an der Kathode $ZrSi_2$ in Form kleiner Kriställchen ab.

Bei Einwirkung von $SiCl_4$-Dampf, in Gegenwart von Wasserstoff auf Zirkonschichten bilden sich bei 1100 bis 1500° Zirkonsilizidüberzüge unbestimmter Zusammensetzung[8].

---

[1] Gallistl, E.: Diss. Techn. Hochschule Graz 1951.
[2] Wedekind, E.: Ber. d. chem. Ges. **35** (1902), S. 3929/32.
[3] Wedekind, E.: Chem. Ind. Koll. 7 (1900), S. 249.
[4] Hönigschmid, O.: Compt. rend. **143** (1906), S. 224/26.
[5] Baraduc-Muller, L.: Rev. Mét. 7 (1910), S. 657/834.
[6] Kroll, W. J., A. W. Schlechten, W. R. Carmody, L. A. Yerkes, H. P. Helmes u. H. L. Gilbert: Trans. Electrochem. Soc. **92** (1947), S. 187/201.
[7] Dodero, M.: Diss. Univ. Grenoble 1937.
[8] Campbell, I. E., C. F. Powell, D. H. Nowicki u. B. W. Gonser: J. Electrochem. Soc. **96** (1949), S. 318/33.

b) Das System Zirkon-Silizium

Im System Zirkon-Silizium existiert das Silizid $ZrSi_2$, dessen Struktur von St. v. Naray-Szabo[1] geklärt wurde*.

c) Eigenschaften

Zirkonsilizid der chemischen Formel $ZrSi_2$ mit 38,1% Si kristallisiert in kleinen rhombischen Säulen.

In kompakter Form ist es beim Erhitzen an Luft beständig. Mineralsäuren greifen mit Ausnahme von Flußsäure nicht an. Auch gegen Alkalilösungen ist es beständig. Leicht löslich dagegen ist es in schmelzenden Alkalien[2].

Angaben über die Struktur von $ZrSi_2$ machen H. Seyfarth[3] und St. v. Naray-Szabo[1]. Das orthorhombische Silizid soll die Gitterkonstanten a = 3,72 Å, b = 14,16 Å und c = 3,67 Å haben. Von G. Brauer und A. Mitius[4] wird dieser Strukturvorschlag bezweifelt. Die Dichte beträgt 4,88 g/cm^3.

Zirkonsilizid hat die Härte des Flußspates. E. Cerwenka[5] bestimmte die Mikrohärte (100 g Bel.) mit 1030 kg/mm^2 und den Schmelzpunkt mit etwa 1700°.

Der elektrische Widerstand von heißgepreßtem $ZrSi_2$ beträgt nach E. Gallistl[6] 161 Mikroohm · cm.

3. Hafniumsilizid

Arbeiten über Hafniumsilizid und das System Hafnium-Silizium liegen bis heute noch nicht vor. Es ist aber mit großer Wahrscheinlichkeit anzunehmen, daß Hafnium, ähnlich wie Titan und Zirkon, zumindest ein Disilizid der Formel $HfSi_2$ bildet.

4. Vanadinsilizid

a) Herstellung

Nach H. Moissan und A. Holt[7] läßt sich ein Silizid V_2Si durch Reduktion von V_2O_3 mit Silizium, durch Umsetzung von V_2O_5 mit Silizium in Gegenwart von Kohlenstoff, sowie durch Umsetzung von

---

* C. E. Lundin, D. J. McPherson und M. Hansen (Am. Soc. Met., Preprint Nr. 41, 1952) haben inzwischen in einer sehr eingehenden Arbeit die Verhältnisse im System Zr-Si weitgehend geklärt.

[1] v. Naray-Szabo, St.: Z. Krist. A 97 (1937), S. 223/28.

[2] Hönigschmid, O.: Karbide u. Silizide, W. Knapp, Halle/Saale 1914, S.180.

[3] Seyfarth, H.: Z. Krist. 67 (1928), S. 295/328.

[4] Brauer, G. u. A. Mitius: Z. anorg. allg. Chem. 249 (1942), S. 325/39.

[5] Cerwenka, E.: Diss. Techn. Hochsch. Graz 1951.

[6] Gallistl, E.: Diss. Techn. Hochsch. Graz 1951.

[7] Moissan, H. u. A. Holt: Compt. rend. 135 (1902), S. 78/81, 493/97.

Vanadinmetall mit geschmolzenem Kupfer-Silizium im elektrischen Ofen herstellen.

Ein Silizid der Formel VSi_2 bildet sich nach H. Moissan aus V_2Si durch Siliziumaufnahme im elektrischen Ofen. VSi_2 bildet sich auch bei der Reduktion von V_2O_3 mit überschüssigem Silizium im elektrischen Ofen[1]. Ebenso erhält man bei der Reaktion eines Thermitgemenges von V_2O_3, Si und Mg silizidhaltige Reguli. Aus diesen wird das Silizid durch Behandlung mit Säuren und Laugen isoliert.

Zwecks Aufstellung eines Zustandsdiagrammes hat H. Giebelhausen[2] Vanadin-Silizium-Legierungen mit bis 60 Gew.-% V erschmolzen.

H. J. Wallbaum[3] hat VSi_2 durch Sinterung entsprechender Pulvergemenge im Al_2O_3-Tiegel unter Argon hergestellt. Die heftige exotherme Reaktion läuft bei verhältnismäßig niedrigen Temperaturen ab. Es gelingt, das entstandene Silizid im Al_2O_3-Tiegel zu schmelzen.

b) Das System Vanadin-Silizium

H. Giebelhausen[2] hat bereits auf Grund thermischer und mikroskopischer Untersuchungen ein Zustandsdiagramm des Systems Vanadin-Silizium aufgestellt (Abb. 98). Ein Eutektikum bei etwa 5% Vanadin wurde nicht näher untersucht. Der Höchstwert der Liquiduskurve und das Verschwinden der Haltezeit der eutektischen Kristallisation bei etwa 48% V deutet auf die Verbindung VSi_2 hin. Die Existenz dieser Verbindung wurde auch von H. J. Wallbaum[3] und R. Vogel und Mitarbeitern[4] beim Studium der Systeme V-Si und V-Fe-Si auf Grund thermischer, röntgenographischer und mikroskopischer Untersuchungen bewiesen. Zwischen 47,5 und

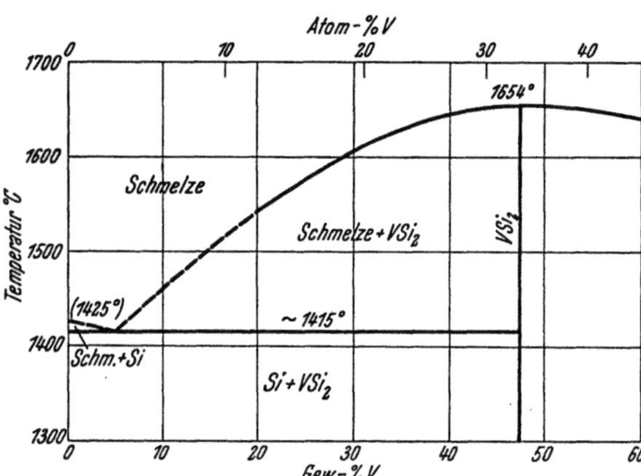

Abb. 98. Das System Silizium-Vanadin (H. Giebelhausen)

---

[1] Baraduc-Muller, L.: Rev. Mét. **7** (1910), S. 657/834.
[2] Giebelhausen, H.: Z. anorg. allg. Chem. **91** (1915), S. 251/62.
[3] Wallbaum, H. J.: Z. Metallkde. **33** (1941), S. 378/81.
[4] Vogel, R. u. C. H. Jentsch-Uschinski: Arch. Eisenhüttenwes. **13** (1940), S. 403/08; Vogel, R. u. H. Töpker: Arch. Eisenhüttenwes. **13** (1939), S. 183/88.

60% V liegen auf Grund von Gefügebefunden Mischkristalle von V und VSi_2 vor.

In dem System ist der Existenzbereich des von H. J. Wallbaum[1] gefundenen Silizides V_3Si nicht eingetragen. Die Einheitlichkeit des von verschiedenen Forschern angegebenen V_2Si ist nicht erwiesen. Es ist nicht unmöglich, daß es sich um eine Mischung von $V + V_2Si$, also um das von H. J. Wallbaum gefundene V_3Si handelt.

c) Eigenschaften

Das Vanadinsilizid der chemischen Formel VSi_2 (52,4% Si) kristallisiert in metallglänzenden Prismen.

Selbst bei Rotglut wird es an Luft wenig angegriffen. Mineralsäuren greifen bis auf Flußsäure nicht an, ebenso erfolgt kein Angriff durch wäßrige Alkalilösungen. Schmelzende Alkalihydroxyde zersetzen es leicht[2].

Vanadinsilizid kristallisiert nach H. J. Wallbaum[3] hexagonal ($CrSi_2$-Struktur, C 40-Typ). Die Gitterkonstanten betragen a = = 4,562 ± 0,003 Å, c = 6,359 ± 0,004 Å.

Das Silizid V_3Si ist isotyp mit Cr_3Si und kristallisiert im β-Wolframtyp mit a = 4,712 ± 0,003 Å[1].

Die Dichte[3] von VSi_2 beträgt 4,71 g/cm³. Der Schmelzpunkt liegt bei 1750°[4].

Kristalle von VSi_2 ritzen Glas. Die Mikrohärte[4] (100 g Bel.) beträgt 1090 kg/mm².

E. Gallistl[5] hat an Heißpreßkörpern von VSi_2 einen elektrischen Widerstand von 9,5 Mikroohm · cm bestimmt.

5. Niobsilizid

a) Herstellung

Durch Sinterung und exotherme Reaktion entsprechender Metallpulvergemenge in Al_2O_3-Tiegeln unter Argon hat H. J. Wallbaum[3] das Silizid $NbSi_2$ hergestellt. Dieses kann im Al_2O_3-Tiegel geschmolzen werden. Aus geschmolzenem $NbSi_2$ können Ausscheidungen von Silizium durch abwechselnde Behandlung mit verdünnter HCl und KOH entfernt werden.

---

[1] Wallbaum, H. J.: Z. Metallkde. 31 (1939), S. 362.

[2] Hönigschmid, O.: Karbide und Silizide, W. Knapp, Halle/Saale 1914, S. 184, 186.

[3] Wallbaum, H. J.: Z. Metallkde. 33 (1941), S. 378/81.

[4] Cerwenka, E.: Diss. Techn. Hochsch. Graz 1951.

[5] Gallistl, E.: Diss. Techn. Hochsch. Graz 1951.

G. Brauer und W. Scheele[1] haben für röntgenographische Untersuchungen im System Nb-Si verschiedene Legierungen aus den Elementen bei 1500 bis 1700° synthetisiert. Außer der Verbindung $NbSi_2$ fanden sie auch ein vermutlich in zwei Modifikationen auftretendes Nb_2Si.

Aus der Gasphase stellten I. E. Campbell und Mitarbeiter[2] ein Niobsilizid bei 1100 bis 1800° her.

b) Das System Niob-Silizium

Das System Niob-Silizium wurde von G. Brauer und W. Scheele[1] vollständig untersucht. Die Löslichkeit von Silizium in festem Niob beträgt weniger als 5 Atom-%, wobei keine Gitteränderung des Niobs beobachtet wird. Es existiert die bereits von H. J. Wallbaum[3] gefundene Verbindung $NbSi_2$, welche $CrSi_2$-Struktur hat. Ferner fanden G. Brauer und W. Scheele noch zwei weitere, durch ihr Röntgendiagramm unterschiedene Phasen, die aber bei etwa der gleichen Zusammensetzung auftraten und als α- und β-Form der Verbindung Nb_2Si aufgefaßt wurden. Die beiden Modifikationen scheinen einen engen Homogenitätsbereich zu haben, der sich von der Zusammensetzung Nb_2Si ausgehend, nach höheren Niobgehalten (α-Form) und nach geringeren Niobgehalten (β-Form) erstreckt.

c) Eigenschaften

Das Niobsilizid der chemischen Formel $NbSi_2$ enthält 37,7% Si. Chemisch scheint es sich wie VSi_2 oder $TaSi_2$ zu verhalten.

$NbSi_2$ kristallisiert hexagonal[3] ($CrSi_2$-Struktur, C 40-Typ) mit a = 4,785 $\pm$ 0,005 Å, c = 6,576 $\pm$ 0,005 Å.

Die Dichte beträgt 5,29 g/cm³.

Für die α-Form des Nb_2Si geben G. Brauer und W. Scheele eine Dichte von 7,75 g/cm³, für die β-Form eine solche von 7,34 g/cm³ an.

$NbSi_2$ hat eine Mikrohärte[4] (100 g Bel.) von 1050 kg/mm²

Der Schmelzpunkt von $NbSi_2$ liegt nach H. J. Wallbaum[3] unter 2000°, nach E. Cerwenka[4] bei 1950°.

Der elektrische Widerstand von heißgepreßtem $NbSi_2$ beträgt nach E. Gallistl[5] nur 6,3 Mikroohm · cm.

---

[1] Brauer, G. u. W. Scheele in W. Klemm: Anorganische Chemie, Bd. 24, Teil II, Dietrich'sche Verlagsbuchhdlg., Wiesbaden 1948, S. 103.

[2] Campbell, I. E., C. F. Powell, D. H. Nowicki u. B. W. Gonser: J. Electrochem. Soc. 96 (1949), S. 318/33.

[3] Wallbaum, H. J.: Z. Metallkde. 33 (1941), S. 378/81.

[4] Cerwenka, E.: Diss. Techn. Hochsch. Graz 1951.

[5] Gallistl, E.: Diss. Techn. Hochsch. Graz 1951.

6. Tantalsilizid

a) Herstellung

O. Hönigschmid[1] gewann $TaSi_2$ durch aluminothermische Umsetzung eines Gemenges von Ta_2O_5, SiO_2, Al und S. Durch Behandlung des zerkleinerten Regulus mit verdünnter HCl und KOH lassen sich gut ausgebildete Silizidkriställchen isolieren.

Durch Sinterung der Metallpulvergemenge im Al_2O_3-Tiegel unter Argon hat H. J. Wallbaum[2] ebenfalls $TaSi_2$ hergestellt. Der Schmelzpunkt liegt über dem der Tonerde. Bei der Umsetzung von Tantal mit reinstem Silizium im Hochfrequenzofen unter Argon fanden L. Brewer und Mitarbeiter[3] neben $TaSi_2$ auch niedrige Silizide.

I. E. Campbell und Mitarbeiter[4] haben Tantalsilizid-Schichten durch Zersetzen von $SiCl_4$ und Wasserstoff an Tantaldrähten oder -teilen bei 1100 bis 1800° erzeugt.

b) Das System Tantal-Silizium

Im System Tantal-Silizium existiert nach H. J. Wallbaum[2] die Verbindung $TaSi_2$, welche isotyp mit VSi_2 und $NbSi_2$ ist.

Röntgenographisch haben neuerdings L. Brewer und Mitarbeiter[3] auch Silizide der ungefähren Zusammensetzung $TaSi_{0,6}$, $TaSi_{0,4}$ und $TaSi_{0,2}$ gefunden.

An Hand von druckgesinterten Legierungen hat H. Schachner[5-7] das System Tantal-Silizium eingehend untersucht und ein vorläufiges Zustandsschaubild aufgestellt. Tantal löst bei 1800° etwas Silizium (weniger als 0,2%). Es existieren die Verbindungen $TaSi_{0,2}$ (Ta_5Si) mit ungeklärter, wahrscheinlicher hexagonaler Struktur, Ta_2Si mit tetragonaler Struktur (C 16-Typ), $TaSi_{0,6}$ wahrscheinlich der Formel Ta_5Si_3 entsprechend und mit ungeklärter Struktur (isotyp mit Ti_5Si_3?) und ferner das bekannte $TaSi_2$ mit hexagonaler Struktur (C 40-Typ).

---

[1] Hönigschmid, O.: Mh. Chem. 28 (1907), S. 1017/28.

[2] Wallbaum, H. J.: Z. Metallkde. 33 (1941), S. 378/81.

[3] Brewer, L., A. W. Searcy, D. H. Templeton u. C. H. Dauben: J. Am. ceram. Soc. 33 (1950), S. 291/94.

[4] Campbell, I. E., C. F. Powell, D. H. Nowicki u. B. W. Gonser: J. Electrochem. Soc. 96 (1949), S. 318/33.

[5] Schachner, H.: Diss. Univ. Wien 1953.

[6] Nowotny, H., H. Schachner, R. Kieffer und F. Benesovsky: Mh. Chem. 84 (1953), S. 1/12.

[7] Kieffer, R., F. Benesovsky, H. Nowotny und H. Schachner: Z. Metallkde, demnächst.

c) Eigenschaften

Tantalsilizid der chemischen Formel $TaSi_2$ mit 23,7% Si kristallisiert in regelmäßigen vierseitigen Prismen mit aufgesetzten Pyramiden. Beim Glühen an Luft verändert es sich kaum. Von Mineralsäuren greift nur Flußsäure an. Geschmolzene Alkalien lösen leicht[1].

$TaSi_2$ kristallisiert hexagonal[2] ($CrSi_2$-Struktur, C 40-Typ) mit a = 4,773 $\pm$ 0,005 Å, c = 6,552 $\pm$ 0,005 Å. Die Dichte[3] beträgt 8,83 g/cm^3.

E. Cerwenka[4] fand an Heißpreßkörpern von $TaSi_2$ eine Mikrohärte (100 g Bel.) von 1560 kg/mm^2.

Die ungefähren eutektischen Temperaturen zwischen $TaSi_2$ und den niederen Siliziden werden von L. Brewer und Mitarbeitern[5] angegeben (Zahlentafel 64). Für $TaSi_2$ hat E. Cerwenka[4] einen Schmelzpunkt von etwa 2400° gefunden.

Zahlentafel 64. *Schmelztemperaturen im System Ta-Si*
(L. Brewer, A. W. Searcy, D. H. Templeton u. C. H. Dauben)

Phasenbereich	Unterste eutektische Temperatur °C
$TaSi_2$ — $TaSi_{0,6}$	1770
$TaSi_{0,6}$ — $TaSi_{0,4}$	1610
$TaSi_{0,4}$ — $TaSi_{0,2}$	1910
$TaSi_{0,2}$ — Ta	2110

Nach E. Gallistl[6] beträgt der elektrische Widerstand von $TaSi_2$ nur 8,5 Mikroohm · cm. Die elektrische Leitfähigkeit und Supraleitfähigkeit haben auch W. Meissner und Mitarbeiter[7] bestimmt.

7. Chromsilizid

a) Herstellung

Chrom vermag mit Silizium eine ganze Reihe von Siliziden zu bilden. Es wird in der Literatur größtenteils auf Grund rückstands-

---

[1] Hönigschmid, O.: Karbide und Silizide, W. Knapp, Halle/Saale 1914, S. 187.

[2] Wallbaum, H. J.: Z. Metallkde. **33** (1941), S. 378/81.

[3] Hönigschmid, O.: Mh. Chem. **28** (1907), S. 1917/28.

[4] Cerwenka, E.: Diss. Techn. Hochsch. Graz 1951.

[5] Brewer, L., A. W. Searcy, D. H. Templeton u. C. H. Dauben: J. Am. ceram. Soc. **33** (1950), S. 291/94.

[6] Gallistl, E.: Diss. Techn. Hochsch. Graz 1951.

[7] Meissner, W., H. Franz u. H. Westerhoff: Z. Physik **75** (1932), S. 521/30.

analytischer Untersuchungen die Existenz der Silizide Cr_3Si, Cr_2Si, Cr_3Si_2, $CrSi$, $CrSi_2$ und $CrSi_7$ behauptet.

C. Zettel[1] hat Cr_3Si durch Umsetzung von Cr_2O_3 in Gegenwart von Kupfer und Aluminium in Silikat-Tiegeln und P. Lebeau und J. Figueras[2] durch Zusammenschmelzen von Chrom, Kupfer und Silizium im elektrischen Ofen erhalten und durch chemische Behandlung isoliert.

H. Moissan[3] und H. N. Warren[4] haben Cr_2Si im elektrischen Ofen durch Zusammenschmelzen der Komponente bzw. bei der Reduktion von Cr_2O_3 und SiO_2 mit Kohle dargestellt. Auch auf aluminothermischem Wege kann man dieses Silizid nach C. Matignon[5] erzeugen. Durch Zusammenschmelzen entsprechender Mischungen von Cr_2O_3, SiC und Kohle soll sich nach R. Frilley[6] dieses Silizid ebenfalls bilden[7]. Von W. Guertler[8] wird allerdings die Existenz des Cr_2Si bezweifelt.

Setzt man beim Zusammenschmelzen von Chrom, Kupfer und Silizium einen Überschuß an Kupfersilizid zu, dann entsteht nach P. Lebeau und J. Figueras[2] ein Silizid Cr_3Si_2. E. Vigouroux[9] erhält diese Verbindung durch Überleiten von $SiCl_4$-Dampf über Chrompulver bei 1200° und L. Baraduc-Muller[7] bei der Umsetzung von Cr_2O_3 mit $SiC + C$ in bestimmtem Mischungsverhältnis und nachfolgender Isolierung mit Flußsäure.

Bei der Reduktion von $Cr_2O_3 + SiO_2$ mit Kohle in der nach H. Moissan angegebenen Weise erhält man, wenn ein großer Überschuß am SiO_3 angewendet wird, nach G. de Chalmot[10] ein Silizid $CrSi_2$. Diese Verbindung erhielten auch P. Lebeau und J. Figueras[2] in reiner Form, wenn sie den Siliziumgehalt im Bad weiter steigerten.

Bei der Schmelzflußelektrolyse eines Salzbades, welches Alkalifluorsilikat, Chromfluorid oder Alkalichromat enthält, scheidet sich nach M. Dodero[11] das Chromsilizid $CrSi_2$ in Form gut ausgebildeter Kriställchen ab.

---

[1] Zettel, C.: Compt. rend. **126** (1897), S. 833/35.

[2] Lebeau, P. u. J. Figueras: Compt. rend. **136** (1903), S. 1329/31.

[3] Moissan, H.: Compt. rend. **121** (1895), S. 621/26.

[4] Warren, H. N.: Chem. News **78** (1898), S. 318/19.

[5] Matignon, C. A. u. R. Trannoy: Compt. rend. **141** (1905), S. 190.

[6] Frilley, R.: Rev. Mét. 8 (1911), S. 457/559.

[7] Baraduc-Muller, L.: Rev. Mét. 7 (1910), S. 657/834.

[8] Guertler, W.: Handbuch der Metallographie, Bd. 1 (1917), S. 652/53.

[9] Vigouroux, E.: Compt. rend. **144** (1907), S. 83/85.

[10] de Chalmot, G.: Am. Chem. J. 19 (1897), S. 69/70.

[11] Dodero, M.: Diss. Univ. Grenoble 1937.

Chromsilizide entstehen nach I. E. Campbell und Mitarbeitern[1] durch Umsetzung von $SiCl_4$ in Gegenwart von Wasserstoff an Chromkörpern oder Chromdeckschichten. Die Bildungsbedingungen für die verschiedenen möglichen Silizide, welche zwischen 1100 bis 1400° entstehen können, werden nicht näher angegeben.

b) Das System Chrom-Silizium

R. Frilley[2] hat die Dichte von Chrom-Siliziumlegierungen mit 10 bis 89% Si bestimmt und auf Grund der Dichte/Konzentrationskurve bzw. den Molekularvolumina die Verbindungen Cr_3Si, Cr_2Si, $CrSi$, Cr_2Si_3, $CrSi_2$ und Cr_2Si_7 vermutet. N. N. Kurnakov[3] nimmt im System Cr-Si auf Grund eines Schmelzpunktsmaximums die Verbindung CrSi an. Auf Grund röntgenographischer Untersuchungen hat B. Borén[4] im System Chrom-Silizium vier intermediäre Phasen nachgewiesen. Es existiert kubisches Cr_3Si, dann wahrscheinlich eine rhombische Phase, die nur unterhalb 1000° stabil ist, ferner das kubische CrSi und endlich hexagonales $CrSi_2$. Unter Kontraktion des Gitters löst Chrom ein wenig Silizium, dagegen scheint Chrom in Silizium nicht löslich zu sein.

An Hand druckgesinterter Proben hat H. E. Schroth[5,6] das System Chrom-Silizium untersucht und ein vorläufiges Zustandsdiagramm aufgestellt. Die Existenz der von B. Borén angegebenen Phasen wurde bestätigt.

c) Eigenschaften

Chromsilizid der Formel Cr_3Si mit 15,3% Si besteht in Pulverform aus prismatischen Kriställchen. Cr_2Si mit 21,3% Si kristallisiert in losen oder zusammenhängenden Prismen. Cr_3Si_2 mit 26,5% Si kristallisiert in langen, vierkantigen Prismen. $CrSi_2$ mit 51,9% Si kristallisiert in grauen, metallisch glänzenden Nadeln.

Sämtliche Chromsilizide sind gegen Mineralsäuren sehr beständig; nur Flußsäure löst leicht. Schmelzende Alkalien lösen ebenfalls rasch[7].

---

[1] Campbell, I. E., C. F. Powell, D. H. Nowicki u. B. W. Gonser: J. Electrochem. Soc. **96** (1949), S. 318/33.

[2] Frilley, R.: Rev. Mét. **8** (1911), S. 457/559.

[3] Kurnakov, N. N.: Dokl. Akad. Nauk. USSR. **26** (1940), S. 362/64; Ber. phys.-chem. Analyse Akad. Nauk. **16** (1948), Nr. 4, S. 77/84.

[4] Borén, B.: Arkiv f. Kemi Min. Geol. A 11 (1933), Nr. 10, S. 2/10.

[5] Schroth, H. E.: Diss. Techn. Hochsch. Graz 1952.

[6] Kieffer, R., F. Benesovsky u. H. E. Schroth: Z. Metallkde.

[7] Hönigschmid, O.: Karbide und Silizide, W. Knapp, Halle/Saale 1914, S. 189/93.

Cr_3Si hat kubische Kristallstruktur[1] (A 15-Typ, a = 4,555 Å). Cr_2Si ist wahrscheinlich rhombisch.

CrSi ist kubisch (FeSi-Struktur, B 20-Typ, a = 4,620 Å).

$CrSi_2$ hat hexagonale Kristallstruktur ($CrSi_2$-Struktur, C 40-Typ, a = 4,422 Å, c = 6,351 Å)[2].

Die Dichten[3] betragen für die Zusammensetzung Cr_3Si 6,52 g/cm³, Cr_3Si_2 5,6 g/cm³ und $CrSi_2$ 4,4 g/cm³.

Nach älteren Angaben ritzen Cr_3Si und Cr_3Si_2 Glas, aber nicht Quarz, Cr_2Si ritzt im Gegensatz zu den anderen Siliziden leicht Quarz und Korund. E. Cerwenka[4] fand an Heißpreßkörpern aus $CrSi_2$ eine Mikrohärte (100 g Bel.) von 1150 kg/mm².

Der Schmelzpunkt von $CrSi_2$ liegt bei 1570° [4].

8. Molybdänsilizid

a) Herstellung

Bei der Herstellung von Molybdän im elektrischen Ofen stellte H. Moissan[5] fest, daß sich dieses mit Silizium zu einer hochschmelzenden Verbindung vereinigt.

Die Einheitlichkeit eines Silizides Mo_2Si_3, welches E. Vigouroux[6] aus geschmolzenen Molybdän-Silizium-Produkten durch chemische Isolierung gefunden haben will, ist nicht erwiesen.

Dagegen dürfte das Silizid $MoSi_2$, welches von O. Hönigschmid[7] und W. Zachariasen[8] durch aluminothermische Umsetzung eines Gemisches von MoO_3, SiO_2, Al und S, sowie nach E. Defacqz[9] durch Schmelzen von Molybdän mit Kupfersilizium und anschließender Isolierung durch Säure- und Laugebehandlung hergestellt worden war, einheitlich gewesen sein[10,11].

E. Wedekind und J. Pintsch[12] wollen ferner aus Sinterprodukten ein unbewiesenes Silizid MoSi isoliert haben.

---

[1] Borén, B.: Arkiv f. Kemi Min. Geol. A 11 (1933), Nr. 10, S. 2/10.

[2] Wallbaum, H. J.: Z. Metallkde. 33 (1941), S. 378/81.

[3] Hönigschmid, O.: Karbide und Silizide, W. Knapp, Halle/Saale 1914, S. 188/93.

[4] Cerwenka, E.: Diss. Techn. Hochsch. Graz 1951.

[5] Moissan, H.: Compt. rend. 120 (1895), S. 1320/26.

[6] Vigouroux, E.: Compt. rend. 129 (1899), S. 1238/39.

[7] Hönigschmid, O.: Mh. Chem. 28 (1907), S. 1017/28.

[8] Zachariasen, W.: Z. physik. Chem. 128 (1927), S. 39/48.

[9] Defacqz, E.: Compt. rend. 144 (1907), S. 1424/27.

[10] Baraduc-Muller, L.: Rev. Mét. 7 (1910), S. 657/834.

[11] Watts, O. P.: Bull. Univ. Wisconsin (1906), Nr. 145, S. 255/318.

[12] D.R.P. 294 267 (1913).

Bei der Umsetzung von Mo mit reinstem Si im Hochfrequenzofen unter Argon fanden D. H. Templeton und C. H. Dauben[1] sowie L. Brewer und Mitarbeiter[2] die Silizide Mo_3Si und $MoSi_{0,65}$. E. Cerwenka[3,4] hat die Verbindungen Mo_3Si, Mo_3Si_2 und $MoSi_2$ durch Drucksinterung entsprechender Mischungen der Komponenten hergestellt.

Molybdänsilizide lassen sich nach I. E. Campbell und Mitarbeitern[5,6] sowie nach R. Kieffer und E. Nachtigall[7] aus der Gasphase durch Umsetzung von $SiCl_4$ in Gegenwart von Wasserstoff an Molybdändrähten bei 1100 bis 1800° herstellen. Wie Abb. 99 zeigt,

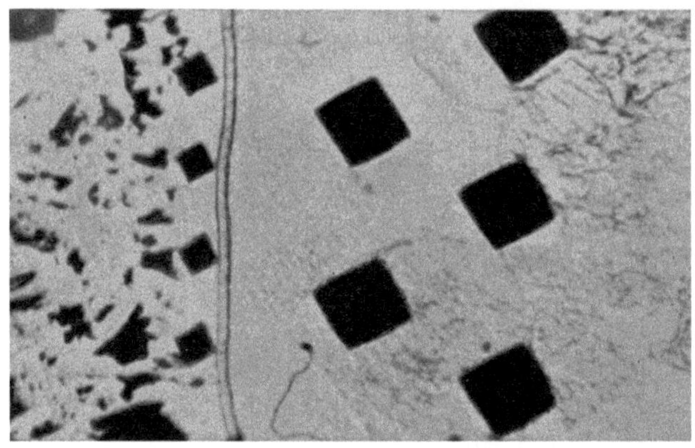

Abb. 99. Silizierschicht auf Molybdän mit Mikrohärteeindrücken
(R. Kieffer und E. Nachtigall). (× 500)

bildet sich auf Molybdän zunächst ein niedriges Silizid, auf dem dann das Disilizid aufwächst[7]. Diese Methode wurde von R. Kieffer und E. Nachtigall[7] sowie E. Fitzer[8] zur Herstellung von Molybdänsilizidschichten benutzt. Letzterer hat dabei eingehend den Mechanismus der Umsetzung untersucht.

[1] Templeton, D. H. u. C. H. Dauben: Acta Cryst. 3 (1950), S. 261/62.
[2] Brewer, L., A. W. Searcy, D. H. Templeton u. C. H. Dauben: J. Am. ceram. Soc. 33 (1950), S. 291/94.
[3] Cerwenka, E.: Diss. Techn. Hochsch. Graz 1951.
[4] Kieffer, R. u. E. Cerwenka: Z. Metallkde. 43 (1952), S. 101/05.
[5] Campbell, I. E., C. F. Powell, D. H. Nowicki u. B. W. Gonser: J. Electrochem. Soc. 96 (1949), S. 318/33.
[6] Beidler, E. A., C. F. Powell, I. E. Campbell u. L. F. Yntema: J. Electrochem. Soc. 98 (1951), S. 21/25.
[7] Kieffer, R. u. E. Nachtigall: Heraeus Festschrift, Hanau 1950, S. 186/205.
[8] Fitzer, E.: Berg- und Hüttenmänn. Mh. 97 (1952), S. 81/91.

b) Das System Molybdän-Silizium

Im System Molybdän-Silizium ist die Verbindung $MoSi_2$ durch Strukturuntersuchung bewiesen[1,2]. Röntgenographisch sind ferner die Verbindungen Mo_3Si und $MoSi_{0,65}$ gefunden worden[3,4].

Neuerdings hat E. Cerwenka[5,6] an Hand druckgesinterter und geschmolzener Körper das System Mo-Si mikroskopisch, röntgenographisch und thermisch untersucht und ein vorläufiges Zustandsschaubild aufgestellt (Abb. 100). Die Existenz der Verbindungen Mo_3Si, Mo_3Si_2, $MoSi_2$ wird bestätigt. Während die letzteren beiden mit einem deutlichen Maximum schmelzen, dürfte beim Mo_3Si ein verdecktes Maximum vorliegen.

Röntgenographisch wurde eine geringe Löslichkeit von Si in Mo festgestellt, die von J. L. Ham[7] bei 1430 bzw. 1200° mit 0,8 bzw. 0,15% Si angegeben wird. Das Eutektikum auf der Si-reichen Seite liegt bei etwa 5 Gew.-% Si. Zusammen mit den Beobachtungen von L.

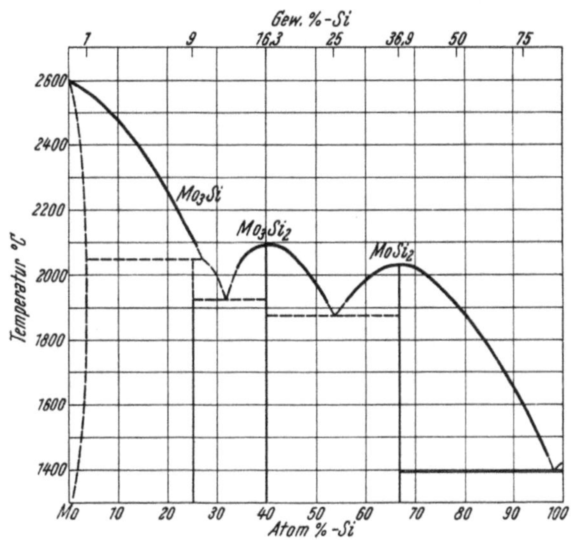

Abb. 100. Vorläufiges Zustandsdiagramm des Systems Molybdän-Silizium (E. Cerwenka)

Brewer und Mitarbeitern[4] dürfte somit das System Mo-Si als ziemlich gesichert angenommen werden.

c) Eigenschaften

Das Molybdänsilizid der chemischen Formel $MoSi_2$ mit 36,9% Si kristallisiert in metallisch glänzenden vierseitigen Prismen mit beiderseits aufgesetzten Pyramiden.

[1] Zachariasen, W.: Z. physik. Chem. **128** (1927), S. 39/48.
[2] Wallbaum, H. J.: Z. Metallkde. **33** (1941), S. 378/81.
[3] Templeton, D. H. u. C. H. Dauben: Acta Cryst. **3** (1950), S. 261/62.
[4] Brewer, L., A. W. Searcy, D. H. Templeton u. C. H. Dauben: J. Am. ceram. Soc. **33** (1950), S. 291/94.
[5] Cerwenka, E.: Diss. Techn. Hochsch. Graz 1951.
[6] Kieffer, R. u. E. Cerwenka: Z. Metallkde. **43** (1952), S. 101/05.
[7] Ham, J. L.: Trans. Am. Soc. Mech. Eng. **73** (1951), S. 723/32.

Beim Glühen an Luft ist es wider Erwarten sehr beständig (s. S. 678) und zundert selbst im Sauerstoffstrom nicht. Es ist in allen Mineralsäuren, selbst in Königswasser und Flußsäure, unlöslich[1]. Leicht lösen Gemische von HNO_3 und HF. Ebenso lösen schmelzende Alkalien schnell.

$MoSi_2$ kristallisiert tetragonal ($MoSi_2$-Struktur, C 11-Typ)[2]. Für $MoSi_2$ werden Dichten von 5,9 bis 6,3 g/cm^3 angegeben[3–5].

Die von E. Cerwenka[3,6] an Heißpreßkörpern ermittelten Mikrohärten (100 g Bel.) betragen für Mo_3Si 1310 kg/mm^2, Mo_3Si_2 1170 kg/mm^2 und $MoSi_2$ 1290 kg/mm^2. Angaben über die Mikrohärte von Silizidschichten auf Molybdän werden auch von R. Kieffer und E. Nachtigall[7] sowie von E. Fitzer[8] gemacht.

Das Mo_3Si kristallisiert kubisch[9] (β-Wolframtyp) mit a $=$ 4,890 $\pm$ $\pm$ 0,002 Å. Es hat eine Dichte von 8,4 $\pm$ 0,3 g/cm^3.

Die ungefähren eutektischen Temperaturen im System Mo-Si werden von L. Brewer und Mitarbeitern[10] angegeben (Zahlentafel 65).

Zahlentafel 65. *Schmelztemperatur im System Mo-Si*
(L. Brewer, A. W. Searcy, D. H. Templeton u. C. H. Dauben)

Phasenbereich	Unterste eutektische Temperatur $°C$
$MoSi_2 - MoSi_{0,65}$	1850
$MoSi_{0,65} - Mo_3Si$	1850
$Mo_3Si - Mo$	2160

Die Schmelztemperaturen der Verbindungen sind dem Zustandsschaubild (Abb. 100) zu entnehmen[3,6].

Der elektrische Widerstand[5] von $MoSi_2$ beträgt bei 22° 21,5 Mikroohm · cm, bei — 80° 18,9 Mikroohm · cm.

---

[1] Hönigschmid, O.: Karbide und Silizide, W. Knapp, Halle/Saale 1914, S. 195.

[2] Wallbaum, H. J.: Z. Metallkde. **33** (1941), S. 37/881.

[3] Cerwenka, E.: Diss. Techn. Hochsch. Graz 1951.

[4] Watts, O.: Bull. Univ. Wisconsin (1906), Nr. 145, S. 255/318.

[5] Glaser, F. W.: J. Appl. Phys. **22** (1951), S. 103.

[6] Kieffer, R. und E. Cerwenka: Z. Metallkde. **43** (1952), S. 101/05.

[7] Kieffer, R. u. E. Nachtigall: Heraeus Festschrift, Hanau 1950, S. 186/205.

[8] Fitzer, E.: Berg- u. Hüttenmänn. Mh. **97** (1952), S. 81/91.

[9] Templeton, D. H. u. C. H. Dauben: Acta. Cryst. **3** (1950), S. 261/62.

[10] Brewer, L., A. W. Searcy, D. H. Templeton u. C. H. Dauben: J. Am. ceram. Soc. **33** (1950), S. 291/94.

9. Wolframsilizid

a) Herstellung

Schon H. Moissan[1] wies auf die hohe Härte eines Produktes hin, welches er durch Zusammenschmelzen von Silizium und Wolfram im elektrischen Ofen erhalten hatte[2].

Ein W_2Si_3 wurde von E. Vigouroux[3] durch Zusammenschmelzen von WO_3 und Si im elektrischen Ofen und durch elektrolytische Isolierung aus dem geschmolzenen Produkt erhalten. Auch R. Frilley[4] will bei seinen Untersuchungen dieses Silizid gefunden haben.

Das Silizid WSi_2 erhielt E. Defacqz[5] durch direkte Vereinigung in Gegenwart von Kupfersilizid im elektrischen Ofen und in Übereinstimmung mit O. Hönigschmid[6] auch nach dem aluminothermischen Verfahren.

Eine Zusammenfassung der älteren Arbeiten über Wolfram-Silizium gibt L. Baraduc-Muller[7].

Bei der Umsetzung von Wolfram mit reinstem Silizium im Hochfrequenzofen unter Argon fanden L. Brewer und Mitarbeiter[8] neben WSi_2 auch ein neues Silizid der ungefähren Zusammensetzung $WSi_{0,7}$. E. Gallistl[9,10] hat durch Drucksinterung von Mischungen der Komponenten die Verbindungen W_3Si_2 und WSi_2 hergestellt.

Auf glühenden Wolframfäden läßt sich nach I. E. Campbell und Mitarbeiter[11] $SiCl_4$ mit Wasserstoff zu Wolframsiliziden umsetzen. Auf diese Weise hat auch E. Fitzer[12] Wolframsilizidschichten aus der Gasphase erzeugt.

---

[1] Moissan, H.: Compt. rend. **123** (1896), S. 13/16.

[2] Warren, H. N.: Chem. News. **78** (1898), S. 318/19.

[3] Vigouroux, E.: Compt. rend. **127** (1898), S. 393/95.

[4] Frilley, R.: Rev. Mét. **8** (1911), S. 457/559.

[5] Defacqz, E.: Compt. rend. **144** (1907), S. 848/51.

[6] Hönigschmid, O.: Mh. Chem. **28** (1907), S. 1017/28.

[7] Baraduc-Muller, L.: Rev. Mét. **7** (1910), S. 657/834.

[8] Brewer, L., A. W. Searcy, D. H. Templeton u. C. H. Dauben: J. Am. ceram. Soc. **33** (1950), S. 291/94.

[9] Gallistl, E.: Diss. Techn. Hochsch. Graz 1951.

[10] Kieffer, R., F. Benesovsky u. E. Gallistl: Z. Metallkde. **43** (1952), S. 284/91.

[11] Campbell, I. E., C. F. Powell, D. H. Nowicki u. B. W. Gonser: J. Electrochem. Soc. **96** (1949), S. 318/33.

[12] Fitzer, E.: Berg- u. Hüttenmänn. Mh. **97** (1952), S. 81/91.

b) Das System Wolfram-Silizium

Im System Wolfram-Silizium ist die Verbindung WSi_2 gesichert und deren Struktur untersucht[1,2]. Eine von R. Frilley[3] angegebene Verbindung WSi_3 dürfte nicht einheitlich gewesen sein, weil seine durch Rückstandsanalyse gewonnenen Produkte aus sehr unreinen Schmelzen erhalten wurden. L. Brewer und Mitarbeiter[4] fanden röntgenographisch auch ein Silizid der ungefähren Zusammensetzung $WSi_{0,7}$.

Neuerdings hat E. Gallistl[5,6] an druckgesinterten und geschmolzenen Proben das System W-Si thermisch, mikroskopisch und röntgenographisch untersucht und ein vorläufiges Zustandsschaubild aufgestellt (Abb. 101). Die Existenz der Verbindungen W_3Si_2 und WSi_2, welche durch ein Schmelzpunktsmaximum gekennzeichnet sind, wird bestätigt. Ähnlich wie im System Mo-Si besteht eine geringe Löslichkeit von Si in W. Ebenso liegt das Eutektikum auf der Si-reichen Seite bei etwa 4 Gew.-% Si. Zusammen mit den Angaben von L. Brewer und Mitarbeitern[4] über die eutektischen Temperaturen dürfte das System W-Si als ziemlich gesichert angenommen werden.

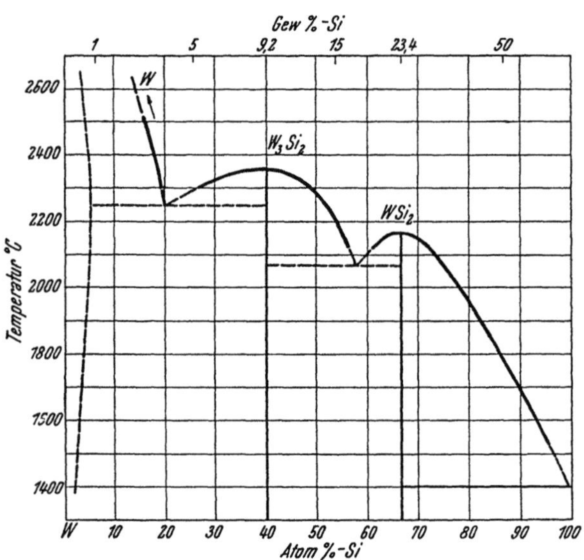

Abb. 101. Vorläufiges Zustandsdiagramm des Systems Wolfram-Silizium (E. Gallistl)

c) Eigenschaften

Wolframsilizid der chemischen Formel W_3Si_2 bildet metallisch glänzende, eisengraue Plättchen. WSi_2 mit 23,4% Si kristallisiert

[1] Zachariasen, W.: Z. physik. Chem. 128 (1927), S. 39/48.

[2] Ewald, P. P. u. C. Hermann: Strukturberichte 1913—1928, S. 219, 741, 783/84, Leipzig 1931.

[3] Frilley, R.: Rev. Mét. 8 (1911), S. 457/559.

[4] Brewer, L., A. W. Searcy, D. H. Templeton u. C. H. Dauben: J. Am. ceram. Soc, 33 (1950), S. 291/94.

[5] Gallistl, E.: Diss. Techn. Hochsch. Graz 1951.

[6] Kieffer, R., F. Benesovsky u. E. Gallistl: Z. Metallkde. 43 (1952), S. 294/91.

in metallisch glänzenden, graublauen sechsseitigen Prismen. Beim Erhitzen an Luft sind beide Silizide sehr beständig, allerdings weniger zunderfest als $MoSi_2$. Mineralsäuren greifen bis auf Flußsäure nicht an. Schmelzende Alkalien lösen leicht[1].

Die Gitterstruktur des WSi_2 wurde von W. Zachariasen[2], P. P. Ewald und C. Hermann[3] geklärt. Es kristallisiert tetragonal ($MoSi_2$-Struktur, C 11-Typ) mit den Gitterkonstanten $a = 3{,}212 \pm \pm 0{,}005$ Å und $c = 7{,}880 \pm 0{,}005$ Å [2,4].

Die Dichte von W_3Si_2 beträgt 10,9 g/cm³, von WSi_2 9,3 g/cm³.

Die von E. Gallistl[5,6] an Heißpreßkörpern bestimmten Mikrohärten sind für W_3Si_2 770 kg/mm² und für WSi_2 1090 kg/mm². Angaben über die Mikrohärte von Silizidschichten auf Wolframdrähten macht auch E. Fitzer[7].

Nach L. Brewer und Mitarbeitern[8] ist die eutektische Temperatur zwischen W-$WSi_{0,7}$ etwa 2020°, zwischen $WSi_{0,7}$-WSi_2 etwa 1890°. Die Schmelztemperaturen der Verbindungen sind dem Zustandsschaubild zu entnehmen (Abb. 101)[5].

Der elektrische Widerstand[5] von heißgepreßten WSi_2-Körpern beträgt 33,4 Mikroohm · cm.

C. Silizide der Actinide

1. Thoriumsilizid

Über die Existenz eines Thoriumdisilizides wurde zuerst von E. Wedekind und K. Fetzer[9,10] berichtet. Es wurde durch Schmelzen eines Gemisches von Aluminium, Thoriummetall und Silizium und nachfolgende chemische Isolierung hergestellt. E. Wedekind[11] wandte bei der Synthese aus den Komponenten das Heißpreßverfahren an.

---

[1] Hönigschmid, O.: Karbide und Silizide, W. Knapp, Halle/Saale 1914, S. 197/99.

[2] Zachariasen, W.: Z. physik. Chem. 128 (1927), S. 39/48.

[3] Ewald, P. P. u. C. Hermann: Strukturberichte 1913—1928, S, 219, 741, 783/84, Leipzig 1931.

[4] Wallbaum, H. J.: Z. Metallkde. 33 (1941), S. 378/81.

[5] Gallistl, E.: Diss. Techn. Hochsch. Graz 1951.

[6] Kieffer, R., F. Benesovsky u. E. Gallistl: Z. Metallkde. 43 1952), S. 284/91.

[7] Fitzer, E.: Berg- u. Hüttenmänn. Mh. 97 (1952), S 81/91.

[8] Brewer, L., A. W. Searcy, D. H. Templeton u. C. H. Dauben: J. Am. ceram. Soc. 33 (1950), S. 291/94.

[9] Wedekind, E. u. K. Fetzer: Chem. Ztg. 29 (1905), S. 1031.

[10] Hönigschmid, O.: Mh. Chem. 27 (1906), S. 205/12.

[11] D.R.P. 294267 (1913).

Die Struktur des $ThSi_2$ wurde von G. Brauer und A. Mitius[1] geklärt. Es kristallisiert tetragonal mit Gitterkonstanten a = 4,126 Å, c = 14,346 Å. $ThSi_2$ ist nicht isotyp mit anderen Disiliziden der Übergangsmetalle der 4. bis 6. Gruppe.

Die Röntgendichte beträgt 7,79 g/cm³, die pyknometrische Dichte 7,63 g/cm³.

E. Cerwenka[2] fand an heißgepreßten $ThSi_2$-Körpern eine Mikrohärte von 1120 kg/mm² (100 g Belastung).

2. Uransilizid

Ein Uransilizid der chemischen Formel USi_2 hat E. Defacqz[3] aus dem Produkt einer aluminothermischen Reaktion von U_3O_8, SiO_2, Al und S durch abwechselnde Behandlung mit Säure und Lauge isoliert.

G. Brauer und H. Haag[4] stellten Urandisilizid durch Umsetzung der Elemente in einer Aluminiumschmelze her.

Im System Uran-Silizium ist die Verbindung USi_2 festgestellt worden, deren Struktur G. Brauer und H. Haag[4] geklärt haben. F. W. H. Zachariasen[5] hat auch Silizide der Formel U_3Si, U_3Si_2, USi und eine α- und β-Modifikation des USi_2 gefunden und ihre Struktur bestimmt.

Weitere Angaben über das recht verwickelte System Uran-Silizium (Abb. 102) sind der Monographie von J. J. Katz und E. Rabinowitch[6] zu entnehmen.

Uransilizid der chemischen Formel USi_2 mit 19,1% Si bildet isoliert, kleine, metallisch glänzende Würfelchen.

Beim Erhitzen an Luft wird es nicht verändert. Von Mineralsäuren greift nur Flußsäure an. Schmelzende Alkalien lösen leicht[7].

USi_2 kristallisiert kubisch flächenzentriert. G. Brauer und H. Haag[4] geben eine Gitterkonstante a = 4,053 Å an. Die pyknometrische Dichte beträgt 7,80 g/cm³.

Nach F. W. H. Zachariasen[5] existiert eine α-Modifikation des USi_2 mit tetragonalem Gitter, isotyp mit $ThSi_2$. Die Gitter-

---

[1] Brauer, G. u. A. Mitius: Z. anorg. allg. Chem. 249 (1942), S. 325/39.

[2] Cerwenka, E.: Diss. Techn. Hochsch. Graz 1951.

[3] Defacqz, E.: Compt. rend. 147 (1908), S. 1050/52.

[4] Brauer, G. u. H. Haag: Z. anorg. allg. Chem. 259 (1949), S. 197/200.

[5] Zachariasen, F. W. H.: Acta Cryst. 2 (1949), S. 94/99.

[6] Katz, J. J. u. E. Rabinowitch: The Chemistry of Uranium, McGraw Hill, New York 1951, S. 226/29.

[7] Hönigschmid, O.: Karbide und Silizide, W. Knapp, Halle/Saale, 1914, S. 200.

konstanten sind a = 3,98 Å, c = 13,74 Å. Das β-USi$_2$ ist hexagonal (C 32-Typ) isotyp mit den Diboriden der Übergangsmetalle der

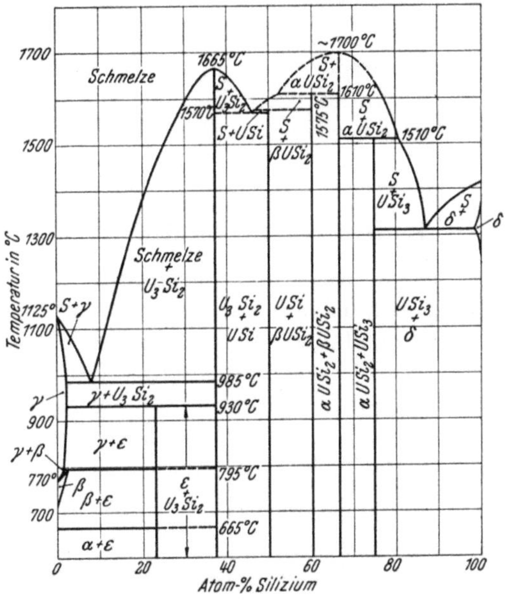

Abb. 102. Zustandsschaubild Uran-Silizium
(J. J. Katz u. E. Rabinowitch)

4. bis 6. Gruppe und hat die Gitterkonstanten a = 3,86 Å und c = = 4,07 Å, entsprechend einer Dichte von 9,3 g/cm³.

Die von F. W. H. Zachariasen[1] angegebenen weiteren Uransilizide haben folgende Strukturen:

U$_3$Si$_2$ tetragonal a = 6,029 Å, c = 8,687 Å.

U$_3$Si tetragonal a = 7,330 Å, c = 3,900 Å.

USi orthorhombisch a = 5,66 Å, b = 7,67 Å, c = 3,91 Å.

3. Neptunium- und Plutoniumsilizid

Von den beiden Transuranen Neptunium und Plutonium wurden die Disilizide NpSi$_2$ und PuSi$_2$ hergestellt und ihre Struktur von F. W. H. Zachariasen[1] geklärt. Beide sind tetragonal und isotyp mit ThSi$_2$ und α-USi$_2$. Die Gitterkonstanten von NpSi$_2$ sind a = 3,97 Å, c = 13,70 Å, von PuSi$_2$ a = 3,98 Å, s = 13,58 Å.

---

[1] Zachariasen, F. W. H.: Acta Cryst. 2 (1949), S. 94/99.

D. Zusammenfassung der Eigenschaften der Silizide

In Zahlentafel 66 sind die wichtigsten Eigenschaften der Silizide zusammengestellt. Die Dichten wurden zum Teil an Drucksinterkörpern neu bestimmt. Die Schmelzpunkte und Mikrohärten wurden ebenfalls an solchen Körpern von E. Cerwenka[1] und die Werte des elektrischen Widerstandes von E. Gallistl[2] ermittelt. Weitere Einzelheiten in den Abschnitten über die Einzelsilizide und in der Literatur[3-5].

E. Die Systeme Silizid-Silizid

Die Silizidsysteme der Übergangsmetalle der 4. bis 6. Gruppe des Periodensystems sind bis heute nur vereinzelt untersucht worden. Die isotypen Silizide sollen nach R. Kieffer[6], soweit die Volumenregel eingehalten wird, mischbar sein. Von E. Gallistl[2,7] und H. Schachner[8,9] wurde die vollkommene Mischbarkeit der Systeme $MoSi_2$-WSi_2 und von H. E. Schroth[10,11] die vollkommene Mischbarkeit der Systeme Cr_3Si und V_3Si bewiesen.

Die Disilizide des Molybdäns und Wolframs sind nur beschränkt mit Chrom-Disilizid mischbar[9,12]. In den Systemen $MoSi_2$-$TiSi_2$ und WSi_2-$TiSi_2$ tritt starke Mischkristallbildung auf der $TiSi_2$-Seite auf, wobei die gebildeten Mischkristalle nach H. Nowotny, R. Kieffer und H. Schachner[9] hexagonale Struktur (C 40-Typ) annehmen. H. Nowotny[12] spricht von einer „erzwungenen Allotropie" des $TiSi_2$.

[1] Cerwenka, E.: Diss. Techn. Hochsch. Graz 1951.

[2] Gallistl, E.: Diss. Techn. Hochsch. Graz 1951.

[3] Biltz, W.: Raumchemie der festen Stoffe. L. Voss, Leipzig 1934, S. 107/09.

[4] Nowotny, H. in W. Klemm: Naturforschung und Medizin in Deutschland 1939—1946. Anorganische Chemie, Bd. 26, Teil IV, Dieterich'sche Verlagsbuchhdlg., Wiesbaden 1949, S. 67/96.

[5] Brewer, L., L. A. Bromley, P. W. Gilles u. N. L. Lofgren in L. L. Quill: The Chemistry and Metallurgy of Miscellaneous Materials-Thermodynamics. McGraw-Hill, New York 1950, S. 40/59.

[6] Kieffer, R.: Vortrag Göteborg 1952; Vortrag Plansee-Seminar, Reutte, Tirol, 1952.

[7] Kieffer, R., F. Benesovsky u. E. Gallistl: Z. Metallkde. 43 (1952), S. 284/91.

[8] Schachner, H.: Diss. Univ. Wien, 1953.

[9] Nowotny, H., R. Kieffer u. H. Schachner: Mh. Chem. 83 (1952), S. 1243/52.

[10] Schroth, H. E.: Diss. Techn. Hochsch. Graz 1952.

[11] Nowotny, H., H. E. Schroth, R. Kieffer u. F. Benesovsky: Mh. Chem. demnächst.

[12] Nowotny, H.: Vortrag Plansee-Seminar, Reutte/Tirol 1952; Vortrag Verein Österr. Chem. Graz 1952.

Zahlentafel 66. *Struktur und Eigenschaften der Silizide*

Silizid	Kristallsystem	Strukturtyp	Gitterkonstante Å	Dichte g/cm³	Schmelz- punkt ° C	Mikro- härte (100 g Be- lastung) kg/mm²	Elektr. Wider- stand Mikro- ohm · cm
Ti_5Si_3	hexagonal		$a = 7,465; c = 5,162$		2120	986	
TiSi	n. b.						
$TiSi_2$	orthorhombisch	C 54	$a = 8,236; b = 4,773; c = 8,523$	4,39	1540 ± 5	870	123
$ZrSi_2$	orthorhombisch	C 49	$a = 3,72; \ b = 14,16; c = 3,67$	4,88	1700 ± 40	1030	161
VSi_2	hexagonal	C 40	$a = 4,562; c = 6,359$	4,71	1650 ± 30	1090	9,5
V_3Si	kubisch	A 15	4,712				
$Nb_2Si\ \alpha$ ...	n. b.			7,75			
$Nb_2Si\ \beta$ ...				7,34			
$NbSi_2$	hexagonal	C 40	$a = 4,785; c = 6,576$	5,29	1950 ± 50	1050	6,3
$TaSi_{0,2}$	n. b.						
$TaSi_{0,4}$	n. b.						
$TaSi_{0,6}$	n. b.						
$TaSi_2$	hexagonal	C 40	$a = 4,773; c = 6,552$	8,83	2400 ± 100	1560	8,5
Cr_3Si	kubisch	A 15	4,555	6,52			
Cr_2Si	rhombisch (?)						
CrSi	kubisch	B 20	4,620				
$CrSi_2$	hexagonal	C 40	$a = 4,422; c = 6,351$	4,4	1570 ± 40	1150	
Mo_3Si	kubisch	A 15	4,890	8,4	2050 ± 50	1310	
$MoSi_{0,65}$ ...	n. b.			7,4	2100 ± 50	1170	
$MoSi_2$	tetragonal	C 11b	$a = 3,20; \ c = 7,861$	6,12	2030 ± 50	1290	21,5
$WSi_{0,7}$	n. b.			10,9	2350 ± 50	770	
WSi_2	tetragonal	C 11b	$a = 3,212; c = 7,880$	9,3	2150 ± 50	1090	33,4

F. Die Systeme Silizid-Karbid

Über Dreistoffsysteme der Übergangsmetalle der 4. bis 6. Gruppe des Periodensystems mit Silizium und Kohlenstoff, die Umsetzung von Siliziden mit Kohlenstoff, von Karbiden mit Silizium und letzten Endes von Siliziden und Karbiden bei höheren Temperaturen ist in der Literatur nichts bekannt geworden. Gewisse Analogien, beispielsweise zum System Fe-Si-C, können gezogen werden.

Aus den Schmelzversuchen von Siliziden in Graphittiegeln kann geschlossen werden, daß die Affinität des Siliziums zu den Übergangsmetallen bei der Bildungs- und insbesondere der Schmelztemperatur größer ist als die des Kohlenstoffs. Eine Mischkristallbildung zwischen Siliziden und Karbiden dürfte sehr unwahrscheinlich oder nur in einem außerordentlich beschränktem Umfang möglich sein.

G. Die Systeme Silizid-Nitrid

Über die Dreistoffsysteme der Übergangsmetalle der 4. bis 6. Gruppe des Periodensystems mit Silizium und Stickstoff, die Einwirkung von Stickstoff auf Silizide, von Silizium auf Nitride und die Umsetzung von Silizid-Nitridgemengen bei höheren Temperaturen ist bis heute in der Literatur nichts bekannt geworden. Aus Silizid-Schmelzversuchen kann geschlossen werden, daß die oben genannten Silizide bei Gegenwart von Stickstoff zu Nitridbildung neigen. Eine Substitution des Siliziums in Siliziden durch Stickstoff und des Stickstoffs in Nitriden durch Silizium unter Mischkristallbildung ist höchst unwahrscheinlich.

H. Die Systeme Silizid-Borid

Über die Verteilung des Siliziums und des Bors in Dreistoffsystemen mit den Übergangsmetallen der 4. bis 6. Gruppe des Periodensystems und über die auftretenden Silizid-Borid- und allfälligen Mischkristallphasen ist bis heute noch nichts bekanntgeworden.

Aus eigenen orientierenden Schmelzversuchen mit Borid-Silizidgemengen und aus Tränkversuchen (Boridskelettkörper — Silizium als Tränkmetall, Silizidskelettkörper — Boride als Tränklegierungen) kann auf eine Legierbarkeit der Silizide und Boride und auf eine teilweise Substituierbarkeit des Bors und Siliziums in den entsprechenden Hartstoffsystemen geschlossen werden.

Ein Hinweis darauf, daß Ti-Si-B-Legierungen existieren, findet sich in einem Patent[1]. Derartige Legierungen können in einem mit

---

[1] D.R.P. 359 785 (1952).

Bor ausgekleideten Kohletiegel erschmolzen werden; sie sind verformbar und hart. Aufgenommener Kohlenstoff wird beim Tempern ausgeschieden.

VII. Nichtmetallische Hartstoffe

Zu den hochschmelzenden, metallischen Hartstoffen wurden eingangs die Karbide, Nitride, Boride und Silizide gewisser Metalle der Übergangsgruppen gezählt. Sie sind durch gute elektrische und thermische Leitfähigkeit, metallischen Glanz und Härte fast ausnahmslos über 8 in der Mohsschen Skala gekennzeichnet. Die Silizide der Übergangsmetalle folgen dieser Definition nur teilweise; sie haben zwar metallischen Charakter, meist aber nur eine Härte um 8 nach Mohs.

Ist es erlaubt, die Silizide der Übergangsmetalle als metallische Hartstoffe mittlerer Härte neben den Karbiden, Nitriden und Boriden zu besprechen, so ist es aus der geschichtlichen Entwicklung der Schneidlegierungen heraus ebenso gerechtfertigt, die nichtmetallischen Hartstoffe Diamant, Borkarbid, Siliziumkarbid und Korund zu behandeln. Dabei soll nur die Verwendung dieser Hartstoffe für Schneidzwecke und als Werkstoffe zur Verschleißbekämpfung berücksichtigt werden.

Von den möglichen Kombinationen des Kohlenstoffs, Stickstoffs, Siliziums und Bors miteinander, wobei man Borkarbid auch als „Kohlenstoffborid" und Siliziumkarbid als „Kohlenstoffsilizid" auffassen kann, verbleiben noch die Verbindungen des Kohlenstoffs mit Stickstoff, des Bors mit Silizium und des Bors und Siliziums mit Stickstoff. Diese werden hier nicht berücksichtigt, obzwar dem Bornitrid als Hartstoff eine gewisse Bedeutung zukommt.

Der Diamant und der Korund — letzterer besonders als Sintertonerde — treten als Dreh- und Schleifwerkzeuge und als Werkstoffe für verschleißfeste Werkzeugteile, wie z. B. Bohrer im Bergbau, Ziehsteine, Führungsschienen, Gleitrollen, in Konkurrenz zu den gesinterten Hartlegierungen. Borkarbid und Siliziumkarbid haben sich als Werkstoffe für die Zerspanungstechnik wegen ihrer vergleichsweise geringen Biegebruchfestigkeit nicht durchsetzen können. Auf dem Gebiete der Verschleißbekämpfung begegnen wir jedoch wieder diesen beiden Karbiden, ersterem z. B. in Form von Sandstrahldüsen, letzterem als Füllstoff in Zementmischungen für Bodenbeläge. Beide Karbide finden jedoch in der Hartmetalltechnik bei der Bearbeitung von Werkzeugen und Ziehsteinen, dank ihrer Härte, als Schleifmittel reiche Anwendung[1]. Die Karborundumscheibe ist

---

[1] S. a. Grodzinski, P. in K. Krekeler: Zerspanbarkeit der metallischen und nichtmetallischen Werkstoffe, Springer-Verlag, Berlin 1951, S. 32/56.

Zahlentafel 67. *Eigenschaften von n chtmetallischen Hartstoffen im Vergleich zu Hartmetallen*

Hartstoff Hartmetall	Dichte g/cm³	Schmelzpunkt °C	Vickers-Härte kg/mm²	Biegebruchfestigkeit kg/mm²	Druckfestigkeit kg/mm²	Elastizitätsmodul kg/mm²	Wärmeleitfähigkeit cal/cm · sec · °C	Wärmeausdehnungskoeffizient $\beta \cdot 10^6$	spez. elektr. Widerstand Mikroohm · cm
Diamant	3,52	3700 ± 100	10060[1]	~30	~200	~90000	0,33	0,9 b.1,18	nichtleitend
Borkarbid	2,52	2450	H_M 3700	30	180	29600	n. b.	4,5	schlecht leitend
Siliziumkarbid	3,2	~2200	H_M 3500	10	100	n. b.	0,037	4,4	schlecht leitend
Sinterkorund	3,8—3,9	2050	H_M 2800	34	300	36500	0,047	7,8	nichtleitend
Geschmolzenes Wolframkarbid	~16	~2800	1800—2000	30—40	~200	n. b.	0,07	4	~80
TiC heißgepreßt	4,9	3140 ± 90	H_M 3200	30—40	300	n. b.	0,041	n. b.	105
WC heißgepreßt	15,6	2800	1600—1800	30—50	300	72200		5,7 b.7,2	53
WC-Co 94/6 .	14,9		1600	170	500	60000	0,19	5	20
WC-Co 89/11	14,2		1400	190	460	58000	0,16	5,5	18

[1] Mikrohärte nach M. M. Kruschov und E. S. Berkovich: Zavod. Lab. 16 (1950) Nr. 2, S. 193/96.

der verbreitetste Schleifwerkstoff für Werkzeuge mit aufgelöteten Hartmetallplättchen; das Borkarbid scheint sich immer mehr bei der Bearbeitung von Hartmetallziehsteinen, und zwar in reiner Form oder gemischt mit Diamant durchzusetzen.

Um die Eignung der nichtmetallischen Hartstoffe für Schneidlegierungen bzw. Verschleißzwecke prüfen zu können, sind die mechanischen und physikalischen Eigenschaften derselben in Zahlentafel 67 zusammengefaßt und einige klassische metallische Hartstoffe und Hartlegierungen vergleichsweise mit aufgeführt.

Fast alle aufgezählten nichtmetallischen Hartstoffe sind bereits als Schneidlegierungen versucht und eingesetzt worden. Während sich reines, geschmolzenes Borkarbid schlecht[1], gesintertes Aluminiumoxyd[2] nur beschränkt, Siliziumkarbid überhaupt nicht bewährt hat, wird der Diamant noch heute in großem Umfange zum Feinbohren, Schlichten und Drehen von Sonderwerkstoffen, wie z. B. Glimmer, Glas, Quarz usw., verwendet.

[1] Dawihl, W. u. K. Schröter: Werkstattstechnik 31 (1937), S. 201/04.

[2] z.B. „Degussit" der Deutschen Gold- und Silberscheideanstalt Frankfurt am Main. „Sintox" der B. S. A. Tools Ltd., Birmingham.

R. Kieffer und F. Kölbl[1] folgern im Zuge ihrer Untersuchungen über wolframkarbidfreie Hartmetalle daraus, daß zur Verwendbarkeit eines Hartstoffes oder einer Hartlegierung zur spangebenden Verformung nicht nur eine hohe Härte, sondern auch eine gewisse Mindestbiegebruchfestigkeit, -druckfestigkeit und -zähigkeit erforderlich sind. Die Festigkeitswerte des Diamanten scheinen die unteren Grenzwerte für eine einsatzfähige Schneidlegierung zu sein. Das Beispiel der gesinterten Tonerde bzw. von gesinterten Al_2O_3-Cr_2O_3-Körpern zeigt, daß eine Vickers-Härte von 3000 kg/mm² die zweite Mindestforderung für den Einsatz reiner, spröder Hartstoffe als Schneidlegierung darstellt.

Als verschleißfester Werkstoff für Ziehsteine, Uhrenlager und Bohrkronen im Bergbau usw., ist der Diamant allen anderen Hartstoffen und Hartlegierungen trotz seiner relativ geringen Bruchfestigkeit überlegen, vorausgesetzt, daß keine stoßartigen Beanspruchungen erfolgen. Für große Ziehsteine oder zum Schlagbohren beispielsweise, eignet er sich nicht mehr, da er — abgesehen von seinem hohen Preis bei großen Karatgewichten — die hohen Drucke beim Grobzug und die Stöße beim Schlagbohren nicht mehr aufnehmen kann. Die mechanischen und physikalischen Eigenschaften des gesinterten sowie des geschmolzenen Aluminiumoxyds erlauben jedoch die erfolgreiche Verwendung dieses Hartstoffes zur Verschleißbekämpfung in Form von Rollen, Scheiben, Stäben, Gleitschienen, Lagern usw. Schlag- und stoßartige Beanspruchungen werden jedoch nicht vertragen.

Borkarbid hat sich wie Siliziumkarbid als Schleifmittel und in Konkurrenz zu den klassischen Hartlegierungen als Sandstrahldüsen-Werkstoff durchsetzen können.

Versuche, Siliziumkarbid und Borkarbid mit zähen Metallen abzubinden, scheiterten ebenso wie die Erzeugung gesinterter Mischkristalle dieser Karbide mit Karbiden der vorbehandelten Übergangsmetalle.

Im einzelnen seien über die Sonderhartstoffe noch die folgenden Ergänzungen gebracht, wobei, wie schon eingangs erwähnt, nur auf die Einsatzmöglichkeit derselben als Schneidlegierung und verschleißfester Werkstoff Rücksicht genommen wird.

---

[1] Kieffer, R. u. F. Kölbl: Vortrag IPT-Graz 1948, Ref. Nr. 28, Powder Met. Bull. 4 (1949), S. 4/17.

A. Diamant

Der Diamant, der härteste aller bekannten Stoffe, ist ein natürliches, unter kosmischen Bedingungen (höchste Drucke und Temperaturen) entstandenes Mineral. Seine Synthese ist — abgesehen von wenig beweiskräftigen Versuchen H. Moissans, Diamant durch Kristallisation aus unter hohem Druck stehenden Metallschmelzen zu gewinnen — bis heute nicht gelungen.

Wir begegnen dem Diamanten in der metallbearbeitenden Industrie als Zieh- oder Zerspanungswerkstoff, wobei der Diamant in Spezialwerkzeuge eingelötet, eingeschrumpft, eingesintert oder durch Klemmfassungen gehalten wird. Einzelheiten sind dem Schrifttum, ins-

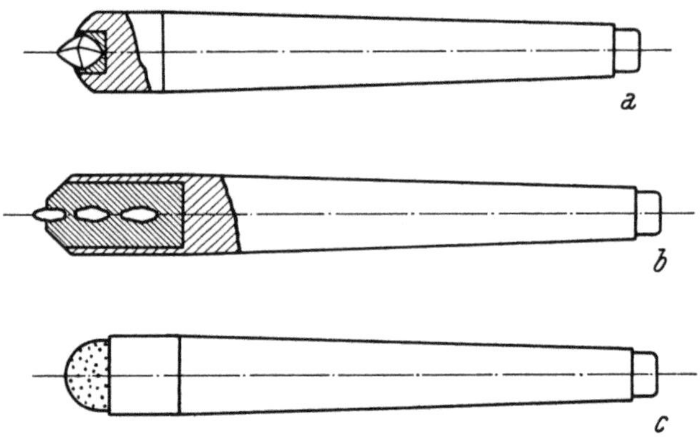

Abb. 103. Diamant-Abrichter
a Einzeldiamant-Abrichter   *b* Mehrzahldiamant-Abrichter   *c* Feinabrichter

besondere dem eingehenden Buch von P. Grodzinski[1], zu entnehmen. Hier wird auch auf die Verwendung des Diamanten als Lagerwerkstoff für Uhren und Instrumente, zum Schneiden und Sägen von Sonderwerkstoffen, als Prüfspitzen für Ritz- oder Eindruckhärtebestimmungen, zum Abrichten, Trennen und Bohren von Siliziumkarbid- und Korundscheiben, zum Gravieren, zum Gesteinsbohren im Bergbau, als Schleifmittel und letzten Endes als souveräner Werkstoff für Ziehsteine kleinen und kleinsten Durchmessers, näher eingegangen.

In Verbindung mit Hartlegierungen auf Wolframkarbid-Hilfsmetallbasis findet der Diamant als Abrichtwerkzeug und zum Bestücken von Bohrkronen reiche Verwendung. Neben groben, rundlichen

---

[1] Grodzinski, P.: Diamond Tools, N. A. G., Press, London 1944.

Boartstücken oder Einzelkristallen in Oktaederform werden auch feinere Boart-Bruchstücke durch Drucksintern in verschleißfeste Hartmetallegierungen, die bis zu 40% Co, Ni oder Cu neben WC enthalten, eingebettet (Abb. 103).

B. Borkarbid

Borkarbid wird in geschmolzener Form gewöhnlich im elektrischen Widerstandsofen durch Umsetzen von entwässerter Borsäure mit Kohlenstoff gewonnen. Das Schrifttum über die Gewinnung und den Aufbau dieses Hartstoffes ist spärlich. Die meisten Angaben sind der Arbeit von R. R. Ridgeway[1] zu entnehmen. Es soll nur die Verbindung B_4C bestehen. Die Verbindung B_6C wird von R. R. Ridgeway nicht bestätigt. Der Autor nimmt an, daß Kohlenstoff und Bor keine Löslichkeit für einander, das Karbid B_4C jedoch eine Löslichkeit für Bor, aber keine für Kohlenstoff aufweist.

Eingehendere Versuche über das Verhalten von Borkarbid als Werkzeugstoff stammen von W. Dawihl und K. Schröter[2]. Die Verfasser drehten mit geschmolzenen Borkarbidformstücken Glas, Stahl und Grauguß und stellten, unabhängig von den großen Schwierigkeiten beim Schleifen der Borkarbidformstücke, große Fasenstumpfungen und eine starke Empfindlichkeit gegen hohe Vorschübe fest.

Auch Ziehsteine aus Borkarbid wurden gegenüber Hartmetallziehsteinen, insbesondere beim Wolframdrahtzug, eingesetzt und erwiesen sich als stark unterwertig. In Abrichtwerkzeugen für Schleifscheiben zeigen Borkarbideinsätze eine gewisse anfängliche Arbeitsleistung; sie stumpfen jedoch zu schnell. Sandstrahldüsen aus geschmolzenem Borkarbid[3] oder druckgesintertem Borkarbid sind Hartmetalldüsen gegenüber gleichwertig und in Sonderfällen überlegen.

Zahlentafel 68. *Leistung verschiedener Schleifpulver bei der Bearbeitung von Diamant- bzw. Hartmetallziehsteinen* (W. Dawihl u. K. Schröter)

Schleifpulver Korngröße 10 bis 20 μ	Arbeitswert bei der Bearbeitung von	
	Diamantziehsteinen	Hartmetallziehsteinen
Diamant	10	10
Borkarbid	0,06	6,5
Siliziumkarbid	0,02	0,2

[1] Ridgeway, R. R.: Trans. Electrochem. Soc. **56** (1935), S. 117/32.
[2] Dawihl, W. u. K. Schröter: Werkstattstechnik **31** (1937), S. 201/04.
[3] Kieffer, R. u. F. Kölbl: Powder Met. Bull. **4** (1949), S. 4/17.

Endlich wurde auch Borkarbid als Schleifmittel im Vergleich zu
Diamant und Siliziumkarbid untersucht. Die in Zahlentafel 68
angeführten Ergebnisse zeigen, daß Borkarbid ein brauchbares
Schleifmittel für Hartmetallziehsteine ist[1]. Allein oder gemischt
mit Diamant hat es sich in der Praxis in den letzten Jahren durchsetzen können[2].

C. Siliziumkarbid

Siliziumkarbid wird üblicherweise in großen elektrischen Widerstandsöfen mit horizontal gegenüber angeordneten Graphitelektroden
aus einem pulverförmigen Gemisch von Kohle, Quarzsand, Kochsalz
und Sägemehl hergestellt.

In Form von meist keramisch gebundenen Schleifscheiben begegnen wir dem Siliziumkarbid bei der schleifenden Bearbeitung
von Hartmetallwerkzeugen. Das zweite Hauptanwendungsgebiet für
Siliziumkarbid bilden hochwarmfeste Ofensteine und Formstücke,
z. B. in Form von elektrischen Heizleitern (Silit- und Globarstäbe).
Auf diesen Verwendungsfall werden wir in Kapitel XV noch zurück-
kommen.

Zur Verschleißbekämpfung wird Siliziumkarbid im sogenannten
Silinzement angewendet. Die Siliziumkarbidkristalle werden den
obersten Schichten der Zementfußböden zugemischt und bewirken,
besonders bei abschüssigen, stark begangenen Böden und auch bei
nassem Wetter, ein sicheres Gehen. Auch bei Zementwänden in
Wasserkraftanlagen haben sich Siliziumkarbidzuschläge wegen der
starken Wasser-Sand-Erosion bestens bewährt.

Die Hartmetallforscher haben es nicht an vielen Versuchen
fehlen lassen, die hohe Härte des Siliziumkarbids für Schneidlegierungen auszuwerten. Da Siliziumkarbid ebenso wie Borkarbid
praktisch in allen Zähmetallen unlöslich ist, gelingt es nicht, dasselbe
metallisch abzubinden. Auch die Mischkristallbildungsneigung ist ebenso
gering wie beim Borkarbid und schließt damit eine Verwendung als
Zusatzkarbid in Form fester Lösungen aus. Bei hohen Zusätzen von
Zähmetallen gelingt es jedoch, durch Drucksintern Verbundwerkstoffe, Siliziumkarbid-Metall bzw. Siliziumkarbid-Metallegierungen
herzustellen, denen vielleicht als Hochtemperaturwerkstoff eine
gewisse Bedeutung zukommen wird.

---

[1] Dawihl, W. und K. Schröter: Werkstattstechnik **31** (1937),
S. 201/04.
[2] Schwarz, A.: Feinwerktechnik **55** (1951), S. 138/42.

D. Aluminiumoxyd

Aluminiumoxyd (Al_2O_3) kommt in der Natur als Korund vor. Er ist selten völlig rein, sondern meist durch Fe_2O_3, Cr_2O_3, TiO_2 u. a. verunreinigt. Die unreineren Varietäten werden als Schmirgel bezeichnet und finden als Schleifmittel Verwendung. Schön ausgebildete, durchsichtige, durch Spuren von Oxyden gefärbte Kristalle sind wertvolle Edelsteine (weißer und blauer Saphir, blutroter Rubin).

Natürlicher, insbesondere aber künstlicher Korund hat wegen seiner hohen Härte (nach Mohs 9) und wegen des hohen Schmelzpunktes (2050°) große technische Bedeutung. Die Herstellung von künstlichem Korund kann entweder durch Schmelzen oder Sintern erfolgen. Ausgangsmaterial ist reines Aluminiumoxyd ($> 99,5\%$ Al_2O_3, Verunreinigungen SiO_2, Na_2O, CaO, Fe_2O_3), welches durch alkalischen Aufschluß von Bauxit gewonnen wird[1]. Große, meist gefärbte Korundkristalle werden im Knallgasgebläse erschmolzen und finden als Schmucksteine, Uhrenlager und für kleine Verschleißteile Verwendung. Der im großen, durch Schmelzen im Lichtbogenofen hergestellte mehr oder weniger verunreinigte Elektrokorund (Firmenbezeichnungen: Alundum, Abrasit, Corubin u. a.) ist neben Siliziumkarbid das wichtigste Ausgangsmaterial für die Schleifmittelindustrie. Er dient ferner als Zusatz in feuerfesten Erzeugnissen.

Der sogenannte *Sinterkorund* oder die *Sintertonerde* wird nach den in der Keramik üblichen Verfahren hergestellt. Das reine Aluminiumoxyd wird durch eine entsprechende Aufbereitung, meist Naßmahlung mit verdünnter Salzsäure, in einen teilplastischen Zustand überführt und dann nach dem Schlickerverfahren verarbeitet. Mit geringerem Flüssigkeitszusatz wird es auf Strangpressen zu Profilen oder mit sehr geringer Befeuchtung nach dem Trockenpreßverfahren zu Formkörpern verpreßt. Die Hochsinterung der getrockneten, gegebenenfalls vorgesinterten und fertiggeformten Körper erfolgt bei Temperaturen über 1900° in gasgefeuerten Spezialöfen mit MgO-Muffeln[2].

Für Verschleißteile und Zerspanungszwecke wird dem Aluminiumoxyd etwas Cr_2O_3 zugesetzt. Der rot-violett gefärbte Mischkristall, Sinterrubin genannt, ist etwas härter als der normale farblose Sintersaphir. Der Sinterrubin ist praktisch dicht. Das Gefüge ist polykristallin und besteht aus Kristallen von etwa 15 μ Durchmesser.

---

[1] Ryschkewitsch, E.: Oxydkeramik der Einstoffsysteme, Springer-Verlag Berlin/Göttingen/Heidelberg 1948, S. 71 ff.

[2] Ryschkewitsch, E.: Schweizer Arch. Angew. Wiss. Technik. 5 (1939), S. 203.

Wegen der hohen Härte und hervorragenden chemischen Beständigkeit sind Sintertonerde und Sinterrubin hervorragende Werkstoffe für Verschleißteile. Bereits 1913 wurde der Vorschlag gemacht, Ziehsteine aus diesem Material herzustellen[1]. Größere Verbreitung haben derartige Steine nicht gefunden, wenn auch neuerlich diese Anwendung wieder propagiert wird[2]. Dagegen haben sich Fadenführer aus Sintertonerde in verschiedenster Form in der Textilindustrie sehr gut bewährt[3-5]. Sie werden auch von stark verschleißend wirkenden Natur- und Kunstfasern (z. B. TiO_2-haltige Kunstseide) kaum angegriffen und sind gegen die stark aggressiven Spinnbäder völlig beständig. Weitere Teile, die aus Verschleißgründen aus Sintertonerde hergestellt werden, sind z. B. Drahtführungsnippel in Kabelmaschinen und hochbeanspruchte Lager und Führungsbüchsen, welche nicht „fressen" sollen.

Weitere Anwendungen von Sinterrubin sind Abziehsteine in verschiedenensten Formen und kleine Rundschleifscheiben, ferner Feinabrichter mit Sinterrubinrollen als Ersatz für Diamantabrichter[6].

Die hohe Härte des Korundes, insbesondere in Form des Sinterrubins, ließ erwarten, daß er sich auch für die spanabhebende Bearbeitung von verschiedenen Werkstoffen eignet[7]. Die Schwierigkeiten im Einsatz liegen darin, daß dieser keramische Werkstoff sehr spröde ist und daß man die Schneidplättchen nicht durch klassische Lötverfahren mit einem metallischen Meißelschaft verbinden kann. Man muß die Platten entweder in Klemmfassungen befestigen oder mittels Kunstharzen auf dem Werkzeugschaft aufkitten. Auch die Verbindung mittels geeigneter Emaillen wurde vorgeschlagen[8]. Nach K. Konopicky[9] lassen sich Tonerdeplättchen durch eine Art „Klemmlötung" befestigen. Man legt die Plättchen in U-förmige Ausnehmungen von Stahlträgern ein und lötet ein Verschlußstück aus Stahl auf, wobei durch die Lötspannungen und das kapillar eingedrungene Lot die Tonerdeplatte festgehalten wird.

Bei der Zerspanung von Stahl und Gußeisen haben sich Sinterrubinschneiden wegen der geringen Biegebruchfestigkeit und Stoß-

---

[1] D.R.P. 284808 (1913).

[2] Prospekt „Sintox", B. S. A. Tools Ltd., Birmingham 1951.

[3] Jaeger, G.: Z. VDI 89 (1945), S. 19/22.

[4] Jaeger, G.: Die Umschau (1949), Nr. 14.

[5] Geiger, A.: Melliands Textilber. 31 (1950), S. 671/73.

[6] Prospekt „Degussit-Abziehsteine" Deutsche Gold- und Silberscheideanstalt Frankfurt am Main.

[7] Osenberg, W.: Maschinenbau, Betrieb 17 (1938), S. 127/30.

[8] Ryschkewitsch, E.: Oxydkeramik der Einstoffsysteme, Springer-Verlag Berlin/Göttingen/Heidelberg 1948, S. 147.

[9] Konopicky, K.: Unveröffentlichte Versuche aus dem Jahre 1943/44.

empfindlichkeit nicht bewährt. Versuche im zweiten Weltkrieg Granaten mit Sintertonerdeplättchen zu drehen, schlugen durch meist sofortiges Ausbrechen der Schneide fehl. Dagegen sei bei Bearbeitung höchstverschleißend wirkender Werkstoffe, wie gefüllte Kunststoffe, Hartpapier, Kunstkohle, Graphit, Preßholz, Glimmer und ähnlichem, der Sinterrubin als Schneidwerkstoff sogar dem Hartmetall überlegen. Während man mit Sinterhartmetall, z. B. beim Drehen von Graphit, 23 Werkstücke bearbeiten konnte, zeigte bei Verwendung von mit Sinterrubin bestückten Werkzeugen die Schneide auch nach 89 bearbeiteten Stücken noch keinen merklichen Verschleiß[1,2]. Auch bei der Bearbeitung von Leichtmetallegierungen sollen sich nach K. Konopicky[3] Sintertonerdeplättchen wegen der möglichen sehr hohen Drehgeschwindigkeiten vorzüglich geeignet haben.

Es versteht sich von selbst, daß das einwandfreie Zuschleifen von Schneiden an Tonerdeplättchen, insbesondere der Feinst- und Läppschliff, nur mit Diamantscheiben möglich ist.

Zusammenfassend kann man sagen, daß Sintertonerde sich für gewisse Verschleißteile sehr gut bewährt hat, bei der Zerspanung der Einsatz aber auf besonders erfolgversprechende Anwendungsfälle beschränkt bleiben wird.

---

[1] Prospekt „Sintox", B. S. A. Tools Ltd., Birmingham 1951.
[2] Anonym: Machinist 94 (1950), S. 1264.
[3] Konopicky, K.: Unveröffentlichte Versuche aus dem Jahre 1943/44.

Zweiter Teil

Die Hartmetalle

VIII. Geschichtliche Entwicklung der Sinterhartmetalle

Die klassischen Hartstoffe Diamant, Korund (Schmirgel), Siliziumkarbid und Borkarbid dienten schon lange als Schleifkorn und zur Herstellung von Schleifkörpern, der Diamant ferner auch als Ziehstein und Drehwerkzeug, bevor noch die reinen, hochschmelzenden Karbide, insbesondere WC, TiC, TaC u. a., als Grundstoffe der modernen Sinterhartmetallindustrie benutzt wurden.

Wie schon in Kapitel I ausgeführt wurde, sind die Metallkarbide durch die Pionierarbeiten von H. Moissan und anderen zwar schon über 50 Jahre bekannt, ihre technische Anwendung in Sinterhartmetallen und Schneidwerkzeugen ist aber erst knapp 35 Jahre alt. Mit der Einführung von Hartstoff-Hilfsmetallegierungen wurde allerdings von diesem Zeitpunkt an die Zerspanungstechnik revolutionierend beeinflußt.

Die ersten praktischen Vorschläge für die Verwendung von Metallkarbiden als verschleißfeste Hartlegierungen sind in Patenten zu finden. 1909 wurde in einem amerikanischen Schutzrecht[1] die Verwendung von Kügelchen aus geschmolzenem Wolframkarbid für Uhrenlager vorgeschlagen. Dieses wenig beachtete, aber historisch interessante Patent fand keine technische Verwertung. Auch spätere Versuche, mit Sinterhartmetallen in diese Domäne des Diamanten bzw. des natürlichen oder synthetischen Korundes einzudringen, scheiterten anscheinend wegen des heterogenen Gefügeaufbaues gegossener oder gesinterter Hartstofflegierungen. Erst 1914 gelang es H. Voigtländer und H. Lohmann[2], in industriellem Maßstab in einem Kohlerohrkurzschlußofen Ziehsteine aus geschmolzenem Wolframkarbid herzustellen, die einen durchschlagenden technischen

---

[1] A.P. 1 023 299 (1909).
[2] D.R.P. 286 184 (1914).

Erfolg brachten. Die Firma *Wallram* vormals *Meutsch, Voigtländer & Co.*, hat sich um die technische Einführung derselben verdient gemacht und pflegt noch heute die Erzeugung von Schmelzkarbidformstücken nach dem Schleudergußverfahren. Das Lohmannsche Schutzrecht war später Gegenstand lebhafter Patentkämpfe, da interessierte Kreise in der Herstellung und Verwendung von geschmolzenem Wolframkarbid für Ziehsteine und Werkzeuge keine Erfindung sehen wollten, um so mehr als es zwischen den Arbeiten von H. Moissan und dem ersten Weltkrieg anderen Forschern gelungen war, kiloschwere Wolframkarbidschmelzen zu erzeugen.

Da die ersten Gußkarbide wohl sehr hart waren, aber meist Lunker und Graphitausscheidungen aufwiesen — der dichte Schleuderguß hatte sich noch nicht durchgesetzt — suchte H. Lohmann[1] die ungleichmäßige Qualität seiner Ziehsteine durch einen neuen Verfahrensweg zu verbessern. Er zerkleinerte geschmolzenes Wolframkarbid zu feinstem Pulver, verpreßte dieses und erhitzte die Formkörper bis nahe an den Schmelzpunkt.

Mit diesem pulvermetallurgischen Erzeugnis eröffnete H. Lohmann 1914 die Reihe der für die Zerspanungstechnik ungemein wichtigen *Sinterhartmetalle*. Obwohl das verwendete Wolframkarbidpulver von der Zerkleinerung her wesentliche Mengen Eisen enthalten haben dürfte, erkannte und erwähnte H. Lohmann noch nicht die Bedeutung eines Zusatzes von zähen Eisenmetallen beim Sintern. Zwecks Erniedrigung der Sintertemperatur und Festigkeitssteigerung des Sinterproduktes wurden allerdings von H. Lohmann schon Zusätze von Molybdän vorgeschlagen. Die eindeutige Erkenntnis. daß dem Wolframmonokarbid mit der genauen Zusammensetzung WC (6,12% C) in Sinterhartmetallen der Vorzug zu geben ist, lag jedoch bei H. Lohmann noch nicht vor. Abb. 104 zeigt das Gefüge eines gesinterten Wolframkarbidkörpers, der unter Verwendung von gepulvertem, geschmolzenem Diwolframkarbid nach den Angaben des Lohmann-Patentes erzeugt wurde. Abb. 105 zeigt im Vergleich dazu das Gefüge eines Sinterkörpers aus reinem Wolframmonokarbid und Abb. 106 den Schliff von geschmolzenem Wolframkarbid.

Einen bedeutenden Fortschritt in der Entwicklung der Sinterhartmetalle brachten die Vorschläge von G. Fuchs und A. Kopietz[2]. Durch Zulegieren von Eisenmetallen, Chrom und Titan zu Wolframkarbid stellten sie durch Schmelzen oder Drucksintern Hartlegierungen her, die erheblich zäher, aber weniger hart als reines geschmolzenes

---

[1] D.R.P. 289066 (1914), 292583 (1914), 295656 (1914), 295726 (1914).
[2] D.R.P. 307764 (1917), 310041 (1918), 320996 (1918).

bzw. gesintertes Wolframkarbid waren und die insbesondere für Ziehsteine empfohlen wurden. Diese sogenannten *Tizit-Legierungen* hatten etwa die Zusammensetzungen: 45 bis 60% W, 0 bis 10% Cr, 3,5 bis 6% Ti, 30 bis 45% Fe und 3,5 bis 4,5% C.

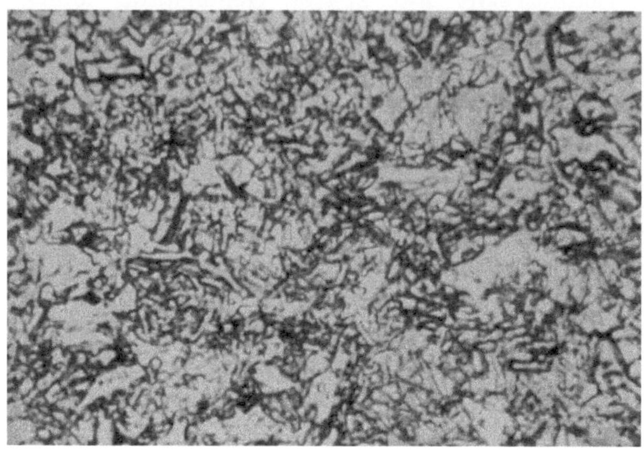

Abb. 104. Gefüge eines Heißpreßkörpers aus pulverisiertem, geschmolzenem Diwolfram-karbid (× 2000)

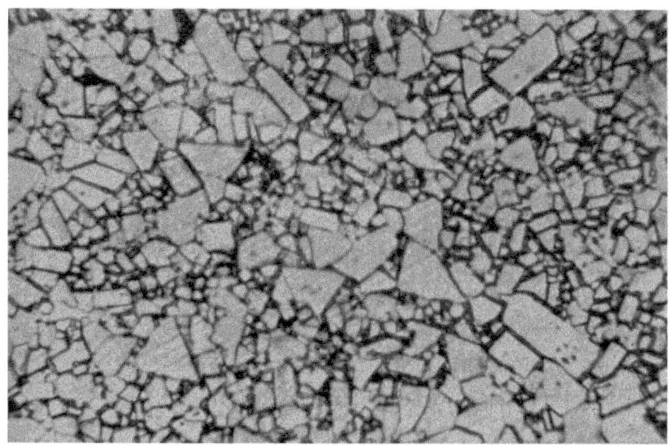

Abb. 105. Gefüge eines Sinterkörpers aus Wolframmonokarbid WC (× 2000)

Abb. 107 zeigt das Gefüge eines Tizit-Ziehsteines mit etwa 55% W, 3,5% Ti, 5% Cr, 33% Co und 3,5% C. Diese Zusammensetzung entspricht etwa der flüssigen Phase, welche beim Sintern einer chromhaltigen WC-TiC-Co-Hartlegierung auftritt.

Zum Drucksintern verwendete G. Fuchs einen Schweißumformer, eine mechanische Hebelpreßvorrichtung sowie Graphitformen mit Graphitelektroden und verfuhr im übrigen genau auf dieselbe Weise,

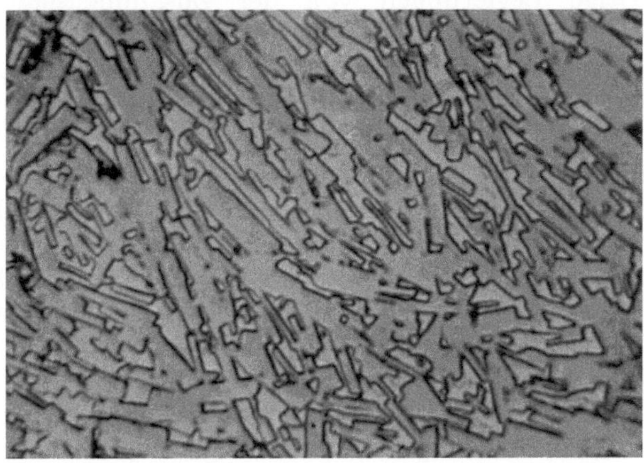

Abb. 106. Gefüge von gegossenem Wolframkarbid mit etwa 4,1 % C (× 2000)

wie heute noch z. B. Spezialziehsteine, Hartmetallkugeln und andere, besonders dichte und porenfreie Teile aus Hartmetall heißgepreßt werden.

Durch eine Art Einsatzhärtung von Wolfram- und Molybdänpreßkörpern mit Zusätzen von Fe, Ni, Cr, Ti u. a. während des Drucksinterns zwischen Kohleelektroden versuchten A. J. Liebmann und C. A. Laise[1] jedoch Schneidlegierungen zu erhalten. Dieses Verfahren gewann ebensowenig Bedeutung wie der Versuch, kohlenstofffreie, geschmolzene Wolfram-Molybdän-Titan-Chrom-Eisen-Legierungen durch nachträgliches Karburieren in Hartlegierungen

Abb. 107. Gefüge eines Ziehsteines aus einer geschmolzenen „Tizit"-Legierung (× 100)

überzuführen[2]. Das Sintern in zwei Stufen mit einer endgültigen Formgebung nach der ersten Stufe, d. h. bevor der Formkörper für eine

[1] A.P. 1343976 (1917), 1343977 (1917).
[2] D.R.P. 335405 (1918).

solche Zwischenbearbeitung zu hart geworden ist, wird bereits in dem amerikanischen Patent 1 343 976 beschrieben.

Während des ersten Weltkrieges fanden auch gesinterte, hochwolframhaltige Legierungen von der Zusammensetzung 90% W, 10% Fe oder 80% W, 15% Co, 5% Cr oder 80% W, 9,5% Cr, 0,5% C als Ziehsteine in USA Verwendung[1]. Diese Legierungen konnten sich aber nicht durchsetzen, da sie wegen des zu geringen Kohlenstoffgehaltes für den beabsichtigten Zweck zu weich waren.

Im Jahre 1922, kurz vor seinem Ableben, verbesserte G. Fuchs[2] die ursprünglichen Tizit-Legierungen durch Senken des Gehaltes an Eisenmetallen und Erhöhen des TiC-Gehaltes. Die neueren, meist druckgesinterten Hartlegierungen mit 75 bis 84% W, 10 bis 15% Ti und weniger als 10% Metall der Eisengruppe sowie 3 bis 5% C wurden für Drehwerkzeuge vorgeschlagen. Sie waren für die spätere Entwicklung des Hartmetalles Titanit (1929 bis 1931) richtunggebend. Bis auf den zur Bildung von Wolframmonokarbid ungenügenden Gehalt an Kohlenstoff entspricht diese Legierung nämlich den später entwickelten Sinterhartmetallen S 1 und S 2 (vergl. Zahlentafel 69).

Die Lohmann-Patente und die später zu besprechenden Schröter-Patente der *Osram-Studiengesellschaft* gingen in den Besitz der Firma *F. Krupp* über und dienten als Grundlage für die Entwicklung der verschiedenen *Widia*-Sorten vom G- und H-Typus. Der Name Widia (*wie Dia*mant) erhielt Weltruf und bleibt stets mit dem Namen des zu früh verstorbenen E. Ammann, dem langjährigen Leiter der Widia-Fabrik, verbunden[3].

Die *Tizit*-Patente gingen in den Besitz der *Metallwerk Plansee Ges. m. b. H.* und später der *Deutschen Edelstahlwerke A. G.* über und dienten zusammen mit den Mischkristallpatenten von P. Schwarzkopf, I. Hirschl, R. Kieffer und H. Strauch als Basis für die Entwicklung der modernen *Mehrkarbid-Legierungen* (Titanit S 1, S 2, S 3).

Die von H. Leiser[4] erstmalig beschriebene Technik, poröse Eisenkörper mit Kupfer zu tränken, die später auch von C. L. Gebauer[5] zur Herstellung von Wolfram-Kupfer- und Wolfram-Silber-Verbundmetallen verwendet wurde, hat H. Baumhauer[6] auf poröse Karbidskelettkörper aus WC übertragen. Als Tränkmetalle wurden die Metalle der Eisengruppe vorgeschlagen. Die *Tränkhartmetalle*

---

[1] E.P. 113830 (1915), s. a. Sykes, W. P.: Metal Progr. 23 (1933), S. 32/35.
[2] D. R. P. 401600 (1922).
[3] Ammann, E. u. J. Hinnüber: Stahl u. Eisen 71 (1951), S. 1081/90.
[4] D.R.P. 300699 (1914).
[5] A.P. 1342802 (1917), 1346192 (1916), 1395269 (1918).
[6] D.R.P. 443911 (1922).

unterscheiden sich gefügemäßig und in ihrer Schneidleistung nicht wesentlich von den späteren Sinterhartmetallen, denen das Hilfsmetall gleich in Pulverform vor dem Verpressen zugesetzt wurde (s. S. 414)[1]. Die Tränkkörper zeigen allerdings gerne lunkerige Anfressungen auf der Tränkseite, außerdem ist die Hilfsmetallverteilung bei niedrigen Gehalten nicht besonders gleichmäßig, so daß diese Art der Hartmetallherstellung bisher trotz ihres entwicklungsmäßigen und metallurgischen Interesses keine große technische Bedeutung erlangt hat. Die Tränkung mit Stelliten nach R. Walter[2] ergibt recht brauchbare Hartlegierungen. J. Holzberger[3] hat sich schon frühzeitig mit der Tränkung von Titankarbidkörpern unter Verwendung kaltgepreßter, nicht vorgesinterter Preßlinge beschäftigt.

Den entscheidenden Schritt in der Entwicklung der Sinterhartmetalle tat K. Schröter bei der *Osram-Studiengesellschaft*. K. Schröter ging von Wolframmonokarbid (WC mit 6,12% C) aus, mischte dieses nach einem ersten Vorschlag[4] mit bis zu 10%, nach einem zweiten Vorschlag[5] mit bis zu 20% Metallen der Eisengruppe vorzugsweise mit pulverförmigem Kobalt, verpreßte das Gemenge und erhitzte die Preßlinge bis nahe an den Schmelzpunkt des Hilfsmetalles. Die sich bei der Sinterung bildende eutektische WC-Co-Legierung verband unter Schrumpfung die WC-Teilchen, welche nach dem Abkühlen unter schwachem Kornwachstum und mehr oder weniger stark ausgeprägter Skelettbildung in einem zähen Kobaltnetzwerk eingelagert erschienen. Mit der Einführung und Weiterentwicklung der Wolframkarbid-Kobalt-Hartmetalle leistete die *Widia-Fabrik* hervorragende Pionierarbeit, und festigte damit den Ruf der Sinterhartmetalle als deutsche metallurgische Erfindung.

Abb. 108 zeigt das Gefüge eines WC-Co-Hartmetalles mit 6% Kobalt, wie es zuerst 1923 als Widia N auf den Markt kam. Das Schrötersche Sinterverfahren, welches sich im Prinzip an die klassische Herstellung von Wolframdrähten nach dem Nickel-Wolfram-Verfahren[6] anlehnt, blieb bis heute das fast ausschließlich angewendete Verfahren zur Erzeugung

---

[1] Kieffer, R. u. F. Benesovsky: Berg- u. Hüttenmänn. Mh. 94 (1949), S. 284/94; Kieffer, R. u. F. Kölbl: Berg- u. Hüttenmänn. Mh. 95 (1950), S. 49/58.

[2] D.R.P. 521785 (1928).

[3] E.P. 387684 (1931).

[4] D.R.P. 420689 (1923).

[5] D.R.P. 434527 (1925).

[6] D.R.P. 233885 (1907), s. a. Kieffer, R. u. W. Hotop: Pulvermetallurgie und Sinterwerkstoffe, 2. Aufl., Springer-Verlag, Berlin/Göttingen/Heidelberg, 1948, S. 224.

der technischen Karbid-Schneidmetalle. Zur Formgebung des WC-Co Sinterkörpers wurde in Anlehnung an keramische Formgebungsverfahren und auf Grund älterer Patentvorschläge[1] das sogenannte *Doppelsinterverfahren*[2] mit den einzelnen Verfahrens-

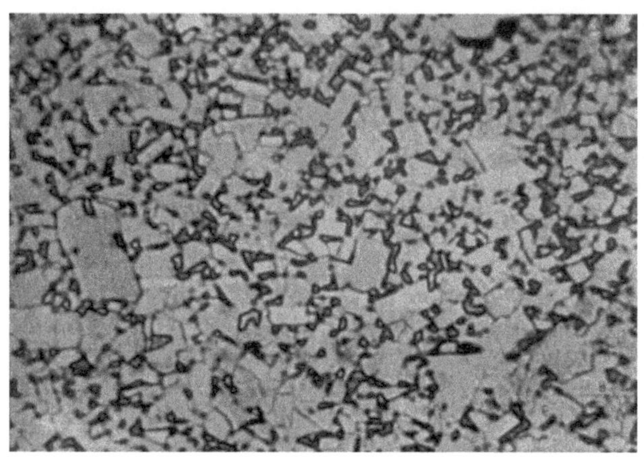

Abb. 108. Gefüge eines WC-Co-Sinterhartmetalles mit 6% Co (× 2000)

schritten, Pressen, Vorsintern, Formgeben und Hochsintern, entwickelt. Über weitere Ergebnisse der bei der Osram-Studiengesellschaft von K. Schröter und Mitarbeitern geleisteten Pionierarbeiten unterrichten zahlreiche Veröffentlichungen von F. Skaupy[3].

Die sogenannten Schröter-Patente wurden, wie bereits erwähnt, in Deutschland auf die *Friedrich Krupp A. G.*, in USA auf die *Carboloy Co.*, eine Tochtergesellschaft der *General Electric Co.*, und in England auf verschiedene Firmen übertragen, welche die Fertigungen ursprünglich ausschließlich von WC-Co-Hartmetallen mit 4 bis 13% Co aufnahmen und diese unter den Namen *Widia*, *Carboloy*, *Wimet* und *Ardoloy* in den Handel brachten.

Bei der Weiterentwicklung der Sinterhartmetalle versuchte man das Wolframkarbid ganz oder teilweise durch Titankarbid, Tantalkarbid und Molybdänkarbid, das Hilfsmetall Kobalt durch Nickel, Nickel-Chrom-, Kobalt-Molybdän-, Kobalt-Wolfram-Legierungen oder ähnliche Eisenmehrstofflegierungen zu ersetzen. Die fruchtbarste Entwicklung ging in den Jahren 1929 bis 1931 von P. Schwarzkopf und seinen Mit-

---

[1] D.R.P. 284808 (1913), A.P. 1343976 (1917), 1343977 (1917).
[2] D.R.P. 481212 (1925).
[3] Skaupy, F.: Metallwirtsch. **20** (1941), S. 537/39, Z. Elektrochem. **33** (1927), S. 487/91, Koll. Z. **98** (1942), S. 92/95, **102** (1943), S. 269/71.

arbeitern[1] aus. An Stelle von reinem Wolframkarbid wurden binäre, ternäre bzw. quaternäre Mischkristalle der Karbide WC, Mo_2C, TiC, TaC, VC, ZrC u. a., gegebenenfalls neben freiem WC, vorgeschlagen. Die ersten Entwicklungsarbeiten erstreckten sich auf die Karbidkombinationen WC-TiC, Mo_2C-TiC, WC-Mo_2C-TiC, W_2C-Mo_2C und WC-Mo_2C. Es herrschte hierbei der Grundgedanke vor, die Härte der Einzelkarbide durch Mischkristallbildung zu steigern und ihre Oxydationsbeständigkeit zu erhöhen[2]. Obwohl eine von R. Kieffer und I. Hirschl 1930 entwickelte Hartlegierung mit 14% TiC, 6% Co + Ni, Rest WC gute Zähigkeit und hervorragende Schneidhaltigkeit auf Stahl aufwies, wurde im Hinblick auf die durch die Schröter-Patente gegebene Patentlage 1931 mit der Großfertigung eines von P. Schwarzkopf und I. Hirschl[3] vorgeschlagenen wolframkarbidfreien Hartmetalles auf der Basis Mo_2C-TiC-Ni (42,5% Mo_2C, 42,5% TiC, 14% Ni und 1% Cr) begonnen. Der Verkauf dieses Hartmetalles *Titanit* lag in den Händen der *Deutschen Edelstahlwerke A. G.*, Krefeld, während in USA und England *Titanit* unter dem Namen *Cutanit* erzeugt wurde.

In den Vereinigten Staaten brachte 1930 die *Fansteel* Co. gleichfalls aus Patentgründen zuerst ein wolframkarbidfreies Hartmetall auf Basis TaC-Ni (87% TaC, 13% Ni) unter den Namen *Ramet* auf den Markt[4]. Dieses Schneidmetall wurde später durch WC-TaC-Ni-Co-Legierungen (*Vascoloy-Ramet, Carboloy*) abgelöst, die in USA lange die Stelle der europäischen WC-TiC-Co-Legierungen einnahmen.

In den für die Hartmetallgeschichte wichtigen Jahren 1931/32 befaßt sich auch B. Fetkenheuer bei der Firma *Siemens A. G.* mit Schneidlegierungen auf TiC-TaC-Co-Basis[5]. In die Frühzeit der wolframkarbidfreien bzw. wolframkarbidarmen Hartlegierungen gehört auch die von J. Holzberger[6] 1931 zur Reife entwickelten TiC-Mo-W-Ni (Co)-Legierungen. Die entsprechenden Schutzrechte gingen später auf die Firma *Böhler & Co., AG.*, über.

Gleichfalls 1931 kam das von K. Schröter, C. Agte, K. Moers und H. Wolff bei der Osram Studiengesellschaft entwickelte *Widia X* (8,5% TiC, 5% Co, Rest WC) durch die Firma *Krupp* zum Einsatz[7].

---

[1] D.R.P. 720502 (1929), 738488 (1934), 740350 (1938), 748933 (1938), 752494 (1937), 762288 (1937), Ö.P. 138248 (1929), 157679 (1935), 157947 (1938), 160172 (1931), 160276 (1937).

[2] s. a. D.R.P. 554931 (1928).

[3] Ö.P. 160172 (1931).

[4] A.P. 1913100 (1930), 1937185 (1930).

[5] A.P. 1910532 (1931).

[6] Ö.P. 136839 (1931).

[7] D.R.P. 622347 (1931), Ö.P. 157379 (1932).

1932 folgten die von R. Kieffer[1] nach den Schwarzkopfschen Mischkristallpatenten bereits 1930 entwickelten Legierungen *Titanit U 1* (später S 1) und *Titanit U 2* (später S 2), in der Zusammensetzung 16% TiC, 0 bis 2% Mo_2C, 5 bis 6% Co bzw. 14% TiC, 0 bis 2% Mo_2C, 8 bis 10% Co, Rest WC, die sich bis kürzlich als Standardlegierungen für die Stahlbearbeitung behauptet haben. Sie enthielten das TiC insbesondere in Form von WC-TiC-Mischkristallen. Diese Legierungen wurden 1935 von R. Kieffer und H. Strauch[2] um die Hartmetallsorte S 3 mit 4 bis 5% TiC, 8 bis 15% Co, Rest WC, für schwere Schnitte und hohe Vorschübe ergänzt.

Die von der Firma *F. Krupp* 1930 vorgeschlagenen wichtigen Legierungen aus WC-Co mit bis 30% Zusätzen an VC, NbC oder TaC bekamen erst sehr spät auf dem Kontinent als H 2-Legierungen mit kleinen Zusätzen von VC und TaC besondere Bedeutung.

Von der *Carboloy Co.* endlich stammt aus dieser Zeit die Legierung 831 mit etwa 30% TiC, 7 bis 8% Co, Rest WC. Die Legierungen auf der Basis WC-TiC-Co wurden dadurch um eine letzte Sorte für Schlichtschnitte ergänzt. In Europa fand diese Legierung Eingang unter der Sortenbezeichnung F 1, wobei ein Titankarbidgehalt zwischen 25 und 30% und ein Kobaltgehalt zwischen 6 und 7% gewählt wurde.

Von hervorragenden amerikanischen Pionierentwicklungen seien hier die ternären Karbidlegierungen auf der Basis WC-TiC-TaC nach Vorschlägen von G. J. Comstock[3] und die von P. M. McKenna[4] entwickelten WC-TiC-Co, WC-TiC-TaC-Co-Hartmetalle unter Verwendung von im Nickelschmelzbad hergestellten Mischkristallen zu nennen (Menstruum-Verfahren).

Die WC-TiC-TaC-Co-Hartmetalle sind heute bei der Stahlbearbeitung vorherrschend. In Europa haben sie erst in den letzten Jahren die bisher üblichen WC-TiC-Co-Sorten abgelöst. Auch die sogenannten Allzweckhartmetalle für Bearbeitung von Stahl und Guß enthalten TiC und TaC in Mengen von 5 bis 10%[5].

Die reinen WC-Co-Hartmetalle mit Kobaltgehalten von 3, 6, 9, 11, 13 und 15% blieben in ihrer Zusammensetzung bis heute fast unverändert. In neuester Zeit gewinnen noch Legierungen mit 18, 20 und sogar 25% Co für Verschleißteile, die schlagartigen Be-

---

[1] D.R.P. 738488 (1934).
[2] D.R.P. 740350 (1938).
[3] A.P. 1973428 (1932).
[4] A.P. 2113353/56 (1937), 2124509 (1935).
[5] Kieffer, R. u. W. Hotop: Pulvermetallurgie und Sinterwerkstoffe, 2. Aufl., Springer-Verlag, Berlin/Göttingen/Heidelberg 1948, S. 304.

anspruchungen ausgesetzt sind, an Interesse. Außer dem Kobaltgehalt wird auch die Korngröße des Wolframkarbides[1] bzw. der
Verteilungsgrad von Wolframkarbid und Kobalt durch Naßmahlen
variiert[2]. Für die Herstellung von Ziehsteinen, Matrizen, Kaltwalzen
u. a. setzt sich immer stärker die Drucksinterung durch[3-6]. Geringe
TiC-, TaC- und VC-Zusätze von etwa 1 bis 5% werden ferner zur Erzeugung von Ziehsteinen und von Spezialsorten zum Hobeln sowie
zur Bearbeitung von Sonderhartguß angewendet. Auf dem Gebiete
der Ziehsteine ist hier noch die Entwicklung druckgesinterter WC-Co-
Legierungen nach Patenten von O. Diener[4], S. L. Hoyt[6] und E. G.
Gilson[5] nachzutragen.

Aus Rohstoffgründen bekamen im zweiten Weltkrieg die *wolframkarbidfreien Hartmetalle* wieder Bedeutung. 1944 wurden in Deutsch-
land in beschränktem Umfang TiC-VC-Ni (Fe)-Legierungen für die
Stahlbearbeitung eingesetzt. Auf die technische Bedeutung der
wolfram-, molybdän- und tantalkarbidfreien TiC-VC-Fe (Ni-Co)-
Legierungen hat R. Kieffer[7] bereits 1938 hingewiesen. In allerletzter
Zeit finden endlich auch Tränkhartmetalle wieder Beachtung[8,9]. Das
Tränkverfahren scheint sich auch zur Erzeugung hochwarm- und
zunderfester, korrosionsbeständiger und zäher Legierungen auf
TiC-Basis mit Ni-Cr- und Co-Cr-Legierungen als Tränkmodell zu
eignen[10].

Die geschichtliche Entwicklung der Hartmetalle hat wegen ihrer
großen wirtschaftlichen Bedeutung ihren Niederschlag auch in zahlreichen Patentschriften gefunden. Die Pionierpatente wurden bereits
erwähnt; bezüglich des sehr umfangreichen Patentschrifttums sei
auf zahlreiche Zusammenstellungen verwiesen[11-14].

---

[1] E.P. 279376 (1928).

[2] D.R.P. 531921 (1930).

[3] D.R.P. 289864 (1913).

[4] D.R.P. 504484 (1926).

[5] A.P. 1756857 (1927).

[6] A.P. 1794229 (1929); E.P. 288521 (1929); 360709 (1930).

[7] D.R.P. 748933 (1938).

[8] Kieffer, R. u. F. Benesovsky: Berg- u. Hüttenmänn. Mh. **94** (1949),
S. 284/94.

[9] Kieffer, R. u. F. Kölbl: Berg- u. Hüttenmänn. Mh. **95** (1950), S. 49/58.

[10] Kieffer, R. u. F. Kölbl: Z. anorg. Chem. **262** (1950), S. 229/47.

[11] Becker, K.: Koll. Z. **63** (1933), S. 363/74, Metallwirtsch. 12 (1933),
S. 64/65, 77/78, 375, 391, 407, 531, 13 (1934), S. 159/60, 248, 396, 565/66,
793/94, 14 (1935), S. 1004, 15 (1936), S. 641/42, 16 (1937), S. 196/97.

[12] Machu, W.: Koll. Z. **88** (1939), S. 373/84, 89 (1939), S. 92/104.

[13] Waeser, B.: Koll. Z. **106** (1944), S. 229/40.

[14] Goetzel, C. G.: Treatise on Powder Metallurgy. Vol. III., Interscience
Publ., New York 1952.

Aus der überreichen Fülle der Hartmetallschutzrechte sollen nur einige angeführt werden, die zwar nur beschränkte technische Bedeutung erlangten, aber ohne Zweifel die Entwicklung der Hartmetalltechnik beeinflußt haben:

E. P. 278 955 (1927) Herstellung von graphitfreiem Hartmetall.

D. R. P.520 139 (1928) Einsatz von Kobalt als Kobaltoxalat in WC-Co-Hartmetallen.

D. R. P. 578 815 (1930) Verwendung von WC-Co-Hartmetallen für Geschoßkerne und Geschoßspitzen.

D. R. P. 589 597 (1930) Wolframkarbidfreie Hartlegierungen auf Basis VC-NbC-TaC und Hilfsmetall.

D.R.P. 608 772 (1928), 629 794 (1929) WC-Hartmetallegierungen mit Stellitbindern.

D.R.P. 608 664 (1930) Gesintertes oder druckgesintertes Zirkonborid-Hartmetall mit 15 bis 50% Zr, Rest B.

D.R.P. 659 917 (1931) Borid-Nitrid-Hartmetalle, z. B. aus 60% TiB_2, 34% TiN und 6% Ni oder 78% TaB_2, 12% VN und 10% Ni.

D.R.P. 667 071 (1931) Borid-Karbid-Hartmetalle, z. B. WB + + WC + Co, TiB_2 + Co oder TaB_2 + TaC + $CrSi_2$ + Co.

Gemäß den vorhergehenden Ausführungen ist die geschichtliche Entwicklung der Schneidlegierungen vom Gußhartmetall bis zum heutigen modernen Sinterhartmetall in Zahlentafel 69 zusammengefaßt. Der Vollständigkeit halber sind auch Stähle, Schnelldrehstähle und Stellite in die Aufstellung mit aufgenommen.

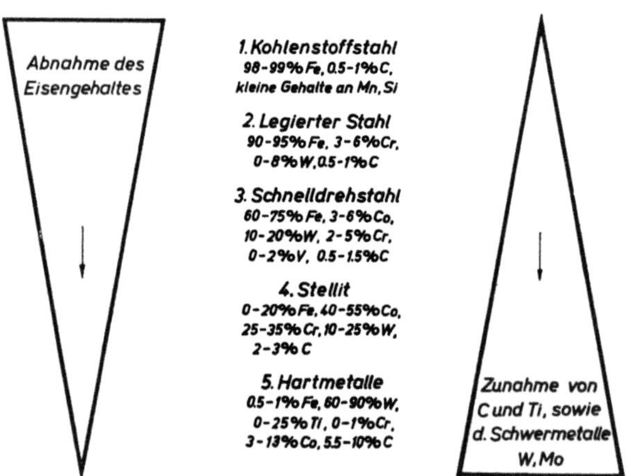

Abb. 109. Zunahme des Schwermetallkarbidgehaltes auf Kosten des Eisenanteils im Lauf der geschichtlichen Entwicklung der Schneidlegierungen, schematisch

Wie sich der Gefügebau der Schneidmetalle im Laufe der Entwicklung geändert hat, zeigt Abb. 109 schematisch. Der Anteil an

Schwermetallkarbiden, den Trägern der Härte und Schneidhaltigkeit, wächst in dem Maße, als der Gehalt an Eisenmetallen fällt. In den Gußhartmetallen wird der Karbidanteil vorübergehend sogar fast 100%. In den üblichen Sinterhartmetallen liegt der Hilfsmetallgehalt meist zwischen 5 und 13% und nur in Sonderlegierungen wird weniger als 5% bzw. mehr als 13% Kobalt angewendet. In modernen Sinter- und Tränklegierungen wächst der Hilfsmetallgehalt wiederum auf Kosten ihres Karbidgehaltes auf 25 bis 50% an. Diese hochbinde-metallhaltigen Hartlegierungen sind allerdings nicht mehr für Zerspanungszwecke, sondern als verschleißfeste bzw. hochwarm- und zunderfeste Werkstoffe zu verwenden.

In engem Zusammenhang mit der Entwicklung der Schneid-metalle in bezug auf ihre legierungsmäßige Zusammensetzung stehen natürlich auch die revolutionierenden Fortschritte auf dem Gebiete der gesamten Zerspanungstechnik und in neuester Zeit bei der Verschleißbekämpfung. Über die Steigerung der Schneidleistung beim Drehen von Stahl im Laufe der geschichtlichen Entwicklung gibt Abb. 110 nach F. Rapatz, H. Pollack und J. Holzberger[1] in überzeugender Weise Aufschluß. Mit steigendem Gehalt an Karbiden, insbesondere an Wolfram- und Titankarbid, wurde es möglich, die Schnittgeschwindigkeit bei der spanabhebenden Bearbeitung erheblich zu steigern, so daß man heute in der Lage ist, einen Stahl mit 40 bis 50 kg/mm² Festigkeit wirtschaftlich mit Schnittge-schwindigkeiten von 250 bis 300 m/Minute, Vorschüben von 1 bis 3 mm/Umdre-

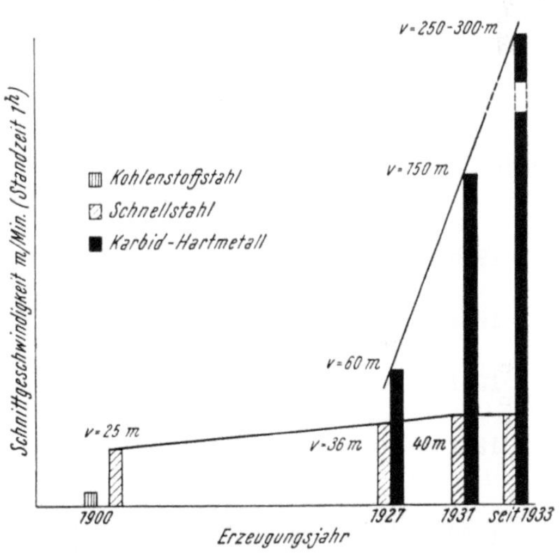

Abb. 110. Die Steigerung der Schnittleistung beim Drehen von Stahl seit dem Jahre 1900 (F. Rapatz, H. Pollak und J. Holzberger)

hung und Spantiefen von 4 mm zu bearbeiten (s. Abb. 235, S. 615).

Steigert man den Titankarbidgehalt über 50 bis 60%, dann kommen diese Hartmetalle wegen der fallenden Biegebruchfestigkeit für Zerspanungszwecke nur selten in Frage. Legierungen mit mehr als

___
[1] Rapatz, F., H. Pollack u. J. Holzberger: Stahl u. Eisen 58 (1938), S. 265/76.

25% Titankarbid sind nicht mehr für schwere Schrupparbeiten, sondern nur noch für leichte Schnitte und Schlichtarbeiten geeignet.

Zahlentafel 69. *Änderung der chemischen Zusammensetzung ver-*

Jahr	Legierung	Chemische Zusammensetzung in %			
		C	Mn	Si	Cr
bis 1894	Kohlenstoffstahl (Tiegelstahl)	1,0 b. 1,5	0,1 b. 0,2	0,2	—
bis 1900	Selbsthärtender Stahl (Mushet-Stahl).......	2,0 b. 2,2	1,5 b. 2,5	1,0 b. 1,1	0,4
1900	Alte Schnelldrehstähle ..	1,8 b. 1,9	0,3	0,1 b. 0,15	4 b. 5,5
1906 bis 1913	Neuere Schnelldrehstähle	0,65 b. 0,8	0,1 b. 0,2	0,1 b. 0,25	4 b. 5,5
1909	Stellite................	1,5 b. 2,5	0,2	0,5	20 b. 25
1914	Neue Stellite	2,0 b. 3,0	0,2 b. 0,25	0,5 b. 0,8	25 b. 35
ab 1914	Geschmolzene Wolframkarbide	4,0 b. 4,5	—	—	0 b. 10
1917 bis 1923	Tizitlegierungen	3,5 b. 4,5	—	—	0 b. 10
1922	Gesinterte WC-Co-Legierungen (Widia) ..	5,5 b. 6,0	—	—	0 b. 0,5
1929	Gesinterte Mo_2C-TiC-Ni-Legierungen (Titanit)	9 b. 11	—	—	0,5 b. 2,0
1929 bis 1930	Gesinterte WC-Mo_2C-TiC-Co-Ni-Legierungen (Titanit)	7 b. 8	—	—	0 b. 0,5
1930	Gesinterte TaC-Ni-Co-Legierungen (Ramet)	5,5 b. 6	—	—	—
1931	Gesinterte WC-TaC-Co-Legierungen (USA)...	5 b. 6	—	—	—
1931	Gesinterte WC-TiC-Co-Legierungen (Widia X)	6,5 b. 7,5	—	—	0 b. 0,5
1931	Gesinterte TiC-W-Mo-Ni-Co-Legierungen (Böhlerit)................	9—13	—	—	0 b. 5,0
1932	Gesinterte WC-TiC-TaC-Co-Leg. (Firthite)....	5,5 b. 10	—	—	—
heute	WC-Co-Hartmetalle	4 b. 6	—	—	0 b. 0,5
	WC-TiC-Co-Hartmetalle	6 b. 10	—	—	0 b. 0,5
	WC-TiC-TaC (NbC)-Co-Hartmetalle	6 b. 10	—	—	0 b. 0,5

Von hervorragender wirtschaftlicher Bedeutung bei den modernen Sinterhartmetallen ist dabei noch die Tatsache, daß die Zerspanungsleistung der gleichen Menge Wolfram in einem Sinterhartmetall, beispielsweise der Sorte S 1 (WC-TiC-Co 78/16/6), 10- bis 30mal so groß ist wie im Schnellstahl.

Während am Anfang der Entwicklung der Hartmetalle nur Ziehsteine aus Guß- und Sinterhartmetallen hergestellt wurden, drangen

schiedener Schneidlegierungen im Laufe der geschichtlichen Entwicklung

Chemische Zusammensetzung in %						
Mo	W	V, Nb, Ta	Fe	Ni	Co	Ti
—	—	—	Rest	—	—	—
—	5 bis 5,5	—	Rest	—	—	—
—	~ 8	—	Rest	—	—	—
0 bis 1	16 bis 21	V 0,3 bis 1,2	Rest	—	5 bis 6	—
0 bis 1	10 bis 25	—	Rest	—	40 bis 50	—
0 bis 1	10 bis 25	—	Rest	—	40 bis 55	—
0 bis 1	Rest	Ta 0 bis 3,5	1 bis 3	—	0 bis 3	—
0,5	45 bis 80	—	5 bis 45	—	—	3,5 bis 12
—	86,5 b. 89	—	0,5 bis 1	—	5 bis 6	—
35 bis 40	—	—	0,5 bis 1	8 bis 15	—	35 bis 40
0 bis 5	65 bis 77	—	0,5 bis 1	2 bis 4	4 bis 6	10 bis 12
0 bis 10	0 bis 20	Ta 60 bis 86	0,5 bis 1	8 bis 13		—
—	55 bis 80	Ta 10 bis 30	0,5 bis 1	—	5 bis 13	—
—	77 bis 82	—	0,5 bis 1	—	5 bis 6	6 bis 8
10 bis 15	20 bis 25	—	0,5 bis 1	5 bis 10	5 bis 10	40 bis 50
—	33 bis 75	Ta 5 bis 42	0,5 bis 1	—	1 bis 30	0,5 bis 24
—	66 bis 90	V, Ta 0 bis 2	0,5 bis 1	—	3 bis 30	(< 1,5)
—	53 bis 83	—	0,5 bis 1	—	5 bis 18	1,5 b. 20 (34)
—	50 bis 73	Ta (Nb) 2 bis 9,5	0,5 bis 1	—	5 bis 18	3 bis 20 (34)

später die WC-Co- und WC-TiC-Co-Legierungen in Form von Plättchen
in das große Feld der spanabhebenden Verformung ein. Bis heute
ist dieses Gebiet die Domäne der Sinterhartmetalle geblieben. In
den letzten Jahren erobern sich die Sinterhartmetalle neue Anwendungsgebiete auf dem weiten Feld der Verschleißbekämpfung. Er-

wähnt seien hier insbesondere die spanlose Formgebung, der Bergbau u. a. Der Einsatz von 100 bis 150 t Hartmetall pro Monat allein für Vollgeschoße und Geschoßkerne zur Bekämpfung von Panzern im zweiten Weltkrieg deutet auch mengenmäßig auf die heutige Bedeutung der Hartmetalle hin.

In neuester Zeit wird Sinterhartmetall in Form von gesinterten oder hilfsmetallgetränkten Hartstoffen, wie bereits erwähnt, als hochwarm- und zunderfeste Werkstoffe sowie für Verschleißteile verwendet. Hier erschließt sich den hochschmelzenden Hartstoffen, und zwar sowohl den Karbiden als auch den Nitriden und Boriden, in gewissem Umfange vielleicht auch den Siliziden, ein weites und hochinteressantes Anwendungsgebiet.

IX. Die Technologie der Hartmetalle

A. Einleitung und Allgemeines

Obwohl die Hartmetallindustrie kaum 30 Jahre alt ist, die Mehrzahl der Hartmetallbetriebe sogar nur 10 bis 15 Jahre, sind die Verfahrensschritte zur Herstellung von Hartmetallen heute fast Allgemeingut der Technik geworden. So wie man von einer Hochofen-, Stahlwerks- oder Walzwerkspraxis spricht, kann man heute auch schon von einer Hartmetallpraxis sprechen[1-17].

[1] Skaupy, F.: Metallkeramik, 3. Aufl., Verlag Chemie, Berlin 1949, S. 185ff.

[2] Kieffer, R. u. W. Hotop: Pulvermetallurgie und Sinterwerkstoffe, 2. Aufl., Springer-Verlag, Berlin/Göttingen/Heidelberg, 1948, S. 283ff.

[3] Schwarzkopf, P.: Powder Metallurgy, Macmillan, New York 1947, S. 201ff.

[4] Goetzel, C. G.: Treatise on Powder Metallurgy Vol. II, Interscience Publ., New York 1950, S. 93ff.

[5] Comstock, G. J.: Trans. Am. Soc. Steel Treat. 18 (1930), S. 993/1008.

[6] Rakovsky, V. S.: Die Grundlagen der Herstellung von harten Legierungen, Teil I und II. ONTI, Moskau-Leningrad 1935.

[7] Burden, H.: Inst. Prod. Eng. 19 (1940), S. 391/407, Disk. 408/15.

[8] Engle, E. W. in J. Wulff: Powder Metallurgy, Am. Soc. Met., Cleveland 1942, S. 436/53.

[9] Comstock, G. J.: Iron Age 156 (1945), Nr. 9, S. 36A/36L.

[10] Hood, T. A.: Manufacture of Cemented Carbides, Def. Res. Lab., Maribyrnong, Victoria 1947.

[11] Trapp, G. J., B. E. Berry, H. Burden u. T. Raine: Iron Steel Inst., Spec. Rep. Nr. 38, London 1947, S. 92/98.

[12] Burden, H.: Iron Steel Inst., Spec. Rep. Nr. 38, London 1947, S. 78/83.

[13] Trent, E. M.: Inst. Prod. Engrs. 28 (1947), S. 349/58.

[14] Kieffer, R. u. F. Kölbl: Hartmetalle, Hartmetallwerkzeuge und ihre Verwendung, Gewerbe-Verlag, Wien 1949.

[15] Franssen, H.: Metall 4 (1950), S. 484/86.

[16] Berry, B. E.: Murex Rev. 1 (1951), Nr. 8, S. 165/83.

[17] Ballhausen, C.: Stahl u. Eisen 71 (1951), S. 1090/97.

Hartmetall ist ein typisch pulvermetallurgisches Erzeugnis. Das Sinterverfahren *muß* hier angewendet werden, weil es auf dem Schmelzwege wegen des WC-Zerfalles nicht gelingt, brauchbare Produkte zu erzeugen. Abb. 111 zeigt schematisch den Herstellungsgang von Hart-

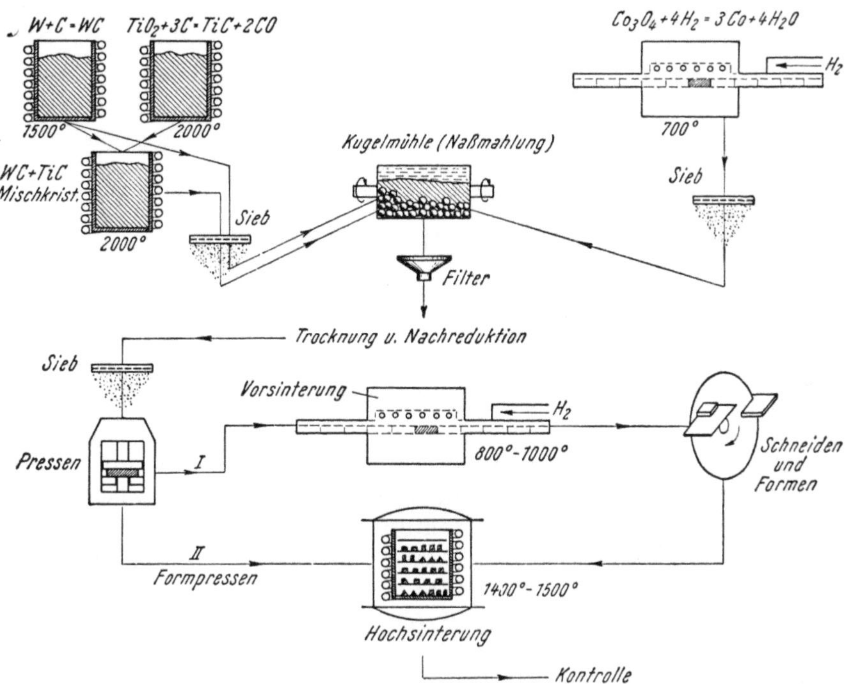

Abb. 111. Herstellungsgang von Sinterhartmetall, schematisch

metallplättchen, vom Rohstoff bis zum fertigen Erzeugnis. Die hauptsächlichsten Ausgangsprodukte der Hartmetallerzeugung sind:

Wolframtrioxyd bzw. Wolframhydratsäure, Ammoniumparawolframat, Wolframpulver, Titandioxyd, Tantalpulver bzw. Tantalpentoxyd oder Ferrotantal-Niob, Kobaltoxyd bzw. Kobaltpulver und Ruß. Aus den oxydischen Schwermetallverbindungen werden direkt oder über das als Zwischenprodukt gewonnene Metallpulver die Karbide hergestellt. Die Karbide werden einzeln oder als Mischkristalle mit Kobaltpulver vermengt und zur vollkommenen Homogenisierung naß zu einem feindispersen Karbidschlamm vermahlen. Der nasse Schlamm wird getrocknet, gegebenenfalls nachreduziert und zu Stäben, Blöcken, Platten oder fertigen Plättchen verpreßt. Sonderformen werden nach dem Doppelsinterverfahren erzeugt, d. h. man sintert blockförmige Preßlinge bei 800 bis 1000° vor und formt aus diesen durch Schneiden und Schleifen die Fertigteile. Die so hergestellten Formkörper werden ebenso wie die direkt erzeugten Preßlinge in Kohlerohrkurzschlußöfen, in Öfen mit Molybdän-Heizleitern unter Wasserstoff oder in hochfrequenz- bzw. molybdänbeheizten Vakuumöfen hochgesintert. Mit den Hartmetallkörpern werden nun in bekannter Weise Drehwerkzeuge, Ziehsteine, Matrizen, Sandstrahldüsen und andere Werkzeuge bestückt.

B. Die Ausgangsstoffe der Hartmetallerzeugung

1. Oxyde, Metalle und Metalloide

a) Wolfram und Wolframverbindungen

Die wichtigsten Ausgangsstoffe der Hartmetallerzeugung sind Wolframtrioxyd, Wolframhydratsäure und Ammoniumparawolframat. Wegen der Erzeugung dieser Vormaterialien aus den Wolframerzen sei auf das sehr reiche Schrifttum verwiesen[1-5]. Die Hartmetallbetriebe beziehen diese Produkte, an welche besondere Anforderungen gestellt werden (s. S. 417 und Zahlentafel 72) vorwiegend von chemischen Fabriken. Die Reduktion der Wolframverbindungen wird meist von den Hartmetallerzeugern selbst durchgeführt. Man bedient sich dabei der Methoden und Einrichtungen, die bei der Herstellung von Wolframmetall (Coolidge-Verfahren) üblich sind.

Die Reduktion der genannten Wolframverbindungen erfolgt überwiegend in kontinuierlichen, elektrisch- oder gasbeheizten Durchsatzöfen mittels Wasserstoff (Abb. 112). Das schwach geglühte grünlichgelbe Wolframtrioxyd, die orange gefärbte Hydratsäure (H_2WO_4) oder das weiße Parawolframat werden in dünnen Schichten in Nickelschiffchen ausgebreitet und im Gegenstromprinzip unter Wasserstoff bei 800 bis 1100° durch den Ofen geschoben. Der gebildete Wasserdampf wird meist in einer Trockenanlage entfernt und der gereinigte Wasserstoff wird wieder im Kreislauf dem Ofen zugeführt. Für die Praxis ist von Bedeutung, daß selbst in feuchtem, strömendem Wasserstoff von Atmosphärendruck, der bis etwa 25 g Wasser pro

[1] Alterthum, H.: Wolfram, Vieweg & Sohn, Braunschweig 1925.
[2] Knepper, F.: Die Fabrikation von Wolframdrähten für elektrische Glühlampen und Radioröhren, Hachmeister & Thal, Leipzig 1930.
[3] Smithells, C. J.: Tungsten, 2. Aufl., Chapman & Hall, London, 1945.
[4] Li, K. C. u. C. Y. Wang: Tungsten, Reinhold Publ. New York, 1947.
[5] Berry, B. E.: Murex Rev. 1 (1951), Nr. 8, S. 165/83.

Kubikmeter enthalten kann, bei 900° das Gleichgewicht der Reaktion:

$$WO_3 + 3\,H_2 \rightleftharpoons W + 3\,H_2O$$

noch vollkommen nach rechts verschoben ist. Wegen Einzelheiten bezüglich des Gleichgewichtes zwischen verschiedenen Wolfram-

Abb. 112. Durchsatzöfen mit Molybdänheizleitern zur Erzeugung von Wolframpulver

oxyden, Wasserstoff und Wasserdampf sei auf die Arbeiten von C. Chaudron[1], I. A. M. van Liempt[2] und B. Kopelman[3,4] verwiesen (s. S. 418).

Das Wolframtrioxyd durchläuft bei der Reduktion die verschiedensten Oxydationsstufen, wobei die Reduktionszwischenprodukte durch die violette Färbung des W_4O_{11}, die braune Färbung des WO_2 oder Mischfarben dieser Oxyde mit dem charakteristischen Gelbgrün des WO_3 gekennzeichnet sind. Aus Zahlentafel 70 geht das Aussehen der verschiedenen Reduktionsstufen und ihre ungefähre chemische Zusammensetzung hervor.

Die Korngröße des gewonnenen Wolframpulvers hängt von der Reduktionstemperatur, dem Wassergehalt des Wasserstoffes, der Strömungsgeschwindigkeit des Wasserstoffes und der Vorgeschichte des Wolframtrioxydes ab. Das Wolframpulver wird im allgemeinen

---

[1] Chaudron, C.: Compt. rend. **170** (1920), S. 1056.

[2] van Liempt, I. A. M.: Z. anorg. allg. Chem. **120** (1922), S. 267/76.

[3] Kopelman, B.: Am. Inst. min. metallurg. Engrs., Techn. Publ. Nr. 2100 (1946).

[4] Kopelman, B. u. C. C. Gregg: Am. Inst. min. metallurg. Engrs., Techn. Publ. Nr. 2434 (1948).

um so gröber, je gröber die verwendete Wolframsäure, je höher die
Reduktionstemperatur, je höher der Wassergehalt im Wasserstoff
und je kleiner die Strömungsgeschwindigkeit des Wasserstoffes ist.

Zahlentafel 70. *Reduktionsstufen von Wolframtrioxyd* (C. J. Smithells)

Temperatur °C	Aussehen	Annähernde Zusammensetzung
400	grünlichblau	$WO_3 + W_4O_{11}$
500	marineblau	$WO_3 + W_4O_{11}$
550	violett	W_4O_{11}
575	rotbraun	$W_4O_{11} + WO_?$
600	dunkelbraun (schokolade)	WO_2
650	braunschwarz	$WO_2 + W$
700	grauschwarz	W
800	grau	W
900	metallisch grau	W
1000	grob metallisch glänzend	W

Zahlentafel 71 zeigt die Zusammenhänge zwischen der Korngröße
von Wolframmetallpulver und der Höhe der Reduktionstemperatur,

Zahlentafel 71. *Herstellungsbedingungen von Wolframpulvern verschiedener Korngröße* (C. J. Smithells)

Korngröße des erzielten Wolframpulvers in μ	Reduktionstemperatur in °C	Feuchtigkeitsgehalt des Wasserstoffs	Klopfdichte des Wolframtrioxyds in g/cm^3
0,5	800	trocken	0,05
2	830	trocken	0,5
4	900	trocken	1,0
8	1130	mit Wasser gesättigt bei 75°	1,5
10	1200	mit Wasser gesättigt bei 85°	2,0

dem Feuchtigkeitsgehalt des Wasserstoffes und der Klopfdichte des
verwendeten Wolframtrioxydes.

Für die Erzeugung von feinkörnigem Wolframpulver werden auch
Drehrohröfen eingesetzt (Abb. 113). Das Umwälzen des Reduktions-
gutes im Gasstrom erlaubt einen engeren Kontakt des Wasserstoffes
mit einzelnen Oxydteilchen und ein leichteres Abführen des gebildeten
Wasserdampfes. Die Durchreduktion kann somit bei etwas niedrigeren
Temperaturen erfolgen und damit ein gewisses Kornwachstum der
Wolframfeinkristalle vermieden werden. Der Nachteil der Drehrohröfen
besteht in ihrer verhältnismäßig geringen Leistungsfähigkeit. Größere

Ofentypen bereiten wegen des Anbackens des Pulvers erhebliche betriebliche Schwierigkeiten.

Technisches Wolframpulver für die Stahlindustrie wird bekanntlich in Anlehnung an die Herstellung von Schwedenschwammpulver auch durch Reduktion von Wolframtrioxyd mit Kohle oder kohleenthaltenden Substanzen in gasbeheizten Tontiegeln hergestellt. Geht man z. B. von Ruß als Reduktionsmittel aus und sorgt für feindisperse Verteilung desselben mit dem Wolframtrioxyd, so gelangt man auch zu einem für die Hartmetallherstellung brauchbaren Wolframmetall, das durch geringe Kohlenstoffgehalte gekennzeichnet ist.

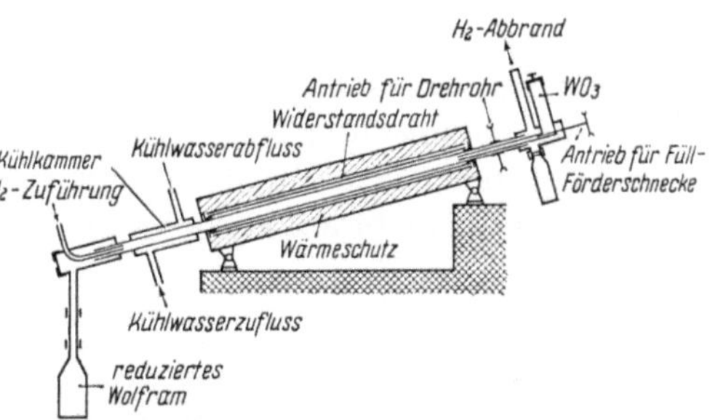

Abb. 113. Drehrohrofen zur Reduktion von Wolframtrioxyd, schematisch (C. Ballhausen)

b) Kobalt

Kobaltmetallpulver für die Hartmetallerzeugung wird durch Wasserstoffreduktion von Kobaltoxyd oder besser noch von Kobaltoxalat bzw. -formiat gewonnen. Die für die Herstellung von Wolframmetallpulver üblichen elektrischen Durchlauföfen sind hier gleichfalls am Platze. Die Reduktionstemperatur beträgt 500 bis 700°. Zu niedrige Reduktionstemperaturen führen zu einem pyrophoren Metall.

Ein Großteil der Hartmetallerzeuger zieht vor, das Kobaltpulver nicht selbst herzustellen, sondern von chemischen Großfirmen zu beziehen. Zur Technologie der Kobaltgewinnung selbst vergleiche das Schrifttum[1, 2].

c) Tantal und Tantalpentoxyd

Für die Herstellung von Tantalkarbid geht man gerne von Tantalmetallpulver aus. Billiger ist der Weg über Tantalpentoxyd, da dieses leicht rein zu erzeugen ist. Die Herstellung von Tantalmetallpulver ist vielfach beschrieben worden. Sie erfolgt heute meist durch Alkalimetallreduktion oder Schmelzflußelektrolyse von Kaliumtantalfluorid[3-5]. Tantalpentoxyd wird ebenfalls aus Kaliumtantalfluorid durch Hydrolyse oder Fällen mit Ammoniak gewonnen.

---

[1] Perrault, R.: Le Cobalt, Dunod, Paris 1946.
[2] Young, R. S.: Cobalt, Reinhold Publ., New York, 1948.
[3] Balke, C. W.: Ind. Eng. Chem. 21 (1929), S. 1002/07.
[4] Driggs, F. H. u. W. C. Lilliendahl: Ind. Eng. Chem. 23 (1931), S. 634/37.
[5] Balke, C. W.: Ind. Eng. Chem. 27 (1935), S. 1166.

Da man heute in den Hartmetallen meist nicht reines Tantalkarbid, sondern Tantalkarbid-Niobkarbid bzw. Titankarbid-Tantalkarbid-Niobkarbid-Mischkristalle einsetzt, kann man auch von technischer Tantal-Niobsäure bzw. Ferro-Tantal-Niob ausgehen.

Die Tantal-Niob enthaltenden Ausgangsstoffe werden selten vom Hartmetallfertiger aufbereitet oder hergestellt; vielmehr werden diese von chemischen Spezialbetrieben bezogen. Wie diese die Aufarbeitung der Erze zu Ferrolegierungen, zu technischen Oxyden, Metallen oder Karbiden vornehmen, ist dem Schrifttum zu entnehmen[1].

d) Titandioxyd

Das Titandioxyd für die Herstellung von Titankarbid wird fast von keinem Hartmetallerzeuger selbst hergestellt. Es ist als billige Schwerchemikalie der anorganischen Farbenindustrie in entsprechender Reinheit erhältlich[2,3]. Das aus Rutil oder Ilmenit gewonnene Titandioxyd enthält aus dem Erz, vom Aufschluß und von der Abtrennung des Eisens her, charakteristische Verunreinigungen an Schwefel, Phosphor, Arsen, SiO_2 und Alkalien, die für die Titankarbidherstellung zusammen möglichst unter 0,1% liegen sollen.

e) Ruß

Der Kohlenstoff für die Karburierung der Metalle und Oxyde wird gewöhnlich als gepreßter, geglühter oder ungeglühter Flammruß eingesetzt. Der Aschegehalt soll möglichst niedrig sein und weniger als 0,2% betragen. Gelegentlich wird auch Zuckerkohle und gepulverter Elektrographit zum Karburieren verwendet.

Die charakteristischen Eigenschaften, insbesondere der Gehalt an Verunreinigungen der besprochenen metallischen und oxydischen Vormaterialien, sind in Zahlentafel 72 zusammengestellt[4].

2. Karbide und Karbidmischkristalle

Die Grundlagen und Einzelheiten der Herstellung der für die Hartmetallerzeugung wichtigen Karbide und Karbidmischkristalle wurde bereits eingehend in Kap. III besprochen. Im folgenden sollen noch verfahrenstechnische und betriebliche Einzelheiten erwähnt werden.

---

[1] Myers, R. H. u. J. N. Greenwood: Proc. Australasian Inst. Min. Met. (1943), Nr. 129, S. 41/53.

[2] Barksdale, J.: Titanium, Ronald Press Co., New York, 1949.

[3] s. a. Gmelins-Handbuch der anorganischen Chemie, System Nr. 41, Titan, Verlag Chemie, Weinheim 1951.

[4] B. I. O. S., Final Rep. Nr. 1385, S. 18/20. (F. Krupp. Widia-Fabrik)

Zahlentafel 72. *Eigenschaften der Rohmaterialien u. Zwischenprodukte für die Hartmetall-Herstellung* (F. Krupp, Widia-Fabrik)

Material	Füllvolumen cm³/100 g	Klopfvolumen cm³/100 g	Korngröße μ	Gewichtszunahme beim Glühen an Luft %	Ungefähre chemische Analyse %
Ammoniumparawolframat	55 bis 70	40 bis 50	Bereich: 0,5 bis 65 Hauptfrakt.: 0,5 bis 3 u. 10 bis 30	—	W: 70,2 Fe: 0,01 C: 0,01 S: 0,01 Si: 0,04 Alkalien: 0,03
Wolframhydratsäure	200 bis 220	120 bis 140	Bereich: 0,5 bis 11 Hauptfrakt.: 3 bis 4,5	—	W: 73,5 Fe: 0,05 C: 0,01 S: 0,01 Si: 0,04 Alkalien: 0,05
Wolframtrioxyd	120 bis 160	60 bis 80	Bereich: 0,5 bis 15 Hauptfrakt.: 1,5 bis 4,5	—	W: 78,6 Fe: 0,05 C: 0,01 Si: 0,03 S: 0,06 Alkalien: 0,1
Wolfram-Metall aus Wolf-ramhydratsäure	100 bis 150	60 bis 90	Bereich: 0,5 bis 3 Hauptfrakt.: 0,5 bis 2	5 Min. 350° 18 bis 21	O_2: 0,2 bis 0,4 Verunreinigungen etwa wie oben

Fortsetzung Seite 356

23*A

Fortsetzung der Zahlentafel 72

Material	Füllvolumen cm³/100 g	Klopfvolumen cm³/100 g	Korngröße μ	Gewichtszunahme beim Glühen an Luft %	Ungefähre chemische Analyse %
Wolfram-Metall aus Wolframtrioxyd	60 bis 80	30 bis 50	Bereich: 0,5 bis 5 Hauptfrakt.: 0,5 bis 2,5	5 Min. 350° 10 bis 18	O_2: 0,1 bis 0,35 Verunreinigungen etwa wie oben
Wolfram-Metall, kohlereduziert	30 bis 40	15 bis 25	Bereich: 0,5 bis 10 Hauptfrakt.: 1 bis 4 ·	30 Min. 400° 2,3	W: 99,2 Fe: 0,09 Si: 0,03 C: 0,06 O_2: 0,4
Titandioxyd	200 bis 220	100 bis 110	n. b.	—	Ti: 59,8 C: 0,02 Si: 0,02 S: 0,04 Fe: 0,08 Glühverlust: 0,2 bis 0,5
Titan-Metall	90 bis 100	60 bis 70	n. b.	—	Ti: 98,5
Tantalpentoxyd..........	n. b.	n. b.	n. b.	—	Ta_2O_5: 99,8
Tantal-Metall	n. b.	n. b.	n. b.	—	Ta: 99,85 C: 0,1 Fe: 0,001 Rückstand: 0,02

Fortsetzung S. 357

Fortsetzung der Zahlentafel 72

Material	Füllvolumen cm³/100 g	Klopfvolumen cm³/100 g	Korngröße μ	Gewichts-zunahme beim Glühen an Luft %	Ungefähre chemische Analyse %
Ferro-Tantal-Niob	n. b.	n. b.	n. b.	—	Nb: 21 Ta: 47 Fe: 26 Rest: Ti, Mn, Cu, Al, Sn, S, Si
Molybdäntrioxyd	420 bis 520	200 bis 240	n. b.	—	Fe: 0,003 Rückstand: 0,03
Molybdän	70 bis 80	40 bis 45	2 bis 10	—	Mo: 99,92 Fe: 0,03 Rückstand: 0,04
Kobalt	80 bis 100	50 bis 60	1 bis 3	30 Min. 400° 28	Co: 98,6 Fe: 0,08 Mn: 0,1 Ni: 0,1 Si: 0,05 Zn: 0,05 C: 0,1 Alkalien: 0,08 O_2: 0,6

Fortsetzung S. 358

Fortsetzung der Zahlentafel 72

Material	Füllvolumen cm³/100 g	Klopfvolumen cm³/100 g	Korngröße μ	Gewichtszunahme beim Glühen an Luft %	Ungefähre chemische Analyse %
Nickel	50 bis 60	30 bis 40	1 bis 5	n. b.	Ni: 99,6 C: 0,08 O_2: 0,15
Blockgraphit, gemahlen . . .	nach Mahlungs grad	s. v.	s. v.	n. b.	C: 98,2 Asche: 0,6 Feuchtigkeit: 0,2 S: 0,2 Flüchtiges: 0,9
Ruß	500 bis 1000	400 bis 700	n. b.	n. b.	C: 97,9 Asche: 0,05 Feuchtigkeit: 0,1 bis 2 S: 0,3 bis 0,5 Flüchtiges: 1
Zuckerkohle	260 bis 300	110 bis 160	n. b.	n. b.	C: 94,7 Asche: 0,7 Feuchtigkeit: 1,4 S: 0,3 Flüchtiges: 2,6

a) Wolframkarbid

Bei der Herstellung von Wolframkarbid geht man meist von Wolframmetallpulver aus, welches gemäß den Ausführungen im vorhergehenden Abschnitt aus WO_3 oder anderen Wolframverbindungen durch Wasserstoff- oder Kohlenstoffreduktion erhalten wird. Das Metallpulver wird in Mischtrommeln, die zusätzliche Mischorgane enthalten können, oder in Kugelmühlen mit der notwendigen Rußmenge trocken vermengt. Meist werden 5 bis 10% über die theoretische erforderliche Rußmenge zugesetzt. Wegen der großen Unterschiede in der Dichte, insbesondere bei gröberen Wolframpulvern, ist darauf zu achten, daß nachträglich kein Entmischen eintritt. Das Metallpulver-Rußgemisch wird lose oder vorgepreßt in Graphitschiffchen in kontinuierlich arbeitenden Kohlerohrkurzschlußöfen durchgesetzt (s. Abb. 24, S. 71).

Der Rohrdurchmesser der Kohlerohre bewegt sich meist zwischen 70 und 130 mm bei einer Länge von etwa 1200 bis 1600 mm und einem Anschlußwert von 50 bis 200 kW. Es sind auch für die Massenfertigung von Wolframkarbid Öfen mit Rohrdurchmessern von 150 bis 300 mm und Rohrlängen von 1600 bis 2000 mm in Verwendung. Die Karburierungstemperaturen schwanken zwischen 1375 und 1600°, je nach der erwünschten Korngröße der Karbide, die selbstverständlich mit steigender Temperatur anwächst. Neben horizontalen Kohlerohrkurzschlußöfen haben sich neuerdings auch kontinuierliche vertikale Kohlerohrkurzschlußöfen oder dreiphasige vertikale Elektrodenöfen bewährt (Abb. 25, S. 72). Größere einheitliche Chargen erhält man in offenen Hochfrequenzöfen (Abb. 41, S. 140). Das Karburierungsgut befindet sich in einem Graphittiegel, welcher mit durchlochtem Deckel verschlossen ist. Der Graphitbehälter wird z. B. durch Zirkonoxyd von der ihn umgebenden Hochfrequenzspule wärmeisoliert.

Die mehr oder minder fest zusammengebackenen Karbidkuchen werden in Spindelpressen und Brechern vorgebrochen, in Hammermühlen, Wirbelschlagmühlen, Stiftmühlen oder Kugelmühlen feinzerkleinert und dann auf Schwingsieben abgesiebt.

Das Ziel der Karburierung ist, möglichst dicht an den theoretischen Gehalt an gebundener Kohle zu kommen und den Gehalt an freiem Kohlenstoff, Sauerstoff und Stickstoff möglichst niedrig zu halten.

Ein einwandfreies technisches Karbid enthält 6,1 bis 6,15% Gesamtkohlenstoff, davon 0,05% bis 0,1% in freier ungebundener Form. Enthält das Karbid zu wenig gebundenen Kohlenstoff, dann muß die ganze Karburierungsoperation unter Zusatz der fehlenden Menge Ruß wiederholt werden.

Über die Untersuchung von technischen Wolframkarbidpulvern, insbesondere über die Bestimmung der Korngröße und Korngrößenverteilung vergleiche die Ausführungen auf S. 418.

b) Titankarbid

Bei der Erzeugung von Titankarbid geht man ebenso wie bei der Herstellung von Zirkonkarbid, Vanadinkarbid, Niobkarbid wegen des hohen Preises selten von den entsprechenden Metallpulvern, sondern fast ausschließlich von den entsprechenden billiger erhältlichen Oxyden aus.

Das Oxyd-Rußgemenge (z. B. 68,5 bis 69% Titandioxyd und 31,5 bis 31% Ruß) wird durch Trockenmischung, besser noch durch Naßmahlung und anschließendes Trocknen in geeigneten Knetmischern bereitet. Das Gemenge wird darauf brikettiert und bei 2100 bis 2300° karburiert. Außer horizontalen und vertikalen Kohlerohrkurzschlußöfen oder vertikalen Dreiphasen-Elektrodenöfen kommen mit Vorteil Hochfrequenz-Vakuumöfen zur Karburierung der Oxyde in Frage (Abb. 26, S. 73). Für die Massenfertigung wurde von C. Ballhausen[1] eine kontinuierliche Einrichtung, der sogenannte „Goldesel", vorgeschlagen (s. S. 74).

Die Rohkarbide, die meist härter als die Wolframkarbidkuchen anfallen, werden gleichfalls in Backenbrechern gebrochen, in Kugel-, Schwing- oder Wirbelschlagmühlen feinstzerkleinert und abgesiebt.

Während es bei Wolframkarbid, Molybdänkarbid und Tantalkarbid leicht gelingt, bis auf etwa 0,05% an den theoretischen Kohlenstoffgehalt heranzukommen, bereitet dies beim Titankarbid und auch beim Vanadinkarbid im großtechnischen Maßstab Schwierigkeiten. Technisches Titankarbid fällt meist mit einem Gesamtkohlenstoffgehalt von 19,0 bis 20,5% an, wobei 0,5 bis 2% als freier, graphitierter Kohlenstoff vorliegt. Entsprechend dem Kohlenstoffdefekt liegt der Sauerstoff- und Stickstoffgehalt verhältnismäßig hoch (s. S. 423). Die Endreinigung erfolgt meist über die Erzeugung titankarbidhaltiger Mischkristalle.

c) Tantal-(Niob-)karbid

Bei der Herstellung von Tantal-(Niob-)karbid aus Tantal-(Niob-)-Metallpulver verfährt man ebenso wie bei der Erzeugung von Wolframkarbid. Da reines Tantalpulver aber verhältnismäßig teuer ist, karburiert man zweckmäßiger Tantalpentoxyd-Rußgemische in den früher beschriebenen Ofentypen (s. S. 359). Weil ein Niobkarbidgehalt im Tantalkarbid meist nicht stört, geht man oft von feinstzerkleinertem Ferrotantal-Niob aus und karburiert dieses direkt, wobei man Tantalkarbid-Niobkarbid-Mischkristalle nach Säureisolierung erhält.

---

[1] Ballhausen, C.: Stahl u. Eisen 71 (1951), S. 1090/97.

d) Molybdänkarbid

Molybdänkarbid wird ebenso wie Wolframkarbid aus Molybdänmetallpulver in den üblichen Öfen hergestellt. Die Karburierungstemperatur liegt dabei um etwa 100 bis 200° niedriger.

e) Vanadinkarbid, Zirkonkarbid, Niobkarbid

Bei der Herstellung dieser Karbide geht man am besten von den entsprechenden Oxyden aus und karburiert diese mit Ruß unter Bedingungen, die bereits auf S. 42 angegeben wurden. Die Erreichung des theoretischen Kohlenstoffgehaltes ist insbesondere beim Vanadinkarbid aus den beim Titankarbid angeführten Gründen schwierig.

Zahlentafel 73. *Eigenschaften der wichtigsten Karbide für die Hartmetallherstellung* (F. Krupp, Widia Fabrik)

Karbid	Füllvolumen cm³/100 g	Klopfvolumen cm³/100 g	Ungefähre Analyse %
Wolframkarbid aus Ammoniumparawolframat	25 bis 30	15 bis 17	C ges.: 6,0 b. 6,15 C frei: 0,05 b. 0,1
Wolframkarbid aus Wolframtrioxyd	30 bis 35	18 bis 20	
Wolframkarbid aus Wolframhydratsäure	35 bis 40	20 bis 23	
Wolframkarbid aus kohlereduziertem Wolfram	30 bis 35	18 bis 20	
Titankarbid aus TiO_2	70 bis 90	40 bis 50	C ges.: 19 b. 20,5 C frei: 0,5 bis 2 O: 0,5 bis 1 N: 0,2 b. 0,6
Tantalkarbid aus Reintantal	22 bis 25	14 bis 16	C ges.: 6,0 b. 6,1 C frei 0,05 b. 0,1
Molybdänkarbid aus Molybdänmetall	50 bis 60	30 bis 40	C ges.: 6,0 b. 6,1 C frei: 0,05 b. 0,15
Vanadinkarbid aus V_2O_5	80 bis 90	45 bis 50	C ges.: 17 bis 19 C frei: 0,1 bis 1 O: 0,4 bis 1 N: 0,2 bis 0,4

Die charakteristischen Eigenschaftswerte von Wolframkarbid, Titankarbid, Tantalkarbid, Molybdänkarbid und anderen in der Hartmetalltechnik weniger bedeutenden Karbiden sind in Zahlentafel 73 zusammengestellt.

f) Karbidmischkristalle

Es ergeben sich gemäß Zahlentafel 74 sechs Möglichkeiten der Herstellung von Karbidmischkristallen, wenn man wahlweise von Oxyden, Metallen und Karbiden ausgeht. Die technisch gebräuchlich-

Zahlentafel 74. *Möglichkeiten der technischen Herstellung von Karbidmischkristallen*

Oxyde mit	Metalle mit	Karbide mit
1. *Oxyden* z. B. ZrO_2-TiO_2, WO_3-TiO_2-Ta_2O_5, MoO_3-TiO_2, V_2O_5-TiO_2, WO_3-TiO_2 2. *Metallen* z. B. TiO_2-W 3. *Karbiden* z. B. MoO_3-TiC, TiO_2-WC	4. *Metallen* z. B. Mo-W, Ti-Zr, W-Ta 5. *Karbiden* z. B. W-TiC, Mo-TiC, Ta-VC	6. *Karbiden* alle Zwei- oder Mehrstoff-Karbidgemenge WC-TiC, WC-TiC-TaC, VC-TiC, Mo_2C-TiC

sten Wege sind dabei die Wege 1 und 6. Die Möglichkeit der Herstellung durch Schmelzen, Schmelzflußelektrolyse, Abscheidung aus der Gasphase und Isolierung aus Ferrolegierungen soll hier nicht behandelt werden (Einzelheiten darüber S. 163ff).

Die Erzeugung von Karbidmischkristallen durch Karburierung von Oxydgemengen (Weg 1) erlaubt eine erhebliche Senkung der Mischkristallbildungstemperatur um etwa 300 bis 500°. Diese Methode wird mit Vorteil bei der Erzeugung von wolframkarbidfreien Hartmetallen, z. B. von Molybdänkarbid-Titankarbid- und Vanadinkarbid-Titankarbid-Legierungen angewendet. C. Ballhausen[1] hat diese Methode auch bei der Herstellung von WC-TiC-Hartmetallen mit Erfolg angewendet.

Der Weg 6, die Mischkristallbildung durch gemeinsames Glühen bereits vorgebildeter Karbide, ergibt zusammensetzungsmäßig die eindeutigsten Verhältnisse. Die Mischkristallbildung erfolgt dabei besonders einwandfrei, wenn man den Karbiden 0,3 bis 0,5% Kobalt zur Diffusionserleichterung zusetzt (s. S. 162).

Die weniger gebräuchlichen Wege 2 und 3, Einsatz einer Komponente als Oxyd, der anderen als Metall oder Karbid, sind als „Knick-

---

[1] Ballhausen, C.: B. I. O. S., Final Rep. Nr. 1385 (1945), S. 86/87, B. I. O. S., Final Rep. Nr. 925, App. II.

verfahren" bekanntgeworden[1]. Auch hier herrschte der Gedanke vor, die hohe Karburierungstemperatur des Titankarbides von etwa 2100 bis 2300° auf etwa 1700° zu senken.

Weg 3 erlaubt ebenso wie Weg 5, durch Zusatz von Wolframmetall zum Karbid überschüssigen freien Graphit aus zu hochgekohltem Titankarbid zu entfernen.

Das derzeitige Interesse an Weg 4, Karburierung der pulverförmigen Metallgemenge, ist gering; er dürfte aber an Bedeutung gewinnen, wenn z. B. Titan- und Zirkonpulver zu wirtschaftlichen Preisen erhältlich sein werden, was in Anbetracht der stürmischen Entwicklung der Titan- und Zirkon-Metallurgie bald der Fall sein dürfte.

Zur Erleichterung der Diffusion der Ausgangsstoffe und Zwischenprodukte ist — abgesehen von dem vorerwähnten Zusatz von Kobalt oder Kobaltverbindungen — eine sehr intensive Vermahlung, zweckmäßig Naßmahlung der Komponenten, notwendig. Knetmühlen, Kugel- und Vibrationsmühlen sind meist in Anwendung. Die zur Mischkristallbildung verwendeten Öfen sind dieselben wie bei der Karbidherstellung. Die Glühzeit bei der Mischkristallbildung ist so lange zu wählen (etwa 2 bis 4 Stunden) bis die Selbstreinigung der Karbide vollendet ist, was sich an dem Aufhören der Kohlenoxydentwicklung bemerkbar macht. Die Karbid-Mischkristalle sind gewöhnlich viel fester zusammengebacken als die reinen Karbide. Die Aufarbeitung auf Feinpulver lehnt sich an die des Titankarbides an.

Eine bestimmte Kohlenstoffanalyse der Karbidmischkristalle kann schwer gegeben werden. Dient der Mischkristall als Fertigprodukt, so muß der freie Kohlenstoff zweckmäßig unter 0,2% liegen. Wird der Mischkristall als Vorlegierungspulver benutzt und werden ihm später noch andere Karbide zugemengt, so sind erheblich höhere Gehalte an freiem Kohlenstoff zulässig.

C. Die Hartmetallerzeugung

1. Die Vorbereitung der Hartmetallansätze

Zur Erzeugung von möglichst harten und porenarmen Sinterhartmetallen werden die Karbide und Karbidmischkristalle mit Kobalt heute ausnahmslos durch *Naßmahlung* in feinstdisperse Gemenge überführt. Als Mahlmittel werden Wasser, Dichloräthylen, Trichloräthylen, Tetrachlorkohlenstoff, Benzol, Benzin, Tetralin, Alkohol oder Azeton u. a. verwendet. Dem Vorteil der Naßmahlung, nämlich die Erzielung hochdisperser Verteilung, steht der Nachteil entgegen, daß die feinstverteilten Materialien des Ansatzes, besonders das

---

[1] **Franssen, H.:** Arch. Eisenhüttenwes. **19** (1948), S. 79/84.

Kobalt, mit dem Mahlmittel und der Mahlatmosphäre unter Oxydbildung reagiert. Bei der Trocknung und der meist nachgeschalteten Behandlung unter Wasserstoff kann weitere Oxydation und zwangsläufig ein Kohlenstoffverlust eintreten. In der Praxis begegnet man diesen Nachteilen, indem man im Vakuum trocknet und die Nachreduktion unmittelbar unter absolut trockenem Wasserstoff anschließt.

Der Einfluß verschiedener Mahlmittel auf die Sauerstoffaufnahme von WC-Co-Gemengen zeigt nach O. Meyer und W. Eilender[1] Zahlentafel 75. Die mit der Mahldauer fortschreitende Kornver-

Zahlentafel 75. *Einfluß des Mahlmittels auf die Eisen- und Sauerstoffaufnahme von WC-Co-Gemengen* (O. Meyer u. W. Eilender)

Mahlung in	Eisenzunahme % Fe/kg/h	Gewichtsverlust in % bei der Reduktion mit Wasserstoff bei 700° C
Wasser	0,35	0,10
Benzol	0,12	0,045
Luft	0,070	0,033
Wasserstoff.............	0,030	0,015
Wasser und Wasserstoff ...	0,10	0,04

Zahlentafel 76. *Füll- und Klopfvolumen einer WC-Co-Mischung (92% WC, 8% Co) nach verschiedener Mahlzeit* (O. Meyer und W. Eilender)

Mahldauer* Stunden	Korngrößenverteilung unter dem Mikroskop	Füllvolumen cm³/100 g	Klopfvolumen cm³/100 g
6	30% 5,0 μ 50% 3,0 μ 20% 1,0 μ	9,3	7,1
12	30% 4,0 μ 40% 2,0 μ 30% 1,6 μ	8,4	7,5
24	15% 2,5 μ 50% 1,1 μ 35% 0,8 μ	10,6	7,3
48	20% 1,5 μ 70% 0,8 μ 10% 0,6 μ	17,2	12,0
96	10% 2,0 μ 50% 1,0 μ 40% 0,6 μ	20,5	15,6

* Das Mahlen erfolgte unter Wasser.

---

[1] Meyer, O. u. W. Eilender: Arch. Eisenhüttenwes. **11** (1938), S. 545/62.

feinerung und deren Einfluß auf Füll- und Klopfvolumen von WC-Co-Gemengen ist ebenfalls nach O. Meyer und E. Eilender der Zahlentafel 76 zu entnehmen. Während bei der Trockenmahlung von Metallen üblicherweise Füll- und Klopfvolumen fallen, wachsen diese Größen bei der Naßmahlung, d. h. die Mehrstoffgemenge werden aufgelockert und voluminöser.

Wegen des starken Verschleißes von Mühle und Mahlkugeln bei der Naßmahlung arbeitet man heute fast ausschließlich mit V2A-Mühlen oder mit stellit- bzw. hartmetallausgekleideten Mahlaggregaten unter Benutzung von Hartmetallkugeln. Abb. 114 zeigt ein Mühlengestell zur Aufnahme von je 8 V2A-Kugelmühlen.

Abb. 114. Mahlgestell mit V2A-Kugelmühlen zum Mahlen von Hartmetallansätzen

Die Mühlen werden üblicherweise mit etwa 10 bis 12 kg Hartmetallkugeln (Durchmesser 10 bis 30 mm), etwa 5 kg Hartmetallansatz und 1,5 Liter Mahlflüssigkeit beschickt. Die Drehzahl beträgt

Abb. 115. Mit Auftropfhartmetall oder Sinterhartmetall ausgekleidete Kugelmühlen zum Mahlen von Hartmetallansätzen

a) Mahlgestell   b) Mühle mit Sinterhartmetall ausgekleidet, geöffnet

50 bis 60 Umdrehungen/Minute, die Mahlzeit je nach Hartmetallsorte 3 bis 8 Tage. In Abb. 115 sind Mahlgestelle für die Aufnahme von je drei mit Auftropfhartmetall ausgekleideten größeren Kugelmühlen

zu sehen. Der Inhalt der einzelnen Mühlen beträgt 45 Liter, die Beschickung besteht aus etwa 80 kg Hartmetallkugeln, 50 kg Hartmetallansatz und 25 Liter Mahlflüssigkeit.

In neuerer Zeit haben sich Schwingmühlen, auch Vibrationsmühlen genannt, sehr stark zur Feinstmahlung von Hartmetallansätzen eingeführt. Abb. 116 zeigt die Ausführung einer kleinen Schwingmühle. Die Mahlgestelle nehmen meist zwei oder vier trommelförmige Mühlen aus V2A mit etwa 5 Liter Inhalt auf. Die Beschickung besteht aus etwa 30 kg Hartmetallkugeln (Durchmesser 10 bis 15 mm), 5 bis 7 kg Hartmetallansatz und etwa 1,5 Liter Mahlflüssigkeit. Die Mahlzeit

Abb. 116. Kleine Schwingmühlen zum Mahlen von Hartmetallansätzen (Siebtechnik, Mülheim/Ruhr)

beträgt bei diesen Mühlen nur etwa 1 bis 2 Tage. Es sind auch größere Schwingmühlen (Abb. 117) mit folgenden technischen Daten in Gebrauch: Hartmetallkugelfüllung 300 bis 500 kg, Hartmetallansatz je nach Titankarbidgehalt 150 bis 250 kg, Mahlzeit 1 bis 2 Tage.

Außer einer erheblichen Verringerung der Mahlzeit weisen die Schwingmühlen einen viel kleineren Verschleiß der Hartmetallkugeln auf. Die Verschleißfestigkeit der Hartmetallkugeln läßt sich durch Drucksinterung und die dadurch bedingte Porenfreiheit und Härtesteigerung erheblich verbessern.

Nach beendeter Naßmahlung wird durch Dekantieren der Überschuß an Mahlflüssigkeit entfernt. Durch Abnutschen oder

Abb. 117. Große Schwingmühle zum Mahlen von Hartmetallansätzen (Siebtechnik, Mülheim/Ruhr)

Zentrifugieren ist eine weitere Abtrennung von der Mahlflüssigkeit
möglich. Der noch feuchte Schlamm wird dann in Schiffchen überführt
und in Durchsatzöfen getrocknet bzw. gleichzeitig bei 650 bis 750°
reduzierend nachgeglüht. Man kann auch die kleinen Mahltrommeln
in ein Sand- oder Wasserbad einsetzen und die Mahlflüssigkeit ab-
destillieren. Besonders wirtschaftlich ist eine Vakuumdestillation,
da sie rascher und bei niedrigeren Temperaturen abläuft. Abb. 118

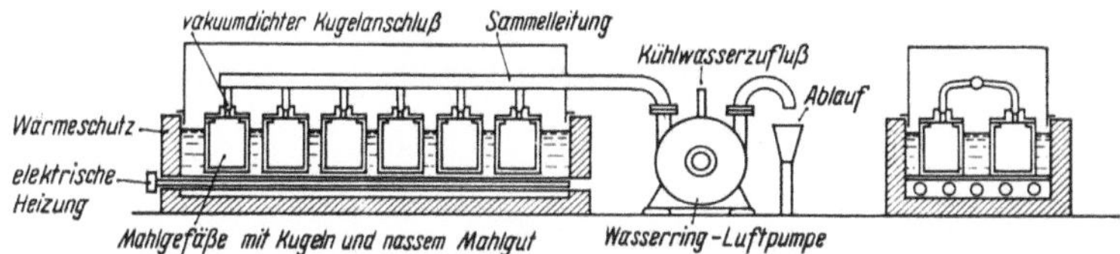

Abb. 118. Schema einer Vakuum-Destillation zum Trocknen von Hartmetallansätzen
(C. Ballhausen)

zeigt schematisch eine derartige Anlage zum Trocknen von Hartmetallansätzen unmittelbar in den Mahltrommeln bei etwa 80°.
Sehr vorteilhaft ist auch das Arbeiten mit
einem Rührwerk-Vakuumtrockner[1] (Abbildung 119). Vakuumgetrocknete Ansätze
können direkt verpreßt werden, aber gewöhnlich, insbesondere bei hohen Kobaltgehalten,
empfiehlt sich eine Wasserstoffnachreduktion.

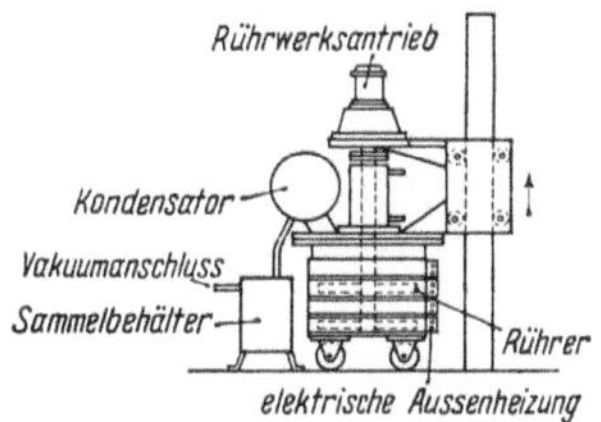

Die Entkohlung von Wolframkarbid-
Kobalt-Hartmetallansätzen beim Glühen
unter Wasserstoff bei Temperaturen zwischen
650 und 1050° haben O. Meyer und
W. Eilender[2] gemäß Zahlentafel 77 untersucht. Man sieht, daß

Abb. 119. Rührwerk-Vakuumtrockner, schematisch (C. Ballhausen)

Zahlentafel 77. *Entkohlung eines WC-Co-Gemisches beim Glühen unter Wasser-*
stoff (O. Meyer *und* W. Eilender)

Reduktionstemperatur* °C	Kohlenstoffgehalt** %
650	5,12
700	5,10
750	5,05
850	4,85
950	4,65
1050	4,08

* Glühdauer: 3 Stunden.
** Ausgangskohlenstoffgehalt: 5,15 %.

[1] Ballhausen, C.: Stahl u. Eisen 71 (1951), S. 1090/97.
[2] Meyer, O. u. W. Eilender: Arch. Eisenhüttenwes. 11 (1938), S. 545/62.

höhere Reduktionstemperaturen als 750° unzweckmäßig sind. Allfällige zu hohe Kohlenstoffverluste können später durch Sintern unter stark aufkohlenden Bedingungen ausgeglichen werden.

An die Trocknung bzw. Nachreduktion schließt sich gewöhnlich eine Feinstsiebung durch feine Metallsiebe oder Seidengaze an, wodurch Kobaltflitter, Kobalt-Karbid-Agglomerate und Verunreinigungen aller Art entfernt werden können. Mehrere Siebungen werden in Mischtrommeln zu 200 bis 1000 kg großen Chargen vereinigt. Eine daraus entnommene Probe wird nach den üblichen Prüfverfahren untersucht (s. S. 417).

2. Das Kaltpressen und die Formgebung von Hartmetallplättchen

Die klassische Verarbeitung von Hartmetallansätzen zu Plättchen geschieht nach dem Doppelsinterverfahren[1]. Der Hartmetallansatz wird trocken oder unter Zugabe von preßerleichternden Zusätzen auf hydraulischen Pressen zu Blöcken oder Platten verpreßt. Die Preßlinge werden nun je nach Hartmetallsorte und Kobaltgehalt bei Temperaturen zwischen 900 und 1150° in Durchlauföfen vorgesintert. Die genügend formbeständigen Blöcke werden mit schnelllaufenden Carborundum-Trenn- und Profilscheiben (Durchmesser etwa 150 bis 100 mm, 8000 Umdrehungen/Minute) zugeschnitten und geformt. Rundformen werden auf kleinen Metalldrehbänken erzeugt, bei denen am Support an Stelle des Drehmessers eine schnelllaufende Carborundumscheibe angebracht ist. Auch Spezial-Hartmetallfräsköpfe und Diamantmetallwerkzeuge werden zur Formgebung benutzt.

Der Werdegang eines Hartmetallplättchens oder Formstücke vom vorgesinterten Block bis zum fertiggesinterten Plättchen ist in der Bilderreihe (Abb. 120 a—h) wiedergegeben.

Genormte Plättchen werden heute fast ausschließlich direkt auf Form gepreßt. Hierbei kommen hydraulische und mechanische Pressen zur Anwendung (Abb. 121). Die dabei benutzten Preßwerkzeuge beschreibt eingehend C. Ballhausen[2]. Um Preßfehler und Spaltstellen zu vermeiden, wird bei dem Aufformpressen mit preßerleichternden Zusätzen gearbeitet. Bekannte Zusätze sind: Kampfer gelöst in Äther oder Leichtbenzin, Lösungen von Paraffinwachs in Benzin, Glykol in Alkohol, Kautschuklösungen u. a. Von den 5- bis 10%igen Lösungen wird gewöhnlich soviel den Ansätzen

---

[1] D.R.P. 481 212 (1925).
[2] Ballhausen, C.: Stahl u. Eisen 71 (1951), S. 1090/97.

zugemischt, daß 1 bis 2,5% Gleitmittel nach dem Abdampfen des Lösungsmittels in den Hartmetallansätzen verbleiben.

Die Dichte der Preßlinge hängt vom Preßdruck und von der Korngröße des Pulvers ab (siehe Abb. 167)[1]. Die Eigenschaften der Sinterkörper sind im wesentlichen unabhängig von der Preßdichte, da die Sinterung in Gegen-

Abb. 120 a –h. Werdegang eines Hartmetallplättchens

Abb. 120 a. Stapel gepreßter Blöcke aus Hartmetall

Abb. 120 b. Zerschneiden der vorgesinterten Blöcke

wart flüssiger Phase unter starker Schrumpfung erfolgt[2].

Beim Pressen von Normalplatten auf handbetätigten oder mechanischen Pressen und volumenmäßiger anstatt gewichtsmäßiger Füllung der

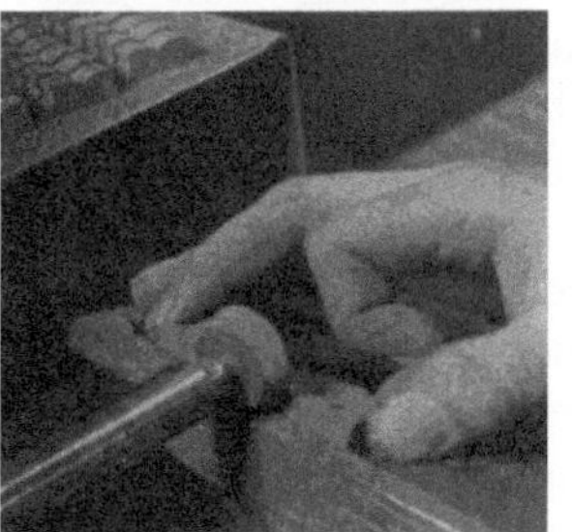

Abb. 120 c. Winkelanschleifen

Abb. 120 d. Profilschleifen

---

[1] Burden, H.: Iron Steel Inst., Spec. Rep. Nr. 38, London 1948, S. 78/83.
[2] Niedzwiedski, A.: Metal Progr. 52 (1947), S. 104.

Abb. 120 e. Verschiedene Profilschleif-
scheiben

Matrizen geht man heute meist von granulierten Hartmetall-ansätzen aus. Zum Zwecke der Granulierung mischt man beispielsweise etwa 1% Glykol oder Paraffinwachs dem Ansatz zu, preßt denselben zu Blöcken, die leicht zerdrückt in Granuliermaschinen zu Korngemengen von etwa 0,2 bis 0,6 mm aufgearbeitet werden. Das abgesiebte Feinpulver wird erneut mit Frischansatz gepreßt und der Granuliermaschine zugeführt.

Für das Pressen großer Stückzahlen von Normplatten empfiehlt es sich, die Matrizen mit Hartmetall auszukleiden oder massive Hartmetallmatrizen durch Drucksinterung herzustellen. Die Konstruktion der erforderlichen Preßwerkzeuge beschreibt C. Ballhausen[1].

Eine besondere Art der Formgebung von Hartmetallansätzen zu Rundstäben, Dreikant- und Vierkantstäben, Röhren sowie Profilstäben aller Art, besteht in dem Verpressen von Hartmetallansätzen mit plastischen Bindemitteln in geeigneten Strangpressen, wie sie z. B. zum Ummanteln von Schweißelektroden üblich

---

[1] Ballhausen, C.: Stahl u. Eisen 71 (1951), S. 1090/97.

Abb. 120 f. Drehen eines Hartmetall-Formteiles

Abb. 120 g. Fräsen von Vollhartmetall-Werkzeugen

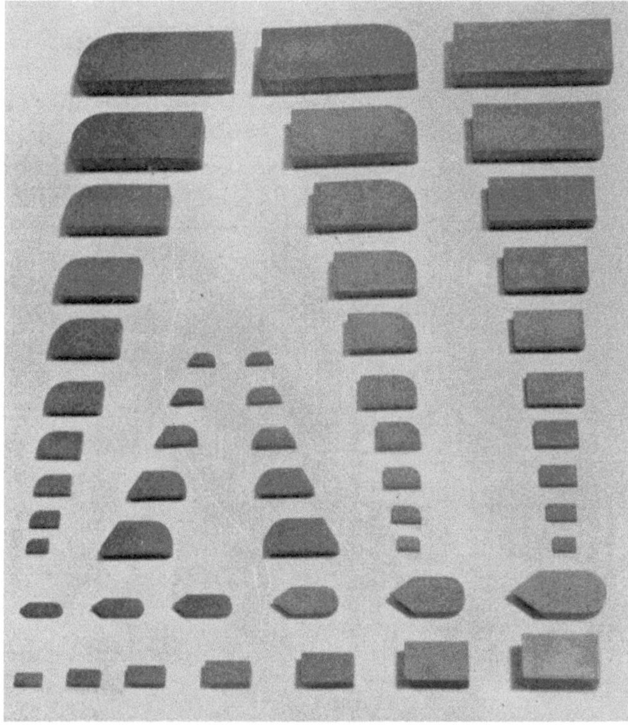

Abb. 120 h. Genormte Hartmetall-Platten

Abb. 121. Mechanische Presse zum Herstellen von Hartmetallplatten (C. Ballhausen)

sind. Als Plastifizierungsmittel haben sich dieselben Zusätze bewährt, wie sie beim „Spritzen" von Osmium, Wolfram und Molybdän angewendet wurden. Es sind dies Agar-Agar, Gummilösung, Tragant, Stärkelösung, feste Kohlenwasserstoffe und synthetische Kunstharze. Der ausfließende Strang kann gebogen oder verdrillt werden, so daß leicht spiralfedern- oder spiralbohrerähnliche Formen erzeugt werden können. Die Trocknung der Strangpreßlinge vor einer allfälligen Vorsinterung bzw. vor der

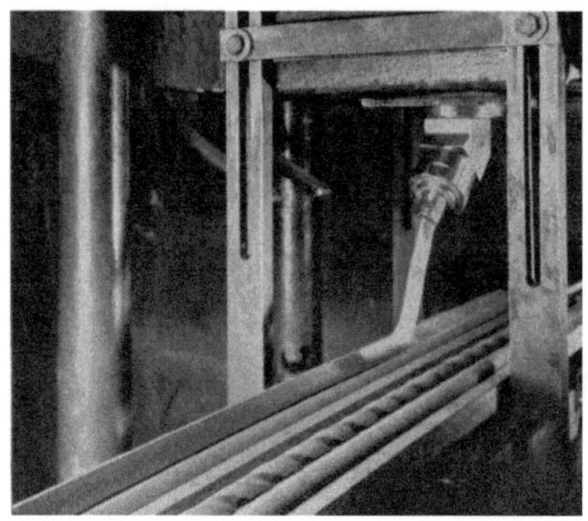

Abb. 122. Strangpressen von Hartmetallansätzen
(Carboloy Inc., Detroit)

Hochsinterung muß äußerst langsam, zweckmäßig sogar in Vakuum erfolgen, um Schwund- und Trocknungsrisse zu vermeiden. Beim Hochsintern sind dann später keine besonderen Maßnahmen mehr zu ergreifen. Eine gewisse geringfügige Mikroporosität scheint für stranggepreßtes Hartmetall charakteristisch zu sein.

Abb. 122 zeigt das Mundstück einer Strangpresse mit austretendem Hartmetallstrang sowie fertig gepreßte Stränge.

3. Das Sintern der Hartmetallformlinge

Zum Sintern der Hartmetallformkörper sind üblicherweise drei Ofentypen in Verwendung:

1. Kohlerohrkurzschlußöfen (Abb. 123 und 124).

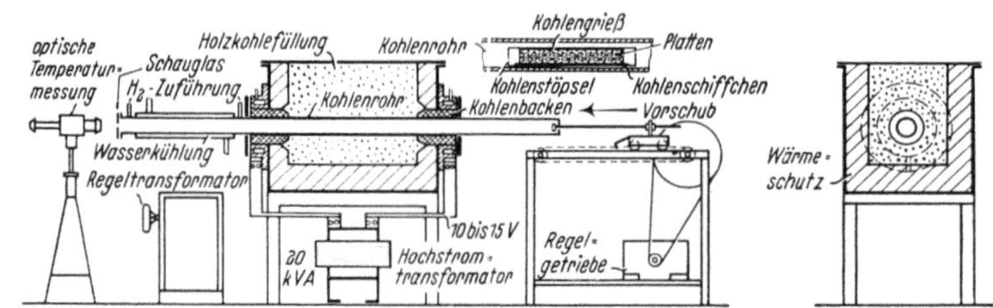

Abb. 123. Kohlerohrkurzschlußofen zum Sintern von Hartmetall, schematisch
(C. Ballhausen)

2. Widerstandsöfen mit Molybdän-Heizleitern und Wicklungen auf Sintertonerderohren (Abb. 125), ferner auch Molybdän-Vakuumöfen (Abb. 126).

3. Hochfrequenz-Vakuumöfen (Abb. 127 und 128).

Bei den Durchsatzöfen werden die auf Form gepreßten oder zugeformten Platten in Kohleschiffchen eingesetzt, die zweckmäßig mit einem Deckel verschlossen werden können. Je nachdem eine Entkohlung oder Aufkohlung gewünscht wird, werden die Hartmetallplättchen frei eingeschichtet oder in granuliertem Ruß bzw. in geschmolzener Tonerde eingebettet. In den Vakuumöfen wird meist

Abb. 124. Kohlerohr kurzschlußöfen zum Sintern von Hartmetall

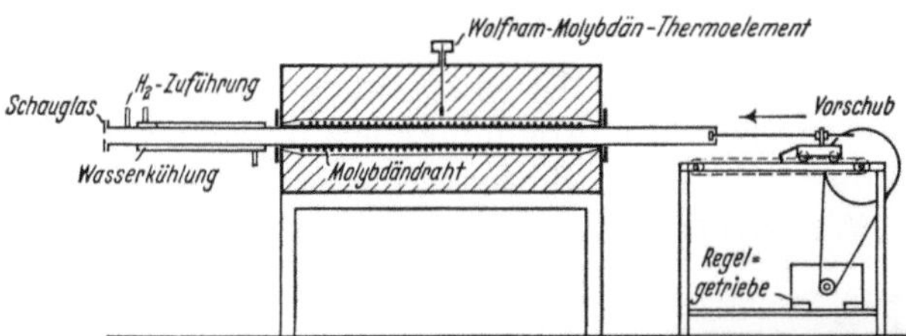

Abb. 125. Hochtemperaturdurchsatzöfen mit Molybdänheizleitern zum Sintern von Hartmetall, schematisch (C. Ballhausen)

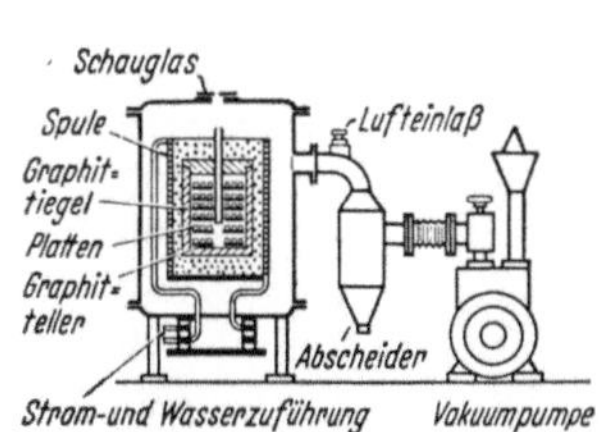

Abb. 127. Hochfrequenz-Vakuumofen zum Sintern von Hartmetall, schematisch (C. Ballhausen)

Abb. 126. Vakuum-Absenkofen mit Molybdänheizleiter

ohne Einbettungsmasse gesintert. Die Plättchen werden auf Graphitplatten dicht nebeneinander aufgestellt. Die titankarbidhaltigen Hartmetalle verlangen höhere Sintertemperaturen als die reinen

Abb. 128. Hochfrequenz-Vakuumöfen zum Sintern von Hartmetall

Wolframkarbid-Kobalt-Hartmetalle. Mit steigendem Kobaltgehalt fallen die Sintertemperaturen. Mit abnehmender Plättchenstärke verringert sich die Sinterzeit. Die Sinterverhältnisse gehen aus Zahlentafel 78 hervor. Während titankarbid- und tantalkarbidhaltige

Zahlentafel 78. *Verhältnisse bei der technischen Sinterung von Hartmetallen* (Fried. K r u p p A.-G., Widia-Fabrik)

Zusammensetzung %	Sintertemperatur ° C	Sinterzeit in Minuten bei einer Plattenstärke von	
		2 mm	15 mm
94 WC, 6 Co	1420	20	100
89 WC, 11 Co	1400	20	100
85 WC, 15 Co	1380	17	60
94 WC, 6 Co feinkörnig	1420	17	60
91,5 WC, 1 TaC, 0,5 VC, 7 Co	1500	66	220
78 WC, 16 TiC, 6 Co	1600	20	100
78 WC, 14 TiC, 8 Co	1550	20	100
88 WC, 5 TiC, 7 Co	1500	20	100
69 WC, 25 TiC, 6 Co	1550	66	220
34 WC, 60 TiC, 6 Co	1700	66	200

Hartmetalle vorteilhaft in Vakuumöfen gesintert werden, erhält man bei den Wolframkarbid-Kobalt-Hartmetallen bessere Eigenschaftswerte bei Sinterung in Kohlerohrkurzschluß- oder Molybdänöfen unter Wasserstoff. Der Anschaffungspreis einer Hochfrequenz-Vakuumsinteranlage ist erheblich höher als der anderer Sinterofentypen; dafür sind die Betriebskosten jedoch erheblich niedriger.

Der induktiv beheizte Ofen wurde erstmalig 1930 von C. Ballhausen[1] für die Sinterung von Hartmetall unter Wasserstoff bzw. im Vakuum benutzt.

Die Temperaturmessung erfolgt bei der Sinterung am besten mit optischen Pyrometern. Die Schutzgassinteröfen können auch mit Gesamtstrahlungspyrometern geregelt werden.

Ungleichmäßige Dichteverteilung und Verunreinigungen aller Art im Preßling sowie zu schnelles Aufheizen derselben bei der Sinterung bewirkt gerne Risse und Verwerfungen bei den Sinterkörpern[2,3]. Geworfene, krumme Platten können unter Belastung bei Sintertemperatur nachgerichtet werden.

Über die verhältnismäßig verwickelten metallurgischen Vorgänge bei der Sinterung von Hartmetallen vergleiche die Ausführungen in Kap. X.

4. Das Heißpressen (Drucksintern)

Das Heißpressen (Drucksintern), d. h. die gleichzeitige Einwirkung von Druck und Wärme auf den Hartmetallansatz ist verhältnismäßig schon frühzeitig[4-6] in der Hartmetalltechnik angewandt worden[1,7-11] (s. S. 412). Besonders vorteilhaft hat es sich bei der Herstellung von Ziehsteinen, Ziehmatrizen, Mahlkugeln, Walzen und Geschoßkernen erwiesen. Durch Heißpressen gelingt es nämlich, fast porenfreie, sehr harte und verschleißfeste Körper zu erzeugen.

Der pulverförmige Hartmetallansatz wird in geeignete Graphitformen eingefüllt und bei Temperaturen von etwa 1300 bis 1600° ein Druck von etwa 70 bis 150 kg/mm² ausgeübt. Die Matrize wird im direkten Stromdurchgang oder indirekt beheizt. Man kann die Wärme auch durch stromführende Stempel zuführen. Abb. 129 a bis e zeigt schematisch die Möglichkeiten der Drucksinterung, Abb. 130 und 131 eine Drucksinteranlage schematisch und in Ansicht[1].

Die Druckausübung erfolgt zweckmäßig hydraulisch oder bei kleineren Heißpreßeinheiten pneumatisch.

Beim Aufheizen der Hartmetallmatrizen dringen die Stempel bereits bei Temperaturen des Kobalt-Sinterbereiches (vgl. S. 413)

[1] Ballhausen, C.: Stahl u. Eisen **71** (1951), S. 1090/97.
[2] Franssen, H.: Arch. Eisenhüttenwes. **19** (1948), S. 91/92.
[3] Oliver, A. E.: Vortrag IPT, Graz 1948, Ref. Nr. 11.
[4] D.R.P. 289864 (1913).
[5] D.R.P. 307764 (1917).
[6] D.R.P. 504484 (1926).
[7] Hoyt, S. L.: Trans. Am. Inst. min. metallurg. Engrs. **89** (1930), S. 9/58.
[8] Molkov, L. P. u. A. V. Chochlova: Redkije Metaly **4** (1935), Nr. 1, S. 10/23.
[9] Meerson, G. A. u. V. I. Schabalin: Tsvet. Metaly (1940), Nr. 3, S. 77/85.
[10] Rietveld, J.: Metall **6** (1952), S. 81/82.
[11] Kuzmick, J. F: Materials & Methods **36** (1952), Nr. 1 S. 84/87.

in die Matrize ein, beim Auftreten der flüssigen Phase findet die endgültige Verdichtung statt. Bei zu hoher Sintertemperatur und zu

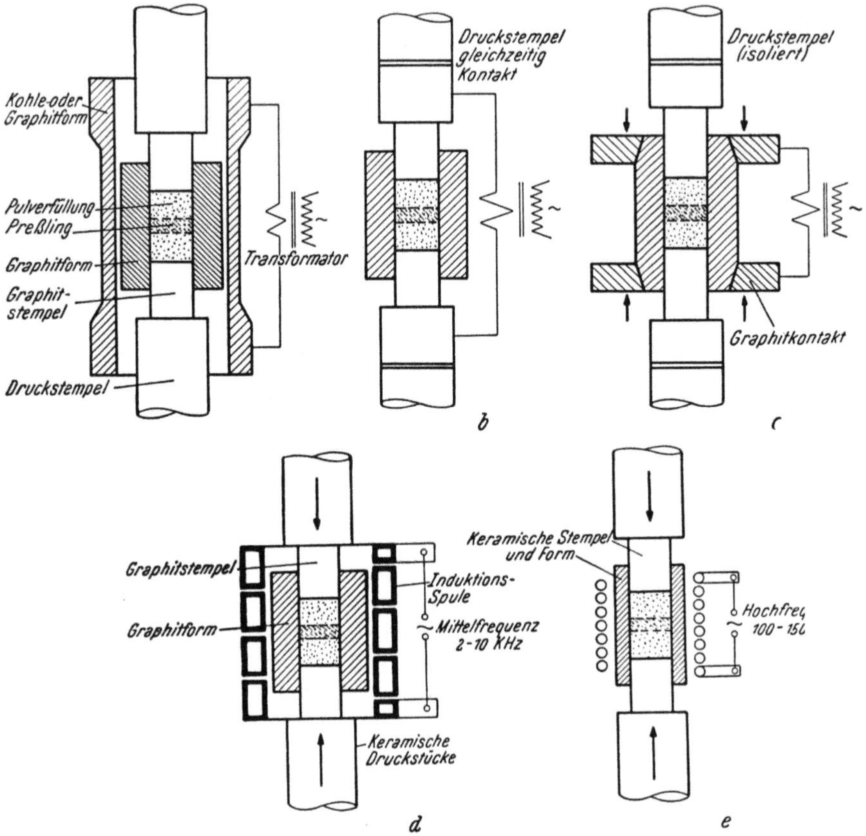

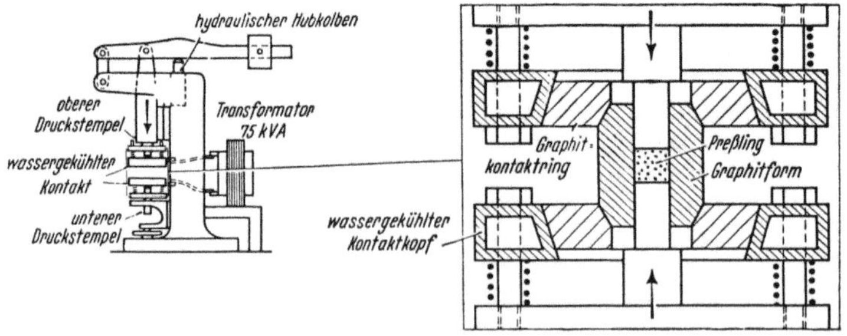

Abb. 129 a −e. Drucksintereinrichtungen, schematisch
a Heizung mittels Kohlerohr, b c Stromzuführung durch die Preßstempel bzw. Preßform
d e Indirekte Heizung durch Induktion (C. Ballhausen)

Abb. 130. Ansicht einer Drucksinterpresse und Preßform, schematisch (C. Ballhausen)

hohem Preßdruck wird ein Teil der flüssigen Phase durch die Fugen der Preßmatrize ausgequetscht. Durch Kontrolle der Sintertemperatur, der Sinterzeit und der Verdichtung (gemessen an der Stempelbewegung) läßt sich der Sinterungsgrad ziemlich genau festlegen. Um den Bau zu hoher Matrizen zu vermeiden, empfiehlt es sich, durch Rütteln oder leichtes Eindrücken (Vorpressen) eine möglichst dichte Packung des Ansatzes

Abb. 131. Heißpressen von Hartmetall
(C. Ballhausen)

anzustreben. Das Verdichtungsverhältnis Preßling zu Sinterkörper liegt zwischen 2,5 : 1 und 2 : 1.

Während für Ziehsteine und Kugeln Pressen mit Preßkräften von 5 bis 10 t ausreichen, werden für große Matrizen, Ziehwerkzeuge und Walzen Heißpreßanlagen mit Preßkräften von 50 bis 100 t und Anschlußwerten von 200 bis 400 kVA verwendet. Die Sinterzeit richtet sich nach der Größe der Preßlinge. Während für kleine Ziehsteine (10 × 8 oder 8 × 6 mm) 1,5 bis 3 Minuten genügen, müssen für größere, mehrere Kilo schwere Heißpreßlinge Sinterzeiten von 10 bis 30 Minuten angewendet werden. Die Sintertemperatur fällt von etwa 1550 bis 1600° für Legierungen mit 3% Kobalt auf 1350 bis 1400° bei Legierungen mit 6 bis 8% Co. Wird bei hohen Kobaltgehalten (8 bis 10%) flüssige Phase ausgequetscht, dann muß der Preßdruck gesenkt werden, es sei denn, daß man absichtlich von höheren Kobaltgehalten ausgeht und die Kobaltverluste berücksichtigt.

Da das Heißpressen, insbesondere wegen des hohen Bedarfes an Graphit, Strom und Arbeitskräften, erheblich kostspieliger ist als das Normalsintern, hat man von Anfang an Mehrfachmatrizen angestrebt. Letztere haben jedoch den Nachteil, daß sie nicht so gleichmäßige Sinterergebnisse wie Einzelsinteraggregate ergeben (s. S. 564).

Für die Herstellung bestimmter Werkzeuge können Hartmetallformstücke auf Weißglut erhitzt und durch Biegen oder Verdrehen auf Form gebracht werden[1], eine Arbeitsweise, die allerdings nur bedingt als Heißpressen zu bezeichnen ist.

---

[1] Kauffmann, D.: Tool Eng. **25** (1950), Nr. 4, S. 24/26.

X. Vorgänge bei der Sinterung von metallischen Hartstoffen und Hartstoff-Hilfsmetallgemengen

A. Allgemeines und Diffussionsvorgänge bei der Erzeugung und Sinterung von metallischen Hartstoffen

Bei der Sinterung von metallischen Hartstoffen, Metall-Metalloid- und Hartstoffmischungen sowie insbesondere von Hartstoff-Hilfsmetallgemengen handelt es sich in der Regel um Sinterung von Mehrstoffsystemen, wenn auch die Sinterung homogener, vorgebildeter Hartstoffe sich wahrscheinlich wie die Sinterung einphasiger Metallpulver abwickelt. R. Kieffer[1-3] unterscheidet schematisch vier Sintertypen bei Mehrstoffsystemen, je nachdem die Komponenten bei der Sinterung mit oder ohne Auftreten einer flüssigen Phase im Endzustand homogene oder heterogene Sinterkörper bzw. Legierungen ergeben. Zahlentafel 79 gibt über die möglichen Sintertypen Aufschluß, wobei als Beispiele insbesondere solche aus dem Gebiete der metallischen Hartstoffe und Hartmetalle berücksichtigt wurden. Von den vier Möglichkeiten hat der Fall I, d. h. die Herstellung von homogenen metallischen Hartstoffen, Hartstoff-Mischkristallen und Sinterkörpern daraus, sowie der Fall IV, das Abbinden der Hartstoffe mit flüssigen Bindern zu heterogenen Hartmetallegierungen besondere technische Bedeutung.

Die Vorgänge, die sich gefügemäßig bei der Sinterung von Mehrstofflegierungen mit homogenem und heterogenem Endzustand abspielen, seien an Hand der stark vereinfachten, schematischen Abb. 132 bis 134 erläutert. Abb. 132 zeigt die Verhältnisse bei vollkommener

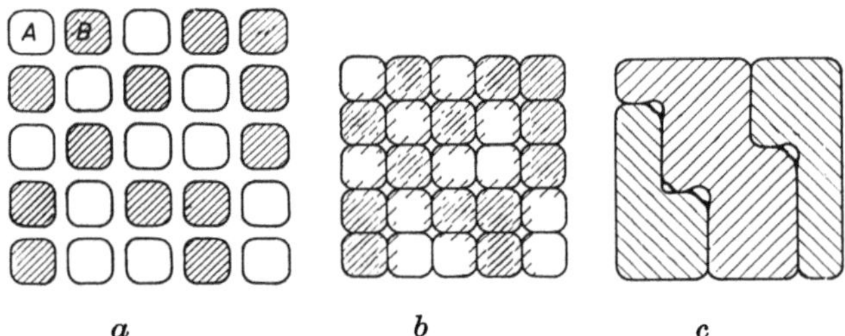

Abb. 132. Bildung eines homogenen Sinterkörpers aus zwei vollkommen mischbaren Komponenten, schematisch

[1] Kieffer, R. in K. Wanke: „Einführung in die Pulvermetallurgie", Graz 1949, S. 7/33

[2] Kieffer, R.: in „The Physics of Powder Metallurgy", McGraw Hill, New York 1951, S. 278/91, Disk., S. 292/94.

[3] Kieffer, R. u. F. Benesovsky: Berg- u. Hüttenmänn. Mh. 94 (1949), S. 284/94.

Zahlentafel 79. *Sinterung von Mehrstoffsystemen; Schema der Möglichkeiten*

Ausgangs-komponente	I. A + B	II. A + B	III. A + B	IV. A + B
Sinterung.........	A und B fest	A und B fest	A fest, B flüssig	A fest, B flüssig
Sinterkörper	AB homogener Mischkristall oder Verbindung	A′ + B′ heterogen[*]	AB homogener Mischkristall oder Verbindung	A′ + B′ heterogen[*]
Beispiele aus dem Hartstoffgebiet ..	$W + C \rightarrow WC$ $Mo + B \rightarrow MoB$ $Ta + 2\,Si \rightarrow TaSi_2$ $TiC + TaC \rightarrow (Ti, Ta)\,C$ $WC + TiC \rightarrow (W, Ti)\,C$ (TiC-Seite) $TiC + VC \rightarrow (Ti, V)\,C$ $TiC + TaC + VC \rightarrow (Ti, Ta, V)\,C$ $TiN + VN \rightarrow (Ti, V)\,N$ $TiN + VN + NbN \rightarrow (Ti,V,Nb)N$ $TiB_2 + ZrB_2 \rightarrow (Ti, Zr)\,B_2$ $VSi_2 + TaSi_2 \rightarrow (V, Ta)\,Si_2$	$ZrC + VC$ $ZrN + VN$ $WC + Graphit$ $VB_2 + B$ $WSi_2 + Si$	$> 2300°$ $Ta + 2\,B \rightarrow TaB_2$ $> 1500°$ $3\,Mo + Si \rightarrow Mo_3Si$ $TiC + Ni \rightarrow (TiC\text{-}Ni)$ (ab-geschreckt aus MK-Gebiet) $WSi_2 + CrSi_2 \rightarrow (W,Cr)Si_2\text{-}MK$ (Bereich vollst. Mischbarkeit)	$WC + Co$ $WC + TiC\text{-}Co$ $WC + TiC\text{-}TaC\text{-}Co$ $TiC + Cu$ $TaC + Ni$ $MoSi_2 + Cr\text{-}Si\text{-}Ni\text{-}$Leg. $TiB_2 + Ni\text{-}Cr\text{-}B\text{-}$Leg.
Sonstige Beispiele aus der Pulver-metallurgie	Fe-Ni Mo-W Ni-Mo-Fe	W-Cu Cu-Fe Cu-Graphit Metall-Oxyd	$Cu + Sn \rightarrow Bronze$ $Fe + Ni + (FeAl) \rightarrow Fe\text{-}Ni\text{-}Al\text{-}MK$	W-Cu W-Ag W-(Cu-Ni-MK) Cr-Cu

* Geringe Mengen von Mischkristallen oder intermediären Phasen können auftreten.

Mischbarkeit zweier Phasen A und B, die nach vollkommener Homogenisierung ein einphasiges Gefüge zeigen (Fall I). Abb. 133a zeigt das ungepreßte Haufwerk aus den zwei unmischbaren Kristallarten A und B, Abb. 133b den dichtgepackten Sinterkörper ohne Kornwachs-

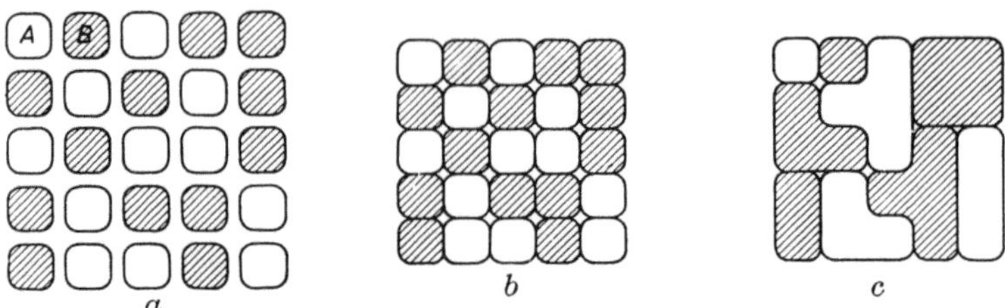

Abb. 133. Bildung eines heterogenen Sinterkörpers aus zwei unmischbaren Komponenten, schematisch

tum, Abb. 133c einen Körper mit starkem Kornwachstum. Haben die beiden Komponenten eine geringfügige gegenseitige Löslichkeit, dann treten an Stelle der reinen Kristallarten A und B die Mischkristallphasen A' und B' auf (Fall II).

Abb. 134 zeigt den Fall, daß die Komponente B flüssig wird, die Kristallart A umschmilzt und eine Art „Raumlötung" eintritt. Das Ein-

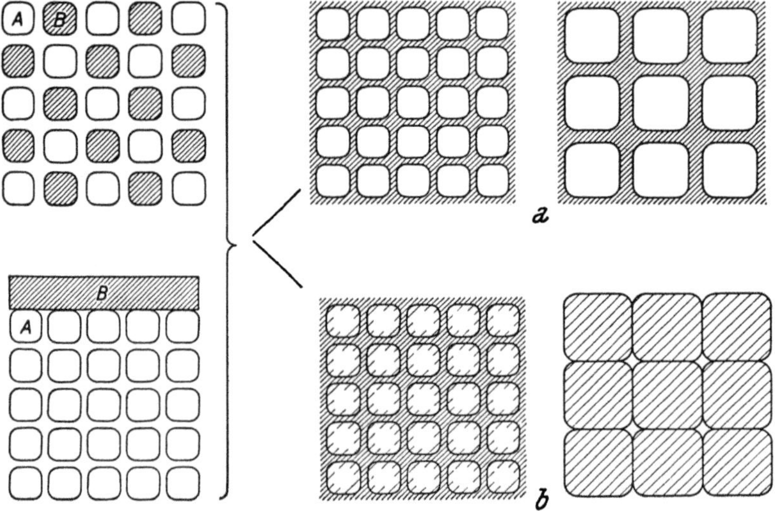

Abb. 134. Bildung eines heterogenen a, bzw. homogenen b Sinterkörpers aus zwei Komponenten, von denen die eine bei der Sintertemperatur flüssig ist, schematisch

bringen der Komponente B kann auch auf dem Tränkwege erfolgen. Begünstigt durch die flüssige Phase, Lösungs- und Abscheidungsvorgänge findet Kornwachstum schon bei verhältnismäßig niedrigen Schmelztemperaturen der Tränklegierung statt (s. S. 415) (Fall IV).

Abb. 134b zeigt den Fall, daß die flüssige Komponente B von der Kristallart A unter Mischkristallbildung aufgenommen wird. Der klassische Fall für diesen Sintertyp liegt bei der Sinterung von Alni-Magneten vor, wo die flüssige Eisen-Aluminiumvorlegierung nach dem Schmelzen von der Eisen-Nickel-Kobalt-Grundmasse unter Mischkristallbildung aufgenommen wird (Fall III).

Bevor näher auf die Vorgänge bei der Sinterung von metallischen Hartstoffen und insbesondere auf die Sinterung von Hartstoff-Hilfsmetallgemengen, bei denen flüssige Phasen auftreten, eingegangen wird, seien einige allgemeine Betrachtungen über Reaktionen im festen Zustand vorausgeschickt, wobei auch auf das umfangreiche neuere Schrifttum verwiesen sei[1-3].

Bei der Sinterung disperser Stoffe spielen die *Diffusionsvorgänge* (Oberflächendiffusion, Gitterdiffusion als Selbst- und Fremddiffusion) eine so überragende Rolle, daß man die *Pulvermetallurgie* auch als *Diffusionsmetallurgie* bezeichnen könnte. Unter Berücksichtigung der *Kornbeschaffenheit* (Korngröße, Kornform, Oberfläche, Verformungsgrad) und der *Herstellungsbedingungen* (Preß- und Sinterverhältnisse) kann man sich allgemein folgende Vorstellungen machen.

Bei der Sinterung von *Einstoffsystemen*, also z. B. einheitlichen Hartstoffen ohne Zusätze, spielen sich mit steigender Sintertemperatur Vorgänge ab, die im wesentlichen durch *Adhäsion* und *Platzwechsel-* bzw. *Kristallisationsvorgänge* bedingt werden, wobei der Sinterablauf nach G. F. Hüttig[4] durch bestimmte Temperaturbereiche gekennzeichnet ist.

Wie sich die Vereinigung von zwei Metall- oder Hartstoffkristallen abwickelt, zeigt die von G. F. Hüttig[4] stammende schematische Darstellung in Abb. 135. Wenn sich,

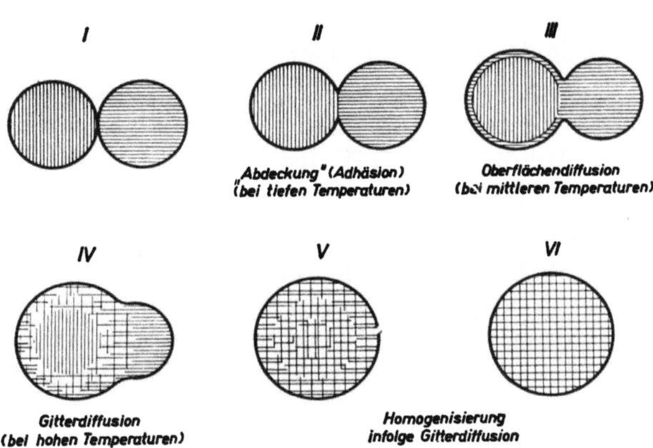

Abb. 135. Ablauf der Vereinigung zweier Kristalle im festen Zustand (G. F. Hüttig)

---

[1] Seith, W.: Diffusion in Metallen, Springer-Verlag, Berlin 1939.

[2] s. die betreffenden Abschnitte in W. E. Kingston: „The Physics of Powder Metallurgy", McGraw Hill, New York 1951.

[3] Goetzel, C. G.: Treatise on Powder Metallurgy, Bd. II, Intersience Publ., New York 1950, S. 797/859.

[4] Hüttig, G. F.: Koll. Z. 97 (1941), S. 227/30, 281/300, 98 (1942), S. 6/33, 263/86, 99 (1942), S. 262/77.

wie in a) gezeigt, die Oberflächen zweier Partikelchen, d. h. die Grenzebenen ihrer Gitter gegenüberliegen, so werden von beiden Gittern aus die Kraftfelder in den zwischen ihnen befindlichen Raum hineinreichen und es wird eine gegenseitige Anziehung stattfinden. Die Struktur des linken Kristalles A sei als stabiler angesehen als die Struktur des Kristalles B. Bei Steigerung der Temperatur wird das stabilere Gitter A auf Kosten des Kristalles B wachsen und letzten Endes B ganz aufgezehrt haben. Im Fall b) wird gezeigt, wie die Oberflächendiffusion, die schon bei einem Viertel der Schmelztemperatur einsetzt, sich auswirkt. Über die Oberfläche diffundierende Atome werden zwischen den Kristallen ortsfest eingefangen. Der Spalt wirkt gewissermaßen, um einen Sauerwaldschen Ausdruck[1] zu wählen, wie eine Falle für die aktiven Oberflächenatome. Das Resultat dieser Diffusion ist das Entgegenwachsen beider Kristalle und die Vereinigung zu einem Individuum. Im Falle c) endlich wird die Wirkung der Gitterselbstdiffusion gezeigt. Die Selbstdiffusion innerhalb der Kristallgitters unterscheidet sich von der Selbstdiffusion in der Oberfläche nur dadurch, daß die Fortbewegung der Atome nicht nur durch die Kristalloberfläche, sondern durch den ganzen Querschnitt der Kristalle hindurch geht. Die Gitterselbstdiffusion wird im Vergleich zu der Oberflächendiffusion erst bei höheren Temperaturen wirksam, kann aber mit steigender Temperatur so rasch ansteigen, daß sie den Materialtransport bei der Oberflächendiffusion weit übertrifft. Praktisch können wir uns den Diffusionsvorgang der Kristalle A und B so vorstellen, daß es erst zu einer festen Verwachsung kommt, dann ein Materialtransport nach dem Innern und auf der Oberfläche stattfindet, wobei es zu einem neuen Individuum C kommt, das um das Individuum B größer als A ist.

Bei der Sinterung von *Mehrstoffsystemen*, also z. B. bei der Herstellung von Hartstoffen aus den Komponenten oder von Hartstoffmischkristallen, gelten die bekannten Diffusionsgesetze und gemäß Zustandsdiagramm ergeben sich im wesentlichen drei Möglichkeiten:

1. Wenn die beiden Komponenten eine lückenlose Reihe von Mischkristallen bilden, so wird jede Komponente von der anderen unter Mischkristallbildung aufgenommen. An der Grenze tritt kein Konzentrationssprung auf.

2. Wenn die beiden Komponenten A und B miteinander Mischkristalle bilden, jedoch so, daß eine Mischungslücke auftritt, so entstehen Mischkristalle von A in B und von B in A. An der Grenze

---

[1] Sauerwald, F.: Z. anorg. allg. Chem. **122** (1922), S. 277/94, Koll. Z. **104** (1943), S. 144/60.

tritt ein Konzentrationssprung auf, der der Mischungslücke bei der angewandten Sintertemperatur entspricht.

3. Wenn die Komponenten außer den Mischkristallen noch intermediäre Phasen bilden, so können, müssen aber nicht, zwischen ihnen so viele Schichten auftreten, wie bei der Versuchstemperatur Phasen möglich sind.

Die Diffusionsfälle 1 und 2 spielen in der Hartmetalltechnik nur eine Rolle, wenn man zur Herstellung von Hartstoff-Mischkristallen zuerst Mischkristalle aus den Metallkomponenten vorbildet. Sie sind ferner übertragbar auf die Mischkristallbildung von vollkommen mischbaren Hartstoffen (vgl. TiC-TaC), die also ohne Konzentrationssprung erfolgt, während z. B. in den Systemen ZrC-VC oder Mo_2C-TiC ein der Mischungslücke bei der Sintertemperatur entsprechender Konzentrationssprung auftritt (Fall 2). Fall 3 ist von entscheidender Bedeutung für die Systeme Metall-Metalloid, die der Bildung von Hartstoffen zugrunde liegen und z. B. für die pseudobinären Systeme $MoSi_2$-$TiSi_2$ und WSi_2-$TiSi_2$.

Alle Erfahrungen, welche man seit den Anfängen der Diffusionsforschung über die Diffusion von kompakten Metallen im festen Zustand gesammelt hat, gelten natürlich auch für die Sinterung von Mehrstoffsystemen aus Metallpulvern, in unserem speziellen Fall von Hartstoffpulvern. R. Kieffer und W. Hotop[1] fassen die Erfahrungstatsachen bei der Sinterung von dispersen Mehrstoffsystemen wie folgt zusammen:

1. In innigen Gemischen feiner Pulver führt die Diffusion infolge der Kleinheit der Teilchen und der Größe der Berührungsfläche sehr viel rascher zur Homogenisierung als im kompakten Stoff. Da in die Ficksche Diffusionsgleichung die Quadratwurzel der Zeit eingeht, bedingt eine Verdopplung des Korndurchmessers eine Vervierfachung der Sinterzeit, um den gleichen Homogenisierungseffekt zu erreichen.

2. Die Diffusionsgeschwindigkeit steigt exponentiell mit der Temperatur.

3. Erleiden die verwendeten Pulver während der Glühbehandlung Modifikationsänderungen, so können sich diese selbstverständlich auf die Art und Weise der Diffusion auswirken.

4. Der Platzwechsel der Atome wird durch alle jene Faktoren ungünstig beeinflußt, welche die Anziehung behindern, wie z. B. mangelnder Kontakt der Einzelteilchen durch ungenügende Annäherung aneinander oder durch Oxyd- und Gashäute usw.

---

[1] Kieffer, R. u. W. Hotop: Sintereisen und Sinterstahl, Springer-Verlag, Wien 1948, S. 167.

5. Die Homogenisierung geht wesentlich schneller vor sich, wenn geringe Mengen flüssiger Phase vorliegen, insbesondere, wenn die flüssige Phase vorhandene Oxydhäute und sonstige Verunreinigungen zu lösen vermag.

Im übrigen hat man sich die Diffusion von Metall- und Metalloidpulvern wie bei reinen Metallpulvern so vorzustellen, daß sich die auf Grund des Zustandsbildes bei genügend hoher Temperatur zu erwartenden Gleichgewichtskristallarten zunächst in Form von Säumen bilden. Die Dicke der sich bildenden Schichten hängt natürlich von vielen Umständen ab, beispielsweise bei zwei Pulvern A und B von der Sintertemperatur und -zeit, von der Diffusionsgeschwindigkeit der beiden Komponenten A und B durch jede gebildete Schicht, von dem Mengenverhältnis der beiden Komponenten und den relativen Mengen, die zur Schichtbildung benötigt werden.

Welche Rolle bei übereutektischen Diffusionstemperaturen die auftretenden flüssigen Phasen spielen, ist noch nicht eindeutig geklärt. Man muß sich zweifelsohne vorstellen, daß zwischen den verschiedenen Hartstoffschichten eutektische Säume mit einer je nach Temperatur verschiedenen Breite auftreten.

Die Gewinnung der Hartstoffe aus pulverförmigen Übergangsmetallen und den pulverförmigen bzw. gasförmigen Metalloiden bzw. Metallen C, B, N und Si umfaßt Diffusionsvorgänge in den Zustandsgebieten: fest-fest, flüssig-fest, fest-gasförmig und fest-flüssig-gasförmig. Bei der Herstellung beispielsweise der Karbide WC und TaC aus Metall und Ruß unter Schutzgas handelt es sich vorzugsweise um Diffusion fest-fest oder auch fest-gasförmig, falls Kohlenwasserstoffe am Karburierungsvorgang in beschränktem Umfang teilnehmen. Erzeugt man Silizide und Boride durch Erhitzen der Komponenten oberhalb des Schmelzpunktes der Metalle Silizium und Bor, so arbeitet man im Gebiete fest-flüssig bzw. fest-flüssig-gasförmig. Die Herstellung der Nitride durch Nitrieren von Metallpulvern mit Stickstoff oder Ammoniak ist ein klassisches Beispiel für den Diffusionsfall fest-gasförmig. Dieser Fall der heterogenen Kinetik unterteilt sich allerdings in Adsorption der Gasmoleküle, deren Spaltung an der Oberfläche und anschließende Diffusion der Atome.

An Hand der Abb. 136 seien schematisch die Diffusionsvorgänge erläutert, wobei der Einfachheit halber angenommen wird, daß die Diffusion nur in einer Richtung verläuft. Erhitzt man ein Kristallagglomerat aus beispielsweise Ti, Ta oder W (es wird in der Abb. 136a ein aus fünf Primärkristallen zusammengesetzter Sekundärkristall gezeigt) mit der stöchiometrischen Menge des kleinatomigen Hartstoffbildners C, B, Si, so diffundieren die Atome der Oberfläche, den Spalten, Kapillaren und Korngrenzen des Kristallagglomerats entlang und diffundieren mit steigender Temperatur immer stärker in das Gitter des Metalles (Abb. 136b). Die resultierenden, inhomogenen Hartstoffe (Abb. 136c) werden nach einer aus-

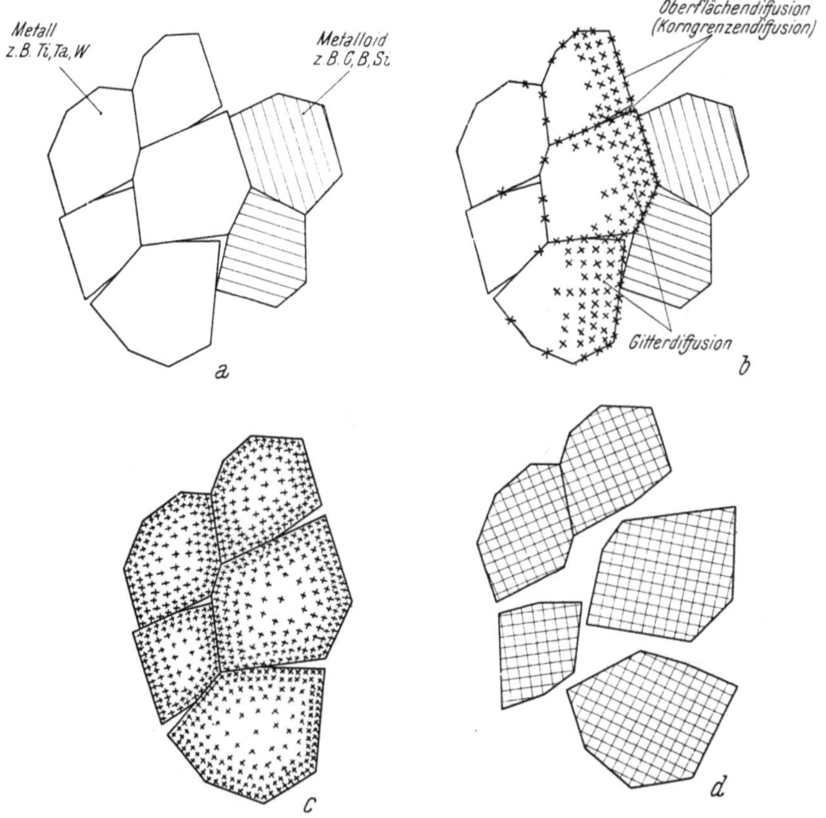

Abb. 136. Diffusionsvorgänge bei der Herstellung von Hartstoffen, schematisch

reichend langen Glüh- bzw. Diffusionsdauer homogen (Abb. 136d), wobei gerne mit der fortschreitenden Verbindungsbildung eine Aufteilung und Zerkleinerung der Sekundärkristalle erfolgt. Wurde von besonders feinen Metallpulvern ausgegangen, die schon vor oder bei der Temperatur der Verbindungsbildung Kornwachstum zeigen, so ergibt sich auch eine entsprechende Kornvergröberung in den Hartstoffpulvern. Die Diffusionsvorgänge und die endgültige Homogenisierung der Hartstoffkristalle, d. h. die Reaktionsgeschwindigkeit der Verbindungsbildung, werden von dem Diffusionsvermögen der Legierungspartner in den vorhandenen und den entstehenden Phasen bestimmt. Es treten, aber nicht zwangsläufig, so viele Schichten von Hartstoffphasen auf, als gemäß Zustandsbild und Reaktionstemperatur möglich sind. Solange bei der Hartstoffbildung Diffusion als Reaktion stattfindet und der Gleichgewichtszustand nicht erreicht ist, kann allerdings eine derartige Phase auch übersprungen werden. In Abb. 137 wurde an einer Berührungsstelle Metall-Metalloid schematisch der Diffusionsfortschritt, die Schichtenbildung und der Endzustand in Systemen mit Diffusion in beiden Richtungen[2] näher gekennzeichnet. Werden bei der Diffusionsbildung, wie schon vorher gesagt, die eutektischen Temperaturen zwischen den Schichten überschritten, so werden vorübergehend auch noch eutektische Säume zwischen den Hartstoffphasen auftreten.

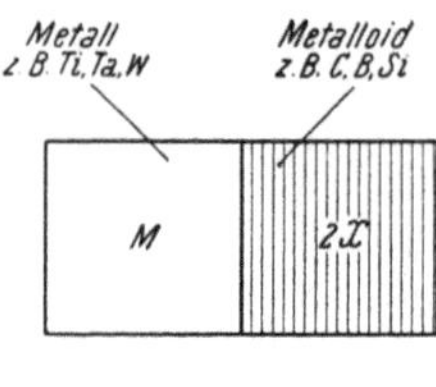

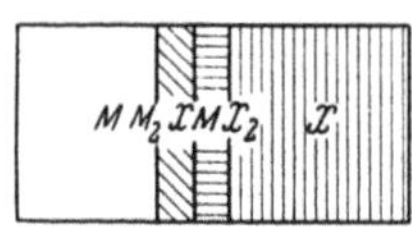

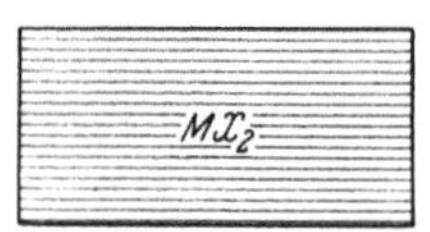

Abb. 137. Diffusionsvorgänge zwischen zwei Komponenten, welche verschiedene Verbindungen miteinander bilden, schematisch

Der bei steigender Temperatur auftretende Metalloid- und Metalldampf fördert die Hartstoffreaktion; beim Übersteigen des Schmelzpunktes, beispielsweise von Si bzw. B, verläuft die Reaktion exotherm mit hoher Geschwindigkeit. Die Dichtsinterung der gebildeten Hartstoffe erfolgt durch die Erhöhung der Temperatur bis dicht an den Schmelzpunkt, zweckmäßig unter Zwischenschaltung eines Zerkleinerungs- und Preßvorganges, am besten aber durch gleichzeitige Anwendung von Druck und Temperatur, d. h. durch Drucksintern.

Über den quantitativen Ablauf der Diffusionsvorgänge bei der Herstellung von Hartstoffen, Hartstoffmischungen und Hartmetallen liegen bis heute trotz der Wichtigkeit des Problems wenige Angaben vor[1, 2]. In einer neueren Arbeit haben G. C. Kuczynski und R. Landauer[3] versucht, die Verhältnisse rechnerisch darzustellen.

Gemäß Zahlentafel 79 wurden bei der Sinterung pulverförmiger Stoffe vier Möglichkeiten unterschieden. Was die Sinterung von Hartstoffen, Hartstoffmischungen und Hartstoff-Hilfsmetallgemengen betrifft, ist zu den Einzelfällen noch folgendes zu sagen.

---

[1] van Liempt, J. A. M.: Metallwirtsch. **7** (1928), S. 558; Z. Metallkde. **16** (1924), S. 317.

[2] Fitzer, E.: Berg- u. Hüttenmänn. Mh. **97** (1952), S. 81/91.

[3] Kuczynski, G. C. u. R. Landauer: J. Appl. Phys. **22** (1951), S. 952/55.

Fall I: Homogene Mischkristalle und Verbindungen

Bei der Sinterung von reinen, einphasigen Hartstoffen können wie bei reinen Metallpulvern folgende Wege beschritten werden:

1. Hochsintern der ungepreßten oder nur gerüttelten Hartstoffpulver.

2. Hochsintern der verpreßten oder stranggepreßten Hartstoffpulver.

3. Drucksintern

a) des ungepreßten, vorgepreßten oder bereits gesinterten Hartstoffpulvers,

b) des ungepreßten oder vorgepreßten Metall-Metalloidgemenges.

4. Weg 1—3, besonders Weg 2, unter Zusatz von flüchtigen metallischen Bindern und Ausdampfen derselben, vorzugsweise im Vakuum.

Die hochschmelzenden, spröden Hartstoffe werden erst dicht unterhalb des Schmelzpunktes bei $a = 0,8$ bis $0,9^*$ plastisch, wobei Gitterselbstdiffusion und Kornwachstum verhältnismäßig langsam einsetzen. Man kann die Sinterung reiner Hartstoffe am besten mit derjenigen von z. B. Wolframpulver vergleichen. Es spielen sich dabei Vorgänge ab, welche auf S. 381 beschrieben wurden.

Durch Normalsinterung ist es nur bei Anwendung höchster Sintertemperaturen (Erhitzung im direkten Stromdurchgang) möglich, zu einigermaßen dichten Hartstoffkörpern zu gelangen. Durch Anwendung von Druck bei der Sinterung oder durch Heißnachverdichten bereits gesinterter Körper läßt sich bei etwas niedrigeren Temperaturen eine 95 bis 99%ige Raumerfüllung erzielen. Eine ähnlich hohe oder fast theoretische Dichte erreicht man durch geringfügige Hilfsmetallzusätze, die in den Hartstoff-Sinterkörpern gegebenenfalls sogar unter Mischkristallbildung verbleiben bzw. wieder ausgetrieben werden können. Da fast alle technisch reinen Hartstoffe aus den Ausgangskomponenten und den Zerkleinerungsvorgängen stets Fremdmetalle, insbesondere Eisenmetalle, in Mengen von 0,05 bis etwa 1,5% enthalten, ist die Sinterung vollkommen reiner Hartstoffe ohne flüssige Phase praktisch äußerst selten. Eine ausführliche Besprechung kann daher unterbleiben. Im einzelnen sei diesbezüglich noch auf die Abschnitte über die Reindarstellung von Hartstoffen (S. 56), insbesondere auf die Ausführungen über das Drucksintern und die Reindarstellung kompakter Hartstoffkörper unter Verwendung austreibbarer Hilfsmetalle verwiesen.

---

* Bruchteil der absoluten Schmelztemperatur.

wird, die mechanisch schlechte Eigenschaften aufweist und die eine Bildung von zusammenhängenden Bindemittelfilmen um die harten Teilchen verhindert.

6. Die Bindemittelphase soll solche mechanische Eigenschaften bei den zu erwartenden Arbeitstemperaturen des Sinterkörpers haben, daß der dünne Binderfilm unter den von den Hartstoffteilchen verursachten Spannungen eine besonders hohe Festigkeit aufweist.

Diese Nortonschen Richtlinien brauchen natürlich nicht immer gleichzeitig strenge Gültigkeit zu haben, insbesondere da auch unsere Kenntnisse über verschiedene Hartstoff-Hilfsmetallsysteme (z. B. Borid-, Silizid-, Nitrid-Hilfsmetall) noch sehr dürftig sind. Immerhin dürften diese Gesichtspunkte bei der Entwicklung neuer hilfsmetallhaltiger, hochschmelzender Hartstofflegierungen von Nutzen sein.

Fall IV: Sinterung mit flüssiger Phase bei homogenem Endprodukt

Die Aufnahme der flüssigen Hilfsmetalle durch die Hartstoffkomponente unter Bildung homogener Mischkristalle ist verhältnismäßig selten und tritt nur bei geringen, im Kristallgitter einbaubaren Mengen von Hilfsmetallen bzw. dem Einfrieren von Mischkristallzuständen durch Abschrecken ein. Unter den Fall IV fällt auch die Möglichkeit, daß ein niedrig schmelzender Hartstoff neben einem höher schmelzenden Hartstoff auftritt, als Hilfsmetall wirkt und bei steigender Temperatur unter Mischkristallbildung verzehrt wird. Beispiele hiefür wären die Abbindung von Mo_3Si mit V_3Si oder von $TaSi_2$ mit $CrSi_2$, d. h. von Hartstoffpaaren, bei denen weitgehende Mischbarkeit zu erwarten ist.

B. Vorgänge bei der Sinterung von Karbid-Hilfsmetallgemengen mit flüssiger Phase

1. Vorgänge bei der Sinterung von WC-Co-Hartmetallen

Die Sinterung von Hartmetallen auf WC-Co-Basis erfolgt bei Temperaturen von über 1350°. Die Sintertemperatur liegt damit höher als die Schmelztemperatur des W-Co-C und des Co-C-Eutektikums und es wurde schon frühzeitig vermutet, daß die metallurgischen Vorgänge, welche sich zwischen festen Wolframkarbidkristallen und der während der Sinterung auftretenden Schmelze abspielen, von größter Bedeutung für die Eigenschaften der Fertigprodukte sind. Zur Erklärung der Verhältnisse bei der Sinterung von WC-Co-Hartmetallen sind zunächst die Kenntnisse im Dreistoffsystem W-Co-C erforderlich.

a) Das Dreistoffsystem W-Co-C

Die festen und flüssigen Phasen, die im System W-Co-C bei der Sinterung auftreten, sind erst verhältnismäßig spät erforscht worden. Die Sinterphänomene im pseudobinären System WC-Co zeigen dabei überraschende Ähnlichkeit mit den Verhältnissen in der Keramik bei Sinterung mit flüssiger Phase. Als Beispiel sei hier das klassische System Al_2O_3-SiO_2 angeführt[1,2,3].

Das Dreistoffsystem W-Co-C wurde von S. Takeda[4], L. D. Brownlee[5] und in neuester Zeit von P. Rautala und J. T. Norton[6] untersucht. Beiträge zur Konstitution von WC-Co-Legierungen haben schon früher S. L. Hoyt[7], L. L. Wymann und F. C. Kelley[8], W. P. Sykes[9] und russische Forscher[10,11], insbesondere auf Grund mikroskopischer Untersuchungen, gebracht.

α) **Schnitt WC-Co.** Da in der Praxis aus dem Dreistoffsystem vornehmlich der Schnitt WC-Co interessiert, sei die Sinterung eines typischen Hartmetalles mit 6 % Co an diesem pseudobinären System nach S. Takeda[4,12,] erläutert (Abb. 138). Erhitzt man das feinst-

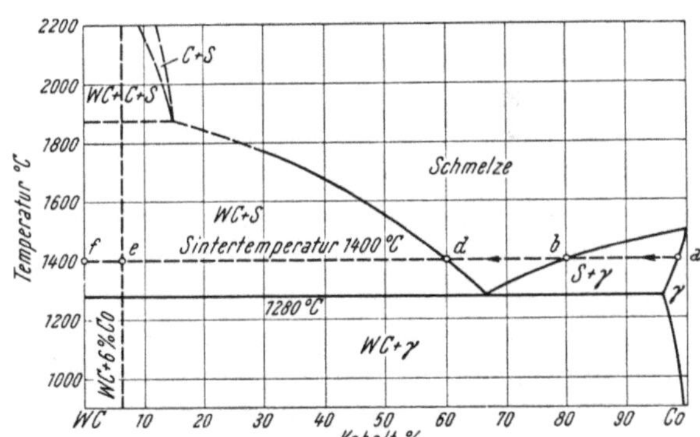

Abb. 138. Zustandsschaubild W-C-Co, Schnitt WC-Co (S. Takeda)

---

[1] s. E. Ryschkewitsch: Oxydkeramik der Einstoffsysteme, Springer-Verlag, Berlin/Göttingen/Heidelberg 1948, S. 110ff.

[2] Kieffer, R.: Metall u. Erz 37 (1940), S. 67/70, 88/92.

[3] Kieffer, R.: in „The Physics of Powder Metallurgy". McGraw Hill, New York 1951, S. 278/91, Disk. S. 292/94.

[4] Takeda, S.: Sci. Rep. Tôhoku Univ., Honda-Festband (1936), S. 864/81.

[5] Brownlee, L. D.: Vortrag IPT., Graz 1948, Ref. Nr. 15.

[6] Rautala, P. u. J. T. Norton: J. Metals 4 (1952), S. 1045/50. Plansee-Seminar, Reutte/Tirol 1952.

[7] Hoyt, S. L.: Trans. Am. Inst. min. metallurg. Engrs. 89 (1930), S. 9/58.

[8] Wymann, L. L. u. F. C. Kelley: Trans. Am. Inst. min. metallurg. Engrs. 93 (1931), S. 208/26, Disk. S. 226/29.

[9] Sykes, W. P.: Am. Inst. min. metallurg. Engrs. Techn. Publ. Nr. 924 (1938).

[10] Korolkov, A. M. u. A. M. Lavler: Metallurg 9 (1934), Nr. 2, S. 53/55.

[11] Zarubin, N. M.: Zavod. Lab. 14 (1948), S. 1434/36.

[12] vgl. Kieffer, R. u. W. Hotop: Pulvermetallurgie und Sinterwerkstoffe. 2. Aufl., Springer-Verlag, Berlin 1948, S. 129ff.

gemahlene und gepreßte Gemenge aus 94% WC und 6% Co (senkrechte, gestrichelte Linie) auf 1400° — die Diffusionsvorgänge bei der Vorsinterung zwischen 600 und 1200° sollen hier der Deutlichkeit halber nicht berücksichtigt werden —, so wickeln sich die nachfolgenden Vorgänge ab, denen wir im Sinne der Pfeile auf der waagrechten, gestrichelten Linie im Diagramm folgen. Da reines Kobalt erst bei 1490° schmilzt, könnte sich das Bindemetall beim Erreichen der Sintertemperatur von 1400° noch nicht verflüssigen. Kobalt löst jedoch Wolframkarbid bereits im festen Zustand, so daß sich der Schmelzpunkt des Kobalts schrittweise senkt und es langsam beim Punkt a bei Aufnahme von etwa 1,5% WC (γ-Mischkristall) zu schmelzen beginnt. Wie später ausgeführt wird, reicht nach neueren Untersuchungen der γ-Bereich bei dieser Temperatur bis zu wesentlich höheren WC-Gehalten, was jedoch an unseren Modellvorstellungen nichts ändert.

Mit fortschreitender Sinterzeit lösen sich nun weitere feinste Wolframkarbidteilchen, sowohl in der gebildeten Schmelze als auch in der festen Phase, so daß sich die ungefähre Zusammensetzung von Punkt a gegen Punkt b verschiebt. Schließlich schmilzt das Bindemetall bei Punkt b zur Gänze, wobei es eine Zusammensetzung von 81% Co und 19% WC hat. Die Schmelze löst nun einzelne lockere Brücken, die sich zwischen den Karbidteilchen gebildet haben und führt dieselben mit Hilfe von Oberflächenspannungskräften unter kontinuierlicher Schrumpfung zu einer dichtesten Lagerung zusammen. Der Sinterkörper besteht nun aus etwa 91,5% WC und 8,5% flüssiger Phase. Der Mengenanteil dieser flüssigen Phase errechnet sich gemäß dem Hebelgesetz aus der Beziehung 100 · ef/df. Würde man bei diesem kurzen Sinterungsgrad den Sinterkörper abkühlen, so würde man nach S. Takeda in der Bindemittelphase die binären Eutektika (γ + Graphit) oder ($\gamma + \eta$)* und das metastabile ternäre Eutektikum ($\gamma + \eta$ + Graphit) finden müssen, da bei kleinen Gehalten an Kohlenstoff und Wolfram die η-Phase etwas stabiler ist und leichter in Erscheinung tritt als die stabile WC-Phase. Tatsächlich ist jedoch bei schwach gesinterten oder untersinterten Proben der Nachweis der vorgenannten Eutektika schwer oder kaum durchzuführen. Wahrscheinlich wird im feinstdispersen System Hartstoff-Hilfsmetall bei starken Hartstoffüberschuß die Ausbildung eutektischer Strukturen in den sehr dünnen Binderfilmen unterdrückt.

Bei fortschreitender Sinterung lösen sich weitere WC-Teilchen in der Schmelze, die sich in der Zusammensetzung von Punkt b nach

---

* Zwecks besserer Übersicht ist das metastabile System mit den entsprechenden Phasen nicht eingezeichnet. η ist eines der stöchiometrisch nicht genau definierten Doppelkarbide, z. B. Co_3W_3C.

Punkt d (40% WC) bewegt, wo sich ein Gleichgewichtszustand zwischen WC fest und Schmelze (60% Co, 40% WC) einstellt. Letztere macht nun etwa 11% der Gesamtmenge des Sinterkörpers aus, so daß sich die Bindemittelphase fast verdoppelt hat. Würde die Sintertemperatur im Punkt b stark schwanken, beispielsweise zwischen 1375 und 1500° pendeln, so könnte sich entsprechend der Liquiduskurve noch mehr WC lösen oder WC primär wieder aus der Schmelze ausgeschieden werden. Die Schrumpfung ist jedoch bei Erreichung des Punktes d fast vollendet. Kühlt man nun den Sinterkörper vom Punkt d rasch ab, so sollten sich nach S. Takeda aus der Schmelze primär Kristalle von η, binäres Eutektikum (η + Graphit) und ternäres Eutektikum (γ + η + Graphit) aus dem metastabilen kohlenstoffärmeren System ausscheiden. Bei mäßiger oder langsamer Abkühlung tritt jedoch, wenn die Legierung genügend Kohlenstoff enthält, die *stabile WC-Phase* auf und nicht die η-Phase. Es müßten sich also primär Kristalle von WC abscheiden und dann binäres Eutektikum (γ + WC), wobei die Ausscheidung bis 1280° vollendet sein müßte. In den meisten Fällen scheidet sich aber das Wolframkarbid an den ungelösten Wolframkarbidteilchen unter Kornwachstum ab, so daß eine eutektische Struktur in der Hilfsmetallphase — wie schon früher ausgeführt — bei den üblichen Sinterhartmetallen praktisch nicht beobachtet werden kann. Dieser Befund wurde auch von V. Berg und H. Krainer[1] bestätigt.

Die γ-Phase enthält beim Erstarren ungefähr 4% Wolframkarbid in fester Lösung. Die Löslichkeit wird jedoch mit fallender Temperatur erheblich geringer, so daß sich im festen Zustand weiteres WC abscheidet und die γ-Phase bei niedrigen Temperaturen weniger als 1% WC in fester Lösung enthält. Über eine geringe allfällige Löslichkeit von Kobalt in Wolframkarbid bei höheren Temperaturen macht S. Takeda keine Angaben.

Auf Grund mikroskopischer Untersuchungen an im Kohlerohrkurzschlußofen gesinterten Proben vermag nach E. J. Sandford und E. M. Trent[2] das Kobalt im festen Zustand bis etwa 15% WC bei 1320° zu lösen. Das Eutektikum bei 35% WC soll im Gegensatz zu S. Takeda erst bei etwa 1320° auftreten. L. D. Brownlee und T. Raine[3] geben auf Grund röntgenographischer Untersuchungen an gesinterten Proben das Eutektikum bei 37% WC und einer Temperatur von 1235° an. Bei dieser Temperatur soll Kobalt in festem

---

[1] Berg, V. u. H. Krainer: Diskussionsvortrag IPT., Graz 1948.

[2] Sandford, E. J. u. E. M. Trent: Iron Steel Inst., Spec. Rep. Nr. 38, London 1947, S. 84/91.

[3] Brownlee, L. D. u. T. Raine: Persönliche Mitteilung 1947.

Zustand etwa 12% WC lösen. R. Edwards[1] fand an geschmolzenen Proben mit 20 Gew.-% WC, die bei 1250° 24 Stunden geglüht und abgeschreckt worden waren, im Schliff einen homogenen Mischkristall. Die Löslichkeit von Kobalt für WC in festem Zustand dürfte also bei dieser Temperatur sogar noch etwas höher liegen (22 Gew.-% ?).

Man wird bei den üblichen Sinterzeiten von 1 bis 4 Stunden unterhalb des Auftretens eutektischer Schmelze kaum auf die hohe gefundene optimale Löslichkeit von WC in Co kommen. Die unterschiedlichen Untersuchungsergebnisse sind ohne Zweifel auf mangelhafte Gleichgewichtseinstellung zurückzuführen.

Bei der mikroskopischen Untersuchung von gesinterten und geschmolzenen Wolframkarbid-Kobalt-Legierungen mit weniger als 40% WC stellten L. L. Wymann und F. C. Kelley[2] drei Arten eutektischer Struktur fest, und zwar eine fischgrätenartige, eine gesprenkelte und eine nadelförmige. Eine eingehende Untersuchung und Definition dieser Phasen wird nicht gegeben. Nach S. Takeda[3] handelt es sich bei der Fischgrätenstruktur um das metastabile Eutektikum $(\gamma + \eta)$, die gesprenkelte Phase ist das metastabile ternäre Eutektikum $(\gamma + \eta + \text{Graphit})$ und das nadelförmige Gefüge stellt das stabile binäre Eutektikum $(\gamma + \text{WC})$ dar. Die Verfasser vermuteten bereits eine starke Löslichkeit des Kobalts im Wolframkarbid bei höherer Temperatur.

β) Schnitt im System W-Co-C bei 1350°. Die Untersuchungen von L. D. Brownlee[4] im System W-Co-C führten zu einem Schaubild, dessen Schnitt bei 1350° in Abb. 139 wiedergegeben ist. Die Randsysteme W-C, C-Co und Co-W liegen durch die Untersuchungen von W. P. Sykes[5], G. Boecker[6] und U. Hashimoto[7] bzw. W. P. Sykes[8] fest (vgl. auch die zusammenfassende Darstellung bei M. Hansen[9]).

L. D. Brownlee geht bei seinen Untersuchungen von Pulverpreßlingen aus, die unterschiedlich lang im Vakuumofen gesintert

---

[1] Edwards, R.: Persönliche Mitteilung 1950.

[2] Wymann, L. L. u. F. C. Kelley: Trans. Am. Inst. min. metallurg. Engrs., **93** (1931), S. 208/26, Disk. S. 226/29.

[3] Takeda, S.: Sci. Rep. Tôhoku Univ., Honda-Festband (1936), S. 864/81.

[4] Brownlee, L. D.: Vortrag IPT., Graz 1948, Ref. Nr. 15.

[5] Sykes, W. P.: Trans. Am. Soc. Steel Treat. 18 (1930), S. 968/91.

[6] Boecker, G.: Metallurgie 9 (1912), S. 296/303.

[7] Hashimoto, U.: Kinzoku no Kenkyu 9 (1932), S. 57/73.

[8] Sykes, W. P.: Trans. Am. Soc. Steel, Treat. 21 (1933), S. 385/421.

[9] Hansen, M.: Aufbau der Zweistofflegierungen. Springer-Verlag, Berlin 1936, S. 306, 352 und 515.

und nach langsamer Ofenabkühlung oder nach Abschrecken in
Quecksilber bzw. in Vakuumöl bei Zimmertemperatur röntgenographisch untersucht wurden. Interessant ist die Feststellung
Brownlees, daß das Wolframmonokarbid, dessen Existenzbereich
zwischen 50 und 52 Atom-% Wolfram liegt, in der Lage ist, bei
1350° übersteigenden Temperaturen gewisse Mengen Kobalt zu lösen.
Diese Löslichkeit ist bei Karbiden der 4. und 5. Gruppe des Perioden-

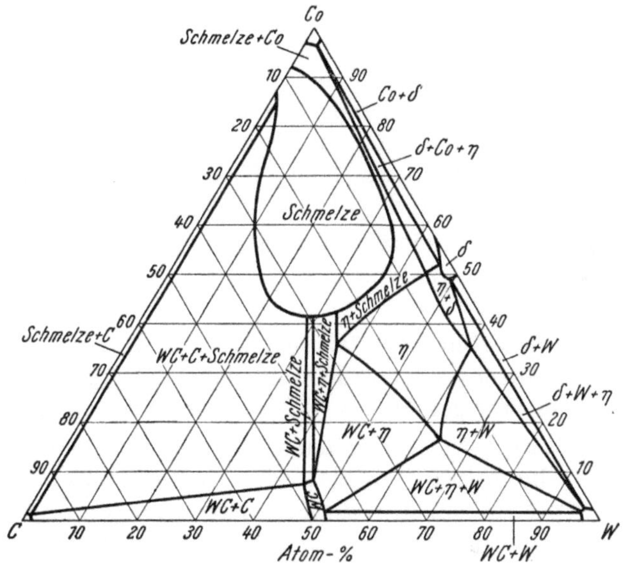

Abb. 139. Dreistoffsystem W-C-Co, Schnitt bei 1350° (L. D. Brownlee)

systems und Mischkristallen mit Karbiden der 6. Gruppe nach
metallographischen Untersuchungen von R. Kieffer viel ausgeprägter.
Beim Abkühlen scheidet sich das gelöste Kobalt wieder sehr rasch ab,
vorausgesetzt, daß der Mischkristall nicht schroff abgekühlt wird
und der Mischkristallzustand „einfriert". Bei Anwesenheit von
freiem Kohlenstoff oder auch bei Kohlenstoffmangel kann das Auftreten des gesättigten WC-Co-Mischkristalls entweder durch Graphitausscheidung oder durch Auftreten der η-Phase praktisch unterdrückt werden.

Für die η-Phase, für die S. Takeda[1] die Formel Co_3W_3C, V. Berg
und H. Krainer[2] u. a. auch die Formeln Co_2W_4C bzw. Co_2W_2C

---

[1] Takeda, S.: Sci. Rep. Tôhoku Univ., Honda-Festband (1936), S. 864/81.
[2] Berg, V. u. H. Krainer: Diskussionsvortrag IPT., Graz 1948.

angeben, legt L. D. Brownlee[1] den Existenzbereich bei 1350°
in Atom-% mit folgenden 4 Punkten fest:

5% C,	50% Co,	45% W
5% C,	35% Co,	60% W
20% C,	17% Co,	63% W
28% C,	26% Co,	36% W.

Die η-Phase, welche in den technischen Hartmetallen wegen ihrer
versprödenden Wirkung sehr unerwünscht ist, wurde schon von
W. P. Sykes[2,3] sowie von V. Adelsköld, A. Sundelin und
A. Westgrén[4] als Doppelkarbid wechselnder Zusammensetzung
erkannt. Sie entsteht bei Kohlenstoffmangel oder auch bei zu rascher
Abkühlung. Metallographisch ist sie leicht durch ihre rasche Anätzbarkeit mit alkalischem Ferricyankali, wobei sie dunkelfarbig erscheint,
nachzuweisen. M. M. Babich, F. K. Garyanov und E. N. Kyslyakova[5] wollen eine η_1- und η_2-Phase festgestellt haben.

E. N. Kyslyakova[6] hat die η_1-Phase (13,6% Co, 1,4% C, 85% W)
als Co_2W_4C und die η_2-Phase (24,1% Co, 0,8% C, 75,1% W) als
Co_6W_6C identifiziert[7].

Das Wolframkarbid W_2C tritt nach L. D. Brownlee bei Sinterlegierungen in Gegenwart von Kobalt nicht auf, da es sich bei 1350°
rasch in WC + W oder WC + W + η umsetzt.

Nach S. Takeda[8] kann je nach dem Kohlenstoffgehalt und den
Abkühlungsbedingungen stabile oder metastabile Erstarrung im
System WC-Co erfolgen. Um die Eigenschaften der Bindemetallphase
in WC-Co-Hartmetallen weiter zu klären, erschmolzen V. Berg und
H. Krainer[9] eine Legierung mit 33,3% W, 63,4% Co und 2,3% C,
die dem stabilen ternären Eutektikum entspricht, und weiters eine
unterkohlte Legierung mit 35,2% W, 62,9% Co und 1,4% C. Die
Schmelzen wurden gefügemäßig und röntgenographisch untersucht.

---

[1] Brownlee, L. D.: Vortrag IPT., Graz 1948, Ref. Nr. 15.

[2] Sykes, W. P.: Trans. Am. Inst. min. metallurg. Engrs. **93** (1931),
S. 227/29.

[3] Sykes, W. P.: Am. Inst. min. metallurg. Engrs., Techn. Publ. Nr. 924
(1938).

[4] Adelsköld, V., A. Sundelin u. A. Westgrén: Z. anorg. allg. Chem.
212 (1933), S. 401/09.

[5] Babich, M. M., F. K. Garyanov u. E. N. Kyslyakova: Zur. Fiz.
Chim. (1941).

[6] Kyslyakova, E. N.: Zur. Fiz. Chim. **17** (1943), S. 108/14.

[7] Sandford, E. J. u. E. M. Trent: Iron Steel Inst., Spec. Rep. Nr. 38,
London 1947, S. 84/91.

[8] Takeda, S.: Sci. Rep. Tôhoku Univ., Honda-Festband (1936), S. 864/81.

[9] Berg, V. u. H. Krainer: Diskussionsvortrag IPT., Graz 1948.

Ferner wurden nach Wärmebehandlungen magnetische Messungen und Härtemessungen durchgeführt. Die Ergebnisse stehen in Einklang mit den praktischen Erfahrungen.

Auf Grund röntgenographischer, mikroskopischer und thermischer Untersuchung haben P. Rautala und J. T. Norton[1] ein vollständiges stabiles und metastabiles Zustandsschaubild des Systems W-Co-C aufgestellt und einen isothermen Schnitt bei 1400° festgelegt. Neben der bekannten η-Phase wurden röntgenographisch zwei weitere Verbindungen, nämlich eine Θ-Phase entsprechend der Zusammensetzung Co_3W_6C und eine $\varkappa$-Phase der Zusammensetzung $Co_3W_{10}C_4$ gefunden. Durch die Arbeit von P. Rautala und J. T. Norton dürften, zusammen mit den Befunden früherer Untersuchungen, die Verhältnisse im System W-Co-C weitgehend geklärt sein.

b) Vorgänge bei der Sinterung von technischen WC-Co-Legierungen

Bevor zusammenfassende und ergänzende Vorstellungen über die Sinterung von technischen Hartstoff-Hilfsmetallsystemen gegeben werden, sei zunächst auf eine Beobachtung von H. Franssen[2] eingegangen. Dieser macht darauf aufmerksam, daß unvollständig gesinterte bzw. untersinterte Hartmetallplättchen Zusammenballungen von Kobalt aufweisen, welche er mit Kobalt-„Fladen" bezeichnet und die er als das Co-C-Eutektikum deutet.

Bei der Naßmahlung von technischen Wolframkarbid-Kobaltmischungen überziehen sich die Wolframkarbidkristalle mit einem feinen Kobaltfilm, was leicht dadurch bewiesen werden kann, daß naßgemahlene Gemenge sich vollständig mit einem Magneten aufheben lassen. Geringe Mengen Kobalt werden jedoch durch die stark schlagende Wirkung der Mahlkugeln zu Flitterchen zusammengeschlagen, die beim Sintern Ursache für örtlich auftretende größere Mengen eutektischer Schmelze und größere γ-Flächen sind. Schleift man hoch vorgesinterte Körper, so zeigen diese Kobalt-Flitterchen bereits metallischen Anschliff. Treibt man die Vorsintertemperatur immer höher, z. B. auf 1200°, wobei man jedoch unter den eutektischen Temperaturen des ternären Eutektikums W-Co-C (1280°) und des Co-C-Eutektikums (1315°) bleibt, so bildet das bereits plastisch gewordene Kobalt durch Gitterselbstdiffusion ein zweidimensional gesehen zusammenhängendes, aber poröses Netzwerk, dreidimensional gesehen Kobalthüllen um das Wolframkarbid, auf das es sich auch durch Oberflächendiffusion „aufzieht". Auch die vom Kobalt durch Diffusion im festen Zustand aufgenommenen

---

[1] Rautala, P. u. J. T. Norton: Plansee-Seminar, Reutte/Tirol 1952. J. Metals 4 (1952), S. 1045/50.

[2] Franssen, H.: Arch. Eisenhüttenwes. 19 (1948), S. 79/84.

Mengen an Kohlenstoff und Wolframkarbid beeinflussen nicht das Sinterverhalten der Kobaltphase.

Kommt man auf die Temperatur von 1315°, so entsteht zweifelsohne, sofern freier Kohlenstoff in genügender Menge in dem Körper enthalten war bzw. sofern es die aufkohlende Sinteratmosphäre zeitlich erlaubte, bei genügend langer Diffusionszeit primär das binäre Co-C-Eutektikum. Die meisten WC-Co- und WC-TiC-Co-Hartmetallansätze enthalten einige Zehntel Prozent freien Kohlenstoffes, so daß bei einer Mischung von WC mit 5% Co rund 0,5% freier Kohlenstoff genügen würden, um das Co-C-Eutektikum mit 2,6% C zu bilden, d. h. die Bildung einer flüssigen Phase schon bei etwa 1300° zu bewirken. Liegt nicht genügend freier Kohlenstoff im Hartmetallansatz vor, so wird zweifelsohne das ternäre Eutektikum W-Co-C (Schmelzpunkt 1280°) zuerst auftreten, da die Gasaufkohlung des Kobalts zu viel Zeit benötigt und die Zementation mit nennenswerter Geschwindigkeit erst bei Anwesenheit einer flüssigen Phase erfolgt.

Liegt sogar ein Mangel an einigen Zehntel Prozent Kohlenstoff vor (schwach unterkohltes WC), so bildet sich zuerst bei etwas höherer Temperatur eine flüssige Phase. In solchen Legierungen treten nach dem Abkühlen beachtliche Mengen von η-Phase auf. Bei Sinterung in aufkohlender Atmosphäre (Kohlerohrkurzschlußofen mit trockenem Wasserstoff oder Hochfrequenz-Vakuumofen mit Kohlepackung der Plättchen bei geringem Wasserstoffunterdruck) nimmt allerdings die flüssige Phase schnell Kohlenstoff auf und gibt bereitwillig Kohlenstoff an die ungesättigten Karbide ab. Diese Vorgänge sind also dafür verantwortlich, daß man bei unterkohlten Hartmetallplättchen unter aufkohlenden Sinterbedingungen zu Legierungen kommt, deren Karbidphase die stöchiometrische Menge Kohlenstoff enthält, während Vakuumsinterung durch Desoxydationsvorgänge im Sinterkörper gewöhnlich eine schwach entkohlende Wirkung und gerne das Auftreten mehr oder minder großer Mengen an η-Phase zur Folge hat.

Im Hinblick auf die Löslichkeit von Kobalt für Kohlenstoff bei 1000° dürfte die Bildung des Co-C-Eutektikums, bei Anwesenheit von freiem Kohlenstoff, der des ternären Eutektikums W-Co-C, wegen der vergleichsweise langsameren Diffusionsgeschwindigkeit des Wolframkarbides im Kobalt, vorauseilen. Den Ansichten, daß auch bei Abwesenheit von freiem Kohlenstoff die Kobaltphase durch Diffusion Kohlenstoff aus dem Monokarbid, das später wieder aufgekohlt wird, aufnimmt, neigen die Verfasser ebensowenig zu, als der Ansicht, daß die Sinterung stets über die η-Phase geht[1].

---

[1] Stäblein, F.: Unveröffentlicht s. bei H. Franssen.

Die Zusammensetzung der bei 1350° gebildeten flüssigen Phase in Abhängigkeit vom Kobalt- und Kohlenstoffgehalt ergibt sich eindeutig aus dem Diagramm von L. D. Brownlee[1]. Bei 1300° wird sich das Feld „Schmelze" etwas einschnüren, bei Sintertemperaturen von 1450 bis 1500° entsprechend etwas erweitern.

Die Kobalt-„Fladen" von H. Franssen[2] scheinen also keine Kobaltzusammenballungen, sondern eine von zusammensetzungsmäßig bevorzugten Punkten (Kobalt-Flittern) ausgehende, lokale Bildung von Eutektikum zu sein, welches in der Zusammensetzung je nach Anwesenheit von freiem Kohlenstoff und von aufkohlenden Gasen sowie insbesondere in Abhängigkeit von der Aufheizzeit zwischen dem Co-C- und W-Co-C-Eutektikum liegt.

Die Bildung der flüssigen Phase läßt sich nach S. L. Hoyt[3] leicht durch Aufheiz- und Abkühlkurven nach Einführen eines Thermoelementes in ein Loch der Sinterplättchen kontrollieren. Ebenso ändert sich nach Feststellungen von R. Kieffer das Reflexionsvermögen der Hartmetallplättchen, wenn sich die lokal gebildeten eutektischen Schmelzen zu einem geschlossenen flüssigen Film vereinigt haben, was leicht bei Beobachtung des Sinterkörpers durch ein Kobaltglas verfolgt werden kann.

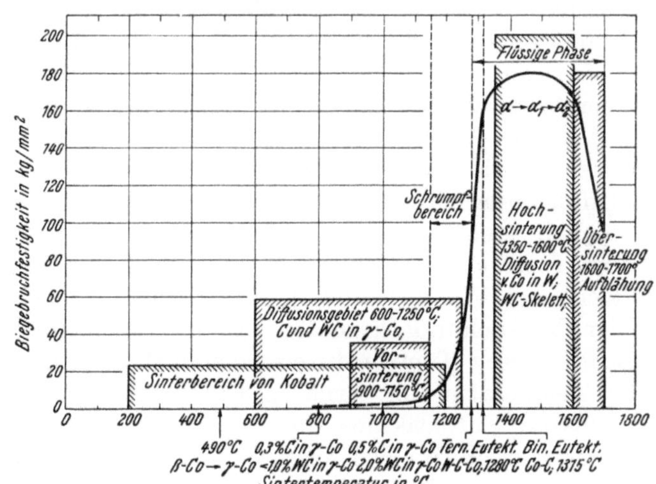

Abb. 140. Einfluß der Sintertemperatur auf die Biegebruchfestigkeit von Hartmetall
(R. Kieffer)

An Hand der Abb. 140, in welcher die Änderung der Biegebruchfestigkeit eines WC-Co-Hartmetalles mit der Sintertemperatur wieder-

[1] Brownlee, L. D.: Vortrag IPT., Graz 1948, Ref. Nr. 15.
[2] Franssen, H.: Arch. Eisenhüttenwes. 19 (1948), S. 79/84.
[3] Hoyt, S. L.: Trans. Am. Inst. min. metallurg. Engrs. 89 (1930), S. 9/58.

gegeben ist, sollen die Vorgänge besprochen werden, wie sie sich bei Steigerung der Sintertemperatur abspielen. Als Ausgangsmaterial sollen WC-Co-Preßlinge mit 6% Co dienen. Der Preßdruck betrage etwa 300 kg/cm², das Wolframkarbid habe im naßgemahlenen Gemenge eine Korngröße von 1 bis 2 μ. Erhitzen wir die Preßlinge auf Temperaturen über 400°, so setzt die Umwandlung von β-Kobalt in γ-Kobalt* ein, wobei es unwesentlich ist, ob das Kobaltpulver aus reinem β-Kobalt oder einem Gemenge von β- und γ-Kobalt besteht. Das Gebiet von 200 bis 1200° wird als *Kobalt-Sintergebiet* bezeichnet, obwohl sich auch hier bereits unabhängig von den Kobalt-Sintereffekten ab 800 bis 900° auch Wolframkarbid-Sintereffekte an den Kontaktstellen zwischen den Karbidkristallen bemerkbar machen. Die Verfestigung der Preßlinge nach einer Glühung bei 800 bis 1100° wird technisch zur Formgebung von Hartmetallplatten nach dem *Doppelsinterverfahren* ausgenutzt. Höher kobalthaltige Karbid-Hilfsmetallgemenge benötigen geringere Vorsintertemperaturen, höher titankarbidhaltige und niedriger kobalthaltige Körper entsprechend höhere. Im Temperaturgebiet von 600 bis 1250° (Diffusionsgebiet!) findet parallel zur Verfestigung des Kobalts eine Lösung von freiem Kohlenstoff und von feinsten WC-Teilchen in festem Zustand statt. Die Löslichkeit des γ-Kobalts für Kohlenstoff beträgt bei 800° etwa 0,3%, bei 1000° etwa 0,5% C, die entsprechende Löslichkeit für WC ist bei 800° < 1%, bei 1000° etwa 2% WC (s. Abb. 138). Diese Diffusionsvorgänge werden durch die Naßmahlung und die Feinstdispersion der Komponenten in idealer Weise unterstützt, ohne daß jedoch in der Praxis die Grenzbedingungen meist erreicht werden. Über die Diffusionsgeschwindigkeit von Wolframkarbid und Kohlenstoff im Kobalt stehen derzeit keine Unterlagen bzw. Veröffentlichungen zur Verfügung. Gewisse Mengen Kobalt diffundieren über die Oberfläche der WC-Kristalle in Kapillaren, Spalten und Korngrenzen der WC-Sekundärkristalle. Eine Gitterdiffusion von Co in WC ist bei diesen Temperaturen noch nicht anzunehmen.

Bei der Temperatur des ternären Eutektikums W-Co-C (1280°) bzw. des binären Eutektikums Co-C (1315°) wächst die Festigkeit der Sinterkörper steil an. Die flüssige Phase netzt die Karbide und dringt in die Porenzwischenräume und Kapillaren des Karbidkristallhaufwerkes ein und durchtränkt sie gewissermaßen. Zuerst handelt es sich um eine „Kobalt-Lötung" der Primärkristalle, während bei steigender Temperatur sehr kleine Mengen Kobalt auch in das Gitter des rekristallisierenden Wolframkarbides eingebaut wird. In dieser

---

* Die Hochtemperaturmodifikation des Kobalts werden wir im weiteren mit γ bezeichnen. γ benützen wir auch als Bezeichnung für die Co-WC-Mischkristalle.

Ausheilung der hochaktiven WC-Primärkriställchen in der Richtung Realkristall zum Idealkristall sieht R. Kieffer[1] eine der Ursachen für den ungewöhnlich steilen Festigkeitsanstieg bei der Kobaltabbindung von Wolframkarbid. J. T. Norton[2] macht auch noch darauf aufmerksam, daß die festigkeitsherabsetzende Kerbwirkung bei fehlerhaften spröden Hartstoffen an gesunden kobaltverlöteten WC-Kristallen erheblich geringer ist.

Die flüssige Phase löst ferner die schwachen brückenartigen Bindungen zwischen den Wolframkarbid-Ausgangskristallen und den Kristallagglomeraten auf, die sich bereits bei der Vorsinterung gebildet haben. Die Oberflächenspannungskräfte lassen die kobaltgetränkten Karbidagglomerate unter Schrumpfung zu möglichst dichter Packung ineinandergleiten, wobei die lineare Schrumpfung zwischen 20 und 30%, die volumenmäßige etwa 40 bis 50% beträgt Die Packung der leicht rekristallisierten α_1-WC-Kristalle* (aus den agglomerierten α-WC-Primärteilchen haben sich kleine, kantige Einkriställchen gebildet[3] ist nun erheblich dichter als im Preßling, so daß die Karbidkristalle an den neuen Kontaktstellen bzw. Kontaktflächen verwachsen können und sich, je nach Sinterzeit, ein mehr oder weniger lockeres Wolframkarbidskelett ausbilden kann. Im *Hochsintergebiet* zwischen 1350 bis 1600° (praktisch wird nur das Gebiet von 1375 bis 1550° genutzt) tritt verstärktes Kornwachstum der α_1-WC-Mischkristalle ein. Durch Sammelrekristallisation werden aus den rundlichen α_1-Kriställchen wohlkristallisierte α_2-Teilchen.[4] Durch Langzeitsinterung können α_2-Kriställchen einer Größe von 50 μ und mehr entstehen[5]. Während bei Einstoffsystemen der thermodynamisch stabilste Endzustand der energieärmste Einkristall ist, dürfte das Gefügegleichgewicht bei dem heterogenen System WC-Co und einer Temperatur von 1500° bei einer Korngröße von etwa 50 bis 100 μ für die α_2-Mischkristalle liegen. Hartmetalltechnisch vermeidet man die verstärkte Rekristallisation der α-Phase, da sie mit einem Härteabfall, allerdings auch mit einem gewissen Zähigkeitszuwachs, verbunden ist. Angaben über die prozentuelle Verteilung der Phasen in den technischen Hartmetallen sind der Zahlentafel 83, S. 410, zu entnehmen.

---

* Die Bezeichnung der Phasen, welche in technischen Hartmetallen auftreten, ist der Zahlentafel 84 zu entnehmen.

[1] Kieffer, R.: in „The Physics of Powder Metallurgy", McGraw Hill, New York 1951, S. 278/91, Disk. S. 292/94.

[2] Norton, J. T.: Powder Met. Bull. 6 (1951), S. 75/78.

[3] Hinnüber, J. u. O. Rüdiger: Arch. Eisenhüttenw. 23 (1952), S. 475/82.

[4] Dawihl, W.: Z. Metallkde. 43 (1952), S. 20/22.

[5] Kieffer, R.: Z. Metallkde. 46 (1944), Nr. 9, Metallforschung 2 (1947), S. 236/38, Powder Met. Bull. 2 (1947), S. 104/11.

Die ungewünschte Grobkornbildung der α-Phase bei 1500° übersteigenden Temperaturen bezeichnet man als *Übersinterung*. Bei 1600° übersteigenden Temperaturen beginnen sich die Karbid-Hilfsmetallgemenge aufzublähen[1] (s. S. 451). Die sich mehr und mehr an Kobalt anreichernden α-Mischkristalle werden zu parallelen Platten aufgerissen. Inwieweit hiebei der Kobaltdampfdruck oder der Dampfdruck über den gebildeten Co-C- bzw. W-Co-C bzw. Co-C-O-Legierungen eine Rolle spielt, ist noch nicht geklärt. Auf alle Fälle findet man bei im Vakuum übersinterten WC-Co-Plättchen eine starke Bildung von kohlenstoffhaltigen Kobaltperlen an kühleren Stellen des Ofens.

Die Schwindungsvorgänge in WC-Co-Legierungen und in Wolframmonokarbid sowie das Aufblähen bei Übersinterung zeigt Abb. 141 nach W. Dawihl[2]. Zu Vergleichszwecken sei noch auf die praktisch erzielbaren Biegebruchfestigkeitswerte in Abb. 140 hingewiesen.

Bei der Abkühlung der Sinterkörper scheidet sich Wolframkarbid ab, welches sich an der Oberfläche der WC-Kristalle oder nach den Vorstellungen von F. Sauerwald[3] an den WC-Brücken, die wie Fallen arbeiten, anlagert. Bei Kohlenstoffüberschuß kommt es zu gleichzeitiger Abscheidung von Graphit, bei Kohlenstoffmangel und hierdurch bedingter metastabiler Erstarrung zur Ausscheidung spröder η-Phase, gegebenenfalls neben Graphit.

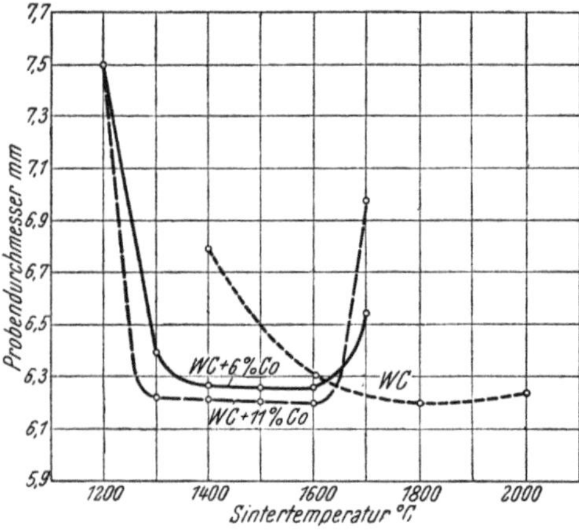

Abb. 141. Schwund von WC und WC-Co-Legierungen während der Sinterung (W. Dawihl u. J. Hinnüber)

Die metallurgisch-chemischen Vorgänge bei der Hochsinterung sind *irreversibel*. Es ist nur noch eine gefügemäßige Änderung in Richtung $\alpha \rightarrow \alpha_1 \rightarrow \alpha_2$ möglich, aber keine umgekehrt verlaufende, z. B. in der Stahlwerkpraxis übliche Kornverfeinerung. Kohlenstoff und Wolframkarbid können aus dem γ-Mischkristall bis auf die gleichgewichtsmäßig bedingten Restmengen wieder aus-

---

[1] Dawihl, W.: Z. Metallkde. **42** (1951), S. 193/97.
[2] Dawihl, W. u. J. Hinnüber: Koll. Z. **104** (1943), S. 233/36.
[3] Sauerwald, F.: Koll. Z. **104** (1943), S. 144/60.

geschieden werden. Abgeschiedener Graphit kann jedoch durch Nachglühen unter feuchtem Wasserstoff, die η-Phase durch Nachsinterung in aufkohlender Atmosphäre möglichst über 1500° weitgehend beseitigt werden. Für den weiteren Festigkeitszuwachs ist das γ-Kobalt-Netzwerk, die Kobalt-„Raumlötnaht" und deren hoher Verspannungszustand verantwortlich zu machen. Durch den starken Unterschied der Ausdehnungskoeffizienten zwischen Hartstoff und Binder bilden sich nach G. Ritzau[1] sogenannte Volumensdifferenzspannungen aus, so daß der Kobaltbinder sich stark verspannt und sich gewissermaßen im Zustand hoher Verformung befindet.[2] Die auf magnetischen Messungen basierenden Ritzauschen Angaben wurden auch neuerdings von J.T. Norton[3,4] bestätigt, der in seiner Arbeit über geeignete metallische Binder für Hartstoffe auf die zwangsläufigen hohen Spannungen im Binder verweist.

Betrachten wir zusammenfassend die metallurgischen Vorgänge bei der Sinterung und das Gefüge eines fertiggesinterten WC-Co-Hartmetalles, so können wir uns nunmehr mit der üblichen Deutung desselben, nämlich Wolframkarbidkristalle mit leichter Skelettbildung, eingelagert in einer vorübergehend als eutektische W-C-Co-Legierung flüssig gewesenen zähen Kobaltgrundmasse, nicht mehr zufrieden geben, sondern wir müssen den Aufbau nach R. Kieffer[5] folgendermaßen charakterisieren:

WC-Co-Sinterhartmetalle bestehen je nach Kobaltgehalt, Sintertemperatur und Sinterzeit aus einem mehr oder minder stark ausgeprägten Skelett aus α_1- oder α_2-WC-Mischkristallen (sehr kleine Löslichkeit von Kobalt in Wolframkarbid bei Zimmertemperatur), die von einer „Raumlötnaht" aus γ-Co-Mischkristall (WC gelöst in Co) umhüllt sind, die sich im Zustand hoher Verspannung befindet.

Mit dieser Gefügedeutung findet auch die starke Steigerung der Biegebruchfestigkeit bei der Sinterung von WC-Co-Hartmetallen ihre Erklärung. Während reines gesintertes Wolframkarbid, nach Sinterung bei 1800 bis 2000°, eine Biegebruchfestigkeit von max. 50 bis 60 kg/mm² hat, ergibt ein Zusatz von 5 bis 6% Kobalt zum Wolframkarbid bereits eine Biegebruchfestigkeit von 140 bis 180 kg/mm². Dieser Festigkeitszuwachs kann aus dem Kobaltnetzwerk, seinen Verspannungen, der Kobaltmenge und der relativ schwachen Skelettfestigkeit *allein* heraus nicht erklärt werden. Löst man das Kobalt

---

[1] Ritzau, G.: Stahl u. Eisen **60** (1940), S. 890/91.

[2] Pfau, H. u. W. Rix. Z. Metallkde. **43** (1952), S. 440/43.

[3] Norton, J. T.: Powder Met. Bull. **6** (1951), S. 75/78.

[4] Gurland, J. u. J. T. Norton: J. Metals 4 (1952), S. 1052/56.

[5] Kieffer, R.: in „The Physics of Powder Metallurgy", McGraw Hill, New York 1951, S. 278/91, Disk. S. 292/94.

nach W. Dawihl und J. Hinnüber[1] aus einem 6% Kobalt enthaltenden Hartmetallkörper aus, so erhält man einen porösen Skelettkörper mit etwa 12% Porenvolumen, der bei einem Restgehalt von 0,4% Co trotz seiner hohen Porosität noch eine Biegebruchfestigkeit von etwa 45 kg/mm² hat (Zahlentafel 81). Würde es gelingen, aus diesem Skelettkörper, der aus ausgeheilten Wolframkarbidkriställchen besteht,

Zahlentafel 81. *Biegebruchfestigkeit des Karbidskelettes nach dem Herauslösen des Kobalts* (W. Dawihl)

Kobaltgehalt vor dem Auskochen %	Biegebruchfestigkeit (kg/mm²)		Kobaltgehalt nach dem Auskochen %	Porosität nach dem Auskochen %
	vor dem Auskochen	nach dem Auskochen		
3	126	54	0,04	6,1
6	165	45	0,04	12
11	182	zerfällt	0,03	22

etwa durch Heißpressen, aber ohne Zerstörung der Wolframkarbidkristall-Individuen, einen dichten Körper aufzubauen, so käme man sehr nahe an die tatsächliche Eigenfestigkeit des Wolframkarbides heran. Erfahrungswerte lehren, daß die Festigkeit eines Sinterkörpers von etwa 85% Dichte beim Anwachsen auf eine 100%ige Dichte um mindestens das Zweieinhalbfache zunimmt[2]. Dichte Wolframkarbidkörper müßten also, nicht wie üblich, etwa 50 bis 60 kg/mm², sondern mindestens 110 bis 120 kg/mm² Biegebruchfestigkeit haben. In Annäherung an diesen Idealfall kann man durch einen Zusatz von 0,5 bis 1% Kobalt, bei der Sinterung von Wolframkarbid unter besonders sorgfältigen Arbeitsbedingungen, tatsächlich bereits Biegebruchfestigkeiten von 100 bis 110 kg/mm², gewöhnlich allerdings nur 60 bis 80 kg/mm², erzielen.

Zur Stützung der vorangehenden Ausführungen sei noch bemerkt, daß Karbidmischkristalle aus Karbiden der 4. Gruppe des periodischen Systems mit Karbiden der 5. und 6. Gruppe bei Zimmertemperatur meist noch eine Löslichkeit von 1 bis 4% Nickel bzw. Kobalt haben, so daß solche Sinterkörper oft keine zähen Korngrenzbinder aufweisen, sondern praktisch fast homogene, einphasige Legierungen darstellen. Der Einbau von Eisenmetallen in das Karbidmischkristallgitter bedingt hierbei eine starke Ausheilung der Realkristalle und folglich eine Erhöhung der Biegebruchfestigkeit um das Drei- bis Vierfache im Vergleich zu Körpern ohne Bindemetallzusatz.

---

[1] Dawihl, W. u. J. Hinnüber: Koll. Z. **104** (1943), S. 233/36.
[2] Kieffer, R. u. W. Hotop: Sintereisen und Sinterstahl, Springer-Verlag, Wien 1948, S. 221.

Den Sinterungsvorgang selbst wollen wir wie folgt festhalten: Bei Erhitzung gepreßter WC-Co-Körper bildet sich ein ternäres W-C-Co-Eutektikum, das mit Hilfe der Oberflächenspannung als treibende Kraft die Karbide unter Schrumpfung auf engstem Raum zusammenführt und „zusammenlötet". Die Löslichkeit des WC für Co und des Co für WC bei Sintertempertur und bei Raumtemperatur ist durch das Zustandsbild bzw. die für Sinterprodukte typischen Ungleichgewichtszustände bei speziellen Sinterbedingungen bestimmt.

Die Vorstellung über das Gefüge und den Sintermechanismus von WC-Co-Hartmetallen ist auch auf andere Karbid-Hilfsmetallegierungen und grundsätzlich auf alle *Hartstoff-Hilfsmetallsysteme* übertragbar, wenn dieselben metallurgischen Voraussetzungen vorliegen, wie sie auch von J. T. Norton[1] in den eingangs angeführten Richtlinien aufgezeichnet sind.

2. Vorgänge bei der Sinterung von WC-TiC-Co-Hartlegierungen

a) Das System TiC-Co

Zum Verständnis der Vorgänge bei der Sinterung von WC-TiC-Co-Hartmetallen ist neben der Kenntnis des pseudobinären Systems WC-Co (s. S. 391) auch die des Systems TiC-Co notwendig. In der Literatur finden sich sehr spärliche Angaben, die sich mit den gegenseitigen Löslichkeitsverhältnissen im System TiC-Co beschäftigen. N. Zarubin und L. P. Molkov[2] wollen auf Grund von Gefügeuntersuchungen an bei 1400° gesinterten Proben keine Löslichkeit von TiC in Co gefunden haben. Polikarpova[3] gibt an, daß Kobalt im festen Zustand zwischen 1150 und 1250° etwa 7 und 10% TiC zu lösen vermag. Eine eingehende, unveröffentlichte Arbeit stammt von L. D. Brownlee und T. Raine[4]. Die Forscher verfolgten röntgenographisch an Sinterproben die wechselseitige Löslichkeit der beiden Komponenten. Sie finden bei 1250° eine etwas geringere Löslichkeit des Kobalts für TiC als Polikarpova. Bei etwa 6 Atom-% TiC tritt eine eutektische Schmelze auf. Das Titankarbid als starker Solvent baut bei Temperaturen zwischen 1250 und 1500° bereits erhebliche und mit steigender Temperatur wachsende Mengen Kobalt in sein Gitter ein. Die aufgezeigten Löslichkeitsverhält-

---

[1] Norton, J. T.: Powder Met. Bull. 6 (1951), S. 75/78.

[2] Zarubin, N. u. L. P. Molkov: Vestn. Metalloprom. 15 (1935), S. 93/98.

[3] Polikarpova bei G. A. Meerson, G. L. Zverev u. B. J. Osinovskaja: Zur. Prikl. Chim. 3 (1949), S. 66/75.

[4] Brownlee, L. D. u. T. Raine: Persönliche Mitteilung 1947.

nisse sind in Abb. 142 wiedergegeben. Nach neuesten Untersuchungen von R. Edwards und T. Raine[1] ist die Löslichkeit von Titankarbid in Kobalt bei 1250° rund 1 Gew.-% TiC (s. Zahlentafel 82).

b) Das System WC-TiC-Co

Auch über das pseudoternäre System WC-TiC-Co sind in der Literatur wenig Angaben zu finden. Nach Katz[2] hat Kobalt im festen Zustand für einen TiC-WC-Mischkristall (1 : 2) eine Löslichkeit bis zu 5%.

Auf Grund des ihnen vorliegenden Untersuchungsmaterials, insbesondere unter Auswertung der bekannten Randsysteme, haben T. Raine und L. D. Brownlee[3] unter der Annahme, daß Co in WC und TiC bei höherer Temperatur

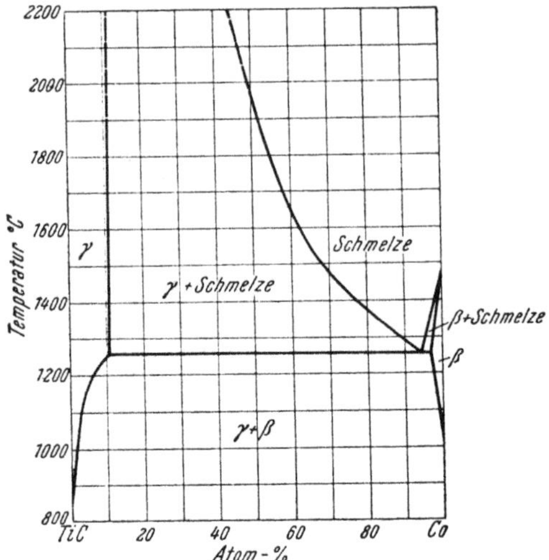

Abb. 142. Zustandsschaubild des Systems TiC-Co (L. D. Brownlee und T. Raine)

Zahlentafel 82. *Löslichkeit verschiedener Karbide in Kobalt, Nickel und Eisen bei 1250° (R. Edwards und T. Raine)*

Karbid	Gew.-% Kobalt	Gew.-% Nickel	Gew.-% Eisen
Wolframkarbid	22	12	7
Titankarbid	1	5	< 0,5
TiC-WC 1 : 1	2	5	0,5
Tantalkarbid	3	5	0,5
Niobkarbid................	5	3	1
Molybdänkarbid	13	8	5
Vanadinkarbid	6	7	3
Chromkarbid	12	12	8

löslich ist, zunächst aus dem pseudoternären System WC-TiC-Co einen schematischen Schnitt bei der Zusammensetzung 84 Atom-%

---

[1] Edwards, R. u. T. Raine: Plansee-Seminar, Reutte/Tirol 1952.

[2] bei G. A. Meerson, G. L. Zverev u. B. J. Osinovskaja: Zur. Prikl. Chim. **13** (1940), S. 66/75.

[3] Raine, T. u. L. D. Brownlee: Persönliche Mitteilung 1951.

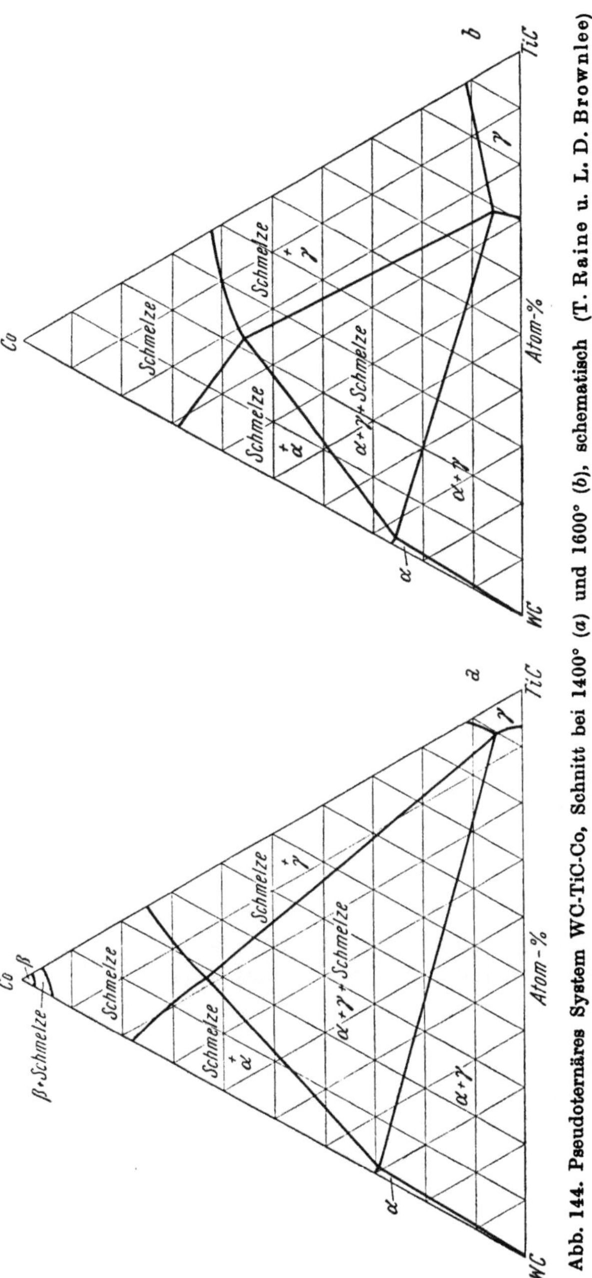

Abb. 143 s. S. 408

Abb. 144. Pseudoternäres System WC-TiC-Co, Schnitt bei 1400° (a) und 1600° (b), schematisch (T. Raine u. L. D. Brownlee)

WC, 16 Atom-% Co und 95 Atom-% TiC, 5 Atom-% Co gezeichnet (Abb. 143).

Abb. 144 a und b zeigen das pseudoternäre System WC-TiC-Co im Schnitt bei 1400 und 1600°, sowie die schematische Ab-

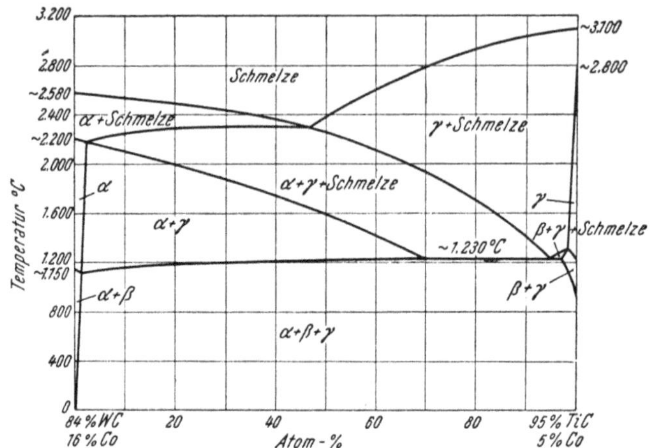

Abb. 143. Schnitt im System WC-TiC-Co bei der Zusammensetzung 84 Atom-% WC, 16 Atom-% Co und 95 Atom-% TiC, 5 Atom-% Co, schematisch (T. Raine u. L. D. Brownlee)

grenzung der Phasenfelder. Eine Löslichkeit von TiC in WC, welche höchstwahrscheinlich besteht, ist von T. Raine und L. D. Brownlee[1] in der Darstellung nicht berücksichtigt worden. Die Löslichkeit von Ti-W-C in Kobalt ist bei 1250° etwa 2 Gew.-%[2] (s. Zahlentafel 82).

c) Vorgänge bei der Sinterung von technischen WC-TiC-Co-Hartlegierungen

Bei der Sinterung von WC-TiC-Co-Legierungen ändert sich nur wenig an den grundlegenden Vorstellungen, welche für das System WC-Co entwickelt wurden. An Stelle des ternären Eutektikums W-Co-C tritt bei der entsprechenden Sintertemperatur eine quaternäre Legierung W-Ti-Co-C auf, die bei WC-TiC-Co-Legierungen etwa die Zusammensetzung 35% WC, 5% TiC, 60% Co hat. Die Karbidphasen bestehen aus dem α-(WC-)Mischkristall und aus dem β-(TiC-)Mischkristall, welche sich beide in Form zweier locker zusammenhängender, unabhängiger Karbidskelette durchdringen. Die β-Phase ist durch entsprechende Ätzung leicht im Schliff zu entwickeln und zeigt stets rundliche Formen, im Gegensatz zu den kantigen, charak-

---

[1] Raine, T. u. L. D. Brownlee: Persönliche Mitteilung 1951.
[2] Edwards, R. u. T. Raine: Plansee-Seminar, Reutte/Tirol 1952.

teristischen Formen des α-Mischkristalles. Durch Feuerätzen[1,2] läßt sich eine typisch gelblich-bräunliche Anfärbung der β-Phase erzielen, während die α-Phase hell bleibt und die γ-Phase bläulich wird. Auch im Schwarz-Weiß-Bild des Gefüges einer WC-TiC-Co-Legierung, welche z. B in Abb. 159 zu sehen ist, kann man deutlich den Unterschied erkennen.

Die Zusammensetzung des β-Mischkristalles (etwa 60 bis 70% WC und 30 bis 40% TiC) ist nicht immer konstant und der Mischkristall ist bei der Sintertemperatur nicht immer im Gleichgewicht. Die Zusammensetzung hängt beispielsweise davon ab, ob von bei 2000 bis 2500° gebildeten Mischkristallen oder von nicht wärmebehandelten, mechanischen Karbidgemengen ausgegangen wird. Im ersten Fall kommt es zur Ausscheidung von Wolframkarbid aus dem an Wolframkarbid übersättigten β-Mischkristall[3,4], im zweiten Fall zu Mischkristallen, die weniger Wolframkarbid enthalten, als dem Gleichgewichtszustand bei 1500° entspricht und die sogar im Innern der Mischkristalle noch freies Titankarbid (β'-Phase) enthalten können.

Bei wolframkarbidarmen Legierungen (Typus F2 mit etwa 35 bis 60% TiC, 6% Co, Rest WC) oder bei wolframkarbidfreien Legierungen auf Basis TiC-VC oder $TiC\text{-}Mo_2C$ auf der TiC-Seite haben wir es wieder nur mit zweiphasigen Sinterlegierungen zu tun. Der reine Karbidmischkristall übernimmt die Rolle des Wolframmonokarbides bzw. der α-Phase (Abb. 165).

Das in diesem Zusammenhang interessierende System $Mo_2C\text{-}Co$ wurde von N. Zarubin und L. P. Molkov[5,6] metallographisch untersucht.

Aus den Ausführungen war zu entnehmen, daß bei der Sinterung von WC-Co- und WC-TiC-Co-Hartmetallen im Gefüge der Legierungen wohldefinierte, charakteristische Phasen auftreten, welche von verschiedenen Autoren, trotz Identität, verschiedenartig bezeichnet werden[1,7,8]. In Zahlentafel 84 wird eine neuartige Zusammenstellung der Phasenbezeichnungen nebst deren Definition vorgeschlagen. Zahlentafel 83 bringt Werte von H. Franssen[1] über den prozentuellen Anteil

---

[1] Franssen, H.: Arch. Eisenhüttenwes. **19** (1948), S. 79/84.

[2] Burden, H.: Vortrag IPT., Graz 1948, Ref. Nr. 12.

[3] Lvovskaja, V. P. u. J. S. Umanski: Zur. Techn. Fiz. **20** (1950), S. 1167/74.

[4] Kieffer, R.: Vortrag Plansee Seminar, Reutte 1952, S. 268/95.

[5] Zarubin, N. u. L. P. Molkov: Vestn. Metalloprom. **15** (1935), S. 93/98.

[6] Zarubin, N.: Zavod. Lab. **14** (1948), S. 1434/36.

[7] Dawihl, W.: BIOS. Final Rep. Nr. 925.

[8] Bleecker, W. H.: Iron Age **165** (1950), Nr. 21, S. 71/74.

Zahlentafel 83. *Ungefähre Anteile der Phasen und deren Teilchengröße in handelsüblichen Hartmetallen* (H. Franssen)

Zusammensetzung des Hartmetalles	α_1 Anteil %	α_1 Teilchengröße μ	α_2 Anteil %	α_2 Teilchengröße μ	γ Anteil %	γ Teilchengröße μ	β Anteil %	β Teilchengröße μ	β' Anteil %	β' Teilchengröße μ	η
WC + 6% Co*	20 bis 30	1 b. 3	Rest	2 b. 6	10 bis 12	< 1	—	—	—	—	
WC + 11% Co (1 bis 3% TiC)	5 bis 15	1 b. 3	Rest	2 b. 8	18 bis 20	1 b. 3	(5 b. 10)	—	—	—	
WC + 13% Co (1 bis 3% TiC)	5 bis 10	1 b. 3	Rest	2 b.10	22 bis 24	1 b. 4	(5 b. 10)	—	—	—	
WC + 6% Co**	Rest	1 b. 3	5 bis 10	2 b.10	10 bis 12	< 0,5	—	—	—	—	
WC + 8% Co	Rest	1 b. 3	5	2 b. 5	12 bis 15	< 0,5	—	—	—	—	
WC+16% TiC+6% Co	—	—	35	2 b. 8	8 bis 10	1 b. 2	Rest	2 b. 5	—	—	
WC+15% TiC+8% Co	—	—	35	2 b. 8	12 bis 15	1 b. 2	Rest	2 b. 5	—	—	
WC+5% TiC+8% Co	15 bis 20	1 b. 4	Rest	2 b. 6	8 bis 10	1	20 bis 25	2 b. 5	2 bis 3	2 b. 4	
WC+25% TiC+6% Co	—	—	20	2 b.10	6 bis 8	1 b. 2	Rest	2 b. 8	3 bis 5	2 b. 5	
WC+60% TiC+6% Co	—	—	—	—	5 bis 7	1 b. 2	Rest	2 b. 8	3 bis 10	2 b. 5	

Spalte η: Soll nicht vorkommen, tritt aber gelegentlich bis 5% auf, Teilchen von 2 bis 5 μ, bisweilen auch Schwämme bis zu mehreren hundert μ

* G 1-Charakter. ** H 1- und H 2-Charakter.

der Phasen in technischen Hartmetallen; die Phasenbezeichnungen wurden gemäß obigem Vorschlag geändert und die Tafel um weitere Legierungen ergänzt.

3. Vorgänge beim Sintern von WC-TiC-TaC (NbC)-Co-Legierungen

a) Das System TaC (NbC)-Co

Zum Verständnis der Vorgänge im pseudoquaternären System WC-TiC-TaC-Co sind noch die Kenntnisse von den Verhältnissen im System TaC-Co erforderlich. Hiezu liegt nur ein Beitrag von N. Zarubin und L. P. Molkov[1] und L. P. Molkov und A. V. Chochlova[2] vor, aus dem hervorgeht, daß das System TaC-Co sehr viel Ähnlichkeit mit dem System WC-Co aufweist. Die Löslichkeit des Kobalts für TaC beträgt bei 1450 bis 1550° etwa 6%. Bei Zimmertemperatur dürfte sie sehr

[1] Zarubin, N, u. L. P, Molkov: Vestn. Metalloprom. 15 (1935), S. 93/98.
[2] Molkov, L. P. u. A. V. Chochlova: Redkije Metaly 4 (1935), Nr. 1, S. 10/23.

klein sein. Bei etwa 35% TaC tritt das zu erwartende Eutektikum auf[1]. Über eine vielleicht vorhandene Löslichkeit des TaC für Co werden von den Verfassern keine Angaben gemacht. Nach neuesten Untersuchungen von R. Edwards und T. Raine[2]

Zahlentafel 84. *Gefügephasen in Hartmetallen*

Gefügephase	Zusammensetzung
α	WC, nicht rekristallisiert
α_1	WC-Co-Mischkristall, schwach rekristallisiert
α_2	WC-Co-Mischkristall, rekristallisiert
β	TiC-WC-Mischkristall
β'	TiC-Einschlüsse in β
γ	Co-WC-Mischkristall
η	Doppelkarbide, z. B. Co_3W_3C

löst Kobalt im festen Zustand bei 1250° 3% TaC oder 5% NbC bzw. 5 Gew.-% TaC-NbC 1 : 1.

b) Vorgänge bei der Sinterung von technischen WC-TiC-TaC(NbC)-Co-Hartmetallen

Bei WC-TiC-TaC(NbC)-Co-Legierungen mit 3 bis 20% TiC und 3 bis 20% TaC treten ebenso wie bei WC-TiC-Co-Legierungen zwei Karbidphasen neben dem Bindemetall in den Hartmetallplatten auf. Wenn von nicht vorgebildeten Mischkristallen ausgegangen wird, dann zeigt sich häufig, daß neben der α-WC-Phase zwei Mischkristallphasen auftreten, ein TiC-reicher TiC-TaC-WC-Mischkristall und ein TaC-reicher TaC-TiC-WC-Mischkristall, die erst bei sehr langen Sinterzeiten in einen homogenen ternären Mischkristall übergehen. Besonders die Feuerätzung ist geeignet, diese Verhältnisse durch Farbtönung der Mischkristalle aufzuzeigen (Abb. 76)[3].

4. Vorgänge bei der Sinterung von Karbiden mit Nickel und Eisen.

Da neben Kobalt auch Nickel bzw. Eisen als Bindemetalle für Hartkarbide in Frage kommen (s. S. 500), haben R. Edwards und T. Raine[2] metallographisch und röntgenographisch die Löslichkeit von TiC, VC, NbC, TaC, Cr_3C_2, Mo_2C und WC in Nickel bzw. Eisen bei 1200° bestimmt. In Zahlentafel 82 sind die Ergebnisse, ergänzt

---

[1] Zarubin, N.: Zavod, Lab. 14 (1948), S. 1434/36
[2] Edwards, R. u. T. Raine: Plansee-Seminar, Reutte/Tirol 1952.
[3] Nowotny, H., R. Kieffer u. O. Knotek: Berg- u. Hüttenmänn. Mh. 96 (1951), S. 6/8.

um die Löslichkeitswerte in Kobalt zusammengestellt. Aus den Ergebnissen versuchen die beiden Autoren den Schluß zu ziehen, daß bei hoher, temperaturabhängiger Löslichkeit (z. B. WC in Co) zähe Hartmetalle entstehen, während niedrige Löslichkeiten (z.B. TaC oder TiC in Co) weniger zähe Legierungen ergeben. Bei 1200° übersteigenden Temperaturen (z. B. 1250 bis 1400°) nimmt die Löslichkeit im Hilfsmetall zu und es entstehen niedrig schmelzende Eutektika, welche die Dichtsinterung begünstigen.

5. Vorgänge beim Heißpressen von Hartmetallen

Die Vorgänge, die sich beim Heißpressen von Karbid-Hilfsmetallgemengen abspielen, sind metallurgisch grundsätzlich nicht von denen beim Normalsintern verschieden[1, 2, 3]. Nur der Zeitablauf der Legierungsbildung und der Umsetzung der Phasen ist ein anderer. Technisch kann man entweder vorgesinterte oder hochgesinterte Hartmetallplättchen bei Sintertemperatur heißpressen oder Karbid-Hilfsmetall-Pulvergemenge unter Druck sintern. Im weiteren soll nur von der zweiten, fast ausschließlich angewendeten Technik gesprochen werden. Vergleichen wir zunächst die augenfälligen Unterschiede zwischen den Eigenschaften eines normal- und druckgesinterten Körpers, beispielsweise aus einer WC-Co-Legierung mit 6% Co, siehe nebenstehende Tabelle.

In dieser Gegenüberstellung fällt besonders auf, daß die Aufheiz-, Hochsinter- und Abkühlzeiten beim Drucksinterverfahren erheblich kürzer sind, während die Porosität und das Kornwachstum wesentlich geringer sind als bei normalgesinterten Körpern.

Am anschaulichsten erkennt man die Unterschiede nach R. Kieffer[4] in der Verfahrenstechnik, wenn man die erzielten Dichten in Abhängigkeit von der Sinterzeit aufträgt, wie es in Abb. 145 geschehen ist. Die Sintervorgänge, welche sich bei der Normalsinterung in 1 bis 2 Stunden abspielen, werden bei der Drucksinterung in 3 bis 10 Minuten abgewickelt. Metallurgisch spielen sich aber dieselben Vorgänge ab, wie in Abb. 140 beim Normalsintern erläutert wurde. Das Kobaltdiffusions- bzw. -sintergebiet wird sehr rasch durchlaufen, um in das Hochsintergebiet zwischen 1400 und 1500° zu gelangen. Das Eutektikum wird sehr rasch, aber bei entsprechend höherer Temperatur gebildet. Unter der Belastung des Stempels

---

[1] Hoyt, S. L.: Trans. Am. Inst. min. metallurg. Engrs. **89** (1930), S. 9/58.

[2] Meerson, G. A. u. V. I. Schabalin: Tsvet. Metaly (1940), Nr. 3, S. 77/85.

[3] Molkov, L. P. u. A. V. Chochlova: Redkije Metaly **4** (1935), Nr. 1, S. 10/23.

[4] Kieffer, R.: in „The Physics of Powder Metallurgy", McGraw Hill, New York 1951, S. 278/91, Disk. S. 292/94.

verteilt sich die flüssige Phase, die nun gegenüber der eutektischen Schmelze wolframkarbidreicher ist, rasch zwischen den Karbidkörnern,

dringt in die Spalten und Kapillaren der Kristall- agglomerate ein, wobei unter Einbau von gering- fügigen Mengen Kobalt in das Wolframkarbidgitter Rekristallisation einsetzt. Die leicht abgerundeten α_1-Kristalle schieben sich unter dem Druck der Elektroden zu einer mög- lichst dichten Packung zusammen, wonach durch plötzliche Unterbrechung des Sinterstromes eine gewisse Abschreckwirkung auftritt.

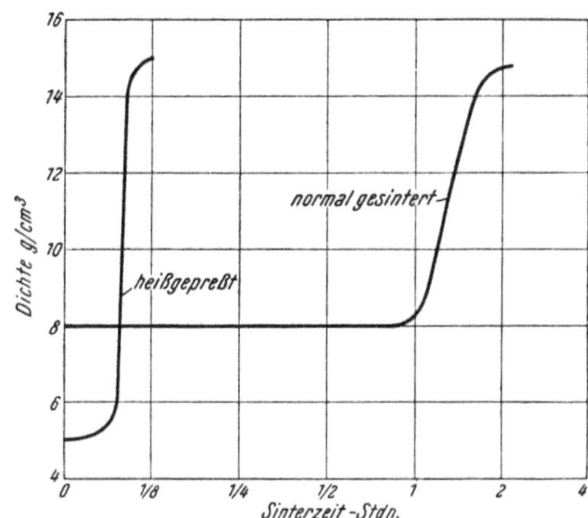

Abb. 145. Einfluß der Sinterzeit auf die Dichte von heißgepreßten und normalgesinterten Hart- metallen, schematisch (R. Kieffer)

Eigenschaften	Normalsinterung	Drucksinterung
Aufheizzeit		
a) im Vakuum-, ...	etwa 2 Stunden	1 bis 15 Minuten, je nach
b) im Kohlerohrofen .	etwa 1 Stunde	Probendurchmesser
Hochsinterzeit	$^3/_4$ bis $1^1/_2$ Stunden	$^1/_2$ bis 10 Minuten
Abkühlgeschwindigkeit		
a) im Vakuum-, ...	in 2 Stunden auf 1200°	1 bis 5 Minuten
b) im Kohlerohrofen .	in 1 Stunde auf 1200°	
Kohlungsbedingungen		
a) im Vakuum-, ...	geringe Entkohlung	Kohlegehalt konstant
b) im Kohlerohrofen .	geringe Aufkohlung	geringe Randaufkohlung
Dichte	14,8 bis 15,0 g/cm³	15,0 bis 15,2 g/cm³
Härte	90 bis 91 R_A	91 bis 92 R_A
Porosität.............	feinporig, einige Makroporen	praktisch porenfrei
Kornwachstum des WC.	$\alpha \rightarrow \alpha_1 \rightarrow \alpha_2$ gering bis stark	$\alpha \rightarrow \alpha_1$ äußerst gering
Randzone	Kobaltverarmung, Sinterhaut, geringe Entkohlung	Kobaltanreicherung, Aufkohlung
Nachsinterung	Härtezuwachs nur bei untersinterten Körpern	Härtezuwachs um etwa 0,5 bis 1 R_A -Einheit
Polierfähigkeit	gut bis sehr gut	hervorragend
Preßdruck	Kaltpreßdruck 0,3 bis 1 t/cm²	Warmpreßdruck 0,1 bis 0,3 t/cm²

An nachgesinterten, vorher heißgepreßten Hartmetallproben konnte G. A. Meerson[1] eine deutliche Härtesteigerung beobachten.

6. Das Tränkverfahren

Hartmetalle kann man auch auf anderem Wege als durch Zusammensintern der pulverförmigen Karbid-Hilfsmetallgemenge herstellen, nämlich nach dem Baumhauerschen Vorschlag[2] durch Tränken von porösen Karbidskelettkörpern mit dem flüssigen Hilfsmetall. Beim Tränkverfahren sind nach R. Kieffer und F. Benesovsky[3] drei Wege möglich: die „Volltauchtränkung", die „Kapillar-Tauchtränkung" und die „Auflagetränkung". Die entstehenden Tränkkörper sind im Gefügeaufbau, in ihrer Zusammensetzung und ihren Eigenschaften sehr ähnlich. Im nachfolgenden sei nach Untersuchungen von R. Kieffer und F. Kölbl[4] nur von den Vorgängen bei der Auflagetränkung die Rede.

Legt man auf einen Wolframkarbid-Skelettkörper — die Probe kann nur gepreßt, vorgesintert oder hochgesintert sein — eine entsprechende Menge von reinem Kobalt, z. B. 5 bis 15% auf das Endprodukt bezogen, auf, so vollziehen sich bei entsprechender Erhitzung unter reduzierender Atmosphäre die im Schemabild (Abb. 146a bis h) wiedergegebenen Vorgänge.

Beim Aufheizen der Skelettkörper auf etwa 1250° (Abb. 146a), findet ein leichter Sintereffekt der Karbidteilchen statt, besonders wenn geringe Mengen an Eisenmetallen, von der Feinst- bzw. Naßmahlung herrührend, als Verunreinigungen vorhanden sind. Der Sintereffekt kann leicht am Zuwachs der Schlagfestigkeit verfolgt werden (s. Abb. 173, S. 458). Die erzielte Biegebruchfestigkeit ist jedoch noch sehr gering und liegt unter 10 kg/mm². Bei etwa 1280°, der Temperatur des ternären Eutektikums W-Co-C, bildet sich an der Kontaktfläche durch Auflösen der feinsten Wolframkarbidpartikelchen der Außenschicht in der Kobaltauflage eine flüssige Phase, welche verhältnismäßig schnell von den Kapillaren des Skelettkörpers aufgenommen wird (Abb. 146b). Die unterhalb der eutektischen Temperatur erfolgende Diffusion von Wolframkarbid in Kobalt im festen Zustand kann praktisch vernachlässigt werden. Mit steigender Temperatur wird das ganze Kobalt in eine flüssige WC-Co-Legierung übergeführt, die sich nach etwa 10 Minuten Tränkzeit bei 1450°

---

[1] Meerson, G. A. u. V. I. Schabalin: Tsvet. Metaly (1940), Nr. 3, S. 77/85.

[2] D.R.P. 443911 (1922).

[3] Kieffer, R. u. F. Benesovsky: Berg- u. Hüttenmänn. Mh. 94 (1949), S.284/94.

[4] Kieffer, R. u. F. Kölbl: Berg- u. Hüttenmänn. Mh. 95 (1950), S. 49/58.

ungleichmäßig, nach zwei- bis vierstündiger Erhitzung bei dieser Temperatur gleichmäßig im Karbidskelettkörper verteilt (Abb. 146c). Die flüssige Phase durchtränkt die Wolframkarbidagglomerate (α), die zu wohlausgebildeten Kristallen rekristallisieren (α_1, α_2). Die Oberfläche der Körper zeigt 1 bis 3 mm tiefe Tränklunker. Bei der

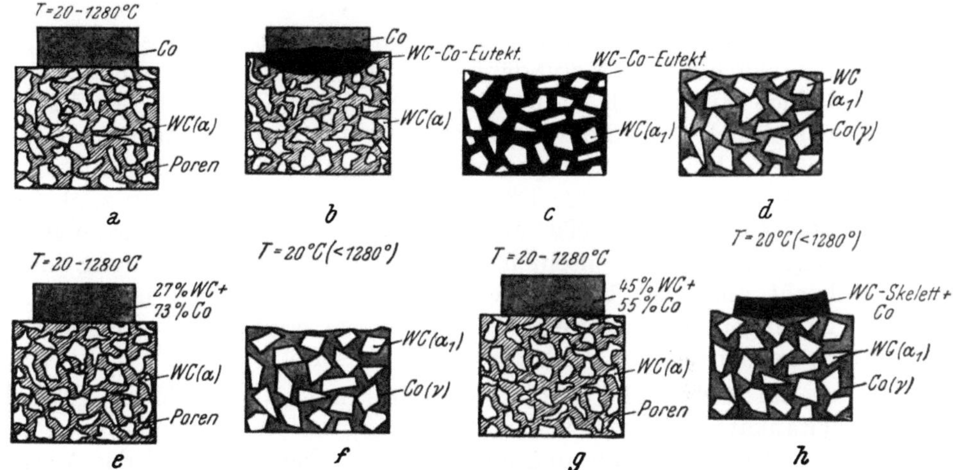

Abb. 146. Tränken von Wolframkarbidkörpern mit Kobalt oder WC-Co-Legierungen, schematisch (R. Kieffer)

Abkühlung auf Raumtemperatur scheidet sich das überschüssige Wolframkarbid bis auf kleine im γ-Mischkristall gelöste Mengen aus und bewirkt ein weiteres Kornwachstum der Wolframkarbidkristalle (Abb. 146d). Das Auflösen der ursprünglichen Karbidbrücken, das Zusammengleiten bzw. Zusammenziehen der Karbidteilchen in der flüssigen Phase, der Ablauf der Schrumpfung und die Bildung neuer, lockerer Karbidbrücken vollzieht sich vollkommen analog den Vorgängen bei der Normalsinterung.

Um die unerwünschten Tränklunker zu vermeiden, verwendet man mit Vorteil als Auflage an Stelle von reinem Kobalt WC-Co-Legierungen oder Pulverpreßlinge entsprechender Zusammensetzung. Es wird so verhindert, daß das unter Wolframkarbidaufnahme schmelzende Kobalt das benötigte Wolframkarbid der Oberflächenschicht entnimmt. Abb. 146e und f geben diese Verhältnisse schematisch wieder. Die eutektische Auflagelegierung wird vollkommen aufgesaugt, wobei auf der Tränkseite nur leichte Aufrauhungen auftreten. Wird jedoch ein Überschuß von Wolframkarbid (Abb. 146g und h) in der Auflagelegierung verwendet, so bleibt auf dem Tränkkörper ein kobalthaltiges Wolframkarbidskelett zurück, das sich meist leicht entfernen läßt.

Der Tränkvorgang kann leicht mit freiem Auge unter Verwendung eines Kobaltglases verfolgt werden. Während der Karbidkörper stumpf reflektiert, zeigen die Körper nach Überschreiten der eutektischen Temperatur und nach vollständiger Tränkung und Schrumpfung eine glänzende Außenschicht und ein stark unterschiedliches Reflexionsvermögen.

Tritt an Stelle des Wolframkarbides ein anderes Karbid, z. B. Titankarbid oder Molybdänkarbid und an Stelle des Kobalts eine beliebige Hilfsmetallegierung, z. B. Ni-Cr, Co-Cr oder Co-Cr-Mo, so ergeben sich ähnliche Verhältnisse wie bei dem beschriebenen System WC-Co. Bei Mehrstoffsystemen konnten R. Kieffer und F. Kölbl[1] noch einige besondere Effekte beobachten. Tränkt man z. B. Körper aus WC- und WC-TiC-Mischkristallen 1 : 1 mit reinem Kobalt, so tritt an der Außenschicht eine Wolframkarbidverarmung ein, was leicht aus Abb. 146c zu erklären ist. Tränkt man mit WC-Co-Legierungen mit höherem WC-Gehalt, so ergibt sich umgekehrt eine Anreicherung von WC auf der Tränkseite.

Im Gefügebild (Abb. 268) eines mit Nickel-Chrom getränkten Titankarbidkörpers sieht man die abgerundeten Karbidkörner, welche von der Ni-Cr-Legierung umgeben sind. Entsprechend der Ausgangsporosität des Karbidkörpers enthält die Tränklegierung etwa 30 Vol.-% Ni-Cr.

R. Kieffer und F. Kölbl[1] haben die Erfahrungen mit Tränklegierungen wie folgt zusammengefaßt:

1. Reine Tränkmetalle, wie reines Kobalt, Eisen und Nickel, geben durch Bildung von niedrigschmelzenden Legierungen mit den Hartstoffen (Karbiden), aus denen der Skelettkörper besteht, tiefgehende Lunker an der Tränkfläche.

2. Durch Vorsättigung des Tränkmetalles mit den Hartstoffen des Skelettkörpers kann die Lunkerbildung fast vollkommen vermieden werden.

3. Die Lunkerbildung wächst bei den unlegierten, reinen Tränkmetallen mit der Löslichkeit des Hartstoffes in denselben. Beispielsweise geben Wolframkarbid und Molybdänkarbid starke Tränklunker, Titankarbid und Vanadinkarbid schwache Lunker bzw. schwache Aufrauhungen an der Tränkfläche.

4. Die Tränkseite ist bei kurzer Tränkzeit dichter und reicher an Hilfsmetall als die Bodenfläche des Tränkkörpers.

5. Mehrstündige Homogenisierungsglühung bei Sintertemperatur bewirken gleichmäßige Hilfsmetallverteilung im Tränkkörper.

---

[1] Kieffer, R. u. F. Kölbl: Berg- u. Hüttenmänn. Mh. **95** (1950), S. 49/58.

6. Doppelseitiges Tränken von oben und unten wirkt ähnlich wie eine verlängerte Tränkzeit oder Volltauchtränkung.

7. Mit steigendem Hilfsmetallgehalt wird die Verteilung desselben gleichmäßiger, das Kornwachstum der α-Kristalle wird im selben Sinne verstärkt.

8. Die Tränkverfahren erlauben bei spezifisch leichten Karbiden, z. B. Titankarbid, die Einführung von 20 bis 45 Gew.-% Bindemetall. Die Normalsinterung führt bei zu hohen Hilfsmetallgehalten (> 18%) gerne zu porösen Körpern verminderter Güte.

XI. Prüfung der Hartmetalle

A. Prüfung der Ausgangsstoffe

Die Prüfung der Ausgangsstoffe für die Hartmetallherstellung[1] erstreckt sich meist auf die Bestimmung gewisser, bei der Fertigung störender Verunreinigungen, auf den Gehalt der Karbide an gebundenem und freiem Kohlenstoff und auf physikalische Größen, wie Korngröße und Korngrößenverteilung sowie Füll- und Klopfvolumen.

1. Chemische Analyse

Die chemische Untersuchung der Ausgangsstoffe für die Hartmetallerzeugung erfolgt nach den üblichen Methoden der analytischen Chemie, wobei man sich, wie bei den Fertigerzeugnissen, nach erprobten Verfahren richtet (s. Abschn. B)[2]. Meist begnügt man sich mit der Prüfung der Ausgangskarbide auf gebundenen bzw. freien Kohlenstoff[3]. Gelegentlich führt man auch Kontrollanalysen auf einzelne Bestandteile im Ansatz aus oder führt Vollanalysen auf alle Bestandteile durch. Wolframmetallpulver bzw. Wolframkarbid wird auf Verunreinigungen untersucht, welche aus dem Erz oder von der Aufarbeitung stammen können[4]. In Titankarbid interessiert der Stickstoffgehalt, welcher in technischen Produkten etwa 1% beträgt; Wolframkarbid enthält demgegenüber nur etwa 0,1% N_2 (vgl. Zahlentafel 89[5].)

---

[1] s. a. Franssen, H.: Metall **6** (1952), S. 12/21.

[2] Handbuch für das Eisenhüttenlaboratorium, Verlag Stahleisen, Düsseldorf 1941, Bd. 2, S. 388/91.

[3] Touhey, W. O. u. J. C. Redmond: Analytical Chem. **20** (1948), S. 202/06.

[4] Shanahan, C. E. A.: Analyst **70** (1945), S. 421/23.

[5] Redmond, J. C., L. Gerst u. W. O. Touhey: Ind. Eng. Chem., Anal. Ed. **18** (1946), S. 24/26.

2. Röntgenographische Untersuchung

Neben chemischen Verfahren werden immer häufiger auch röntgenographische Methoden benützt, um die Gehalte an gebundenem Kohlenstoff und Sauerstoff in den Karbiden und Karbidmischkristallen sowie die Homogenität der letzteren zu ermitteln[1,2] (s. Abschn. B 6, S. 431). In Wolframkarbid kann man röntgenographisch auch leicht W_2C nachweisen und genügend genau quantitativ bestimmen. Die Verwendung einer Zählrohrinterferenzkammer hat dabei für die laufende rasche Untersuchung von Betriebsproben beachtliche Vorteile[3].

3. Korngröße und Korngrößenverteilung, Füll- und Klopfvolumen

Die Härte von Wolframkarbid-Kobalt-Hartmetallen hängt vom Gehalt an Kobalt und von der Korngröße der Wolframkarbidkristalle im fertiggesinterten Produkt ab. Die Korngröße der Wolframkarbidphase ist wieder abhängig von der Korngröße des Wolframausgangspulvers und von der Kornveränderung während des Herstellungsganges (über das Kornwachstum während der Sinterung s. S. 401). Die Korngröße der Wolframausgangspulver und die Bestimmung derselben hat daher größte Bedeutung für die praktische Herstellung von Sinterhartmetallen. H. Burden und A. Barker[4] haben sich eingehend mit der Bestimmung der Korngröße und mit der Verfolgung der Veränderung dieser Größe während der einzelnen Stufen der Pulvervorbereitung bei der Hartmetallherstellung beschäftigt. Je feiner das Korn des Ausgangs-Wolframpulvers ist, um so feiner wird auch das Karbidpulver bei der Karburierung anfallen. Durch nachträgliche mechanische Zerkleinerung können wohl die Pulveragglomerate zerstört werden, das Primärkorn wird aber, auch bei sehr langer Mahlung, wenig beeinflußt. Da die Korngröße der fraglichen Pulver unter dem Bereich der üblichen Prüfsiebe liegt, kann sie nur indirekt durch Sedimentation oder direkt durch Ausmessen einer entsprechenden Anzahl von Teilchen unter dem Mikroskop oder im elektronenmikroskopischen Bild[5] bestimmt werden. Die hauptsächlichste Schwierigkeit bei der Untersuchung besteht darin, daß sich die feinen Teilchen äußerst leicht agglomerieren und das Ergebnis der Sedimentationsanalyse verfälschen. Durch Wahl ent-

---

[1] Redmond, J. C.: Ind. Eng. Chem., Anal. Ed. **19** (1947), S. 773/77.
[2] Krainer, H. u. K. Konopicky: Berg- u. Hüttenmänn. Mh. **92** (1947), S. 166/78.
[3] Krainer, H.: Arch. Eisenhüttenwes. **21** (1950), S. 119/27.
[4] Burden, H. u. A. Barker: J. Inst. Met. **75** (1948), S. 51/68.
[5] Brochin, I. S. u. L. M. Burssuk: Zavod. Lab. **16** (1950), S. 1331/35.

sprechender Aufschlämmflüssigkeiten (am besten haben sich Wasser, Alkohol oder Anilin bewährt) gelingt es, brauchbare Suspensionen mit Hilfe von Ultraschall zu erzeugen.

Vier aus verschiedenen Ausgangsrohstoffen hergestellte Wolframpulver gemäß Zahlentafel 85 wurden mit 6,1% Kohlenstoff 24 Stunden in einer Kugelmühle gemahlen, in einem Graphittiegel bei 1420°

Zahlentafel 85. *Ausgangsmaterialien und Reduktionsbedingungen für die untersuchten Wolframpulver* (H. Burden u. A. Barker)

Nummer	Ausgangsmaterial	Reduktions-mittel	Reduktions-temperatur °C
I	Wolframtrioxyd	Kohle	1250
II	Wolframtrioxyd	Wasserstoff	950
III	Ammoniumparawolframat	Wasserstoff	900
IV	Wolframsäure	Wasserstoff	900

3 Stunden karburiert, das Karbid in einer Kugelmühle 24 Stunden zerkleinert, hierauf mit 6,25% Kobaltpulver versetzt, mit Wasser 72 Stunden gemahlen, getrocknet und abgesiebt. Wie sich die Korngrößenverteilung, welche mit dem Richardson-Turbidimeter bestimmt wurde, bei den einzelnen Verfahrensschritten ändert, ist der Zahlentafel 86 zu entnehmen.

Die Änderung der spezifischen Oberfläche der Teilchen und des daraus errechneten mittleren Korndurchmessers ist rasch mit dem Spekker-Absorptiometer bestimmbar. In Zahlentafel 87 sind die entsprechenden Werte zusammengestellt. Den Resultaten kann man entnehmen, daß das grobe Ausgangspulver während der Weiterverarbeitung feiner wird, während feine Pulver dabei gröber werden. Die auf indirektem Wege bestimmten Korngrößen können durch Untersuchungen im Mikroskop, d. h. durch direktes Ausmessen einer entsprechenden Zahl von Einzelkörnern, bestimmt werden. Für die feinsten Pulver ist die Heranziehung eines Elektronenmikroskopes erforderlich, allerdings kann auf Grund des elektronenmikroskopischen Bildes die Korngröße lediglich geschätzt werden, denn die Herstellung entsprechender Präparate ist schwierig.

Den Einfluß der Korngröße des Ausgangspulvers auf die Härte des fertigen Sinterhartmetalles zeigt deutlich Zahlentafel 88.

Zur Bestimmung der Korngröße und Korngrößenverteilung von Wolfram und Wolframkarbidpulvern können auch andere indirekte Methoden herangezogen werden, die für die Untersuchung feinster Pulver üblich sind. Vorgeschlagen dafür wurden die Bestimmung der Farbstoffabsorption (Methylenblau), die Oxydation mit konzen-

Zahlentafel 86. *Korngrößenverteilung verschiedener Wolframpulver und daraus hergestellter Wolframkarbide und Hartmetallansätze, bestimmt mit dem Richardson-Turbidimeter* (H. Burden u. A. Barker)

Material und Zustand	Bereich μ	Gewichtsprozent der Fraktion bei Pulver			
		I	II	III	IV
Wolframpulver, reduziert	∞ bis 18	32,2			
	18 bis 14	22,9	16,2		
	14 bis 10	17,1		21,1	19,9
	10 bis 8	6,9			
	8 bis 6	5,2	16,1		
	6 bis 4	5,3	21,7		
	4 bis 3	3,2	10,8	9,2	6,9
	3 bis 2	3,5	12,9	13,4	11,1
	2 bis 1,5	1,9	9,8	12,9	8,3
	1,5 bis 1	1,1	7,3	13,1	9,1
	1 bis 0,75	0,4	4,5	14,5	13,4
	0,75 bis 0,5	0,2	0,7	9,3	14,7
	0,5 bis 0	0,1	0,0	6,5	16,6
Wolframkarbid, 24 Stunden trocken gemahlen	∞ bis 4	49,0	55,7	10,2	7,0
	4 bis 3	12,8	10,9	6,4	0,0
	3 bis 2	16,2	11,3	14,2	0,6
	2 bis 1,5	9,8	8,7	17,3	5,1
	1,5 bis 1	7,2	7,7	21,2	16,2
	1 bis 0,75	3,0	5,2	19,8	22,0
	0,75 bis 0,5	0,9	0,5	8,9	25,4
	0,5 bis 0	0,2	0,1	2,0	23,7
WC + 6,25% Co 72 Stunden naß gemahlen, getrocknet und abgesiebt	∞ bis 4	37,4	38,9	37,7	27,1
	4 bis 3	14,1	13,3	8,8	6,6
	3 bis 2	16,1	15,4	11,5	8,0
	2 bis 1,5	10,5	11,3	12,2	8,7
	1,5 bis 1	8,2	12,1	18,7	15,7
	1 bis 0,75	7,3	6,9	15,4	18,9
	0,75 bis 0,5	5,0	1,7	5,0	13,3
	0,5 bis 0	1,4	0,4	0,7	1,6

trierter HNO_3 und die katalytische Zerlegung von H_2O_2. Schließlich kann man auch aus dem Schwund beim Sintern Schlüsse auf den Dispersionsgrad der Ausgangspulver ziehen[1].

Da die Bestimmung der Korngröße und Korngrößenverteilung auf einem der angegebenen Wege beträchtliche apparative Anforderungen stellt und zeitraubend ist, begnügt man sich in der Praxis meist mit der Bestimmung des *Füll- und Klopfvolumens* der Ausgangspulver[2]. Daraus kann man auf die Siebanalyse des Pulvers schließen.

---

[1] Kreimer, G. S., M. R. Vachovskaja, O. S. Safonova u. E. E. Bogino: Zavod. Lab. **15** (1949), S. 159/67.

[2] Kieffer, R. u. W. Hotop: Pulvermetallurgie und Sinterwerkstoffe, 2. Aufl., Springer-Verlag, Berlin/Göttingen/Heidelberg 1948, S. 27.

Zahlentafel 87. *Spezifische Oberfläche und mittlerer Korndurchmesser verschiedener Wolframpulver und daraus hergestellter Wolframkarbide und Hartmetallansätze, bestimmt mit dem* Spekker-*Absorptiometer* (H. Burden u. A. Barker)

Wolfram-pulver	Wolframpulver reduziert		Wolframkarbid 24 Std. trocken gemahlen		WC + 6,25% Co 72 Stunden naß gemahlen, getrocknet und abgesiebt	
	Spez. Oberfläche cm²/g	Mittlerer Korndurch-messer μ	Spez. Oberfläche cm²/g	Mittlerer Korn-durchmesser μ	Spez. Oberfläche cm²/g	Mittlerer Korn-durchmesser μ
I	322	9,65	2560	1,49	4050	0,99
II	1760	1,77	1800	2,12	5080	0,79
III	4720	0,66	5920	0,64	5450	0,73
IV	14500	0,21	8390	0,46	6400	0,62

Zahlentafel 88. *Härte von Hartmetallen* $(WC + 6{,}25\% \, Co)$ *in Abhängigkeit von der Korngröße verschiedener Wolframpulver* (H. Burden u. A. Barker)

Wolframpulver	Mittlerer Korndurchmesser μ	Härte R_A	Härte H_V kg/mm²
I	9,65	88,3	1220
II	1,77	90,8	1540
III	0,66	91,2	1590
IV	0,21	91,7	1650

Das Füll- und Klopfvolumen wird nach den in der Pulvermetallurgie üblichen Verfahren ermittelt. Man bestimmt das Volumen und die dichteste, durch Klopfen erzielbare Packung von 100 g Pulver.

B. Prüfung der Fertigprodukte

Die gesinterten Hartmetallplättchen werden verschiedenen chemischen, physikalischen, mechanischen und metallographischen Prüfungen unterzogen[1]. Für eine einwandfreie Qualitätsüberwachung sind folgende Prüfungen üblich:

1. Chemische Analyse.
2. Bestimmung der Dichte.
3. Bestimmung der Biegebruchfestigkeit.
4. Bestimmung der Härte.
5. Magnetische Untersuchung.
6. Röntgenographische Untersuchung.
7. Prüfung der Porosität und des Makrobruchgefüges sowie metallographische Gefügeuntersuchung.
8. Prüfung der Zerspanungsleistung.

---

[1] s. a. Franssen, H.: Metall **6** (1952), S. 12/21.

Für eine schnelle Kontrolle der Sinterchargen, die sich meist zwischen 10 und 50 kg bewegen, sind die Prüfungen auf Biegebruchfestigkeit, Härte und Porosität ausreichend. Für eine genauere Untersuchung wird man auch die Dichte und die Zerspanungsleistung bestimmen, während man nur größere Ansätze von etwa 500 bis 2000 kg chemisch und metallographisch untersuchen wird. Die früher meist für wissenschaftliche Zwecke benützten magnetischen und röntgenographischen Verfahren haben sich heute auch für die betriebliche Prüfung von Hartmetallen eingebürgert.

1. Chemische Analyse

Die Gesamtanalyse von Hartmetallen, welche Karbide, Nitride und Boride der Metalle der 4., 5. und 6. Gruppe des periodischen Systems neben Bindemetallen der Eisengruppe sowie verschiedenartigste Verunreinigungen enthalten können, gehört zu den schwierigen Aufgaben der analytischen Chemie. In der Literatur werden exakte Analysengänge auch für verwickelte Zusammensetzungen angegeben[1]. In der Praxis begnügt man sich aber meist mit der Bestimmung von Einzelbestandteilen, insbesondere des freien und gebundenen Kohlenstoffes, des Kobalts, Wolframs und Titans. Für diese Zwecke sind von den Hartmetallerzeugern Spezialverfahren ausgearbeitet worden, über welche zum Teil Angaben im Schrifttum zu finden sind[2-6]. Nach wie vor spielt die gravimetrische und maßanalytische Bestimmung von Einzelbestandteilen die wichtigste Rolle. Aber auch kolorimetrische[7], potentiometrische Untersuchungen[8] sowie Tüpfelanalyse[7] und spektroskopische Methoden[9,10] werden insbesondere zur raschen qualitativen Untersuchung und zur quantitativen Analyse von fertigen Hartmetallen herangezogen. Die chemische Untersuchung der neuerdings als hochwarmfeste Werkstoffe eingesetzten Boride beschreibt H. Blumenthal[11, 12].

---

[1] Handbuch für das Eisenhüttenlaboratorium, Verlag Stahleisen, Düsseldorf 1941, Bd. 2, S. 369/87.

[2] Schiffer, E.: Stahl u. Eisen 47 (1927), S. 1569/71.

[3] Furey, J. J. u. T. R. Cunningham: Anal. Chem. 20 (1948), S 563/70.

[4] Touhey, W. O. u J. C. Redmond: Anal. Chem. 20 (1948), S. 202/06.

[5] Brophy, D. H.: Ind. Eng. Chem. Anal. Ed. 3 (1931), S. 363/65.

[6] Evans, B. S. u. F. W. Box: Analyst 68 (1943), S. 67/70 u. 203/06.

[7] Petrdlik, M.: Hutnické Listy 4 (1949), S. 165/68.

[8] Ivanova, N. S. u. S. I. Malov: Zavod. Lab. 12 (1946), S. 624/25.

[9] Gringauz, L.: Izvest. Akad. Nauk USSR. (Fiz.) 4 (1940), S. 200/02.

[10] Dobrinskaja, A. A. u. E. P. Seljaninova: Zavod. Lab. 15 (1949), S. 1480/82.

[11] Blumenthal, H.: Anal. Chem. 23 (1951), S. 992/94.

[12] Blumenthal, H. u. W. Fall: Powder Met. Bull. 6 (1951), S. 48/50, 80/82.

Die chemische Analyse gibt vor allem Aufschluß, inwieweit die Ist-Analyse von der Soll-Analyse abweicht. Der Gesamtkohlenstoff gibt Auskunft über Auf- oder Entkohlungen während der Sinterung; die Anwesenheit von etwa 0,05 bis 0,2% freiem Kohlenstoff ist ein Gradmesser für den stöchiometrischen Gehalt an gebundener Kohle bei den eingesetzten Karbiden oder Karbidmischkristallen. Der Eisen-, Nickel- und Chromgehalt spiegelt die Aufnahme dieser Metalle aus den Mahlaggregaten wider. Höhere Gehalte als 0,5% Eisen und Chrom wirken härtesteigernd, setzen aber die Festigkeit herab. Der Stickstoffgehalt ist meist proportional dem Gehalt an Karbiden der 4. und 5. Gruppe[1, 2] (Zahlentafel 89).

Zahlentafel 89. *Stickstoffgehalte von WC-TiC-Hartmetallen in Abhängigkeit vom Titangehalt* (Fried. Krupp A. G., Widia-Fabrik)

Gesamt C %	Freier C %	W %	Ti %	Co %	N %
6,17	0,16	82,55	3,77	6,63	0,15
7,30	0,22	73,06	11,13	7,64	0,29
7,57	0,21	73,33	12,76	5,48	0,26
8,10	0,06	66,86	18,3	5,48	0,42
12,8	0,05	32,40	46,6	5,25	1,14

2. Bestimmung der Dichte

Wegen des großen Dichtenunterschiedes der verschiedenen Hartmetallsorten, insbesondere der WC-Co-Gruppe einerseits und der WC-TiC-Co- bzw. WC-TiC-TaC(NbC)-Co-Gruppe anderseits, ist die Dichtebestimmung ein bequemes Mittel, um Rückschlüsse auf den Wolframkarbid-, Titankarbid-, Tantalkarbid- und Kobaltgehalt zu ziehen und um ferner allfällige Verwechslungen zu vermeiden bzw. richtigzustellen. Die Dichte der Hartmetalle wird wesentlich vom TiC-Gehalt, nicht so stark vom Co-Gehalt beeinflußt. Ermittelt man die Dichte nach der Mischungsregel, dann ergibt sich die Abhängigkeit vom TiC- bzw. Co-Gehalt aus den Kurven in Abb. 177, S. 470. Bei den technischen Legierungen ist allerdings stets eine gewisse Porosität vorhanden, was zur Folge hat, daß die tatsächlich bestimmten Dichtewerte 0,5 bis 3% unter der theoretischen Dichte liegen können

---

[1] Redmond, J. C., L. Gerst u. W. O. Touhey: Ind. Eng. Chem., Anal. Ed. 18 (1946), S. 24/26.
[2] B. I. O. S. Final Rep. Nr. 1385 (1945), S. 40.

(s. Abb. 166, S. 450). Heißgepreßte Körper haben fast die theoretische Dichte.

Die praktische Bestimmung der Dichte erfolgt bei geometrisch einfachen Körpern durch Messen und Wägen. Allgemein anwendbar ist die Auftriebmethode. Mit Hilfe der Mohrschen Waage kann man rasch und genau die Dichte ermitteln. Von H. Franssen[1] wird für die Massenbestimmung der Dichte von Hartmetallplättchen eine besonders geeignete Schnellwaage beschrieben.

Bei Prüfung poröser und ungenügend dichtgesinterter Hartmetalle müssen die Körper vor der Wägung mit einer dünnen Paraffin- oder Kollodiumschicht überzogen werden.

Eine grobe aber sehr rasche Trennung der Hartmetallsorten nach der Dichte kann mittels Quecksilber als Auftriebsflüssigkeit durchgeführt werden. Die Dichte des Quecksilbers von 13,5 g/cm³ liegt nämlich gerade zwischen den Dichtewerten der S- und G-Gruppe. Während die WC-Co-Hartmetalle in Quecksilber untersinken, schwimmen die WC-TiC-Co-Hartmetalle auf der Oberfläche. Die Sorte S 3 (88/5/7) mit einer Dichte von etwa 13,3 g/cm³ schwimmt beim vorsichtigen Auflegen auf der Oberfläche, sinkt aber bei geringfügiger Belastung unter.

3. Bestimmung der Biegebruchfestigkeit

Die Biegebruchfestigkeit der Hartmetalle gibt am besten Auskunft über die Zähigkeit der betreffenden Sorte, d. h. ihren Widerstand gegen schlag- und stoßartige Beanspruchung, gegen Spannungsrisse beim Löten und Schleifen und allgemein gegen Druck- und Zugbeanspruchungen, beispielsweise bei Ziehsteinen, Matrizen, Walzen u. a. Die Biegebruchfestigkeit wird gewöhnlich an stabförmigen Bruchproben etwa mit den Abmessungen 5 × 5 × 60 mm, welche jeder Sintercharge beigelegt werden, unter Verwendung einer Prüfeinrichtung gemäß Abb. 147 bestimmt.

Abb. 147. Geräte zur Bestimmung der Biegebruchfestigkeit von Hartmetallen (Hersteller: M. Koyemann Nachf., Puchstein & Co., Düsseldorf)

Die Prüfstäbchen liegen am besten auf eingelöteten Hartmetallrundstäben auf. Die Auflagelänge kann verschieden sein, sie beträgt in Europa meist 40 mm.

---

[1] Franssen, H.: Arch. Eisenhüttenwes. 19 (1948), S. 85/89.

Da die Schwankungen zwischen den Einzelbestimmungen $\pm$ 15%
betragen können, werden meist 4 bis 6 Stäbchen geprüft, um einen
verbindlichen Mittelwert zu erhalten. Das Abschleifen der Proben
erlaubt eine genauere Ausmessung und eine bessere Auflage der
Stäbchen, bedingt aber meist geringere Werte der Biegebruchfestigkeit.

Über Einzelwerte der Biegebruchfestigkeit in Abhängigkeit von
der Zusammensetzung und den Herstellungsbedingungen vergleiche
Zahlentafel 90.

4. Bestimmung der Härte

Die Bestimmung der Härte von Hartmetallen ist praktisch von
größter Bedeutung, denn die Härte zusammen mit der Biegebruchfestigkeit sind die wichtigsten Eigenschaftsgrößen, welche die
Leistungsfähigkeit einer gegebenen Hartlegierung beeinflussen.

Bei der Bestimmung der Härte ist zu berücksichtigen, daß die
gebräuchlichen Hartmetalle nach der Mohsschen Härteskala
zwischen Topas und Korund liegen, also wesentlich härter sind
als alle bisher bekannten metallischen Werkstoffe. Es ist daher nur
die Prüfung mit Diamantspitzen möglich. Die Bestimmung der
Rockwell-C-Härte mit 150 kg Gesamtlast ist nicht zu empfehlen,
weil der Prüfdiamant wegen der hohen Prüflast in kürzester Zeit,
wenn nicht schon beim ersten Eindruck, zu Bruche geht.

In der Praxis hat sich das *Rockwell-A-Verfahren* als rasche Be-
triebsprüfung eingebürgert[1-3]. Man benützt ebenfalls den Rockwell-
kegel, wählt aber eine Gesamtlast von 60 kg, davon 10 kg Vorlast.
So wie bei allen Eindringtiefe-Verfahren muß auch bei der Rockwell-
A-Prüfung größter Wert auf tadellose Oberflächenbeschaffenheit und
vollkommen sattes Aufliegen der Probe gelegt werden. Die sehr
geringen Eindringtiefe-Werte können durch subjektive Fehler, insbesondere Geschwindigkeit des Aufbringens und Abhebens der Prüflast, stark beeinflußt werden. Auch die Abrundung der Prüfspitze
hat einen Einfluß auf die Ergebnisse, weshalb vorgeschlagen wurde,
Kegel mit definierten Abstufungen zu verwenden. Die Kegel sind
dauernd mittels Lupe zu überprüfen, da der Verschleiß verhältnismäßig groß ist und Diamanten mit Rissen und Kratern vollkommen
falsche Werte ergeben.

Wegen der Unsicherheit des Rockwell-Verfahrens wendet man für
genauere Untersuchungen und auch im Betrieb zunehmend das
Vickers-Verfahren an. Man benützt die übliche Vickers-Pyramide
und Prüflasten von 50 kg.

---

[1] Hoyt, S. L.: Trans. Am. Inst. min. metallurg. Engrs. **89** (1930), S. 9/58.
[2] Agte, C.: Metallwirtsch. **9** (1930), S. 401/02.
[3] Dawihl, W.: Z. techn. Physik **21** (1940), S. 336/45.

Auch bei der Vickers-Prüfung ist größter Wert auf einwandfreie Oberflächenbeschaffenheit der Proben zu legen. Die Körper müssen mit Diamantscheiben feinst geläppt werden, da Schleifriefen ein genaues Ausmessen der verhältnismäßig kleinen Eindrücke nicht erlauben (Abb. 148). Fehlerhafte Diamantspitzen, die auch hier

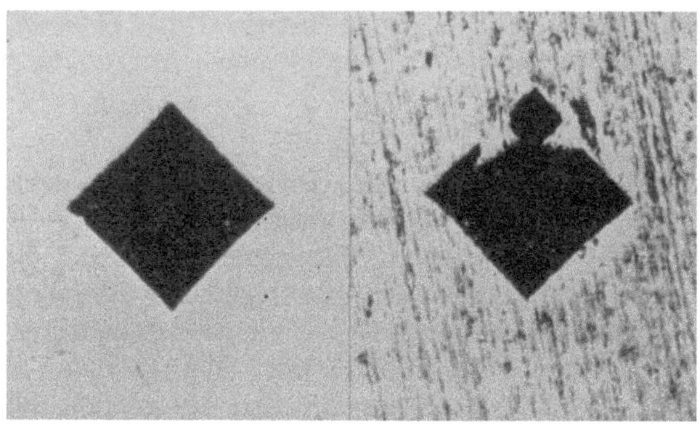

Abb. 148. Vickershärteeindrücke in Hartmetallschliffen: links: Einwandfreier Eindruck auf polierter Fläche; rechts: Eindruck mit beschädigter Prüfspitze auf nicht genügend fein geschliffener Fläche

wegen der hohen Beanspruchung häufig auftreten können, ergeben ebenfalls vollkommen falsche Werte. Die Vickers-Härtewerte, ausgedrückt in kg/mm², können, bedingt durch den charakteristischen Gefügeaufbau und eine gewisse Porosität der Hartmetalle, nicht ohne weiteres mit den Vickers-Werten anderer metallischer Werkstoffe verglichen werden.

Auf Grund zahlreicher praktischer Bestimmungen kann man den Zusammenhang zwischen Rockwell-A-Härte und Vickers-Härte in Kurvenform darstellen (Abb. 149)[1]. Der Verlauf der Kurve im Gebiete der höchsten Härtewerte zeigt, wie unsicher in diesem Bereich die Rockwell-A-Härte ist. Für die Umrechnung der Rockwell-A- in Rockwell-C-Werte gilt nach P. M. McKenna[2] für Hartmetalle die Beziehung:

$$R_A = \frac{R_C}{2} + 52$$

Eine Vergleichstafel für Diamantpyramiden-, Rockwell-A- und Rockwell-C-Härten von Sinterhartmetallen haben H. Scott und T. H. Gray[3] aufgestellt.

---

[1] Hoyt, S. L.: Trans. Am. Inst. min. metallurg. Engrs. 89 (1930), S. 9/58.

[2] McKenna, P. M.: Am. Inst. min. metallurg. Engrs., Techn. Publ. Nr. 897 (1938).

[3] Scott, H. u. T. H. Gray: Trans. Am. Soc. Met. 28 (1940), S. 399/416.

Die Härtemessung erlaubt auch gewisse Rückschlüsse auf die Zähigkeit des Hartmetalles zu ziehen, wenn man den Härteeindruck bei entsprechender Vergrößerung betrachtet[1]. Von dem Härteeindruck gehen Risse aus, deren Zahl, Breite und Länge mit steigender Zähigkeit des Hartmetalles abnimmt. Die Abbildungen 150 a—d zeigen Schliffe von vier verschiedenen handelsüblichen Hartmetallsorten bei gleicher Vergrößerung mit je einem Vickers-Härteeindruck bei 50 kg Belastung und einem Rockwell-A-Eindruck bei 60 kg Belastung. Abb. 150 a stellt ein druckgesintertes Hartmetall sehr hoher Härte dar, Abb. 150 b ein WC-TiC-Co-Hartmetall (78/16/6), Abb. 150 c ein Hartmetall aus 94% WC und 6% Co

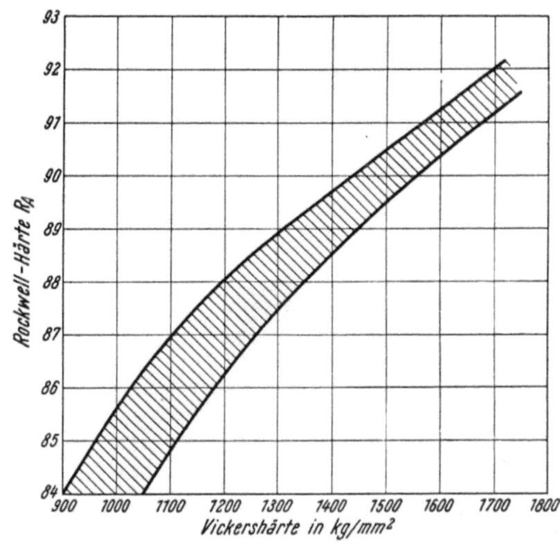

Abb. 149. Zusammenhang zwischen Rockwell-A- und Vickershärte bei Hartmetallen (S. L. Hoyt)

(G 1) und Abb. 150 d ein Hartmetall aus 85% WC und 15% Co (G 3). Die zu beobachtende Art der Rißbildung an den Härteeindrücken läßt auf eine in der gewählten Reihenfolge steigende Zähigkeit schließen. Diese Feststellung steht im Einklang mit der Tatsache, daß die Biegebruchfestigkeit der angeführten Hartmetalle in der genannten Reihenfolge zunimmt. Die Größe der Härteeindrücke zeigt, daß die Härte in der gleichen Reihenfolge abnimmt.

Neuerdings ist auch die Mikrohärteprüfung zur Bestimmung der Härte einzelner Gefügebestandteile in Hartmetallen herangezogen worden. Die Mikrohärte ist bekanntlich belastungsabhängig, man muß sich also, wenn man vergleichbare Werte erhalten will, auf eine bestimmte Eindruckdiagonale beziehen und dazu noch den Meyer-Exponenten angeben. Es ist also zunächst erforderlich, die sogenannte Meyer-Gerade festzulegen, welche in doppeltlogarithmischem Maßstab die Abhängigkeit der Eindruckdiagonale von der Belastung angibt. Bei den üblichen Hartmetallen ist es wegen der Kleinheit der Karbidkristalle unmöglich, mehrere Mikrohärteeindrücke mit verschiedener Belastung in ein Korn zu setzen und die Diagonalen auszumessen. Man muß also verschiedene Karbidkörner zur Messung

---

[1] Dawihl, W.: Z. techn. Physik **21** (1940), S. 336/45.

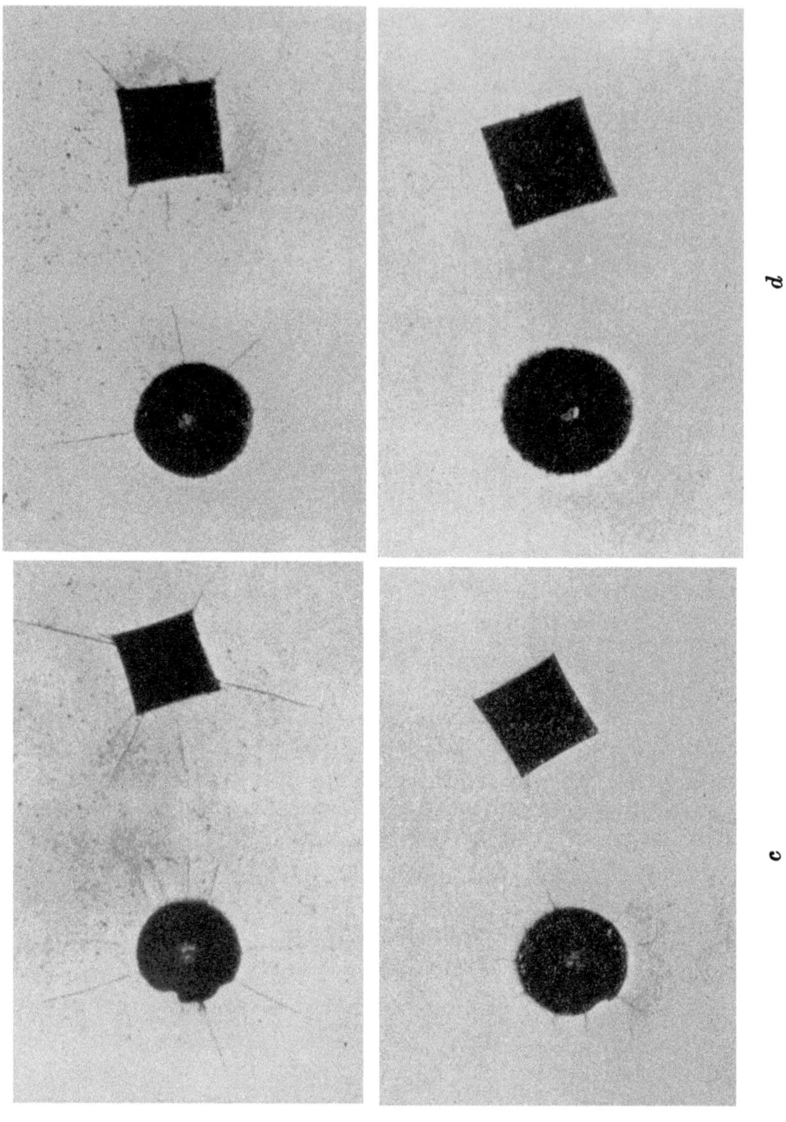

Abb. 150. Ausbildung der Härteeindrücke in verschieden zähen Hartmetallen: *a* R$_A$ 92,5, H$_V$ 1850 kg/mm², *b* R$_A$ 91, H$_V$ 1700 kg/mm², *c* R$_A$ 90, H$_V$ 1600 kg/mm², *d* R$_A$ 86,5, H$_V$ 1200 kg/mm² (F. Kölbl)

heranziehen, was natürlich mit den großen Meßfehlern beim Ausmessen der sehr kleinen Eindrücke (5 bis 10 μ) zu recht ungenauen Ergebnissen führt[1,2]. Durch Langzeitsinterung gelingt es nach

---

[1] Bückle, H.: Vortrag IPT., Graz 1948, Ref. Nr. 19, Rev. Mét. 48 (1951), S. 957/65.

[2] Foster, L. S., L. W. Forbes, L. B. Friar, L. S. Moody u. W. H. Smith: J. Am. Ceram. Soc. 33 (1950), S. 27/33.

R. Kieffer[1], größere Karbidkristalle zu züchten, welche leichter und genauer zu prüfen sind (s. S. 444).

Für die praktische Bestimmung der Mikrohärte sind die bekannten Geräte von Hanemann[2], Knoop[3], Reichert[4] u. a. in Gebrauch. Der Diamantkörper nach Knoop, welcher spitz-rhombische Eindrücke erzeugt, bzw. ein neuestens empfohlener sogenannter doppeltkonischer Eindringkörper[5] bewähren sich besonders gut, weil auch bei Untersuchung spröder Hartmetalle kaum Rißbildung auftritt. Die Eindrucke sind in der Längsachse sehr exakt ausmeßbar, was die Genauigkeit im Vergleich zur üblichen Vickers-Methode beträchtlich steigert.

Zur Bestimmung der Mikro-Ritzhärte wird das von C. H. Bierbaum[6] entwickelte Gerät empfohlen.

Über die Makro- und Mikrohärte verschiedener Karbide, Karbidmischkristalle und Hartmetalle in Abhängigkeit von den Herstellungsbedingungen und der Zusammensetzung vgl. die Ausführungen auf S. 516.

5. Magnetische Untersuchung

Zur Charakterisierung von Hartmetallen können die Werte für die magnetische Sättigung und die Koerzitivkraft herangezogen werden. Die Hartmetalle enthalten als Ferromagnetikum im allgemeinen nur Kobalt neben geringen Mengen Eisen bzw. Nickel. Die Wolframkarbide sowie die spröden Doppelkarbide (η-Phase), welche bei Kohlenstoffunterschuß oder unsachgemäßer Sinterung entstehen können, sind unmagnetisch. Zur Magnetisierung tragen also nur die Kobaltanteile bei, welche nicht als Doppelkarbide gebunden sind. Aus den Werten für die magnetische Induktion kann also auf den Gehalt an Kobalt, und, sofern der Kobaltgehalt durch chemische Analyse bestimmt wurde, auf das Vorhandensein von Doppelkarbiden (η-Phase) und daraus auf die Unterkohlung von WC-Co-Hartmetallen geschlossen werden[7]. Die versprödend wirkenden Doppelkarbide sind im Hartmetall sehr unerwünscht und mit Hilfe der Sättigungsmessung hat man ein vorzügliches Mittel in der Hand, um zerstörungsfrei

[1] Kieffer, R.: Z. Metallk. **46** (1944), Nr. 9, Metallforschung **2** (1947), S. 236/58, Powder Met. Bull. **2** (1947), S. 104/11.

[2] Hanemann, H. u. E. O. Bernhardt: Z. Metallkde. **32** (1940), S. 35/38.

[3] Knoop, F., C. G. Peters u. W. B. Emerson: J. Res. Nat. Bur. Stand. **23** (1939), S. 39/61.

[4] Ramsthaler, P.: Mikroskopie **2** (1947), S. 345/52.

[5] Grodzinski, P.: Machinist, Lond. **94** (1950), S. 397/401, Feinwerktechn. **54** (1950), S. 317/21.

[6] Bierbaum, C. H.: Trans. Am. Soc. Steel Treat. **18** (1930), 1009/26.

[7] B. I. O. S. Final Rep. Nr. 1385, S. 261/73 (1945).

eine Sprödigkeitsprüfung durchzuführen. Die η-Phase kann sonst nur metallographisch festgestellt werden.

Für die Durchführung der Sättigungsmessung kann man das Spannungsmesserjoch von H. Neumann[1] oder die besonders rasch arbeitenden magnetischen Waagen[2] benützen. Bedingt durch die magnetischen Eigenschaften des Kobalts sind bei Sättigungsmessungen an Hartmetallen Feldstärken von 10.000 bis 15.000 Oerstedt anzuwenden. Nach Angaben von F. Stäblein wird von H. Franssen[3] ein Gerät empfohlen, mit dem man auf Grund des Ferromagnetikumgehaltes laufend Hartmetalle sortieren kann. Abb. 151 zeigt schematisch diesen sogenannten Magnettrenner, welcher sich beim Sortieren von Hartmetallen mit verschiedenen Kobaltgehalten, unabhängig von Form und Größe, praktisch bewährt hat.

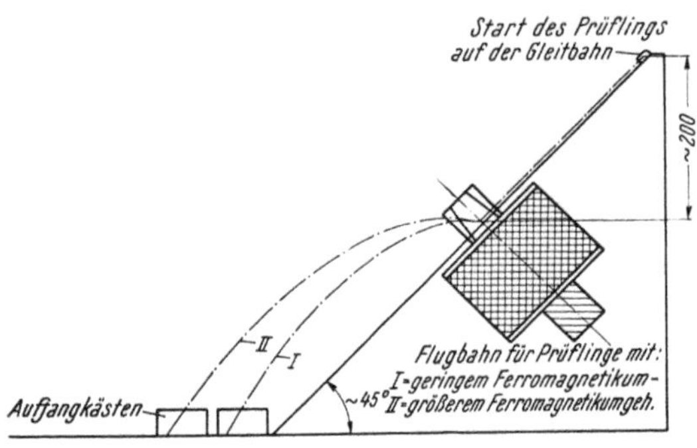

Abb.151. Magnettrenner, schematisch (H. Franssen)

Findet man bei Hartmetallen Sättigungsmagnetisierungen von beispielsweise 120 bis 100 cgs/g, die also beträchtlich unter der spezifischen Magnetisierung σ_s von reinem Kobalt (160 cgs/g) liegen, dann deutet dies auf Vorhandensein von η-Phase hin. Sättigungswerte, die über jenen des reinen Kobalts liegen, sind auf Eisen- bzw. Nickelgehalte zurückzuführen.

Auch bei nichtgesinterten Hartmetallansätzen ist die Messung der magnetischen Sättigung von Bedeutung. Erreicht die Sättigung dabei nicht den dem Kobaltgehalt entsprechenden Wert, so ist dies im allgemeinen nicht auf einen Gehalt an Doppelkarbid, sondern auf Oxyde des Kobalts zurückzuführen[3].

Während die magnetische Sättigung bei gleichbleibendem Kobaltgehalt im allgemeinen durch den Sintervorgang nicht beeinflußt wird, ändert sich die Koerzitivkraft mit steigender Sintertemperatur beträchtlich. Man kann daher aus den Werten für die Koerzitivkraft Schlüsse auf die Veränderungen im Gefüge im Verlauf der Sinterung

---

[1] Neumann, H.: Arch. techn. Messen 1934, J 66 — 2, Arch. Eisenhüttenwes. 11 (1937/38), S. 483/96.

[2] Lange, H. u. K. Mathieu: Mitt. KWI. Eisenforschung 20 (1938), S. 239/46; Lange, H. u. H. Franssen: Mitt. KWI. Eisenforschung 24 (1942), S. 139/44, Techn. Mitt. Krupp A 5 (1942), S. 201/07.

[3] Franssen, H.: Arch. Eisenhüttenwes. 19 (1948), S. 85/89.

ziehen, welche insbesondere durch Kristallisationsvorgänge und Veränderungen der Spannungszustände bedingt sind[1-3] (s. S. 403). Bei WC-Co-Hartmetallen erreicht die Koerzitivkraft, wie Abb. 152 schematisch zeigt, bei der optimalen Sintertemperatur einen Höchstwert[2]. Mit weiter steigender Temperatur nimmt die Koerzitivkraft infolge Kornwachstum wieder ab. Die Koerzitivkraftmessung erlaubt also eine rasche Kontrolle des Sinterungsgrades.

Da die Koerzitivkraft von Hartmetallen auch sehr stark vom Verteilungsgrad der Karbidphase abhängig ist, kann nach H. Krainer[4] die Koerzitivkraftmessung auch zur Bestimmung der Korngröße von Hartmetallen herangezogen werden.

Die praktische Bestimmung der Koerzitivkraft erfolgt rasch und einfach mit dem Koerzimeter nach H. Neumann[5]. Für den Betriebsgebrauch und besonders für Reihenmessungen wird ein Gerät von F. Stäblein, welches von H. Franssen[1] abgewandelt wurde, empfohlen.

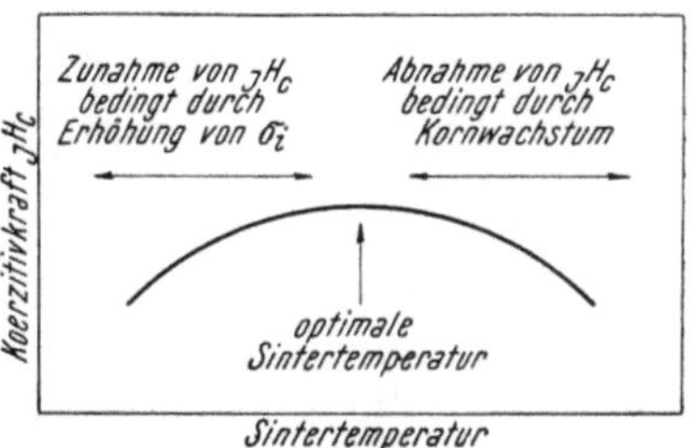

Abb. 152. Abhängigkeit der Koerzitivkraft von Hartmetallen von der Sintertemperatur, schematisch (H. Krainer)

Zahlenmäßige Angaben über die magnetische Sättigung bzw. die Werte für $4\,\pi\,\sigma$ und die Koerzitivkraft von Hartmetallen sind auf S. 462 und 476 zu finden.

B. Livschitz und A. Korotkoruchko[6] haben nickelabgebundene WC-Hartmetalle magnetisch untersucht.

6. Röntgenographische Untersuchungen

Das röntgenographische Verfahren ist heute ein unentbehrliches Hilfsmittel für die Erforschung der Feinstruktur von Hartstoffen und Hartmetallen. Die Bedeutung der Röntgenuntersuchung zur Ermittlung der Kristallstruktur und der Gitterkonstanten von Karbiden, Nitriden, Boriden, und Siliziden sowie deren Systeme sind in den Kap. III bis VI eingehend besprochen worden. Die bei diesen Untersuchungen gesammelten Erfahrungen sind von großem Wert

---

[1] Franssen, H.: Arch. Eisenhüttenwes. **19** (1948), S. 85/89.

[2] Ritzau, G.: Verh. dtsch. phys. Ges. **21** (1940), S. 42, Stahl u. Eisen **60** (1940), S. 890/91.

[3] B. I. O. S.: Final Rep. Nr. 1385 (1945), S. 261/73, 307/10 u. 316/24.

[4] Krainer, H.: Arch. Eisenhüttenwes. **21** (1950), S. 119/27.

[5] Neumann, H.: Arch. techn. Messen 1934, J 66—2, 1935, J 66—3, 1937, V 956—2, Arch. Eisenhüttenwes. **11** (1937/38), S. 483/96.

[6] Livschitz, B. u. A. Korotkoruchko: Zavod. Lab. 7 (1941), S. 202/04.

auch für die praktische Prüfung gesinterter Hartmetalle. Da zudem die Prüfung größtenteils an fertigen Hartmetallplättchen durchgeführt werden kann, handelt es sich um ein zerstörungsfrei arbeitendes Verfahren.

Das Röntgenverfahren erlaubt zunächst den Nachweis verschiedener Phasen im Hartmetall. Dies ist von großer Bedeutung bei der qualitativen und quantitativen Bestimmung der unerwünschten η-Phase in WC-Co-Hartmetallen. Die röntgenographische Prüfung ist empfindlich genug; Gehalte, die unter der Nachweisbarkeitsgrenze liegen, stören praktisch nicht[1-3].

In WC-TiC-Co-Hartmetallen gibt die Röntgenfeinstrukturuntersuchung nach H. Krainer und K. Konopicky[1] Aufschluß über die Beschaffenheit des WC-TiC-Mischkristalles. Durch Vergleich der Intensität der Interferenzen des Wolframkarbides mit der der Mischkarbide kann man schließen, wieviel WC in TiC gelöst ist (s. S. 176). Die Gitterkonstantenbestimmung[4] gibt Aufschluß über den Kohlenstoffgehalt (gegebenenfalls Kohlenstoffdefekt) des Mischkristalles (s. S. 181)[1, 2].

Endlich kann man aus Rückstrahlaufnahmen auch zerstörungsfrei die Korngröße des Hartmetalles bestimmen. Die Ergebnisse werden im Gegensatz zur magnetischen Korngrößenbestimmung vor allem durch die grobkörnigen Anteile beeinflußt[2].

Auch die Korngrößenbestimmung der Ausgangspulver ist röntgenographisch möglich[5].

Die praktische röntgenographische Untersuchung von Hartmetallen erfolgt meist nach der Methode von Debye-Scherrer. Man arbeitet mit den üblichen Geräten unter Benutzung von Kobalt-, Chrom- oder Eisenstrahlung. Die Präparate sind pulverförmig; beim Rückstrahlverfahren werden fertige Hartmetallplättchen verwendet. Für die Korngrößenbestimmung ist das Ringfilmverfahren von F. Regler[6] besonders geeignet. Es ist auch bei der genauen Bestimmung von Gitterkonstanten vorteilhaft.

---

[1] Krainer, H. u. K. Konopicky: Berg- u. Hüttenmänn. Mh. **92** (1947), S. 166/77.

[2] Krainer, H.: Arch. Eisenhüttenwes. **21** (1950), S. 109/27.

[3] Sandford, E. J. u. E. M. Trent: Iron Steel Inst., Spec. Rep. Nr. 38, London 1947, S. 84/91.

[4] Straumanis, M. u. A. Jevins: Die Präzisionsbestimmung von Gitterkonstanten nach der asymmetrischen Methode. Springer-Verlag, Berlin 1940.

[5] Penrice, T. W: Vortrag IPT., Graz 1948, Ref. Nr. 73.

[6] Regler, F.: Z. techn. Physik **24** (1943), S. 291/96, Arch. Metallkunde **1** (1946), S. 11/14.

Der Intensitätsvergleich der Bezugslinien in den Röntgenogrammen erfolgt photometrisch unter Benutzung von Eichkurven. Die Benutzung einer Zählrohrinterferenzkammer zur unmittelbaren Bestimmung der Intensitäten gestattet die Auswertung in kürzester Zeit, so daß die röntgenographische Untersuchung auch zur betrieblichen Schnellprüfung herangezogen werden kann.

7. Prüfung der Porosität

Die Eigenschaften von Sinterhartmetallen sind ebenso wie diejenigen anderer Sinterwerkstoffe dichteabhängig. Fertigungsmäßig wird man daher stets trachten, möglichst dichte und porenfreie Hartmetalle zu erzeugen. Die Porosität eines Hartmetalles ist jedoch nur dann schädlich, wenn die Gesamtporosität bzw. das Volumen der größten Poren ein gewisses Maß überschreitet. Insbesondere bei Hartmetallen, die für ihre Verwendung Hochglanzpolitur erhalten müssen, z. B. Ziehsteine und Walzen, ist daher die Prüfung und Beurteilung der Porosität wesentlich.

Zur Feststellung der Porosität wird eine Seite eines Hartmetallquaders mit Diamantmetallscheiben plangeschliffen und mit feinstem Diamantboart fertigpoliert. Die Betrachtung der Schliffe erfolgt zunächst mit Handlupe bei 6- bis 25facher Vergrößerung, dann unter dem Mikroskop bei 50- bis 100facher Vergrößerung[1].

Abb. 153a zeigt ein druckgesintertes, porenfreies Spitzenhartmetall, wie es für Ziehsteine beim Feinzug von Kupfer und Eisen besonders vorteilhaft eingesetzt wird. Abb. 153b zeigt einen Hartmetallschliff mit einer für handelsübliche Sinterhartmetalle typischen gleichmäßigen Mikroporosität. Zeigt der Schliff eines Hartmetalles außer den gleichmäßig verteilten Feinporen einzelne große Poren oder Porennester, wie z. B. Abb. 153c, so ist dieses für Ziehsteine, die im Feinzug eingesetzt werden sollen, nicht mehr geeignet.

Das Hartmetall in Abb. 153d ist so stark porös, daß es nur noch für grobe Schrupparbeiten, bei denen an die Schneidengüte keine hohen Anforderungen gestellt werden, in Betracht kommt.

Auf die meist auf Verunreinigungen zurückzuführenden Gründe für das Auftreten von Poren bei der Sinterung von Hartmetall soll hier nicht näher eingegangen werden (vgl. die Ausführungen auf S. 444).

---

[1] Kölbl, F. in H. Freund: Handbuch der mikroskopischen Untersuchungsmethoden in der Technik, Bd. I. Umschau-Verlag, Dr. Breidenstein, Frankfurt/Main, demnächst.

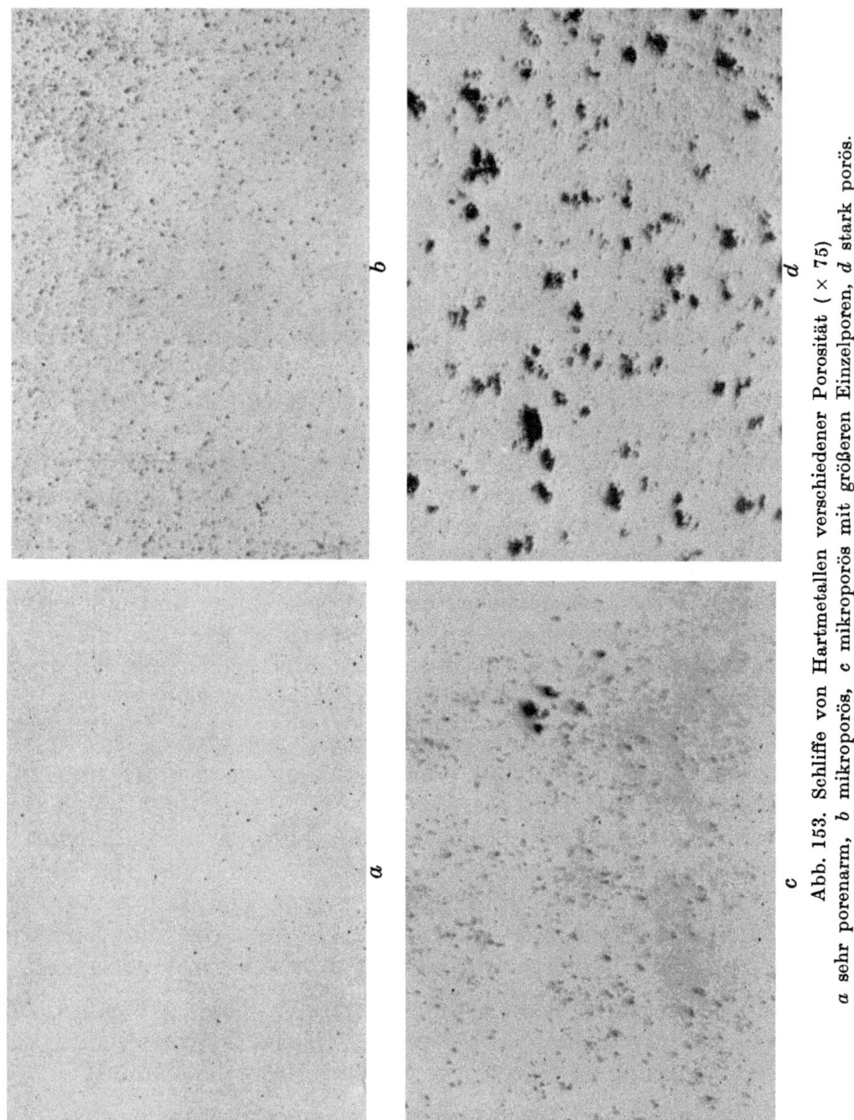

Abb. 153. Schliffe von Hartmetallen verschiedener Porosität (× 75)
a sehr porenarm, *b* mikroporös, *c* mikroporös mit größeren Einzelporen, *d* stark porös.

8. Gefügeuntersuchung

Die Auswertung von Gefügebildern von Hartmetallen zeigt, daß
ein grundsätzlicher Zusammenhang zwischen der Gefügeausbildung
der Hilfsmetall- und Karbidphase einerseits und den physikalischen

und mechanischen Eigenschaften der Zerspanungsleistung andererseits besteht. So kann die Härte und Zähigkeit des Hartmetalles durch die Ausbildungsform, die Größe, die Verteilung und die Homogenität der karbidischen Gefügeelemente in gewissen Grenzen beeinflußt werden (s. S. 452). Hartmetalle mit feinkörnigem Gefüge haben größere Härte, während ein gröberes Gefüge meist mit höherer Zähigkeit gepaart ist. Ähnliche Zusammenhänge bestehen auch bezüglich der Zerspanungsleistung, Fasenstumpfung und der Kolkung bei Hartmetallen für Guß- und Stahlbearbeitung.

Bereits aus dem Makrobruchgefüge kann man bei Betrachtung mittels einer Lupe, insbesondere aus der Kornfeinheit, der Farbe, dem Glanz und dem Fehlen oder Auftreten von freiem Graphit, gewisse qualitative Aussagen über die mechanischen Eigenschaften bzw. den Sinterungsgrad machen. Diese einfache und sehr rasche Beurteilung gehört zu der laufenden Betriebskontrolle der Hartmetallerzeugung.

Eine genauere Beurteilung des Gefügeaufbaues kann aber nur an Hand eines metallographischen Schliffes, der entsprechend angeätzt sein muß, erfolgen. Die Herstellung von Hartmetallschliffen ist wegen der außerordentlich hohen Härte des Werkstoffes und wegen der verhältnismäßig schwierigen Anätzbarkeit der Gefügebestandteile nicht einfach. Die Betrachtung der Schliffe erfordert wegen der äußerst feinen Verteilung der Komponenten höchste Vergrößerungen (Ölimmersion, bis 2000fach), was weitere Schwierigkeiten mit sich bringt. Trotz alldem ist heute die metallographische Untersuchungstechnik für Hartmetalle soweit durchentwickelt, daß man mit den entsprechenden Mitteln und Erfahrungen einwandfreie Gefügeauswertungen vornehmen kann. Die Gefügeuntersuchung ist heute ein unentbehrliches Hilfsmittel der Hartmetalltechnik geworden[1].

Bereits K. Schröter[2] hat bei der Osram-Studiengesellschaft eine geeignete Schleif- und Ätztechnik für Hartmetalle auf WC-Co-Basis entwickelt. Hartmetallbruchstücke werden in leichtschmelzende Metalle oder Kunstharze eingebettet, dann mittels einer Siliziumkarbidscheibe mit weicher Bindung vorgeschliffen, hierauf auf einer Gußscheibe mit Diamantpulver fertiggeschliffen und endlich auf einer Filzscheibe mit feinstem Diamantboart, der in Olivenöl aufgeschlämmt ist, bis zur völligen Kratzer- und Riefenfreiheit poliert. Dieses Verfahren ist bis heute beibehalten worden; man verwendet gelegentlich

---

[1] Kölbl, F. in H. Freund: Handbuch der mikroskopischen Untersuchungsmethoden in der Technik, Umschau-Verlag, Dr. Breidenstein, Frankfurt/Main, demnächst.

[2] Schröter, K.: Z. Metallkunde **20** (1928), S. 31/33.

nur andere Scheibenmaterialien und zwecks Einsparung von Diamant Borkarbid als Schleifmittel[1-9].

Bevor mit dem Ätzen begonnen wird, überprüft man zunächst mit kleiner Vergrößerung die Porosität (vgl. Abschn. 7). Als Ätzmittel werden vorzugsweise alkalische Ferricyanid-Lösungen für WC-Co-Hartmetalle und Flußsäure-Salpetersäure-Gemische für WC-TiC(TaC, NbC)-Co-Hartmetalle angewendet. Auch andere Ätzmittelkombinationen wurden vorgeschlagen[1-3,10-12]. R. Kieffer[13] konnte z. B. an langzeitgesinterten WC-TiC-Co-Hartmetallen die WC-, die WC-TiC-Mischkristalle und die Co-Phase durch Farbtönungen kenntlich machen. Heute ist vorzugsweise das elektrolytische Ätzen mit Alkalien, gegebenenfalls unter Zusatz von Ferricyankali, gebräuchlich. Während des zweiten Weltkrieges ist in Deutschland die sogenannte Feuerätzung für Hartmetalle entwickelt worden. Einzelheiten und Aufnahmen sind erst nach dem Kriege aus englischen Arbeiten bekanntgeworden[14]. Durch Erhitzen der Schliffe an Luft bei etwa 400 bis 500° laufen die einzelnen Gefügebestandteile verschiedenfarbig an. Man kann auf diese Weise, insbesondere in Mehrkarbidhartmetallen, das WC, die TiC(TaC, NbC)-WC-Mischkristalle neben dem Kobalt sehr deutlich kenntlich machen. Auch die schädliche η-Phase in unterkohlten Hartmetallen kann so eindeutig nachgewiesen werden (s. S. 444).

Neuerdings ist auch das Elektronenmikroskop zur Untersuchung des Gefüges von Hartmetallen herangezogen worden[15]. Von der normal geätzten Probe wird mittels organischer Filme ein Oberflächenabdruck

---

[1] Berglund, T.: Handbuch der metallographischen Schleif-, Polier- und Ätzverfahren. Springer-Verlag, Berlin 1940, S. 155/57 (vgl. dort die Literaturzusammenstellung).

[2] Gregg, J. L. u. C. W. Küttner: Am. Inst. min. metallurg. Engrs., Techn. Publ. Nr. 184 (1929).

[3] Hoyt, S. L.: Trans. Am. Soc. Steel Treat. 17 (1930), S. 54/58.

[4] Sykes, W. P.: Trans. Am. Soc. Steel Treat 18 (1930), S. 968/91.

[5] Shute, D. H.: Metal Treatment 12 (1945), S. 13/19.

[6] Kehl, G. L.: Ind. Diam. Rev. 8 (1948), S. 340.

[7] Chaporova, I. N.: Zavod. Lab. 15 (1949), S. 799/805.

[8] Wissler, W. A.: Metal Progr. 29 (1931), Nr. 4, S. 49/51.

[9] Bleecker, W. H.: Iron Age 165 (1950), Nr. 21, S. 71/74.

[10] Sykes, W. P.: Trans. Am. Soc. Steel Treat. 21 (1933), S. 395/421.

[11] Zarubin, N. M.: Zavod. Lab. 14 (1948), S. 1434/36.

[12] Zarubin, N. M. u. M. V. Suitin: Zavod. Lab. 3 (1934), S. 919/26, 4 (1935), S. 431/37, 786/99.

[13] Kieffer, R.: Z. Metallkde. 46 (1944), Nr. 9, Metallforschung 2 (1947), S. 236/38, Powder Met. Bull. 2 (1947), S. 104/11.

[14] Burden, H.: Vortrag IPT., Graz 1948, Ref. Nr. 12.

[15] Grube, W. L.: Metal Progress 57 (1950), S. 341/45, J. Metals 3 (1951), S. 1171/73.

hergestellt, der nach dem Schattieren im Durchstrahlungselektronenmikroskop photographiert werden kann. Bei etwa 6000- bis 8000facher Vergrößerung werden auch die kleinsten Karbidkörner und weitere Einzelheiten im Gefüge sichtbar gemacht.

Bei der Beurteilung des Gefüges von Hartmetallen hat man zwischen WC-Co-, WC-TiC-Co- und WC-TiC-TaC(NbC)-Co- bzw. anderen Mehrkarbidlegierungen zu unterscheiden.

Abb. 154 bis 158 zeigen Gefüge von WC-Co-Hartmetallen, und zwar Abb. 154 und Abb. 155 ein solches mit etwa 8% Kobalt, die Abb. 156 bis 158 solche mit 8, 12 und 20% Kobalt. An Hand dieser

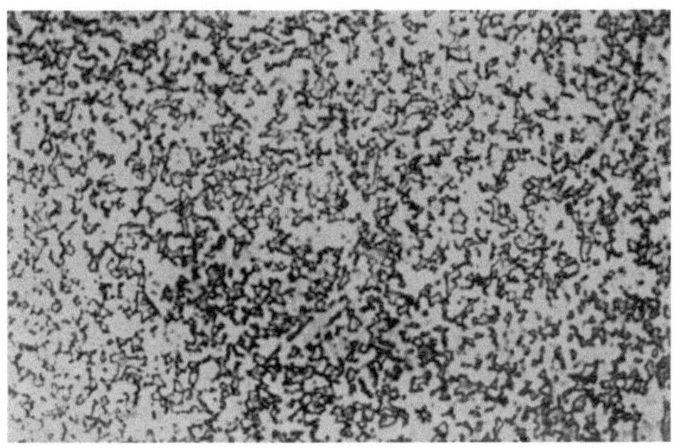

Abb. 154. Gefüge von WC-Co-Hartmetall mit etwa 8 % Co, druckgesintert, a_1-Phase (× 2000)

Bilder sollen die bei WC-Co-Hartmetallen auftretenden Gefügephasen erläutert werden[1]. Abb. 154 stellt einen Gefügetypus dar, dessen überwiegendes und kennzeichnendes Gefügeelement nicht umkristallisiertes Wolframkarbid ist, welches im wesentlichen die Größe und unregelmäßige Form des Wolframkarbidausgangspulvers hat. Man bezeichnet diese Form des Wolframkarbides als α_1-Gefügephase*. Dieser Gefügebestandteil ist stark metastabil, kann aber durch eine Sinterbehandlung irreversibel in den stabilen Zustand überführt werden. Das vorliegende, durch Drucksinterung hergestellte Hartmetall zeichnet sich durch Härte und durch einen besonders hohen Elastizitätsmodul aus. Die Hartmetalle gemäß den Abb. 155

---

* Über die Bezeichnung der Gefügephasen und ihre Entstehung vgl. die Ausführungen auf S. 409.

[1] Kölbl, F. in H. Freund: Handbuch der mikroskopischen Untersuchungsmethoden in der Technik, Umschau-Verlag, Dr. Breidenstein, Frankfurt/Main, demnächst.

bis 158 zeigen bereits umkristallisiertes Wolframkarbid, und zwar Abb. 155 in Form von mittelgroßen bis großen wohlausgebildeten Kristallen, die Abb. 156 bis 158 in Form von kleinen bis

Abb. 155. Gefüge von WC-Co-Hartmetall mit etwa 8 % Co, α_2-Phase, grobkörnig (× 2000)

mittelgroßen Kristallen. Diese Gefügeform der α-WC-Phase wird als α_2-Phase bezeichnet. Die mittelgroßen bis großen α_2-Kri-

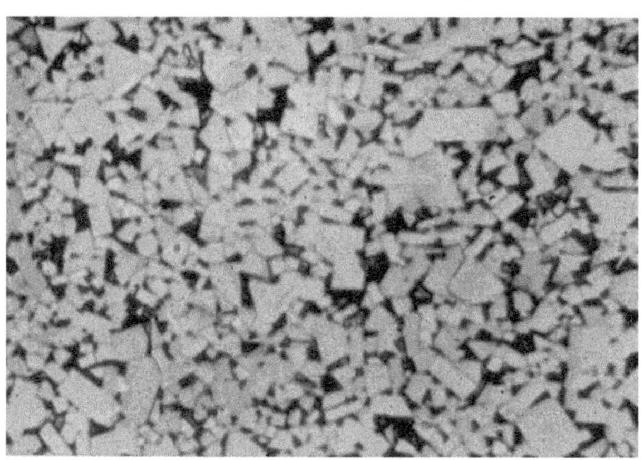

Abb. 156. Gefüge von WC-Co-Hartmetall und etwa 8 % Co, α_2-Phase, feinkörnig (× 2000)

stalle sind dem stabilen Gefügezustand bereits wesentlich näher als die früher gezeigten α_1-Kristalle. Die durch Sammelkristallisation entstandenen, gut ausgebildeten α_2-Kristalle haben meist die Form eines trigonalen Prismas, dessen Grundfläche ein gleichseitiges Dreieck ist. Auch in Form von rechteckigen Prismen wurden α_2-Kristalle beobachtet. Im Schliffbild erscheinen die α_2-Kristalle im Schnitt meist als trapezoidförmige Flächen oder gleichseitige Dreiecke.

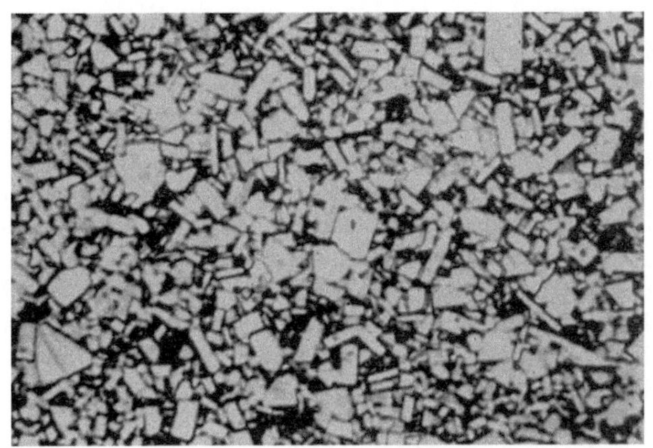

Abb. 157. Gefüge von WC-Co-Hartmetall mit 12 % Co (× 2000)

Ein Vergleich der Hilfsmetallphase bei den Schliffbildern 154 bis 158 zeigt, daß bei dem druckgesinterten Hartmetall gemäß

Abb. 158. Gefüge von WC-Co-Hartmetall mit 20 % Co (× 2000)

Abb. 154 das Kobalt in zahlreichen, sehr feinen Einlagerungen, bei dem Hartmetall gemäß Abb. 155 in Form von breiten Einlagerungen zwischen den Wolframkarbidkristallen vorhanden ist. Das Kobalt enthält etwas Wolframkarbid in fester Lösung (γ-Phase).

Bei der quantitativen Auswertung der Gefügebilder zwecks Feststellung des volumenmäßigen Anteiles an Hilfsmetall ist zu berücksichtigen, daß die dunkel erscheinenden Flächen auch Poren und gegebenenfalls Graphitausscheidungen aufweisen können. Bei den Hartmetallen gemäß Abb. 154 bis 156 sind die Wolframkarbidkristalle so dicht gelagert, daß sie einander berühren und daß nur die Lücken des Karbidgerüstes mit Hilfsmetall ausgefüllt werden.

Die Abb. 157 und 158 zeigen, wie sich der Gefügeaufbau des Hartmetalles ändert, wenn der Kobaltgehalt z. B. auf 12 bzw. 20% gesteigert wird. Als Vergleich sei noch die Abb. 156 eines Hartmetalles mit 8% Kobalt herangezogen, welches Karbidkristalle mit etwa der gleichen Größe aufweist wie die Hartmetalle in Abb. 157 und 158. Bei einem Hartmetall mit 12% Kobalt (Abb. 157) schiebt sich das Hilfsmetall bereits an einigen Stellen zwischen die Wolframkarbidkristalle ein und unterbricht ihren Zusammenhang. Bei dem Hartmetall mit einem Kobaltgehalt von 20% (Abb. 158) liegen die Wolframkarbidkristalle größtenteils einzeln in einer zusammenhängenden Grundmasse aus Hilfsmetall.

Einen anderen Gefügeaufbau als WC-Co-Hartmetalle zeigen WC-TiC-Co- bzw. andere Mehrkarbidlegierungen, z. B. WC-TiC-TaC-(NbC)-Co-Hartmetalle. Bei diesen Hartmetallen tritt im Gefüge neben WC und dem Hilfsmetall eine neue Phase, nämlich der mehr oder weniger WC-enthaltende TiC-WC bzw. TiC-TaC(NbC)-WC-Mischkristall auf. Mit Hilfe der Feuerätzung kann man die einzelnen Phasen sehr gut unterscheiden und durch Ausplanimetrieren auch quantitativ bestimmen. Abb. 159 und 160 zeigen das durch Feuerätzung entwickelte Gefüge von WC-TiC-Co-Hartmetallen mit 5% TiC bzw. 16% TiC und 6% Co bzw. 8% Co, Rest WC. Die auf den Bildern hell erscheinenden, kantigen Kristallschnittflächen sind fast reines Wolframkarbid (α_2-Gefügephase). Die graue, rundliche Gefügephase ist der TiC-WC-Mischkristall (β-Phase). Die dunkel umrandet erscheinende Zwischensubstanz ist das Hilfsmetall (γ-Phase). Die 76 Gew.-% WC bei Abb. 160 müßten, wenn keine Mischkristallbildung eingetreten wäre, mit 53 Vol.-% am Gefügeaufbau beteiligt sein. Wie durch Ausplanimetrieren festgestellt werden kann, nimmt das Wolframkarbid jedoch nur 32 Vol.-% ein, der Rest liegt als TiC-WC-Mischkristall vor, welcher ein zusammenhängendes Gerüst bildet. Gelegentlich sind in TiC-Mischkristallen (β-Phase) noch Reste von nicht umgesetztem TiC zu sehen (β'-Phase).

Das Gefüge eines Hartmetalles mit höherem TiC-Gehalt ist in Abb. 161 zu sehen. Der Mischkristallanteil ist hier viel höher als in den Abb. 159 und 160.

Noch verwickelter werden die Verhältnisse, wenn weitere Karbide, z. B. TaC(NbC) zu WC-TiC-Co-Hartmetallen zulegiert werden. TiC und TaC bilden eine lückenlose Reihe von Mischkristallen und

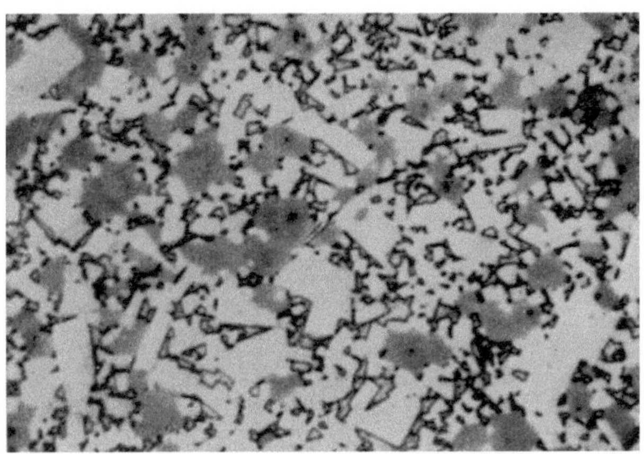

Abb. 159. Gefüge von WC-TiC-Co-Hartmetall mit 5 % TiC, 6 % Co, Rest WC (× 2000)

WC ist in TaC ebenso wie in TiC temperaturabhängig stark löslich. In im Gefügegleichgewicht befindlichen Hartlegierungen müßte

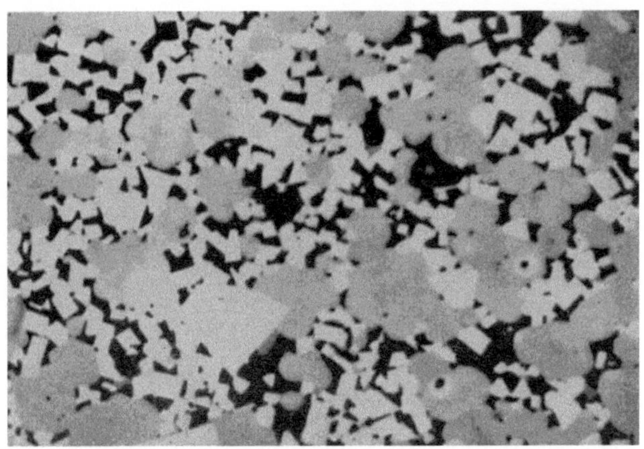

Abb. 160. Gefüge von WC-TiC-Co-Hartmetall mit 16 % TiC, 8 % Co, Rest WC (× 2000)

folglich WC (α_1-, α_2-Phase) und die Hilfsmetallphase neben einem homogenen TiC-TaC-WC-Mischkristall erscheinen. Unter technischen Sinterbedingungen erreicht man aber nicht immer das Gleichgewicht, so daß man im Schliffbild einer WC-TiC-TaC-Co-Legierung reines WC und oft zwei *inhomogene* TiC- bzw. TaC-reiche TiC-TaC-WC-Mischkristalle neben dem Hilfsmetall feststellen kann[1] (Abb. 162 und 163).

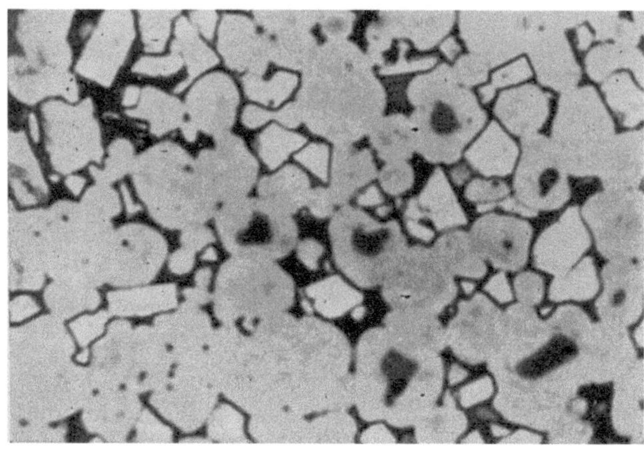

Abb. 161. Gefüge eines WC-TiC-Co-Hartmetalles mit 25% TiC, 6% Co, Rest WC (× 2000)

Im Gefüge von Hartmetallen, z. B. aus TiC, VC, ZrC sowie Mischkristallen dieser Karbide (wolframkarbidfreie Hartmetalle auf S. 501,

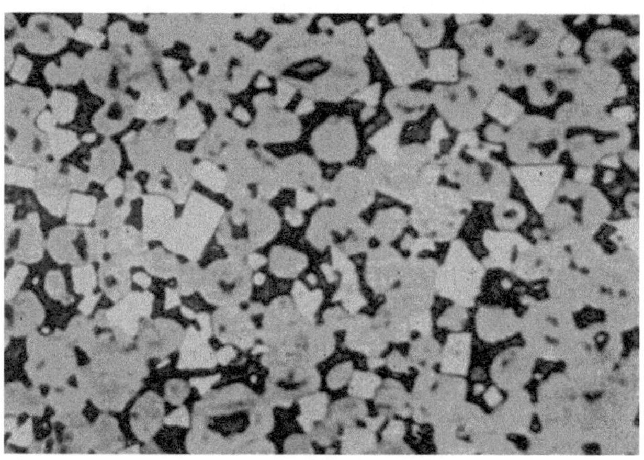

Abb. 162. Gefüge eines WC-TiC-TaC (NbC)-Co-Hartmetalles mit 18% TiC, 5% TaC (NbC),
7,5% Co, Rest WC (× 2000)

warm- und zunderfeste Hartmetalle auf S. 664) ist ebenso wie bei den WC-Co-Hartmetallen eine Karbid- bzw. Karbidmisch-

---

[1] Nowotny, H., R. Kieffer u. O. Knotek: Berg- u. Hüttenmänn. Mh. **96** (1951), S. 6/8.

kristallphase neben dem Bindemetall (z. B. Ni-Co, Co-Cr-Ni u. a.) zu sehen (s. Abb. 268).

Abb. 163. Gefüge eines WC-TiC-TaC (NbC)-Co-Hartmetalles mit 5 % TiC, 5 % TaC (NbC), 9 % Co, Rest WC (× 2000)

Die besprochenen Gefügebilder kann man auch bei mittleren Vergrößerungen besonders deutlich an langzeitgesinterten Legierungen

Abb. 164. Gefüge eines langzeitgesinterten WC-TiC-Co-Hartmetalles mit 5 % TiC, 10 % Co, Rest WC (× 2000)

beobachten. Nach R. Kieffer[1] gelingt es, durch sehr lange Sinterzeiten große Karbidkristalle und -mischkristalle zu züchten, welche

---

[1] Kieffer, R.: Z. Metallkde. 46 (1944), Nr. 9, Metallforschung 2 (1947), S. 236/38, Powder Met. Bull. 2 (1947), S. 104/11.

für die kristallographischen und sonstigen Eigenschaftsbestimmungen (Mikrohärte s. S. 427) besonders gut geeignet sind[1].

Abb. 164 zeigt ein durch Langzeitsinterung erhaltenes Hartmetall aus 5% TiC, 10% Co, Rest WC. Die auf der Abbildung hell erscheinenden balkenförmigen Kristalle stellen das Wolframkarbid dar, die dunkler gefärbten den TiC-WC-Mischkristall. Abb. 165 stellt ein langzeitgesintertes hochtitankarbidhaltiges Hartmetall (67% TiC, 25% WC und 8% Co) dar. Auf diesem Schliffbild ist Wolframkarbid als Gefügeelement nicht mehr festzustellen, die 67 Teile TiC haben die 25 Teile WC vollkommen gelöst und TiC-WC-Mischkristalle gebildet.

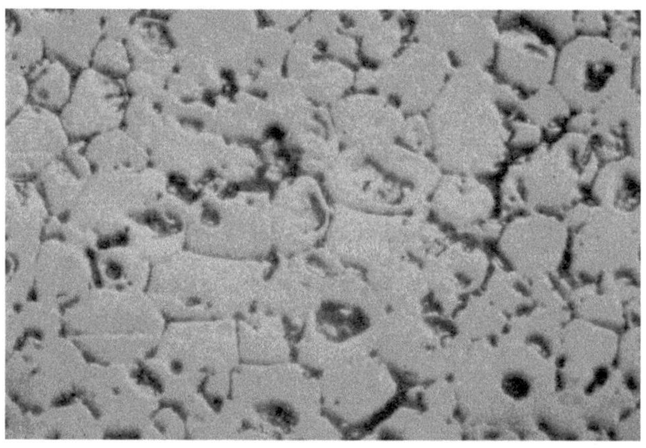

Abb. 165. Gefüge eines langzeitgesinterten WC-TiC-Co-Hartmetalles mit 67 % TiC, 8 % Co, Rest WC (× 2000)

Die Gefügeuntersuchung ist ferner ein vorzügliches Mittel, um Fehler in Hartmetallen festzustellen. Außer den bereits erwähnten Fällen, der auf zu hohe und zu lange Sinterung zurückzuführenden Grobkornbildung und der Sichtbarmachung von schädlichen Poren und Rissen, können auch Graphitausscheidungen, Doppelkarbide (η-Phase), Kobaltansammlungen und ganz allgemein verschiedene Einschlüsse, die aus Verunreinigungen der Ausgangsmaterialien oder aus dem Herstellungsprozeß stammen, metallographisch nachgewiesen werden[2-4].

Die Gefügeuntersuchung von Hartlegierungen auf Basis anderer Hartstoffe, z. B. Boride oder Silizide, muß, insbesondere was die

[1] Dawihl, W.: Z. techn. Physik 21 (1940), S. 336/45.
[2] Oliver, A. E.: Vortrag IPT., Graz 1948, Ref. Nr. 11.
[3] Sandford, E. J.: Alloy Metals Rev. 7 (1949), Nr. 52, S. 2/12.
[4] Chaporova, I. N.: Zavod. Lab. 15 (1949), S. 799/805.

Ätzmethoden betrifft, dem betreffenden Werkstoff angepaßt werden. Bei harten, bindemetallfreien Materialien besteht die Gefahr, daß beim Schleifen zahlreiche Kristalle aus dem Verband herausgerissen werden. Nach einem sehr praktischen Vorschlag von R. Wachtell[1] schleift man solche Körper, z. B. heißgepreßtes bindemetallfreies Zirkonborid, auf einer mittels feinstem Karborundum-Mehl aufgerauhten Glasplatte. Ein derartig hergestelltes Präparat zeigen die Abb. 273 und 274, S. 673/74.

9. Prüfung des Zerspanungsleistung

Während die Untersuchung und Kontrolle der Härte, Zähigkeit und des Gefügeaufbaues von Hartmetallen vornehmlich den Erzeuger interessieren, ist für den Verbraucher die aus den genannten Eigenschaften resultierende Zerspanungsleistung von entscheidender Bedeutung. Die Bestimmung der Leistungsfähigkeit des Hartmetalles beim Dreh- bzw. Fräs-, Hobel- oder Bohrversuch gehört daher zu den wesentlichsten Eignungsprüfungen. Um die Zerspanungsleistung verschieden zusammengesetzter Sinterhartmetalle unter verschiedenen Schnittbedingungen überblicken zu können, nimmt man in bekannter Weise sogenannte T-v-Kurven auf (T = Standzeit der Schneide in Minuten, v = Schnittgeschwindigkeit, in Meter/Minute). Im doppeltlogarithmischen Koordinatensystem erscheinen diese Kurven in Abhängigkeit vom Spanquerschnitt als Schar paralleler Geraden. Der Verlauf der Geraden ist, bei sonst gleichbleibenden Bedingungen, abhängig von den Eigenschaften des bearbeiteten Werkstoffes und vom Schneidwerkstoff (s. S. 611).

Die Ermittlung der Standzeitkurve ist recht zeitraubend und kostspielig. Bei Zerspanungsversuchen mit Hartmetall kann auch der Punkt des Erliegens der Schneide nicht so deutlich festgestellt werden wie beim Schnellstahl, bei dem in diesem Fall die sogenannte Blankbremsung auftritt. Beim Hartmetall erfolgt vielmehr der Abbau der Schneide allmählich unter dem kombinierten Einfluß der Fasenstumpfung an der Freifläche und der Auskolkung an der Spanfläche (vgl. die Ausführungen auf S. 606). Zwecks Bestimmung der Standzeit eines Hartmetallwerkzeuges wird als Maßstab für die Abstumpfung in der Regel eine bestimmte Verschleißmarkenbreite (z. B. 0,3 bis 0,5 mm) auf der Freifläche gewählt. Bei der Bearbeitung langspanender Werkstoffe ist auch der Kolkverschleiß von größter Bedeutung. Die Beurteilung der Auskolkung erfolgt subjektiv bzw. grob quantitativ durch Ausmessen der Kolkbreite bzw. des Kolkvolumens.

---

[1] Wachtell, R.: Powder Met. Bull. 6 (1951), S. 62/66.

Man kann auch das Anwachsen der Verschleißmarkenbreite mit zunehmender Zerspanungszeit schrittweise messen und im doppeltlogarithmischen Maßstab die B-T'-Geraden ermitteln. Wendet man bei gleichen Spanquerschnitten verschiedene Schnittgeschwindigkeiten an, dann kann man daraus die T-v-Geraden graphisch ermitteln.

Um die Standzeitversuche abzukürzen, sind zahlreiche Verfahren vorgeschlagen worden. Man arbeitet z. B. nur bis zu einer Verschleißmarkenbreite von 0,1 mm und erhält dann die sogenannten $T_{0,1}$-v-Kurven.

Sogenannte künstliche Standzeitkurven kann man auch aus der Schnittemperatur, welche verhältnismäßig einfach zu bestimmen ist, aufstellen[1]. Über weitere Verfahren vgl. das umfangreiche Schrifttum[2,3].

Bei der laufenden Betriebskontrolle stellt man in der Regel nicht vollständige T-v-Kurven auf, sondern begnügt sich mit einem *Kurzzerspanungsversuch*. Unter den für den betreffenden Werkstoff möglichst extremen Schnittbedingungen ermittelt man nach einer einheitlichen kurzen Drehzeit (3 Minuten) die Fasenstumpfung und gegebenenfalls die Auskolkung. Diese Art der Prüfung ergibt natürlich nur Vergleichswerte.

Für die Durchführung des Zerspanungsversuches sind leistungsfähige Drehbänke, gegebenenfalls Hobelbänke, Fräsmaschinen oder Bohrmaschinen, welche die entsprechenden Schnittgeschwindigkeiten erlauben, erforderlich. Zerspant werden beim Drehversuch Wellen aus den betreffenden Werkstoffen (z. B. Grauguß, Stahl, Leichtmetall u. a.), gegebenenfalls mit Nuten, welche die Prüfung mit unterbrochenem Schnitt ermöglichen. Im übrigen müssen alle Regeln eingehalten werden, welche bei der Bearbeitung mit Hartmetall zu beachten sind. Das Ausmessen der Verschleißmarken erfolgt unter dem Mikroskop.

10. Sonstige Prüfverfahren

Außer den genannten Prüfungen werden natürlich, zwecks Bestimmung weiterer Eigenschaftsgrößen von Hartmetallen, gelegentlich auch andere Untersuchungen vorgenommen. So z. B. wird die Wärmeleitfähigkeit, die Wärmeausdehnung, die elektrische Leit-

---

[1] Lang, M.: Prüfen der Zerspanbarkeit durch Messung der Schnitttemperatur. C. Hanser-Verlag, München 1949.

[2] Leyensetter, W.: Grundlagen und Prüfverfahren der Zerspanung. R. K. W. Veröffentlichung Nr. 114, B. G. Teubner, Leipzig/Berlin 1938.

[3] Schallbroch, H. u. H. Bethmann: Kurzprüfverfahren der Zerspanbarkeit. B. G. Teubner, Leipzig 1950.

fähigkeit, die Druckfestigkeit, der Elastizitätsmodul, die Schlagbiegefestigkeit, die Dauerstandsfestigkeit, das Verschleißverhalten,
die Korrosions- und Zunderbeständigkeit u. a. bestimmt. Eine
Beschreibung der entsprechenden Prüfverfahren würde hier zu weit
führen. Literaturhinweise sind in Kap. XII zu finden. Auf S. 593
werden noch Angaben über die Prüfung der Schweißneigung, auf
S. 521 über die Verschleißprüfung und auf S. 637 über die Warmfestigkeit, Bestimmung der Temperaturwechselbeständigkeit und über
das Zunderverhalten gemacht.

XII. Eigenschaften der Hartmetalle

Einleitung

Überblickt man die große Zahl der Hartmetalle, welche erzeugt
werden, und solche, die nur versuchsmäßig oder im Rahmen wissenschaftlicher Arbeiten geprüft wurden, dann kann man zunächst
zwei Gruppen unterscheiden:

1. marktgängige Hartmetalle,
2. nichtmarktgängige Hartmetalle.

Innerhalb der Gruppe der Hartmetalle, welche zum normalen
Erzeugungsprogramm der Hartmetallhersteller gehören, kann man
bezüglich der Anwendungsgebiete wiederum zwei große Untergruppen
unterscheiden. Die erste umfaßt Hartmetalle, die vorzugsweise zur
Bearbeitung *kurzspanender Werkstoffe*, wie z. B. Guß, Glas, Porzellan u. a. dienen. Dafür werden heute fast ausschließlich *WC-Co-
Hartmetalle*, gegebenenfalls unter Zusatz kleiner Mengen Zweitkarbide
eingesetzt. Diese Hartmetalle werden auch für Verschleißteile (Ziehsteine, Matrizen und viele andere, vgl. auf S. 526) benützt. Die zweite
Untergruppe umfaßt Mehrkarbidhartmetalle, welche für die Bearbeitung *langspanender Werkstoffe*, z. B. Stähle aller Art, herangezogen werden. Je nach Zusammensetzung kann man hier Hartmetalle auf Basis *WC-TiC-Co*, *WC-TaC(NbC)-Co* und *WC-TiC-TaC
(NbC)-Co* unterscheiden.

Bei geringen bis mittleren Gehalten an TiC- bzw. TaC(NbC)
können die angeführten Legierungen auch für die Bearbeitung kurzspanender Werkstoffe benutzt werden, so daß es gelingt, für nicht
allzu extreme Schnittbedingungen *Universalhartmetalle* für die Bearbeitung kurz *und* langspanender Werkstoffe herzustellen.

Bei den nichtmarktgängigen Hartmetallen ist nach wie vor die
Gruppe der sogenannten *wolframkarbidfreien* Legierungen von größ-
tem Interesse, da Wolfram ein verhältnismäßig teurer, auf dem
Weltmarkt gelegentlich knapper Rohstoff ist.

A. Marktgängige Hartmetallsorten

1. WC-Co-Hartmetalle

Wie bereits auf S. 335 bei der geschichtlichen Entwicklung ausgeführt wurde, waren die WC-Co-Hartlegierungen die ersten Sinterhartmetalle, welche großtechnische Bedeutung erlangt haben. Diese Gruppe der Hartmetalle dient vornehmlich für die Bearbeitung kurzspanender Werkstoffe und für Verschleißteile[1-10]. Zahlentafel 90

Zahlentafel 90. *Zusammensetzung und*

Zusammensetzung % Sollanalyse		Dichte g/cm³	Rockwell-Härte R_A	Vickers-Härte kg/mm²	Biegebruch-festigkeit kg/mm²
WC	Co				
100	—	15,7	92 bis 94	1800 b. 2000	30 bis 50
97	3	15,1 bis 15,2	90 bis 93	1600 b. 1700	100 bis 120
95,5	4,5	15,0 bis 15,1	90 bis 92	1550 b. 1650	120 bis 140
94 b. 94,5*	5,5 bis 6	14,8 bis 15,0	90 bis 91	1500 b. 1600	160 bis 180
94 b. 94,5**	5,5 bis 6	14,8 bis 15,0	91 bis 92	1600 b. 1700	140 bis 160
91	9	14,5 bis 14,7	89 bis 91	1400 b. 1500	150 bis 190
90	10	14,3 bis 14,5	88,5 bis 90,5	1350 b. 1450	155 bis 195
89	11	14,0 bis 14,3	88 bis 90	1300 b. 1400	160 bis 200
87	13	14,0 bis 14,2	87 bis 89	1250 b. 1350	170 bis 210
85	15	13,8 bis 14,0	86 bis 88	1150 b. 1250	180 bis 220
80	20	13,1 bis 13,3	83 bis 86	1050 b. 1150	200 bis 240 (260)
75	25	12,8 bis 13,0	82 bis 84	900 b. 1000	180 bis 230 (270)
70	30	12,3 bis 12,5	80 bis 82	850 bis 950	—
—	100	8,7	—	125	—

* Grobe WC-Phase. ** Feinkörnige WC-Phase.

---

[1] Skaupy, F.: Metallkeramik, 4. Aufl., Verlag Chemie, Weinheim, Bergstr. 1950, S. 198.

[2] Kieffer, R. u. W. Hotop: Pulvermetallurgie und Sinterwerkstoffe, 2. Aufl., Springer-Verlag, Berlin/Göttingen/Heidelberg 1948, S. 296ff.

[3] Becker, K. Hochschmelzende Hartstoffe und ihre technische Anwendung, Verlag Chemie, Berlin 1933, S. 98ff.

[4] Schwarzkopf, P.: Powder Metall., Macmillan, New York 1947, S. 202ff.

[5] Goetzel, C. G.: Treatise on Powder Metallurgy, Vol. II, Interscience Publ., New York 1950, S. 123ff.

[6] Engle, E. W. in J. Wulff: Powder Metallurgy, Am. Soc. Met., Cleveland 1942, S. 436/53.

[7] Oswald, M.: Chim. & Ind., Fasc. No. 980, Dezember 1942.

[8] Hinnüber, J.: Z. VDI. **92** (1950), S. 111/17.

[9] Ammann, E.: Stahl u. Eisen **66/67** (1947), S. 124/26.

[10] Ammann, E. u. J. Hinnüber: Stahl u. Eisen **71** (1951), S. 1081/90.

zeigt zunächst übersichtlich, wie sich die physikalischen und mechanischen Eigenschaften von WC-Co-Hartmetallen mit steigendem Kobaltgehalt ändern[1]. Vergleichsweise sind auch die Eigenschaften von reinem WC und reinem Co mit aufgenommen. Bei den meisten Angaben handelt es sich um Mittelwerte; nur bei den Werten für Dichte, Härte und Biegebruchfestigkeit wurde auf die Angabe von Mittelwerten verzichtet, aber die Grenzen so gesetzt, daß sie die meisten Markenhartmetalle umfassen. Da die WC-Co-Hartlegierungen bei

Eigenschaften von WC-Co-Hartmetallen

Druckfestigkeit*** kg/mm²	Elastizitätsmodul*** kg/mm²	Wärmeleitfähigkeit cal/cm. sec. °C	Wärmeausdehnungskoeffizient $\beta \cdot 10^6$	Spezifischer elektrischer Widerstand Mikroohm·cm
300	72 200	—	5,7 bis 7,2	53
590	67 000	0,21	—	—
580	64 000	0,20	0 bis 300° 3,4 300 b. 600° 4,1	—
500	62 000	0,19	0 bis 300° 3,6 300 b. 600° 4,6	20
550	63 000	0,19	5	21
480	59 000	0,18	—	—
470	58 500	0,17	—	—
460	58 000	0,16	0 bis 300° 3,8 300 b. 600° 4,8	18
450	56 000	0,14	—	—
390	54 000	—	6	—
340	50 000	—	0 bis 300° 4,7 300 b. 600° 6,2	—
320	47 000	—	0 bis 300° 5,0 300 b. 600° 6,7	—
—	—	—	—	—
—	18 000	0,17	5,1	14

*** Mittelwerte.

gleicher Zusammensetzung mit wachsender Kornverfeinerung härter, mit Vergröberung der Karbidphase weicher und zäher, mit fallendem Gehalt an Gesamtkohlenstoff wiederum härter, mit steigendem Gehalt an freiem Kohlenstoff wiederum zäher und weicher werden, hat der Hartmetallfachmann viele metallurgische Mittel und Produktionskniffe an der Hand, die WC-Co-Sorten zu variieren und sie den speziellen Verwendungszwecken anzupassen. So wird z. B. die WC-Co-Legierung mit etwa 5,5% Co meist in einer grobkörnigeren, zäheren Sorte für normalen, weichen und mittelharten Guß und in einer feinkörnigeren, härteren Sorte zum Bearbeiten von hartem

---

[1] Kieffer, R. u. W. Hotop: Pulvermetallurgie und Sinterwerkstoffe, Springer-Verlag, Berlin/Göttingen/Heidelberg 1948, S. 296 ff.

und spezialhartem Guß, ferner auch zum Riffeln und Feinbohren
von Guß geliefert (vgl. hierzu die Varianten a) und b) in der Tabelle
„Anwendungsgebiete"). Man geht meist nicht fehl in der Annahme,
daß die höheren Härtewerte geringeren Werten der Biegebruchfestigkeit und spröderen Hartlegierungen, umgekehrt die niedrigeren
Härtewerte höheren Werten der Biegebruchfestigkeit und zäheren
Hartlegierungen zugeordnet sind. Gegenüber den TiC- und TaC(NbC)-
haltigen Hartmetallen weisen die WC-Co-Hartlegierungen bei gleichen
Kobaltgehalten höhere Zähigkeit und höhere Werte der Biegebruchfestigkeit sowie ferner eine bessere Leitfähigkeit der Wärme und
der Elektrizität auf. Die Oxydations- und Korrosionsfestigkeit ist
jedoch erheblich geringer, was wiederum eine starke Kleb- und
Schweißneigung zu Drehspänen zur Folge hat.

Zu den einzelnen Eigenschaften ist noch unter Berücksichtigung
sehr zahlreicher Literaturangaben folgendes auszuführen:

a) Dichte

Die Dichte von WC-Co-Hartmetallen ist in erster Linie abhängig
vom Kobaltgehalt und dem Sinterungsgrad. Da im System WC-Co bei Normaltemperatur keine wesentliche Mischkristallbildung auftritt, kann man die Dichte derartiger Legierungen nach der Mischungsregel errechnen. In Abhängigkeit vom Kobaltgehalt ergibt sich demnach ein Zusammenhang gemäß Abb. 166[1-8] (s. a. Abb. 177). Die tatsächlich bestimmten Dichten liegen aber meist 0,5 bis 3% unter den theoretischen Werten (gestrichelte Linie). Diese Abweichungen sind auf eine mehr oder weniger starke, unerwünschte Restporosität zurückzuführen, welche durch ungenügende Feinmahlung, Untersinterung, Übersinterung oder durch Verunreinigungen, wie z. B. Oxyde oder Gra-

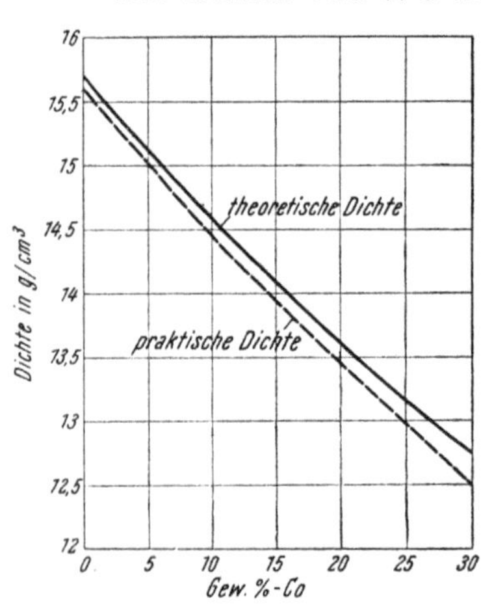

Abb. 166. Abhängigkeit der Dichte
von WC-Co-Hartmetallen vom
Kobaltgehalt

[1] Hoyt, S. L.: Trans. Am. Inst. min. metallurg. Engrs. 89 (1930), S. 9/58.
[2] Becker, K.: Physik Z. 34 (1933), S. 185/89.
[3] Sykes, W. P.: Am. Inst. min. metallurg. Engrs., Techn. Publ. Nr. 924 (1938).
[4] Sandford, E. J. u. E. M. Trent: Iron Steel Inst., Spec. Rep. Nr. 38, London 1947, S. 87/91.
[5] Mantle, E. C.: Metal Treatment 14 (1947), S. 141/48.
[6] Hinnüber, J.: Z. VDI. 92 (1950), S. 111/17.
[7] Petrdlik, M.: Hutnické Listy 4 (1949), S. 165/68.
[8] Ballhausen, C.: Stahl u. Eisen 72 (1952), S. 489/92.

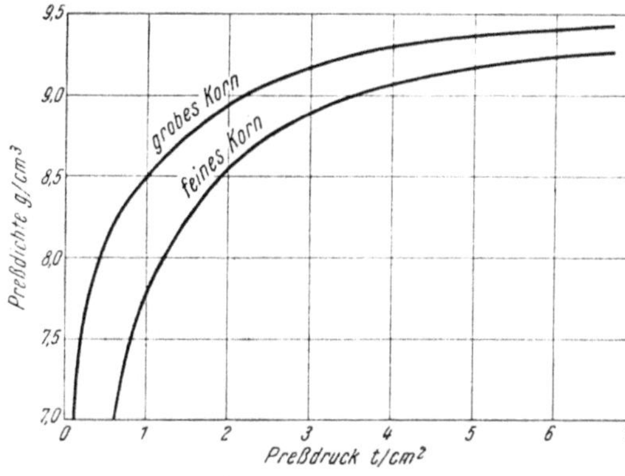

Abb. 167. Preßdichte von WC-Co-Preßlingen in Abhängigkeit vom Preßdruck und von der Korngröße (H. Burden)

phit, bedingt sein kann. Während die Höhe des Preßdruckes bei der Herstellung von WC-Co-Pulverpreßlingen (Abb. 167) keinen großen Einfluß auf die Enddichte des Sinterkörpers hat (vgl. auch die Ausführungen bei „Härte"), spielen Sintertemperatur und Sinterzeit eine entscheidende Rolle (Abb. 168). Dabei ist zu beachten, daß bei Überschreitung einer bestimmten

Sintertemperatur eine Dichteminderung (Aufblähung) eintritt[1], welche sich natürlich sehr ungünstig auf die Festigkeitswerte auswirkt (s. Abb. 141, S. 402)[2-4].

Durch Drucksintern kann man fast porenfreie Werkstoffe erzeugen, deren Dichten mit den theoretischen Werten (Abb. 166) praktisch übereinstimmen[5,6].

b) Härte

Zwischen dem Kobaltgehalt und der Härte (Rockwell-A- und Vickershärte) von WC-Co-Hartmetallen, die unter sonst gleichen Bedingungen hergestellt wurden, besteht ein enger Zusammenhang. Mit stei-

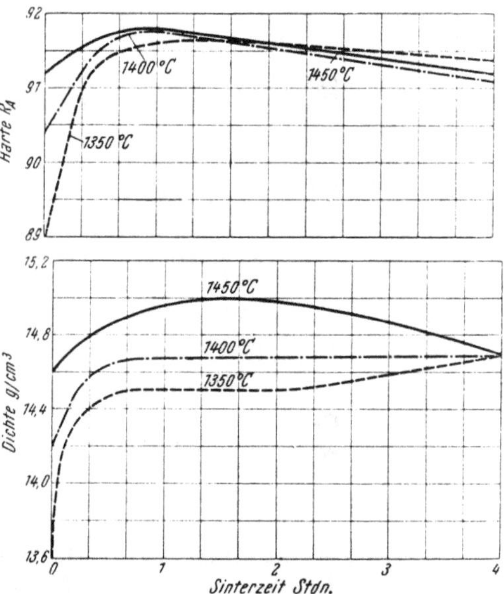

Abb. 168. Einfluß der Sintertemperatur und Sinterzeit auf die Dichte und Härte eines WC-Co.-Hartmetalles (6,25 % Co) (H. Burden)

[1] Dawihl, W.: Z. Metallkde. 42 (1951), S. 193/97.
[2] Mantle, E. C.: Metal Treatment 14 (1947), S. 141/48.
[3] Burden, H.: Iron Steel Inst., Spec. Rep. Nr. 38, London 1947, S. 78/83.
[4] Dawihl, W. u. J. Hinnüber: Koll. Z. 104 (1943), S. 233/36.
[5] Hoyt, S. L.: Trans. Am. Inst. min. metallurg. Engrs. 89 (1930), S. 9/58.
[6] Meerson, G. A. u. V. I. Schabalin: Tsvet. Metaly 4 (1940), Nr. 3, S. 77/85.

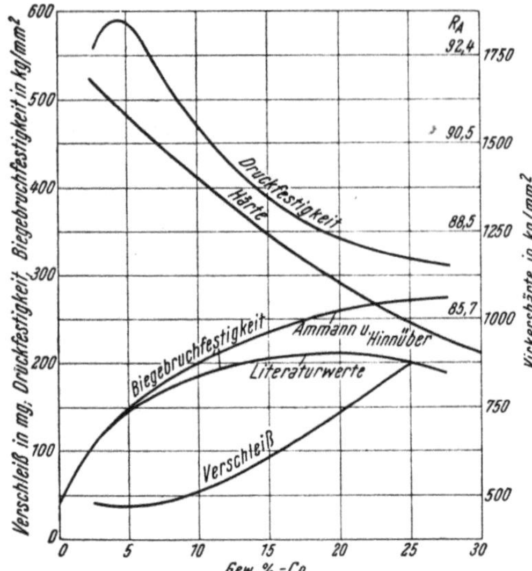

Abb. 169. Abhängigkeit der Härte, Biegebruchfestigkeit, Druckfestigkeit und des Verschleißes von WC-Co-Hartmetallen vom Kobaltgehalt

gendem Kobaltgehalt nimmt die R_A- bzw. Vickershärte gemäß Abb. 169 (s. auch Zahlentafel 90[1-11]) ab.

Wie schon mehrfach ausgeführt, wird die Härte von Hartmetallen von der Mikroporosität, am stärksten jedoch von der Korngröße der Karbidphase und der Feinstdispersion des Hilfsmetalles und Karbides, beeinflußt. Die Korngröße der Ausgangspulver, der Mahlungsgrad sowie Sintertemperatur und Sinterzeit werden daher bei sonst gleicher Zusammensetzung die Härte entscheidend beeinflussen. O. Meyer und W. Eilender[12] haben sehr eingehend die Änderung der Rockwell-A-Härte von WC-Co-Hartmetallen in Abhängigkeit von der Korngrößenverteilung, dem angewandten Preßdruck, der Sintertemperatur und Sinterzeit untersucht. Mit steigender Korngröße nimmt die R_A-Härte beträchtlich ab

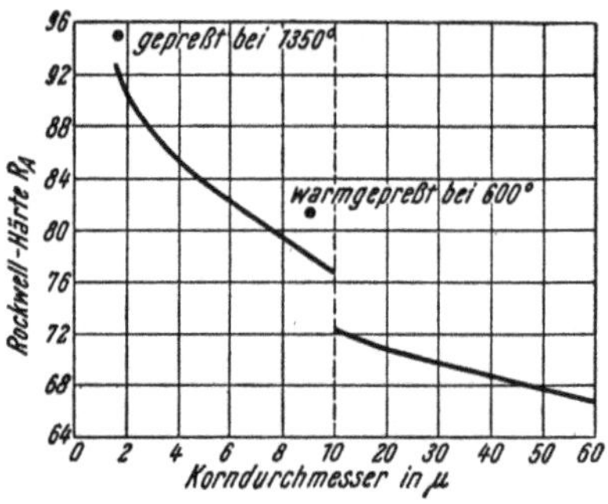

Abb. 170. Abhängigkeit der Härte eines WC-Co-Hartmetalles (etwa 8 % Co) von der Korngröße des Ausgangspulvers (O. Meyer u. W. Eilender)

---

[1] Hoyt, S. L.: Trans. Am. Inst. min. metallurg. Engrs. **89** (1930), S. 9/58.

[2] Agte, C.: Metallwirtsch. **9** (1930), S. 401/02.

[3] Becker, K.: Physik Z. **34** (1933), S. 185/98.

[4] Sykes, W. P.: Am. Inst. min. metallurg. Engrs., Techn. Publ. Nr. 924 1938).

[5] Sandford, E. J. u. E. M. Trent: Iron Steel Inst., Spec. Rep. Nr. 38, London 1947, S. 84/91.

[6] Mantle, E. C.: Metal Treatment **14** (1947), S. 141/48.

[7] Burden, H.: Metallurgia **38** (1948), S. 27/33, Alloy Metals Rev. **5** (1948), Nr. 47, S. 2/11.

[8] Sandford, E. J.: Alloy Metals Rev. **7** (1949), Nr. 52, S. 2/12.

[9] Hinnüber, J.: Z. VDI. **92** (1950), S. 111/17.

[10] Ammann, E. u. J. Hinnüber: Stahl u. Eisen **71** (1951), S. 1081/90.

[11] Ballhausen, C.: Stahl u. Eisen **72** (1952), S. 489/92.

[12] Meyer, O. u. W. Eilender: Arch. Eisenhüttenwes. **11** (1938), S. 545/62.

(Abb. 170, s. auch Zahlentafel 88). Je feiner das Pulver ist, um so niedriger kann der Preßdruck gewählt werden, um zu dichten und möglichst harten Körpern zu gelangen (Zahlentafel 91 und 92). Mit steigender

Zahlentafel 91. *Abhängigkeit der Härte von der Korngröße verschiedener WC-Co-Pulver nach der Sinterung bei 1500° (Co-Gehalt etwa 8%).* (O. Meyer u. W. Eilender)

Nr.	Korngröße μ	Preßdruck kg/cm^3	Härte R_A
1	60 bis 200	8000	n. b.
2	60 bis 25	8000	68
3	25 bis 15	8000	70,5
4	0 bis 15	8000	78,5
5	75% < 6	800	83,5
6	75% < 4	800	89
7	75% < 3	200	92

Zahlentafel 92. *Einfluß des Preßdruckes auf die Härte verschiedener WC-Co-Mischungen nach dem Sintern* (O. Meyer u. W. Eilender)

Grobpulver Nr. 4*		Feinpulver Nr. 6*		Feinpulver Nr. 7**	
Preßdruck kg/cm^2	Härte R_A	Preßdruck kg/cm^2	Härte R_A	Preßdruck kg/cm^2	Härte R_A
3000	71	100	87	20	89
4000	72	200	87	40	92
5000	75	400	87,5	70	90,5
6000	77	600	87,5	100	91
8000	78	700	88	200	91,5
10000	76,5	800	89	2000	89,5
15000	75	900	88	—	—
—	—	1000	87,5	—	—
—	—	2000	86,5	—	—
—	—	3000	86	—	—
—	—	5000	85	—	—

* Sintertemperatur 1500° C.
** Sintertemperatur 1400° C, Sinterzeit $^1/_2$ Stunde.

Sintertemperatur nimmt die Härte zu und erreicht bei einem bestimmten Punkt, der von der Korngröße und Zusammensetzung abhängig ist, einen Höchstwert, von dem sie dann infolge Rekristallisation der Karbidphase sowie später durch Aufblähung wieder abfällt (Abb. 171). Diese Beobachtung kann man auch machen, wenn die Sinterzeit übermäßig lange ausgedehnt wird (s. Abb. 168)[1].

---

[1] Burden, H.: Iron Steel Inst., Spec. Rep. Nr. 38, London 1947, S. 78/83.

Zu besonders dichten, porenfreien und harten Körpern gelangt man, nach S. L. Hoyt[1] u. a., wenn man die Sinterung unter Druck vornimmt[2-4]. Nach G. A. Meerson und V. I. Schabalin[5] erzielt man beim Heißpressen von WC-Co-Hartmetallen in Abhängigkeit vom Kobaltgehalt Härten und Dichten gemäß Zahlentafel 93.

Von größter Bedeutung für die Praxis ist die Warmhärte von Hartmetallen (s. S. 472 und 518). Aus der Abhängigkeit der Härte von der Temperatur gemäß Abb. 172 sieht man, daß

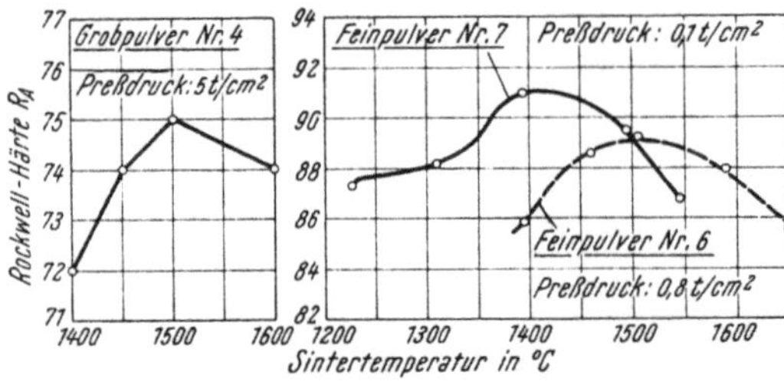

Abb. 171. Einfluß der Sintertemperatur auf die Härte verschiedener WC-Co-Pulver (etwa 8% Co) nach dem Sintern (O. Meyer u. W. Eilender)

z. B. bei 750° ein Hartmetall mit 6% Co noch härter ist als Schnellstahl in der Kälte.[6]

Zahlentafel 93. *Eigenschaften heißgepreßter WC-Co-Hartmetalle* (G. A. Meerson u. V. I. Schabalin)

Zusammensetzung %		Heißpreß-temperatur* °C	Nach-behandlung**	Härte R_A		Dichte g/cm³
WC	Co					
96	4	1450	—	90	bis 90,5	14,98
			geglüht	91	bis 91,5	14,99
94	6	1450	—	89,5	bis 90	14,80
			geglüht	90	bis 90,5	14,81
92	8	1425	—	87,5	bis 88	14,61
			geglüht	88,5	bis 89,5	14,60
90	10	1425	—	83	bis 84	porös
			geglüht	85	bis 86,5	porös
87	13	1400	—	80	bis 81	porös
			geglüht	82	bis 83	porös

* Heißpreßdauer: 3 Minuten
** Glühung bei 1400° 90 Minuten

[1] Hoyt, S. L.: Trans. Am. Inst. min. metallurg. Engrs. **89** (1930), S. 9/58.
[2] Meyer, O. u. W. Eilender: Arch. Eisenhüttenwes. 11 (1938) S. 545/62.
[3] Brokhin, I. S.: Vestn. Metallprom. **16** (1936), Nr. 14, S. 63/71, Nr. 15, S. 20/25.
[4] Genzelovich, M. I.: Automobil. Prom. (1946), Nr. 9/10, S. 20/21.
[5] Meerson, G. A. u. V. I. Schabalin: Tsvet. Metaly **4** (1940), Nr. 3, S. 77/85.
[6] Ammann, E. u. J. Hinnüber: Stahl u. Eisen **71** (1951), S. 1081/90.

Weitere Angaben über die Warmhärte von WC-Co-Hartmetallen werden von zahlreichen Autoren gemacht[1-6,]

Die Schwierigkeiten, welche bei der Bestimmung der Kalt- und Warmhärte von Hartmetallen auftreten, sind schon auf S. 425 besprochen worden. Es ist danach im allgemeinen schwer möglich, Härtewerte von Hartmetallen aus dem Fachschrifttum und aus Firmenangaben ohne weiteres miteinander zu vergleichen[7-9]. Dies gilt insbesondere von den Werten der Rockwell-A-Härte. Bei den Vickershärtewerten ist, sofern die Prüfung unter gleichen Bedingungen und mittels einwandfreier Pyramiden durchgeführt wurden, ein Vergleich eher möglich.

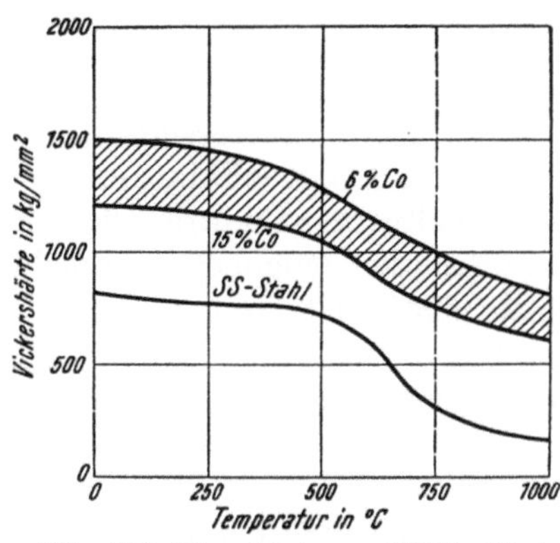

Abb. 172. Warmhärte von WC-Co-Hartmetallen im Vergleich zu Schnellstahl (E. Ammann u. J. Hinnüber)

c) Biegebruchfestigkeit

Die Biegebruchfestigkeit der Hartmetalle ist eine Eigenschaftsgröße, welche einen gewissen Aufschluß über die Zähigkeit des Materials gibt[10-21]. Die Biegebruchfestigkeit von WC-Co-Hartmetallen

[1] Navias, L. bei S. L. Hoyt: Trans. Am. Inst. min. metallurg. Engrs. 89 (1930), S. 9/58.

[2] Rapatz, F.: Z. VDI. 75 (1931), S. 965.

[3] Ammann, E.: Z. techn. Phys. 21 (1940), S. 332/35.

[4] Zmeskal, O.: Metal Progress 51 (1947), S. 86.

[5] Engle, E. W. in J. Wulff: Powder Metallurgy, Am. Soc. Met. Cleveland 1942, S. 436/53.

[6] Dawihl, W.: Z. techn. Phys. 21 (1940), S. 336/45.

[7] Comstock, G. J.: Iron Age 156 (1945), Nr. 9, S. 36 A/36 L.

[8] McKenna, P. M.: Iron Age 157 (1946), 2. Februar, S. 64/68.

[9] Ammann, E.: Stahl u. Eisen 66/67 (1947), S. 124/26.

[10] Hoyt, S. L.: Trans. Am. Inst. min. metallurg. Engrs. 89 (1930) S. 9/58.

[11] Agte, C.: Metallwirtsch. 9 (1930), S. 401/02.

[12] Comstock, G. J.: Trans. Am. Soc. Steel Treat. 18 (1930), S. 993/1008.

[13] Becker, K.: Physik. Z. 34 (1933), S. 185/88.

[14] Sykes, W. P.: Am. Inst. min. metallurg. Engrs., Techn. Publ. Nr. 924 (1938).

[15] Mantle, E. C.: Metal Treatment 14 (1947), S. 141/48.

[16] Sandford, E. J. u. E. M. Trent: Iron Steel Inst., Spec. Rep. Nr. 38, London 1947, S. 84/91.

[17] Burden, H.: Metallurgia 38 (1948), S. 27/33, Alloy Metals Rev. 5 (1948), Nr. 47, S. 1/11.

[18] Sandford, E. J.: Alloy Metals Rev, 7 (1949), Nr. 52, S. 2/12.

[19] Hinnüber, J.: Z. VDI. 92 (1950), S. 111/17.

[20] Ammann, E. u. J. Hinnüber: Stahl u. Eisen 71 (1951), S. 1081/90.

[21] Ballhausen, C.: Stahl u. Eisen 72 (1952), S. 489/92.

wächst mit steigendem Kobaltgehalt, ohne jedoch diesem direkt proportional zu sein (s. Abb. 169). Bei etwa 20 bis 25% Co wird ein Maximum erreicht. Bei noch höheren Kobaltgehalten fällt die Kurve der Biegebruchfestigkeitswerte steil ab. Dies hängt damit zusammen, daß einerseits oberhalb eines Gehaltes von etwa 25% Co auf dem normalen Wege eine Dichtsinterung sehr schwer erzielt werden kann, andererseits, daß die festigkeitssteigernde Brückenbildung zwischen den Karbidkörnern oberhalb 15% Co langsam aufhört und die Wolframkarbidkristalle mehr oder weniger frei in der Kobalt-bindemasse eingebettet erscheinen[1]. Allerdings nimmt die Biege-bruchfestigkeit unter bestimmten Herstellungsbedingungen nach E. Ammann und J. Hinnüber[2] auch bei Kobaltgehalten über 20% noch geringfügig zu (s. Vergleichskurve in Abb. 169).

Bei Kobaltgehalten bis etwa 10% kann bei Biegebeanspruchung bis zum Bruch keine bleibende Verformung beobachtet werden. Diese wird erst bei 20% Co übersteigenden Gehalten deutlich[3].

Wie sich die Biegebruchfestigkeit mit der Sintertemperatur ändert, ist in Abb. 140, S. 399 schematisch dargestellt. Bei Übersinterung tritt infolge von Kornwachstum und Aufblähungen ein starker Abfall der Biegebruchfestigkeit auf[1]. Unterkohlte Hartmetalle haben, bedingt durch die versprödend wirkende η-Phase, ebenfalls schlechte Biegebruchfestigkeitswerte.

Angaben über die Warmbiegebruchfestigkeit[4-6] von Hart-metallen, aus welchen man gewisse Schlüsse auf die Warmzerreiß-festigkeit ziehen kann, sind auf S. 650 zu finden.

Die Literaturwerte der Biegebruchfestigkeit sind, ähnlich wie die Härtewerte, nicht ohne weiteres vergleichbar. Nur auf ein und der-selben Prüfmaschine unter gleichen Bedingungen und an gleichen Stabquerschnitten gefundene Werte können in Vergleich zueinander gesetzt werden. Es ergeben sich sonst, über die sonst üblichen Schwankungen der Prüfung von 5 bis 10% hinaus, zwischen den einzelnen Proben weitere, von den Prüfbedingungen abhängige Streuungen, welche die von verschiedenen Erzeugern angegebenen Werte auf $\pm$ 15 bis 20% auseinanderziehen[7-9].

---

[1] Dawihl, W. u. J. Hinnüber: Koll. Z. **104** (1943), S. 233/36.

[2] Ammann, E. u. J. Hinnüber: Stahl u. Eisen **71** (1951), S. 1081/90.

[3] Dawihl, W.: Z. techn. Physik **21** (1940), S. 336/45.

[4] Hoyt, S. L.: Trans. Am. Inst. min. metallurg. Engrs. **89** (1930), S. 9/58.

[5] Becker, K.: Physik. Z. **34** (1933), S. 185/88.

[6] Brokhin, I. S.: Vestn. Metalloprom. **16** (1936), Nr. 14, S. 63/71, Nr. 15, S. 20/25.

[7] Comstock, G. J.: Iron Age **156** (1945), Nr. 9, S. 36 A/36 L.

[8] McKenna, P. M.: Iron Age **157** (1946), 2. Februar, S. 64/68.

[9] Ammann, E.: Stahl u. Eisen **66/67** (1947), S. 124/26.

d) Druckfestigkeit (Stauchverhalten)

Bei der Beanspruchung von Hartmetallen durch Druck tritt nach der elastischen Verformung keine plastische Verformung, sondern sofort der Bruch ein[1]. Die Druckfestigkeit von WC-Co-Hartmetallen nimmt in Abhängigkeit vom Kobaltgehalt gemäß Abb. 169 zunächst etwas zu, dann beträchtlich ab[2-8].

Beim Warmstauchen sind nach W. Dawihl und W. Rix[9] Hartmetalle den Stählen stark überlegen (Zahlentafel 94). Bei einem Druck

Zahlentafel 94. *Stauchung von Hartmetallen bei verschiedenen Temperaturen unter einem Druck von 1000 kg/cm² (W. Dawihl u. W. Rix)*

Stauchtemperatur	Stauchung % bei		
	WC-Co-Hartmetall 94/6	WC-TiC-Co-Hartmetall 78/16/6	Stahl 140 kg/mm²
600	0	0	0
900	0	0	40
1000	0,3	0,1	60
1100	1,8	0,8	—

von 1000 kg/cm² tritt selbst bei 1000° noch keine nennenswerte Stauchung ein. Angaben über das Verhalten von WC-Co-Hartmetallen bei Druckbeanspruchung in der Wärme werden auch von I. S. Brokhin[10] gemacht.

e) Schlagbiegefestigkeit

Einen Anhaltspunkt für die vergleichsweise zumutbare Schlagbeanspruchung von verschiedenen WC-Co-Legierungen gibt die Schlagbiegefestigkeit[11, 12].

---

[1] Dawihl, W.: Z. techn. Physik **21** (1940), S. 336/45.

[2] Engle, E. W. in J. Wulff: Powder Metallurgy, Am. Soc. Met., Cleveland 1942, S. 436/53.

[3] Jeffries bei S. L. Hoyt: Trans. Am. Inst. min. metallurg. Engrs. **89** (1930), S. 9/58.

[4] Comstock, G. J.: Trans. Am. Soc. Steel Treat. **18** (1930), S. 993/1008.

[5] Sandford, E. J.: Alloy Metals Rev. **7** (1949), Nr. 52, S. 2/12.

[6] Hinnüber, J.: Z. VDI. **92** (1950), S. 111/17.

[7] Ammann, E. u. J. Hinnüber: Stahl u. Eisen **71** (1951), S. 1081/90.

[8] Ballhausen, C.: Stahl u. Eisen **72** (1952), S. 489/92.

[9] Dawihl, W.: Z. Metallkde. **32** (1940), S. 320/25.

[10] Brokhin, I. S.: Vestn. Metalloprom. **16** (1936), Nr. 14, S. 63/71, Nr. 15, S. 20/25.

[11] Sandford, E. J.: Alloy Metals Rev. **7** (1949), Nr. 52, S. 2/12.

[12] Engle, E. W. in J. Wulff: Powder Metallurgy, Am. Soc. Met., Cleveland 1942, S. 436/53.

In Abhängigkeit vom Kobaltgehalt wurden an Bolzen mit 12 mm Durchmesser ohne Kerbe bei einseitiger Einspannung folgende Werte von J. Hinnüber[1] gefunden:

$$6\% \text{ Co } 100 \text{ cmkg}$$
$$11\% \text{ Co } 150 \text{ cmkg}$$
$$15\% \text{ Co } 185 \text{ cmkg}$$
$$20\% \text{ Co } 220 \text{ cmkg.}$$

In Abhängigkeit vom Sinterungsgrad ergaben sich bei einem WC-Co-Hartmetall mit 6% Co Schlagbiegefestigkeiten gemäß Abb. 173. Die Werte wurden an Stäben von etwa 6 × 6 mm Querschnitt ohne Kerbe bei 40 mm Auflageabstand ermittelt[2]. Die Kurve hat einen ähnlichen Verlauf wie jene, welche den Zusammenhang zwischen Sintertemperatur und Schwund (s. Abb. 141) bzw. Biegebruchfestigkeit (s. Abb. 140) darstellt. Bei einer der Zusammensetzung entsprechenden Sintertemperatur tritt ein Höchstwert der Festigkeit auf. Mit weiter steigender Temperatur findet dann infolge Auftretens erhöhter Porosität ein Abfall statt.

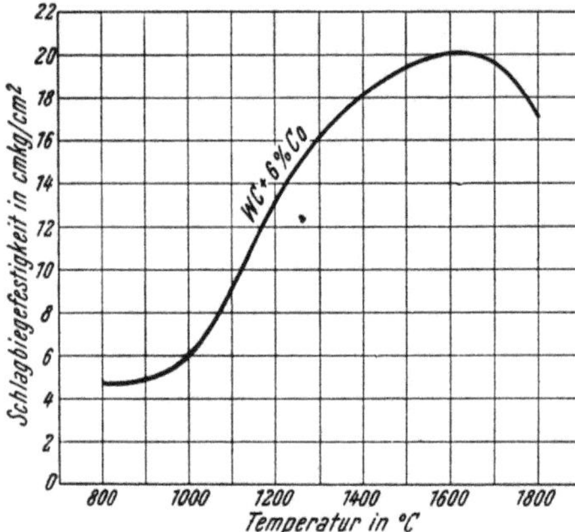

Abb. 173. Abhängigkeit der Schlagbiegefestigkeit eines WC-Co-Hartmetalles 94/6 von der Sintertemperatur

f) Zugfestigkeit und Dehnung

Diese Festigkeitsgrößen sind wegen der Sprödigkeit des Werkstoffes schwierig zu bestimmen. Bei WC-Co-Legierungen mit bis zu 10% Co konnte bis zum Bruch keine bleibende Verformung festgestellt werden. Auf die geringfügige elastische Verformung folgt ohne plastische Verformung der Bruch[3]. Die Trennfestigkeit eines WC-Co-Hartmetalles mit 6% Co, welches eine Biegebruchfestigkeit von 144 bis 165 kg/mm² hatte, beträgt nach C. Ballhausen[4] 36 bis 62 kg/mm². Legierungen, in welchen volumsmäßig der Kobaltanteil überwiegt, dürften eine Zugfestigkeit von etwa 85 kg/mm² haben.

Das Verhältnis von Zugfestigkeit zu Druckfestigkeit beträgt bei WC-Co-Hartmetallen etwa 1:3 (Schnellstahl 1:1,5, Glas 1:10 bis 1:20), von Zugfestigkeit zu Biegebruchfestigkeit etwa 1:2.

---

[1] Hinnüber, J.: Z. VDI. 92 (1950), S. 111/17.
[2] Kieffer, R. u. K. Messmer: Unveröff. Versuche 1950.
[3] Dawihl, W.: Z. techn. Phys. 21 (1940), S. 336/45.
[4] Ballhausen, C.: Persönliche Mitteilung 1951.

Bei .Hartmetallen mit 25% und mehr Co treten wie bei den TiC-Ni/Cr-Hartmetallen mit 60 bis 80% Hilfsmetall (s. S. 662) meßbare Dehnungswerte auf.

g) Warmfestigkeit und Dauerstandsfestigkeit

Die Warm- und Dauerstandsfestigkeit von Hartmetallen hat neuerdings großes Interesse erlangt, als man versuchte, sie als warmfeste Werkstoffe, Warmpreßmatrizen, Strangpreßmatrizen, Turbinenschaufeln u. a. einzusetzen. Bei den WC-Co-Hartmetallen interessieren diese Werte allerdings nur bei mittleren Temperaturen, da diese Werkstoffe bei höherer Arbeitstemperatur stark zu zundern beginnen. Von J. Hinnüber[1] wird die Dauerstandsfestigkeit eines Hartmetalles mit 6% Co bei 900° mit etwa 7 kg/mm² angegeben. Die Änderung der Festigkeit eines WC-Co-Hartmetalles mit 13% Co mit steigender Temperatur ist Zahlentafel 95 zu entnehmen[2].

Zahlentafel 95. *Warmfestigkeit eines WC-Co-Hartmetalles mit 13% Co*
(S. L. Hoyt)

Prüftemperatur °C	Biegebruchfestigkeit kg/mm²
20	174
800	137
850	127
900	105

h) Biegewechselfestigkeit

Die Biegewechselfestigkeit, welche beim Einsatz von Hartmetall für Konstruktionsteile von Bedeutung sein kann, beträgt nach W. Dawihl[3] bei zwei Millionen Lastspielen ± 46 kg/mm² für ein WC-Co-Hartmetall 94/6.

i) Elastizitätsmodul

Der Elastizitätsmodul von WC-Co-Hartmetallen interessiert gelegentlich bei der elastischen Beanspruchung dieser Werkstoffe (z. B. bei Brinellkugeln, Hartmetallwalzen, Hartmetallfedern u. a.). Werte von W. Köster und W. Rauscher[4] und andere sind in Zahlen-

---

[1] Hinnüber, J.: Z. VDI. **92** (1950), S. 111/17.
[2] Hoyt, S. L.: Gen. Electr. Co., Res. Lab. Rep. Nr. 535 (1930).
[3] Dawihl, W.: Stahl u. Eisen **61** (1941), S. 909/19.
[4] Köster, W. u. W. Rauscher: Z. Metallkde. **39** (1948), S. 111/20.

tafel 90 zusammengestellt. Der E-Modul nimmt im allgemeinen mit zunehmendem Kobaltgehalt ab[1-9] (Abb. 174). Die Temperaturabhängigkeit des Elastizitätsmoduls eines WC-Co-Hartmetalles 94/6 ist in Abb. 175 dargestellt.

In einer sehr eingehenden Untersuchung haben auch E. Lardner und N. B. McGregor[8] den Elastizitätsmodul von WC-Co und TiC-Co-Legierungen bei normaler und erhöhter Temperatur bestimmt. Die Autoren machen auch Angaben über die Poissonsche Zahl dieser Hartlegierungen. Die Ergebnisse stimmen im wesentlichen mit den Befunden von W. Köster und W. Rauscher überein.

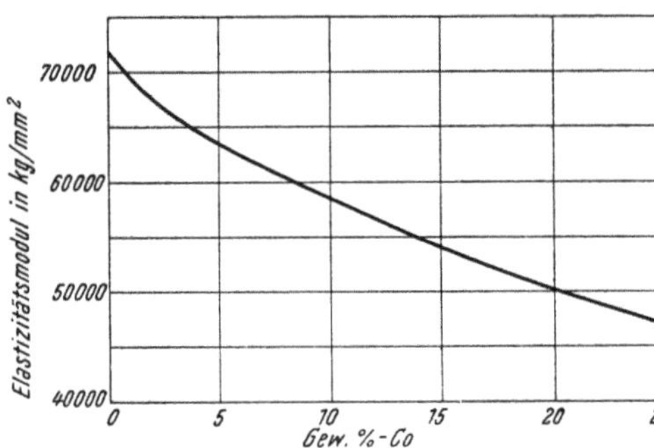

Abb. 174. Elastizitätsmodul von WC-Co-Hartmetallen in Abhängigkeit vom Kobaltgehalt (E. Ammann u. J. Hinnüber)

Zahlenmäßig liegt der E-Modul von Hartmetallen etwa dreimal so hoch wie der von Stahl. Die höchsten Werte haben die feinkörnigen WC-Co-Hartmetalle für Hartgußbearbeitung. Hartmetallkugeln für die Brinellprüfung flachen sich daher wesentlich weniger ab als Stahlkugeln und geben genauere Prüfergebnisse. Beim Präzisionswalzen harter Materialien sind Walzen aus Vollhartmetall den Stahlwalzen überlegen, weil sie sich weniger durchbiegen.

j) Torsionsmodul

Für ein WC-Co-Hartmetall mit 13% Co wird ein Torsionsmodul von 12 100 kg/mm² angegeben[10] (Schnellstahl 5660 kg/mm²).

[1] Kimball, A. L. bei S. L. Hoyt: Trans. Am. Inst. min. metallurg. Engrs. 89 (1930), S. 9/58.

[2] Engle, E. W. in J. Wulff: Powder Metallurgy, Am. Soc. Met., Cleveland, 1942, S. 436/53.

[3] Dawihl, W.: Z. techn. Physik 21 (1940), S. 336/45.

[4] McKenna, P. M.: Am. Inst. min. met. Engrs., Techn. Publ. 897 (1938).

[5] Sandford, E. J.: Alloy Metals Rev. 7 (1949), Nr. 52, S. 2/12.

[6] Hinnüber, J.: Z. VDI. 92 (1950), S. 111/27.

[7] Ammann, E. u. J. Hinnüber: Stahl u. Eisen 71 (1951), S. 1081/90.

[8] Lardner, E. u. N. B. McGregor: J. Inst. Met. 80 (1951/52), S. 369/74.

[9] Ballhausen, C.: Stahl u. Eisen 72 (1952), S. 489/92.

[10] Emmons, J. V. bei S. L. Hoyt: Trans. Am. Inst. min. metallurg. Engrs. 89 (1930), S. 9/58.

k) Wärmeleitfähigkeit

Die gute Wärmeleitfähigkeit der Hartmetalle im Vergleich zum Schnellstahl bedingt die hohe Leistungsfähigkeit der WC-Co-Legierungen bei der Bearbeitung kurzspanender Werkstoffe. Die Wärmeleitfähigkeit ist zwei- bis dreimal so hoch wie die von Schnellstahl (0,06 cal/cm · °C · sec)[1-5] (s. Zahlentafel 90).

Das Wiedemann-Franz-Verhältnis beträgt bei einem WC-Co-Hartmetall mit 13% Co $12,2 \cdot 10^{-6}$ Watt$/\Omega \cdot$ °C[6, 7].

l) Wärmeausdehnungskoeffizient

Die Wärmeausdehnung ist von Wichtigkeit bei der Verbindung von Hartmetallplatten oder -formstücken mit an-

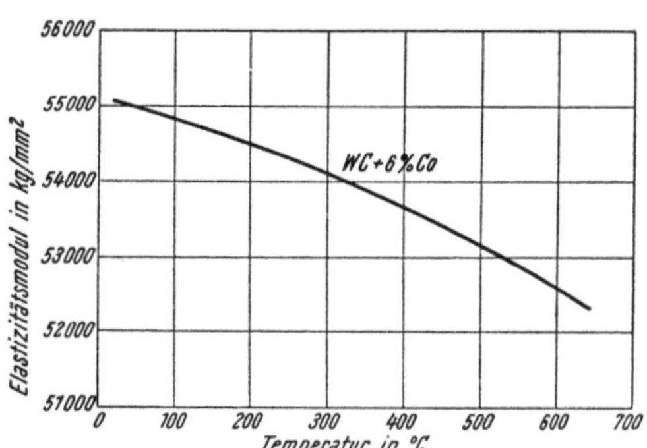

Abb. 175. Temperaturabhängigkeit des Elastizitätsmoduls eines WC-Co-Hartmetalles mit 6% Co (W. Köster u. W. Rauscher)

deren Werkstoffen, durch Löten oder Schrumpfen. Die Wärmeausdehnung von WC-Co-Hartmetallen nimmt mit steigendem Kobaltgehalt etwas zu (s. Zahlentafel 90)[2-5, 8-12]. Sie bleibt aber immer noch um die Hälfte kleiner als die von Schnellstahl.

Während unterhalb 10% Co das starre WC-Gerüst das Ausdehnungsverhalten bestimmt, ändert es sich über 10% Co (wo also sich das WC-Gerüst aufzulösen beginnt) nach der Mischungsregel[13].

---

[1] McKenna, P. M.: Am. Inst. min. metallurg. Engrs., Techn. Publ. Nr. 897 (1938).

[2] Comstock, G. J.: Trans. Am. Soc. Steel Treat. 18 (1930), S. 993/1008,

[3] Sandford, E. J. u. E. M. Trent: Iron Steel Inst., Spec. Rep. Nr. 38. London 1947, S. 84/91.

[4] Hinnüber, J.: Z. VDI. 92 (1950) S. 111/17.

[5] Ammann, E. u. J. Hinnüber: Stahl u. Eisen 71 (1951), S. 1081/90.

[6] Hoyt, S. L.: Gen. Electr. Co., Res. Rep. Nr. 535 (1930).

[7] Robinson, H. A. bei S. L. Hoyt: Trans. Am. Inst. min. metallurg. Engrs. 89 (1930), S. 9/58.

[8] Becker, K.: Physik. Z. 34 (1933), S. 185/98.

[9] Agte, C.: Metallwirtsch. 9 (1930), S. 401/02.

[10] Hidnert, P.: Phys. Rev. 35 (1930), S. 120, J. Res. Nat. Bur. Stand. 18 (1937), S. 47/52.

[11] Engle, E. W. in J. Wulff: Powder Metallurgy, Am. Soc. Met., Cleveland, 1942, S. 436/53.

[12] Ballhausen, C.: Stahl u. Eisen 72 (1952), S. 489/92.

[13] Dawihl, W. u. J. Hinnüber: Koll. Z. 104 (1943), S. 233/36.

m) Spezifische Wärme

Die spezifische Wärme[1] von WC-Co-Hartmetall mit 6 bzw. 11% Co beträgt nach J. Hinnüber[2] etwa 0,05 cal/g.

n) Elektrische Leitfähigkeit

Die elektrische Leitfähigkeit von WC-Co-Hartmetallen ändert sich mit dem Kobaltgehalt gemäß Zahlentafel 90[3-7].

o) Magnetische Eigenschaften

Literaturangaben über die magnetischen Eigenschaften sind spärlich[3, 8-10].

Wie schon auf S. 431 ausgeführt wurde, besteht zwischen dem Wert der magnetischen Sättigung und dem Kobaltgehalt (bzw. Doppel-karbidgehalt, η-Phase) einerseits und der Koerzitivkraft und dem Sinterungsgrad sowie der Korngröße andererseits ein Zusammenhang, der zur Gütekontrolle herangezogen werden kann. An WC-Co-Hart-metallen wurden für die magnetische Sättigung und Koerzitivkraft Werte gemäß Zahlentafel 96 gemessen. Sehr deutlich ist zu sehen, daß die Werte für die magnetische Sättigung mit steigendem Kobalt-gehalt zunehmen. Bei sonst gleicher Zusammensetzung hat die Legierung mit gröberem WC-Korn eine wesentlich niedrigere Koer-zitivkraft als die sehr feinkörnige Legierung für Hartgußbearbeitung.

Zahlentafel 96. *Magnetische Eigenschaften von WC-Co-Hartmetallen*

Zusammensetzung %	Magnetische Sättigung $4\pi\sigma$	Koerzitivkraft H_C
94 WC, 6 Co, grobkörnig	100 bis 110	145 bis 155
94 WC, 6 Co, feinkörnig	105 bis 108	225 bis 235
89 WC, 11 Co	150 bis 180	100 bis 110
85 WC, 15 Co	230 bis 250	90 bis 100
80 WC, 20 Co	290 bis 310	—
75 WC, 25 Co	350 bis 380	—
91,5 WC, 7 Co, 1,5 TaC-VC ...	120 bis 125	245 bis 255

[1] Hoyt, S. L.: Gen. Electr. Co., Res. Lab. Rep. Nr. 535 (1930).
[2] Hinnüber, J.: Stahl u. Eisen 62 (1942), S. 1083/91.
[3] Comstock, G. J.: Trans. Am. Soc. Steel Treat. 18 (1930), S. 993/1008.
[4] Agte, C.: Metallwirtsch. 9 (1930), S. 401/02.
[5] Robinson bei S. L. Hoyt: Trans. Am. Inst. min. metallurg. Engrs. 89 (1930), S. 9/58.
[6] Becker, K.: Phys. Z. 34 (1933), S. 185/98.
[7] Sandford, E. J. u. E. M. Trent: Iron Steel Inst., Spec. Rep. Nr. 38, London 1947, S. 84/91.
[8] Hoyt, S. L.: Trans. Am. Inst. min. metallurg. Engrs. 89 (1930), S. 9/58.
[9] B. I. O. S. Final Rep. Nr. 1385 (1945), S. 261/73, 316/24.
[10] Ammann, E. u. J. Hinnüber: Stahl u. Eisen 71 (1951), S. 1081/90.

p) Gefüge

Die Gefügeausbildung von WC-Co-Hartmetallen und deren Einfluß auf die Eigenschaften ist schon auf S. 437ff an Hand entsprechender Gefügebilder eingehend besprochen worden. Es sei nochmals auf die zahlreichen Arbeiten zum Gefügeaufbau von WC-Co-Hartmetallen verwiesen[1-16].

q) Korrosionsbeständigkeit und Zunderverhalten

Die Korrosionsbeständigkeit von Hartmetallen ist beim Einsatz in der chemischen Industrie oder beim Drahtzug von Bedeutung. Vergleichsweise Angaben über die Beständigkeit von Hartmetallen gegen Meerwasser, Säuren und Laugen werden von W. Dawihl[17] u. a.[18-21] gemacht.

In Zahlentafel 97 und 98 sind die Gewichtsverluste bei längerer Einwirkung verschiedener anorganischer Säuren und Natronlauge bei Zimmertemperatur und bei Siedetemperatur auf WC-Co-Hartmetalle zusammengestellt.

Hilfsmetallhaltige Hartmetallegierungen sind bei gewöhnlicher Temperatur gegen Schwefel- und Flußsäure beständig. Gegen Salzsäure und Salpetersäure sind sie nicht beständig. Besonders bei Siedetemperatur führt das Herauslösen des Kobalts zu erheblichem

---

[1] Schröter, K.: Z. Metallkde. **20** (1928), S. 31/33.

[2] Hoyt, S. L.: Trans. Am. Inst. min. metallurg. Engrs. **89** (1930), S. 9/58.

[3] Comstock, G. J.: Trans. Am. Soc. Steel Treat. **18** (1930), S. 993/1008.

[4] Becker, K.: Physik Z. **34** (1933), S. 185/98.

[5] Sykes, W. P.: Am. Inst. min. metallurg. Engrs., Techn. Publ. Nr. 924 (1938).

[6] Oswald, M.: Chim. & Ind. Fasc., Nr. 980, Dezember 1942.

[7] Dawihl, W. u. J. Hinnüber: Koll. Z. **104** (1943), S. 233/36.

[8] McKenna, P. M.: Iron Age **157** (1946), 2. Februar, S. 64/68.

[9] Redmond, J. C.: Iron Age **159** (1947), Nr. 5, S. 42/45 u. 150.

[10] Sandford, E. J. u. E. M. Trent: Iron Steel Inst., Spec. Rep. Nr. 38, London 1947, S. 84/91.

[11] Mantle, E. C.: Metal Treatment **14** (1947), S. 141/48.

[12] Sandford, E. J.: Alloy Metals Rev. **7** (1949), Nr. 52, S. 2/12.

[13] Hinnüber, J.: Z. VDI. **92** (1950), S. 111/17.

[14] Bleecker, W. H.: Iron Age **165** (1950), Nr. 21, S. 71/74.

[15] Chaporova, I. N.: Zavod. Lab. **15** (1949), S. 799/805.

[16] Ammann, E. u. J. Hinnüber: Stahl u. Eisen **71** (1951), S. 1081/90.

[17] Dawihl, W.: Chem. Fabr. **13** (1940), S. 133/35.

[18] McKenna, P. M.: Ind. Eng. Chem. **28** (1936), S. 767/72.

[19] Engle, E. W. in J. Wulff: Powder Metallurgy, Am. Soc. Met., Cleveland 1942, S. 436/53.

[20] Hinnüber, J.: Stahl u. Eisen **62** (1942), S. 1083/91.

[21] Gillespie, J. S. u. I. L. Wallace: Steel **130** (1952), 21. April, S. 84.

Angriff. Gegen Natronlauge ist die Beständigkeit auch bei Siedetemperatur gut. Hilfsmetallfreie Hartlegierungen zeigen im Vergleich
zu WC-Co-Hartmetallen bedeutend günstigeres Korrosionsverhalten.

Zahlentafel 97. *Angriff verschiedener Säuren auf Hartmetallegierungen bei
Zimmertemperatur* (W. Dawihl)

Angriffsmittel	Gewichtsverlust in g/24 h/m^2 (Gesamtangriffsdauer 50 h.)		
	WC mit 6% Co	WC mit 15% TiC und 6% Co	Hilfsmetallfreie Hartmetallegierung
Salpetersäure (10%) ...	133	67,0	2,0
Salpetersäure (30%) ...	69,5	—	5,9
Salpetersäure (65%) ...	89,0	—	—
Salzsäure (5%)	1,2	—	—
Salzsäure (20%)	26,5	9,0	1,2
Salzsäure (35%)	86,0	—	1,6
Schwefelsäure (10%) ...	2,4	1,7	1,7
Schwefelsäure (50%) ...	1,2	—	—
Flußsäure (20%)	15,0	17,0	1,3

Die Gewichtsverluste bei Einwirkung von verdünnter Schwefelsäure auf normal- und druckgesinterte WC-Co-Hartmetalle mit

Zahlentafel 98. *Angriff verschiedener Säuren und von Natronlauge auf Hartmetallegierungen bei Siedetemperatur* (W. Dawihl)

Angriffsmittel	Gewichtsverlust in g/m^2/24 h				
	WC mit 6% Co	WC mit 11% Co	WC mit 15% TiC u. 6% Co	WC-Legierung mit festerer Bindung des Hilfsmetalles	Hilfsmetallfreie Hartmetalllegierung
Salpetersäure (10%) .	173	800	102	59	48
Salzsäure (20%)	400	—	200	106	4,0
Schwefelsäure (10%)	154	360	28	7,2	2,1
Natronlauge (10%) ..	5,3	5,5	3,6	4,9	3,0

3 bis 11% Co sind nach J. Hinnüber[1] in Zahlentafel 99 zusammengestellt. Daraus ist zu entnehmen, daß diese Hartmetalle gegen H_2SO_4
gut beständig sind, was von Wichtigkeit bei der Anwendung derartiger Legierungen beim sauren Drahtzug ist.

Beim Einsatz von Hartmetall als warmfester Werkstoff an Luft
(Turbinenschaufeln, Düsen, Warmpreßwerkzeugen u. a.) ist das
Zunderverhalten von ebenso großer Bedeutung wie bei der Verwendung

---

[1] Hinnüber, J.: Stahl und Eisen **62** (1942), S. 1083/91.

von Karbidschneidlegierungen beim Zerspanungsvorgang, wobei an der Schneide Temperaturen von 700 bis 1100° auftreten können. Die WC-Co-Hartmetalle haben im allgemeinen ein schlechtes Zunderverhalten, da die bei höherer Temperatur an Luft sich bildenden

Zahlentafel 99. *Angriff von Schwefelsäure auf WC-Co-Hartmetalle* (J. Hinnüber)

Kobalt %	Gewichtsverlust in g/h·m² (50 Stunden Angriffsdauer)					
	bei 50°			bei Siedetemperatur		
	H_2SO_4			H_2SO_4		
	1 %	5 %	10 %	1 %	5 %	10 %
3*	0,16	0,20	0,23	0,24	0,26	0,43
3**	0,60	0,63	0,61	2,33	3,44	3,65
6	0,72	1,01	1,05	6,07	8,4	11,9
11	0,72	1,28	1,15	6,97	20,9***	44,8***

* Druckgesintert.
** Normal gesintert.
*** Kanten leicht abgebröckelt.

Oxydschichten nicht dicht und festhaftend sind[1-5]. Die TiC-haltigen Hartmetalle und insbesondere Hartmetalle, die an Stelle von Kobalt mit zunderbeständigen Legierungen abgebunden sind, zeigen demgegenüber eine hervorragende Zunderbeständigkeit (vgl. S. 663).

r) Zerspanungsleistung

Auf die Zerspanungsleistung von WC-Co-Hartmetallen in Abhängigkeit von der Zusammensetzung und der Gefügeausbildung soll hier nicht näher eingegangen werden. Diese Frage wird in Kap. XIV zusammenfassend behandelt. Es sei hier nur auf die interessanten Zusammenhänge zwischen Kornfeinheit und Standzeit verwiesen (Zahlentafel 100) auf die E. Ammann und J. Hinnüber[6] aufmerksam machten.

s) Verschleißverhalten

Über das Verschleißverhalten von WC-Co-Hartmetallen sind wegen der Schwierigkeit der Untersuchung (vgl. S. 522) verhältnismäßig wenig Vergleichswerte zu finden. F. Kölbl[7] bestimmte bei einem

---

[1] Klingohr, O.: Werkstatttechnik **26** (1933), S. 133/34.
[2] Metcalfe, A. G.: Metal Treatment **13** (1946), S. 127/33.
[3] Sandford, E. J.: Alloy Metals Rev. **7** (1949), Nr. 52, S. 2/12.
[4] Hinnüber, J.: Maschinenmarkt **55** (1949), S. 38/40.
[5] Kieffer, R. u. F. Kölbl: Z. anorg. Chem. **262** (1950), S. 229/46.
[6] Ammann, E. u. J. Hinnüber: Stahl u. Eisen **71** (1951), S. 10 1/90.
[7] s. Kieffer, R. u. F. Benesovsky: Industrie u. Technik **3** (1948), S. 251/57.

normalgesinterten und druckgesinterten WC-Co-Hartmetall (5% Co) nach der Ammannschen Sandstrahlmethode[1] einen Gewichtsverlust von 0,9 bzw. 0,35 g und Verschleißvolumen von 68 bzw. 22 mm³. Die Abhängigkeit des Sandstrahlverschleißes vom Kobaltgehalt ist

Zahlentafel 100. *Einfluß der Gefügeausbildung auf das Leistungsverhalten von WC-Co-Hartmetallen* (E. Ammann u. J. Hinnüber)

Hartmetall	Gefügeausbildung etwa %		Härte R_A	Biegebruch-festigkeit kg/mm²	Standzeit* Minuten
	a_1	a_2			
WC-Co 94/6	34	65	90,5	160	5
WC-Co 94/6, fein-körnig	92	8	91,5	150	35
WC-Co (0,5% VC, 1% TaC)	98	2	92,5	135	60

* v = 12 m/Min., a = 2 mm, s = 0,2 mm/U. Gußeisen 440 H_B, Verschleißmarkenbreite B = 0,3 mm

nach E. Ammann und J. Hinnüber[2] in Abb. 169, S. 452 dargestellt. Der Verschleiß von Hartmetallen ist nach N. Sawin[3] stark von der Porosität abhängig (vgl. S. 523). Auch die Gefügeausbildung hat nach J. Hinnüber[2,4], wie Zahlentafel 101 zeigt, einen großen

Zahlentafel 101. *Sandstrahlverschleiß von Hartmetallen* (J. Hinnüber)

Werkstoff	Gewichtsverlust in g nach 50 Minuten Blasdauer
Kohlenstoffstahl 70 kg/mm²	220
Schnellstahl	115
WC-Co-Hartmetall 94/6	1,9
WC-Co-Hartmetall 94/6, feinkörnig ..	0,97
WC-Co-Hartmetall (0,5% VC, 1% TaC)	0,45

Einfluß auf den Sandstrahlverschleiß von WC-Co-Hartmetallen. Im Vergleich zu üblichen Stählen ist die Verschleißfestigkeit überragend.

[1] Ammann, E.: Z. techn. Phys. **21** (1940), S. 332/35.
[2] Ammann, E. u. J. Hinnüber: Stahl u. Eisen **71** (1951), S. 1081/90.
[3] Sawin, N.: Werkstattstechnik **33** (1939), S. 165/70.
[4] Hinnüber, J.: Maschinenmarkt **55** (1949), S. 38/40.

t) Anwendungsgebiete

Die Anwendungsgebiete von WC-Co-Hartmetallen, über die es ein sehr umfangreiches Schrifttum gibt[1-14], sind in Zahlentafel 102 zusammengestellt.

Zahlentafel 102. *Anwendungsgebiete für WC-Co-Hartmetalle*

Zusammensetzung	Anwendungsgebiete
Gruppe I 97% WC, 3% Co 95,5% WC, 4,5% Co	Für die Bearbeitung von Elektrodenkohlen, Keramik und anderen nichtmetallischen Werkstoffen. Zum Schlichten, Riffeln und Feinbohren von Guß; Bearbeitung von Nichteisenmetallen. Bohrformstücke für den Bergbau. Ziehsteine (druckgesintert)
Gruppe II 94,5% WC, 5,5% Co 93,5% WC, 6,5% Co	a) *Grobkörnige Sorten.* Für die Bearbeitung von Gußeisen ($H_B < 200$ kg/mm²), Buntmetallen und -legierungen, Kunst- und Preßstoffen Zum Bestücken von Drehbankkörnerspitzen, Meßgeräten, Gleitflächen u. a. sowie für Verschleißteile, welche keiner allzu großen Zähigkeitsbeanspruchung àusgesetzt sind. Ziehsteine b) *Feinkörnige Sorten.* Für die Bearbeitung von Hartguß, Gußeisen ($H_B > 200$ kg/mm²), Temperguß, Guß mit harter Randschicht, Stahl mit über 180 kg/mm² Festigkeit, Bronze, siliziumlegierte Leichtmetalle, Glas, Porzellan, Gestein, Hartpapier. Ziehsteine *Fortsetzung S. 468*

---

[1] Skaupy, F.: Metallkeramik, 4. Aufl., Verlag Chemie, Weinheim/Bergstraße 1950, S. 198.

[2] Kieffer, R. u. W. Hotop: Pulvermetallurgie und Sinterwerkstoffe, 2. Aufl., Springer-Verlag, Berlin/Göttingen/Heidelberg 1948, S. 305ff.

[3] Schwarzkopf, P.: Powder Metallurgy, Macmillan, New York 1947, S. 212ff.

[4] Goetzel, C. G.: Treatise on Powder Metallurgy, Vol. II, Interscience Publ., New York 1950, S. 147ff.

[5] Engle, E. W. in J. Wulff: Powder Metallurgy, Am. Soc. Met., Cleveland 1942, S. 436/53.

[6] Oswald, M.: Chim. & Ind., Fasc. No. 980, Dezember 1942.

[7] Comstock, G. J.: Iron Age 156 (1945), Nr. 9, S. 36 A/36 L.

[8] McKenna, P. M.: Iron Age 157 (1946), 2. Februar, S. 64/68.

[9] Cass, W. G.: Ind. Diamond Rev. 6 (1946), S. 376.

[10] Burden, H.: Metallurgia 38 (1948), S. 27/33, Alloy Metals Rev. 5 (1948), Nr. 47, S. 1/11.

[11] Hinnüber, J.: Z. VDI. 92 (1950), S. 111/17.

[12] Wandtafel Wendt Sonis Co., Hannibal 1950.

[13] Adamas Carbide Corp.: Materials & Methods, Materials Engineering File Facts Nr. 203, Dezember 1950.

[14] I. D. R. Data Sheet No. 24a, Ind. Diam. Rev. 11 (1951), S. 114/15.

Fortsetzung der Zahlentafel 102.

Zusammensetzung	Anwendungsgebiete
Gruppe III 91% WC, 9% Co 89% WC, 11% Co 87% WC, 13% Co	Für die Bearbeitung von Holz, Kunstharz, Schichtholz, Faser-Preßstoffen. Ferner für leichte Schnitte auf Stahlguß, zum Schruppen von Messing und Bronze, insbesondere auf alten Maschinen. Zur Bearbeitung von Schweißnähten, Spritz- und Schleudergußteilen Bestückung von Schlagbohrwerkzeugen und für Verschleißfälle, bei welchen hohe Zähigkeitsanforderungen gestellt werden (Ziehmatrizen, Schnitt- und Stanzwerkzeugen)
Gruppe IV 85% WC, 15% Co 80% WC, 20% Co 75% WC, 25% Co 70% WC, 30% Co	Für Verschleißfälle, bei denen die Teile hohen und höchsten Zähigkeitsbeanspruchungen ausgesetzt sind, wie Schnitt- und Stanzwerkzeuge, Tiefziehwerkzeuge, Hämmerbacken, Kalt- und Warmschlagwerkzeuge, Schraubenreduziermatrizen

2. WC-TiC-Co-Hartmetalle

Durch „Hinzulegieren" von TiC- oder besser von TiC-WC-Mischkristallen zu gesinterten WC-Co-Legierungen wird die Oxydations-

Zahlentafel 103. *Zusammensetzung und Eigen-*

Zusammensetzung % Sollanalyse			Dichte g/cm³	Rockwell-Härte R_A	Vickers-Härte kg/mm²
WC	TiC	Co			
94	1	5	14,5 bis 14,7	90 bis 91	1500 bis 1600
87,5	2,5	10	14,0 bis 14,2	89 bis 90	1400 bis 1500
84,5	2,5	13	13,7 bis 13,8	87 bis 89	1300 bis 1400
86	5	9	13,2 bis 13,4	89 bis 91	1450 bis 1550
82	5	13	12,8 bis 13,0	88 bis 90	1350 bis 1450
82	10	8	11,8 bis 12,0	90 bis 91	1500 bis 1600
78	14	8	11,1 bis 11,3	90 bis 91	1550 bis 1650
78	16	6	11,0 bis 11,2	90 bis 91,5	1600 bis 1700
76	16	8	10,9 bis 11,1	90 bis 91	1550 bis 1650
69	25	6	9,6 bis 9,8	91 bis 92	1650 bis 1750
61	32	7	8,7 bis 9,0	92 bis 93	1650 bis 1750
34	60	6	6,5 bis 6,8	92 bis 93	1750 bis 1850

* Mittelwerte

[1] Kieffer, R. u. W. Hotop: Pulvermetallurgie und Sinterwerkstoffe, 2. Aufl., Springer-Verlag, Berlin/Göttingen/Heidelberg 1948, S. 300.

[2] Skaupy, F.: Metallkeramik, 4. Aufl., Verlag Chemie, Weinheim/Bergstraße 1950, S. 198.

[3] Schwarzkopf, P.: Powder Metallurgy, Macmillan, New York 1947, S. 207.

[4] Goetzel, C. G.: Treatise on Powder Metallurgy, Vol. II, Interscience Publ., New York 1950, S. 131.

beständigkeit, die Härte und die Warmfestigkeit derselben wesentlich verbessert, so daß mit diesen Hartmetallen langspanende Werkstoffe, insbesondere Stähle, bearbeitet werden können[1-10]. Auch die geringere Wärmeleitfähigkeit und die verringerte Schweißneigung zum ablaufenden Span wirkt sich beim Bearbeiten von Stahl und anderen langspanenden Werkstoffen sehr günstig aus. Legierungen mit kleinen TiC-Gehalten kann man als Universalhartmetalle auch zur Bearbeitung kurzspanender Werkstoffe einsetzen.

Die physikalischen und mechanischen Eigenschaften von WC-TiC-Co-Hartmetallen sind, mit steigendem TiC-Gehalt, der Zahlentafel 103 [1,5,10] und ferner der räumlichen Darstellung von C. Ballhausen[11] in Abb. 177 und Abb. 179 zu entnehmen.

Für die die Eigenschaften beeinflussenden physikalisch-chemischen und fabrikatorischen Faktoren gilt das schon bei den WC-Co-Legierungen Gesagte. Um Wiederholungen zu vermeiden, sei daher stets auf die entsprechenden Ausführungen in Abschn. 1, S. 448 ff. verwiesen.

a) Dichte

Infolge der gegenüber WC verhältnismäßig sehr geringen Reindichte von TiC (TiC = 4,9 g/cm³, WC = 15,7 g/cm³) ist die Dichte

schaften von WC-TiC-Co-Hartmetallen

Biegebruch-festigkeit kg/mm²	Druck-festigkeit* kg/mm²	Elastizi-tätsmodul kg/mm²	Wärmeleit-fähigkeit cal/cm · sec. ° C	Wärmeaus-dehnungs-koeffizient $\beta \cdot 10^6$	Spez. elektr. Widerstand Mikroohm · cm
140 bis 160	560	63000	0,19	5	20
160 bis 180	460	57000	0,16	—	—
180 bis 200	450	55000	0,15	5,5	23
150 bis 160	460	59000	0,15	5,5	25
160 bis 180	—	—	—	—	—
150 bis 170	—	—	0,079	—	—
130 bis 140	420	54000	0,08	6,2	44
110 bis 125	430	52000	0,09	6	43
120 bis 130	—	—	0,069	6	—
90 bis 110	—	—	0,05	7	65
80 bis 100	410	42000	0,04	—	—
70 bis 80	380	38000	0,03	7,5	77

[5] Engle, E. W. in J. Wulff: Powder Metallurgy, Am. Soc. Met., Cleveland 1942, S. 436/53.

[6] Oswald, M.: Chim. & Ind. Fasc. Nr. 980, Dezember 1942.

[7] Sandford, E. J. u. E. M. Trent: Iron Steel Inst., Spec. Rep. Nr. 38, London 1947, S. 84/91.

[8] Ammann, E.: Stahl u. Eisen **66/67** (1947), S. 124/26.

[9] Hinnüber, J.: Z. VDI. **92** (1950), S. 111/17.

[10] Ammann, E. u. J. Hinnüber: Stahl u. Eisen **71** (1951), S. 1081/90.

[11] Ballhausen, C.: Stahl u. Eisen **72** (1952), S. 489/92.

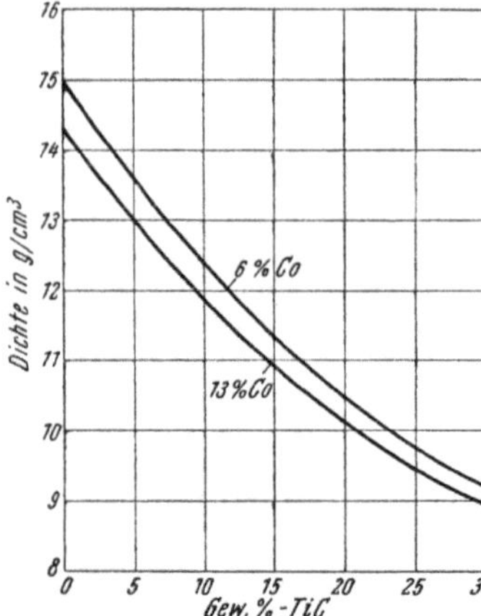

Abb. 176. Dichte von WC-TiC-Co-Hartmetallen in Abhängigkeit vom Kobalt- und Titankarbidgehalt

von WC-TiC-Co-Hartmetallen niedriger als die von WC-Co-Hartmetallen[1,2]. Mit steigendem TiC-Gehalt nimmt sie ständig ab (Abb. 176). Da TiC-, seltener TiC-WC-Mischkristalle, meist noch TiO- oder TiN-Reste enthalten, die je nach Menge eine typische Makro- oder Mikroporosität bedingen, ist die Dichte nicht nur ein Gradmesser für den Sinterungsgrad, sondern auch für die Reinheit der WC-TiC-Co-Legierungen. C. Ballhausen[3] hat die Dichte von WC-TiC-Co-Hartmetallen in Abhängigkeit von den Volumanteilen an Kobalt bzw. Titankarbid in einem sehr anschaulichen Raummodell dargestellt (Abb. 177).

WC-TiC-Co-Hartmetalle sind gegen dichtemindernde Übersinterung nicht so empfindlich wie WC-Co-Hartmetalle, was man aus dem Schrumpfverhalten schließen kann[4,5].

Die verhältnismäßig niedrige Dichte von hoch TiC-haltigen Legierungen ist von Bedeutung beim Ein-

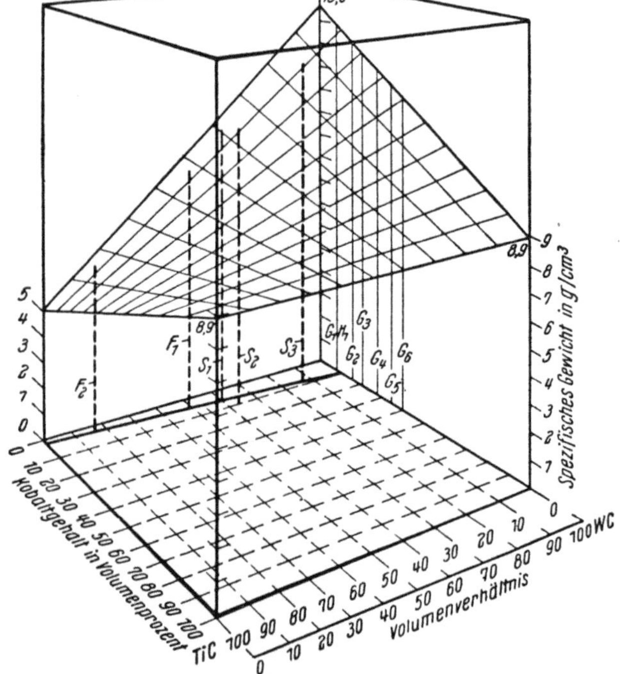

Abb. 177. Dichte von WC-TiC-Co-Hartmetallen in räumlicher Darstellung (C. Ballhausen)

[1] Hinnüber, J.: Z. VDI. **92** (1950), S. 111/17.

[2] Petrdlik, M.: Hutnické Listy **4** (1949), S. 165/68.

[3] Ballhausen, C.: Stahl u. Eisen **72** (1952), S. 489/92.

[4] Dawihl, W. u. J. Hinnüber: Koll. Z. **104** (1943), S. 233/36.

[5] Meerson, G. A., G. L. Zverev u. B. J. Osinovskaja: Zur. Prikl. Chim. **13** (1940), S. 66/75.

satz derartiger Werkstoffe für Konstruktionsteile, die Fliehkräften ausgesetzt sind.

b) Härte

Mit zunehmendem TiC-Gehalt wird die Härte von WC-Co-Legierungen gesteigert. Eine Erhöhung des Co-Gehaltes setzt die Härte wieder entsprechend herab [1-7]. Wie sich die Härte in Abhängigkeit vom TiC- und Co-Gehalt bei WC-TiC-Co-Hartmetallen ändert, ist der Abb. 178 und der räumlichen Darstellung in Abb. 179 von C. Ballhausen[7] zu entnehmen. Bei letzterer sind allerdings die verschiedenen Einflüsse, die bei der Herstellung eine Rolle spielen können (Ausgangsmaterialien, Reinheit, Feinstdispersion, Mischkristallbildung, Sinterbedingungen, Korngröße u. a.) unberücksichtigt geblieben.

Die Makrohärte von WC-TiC-Co-Hartmetallen steht im Zusammenhang mit der Mikrohärte des WC-TiC-Mischkristalles. Diese haben E. Ammann und J. Hinnüber[8] in Abhängigkeit vom TiC-Gehalt bei Anwesenheit von 6% Co bestimmt.

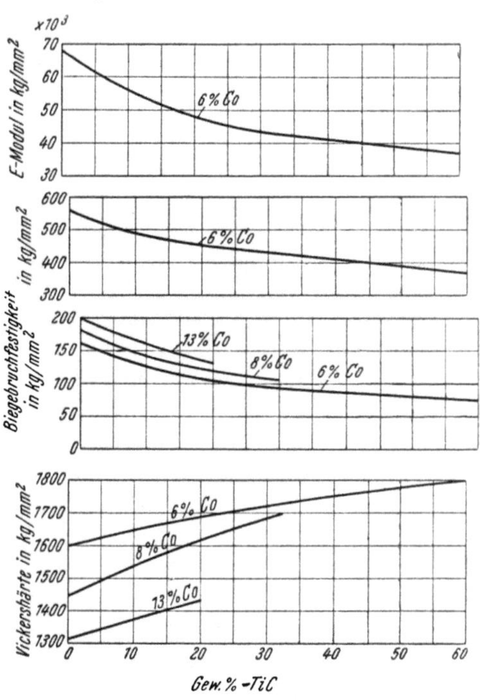

Abb. 178. Härte, Biegebruchfestigkeit, Druckfestigkeit und Elastizitätsmodul von WC-TiC-Co-Hartmetallen in Abhängigkeit vom Titankarbid- und Kobaltgehalt (E. Ammann u. J. Hinnüber)

---

[1] Hinnüber, J.: Z. VDI. 92 (1950), S. 111/17.

[2] McKenna, P. M.: Metal Progress 36 (1939), S. 152/55.

[3] McKenna, P. M.: Iron Age 157 (1946), 2. Februar, S. 64/68.

[4] Sandford, E. J. u. E. M. Trent: Iron Steel Inst., Spec. Rep. Nr. 38, London 1947, S. 78/83.

[5] Burden, H.: Metallurgia 38 (1948), S. 27/33.

[6] Sandford, E. J.: Alloy Metals Rev. 7 (1949), Nr. 52, S. 2/12, 7 (1949), Nr. 54, S. 2/11.

[7] Ballhausen, C.: Stahl und Eisen 72 (1952) S. 489/92.

[8] Ammann, E. u. J. Hinnüber: Stahl u. Eisen 71 (1951), S. 1081/90.

Die WC-TiC-Co-Legierungen zeigen mit fallendem WC-Gehalt eine erhebliche Verbesserung der Warmhärte[1-3]. Die Überlegenheit

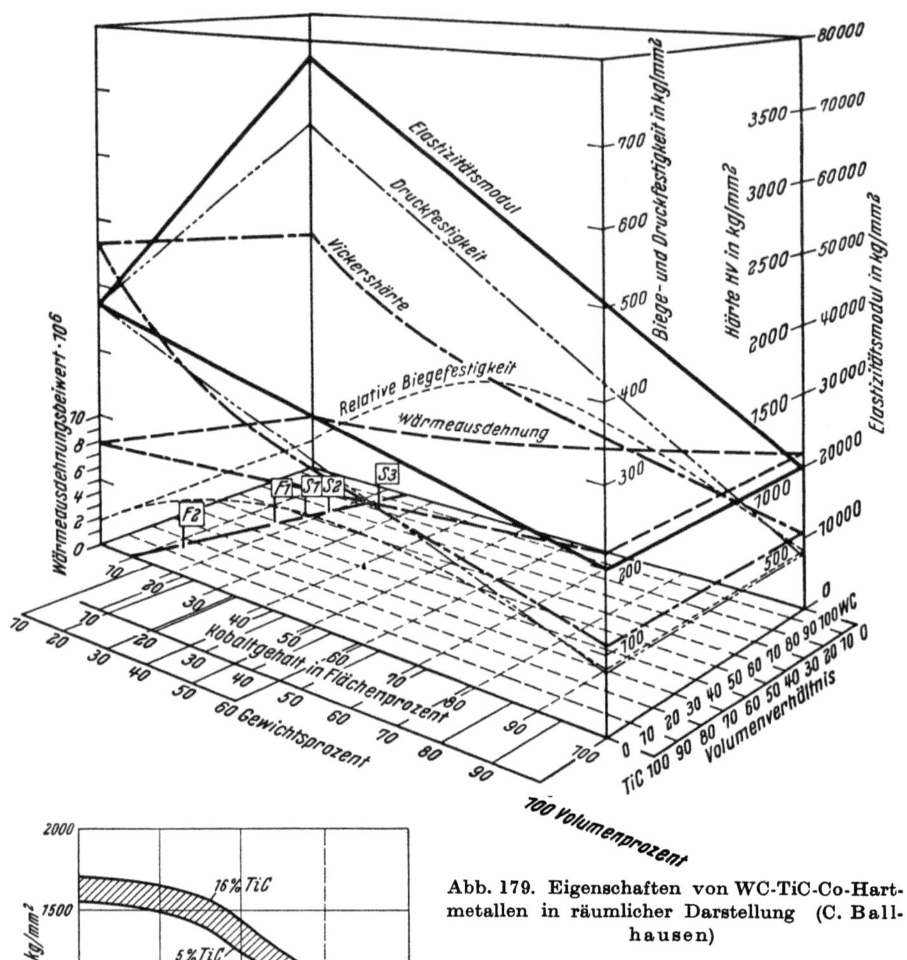

Abb. 179. Eigenschaften von WC-TiC-Co-Hartmetallen in räumlicher Darstellung (C. Ballhausen)

gegenüber Schnellstahl ist noch ausgeprägter als bei WC-Co-Hartmetallen (Abb. 180).

Abb. 180. Warmhärte von WC-TiC-Co-Hartmetallen im Vergleich zu Schnellstahl (E. Ammann u. J. Hinnüber)

[1] Engle, E. W. in J. Wulff: Powder Metallurgy, Am. Soc. Met., Cleveland 1942, S. 436/53.
[2] Kieffer, R. u. F. Benesovsky: Industrie u. Technik 3 (1948), S. 251/57.
[3] Ammann, E. u. J. Hinnüber: Stahl u. Eisen 71 (1951), S. 1081/90.

c) Biegebruchfestigkeit

Die Biegebruchfestigkeit von WC-TiC-Co-Hartmetallen wird mit steigendem TiC-Gehalt kontinuierlich herabgesetzt (s. Abb. 178). Ein höherer Kobaltzusatz kompensiert diese Versprödung in einem gewissen Ausmaß[1-9].

Bei Übersinterung tritt ein — allerdings nicht so stark wie bei WC-Co-Hartmetallen — ausgeprägter Abfall der Biegebruchfestigkeit auf[10]; Graphitausscheidungen, Restporen, oxydische und nitridische Verunreinigungen wirken ferner festigkeitsmindernd.

Angaben über die Warmbiegebruchfestigkeit, aus der man Schlüsse auf die Warmfestigkeitseigenschaften ziehen kann, sind in Kap. XV über hochwarmfeste Werkstoffe zu finden.

d) Druckfestigkeit (Stauchverhalten)

Die Druckfestigkeit von WC-TiC-Co-Hartmetallen nimmt mit steigendem TiC-Gehalt ab[2, 4, 7-9,] (s. Abb. 178).

Ähnlich wie WC-Co-Legierungen zeigen auch WC-TiC-Co-Hartmetalle bei höheren Temperaturen hervorragendes Stauchverhalten[11] (Zahlentafel 94).

e) Schlagbiegefestigkeit

An Proben mit quadratischem Querschnitt (etwa 16 mm) ohne Kerbe wurden bei WC-TiC-Co-Legierungen folgende Schlagarbeiten festgestellt[2, 4]:

79/15/6	0,056 mkg
77/15/8	0,074 mkg.

f) Warmfestigkeit und Dauerstandsfestigkeit

Die Warmfestigkeit von TiC-haltigen Hartmetallen ist nicht nur beim Einsatz dieser Werkstoffe zur spanabhebenden und spanlosen

---

[1] McKenna, P. M.: Metal Progress **36** (1939), S. 152/55.

[2] Engle, E. W. in J. Wulff: Powder Metallurgy, Am. Soc. Met., Cleveland 1942, S. 436/53.

[3] McKenna, P. M.: Iron Age **157** (1946), 2. Februar, S. 64/68.

[4] Sandford, E. J. u. E. M. Trent: Iron Steel Inst., Spec. Rep. Nr. 38, London 1947, S. 78/83.

[5] Burden, H.: Metallurgia **38** (1948), S. 27/33, Alloy Metals Rev. **5** (1948), Nr. 47, S. 1/11.

[6] Sandford, E. J.: Alloy Metals Rev. **7** (1949), Nr. 54, S. 2/11.

[7] Hinnüber, J.: Z. VDI. **92** (1950), S. 111/17.

[8] Ammann, E. u. J. Hinnüber: Stahl u. Eisen **71** (1951), S. 1081/90.

[9] Ballhausen, C.: Stahl u. Eisen **72** (1952), S. 489/92.

[10] Dawihl, W. u. J. Hinnüber: Koll. Z. **104** (1943), S. 233/36.

[11] Dawihl, W.: Z. techn. Physik **21** (1940), S. 336/45.

Formgebung (Drehmeißel zum Heißdrehen, Warmpreßmatrizen, Strangpreßdüsen u. a.), sondern auch bei der Herstellung warmfester Teile von großer Bedeutung.

Die Dauerstandsfestigkeit der WC-TiC-Co-Legierungen 88/5/7 und 78/16/6 bei 900° wurde zu 10 bzw. 15 kg/mm² ermittelt[1].

g) Biegewechselfestigkeit

Die Biegewechselfestigkeit eines WC-TiC-Co-Hartmetalles 78/16/6 beträgt nach W. Dawihl[2] bei zwei Millionen Lastspielen $\pm$ 38 kg/mm² (im Vergleich dazu Stahl von 70 kg/mm² Festigkeit: $\pm$ 40 kg/mm²).

h) Elastizitätsmodul

Der Elastizitätsmodul von WC-TiC-Co-Hartmetallen liegt etwas niedriger als der von WC-Co-Hartmetallen[1,3-8]. Er nimmt mit steigendem TiC-Gehalt ab (s. Abb. 178).

i) Wärmeleitfähigkeit

Die Wärmeleitfähigkeit von WC-TiC-Co-Hartmetallen ist gegenüber WC-Co-Legierungen beträchtlich niedriger, da TiC im Vergleich zu WC die Wärme schlecht leitet. Mit steigendem TiC-Gehalt nimmt die Wärmeleitfähigkeit stetig ab[4,6,9]. Beim Schleifen von WC-TiC-Co-Hartmetallen mit 25 bis 45% TiC, die für Schlichtarbeiten gebräuchlich sind, ist daher Überhitzung zu vermeiden und für gute Wärmeabfuhr zu sorgen, da sonst Schleifrisse entstehen können.

Im Vergleich zu Schnellstahl mit einer Wärmeleitfähigkeit von etwa 0,06 cal/cm · °C · sec haben verschiedene WC-TiC-Co-Legierungen folgende Leitfähigkeitswerte[7,10]:

88/5/7	0,15 cal/cm · °C · sec
78/14/8	0,08 cal/cm · °C · sec
78/16/6	0,09 cal/cm · °C · sec
69/25/6	0,05 cal/cm · °C · sec
34,5/60/5,5	0,03 cal/cm · °C · sec.

---

[1] Hinnüber, J.: Z. VDI. **92** (1950), S. 111/17.

[2] Dawihl, W.: Stahl u. Eisen **61** (1941), S. 909/19.

[3] McKenna, P. M.: Metal Progress **36** (1939), S. 152/55.

[4] Engle, E. W. in J. Wulff: Powder Metallurgy, Am. Soc. Met., Cleveland 1942, S. 436/53.

[5] Sandford, E. J. u. E. M. Trent: Iron Steel Inst., Spec. Rep. Nr. 38, London 1947, S. 78/83.

[6] Sandford, E. J.: Alloy Metals Rev. 7 (1949), Nr. 54, S. 2/11.

[7] Ammann, E. u. J. Hinnüber: Stahl u. Eisen **71** (1951), S. 1081/90.

[8] Ballhausen, C.: Stahl u. Eisen **72** (1952), S. 489/92.

[9] Sandford, E. J. u. E. M. Trent: Iron Steel Inst., Spec. Rep. Nr. 38, London 1947, S. 84/91.

[10] Hinnüber, J.: Z. VDI. **92** (1950), S. 111/27.

j) Wärmeausdehnungskoeffizient

Mit steigendem TiC-Gehalt nimmt der Wärmeausdehnungs-koeffizient etwas zu; er liegt aber immer noch weit unter dem von Schnellstahl[1-5].

Die Kenntnis des Wärmeausdehnungskoeffizienten ist bei der Lötung von Platten aus WC-TiC-Co-Hartmetallen und beim Ein-schrumpfen von Formstücken in Stahlfassungen von größter Wichtig-keit.

k) Spezifische Wärme

Die spezifische Wärme von WC-TiC-Co-Hartmetallen nimmt mit steigendem TiC-Gehalt etwas zu. Nachstehende Werte werden angegeben[2]:

$$89/5/9 \qquad 0,05 \text{ cal/g}$$
$$79/15/6 \qquad 0,06 \text{ cal/g}$$
$$69/25/6 \qquad 0,08 \text{ cal/g.}$$

l) Elektrische Leitfähigkeit

Die elektrische Leitfähigkeit von WC-Co-Legierungen wird durch steigenden TiC-Gehalt gemäß folgender Zusammenstellung ver-schlechtert:

WC-Co	94/6	$0,20 \ \Omega \cdot \text{mm}^2/\text{m}$
WC-TiC-Co	88/5/7	$0,25 \ \Omega \cdot \text{mm}^2/\text{m}$
	78/14/8	$0,44 \ \Omega \cdot \text{mm}^2/\text{m}$
	78/16/6	$0,43 \ \Omega \cdot \text{mm}^2/\text{m}$
	69/25/6	$0,65 \ \Omega \cdot \text{mm}^2/\text{m}$
	34,5/60/5,5	$0,77 \ \Omega \cdot \text{mm}^2/\text{m.}$

m) Magnetische Eigenschaften

Werte für die magnetische Sättigung und die Koerzitivkraft von WC-TiC-Co-Hartmetallen sind in Zahlentafel 104 zu finden. TiC ist nicht ferromagnetisch, so daß mit steigendem TiC-Gehalt die magne-tische Sättigung abnimmt, ein Umstand, der zur Qualitätskontrolle und -trennung dienen kann (s. S. 430).

---

[1] Engle, E. W. in J. Wulff: Powder Metallurgy, Am. Soc. Met., Cleveland 1942, S. 436/53.

[2] Sandford, E. J. u. E. M. Trent: Iron Steel Inst., Spec. Rep. Nr. 38, London 1947, S. 84/91.

[3] Hinnüber, J.: Z. VDI. 92 (1950), S. 111/27.

[4] Ammann, E. u. J. Hinnüber: Stahl u. Eisen 71 (1951), S. 1081/90.

[5] Ballhausen, C.: Stahl u. Eisen 72 (1952), S. 489/92.

Zahlentafel 104. *Magnetische Werte von WC-TiC-Co-Hartmetallen*

Zusammensetzung %			Magnetische Sättigung $4\,\pi\,\sigma$	Koerzitivkraft H_C
WC	TiC	Co		
88	3	9	160 bis 165	185
88	5	7	107 bis 112	120 bis 130
78	14	8	140 bis 145	100 bis 110
78	16	6	97 bis 100	100 bis 110
69	25	6	89 bis 92	80 bis 90
34	60	6	89 bis 95	70 bis 80

n) Gefüge

Die in WC-TiC-Co-Hartmetallen auftretenden Gefügebestandteile — es sind dies das mehr oder weniger stark rekristallisierte WC, welches gegebenenfalls etwas TiC gelöst enthält (α_1-, α_2-Phase), der TiC-WC-Mischkristall (β-Phase), freies TiC im Mischkristall (β'-Phase) und die Bindemetallphase (γ) — sind schon auf S. 440 eingehend besprochen worden. Je höher bei gegebener Zusammensetzung der Mischkristallanteil im Gefüge ist, um so höher ist die Schneidleistung derartiger Hartmetalle[1].

Auf die sehr zahlreichen Arbeiten zum Gefügebau von WC-TiC-Co-Hartmetallen sei nur verwiesen[2-13].

---

[1] Krainer, H. u. K. Konopicky: Berg- u. Hüttenmänn. Mh. **92** (1947), S 166/78.

[2] Meerson, G. A., G. L. Zverev u. B. J. Osinovskaja: Zur Prikl. Chim. **13** (1940), S. 66/75.

[3] Oswald, M.: Chim. & Ind., Fasc. Nr. 980, Dezember 1942.

[4] Kieffer, R.: Z. Metallkde. **46** (1944), Nr. 9, Metallforschung 2 (1947), S. 236/38, Powder Met. Bull. 2 (1947), S. 104/11.

[5] McKenna, P. M.: Iron Age **157** (1946), 2. Februar, S. 64/68.

[6] Metcalfe, A. G.: Metal Treatment **13** (1946), S. 127/33.

[7] Sandford, E. J. u. E. M. Trent: Iron Steel Inst., Spec. Rep. Nr. 38, London 1947, S. 84/91.

[8] Burden, H.: Vortrag IPT., Graz 1948, Ref. Nr. 12.

[9] Sandford, E. J.: Alloy Metals Rev. 7 (1949), Nr. 52, S. 2/12, 7 (1949), Nr. 54, S. 2/11.

[10] Hinnüber, J.: Z. VDI. **92** (1950), S. 111/17.

[11] Bleecker, W. H.: Iron Age **165** (1950), Nr. 21, S. 71/74.

[12] Ammann, E. u. J. Hinnüber: Stahl u. Eisen **71** (1951), S. 1081/90.

[13] Kölbl, F. in H. Freund: Handbuch der Mikroskopischen Untersuchungsmethoden in der Technik, Umschau-Verlag, Dr. Breidenstein, Frankfurt/Main, demnächst.

o) Korrosionsbeständigkeit und Zunderverhalten

Angaben über die Beständigkeit von WC-TiC-Co-Legierungen gegen Meerwasser, Säuren und Alkalien werden von W. Dawihl[1] und anderen[2-4] gemacht.

Wie der Zahlentafel 97 auf S. 464 zu entnehmen ist, zeigt ein WC-TiC-Co-Hartmetall 79/15/6 im Vergleich zu einer WC-Co-Legierung 94/6 ein günstigeres Korrosionsverhalten sowohl in der Kälte als auch bei Siedetemperatur.

Im Vergleich zu WC-Co-Legierungen sind WC-TiC-Co-Hartmetalle bedeutend zunderbeständiger[3,5-8]. Der festhaftende Oxydfilm, welcher die Schweißneigung des Hartmetalles zum ablaufenden Span hemmt (vgl. S. 609), ist die Ursache für das günstige Verhalten derartiger Legierungen bei der Bearbeitung langspanender Werkstoffe.

p) Zerspanungsleistung

Über die Zerspanungsleistung von WC-TiC-Co-Legierungen, insbesondere über ihr im Vergleich zu reinen WC-Co-Legierungen günstigeres Verhalten bei der Bearbeitung langspanender Werkstoffe, wird in Kap. XIV eingehend berichtet.

Es versteht sich von selbst, daß die Zerspanungsleistung durch hohe Härte, optimale Dichte, gute Biegebruchfestigkeit, hohen Mischkristallanteil und alle Faktoren, welche diese Eigenschaften der Legierungen verbessern, im günstigen Sinne beeinflußt wird.

q) Verschleißverhalten

Über das Verhalten von WC-TiC-Co-Legierungen, insbesondere bei der Zerspanung langspanender Werkstoffe und die dabei auftretende Verschleißerscheinung (Auskolkung) durch die Verschweißung mit dem ablaufenden Span vergleiche die Ausführungen auf S. 607.

Man wird WC-TiC-Co-Legierungen unter Umständen dann an Stelle der zäheren WC-Co-Hartmetalle einsetzen, wenn bei speziellen Verschleißfällen noch zusätzlich korrodierende Einflüsse auftreten.

---

[1] Dawihl, W.: Chem. Fabr. 13 (1940), S. 133/35.

[2] Engle, E. W. in J. Wulff: Powder Metallurgy, Am. Soc. Met., Cleveland 1942, S. 436/53.

[3] Hinnüber, J.: Z. VDI. 92 (1950), S. 111/17, Maschinenmarkt 55 (1949), S. 38/40.

[4] Gillespie, J. S. u. I. L. Wallace: Steel 130 (1952), 21. April, S. 84.

[5] Kieffer, R. u. F. Kölbl: Z. anorg. Chem. 262 (1950), S. 229/46.

[6] Metcalfe, A. G.: Metal Treatment 13 (1946), S. 127/33.

[7] Klingohr, O.: Werkstatttechnik 27 (1949), S. 133/35.

[8] Sandford, E. J.: Alloy Metals Rev. 7 (1949), Nr. 52, S. 2/12.

r) Anwendungsgebiete

Die Anwendungsgebiete von WC-TiC-Co-Hartmetallen, über die es ein umfangreiches Schrifttum gibt[1-12], sind in Zahlentafel 105 zusammengestellt.

Zahlentafel 105. *Anwendungsgebiete von WC-TiC-Co-Hartmetallen*

Zusammensetzung	Anwendungsgebiete
2,5 bis 5% TiC, 9 bis 15% Co, Rest WC	Für die Bearbeitung von Stahl und Stahlguß bei niedrigen und mittleren Schnittgeschwindigkeiten und großen Vorschüben (bis 3 mm/Umdr.), insbesondere für Arbeiten mit stark wechselnden Schnittiefen oder unterbrochenem Schnitt.
12 bis 14% TiC, 8 bis 10% Co, Rest WC	Für die Bearbeitung von Stahl und Stahlguß bei mittleren Schnittgeschwindigkeiten und mittleren Vorschüben (bis 2 mm/Umdr.), sowie bei Arbeiten mit unterbrochenem Schnitt oder wechselnden Schnittiefen.
16 bis 18% TiC, 6 bis 8% Co, Rest WC	Für die Bearbeitung von Stahl und Stahlguß bei hohen Schnittgeschwindigkeiten und kleinen bis mittleren Vorschüben (bis 1 mm/Umdr.)
25% TiC, 6 bis 7% Co, Rest WC 45 bis 60% TiC, 6 bis 7% Co, Rest WC	Zum Feinstdrehen und Feinstbohren von Stahl und Stahlguß, d. h. bei Arbeiten mit sehr kleinen Spanquerschnitten und Schnittkräften.

[1] Skaupy, F.: Metallkeramik, 4. Aufl., Verlag Chemie, Weinheim/ Bergstraße 1950.

[2] Kieffer, R. u. W. Hotop: Pulvermetallurgie und Sinterwerkstoffe, 2. Aufl., Springer-Verlag, Berlin/Göttingen/Heidelberg 1948, S. 305ff.

[3] Schwarzkopf, P.: Powder Metallurgy, Macmillan, New York 1947.

[4] Goetzel, C. G.: Treatise on Powder Metallurgy, Vol. II, Interscience Publ., New York 1950, S. 147ff.

[5] Engle, E. W. in J. Wulff: Powder Metallurgy, Am. Soc. Met., Cleveland 1942, S. 436/53.

[6] Oswald, M.: Chim. & Ind., Fasc. Nr. 980, Dezember 1942.

[7] Comstock, G. J.: Iron Age 156 (1945), Nr. 9, S. 36 A/36 L.

[8] McKenna, P. M.: Iron Age 157 (1946), 2. Februar, S. 64/68.

[9] Cass, W. G.: Ind. Diamond Rev. 6 (1946), S. 376.

[10] Sandford, E. J. u. E. M. Trent: Iron Steel Inst., Spec. Rep. Nr. 38, London 1947, S. 84/91.

[11] Burden, H.: Metallurgia 38 (1948), S. 27/33, Alloy Metals Rev. 5 (1948), Nr. 47, S. 1/11.

[12] Hinnüber, J.: Z. VDI. 92 (1950), S. 111/17.

3. WC-TaC(NbC)-Co-Hartmetalle

Ähnlich wie TiC setzt auch ein Zusatz von TaC zu WC-Co-Hartmetallen die Fasenstumpfung, den Kolkverschleiß und die Schweißneigung zum ablaufenden Span bei der Bearbeitung langspanender Werkstoffe herab. Da aber das TaC* erheblich weicher als TiC ist, stehen WC-TaC(NbC)-Co-Hartmetalle mit TaC(NbC)-Gehalten von etwa 5 bis 30% in der Leistung hinter den WC-TiC-Co- bzw. WC-TiC-TaC(NbC)-Co-Legierungen mit ähnlichen Gehalten an Zweit- oder Drittkarbiden zurück[1]. Aus diesem Grunde konnten sich auch reine TaC-Co- bzw. TaC-Ni-Legierungen, welche seinerzeit in Amerika eine kurze Zeit unter dem Namen „Ramet" erzeugt wurden (vgl. Kap. VIII), nicht durchsetzen.

Geringe Zusätze von TaC zu WC-Co-Hartmetallen bedingen eine Kornverfeinerung, d. h. sie hemmen die Rekristallisation der Karbidphase. Derartige Legierungen sind daher im allgemeinen feinkörniger und härter als die entsprechenden TaC-freien Hartmetalle. Solche Hartmetalle haben auch einen weiteren Sinterungsbereich und sind in der Folge unempfindlicher gegen Übersinterung.

WC-Co-Hartmetalle mit beispielsweise 0,75 bis 3,5% TaC und gleichzeitig meist vorhandenen VC-Gehalten von 0,1 bis 0,8% haben sich für die Bearbeitung von Spezialhartguß besonders bewährt; Legierungen mit bis zu 5% TaC und 20 bis 30% Co haben sich als besonders schlagfest erwiesen. Sie werden für Schraubenreduziermatrizen, Gesenke u. a. stark auf Schlag beanspruchte Werkzeuge benützt.

Eine WC-TaC(NbC)-Legierung mit 6% Co und etwa 5 bis 10% TaC (NbC) ist als Universalhartmetall für Guß- und Stahlbearbeitung geeignet. Bei Kobaltgehalten von z. B. 9% eignet sie sich jedoch nur für die Zerspanung weicher und mittelharter Stähle, für weichen und mittelharten Guß ist sie nur noch bedingt anwendbar.

Legierungen mit 20 bis 30% TaC werden, ähnlich wie WC-Co-Legierungen, mit 10 bis 16% TiC für die Stahlbearbeitung eingesetzt. Ihre Domäne ist die Zerspanung weicher und mittelharter Stähle.

In Zahlentafel 106 sind die Eigenschaften marktgängiger WC-TaC (NbC)-Co-Hartmetalle zusammengestellt. Weitere Hinweise auf diese

---

* Technisches TaC enthält meist beträchtliche Mengen NbC, welches bei ähnlichen Eigenschaften etwas härter als reines TaC ist. Wir setzen daher meist für TaC der Einfachheit halber TaC(NbC).

[1] Engle, E. W. in J. Wulff: Powder Metallurgy, Am. Soc. Met., Cleveand 1942, S. 436/53.

Zahlentafel 106. *Zusammensetzung, Eigenschaften und Anwendungsgebiete von WC-TaC(NbC)-Co-Hartmetallen*

Zusammensetzung % Sollanalyse			Dichte g/cm³	Rockwell-Härte R_A	Vickers-Härte kg/mm²	Biegebruch-festigkeit kg/mm²	Anwendungsgebiete
WC	TaC (NbC)	Co					
93	0,7 + (0,3 VC)	6	14,6 bis 14,8	91 bis 91,5	1600 bis 1700	140 bis 160	Bearbeitung von Spezialhartguß
91,5	1 + (0,5 VC)	7	14,5 bis 14,7	91,5 bis 92	1650 bis 1750	135 bis 150	
92	2,5	5,5	14,8 bis 15,0	91 bis 92	1600 bis 1700	140 bis 160	Hartgußbearbeitung
75	5	20	13,1 bis 13,3	84 bis 86	1100 bis 1200	210 bis 240	Verschleißteile
70	5	25	12,8 bis 13,0	82 bis 84	950 bis 1050	200 bis 230	
84	10	6	14,5 bis 14,7	89 bis 90	1500 bis 1600	140 bis 160	Bearbeitung von Guß und weichen bis mittelharten Stählen
81	10	9	14,3 bis 14,5	88 bis 90	1400 bis 1500	160 bis 180	
74	20	6	14,4 bis 14,6	88 bis 89	1450 bis 1550	150 bis 170	Bearbeitung von weichen und mittelharten Stählen
60	27	13	13,7 bis 13,9	86 bis 88	1200 bis 1300	180 bis 210	

Legierungen sind im Schrifttum zu finden[1-6]. Systematische Untersuchungen über die Wirkung steigender TaC- bzw. TaC-NbC-Gehalte auf WC-Co-Hartmetalle wurden von R. Kieffer durchgeführt (vgl. S. 488)[7].

Zusammenfassend kann man sagen, daß TaC in niedrigen bis mittleren Mengen einen günstigen legierungsmäßigen Einfluß auf WC-Co-Legierungen ausübt, besonders wenn es mit NbC, VC und TiC zusammen auftritt.

[1] Kelley, F. C.: Trans. Am. Soc. Steel Treat. 19 (1932), S. 233/43.

[2] Becker, K.: Physik, Z. 34 (1933), S. 185/98.

[3] Molkov, L. P. u. A. V. Chochlova: Redkije Metally 4 (1935), Nr. 1, S. 10/23.

[4] McKenna, P. M.: Ind. Eng. Chem. 28 (1936), S. 767/72.

[5] McKenna, P. M.: Am. Inst. min. metallurg. Engrs., Techn. Publ. Nr. 897 (1938).

[6] Sykes, W. P.: Am. Inst. min. metallurg. Engrs., Techn. Publ. Nr. 924 (1938).

[7] Kieffer, R. in R. Kieffer u. W. Hotop: Pulvermetallurgie und Sinterwerkstoffe, 2. Aufl., Springer-Verlag, Berlin/Göttingen/Heidelberg 1948, S. 303.

4. WC-TiC-TaC(NbC)-Co-Hartmetalle

Von G. J. Comstock[1] wurde der Vorschlag gemacht, an Stelle von WC-TaC-Co- und WC-TiC-Co-Hartmetallen Vierstoffkarbidlegierungen auf der Basis WC-TiC-TaC-Co einzuführen. Diese Legierungen, die in weiteren Grenzen 35 bis 80% WC, 5 bis 45% TaC, 0,5 bis 30% TiC und 1 bis 30% Hilfsmetalle der Eisengruppe, in engeren Grenzen 50 bis 70% WC, 10 bis 35% TaC, 3 bis 10% TiC und 5 bis 15% Hilfsmetalle enthalten sollen, weisen etwas größere Zähigkeit als reine WC-TiC-Co-Legierungen und größere Schneidhaltigkeit als WC-TaC-Co-Legierungen auf. Von G. J. Comstock wird noch die geringe Auskolkung (Kolkverschleiß) dieser Legierungen bei der Bearbeitung von Stahl hervorgehoben. Die WC-TiC-TaC-Co-Legierungen haben in Amerika große Verbreitung gefunden und die WC-TiC-Co- und WC-TaC-Co-Legierungen fast vollkommen verdrängt; sie sind in letzter Zeit auch in Europa mit Erfolg eingeführt worden. Die WC-TiC-TaC(NbC)-Co-Hartmetalle sind allerdings rohstoffmäßig teurer als reine WC-TiC-Co-Legierungen, was insbesondere bei den hoch-TaC-haltigen Sorten ins Gewicht fällt.

Bei einer Gegenüberstellung von TaC-freien und TaC-haltigen WC-TiC-Co-Hartmetallen (Zahlentafel 107) — wobei als Faustregel

Zahlentafel 107. *Gegenüberstellung von TaC-freien und TaC-haltigen WC-TiC-Co-Hartmetallen*

TiC %	TaC-NbC %	WC %	Co %	Härte R_A	Biegebruch-festigkeit in kg/mm²
40,5	0	Rest	6,5	92 bis 93	80 bis 90
38	5	Rest	6,5	92	95 bis 105
20,5	0	Rest	7,5	91,5	115 bis 125
18	5	Rest	7,5	91	130 bis 140
15	0	Rest	8,5	90	130 bis 145
13	4	Rest	8,5	90	155 bis 165
7,5	0	Rest	9	89	150 bis 160
5	5	Rest	9	89	175 bis 190
7	0	Rest	6,5	91	130 bis 140
4	6	Rest	6,5	91,5	150 bis 170

unterstellt wurde, daß 1% TaC in der Schneidleistung etwa 0,5% TiC entspricht — sieht man, daß die TaC(NbC)-haltigen Hartlegierungen

---

[1] A.P. 1973428 (1932); D.R.P. 662058 (1932).

bei gleicher Analyse den TaC(NbC)-freien Legierungen um etwa 5 bis 15% in der Biegebruchfestigkeit überlegen sind. R. Kieffer[1] führt dies auf die Fähigkeit des TaC, reine Mischkristalle zu bilden, sowie auf dessen kornwachstumshemmende Wirkung in der Karbidphase zurück. Letztere Wirkung wurde schon bei dem ersten Auftreten der WC-TaC-Hartmetalle und später bei den WC-Co-Legierungen für Spezialhartguß mit Zusätzen von 1 bis 2% TaC-TiC- bzw. TaC-VC-Mischkristallen erkannt. Eine höhere Schneidleistung konnte bei gleicher Grundanalyse — abgesehen von der günstigeren Auswirkung einer größeren Zähigkeit — nicht beobachtet werden. Höhere Schneidleistungen lassen sich nur erzielen, wenn man auf Kosten der erzielten höheren Biegebruchfestigkeit den Gehalt an TiC + TaC entsprechend erhöht. Es muß ferner festgehalten werden, daß die komplexen WC-TiC-TaC-Co-Legierungen in ihrer Zerspanungsleistung nur dann an diejenige der WC-TiC-Hartmetalle — aufgebaut auf WC-TiC-Mischkristallen in einer WC-Co-Grundmasse — herankommen oder sie übertreffen, wenn die Zusatzkarbide TiC und TaC in Form von möglichst bei 1500° gesättigten oder bei höheren Temperaturen übersättigten WC-TiC-TaC-Mischkristallen vorliegen.

E. Ammann und J. Hinnüber[2] verweisen darauf, daß WC-TiC-TaC-Co-Hartmetalle im Vergleich zu reinen WC-TiC-Co-Sorten eine um etwa 50 bis 100 Vickers-Einheiten höhere Warmhärte haben. Diese Verbesserung kann erreicht werden, selbst wenn der Kobaltgehalt etwas höher liegt.

Fertigungstechnisch können die WC-TiC-TaC-Co-Legierungen durch Sinterung, beispielsweise folgender Ausgangsstoffe hergestellt werden:

1. Mischungen der freien Karbide WC, TiC und TaC mit Co,

2. Mischungen von freiem WC, freiem TaC mit WC-TiC-Mischkristallen und Co,

3. Mischungen von freiem WC mit TiC-TaC-Mischkristallen und Co,

4. Mischungen von freiem WC mit TiC-WC- und TaC-WC-Mischkristallen und Co,

5. Mischungen von freiem WC mit TiC-TaC-WC-Mischkristallen und Co,

6. Quasiternäre Mischkristalle WC-TiC-TaC mit Co.

---

[1] Kieffer, R.: Powder Met. Bull. **6** (1951), S. 22/25.

[2] Ammann, E. u. J. Hinnüber: Stahl u. Eisen **71** (1951), S. 1081/90.

In dieser Aufzählung sollen weder alle Herstellungsmöglichkeiten der WC-TiC-TaC-Legierungen noch alle vielseitigen Möglichkeiten der Mischkristallherstellung enthalten sein. Es soll nur herausgestellt werden, daß neben der Kenntnis der binären Systeme WC-TiC, TiC-TaC, WC-TaC auch eingehende Kenntnisse des pseudo-Dreistoffsystems WC-TiC-TaC, der Gebiete der Mischbarkeiten der Karbide sowie eingehende Kenntnis der Mischkristallbildungsverfahren notwendig sind, um Legierungen mit optimalen Leistungen, wie sie die moderne Hartmetalltechnik erfordert, herzustellen.

Aus metallographischen Untersuchungen der WC-TiC-TaC-Legierungen mit 2 bis 18% TiC, 2 bis 15% TaC und 5 bis 18% Co (innerhalb dieser Grenzen liegt die überwiegende Mehrzahl der marktgängigen Legierungen) ergibt sich, daß neben der Hilfsmetallphase (γ) stets zwei sich durchdringende Karbidskelette, das WC-Skelett (α-Phase als α_1 oder α_2) und das TiC-TaC-WC-Mischkristallskelett (β-Phase) auftreten[1]. Das WC-Skelett ist an den charakteristischen, weißglänzenden, kantigen Kristallen, das Mischkristallskelett an der durch Feuerätzung gelblich-braun gefärbten, rundlichen, verfließenden Form zu erkennen. Wächst die Mischkristallphase mit steigendem TiC-TaC-Gehalt, so wird das WC-Skelett aufgelöst und die α-Phase erscheint nur noch als makro- oder mikrodisperse Einlagerungen in der β-γ-Grundmasse (s. Abb. 75, S. 199).

Bei den Feinbohrqualitäten mit 50% übersteigendem TiC-TaC-Gehalt und hochwarmfesten Legierungen mit mehr als 60% TiC-TaC verschwindet die α-Phase vollkommen und macht dem Gefügebau einer Zweistoffverbundlegierung (β/γ) Platz.

Die Dichte, Härte und Biegebruchfestigkeit der handelsüblichen WC-TiC-TaC(NbC)-Co-Hartmetalle, und zwar sowohl der amerikanischen als auch der neuerdings in Europa eingeführten Sorten, sind in Zahlentafel 108 und 109 zusammengestellt[2-4].

Um die Eigenschaften der WC-TiC-TaC-Co-Hartmetalle in Abhängigkeit von der Zusammensetzung systematisch zu erfassen, hat C. Ballhausen[5] eine räumliche Darstellung vorgeschlagen, aus

---

[1] Nowotny, H., R. Kieffer u. O. Knotek: Berg- u. Hüttenmänn. Mh. **96** (1951), S. 6/8.

[2] Engle, E. W. in J. Wulff: Powder Metallurgy, Am. Soc. Met., Cleveland, 1942, S. 436/53.

[3] Schwarzkopf, P.: Powder Metallurgy, Macmillan, New York 1947, S. 216.

[4] Goetzel, C. G.: Treatise on Powder Metallurgy, Vol. II, Interscience Publ. New York 1950, S. 132, 135.

[5] Ballhausen, C.: Persönliche Mitteilung 1951.

der man unter Zugrundelegung der Verhältnisse bei den WC-Co-, TiC-Co- bzw. TaC-Co-Legierungen auf die Eigenschaften der WC-

Zahlentafel 108. *Zusammensetzung und Eigenschaften von*

Zusammensetzung % Sollanalyse				Dichte g/cm³	Rockwell-Härte R_A
WC	TiC	TaC (NbC)	Co		
85	4	1	10	13,2 bis 13,4	89 bis 90
80,5	5	5,5	9	13,1 bis 13,3	90 bis 91
77	6,5	9	7,5	12,5 bis 12,7	91 bis 92
59	7	22	12	12,3 bis 12,5	89 bis 90
76	7,5	6,5	10	12,0 bis 12,2	89 bis 90
73,5	10	8	8,5	11,8 bis 12,0	90,5 bis 91,5
72,5	10	8	9,5	11,7 bis 11,9	90 bis 91
71,5	10	8	10,5	11,7 bis 11,8	89 bis 90
62	12	18	8	11,7 bis 11,9	91 bis 92
59	12	18	11	11,4 bis 11,6	90 bis 91
69,5	12,5	8	10	11,2 bis 11,4	90,5 bis 91,5
70,5	13,5	7,5	8,5	11,1 bis 11,3	91 bis 92

TiC-TaC-Co-Hartmetalle bestimmter Zusammensetzung schließen kann.

Zahlentafel 109. *Zusammensetzung und Eigenschaften von*

Zusammensetzung % Sollanalyse				Dichte g/cm³
WC	TiC	TaC (NbC)	Co	
84	3	7	6	12,6 bis 12,8
81	3,5	3,5	12	12,8 bis 13
83,5	4	6	6,5	12,7 bis 12,9
82	5	3	10	13,0 bis 13,2
81	5	5	9	13,0 bis 13,2
78	9	3	10	12,0 bis 12,1
74,5	13	4	8,5	11,5 bis 11,7
69,5	18	5	7,5	10,4 bis 10,6
70	20	1	9	10,6 bis 10,8
50,5	38	5	6,5	8,5 bis 8,7
51	40	3	6	8,3 bis 8,5

Die WC-TiC-TaC-Co-Hartmetalle haben sich auch in Europa für die Stahlbearbeitung eingeführt und die bisherigen WC-TiC-Co-Sorten weitgehend ersetzt. Gegenüber diesen zeichnen sie sich vor allem durch ihre höhere Betriebssicherheit (geringere Empfindlichkeit gegen Ausbrechen) aus. Geeignete Legierungen entsprechender Gefügeausbildung können als sogenannte Allzwecksorten (Universalhartmetalle) sowohl zur Bearbeitung langspanender als auch kurzspanender Werkstoffe eingesetzt werden. In gewissen Fällen sind diese Legierungen

amerikanischen WC-TiC-TaC (NbC)-Co-Hartmetallen

Vickers-Härte kg/mm²	Biegebruch-festigkeit kg/mm²	Druck-festigkeit kg/mm²	Elastizi-tätsmodul kg/mm²	Wärmeleit-fähigkeit cal/cm. sec. °C	Wärmeaus-dehnungs-koeffizient $\beta . 10^6$
1350 bis 1450	170 bis 190	—	55000	0,134	—
1400 bis 1500	170 bis 200	—	56000	—	—
1550 bis 1650	140 bis 160	—	—	0,127	5,5
1300 bis 1400	160 bis 180	—	—	—	—
1350 bis 1450	170 bis 200	450	52000	0,113	6,0
1450 bis 1550	140 bis 160	—	—	—	—
1400 bis 1500	150 bis 175	—	—	—	—
1350 bis 1450	160 bis 190	—	—	—	—
1600 bis 1700	120 bis 140	510	63000	—	—
1400 bis 1500	130 bis 150	400	56000	—	—
1450 bis 1550	140 bis 170	—	—	—	—
1500 bis 1600	130 bis 150	470	50000	0,068	5

bei der Bearbeitung von Guß sogar den bisher dafür vorgesehenen WC-Co-Sorten geringfügig überlegen. Es handelt sich also um Hart-

europäischen WC-TiC-TaC (NbC)-Co-Hartmetallen

Rockwell-Härte $R_A^{'}$	Vickers-Härte kg/mm²	Biegebruch-festigkeit kg/mm²	Wärmeausdehnungs-koeffizient $\beta . 10^6$	
			0 bis 300°	300 bis 600°
—	—	—	—	—
—	—	—	4,5	5,6
90,5 bis 91,5	1550 bis 1650	150 bis 170	—	—
—	—	—	—	—
89 bis 90	1350 bis 1450	175 bis 190	4,81	5,80
—	—	—	—	—
90 bis 91	1450 bis 1550	155 bis 165	4,85	5,76
90,5 bis 91,5	1550 bis 1650	130 bis 140	4,83	5,73
—	—	—	—	—
91 bis 92	1600 bis 1700	95 bis 105	—	—
—	—	—	—	—

metallsorten, die einen hohen Widerstand gegen Reibungsverschleiß und gleichzeitig eine sehr gute Kolkfestigkeit aufweisen[1,2].

---

[1] Kieffer, R. u. W. Hotop: Pulvermetallurgie und Sinterwerkstoffe, 2. Aufl., Springer-Verlag, Berlin/Göttingen/Heidelberg 1948, S. 304.
[2] Ammann, E. u. J. Hinnüber: Stahl u. Eisen **71** (1951), S. 1081/90.

B. Nichtmarktgängige Hartmetalle und wolframkarbidfreie Hartlegierungen

Die sehr große Zahl von Hartlegierungen, welche man im Rahmen wissenschaftlicher Untersuchungen hergestellt und zum Teil auch praktisch erprobt hat, die aber bis jetzt in technischem Umfange nicht hergestellt werden, kann man nach der Zusammensetzung und Bedeutung in folgende Gruppen zusammenfassen:

1. WC mit verschiedenen Bindemitteln (Hartmetalle aus anderen Karbiden und Hartstoffen werden im Abschnitt über wolframkarbidfreie Hartmetalle besprochen),
2. WC-TiC-Co-Hartmetalle,
3. WC-TaC(NbC)-Co-Hartmetalle,
4. WC-TiC-TaC(NbC)-Co-Hartmetalle,
5. WC-Mo$_2$C-Co-Hartmetalle,
6. WC-Mo$_2$C-TiC-Ni(Co)-Hartmetalle,
7. WC-ZrC-Co(Ni)-Hartmetalle,
8. WC-VC-, WC-Cr$_3$C$_2$- und WC-NbC-Co(Ni)-Hartmetalle,
9. Wolframkarbidfreie Hartmetalle.

1. WC mit verschiedenen Bindemitteln

Versuche, an Stelle des Kobaltbinders Eisen, Nickel oder Legierungen aus Ni-Cu, Ni-Cr, Ni-Mo, Co-W, Co-Cu, Co-Mo, Co-Cr, Co-Mo-Cu, Fe-Ni-Cr usw.[1-12] als Hilfsmetalle zu verwenden, haben keine besonderen technischen Vorteile gebracht (Zahlentafel 110). Eisen und Nickel ergeben als Bindemittel bei Wolframkarbid-Hartlegierungen nur 40 bis 60% der Bruchfestigkeit der Kobaltbindung.

---

[1] Kieffer, R. u. W. Hotop: Pulvermetallurgie und Sinterwerkstoffe, Springer-Verlag, Berlin/Göttingen/Heidelberg 1948, S. 298.

[2] Meyer, O. u. W. Eilender: Arch. Eisenhüttenwes. 11 (1938), S. 545/62.

[3] Fink, C. G. u. G. A. Meyerson: Iron Age 130 (1932), 7. Juli, S. 8/9 u. 47.

[4] Fink, C. G.: Foot Prints. 6 (1933), Nr. 2, S. 1/15.

[5] Zarubin, N. M. u. M. V. Suitin: Redkie Metaly 4 (1935), Nr. 4, S. 21/25, Zavod. Lab. 4 (1935), S. 431/37.

[6] Zarubin, N. M.: Redkie Metaly 4 (1935), Nr. 6, S. 18/23.

[7] Meerson, G. A., A. M. Korolkov, M. M. Babich u. L. P. Nevskaja: Redkie Metaly 5 (1936), Nr. 3, S. 38/40.

[8] Tretiakov, V. I. u. N. D. Titov: Redkie Metaly 3 (1934), Nr. 1, S. 24/26.

[9] Sykes, W. P.: Am. Inst. min. metallurg. Engrs., Techn. Publ. Nr. 924 (1938).

[10] Dawihl, W.: Z. Metallkde. 43 (1952), S. 20/22.

[11] Takeda, S.: Sci. Rep. Tohoku, Univ. Honda-Festband (1936), S. 864/81.

[12] Livschitz, B. u. A. Korotkoruchko: Zavod. Lab. 7 (1941), S. 202/04.

Der Grund für die schlechteren Eigenschaften von Eisen und Nickel besteht in der höheren Löslichkeit dieser Bindemittel für Wolframkarbid im festen Zustand[1,2] sowie in der Neigung zur Bildung spröder

Zahlentafel 110. *Eigenschaften von WC-Hartmetallen mit verschiedenen Bindemitteln*

Zusammensetzung %	Rockwell-Härte R_A	Biegebruchfestigkeit kg/mm²
94 WC, 6 Co	90 bis 91	140 bis 170
94 WC, 6 Ni	89	90 bis 110
94 WC, 6 Fe	90	80 bis 100
92 WC, 8 Co/W (50:50)	92	100 bis 130
92 WC, 8 Co/Mo (50:50)	92	80 bis 100
92 WC, 8 Co/Cr (50:50)	92	120 bis 140
84 WC, 6 Ni, 10 Mo	89	80
93 WC, 6 Ni, 1 Cu	88,5	90 bis 105
90 WC, 8 Ni, 2 Cu	88	95 bis 115
90 WC, 6 Ni, 2 Mo, 2 Fe	90,5	110 bis 120
90 WC, 8 Ni, 2 Cr	90,5	110 bis 120
90 WC, 7 Fe, 1 Ni, 2 Cr	90,5	90 bis 110

Doppelkarbide von Art der $Ni_xW_xC_y$ oder $Fe_xW_xC_y$. W. Dawihl[3], welcher die Wirkung von Kobalt, Nickel und Eisen als Hilfsmetalle bei der Sinterung von Wolframkarbid untersuchte, führt die vorteilhafte Wirkung des Kobalts gegenüber dem Nickel auf seine Feinmahlbarkeit und auf die Bildung von oberflächlichen Diffusionsschichten am Wolframkarbidkorn zurück, welche das Kornwachstum der WC-Kristalle hemmen.

Ein *teilweiser* Ersatz des Kobalts (bis zu 30%) durch Eisen oder Nickel ergibt im Falle des Eisens härtere und sprödere Legierungen, im Falle des Nickels etwas weichere Legierungen. In beiden Fällen jedoch sinkt die Bruchfestigkeit leicht ab. Teilweiser Ersatz des Kobalts oder Nickels durch Chrom, Molybdän oder Wolfram bedeutet eine Herabsetzung des Gehaltes an zähem Hilfsmetall und führt zu einer restlosen Bindung des freien Kohlenstoffes sowie zur Bildung einer weniger zähen Chrom-Molybdän-, bzw. Wolfram-haltigen Bindelegierung.

An WC-Hartmetallen mit Nickelbindung haben B. Livschitz und A. Korotkoruchko[4] die magnetischen und physikalischen

---

[1] Takeda, S.: Sci. Rep. Tohoku, Univ. Honda-Festband (1936), S.864/81.
[2] Edwards, R. u. T. Raine: Vortrag Plansee-Seminar, Reutte/Tirol 1952.
[3] Dawihl, W.: Z. Metallkde. 43 (1952), S. 20/22.
[4] Livschitz, B. u. A. Korotkoruchko: Zavod. Lab. 7 (1941), S. 202/04.

Eigenschaften untersucht. Die Bestwerte für Härte (R_A 85) und Biegebruchfestigkeit (90 kg/mm²) konnten bei Nickelgehalten von 10 Gew.-% und einer Sintertemperatur von 1450° erzielt werden.

Kupferzusätze zur Hilfsmetallphase sind ohne spezifisch günstige Wirkung auf Härte und Biegebruchfestigkeit; die Sinterfreudigkeit der Legierungen wird jedoch erheblich vermindert. Reine Kupfer-, Silber- bzw. Edelmetallbindungen lassen sich nach dem Tränkverfahren herstellen[1,2].

In der Patentliteratur[3] finden sich reichliche Hinweise auf verschiedene Bindelegierungen, von denen jedoch keine das Kobalt mit seinen souveränen Bindeeigenschaften vollständig ersetzen kann.

2. WC-TiC-Co-Hartmetalle

Die Eigenschaften weiterer, von R. Kieffer[4] versuchsweise hergestellter WC-TiC-Co-Legierungen (vgl. Abschn. A 2) mit unterschiedlichem Titankarbid- und Kobaltgehalt (TiC von 1 bis 75%, Co von 5 bis 15%) gehen aus Zahlentafel 111 hervor. Beim Vergleich der Werte sieht man, daß die Bruchfestigkeit bei niedrigen Titankarbidgehalten mit steigendem Kobaltgehalt stärker anwächst als bei hohen Titankarbidgehalten. Erst bei WC-freien TiC-Hartmetallen mit 20% übersteigenden Hilfsmetallgehalten lassen sich wiederum Biegebruchfestigkeiten von 150 kg/mm² und mehr erzielen.

Über die Einsatzmöglichkeit der in Zahlentafel 111 angeführten Legierungen für die Zerspanung von Guß und Stahl vgl. die Ausführungen bei den marktgängigen Hartmetallen und auf S. 478.

3. WC-TaC(NbC)-Co-Hartmetalle

R. Kieffer[5] untersuchte den Einfluß eines steigenden TaC- bzw. TaC-NbC-Gehaltes auf die Härte und Biegebruchfestigkeit von WC-Co-Legierungen sowie auf deren Schneidleistung bei der Zerspanung lang- und kurzspanender Werkstoffe. Die Ergebnisse sind

---

[1] Kieffer, R. u. F. Benesovsky: Berg- u. Hüttenmänn. Mh. **94** (1949), S. 284/94.

[2] Kieffer, R. u. F. Kölbl: Berg- u. Hüttenmänn. Mh. **95** (1950) S. 49/58.

[3] A.P. 1815613 (1928), A.P. 1826455 (1928).

[4] Kieffer, R. in R. Kieffer u. W. Hotop: Pulvermetallurgie und Sinterwerkstoffe, Springer-Verlag, Berlin / Göttingen / Heidelberg 1948, S. 300ff.

[5] Kieffer, R. in R. Kieffer u. W. Hotop: Pulvermetallurgie und Sinterwerkstoffe, 2. Aufl., Springer-Verlag, Berlin/Göttingen/Heidelberg 1948, S. 302.

in Zahlentafel 112 zusammengestellt; in Abb. 181 sind sie kurvenmäßig wiedergegeben und um einen Kurvenzug für Legierungen mit etwa 8 bis 9% Co ergänzt. Die Schraffierung soll ausdrücken, innerhalb welcher Bandbreite es möglich ist, solche Legierungen betriebsmäßig zu erzeugen. Die Legierungen mit 1 bis 3% TaC-NbC sind für die

Zahlentafel 111. *Eigenschaften von WC-TiC-Co-Hartmetallen*

Zusammensetzung %			Rockwell-Härte** R_A	Biegebruch-festigkeit** kg/mm²	Dichte g/cm³
WC*	TiC	Co			
94	1	5	90,5	150	14,6
92,5	2,5	5	90,5	140	14,2
91,5	2,5	6	90,5	150	—
87,5	2,5	10	89,5	180	14,0
84,5	2,5	13	88	200	13,9
82,5	2,5	15	87	210	—
90,5	4,5	5	91	130	13,5
85,5	4,5	10	89,5	160	13,4
82,5	4,5	13	89	170	—
80,5	4,5	15	87,4	180	—
85	8	7	90	140	12,9
79	8	13	89	160	—
82	12	6	90,5	115	12,2
80	12	8	90	130	—
78	12	10	89,5	140	12,0
73	12	15	88,5	150	—
79	16	5	91	100	11,2
78	16	6	91	108	11,2
77	16	7	90,5	110	11,1
76	16	8	90,5	120	—
75	16	9	90	120	10,9
74	16	10	89,5	125	—
71	16	13	89,5	135	—
69	25	6	92,5	80	9,9
62	25	13	91	85	—
45	45	10	92	85	7,9
30	60	10	92	80	—
11	75	14	92,5	80	6,9

* Ausgangskorngröße 1 bis 8 μ.

** Bei geeigneten Fertigungsverfahren kann die Härte um 0,5 bis 1 R_A und die Biegebruchfestigkeit um 10 bis 20% erhöht werden.

Bearbeitung von Guß und Hartguß gut geeignet. Zwischen 3 bis 10% TaC-NbC liegen Legierungen, die insbesondere bei kleinen Co-Gehalten als Universal-Hartmetalle für die Bearbeitung von weichem Guß und weichem Stahl verwendbar sind. Zwischen 10 und 30% TaC-NbC liegen

Zahlentafel 112. *Eigenschaften von WC-TaC-Co- und WC-TaC-NbC-Co-Hartmetallen*

Zusammensetzung %			Rockwell-Härte R_A	Biegebruch-festigkeit kg/mm²	Dichte g/cm³	Verwendbar zur Bearbeitung von
WC*	TaC bzw. TaC/NbC**	Co				
94	1 TaC/NbC	5	— 90,5	160	14,6	
91,5	2 TaC/NbC	6,5	90,5	180	14,4	Hartguß
92	3 TaC/NbC	5	90,5	160	14,2	Guß
84	10 TaC	6	89,5	160	14,5	Guß u. Stahl
81	11 TaC/NbC	8	— 90	145	13,7	
79	15 TaC	6	— 90	150	14,4	Stähle
74	20 TaC/NbC	6	— 90	100	13,2	aller Art
67	25 TaC	8	89	120	14,3	
62	25 TaC/NbC	13	88	130	13,0	
64	30 TaC	6	89,5	120	14,3	weiche
54	40 TaC/NbC	6	89	100	11,9	Stähle
19	75 TaC/NbC	6	88	80	10,3	
0	94 TaC	6	82,5	90	13,8	
94	0	6	91	180	14,9	Guß

* Ausgangskorngröße 1 bis 8 μ.
** TaC:NbC etwa wie 3:2.

endlich einige marktgängige Legierungen für die Stahlbearbeitung. Bei höheren Gehalten an TaC oder TaC-NbC reicht die Härte nicht mehr für eine wirtschaftliche Zerspanung selbst von weichen Stählen aus. Für die Zerspanung von Guß ist die Leitfähigkeit dieser Legierungen zu schlecht.

Zusammenfassend läßt sich sagen, daß die technische Bedeutung der WC-TaC (NbC)-Co - Legierungen, insbesondere bei der Zerspanung langspanender Werkstoffe hinter die Bedeutung von WC-TiC-Co bzw. WC-TiC-TaC(NbC)-Co-Legierungen zurücktritt.

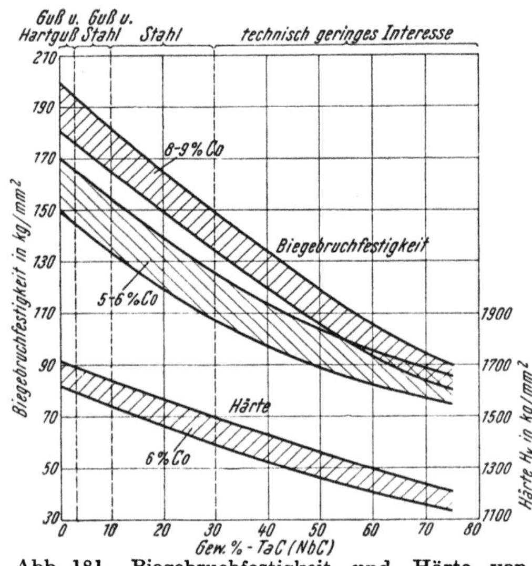

Abb. 181. Biegebruchfestigkeit und Härte von WC-TaC(NbC)-Co-Hartmetallen in Abhängigkeit vom TaC(NbC)-Gehalt

4. WC-TiC-TaC(NbC)-Co-Hartmetalle

Eine systematische Untersuchung des Einflusses von TaC- und insbesondere TaC-NbC-Mischkristallen auf WC-TiC-Co-Legierungen wurde von R. Kieffer[1] vorgenommen (Zahlentafel 113). Bei einem

Zahlentafel 113. *Eigenschaften von WC-TiC-Co-Hartmetallen mit verschiedenen Gehalten an TaC(NbC)*

WC %	TaC/NbC %	TiC %	Co %	Rockwell-Härte R_A	Biegebruch-festigkeit kg/mm²	Dichte g/cm³
94	0	—	6	91	180	14,9
85	5	5	6	89,5	130	13,0
79	10	5	6	90	120	12,63
69	20	5	6	90 $+$	110	12,25
49	40	5	6	89,5	90	11,26
24	65	5	6	88,5	70	12,29
79,5	5	9,5	6	89,5	125	11,8
74,5	10	9,5	6	90	115	11,5
64,5	20	9,5	6	90	100	11,0
44,5	40	9,5	6	90	90	10,6
24,5	60	9,5	6	89,5	65	9,7
74	5	15	6	90,5	120	10,98
69	10	15	6	90,5	110	10,75
64	15	15	6	90,5	100	10,59
59	20	15	6	90,5	95	10,03
54	25	15	6	90	95	9,80
24	55	15	6	89,5	70	8,96

konstanten Gehalt von jeweils 5% TiC, 9,5% TiC bzw. 15% TiC und 6% Co wurde der Gehalt an TaC-NbC von 5 bis 65 Gew.-% variiert. Mit steigendem Gehalt an TaC-NbC fällt besonders oberhalb von 20% Mischkristallzusatz die Biegebruchfestigkeit stark ab, während die Härte nur mäßig abnimmt. Unter optimalen Herstellungsbedingungen läßt sich für eine bestimmte Legierung der

---

[1] Kieffer, R. in R. Kieffer u. W. Hotop: Pulvermetallurgie und Sinterwerkstoffe, 2. Aufl., Springer-Verlag Berlin/Göttingen/Heidelberg 1948, S. 304.

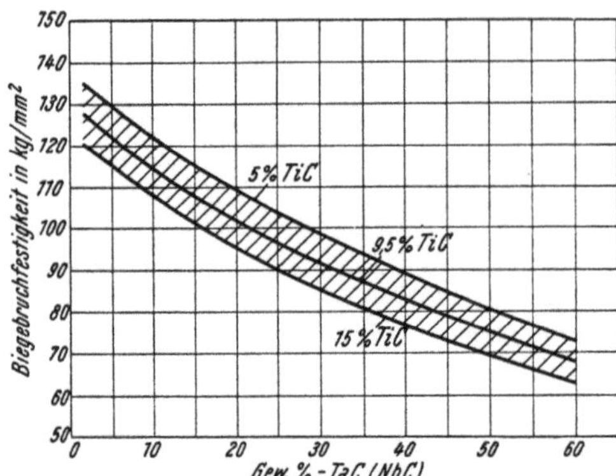

Abb. 182. Abhängigkeit der Biegebruchfestigkeit von WC-TiC-TaC(NbC)-Co-Hartmetallen vom TiC- bzw. TaC(NbC)-Gehalt, halbschematisch

Versuchsreihe die Härte um 0,5 bis 1 R_A und die Biegebruchfestigkeit um 5 bis 10% erhöhen. Letztere läßt sich durch Kobaltvariation von 6 auf 18% zusätzlich um 5 bis 25% erhöhen, wobei jedoch die Härtewerte entsprechend stark abfallen.

Abb. 182 gibt schematisch den Einfluß des steigenden TaC-NbC-Gehaltes für Legierungen mit 5, 9,5 und 15% TiC bei einem konstanten Kobaltgehalt von 6% wieder. Abb. 183 zeigt schematisch den Einfluß der Kobaltvariation zwischen 5 und 18%, wobei die Ergebnisse von S. 485 zu Hilfe genommen wurden.

5. WC-Mo₂C-Co(Ni)-Hartmetalle

Mit Kobalt, Nickel oder Eisen abgebundene WC-Mo₂C-Mischkristalle haben im Laufe der Entwicklung der Hartlegierungen ein gewisses Interesse gehabt[1-3]. In WC-Mo₂C-Co-Hartmetallen kann bei Gehalten von etwa 63% WC ein Härtemaximum beobachtet

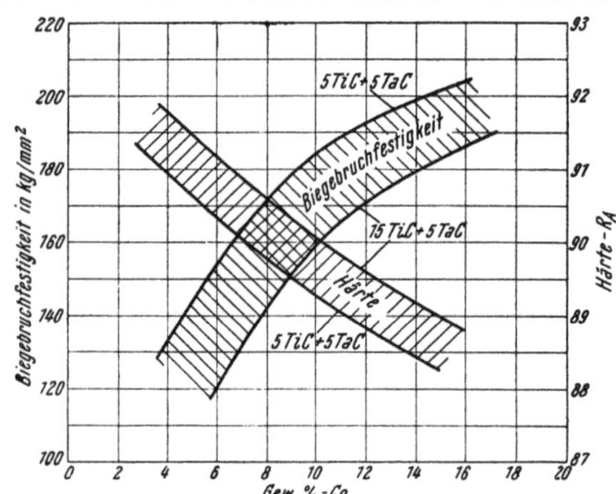

Abb. 183. Abhängigkeit der Biegebruchfestigkeit und Rockwell-Härte von WC-TiC-TaC(NbC)-Co-Hartmetallen vom TiC-TaC (NbC)- und Co-Gehalt

werden[4]. Die Biegebruchfestigkeit dieser Legierungen liegt zwischen 50 und 120 kg/mm², wobei die höheren Werte steigenden WC-Gehalten entsprechen. Nickelgebundene Mischkristalle weisen insbesondere bei hohen Mo₂C-Gehalten größere Festigkeiten auf als kobaltgebundene.

---

[1] Molkov, L. P. u. I. V. Vikker: Vestn. Metalloprom. 16 (1936) S. 75/82.

[2] Kieffer, R. u. W. Hotop: Pulvermetallurgie und Sinterwerkstoffe, Springer-Verlag, Berlin/Göttingen/Heidelberg 1948.

[3] Zarubin, N. M. u. M. V. Suitin: Redkie Metaly 4 (1935), Nr. 4, S. 21/25, Zavod. Lab. 4 (1935), S. 431/37.

[4] A.P. 1959879 (1929).

Da die WC-Mo$_2$C-Hartmetalle in der Festigkeit durchwegs erheblich unter den WC-Co-Legierungen liegen und — abgesehen von der guten Härte — keine verbesserten Eigenschaften aufweisen, haben sich für sie noch keine besonderen Anwendungsgebiete in der Zerspanungstechnik ergeben.

Untersuchungen über Hilfsmetallegierungen mit bei höheren Temperaturen gebildeten WC-MoC-Mischkristallen[1] liegen noch nicht vor. Aus Vorversuchen ist allerdings ein Zerfall des MoC in Mo$_2$C + C bei den üblichen Sintertemperaturen zu erwarten.

6. WC-Mo$_2$C-TiC-Ni(Co)-Hartmetalle

Technisch bedeutender als die WC-Mo$_2$C-Ni(Co)- und die Mo$_2$C-TiC-Ni(Co)-Hartlegierungen sind die aus allen drei Karbiden bestehenden Hartmetalle[2,3]. In Zahlentafel 114 sind die Eigenschafts-

Zahlentafel 114. *Eigenschaften von WC-Mo$_2$C-TiC-Hartmetallen mit verschiedenen Bindemetallen*

Zusammensetzung %					Rockwell-Härte	Biegebruch-festigkeit
WC*	Mo$_2$C	TiC	Ni	Co	R$_A$	kg/mm^2
77	1	16	1	6	91	120
76	2	16	—	6	91	115
73	5	16	3	3	91	100
60	16	16	8	—	91	100
60	16	16	—	8	91,5	85
30	30	25	15	—	91	85
15	30	45	5	5	91	90
15	30	40	10	5	91	100
15	15	55	10	5	91	100
20	10	65	2	5	92	95

* Ausgangskorngröße 1 bis 8 μ.

werte einiger solcher Legierungen zusammengestellt. Mo$_2$C-Zusätze zu WC-TiC-Legierungen erhöhen die Härte auf Kosten der Bruchfestigkeit. Bei höheren Mo$_2$C-Gehalten ergeben sich zähere Legierungen, wenn man an Stelle von Kobalt das Nickel als Bindemittel wählt. Mo$_2$C-WC-TiC-Legierungen sind zur Bearbeitung von Stahl gut brauchbar, jedoch weniger bruchfest und zäh als die entsprechenden Mo$_2$C-freien Legierungen.

Die in Zahlentafel 114 angeführten Legierungen 1, 2 und 4 spielten in den Jahren 1931 bis 1933 eine gewisse Rolle, wurden jedoch später von Mo$_2$C-freien Legierungen ähnlicher Zusammensetzung verdrängt.

[1] Dawihl, W.: Z. anorg. Chem. 262 (1950), S. 212/17.

[2] Kieffer, R. in R. Kieffer u. W. Hotop: Pulvermetallurgie und Sinterwerkstoffe, Springer-Verlag, Berlin/Göttingen/Heidelberg 1948, S. 305.

[3] Molkov, L. P. u. I. V. Vikker: Vestn. Metalloprom. 16 (1936), S. 75/82.

7. WC-ZrC-Hartmetalle

WC-ZrC-Co-Hartmetalle wurden von R. Kieffer[1] sehr eingehend auf ihre Eignung für die Bearbeitung langspanender Werkstoffe untersucht. Die Eigenschaften und Drehleistungen der geprüften Legierungen sind im Vergleich zu den üblichen WC-TiC-Co-Hartmetallen für die Stahlbearbeitung in Zahlentafel 115 zusammengestellt. Die Substitution des TiC durch ZrC in gleicher Menge führt zu wohl

Zahlentafel 115. *Eigenschaften und Drehleistung von WC-ZrC-Co-Hartmetallen im Vergleich zu gebräuchlichen WC-TiC-Co-Legierungen*

Zusammensetzung %	Rockwell-Härte R_A	Biege-bruch-festigkeit kg/mm²	Dichte g/cm³	Drehleistung auf SM-Stahl (85 kg/mm²) a = 5 mm; s = 0,8 mm; t = 10 Min.	
				Fasenbreite mm	Drehge-schwindigkeit m/Min.
78 WC, 16 ZrC, 6 Co	− 90	95	11,3	0,300	140
78 WC, 16 TiC, 6 Co	+ 91	110	11,2	0,205	140
75,5 WC, 16 ZrC, 8,5 Co	89	100	11,3	0,395	120
75,5 WC, 16 TiC, 8,5 Co	90,5	120	10,9	0,255	120
87,5 WC, 4 ZrC, 8,5 Co	89	125	13,0	0,250	85
87,5 WC, 4 TiC, 8,5 Co	89,5	155	13,4	0,185	85

brauchbaren, aber gegenüber den marktgängigen WC-TiC-Co-Legierungen unterwertigen Hartmetallen. Setzt man dagegen den WC-Co-Legierungen etwa die 1,7- bis 2fache Menge des üblichen TiC-Gehaltes an ZrC in Form von vorgebildeten Mischkristallen zu, so kommt man zu weitgehend gleichwertigen Hartlegierungen mit fast übereinstimmender Zerspanungsleistung (Zahlentafel 116).

Zahlentafel 116. *Eigenschaften und Drehleistung von WC-ZrC-Co-Hartmetallen im Vergleich zu gleichwertigen WC-TiC-Co-Legierungen*

Zusammensetzung %	Rockwell-Härte R_A	Biege-bruch-festigkeit kg/mm²	Dichte g/cm³	Drehleistung auf SM-Stahl (85 kg/mm²) a = 5 mm; s = 0,8 mm; t = 10 Min.	
				Fasenbreite mm	Drehge-schwindigkeit m/Min.
69 WC, 25 ZrC, 6 Co	+ 91	90	10,9	0,205	140
78 WC, 16 TiC, 6 Co	+ 91	110	11,2	0,200	140
83,5 WC, 8 ZrC, 8,5 Co	89,5	125	12,9	0,180	83
86,5 WC, 5 TiC, 8,5 Co	89,5	155	13,4	0,180	85

[1] Kieffer, R.: Metall 4 (1950), S. 132/36.

8. WC-VC, WC-Cr$_3$C$_2$- und WC-NbC-Hartmetalle

Die Karbide VC und Cr$_3$C$_2$ wurden bis jetzt nur gelegentlich als Zusatzkarbide zu WC in der Praxis verwendet. Sie wirken in geringen Mengen härtesteigernd, in größeren Mengen versprödend. Cr bzw. Cr$_3$C$_2$ findet sich oft in Mengen von 0,1 bis 0,5% als Begleiter in WC-Co-Hartmetallen, da es gern aus den 18/8-Cr-Ni-Stahlmühlen oder aus den stellitartigen Mühlenauskleidungen beim Mahlvorgang aufgenommen wird. VC wird in Mengen bis 1% in Verbindung mit TaC in WC-Co-Legierungen für besondere Zwecke, z. B. zur Spezialhartgußbearbeitung, verwendet (s. S. 480).

NbC ist ein interessanter Legierungspartner für WC-Co-Legierungen. Es ähnelt sehr stark TaC-NbC-Mischkristallen, übt also ähnliche Wirkungen aus (s. S. 482). In Zahlentafel 117 sind die Eigenschaften und Anwendungsgebiete einiger versuchsweise hergestellter WC-VC-, WC-NbC- und WC-Cr$_3$C$_2$-Hartmetalle zusammengestellt.

Zahlentafel 117. *Eigenschaften von WC-VC, WC-NbC- und WC-Chromkarbid-Co-Hartmetallen*

Zusammensetzung %					Rockwell-Härte R_A	Biegebruch-festigkeit kg/cm²	Bemerkung
WC	VC	NbC	Chrom-karbid	Co			
94	1	—	—	5	91,5	140 bis 160	für Guß und Hartgußbearbeitung
89	5	—	—	5	92	120 bis 140	für Guß, Versprödung
79	10	—	—	5	92	100 bis 120	für Guß, zunehmende Versprödung
94	—	1	—	5	91,5	160 bis 180	Guß und Hartgußbearbeitung
93	—	2	—	5	91,5	155 bis 175	Guß und Hartgußbearbeitung
90	—	5	—	5	91	145 bis 170	Guß und harte Stähle
85	—	10	—	5	90,5	140 bis 160	Guß und Stahl
75	—	20	—	5	— 90	120 bis 140	für weiche Stähle
94,5	—	—	0,5	5	91,5	150 bis 170	Gußbearbeitung, Ziehsteine, Sandstrahldüsen
94	—	—	1	5	92	130 bis 140	Versprödung
90	—	—	5	5	93	80 bis 100	starke Versprödung

9. Wolframkarbidfreie Hartmetalle

Patentrechtliche Gründe, wirtschaftliche Erwägungen, zeitweiser Rohstoffmangel und der Forschungstrieb vieler Sinterfachleute gaben den Ansporn, in hilfsmetallhaltigen Hartmetallen das besonders geeignete Wolframkarbid teilweise oder ganz durch andere Hartstoffe und Karbide zu ersetzen[1].

Bei dem *vollständigen* Ersatz des Wolframkarbides — nur von diesem soll in der Folge die Rede sein — ging man zwei Wege:

1. Man versuchte andere Hartstoffe als Metallkarbide, z. B. Nitride, Boride, Silizide, Oxyde (Korund) und Metalloidkarbide (Borkarbid und Siliziumkarbid), zu verwenden.

2. Man ersetzte das Wolframkarbid durch andere hochschmelzende Metallkarbide, z. B. Zirkon-, Vanadin-, Niob-, Tantal-, Chrom- und Molybdänkarbid oder deren binäre und ternäre Mischkristalle.

Der erste Weg hat bis heute noch zu keiner für Schneidzwecke allgemein brauchbaren Hartlegierung geführt, wenn man von gewissen Teilerfolgen mit Sintertonerde und Borkarbid absieht (s. S. 333).

Als stabile und verhältnismäßig sinterfreudige *Nitride* sind Titan- und Vanadinnitrid zu bezeichnen. Sie geben mit Metallen der Eisengruppe, insbesondere mit Nickel, bei Drucksinterung harte Legierungen metallischen Charakters, die Hochglanzpolitur annehmen. Sie haben eine messing- bis goldgelbe Farbe. Ihre Härte und Verschleißfestigkeit scheint erheblich unter der der Karbide zu liegen. Titannitrid, das mit Titankarbid und Titanmonoxyd isomorph ist, ist in vielen hochtitankarbidhaltigen Hartmetallen in Mengen von 1 bis 3% mehr oder minder zwangsläufig vorhanden (s. Zahlentafel 89)[2].

O. Meyer und W. Eilender[3] haben Hartmetalle aus Titannitrid und Vanadinnitrid sowie aus den entsprechenden Karbid-Nitrid-Gemischen mit Kobalt als Bindemetall beschrieben. Ihre Härte war aber durchwegs für Zerspanungszwecke nicht ausreichend.

Über Nitride der übrigen nitridbildenden Metalle der 4. und 5. Gruppe des periodischen Systems sind zu wenig Einzelheiten veröffentlicht worden und es wurden mit diesen auch zu wenig praktische Versuche durchgeführt, als daß Aussagen über die hartmetalltechnischen Eigenschaften von Sinterkörpern auf ihrer Basis gemacht werden könnten. Die Nitride der karbidbildenden Metalle der 6. Gruppe scheinen um so instabiler zu sein, je stärkere Karbidbildner die Metalle sind (s. S. 207). Während dem Chromnitrid und

---

[1] Kieffer, R. u. F. Kölbl: Vortrag IPT., Graz 1948, Ref. Nr. 28, Powder Met. Bull. 4 (1949), S. 4/17.

[2] F. I. A. T. Final Rep. Nr. 772, S. 23.

[3] Meyer, O. u. W. Eilender: Arch. Eisenhüttenwes. 11 (1937/38), S. 545/62.

Molybdännitrid noch eine gewisse technische Bedeutung zukommen dürfte[1], ist Wolframnitrid bereits ausgesprochen instabil.

Zusammenfassend dürften die Nitride wegen ihrer geringeren Härte, teilweise wegen ihres hohen Stickstoffdampfdruckes bei den in Betracht kommenden Sintertemperaturen und wegen ihrer Tendenz, bei den üblicherweise vorhandenen Sinterbedingungen Karbide zu bilden, als Grundstoffe für die Hartmetallherstellung wenig befähigt sein.

Größere Bedeutung scheint jedoch den *Boriden* zuzukommen[2,3]. Die Schwierigkeiten bei der Herstellung reiner karbid-, nitrid- und oxydfreier Boride haben die technische Einführung der Metallboride gehemmt; sie sind jedoch in den letzten Jahren überwunden worden (S. 252). Die Boride haben im Gegensatz zu den meisten Nitriden und zu den Siliziden einen stärker ausgeprägten metallischen Charakter (S. 17, 292 und 672). Technische Bedeutung hat bis heute nur das Chromborid erlangt, und zwar für Aufschweißhartlegierungen[4]. Auf dem Wege der Drucksinterung lassen sich aus Chromborid interessante hochhitzebeständige Hartlegierungen gewinnen[5].

Die Boride der Metalle der 4. und 5. Gruppe des periodischen Systems wie z. B. TiB_2, ZrB_2, VB_2, NbB_2 und TaB_2 sind ebensowenig wie die Mischkristalle aus diesen systematisch auf ihre Eignung als Basishartstoffe für Schneidlegierungen untersucht worden. Es finden sich viele, aber spärliche Hinweise in der Patentliteratur. Die physikalischen, chemischen und mechanischen Eigenschaften lassen nach orientierenden Versuchen von R. Kieffer[6] einen technischen Einsatz aussichtsreich erscheinen, wenn es gelingt, entsprechende Zusätze und metallische Bindelegierungen zu finden, mit denen man die für Zerspanungszwecke erforderliche Mindestbiegebruchfestigkeit von 80 kg/mm² und Mindesthärte von 89 bis 90 R_A erreicht.

Versuche, reine *Silizide* an die Stelle von Karbiden in Schneidlegierungen, zu setzen, scheinen nach Versuchen der Verfasser und auch nach Versuchen an anderer Stelle nicht sehr aussichtsreich zu sein.

Der zweite Weg, der Ersatz des Wolframkarbides durch andere hochschmelzende Karbide und Karbidmischkristalle, ist durch gewisse markante Punkte gekennzeichnet:

---

[1] Meyer, O. u. W. Eilender: Arch. Eisenhüttenwes. 11 (1937/38), S. 545/62.

[2] A.P. 1913373 (1928), D.R.P. 667071 (1931).

[3] B. I. O. S. Final Report Nr. 925, S. 23.

[4] Colmonoy der Fa. Wall-Colmonoy Co.

[5] Sindeband, S. J.: Metals Trans. 185 (1949), S. 198/202.

[6] Kieffer, R. u. F. Benesovsky: Unveröffentlichte Versuche 1951/52.

1. Die Erzeugung des alten Titanit S auf der Basis Titankarbid-Molybdänkarbid-Nickel durch P. Schwarzkopf, I. Hirschl und R. Kieffer in den Jahren 1930 bis 1931[1].

2. Die Herstellung des amerikanischen Ramet auf der Basis von reinem Tantalkarbid[2,3] (1930/31).

3. Der Patentvorschlag von R. Kieffer aus dem Jahre 1938 zur Erzeugung von Schneidlegierungen auf der Basis TiC-VC mit Titankarbidüberschuß[4].

4. Die betriebsmäßige Entwicklung von wolframkarbidfreien Hartmetallen bei einigen deutschen Hartmetallherstellern in den ersten Jahren des zweiten Weltkrieges[5].

5. Die Zerspanungsgroßversuche mit wolframkarbidfreien Hartmetallen als Ersatzlegierungen für die genormten WC-TiC-Co-Hartmetallqualitäten S 1 und S 2 (78/16/6 und 76/15/9) in den letzten Jahren des zweiten Weltkrieges[6] und die Vorbereitung einer Großerzeugung von Platten und Werkzeugen aus den bewährten Ersatzlegierungen[7-9].

Bevor auf die einzelnen wolframkarbidfreien Hartlegierungen auf Basis anderer Karbide und Karbidmischkristalle eingegangen wird, sollen zunächst die Anforderungen umrissen werden, welche man an ein Hartmetall für Zerspanungszwecke stellen muß. Bei der spanabhebenden Bearbeitung, insbesondere beim Schruppen von mittelharten Stählen, ist eine Mindesthärte von 89 R_A und eine Mindestbiegebruchfestigkeit von 80 bis 85 kg/mm² notwendig. Eine Härte von 90 bis 91 R_A bei einer Biegebruchfestigkeit von 100 bis 110 kg/mm² ist anzustreben. Bei Zerspanungsarbeiten, bei denen gleichmäßig niedrige Schnittdrucke auftreten, z. B. beim Schlichten von Stahl, kann man bei versuchsmäßig einwandfreien Bedingungen als Grenzwert der Bruchfestigkeit noch eine solche von 65 bis 75 kg/mm² zulassen. Für die Bearbeitung von kurzspanenden Werkstoffen, wie Grauguß, Hartguß, harten nichtmetallischen Stoffen und für Bohrarbeiten, sind jedoch wesentlich höhere Festigkeitswerte erforderlich. Das gleiche gilt für schwere Schrupparbeiten auf kurzspanenden als

---

[1] Ö.P. 160172 (1931) u. a.
[2] E.P. 373708 (1931), F.P. 713086, 713087 (1931) u. a.
[3] Kelley, F. C.: J. Am. Soc. Steel Treat. **19** (1932), S. 233/43.
[4] D.R.P. 748933 (1938).
[5] B. I. O. S. Final Rep. Nr. 1385, S. 103f.
[6] Comstock, G. J.: Iron Age **156** (1945), Nr. 9, S. 36 A/36 L.
[7] B. I. O. S. Final Rep. Nr. 1076, S. 35ff.
[8] Trapp, G. J., B. E. Berry, H. Burden u. T. Raine: Symposium on Powder Metallurgy, Iron Steel Inst., Spec. Rep. No. 38, London 1947, S. 96.
[9] B. I. O. S. Final Rep. Nr. 1385, S. 103ff.

auch auf langspanenden Werkstoffen, wobei eine Biegebruchfestigkeit von etwa 110 kg/mm² als untere Zähigkeitsgrenze anzusehen ist.

Ferner müssen Platten und Formstücke aus den betreffenden Legierungen lötbar sein. Alle Metallkarbide, deren Oxyde nicht wasserstoffreduzierbar sind, haben schlechte Löt- und Schleifeigenschaften; dies gilt auch für die wichtigen, hoch TiC-haltigen Hartlegierungen.

Um zunächst das Verhalten der Ersatzkarbide der 4., 5. und 6. Gruppe des periodischen Systems in Hartmetallegierungen vergleichen zu können, sind in Zahlentafel 118 die Eigenschaften der druckgesinterten Karbide mit 10% Hilfsmetall zusammengestellt.

Zahlentafel 118. *Eigenschaften von druckgesinterten Metallkarbiden mit einem Hilfsmetallgehalt von 10%*

Gruppe des periodischen Systems	Zusammensetzung	Rockwell-Härte R_A	Biegebruch-festigkeit kg/mm²	Dichte g/cm³	Farbe des Bruches
4.	90% TiC, 10% Co	92	80	4,9	mausgrau
	90% ZrC, 10% Fe	91	80	6,8	hellgrau
5.	90% VC, 10% Co	89	70	5,4	silbrig
	90% NbC, 10% Co	88	100	7,7	braunviol.
	90% TaC, 10% Co	85	75	13,0	goldgelb
6.	90% Cr₃C₂, 10% Ni	84	50	5,7	silbrig
	90% Mo₂C, 10% Co	87	60	8,6	hell silbrig
	90% Mo₂C, 10% Ni	81	70	8,6	hell silbrig
	90% WC, 10% Co	91	185	14,4	blaugrau

Zum Vergleich ist auch eine entsprechende WC-Co-Legierung mit aufgeführt. Man sieht, daß sich bei kobaltgebundenem Titankarbid und eisengebundenem Zirkonkarbid ausgezeichnete Härten, aber nur mittlere Werte der Biegebruchfestigkeit erzielen lassen. Vanadinkarbid und Niobkarbid ergeben Hartmetalle mit S 3-ähnlicher Härte und im Falle des Niobs guter Bruchfestigkeit. Molybdänkarbid, Chromkarbid und Tantalkarbid sind relativ weich (etwa wie eine WC-Co-Legierung 85/15) und sind gleichzeitig wenig bruchfest.

J. Holzberger[1] untersuchte gleichfalls Karbide der Metalle der 4., 5. und 6. Gruppe des periodischen Systems auf dem Wege der Normalsinterung unter Wasserstoff, unter Zugabe von 12% Co (Zahlentafel 119). Wenn man von den, verständlicherweise etwas geringeren Härte- und Biegebruchfestigkeitswerten absieht, gilt für

---

[1] Holzberger, J. u. H. Krainer: Diskussionsvortrag IPT., Graz 1948.

Zahlentafel 119. *Eigenschaften von normalgesinterten Metallkarbiden mit 12%*
Hilfsmetall (J. Holzberger)

Karbid und Hilfsmetall	Rockwell-Härte R_A	Biegebruchfestigkeit kg/mm²
TiC + 12% Co	89	65
ZrC + 12% Co..............	88,5	75
V_4C_3 + 12% Co	87	50
V_2C + 12% Co	82	70
TaC + 12% Co	82	95
Cr_3C_2 + 12% Co	80	50
Mo_2C + 12% Co	86	60
WC + 12% Co..............	88,5	180

die Versuchslegierungen dasselbe, was R. Kieffer und F. Kölbl[1]
ausgeführt haben.

In Zahlentafel 120 sind weitere Hartlegierungen auf TiC und TaC-
Basis mit verschiedenen Bindemetallen zusammengestellt. Die TiC-

Zahlentafel 120. *Eigenschaften von Hartmetallen auf TiC- und TaC-Basis mit*
verschiedenen Bindemetallen

Zusammensetzung	Rockwell-Härte R_A	Biegebruchfestigkeit kg/mm²
90% TiC, 10% Ni	89 bis 91	65
90% TiC, 10% Fe	89 bis 91	50
85% TiC, 15% Fe	89	55
80% TiC, 10% Co, 10% Cr ...	92	70 bis 80
87% TaC, 13% Co	83	70
87% TaC, 13% Fe	84	85
87% TaC, 13% Ni	82	120
87% TaC, 13% Co/W (75 : 25)	84	135
87% TaC, 13% Fe/Mo (63 : 37)	89	85

haltigen Legierungen sind sehr hart, aber auch sehr spröde. Die
Hartmetalle auf TaC-Basis — es handelt sich dabei um Versuchs-
legierungen der *Fansteel Co.* und *Carboloy Co.*[2,3] — haben
zum Teil sehr gute Biegebruchfestigkeit; sie sind aber zu weich.
Deshalb konnten sich auch derartige Hartmetalle ursprünglich auf dem
Markt nicht durchsetzen. Beim Heißpressen von TaC-Hartmetallen mit
Nickelbindung gelinge es, nach L. P. Molkov und A. V. Chochlova[4]

---

[1] Kieffer, R. u. F. Kölbl: Vortrag IPT., Graz 1948, Ref. Nr. 28, Powder
Met. Bull. 4 (1949), S. 4/17.

[2] E.P. 373 708 (1931), F.P. 713 086, 713 087 (1931) u. a.

[3] Kelley, F. C.: J. Am. Soc. Steel Treat. 19 (1932), S. 233/43.

[4] Molkov, L. P. u. A. V. Chochlova: Redkije Metaly 4 (1935), Nr. 1,
S. 10/23.

allerdings Härten bis zu 91 R$_A$ zu erzielen. Angaben über Festigkeit und Zerspanungsleistung werden von den Autoren nicht gemacht.

Abb. 184 zeigt das Gefüge eines Hartmetalles aus 85% Vanadinkarbid und 15% Nickel. Man sieht die für hilfsmetallhaltige Vanadinkarbidlegierungen typische Rundkristallform des Vanadinkarbides.

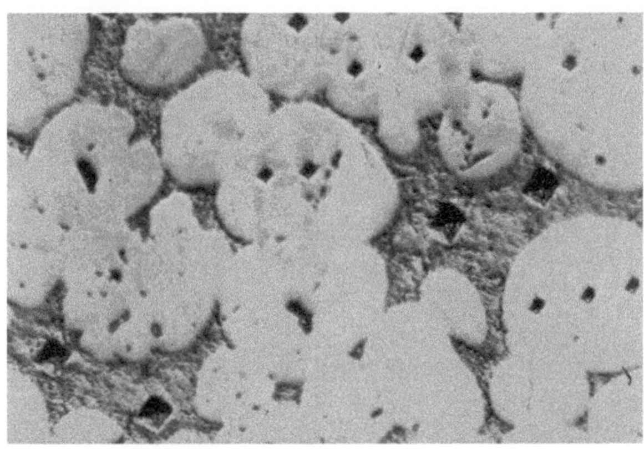

Abb. 184. Gefüge von Hartmetall aus 85% VC und 15% Ni. Mikrohärteeindrücke in der Karbid- und Bindemetallphase ($\times$ 500)

Sowohl an den Vanadinkarbidkristalliten als auch an den Hilfsmetallzwischenlagerungen wurden Mikrohärteprüfungen vorgenommen. Die Härteeindrücke sind gut zu erkennen. Ihre Auswertung ergab im Mittel eine Mikrohärte von 3000 kg/mm² für das Vanadinkarbid und eine solche von 1100 kg/mm² für die Hilfsmetallphase. Die Höhe des letzteren Wertes läßt schließen, daß es sich nicht um reines Nickel handelt, sondern daß durch eine gewisse Legierungsbildung des Nickels mit Vanadin und Kohlenstoff oder durch Ausscheidungserscheinungen eine Härtesteigerung eingetreten ist. Abb. 185 zeigt das Gefüge eines Hartmetalles aus 87% Tantalkarbid und 13% Kobalt. Die kubische Kristallform des Tantalkarbides ist an einzelnen Schnittflächen deutlich zu erkennen.

Vanadinkarbid-Hilfsmetall Legierungen[1], insbesondere solche mit Eisen als Hilfsmetall, eventuell mit geringen Zusätzen an Tantalkarbid oder Chromkarbid, lassen sich auch bei druckloser Sinterung in hohem Maße porenfrei herstellen und zeigen gute Beständigkeit gegen reibenden Verschleiß. Sie kommen daher für gewisse Verschleißteile, wie Fadenführer u. dgl., in Betracht. Druckgesinterte Titankarbid-Hilfsmetall Legierungen können für Sandstrahl- und ähnliche Düsen mit Erfolg verwendet werden.

[1] Schweiz.P. 167854 (1933).

Für Zerspanungszwecke scheinen nur Titankarbid und eventuell Zirkonkarbid[1,2], bedingt Vanadinkarbid und Niobkarbid für vereinzelte Anwendungsgebiete in Frage zu kommen. Die beiden letzteren nur, wenn an

Abb. 185. Gefüge eines Hartmetalles aus 87% TaC und 13% Co ($\times$ 1500)

die Verschleißfestigkeit keine hohen Anforderungen gestellt werden.

Chromkarbid ist ein billiges und leicht zugängliches Karbid. Chromkarbid-Hilfsmetallegierungen sind aber verhältnismäßig spröde und kommen kaum für Zerspanungszwecke, sondern nur für Verschleißteile und als korrosionsbeständige Legierungen in Frage.[3] Chromkarbid-Hartmetalle können durch Normalsinterung ziemlich dicht — durch Drucksinterung praktisch porenfrei — hergestellt werden[4]. Ein solches Hartmetall mit 15% Ni als Binder hat eine Dichte von 6,8 bis 6,9 g/cm³, eine Rockwell-Härte R_A von 86 bis 88 und eine Biegebruchfestigkeit von 60 bis 70 kg/mm². Abb. 186 zeigt das Gefüge eines Cr_3C_2-Ni-Hartmetalles mit 15% Ni. In USA haben Chromkarbid-Hartmetalle neuerdings technische Bedeutung erlangt; sie werden für Verschleißteile und für korrosionsbeständige Teile empfohlen[5–8].

---

[1] Schweiz.P. 168785 (1933).

[2] Kieffer, R.: Metall 4 (1950), S. 132/36.

[3] Kieffer, R. u. F. Kölbl: Vortrag IPT Graz 1948, Ref. Nr. 28, Powder Met. Bull. 4 (1949), S. 4/17.

[4] Lidman, W. G. u. H. J. Hamjian: NACA, Techn. Note Nr. 2491 (1951), 2731 (1952).

[5] Prospekt Carboloy Co., Detroit 1951.

[6] Patton, W. G.: Iron Age 168 (1951), Nr. 17, S. 57.

[7] Anonym: Machinery, N. Y. 58 (1951), Nr. 3, S. 185/86; Materials & Methods 34 (1951), Nr. 6, S. 69; Tool Eng. 27 (1951) Nov., S. 49; Iron Age 169 (1952), Nr. 1, S. 205.

[8] Gillespie, J. S. u. I. L. Wallace: Steel 130 (1952), 21. April, S. 84.

Technisch bedeutender als die reinen Karbid-Hilfsmetallegierungen sind *Zwei- und Mehrkarbidhartmetalle* bzw. Hartmetalle auf Karbidmischkristallbasis. Durch zweckmäßige Mischkristallbildung erzielt

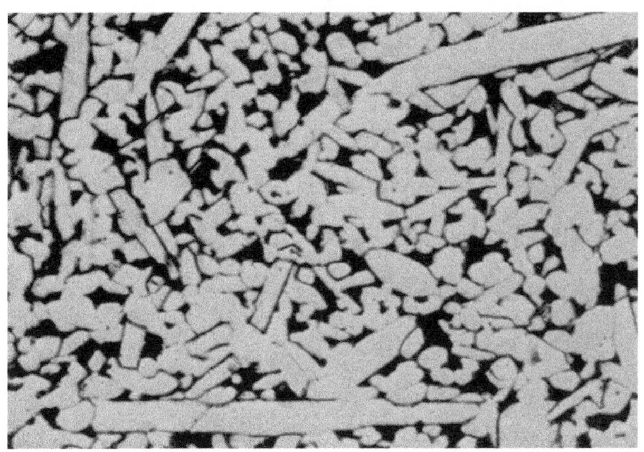

Abb. 186. Gefüge eines Hartmetalles aus 85 % Cr_3C_2 und 15 % Ni (× 300)

man erstens eine Härtesteigerung in den betreffenden binären oder ternären Systemen, zweitens bewirkt sie auch eine sehr wichtige Selbstreinigung der Karbide von freiem Kohlenstoff sowie von Oxyden bzw. Nitriden. Zufolge dieser Selbstreinigung werden gleichmäßige, gut sinterfähige Karbidkomponenten erhalten, die unbedingte Voraussetzung für porenfreie Hartmetalle guter Festigkeit sind.

Die Mischbarkeit der Karbide der 4. und 5. Gruppe des periodischen Systems ist schon in Abb. 47, S. 157, dargestellt und auf S. 165 ff eingehend besprochen worden.

Bezüglich der Mischbarkeit der Karbide der 4. und 5. Gruppe mit den Karbiden der 6. Gruppe stellen H. Nowotny u. R. Kieffer[1] fest, daß die kubischen Gitter erhebliche Mengen Molybdänkarbid lösen, während dieses umgekehrt fast keine Löslichkeit für die Karbide der 4. und 5. Gruppe hat (s. S. 170). Systematische röntgenographische Untersuchungen über die Löslichkeit des Chromkarbides in den kubischen Karbiden liegen noch nicht vor, doch kann aus Untersuchungen im System Titankarbid-Chromkarbid auf ein dem Molybdänkarbid analoges Verhalten des Chromkarbides geschlossen werden. Was für die Mischkristallbildung in den Zweistoffsystemen gesagt wurde, wird im wesentlichen auch auf die Dreistoffsysteme zutreffen, wie an TaC-NbC-Mischkristallen mit Molybdänkarbid

[1] Nowotny, H. u. R. Kieffer: Metallforschung 2 (1947), S. 257/65.

bewiesen wurde. Kombiniert man alle interessierenden Karbide der 4., 5. und 6. Gruppe, so kommt man zu folgenden Karbidpaarungen, die sich in 6 Gruppen zusammenstellen lassen. In Zahlentafel 121 sind die 6 Gruppen gleichzeitig mit Wertbezeichnungsn versehen, die nach

Zahlentafel 121. *Binäre Legierungen der Karbide*

4. Gruppe TiC, ZrC		5. Gruppe VC, NbC, TaC			6. Gruppe Cr_3C_2, Mo_2C
TiC-ZrC (3)*	ZrC-VC (3)	VC-NbC (3)	NbC-TaC (3)	TaC-Cr$_3$C$_2$ (4)	Cr$_3$C$_2$-Mo$_2$C (5)
TiC-VC (1)	ZrC-NbC (3)	VC-TaC (3)	NbC-Cr$_3$C$_2$ (4)	TaC-Mo$_2$C (3)	
TiC-NbC (2)	ZrC-TaC (3)	VC-Cr$_3$C$_2$ (4)	NbC-Mo$_2$C (3)		
TiC-TaC (2)	ZrC-Cr$_3$C$_2$ (5)	VC-Mo$_2$C (3)			
TiC-Cr$_3$C$_2$ (2)**	ZrC-Mo$_2$C (5)				
TiC-Mo$_2$C (2)					

* Die technische Bedeutung fällt mit steigender, in Klammer gesetzter Kennzahl.
** Cr$_3$C$_2$-Mengen bis zu 10 %

Ansicht von R. Kieffer und F. Kölbl[1] die technische Bedeutung der aus diesen Karbidpaaren hergestellten Hartmetalle kennzeichnen sollen, wie sie sich beim augenblicklichen Stand der Technik der wolframkarbidfreien Hartmetalle ergibt. Die praktische Einsatzmöglichkeit fällt mit steigender Kennzahl.

Von den einzelnen binären Legierungen, die besondere technische Bedeutung erlangt haben, sind die titankarbidhaltigen Karbidpaare und hierunter wieder die Paare TiC-Mo$_2$C, TiC-VC, TiC-NbC und TiC-Chromkarbid zu nennen.

a) TiC-Mo$_2$C-Hartmetalle

Die ersten Hartmetalle, die sich für die Zerspanung von Stahl und anderen langspanenden Werkstoffen bei hohen Schnittgeschwindigkeiten eigneten — reines WC-Co-Hartmetall ist bekanntlich nur für die Bearbeitung von Guß und anderen kurzspanenden Werkstoffen wirtschaftlich einzusetzen, läßt jedoch bei der Bearbeitung von weichen und mittelharten Stählen nur Schnittgeschwindigkeiten in der 2- bis 3fachen Höhe der bei Schnellarbeitsstahl möglichen zu — enthielten wesentliche Mengen von Titankarbid neben Karbiden der

---

[1] Kieffer, R. u. F. Kölbl: Vortrag IPT., Graz 1948, Ref. Nr. 28, Powder Met. Bull. 4 (1949), S. 4/17.

6. Gruppe des periodischen Systems der Elemente. Von diesen Legierungen kam als erste im Jahre 1930 das „Titanit S" auf der Basis TiC-Mo_2C-Ni als brauchbares Hartmetall für die Stahlbearbeitung auf den Markt[1]. Die Härtewerte von TiC-Mo_2C-Ni-Legierungen mit einem Bindemittelgehalt von beispielsweise 15% weisen zwischen etwa 55 und 80% TiC ein Maximum auf. Erwähnenswert ist, daß die härtesten Legierungen dieses Systems diejenigen aus dem technisch wichtigen System Wolframkarbid-Kobalt um etwa 1 bis 1,5 Rockwell-A-Einheiten übertreffen. Da die Bruchfestigkeit dieser schlecht wärmeleitenden Legierungen jedoch nur 50 bis 60% derjenigen der WC-Co-Hartmetalle beträgt, können sie diese bei der Bearbeitung von Guß nicht ersetzen. In der Zahlentafel 122 sind Bruchfestigkeit, Härte und Dichte einiger TiC-Mo_2C-Legierungen mit verschiedenen Bindemitteln, haupt-

Zahlentafel 122. *Härte, Bruchfestigkeit und Dichte einer Reihe von Mo_2C-TiC-Hartlegierungen mit Ni- und Ni-Cr-Bindung* (R. Kieffer)

Mo_2C %	TiC %	Ni, Cr %	Dichte g/cm³	Rockwell-Härte R_A	Biegebruch-festigkeit kg/mm²
85	—	15 Ni	8,8	82,5	60
—	85	15 Ni	5,5	91,5	70
42,5	42,5	15 Ni	6,9	91	90
30	55	15 Ni	6,4	91,5	85
20	65	15 Ni	6,2	92	80
12	73	15 Ni	6,1	92	70
8	77	15 Ni	6,0	92,5	70
3	82	15 Ni	5,2	92	70
35	35	28 Ni, 2 Cr	7,1	86	110
15	58	25 Ni, 2 Cr	6,1	87	100
15	63	20 Ni, 2 Cr	5,9	87,5	100

sächlich Nickel, bzw. Nickel-Chrom, zusammengestellt. Unter anderem sind auch die Eigenschaften einiger Legierungen mit höheren Nickelgehalten aufgeführt. Diese zeigen zwar eine höhere Bruchfestigkeit, sind aber wegen ihrer niedrigen Härte beim Zerspanungsvorgang auf Stahl zu wenig verschleißfest[2]. Durch herstellungstechnische Maßnahmen ist es allerdings in letzter Zeit gelungen, auch bei niedrigen Nickelgehalten die Biegebruchfestigkeiten beträchtlich zu erhöhen (Zahlentafel 123). Die TiC-Mo_2C-Legierungen sind — das Vorhandensein von Molybdän vorausgesetzt — heute die aussichtsreichsten und leistungsfähigsten wolframkarbidfreien Hartmetalle.

---

[1] Ö.P. 160172 (1931) u. a.

[2] Kieffer, R. in R. Kieffer u. W. Hotop: Pulvermetallurgie und Sinterwerkstoffe, Springer-Verlag, Berlin/Göttingen/Heidelberg 1948, S. 299/300.

Im Rahmen einer Arbeit über Tränkhartmetalle haben R. Kieffer und F. Kölbl[1] eingehend TiC-Mo_2C-Hartmetalle mit Ni-Cr-, Co-Cr-

Zahlentafel 123. *Eigenschaften neuer TiC-Mo_2C-Hartmetalle*

TiC %	Mo_2C %	Ni %	Dichte g/cm^3	Rockwell-Härte R_A	Biegebruchfestigkeit kg/mm^2
70,4	17,6	12	5,8	90,5	98 bis 108
68,8	17,2	14	5,91	90,0	102 bis 112
44	44	12	6,94	89,5	98 bis 106
43	43	14	6,98	89,5	102 bis 110

und anderen Bindelegierungen untersucht. Die mit einem Preßdruck von 4 bzw. 6 t/cm^2 hergestellten Proben mit 3 bis 50% Mo_2C, Rest TiC

Zahlentafel 124. *Eigenschaften von TiC-Mo_2C-Tränkhartmetallen (Ni-Cr-Tränkung)*

Pro-ben Nr.	Zusammen-setzung des Skelett-körpers %	Tränkart und Tränklegierung	Tränkkörper		
			Analyse %	Härte R_A	Beschaffen-heit
1	97 TiC 3 Mo_2C	Kapillartränkung Ni-Cr 80/20 1550°, 3 Min. Vak.	22,5 Ni 5,7 Cr 2,1 Mo_2C Rest TiC	84,5 b. 85	dicht, zähe
2	95 TiC 5 Mo_2C	Kapillartränkung 72,7 Ni, 17,3 Cr, 10 TiC 1550°, 3 Min. Vak.	n. b.	85	dicht, zähe
3	90 TiC 10 Mo_2C	Auflagetränkung Ni-Cr 80/20 1400°, 15 Min. Vak.	22,9 Ni 5,5 Cr 7,1 Mo_2C Rest TiC	85 b. 86	weniger zähe als 1 und 2
4	70 TiC 30 Mo_2C	Auflagetränkung Ni-Cr 80/20 1400°, 15 Min. Vak.	22,6 Ni 5,6 Cr 21,4 Mo_2C Rest TiC	86 b. 87	weniger zähe als 3
5	50 TiC 50 Mo_2C	Auflagetränkung Ni-Cr 80/20 1400°, 15 Min. Vak.	22,3 Ni 5,7 Cr 35,8 Mo_2C Rest TiC	86 b. 87	weniger zähe als 4

---

[1] Kieffer, R. u. F. Kölbl: Berg- u. Hüttenmänn. Mh. **95** (1950), S. 49/58.

wurden bei 1500°, zwei Stunden im Kohlerohrofen unter Wasserstoff gesintert. Die Skelettkörper wurden hierauf durch Kapillartränkung, bzw. Auflagetränkung im Vakuum mit der betreffenden Legierung getränkt. Um Anfressungen zu vermeiden, wurde den Tränklegierungen zum Teil TiC zugesetzt, wodurch das Lösevermögen der Tränklegierung für den Skelettkörper zurückgedrängt wird. In Zahlentafel 124 sind die Eigenschaften von mit Ni-Cr getränkten TiC-Mo_2C-Legierungen zusammengestellt. Der Mo_2C-Zusatz steigert die Härte der betreffenden Tränkhartmetalle, setzt jedoch die Zähigkeit herab. In Zahlentafel 125 sind die Eigenschaften einiger TiC-Mo_2C-

Zahlentafel 125. *Eigenschaften von TiC-Mo_2C-Tränkhartmetallen (Tränklegierungen auf Co-Cr-Basis)*

Proben Nr.	Zusammensetzung des Skelettkörpers %	Tränklegierung %	Härte R_A	Beschaffenheit
1	97 TiC, 3 Mo_2C	80 Co, 20 Cr	+ 88	sehr zähe*
2	95 TiC, 5 Mo_2C		+ 88	zähe
3	97 TiC, 3 Mo_2C	72,7 Co, 17,3 Cr, 10 TiC	+ 88	zähe
4	95 TiC, 5 Mo_2C		88,5	zähe
5	97 TiC, 3 Mo_2C	66 Co, 28 Cr, 6 Mo	90 bis 90,5	porös, weniger zähe als 1 und 3
6	95 TiC, 5 Mo_2C		90,5	porös, weniger zähe als 2 und 4
7	97 TiC, 3 Mo_2C	65 Co, 28 Cr, 6 Mo, 1 C	91	porös, weniger zähe als 1 und 3
8	95 TiC, 5 Mo_2C		+ 91	porös, weniger zähe als 2 und 4

* Empirisch festgestellte Zähigkeit beim Zertrümmern durch Hammerschläge.

Hartmetalle, welche mit Co-Cr- und Co-Cr-Mo-Legierungen getränkt wurden, wiedergegeben.

Legierungen auf der Basis TiC-Mo_2C-Ni lassen sich zur Feinstbearbeitung von Stahl erfolgreich einsetzen. Abb. 187 zeigt das Gefüge eines Hartmetalles mit 72% TiC, 18% Mo_2C und 10% Ni.

b) TiC-VC-Hartmetalle

In Zahlentafel 126 sind einige TiC-VC-Legierungen zusammengestellt und vergleichsweise reines Titankarbid und reines Vanadinkarbid mit 10% Nickel als Bindemetall mit aufgeführt[1,2]. Mit den Legierungen des Typus 3 und 4 lassen sich ähnliche Leistungen beim Schruppen und Schlichten von Stahl wie mit WC-TiC-Co-Hart-

---

[1] D.R.P. 748/933 (1938).
[2] Kieffer, R. u. F. Kölbl: Powder Met. Bull. 4 (1949), S. 4/17.

metallen 78/16/66, bzw. 76/15/9. erzielen[1-6]. Legierungen ähnlich der Legierung Nr. 3 in Zahlentafel 126 wurden während des Krieges für Sandstrahldüsen, in geringerem Ausmaße für Ummantelungs- und andere Düsen, Verschleißteile u. dgl. eingesetzt.

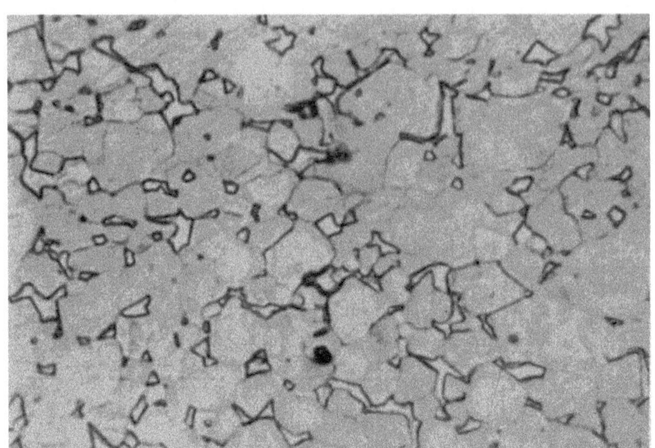

Abb. 187. Gefüge eines Hartmetalles aus 72% TiC, 18% Mo$_2$C und 10% Ni (× 2000)

Die Legierung 5 mit 65% Vanadinkarbid kommt für grobe Schrupparbeiten auf Grund ihrer niedrigen Biegebruchfestigkeit kaum mehr

Zahlentafel 126. *Eigenschaften von TiC-VC-Legierungen* (R. K i e f f e r u n d F. K ö l b l)

Lfd. Nr.	TiC %	VC %	Ni %	Rockwell-Härte A	Biegebruch-festigkeit kg/mm²	Dichte g/cm³
1	90	—	10	92,5	70 bis 80	4,8
2	—	90	10	89	60 bis 70	5,45
3	65	25	10	93,5	90 bis 100	5,05
4	45	45	10	92,5	90 bis 100	5,15
5	25	65	10	92	70 bis 80	5,25

in Frage. Abb. 188 zeigt das Gefüge einer Drucksinterlegierung gemäß Nr. 4 der Zahlentafel 126, die beim Schlichten von Stahl zumindest die Leistung eines WC-TiC-Co-Hartmetalles 78/16/6 und beim

---

1 B. I. O. S. Final Rep. Nr. 1385, S. 103 ff.
2 C o m s t o c k , G. J.: Iron Age 156 (1945), Nr. 9, S. 36 A/36 L.
3 B. I. O. S. Final Rep. Nr. 1076, S. 35 ff.
4 A m m a n n , E.: Stahl u. Eisen 66/67 (1947), S. 124/26.
5 H o l z b e r g e r , J. u. H. K r a i n e r: Diskussionsvortrag IPT., Graz 1948.
6 F. I. A. T. Final Rep. Nr. 772, S. 34.

Schruppen etwa 75% der Leistung der Hartlegierung 76/15/9 erreicht[1-3].

Sehr eingehend wurden TiC-VC-Hartmetalle mit Fe-, Ni- und Co-Bindung auch von J. Holzberger[3] untersucht. Zahlentafel 127 gibt die Härte und Biegebruchfestigkeit einiger der untersuchten

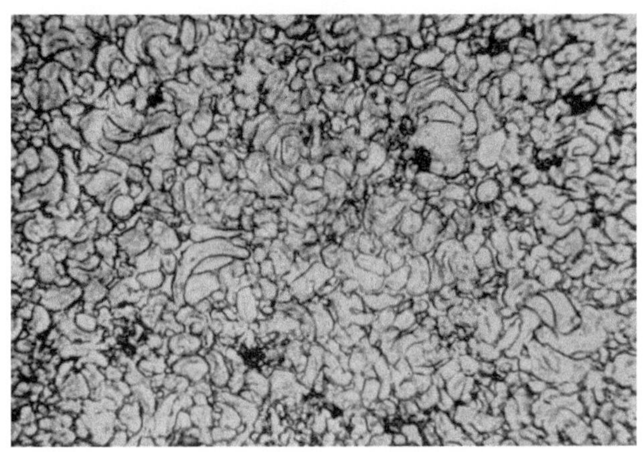

Abb. 188. Gefüge eines druckgesinterten Hartmetalles aus 45% TiC, 45% VC und 10% Ni (× 500).

Legierungen wieder. Verwendet wurden unterkohlte Vanadinkarbide mit 15% C (V_4C_3) und etwa 11% C (V_2C). Die höchsten Härten werden bei einem Verhältnis von TiC zu V_4C_3 wie 3 : 1 erreicht.

Die besten Biegebruchfestigkeitswerte wurden mit einem Bindemetall, bestehend aus 75% Fe und 25% Ni erzielt, wobei die Härtewerte allerdings etwas niedriger als bei Verwendung von reinem Eisen, jedoch höher als bei Verwendung von Kobalt oder Nickel als Bindemetall sind. Bei Verwendung eines Vanadinkarbides mit etwa 11% C (V_2C) erreicht man wieder beim Verhältnis TiC zu V_2C wie 3 : 1 die höchsten Härten. Beachtenswert ist hier, daß der niedrigere Gehalt an gebundenem Kohlenstoff, also erhöhte Zahl an Gitterfehlstellen, zu höheren Härten und zu besseren Biegebruchfestigkeiten führt.

Zahlentafel 128 gibt die Ergebnisse der praktischen Erprobung einiger Legierungen wieder. Der Leistungsvergleich wurde mit einem WC-TiC-Co-Hartmetall 78/16/6 beim Schruppen durchgeführt. Besonders auffallend ist der Einfluß verminderten Kohlenstoffgehaltes und eines Zusatzes von 1,5% Cr.

[1] Comstock, G. J.: Iron Age 156 (1945), Nr. 9, S. 36 A/36 L.
[2] B. I. O. S. Final Rep. Nr. 1076, S. 35ff.
[3] Holzberger, J. u. H. Krainer: Diskussionsvortrag IPT., Graz 1948.

Zahlentafel 127. *Härte und Biegebruchfestigkeit von TiC-Vanadinkarbid-Hartmetallen mit verschiedenen Hilfsmetallen* (J. Holzberger)

Karbid- zusammensetzung %	Hilfsmetall %	Rockwell-Härte R_A	Biegebruch- festigkeit kg/mm²
22 V$_4$C$_3$* + 66 TiC (25 : 75)	12 Fe 9 Fe + 3 Ni 12 Co 12 Ni	91 90,5 89 87	58 61 58 56
16 V$_4$C$_3$ + 72 TiC (18 : 82)	12 Fe 9 Fe + 3 Ni 12 Co 12 Ni	90,5 90 89 86,8	61 62 61 57
22 V$_2$C** + 66 TiC (25 : 75)	9 Fe + 3 Ni 12 Co 12 Ni	91,8 91 90	75 70 64
16 V$_2$C + 72 TiC (18 : 82)	9 Fe + 3 Ni 12 Co 12 Ni	91,5 90,7 90	77 73 66

* Kohlenstoffgehalt etwa 15%.
** Kohlenstoffgehalt etwa 11%.

Über das Verschleißverhalten von TiC-VC-Hartmetallen beim
Bestrahlen mit Sand (wobei eine Methode ähnlich den Abnutzungs-
versuchen mit Sandstrahlgebläse von E. Ammann[1], benützt wurde)

Zahlentafel 128. *Leistungsvergleiche verschiedener wolframkarbidfreier Hartmetalle* (J. Holzberger)

Zusammensetzung %	Gesamt- kohlen- stoff %	Leistung im Ver- gleich zu 78/16/6*	Verschleiß	Löt- barkeit
66 TiC + 22 VC + + 9 Fe + 3 Ni ...	14,5	20%	ausgebrochen	schlecht
desgleichen	13,5	40%	starker Abrieb zum Teil Ausbröckelung	gut
desgleichen .... desgleichen + 1,5 Cr	12,8 12,7	60% 80%	geringe Auskolkung normale Stumpfung	gut
72 TiC + 16 V$_2$C + + 9 Fe + 3 Ni ...	12,8	40%	normale Stumpfung zum Teil Ausbröckelung	gut

* WC-TiC-Co-Hartmetall.

---

[1] Ammann, E.: Z. techn. Physik **21** (1940), S. 332/35.

gibt Zahlentafel 136, S. 525, nach Versuchen von F. Kölbl Aufschluß. Durch Drucksinterung läßt sich der Verschleiß auf die Größe des Verschleißes einer WC-Co-Legierung mit 5% Co bringen, die ihrerseits bei Herstellung nach dem Drucksinterverfahren nur etwa 40% des Verschleißes der drucklos gesinterten Legierung aufweist. In dieser Zahlentafel ist auch eine TiC-Chromkarbid-Legierung mit 5% Cr mit aufgenommen. Größere Mengen als 10% Chrom oder Chromkarbid führen nach R. Kieffer[1] zu außerordentlich harten und spröden Legierungen. Dem Einsatz von Chromkarbid in binären und ternären Legierungen ist daher eine enge Grenze gesetzt.

Von den weiteren, gemäß Zahlentafel 121 möglichen binären Legierungen kommt eine gewisse technische Bedeutung den Legierungen aus TiC-ZrC, TiC-NbC[2], TiC-TaC und TaC-Mo$_2$C für Feinbearbeitungszwecke zu. In Zahlentafel 129 sind die Eigenschaften einiger Legierungen dieser Gruppe angeführt[3,4].

Zahlentafel 129. *Eigenschaften binärer wolframkarbidfreier Hartmetalle*

TiC %	ZrC %	NbC %	TaC %	Mo$_2$C %	Hilfsmetall %	Dichte g/cm³	Rockwell-Härte R_A	Biegebruchfestigkeit kg/mm²
68,8	17,2	—	—	—	14 Co	5,51	92,5	75 bis 82
51,6	34,4	—	—	—	14 Co	6,65	88,5	65 bis 69
69,6	—	17,4	—	—	12 Ni + 1 Cr	5,6	89	84 bis 90
72	—	18	—	—	10 Co	5,6	91	70 bis 80
36	—	54	—	—	10 Co	6,1	90	70 bis 80
18	—	72	—	—	10 Co	7,2	80	75 bis 85
42,5	—	—	42,5	—	15 Ni	8,7	89	80 bis 90
—	—	—	42,5	42,5	15 Ni	10,6	87	60 bis 70

c) Ternäre- und Mehrfachlegierungen

Da die Legierungsmöglichkeiten hier bereits außerordentlich groß sind und die Legierungen noch zu wenig systematisch erforscht wurden, können eingehender nur jene behandelt werden, deren technischer und wirtschaftlicher Wert bereits durch Versuche nachgewiesen ist. Von einer Anzahl anderer Legierungen werden die Eigenschaftsdaten gebracht.

---

[1] D. R. G. M. 1 505 455 (1941).
[2] Ö.P. 162 238 (1944).
[3] Kieffer, R. u. F. Kölbl: Powder Met. Bull. 4 (1949), S. 4/17.
[4] Kieffer, R. u. W. Hotop: Pulvermetallurgie und Sinterwerkstoffe, Springer-Verlag, Berlin/Göttingen/Heidelberg 1948, S. 305.

In Zahlentafel 130 ist nach R. Kieffer und F. Kölbl[1] ein Schema angegeben, in dem einmal die Karbide der 4. und einmal die Karbide der 5. Gruppe als Basiskarbide aufscheinen. Selbstverständlich

Zahlentafel 130. *Schema für wolframkarbidfreie ternäre, quaternäre oder Mehrstofflegierungen der Karbide der 4., 5. und 6. Gruppe des periodischen Systems*

Basis	Zusätze	
4. Gr. (TiC-ZrC) 50% und mehr	5. Gr. (VC-NbC-TaC) 0 bis 50%	6. Gr. (Mo_2C-Cr_3C_2) 0 bis 50%
5. Gr. (VC-NbC-TaC) 50% und mehr	4. Gr. (TiC-ZrC) 0 bis 50%	6. Gr. (Mo_2C-Cr_3C_2) 0 bis 50%

können bereits ternäre Legierungen aus je zwei Gruppen des periodischen Systems oder aus je drei Karbiden der 4. oder 5. Gruppe des periodischen Systems gebildet werden. Chrom- und Molybdänkarbid kommen als Basiskarbide für Schneidlegierungen wegen ihrer geringen Härte wahrscheinlich nicht in Frage. Auch sind sie nur wenig zur Mischkristallbildung befähigt.

Auch im Rahmen der Untersuchung von ternären und quaternären wolframkarbidfreien Legierungen hat sich gezeigt, daß die Legierungen, deren Basis Titankarbid und Vanadinkarbid bilden, technisch besonders wertvoll sind, so daß dem Patentvorschlag von R. Kieffer[2] eine über seinen Schutzumfang hinausgehende, richtunggebende Bedeutung zukommen dürfte. Daß Legierungen, die in der Hauptsache aus Titankarbid und Vanadinkarbid bestehen, als Ersatzlegierungen auch wirtschaftlich am interessantesten sind, braucht nicht besonders betont zu werden. Praktische Untersuchungen liegen über TiC-VC-NbC, TiC-VC-TaC und TiC-VC-Mo_2C vor. Es hat sich dabei gezeigt, daß bei richtiger Dosierung des Drittkarbides beträchtliche herstellungs- und anwendungstechnische Vorteile gegenüber den binären Legierungen aus Titankarbid und Vanadinkarbid zu erzielen sind. Zu niedrige oder zu hohe Zusätze sind wirkungslos oder sogar nachteilig.

Untersucht wurden ferner die ternären Systeme TiC-NbC-TaC und TiC-TaC-Mo_2C. Technisch wertvolle Legierungen werden wahrscheinlich nur im Mischkristallbereich liegen. Zahlentafel 131 bringt die Eigenschaftsdaten einiger geprüfter Legierungen dieser Gruppen.

Von den quaternären Legierungen kommt nach R. Kieffer und F. Kölbl[1] technische und wirtschaftliche Bedeutung Legierungen

---

[1] Kieffer, R. u. F. Kölbl: Powder Met. Bull. 4 (1949), S. 4/17.
[2] D.R.P. 748 933 (1938).

Zahlentafel 131. *Eigenschaften ternärer wolframkarbidfreier Hartmetalle mit verschiedenen Hilfsmetallen*

TiC %	VC %	NbC %	TaC %	Hilfsmetall %	Dichte g/cm³	Rockwell-Härte R_A	Biege-bruch-festig-keit kg/mm²
72	—	6	12	10 Co	5,7	91,5	85 bis 100
45	—	15	30	10 Co	6,6	90,5	80 bis 90
18	—	24	48	10 Co	7,7	90	75 bis 85
61,6	17,6	8,8	—	9 Fe + 3 Ni	6,28	92,5	80 bis 90
59,5	17	8,5	—	11 Fe + 4 Ni	6,29	92	80 bis 90
61,6	17,6	8,8	—	12 Co	6,28	93	70 bis 80
60,9	8,7	17,4	—	9 Fe + 3 Ni + 1 Cr	5,6	90,5	60 bis 70

aus etwa 45 bis 65% TiC, 5 bis 40% VC, 3 bis 25% NbC und 1 bis 20% Mo_2C mit etwa 10 bis 15% Metallen der Eisengruppe zu. Sie sind sinterfreudiger als die entsprechenden TiC-VC-Legierungen ohne NbC und Mo_2C und darum mit größerer Zielsicherheit auch ohne Druck-sinterung herstellbar. Auch die Biegebruchfestigkeitswerte sind höher als die der entsprechenden binären Legierungen. Eine Legierung aus 53% TiC, 20% VC, 10% NbC, 5% Mo_2C und 12% Metall der Eisen-gruppe kommt hinsichtlich Verschleißfestigkeit und Sicherheit bei der Herstellung und Anwendung dem WC-TiC-Co-Hartmetall 78/16/6 schon recht nahe. Sie weist nach R. Kieffer und F. Kölbl[1,2] bei druckloser Sinterung eine Härte von 91 bis 92 R_A und eine Biege-bruchfestigkeit von 90 bis 105 kg/mm² auf.

XIII. Hartmetall als verschleißfester Werkstoff

Die Hartmetalle fanden — wie auf S. 334 ausgeführt — erstmalig Anwendung als Werkstoff für Ziehsteine, also in einem Falle, wo es auf hohen Verschleißwiderstand ankommt. Aus diesem Grunde soll auch in den folgenden Kap. XIII bis XV über die Anwendung der Hartmetalle zuerst vom Einsatz derselben als verschleißfeste Werk-stoffe die Rede sein. Wenn auch mengenmäßig dieser An-wendungsfall hinter der Verwendung von Hartmetall für Zerspanungs-zwecke zurücksteht, so dürfte sich in Zukunft — wie es bereits einmal in den Jahren 1940 bis 1945 bei der Großfertigung von Geschoßkernen der Fall war — das Verhältnis mit steigendem Einsatz von Hartmetall bei der Verschleißbekämpfung wieder umkehren.

Wir wollen das große Gebiet der verschleißfesten Teile aus Zweck-mäßigkeitsgründen entsprechend ihrer heutigen technischen Be-deutung in folgende 4 Gruppen unterteilen:

---

[1] Kieffer, R. u. F. Kölbl: Powder Met. Bull, 4 (1949), S. 4/17.
[2] Ö. P. 166 036 (1948).

1. Ziehsteine,
2. Hartmetall im Bergbau,
3. Geschoßkerne,
4. Hartmetallbestückte Verschleißstelle im Maschinen- und Gerätebau u. a.

A. Allgemeine Verschleißfragen

Im allgemeinen versteht man unter Verschleiß die allmähliche, unerwünschte Oberflächenveränderung fester Körper, vorwiegend durch mechanische Loslösung kleiner Stoffteilchen[1,2].

Die wissenschaftlichen Untersuchungen über das Verschleißverhalten von Metallen und Metallegierungen gehen schon auf einen Zeitraum von etwa 35 Jahren und mehr, diejenigen an Sinterhartmetallen auf eine Spanne von knapp 15 Jahren zurück.

Um eine Vergleichsmöglichkeit zu haben, wurden zahlreiche Verfahren und Prüfgeräte entwickelt, um laboratoriumsmäßig die Verschleißverhältnisse nachzuahmen und zu erforschen. Anfänglich ging man dabei von der Vorstellung aus, jeder Werkstoff müsse einen ihm gemäßen spezifischen Verschleißwiderstand haben. Man hoffte also gewissermaßen, für jedes Material eine Verschleißkonstante auffinden zu können. Es zeigte sich jedoch bald, daß das Verschleißproblem verwickelter ist, als ursprünglich angenommen wurde und von einer ganzen Reihe von Faktoren abhängt[2-5].

1. Verschleißfaktoren

Will man den Verschleiß metallischer Werkstoffe verringern und durch legierungstechnische Maßnahmen in eine bestimmte Richtung lenken, dann gilt es, den einzelnen Faktoren nachzuspüren, die den Verschleißablauf beeinflussen. Es ist jedoch zu berücksichtigen, daß der Verschleißvorgang bei den überwiegend aus Metallkarbiden bestehenden Hartmetallegierungen auf Grund der Herstellung nach dem Sinterverfahren und des dadurch bedingten charakteristischen Gefügeaufbaues oft anders geartet ist als bei den übrigen metallischen Werkstoffen. Als Faktoren, welche die Lebensdauer von Hartstoffen und Hartmetallegierungen maßgeblich beeinflussen, wurden unter anderem die *Härte*, die *Biegebruch-* und *Druckfestigkeit*, die *Warmfestigkeit*, sowie bei besonderen Anwendungsfällen auch die *Korrosions-*

<hr>

[1] Wahl, H.: Die Technik **3** (1948), S. 193/204.
[2] Wahl, H.: Metalloberfläche **1** (1947), S. 145/51.
[3] Symposium on Wear of Metals. Am. Soc. Test. Mat., Philadelphia 1937.
[4] Reibung und Verschleiß. Vortragssammlung der VDI.-Verschleißtagung Stuttgart 1938, VDI.-Verlag, Berlin 1939.
[5] Kieffer, R. u. F. Benesovsky: Industrie u. Technik **3** (1948), S. 251/57.

und *Zunderbeständigkeit* erkannt. Die Weiterentwicklung der Schneidwerkstoffe von den Kohlenstoffstählen über die Schnelldrehstähle und Stellite zu den heutigen *Sinterhartmetallen*, die ihre im Vergleich zu stahlartigen Werkstoffen überragende Verschleißfestigkeit den hohen Gehalten an Karbiden des Wolframs, Titans, Tantals und Vanadiums usw. verdanken, stand unter dem Einfluß dieser Erkenntnis.

Da die Härte maßgeblich den Verschleiß eines Werkstoffes bedingt[1], soll zunächst auf diesen Verschleißfaktor näher eingegangen werden. Der Begriff *Härte* ist außerordentlich schwierig zu umschreiben. Allgemein wird die Härte als eine Werkstoffeigenschaft definiert, die mit dem Widerstand gegen Eindringen eines anderen Körpers oder gegen Verformung, Zerspanung, Ritzen oder Abrieb zusammenhängt.

Auf weitere Einzelheiten des Problems der Härte soll hier nicht näher eingegangen werden, es sei auf das sehr umfangreiche Schrifttum verwiesen[2-4].

Zu den gebräuchlichsten Härteprüfverfahren für Hartmetalle gehört die Eindrucktiefenmessung mittels Diamantkegel nach Rockwell und das Vickerssche Prüfverfahren mit der Diamantpyramide (s. S. 425 ff). Bei diesen Verfahren ist zu berücksichtigen, daß alle geschmolzenen und gesinterten metallischen Werkstoffe, also auch die Sinterhartmetalle, aus einem Haufwerk gleich- oder verschiedenartiger Kristallite bestehen. Ermittelt man die Makrohärte nach den üblichen Härteprüfverfahren, dann erfaßt man immer eine Vielzahl von Kristalliten, im Falle eines feindispersen Hartmetalles tausend und mehr. Man bestimmt somit bei der Makrohärteprüfung nur einen Durchschnittshärtewert des Werkstoffes. Bei Legierungen mit heterogenem Gefügeaufbau, z. B. Lagermetallen, hochkarbidhaltigen Schnelldrehstählen und Sinterhartmetallen, kann man daher aus der Makrohärte keinen eindeutigen Rückschluß auf die Härte der einzelnen Gefügebestandteile ziehen. Erst mit den in den letzten Jahren entwickelten *Mikrohärteprüfgeräten*[5-9] gelingt es, die Härte der

---

[1] Littmann, M.: Engng. 159 (1946), S. 502.

[2] Späth, W.: Physik und Technik der Härte und Weiche. Springer-Verlag, Berlin 1940.

[3] Williams, S. R.: Hardness and Hardness Measurement, Am. Soc. Met., Cleveland 1942.

[4] Tabor, D.: Hardness of Metals, Clarendon Press, Oxford 1951.

[5] Hanemann, H. u. E. O. Bernhardt: Z. Metallkde. 32 (1940), S. 35/38.

[6] Knoop, F., C. G. Peters u. W. B. Emerson: J. Res. Nat. Bur. Stand. 23 (1939), S. 39/61.

[7] Ramsthaler, P.: Mikroskopie 2 (1947), S. 131/51.

[8] Grodzinski, P.: Machinist 94 (1950), S. 397/401, Feinwerktechn. 54 (1950), S. 317/21.

[9] Meincke, H.: Metalloberfläche 5 (1951), S. A 17/A 21.

einzelnen Gefügebestandteile zu bestimmen[1-7]. Auch die *Mikroritzhärte* (Bierbaum-Mikrocharakter)[8] kann zur Ermittlung der Härte einzelner Gefügebestandteile herangezogen werden. Der Zusammenhang zwischen Makrohärte, Mikrohärte, Mikroritzhärte

Zahlentafel 132. *Vergleich der nach verschiedenen Prüfverfahren*

Mohs-Zahl	Erweiterte[1] Mohs-Skala	Mineral- bzw. Hartstoff	Mikrohärte	
			Knoop[2] K_{100}	Vickers kg/mm^2
1	1	Talk	—	—
2	2	Gips	32	30
3	3	Kalkspat	135	180
4	4	Flußspat	163	200
5	5	Apatit	360 bis 430	600
6	6	Feldspat	490 bis 560	900
			680	1100
7	7	Quarz	710 bis 790	1250
	8		1130	1350
8	9	Topas	1250	1400
	10	Granat		
	11	Geschm. ZrO$_2$	1800	1900
9	12	Korund	2000	2800
				2500 bis 3000
	13	Siliziumkarbid	2150	3500
	14	Borkarbid	2300	3700
10	15	Diamant	5500 bis 7000	~8000

[1] Ridgway, R. R., A. H. Ballard und B. L. Bailey: Trans. Electrochem. Soc. **63** (1933), S. 369/92.

[2] Knoop, F., C. G. Peters und W. B. Emerson: J. Res. Nat. Bur. Stand **23** (1939), S. 39/61.

und den klassischen Mohs-Härtezahlen von Mineralien wird in Zahlentafel 132 wiedergegeben. Zum Vergleich sind auch die Werte für

[1] Kieffer, R. u. F. Kölbl: Powder Met. Bull. **4** (1949), S. 4/17.

[2] Hinnüber, J.: Z. VDI. **92** (1950), S. 111/17.

[3] Foster, L. S., L. W. Forbes jr., L. B. Friar, L. S. Moody u. W. H. Smith: J. Am. Ceram. Soc. **33** (1950), S. 27/33.

[4] Frazer, W. R.: Tool Eng. **24** (1950), Nr. 3, S. 33/38.

[5] Tarasov, L. P.: Metal Progress **54** (1948), S. 846/47.

[6] Leckie-Ewing, P.: Am. Soc. Met., Preprint Nr. 36 (1951).

[7] Kovalski, A. E. u. L. A. Kanova: Zavod. Lab. **16** (1950), S. 1362/65.

[8] Bierbaum, C. H.: Trans. Am. Soc. Steel Treat. **18** (1930), S. 1009/26.

verschiedene Stahl- und Hartmetallgefügekomponenten mitaufgeführt[1-10].

Für den Verschleiß von Hartmetallschneidlegierungen beim Zerspanungsvorgang und von Ziehsteinen aus Hartmetall beim Warmzug

bestimmten Härte von Mineralien, Stahl- und Hartmetallgefügebestandteilen

Mikrohärte Kruschov[3] kg/mm²	Brinell-Härte kg/mm²	Rockwell-Härte R_C	Ritzhärte	Stahl- bzw. Hartmetallgefügebestandteil
2,4	—	—	1 bis 21	
36	30	—	10 bis 57	
110	135	—	126 bis 135	Ferrit
190	160	3	138 bis 145	Perlit, Austenit
540	410	43	870 b. 1740	
790	510	52	2100 b. 2500	
—	600	60	~ 2500	Martensit
1120	640	61	2070 b. 3900	
—	800	71	~ 2700	Zementit, Stellite
1430	—	—	2770 b. 4440	
—	H_V 1300 b. 1500	R_A 87 bis 90	—	Sinterhartmetalle, Doppelkarbide, Karbide[4]
2060	—	—	3900 b. 8300	
2150 b. 2900	H_V 1500 b. 1700	R_A 90 bis 92	—	Sinterhartmetalle, Karbide und Karbidmischkristalle[5]
3000	—	—	—	
—	—	—	—	
10060	—	—	—	

[3] Kruschov, M. M.: Zavod. Lab. **15** (1949), S. 213/17.

[4] Sinterhartmetalle mit 5 bis 15% Hilfsmetall; — Doppelkarbide, z. B. $2 Fe_3C \cdot 3 Cr_4C$; — Karbide, z. B. TaC, Mo_2C.

[5] Sinterhartmetalle mit 1 bis 5% Hilfsmetall; — Karbide, z. B. WC, TiC, ZrC; — Karbidmischkristalle, z. B. TiC-WC, TaC-WC, TiC-TaC-WC.

[1] Knoop, F., C. G. Peters u. W. B. Emerson: J. Res. Nat. Bur. Stand. **23** (1939), S. 39/61.

[2] Kieffer, R. u. F. Benesovsky: Industrie u. Technik **3** (1948) S. 251/57.

[3] Kieffer, R. u. F. Kölbl: Powder Met. Bull. 4 (1949), S. 4/17.

[4] Ridgway, R. R., A. H. Ballard u. B. L. Bailey: Trans. Electrochem. Soc. **63** (1933), S. 369/92.

[5] Kruschov, M. M.: Zavod. Lab. **15** (1949), S. 213/17.

[6] Hinnüber, J.: Z. VDI. **92** (1950), S. 111/17.

[7] Foster, L. S., L. W. Forbes jr., L. B. Friar, L. S. Moody u. W. H. Smith: J. Am. Ceram. Soc. **33** (1950), S. 27/33.

[8] Thibault, N. W. u. H. L. Nyquist: Trans. Am. Soc. Met. **38** (1947), S. 271/325.

[9] Scott, H. u. T. H. Gray: Trans. Am. Soc. Met. 28 (1940), S. 399/416.

[10] Ludwig, N.: Metalloberfläche **5** (1951), S. A 38/A 42.

von Draht ist auch die *Warmhärte* von beträchtlichem Einfluß. Über die Warmhärte von WC-Co- und WC-TiC-Co-Hartmetallen sind schon auf S. 454 und 472 Angaben gemacht worden. Steigende Co-Gehalte setzen die Warmhärte herab, ein TiC-Zusatz erhöht sie etwas. Über den entscheidenden Einfluß, den die Warmhärte auf den Verschleiß von Hartmetallschneiden bei der Zerspanung hat, wird eingehend auf S. 600 berichtet.

Zur Bestimmung der Warmhärte kann ein Gerät benutzt werden, wie es F. P. Bens[1] beschreibt. Die Probe wird in einem Vakuumofen erhitzt und mittels eines vakuumdicht geführten Vickersdiamanten werden Härteeindrücke erzeugt. Einfacher ist es, nach E. Ammann und J. Hinnüber[2] die Warmhärte dynamisch zu bestimmen. Die Probe wird in einem offenen Ofen angewärmt und mittels eines Pendelschlaghammers, auf welchem die Diamantspitze befestigt ist, wird direkt im Ofen der Eindruck erzeugt.

Wäre die Härte, z. B. des Diamanten, des Korunds, des Siliziumkarbides, des Borkarbides und der hochschmelzenden Metallkarbide von Art des Wolfram- und Titankarbides, die den Verschleiß ausschließlich beeinflußende Größe, dann müßten diese Hartstoffe für sich allein hervorragend als Dreh- und Ziehsteinwerkstoffe sowie zu bohrender und schlagender Bearbeitung geeignet sein. Dies ist jedoch nur in beschränktem Umfang der Fall, nämlich nur insoweit, als es sich um Arbeitsvorgänge handelt, die vom Werkstoff keine hohe mechanische Festigkeit verlangen. Diamant ist beim Feinbohren und Schlichten, also bei niedrigen Schnittdrücken und kleinen Spanquerschnitten, dem Hartmetall vielfach überlegen. Beim Schruppen, also bei hohen Schnittdrücken, großen Spanquerschnitten und unterbrochenem Schnitt, versagt der Diamant vollständig. Als Feinziehstein steht der Diamant wiederum an der Spitze aller Werkstoffe. Bei größeren Ziehdurchmessern widersteht er aber nicht den hohen Flächendrücken und platzt leicht aus. Der Diamant ist wohl zum drehenden Gesteinsbohren geeignet, aber nicht, wie Sinterhartmetall, zum Schlagbohren. Borkarbid ist bei der Grobzerspanung und beim Ziehvorgang wegen seiner geringen Festigkeit ungeeignet. Sandstrahldüsen aus Borkarbid wiederum übertreffen, wenn sie keiner hohen Druckbeanspruchung ausgesetzt sind, gelegentlich sogar das fünffach bruchfestere Hartmetall.

Es müssen also bei den meisten Verschleißfällen auch die *Druckfestigkeit*, die *Biegebruchfestigkeit* und die *Warmfestigkeit* des Werkstoffes als ganz entscheidende Faktoren mitberücksichtigt werden.

---

[1] Bens, F. P.: Trans. Am. Soc. Met. 38 (1947), S. 505/16.
[2] Ammann, E. u. J. Hinnüber: Stahl u. Eisen 71 (1951), S. 1081/90.

In Zahlentafel 133 ist die Härte, die Biegebruchfestigkeit und die Druckfestigkeit von verschiedenen Hartstoffen und WC-Co- und WC-TiC-Co-Sinterhartmetallen zusammengestellt. Den hohen Härten des Diamants und des Borkarbids sind verhältnismäßig geringe Festigkeitswerte zugeordnet. Die Biegebruch- und Druckfestigkeit

Zahlentafel 133. *Härte, Biegebruchfestigkeit und Druckfestigkeit von Hartstoffen und Hartmetallen*

Hartstoff, Hartmetall	Vickers-Härte kg/mm²	Biegebruch-festigkeit kg/mm²	Druck-festigkeit kg/mm²
Diamant	~ 8000*	30	200
Borkarbid	3700*	30	180
Siliziumkarbid..............	3500*	10	100
Sinterkorund...............	2800*	30	300
Geschmolzenes Wolframkarbid	3000*	30 bis 40	200
Gesintertes Wolframkarbid ...	2200*	40 bis 50	300
WC-Co 94/6, grobkörnig......	1500 bis 1600	160 bis 180	500
WC-Co 94/6, feinkörnig	1600 bis 1700	140 bis 160	550
WC-Co 89/11	1300 bis 1400	160 bis 200	460
WC-Co 87/13	1250 bis 1350	170 bis 210	450
WC-Co 80/20	1050 bis 1150	200 bis 240	340
WC-Co 75/25	900 bis 1000	180 bis 230	320
WC-TiC-Co 78/16/6	1600 bis 1700	110 bis 120	430
WC-TiC-Co 78/14/8	1550 bis 1650	130 bis 140	420
WC-TiC-Co 86/5/9	1450 bis 1550	150 bis 160	460

* Mikrohärten.

der Sinterhartmetalle übertrifft zum Teil jene der besten Stähle. Durch Zusatz von Kobalt wächst die Biegebruchfestigkeit bei gleichzeitiger Härteabnahme, wie sich aus dem Vergleich mit geschmolzenem und gesintertem reinem Wolframkarbid ergibt.

Die *Warmfestigkeit* von Sinterhartmetallen weist auch bei Temperaturen, bei denen Schnellstahl schon versagt, erstaunliche Werte auf (vgl. Zahlentafel 95, S. 459). Die Warmfestigkeit läßt sich einerseits aus der Gerüstfestigkeit des steifen Karbidskeletts und anderseits aus dem guten Warmverhalten der Hilfsmetallphase erklären. Aus diesem Grunde zeigt auch das *Warmstauchverhalten* die Überlegenheit von Sinterhartlegierungen gegenüber Stählen, wie aus Untersuchungen von W. Dawihl[1] und W. Rix (vgl. Zahlentafel 94, S. 457) hervorgeht.

Außer durch mechanischen Verschleiß werden Hartmetalle in bestimmten Anwendungsfällen (Säurepumpen und Ventile in der chemischen Industrie, Drahtzug u. a.) auch durch Einwirkung von

---

[1] Dawihl, W.: Z. Metallkunde 32 (1940), S. 320/25.

Chemikalien zusätzlich beansprucht. Die Kenntnis des Korrosionsverhaltens ist hier von Wichtigkeit (s. S. 463).

Die Widerstandsfähigkeit von Hartmetallegierungen gegenüber chemischen Angriffen setzt sich nach W. Dawihl[1] einerseits aus der Widerstandsfähigkeit der in ihnen enthaltenen, hochschmelzenden Karbide und anderseits aus dem Korrosionsverhalten der verwendeten Hilfsmetalle zusammen. Die in Betracht kommenden hochschmelzenden Karbide sind im allgemeinen beständig gegen den Angriff von Salzsäure, Schwefelsäure und Flußsäure, dagegen empfindlich gegen oxydierende Säuren wie Salpetersäure. Da die zur Bindung der karbidischen Bestandteile verwendeten Hilfsmetalle jedoch meist säurelöslich sind, wird das Korrosionsverhalten derartiger Legierungen gegenüber Säureangriff überwiegend durch das Verhalten der Hilfsmetallphase gegenüber diesen Säuren bestimmt. Der Korrosionsangriff durch nicht oxydierende Säuren verläuft daher nicht unter gleichmäßiger Abtragung der Oberfläche, sondern durch Herauslösen des Bindemetalles, wobei je nach Gehalt ein Karbidskelett zurückbleibt oder Zerfall in einzelne Karbidkörner eintritt[2].

2. Beeinflussung der Verschleißfaktoren

Nachdem die Härte, die Biegebruchfestigkeit und die Warmfestigkeit als für das Verschleißverhalten entscheidende Größen erkannt wurden, ergibt sich die Frage, wie diese Faktoren im günstigen Sinne beeinflußt werden können.

Die Härte kann außer durch Variation des Hilfsmetallgehaltes auch durch den Grad der Dispersion der Karbid- und Hilfsmetallphase verändert werden. Wie aus Untersuchungen von O. Meyer und W. Eilender[3] hervorgeht, tritt in WC-Co-Hartmetallen bei einer Kornverkleinerung der WC-Phase von 2 bis 5 μ auf 0,5 bis 1 μ eine Härtesteigerung von 89 bis 90 auf etwa 92 bis 93 Rockwell-A-Einheiten auf (s. S. 452). Umgekehrt bilden sich durch Sinterung bei zu hoher Temperatur oder bei absichtlich sehr langer Sinterung (Langzeitsinterung nach R. Kieffer[4]) sehr große Karbidkristalle, wobei unter Härteabfall grobkörnige, weniger verschleißfeste Hartmetalle entstehen.

Ein weiterer Weg zur Härtesteigerung von Sinterhartmetallen beruht darauf, daß man an Stelle von reinen Metallkarbiden Karbid-

---

[1] Dawihl, W.: Chem. Fabrik 13 (1940), S. 133/35.
[2] Dawihl, W. u. J. Hinnüber: Koll. Z. 104 (1943), S. 233/36.
[3] Meyer, O. u. W. Eilender: Arch. Eisenhüttenwes. 11 (1938), S. 545/62.
[4] Kieffer, R.: Z. Metallkde. 46 (1944), Nr. 9, Metallforschung 2 (1947), S. 236/38, Powder Met. Bull. 2 (1947), S. 104/11.

mischkristalle einsetzt. Nach Untersuchungen von H. Nowotny und R. Kieffer[1] zeigen die isotypen Karbide der 4. und 5. Gruppe des periodischen Systems (TiC, ZrC, VC, NbC und TaC) mit einer Ausnahme untereinander vollkommene Mischbarkeit (s. S. 157). Die Karbide der 4. und 5. Gruppe haben für die Karbide der 6. Gruppe (WC und Mo_2C) eine große Löslichkeit; umgekehrt lösen die Karbide der 6. Gruppe nur wenig oder keine Karbide der 4. und 5. Gruppe. Im Gefüge von z. B. WC-TiC-Co- oder WC-TiC-TaC-Co-Hartmetallen treten daher neben der Hilfsmetallphase (γ) die WC-Phase (α) (reines WC, bzw. feste Lösung von TiC in WC) und der TiC-WC-, bzw. TiC-TaC-WC-Mischkristall (β-Phase) auf. Der β-Mischkristall ist dabei im allgemeinen etwas härter als die α-Phase, wobei man die härtesten Mischkristalle erhält, wenn man ein bestimmtes Verhältnis WC zu TiC einhält[2]. Diese Erscheinung wurde auch bei Mo_2C-TiC-Mischkristallen und anderen beobachtet[3, 4].

Die Biegebruchfestigkeit wird ebenso wie die Härte stark vom Hilfsmetallgehalt beeinflußt. Bei gleichem Hilfsmetallgehalt kann die Biegebruchfestigkeit ebenfalls durch den Verteilungsgrad der Karbid- und Hilfsmetallphase bzw. durch den Sinterungsgrad verändert werden (s. S. 453). In WC-TiC-Co-Hartmetallen erhöht das Auftreten von TaC(NbC) in der Mischkristallphase merklich die Biegebruchfestigkeit (s. S. 482).

Die Warmfestigkeit kann durch Senkung des Hilfsmetallgehaltes und durch Mischkristallbildung in der Karbid- und Hilfsmetallphase verbessert werden. Dem WC werden meist TiC, TaC, TaC-NbC, VC, Cr_3C_2 oder Mo_2C, dem Kobalthilfsmetall geringe Mengen Fe, Ni, Cr oder Mo zugesetzt. In Sonderfällen wird das WC, das meist als Basiskarbid in verschleißfesten Hartmetallen dominiert, vornehmlich durch Mischkristalle der vorgenannten Zusatzkarbide substituiert.

3. Verschleißprüfmethoden für Hartmetall

Je nach dem Verwendungszweck des Hartmetalles wird das Verschleißverhalten nach verschiedenen Prüfmethoden bestimmt, wobei man meist nur relative Zahlenwerte über die Höhe des Verschleißes ermittelt.

Die Hochleistungsschneidmetalle für die spanabhebende Bearbeitung der verschiedensten Werkstoffe prüft man in einem Drehversuch. Dabei wird bei konstanter Spantiefe und Vorschub die Standzeit, das ist die Zeit bis zur Stumpfung der Drehmeißel-

---

[1] Nowotny, H. u. R. Kieffer: Metallforschung 2 (1947), S. 257/65.
[2] D.R.P. 720502 (1929).
[3] Ö.P. 160172 (1931).
[4] Kieffer, R.: Vortrag Plansee-Seminar, Reutte/Tirol 1953.

schneide, in Abhängigkeit von der Schnittgeschwindigkeit bestimmt und in sogenannten Standzeitkurven festgelegt (s. Abb. 228 und 234). An der Meißelschneide treten dabei charakteristische Verschleißerscheinungen auf, und zwar an der Freifläche die Fasenstumpfung und an der Spanfläche die sogenannte Auskolkung (s. S. 607).

Zur Ermittlung des Verschleißes bei Anwendungsfällen, bei denen Hartmetall als Belag oder Armierung für Werkzeuge, die der spanlosen Verformung dienen oder bei reibender, kratzender, schürfender, schmirgelnder und schlagender Beanspruchung wendet man andere, ebenfalls dem Verwendungszweck angepaßte Prüfmethoden an[1].

Bei der Nieberding*schen Abnützungsprüfmaschine*[2-4] werden kugelig zugeschliffene Prüfstäbe unter bestimmter Belastung auf einer sich drehenden Stahl- oder Gußscheibe — man kann auch Schmirgelpapier verwenden — von der Mitte zum Rand hinbewegt, so daß ein Spiralweg von bestimmter Länge zurückgelegt wird. Es ergibt sich als Verschleißmarke eine Anflachung am Prüfstab, aus dem sich das Abnützungsvolumen leicht errechnen läßt. Die Abnützung von Hartmetall ist unter den Prüfbedingungen kaum meßbar und wird auf $1/40$ von Schnelldrehstahl geschätzt.

Eindeutigere Ergebnisse werden auf der Skoda-Sawin-*Abnützungsmaschine*[5,6] erzielt, wobei eine umlaufende Hartmetallscheibe den festgespannten Prüfkörper aus Stahl bzw. Hartmetall abschleift. Die Ergebnisse einer derartigen Prüfung an unterschiedlich porösen Hartmetallen sind in Zahlentafel 134 wiedergegeben. Das Volumen der Kerbe wächst mit steigender Porosität des Hartmetalles, wobei entsprechend die sogenannte Sawin-Abnützungsnummer zunimmt. Schnelldrehstähle zeigen beim gleichen Versuch einen etwa fünf- bis sechsfach höheren Abrieb.

Das Prinzip der Sawin*schen Verschleißprüfung wurde neuestens von W. Stern[7] zur Mikroverschleißprüfung von Hartmetallen herangezogen. Mittels einer kleinen Diamantmetallscheibe, welche mit einer bestimmten Umdrehungszahl rotiert, werden unter einer Belastung von 75 g, während einer Berührungsdauer von 1 Sekunde, Kerben in die Hartmetallprobe eingeschliffen und durch Ausmessen

---

[1] Wahl, H.: Arch. Metallkde. **3** (1949), S. 121/28.

[2] Nieberding, O.: Abnutzung von Metallen unter besonderer Berücksichtigung der Meßflächen von Lehren. VDI.-Verlag, Berlin 1930.

[3] Nieberding, O. u. K. Sporkert: Werkstatttechnik **30** (1936), S. 221.

[4] Sommer, A.: Werkstatttechnik **36** (1942), S. 185/92.

[5] Sawin, N.: Werkstatttechnik **33** (1939), S. 165/70.

[6] Vambersky, A.: Vortrag IPT., Graz 1948, Ref. Nr. 71.

[7] Stern, W.: Ind. Distr. Ltd., Diamond Res. Dep. Report Nr. 1061, C. 223 (1951).

der Länge und Breite derselben unter dem Mikroskop wird auf den Verschleißwiderstand geschlossen[1].

Das von H. N. Blake[2] besonders für verschleißfeste Legierungen und Hartmetalle entwickelte Prüfgerät, bei dem das Prüfstück,

Zahlentafel 134. *Verschleißwerte für Hartmetalle, bestimmt auf der Skoda-Sawin-Maschine* (N. Sawin)

Bezeichnung	Vickers-Härte kg/mm²	Rauminhalt der Kerbe V_1 in $1/_{1000}$ mm³ nach 10.000 Umdrehungen	Abnutzungs-nummer $\dfrac{V_1 \cdot 3000}{10.000}$	Ansicht der Kerbenoberfläche (× 32)
1	1545	43,4	13,02	
2	1508	51,8	15,54	
3	1483	76,0	22,80	

welches in einen umlaufenden Arm eingespannt ist, durch nassen Quarzsand oder Karborundummehl geführt wird, ergibt sehr gut

Zahlentafel 135. *Abnutzungsfaktoren verschiedener Werkstoffe, bestimmt nach der Blakeschen Sandabtriebmethode* (H. S. Avery)

Werkstoff, Gefügebestandteil	Brinellhärte kg/mm²	Abnutzungsfaktor
Armco-Eisen (Ferrit)	90	1,40
Grauguß	200	1,00 bis 1,50
Stahl SAE 1020 (Standard) ..	107	1,00
Weißes Gußeisen	400	0,90 bis 1,00
Legierter Hartguß	400 bis 600	0,70 bis 1,00
Stahl, 0,85% C, perlitisch	220 bis 350	0,75 bis 0,85
Austenit (12%iger Mn-Stahl)..	200	0,75 bis 0,85
Troostit	500	0,75
Martensit	700	0,60
Nickel-Hartguß	550 bis 750	0,25 bis 0,60
Sinterhartmetall	1700 H_V	0,17

vergleichbare, allerdings relative Abnützungsfaktoren. Zahlentafel 135 zeigt das Verschleißverhalten verschieden harter Werkstoffe, wobei

---

[1] Grodzinski, P.: Machinist, Lond. **94** (1950), S. 397/401, Feinwerktechn. **54** (1950), S. 317/21.

[2] Blake, H. N.: Proc. Am. Soc. Test. Mat. **28** II (1928), S. 341/55.

als Vergleichsprüfmaterial ein normaler Kohlenstoffstahl mit dem Abnützungsfaktor 1 dient[1].

Angaben über den Verschleiß von Hartmetallen, wobei eine Abnutzungsprüfmaschine mit vertikal laufender Schleifscheibe benützt wird, werden auch von R. D. Haworth[2] gemacht.

Bei der Verschleißprüfung, insbesondere von Hartmetallmahlkugeln kann auch das Verfahren von T. E. Norman und C. M. Loeb[3] herangezogen werden. In einem Langzeitversuch wird unter praktischen Mahlbedingungen der Verschleiß der Kugeln, bestimmt aus dem Gewichtsverlust, bzw. der Durchmesserabnahme, ermittelt. Im Vergleich zu einem üblicherweise verwendeten Molybdänstahl haben Kugeln aus WC-Co-Hartmetallen unter gleichen Versuchsbedingungen einen Abrieb, der nur ein Fünftel bis ein Zehntel beträgt[4].

Ein von E. Ammann[5] angewendetes Verfahren der Verschleißprüfung durch Bestrahlen des Prüfkörpers mit einem Stahlkiesgebläse, das sich bei der Prüfung von Schleifscheiben seit langem bewährt hat[6], ergibt gleichfalls für Hartmetalle ausgezeichnete Vergleichswerte. Die Ergebnisse werden durch praktische Leistungsvergleiche zwischen Hartmetallsandstrahldüsen und Düsen aus Werkzeugstahl zufriedenstellend bestätigt. Das Verfahren wurde neuerdings weiter ausgebaut und entsprechende Prüfeinrichtungen geschaffen[7,8].

Zahlentafel 136 zeigt nach Versuchen von F. Kölbl[9] das unterschiedliche Verschleißverhalten verschieden zusammengesetzter Hartmetalle und Hartstoffe bei der Sandstahlprüfung. Wolframkarbidfreie Sinterhartmetalle, insbesondere solche auf TiC-VC- und TiC-Mo$_2$C-Basis sind, wenn sie druckgesintert wurden, den WC-Co-Legierungen etwa gleichwertig. Deutlich ist die Verbesserung der Verschleißfestigkeit durch die Erhöhung der Dichte und Härte bei heiß gepreßten WC-Co-Hartmetallen zu erkennen. Borkarbid ist gegen Sandstrahlen besonders widerstandsfähig. Dadurch eröffnen sich für borkarbid-

---

[1] Avery, H. S.: Hard Surfacing by Fusion Welding, Am. Brake Shoe Comp., New York 1947. S. 18ff.

[2] Haworth, R. D.: Am. Soc. Met., Preprint Nr. 42 (1948), Metal Progress 55 (1949), S. 842/48, Trans. Am. Soc. Met. 41 (1949), S. 819.

[3] Norman, T. E. u. C. M. Loeb: Trans. AIME 176 (1948), S. 490/520.

[4] Archer, R. S. u. T. E. Norman: Persönliche Mitteilung 1950.

[5] Ammann, E.: Z. techn. Physik 21 (1940), S. 332/35.

[6] Milligan, L. H. u. R. R. Ridgway: Trans. Electrochem. Soc. 68 (1935), S. 131/37.

[7] Wellinger, K.: Z. Metallkde. 40 (1949), S. 361/64.

[8] Stauffer, W.: Festschrift M. Roš, Vogt-Schild-Verlag, Solothurn 1950.

[9] Kieffer, R. u. F. Kölbl: Vortrag IPT., Graz 1948, Ref. Nr. 28, Powder Met. Bull. 4 (1949), S. 4/17.

haltige Sinterkörper gewisse Anwendungsmöglichkeiten, wobei allerdings die geringe Bruchfestigkeit derselben zu berücksichtigen ist.

Zahlentafel 136. *Verschleißwerte von Hartmetallen und Hartstoffen, bestimmt nach der Sandstrahlmethode* (F. Kölbl)

Zusammensetzung	Dichte g/cm³	Rockwell-Härte R_A	Gewichtsverlust g	Verschleiß mm³
65% TiC, 25% VC, Rest Fe und Ni (normal gesintert)	5,7	92	1,4	190
65% TiC, 25% VC, Rest Fe und Ni (druckgesintert)	5,9	94,5	0,38	70
90% TiC, Rest Fe und Cr (druckgesintert)	5,2	93	0,42	102
95% WC, 5% Co	14,7	90	0,9	63
95% WC, 5% Co (druckgesintert) ..	15,0	92,5	0,35	22
WC geschmolzen	16,3	93	0,46	26
Borkarbid (16,5% C)	2,45	∼95	0,010	4,5
95% Borkarbid (20% C), 5% Fe....	2,60	∼95	0,007	3,2

B. Hartmetall-Ziehsteine

1. Geschichtliche Entwicklung und Allgemeines

Wie schon auf S. 334 über die geschichtliche Entwicklung der Hartmetalle ausgeführt wurde, fanden geschmolzene und gesinterte Hartstoffe und Hartlegierungen anfänglich nicht als Schneidwerkstoffe für die spangebende Bearbeitung, sondern in Form von Ziehsteinen an Stelle von Diamanten und Zieheisen für den Drahtzug Anwendung[1-4].

Der Drahtzieher verlangt vom Ziehstein vor allem eine hohe Härte, gute Polierfähigkeit und Verschleißfestigkeit, Eigenschaften, die sich vor allem in einer hohen Maßhaltigkeit der Bohrung auswirken[5-7]. Bei großen Ziehsteinkalibern tritt noch verstärkt die Forderung nach guter Festigkeit und Zähigkeit neben der Preisfrage hinzu. Was die erstgenannten Eigenschaften anbetrifft, so ist der Diamant als idealer Ziehsteinwerkstoff zu bezeichnen; was jedoch die Festigkeitseigenschaften und die Preisstellung anlangt, so kann der Diamant besonders

---

[1] Pirani, M. u. K. Schröter: Z. Metallkde. **16** (1924), S. 132/33.
[2] Fehse, A.: Werkstatttechnik **25** (1930), S. 237.
[3] Fehse, A. u. K. Schröter: Wiss. Veröff. Osram-Konz. **2** (1931), S. 207/17.
[4] Zapp, A. R.: Wire & Wire Prod. **19** (1944), S. 543/46, 569/71.
[5] Engle, E. W.: Wire & Wire Prod. **14** (1939), S. 319/24, 350/51.
[6] Hinnüber, J.: Stahl u. Eisen **62** (1942), S. 1083/91.
[7] Reitzig, G.: Werkstatt u. Betrieb **83** (1950), S. 361/64.

bei Durchmessern über 1 mm nur mehr in Sonderfällen mit Hart-metallziehsteinen konkurrieren.

Beim Stangenzug von Rund- und Sonderprofilen und beim Rohrzug bei Durchmessern über etwa 10 mm konkurrieren die Ziehmatrizen aus Stahl noch stark mit den Hartmetallziehsteinen und Ziehringen[1-6]. Durch den verstärkten Einsatz von einteiligen, zusammenge-schrumpften mehrteiligen Matrizen oder von verstellbaren Mehrkant-matrizen mit Hartmetallbacken dringt allerdings das Hartmetall auch mehr und mehr in diese Domäne des Stahles ein.

Die wesentlichen Vorteile der gesinterten Hartmetall-Ziehsteine gegenüber allen Zieheisen ergeben sich aus ihrer größeren Maßhaltig-keit, bedingt durch den hohen Verschleißwiderstand. Die daraus entstehenden praktischen Vorteile lassen sich nach E. T. Richards[7], wie folgt, zusammenfassen:

1. Mehrfacher Gesamtdurchsatz an Draht ohne merkliche Ver-größerung des Ziehlochdurchmessers.

2. Ermöglichung größerer Ziehgeschwindigkeiten.

3. Ermöglichung größerer Querschnittabnahmen.

4. Genauere Maßhaltigkeit der gezogenen Drähte.

5. Langanhaltende Benutzung der Hartmetall-Ziehsteine ohne Nachprüfung.

6. Seltenere Auswechslung der Ziehwerkzeuge.

7. Entsprechende Einsparung der zum Auswechseln der Werk-zeuge, Einziehen der Drähte usw. notwendigen Zeit und Vergrößerung der Arbeitsleistung der betreffenden Maschinen,

8. Glänzendere und glattere Drahtoberfläche auch nach ver-hältnismäßig langer Benutzung der Steine.

9. Vergrößerung der Ringgewichte.

Aus dieser Aufstellung folgt, daß Hartmetall-Ziehsteine Vorzüge aufweisen, die ihre höheren Anschaffungskosten rechtfertigen, besonders wenn — wie bei den Mehrfachziehmaschinen — die durch seltenere Auswechslung der Ziehwerkzeuge gewährten Vorteile ent-scheidend ins Gewicht fallen.

2. Herstellung von Hartmetallziehsteinen

Ziehsteine aus geschmolzenem Wolframkarbid sind eigentlich nur noch historisch interessant, da gesinterte, bzw. druckgesinterte

---

[1] Longwell, J. R.: Steel 110 (1942), S. 80/82.

[2] Glen, E.: Iron Age 150 (1942), 27. August, S. 64/65.

[3] Mackert, A.: VDEh.-Bericht Nr. 45 (1943).

[4] Anonym: Steel 119 (1946), 28. Oktober, S. 86, 88.

[5] Glen, E.: Modern Ind. Press. 8 (1946), Nr. 3, S. 32, 42.

[6] Mack, R. D.: Western Mach. Steel World 37 (1946), S. 226/29.

[7] Richards, E. T.: Werkstatt u. Betrieb 79 (1946), S. 92/96.

WC-Co-Legierungen heute fast ausschließlich für den Drahtzug verwendet werden. Wegen der mangelnden Gleichmäßigkeit in der Zusammensetzung und der inhomogenen Gefügeausbildung, d. h. wegen der Schwierigkeit, den Kohlenstoff zwischen 3,5 und 4,1% ohne lästige Graphitausscheidungen und Lunker zu halten, mußten Gußkarbide den gesinterten Ziehsteinen weichen. Mitbestimmend bei dieser Entwicklung war auch die starke Neigung der relativ spröden Gußziehsteine zum Reißen und Platzen, so daß heute nur noch im Schleuderguß hergestellte dichte Gußkarbidsteine z. B. im Warmzug von - Molybdän und Wolfram gelegentlich eingesetzt werden. Das Sinterverfahren erlaubt Ziehsteine und Matrizen auch großer Abmessungen, lunkerfrei und in gleichmäßiger Güte herzustellen. Durch Abstufung des Kobaltzusatzes sowie des Gehaltes an gebundenem Kohlenstoff können nach J. Hinnüber,[1] Härte und Festigkeit der Legierung in weiten Grenzen geändert werden.

Die Herstellung von Ziehsteinen geschieht entweder nach dem Normal- oder nach dem Drucksinterverfahren[1-5]. Bei dem Normalsinterverfahren werden runde Zylinder oder Ringe gepreßt, aus denen nach dem Vorsintern die Ziehsteine auf kleinen Mechanikerdrehbänken herausgearbeitet werden. Die geformten Ziehsteine werden dann wie die üblichen WC-Co-Hartmetallsorten im Kohlerohrkurzschlußofen unter Wasserstoff fertiggesintert. Eine Vakuumsinterung verringert meist die Porosität. Das Drucksinterverfahren wird besonders bei niedrig kobalthaltigen Ziehsteinsorten und zur Herstellung besonders großer Ziehringe angewendet[2, 6-8]. Bei kleinen Kalibern werden die kegeligen Körnungen miteingepreßt. Die Ziehhohle müssen aber später durch Bohren, wie bei angekörnten Diamanten, herausgearbeitet werden.

Bei größeren Ziehsteinen und Ziehringen werden passend geformte Graphitkerne beim Drucksintern miteingesetzt, so daß der Hartmetallziehsteinrohling nicht mehr aufgebohrt, sondern nur noch nach Entfernen der Sinterhaut mit Diamantmetallwerkzeugen und Diamantboart auf Maß geschliffen und poliert werden muß.

Für die Herstellung von Ziehsteinen werden im allgemeinen WC-Co-

[1] Hinnüber, J.: Stahl u. Eisen **62** (1942), S. 1083/91.
[2] B. I. O. S. Final Rep. Nr. 1385 (1945), S. 41 ff.
[3] Berry, H.: Wire Ind. **10** (1943), S. 33/35, 75/77 u. 125/27.
[4] Sandford, E. J.: Sheet Metal Ind. **19** (1944), S. 129/34.
[5] Miller, E. T.: Wire & Wire Prod. **23** (1948), S. 910/13.
[6] Anonym: Metal Progress **45** (1944), S. 681, Metals & Alloys **20** (1944), S. 694.
[7] B. I. O. S. Final Rep. Nr. 1711 (1947).
[8] Ellis, J. L.: Tool & Die J. **16** (1951), Nr. 11, S. 72/73, 100, 106, Nr. 12, S. 64, 68, 122/24.

Zahlentafel 137. *Eigenschaften von Hartmetallen für Ziehsteine*

Hartmetall	Dichte g/cm³	Vickers-Härte kg/mm²	Biegebruch-festigkeit kg/mm²	Druckfestig-keit kg/mm²	Elastizi-tätsmodul kg/mm²	Wärmeleit-fähigkeit cal/cm · sec · °C	Wärmeaus-dehnungs-koeffizient $\beta \cdot 10^6$
Geschmolzenes Wolframkarbid	~16	1800 bis 2000	30 bis 40	~200	—	0,07	4
WC-Co 97/3, heißgepreßt	15,5	1900	120	600	67 000	0,21	5
WC-Co 94/6, normal gesintert	14,8	1600	170	500	60 000	0,19	5
WC-Co 94/6, heißgepreßt	15,1	1650	150	550	62 000	0,19	5
WC-Co 91/9	14,7	1500	190	480	59 000	0,18	—
WC-Co 89/11	14,2	1400	200	460	58 000	0,16	5,5
WC-Co 87/13	14,1	1350	210	450	56 000	0,14	—
WC-TiC-Co 86/5/9	13,3	1600	160	460	59 000	0,15	5,5

Hartmetalle mit 3 bis 13% Co benützt[1-4]. Die niedrig kobalthaltigen Legierungen mit etwa 3% Co werden stets durch Heißpressen verarbeitet. Die Legierung 94/6 wird meist normalgesintert, nur große Matrizen daraus werden druckgesintert. Aus dieser Legierung werden Ziehsteine und Strangpreßdüsen für Buntmetalle bis zu Bohrungen von 5 mm erzeugt. Für Ziehsteine mit einem äußeren Durchmesser bis 120 mm wird die Legierung 89/11, für Durchmesser bis 220 mm und darüber die Legierung 85/15 benützt.

Beim Ziehen einiger Werkstoffe, z. B. Stahldraht, oder beim Warmzug von Molybdän und Wolfram, tritt im Ziehkanal ein Verschleiß auf, welcher sehr ähnlich dem Kolkverschleiß an Werkzeugschneiden bei der Bearbeitung langspanender Werkstoffe ist. Durch geringe Zusätze von TiC oder TaC-NbC wird die Schweißneigung des Ziehgutes zum Ziehstein herabgesetzt. WC-TiC-Co-Hartmetalle der Zusammensetzung 88/7/5 oder 88/9/3 auch 78/16/6 werden heute bevorzugt für das Ziehen der genannten Werkstoffe benützt[2].

In Zahlentafel 137 sind unter Zugrundelegung der Angaben auf S. 448 nochmals die Eigenschaftswerte der wichtigsten Hartmetallegierungen, die für Ziehsteine Verwendung finden, zusammengestellt.

[1] B. I. O. S. Final Rep. Nr. 1385 (1945), S. 41ff.

[2] Hinnüber, J.: Stahl u. Eisen **62** (1942), S. 1083/91.

[3] Richards, E. T.: Werkstatt u. Betrieb **79** (1946), S. 92/96.

[4] Yukvets, I. A.: Stal **7** (1947), Nr. 8, S. 737/41.

Ziehsteine aus Hartmetall werden entweder als rohe Kerne ein- oder beidseitig angekörnt oder mit roher Bohrung, bzw. fertiggefaßt mit polierter Bohrung geliefert (Abb. 189 und 190). Bei den Abmessungen der Kerne beschränkt man sich heute auf bestimmte Größen[1, 2]. Auch die Abmessungen der Fassungen sind den Kern-

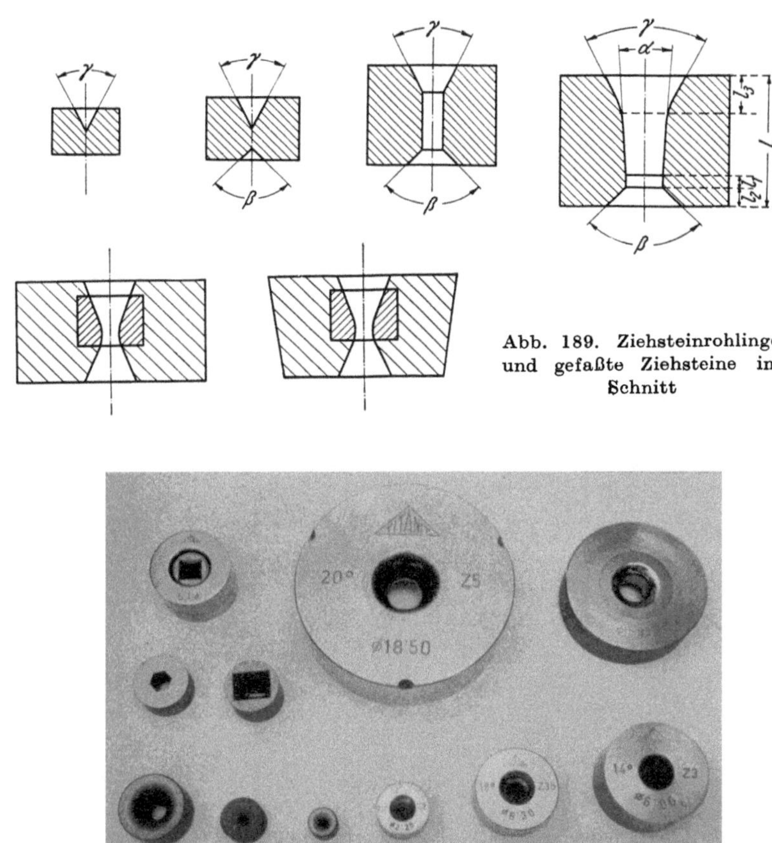

Abb. 189. Ziehsteinrohlinge und gefaßte Ziehsteine im Schnitt

Abb. 190. Ziehsteinrohlinge, gefaßte Ziehsteine und Ziehringe

größen angepaßt worden. Für die Form der Fassung wird aus technischen Gründen die zylindrische und keilförmige Ausführung vorgesehen. Bei letzterer soll der Konus nur mit einer Steigung von 1 : 10 verwendet werden.

---

[1] B. I. O. S. Final Rep. Nr. 1711 (1947), S. 12.
[2] Schaumann, H. u. J. van Beek: Werkstattstechn. Masch.-Bau 41 (1951), S. 432/35.

Die Hartmetallkerne werden durch Löten, Einpressen oder Einschrumpfen mit der Fassung verbunden. Als Werkstoff für die Fassung wird bei kleinen Steinen Messing, Bronze oder Weicheisen, bei größeren Kernen im allgemeinen ein Stahl mit 60 bis 70 kg/mm² Festigkeit benützt. Für besondere Anwendungsfälle, z. B. bei Hartmetallringen für den Stangen- und Rohrzug, werden auch höherwertige Stähle mit etwa 100 kg/mm² Festigkeit verwendet.

Für die Herstellung der Bohrungen in Hartmetallziehsteinen sind drei Arbeitsgänge erforderlich:

a) Bohren der Kerne,
b) Formschleifen der Bohrung,
c) Polieren der Bohrung auf Fertigmaß.

Für das Bohren werden Bohrnadeln verwendet, die anfänglich stumpf und mit Zunahme der Vertiefung immer spitzer angeschliffen werden, um der Bohrung von vornherein eine kegelige Form zu geben. Für den Zug von Molybdän oder Wolfram sind die kleinsten noch wirtschaftlichen Bohrungen etwa 0,3 mm, beim Eisen- und Stahlzug 0,3 bis 0,5 mm und bei anderen weicheren Drahtmaterialien 0,5, bzw. 0,8 mm.

Beim Formschleifen erhält die Ziehsteinbohrung den erforderlichen Ziehkegel und die zylindrische Führung. Da der Eingangs- und Ausgangskegel (s. Abb. 189) bereits in der richtigen Weite und Tiefe und mit entsprechendem Winkel vorhanden ist, erübrigt sich die Bearbeitung derselben.

Das Polieren des Ziehkanals ist von größter Bedeutung, weil von der Oberflächenbeschaffenheit der Bohrung der Verschleiß und damit die Maßhaltigkeit abhängen. Das Polieren erfolgt mit Hilfe von angespitzten Holzstäbchen unter Verwendung von feinstem Diamantboart.

Für das Ziehen von Rund- oder Profilstangenmaterial, bzw. Rohren über 10 mm Durchmesser werden Hartmetallziehringe verwendet[1,2]. Die Fassungen für diese müssen sehr genau und kräftig gebaut sein, weil die Beanspruchung, insbesondere beim Ziehen von Stählen höherer Festigkeit, sehr groß ist. Die Fassungen werden beim Stangenziehen stets wassergekühlt. Für den Stangenzug sind auch verstellbare Vierkant-, Flachkant- und Sechskant-Ziehwerkzeuge in Gebrauch[3]. Die Gefahr des Platzens der Zieheinsätze aus einem Stück wird dabei durch Unterteilung in Segmente gemildert. Diese sind auch einzeln leichter zu polieren.

---

[1] Mackert, A.: VDEh.-Bericht Nr. 45 (1943).
[2] B. I. O. S. Final Rep. Nr. 1711 (1947).
[3] Glen, E.: Machinist Lond. **91** (1947), S. 1135/37.

3. Einsatz und Pflege von Hartmetallziehsteinen

Neben den technologischen Eigenschaften, welche durch die Zusammensetzung der Legierung und das Herstellungsverfahren bedingt sind, üben eine Reihe charakteristischer Faktoren einen mitbestimmenden Einfluß auf die Eignung, Leistungsfähigkeit und Lebensdauer von Hartmetallziehsteinen aus[1]. Es sind dies vor allem:

a) Form- und Oberflächenbeschaffenheit des Ziehkanals,

b) Pflege des Steines im Betrieb, insbesondere Art, Umfang und Durchführung des Aufbohrens und Aufpolierens auf größere Durchmesser,

c) Art des Zuges, Ziehgeschwindigkeit, Ziehtemperatur u. a.,

d) Art und Umfang des Schmierens.

Zahlentafel 138. *Gebräuchliche Werte für die Ausführung des Hohls von Ziehsteinen*
(Schaumann, H. u. J. van Beek)

l_1*				l_2	l_3	Ausgangswinkel β (Grad)				
für d (mm) bis						Stangenzug für d (mm) bis			Rohrzug d (mm) über	
1	10	20	50			5	20	50	10	20
0,5 d	0,3 d	0,2 d	0,15 d	0,2 L	0,2 L	60	40	30	30	20

* Bezeichnungen vgl. Abb. 189

Eingehende Untersuchungen haben gezeigt, daß auch bei Hartmetallziehsteinen neben der Güte des Ziehsteinwerkstoffes die Form und Oberflächenbeschaffenheit des Ziehkanals von großem Einfluß auf die Leistung sind. Gemäß Abb. 189 unterscheidet man am Ziehstein den *Eingangskegel*, den *Ziehkegel*, die zylindrische *Führung* und den *Ausgangskegel*[2-6], über deren Abmessungen Zahlentafel 138 Auskunft gibt[7].

Der *Eingangskegel* der Ziehsteinbohrung hat den Zweck, den verwendeten Schmiermitteln ungehinderten Eintritt in den anschließenden Ziehkegel zu gewähren. Er hat im allgemeinen einen Öffnungswinkel von 60°.

---

[1] Richards, E. T.: Werkstatt u. Betrieb **79** (1946), S. 92/96.

[2] Reitzig, G.: Werkstatt u. Betrieb **83** (1950), S. 361/64.

[3] Bernhoeft, C. P.: Metal Ind. London (1942), S. 204/08.

[4] Carboloy Die Service Manual D-119 (1945).

[5] Le Grand, R.: Machinist **91** (1948), S. 1353/64.

[6] Anonym: Symposium on Tungsten Carbide Dies: Wire & Wire Prod. **25** (1950), S. 133/35, 138/43, 166/71.

[7] Schaumann, H. u. J. van Beek: Werkstattstechn. Masch.-Bau **41** (1951). S. 432/35.

Der *Ziehkegel* ist der wichtigste Teil jeder Ziehsteinbohrung, da hier die eigentliche Verformung des Drahtwerkstoffes von seinem ursprünglichen auf den kleineren Durchmesser vor sich geht. Von der Wahl des jeweils günstigsten Ziehkegelwinkels hängt die Leistungsfähigkeit des Ziehsteines ab. Mit der Veränderung der Kegelform tritt gegebenenfalls ein stärkerer Verformungswiderstand auf, welcher wiederum eine größere Reibung und einen erhöhten Ziehdruck auf die Bohrungswandung bewirkt. Dadurch wird die Abnutzung gesteigert und die Bohrung verschleißt schneller. Zahlentafel 139 zeigt auf Grund von Erfahrungswerten die für verschiedene Werkstoffe günstigsten Ziehwinkel in Abhängigkeit vom Verformungsgrad[1].

Zahlentafel 139. *Ziehwinkel von Hartmetall-Ziehsteinen für verschiedene Werkstoffe in Abhängigkeit von der Verformung*

Querschnitts-verminderung %	Ziehwinkel in Grad beim Zug von					
	Eisen	weicher* Stahl	harter** Stahl	Aluminium	Kupfer	Messing
40	23	18	15	—	—	—
35	19	15	12	32	22	18
30	15	12	10	26	18	15
25	12	9	8	21	15	12
20	9	7	6	16	11	9
15	7	5	4	11	8	6
10	5	3	2	7	5	4

* Zugfestigkeit $<$ 100 kg/mm².
** Zugfestigkeit $>$ 100 kg/mm².

Die *zylindrische Führung* hat den Zweck, die Dauer der Maßhaltigkeit des Bohrungsdurchmessers zu verlängern[2]. Die Länge der Führung soll in einem bestimmten Verhältnis zum Bohrungsdurchmesser stehen.

Der *Ausgangskegel* soll so tief sein, daß die beim Ziehvorgang unmittelbar beanspruchten Bohrungsteile in das Innere des Ziehsteinkernes verlegt werden. Er spielt ferner bei der Ableitung der beim Ziehen auftretenden Wärme eine Rolle. Er hat im allgemeinen einen Öffnungswinkel von 90°.

Der Ziehkegel und die zylindrische Führung werden beim Ziehen unmittelbar beansprucht und unterliegen der Abnützung durch Reibung und Ziehdruck. Der Eingangs- und Ausgangskegel werden vom Ziehdruck nicht beeinträchtigt, unterliegen also im allgemeinen

---

[1] B. I. O. S. Final Rep. Nr. 1711 (1947), S. 38.
[2] Tompkins, J. O.: Wire & Wire Prod. **25** (1950), S. 576/78.

keiner Abnutzung und Veränderung. Eingangs- und Ausgangskegel werden zweckmäßig von vornherein so bemessen, daß deren Nacharbeit bei einer späteren Instandsetzung des Ziehkegels und der zylindrischen Führung nicht erforderlich ist.

Bei der Formung des Ziehkanals muß man unterscheiden zwischen der ursprünglichen Form, die vom Hersteller für die jeweils in Frage kommenden Ziehbedingungen bestimmt ist, und der Form, die während des Einsatzes durch Nachbearbeitung entsteht. Während des Betriebes tritt im Ziehkanal neben gleichmäßigem Abrieb bei verschiedenen Werkstoffen auch ein starker Verschleiß durch Aufschweißen des Ziehgutes auf den Düsenwerkstoff ein[1]. Durch periodisches Abreißen der Aufschweißung während des Arbeitsvorganges, wird das Sintergefüge durch Aus- und Mitreißen von Karbidkörnern angegriffen. Es ergibt sich dabei — wie schon erwähnt — ein Verschleißbild, ähnlich der Auskolkung auf Hartmetallschneiden bei der Bearbeitung langspanender Werkstoffe[2]. Drücken sich solche herausgerissene Hartmetallteilchen in das Ziehgut ein, so beschädigen sie beim Mehrfachzug nicht nur den ersten Stein, sondern auch die Folgesteine durch Riefenbildung. Die Aufschweißneigung kann durch entsprechende Zusatzkarbide, z. B. TiC oder TaC-NbC zu WC-Co-Hartmetallen, durch den Herstellungsgang (Heißpressen), insbesondere aber durch sorgfältige Pflege der Ziehsteinbohrung stark herabgesetzt werden. Es ist daher sehr empfehlenswert, den Ziehkanal durch Aufpolieren mittels eines, den Ziehstein nicht angreifenden Schleifmittels vom aufgeschweißten Ziehgut häufig zu reinigen[3]. Hat die Düsenöffnung durch zu stark fortgeschrittenen Verschleiß nicht mehr das erforderliche Maß, dann wird der Stein durch Schleifen und Polieren aufgeweitet. Keineswegs darf dabei nur die zylindrische Bohrung aufgeschliffen werden. Sie wird dadurch verlängert, was zu starke Erhöhung der Ziehkraft infolge vermehrter Reibung und daher erhöhten Verschleiß zur Folge hat. Auch darf nicht nur der Ziehkegel allein aufgearbeitet werden, weil dadurch die zylindrische Führung verkürzt oder sogar beseitigt wird. Es ist daher von größter Wichtigkeit, daß bei der Nachbearbeitung sowohl der Ziehkanal als auch die zylindrische Führung aufgeweitet wird, wobei der für das betreffende Ziehgut günstigste Ziehwinkel erhalten bleiben muß[4-6].

---

[1] Lueg, W.: Stahl u. Eisen 71 (1951), S. 1140/45.

[2] Wistreich, J. G.: J. Iron Steel Inst. 167 (1951), S. 162/64.

[3] Hinnüber, J.: Stahl u. Eisen 62 (1942), S. 1083/91.

[4] Trurnit, W.: Stahl u. Eisen 64 (1944), S. 503/06.

[5] Tompkins, J. O.: Wire & Wire Prod. 25 (1950), S. 576/78.

[6] Reitzig, G.: Draht-Welt 37 (1951), S. 18/21.

Zur Überprüfung der Ausbildung des Ziehkanales, welche insbesonders bei kleinen Ziehdurchmessern nicht einfach ist, sind zahlreiche Methoden und Prüfgeräte entwickelt worden[1-7].

Auf die anderen Faktoren, welche beim Drahtzug mit Hartmetallziehsteinen eine maßgebende Rolle spielen, das sind Art des Zuges, Ziehgeschwindigkeit, Ziehtemperatur und insbesondere das sehr wichtige Problem der Schmierung[8,9] soll hier nicht näher eingegangen werden. Es sei auf das Fachschrifttum verwiesen[10].

Über den Einsatz von Hartmetallziehsteinen, insbesonders die Wahl der entsprechenden Hartmetallsorten, der Leistung und der Ziehwinkel u. a., existiert seit deren Auftreten ein sehr umfangreiches Schrifttum mit zum Teil schwankenden Angaben über die Ziehleistung[11-21]. Je nach Ziehgut, Ziehverfahren und Ziehbedingungen läßt sich mit Hartmetallziehsteinen gegenüber gewöhnlichen Zieheisen eine 30- bis 200fache Mehrleistung erzielen. Das Leistungsverhältnis liegt im allgemeinen um so günstiger für das Hartmetall, je stärker das Ziehgut verschleißend wirkt, wie z. B. bei hochlegierten Cr-Ni-Stählen oder insbesondere Fe-Al- und Fe-Cr-Al-Heizleiterdrähten mit ihren harten Korunddeckschichten. Nach J. Holzberger[22] ist die

[1] Eisenhuth, C.: Stahl u. Eisen **70** (1950), S. 1153/54.

[2] Withers, R. M. J.: J. Iron Steel Inst. **164** (1950), S. 63/66.

[3] Lueg, W.: Stahl u. Eisen **71** (1951), S. 157/70, 517/21.

[4] Domes, V.: Stahl u. Eisen **71** (1951), S. 1147/48.

[5] Werth, S.: Stahl und Eisen **72** (1952), S. 66/69.

[6] Hirschfeld, M.: Werkstatt und Betrieb **85** (1952), S. 17/21.

[7] Lueg, W.: Werkstatttechnischer Maschinenbau **42** (1952), S. 56/58.

[8] Richards, E. T.: Werkstatt u. Betrieb **79** (1946), S. 92/96.

[9] Heidenhain, W.: VDEh.-Bericht Nr. 80 (1944).

[10] Anonym: Bibliography on Wire. Iron Steel Inst., Bibliograph. Ser. Nr. 13, London 1947, S. 71ff.

[11] Becker, K.: Hochschmelzende Hartstoffe und ihre technische Anwendung, Verlag Chemie, Berlin 1933, S. 202.

[12] Becker, K.: Hartmetallwerkzeuge, Verlag Chemie, Berlin 1935, S. 174.

[13] Becker, K.: TZ. prakt. Metallbearb. **45** (1935), S. 275/76.

[14] Beardslee, K. R.: Wire & Wire Prod. **11** (1936), S. 553/59, **13** (1938), S. 63/66.

[15] Engle, E. W.: Wire & Wire Prod. **14** (1939), S. 319/24, 350/51.

[16] Swinn, E. J.: Sheet Metal Ind. **19** (1944), S. 297/300.

[17] Saxton, R.: Metallurgia **36** (1946), S. 68/69, **38** (1948), S. 314/16.

[18] Yukvets, I. A.: Stal **7** (1947), Nr. 8, S. 737/41.

[19] Tompkins, J. O.: Wire & Wire Prod. **25** (1950), S. 576/78.

[20] Anonym: Symposium on Tungsten Carbide Dies: Wire & Wire Prod. **25** (1950), S. 133/35, 138/43, 166/71.

[21] Wistreich, J. G.: Wire Ind. **17** (1950), S. 889/92 u. 895/99.

[22] Holzberger, J.: Stahl u. Eisen **71** (1951), S. 1098/1102.

Leistung beim Ziehen von Stahldraht mit Hartmetallsteinen bis vier-
hundertmal höher als bei Zieheisen (Abb. 191).

Beim Stabzug von Stählen mit niedriger Festigkeit bis 70 kg/mm²
kann man bei Verwendung von Hartmetallziehringen durch Erhöhung
der Ziehgeschwindigkeit von 6 m/Minute auf 12 und sogar bis
22 m/Minute bedeutende Leistungssteigerungen erzielen.

Die hohe Verschleißfestigkeit der Hartmetallziehringe gewährleistet
höchste Gleichmäßigkeit des Ziehgutes und Leistungen, die bei mittleren
Rundabmessungen schon mehrfach die 1000-t-Grenze überschritten[1]. Beim Ziehen legierter Baustähle höherer Festigkeit von 90 bis 110 kg/mm² treten manchmal Schwierigkeiten auf, da die Ziehringe infolge der sehr hohen Beanspruchung gern reißen. Für diesen Anwendungsfall bedarf es noch weiterer Entwicklungsarbeit. Die Fassungen müssen besonders kräftig und genau gebaut sein, damit, bedingt durch die hohen Ziehdrücke, auch nicht die geringste Aufweitung erfolgen kann. Die Ziehgeschwindigkeit soll vorerst nicht 12 m/Minute übersteigen, da die Wärmestauungen, verbunden mit den hohen Druckspannungen sonst das vorzeitige Reißen der Ringe verursachen können. Es hat sich gezeigt, daß selbst beim Zug hochvergüteter Stabstähle ein außerordentlich geringer Ziehringverschleiß auftritt. Wenn es also gelingt,

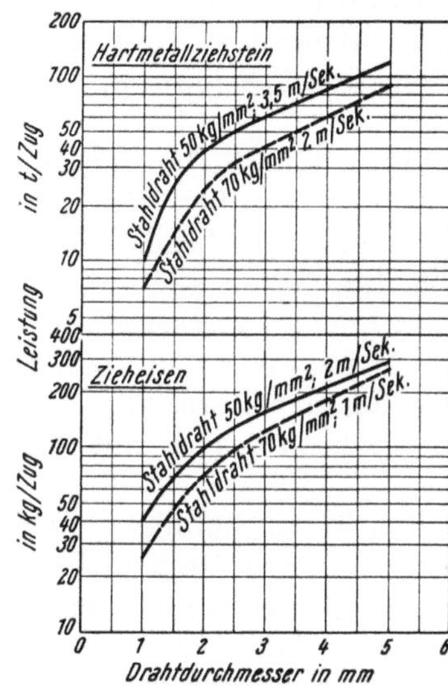

Abb. 191. Vergleich der Ziehleistung
von Hartmetallziehsteinen und Zieheisen aus Chromstahl mit 2,5 bis 3 % Cr
(J. Holzberger)

entsprechende Ziehwerkzeuge zu konstruieren, so ergäbe dies — im
Hinblick auf die geringe Standzeit vom Zieheisen beim Zug hoch-
fester Stähle — weite Anwendungsgebiete für Hartmetallziehringe.

C. Hartmetall im Bergbau

1. Allgemeines

Die Wirtschaftlichkeit des Bohrens im Berg- und Tiefbau hängt
in erster Linie von der Widerstandsfähigkeit der Bohrschneide ab,
welche im Dauerbetrieb außerordentlich auf Verschleiß beansprucht
wird. Es ist daher schon bald nach Einführung der Hartmetalle

---

[1] **Mackert, A.**: VDEh.-Bericht Nr. 45 (1943).

in die Zerspanungstechnik versucht worden, diese hochverschleiß-
festen Werkstoffe im Bergbau zum Bohren von Salzen, Kohle,
Mineralien und verschiedenen Gesteinsformationen einzusetzen. Zuerst
waren die Ergebnisse nicht sehr befriedigend, weil die ersten Hartmetalle, insbesondere die auf dem Schmelzwege hergestellten, sehr
spröde waren. Erst mit der Einführung der gesinterten, zähen Hartmetalle auf WC-Co-Basis mit 6 bis 15% Co, eröffneten sich den Hartmetallen weite Anwendungsgebiete im Bergbau[1-4].

Die im Berg- und Tiefbau erforderlichen Bohrlöcher können durch
drehendes oder *schlagendes* Bohren niedergebracht werden. Im Kohlenbergbau erfolgt der Abbau in gewissen Fällen durch *Schrämen*, einen
schürfend-kratzenden Vorgang.

Beim drehenden Bohren und beim Schrämen muß die Schneide
hochverschleißfest und nur so zähe sein, daß sie bei der mehr
kratzenden und schabenden Beanspruchung nicht ausbricht. Beim
schlagenden Bohren ist neben guter Verschleißfestigkeit auch höchste
Zähigkeit erforderlich, da die Schlagbohrschneide stärkster Beanspruchung durch Schlag und Druck ausgesetzt ist. Während man bei
den ersten Drehbohrungen mit Hartmetallen arbeitete, die 5 bis
6% Co enthielten, waren beim schlagenden Bohren Sorten mit 9 bis
15% Co am Platze.

Beim drehenden Bohren und beim Schrämen konnten durch
geeignete Ausbildung der Hartmetallbohrer und Schrämmeißel sehr
bald große Mehrleistungen gegenüber Stahlwerkzeugen erzielt werden.
Beim schlagenden Bohren ging die Entwicklung langsamer vor sich
und erst in den letzten Jahren hat es sich eindeutig gezeigt, daß bei
Verwendung neuentwickelter, besonders zäher Legierungen und von
verbesserten Lötmethoden, Hartmetallschlagbohrer wirtschaftlicher
arbeiten als Stahlbohrer.

Die im Berg- und Tiefbau gebräuchlichen Hartmetallwerkzeuge
kann man nach dem Herstellungsverfahren in zwei Gruppen einteilen
und zwar:

1. Werkzeuge, bei denen Hartmetallplatten oder Formstücke
aufgelötet werden, z. B. Kohle- und Kalibohrer, Schrämmeißel,
Schrämkronen, Schlagbohrer und mit Bohrspitzen armierte Hohlbohrkronen.

2. Werkzeuge, bei denen geformte oder unregelmäßige Bohrstücke,
welche aus gesintertem Hartmetall oder geschmolzenem Wolfram-

---

[1] Müller, O. u. H. Wohlbier: Krupp Mh. 13 (1932), S. 89.

[2] Becker, K.: Elektrizität im Bergbau 10 (1935), S. 93/96.

[3] Becker, K.: Hochschmelzende Hartstoffe und ihre technische Anwendung, Verlag Chemie, Berlin 1933, S. 207.

[4] Becker, K.: Hartmetallwerkzeuge, Verlag Chemie, Berlin 1935, S. 157ff.

karbid bestehen, unter Zuhilfenahme leicht schmelzender Legierungen durch Autogene- oder Lichtbogenschweißung aufgeschweißt werden. Als Beispiele sind hier insbesondere große Bohrwerkzeuge für die Tiefbohrtechnik, wie Fischschwanzmeißel, Rotary-Bohrer, Hohlbohrkronen u. a. zu nennen.

Bei der nun folgenden Besprechung der einzelnen Werkzeugtypen soll nicht die Herstellungsweise sondern das Anwendungsgebiet, also einerseits das drehende Bohren und Schrämen, anderseits das schlagende Bohren, als einteilendes Prinzip angewandt werden.

2. Werkzeuge für das drehende Bohren und zum Schrämen

a) Kali- und Kohlebohrer

Zum Niederbringen von Sprenglöchern in Salzen verschiedenster Zusammensetzung, Mineralien und Kohle, haben hartmetallbestückte Drehbohrköpfe weitgehend Eingang gefunden[1, 2]. Entscheidend beim drehenden Bohren von Mineralien und Kohle ist der Umstand, daß die Bohrleistung unter sonst gleichen Arbeitsbedingungen sehr weitgehend von der Schneidenform abhängt. So hat E. Winter[3] 24 verschiedene Hartmetallschneidenformen beim Bohren in kieseritreichen bzw. langbeinitischen Salzen untersucht. Die Anzahl der Bohrmeter zwischen zwei Anschliffen schwankte (Drehzahl 450/Minute, Vorschub 1,34 m/Minute) beim kieserithaltigen Salz in Abhängigkeit von der Schneidenform zwischen 142 und 170 m, beim langbeinitischen Salz zwischen 41 und 142 m. Der Bohrer mit der höchsten Leistung hatte eine Einplattenschneide mit zwei Schneidenspitzen, eine am Umfang und die zweite etwas von der Mitte versetzt. Die beiden vorderen Schneidenrücken haben dadurch eine ungleiche Länge. Auch Bohrer mit Mittelspitzenvoll- und Mittelspitzenkerbschneiden haben gute durchschnittliche Leistungen ergeben. Zweiplattenbohrer haben sich im Gegensatz zu den Verhältnissen beim Kohlebohren nicht gut bewährt. Die Ursache lag wahrscheinlich darin, daß die Kerbe in der Schneidenmitte der Plättchen so groß ist, daß der stehenbleibende Kern im Gestein nicht mehr vollständig herausgebrochen werden kann. Die Innenseiten der Hartmetallplättchen werden dadurch stark abgeschabt und brechen bald aus.

---

[1] Becker, K.: Hartmetallwerkzeuge, Verlag Chemie, Berlin 1935, S. 157/68.

[2] Becker, K.: Hochschmelzende Hartstoffe und ihre technische Anwendung, Verlag Chemie, Berlin 1933, S. 207/08.

[3] Winter, E.: Diss. Techn. Hochsch. Breslau, 1933, Elektrizität im Bergbau 9 (1934), S. 87.

Nach B. Passmann[1] ist das Leistungsverhältnis von Hartmetallbohrern zu Schnellstahlschneiden beim Bohren von Salzen verschiedener Härte 50 : 1 bis 10 : 1.

Ähnlich wie beim Bohren von Salzen liegen auch die Verhältnisse beim Drehbohren von Kohle. Auch hier ist die Ausbildung der Schneide von entscheidendem Einfluß und es wurden im Laufe der Entwicklung sehr zahlreiche Schneidenformen erprobt[2, 3]. Nach G. Dresner[4] ist eine Zweiflügelschneide mit mehr oder weniger gebogenen Bohrfingern am zweckmäßigsten. Zwei Hartmetallplatten werden dabei in entsprechende Schlitze des Trägers eingelötet. Die beiden Schneidenspitzen arbeiten etwas versetzt. Bisweilen werden auch für sehr harte Kohlen Schneiden mit drei Bohrspitzen verwendet, deren mittlere höher oder exzentrisch angeordnet ist. Das Werkzeug arbeitet dabei eher brechend als schabend, was beim Bohren von Kohlen unbedenklich ist.

Nach K. Becker[5] ist es sowohl im Kali- als auch im Kohlenbergbau sehr wichtig, daß die Werkzeuge sauber geschliffen und die richtigen Winkel auch beim Nachschliff eingehalten werden. Die einzelnen Winkelabmessungen schwanken naturgemäß und ändern sich mit der Schneidenform. Es beträgt der Rückenwinkel etwa 5 bis 32°, der Brustwinkel 75 bis 130°, der Keilwinkel 45 bis 80°. Bei Stahlschneiden sind die entsprechenden Winkel etwas spitzer. Allgemeine Angaben über die Winkelabmessungen sind schwer zu machen, da diese mit der Schneidenform sehr schwanken.

Das Schleifen von Bohrkronen mit Hartmetallplättchen muß nach K. Becker[5] wesentlich sorgfältiger geschehen als bei Schnellstahlschneiden. Es ist daher ebenso wie beim Schleifen von Spezialwerkzeugen besonders auf die Auswahl der Schleifscheiben und Umlaufgeschwindigkeiten zu achten. Man mißt am besten mit Schablonen nach, ob der richtige Schnittwinkel angeschliffen ist. Die Kosten eines Anschliffes bei einem Bergbau-Hartmetallwerkzeug sind gewöhnlich zwei- bis dreimal höher als bei einem Schnellstahlbohrer. Dies gleicht sich jedoch durch die wesentlich größere Zahl der geleisteten Bohrmeter zwischen zwei Anschliffen bei Hartmetall wieder aus.

Den geringsten natürlichen Verschleiß zeigen nach K. Becker[5] die schabend wirkenden Schneiden, weil bei diesen Formen die ganze

---

[1] Passmann, B.: Kali 24 (1930), S. 121/26.

[2] Schulz, P. u. K. Troesken: in „Das Auffahren von Gesteinsstrecken", Verlag Glückauf, Essen 1949, S. 30/40.

[3] Berthon, M.: Rev. Ind. Min. (1949), S. 3/22, 51/66.

[4] Dresner, G.: Glückauf 70 (1934), S. 821/30.

[5] Becker, K.: Hartmetallwerkzeuge, Verlag Chemie, Berlin 1935, S. 157/68.

Schneidfläche arbeitet. Bei Bohrkronen mit einzelnen Schneiden werden dagegen nur Teile der Schneiden zur Arbeitsleistung herangezogen, so daß sich der gesamte Bohrdruck auf wesentlich kleinere Flächen vereinigt. Demzufolge muß die natürliche Abnutzung eine größere sein. Im allgemeinen ist beim Bohren mit Hartmetallschneiden der natürliche Verschleiß gering; dagegen tritt ein erheblicher Materialverlust beim Schleifen der Schneiden ein. Auch dieses Verhältnis hängt natürlich von der Schneidenform ab. Im Mittel ist der Materialverlust beim Schleifen etwa zehnmal so groß als die natürliche Abnutzung beim Bohren. Bei Schnellstahlschneiden ist das Verhältnis gerade umgekehrt.

Was für eine Schneidenform beim drehenden Bohren jeweils die zweckmäßigste ist, wird wohl immer erst ein Versuch ergeben. So scheint man im Kalibergbau den Einplättchenschneiden, im Kohlebergbau den Zwei- und Mehrplättchenschneiden den Vorzug zu geben[1-4]. In Abb. 192 sind die gebräuchlichsten Bohrerformen für

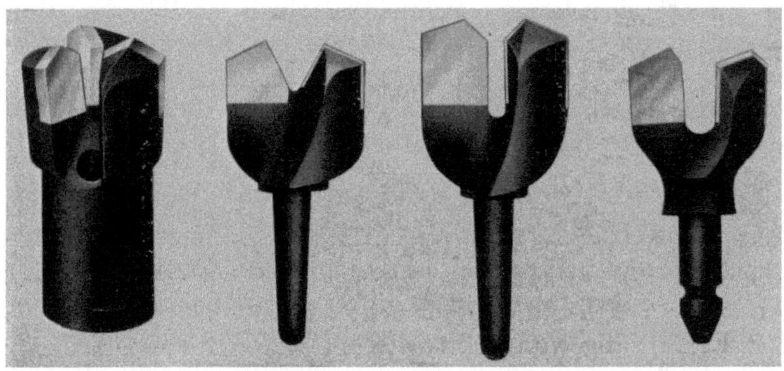

Abb. 192. Mit Hartmetall bestückte Drehbohrer (Wallram, Hartmetall G. m. b. H., Essen)

Kali- und Kohlebergbau gezeigt. Sowohl im Kali- als auch im Kohlebergbau scheinen exzentrisch angeordnete Schneiden die beste Wirkung auszuüben, da sie die Bohrarbeit unterteilen und teils schabend, teils brechend wirken. Derartige Schneiden mit zweiseitiger Wirkungsweise können besonders stark beansprucht werden, während beispiels-

---

[1] Hinnüber, J.: Berg- u. Hüttenmänn. Mh. **89** (1941), S. 117/24, Öl und Kohle **38** (1942), S. 391/98.

[2] Schulz, P. u. K. Troesken: in „Das Auffahren von Gesteinsstrecken", Verlag Glückauf, Essen 1949, S. 30/40.

[3] Berthon, M.: Rev. Ind. Min. (1949), S. 3/22, 51/66.

[4] Middendorf, H.: in „Das Auffahren von Gesteinsstrecken", Verlag Glückauf, Essen 1949, S. 40/43.

weise lediglich schabende Schneiden nur für einen relativ kleinen Vorschub zu gebrauchen sind.

Zusammenfassend kann man feststellen, daß hartmetallbestückte Bohrer beim Kali- und Kohlebohren folgende Vorteile haben:

1. Im Vergleich zu Schnellstahlbohrern ist die Leistung von Hartmetallbohrern, bezogen auf die gesamte Bohrmeterzahl, beim Kohlebohren rund zehnmal größer, beim Bohren kieseritreicher Hartsalze etwa fünfmal so groß. Besonders groß ist der Leistungsunterschied beim Bohren langbeinitischer Hartsalze, wobei Schnellstahlbohrer nur wenige Zentimeter scharf bleiben, Hartmetallbohrer 50 m und in günstigen Fällen 142 m ohne Nachschliff bohren.

2. Während man sich beim Bohren mit Schnellstahl mit Vorschüben von 400 bis 800 mm/Minute begnügen muß, kann beim Hartmetallschneiden der Vorschub ohne weiteres auf 1400 mm/Minute und mehr gesteigert werden.

3. Das Nachschleifen der Schneiden ist wegen der höheren Standzeit nicht so häufig erforderlich wie bei Schnellstahl.

4. Infolge der langen Schneidhaltigkeit bleibt der Bohrdruck gleichmäßig niedrig, so daß bedeutende Energiemengen erspart werden.

5. Durch bessere Schneidwirkung ist das Bohrmehl gröber; es entsteht weniger Kohle- und Mineralstaub.

b) Hohlbohrkronen

Zur Niederbringung von Bohrungen größerer Durchmesser in Kohle oder Gesteinen sowie bei Schürf- und Tiefbohrungen werden heute mit Vorteil hartmetallbestückte Hohlbohrkronen eingesetzt. Vor der Einführung von Hartmetallen waren allgemein Diamantkronen für das Bohren harter Gesteinsformationen in Gebrauch. Die verhältnismäßig große Anzahl von Diamanten bedingt hohe Anschaffungskosten. Beim Bohren in klüftigem Gestein kann es zudem noch zu starkem Absplittern oder sogar zum Verlust der Diamanten kommen. Man hat daher schon frühzeitig nach Einführung der Hartmetalle begonnen, an Stelle der Diamanten in Hohlbohrkronen Stifte (Spitzen) und Zähne aus Hartmetall einzusetzen[1, 2]. Das Hartmetall hat den Diamanten und Diamantmetalllegierungen aus ihrer Domäne, dem Tiefbohren, nicht verdrängen, aber in vielen Fällen ersetzen können.

In den Kronen, welche mit Außendurchmessern von 40 bis 230 mm und darüber hergestellt werden, sind runde, sechskantige oder acht-

---

[1] Karlowitz, Ch. u. A. Urban: Bohrtechniker-Ztg. (1937), Nr. 9, S. 265/73.

[2] Hinnüber, J.: Berg- u. Hüttenmänn. Mh. 89 (1941), S. 117/24.

kantige Bohrspitzen oder besonders geformte Bohrzähne eingelötet.
Die Bohrspitzen, deren Größe sich nach dem Durchmesser der Krone
richtet, werden abwechselnd am Innen- und Außendurchmesser
eingesetzt, so daß sie sich überschneiden. Für besonders stark
schleifende Gesteinsformationen wird die Bohrkrone auch noch

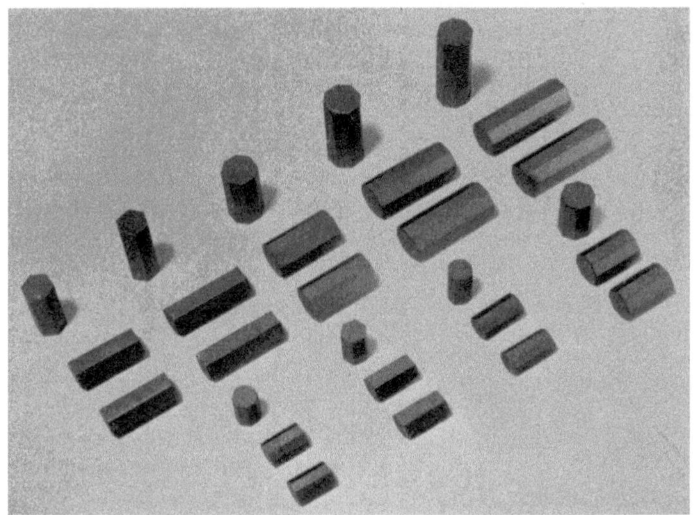

Abb. 193. Hartmetall-Bohrspitzen

Abb. 194. Mit Hartmetall-Bohrspitzen bestückte Hohlbohrkronen

seitlich mit Bohrspitzen besetzt, um das Kaliber freizuhalten. Es
ist hier die Feststellung von Interesse, daß es ohne Schwierigkeiten
gelingt, mit Hartmetall-Bohrkronen eisenarmierten Beton zu bohren.
Die Bohrspitzenzahl hängt sowohl vom Durchmesser der Bohrkrone
als auch von der Beschaffenheit der zu bohrenden Gesteinsformation
ab. Abb. 193 zeigt eine Auswahl von Bohrspitzen und Bohrzähnen
aus Hartmetall, Abb. 194 fertigbestückte Hohlbohrkronen.

Außer durch Einlöten von Bohrspitzen und Bohrzähnen können Hohlbohrkronen auch durch Aufschweißen von gesinterten oder geschmolzenen Hartmetallbohrstücken armiert werden. Man verfährt dabei ähnlich wie bei der Bestückung von großen Tiefbohrwerkzeugen (Fischschwanzmeißel u. a., s. S. 560).

c) Schrämwerkzeuge

Der Abbau von Kohlesorten hoher Härte mit z. B. Toneisenstein- oder Schwefelkieseinlagerungen mit Hilfe von Schrämmaschinen stellt an die Schrämmeißel höchste Anforderungen. Früher benutzte man als Werkstoff für die Meißel Cr-W-Stähle, die vergütet wurden. Nach dem Stumpfwerden mußten die Schneiden aufgeschmiedet, nachgeschliffen und erneut vergütet werden, wobei der Stahl mit der Zeit versprödete und schlag- und stoßempfindlich wurde.

Abb. 195. Hartmetall-Schrämmeißel (Wallram, Hartmetall G. m. b. H., Essen)

Bei hartmetallbestückten Schrämwerkzeugen verschiedenster Form (Kettenmeißel, Stangenpicken, Schälschrappermesser, Schrämkronen u. a.) entfallen diese Nachteile, da die Schneiden nach Stumpfwerden nur nachgeschliffen werden müssen und das Werkzeug sofort wieder einsatzfähig ist.

Der normale Hartmetallschrämmeißeltyp besteht zweckmäßig aus einem Schaft von sehr zähem und hochfestem Cr-Ni-W-Stahl mit etwa 150 kg/mm² Festigkeit. Als Hartmetalleinsätze haben sich einfache Rundstifte am besten bewährt. Man benutzt zum Einlöten Bronze-, Messing- oder Silberlote mit Schmelzpunkten unterhalb 850°, um die Härtetemperatur für den Schaft und die Löttemperatur miteinander in Übereinstimmung zu bringen. Die Hartmetallstifte von meist 10 mm Durchmesser werden in eine Vertiefung des Schaftes, gegebenenfalls mittels Hochfrequenzerhitzung, eingelötet. Auf diese Weise erreicht man einen sehr festen Sitz des Stiftes, der durch die Schrumpfspannung des Schaftes noch verbessert wird und vermeidet so ein Herausdrücken durch seitliche Beanspruchung beim Einsatz. Die Meißelköpfe sind gegebenenfalls leicht gekröpft. Abb. 195 zeigt fertige Hartmetallschrämmeißel.

Selbstverständlich hat auch bei Schrämwerkzeugen die Schneidenausbildung einen großen Einfluß auf die Leistung. J. Menke[1] hat zahlreiche Schneidenformen untersucht und die Leistung der Hartmetallschrämmeißel mit jener üblicher Stahlmeißel und mit Stellitwerkzeugen verglichen. Der Stahlmeißel war nach 22,3 m, der Stellitmeißel nach 68 m und der Hartmetallmeißel erst nach 270 m Schrämarbeit stumpf. Die Gesamtleistung eines Hartmetallmeißels betrug im Durchschnitt etwa 6000 Schrämmeter. Bis zum völligen Verschleiß eines Satzes von 24 Meißeln konnten mit Stahlmeißeln 756 m², mit Stellitmeißeln 1423 m² und mit Hartmetallmeißeln 7916 m² unterschrämt werden. Ein Unterschied in der Körnung des Schrämkleines konnte nicht beobachtet werden. Durch Benutzung größerer Vorschübe konnte bei den Hartmetallmeißeln eine größere Verhiebgeschwindigkeit erzielt werden.

Zusammenfassend ergeben sich beim Einsatz von Hartmetallschrämmeißeln gegenüber bisherigen Stahlpicken folgende entscheidende Vorteile:

1. Überlegene Gesamtschrämleistung.

2. Höhere Standzeit, daher nicht so häufiges Nachschleifen der Meißel.

3. Geringste Abnutzung, so daß die Meißel bis 20mal nachgeschliffen werden können, dadurch geringster Meißelverbrauch pro Tonne geschrämter Kohle.

4. Kürzere Schrämzeiten infolge höherer Vorschubgeschwindigkeit auch beim Schrämen härtester Kohle.

5. Verringerte Schrämbetriebskosten, infolge Einsparung von Material, Druckluft und Energie; Schonung der Schrämmaschinen durch stoßfreien und ruhigen Gang.

3. Werkzeuge zum schlagenden Bohren

a) Schlagbohrmeißel mit Hartmetallplatten

Während man Kohle, Salze und weiche Gesteine mittels Drehbohrern oder Hohlbohrkronen bohrt, geschieht das Niederbringen von Sprenglöchern und Bohrungen aller Art in mittelharten und harten Gesteinen durch Schlagbohren. Diese Bohrtechnik hat daher bei Felsarbeiten aller Art, im Tunnelvortrieb, im Erzbergbau und ganz allgemein bei Tiefbauvorhaben größte Bedeutung[2–5].

---

[1] Menke, J.: Glückauf **68** (1932), S. 337/40.

[2] Hensoldt, E. E.: Hartmetallbohrkunde des Steinbruchs. DAF.-Verlag, Berlin 1941.

[3] Jeschke, H.: Glückauf **77** (1941), S. 570/74.

[4] Müller, O.: Techn. Mitt. Krupp **10** (1942), Nr. 1, S. 1/11.

[5] Richter, E.: Metall u. Erz **39** (1942), S. 178/84.

Beim schlagenden Bohren dringt bei jedem Einzelschlag des Hammers die Schneidenkante, je nach dem Widerstand des Gesteins, mehr oder weniger tief in das Gesteinsgefüge ein und wirkt teils zertrümmernd, teils spaltend. Beim nächsten Schlag befindet sich die Schneide zufolge der Umsatzbewegung des Bohrers an einer um Bruchteile eines Millimeters vom ersten Schlag entfernten Stelle. Die zwischen diesen beiden Schlagkerben stehenden Gesteinsteilchen werden nun herausgesprengt. Teilweise findet auch eine Zertrümmerung durch Überschreiten der Bruchfestigkeit des Gesteins statt[1-3]. Die herausgesprengten Gesteinsteilchen müssen durch das Spülwasser so schnell wie möglich hinter die Schneide gebracht werden, um nicht die Schneide unnütz zu verschleißen. Dies geschieht in der Regel durch Nuten am Umfang des Bohrers. Dadurch wird naturgemäß die Umfangfläche beträchtlich verkleinert, was sich in einer Erhöhung des Kaliberverschleißes auswirkt. Man hat daher auch Bohrköpfe konstruiert, die keine Umfangsnuten besitzen, sondern bei denen der Bohrschlamm durch innenliegende Abflußkanäle abgeführt wird.

Zahlentafel 140. *Shore-Härte einiger Gesteine*

Gestein	Shore-Härte
Gipsgestein	18
Mergel	22 bis 28
Tonschiefer	bis 35
Sandschiefer	bis 70
Sandstein	70 bis 90
Granit	70 bis 90
Gneis	80 bis 100
Quarz	90 bis 100
Konglomerat	80 bis 100
Grauwacke mit Quarz	80 bis 105

Der Bohrfortschritt beim schlagenden Bohren ist also in erster Linie abhängig von der Härte bzw. Druckfestigkeit des Gesteines oder der Gesteinsformation. Die Härte von Gesteinen wird meist nach dem Rückprallverfahren geprüft und in Shore ausgedrückt. Es ist verständlich, daß die Härtewerte in sehr weiten Grenzen schwanken. Zahlentafel 140 gibt auf Grund von Literaturangaben Werte für die Härte verschiedener Gesteine[1, 4, 5].

---

[1] Müller, O. u. H. Wohlbier: Glückauf **69** (1933), S. 706/08.
[2] Bammer, G.: Berg- u. Hüttenmänn. Mh. **89** (1941), S. 106/10.
[3] Dorstewitz, G.: Erzmetall **3** (1950), S. 361/70.
[4] Richter, E.: Metall u. Erz **39** (1942), S. 178/84.
[5] Krekeler, K.: Die Zerspanbarkeit metallischer und nichtmetallischer Werkstoffe. Springer-Verlag, Berlin 1951, S. 296/300.

Ermittelt man die Bohrgeschwindigkeit in Abhängigkeit von der Gesteinshärte, dann sieht man gemäß Abb. 196, daß die Hartmetallschneiden den üblichen Stahlschneiden, insbesondere beim Bohren von harten und mittelharten Gesteinen stark überlegen sind[1]. Die Hartmetallkreuzschneide zeigt dabei höhere Leistung als die Einfachmeißelschneide. Beim Bohren weicher Gesteine mit Hartmetallmeißeln ist die Wirtschaftlichkeit nicht immer gegeben, da auch der Stahlmeißel nur wenig verschleißt und man dessen Schneidwinkel kleiner wählen kann als bei der Hartmetallschneide, was sich auf den Bohrfortschritt günstig auswirkt. Zudem geht beim schlagenden Bohren von weichen Gesteinen mit Hartmetallmeißeln die Bohr-

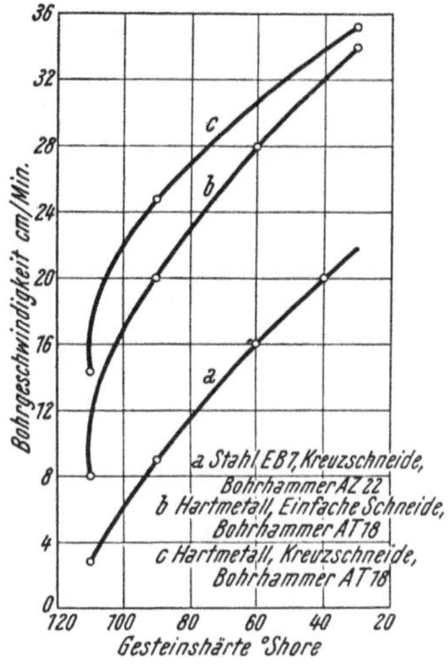

Abb. 196. Bohrgeschwindigkeit beim Schlagbohren mit Hartmetall- und Stahlmeißeln in Gesteinen verschiedener Härte (G. Zeppernick)

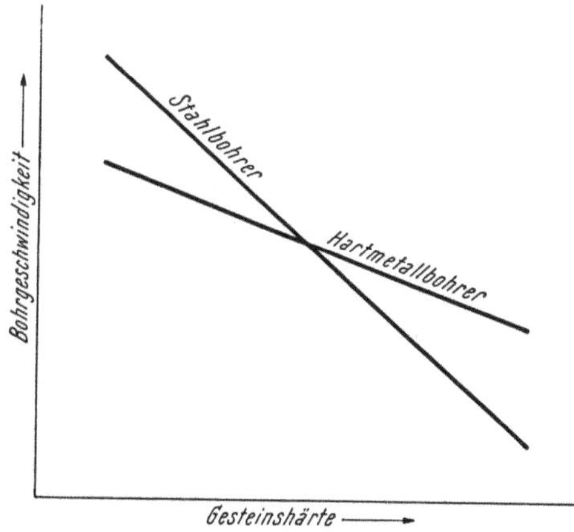

Abb. 197. Abhängigkeit der Bohrgeschwindigkeit von der Gesteinshärte, schematisch (H. Jeschke)

stange durch Ermüdung zu Bruch, bevor noch die Hartmetallplatte, welche in diesem Fall nur sehr wenig verschleißt, ausgenützt ist. Schematisch kann man die Abhängigkeit der Bohrleistung von der Gesteinshärte bei Verwendung von Stahl- bzw. von Hartmetallbohrern daher gemäß Abb. 197 darstellen[2]. Unterhalb einer gewissen Höchstgesteinshärte sind Stahlbohrer beim schlagenden Bohren auch heute noch Hartmetallbohrern vorzuziehen.

---

[1] Zeppernick, G.: Das Auffahren von Gesteinsstrecken, Verlag Glückauf, Essen 1949, S. 43/47.
[2] Jeschke, H.: Erzmetall 1 (1948), S. 168/76.

Die Bohrgeschwindigkeit ist natürlich, wie Abb. 198 zeigt, sehr stark vom Bohrdurchmesser abhängig[1]. Man wird also trachten, den Enddurchmesser des Bohrloches, welcher durch die Größe der Sprengpatrone bedingt ist, möglichst klein zu halten. Bei Stahlbohrern ist man wegen des hohen Verschleißes gezwungen, mit viel größeren Bohrdurchmessern zu beginnen. Beim Bohren z. B. eines Sprengloches von 2,40 m Tiefe mit einem Enddurchmesser von etwa 30 mm sind sechs abgestufte Stahlbohrer erforderlich, wobei der erste 44 mm Durchmesser hat. Bei Anwendung von Hartmetallmeißeln kommt man mit drei, in günstigen Fällen auch nur mit einem Bohrer aus, dessen Anfangsdurchmesser von 32 mm sich während des Bohrfortschrittes nur unwesentlich ändert[2]. Es ist leicht verständlich, daß insbesondere beim Niederbringen tiefer Bohrlöcher in harten Gesteinen Hartmetallmeißel sehr große Vorteile bieten, weil nicht nur die Bohrleistung bedeutend größer ist, sondern auch wesentlich weniger Bohrgestänge und eine geringere Anzahl von Bohrmeißeln erforderlich sind und

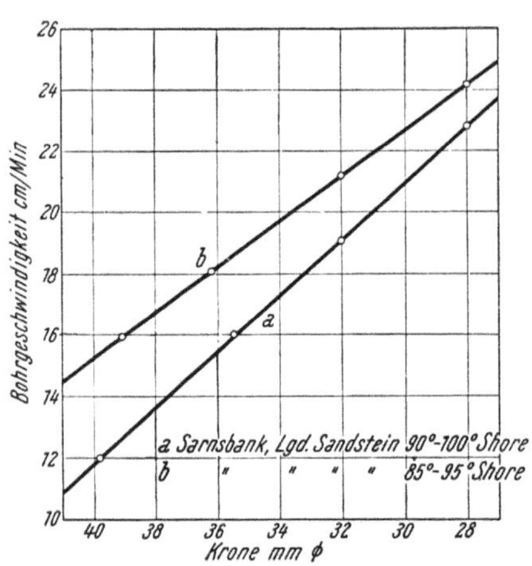

Abb. 198. Bohrgeschwindigkeit beim schlagenden Bohren mit Hartmetallmeißeln in Abhängigkeit vom Bohrdurchmesser (Borhammer AT 18, Flottmann) (G. Zeppernick)

der Transport dieser an den Arbeitsplatz erspart wird.

Ein gewisser Nachteil von Hartmetallmeißeln gegenüber Stahlmeißeln ist eine größere Sprödigkeit der Hartmetallschneide und die Gefahr des Ausbrechens bei Wahl einer falschen Hartmetallsorte, bei unrichtiger Schneidenausbildung und Anwendung zu schwerer Bohrhämmer u. a.

Die lange dauernden Mißerfolge mit Hartmetall-Schlagbohrmeißeln in der Zeit vor 1938 waren zum Teil darauf zurückzuführen, daß erstens nicht genügend schlagfeste Hartmetallqualitäten und zweitens nicht auf das Hartmetall abgestimmte Bohrhämmer verwendet wurden. Für hartmetallbestückte Schlagbohrer müssen leichtere Bohrhämmer als für Stahlbohrer eingesetzt werden. Um dabei doch die gleiche Hammerleistung (Produkt aus Schlagkraft ×

---

[1] Zeppernick, G.: Das Auffahren von Gesteinsstrecken, Verlag Glückauf, Essen 1949, S. 43/47.

[2] Steiner, H.: Berg- u. Hüttenmänn. Mh. **95** (1950), S. 205/17.

Schlagzahl) zu erzielen, muß die Schlagzahl erhöht und die Schlagkraft herabgesetzt werden, d. h. es müssen kurzhubige Hämmer mit mäßiger Schlagkraft verwendet werden. Erst die Abstimmung aller verwendeten Elemente, wie Bohrmaschine, Hartmetallzusammensetzung und Bohrgestänge aufeinander sowie sorgfältige Herstellung und Lötung der Werkzeuge in Sonderverfahren führten schließlich zum Erfolg, so daß heute Hartmetall-Schlagbohrer beim Gesteinsbohren unentbehrlich sind[1-4].

Im Laufe der Entwicklung des schlagenden Bohrens mit Hartmetall sind die verschiedensten Formen von Bohrmeißeln erprobt worden. Zu nennen sind die Einfachmeißel- und Kreuzschneide, die Doppelmeißelschneide, die „Y"-Schneide, die „X"-Schneide und Spezialformen[5-13]. Bei den komplizierten Schneidenformen war man bestrebt, ein möglichst günstiges Schlagbild zu erzielen. Als Schlagbild bezeichnet man die Abzeichnung der Schläge einer Schneide am Bohrlochgrund während einer Bohrerumdrehung. Theoretisch müßte diejenige Schneide am günstigsten arbeiten, welche den Bohrlochgrund am gleichmäßigsten bearbeitet, deren Schlagbild also aus möglichst vielen gegen den Umfang zu dichter werdenden flächengleichen Zonen besteht. Die praktische Auswirkung eines günstigen Schlagbildes durch außerradiale Anordnung der Schneiden bei Spezialmeißeln sollte auch die Erzielung eines gleichmäßig groben Bohrmehles sein, womit auch eine Krafterparnis durch Vermeidung unnützer Zertrümmerungsarbeit verbunden wäre[14-16].

Trotz der sehr zahlreichen Vorschläge bezüglich der Schneidenausbildung haben sich in der Praxis nur einfache Schneidenformen

[1] Sullivan, R. G.: Eng. Min. J. 148 (1947), Nr. 3, S. 57/60.
[2] Adamson, R. W.: Mines Mag. 38 (1948), Nr. 1, S. 24/28, Nr. 2, S. 19/20.
[3] Steiner, H.: Berg- u. Hüttenmänn. Mh. 95 (1950), S. 205/17.
[4] Hinnüber, J.: Glückauf 87 (1951), S. 14/18.
[5] Müller, O.: Techn. Mitt. Krupp 10 (1942), Nr. 1, S. 1/11, Techn. Bl. 31 (1941), S. 519/20, Bergbau 55 (1942), S. 255/62.
[6] Müller, E.: Glückauf 77 (1941), S. 565/70.
[7] Jeschke, H.: Glückauf 77 (1941), S. 570/74.
[8] Kirnbauer, F. u. E. Bertl: Glückauf 78 (1942), S. 141/44, Metall u. Erz 39 (1942), S. 145.
[9] Richter, E.: Metall u. Erz 39 (1942), S. 178/84.
[10] Fry, R. F.: Canad. Min. J. 72 (1951), Nr. 3, S. 55/57.
[11] Heaslip, J. C.: Canad. Min. Met. Bull. 44 (1951), S. 419/23.
[12] Reynolds, J. W.: Canad. Min. Met. Bull. 44 (1951), S. 630/35.
[13] Zinkl, A. J.: Min. Engn. 3 (1951), S. 312/14.
[14] Hensoldt, E. E.: Hartmetallbohrkunde des Steinbruchs, DAF.-Verlag, Berlin 1941.
[15] Bammer, G.: Berg- u. Hüttenmänn. Mh. 89 (1941), S. 106/10.
[16] Müller, O. u. H. Wohlbier: Glückauf 69 (1933), S. 706/08.

durchsetzen können, weil nur diese, auch in weniger gut eingerichteten Betrieben, einfach herzustellen und vor allem einfach nachzuschleifen sind[1-8]. (Abb. 199)

Die Verbindung des Bohrmeißels mit dem Bohrgestänge kann auf zweierlei Weise erfolgen: entweder w rd der Bohrmeißel lösbar mit der Bohrstange verbunden, oder das Hartmetallplättchen wird direkt in die entsprechend ausgebildete Bohrstange eingelötet. Bei der lösbaren Verbindung wird der Schneidenkörper mittels Konus, zylindrischem Gewinde oder Spezialgewinden mit dem Bohrgestänge verbunden. Diese Ausführung hat den Nachteil, daß die Schlagarbeit des Hammers nicht vollständig auf die arbeitende Schneide übertragen wird. Das Problem des raschen Lösens der Bohrköpfe von der Bohrstange ist inzwischen durch praktische Lösevorrichtungen überwunden worden. Die lösbare Verbindung hat noch den Nachteil, daß sie

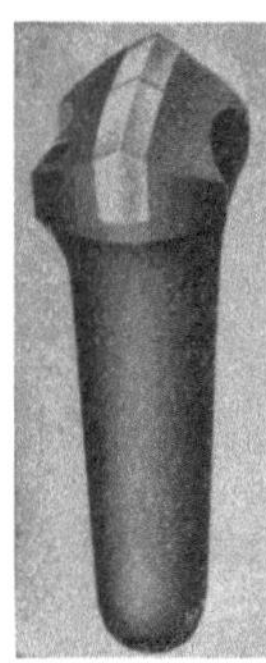
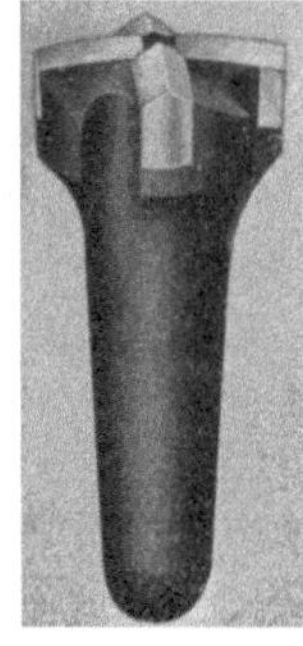

Abb. 199. Hartmetall-Schlagbohrer (Wallram, Hartmetall G. m. b. H., Essen)

einen gewissen Raum beansprucht und daß der kleinste Bohrlochdurchmesser durch die Gewinde- oder Konusbefestigung unter Berücksichtigung des beim Bohren auftretenden Kaliberverschleißes bestimmt wird. Bei zu geringen Durchmessern ist daher eine restlose Ausnützung der Schneide bei auswechselbarem Meißel nicht gegeben. Bei Bohrmeißeln mit Gewindebefestigung dürfte der kleinste noch wirtschaftliche Schneidendurchmesser bei etwa 38 bis 40 mm liegen. Bei der Konusbefestigung beträgt dieser Wert etwa 36 bis 38 mm[1].

Kleine Schneidendurchmesser sind daher nur dann wirtschaftlich verwendbar, wenn die Schneiden direkt in die Bohrstange eingelötet werden. Diese Technik der Bohrerherstellung wurde insbesondere

[1] Steiner, H.: Berg- u. Hüttenmänn. Mh. **95** (1950), S. 205/17.

[2] Hinnüber, J.: Glückauf **87** (1951), S. 14/18.

[3] L. Grech: Bergbau-Bohrtechniker Z. **65** (1949), Nr. 5, S. 26/28, Nr. 7, S. 7/10 u. 16.

[4] Ryd, E.: Jernkont. Ann. **131** (1947), S. 373/410, Disk. S. 411/24.

[5] Ekstam, T., K. H. Fraenkel u. E. Ryd: Jernkont. Ann. **133** (1949), S. 253/86, Disk. S. 286/99.

[6] Eisenburger, P.: Demag-Nachrichten (1950), September, S. 23/25.

[7] Fulton, J. H., A. G. Douglas u. J. Beattie: Canad. Min. Met. Bull. **43** (1950), S. 254/58.

[8] Anonym: Montan-Ztg. **67** (1951), S. 100/02.

in Schweden sehr weit entwickelt[1,2]. Bei Verwendung von 22 mm Sechskantbohrstahl kann man bis auf Schneidendurchmesser von 29 mm herunterkommen und diese noch bis auf 26 mm Durchmesser abnützen. Da die Bohrgeschwindigkeit umgekehrt proportional dem Quadrat des Durchmessers der Schneide ist (s. Abb. 198), kann man ersehen, welche Leistungssteigerung dadurch ermöglicht wird. Die Herstellung derartiger Bohrer erfordert allerdings sehr große Erfahrungen, insbesondere was die Lötverbindung mit dem legierten Stahl der Bohrstange betrifft. Die Handhabung derartiger Schlagbohrer ist besonders einfach. Jede Verbindung, die zu Leistungsverlusten führt und häufig zu Störungen Anlaß geben kann (Gewinde), entfällt. Durch die schlanke Kronenform ist genügend Platz für den Zutritt des Spülwassers vorhanden, so daß die Abführung des Bohrmehles nicht behindert wird. Das Herausziehen des Bohrers ist ebenfalls leichter. Nachteilig ist, daß im Falle eines Gestängebruches der ganze Bohrer unbrauchbar wird. Bei lösbaren Bohrmeißeln ist aber bei Gewindebruch der Bohrkopf ebenfalls sehr häufig verloren. Ein weiterer Nachteil der festen Verbindung ist auch darin zu erblicken, daß mit dem Aufbrauchen der Hartmetallplatte meist auch die Gestänge durch Ermüdung unbrauchbar geworden sind[3].

Trotz vieler Für und Wider ist die Frage „aufsteckbarer Kopf" oder „Monoblockbohrer" noch nicht eindeutig entschieden, obwohl in letzter Zeit eine deutliche Tendenz zu letzterer Bohrerausführung vorherrscht.

Das Abführen des Bohrkleins erfolgt beim Schlagbohren meist mittels Spülwasser. Dieses wird der Bohrstelle durch Bohrungen und Nuten im Bohrkopf zugeführt. Der Druck des Spülwassers hat dabei auch einen gewissen Einfluß auf die Leistung[4,5]. Die Entfernung des Bohrschlammes geschieht durch entsprechende Abflußnuten. Wenn keine Silikosegefahr besteht, kann auch trocken gebohrt werden, wobei man die Bohrstange, welche mit der Hartmetallplatte bestückt ist, spiralförmig ausbildet[6].

Entscheidend für die Leistung beim Hartmetallschlagbohren ist die Hartmetallqualität. Die Platten sollen durch Verschleiß und keinesfalls vorzeitig durch Rissigwerden oder Ausbrechen unbrauchbar werden. Es sind also entsprechend zähe und schlagfeste Hartmetall-

[1] Ryd, E.: Jernkont. Ann. **131** (1947), S. 373/410, Disk. S. 411/24.

[2] Ekstam, T., K. H. Fraenkel u. E. Ryd: Jernkont. Ann. **133** (1949), S. 253/86, Disk. S. 286/99.

[3] Steiner, H.: Berg- u. Hüttenmänn. Mh. **95** (1950), S. 205/17.

[4] Coeuillet, M.: Rev. Ind. Min. (1950), März, S. 270/93.

[5] Mondanel, M.: Rev. Ind. Min. (1950), März, S. 294/324.

[6] Wild, K.: Erzmetall **2** (1949), S. 134/38.

sorten erforderlich[1]. Für das Schlagbohren werden heute fast ausschließlich WC-Co-Hartmetalle mit 8 bis 15% Co eingesetzt, wobei die höher kobalthaltigen, zäheren Legierungen für die schwierigeren Anwendungsfälle, also beim Bohren härterer klüftiger Gesteine mit schweren Bohrhämmern vorgesehen sind. Durch entsprechende Gefügebeschaffenheit können auch diese Sorten entsprechend verschleißfest gemacht werden. J. Hinnüber[2] gibt vier Sorten von WC-Co-Hartmetallen an, die heute beim Schlagbohren benützt werden:

1. Legierungen mit etwa 6% Co. Diese finden Anwendung bei leicht schlagenden Hämmern mit einer Schlagarbeit von etwa 1,5 mkg.

2. Legierungen mit 7,5 bis 9% Co. Diese sind insbesondere in Deutschland weitgehend eingeführt und werden für die hier üblichen Bohrhämmer mit einer Schlagarbeit mit etwa 4 mkg eingesetzt. Mit Rücksicht auf die höhere Leistung im Vergleich zu höher kobalthaltigen Legierungen sind diese Sorten besonders bei homogenen Gesteinen und guter Überwachung des Bohrbetriebes zweckmäßig.

3. Legierungen mit 11 bis 12% Co. Diese Sorten werden bisher am häufigsten angewendet. Sie sind auch für härteres Gestein und bei mangelnder Überwachungsmöglichkeit vor allem in Kleinstbetrieben zu empfehlen.

4. Legierungen mit etwa 15% Co. Diese Sorten kommen nach neueren Erfahrungen bei Anwendung von schweren Bohrhämmern in Frage. Die frühere Annahme, daß für das Hartmetallschlagbohren nur leichte und schnell schlagende Hämmer brauchbar sind, ist seit dem Aufkommen der sehr zähen und schlagfesten Legierungen nur noch als bedingt richtig anzusehen. Mit Hämmern von z. B. 50 kg Eigengewicht und den genannten Hartmetallsorten kann man nämlich Leistungen erzielen, die doppelt so groß sind wie bei den üblichen leichten Hämmern mit etwa 18 kg Gewicht. Durch entsprechende Maßnahmen bei der Herstellung hat man es in der Hand, auch diese Legierungen so verschleißfest zu machen, daß die Abnutzung, insbesondere der Kaliberverschleiß, beim Einsatz überraschend gering ist.

Im allgemeinen nimmt die Bohrlochtiefe, wie Zahlentafel 141 zeigt[2], bei gleicher Schneidenstumpfung mit zunehmendem Kobaltgehalt des Hartmetalles beträchtlich ab.

Die Stärke der heute verwendeten Hartmetallschlagbohrplatten beträgt meist 8 bis 9 mm, die Höhe am Radius 25 bis 30 mm. Von

---

[1] Hinnüber, J.: Metall u. Erz 41 (1944), S. 242/43.
[2] Hinnüber, J.: Glückauf 87 (1951), S. 14/18.

der Höhe der Platte hängt die Anzahl der möglichen Nachschliffe ab.
Dabei ist zu berücksichtigen, daß der Stahl für den Meißel bzw. das
Gestänge infolge Ermüdungserscheinungen nicht unbegrenzt lang

Zahlentafel 141. *Einfluß des Kobaltgehaltes auf die Stumpfung von Hartmetall-schlagbohrern (Gesteinsart: Pyrit)* (J. Hinnüber)

Legierung	Bohrtiefe (mm) bei gleicher Schneidenstumpfung
WC + 7,5% Co...................	1200
WC + 11% Co	450
WC + 15% Co	200
Stahl (starke Abplattung)..........	40

haltbar ist, so daß eine größere Plattenhöhe wohl eine häufigere Nach-schliffmöglichkeit ergibt, die aber wegen Verbrauch des Stahles nicht ausgenützt werden kann.

Während bei Stahl Schneiden mit einem Schneidenwinkel von 75 bis 100° benützt werden, betragen diese Werte bei Hartmetall-schneiden je nach Gesteinshärte 95 bis 110°. Manche Hersteller empfehlen sogar 120°, jedoch sollen die Winkel auch nicht zu stumpf gewählt werden, weil dadurch eine zu hohe Belastung der Platte entstehen kann. Kleinere Winkel als 95° sind derzeit noch nicht zu empfehlen, obzwar solche sehr wünschenswert wären, denn die Bohrleistung steigt bei spitzeren Schneidenwinkel, wie Abb. 200 zeigt, insbesondere beim Bohren weicher Gesteine sehr stark an[1],[2]. Hier ist bis heute der Stahlbohrer, welcher kleinere Schneidenwinkel erlaubt, dem Hartmetallbohrer noch überlegen.

Von großer Bedeutung für die Leistung und die Lebensdauer eines Hartmetallschlagbohrers ist die Größe des Dachradius. Es werden heute Dachradien von 55 bis 120 mm angewendet. Dort, wo die Gefahr des Ausbrechens besteht, empfiehlt es sich, den Dachradius zu verringern.

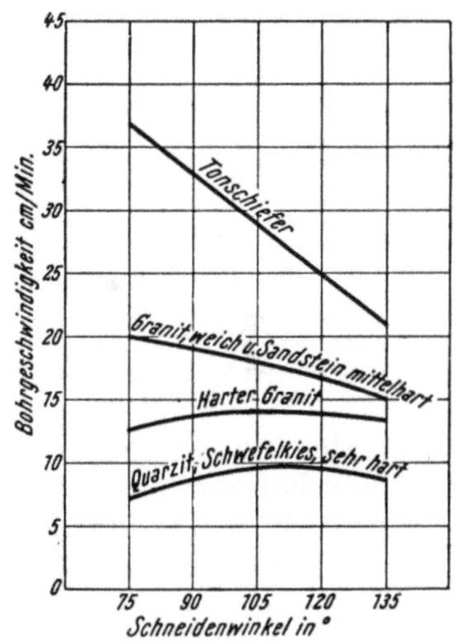

Abb. 200. Abhängigkeit der Bohrgeschwindigkeit vom Schneidenwinkel beim Schlagbohren verschieden harter Gesteine (H. Jeschke)

---

[1] Jeschke, H.: Erzmetall 1 (1948), S. 168/76.
[2] Steiner, H.: Berg- u. Hüttenmänn. Mh. 95 (1950), S. 205/17.

Der Dachradius soll in Abhängigkeit vom Bohrerdurchmesser verändert werden, und zwar so, daß eine kleinere Schneide auch einen kleineren Radius erhält. Dies ist insbesondere beim Nachschliff abgearbeiteter Bohrer zu beachten. Der Dachradius soll etwa gleich dem doppelten Bohrerdurchmesser gewählt werden[1].

Abb. 201 zeigt nach G. Dorstewitz[2] sehr anschaulich, wie sich der Schneidenwinkel und -radius auf die physikalischen Vorgänge beim Schlagbohren auswirkt. Mit zunehmender Gesteinshärte wird der kerbend-absplitternde Bohrvorgang immer mehr zu einem zertrümmernden Bohren. Aus diesem Grunde muß der Schneidenwinkel und der Dachradius der Hartmetallschneide entsprechend angepaßt werden.

Die Schneide selbst darf niemals scharf zugeschliffen sein; man bringt vielmehr eine Fase von 0,2 bis 0,5 mm, in besonders schwierigen Fällen sogar von 1 mm an. Zweckmäßig wählt man die Anfasung am Umfang kleiner als in der Bohrermitte.

Die Herstellung der Hartmetall-Schlagbohrmeißel erfolgt durch Einlöten der Hartmetallplatte mittels Kupfer, besser noch mit niedrigschmelzenden Silberloten, in den Stahlträger. Diese Arbeit erfordert gewisse Erfahrungen, da die Lötverbindung von Hartmetallplatten mit legierten Stählen höherer Festigkeit, welche in diesem Falle erforderlich sind, nicht einfach ist. Stahlsitz, allfällig verwendete Lötfolien und Hartmetallplatte müssen lückenlos vom Lot benetzt sein. Ungelötete Stellen führen unweigerlich zum Bruch selbst zähester Schlagbohrplatten.

Beim Schleifen der Hartmetallbohrmeißel sind die üblichen Vorsichtsmaßregeln einzuhalten, obwohl die angewandten Hartmetallsorten nicht sehr schleifempfindlich sind. Meist verwendet man Spezialschleifmaschinen mit entsprechenden Einspannvor-

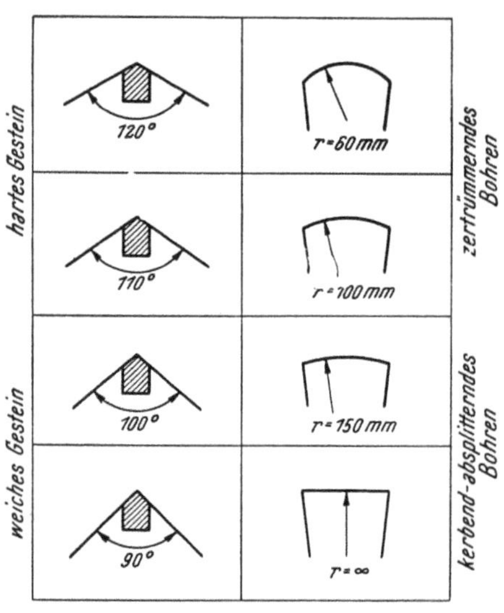

Abb. 201. Einfluß der Schneidenausbildung von Hartmetallmeißeln auf die physikalischen Vorgänge beim Schlagbohren verschieden harter Gesteine (G. Dorstewitz)

[1] Hinnüber, J.: Glückauf 87 (1951), S. 14/18.
[2] Dorstewitz, G.: Erzmetall 3 (1950), S. 361/70.

richtungen, welche insbesondere beim Schleifen komplizierter Schneidenformen erforderlich sind. Nicht nur bei neuen, sondern auch bei im Betrieb abgestumpften Meißeln ist beim Schleifen darauf zu achten, daß der Schneidenwinkel und der Dachradius (s. S. 551) beibehalten, bzw. letzterer entsprechend dem Kaliberverschleiß etwas verkleinert wird. Der Schneidenwinkel ist mittels eines Winkelmaßes zu überprüfen und die Schneide vor dem Einsatz wieder entsprechend anzufasen. Im allgemeinen ist eine Einfachmeißelschneide im Betrieb dann abgestumpft, wenn die an der äußeren Schneidkante entstandene Rundung etwa 4 bis 4,5 mm breit geworden ist. Das Stumpfungsmaß V_B — das ist die Breite der abgenützten Schneide in der Höhe des halben Radius — soll 0,5 bis höchstens 1 mm betragen. Zur Messung der Verschleißmarkenbreite sind einfache Geräte entwickelt worden[1]. Da der Hartmetallbohrmeißel nur so lange benützt werden kann, wie der Bohrdurchmesser noch groß genug ist, muß die Schneide vor allem von oben her und möglichst wenig am Umfang abgeschliffen werden. Allerdings darf man dabei nicht so weit gehen, daß der ursprünglich am Meißel vorhandene Konus verschwindet. Das Werkzeug klemmt dann am Umfang im Bohrloch und die Hartmetallplatte kann sehr leicht rissig werden.

Wie schon eingangs erwähnt, waren für das Schlagbohren mit Hartmetall zunächst etwas leichtere Bohrhämmer als beim Stahlbohren erforderlich[2-14]. Um aber doch entsprechende Leistungen zu erzielen, mußte die Schlagzahl erhöht und die Schlagkraft etwas herabgesetzt werden. Beispielsweise hat ein Bohrhammer, der für

---

[1] Anonym: Erzmetall **3** (1950), S. 366/70.

[2] Hensoldt, E. E.: Hartmetallbohrkunde des Steinbruchs, DAF.-Verlag, Berlin 1941.

[3] Ryd, E.: Jernkont. Ann. **131** (1947), S. 373/410, Disk. S. 411/24.

[4] Pohl, W.: Erzmetall **2** (1949), S. 88/94.

[5] Wells, E. J.: Chem. Eng. Min. Rev. **41** (1949), S. 135/41.

[6] Ekstam, T., K. H. Fraenkel u. E. Ryd: Jernkont. Ann. **133** (1949), S. 253/86, Disk. S. 286/99.

[7] Zeppernick, G.: Das Auffahren von Gesteinsstrecken, Verlag Glückauf, Essen 1949, S. 43/47.

[8] Dorstewitz, G.: Erzmetall **3** (1950), S. 361/70.

[9] Steiner, H.: Berg- u. Hüttenmänn. Mh. **95** (1950), S. 205/17.

[10] Mondanel, M.: Rev. Ind. Min. (1950), März, S. 294/324.

[11] Coeuillet, M.: Rev. Ind. Min. (1950), März, S. 270/93.

[12] Oppenau, M.: Rev. Ind. Min. (1950), April, S. 337/44.

[13] Tölke, —: Demag-Nachrichten (1950), September, S. 26/28.

[14] Hinnüber, J.: Glückauf **87** (1951), S. 14/18.

das Hartmetallschlagbohren ziemlich allgemein gebräuchlich ist, folgende charakteristische Daten:

Mittleres Hammergewicht ..... 18,5 kg,

Anzahl der Schläge 1850/Min.,

Anzahl der Umdrehungen 200/Min.,

Schlagstärke etwa .... 3,5 mkg,

Preßluftdruck etwa .... 4'—5 Atm.,

Luftverbrauch etwa.......... 1,7 m³/Min.

Die neuen, hochzähen Hartmetallsorten erlauben es, Bohrhämmer mit weit höherem Gewicht, z. B. 28 kg und mehr, und schwere Hammerbohrmaschinen beim Hartmetallschlagbohren einzusetzen. Diese Maschinen leisten bei höherer Schlagzahl und höher angewandtem Luftdruck entsprechend mehr, vorausgesetzt, daß die Hartmetallschneide der höheren Schlagbeanspruchung widersteht[1-3]. In Zukunft wird wohl allgemein mit 16 bis 28 kg Hämmern gearbeitet werden[4].

Über die Leistung von Hartmetallschlagbohrern im Vergleich zu Stahlbohrern sind im Schrifttum sehr zahlreiche Angaben zu finden[3-16]. Es ist sehr schwierig, diese miteinander zu vergleichen, da die Ergebnisse äußerst stark von der Beschaffenheit der jeweiligen Gesteinsformation abhängen. Zudem ist man sich vom theoretischen Standpunkt aus noch nicht vollständig im klaren über die Wechselbeziehung der zahlreichen Einflußgrößen beim schlagenden Bohren. Nach einer, von der DEMAG herausgegebenen Druckschrift[17] beträgt

---

[1] Ryd, E.: Jernkont. Ann. **131** (1947), S. 373/410, Disk. S. 411/24.

[2] Ekstam, T., K. H. Fraenkel u. E. Ryd: Jernkont. Ann. **133** (1949), S. 253/86, Disk. S. 286/99.

[3] Hinnüber, J.: Glückauf **87** (1951), S. 14/18.

[4] Steiner, H.: Berg- u. Hüttenmänn. Mh. **95** (1950), S. 205/17.

[5] Hensoldt, E. E.: Hartmetallbohrkunde des Steinbruchs, DAF-Verlag, Berlin 1941.

[6] Müller, E.: Glückauf **77** (1941), S. 565/70.

[7] Müller, O.: Techn. Mitt. Krupp **10** (1942), Nr. 1, S. 1/11.

[8] Herbst, F.: Metall u. Erz **39** (1942), S. 287/92.

[9] Carlström, C. G.: Tekn. Tidskr. **78** (1948), S. 821/26.

[10] Wild, K.: Erzmetall **2** (1949), S. 134/38.

[11] Pohl, W.: Erzmetall **2** (1949), S. 88/94.

[12] Wells, E. J.: Chem. Eng. Min. Rev. **41** (1949), S. 135/41.

[13] Zeppernick, G.: in „Das Auffahren von Gesteinsstrecken", Verlag Glückauf, Essen 1949, S. 43/47.

[14] Mondanel, M.: Rev. Ind. Min. (1950), März, S. 294/324.

[15] Henry, M.: Rev. Ind. Min. (1950), Februar, S. 129/38.

[16] Dorstewitz, G.: Erzmetall **3** (1950), S. 361/70.

[17] Schlagendes Gesteinsbohren mit Hartmetall-Schneiden, DEMAG AG., Duisburg.

die Zahl der Stahlschneiden, welche durch eine Hartmetallschneide ersetzt werden können, bei

sehr hartem Gestein   8,
hartem Gestein   20,
mittelhartem Gestein   50.

Nach H. Steiner[1] sind diese Werte bei den heute zur Verfügung stehenden Legierungen zu niedrig; vielmehr betragen diese Werte heute:

härtestes Gestein   15 bis 20,
hartes Gestein   20 bis 50,
mittelhartes Gestein   50 bis 150,
weicheres Gestein über   150.

Beispielsweise betrug bei Versuchsbohrungen das Verhältnis bei Granit 1 : 32, bei hartem Dolomit wurden Werte von etwa 1 : 200 erreicht, wobei allerdings unter den gegebenen Arbeitsbedingungen Ermüdungsbrüche der Bohrstangen eintraten. Der hier theoretisch mögliche Wert dürfte sogar 1 : 300 bis 1 : 400 betragen[1].

Eine zusammenfassende Übersicht über die Zusammenhänge zwischen Gesteinshärte, Kaliberverschleiß, Bohrleistung und Lebensdauer beim Bohren verschiedener Gesteine mit Hartmetallschlagbohrern im Vergleich zu Stahlbohrern gibt nach O. Müller[2] Zahlentafel 142. Neuere Angaben werden auf Grund von Probebohrungen

Zahlentafel 142. *Kaliberverschleiße, Standzeiten und Leistungen von Stahl- und Hartmetall-Schlagbohrschneiden* (O. Müller)

Gesteinsart	Kaliberverschleiß in mm/m Bohrloch		Bohrleistung in m bis zum Nachschleifen		Standzeitverlängerung
	Stahl	Hartmetall	Stahl	Hartmetall	
Verquarzte Gangmasse	7,0	0,07	0,09 bis 0,13	3	23- bis 33fach
Sandstein	7,0	0,06	0,2 bis 0,25	6 bis 8	30- bis 32fach
Sandschiefer	3,0	0,02	0,6 bis 0,9	25	28- bis 40fach
Tonschiefer	1,8	< 0,01	1,0 bis 2,0	75	37- bis 75fach

unter Benutzung verschiedener Bohrhämmer von G. Dorstewitz[3] gemacht.

Wegen des häufigen Schneidenbruches der verhältnismäßig teuren Hartmetallschlagbohrmeißel zu Beginn des Einsatzes von Hartmetall beim schlagenden Bohren, mußte man der Frage der Bohrkosten besonderes Augenmerk schenken. In zahlreichen, oft sehr

---

[1] Steiner, H.: Berg- u. Hüttenmänn. Mh. **95** (1950), S. 205/17.
[2] Müller, O.: Techn. Mitt. Krupp **10** (1942), Nr. 1, S. 1/11.
[3] Dorstewitz, G.: Erzmetall **3** (1950), S. 361/70.

sorgfältigen Untersuchungen und eingehenden Kostenanalysen wurde
die Frage der Wirtschaftlichkeit geprüft[1-13]. Es kann hier auf diese
Arbeiten im einzelnen nicht eingegangen werden, es hat sich aber
ergeben, daß auch unter Berücksichtigung des höheren Preises für
Hartmetallmeißel beim Schlagbohren mittelharter und harter Gesteine — bedingt durch die bedeutend höhere Verschleißfestigkeit
und aller daraus sich ergebender Vorteile — eine beträchtliche,
echte Ersparnis zu erzielen ist.

Auf Grund der besonderen geologischen Verhältnisse hat man insbesondere in Schweden den Schlagbohrern mit Hartmetallschneiden größte
Beachtung geschenkt und sehr eingehende Untersuchungen über die
Wirtschaftlichkeit durchgeführt. Zahlreiche Originalarbeiten und ein
zusammenfassender Bericht von H. Jeschke[13] geben ein Bild vom
derzeitigen Stand des schlagenden Bohrens in Schweden, insbesondere
auch, was die Wirtschaftlichkeitsfragen betrifft. Die dort gemachten
Erfahrungen mit auf die Bohrstange aufgelöteten Einfachmeißel-
schneiden (WC-Co-Hartmetalle mit 11 bis 12% Co auf häufig sehr
schweren Hammerbohrmaschinen) können zwar nicht ohne weiteres
verallgemeinert werden; sie geben aber doch ein gutes Bild, welche
großen technischen und wirtschaftlichen Vorteile Hartmetall beim
Schlagbohren, insbesondere harter Gesteine, bietet[7,8,14-20].

Die Vorteile, welche Hartmetall beim schlagenden Bohren,
insbesondere harter und mittelharter Gesteine im Vergleich zu Stahlbohrern bietet, können abschließend wie folgt zusammengefaßt werden:

[1] Müller, E.: Glückauf 77 (1941), S. 565/70.
[2] Herbst, F.: Metall u. Erz 39 (1942), S. 287/92.
[3] Krippner, E. u. G. Schröder: Metall u. Erz 39 (1942), S. 202/05.
[4] Fritzsche, H.: Metall u. Erz 39 (1942), S. 417/23.
[5] Leibold, Th.: Glückauf 79 (1943), S. 582/85.
[6] Jeschke, H.: Erzmetall 1 (1948), S. 168/75.
[7] Carlström, C. G.: Tekn. Tidskr. 78 (1948), S. 821/26.
[8] Ryhre, G. u. A. Kallin: Tekn. Tidskr. 79 (1949), S. 553/59.
[9] Pohl, W.: Erzmetall 2 (1949), S. 88/94.
[10] Dohmen, F.: in „Das Auffahren von Gesteinsstrecken", Verlag Glückauf, Essen 1949, S. 47/59.
[11] Antill, J. M.: Chem. Eng. Min. Rev. 41 (1949), S. 440/43.
[12] Fulton, J. H., A. G. Douglas u. J. Beattie: Canad. Min. Met. Bull.
43 (1950), S. 254/58.
[13] Jeschke, H.: Glückauf 86 (1950), S. 83/89.
[14] Jacobsen, H. S.: Tidskr. Kjemi Bergv. Met. 5 (1945), S. 196/99.
[15] Widén, C. A. u. W. Haglund: Tekn. Tidskr. 75 (1945), S. 53 3/35.
[16] Ryd, E.: Jernkont. Ann. 131 (1947), S. 373/410, Disk. 411/24.
[17] Didring, C. O. u. S. Aberg: Tekn. Tidskr. 77 (1947), S. 359/63.
[18] Sullivan, R. G.: Eng. Min. J. 148 (1947), Nr. 3, S. 57/60.
[19] Ekstam, T., K. H. Fraenkel u. E. Ryd: Jernkont. Ann. 133 (1949),
Nr. 8, S. 253/86, Disk. S. 286/99, 136 (1952), S. 41/58.
[20] Thomson, G.: Min. J. 237 (1951), S. 310/11.

1. Größerer Bohrfortschritt auch beim Bohren härtester Gesteinsformationen.

2. Geringerer Kaliberverschleiß, daher keine Veränderung des Bohrlochdurchmessers. Verringerung des Bohrvolumens durch Verwendung von Meißeln kleinerer Durchmesser. Die gleichmäßig runden Bohrlöcher erlauben ein leichteres Einbringen der Sprengpatronen.

3. Anwendung leichterer Bohrhämmer, die einfacher zu handhaben und sparsamer im Betrieb sind. Die Preßluftkosten je Meter Bohrloch sinken durch den größeren Bohrfortschritt und durch den geringeren Luftverbrauch der leichteren Hämmer. Selbst für tiefe Bohrlöcher genügen noch Bohrhämmer.

4. Minderverbrauch an Sprengmitteln infolge der Möglichkeit, tiefere und engere Löcher niederzubringen; daher Verbilligung der Schießarbeit.

5. Da die abgenutzten Hartmetallschneiden lediglich nachgeschliffen werden müssen, erübrigt sich das bei Stahlbohrern notwendige Nachschmieden und Vergüten. Arbeitskräfte in der Bohrerschmiede können daher eingespart werden. Das Schleifen der Hartmetallmeißel kann, wenn geeignete Schleifmaschinen verwendet werden, durch angelernte Kräfte erfolgen.

6. Beträchtliche Mengen an Bohrstahl werden eingespart, das Bohrgestänge wird wirtschaftlicher ausgenutzt.

7. Ersparnisse beim Bohrertransport zur Arbeitsstelle und zurück zur Schmiede. Verwendet man abnehmbare Hartmetallmeißel, dann fällt der Gezähetransport praktisch überhaupt weg.

8. Erreichung längerer Abschläge, wodurch sich unter Umständen im harten Gestein ein besserer Arbeitsrhythmus einhalten läßt.

9. Geringerer Anfall von feinem Bohrklein, keine Energieverschwendung durch Weiterzerkleinerung, Herabsetzung der Silikosegefahr.

10. Allgemeine Erleichterung der Hauerarbeit durch Wegfall des häufigen Bohrerwechsels, Klemmen des Bohrers und anderer Schwierigkeiten bei Anwendung von Stahlmeißeln.

b) *Tiefbohrwerkzeuge mit Hartmetall-Aufschweißschichten*

Beim Tiefbohren und im Bergbau wird die Bohrleistung maßgeblich von der Dauerhaftigkeit der Schneide des verwendeten Werkzeuges bestimmt. Jede Erhöhung der Standzeit bringt daher eine außerordentliche Steigerung im Bohrfortschritt. Der Einsatz der gegen Verschleiß äußerst widerstandsfähigen Hartmetalle ist hier also besonders lohnend.

Bei Großbohrgeräten für die Tiefbohrtechnik, wie z. B. Fischschwanzmeißeln, Schlagbohrmeißeln, Rotarymeißeln, großen Bohrkronen, Flügelkronen, Rollkronen u. a., ist es nicht möglich, Hartmetalle aufzulöten. Hier und auch bei anderen Werkzeugen und und Geräten, wie z. B. Baggerschneiden, Baggerzähnen, Brechbacken, Flugzeugspornen, Kohlenstaubmühlen, Kratzerzähnen, Mahlwalzen, Mischschnecken für Betonmaschinen, Nockenwellen, Rührarmen, Schlaghämmer, Schlagmühlen, Schrappern, Transportschnecken für Zementmühlen u. a., haben sich Auftragsschweißungen aus Hartmetall nach E. Ammann[1] und J. Hinnüber[2] vorzüglich bewährt.

Ähnlich wie beim Stellitieren von Ventilsitzen wird Wolframkarbid unter Zusatz von leichter schmelzenden Legierungen an den auf Verschleiß beanspruchten Stellen, z. B. den Enden eines Fischschwanzmeißels, beidseitig aufgeschweißt. Das Wolframkarbid, welches in Form von Splitt verschiedener Körnung und als geformte, bzw. unregelmäßige Bohrstücke zur Verwendung gelangt, wird größtenteils auf dem Schmelzwege hergestellt (s. S. 141). Dieses Karbid, im wesentlichen eine eutektische Legierung von W_2C-WC, ist zwar wesentlich spröder als das Wolframmonokarbid, aber dafür noch härter und verschleißfester.

Je nach Anwendungsgebiet und speziellem Verwendungszweck kann man bei der Hartmetall-Auftragsschweißung verschiedenartig verfahren[1-8].

Man kann beispielsweise fein- oder grobkörniges Wolframkarbid einfach mittels Kohlelichtbogen auf dem Trägerkörper in mehreren Schichten auftragen. Diese Schichten, welche im wesentlichen aus reinem, geschmolzenem Wolframkarbid bestehen, sind zwar äußerst hart, aber wenig zähe; es können also nur Werkzeuge, die reibendem Verschleiß unterliegen, so gepanzert werden.

Für Werkzeuge, die auf Stoß und Schlag beansprucht werden, wendet man heute am häufigsten Schweißstäbe an, welche aus einem Eisenblechröhrchen bestehen, in welches ein granuliertes Wolfram-Kohlenstoffgemisch oder Wolframkarbidsplitt verschiedener Körnung mit Zusatzmetallen, meist in Ferrolegierungsform, eingefüllt ist[9].

[1] Ammann, E.: Die Werkzeugmaschine **39** (1935), S. 429/34.

[2] Hinnüber, J.: Berg- u. Hüttenmänn. Mh. **89** (1941), S. 117/24, Öl und Kohle **38** (1942), S. 391/98.

[3] Karlowitz, Ch. u. A. Urban: Bohrtechniker-Ztg. (1937), Nr. 9, S. 265/73.

[4] Clauser, H. R.: Materials and Methods **25** (1947), Juni, S. 103/18.

[5] Avery, H. S.: Hard Surfacing by Fusion Welding, American Brake Shoe Comp., New York 1947, S. 41/44.

[6] Fauland, H.: Bergbau, Bohrtechniker-Erdöl-Ztg. **64** (1948), S. 9/12.

[7] Prospekt „Aufschweißhartlegierungen" Metallwerk Plansee G. m. b. H., Reutte/Tirol, 1950.

[8] Avery, H. S.: Welding J. **30** (1951), S. 144/62.

[9] A.P. 1 613 942 (1926), 1 757 601 (1930); D.R.P. 616 840 (1935).

Mittels einer schwach reduzierenden Gasschweißflamme werden die Stäbe auf dem Trägerwerkstoff niedergeschmolzen, wobei eine hochverschleißfeste Oberflächenschicht entsteht, bei der die scharfkantigen, äußerst harten Wolframkarbidkörner in eine zähe Grundmasse einer Eisenlegierung eingebettet sind. Die Körnung der Wolframkarbidfüllung richtet sich nach dem Anwendungsfall. Angefangen von Stäben mit einer Füllung von gleichmäßig feinkörnigem Wolframkarbidpulver sind in Abstufungen auch Stäbe mit einer Füllung von Guß- oder Sintersplitt mit einer Korngröße bis 10 mm in Gebrauch (Abb. 202).

Die Auftragungen feinerer Körnungen sind für Werkzeuge geeignet, die schlagend bohren, und für Maschinen- und Geräteteile, bei denen

Abb. 202. Röhrchenschweißstäbe mit Wolframkarbidfüllung verschiedener Körnung

es auf eine gewisse Glätte und Genauigkeit der Schicht bei guter Zähigkeit ankommt. Die mittleren Körnungen sind sowohl für das drehende als auch schlagende Bohren verwendbar. Bei den groben Körnungen, ab etwa 5 mm, liegt das Anwendungsgebiet nur beim drehenden Bohren und so werden z. B. Fischschwanzmeißel, Flügelkronen, Bohrkronen u. a., heute in großem Umfang auf diese Weise gepanzert. Abb. 203 zeigt einen mit Hartmetall-Röhrchenschweißstäben gepanzerten Fischschwanzmeißel, Abb. 204 eine ebensolche Bohrkrone.

In einer sehr eingehenden Arbeit hat H. Avery[1] die Eigenschaften von Aufschweißschichten aus Röhrchenschweißstäben untersucht. Es wurde die Gasschmelz- und Lichtbogenschweißung angewandt und das Gefüge, die Kalt- und Warmhärte und das Abriebverhalten bestimmt. Insbesondere feinkörniges Wolframkorn wird bei der Lichtbogenschweißung unter Eisen-Doppelkarbidbildung stark ge-

---

[1] Avery, H. S.: Welding J. **30** (1951), S. 144/62.

löst, was die Verschleißfestigkeit vermindert. Bei der Gasschmelz-
schweißung erfolgt eine Aufkohlung der Grundmasse und dadurch

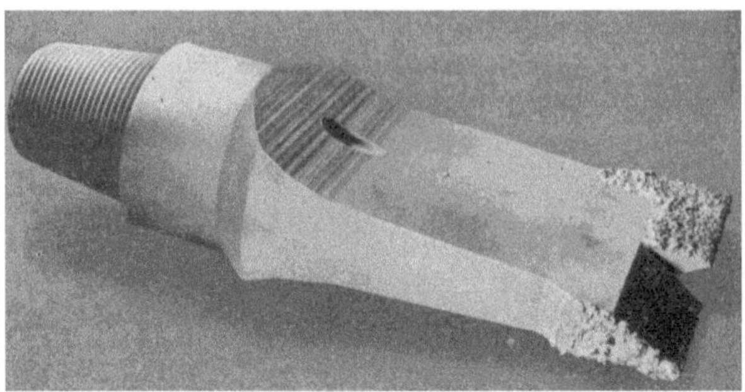

Abb. 203. Mit Röhrchenschweißstab gepanzerter Fischschwanzmeißel (Gebr. Böhler
AG., Kapfenberg)

Versprödung. Trotzdem sind letztere Schichten, was das Verschleißverhalten betrifft, den Lichtbogenschichten überlegen. In der

Abb. 204. Aufgeschweißte Bohrkrone (Gebr.
Böhler AG., Kapfenberg)

Diskussion[1] wird allerdings darauf hingewiesen, daß man auch
bei der Lichtbogenschweißung
einwandfreie Schichten erhält,
nur muß ein entsprechendes Wolframkarbidkorn, welches durch
eine Oberflächenschicht geschützt ist, verwendet werden.

Etwas anders verfährt man
bei der Panzerung von Tiefbohrwerkzeugen mit Hartmetallbohrstücken. Es sind dies
aus geschmolzenem Wolframkarbid oder gesintertem Hartmetall bestehende regelmäßig
geformte, drei- oder vierkantige
und abgerundete Prismen
oder unregelmäßige, rundliche,
aber scharfkantige Hartmetall-
stücke[2,3]. Diese Bohrstücke werden in bestimmten Abständen
an der beanspruchten Stelle des Bohrers mittels eines normalen

---

[1] Rogers, C. E.; G. Woods: Welding J. **30** (1951), S. 160/62.
[2] Hinnüber, J.: Berg- u. Hüttenmänn. Mh. **89** (1941), S. 117/24, Öl
und Kohle **38** (1942), S. 391/98.
[3] B. I. O. S. Final Rep. Nr. 1076.

Stahlschweißdrahtes angeheftet. Man kann auch durch Einschlagen oder Einfräsen zuerst Vertiefungen schaffen und in denselben die Bohrstücke anheften. Die zwischen den Bohrstücken frei gebliebene Arbeitsfläche wird jetzt mit einer verschleißfesten Legierung, z. B. einem Stahl, einem Stellit oder noch besser mit einer niedrig- und leichtflüssig schmelzenden Cr-Mn-Fe-Legierung ausgefüllt. Will man noch größere Verschleißfestigkeit erzielen, dann kann man über das Ganze noch mittels Röhrchenschweißstäben eine feinkörnige Wolframkarbidschicht auflegen. Wie dann eine derartig hergestellte Aufschweißschicht im Schnitt schematisch aussieht, zeigt Abb. 205.

Schließlich gibt es auch Schweißstäbe, bei denen Wolframkarbidkorn bereits in die leicht schmelzende Cr-Mn-Fe-Legierung ohne

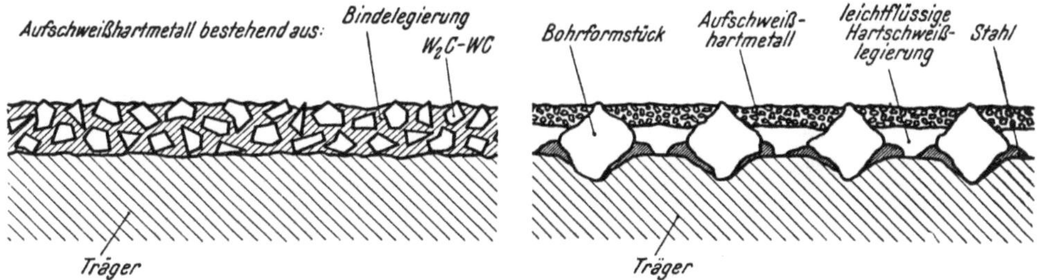

Abb. 205. Schnitt durch Hartmetall-Aufschweißschichten, schematisch

Röhrchenumhüllung eingeschmolzen oder eingesintert ist[1]. Bei der autogenen Aufschweißung derartiger Stäbe entstehen, ähnlich wie bei den Röhrchenschweißstäben, zähe Aufschweißschichten, in welchen die eingebetteten scharfkantigen Wolframkarbidkörner die Hauptträger des Verschleißwiderstandes sind.

In Zahlentafel 143 sind nach J. Hinnüber[2] die wichtigsten Aufschweißhartlegierungen, deren Zusammensetzung, Eigenschaften und Lieferformen zusammengestellt. Ergänzend sind auch die üblichen Stellite mit aufgeführt, deren Verschleißwiderstand zwar auch auf dem hohen Karbidgehalt beruht, die aber nur insofern in den Kreis dieser Abhandlung miteinbezogen wurden, als sie als Einschweißmittel für Bohrstücke in Frage kommen[2].

Die Leistung beim Tiefbohren mit aufgeschweißten Werkzeugen hängt natürlich stark von der zu bohrenden Gesteinsformation ab. Je nach Herstellungs- und Bohrbedingungen leisten mit Hartmetall aufgeschweißte Bohrer 5 bis 20 mal mehr als Stahlbohrer. Die Panzerung von Tiefbohrwerkzeugen mit Hartmetallaufschweiß-

---

[1] E.P. 406147 (1933); F.P. 754941 (1933).
[2] Hinnüber, J.: Berg- u. Hüttenmänn. Mh. **89** (1941), S. 117/24, Öl und Kohle **38** (1942), S. 391/98.

Zahlentafel 143. *Zusammensetzung, Eigenschaften, Lieferform und*

Zusammensetzung etwa %						Abschmelz-temperatur etwa ° C
C	Mn	Cr	W	Co	Fe	
2 bis 4	—	20 bis 30	10 bis 25	35 bis 60	0 bis 10	1300
4	—	—	96	—	—	2600
50 bis 70% Wolframkarbid, Rest Fe, feinkörnig grobkörnig						1800 1450
4	—	—	96	—	—	2600
5 bis 6	—	—	83 bis 92	2 bis 12	—	2500
3 bis 4	5 bis 12	25 bis 35	—	—	Rest	1250
30 bis 50% Wolframkarbid, Rest Cr-Mn-Fe-Legierung oder Stahl						1300

schichten ergibt also eine außerordentliche Steigerung des Bohrfortschrittes und ist z. B. aus der modernen Erdölbohrtechnik nicht mehr wegzudenken.

D. Hartmetall-Geschoßkerne

Der Gedanke, das hohe spezifische Gewicht von Wolfram ($19,3$ g/cm³) und ferner von Wolfram-Blei-Pseudolegierungen für ballistische Zwecke auszunutzen, geht schon auf alte Patentvorschläge aus dem Jahre 1902 zurück[1]. Es lag nahe, die hohe Härte und Festigkeit sowie das immer noch hohe spezifische Gewicht der Wolframkarbide ($15,6$ g/cm³ für WC, $16,6$ g/cm³ für W_2C) für denselben Zweck zu verwerten[2]. Bereits 1929 sollen die ersten Geschoßkerne in Deutschland aus einem normalgesinterten 94/6-WC-Co-Hartmetall mit einer Dichte von $14,8$ g/cm³ mit gutem Erfolg versucht worden sein[3].

Die Forderungen, welche man an einen Geschoßkern stellt, sind hohe Dichte, eine gute Zähigkeit und Härtewerte von etwa 88 bis 90 R_A

---

[1] D.R.P. 149440 (1902).
[2] D.R.P. 578815 (1930); H. Wolff.
[3] B. I. O. S. Final Rep. Nr. 1385 (1945), S. 66/81.

Verwendungsweise von Aufschweißhartlegierungen (J. Hinnüber)

Härte etwa kg/mm²	Dichte g/cm³	Biegebruch-festigkeit etwa kg/mm²	Lieferform	Auftrags-verfahren
bis 700	8 bis 9	150	Gußstäbe 4 bis 10 mm Durchmesser	autogen, elektrisch
1800 bis 2000	15	35	Wolframkarbidpulver	elektrisch
1100 bis 1300	11 bis 13	—	Eisenröhrchen mit Wolf-	
1100 bis 1300	11 bis 13	—	ramkarbidfüllung ver-schiedener Körnung, 5 bis 12 mm Durch-messer	autogen, elektrisch
1800 bis 2000	15 bis 16	35	Bruch- od. Formstücke, gegossen	autogen
1400 bis 1800	14 bis 15	120 bis 200	Bruch- od. Formstücke, gesintert	autogen
bis 650	7 bis 7,5	90	Gußstäbe, 4 bis 10 mm Durchmesser	autogen, elektrisch
800 bis 1000	10 bis 12	—	Sinter- oder Gußstäbe mit Wolframkarbid-körnern	autogen, elektrisch

an der Geschoßspitze. Die Massenfertigung soll ferner einfach und billig sein. Diese Forderungen sind alle gleichzeitig schwer zu erfüllen, da sie zum Teil gegenläufigen Charakter haben. Hohe Dichte erzielt man, wenn man den Bindemetallzusatz möglichst niedrig hält, unter-kohltes Wolframkarbid benützt und die Teile heißpreßt. Niedrige Bindemetallgehalte und hohe Anteile an W_2C bzw. Doppelkarbiden ergeben aber sehr spröde Hartmetalle. Solche spröd-harten, be-sonders dichten Hartmetalle kommen daher nur für kleinere Kerne in Frage. Größere Kerne müssen aus normalem WC mit 6,1% C und Bindemetallgehalten von mindestens 3%, besser 9 bis 12%, hergestellt werden.

Da die Rohstoffe für die normale Hartmetallherstellung verhältnis-mäßig teuer sind, muß man bei der großtechnischen Geschoßkern-fertigung zu billigeren Ausgangsstoffen greifen. Man nimmt eine geringe Reinheit in Kauf und verwendet z. B. kohlereduziertes Wolframpulver mit 99,5 bis 99,7% W. An Stelle von Kobalt werden Nickel oder Kobalt-Nickel-Gemische benützt, obzwar bekannt ist, daß diese Binder die Eigenschaften der in Betracht kommenden Hartmetalle beträchtlich mindern können. Die billige Trockenmahlung der Ansätze ersetzt nach Möglichkeit die teurere Naßmahlung.

In Deutschland wurden von der Fried. Krupp A. G.[1] anfänglich während des zweiten Weltkrieges Kerne von 6,13 mm ∅ aus einem Wolframkarbid mit 4,5% gebundenem C und 2% Ni hergestellt. Durch Senkung des Kohlenstoffgehaltes bis auf 1,8% und des Hilfsmetallgehaltes auf etwa 1% ließ sich die Dichte auf 17,2 bis 17,4 g/cm³ steigern, wobei jedoch eine außerordentlich spröde Hartmetallegierung entstand. Für die Massenfertigung der Kerndurchmesser 15 bis 36 mm legte man sich später auf eine Dichte von 15,1 bis 15,4 g/cm³, eine Härte von 89,8 bis 90,2 R_A und eine Schlagfestigkeit von etwa 70 bis 90 cm kg/cm² unter Verwendung von gesättigtem Wolframmonokarbid mit 3% Ni als Binder fest.

Alle Legierungen wurden heißgepreßt, und zwar stellte man bei den kleineren Kalibern mehrere Kerne, meist 4 bis 6 auf einmal, durch einseitiges Pressen her (Abb. 206). Die größeren Kerne wurden in einer Preßanordnung gemäß Abb. 207 einzeln gepreßt, wobei der

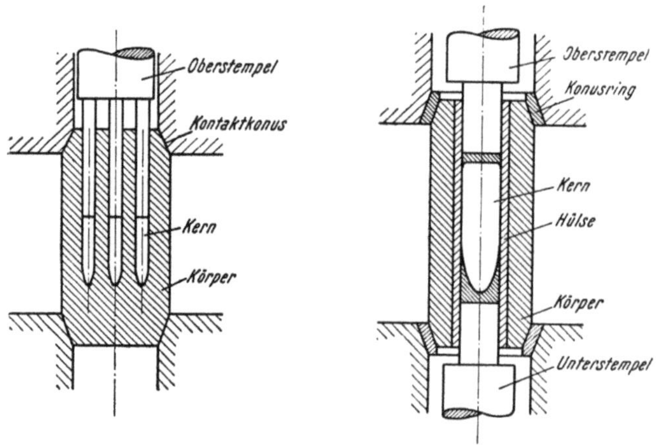

<table>
<tr><td>Abb. 206. Mehrfachpreßform zum Heiß-
pressen von kleinen Geschoßkernen
(Fried. Krupp AG., Essen)</td><td>Abb. 207. Preßform zum Heiß-
pressen von großen Geschoßkernen
(Fried. Krupp AG., Essen)</td></tr>
</table>

Druck beidseitig einwirkte[1,2]. Der Graphitverbrauch war sehr beträchtlich, da die unmittelbar mit den Kernen in Berührung stehenden Graphitformen nur einmal benützt werden konnten. Durch die Einschaltung von Graphithülsen in den Heizkörper und von zwei Graphitplatten zwischen die Stempel konnten letztere ebenso wie der Heizkörper mehrere Male verwendet werden. Der pulverisierte Abfallgraphit wurde bei der Karburierung des Wolframs eingesetzt[1].

---

[1] B. I. O. S. Final Rep. Nr. 1385 (1945), S. 66/81.
[2] F. I. A. T. Final Rep. Nr. 772, S. 3/19.

Die rohen Hartmetallkerne mußten vor dem Einbau fast allseitig überschliffen werden, was wegen der hohen Härte und großen Stückzahlen einen sehr hohen Schleifscheibenverbrauch zur Folge hatte. Schleifen mit Diamantmetallscheiben oder Drehen mit Diamantwerkzeugen ist möglich, aber kostspielig.

Zahlentafel 144 gibt zusammenfassend die Größe der während des Krieges in Deutschland gefertigten Hartmetallkerne und deren

Zahlentafel 144. *Eigenschaften von Hartmetall-Geschoßkernen* (F. Krupp A. G.)

Abmessungen des Kernes		Zusammensetzung		Dichte g/cm³	Schlag-festigkeit cmkg/cm²	Rockwell-Härte R_A
Durch-messer mm	Länge mm	C %	Ni %			
6,13	22,7	4,5	2	15,7 bis 15,9	4 bis 6	90,8 bis 91,2
6,13	22,7	1,8	2	17,2 bis 17,4	0,8 bis 2	87,8 bis 88,3
9,5	40,0	6,1	3	15,3 bis 15,4	60 bis 90	89,8 bis 90,2
11,0	41,0	5,5	2,5	15,5 bis 15,6	30 bis 35	92,2 bis 92,8
12,0	42,0	5,5	2,5	15,5 bis 15,6	30 bis 35	92,2 bis 92,8
15,0	58,0	6,1	3,0	15,3 bis 15,4	60 bis 90	89,8 bis 90,2
16,0	58,0	5,5	2,5	15,5 bis 15,6	30 bis 35	92,2 bis 92,8
16,0	85,0	6,1	3,0	15,3 bis 15,4	70 bis 90	89,8 bis 90,2
18,0	65,5	6,1	3,0	15,3 bis 15,4	70 bis 90	89,8 bis 90,2
21,0	75,0	5,5	2,5	15,5 bis 15,6	30 bis 35	92,2 bis 92,8
28,0	110,0	6,1	3,0	15,3 bis 15,4	70 bis 90	89,8 bis 90,2
30,0	120,0	6,1	3,0	15,3 bis 15,4	70 bis 90	89,8 bis 90,2
36,0	130,0	6,1	3,0	15,3 bis 15,4	70 bis 90	89,8 bis 90,2

physikalische Eigenschaften wieder[1-3]. Die Schlagfestigkeitsprüfung wurde nach Art der Izod-Schlagprüfung vorgenommen, d. h. der fertige Kern wurde einseitig eingespannt und mit einem üblichen Schlaghammer abgeschlagen. Die Härtewerte schwanken natürlich etwas, an ein und demselben Stück, was durch die verschiedene Dichteverteilung bedingt ist. Immerhin gelang es, mit Verfeinerung der Heißpreßtechnik und durch entsprechende Ausbildung der Preßformen, verhältnismäßig gleichmäßige Kerne zu erzeugen. Bei normal gepreßten (also nicht heißgepreßten) Kernen wie sie in USA und England üblich sind, muß durch passende Ausbildung der Matrize das konische Schrumpfen in der weniger dichten neutralen Zone ausgeglichen werden.

Bei der Herstellung von Geschoßkernen aus WC-Ni-Hartmetallen hat man sehr eingehend den Einfluß des Gehaltes an Kohlenstoff

---

[1] B. I. O. S. Final Rep. Nr. 1385 (1945), S. 66/81.
[2] F. I. A. T. Final Rep. Nr. 772, S. 3/19.
[3] B. I. O. S. Final Rep. Nr. 1385 (1945), S. 343/60, 367/88.

auf Dichte, Schlagfestigkeit, Härte und spez. elektrischen Widerstand untersucht. Ein Teil der Ergebnisse ist in Abb. 208 in Kurvenform dargestellt. Die Eigenschaften der WC-Co-Hartmetalle mit 6 bis 15% Co können aus Zahlentafel 90, S. 448 entnommen werden.

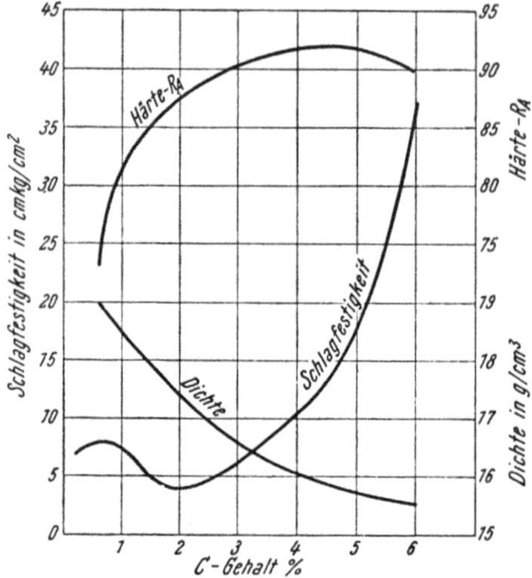

Abb. 208. Dichte, Härte und Schlagfestigkeit von Geschoßkernen aus WC-Ni-Hartmetallen in Abhängigkeit vom Kohlenstoffgehalt des Wolframkarbides (Fried. Krupp AG., Essen)

Hartmetallgeschoßkerne wurden wegen ihrer hohen Durchschlagskraft[1—3] insbesondere zur Panzerbekämpfung eingesetzt. Ihre verhältnismäßig hohe Sprödigkeit spielt dabei keine so große Rolle, vielmehr ist ihre hohe Wirksamkeit, nach P. W. Bridgman, auf die extrem hohen Drücke und Temperaturen, welche beim Durchdringen der Panzerplatte auftreten, zurückzuführen[4]. Nichtsdestotrotz empfehlen sich bei steigender Plattenstärke Hartmetalle mit wachsendem Kobaltgehalt.

Die in den Jahren 1935 bis 1943 in Deutschland erzeugte Menge an Kernen betrug etwa 2600 t² (die Angabe bezieht sich auf britische Tonnen). Der höchste Ausstoß betrug 680 t im Jahre 1940. Das starke Absinken der Produktion in den Jahren 1942/43 war auf eine allgemeine Wolframverknappung durch erfolgreiches Sperren der Wolframerzzufuhren durch die Alliierten zurückzuführen. 1943/44 wurde die Produktion eingestellt; die vorhandenen Wolframerz- und Wolframsäurereserven wurden ausschließlich in Hartmetallplättchen für Drehwerkzeuge verwendet. 1000 t spröder, 6,13 mm Kerne, die niemals zum Einsatz kamen, wurden auf Wolframtrioxyd aufgearbeitet, während 250 t 11 und 12 mm Kerne in größere Kerne bei der Drucksinterung miteingepreßt wurden. Der Preis der druckgesinterten Kerne blieb für alle Durchmesser mit etwa 32 RM pro kg konstant, während bei den in England hergestellten normalgesinterten Kernen mit steigendem Gewicht die Gestehungspreise fielen. Über die Erzeugung von Hartmetallkernen in England, USA und in Schweden während des zweiten Weltkrieges ist nichts genaueres

[1] Clark, F. H.: Min. Met. 25 (1944), S. 81.
[2] B.I.O.S. Final Rep. Nr. 1385 (1945), S. 66/81.
[3] F.I.A.T. Final Rep. Nr. 772, S. 3/19.
[4] Bridgman, P. W.: J. Appl. Phys. 12 (1941), S. 461.

veröffentlicht worden, doch dürften die Erzeugungsziffern gegen Kriegsende mindestens dieselbe Höhe erreicht haben, wie die deutschen im Jahre 1942.

E. Verschleißteile aus Hartmetall im Maschinen- und Gerätebau

Die überragende Härte und Verschleißfestigkeit der Sinterhartmetalle haben ihnen schon bald nach ihrer technischen Einführung sehr zahlreiche Anwendungsgebiete eröffnet, und zwar auch solche, bei welchen sie *nicht* als Schneidwerkstoffe für die spanabhebende Bearbeitung eingesetzt werden[1-21]. Abgesehen von den bereits besprochenen großen Anwendungsgebieten im Draht- und Stangenzug, beim drehenden und schlagenden Bohren im Bergbau und bei der Geschoßkernfertigung, ergeben sich für den hoch verschleißfesten Werkstoff Hartmetall sehr zahlreiche Anwendungsmöglichkeiten im Maschinen- und Gerätebau, in der Blech- und Drahtindustrie, in der chemischen- und Textilindustrie, im Bergbau, in der Steinindustrie, in der Keramik, in der Pulvermetallurgie und auf vielen anderen Gebieten.

In Zahlentafel 145, welche keineswegs Anspruch auf Vollständigkeit erhebt, — die Anwendungsfälle von Hartmetall bei der Verschleißbekämpfung vermehren sich dauernd — sind zunächst zusammen-

[1] **Becker, K.**: Hochschmelzende Hartstoffe und ihre technische Anwendung. Verlag Chemie, Berlin 1933, S. 214 ff.

[2] **Becker, K.**: Hartmetallwerkzeuge, Verlag Chemie, Berlin 1935, S. 171 ff.

[3] **Dinglinger, E.**: Anz. Maschinenwesen Essen **63** (1941), Nr. 53, S. 16/20.

[4] **Swinn, E. J.**: Machinery, London **63** (1943), S. 229/30.

[5] **Brams, S. H.**: Iron Age **156** (1945), Nr. 18, S. 55/57.

[6] **McKenna, P. M.**: Machinist **90** (1946), S. 1453/56.

[7] **Longwell, J. R.**: Steel **119** (1946), Nr. 23, S. 130, 132, 159/60.

[8] **Hennig, F.**: Steel Proc. **32** (1946), S. 379/82.

[9] Prospekt **Carboloy GT-200** (1947).

[10] **Beardslee, K. R.**: Machinery, London 71 (1947), S. 507/12, Machinery, N. Y. **52** (1946), Nr. 12, S. 150/56.

[11] **Eckersley, H.**: Inst. Prod. Eng. 28 (1947), S. 358/77.

[12] **Fehse, A.**: Werkstatt u. Betrieb 80 (1947), S. 49/56.

[13] **Kieffer, R. u. F. Benesovsky**: Industrie u. Technik 3 (1948) S. 251/57.

[14] **Hinnüber, J.**: Maschinenmarkt **55** (1949), Nr. 81/82, S. 38/40.

[15] **Gillespie, J. S.**: Metal Progress **56** (1949), S. 523/26.

[16] **Witthoff, J. u. F. Erlmann**: Ind.-Anz. Essen **72** (1950), Nr. 33/34, S. 57/63.

[17] **Hinnüber, J.**: Z. VDI **92** (1950), S. 111/17.

[18] **Burden, H.**: Alloy Metals Rev. **5** (1948), Nr. 47, S. 2/11.

[19] **Gillespie, J. S.**: Machinery N. Y. **56** (1950), Nr. 6, S. 184/85.

[20] **Hettich, F.**: Werkstattstechn. Masch.-Bau 41 (1951), S. 439/40.

[21] **Schaumann, H. u. J. van Beek**: Werkstattstechn. Masch.-Bau **41** (1951), S. 432/35.

Zahlentafel 145. *Anwendungsgebiete für Hartmetall als verschleißfesten Werkstoff*

Industriezweig	Anwendungsfälle
Ziehereibetrieb	Ziehsteine für Rund- und Profilmaterial, Rohrzugmatrizen und -dorne, Zugringe, Drahtziehbacken und -greifer, Drahtführungen, Drahtrichtrollen, Führungen zum Drahtspiralisieren und -weben, Drahtzangen, Drahtwalzen, Hämmerbacken, Kaltschlagmatrizen, Abschermesser, Abscherpatronen.
Blechverarbeitende Industrie	Schnittwerkzeuge, Stanzwerkzeuge, Tiefziehwerkzeuge, Prägewerkzeuge, Metallscheren, Bördelrollen, Falzrollen, Biegeleisten, Präzisionskaltwalzen, Kühlblöcke zum Abschrecken von Rasierklingen.
Maschinen- und Gerätebau	Drehbankkörnerspitzen, Spannbacken, Bohrfutterbacken, Führungsbüchsen, Gegendruckrollen an Revolverbänken, Präzisionslager für Revolverbänke und Schleifmaschinen, Kurvenführungen, Bohrschablonen, Gewindeführungen, Auflagestücke, Anlaufbolzen, Anschläge, Anschlagleisten, Sperrklinken, Lineale für spitzenlose Schleifmaschinen, Rollierscheiben, Rändelrollen, Bandsägeführungen, Sägezahnsetzvorrichtungen, Pfannen und Schneiden für Waagen, Schraubstockbacken, Lager für hochbelastete Motoren, Sandstrahldüsen, Sandschleuderschaufeln, Düsen und Ventilnadeln für Spritzpistolen, Einlaßdüsen und Steuernadeln für Turbinen, Ummantelungsdüsen, Diesel-Einspritzdüsen, Meßdüsen, Spritzgußformen, Kontakte für telegraphische Einrichtungen.
Meßgerätebau	Kugeln für Härteprüfer (Brinellkugeln), Vickers-Pyramiden, Endmaße, Rachenlehren, Gewindelehren, Tastdorne, Planimeter-Meßrädchen.
Textilindustrie	Garnführungen für Natur- und Kunstfasern, Führungen für Nylon- und Kunstseidenspinnmaschinen, Matratzennadeln.
Chemische Industrie	Hochdruckventile, Ventilkörper, -ringe und -sitze für korrodierende Flüssigkeiten und Naßschlammförderung, Ausräumer und Schabemesser für Zentrifugen, Hochdruckdüsen, Düsen für Insektenvertilgungsmittel, Düsen zum Homogenisieren und Entwässern von Nahrungsmitteln.
Bergbau	Bohrkronen, Schlagbohrwerkzeuge, Fischschwanzbohrer, Schlagkugeln, Steinmeißel, Steinhämmer, Steinschneidrollen.

Industriezweig	Anwendungsfälle
Keramik	Matrizen zum Pressen keramischer Massen, Preßformen für Steine, Strangpreßmatrizen, Glasspinndüsen, Glaszangen, Stifte für Emaillierroste.
Pulvermetallurgie	Preßformen und -stempel für Metallpulver, Kalibrierbuchsen und -dorne, hartmetallausgekleidete Mühlen, Mahlkugeln.
Verschiedenes	Hufbeschläge, Schuhabsatzplättchen, Schuhnägel, Schnurführungen für Angelruten, Lager für Spultrommeln von Angelruten, Flugzeugschleppseilführungen, Graviernadeln, Spitzen für Füllfederhalter, Grammophonnadeln.

fassend die wichtigsten Anwendungsgebiete und die entsprechenden Anwendungsbeispiele aufgezählt.

Als Hartmetallsorten für Verschleißteile und zur Bestückung von auf Verschleiß beanspruchten Werkzeugen und Maschinenteilen kommen in erster Linie WC-Co-Legierungen mit verschiedenen Co-Gehalten, gegebenenfalls mit geringfügigen Zusätzen von TaC, TiC, NbC, VC u. a. in Frage. Für Verschleißteile, die keiner Stoßbeanspruchung ausgesetzt sind, genügen 6 bis 9% Co als Bindemetall und allfällig sogar weniger zähe wolframkarbidfreie Hartmetalle (s. S. 501). Für spanlose Formgebung mit geringer Stoßbeanspruchung werden Sorten mit 9 bis 12% Co eingesetzt. Stoßwiderstandsfähige Hartmetalle enthalten 15 bzw. 20% Co. Ein Zusatz von 25% Co und mehr erlaubt ungewöhnlich hohe Schlagbeanspruchungen. Mit steigendem Kobaltgehalt nimmt allerdings die Härte und auch in gewissem Umfang die Verschleißfestigkeit ab. Man muß also bei Anwendungsfällen, bei denen Stoßbeanspruchungen auftreten, Hartmetallsorten wählen, welche bei optimaler Härte, bzw. bei bestem Verschleißwiderstand noch genügend zähe sind, um der Stoßbeanspruchung ohne Beschädigung oder Zerstörung zu widerstehen.

Nachfolgend sollen die in Zahlentafel 145 angeführten Beispiele näher besprochen und auf die betreffende, sehr zahlreiche Literatur hingewiesen werden.

Außer bei den schon beschriebenen Ziehsteinen und Ziehringen (s. Abschn. B, S. 525 ff.) findet Hartmetall in *drahterzeugenden* und *drahtverarbeitenden Betrieben* immer größere Anwendung. Beim Hämmern von Sinterstäben und Grobdrähten aus Wolfram, Molybdän und anderen Metallen in Rundhämmermaschinen unter Verwendung von *Hartmetallhämmerbacken* kommt die hervorragende Warmhärte des Hartmetalles sehr vorteilhaft zur Geltung, da die Verschmiedetemperaturen hier 1000 bis 1600° betragen. Bei diesen Temperaturen verschleißen die üblichen, hochlegierten Stähle schon sehr stark. Für große Abmessungen werden nur die beanspruchten Teile der Hämmerbacken aus Hartmetall hergestellt, wobei gewöhnlich entsprechend vorgeformte Hartmetalleinsätze hart eingelötet werden. Kleinere Backen bestehen aus Vollhartmetall[1-3]. Die schlagartige Beanspruchung erfordert den Einsatz zäher Sorten mit 15, 20, bzw. 25% Co. Was für die Bearbeitung bei hoher Temperatur gilt, trifft in gesteigertem Maße für Kalthämmermatrizen zum Hämmern von Draht, Nadeln und Profilen zu. Im Vergleich zu Backen aus bestem Werkzeugstahl beträgt die Standzeit das 30- bis 60fache. Bei diesen Hämmerwerkzeugen fallen die eingesparten Nachschliffkosten besonders ins Gewicht.

Immer größere Bedeutung gewinnen heute Hartmetallwerkzeuge in der Nieten-, Schrauben- und Nagelindustrie[4-7]. Zum Schlagen von Nietköpfen werden *Kaltschlagmatrizen* benützt, die in Stahlausführung z. B. bei 5 mm ⌀ nach 30.000 bis 50.000 Nieten übermäßig aufgeweitet sind. Kaltschlagmatrizen mit Hartmetalleinsätzen leisten bei gleichem Durchmesser ohne nennenswerte Aufweitung drei Millionen Nieten[8-10]. Wegen der hohen Schlagbeanspruchung werden hier ebenfalls Sorten mit 15, 20, bzw. 25% Co benützt. Außer den Schlagmatrizen werden auch *Abscherpatronen* und *Abschermesser* mit Hartmetalleinsätzen versehen. Sie leisten bei gratfreierem Abschnitt etwa 30 mal soviel Schnitte wie Stahlwerkzeuge[11].

Ein interessantes Anwendungsgebiet für Hartmetall bietet sich in *Blech-* und *Drahtwalzwerken.* Hier haben sich in Deutschland und besonders in Amerika in den letzten Jahren Präzisionskaltwalzen beim Walzen von Aluminium, Edelmetallen und Doublébändern durchgesetzt. Die Einhaltung geringer Toleranzen bei kaltgewalzten Blechen wird durch den hohen Elastizitätsmodul (geringe Durchbiegung) und den geringen Verschleiß der Walzen ermöglicht und eine besonders

[1] Hennig, F.: Steel Proc. **32** (1946), S. 379/82.
[2] Anonym: Iron Age **160** (1947), 3. Juli, S. 54.
[3] Burden, H.: Alloy Metals Rev. **5** (1948), Nr. 47, S. 2/11.
[4] Zapp, A. R.: Wire & Wire Prod. **20** (1945), S. 35/41, 81/83.
[5] Montgomery, W. E., W. Leigh u. W. H. Phillips: Steel Proc. **35** (1949), S. 407/121, 531/36 u. 563, **36** (1950), S. 138/41, 152/53.
[6] Kinyon, E. C.: Wire & Wire Prod. **26** (1951), S. 215/17, 260/62.
[7] Schaumann, H. u. J. van Beek: Werkstattstechn. Masch.-Bau **41** (1951), S. 432/35.
[8] Witthoff, J. u. F. Erlmann: Ind.-Anz. Essen **72** (1950), Nr. 33/34, S. 57/63.
[9] Holzberger, J.: Stahl u. Eisen **71** (1951), S. 1098/1102.
[10] Witthoff, J.: Ind.-Anz. Essen **73** (1951), S. 341/46.
[11] Hinnüber, J.: Maschinenmarkt **55** (1949), Nr. 81/82, S. 38/40.

lange Lebensdauer verbürgt[1-9]. Neben der hohen Verschleißfestigkeit und Maßhaltigkeit ist auch von Bedeutung, daß die hervorragende
Oberflächenpolitur der Hartmetallwalzen sich auf das Walzgut über-
trägt. Die Neigung des Walzgutes zum „Kleben" ist bei Hartmetallwalzen geringer als bei Stahl. Die Standzeit von Hartmetallwalzen
— man verwendet meist eine vollkommen porenfreie Sorte mit 11% Co —
beträgt etwa das 50- bis 100fache einer Stahlwalze.

Kleinere Walzen werden stets aus Vollhartmetall hergestellt,
während bei größeren Abmessungen gelegentlich ein Hartmetallmantel
auf einen Stahlkern aufgezogen wird[10-13]. In Amerika werden solche, teils
massive Walzen mit Durchmessern von etwa 250 mm und Längen von
etwa 1000 mm bei einem Gesamtgewicht von maximal 500 kg hergestellt[6].

Ein weiteres, sehr großes Anwendungsgebiet für Hartmetall als
verschleißfesten Werkstoff sind *Ziehwerkzeuge, Preßwerkzeuge, Präge-
werkzeuge, Kalibrierwerkzeuge* aller Art zum Tiefziehen, Pressen und
Prägen von Hülsen, Näpfen, Tuben, Formstücken u. a. Insbesondere
während des Krieges sind für die Munitionsfertigung hartmetallbestückte Ziehwerkzeuge in großem Umfang eingesetzt worden[14-19];
bei der Friedensfertigung kommen sie überall dort in Frage, wo größte
Stückzahlen erzeugt werden[12,20,21]. Wegen der langen Maßhaltigkeit
des Hartmetalleinsatzes können z. B. Patronen und Geschoßhülsen
in unvergleichlich höheren Stückzahlen als mit Stahlwerkzeugen

[1] Campbell, T. C.: Iron Age 145 (1940), 1. Februar, S. 44/46.

[2] Hennig, F.: Steel Proc. 32 (1946), S. 379/82.

[3] Slick, E. C. u. F. E. White: Iron Age 160 (1947), Nr. 15, S. 74/77.

[4] Anonym: Iron Age 160 (1947), Nr. 15, S. 74/77.

[5] Crump, H.: Steel (1948), Nr. 13, S. 103 u. 106.

[6] Prospekt „Talide", CR-50 (1950), Metal Carbides Corp., Youngstown.

[7] Wills, H. J.: Steel 109 (1941), Nr. 4, S. 78, 80 u. 88, Nr. 6, S. 92, 95/96.

[8] Beeghly, R. T.: Iron Steel Eng. 28 (1951), Nr. 4, S. 74/79.

[9] Billigmann, J.: Stahl u. Eisen 71 (1951), S. 1115/17, Draht 2 (1951),
S. 95/107.

[10] Dinglinger, E.: Anz. Maschinenwesen Essen 63 (1941), Nr. 53, S. 16/20.

[11] Burden, H.: Alloy Metals Rev. 5 (1948), Nr. 47, S. 2/11.

[12] Hinnüber, J.: Maschinenmarkt 55 (1949), Nr. 81/82, S. 38/40.

[13] Hinnüber, J.: Z. VDI. 92 (1950), S. 111/17.

[14] Glen, E.: Steel (1942), 2. November, S. 78, 122, 123/24, Metals & Alloys
(1943), S. 536/38, Iron Age 157 (1946), 25. April, S. 51/54, Steel Proc. 33
(1947), S. 618/21.

[15] Swinn, E. J.: Machinery, London 63 (1943), S. 229/30.

[16] Hinman, C. W.: Steel Proc. 31 (1945), S. 501/02.

[17] Beardslee, K. R.: Machinery, London 71 (1947), S. 507/12, Machinery,
New York 52 (1946), Nr. 12, S. 150/56.

[18] Denham, A. F.: Mod. Ind. Press 5 (1944), Jänner, S. 28/30.

[19] Anonym: Tool & Die J. 10 (1945), Februar, S. 97/100, 140.

[20] Bratton, W. J.: Western Mach. Steel World 36 (1945), S. 410/11.

[21] Papworth, P. J.: Machinist 92 (1948), S. 455/59.

gezogen werden, ohne daß ein Nachschleifen erforderlich ist. Die sehr hohe Oberflächengüte des Hartmetalleinsatzes und die geringe Schweißneigung zum Ziehgut erlaubt auch den Tiefzug von schwierig zu ziehenden Werkstoffen, gegebenenfalls unter Einsparung von Zwischenglühungen. Bezüglich der Größe derartiger Werkzeuge ist man heute nach oben hin kaum beschränkt, da Hartmetalleinsätze mit Durchmessern bis 350 mm hergestellt werden können[1,2].

Den Tiefzieh- und Preßmatrizen ähnlich sind Prägematrizen, Kalibriermatrizen und Kalibrierstempel zum Außen- und Innenkalibrieren von Teilen, bei denen es auf höchste Maßhaltigkeit ankommt. Der Vorteil des Hartmetalles ist hier wieder die hervorragende Oberflächengüte und die ungewöhnlich lange Maßhaltigkeit der Hartmetalleinsätze und damit auch der erzeugten Teile[3].

In zunehmendem Maße werden hartmetallbestückte Werkzeuge zum Schneiden und Stanzen von Blechen verwendet. Der Einsatz von *Schnittwerkzeugen* mit Hartmetalleinlagen ist dann besonders lohnend, wenn sehr große Stückzahlen gefordert werden (z. B. Rasierklingen oder Uhrenteile) oder wenn Bleche gestanzt werden müssen, die sehr stark verschleißend wirken, wie z. B. siliziumhaltige Transformatorenbleche für die Elektrotechnik[3-20].

---

[1] Glen, E.: Steel, (1942), 2. November, S. 78, 122, 123/24, Metals & Alloys (1943), S. 536/38, Iron Age 157 (1946), 25. April, S. 51/54, Steel Proc. 33 (1947), S. 618/21.

[2] Mapes, D.: Steel 119 (1946), Nr. 5, S. 84/85, Product Engng. 18 (1946), November, S. 62/64.

[3] Hinnüber, J.: Maschinenmarkt 55 (1949), Nr. 81/82, S. 38/40.

[4] Glen, E.: Am. Machinist 90 (1946), S. 142/43, 91 (1947), S 979/81, 93 (1949), 10. Februar, S. 85/88.

[5] Beardslee, K. R.: Machinery, London 71 (1947), S. 507/12, Machinery, N. Y. 52 (1946), Nr. 12, S. 150/56.

[6] Brosheer, B. C.: Am. Machinist 91 (1947), S. 1623/27, 90 (1946), 12. September, S. 101/05.

[7] Zapp, A. R.: Wire & Wire Prod. 22 (1947), S. 591/93, 612/14.

[8] Glen, E.: Steel Proc. 33 (1947), Nr. 10, S. 618/21.

[9] Eckersley, H.: Inst. Prod. Eng. 28 (1947), S. 358/77.

[10] Anonym: Sheet Metal Ind. 24 (1947), S. 2425/26.

[11] Anonym: Iron Age 160 (1947), 28. August, S. 64/66.

[12] Crump, H.: Steel (1948), 27. September, S. 103 u. 106.

[13] Reitler, E. J. u. C. R. Harmon: Tool Eng. 20 (1948), Nr. 2, S. 47/50.

[14] Le Grand, R.: Am. Machinist 91 (1948), S. 1248/52.

[15] Eglinton G.: Tool Eng. 22 (1949), Nr. 5, S. 24/28.

[16] Muir, G. P.: Tool Eng. 22 (1949), Nr. 4, S. 17/20.

[17] Anonym: Machinery, N. Y. 55 (1949), S. 171/74, Machinery, London 75 (1949), S. 219/22.

[18] Witthoff, J. u. F. Erlmann: Ind.-Anz. Essen 72 (1950), Nr. 33/34, S. 57/63.

[19] Eglinton, G.: Tool & Die J. 16 (1950), Nr. 1, S. 70/72.

[20] Shingledecker, G.: Tool & Die J. 15 (1950), Nr. 10, S. 60/62 u. 96.

Die Herstellung von Schnittwerkzeugen mit Hartmetalleinsätzen erfordert sehr große Erfahrungen im Werkzeugbau[1-5]. Die Einsätze werden oft in mehrere Segmente unterteilt, welche einzeln mit Diamantmetallscheiben auf Profilschleifmaschinen fertig bearbeitet werden, worauf das Einschrumpfen in einen Stahlmantel erfolgt. Eine Nachbearbeitung des fertigen Werkzeuges ist schwer möglich. Auch die Schnittstempel werden mit Hartmetall armiert. Die Befestigung des Hartmetalles am Stempel bereitet dabei manchmal Schwierigkeiten; sie erfolgt durch Auflöten oder mittels sinnreicher Schraubenbefestigungen[6]. Kleine Stempel werden auch aus massivem Hartmetall gefertigt.

Um ein Ausbrechen der Schnittkanten möglichst zu vermeiden, verwendet man meist WC-Co-Hartmetalle mit 20% Co. Obwohl ein Hartmetallschnittwerkzeug drei- bis fünfmal so teuer ist wie ein Stahlwerkzeug, erzielt man sehr beträchtliche Ersparnisse, da die Lebensdauer je nach zu stanzendem Werkstoff 20- bis 60fach so groß ist. Stückzahlen von 1 Million und mehr, die zwischen zwei Nachschliffen gestanzt werden können, sind keine Seltenheit[7-9].

Die Anwendung von Hartmetall im *Maschinen- und Gerätebau* ist heute schon äußerst vielseitig[10-17]. Die betreffenden Teile, die man früher aus Stahl herstellte, werden lediglich an den beanspruchten Stellen mit Hartmetall — meist WC-Co-Sorten — versehen. Die Bestückung erfolgt durch Weich- oder Hartlöten. Die Flächen werden dann mit Siliziumkarbid und Diamantmetallscheiben geschliffen und geläppt.

[1] **Jones**, F. D.: Die Design and Die Making Practice, 3. Aufl., Industr. Press., New York 1951, S. 175/83.

[2] **Reitler**, E. J.: Modern. Ind. Press **13** (1951), Nr. 6, S. 24/28.

[3] **Blackstrom**, M. J. u. E. J. Reitler: Machinery N. Y. **57** (1951), Nr. 12, S. 170/76.

[4] **Amtsberg**, H. C.: Machinist, London **93** (1949), S. 1031.

[5] **Pickett**, K. L.: J. Inst. Prod. Eng. **31** (1952), S. 31/65.

[6] **Oehler**, G.: Werkstattstechn. Masch.-Bau **41** (1951), S. 436/38.

[7] **Spofford**, J. E.: Steel **128** (1951), Nr. 10, S. 80/83.

[8] **Holzberger**, J.: Stahl u. Eisen **71** (1951), S. 1098/1102.

[9] **Hamill**, A. T.: Am. Machinist **94** (1950), 27. November, S. 100/02.

[10] **Hinnüber**, J.: Maschinenmarkt **55** (1949), Nr. 81/82, S. 38/40.

[11] **Beardslee**, K. R.: Machinery, London **71** (1947, S. 507/12, Machinery, N. Y. **52** (1946), Nr. 12, S. 150/56.

[12] **Becker**, K.: Hochschmelzende Hartstoffe und ihre technische Anwendung, Verlag Chemie, Berlin **1933**, S. 217.

[13] **Dinglinger**, E.: Anz. Maschinenwesen Essen **63** (1941), Nr. 53, S. 16/20.

[14] **Brams**, S. H.: Iron Age **156** (1945), Nr. 13, S. 55/57.

[15] **McKenna**, P. M.: Machinist **90** (1946), S. 1453/56.

[16] **Burden**, H.: Alloy Metals Rev. **5** (1948), Nr. 47, S. 2/11.

[17] **Gillespie**, J. S.: Metal Progress **56** (1949), S. 523/26.

Jede moderne Hochleistungsdrehbank ist heute mit hartmetallbestückten *Drehbankkörnern* ausgerüstet. Ebenso werden *Spannbacken* und *Lünetten* mit Hartmetallauflagen versehen. Bei spitzenlosen Schleifmaschinen nützen sich stählerne Führungsschienen und -leisten sehr rasch ab, wodurch die Genauigkeit der geschliffenen Teile beeinträchtigt wird. Mit mit Hartmetall bestückten *Leisten, Schienen* und *Linealen* erreicht man bei gleichbleibender Genauigkeit in günstigen Fällen eine Lebensdauer, die das 300fache der Stahlführungen beträgt[1,2]. Im Werkzeugmaschinenbau, insbesondere bei Drehautomaten aller Art, werden zahlreiche auf Verschleiß beanspruchte Teile, die früher aus Stahl hergestellt wurden, wie *Anschläge, Anschlagbolzen, Anschlagleisten, Führungsbüchsen, Kurvenführungen, Bohrschablonen, Vorschubklinken, Tastfinger, Gegendruckrollen* u. a., mit Hartmetall bestückt. *Lager* aus Hartmetall für Präzisionsschleifmaschinen, hochbeanspruchte Motoren u. a. nützen sich äußerst wenig ab und laufen auch bei höherer Temperatur gegebenenfalls schmierungsfrei[3]. In diesem Zusammenhang sei auf die theoretischen Untersuchungen von F. T. Barwell und A. A. Milne[4] sowie K. V. Shooter[5] verwiesen, welche die Reibungsverhältnisse bei Hartmetallagern untersucht haben. In der Uhrenindustrie, die ein starker Bedarfsträger für komplizierte Hartmetallstanzwerkzeuge ist, gewährleisten ferner *Rollierscheiben* aus Hartmetall eine besonders hohe Oberflächengüte der geglätteten Teile. In diesem Zusammenhang sind auch Hartmetallkugeln zum Innenkalibrieren und Druckpolieren zu nennen[6-8].

Eine besondere Bedeutung hat Hartmetall im *Meßgerätebau.* Hochwertige Schraubenmikrometer, Grenzlehrdorne, Rachenlehren, Gewindelehren u. a. Meßgeräte für die Massenprüfung werden vorteilhaft mit Hartmetall bestückt[9-11]. Es ergibt sich dadurch nicht nur eine erhebliche Ersparnis durch längere Lebensdauer der Meß-

---

[1] Gillespie, J. S.: Metal Progress **56** (1949), S. 523/26.

[2] Longwell, J. R.: Am. Machinist **89** (1945), 13. September, S. 118/19.

[3] Anonym: Machinery, N. Y. **52** (1945), S. 148. Machinery, London **80** (1952), S. 409.

[4] Barwell, F. T. u. A. A. Milne: Proc. 7th Int. Congr. Applied Mechanics, Bd. **4**, S. 294/310 (1948).

[5] Shooter, K. V.: Research **4** (1951), S. 136/39.

[6] Frank, H.: Fertigungstechnik (1943), Heft 7, S. 160.

[7] Busch, J.: Machinist **90** (1946), 19. Dezember, S. 129.

[8] B. I. O. S. Final Rep. Nr. 1711, S. 47/50.

[9] Blackall, St. F.: Tool & Die, J. **15** (1950), Nr. 1, S. 64.

[10] Becker, K.: Hartmetallwerkzeuge, Verlag Chemie, Berlin 1935, S. 178/81 u. 183/84.

[11] Anonym: Prod. Engng. **15** (1945), Juni, S. 88/89.

werkzeuge, sondern auch eine weit genauere und verläßlichere Fabrikationskontrolle.

Bei Härteprüfgeräten haben Kugeln und Pyramiden[1] aus Hartmetall den Vorteil, daß sie sich im Gegensatz zu Stahlkugeln auch bei der Prüfung härterer Werkstoffe, etwa mit Brinellhärten von 400 bis 800 kg/mm² kaum deformieren. Die Härtemessung ist wesentlich genauer und man erhält in diesem Härtebereich Härtezahlen, welche wesentlich höher liegen als bei der Verwendung von Stahlkugeln[2].

Ein weiteres, großes Anwendungsgebiet für Hartmetall sind *Düsen* aller Art[3]. Bekanntlich ist der Verschleiß, insbesondere bei Sandstrahldüsen, außerordentlich hoch. Sandstrahldüsen mit Hartmetalleinsätzen haben gegenüber den bisher gebräuchlichen Hartgußdüsen eine überragende Lebensdauer. Während eine Hartgußdüse schon nach drei bis vier Stunden stark aufgeweitet ist, haben sich Hartmetalldüsen auch nach 1000 Betriebsstunden, in günstigen Fällen sogar auch noch nach 1600 Stunden kaum verändert[4-6]. Durch die außerordentlich lange Maßhaltigkeit der Bohrung der Hartmetalldüse wird die Luft- und Kraftvergeudung, der schädliche Druckabfall und der oftmalige Düsenwechsel beim Sandstrahlen vermieden. Der höhere Preis der Hartmetalldüse im Vergleich zur Hartgußdüse wird durch die wesentlich längere Lebensdauer sehr bald aufgewogen und darüber hinaus werden durch den geringeren Luftbedarf beträchtliche Ersparnisse im Betrieb erzielt.

Im allgemeinen wird nur der innere Teil der Sandstrahldüse aus Hartmetall hergestellt. Der Hartmetalleinsatz wird zum Schutz gegen Stöße in einen Stahlmantel eingelötet oder eingekittet[7].

Neben Sandstrahldüsen werden auch alle anderen Arten von Düsen, bei denen ähnliche Verschleißphänomene auftreten, wie Gebläsedüsen, Spritzdüsen, Zerstäubungsdüsen, Einspritzdüsen und Ausstromdüsen an Dieselmotoren u. a. vorteilhaft mit Hartmetall armiert.

Weiters sind hier zu nennen Düsen zum Ummanteln von Schweißelektroden, Düsen für Automaten, in denen mit Oxyden gefüllte organische Massen verpreßt werden, Spritzdüsen für keramische Massen, Glasspinndüsen und Strangpreßdüsen für Leicht- und Bunt-

---

[1] Mitsche, R.: Vortrag, Plansee-Seminar, Reutte/Tirol 1952.

[2] Blackall, St. F.: Tool & Die, J. 15 (1950), Nr. 1, S. 64.

[3] Becker, K.: Hartmetallwerkzeuge, Verlag Chemie, Berlin 1935, S. 172/73.

[4] Fehse, A.: Werkstatttechnik 24 (1930), S. 238.

[5] Lohse, N.: Z. VDI. 75 (1935), S. 1107.

[6] Witthoff, J. u. F. Erlmann: Ind.-Anz. Essen 72 (1950), Nr. 33/34, S. 57/63.

[7] Prospekt TIZIT-Sandstrahldüsen, Metallwerk Plansee Ges. m. b. H., Reutte/Tirol 1950.

metalle[1-3]. Mit Hartmetalldüsen gelang es z. B., bei Preßdrücken von 18 t/cm² Eisen-, Nickel- und Kobaltpulverpreßlinge bei einer Temperatur von etwa 900° zu 10 mm starken Rundstangen zu verpressen[4]. Unter solchen Arbeitsbedingungen beginnt eine Matrize aus gehärtetem Werkzeugstahl bereits zu fließen.

In der chemischen Industrie hat sich Hartmetall als Werkstoff bei vielen chemischen Großapparaturen wegen seiner beachtlichen Korrosionsfestigkeit durchgesetzt[5-8]. So haben sich Ventilteile, Dichtkegel und -ringe, Hydrierdüsen u. a. aus Hartmetall in Hochdruckanlagen hervorragend bewährt. Das Hartmetall ist auch gegen schnellfließende, heiße Laugen, die mit scharfkörnigem Schlamm durchsetzt sind, ausreichend widerstandsfähig. Das Armieren der Ausräumer von Zentrifugen mit Hartmetall, die Bestückung von Zerstäuber- und Meßdüsen scheint für die chemische Industrie von steigendem Interesse. Neuerdings werden für korrosionsbeständige Teile chromkarbidhaltige Hartmetallsorten propagiert[9-13] (s. S. 502).

In der *Textilindustrie* finden Fadenführer für Natur- und Kunstfasern, die aus stranggepreßtem Hartmetall hergestellt sind, heute weitgehend Anwendung[14,15]. Sie haben eine mehr als 100fach größere Lebensdauer als die bisher verwendeten Ösen. Fadenführer in den verschiedensten Abmessungen aus Hartmetall werden nicht nur in der Textilindustrie, sondern auch beim Weben von Draht, bei der Herstellung von Stahlwolle, beim Umspinnen von Drähten, beim Spulenwickeln und — um einige ausgefallene Anwendungsgebiete zu nennen, — für Führungsringe bei Angelruten und für Flugzeug-Schleppseilführungen eingesetzt[15,16].

---

[1] Dinglinger, E.: Anz. Maschinenwesen Essen **63** (1941), Nr. 53, S. 16/20.

[2] Beardslee, K. R.: Machinery, London **71** (1947), S. 507/12.

[3] Hughes, C. E. u. E. T. Miller: Wire & Wire Prod. **25** (1950), S. 885/86, 902/04.

[4] Kieffer, R. u. W. Hotop: Metallwirtsch. **23** (1944), S. 379/86.

[5] Becker, K.: Chemische Apparatur **24** (1937), S. 33/35.

[6] Dinglinger, E.: Anz. Maschinenwesen Essen **63** (1941), Nr. 53, S. 16/20.

[7] Beardslee, K. R.: Machinery, N. Y. **52** (1946), Nr. 12, S. 150/56.

[8] Hinnüber, J.: Z. VDI. **92** (1950), S. 111/17.

[9] Prospekt Carboloy Co., Detroit 1951.

[10] Patton, W. G.: Iron Age **168** (1951), Nr. 17, S. 57.

[11] Anonym: Machinery, N. Y. **58** (1951), Nr. 3, S. 185/86.; Materials & Methods **34** (1951), Nr. 6, S. 69; Tool Eng. **27** (1951), November, S. 49; Iron Age **169** (1952), Nr. 1, S. 205, **170** (1952), Nr. 7, S. 129.

[12] Gillespie, J. S. u. I. L. Wallace: Steel **130** (1952), 21. April, S. 84.

[13] Kennedy, J. D.: Steel **131** (1952), Nr. 5, S. 92/94; Materials & Methods **36** (1952), Nr. 2, S. 166/74.

[14] Anonym: Textile Manuf. **74** (1948), S. 321.

[15] Prospekt Carboloy Co., Detroit, GT-200 (1947).

[16] Snyder, G. H.: Machinist **82** (1938), S. 647/48.

Außer den bereits in Abschnitt C besprochenen Anwendungsfällen von Hartmetall für drehendes und schlagendes Bohren und als Aufschweißwerkstoff im *Bergbau* werden schwere Hartmetallkugeln von 8 bis 12 cm Durchmesser neuerdings als Schlag- und Mahlkugeln beim Grobzerkleinern und Mahlen von Mineralien und Erzen benützt (vgl. S. 524)[1]. Für diese Zwecke ist mengenmäßig sehr viel Hartmetall erforderlich und Versuche, die üblichen WC-Co-Legierungen durch Mo_2C-TiC-Hartmetalle zu ersetzen, dürften diesen wolframkarbidfreien Legierungen bedeutende Anwendungsgebiete eröffnen. Letztere werden neuerdings bevorzugt auch dort eingesetzt, wo es nur auf reibenden Verschleiß und nicht auf schlagende Beanspruchung ankommt.

In der *Keramik* werden ebenso wie in der Pulvermetallurgie Preßformen benötigt, in welchen sehr stark verschleißend wirkende Massen in sehr hohen Stückzahlen verpreßt werden. Steinpreßformen mit Auskleidungen aus Hartmetall haben eine im Vergleich zu Stahlmatrizen überlegene Lebensdauer, z. B. konnten an Stelle von 8000 bis 10 000 Ziegeln in einer Stahlmatrize mehr als 40 000 Ziegel in einer Hartmetallmatrize gepreßt werden. Die Ersparnis ist hier besonders groß, weil das Auswechseln der Form eine volle Schicht beansprucht[2,3].

Insbesondere bei der Herstellung von Schleifscheiben auf Siliziumkarbid- oder Korundbasis haben sich Hartmetallpreßwerkzeuge bewährt. Die Lebensdauer beträgt in diesem sehr schwierigen Verschleißfall das 10fache der Stahlwerkzeuge, die gepreßten Scheiben haben höhere Maßhaltigkeit und sind leichter aus den Werkzeugen auszustoßen[3].

In der *Pulvermetallurgie* ergeben sich, ähnlich wie in der Keramik, zahlreiche Anwendungsfälle für Hartmetall als verschleißfester Werkstoff. Beim Naßmahlen von Hartmetalleinsätzen haben sich nach Versuchen von R. Kieffer und S. Heiss hartmetallausgekleidete Mühlen mit Hartmetallkugeln bestens bewährt[4].

Beim Verpressen von Metallpulvern zu Formkörpern tritt an den Preßwerkzeugen ein besonders hoher Verschleiß auf. Hartmetallausgekleidete Matrizen und hartmetallbestückte Stempel bewähren sich hier glänzend. Bei einem Preßdruck von 2 bis 3 t/cm^2 wurde bei Sintereisenlagern eine 100- bis 200fache Überlegenheit gegenüber Werkzeugstahl und eine 50- bis 100fache gegenüber hartverchromten

---

[1] Kieffer, R. u. F. Benesovsky: Industrie u. Technik 3 (1948), S. 251/57.
[2] Crump, H.: Steel (1948), 27. September, S. 103 u. 106.
[3] Gillespie, J. S.: Metal Progress 56 (1949), S. 523/26.
[4] D.R.P. 712 679 (1938).

Matrizen gefunden[1-3]. Bei Preßdrücken von 6 bis 12 t/cm² wird die Überlegenheit des Sinterhartmetalls mit seiner geringen Schweißneigung noch größer. Kalt- bzw. Warmschweißung des Metallpulvers an der Matrizenwandung, die zu sehr frühzeitiger Zerstörung der Stahlmatrizen führt, wird bei Hartmetall weitgehend vermieden.

Abb. 209. Mit Sinterhartmetall ausgekleidete Matrize für das Pressen von Sintermagneten

Abb. 209 zeigt eine mit Hartmetall ausgekleidete Matrize zum Pressen von Metallpulvern. Die Hartmetallauskleidung (dunkel) besteht aus zehn Segmenten, welche einzeln mit Diamantmetallscheiben geschliffen und dann unter Benutzung eines Zwischenringes (hell) in den Stahlmantel eingeschrumpft werden. Kleinere Matrizen, bei denen die Möglichkeit einer nachträglichen Schleifbearbeitung besteht, können nach C. Ballhausen[4] auch aus einem Stück durch Drucksintern hergestellt werden.

Die Bearbeitung von Hartmetallteilen, Matrizen u. a. kann durch Schleifen mit Diamantmetallwerkzeugen, in Sonderfällen auch spanabhebend unter Benutzung von Diamant-Drehwerkzeugen erfolgen. WC-Co-Hartmetalle hoher Zähigkeit mit 20% und mehr Kobalt und warmfeste Hartmetalle auf TiC-Basis mit hohem Gehalt an Bindemetall können unter Zuhilfenahme von harten und feinkörnigen WC-Co-Hartmetallen vom H2-Typus recht gut spanabhebend bearbeitet werden. Die Standzeiten sind naturgemäß kurz[5].

Für die Herstellung verwickelter Matrizen und auch sonst schwierig herzustellender Teile aus Hartmetall ist in Rußland[6-12] und in

----

[1] Kieffer, R. u. F. Benesovsky: Industrie u. Technik 3 (1948), S. 251/57.

[2] Kieffer, R. u. W. Hotop: Sintereisen und Sinterstahl, Springer-Verlag, Wien 1948, S. 282/83.

[3] Mosthaf, E.: Machinery, Lond. 77 (1950), S. 227/33.

[4] Ballhausen, C.: Technik 4 (1949), S. 79.

[5] Anonym: Werkstattstechn. Masch.-Bau 41 (1951), S. 421.

[6] Lazarenko, B. R. u. N. I. Lazarenko: Stanki i Instr. 17 (1946), Nr. 12, S. 8/11, 18 (1947), Nr. 12, S. 4/8, Vestn. Machinostroj. (russ.) 27 (1947), Nr. 1, S. 25/36, Machinist, London 51 (1948), S. 1702/03.

[7] Vasilev, D. T.: Stanki i Instr. 18 (1947), Nr. 3, S. 1/8, Nr. 5, S. 1/5.

Amerika[1-15] das sogenannte *Ölfunkenbrennen* ausgearbeitet worden (Firmenbezeichnungen: Method X, Sparcatron, Elox). Unter einer Flüssigkeit wird mittels eines hochfrequenten Wechselstromes ein intermittierender Lichtbogen erzeugt, welcher eine Materialabtragung verursacht.

Die Herstellung von Bohrungen in Hartmetall durch *elektrolytische Abtragung ist* schon 1924 von M. Pirani und K. Schröter[16] beschrieben worden. Die elektrolytische Methode wurde insbesondere in Rußland zum Schleifen von Hartmetallwerkzeugen weiterentwickelt (s. S. 629).

Wenn man zusammenfassend nochmals die Vorteile und allfälligen Nachteile von Hartmetall als verschleißfestem Werkstoff im Maschinen- und Gerätebau gegenüberstellt, so ergibt sich, um das Ergebnis vorwegzunehmen, in der überwiegenden Zahl der Fälle eine eindeutige Überlegenheit der Hartmetallwerkzeuge gegenüber den bisherigen Stahlgeräten. Hartmetallwerkzeuge sind meist drei- bis fünfmal so teuer wie Stahlwerkzeuge und vergleichsweise spröde. Das gesinterte Hartmetall erleidet bei unsachgemäßer Behandlung oder falscher Wahl der Hartmetallsorte gerne eine Beschädigung, wobei oft sogar eine vollständige Zerstörung der teuren Werkzeuge möglich ist. Demgegenüber ist aber die Mehrleistung so überragend, daß besonders bei Einschaltung von verläßlichen, verantwortungs-

---

[8] Mandelstam, S. L. u. S. M. Raiski: Izwest. Akad. Nauk USSR **13** (1949), S. 549/65.

[9] Koncz, I.: Gep. (ung.) **1** (1949), S. 388/411.

[10] Schcepetov, V. N.: Elektritsch. (russ.) (1950), Nr. 6, S. 26/30.

[11] Kurtschenko, V. I.: Stanki i Instr. **22** (1951), Nr. 6, S. 34.

[12] Nevezkin, V. K.: Elektritsch. (russ.) (1951), Nr. 11, S. 62/70.

[1] Judkins, M. F. u. D. F. Dickey: Iron Age **168** (1951), Nr. 4, S. 65/67.

[2] Cohan, A. S.: J. Metals **3** (1951), Nr. 3, S. 216/17.

[3] Anonym: Precision Metal Molding **9** (1951), Nr. 9, S. 67/69, 91.

[4] Ballhausen, C.: Stahl u. Eisen **71** (1951), S. 1114/15.

[5] Roller, J. S.: Iron Steel Eng. **28** (1951), Oktober, S. 133/35, Machinery, N. Y. **58** (1951), S. 180/81; Precision Metal Molding **10** (1952), Nr. 3, S. 47/50.

[6] Kelley, S. G.: Materials & Methods **34** (1951), Nr. 3, S. 92/94.

[7] Anonym: Am. Machinist **95** (1951), S. 172.

[8] Grodzinski, P.: Metro Cutanit, Techn. Inf. Nr. 326 (1952).

[9] Williams, E. M.: Electr. Engng. **71** (1952).

[10] Anonym: Werkstattechnischer Maschinenbau **42** (1952), S. 219.

[11] Judkins, M. F.: Proc. 8th. Ann. Meeting, Metal Powder Assoc., Chicago 1952, S. 53/58, Tool Eng. **28** (1952), Nr. 4, S. 48/50.

[12] Allen, A. H.: Metal Progress **62** (1952), Nr. 2, S. 87/89, 142.

[13] de Groat, G. H.: Am. Machinist **96** (1952), Nr. 19, S. 141/44.

[14] Dauncey, G. B. u. R. S. Young: Ind. Diamond Rev. **12** (1952), S. 161/64.

[15] Lau, K.: Werkstatt und Betrieb **85** (1952), S. 67.

[16] Pirani, M. u. K. Schröter: Z. Metallkde. **16** (1924), S. 132/33.

bewußten Arbeitskräften die höheren Anschaffungskosten in Kürze hereingebracht werden. Die Fertigungskosten selbst werden durch Verringerung der Neben- und Verlustzeiten und durch fast völlige Vermeidung von Ausschuß beträchtlich gesenkt. Neben kostenmäßigen Erwägungen spielen aber auch noch andere Gesichtspunkte, z. B. höhere Ausbringung, bessere Maschinenausnützung, Verbesserung der Güte der Erzeugnisse u. a., eine Rolle. Der Einsatz von Hartmetall bei der Verschleißbekämpfung muß also nicht nur vom betrieblichen, sondern auch vom volkswirtschaftlichen Standpunkt befürwortet werden. Die Umstellung von den bisher üblichen Stahlwerkzeugen auf Hartmetallwerkzeuge erfordert eine enge Zusammenarbeit zwischen Verbraucher und Erzeuger. Gegebenenfalls müssen die Teile den Gegebenheiten des Werkstoffes Hartmetall angepaßt und umkonstruiert werden. Es ist verständlich, daß die Hartmetallerzeuger im Hinblick auf die noch sehr weiten Anwendungsgebiete für Hartmetall in der Verschleißbekämpfung dieser Entwicklung ihre besondere Aufmerksamkeit schenken.

XIV. Die Verwendung von Hartmetall beim Zerspanen

Bedeutung der Hartmetalle für die Entwicklung der Zerspanungstechnik

Die Entwicklung der Technik, die seit etwa 150 Jahren das moderne Leben der Menschheit beherrscht und in der geschichtlichen Betrachtung den Begriff des Maschinenzeitalters geschaffen hat, ist eng verbunden mit der teils gleichlaufenden, teils vorauseilenden Entwicklung von Fertigungshilfsmitteln, d. h. von Werkzeugen und Werkzeugmaschinen. Dieser Zusammenhang wird besonders deutlich, wenn man mit E. Hirschfeld[1] die Entwicklung der Werkzeugmaschinen und Schneidwerkstoffe dem allgemeinen Fortschritt der Technik in zeitlicher Ordnung gegenüberstellt (Abb. 210).

Die Hauptmomente bei der Entwicklung der Fertigungstechnik waren Genauigkeit, Geschwindigkeit und Leistung. Während die Genauigkeit durch Verbesserung der Werkzeugmaschinen und durch Einführung immer empfindlicherer Meßmethoden gesteigert werden konnte, war der Geschwindigkeit und Leistung durch die bekannten Schneidwerkstoffe eine Grenze gesetzt. Zu Beginn der Zerspanungstechnik konnte man kaum von einer Schnittgeschwindigkeit sprechen; sie betrug wenige m/Min., da der Kohlenstoffstahl der Schneidwerkzeuge keine höheren Drehgeschwindigkeiten erlaubte. Erst die

---

[1] Hirschfeld, E.: Hartmetalle, Schweizer Druck- und Verlagshaus A. G., Zürich 1949, S. 15 ff.

Entwicklung und Einführung des höher legierten Werkzeugstahles und später des Schnellstahles durch F. W. Taylor und M. White um 1900, ermöglichte eine grundlegende Erhöhung der Schnittgeschwindigkeit auf 20 bis 40 m/Min. Den für die heutige Fertigung entscheidenden Fortschritt brachte die Entwicklung der gesinterten Karbid-Hilfsmetall-Schneidmetalle, deren Vorgänger die erschmolzenen Stellite von Haynes waren. Mit Einführung der Schröterschen WC - Co - Sinterhartmetalle (1926) und der WC-TiC-Co- bzw. WC-TiC-TaC-Co-Sorten (1931 bis 1937) konnte die Schnittgeschwindigkeit bei der Bearbeitung von Guß, Stahl und anderen metallischen und nichtmetallischen Werkstoffen weit über 100 m/Min., beim Zerspanen von Leichtmetallen sogar bis über 1000 m/Min. gesteigert werden. Diese Entwicklung zeigt sich nach H. Laussmann[1] eindeutig aus der Abb. 211. Wie stark sich dabei die Hauptzeit (reine Schnittzeit), z. B. beim Drehen eines Stahlkörpers, im Laufe der Entwicklung der Schneidwerkstoffe geändert hat, ist ebenfalls aus Abb. 211 zu ersehen. Bei Hartmetalleinsatz ist die Bearbeitungszeit im Vergleich zu Schnellstahl auf rund ein Zehntel gefallen.

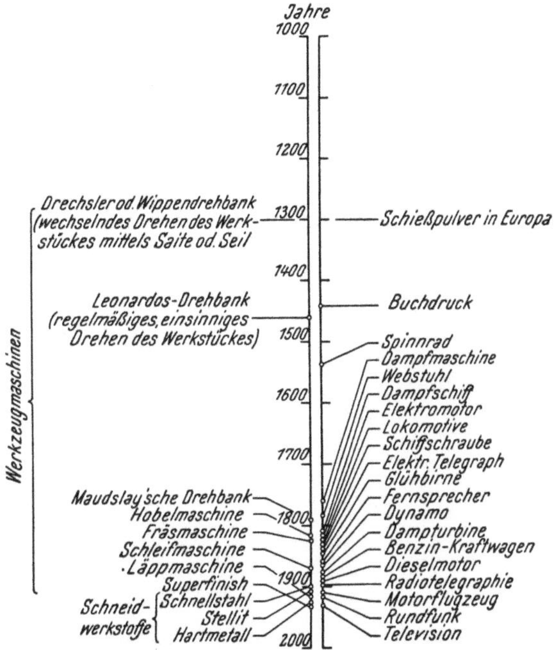

Abb. 210. Geschichtliche Entwicklung der Technik (E. Hirschfeld)

Die Erfindung der Hartmetalle hatte natürlich umfangreiche *Zerspanungsuntersuchungen* mit diesem neuen Werkstoff zur Folge. Dabei sind insbesondere die Arbeiten der Versuchsfelder der Technischen Hochschulen Aachen und München zu nennen. Im Münchener Versuchsfeld hat H. Schallbroch die ersten Richtwerte für das Drehen mit Hartmetallmeißeln ausgearbeitet, wobei die von A. Wallichs und F. Hunger 1936 eingeführte *Verschleißmarkenbreite* als Kriterium für die Standzeit diente.

---

[1] Laussmann, H.: Vortrag Berlin 1951.

Die Entwicklung der Hartmetallwerkzeuge hatte starke Auswirkungen auf den Werkzeugmaschinenbau. Die Antriebsleistungen mußten, bedingt durch die Steigerung der Schnittgeschwindigkeiten, wesentlich erhöht werden und erreichten bei modernen Maschinen 100 kW und mehr (s. Abb. 237, S. 617). Der Antrieb mußte schwingungsfrei erfolgen, die gesamte Konstruktion der Maschine robuster und starrer gestaltet werden.

Neben den Produktionsmaschinen mußten auch Spezialmaschinen für das *Schleifen* der Hartmetallwerkzeuge geschaffen werden.

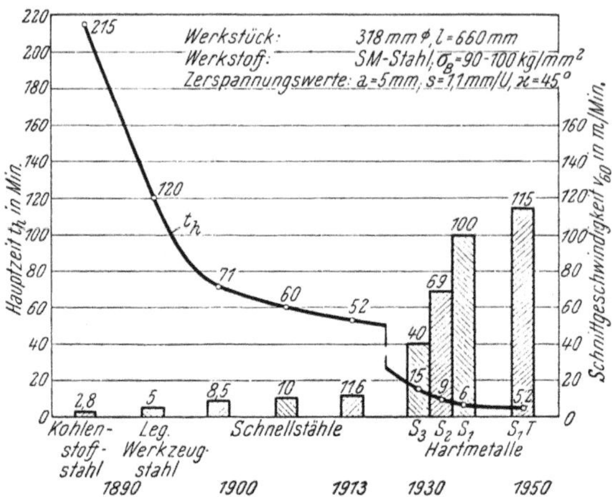

Abb. 211. Steigerung der Schnittgeschwindigkeit bzw. Senkung der Hauptzeit (reine Schnittzeit) im Verlauf der Entwicklung der Schneidwerkstoffe (H. Laussmann)

Erst die gleichzeitige Entwicklung von Schneidwerkstoffen *und* Bearbeitungsmaschinen ermöglichte die volle Ausnutzung der Hochleistungshartmetalle und bedingte den unerhörten Aufstieg der Produktionskapazität, die Qualitätssteigerung und Kostensenkung der Erzeugnisse im zweiten Viertel des 20. Jahrhunderts[1].

A. Grundlagen der Zerspanung unter besonderer Berücksichtigung von Hartmetallwerkzeugen

Im Rahmen dieses Buches sollen die Grundlagen der spanabhebenden Bearbeitung nur insoweit behandelt werden, als sie zum allgemeinen Verständnis des Zerspanungsvorganges notwendig sind und wesentliche Unterschiede zwischen Stahlschneidwerkzeugen und Hartmetallschneidwerkzeugen bestehen. Zum eingehenderen Studium der Zerspanung sei auf das sehr umfangreiche Fachschrifttum[2–19] verwiesen.

---

[1] Kienzle, O.: Werkstattstechn. Masch.-Bau 41 (1951), S. 411/12.

[2] Brödner, E.: Zerspanung und Werkstoff, VDI.-Verlag, Berlin 1934.

[3] Kronenberg, M.: Grundzüge der Zerspanungslehre, Springer-Verlag, Berlin 1937.

[4] Leyensetter, W.: Grundlagen und Prüfverfahren der Zerspanung im besonderen des Drehens. RKW-Veröffentlichung Nr. 114, G. B. Teubner, Leipzig 1938.

Das Drehen ist das am meisten gebräuchliche Bearbeitungsverfahren, wobei sich die Grundvorgänge des Zerspanens am leichtesten verfolgen lassen. Hierauf bezieht sich auch der überwiegende Teil der Zerspanungsforschung. Die beim Drehen gefundenen Erkenntnisse und Gesetzmäßigkeiten lassen sich auf andere Zerspanungs-Bearbeitungsverfahren — wie Hobeln, Fräsen, Bohren, Räumen usw. — sinngemäß übertragen. Gewisse Erfahrungen und Einflußgrößen, die für die Schnellstahlwerkzeuge gelten, haben auch für die Hartmetalle der Hauptgruppen (WC-Co, WC-TiC-Co, WC-TaC-Co, WC-TiC-TaC-Co) Gültigkeit, jedoch müssen die besonderen Eigenschaften der Hartmetalle und ihr unterschiedliches Verhalten bei der Zerspanung der verschiedenen Werkstoffe berücksichtigt werden. Wie schwierig die Behandlung des Zerspanungsproblemes ist, geht aus Zahlentafel 146 hervor. Von H. Laussmann[20] wurde versucht, einen Zusammenhang der bei Hartmetall am meisten interessierenden Größe der Schnittgeschwindigkeit mit den wichtigsten Faktoren bei der Zerspanung darzustellen, d. h. mit Werkstück, Werkzeug, Maschine, Schnittbedingungen und Einspannung. Es ergibt sich eine unübersehbare Zahl von Kombinationsmöglichkeiten, die im Rahmen dieses Buches

[5] Schlesinger, G.: Materials, Cutting Tools and Machineability Index, J. Inst. Prod. Eng. 21 (1942), S. 63/102.

[6] Negative Rake Milling. Machinery Publ. Brighton, 1945.

[7] Woodcock, F. L.: Design of Metal Cutting Tools, McGraw Hill, New York 1948.

[8] Metal-Cutting Tool Handbook, Metal Cutting Tool Inst., New York 1949.

[9] Baker, W. u. J. S. Kozacka: Carbide Cutting Tools How to make and use them., Am. Techn. Soc., Chicago 1949.

[10] Hirschfeld, E.: Hartmetalle, Schweizer Druck- und Verlagshaus A. G., Zürich 1949.

[11] Krekeler, K.: Die Zerspanbarkeit der Werkstoffe, 3. Aufl., Springer-Verlag, Berlin 1949.

[12] Lang, M.: Prüfen der Zerspanbarkeit durch Messung der Schnitttemperatur, C. Hanser, München 1949.

[13] Merchant, M. E. u. H. Ernst: Principles of Metal Cutting and Machineability, McGraw Hill, New York 1949.

[14] Am. Soc. Met.: Machining, Theory and Practice, Cleveland 1950.

[15] Brödner, E.: Zerspanung und Werkstoff, 2. Aufl., W. Girardet, Essen 1950.

[16] Chisholm, A. J., J. M. Lickley u. J. P. Brown: The Action of Cutting Tools, Machinery Publ., London 1951.

[17] Chisholm, A. J.: The Theory of Cutting Tools in „Modern Workshop Technology“, Cleaver-Hume, Press, London 1950.

[18] Schallbroch, H. u. H. Bethmann: Kurzprüfverfahren der Zerspanbarkeit, B. G. Teubner, Leipzig 1950.

[19] Krekeler, K.: Die Zerspanbarkeit der metallischen und nichtmetallischen Werkstoffe, Springer-Verlag, Berlin 1951.

[20] Laussmann, H.: Vortrag Berlin 1951.

nicht im einzelnen behandelt werden können. Wir haben uns bei der Behandlung des Stoffes im wesentlichen an die Einteilung von

Zahlentafel 146. *Zusammenhang der Zerspanungsbedingung* (H. Laussmann)

Die Schnittgeschwindigkeit ist abhängig von:		
Maschine	Werkstück	Werkzeug
Größe	Werkstoff	Werkstoff
Art	Art	Werkzeugstahl
Leistung	Festigkeit	Schnellstahl
Getriebe	Dehnung	Hartmetall
Zustand	Härte	Diamant
	Zustand	
	Beschaffenheit	Größe
	Größe	Schnittwinkel
	gleichförmig	Einspannung
	ungleichförmig	Zustand
	stabil	
	unstabil	
	Bearbeitungsart	
	Schruppen	
	Vordrehen	
	Schlichten	
	Feinstbearbeiten	

Einspannung	Schnittbedingungen
Freitragend	Spantiefe
Zangenspannung	gleichbleibend
	veränderlich
Futter, Planscheibe	Vorschub
Spitzen	Längs-, Quervorschub
Planscheibe mit Spitzen	Unterbrochener Schnitt
Vorrichtung mit Ab-	Kühlung
stützung	mit, ohne
mitlaufend	Heißzerspanung
feststehend	Spanablauf
ausgewuchtet	frei, zwangsläufig

E. Hirschfeld[1] gehalten, die uns für den Hartmetallpraktiker und Werkstättenfachmann am zweckmäßigsten erschien.

---

[1] Hirschfeld, E.: Hartmetalle, Schweizer Druck- und Verlagshaus A.G., Zürich 1949.

1. Grundbegriffe

a) *Arbeitsbewegungen, Hauptebenen*

Aus der schematischen Darstellung des Drehvorganges (Abb. 212) werden folgende Begriffe deutlich:

Die Hauptbewegung (d. h. die Umdrehung der Hauptspindel) der Drehmaschine ergibt die *Schnittbewegung* am Werkstück. Der Vorschub (s in mm/Umdrehung) — als *Längsvorschub* parallel zur Werkstückachse bzw. *Quer-* oder Planvorschub senkrecht dazu — zusammen mit der Schnittbewegung ergibt die daraus resultierende *Arbeitsbewegung.* Die *Schnittgeschwindigkeit (v in m/Minuten)* ist die Arbeitsbewegung in der Zeiteinheit, d. h. die relative Geschwindigkeit zwischen Werkstück und Werkzeugschneide. Hieran hat die *Vorschubgeschwindigkeit* in den meisten Fällen einen sehr kleinen Anteil und kann unberücksichtigt bleiben. Die *Schnittgeschwindigkeit* kann daher auch als die von der Schneide auf dem Werkstück

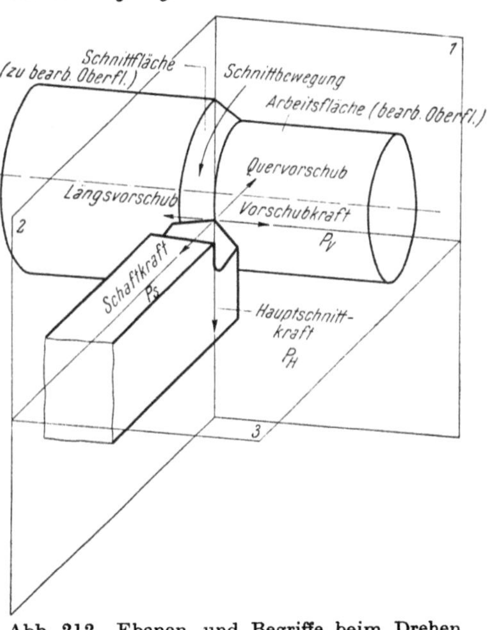

Abb. 212. Ebenen und Begriffe beim Drehen

in Richtung der Schnittbewegung in der Zeiteinheit zurückgelegte Strecke definiert werden. Beim Drehen eines Werkstückes mit einem Durchmesser d (mm), welches mit n Umdrehungen/Minute rotiert, beträgt die Schnittgeschwindigkeit:

$$v_{m/Min.} = \frac{\pi \cdot d \cdot n}{1000}.$$

Die *Spantiefe* (a in mm) ist die Stärke der abgenommenen Werkstoffschicht (Abb. 213). Sie beträgt, wenn d_1 der Durchmesser des zu bearbeitenden Werkstückes und d_2 der Durchmesser des bearbeiteten Werkstückes ist:

$$a = \frac{d_1 - d_2}{2}.$$

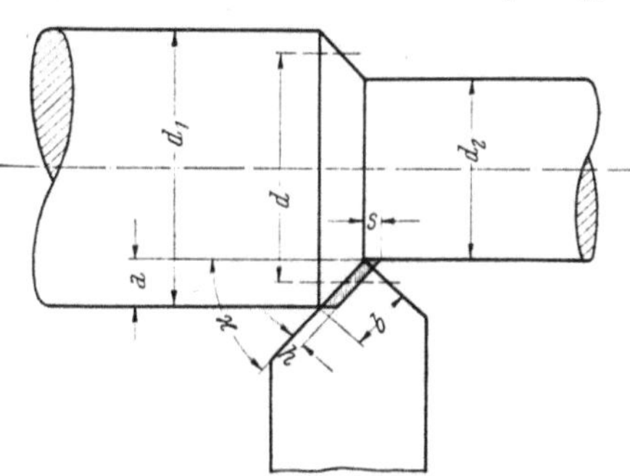

Abb. 213. Meßgrößen beim Drehen (E. Hirschfeld)

Für die Berechnung der Schnittgeschwindigkeit ist ein mittlerer Durchmesser

$$d = \frac{d_1 + d_2}{2}$$

einzusetzen. Bei kleinen und mittleren Spantiefen rechnet man mit dem äußeren Schnittdurchmesser.

Die drei Hauptebenen, welche zur Bestimmung der Schnittkraftkomponenten und der Schnittwinkel herangezogen werden, sind: die *erste Hauptebene* in Richtung des Längsvorschubes, die *zweite Hauptebene* in Richtung des Quervorschubes und der Schnittbewegung und die *dritte Hauptebene* senkrecht zu beiden. Parallel zur dritten Hauptebene liegt die Auflagefläche des Drehstahles.

Am Werkstück unterscheidet man *die zu zerspanende Oberfläche*, das ist jene, die durch Bearbeitung beseitigt werden soll, die *bearbeitete Oberfläche* als das Ergebnis der Zerspanung und die *Schnittfläche*, die unmittelbar unter der Werkzeugschneide entsteht.

b) *Schneidenwinkel und Schneidenflächen*

Die Winkel an der Schneide müssen dem jeweiligen Zerspanungsvorgang angepaßt sein. Die Angaben über die an der Schneide auftretenden Winkel dienen als Richtlinie bei der Herstellung von Schneidwerkzeugen. Eine genaue Bestimmung ist schwierig, da die Angaben unabhängig von der Lage des Werkzeuges zum Werkstück sein sollen. In den meisten Industrieländern existieren Schneidstahlnormen, die mit jeweils festgelegten Meßebenen bzw. Koordinatensystemen die Lage der Hauptschneide sowie der Spanfläche bestimmen. Bei der DIN-Norm werden die Schneidenwinkel durch Bezugsebenen bestimmt, die sich aus den Bewegungsrichtungen bei der Zerspanung ergeben (s. Abb. 212)*. Gemäß Abb. 214 unterscheidet man am Werkzeug die *Hauptschneide*, das ist jene Schneidkante des Schneidwerkzeuges, die unmittelbar am Schneidprozeß beteiligt ist, und die *Nebenschneide*, welche an der Schneiden-Spitzenrundung anschließt und je nach der Größe von Spitzenrundung und Spandicke die Nebentrennung des Spanes von der bearbeiteten Oberfläche bewirkt. An Flächen unterscheidet man die *Spanfläche*, über die der Span abläuft, und die *Freifläche* (der Haupt- bzw. Nebenschneide), welche gegen die Schnittfläche bzw. gegen die bearbeitete Werkstückoberfläche gerichtet ist.

---

* Bezüglich der Bezugsebenen sei auch auf die Veröffentlichung von J. Witthoff: Kennzeichnung der Winkel an spanabhebenden Werkzeugen, Werkstatt und Betrieb **82** (1949), S. 40/46, hingewiesen.

Am Werkzeug unterscheidet man folgende Winkel:

Der *Freiwinkel* α ist der Winkel zwischen Schnitt- und Freifläche. Er soll bei Hartmetallwerkzeugen zur Erreichung einer guten Abstützung möglichst klein gehalten werden. Allerdings

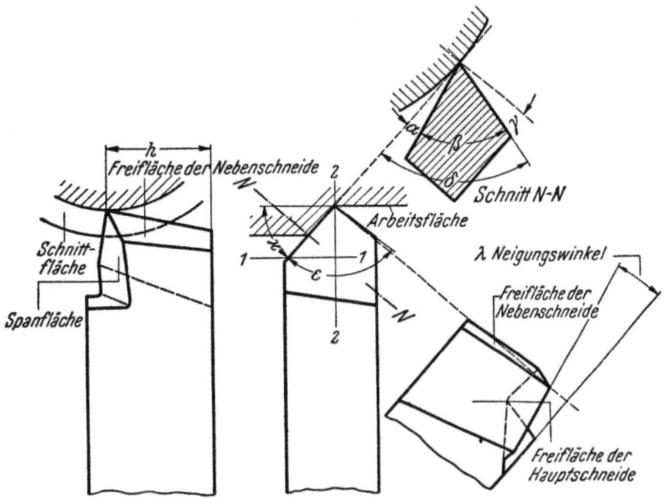

Abb. 214. Winkel und Flächen am Drehstahl nach DIN 768

erhöht ein zu kleiner Winkel — je nach dem bearbeiteten Werkstoff — die Reibung. In der Regel ist α bei Stahl 4 bis 5°, bei weichen Metallen 6 bis 8°, bei Kupfer 10 bis 15°.

Der *Spanwinkel* γ ist der Winkel zwischen der Senkrechten auf die Schnittfläche und der Spanfläche. Je größer der Spanwinkel ist, um so leichter wird der Span vom Werkstück getrennt. Wegen der Gefahr des Ausbrechens wird man aber — und dies hängt sowohl vom bearbeiteten Werkstoff als auch vom Schneidwerkstoff ab — nicht über einen gewissen Wert hinausgehen. Bei der Bearbeitung von Kupfer und weichem Stahl mit Hartmetall beträgt γ 20 bis 18°, bei Leichtmetall kann der Spanwinkel noch größer werden. Mit zunehmender Härte des zu bearbeitenden Werkstoffes wählt man ihn immer kleiner. Für die Bearbeitung von besonders hartem Stahl und Werkstoffen höchster Festigkeit wendet man sogar mit Vorteil einen *negativen Spanwinkel* an (s. S. 598). Je größer α und insbesondere γ ist, um so kleiner wird der von ihnen eingeschlossene *Keilwinkel* β und um so größer ist die Gefährdung der Schneidenkante. Man wird also bei Hartmetall, das verhältnismäßig spröde ist, α und γ möglichst klein wählen, vor allem, wenn harte Werkstoffe, insbesondere im unterbrochenen Schnitt, zu bearbeiten sind.

Voraussetzung dabei ist allerdings, daß die Maschine dem erhöhten Kraftbedarf nachkommt. Wird der Spanwinkel γ negativ, dann steigt der Keilwinkel über 90° und die Hartmetallschneide wird im wesentlichen auf Druck beansprucht (Abb. 215)[1].

Der *Einstellwinkel* $\varkappa$ ist der Winkel zwischen der ersten Hauptebene und der Projektion der Schneidkante auf die dritte Hauptebene. Er bestimmt die Dicke des Spanes h und die Schnittbogenlänge und ist daher von Bedeutung für den Schnittwiderstand und den ruhigen Schnittverlauf. $\varkappa$ beträgt in der Regel 30 bis 60°. Je mehr das Werkstück zum Vibrieren neigt, um so größer muß der Einstellwinkel werden. Beim Seitendrehstahl beträgt $\varkappa$ in der Regel 90°, beim Breitstahl 0°.

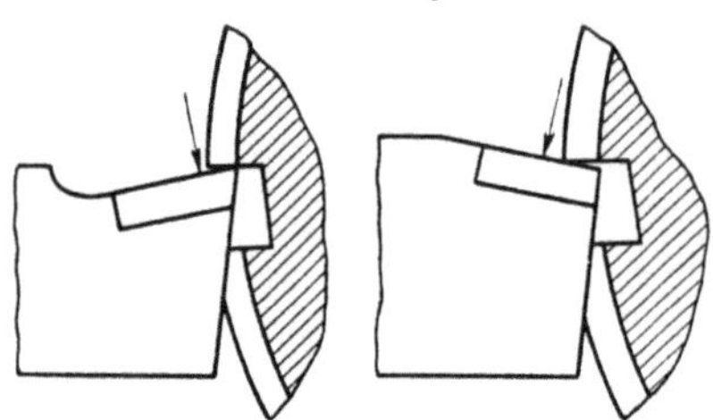

Abb. 215. Beanspruchung der Schneide bei positivem und negativem Spanwinkel (K. Krekeler)

Der *Neigungswinkel* λ ist der Winkel der Schneidkante gegen die dritte Hauptebene. Bei abfallender Schneidkante, d. h. wenn die Schneidkante nach der Spitze zu abfällt, ist der Winkel positiv. Für Hartmetallwerkzeuge hat der Neigungswinkel λ eine außergewöhnliche Bedeutung. Bei den verhältnismäßig spröden Hartmetallen ist eine Beanspruchung der Schneidenspitze, die jeweils beim ersten Eingriff, insbesondere aber bei unterbrochenem Schnitt auftritt, möglichst zu vermeiden. Bildet man die Schneide, wie Abb. 216 zeigt, so aus, daß die Schneidenspitze den tiefsten Punkt der Hauptschneide bildet, d. h. wählt man λ *positiv*, dann wird die Gefahr des Ausbrechens herabgesetzt. Bei erheblich größeren Neigungswinkeln muß man allerdings mit höheren Schnittkräften rechnen.

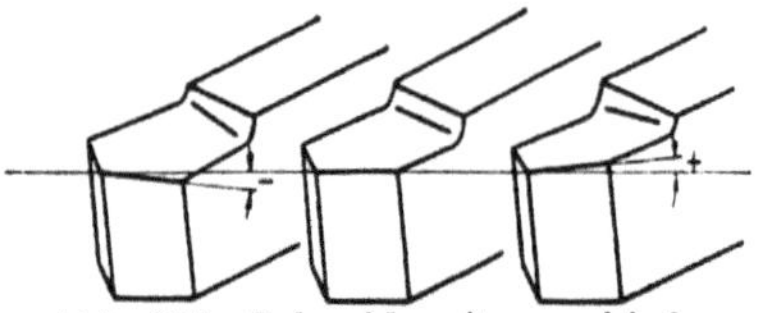

Abb. 216. Schneide mit verschiedenen Neigungswinkeln

Als Maß für die Abrundung der Schneidenspitze hat sich r = 2,5 mal Vorschub bewährt, sofern nicht unstarre Werkstücke kleinere Radien bzw. das Feindrehen zur Erreichung hoher Oberflächengüte größere Rundungen erfordern.

Auf die Bezeichnung der Schnittwinkel in den angelsächsischen Ländern (nach American Standard Association) soll hier nicht eingegangen werden. Es sei auf die sehr klare Darstellung von K. Kre-

---

[1] Krekeler, K.: Zerspanbarkeit metallischer und nichtmetallischer Werkstoffe, Springer-Verlag, Berlin 1951, S. 203/06.

keler[1] verwiesen, der auch Formeln und graphische Darstellungen für die Umrechnung der Winkel auf deutsche Verhältnisse angibt.

c) Der Span

Die Fläche des Spanes, die in der senkrecht zur Schnittrichtung durch die Werkzeugspitze gedachten Ebene liegt, heißt *Spanquerschnitt*, seine Formel lautet:

$$F = h \cdot b,$$

wobei h die *Spandicke* und b die *Spanbreite* ist (Abb. 213). Praktisch wird der Spanquerschnitt als Produkt von Vorschub und Schnittiefe berechnet:

$$F = a \cdot s.$$

Je nach Einstellwinkel $\varkappa$ bzw. gerader oder gebogener Schneidenausbildung ist bei gleichem Vorschub und gleicher Schnittiefe die Form des Spanquerschnittes sehr verschieden (Abb. 217). Da der

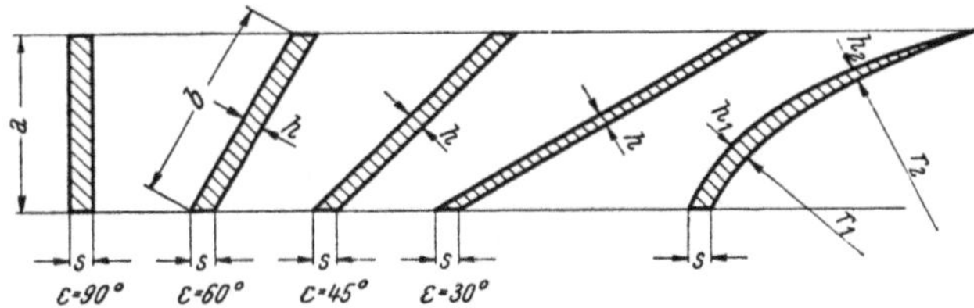

Abb. 217. Spanquerschnittsformen (E. Hirschfeld)

spezifische Schnittdruck von der Form des Spanquerschnittes beeinflußt wird, ist auch die Standzeit davon abhängig (s. S. 598).

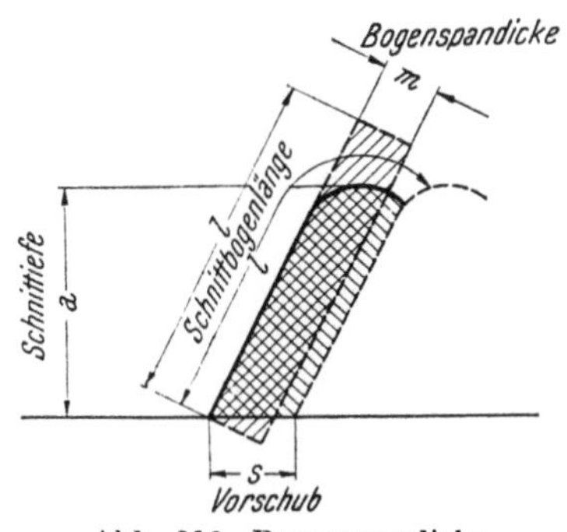

Abb. 218. Bogenspandicke (W. Leyensetter)

W. Leyensetter[2] schlug vor, die Spanquerschnittsform, deren Fläche durch den theoretischen Spanquerschnitt $a \cdot s$ gegeben ist, auf eine Eingriffslänge l zu beziehen (Abb. 218). Er führt zu diesem Zweck die

$$\text{Schnittkennziffer} = \frac{1}{a \cdot s}$$

ein und nennt den Kehrwert dieses Koeffizienten *Bogenspandicke* m

$$m = \frac{a \cdot s}{1}$$

---

[1] Krekeler, K.: Zerspanbarkeit der metallischen und nichtmetallischen Werkstoffe, Springer-Verlag, Berlin 1951, S. 200/03.

[2] Leyensetter, W.: Grundlagen und Prüfverfahren der Zerspanung, im besonderen des Drehens. RKW-Veröffentlichung Nr. 114, G. W. Teubner, Leipzig 1938.

Die Bogenspandicke m ist also die angenommene Dicke eines Spanes mit der Fläche a · s, über der Eingriffslänge l. Der Wert für m ist immer kleiner als s. Die Eingriffslänge l wird von der Spantiefe, dem Einstellwinkel und dem Spitzenradius beeinflußt. Je größer die Bogenspandicke, um so kleiner ist die im Eingriff stehende Schneidenlänge und um so kürzer die Standzeit. Die Werte für die Bogenspandicke, welche bei Standzeitbestimmungen benötigt werden (s. S. 612) sind Tabellen zu entnehmen.

2. Der Schnittwiderstand

a) Spanbildung

Aus Messungen der Schnittdruckschwankungen bei sehr kleinen Schnittgeschwindigkeiten und durch direkte Beobachtung des Zerspanungsvorganges mittels Zeitlupenaufnahmen kann man heute die Spanbildung kurz folgendermaßen erklären:

Die Werkzeugschneide deformiert zunächst in steigendem Maße die Oberfläche des Werkstückes. Bei weiterer Drucksteigerung entsteht eine solche Beanspruchung, daß das Gefüge zerstört wird; die abgetrennten Teilchen beginnen in Form eines Spanes längs der Spanfläche abzugleiten. Die Werkstoffteilchen des Spanes werden dabei durch Scherung beansprucht, so daß in gewissen Gleitebenen der Zusammenhang des Spanes vollkommen oder teilweise zerstört wird. Die einzelnen Phasen dieses sich periodisch wiederholenden Vorganges sind von Änderungen des Schnittdruckes begleitet, welche bei experimentellen Zerspanungen mit sehr niedrigen Schnittgeschwindigkeiten verfolgt werden können. Bei sehr hohen Schnittgeschwindigkeiten folgen die Änderungen des Widerstandes so rasch aufeinander, daß sie durch Messungen nicht mehr verfolgt werden können. Sie machen sich aber durch ein mehr oder weniger starkes Vibrieren beim Zerspanungsvorgang bemerkbar.

Das Abscheren der einzelnen Spanteilchen erfolgt bei den verschiedenen Werkstoffen, je nach Zugfestigkeit und Dehnung bzw. Härte, ganz verschieden. Bei spröden Werkstoffen (Gußeisen) tritt ein vollständiges Abbrechen des Spanes ein; es bildet sich ein *unterbrochener, kurzer Span*. Bei zähen Werkstoffen (Stahl) bildet sich meist ein *zusammenhängender, langer Span*, aber auch hier macht sich eine Verformung bemerkbar, die sehr deutlich an der Veränderung des Spanquerschnittes zu beobachten ist. Mit negativem Spanwinkel kann man auch bei weichen und zähen Werkstoffen einen kurzen Span erzielen. Auch durch besondere Ausbildung der Schneide (Spanstufe) entsteht bei zähen Werkstoffen ein kürzerer Span.

Außer vom Werkstoff wird die Form des Spanes noch von einer Reihe anderer Faktoren beeinflußt, insbesondere von den Schneidenwinkeln, der Schnittiefe, dem Vorschub, der Schnittgeschwindigkeit u. a. Über die zahlreichen Untersuchungen dieser Zusammenhänge wird im Fachschrifttum[1],[2] ausführlich berichtet.

Für den praktischen Betrieb hat die Spanform große Bedeutung, da beispielsweise ein ungünstiger langer Wirrspan den Abtransport großer Spanmengen aus der Werkstatt sehr erschwert und Arbeiter, Werkzeug und Maschine gefährden kann.

Zur Spanverformung ist eine gewisse Arbeit erforderlich, die um so größer sein wird, je stärker diese Verformung ist[3]. Die Bildung eines gebrochenen Spanes bei zähen Werkstoffen bedingt daher eine stärkere Belastung des Werkzeuges, erfordert somit größere Schnittkräfte und einen großen Energieaufwand beim Schneiden. Zwischen Spanverformung und Oberflächenbeschaffenheit des bearbeiteten Werkstückes besteht ein enger Zusammenhang. Wesentlich stärker wird der Span bei niedrigen Schnittgeschwindigkeiten verformt, weil dabei die einzelnen Kristallite des Werkstoffes deformiert und aus dem Verband gerissen werden, was sich durch eine rauhe, schuppige Oberfläche des Werkstückes bemerkbar macht. Bei den hohen Schnittgeschwindigkeiten, die bei Hartmetall angewendet werden, erfolgt das Abtrennen des Materials so rasch, daß die einzelnen Kristallite ohne wesentliche Verformung von der Schneide abgetrennt werden. Die Schnittfläche und die bearbeitete Oberfläche am Werkstück ist sehr glatt, was ein Kennzeichen für den richtigen Einsatz von Hartmetall ist.

Eine charakteristische Erscheinung beim Zerspanen, insbesondere von Stahl, ist die Verfestigung des bearbeiteten Werkstückes sowie des Spanes durch Scherspannungen. Nach Mikrohärteuntersuchungen von M. E. Merchant[4] ist die Oberflächenhärte des bearbeiteten Werkstückes je nach Art des Werkstoffes etwa ein- bis zweieinhalbmal höher als die ursprüngliche Härte. Der Span ist bis zu dreimal härter. Spröde Werkstoffe (Guß) weisen fast keine Härtesteigerung auf.

Durch Reibung des Spanes und des Werkstückes am Werkzeug wird ebenfalls die Schnittkraft beeinflußt.

---

[1] Krekeler, K.: Zerspanbarkeit der metallischen und nichtmetallischen Werkstoffe, Springer-Verlag, 1951, S. 132/39.

[2] Schallbroch, H. u. H. Bethmann: Kurzprüfverfahren der Zerspanbarkeit, B. G. Teubner, Leipzig 1950, S. 172/86.

[3] Leyensetter, W.: Z. VDI. 93 (1951), S. 375/78.

[4] Merchant, M. E.: in „Machining-Theory and Practice", Am. Soc. Met., Cleveland 1950, S. 5/44.

Zusammenfassend müssen bei der Zerspanung folgende Widerstände überwunden werden: Der *Trennwiderstand*, d. h. der Widerstand, den der Werkstoff der Abtrennung einzelner Teilchen entgegensetzt; der *Verformungswiderstand*, das ist der Widerstand des abgenommenen sowie des bearbeiteten Materials gegen Umformung (elastische oder dauernde Verformung des Werkstückes und des Spanes) und der *Reibungswiderstand*, bedingt durch die Reibung des Spanes und des Werkstückes am Werkzeug. Der größte Teil der Zerspanungsarbeit entfällt auf die Überwindung des Verformungswiderstandes, und zwar bei der Zerspanung von Guß 50%, von Stahl 75% der Gesamtarbeit. Auf den Schnittwiderstand entfällt bei Guß 35%, bei Stahl 15%. Der verbleibende Rest der Gesamtarbeit wird vom Reibungswiderstand beansprucht.

b) Die Schneidenaufwachsung (Aufbauschneide, Schneidenansatz)

Bei der Zerspanung weicher und zäher Werkstoffe kommt es häufig vor, daß sich an der Werkzeugschneide Teilchen des zerspanten Werkstoffes festsetzen (Abb 219)[1,2]. Diese sogenannte Aufwachsung wird im Verlauf der Arbeit immer größer, bis sie endlich vom Span teilweise oder ganz fortgerissen wird. Dabei kann es vorkommen, daß auch Teile der Schneide mitgenommen werden. Die Aufwachsung bildet sich laufend von neuem und wird wieder abgerissen. Die Folge dieses sich dauernd wiederholenden Kreislaufes,

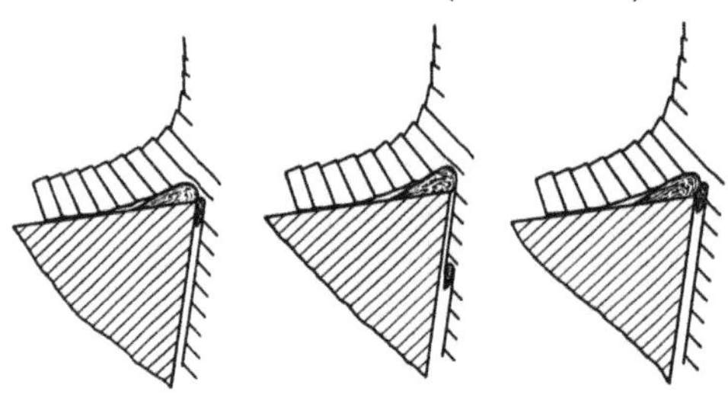

Abb.219. Aufwachsschneidenbildung, schematisch (F. Schwerd)

deren einzelne Phasen nur Bruchteile von Sekunden dauern, ist ein Abbau der Schneide, der bis zum Ausbrechen führen kann. In diesem Zusammenhang sei bereits auf eine charakteristische Verschleißerscheinung an der Spanfläche bei der Bearbeitung von Stahl, die sogenannte *Auskolkung*, hingewiesen, welche auch auf Verschweißvorgänge zurückzuführen ist (s. S. 609). Schon Taylor erklärte die Bildung der Aufbauschneide mit einer Anhäufung kleinster Werkstoffteilchen, die unter dem Einfluß des Druckes (s. Schnittdruck, S. 596) und der verhältnismäßig hohen Temperatur, während des Schneidvorganges an der Schneide zusammenschweißen (s.

---

[1] Wallichs, A. u. K. Krekeler: Stahl u. Eisen **49** (1929), S. 578.
[2] Schwerd, F.: Z. VDI. **80** (1936), S. 233/36.

Schnittemperatur, S. 600). W. Dawihl[1-3] hat durch sinnreiche Versuche diese Annahme bewiesen. Körper aus dem bearbeiteten Werkstoff und dem Schneidwerkstoff (WC-Co-, und WC-TiC-Co-Hartmetalle), deren Oberfläche sehr sorgfältig geschliffen und poliert worden war, wurden unter einem bestimmten Druck eine gewisse Zeit bei steigender Temperatur zusammengepreßt. Dabei wurde zunächst die niedrigste Temperatur, bei der die Körper zusammenhafteten, die sogenannte *Klebetemperatur*, ermittelt. Zahlentafel 147 gibt diese für verschiedene hier untersuchte Werkstoffpaare wieder.

Zahlentafel 147. *Klebetemperatur zwischen Karbiden bzw. Hartmetallen und Stählen* (W. Dawihl)

Kombination	Klebetemperatur °C
Stahl 60 kg/mm² Festigkeit mit:	
WC	1000
WC + 0,5% Co	900
WC + 1% Co	775
WC + 5% Co	625
WC + 20% Co	625
Co	550
WC + 15% TiC + 5% Co	775
TiC	1000
Schnellstahl	575
Stahl mit 110 kg/mm² Festigkeit mit:	
WC	1050
WC + 0,5% Co	900
WC + 1% Co	800
WC + 5% Co	750
Co	750
WC + 15% TiC + 5% Co	850
TiC	1150
Grauguß (200 kg/mm² Härte) mit:	
WC + 5% Co	700
WC + 15% TiC + 5% Co	825

In weiterer Verfolgung dieser Fragen wurde dann die Festigkeit bestimmt, mit der die bei steigender Temperatur verschweißten Werkstoffpaare zusammenhaften. In Zahlentafel 148 ist ein Teil der Versuchsergebnisse zusammengestellt und in Abb. 220 in Kurvenform wiedergegeben.

---

[1] Dawihl, W.: Z. techn. Physik **21** (1940), S. 336/45, 44/48.
[2] Dawihl, W.: Stahl u. Eisen **61** (1941), S. 210/13.
[3] Dawihl, W. u. W. Rix: Z. Metallkde. **34** (1942), S. 156/59.

Zahlentafel 148. *Festigkeit der Schweißnaht in Abhängigkeit von der Temperatur bei Verschweißung von Hartmetallen mit Stählen (Druck: 2,2 kg/mm², Druckdauer: 20 Minuten) (W. Dawihl)*

Temperatur °C	Zerreißfestigkeit der Naht in kg/mm²			
	WC-Co-Hartmetall 95/5 (G1) und		WC-TiC-Co-Hartmetall 80/15/5 (S1) und	
	Stahl 40*	Stahl 120*	Stahl 40*	Stahl 120*
625	0,2	—	—	—
650	0,5	—	—	—
675	1,2	—	0,01	—
700	2,2	0,01	0,05	—
725	3,6	0,01	0,6	—
750	4,1	0,1	0,5	—
775	—	1,1	0,7	—
800	—	0,7	0,7	0,1
825	—	1,0	1,2	0,01
850	—	4,8	1,5	0,5
875	—	3,5	1,6	1,1
900	—	5,2	1,9	0,4
925	—	5,2	—	1,3
950	—	6,2	—	0,8
1000	—	7,2	—	—
1075	—	—	—	0,7

* Zugfestigkeit 40 bzw. 120 kg/mm²

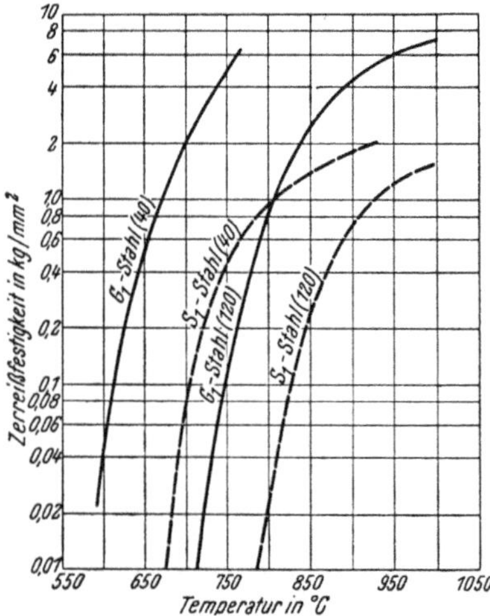

Abb. 220. Festigkeit der Schweißnaht in Abhängigkeit von der Verschweißtemperatur (Druck: 2,2 kg/mm², Druckdauer: 20 Minuten) (W. Dawihl und W. Rix)

Die Ergebnisse der Untersuchungen kann man folgendermaßen zusammenfassen: Die Klebetemperatur zwischen Hartmetall und Stahl liegt höher als zwischen Schnellstahl und Stahl. Von den zwei untersuchten Hartmetallsorten haftet die TiC-haltige an Stahl bei wesentlich höherer Temperatur als die TiC-freie. Die Klebetemperatur steigt mit zunehmender Festigkeit (Härte) des Stahls. Bei einem Gehalt von 5% Co im Hartmetall tritt keine wesentliche Beeinflussung der Hafttemperatur mehr auf. Auch bei der Betrachtung der Zerreißfestigkeit der Schweißverbindung zwischen WC-Co- und WC-TiC-Co-Hartmetallen mit Stählen zeigt sich, daß die TiC-haltige Sorte erst bei wesentlich höheren Temperaturen eine gleichfeste Verbindung ergibt wie die TiC-freie.

Diese Beobachtungen erklären, wenigstens was den Verschleiß der Hartmetallschneide durch Verschweißerscheinungen betrifft, eindeutig die Überlegenheit von WC-TiC-Co-Hartmetallen gegenüber WC-Co-Sorten bei der Bearbeitung von Stahl (s. S. 613).

Kennzeichnend für den Verschleißeffekt durch die Aufbauschneidenbildung bei der Zerspanung einiger Werkstoffe ist, daß er nur in einem bestimmten Schnittgeschwindigkeitsbereich auftritt (größtenteils bei niedrigen Schnittgeschwindigkeiten) und bei Überschreitung einer bestimmten Grenze wieder verschwindet. Man kann das so erklären, daß bei höheren Schnittgeschwindigkeiten die Reibung zwischen Meißel (Spanfläche) und Span abnimmt und sich das Gefüge des letzteren durch Rekristallisation und Verfestigung ändert, gegebenenfalls oberflächlich eine geringe Oxydation eintritt. Auch die Berührungszeit zwischen Span und Meißel wird mit höher werdender Schnittgeschwindigkeit immer kleiner. Alle diese Einflüsse verhindern zum Teil die Bildung der Aufwachsung. Der Span wirkt auf den Meißel wie ein harter Körper und nützt ihn ab, indem er auf der Spanfläche eine Vertiefung einschleift.

Früher neigte man zu der Anschauung, daß sich die Aufbauschneide günstig auf die Lebensdauer der Schneide auswirke, da sie die Schneidkante vor Abnutzung durch Reibung und Temperatureinwirkung schützen sollte. Die Untersuchungen, insbesondere an Hartmetall, haben aber das Gegenteil gezeigt. Die Aufwachsung übt einen sehr ungünstigen Einfluß auf den gesamten Zerspanungsvorgang aus, sie wirkt sich durch unruhiges Arbeiten des Werkzeuges in einer beträchtlichen Verschlechterung der Oberflächenbeschaffenheit des Werkstückes, in Unregelmäßigkeiten beim Vorschub und vor allem in vorzeitiger Beschädigung der Schneide aus. Bei der Bearbeitung mit Hartmetall ist die Bildung von Aufwachsungen meist auf eine unrichtige Wahl der Schnittgeschwindigkeit, d. h. eine für den betreffenden Werkstoff und Span zu niedrige Schnittgeschwindigkeit, zurückzuführen. Die Lebensdauer der Schneide wird dabei durch Ausbröckelungen infolge des Abreißens der Aufwachsungen verkürzt.

c) Die Schnittkräfte

Der Widerstand, den der bearbeitete Werkstoff dem Abtrennen und Verformen des Spanes einschließlich Reibung entgegensetzt, wird allgemein als *Schnittwiderstand* bezeichnet. Er macht sich durch eine auf den Meißel wirkende Kraft P bemerkbar, welche bei normalem Längsdrehen in drei Komponenten zerlegt werden kann (Abb. 212). Die *Hauptschnittkraft* P_H wirkt in Richtung der Hauptschnittbewegung. Sie liegt im Schnitt der ersten und zweiten Hauptebene. Die *Vorschubkraft* P_V wirkt achsial in der Horizontalebene als Widerstand gegen den Vorschub. Sie liegt im Schnitt der ersten und dritten Hauptebene. Die *Schaftkraft* P_S wirkt radial in der Horizontalebene. Sie liegt im Schnitt der zweiten und dritten Hauptebene.

Das Verhältnis zwischen den Komponenten P_H, P_V und P_S ist nicht konstant, es hängt von der Schneidenform, der Schneidenstellung, dem Spanquerschnitt und der Schnittbewegung ab. Die Kenntnis von dem Kräfteverhältnis bei der Zerspanung ist deshalb wichtig, weil dadurch die Beanspruchung der einzelnen Organe der Werkzeugmaschine bestimmt und damit ihre Konstruktion beeinflußt wird.

Die resultierende Schnittkraft P ändert sich während der Spanbildung, was eine für die Bearbeitung unangenehme Vibration zur Folge haben kann. Bei höheren Schnittgeschwindigkeiten und richtigen Schnittwinkeln sind die Schwingungen allerdings klein, sofern die Maschine nicht überlastet ist, ferner das Werkzeug und Werkstück ausreichend starr und gut eingespannt sind.

Die Größe der Kraft P und ihre Aufteilung auf die einzelnen Komponenten hängt von dem zu bearbeitenden Werkstoff und den Schnittbedingungen ab. Ein jeder Werkstoff übt entsprechend seinen Eigenschaften bei der Zerspanung einen bestimmten Druck — den *Schnittdruck (Schnittkraft)* — auf die Schneide aus. Unter konstanten Schnittbedingungen ist der Schnittdruck für jeden Werkstoff charakteristisch; bezogen auf $1\ \text{mm}^2$ Spanquerschnittsfläche ergibt er den *spezifischen Schnittdruck* k_s. Da die Hauptschnittkraft die maßgebende Größe ist, während die Vorschubkraft P_V und die Schaftkraft P_S nur sehr geringen Einfluß (bis etwa ein Zehntel) auf die Gesamtschnittkraft ausüben und praktisch vernachlässigt werden können, wird allgemein die Hauptschnittkraft $P_H = P$ als Gesamtschnittkraft gesetzt. Für einen Span mit der Fläche F ist dann die Gesamtschnittkraft $P\ (\text{kg}) = F\ (\text{mm}^2) \cdot k_s\ (\text{kg/mm}^2)$.

Der spezifische Schnittdruck k_s ist aber für einen gegebenen Werkstoff keine Konstante, sondern hängt von den jeweiligen Schnittbedingungen, insbesondere von Spanform, Spanquerschnittsform, Schnittwinkel, Schmierung, Temperatur u. a. ab. Auch wenn diese Größen konstant gehalten werden und man sogenannte „Schnittkoeffizienten" ermittelt, bleibt noch die Abhängigkeit von der Schnittgeschwindigkeit und dem Zustand der Schneide. Unter diesen Umständen ist es begreiflich, daß es sehr schwierig ist, einheitliche Größen zu ermitteln, und daß demnach die Literaturangaben über die spezifische Schnittkraft beträchtlich schwanken.

Die Bestimmung der Schnittkräfte in Abhängigkeit von den verschiedenen, später einzeln zu besprechenden Faktoren ist bei Verwendung von Hartmetall von besonderer Bedeutung, weil dieser Hochleistungs-Schneidwerkstoff Schnittgeschwindigkeiten erlaubt, welche Schnittkräfte verursachen, zu deren Überwindung die Maschine häufig bis an die Grenze der Leistungsfähigkeit beansprucht wird. Die Kenntnis von der Größe der einzelnen Schnittkraftkomponenten ist daher für die Konstruktion von Bearbeitungsmaschinen und Werkzeugen für Hartmetall unbedingt erforderlich.

Zur praktischen Bestimmung der Schnittkraft wurden zahlreiche mechanische, hydraulische, pneumatische und elektrische Geräte entwickelt, von denen das nach dem induktiven Prinzip arbeitende Gerät von H. Schallbroch und H. Schaumann[1] sehr verbreitet ist.

d) Einfluß verschiedener Faktoren auf den Schnittdruck

α) *Einfluß der Werkstoffestigkeit.* Aus den Ausführungen über die Spanbildung ist leicht verständlich, daß die spezifische Schnittkraft in enger Beziehung zur Zugfestigkeit bzw. Härte des zerspanten Werkstoffes steht. Trotzdem ist eine rechnerische Ermittlung auf Grund dieser Festigkeitswerte sehr schwierig, und die empirisch gewonnenen Formeln, von denen insbesondere die von M. Kronenberg[2] für Gußeisen und Stahl angegebenen zu nennen sind, können nur zur orientierenden Berechnung dienen.

β) *Einfluß der Schnittwinkel.* Die Schnittwinkel, insbesondere α, γ und $\varkappa$ üben einen großen Einfluß auf die Höhe der Schnittkraft aus, wobei allerdings die Werkzeugformen, bei denen die Schnittkräfte am kleinsten sind, nicht immer die besten sein müssen (vgl. die Ausführungen über negativen Spanwinkel).

Eine Vergrößerung des Freiwinkels α bewirkt eine Verringerung der Schnittkraft, wobei man bei Hartmetall wegen Schneidengefährdung einen gewissen Wert nicht überschreiten wird (s. S. 587). Auch ein größerer Spanwinkel γ hat auf die Schnittkraft einen günstigen Einfluß. Da eine Vergrößerung von α und γ eine Verkleinerung des Keilwinkels β zur Folge hat und sich damit die Gefahr des Ausbrechens der spitzen Schneide erhöht, wird man bei

---

[1] Schallbroch, H. u. H. Schaumann: Maschinenbau, Betrieb **19** (1940), S. 235.

[2] Kronenberg, M.: Grundzüge der Zerspanungslehre, Springer-Verlag, Berlin 1937.

Hartmetall β so groß als möglich wählen, ja in besonders schwierigen Fällen sogar über 90° gehen, d. h. negative Spanwinkel anwenden. Dabei steigen gemäß G. Pahlitzsch[1] (Abb. 221) die Schnittkräfte stark an, was sich in einem viel größeren Kraftbedarf der Maschine und in einer sehr großen Wärmeentwicklung an der Schneide bemerkbar macht. Dies muß aber für die Hartmetallschneide, welche höchste Warmfestigkeit besitzt, keineswegs nachteilig sein, weil die Haltbarkeit der Schneide, die bei negativem Spanwinkel größtenteils auf Druck beansprucht wird, höher ist[2-7].

Mit steigendem Einstellwinkel $\varkappa$ sinkt der Schnittdruck anfänglich, durchläuft ein Minimum und steigt dann wieder an. Der vorteilhafteste Einstellwinkel für Stahl ist etwa 45°, für Guß 60°.

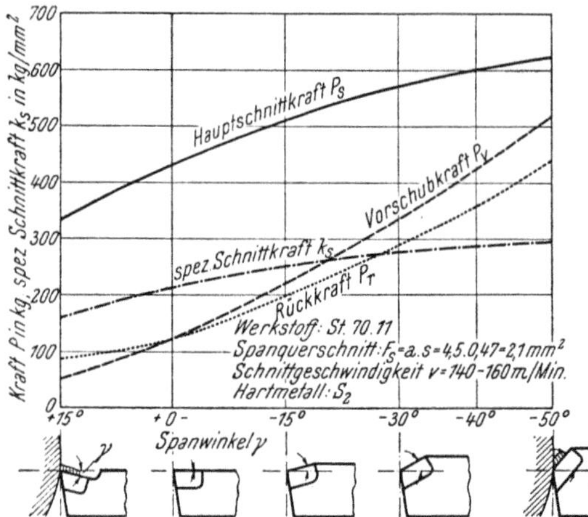

Abb. 221. Schnittkräfte beim Drehen mit Hartmetall in Abhängigkeit vom Spanwinkel (G. Pahlitzsch)

Gebogene Schneiden bzw. große Spitzenradien mit relativ größeren Eingriffslängen bedingen eine große Spanverformung und damit eine höhere spezifische Schnittkraft.

$\gamma)$ *Einfluß des Spanquerschnittes.* Die Gesamtschnittkraft steigt — bei Einhaltung gleicher Schneidenwinkel und praktisch gleichen Spanverhältnissen — mit zunehmenden Spanquerschnitten fast linear an. Die spezifische Schnittkraft steigt dagegen mit kleiner werdendem Spanquerschnitt stark an, da bei kleinerem Querschnitt eine im Verhältnis größere Trennarbeit geleistet werden muß. Im doppeltlogarithmischen Koordinatensystem erhält man für verschiedene Werkstoffe Gerade für die Abhängigkeit der spezifischen Schnittkraft vom Spanquerschnitt (Abb. 222).

Der spezifische Schnittdruck ist auch abhängig von der Span-

---

[1] Pahlitzsch, G.: Z. VDI **92** (1950), S. 462/74.

[2] Ernst, H.: Mech. Eng. **66** (1944), S. 295/99.

[3] Opitz, H. u. J. Kob: in „Wirtschaftliche Fertigung und Forschung", München 1949.

[4] Negative Rake Milling, Machinery Publ. Brighton 1945.

[5] Burmester, H.J.: Werkstattstechn. Masch.-Bau **41** (1951), S. 351/53.

[6] Kogler: Werkstattstechn. Masch.-Bau **41** (1951), S. 92/94.

[7] Pahlitzsch, G.: Ind.-Anz. **73** (1951), Nr. 54, S. 600/04.

querschnittsform. Bei Vergrößerung der Spandicke h fällt er langsamer als diese, bei Vergrößerung der Spanbreite b nimmt er annähernd proportional zu. Die spezifische Schnittkraft ist demnach von der Schnittiefe unabhängig; mit zunehmendem Vorschub sinkt sie ab.

δ) *Einfluß der Schnittgeschwindigkeit.* Bei den für Schnellstähle gebräuchlichen Schnittgeschwindigkeiten besteht kein Einfluß auf die spezifische Schnittkraft. Steigert man die Schnittgeschwindigkeit auf etwa 100 m/Minute, was bei Hartmetall ohne weiteres möglich ist, dann sinkt die Schnittkraft je nach Werkstoff mehr oder weniger stark ab, bleibt aber bei weiterer Steigerung konstant.

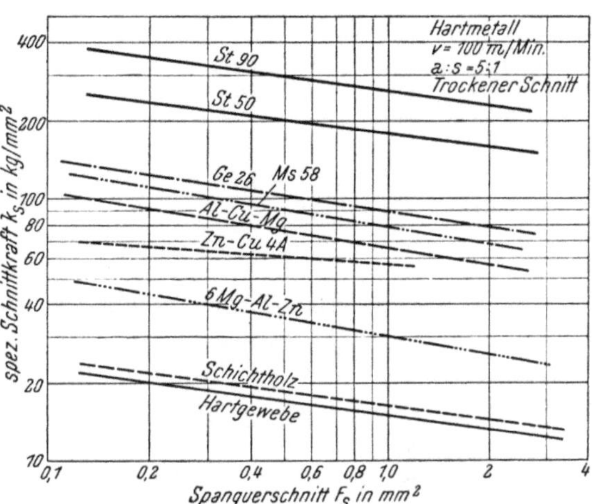

Abb. 222. Spezifischer Schnittdruck k_s in Abhängigkeit vom Spanquerschnitt bei der Bearbeitung verschiedener Werkstoffe mit Hartmetall (H. Schallbroch und P. v. Doderer)

ε) *Einfluß des Schmiermittels.* Durch Verwendung geeigneter Schmierflüssigkeiten kann die Schnittkraft gesenkt werden. Der spezifische Schnittdruck fällt z. B. bei Verwendung emulgierter Mineralöle um 5 bis 10%, bei Pflanzenölen bis zu 20%.

ζ) *Einfluß der Temperatur.* Bei der sogenannten „*Warmzerspanung*", bei der man das Werkstück durch verschiedenartige Aufheizung induktiv oder durch Lichtbogen- oder Schweißbrennererhitzung stark erwärmt, wird die zur Überwindung des Trenn- und des Deformationswiderstandes erforderliche Kraft niedriger, da die Festigkeit und Härte aller Werkstoffe mit steigender Temperatur beträchtlich absinkt[1-7]. Auch eine Härtesteigerung durch

---

[1] Schmidt, A. O.: Iron Age **163** (1949), Nr. 17, S. 66/70.

[2] Häck, F.: Werkstattstechn. Masch.-Bau **40** (1950), S. 77/79.

[3] Tour, S. u. L. S. Fletcher: Iron Age **164** (1949), Nr. 3, S. 78/89.

[4] Friedman, L. T.: Iron Age **165** (1950), Nr. 6, S. 71/76.

[5] Schmidt, A. O.: in „Machining-Theory and Practice", Am. Soc. Met., Cleveland 1950, S. 218/40.

[6] Krabacher, E. J. u. M. E. Merchant: Trans. Am. Soc. Mech. Eng. **73** (1951), S. 761/69, Disk. 769/76.

[7] Chao, B. T. u. K. J. Trigger: Trans. Am. Soc. Mech. Eng. **73** (1951), S. 777/87, Disk. 787/93.

Verformung am Werkstück und Span kann nicht mehr erfolgen. Die Schnittkraft sinkt daher, wie sich aus neueren Untersuchungen ergeben hat, beträchtlich ab, vorausgesetzt natürlich, daß die Schneide, für welche dieselben Verhältnisse gelten wie für den bearbeiteten Werkstoff, der Temperaturbeanspruchung gewachsen ist. Da dies beim Hartmetall mit seiner überragenden Warmfestigkeit und Warmhärte zutrifft, eröffnen sich der Warmzerspanung bedeutende Aussichten[1-3]. Aus diesem Grunde findet neuerdings die Warmzerspanung auch mit Sintertonerdewerkzeugen (s. S. 332) besonderes Interesse.

3. Die Schnittemperatur

Wie bereits ausgeführt wurde, spielt die Temperatur bei der Entstehung der Aufbauschneide und beim Schneidenverschleiß eine entscheidende Rolle (s. S. 592). Bei Stahlwerkzeugen, bei denen mit steigender Temperatur die Festigkeit und Härte abnehmen, ist die Schnittemperatur überhaupt von grundlegender Bedeutung. Bei Verwendung von Hartmetallwerkzeugen liegt allerdings der kritische Temperaturbereich, wegen der überragenden Warmhärte und Warmfestigkeit von Sinterhartmetall, weit höher als bei Schnellstahl oder gar bei Kohlenstoffstahl. Trotzdem ist die Kenntnis von den Ursachen der Wärmeentwicklung an der Schneide und die Ermittlung der Schnittemperatur auch für Hartmetallwerkzeuge in bezug auf die Standzeitbeeinflussung von großer Wichtigkeit.

a) Aufteilung der Schnittwärme und Bestimmung der Schnittemperatur

Die bei der Bearbeitung eines Werkstoffes aufgewandte Energie wird fast gänzlich in Wärme umgewandelt. Entsprechend dem Arbeitsaufwand bei der Zerspanung (s. S. 616) kann auch die entstehende Wärmemenge in *Spanwärme, Verformungswärme* und *Reibungswärme* unterteilt werden. Wie sich die entstandene Wärme auf Werkstück, Werkzeug und Span verteilt, ist Abb. 223 zu entnehmen[4].

Diese Aufteilung gilt allerdings nur für Normalbedingungen; bei ungünstiger Wahl der Schnittbedingungen (falsche Schnittwinkel, ungünstiger Spanquerschnitt) oder bei zu stumpfem Meißel steigt der Schnittwiderstand und gleichzeitig die Schnittemperatur an,

---

[1] Münnich: Werkstattstechn. Masch.-Bau **41** (1951), S. 59/60.

[2] Tour, S.: Metal Progress **59** (1951), S. 793/94.

[3] Armstrong, E. T. u. A. S. Cosler: Materials & Methods **33** (1951), Nr. 1, S. 69/73.

[4] Schmidt, A. O.: in „Machining-Theory and Practice", Am. Soc. Met., Cleveland 1950. S. 199/340.

wobei auf das Werkzeug und Werkstück ein wesentlich größerer Wärmeanteil entfällt.

Für die Beanspruchung eines Werkzeuges ist nun die Gesamtgröße der Wärmemenge noch nicht entscheidend, es kommt vielmehr auch auf die Wärmeverteilung an. Für die Standzeit des Werkzeuges ist zweifellos jene Temperatur maßgebend, die nach Einstellung des Gleichgewichtes an der am stärksten beanspruchten Stelle, d. h. der Werkzeugschneide als der Berührungsstelle zwischen Werkzeug und Werkstück, auftritt. Diese Temperatur, die sogenannte *Schnittemperatur*, welche von der Größe der erzeugten Wärmemenge, von der Wärmeleitfähigkeit des Werkzeuges, Werkstückes und Spanes, von der Größe des wärmeabführenden

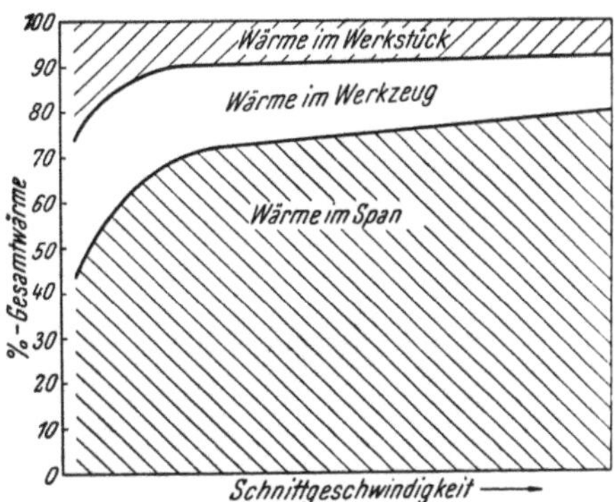

Abb. 223. Aufteilung der bei der Zerspanung in Abhängigkeit von der Schnittgeschwindigkeit auftretenden Wärme (A. O. Schmidt)

Querschnittes, von der Wärmeabstrahlung, von der künstlichen Kühlung und anderem abhängt, ist daher, wie eingangs erwähnt, von entscheidender Bedeutung für den Zerspanungsvorgang und die Standzeit des Werkzeuges. Der Ermittlung der Schnittemperatur wurden sehr zahlreiche Untersuchungen gewidmet, wobei man kalorimetrische, thermoelektrische und Wärmestrahlungsverfahren sowie auch temperaturanzeigende Farben verwendete. Auf die Einrichtungen für die Schnittemperaturbestimmung und die Durchführung der Versuche kann hier nicht näher eingegangen werden; es sei auf das Buch von M. Lang[1] verwiesen.

b) Faktoren, welche die Schnittemperatur beeinflussen

a) Schnittbedingungen. Bei allen Werkstoffen steigt mit zunehmender Schnittgeschwindigkeit, Spantiefe und Vorschub die Schnittemperatur an. Diese Steigerung ist bei Stahl ausgeprägter als bei Gußeisen; und zwar übt die Schnittgeschwindigkeit dabei den größten Einfluß aus, es folgt der Vorschub, während der Einfluß der größeren Spantiefe nur gering ist. Bei Besprechung der spezifischen Schnittkraft (s. S. 598) wurde festgestellt, daß zur besseren Leistungsausnutzung ein starker Span, also ein größerer Vorschub

---

[1] Lang, M.: Prüfen der Zerspanbarkeit durch Messung der Schnittemperatur, C. Hanser, München 1949.

günstiger ist als ein niedriger. Bezüglich der Wärmebeanspruchung
der Schneide ist ein „schlanker" Span, d. h. große Schnittiefe und
kleiner Vorschub, vorteilhafter. Da die Schnittemperatur maßgeblich die Standzeit beeinflußt, empfiehlt es sich daher, mit kleinem
Vorschub und großer Schnittiefe zu arbeiten.

F. G. Krämer[1] hat festgestellt, daß bei Bearbeitung von Stahl
mit Hartmetall bei höheren Schnittgeschwindigkeiten (50 bis
500 m/Minute) die Schnittemperatur wesentlich langsamer ansteigt
als im Gebiete niedriger Schnittgeschwindigkeiten, sofern natürlich
dort die Messung durch Aufbauschneidenbildung nicht unsicher wird
(Abb. 224). Wie bereits auf S. 591
ausgeführt ist, wird mit steigender
Schnittgeschwindigkeit die Defor-
mation des Werkstoffes und Spanes
herabgesetzt, die Kristallite des
bearbeiteten Werkstoffes werden
nicht herausgerissen, sondern glatt
durchschnitten, der Kraftbedarf
wird kleiner und damit die
Wärmeentwicklung geringer.

β) *Werkstückmaterial.* Die bei
der Zerspanung verschiedener
Werkstoffe auftretende Wärme
ist sehr verschieden. Je fester
der Werkstoff ist, um so größer
ist der Schnittwiderstand und die
Wärmeentwicklung. Bei der Bearbeitung von Stahl und Guß

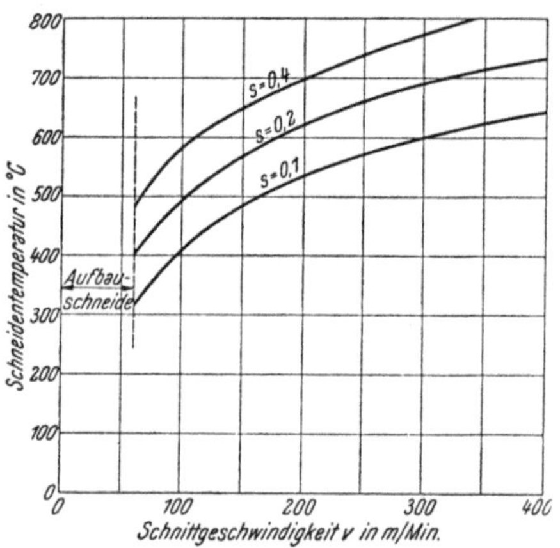

Abb. 224. Einfluß der Schnittgeschwindigkeit und des Vorschubes bei der Bearbeitung von Stahl mit Hartmetall auf
die Schnittemperatur (F. G. Krämer)

entstehen beispielsweise bedeutend höhere Temperaturen als bei Bunt-
und Leichtmetallen. Bei Stahl wiederum ist die entstehende Temperatur wesentlich höher als bei Guß. Dieser Unterschied kann aber nicht
mit den verschiedenen spezifischen Schnittkräften erklärt werden.
Die Wärmebelastung der Schneide ist jedenfalls bei der Bearbeitung
von Gußeisen geringer als bei Stahl. Man kann sich dies so erklären,
daß für die Schneidenbeanspruchung nicht die absolut entwickelte
Wärmemenge entscheidend ist, sondern jener Anteil der Gesamt-
wärme, der auf die Schneidenerwärmung entfällt. Dafür ist aber
die Schnittbedingung und die Spanbildung maßgebend. Der ge-
wundene Stahlspan löst sich hinter der Schneidkante nicht sofort
von der Schneide, sondern gleitet unter Bildung einer Spirale über
die Spanfläche hinweg. Dadurch wird nicht nur die Berührungs-

---

[1] Krämer, F. G.: Diss. Techn. Hochsch. Hannover 1936.

fläche zwischen dem Span als dem Hauptträger der Wärme und der Schneide vergrößert, sondern auch die Dauer der Berührung verlängert. Demgegenüber löst sich der wenig verformte und wesentlich kühlere Gußspan sofort von der Schneide und fällt ab. Die Berührungsfläche und -zeit ist also sehr klein, so daß auch die Schneidentemperatur wesentlich niedriger wird. Weil der Verlauf der Temperaturkurven an der Schneide bei der Zerspanung von Gußeisen ein ganz anderer ist als bei Stahl, macht sich auch der Einfluß des Vorschubs auf die Schnittgeschwindigkeit bei Gußeisen wesentlich weniger geltend.

Von gewissem Einfluß ist auch die Wärmeleitfähigkeit und Wärmekapazität des Werkstückes; je größer seine Wärmeleitfähigkeit, um so rascher wird die Wärme vom Entstehungsort abgeleitet. Je größer die Wärmekapazität des Werkstückes ist, um so mehr Wärme wird zu seiner Erwärmung verbraucht und um so kühler bleibt Schneide und Span.

γ) Werkzeugmaterial. Die Wärmeleitfähigkeit und -kapazität des Werkzeuges haben auf die Schnittemperatur den gleichen Einfluß wie die entsprechenden Werkstückeigenschaften. Die Wärmeleitfähigkeit von Hartmetallen der WC-Co-Gruppe (s. Zahlentafel 90) ist wesentlich größer als die von Schnellstahl. Dies wirkt sich bei der Bearbeitung kurzspanender Werkstoffe, bei denen die Temperaturbelastung der Schneide sowieso nicht sehr groß ist, günstig aus. Die TiC-haltigen Sorten für die Stahlbearbeitung haben je nach Gehalt an TiC gegenüber Schnellstahl etwa die gleiche oder geringere Wärmeleitfähigkeit. Dieser Nachteil, der sich auf die Schnitttemperatur auswirken könnte, fällt aber kaum ins Gewicht, da die Schneideigenschaften der Hartmetalle nicht in dem Maße wie bei Stählen von der Temperatur beeinflußt werden. Dasselbe gilt für die spezifische Wärme der Hartmetalle, welche im Vergleich zu Schnellstahl wesentlich geringer ist.

4. Standzeit der Werkzeugschneide

a) Standzeit und Standzeitermittlung

Unter Standzeit eines Schneidwerkzeuges versteht man den Zeitraum, während dessen eine frischgeschliffene Werkzeugschneide Schnittarbeit leistet, bis sie wieder nachgeschliffen werden muß. Standzeitversuche zur Ermittlung der Standzeit sind für die Beurteilung der Zerspanbarkeit eines Werkstoffes und für die Eignung eines Schneidwerkstoffes von besonderer Bedeutung und ergeben Unterlagen für die im Betrieb anwendbaren Schnittgeschwindigkeiten [1-3]. Die Standzeit verschiedener Schneidwerkstoffe bei der Bearbeitung eines bestimmten Materials unter sonst gleichen Schnittbedingungen — dieser Fall soll hier in erster Linie interessieren — charakterisiert also die Eignung dieser Schneidwerkstoffe für den betreffenden Zerspanungsvorgang. Andererseits ist die Standzeit eines bestimmten Werkzeuges bei der Bearbeitung verschiedener Werkstoffe unter sonst gleichbleibenden Schnittbedingungen kennzeichnend für die Bearbeitbarkeit (Zerspanbarkeit) dieser Materialien. Durch Anwendung eines *unterbrochenen Schnittes* (stark unrunde, kantige oder genutete Prüfwellen) können die Prüfbedingungen bei der Standzeitermittlung erschwert und den Arbeitsbedingungen beim Fräsen angepaßt werden.

Die Standzeit eines Schneidwerkzeuges ermittelt man praktisch, indem man in einem Drehversuch oder anderen den Zerspanungsarten angepaßten Versuchen bei sonst gleichbleibenden Bedingungen die Schnittgeschwindigkeit stufenweise steigert und die Zeit bis zum Erliegen der Schneide bestimmt (s. S. 606). Dieses Erliegen äußert sich bei Schnellstahl in einem glänzenden Streifen auf der Schnittfläche, der dadurch entsteht, daß die durch Erweichen stumpf gewordene Werkzeugschneide ohne mehr zu schneiden über die Schnittfläche gleitet. Man nennt diese Erscheinung *Blankbremsung*.

Setzt man die ermittelten Standzeiten zu den Schnittgeschwindigkeiten in Beziehung, dann erhält man Kurven, die im doppeltlogarithmischen Koordinatensystem zu Geraden werden (T-v-Geraden) (s. S. 610). Ändert man den Spanquerschnitt, dann erhält man Gerade, die parallel zueinander liegen, aus denen man also in Abhängigkeit vom Spanquerschnitt die Schnittgeschwindigkeiten für die in der Praxis gebräuchlichen Standzeiten, etwa v_{60}, v_{120} usw., ablesen kann. Bei verschiedenen Werkstoffen, die mit gleichem Werkzeug bearbeitet werden bzw. bei gleichen Materialien, welche mit verschiedenen Schneidwerkstoffen zerspant werden, ergeben sich verschieden geneigte Standzeitgeraden (s. S. 611).

Zur Ermittlung der Standzeitgeraden genügen im äußersten Falle zwei möglichst weit auseinander liegende Punkte. Die Aufnahme echter T-v-Kurven ist langwierig und kostspielig. Bei der Zerspanung mit Hartmetall, einem Werkstoff mit guter Gefügebeständigkeit, tritt im allgemeinen ein plötzliches Erliegen der Schneide nicht ein, sondern der Abbau der Schneidkante erfolgt langsam durch den

---

[1] Digges, T. G.: Trans. Am. Soc. Mech. Eng. 52 (1930), S. 155.
[2] Boston, O. W.: Machining-Theory and Practice, Am. Soc. Met., Cleveland 1950, S. 377/408.
[3] Motalik, F.: Betrieb und Fertigung 3 (1949), S. 65/70, 81/83.

gleichzeitigen Einfluß von Freiflächenverschleiß (Verschleißmarke) und Spanflächenverschleiß (Auskolkung). Man wendet daher für die Standzeitbestimmung bei Hartmetallen am häufigsten sogenannte *Schneidenverschleißverfahren* an. Man bestimmt dabei die Zunahme der Verschleißmarkenbreite an der Freifläche im Verlaufe des Versuches. Der Verschleiß nimmt anfangs rasch, später jedoch immer langsamer zu und bei doppeltlogarithmischer Auftragung ergibt sich wieder eine Gerade (B-T′-Gerade). Wendet man verschiedene Schnittgeschwindigkeiten an, dann erhält man parallele Gerade, mit denen man die für den Betrieb so wichtigen Verschleiß-Standzeitgeraden (T′$_B$-V-Geraden, bezogen auf eine bestimmte Verschleißmarkenbreite) aufstellen kann.

Um den Standzeitversuch abzukürzen, sind zahlreiche *Kurzverfahren* vorgeschlagen worden. Beispielsweise arbeitet man bei Hartmetall nur bis zu einer Verschleißmarkenbreite von 0,1 mm und erhält die sogenannte T$_{0,1}$-v-Kurven. Auch die Schnittemperaturmessung, die verhältnismäßig rasch und einfach durchzuführen ist, kann als Kurzprüfverfahren herangezogen werden. Aus den Schnittemperatur-Schnittgeschwindigkeitskurven (t-v-Kurven) und den Schnittemperatur-Standzeitkurven (T-t-Kurve), die beide im doppeltlogarithmischen Maßstab Gerade sind, kann man die T-v-Kurven konstruieren.

Über zahlreiche weitere Verfahren der Standzeitbestimmung unter besonderer Berücksichtigung der Kurzprüfverfahren berichten sehr systematisch H. Schallbroch und H. Bethmann[1].

b) Der Schneidenverschleiß und seine Ursachen

Während des Zerspanungsvorganges tritt ein Verschleiß der Schneide ein, der bis zum Unbrauchbarwerden (Stumpfwerden, Ende der Standzeit) führt. Das Unbrauchbarwerden kann erfolgen durch *Bruch* (Zerstörung im Ganzen oder Herausbrechen größerer oder kleinerer Teile aus der Schneide), durch *Erweichen* (Verlust des Härtegefüges bei Stahl und Anschmelzungen, Erscheinungen, die bei Hartmetall nicht auftreten) und endlich ganz allgemein durch zunehmenden *Verschleiß*.

Die Art, wie der Verschleiß am Werkzeug auftritt und die Bedeutung, die er für den jeweiligen Zerspanungsfall hat, ist recht unterschiedlich. H. Schallbroch und R. Wallichs[2] geben am Drehmeißel die in Abb. 225 schematisch gezeigten Verschleißformen

---

[1] Schallbroch, H. H. u. Bethmann: Kurzprüfverfahren der Zerspanbarkeit, B. G. Teubner, Leipzig 1950.

[2] Schallbroch, H. u. H. Bethmann: Kurzprüfverfahren der Zerspanbarkeit, B. G. Teubner, Leipzig 1950, S. 131.

der Schneide an. Diese können entweder allein oder gleichzeitig auftreten. Beim Arbeiten mit Hartmetallwerkzeugen ist das Unbrauchbarwerden der Schneiden in erster Linie auf reinen Werkzeugverschleiß zurückzuführen. Es erfolgt ein allmählicher Abbau an Freifläche und Spanfläche bis zum Stumpfwerden. Bei genauerer Verfolgung des Verschleißvorganges durch Messen der Verschleißmarkenbreite beobachteten H. Schallbroch und W. Ulbricht[1] ein periodisches Fortschreiten (Kaskadenverschleiß), welches mit Änderungen im charakteristischen Verbundmetallgefüge der Hartmetalle erklärt werden kann (s. S. 437).

Bei der Bearbeitung langspanender Werkstoffe (Stahl) verschleißt die Schneide an der Freifläche normal durch Reibung, an der Spanfläche erfolgt der Abrieb nicht gleichmäßig, sondern unter dem Einfluß des sehr

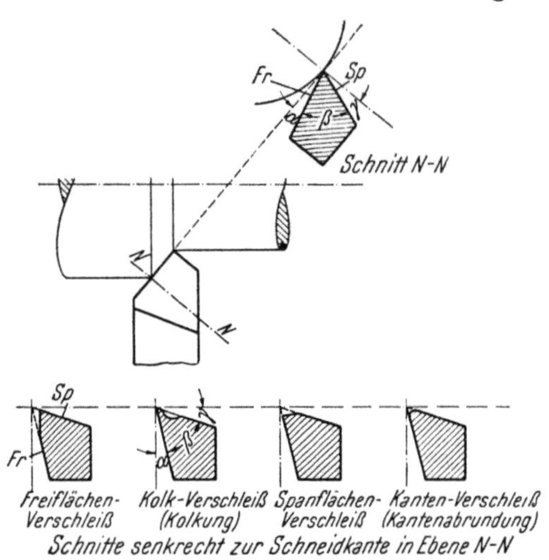

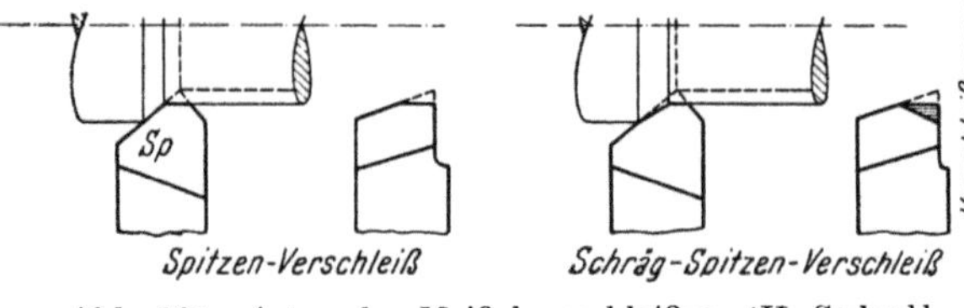

Abb. 225. Arten des Meißelverschleißes (H. Schallbroch und R. Wallichs)

heißen, harten, rauhen und gebogenen Spanes, wobei sich hinter der Schneidenkante eine muldenförmige Vertiefung, die sogenannte *Auskolkung*, bildet. Abb. 226a zeigt den Freiflächenverschleiß (Verschleißmarke) und Abb. 226b eine Auskolkung auf der Spanfläche eines Hartmetallwerkzeuges. Die Auskolkung wird mit zunehmender Drehzeit immer tiefer, wobei der Kolkrand, der anfänglich etwa 1 mm hinter der Schneidkante lag, immer näher an diese heranrückt (Abb. 227). Da gleichzeitig die Freifläche verschleißt, wird der Streifen zwischen Schneidkante und Kolkrand, die sogenannte Kolklippe, immer schmäler, der Keilwinkel wird immer kleiner, und schließlich erfolgt ein mehr oder

---

[1] Schallbroch, H. u. W. Ulbricht: Werkstattstechnik **35** (1941), S. 357/64.

weniger starkes Ausbrechen der Schneidkante, das endlich das Schneiden unmöglich macht.

Beim Standzeitversuch an Hartmetallen durch Schneidenverschleißmessungen wird von den in Abb. 226 wiedergegebenen

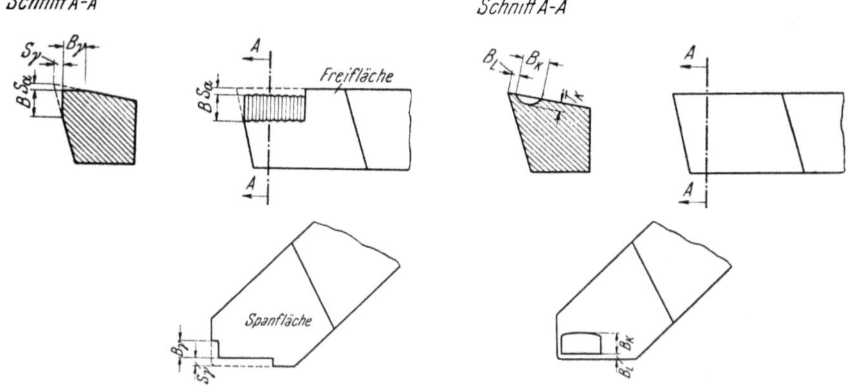

Abb. 226. Lage und Bezeichnung der Verschleißgrößen an der Schneide (H. Schallbroch und R. Wallichs)

B: Verschleißmarkenbreite auf der Freifläche.
$B\gamma$: Verschleißmarkenbreite auf der Spanfläche.
Sa: Schneidkantenversetzung auf der Freifläche.
$S\gamma$: Schneidkantenversetzung auf der Spanfläche.
B_K: Kolkbreite auf der Spanfläche.
B_L: Breite der Kolklippe.
T_K: Kolktiefe.

Verschleißgrößen meist die *Verschleißmarkenbreite* B an der Freifläche durch Ausmessen mit einem Meßmikroskop bestimmt. Der Kolkverschleiß, der durch Angabe der Breite und Tiefe der Auskolkung, d. h. durch Ausmessen des Kolkvolumens zahlenmäßig erfaßt werden könnte, wird bisher noch nicht zur quantitativen Beurteilung herangezogen.

Die Vorgänge und Ursachen beim Verschleiß eines metallischen Schneidwerkstoffes bei der Zerspanung sind sehr verwickelt. Sie stehen

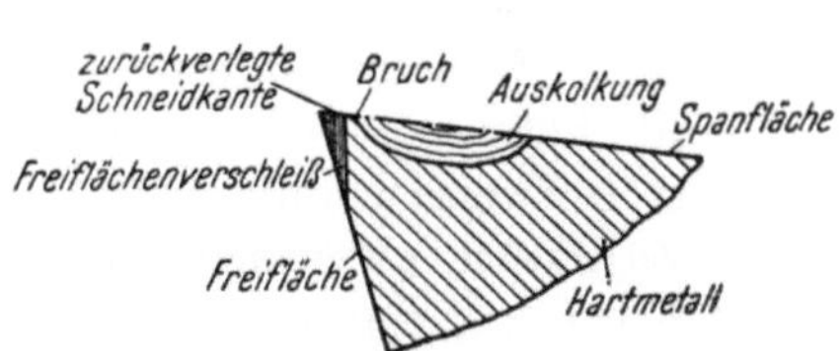

Abb. 227. Fortschreiten des Verschleißes an einer Hartmetallschneide, schematisch (H. Schallbroch und H. Bethmann)

bei Hartmetall in engem Zusammenhang sowohl mit den Eigenschaften des bearbeiteten Werkstoffes als auch mit den charakteristischen Gefügeeigenschaften des Schneidmaterials selbst[1]. Gemäß den Ausführungen über die Spanbildung (s. S. 590) kann man grund-

---

[1] Opitz, H. u. G. Vieregge: Werkstatttechnik, Masch.-Bau **41** (1951), S. 379/85.

sätzlich Werkstoffe unterscheiden, die kurze gebrochene Späne ergeben (Guß, Buntmetalle, Keramik, Kunststoffe usw.) und solche, die langspanend sind (Stahl).

Bei Guß ist der spezifische Schnittwiderstand verhältnismäßig klein, so daß die entstehende Wärmemenge nicht groß ist. Der kurze, gebrochene Span löst sich vom Werkstoff und fällt, ohne lange Berührung mit der Schneide, sofort ab. Da der Span der Hauptträger der Wärme beim Schnittvorgang ist, tritt bei der Gußbearbeitung infolge der geringeren Wärme und der kürzeren Berührungszeit auf einer nur kleinen Fläche der Schneide keine sehr große Wärmebelastung der Schneide auf. Eine durch den Einfluß von Temperatur und Druck auftretende Verschweißung von graphitdurchsetztem Gußspan mit dem Hartmetall, d. h. die Bildung von Aufbauschneiden (s. S. 592) und bei höheren Schnittgeschwindigkeiten eine Auskolkung ist im allgemeinen nicht zu beobachten. Der Gußspan und das Gußwerkstück sind aber meist sehr hart und nützen das Werkzeug durch *Reibungsverschleiß* ab. Darüber hinaus konzentriert sich infolge der unbedeutenden Dehnung des Gusses der gesamte Schnittdruck auf eine sehr kleine Fläche der Schneide, so daß der stellenweise tatsächlich auftretende Schnittdruck recht beträchtlich sein wird, was eine größere Festigkeit der Schneide erfordert. Geeignet für die Gußbearbeitung sind daher nur sehr harte, dabei aber doch zähe, gut leitende Hartmetallsorten höchster Verschleißfestigkeit; das sind in erster Linie die WC-Co-Legierungen.

Über die tieferen Ursachen des Verschleißes bei WC-Co-Hartmetallen bestehen dabei folgende Anschauungen. Bei Hartmetallen mit weniger als 10% Kobalt besteht nach W. Dawihl[1] im Gefüge ein zusammenhängendes Karbidgerüst beträchtlicher Festigkeit, in dessen Zwischenräumen sich das weiche und niedrigschmelzende Kobalt befindet. Dieses verschleißt zuerst, wodurch das Karbidskelett teilweise seinen Halt verliert und entsprechend seiner Härte und Zähigkeit auszubrechen beginnt. Da dies wahrscheinlich periodisch erfolgt, ergibt sich eine stufenförmig zunehmende Verschleißmarkenbreite (Kaskadenverschleiß, s. S. 606).

Der sehr hohe Kolkverschleiß, der beim Drehen von Stahl mit WC-Co-Hartmetallen auftritt, ließ E. M. Trent[2] vermuten, daß dabei eine flüssige Legierung in Form eines sehr dünnen Filmes an der Spanfläche auftritt, der rasch abgebaut wird. Durch Experimente,

---

[1] Dawihl, W. u. J. Hinnüber: Koll. Z. 104 (1943), S. 233/36.

[2] Trent, E. M.: Inst. Mech. Eng., Adv. Kopie (1951), Machinery, Lond., 79 (1951), S. 823/28, The Machinist 95 (1951), S. 1693/96, Proc. Inst. Mech. Eng. 166 (1952), S. 64/74; Proc. Roy. Soc. A. 212 (1952), S. 467/70.

ähnlich jenen von W. Dawihl[1] (s. S. 593), konnte er tatsächlich nachweisen, daß sich zwischen WC-Co-Hartmetallen und Stahl bei Temperaturen zwischen 1300 und 1325° eine flüssige Phase bildet. Ist TiC vorhanden, dann steigt die Temperatur auf 1350° und mehr (s. S. 610). Unzweifelhaft spielt auch der Druck bei diesem Oberflächenschmelzen eine wichtige Rolle.

Bei der Stahlbearbeitung ist der spezifische Schnittwiderstand zwei- bis dreimal so groß wie bei Guß; die entstehende Wärmemenge ist viel größer. Der zusammenhängende lange Span läuft über die Spanfläche des Meißels ab, wobei die Fläche groß und die Zeit der Berührung mit der Schneide verhältnismäßig lang sind. Der Span wird dabei wesentlich verformt, was mit einer weiteren Wärmeentwicklung verbunden ist. Alle diese Faktoren bedingen eine beträchtliche Wärmebelastung (Zunder- und Warmfestigkeitsbeanspruchung) der Schneide, die unverhältnismäßig größer ist als beim Zerspanen von Guß.

Bei niedrigen Schnittgeschwindigkeiten entstehen durch die hohe Temperatur, den beträchtlichen Druck und die verhältnismäßig lange Berührungszeit des Spanes mit der Schneide infolge Verschweißens *Schneidenaufwachsungen*, die durch periodisches Abreißen zu mehr oder weniger großen Ausbröckelungen der Schneidkante führen (s. S. 592). Mit Steigerung der Schnittgeschwindigkeit verschwindet diese Erscheinung allmählich und die *Auskolkung* tritt auf (s. S. 606).

Da der Verschleiß bei der Stahlbearbeitung größtenteils auf die Wirkung der Oberflächenkräfte zwischen Werkzeug, Span und Werkstück zurückzuführen ist — experimentell kann dies nach den Untersuchungen von W. Dawihl durch die Bestimmung der „Klebetemperatur" bzw. Festigkeit der Preßschweißverbindung bewiesen werden —, kann durch Wahl entsprechender Legierungszusätze die Schweißneigung vermindert werden (s. S. 468). Dadurch wird Aufbauschneidenbildung, Kolkung und Freiflächenverschleiß verzögert. Die beste Wirkung haben insbesondere Zusätze von TiC und TaC, zum Teil auch ZrC, d. h. also Karbide von Metallen, welche festhaftende, beständige Oxyde bilden. Für die Stahlbearbeitung werden demnach heute WC-TiC-Co- bzw. WC-TiC-TaC(NbC)-Co-Hartmetalle verwendet (s. S. 481).

Die Ursachen beim Verschleiß von WC-TiC-Co-Hartmetallen sind nach E. M. Trent[2] wie bei WC-Co-Hartmetallen dünne Filme

---

[1] Dawihl, W.: Z. techn. Physik **21** (1940), S. 336/45, 44/48, Stahl u. Eisen **61** (1941), S. 210/13; Dawihl, W. u. W. Rix: Z. Metallkde. **34** (1942), S. 156/59.

[2] Trent, E. M.: Inst. Mech. Eng., Adv. Kopie 1951, Machinery, Lond., **79** (1951), S. 823/28, Machinist **95** (1951), S. 1693/96.

flüssiger Legierungen, die sich unter dem Einfluß von Temperatur und Druck ausbilden und durch mechanische Einwirkung rasch entfernt werden. Der Unterschied zwischen den beiden Sorten besteht darin, daß die TiC-haltigen erst bei 1350° und höheren Temperaturen flüssige Legierungen mit Stahl bilden. Dies wurde durch Experimente, ähnlich den Dawihlschen, bestätigt und durch Gefügeaufnahmen belegt. Zurückgeführt wird dies auf das charakteristische Verhalten des WC-TiC-Mischkristalles in derartigen Hartmetallsorten. Ist freies WC vorhanden, dann treten die niedriger schmelzenden Phasen wie in WC-Co-Legierungen auf. Tatsächlich konnte eine Abhängigkeit des Kolkverschleisses vom Gehalt an freiem WC in WC-TiC-Co-Hartmetallen beobachtet werden was auch durch praktische Erfahrungen bestätigt wird (s. S. 176).

c) Faktoren, welche die Standzeit beeinflussen

α) Schnittbedingungen. Die durch den Standzeitversuch ermittelten T-v-Geraden erscheinen im doppeltlogarithmischen Koordinatensystem in Abhängigkeit vom Spanquerschnitt als Schar paralleler Geraden (Abb. 228). Mathematisch entsprechen diese Kurven der Gleichung:

$$T \cdot v^n = C$$

T: Standzeit
v: Schnittgeschwindigkeit
n: Tangens des Neigungswinkels

$$n = \operatorname{tg} \beta = \frac{\Delta \lg T}{\Delta \lg v}$$

Die Größe n, welche die Neigung der Geraden bestimmt, ist für verschiedene Werkstoffe verschieden, sie schwankt zwischen 4 und 15; bei verschiedenen Bearbeitungsarten mit Hartmetall beträgt n nur 5 bis 7 (Abb. 229)[1]. Aus Abb. 228 ist sehr klar der Einfluß der Schnittgeschwindigkeit und des Spanquerschnittes auf die Standzeit ersichtlich.

Bei konstantem Spanquerschnitt macht sich jede Steigerung der Schnittgeschwindigkeit durch eine Verkürzung der Standzeit bemerkbar.

Bei gleichbleibender Schnittgeschwindigkeit verkürzt jede Vergrößerung des Spanquerschnittes die Standzeit.

Bei gegebener Standzeit der Schneide entspricht jeder Spanform und -größe eine ganz bestimmte Schnittgeschwindigkeit, wobei eine Vergrößerung des Spanquerschnittes eine verhältnismäßig nur geringe Senkung der Schnittgeschwindigkeit erfordert, was für wirtschaftliche Zerspanung von großer Wichtigkeit ist.

---

[1] Schallbroch, H. u. R. Wallichs: Ber. betriebswiss. Arb., Bd. 11, VDI.-Verlag, Berlin 1938.

Die Gesetzmäßigkeit über den Zusammenhang von Schnittgeschwindigkeit, Spanquerschnitt und Standzeit gilt allerdings nicht für *jede* Schnittgeschwindigkeit und für einen *beliebigen* Spanquerschnitt. Bei kleinen Schnittgeschwindigkeiten entstehen Schneidenaufwachsungen und der Verlauf der Standzeitkurve ist sehr unregelmäßig. Auch für ganz kleine Spanquerschnitte gelten andere Gesetze[1] (s. Abb. 232 und 233).

Aus Abb. 228 ergibt sich für eine Schnittgeschwindigkeit von 150 m/Min. bei einem Spanquerschnitt von $1 \cdot 0{,}48 = 0{,}48$ mm² einerseits und einem Span mit nahezu gleicher Fläche von $2 \cdot 0{,}21 = 0{,}42$ mm² andererseits im ersten Fall eine Standzeit von 200 Minuten, im zweiten eine solche von 330 Minuten. Daraus folgt, was für die Praxis außerordentlich wichtig ist, daß bei

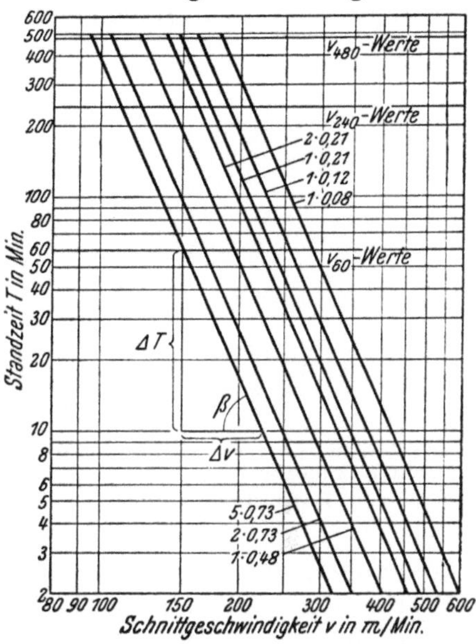

Abb. 228. Standzeitgerade (T-v-Gerade) für die Bearbeitung von Stahl St 85 mit Hartmetall (H. Schallbroch und R. Wallichs)

gleichem Spanquerschnitt die Standzeit um so größer ist, je schwächer man den Span hält, d. h. je größer die Schnittiefe und je kleiner der Vorschub ist[2]. Man kann sich dies so erklären, daß bei der größeren Spantiefe eine größere Schneidenlänge im Einsatz steht, wodurch sich die Schnittwärme und Reibung auf eine größere Fläche verteilt. Die gleiche Wirkung haben andere, die Eingriffslängen vergrößernde Maßnahmen, wie Verkleinerung

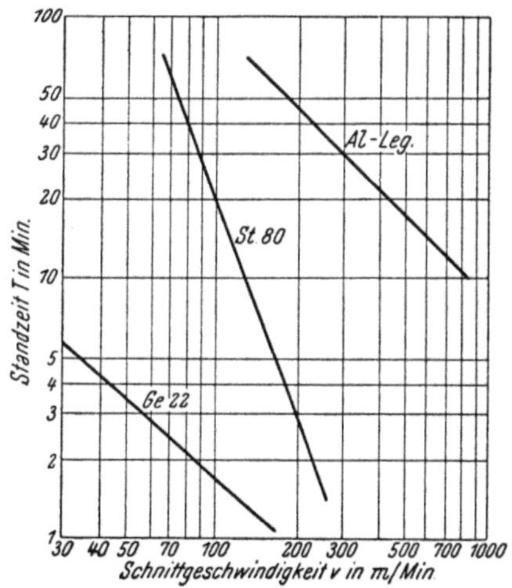

Abb. 229. Standzeitgerade dreier Werkstoffe bei Bearbeitung mit einer Hartmetallsorte für Stahl (H. Schallbroch und R. Wallichs)

[1] Dawihl, W.: Maschinenbau, Betrieb **17** (1938), S. 511/13.

[2] Burmester, H. J.: Werkstatt u. Betrieb **82** (1949), S. 185/88.

des Einstellwinkels, Vergrößerung des Schneidenspitzenradius u. a. (s. S. 589). Es kann daher beim Standzeitversuch nicht von einem Spanquerschnitt gesprochen werden, wenn nicht auch die Querschnittsform angegeben wird. Mit Hilfe des von W. Leyensetter[1] eingeführten Begriffes der Bogenspandicke (s. S. 589), deren Werte aus Zahlentafeln abzulesen sind, kann man m-v_T-Gerade aufstellen (Abbildung 230), aus denen wieder zu entnehmen ist, daß sich ein „schlanker" Span auf die Standzeit günstiger auswirkt als ein gleichflächig dickerer[2].

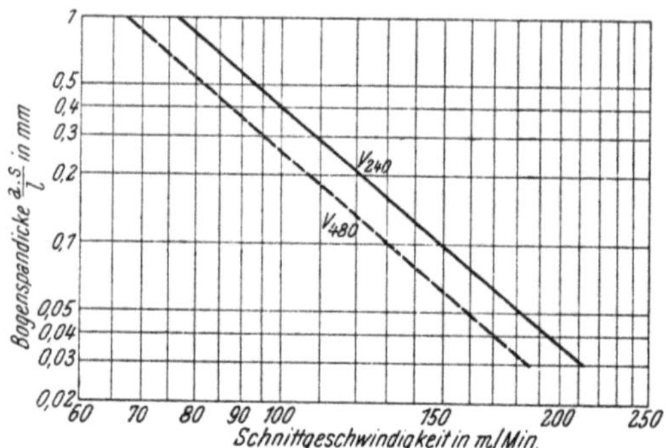

Abb. 230. m-v_T-Gerade für Standzeiten von 240 und 480 Minuten bei Bearbeitung von Stahl St85 mit Hartmetall (AWF-Tafel Nr. 125)

Im Abschnitt über Schnitttemperatur (s. S. 602) wurde ausgeführt, daß die Wärmebeanspruchung der Schneide bei der Bearbeitung von Stahl wesentlich größer ist als bei Guß. Durch Kühlung mit entsprechenden Flüssigkeiten kann man die Leistung erhöhen, was sich allerdings bei Hartmetall, das viel höherer Wärmebeanspruchung gewachsen ist als Schnellstahl, nicht so sehr in einer Steigerung der Schnittgeschwindigkeit als vielmehr in einer Verlängerung der Standzeit bis um 200% äußert. Die Kühlflüssigkeit hat dabei nicht nur eine Kühlwirkung, sondern setzt als Schmiermittel auch die Reibung herab. Da insbesondere beim Schruppen von Stahl mit Hartmetall auf leistungsfähigen Maschinen die Schneide bis an die Grenze des Zulässigen durch Wärme beansprucht wird, bringt die Kühlung bzw. die auch vorgeschlagene Tiefkühlung beträchtliche Leistungssteigerungen[3-6] (Abb. 231).

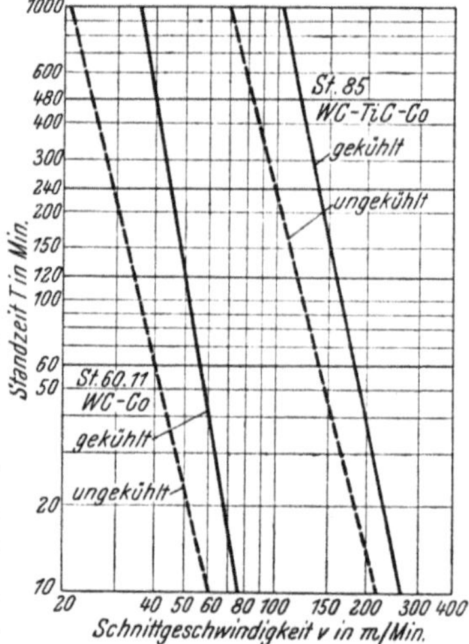

Abb. 231. Standzeitgerade bei ungekühlter und gekühlter Zerspanung von Stahl mit Hartmetall (J. Holzberger)

---

[1] Leyensetter, W.: Grundlagen und Prüfverfahren der Zerspanung, RKW.-Veröffentl. Nr. 114, B. G. Teubner, Leipzig 1938.

[2] AWF.-Tafel Nr. 125.

[3] Pahlitzsch, G.: Z. VDI. 88 (1944), S. 365/71.

β) Werkstück- und Werkzeugmaterial. Aus den früheren Ausführungen war zu entnehmen, daß bei Bearbeitung verschiedener Werkstoffe mit gleichem Schneidenwerkstoff die Lage der Standzeit-Geraden sehr verschieden ist, d. h. also, daß die Verschleißwirkung auf den Schneidenwerkstoff sehr unterschiedlich sein muß. Insbesondere ist dieser Unterschied sehr groß zwischen Gußeisen, einem kurzspanenden Werkstoff, und Stahl, der lange Späne ergibt. Die Gründe hiefür wurden schon im Abschnitt über Spanbildung (s. S. 590) und über Schneidenverschleiß (s. S. 605) eingehend besprochen. Auf jeden Fall ergibt sich daraus die Folgerung, daß man bei der Stahlbearbeitung andere Hartmetallsorten verwenden muß als für die Gußbearbeitung. W. Dawihl[7] hat seinerzeit dieses Problem sehr eingehend untersucht. Er hat mit einem WC-Co-Hartmetall 95/5 und einem WC-TiC-Co-Hartmetall 80/15/5 einen Stahl mit 55 kg/mm² Festigkeit bearbeitet. Die Standzeitkurven in Abb. 232 zeigen, daß insbesondere im Gebiete hoher Schnittgeschwindigkeiten das TiC-haltige Hartmetall der WC-Co-Legierung weit überlegen ist. Der Kolkverschleiß ist bei den TiC-haltigen Sorten, bedingt durch die verschweißungshemmende Wirkung des TiC, viel geringer als bei den WC-Co-Sorten. Daß demgegenüber das WC-Co-Hartmetall bei niedrigen Schnittgeschwindigkeiten bessere Leistung ergibt, ist darauf zurückzuführen, daß bei der WC-TiC-Co-Sorte Aufbauschneiden und Abbröckelungen auftreten. Das Verhalten der beiden Hartmetallsorten bei der Bearbeitung von Grauguß mit 200 kg/mm² Brinellhärte ist der Abb. 233 zu entnehmen. WC-TiC-Co-Sorten ertragen keine stärkere mechanische Beanspruchung und bröckeln bei niedriger Schnittgeschwindigkeit aus. WC-Co-Hartmetalle haben eine höhere Festigkeit und daher bei Gußbearbeitung im niedrigen und mittleren Schnittgeschwindigkeitsbereich bedeutend höhere Standzeiten.

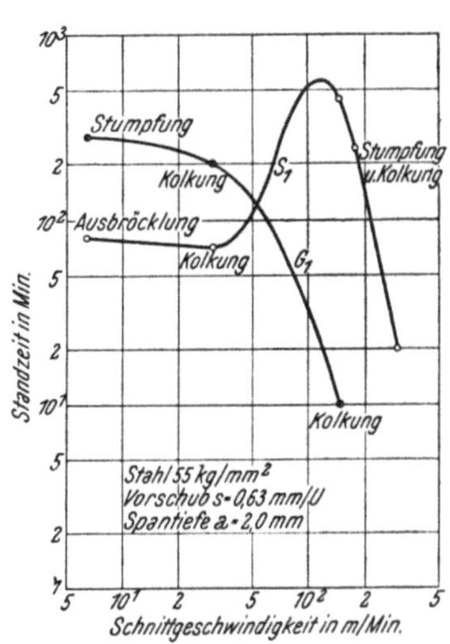

Abb. 232. Standzeitkurven von WC-Co- und WC-TiC-Co-Hartmetall bei der Bearbeitung von Stahl (W. Dawihl)

---

[4] Gottwein, K. u. W. Reichel: Kühlen und Schmieren bei der Metallbearbeitung, VDI.-Verlag, Berlin 1944.

[5] Holzberger, J.: Stahl u. Eisen **71** (1951), S. 1098/1102.

[6] Iwascheff, W.: Werkstatt u. Betrieb **81** (1948), S. 252/55.

[7] Dawihl, W.: Z. Metallkde. **32** (1940), S. 320/25.

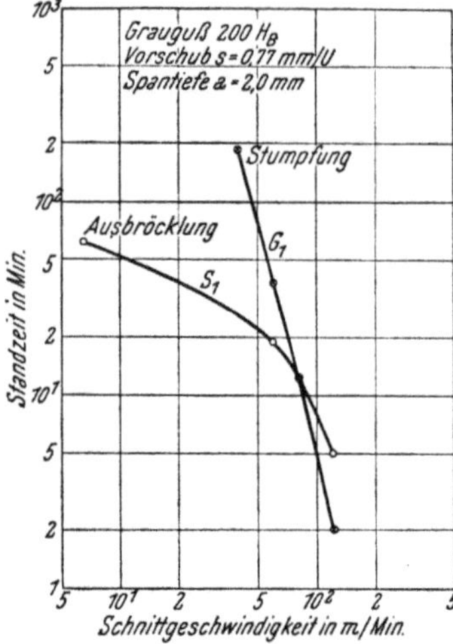

Abb. 233. Standzeitkurven von WC-Co- und WC-TiC-Co-Hartmetallen bei der Bearbeitung von Guß (W. Dawihl)

In Weiterentwicklung der zwei Hartmetallgruppen für Guß- und Stahlbearbeitung hat man sehr eingehend den Einfluß der verschiedenen Zusammensetzung und der Herstellungsbedingungen von Hartmetall auf das Standzeitverhalten untersucht. Beispielsweise sei auf die Arbeit von F. Rapatz, H. Pollack und J. Holzberger[1] verwiesen, die den Einfluß des Kobalt- und Titankarbidgehaltes auf das Standzeitverhalten von WC-TiC-Co-Hartmetallen bei der Stahlbearbeitung untersucht haben (Abb. 234 und Abb. 235). Es wurden auch ähnliche Hartmetallsorten verschiedener Hersteller verglichen[2], wobei man allerdings bei der Bewertung, wegen geringer, aber oft entscheidender Analysen- und Herstellungsunterschiede, vorsichtig sein muß.

C. Ballhausen[3] hat sehr eingehend den Einfluß des Kobaltgehaltes in WC-Co- und WC-TiC-Co-Hartmetallen auf die Drehleistung untersucht. In Abb. 236 sind in räumlicher Darstellung die Schnittgeschwindigkeiten der betreffenden Legierungen aufgetragen, die nach 10 Minuten Schnittdauer auf Stahl von 85 kg/mm² Festigkeit eine Verschleißmarkenbreite von 0,15 mm ergeben. Aus der Darstellung geht sehr deutlich die Überlegenheit der TiC-haltigen Sorten gegenüber den reinen WC-Co-Hartmetallen bei der Stahlbearbeitung hervor.

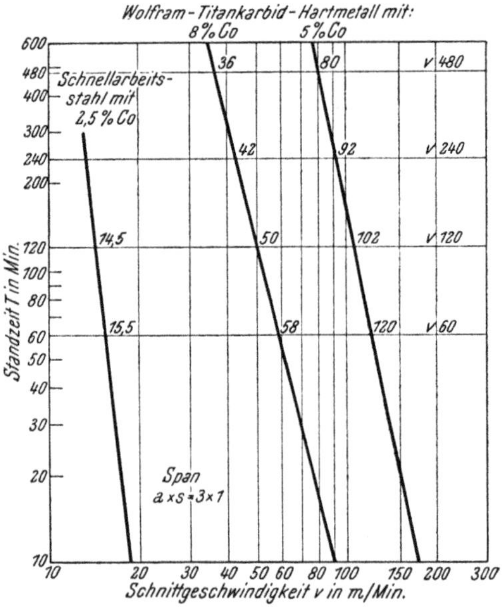

---

[1] Rapatz, F., H. Pollack u. J. Holzberger: Stahl u. Eisen **58** (1938), S. 265/75.

[2] Lang, M.: Werkstatt u. Betrieb **83** (1950), S. 41/47.

[3] Ballhausen, C.: Stahl u. Eisen **72** (1952), S. 489/92.

Abb. 234. Einfluß verschiedener Kobaltgehalte auf die Zerspanungsleistung von Hartmetallen beim Drehen von unlegiertem Stahl mit 90 kg/mm² Festigkeit (F. Rapatz, H. Pollack und J. Holzberger)

d) Bedingungen für die wirtschaftliche Zerspanung

Nach E. Hirschfeld[1] sind für die Wahl der Schnittgeschwindigkeit zwei Gesichtspunkte maßgebend: Entweder höchste Leistung pro Zeiteinheit oder geringste Bearbeitungskosten insgesamt. Unter Berücksichtigung der Kosten für die Maschinenarbeit (Lohn, Energie, Abschreibungen usw.) und der Gesamtkosten für den Werkzeugaustausch (Werkzeugwechsel, Schleifkosten, Werkzeugverbrauch)

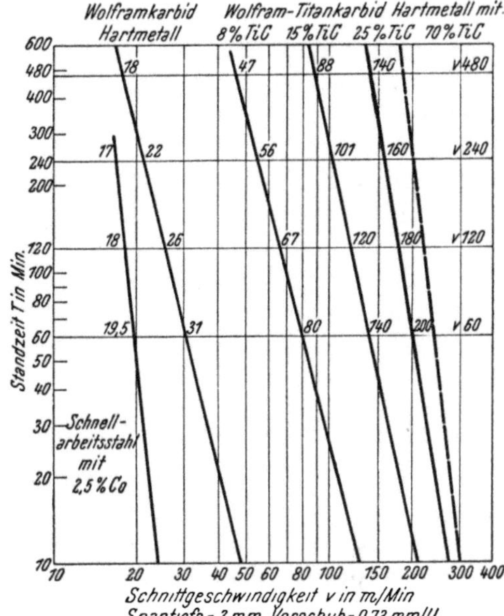

Abb. 235. Einfluß steigender Titankarbidgehalte auf die Zerspanungsleistung von Hartmetallen beim Drehen von unlegiertem Stahl mit 90 kg/mm² Festigkeit (F. Rapatz, H. Pollack und J. Holzberger)

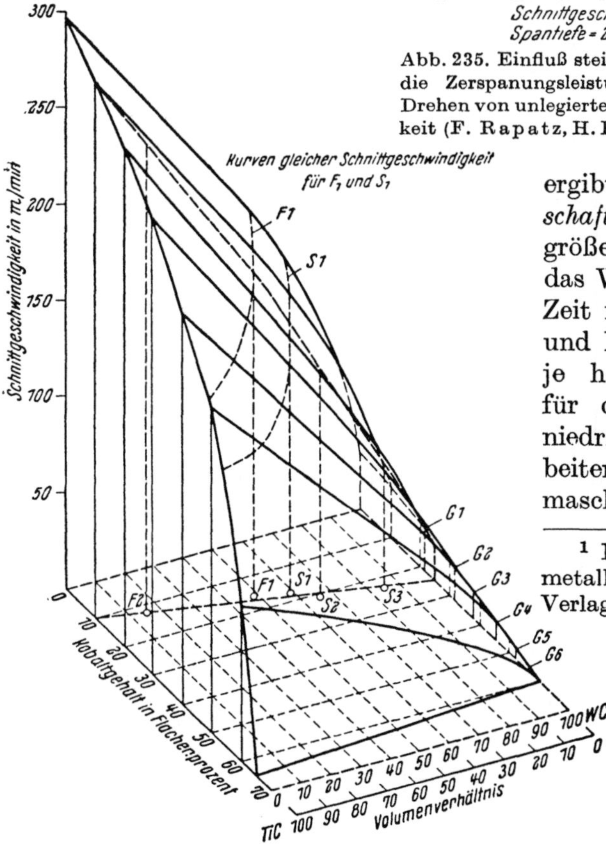

ergibt sich, daß die *wirtschaftliche Standzeit* um so größer sein soll, je teurer das Werkzeug ist, je mehr Zeit man zum Auswechseln und Nachschleifen braucht, je höher der Lohnanteil für das Schleifen und je niedriger der Lohn des Arbeiters an der Bearbeitungsmaschine ist.

[1] Hirschfeld, E.: Hartmetalle, Schweizer Druck- u. Verlagshaus A. G., Zürich 1949.

Abb. 236. Abhängigkeit der Schnittgeschwindigkeit bei gleichem Verschleiß der Hartmetallschneide von der Zusammensetzung der Legierung (C. Ballhausen)

Bei Festlegung der wirtschaftlichsten Zerspanungsbedingungen[1-5] ist es verständlich, daß die wirtschaftlichste Standzeit nicht für alle Betriebe bzw. Werkstätten, ja nicht einmal für alle Maschinen derselben Werkstatt gleich groß sein wird. Ist die zum Auswechseln des Werkzeuges erforderliche Zeit lang, z. B. bei Automaten, dann muß man auch auf große Haltbarkeit des Werkzeuges Wert legen. Insbesondere ist dies von Wichtigkeit bei Maschinen für verwickelte und genaue Arbeiten, bei denen nach jedem Auswechseln eines Werkzeuges gegebenenfalls auch alle anderen überprüft und neu eingestellt werden müssen. Man fordert daher bei Automaten in der Regel eine zwei- bis dreifache Standzeit des Werkzeuges im Vergleich zu normalen Drehbänken.

5. Die Hartmetalle und die Bearbeitungsmaschinen

Da Hartmetalle weit höhere Schnittgeschwindigkeiten bei größeren Spanquerschnitten erlauben, verlangen sie bedeutend höhere Antriebsleistungen der Werkzeugmaschinen. In Zahlentafel 149 sind die Steigerungen der Schnittgeschwindigkeiten und der dafür er-

Zahlentafel 149. *Durchschnittliche Schnittgeschwindigkeiten und die zur Stahlzerspanung erforderliche Leistung (Richtlinien des AWF, $a = 2\ mm$, $s = 0,5\ mm/Umdr.$)*

	Schneidwerkstoff	St 50.11	St 60.11	St 70.11	St 85
Schnittgeschwindigkeit m/Min.	Hartmetall	195	162	128	116
	Schnellstahl	26	21	15	13
Erhöhung		7,5 fach	7,7 fach	8,6 fach	9 fach
Erforderliche Leistung kW	Hartmetall	7,6	7	6,4	6,3
	Schnellstahl	1,31	1,15	0,89	0,85
Erhöhung		5,8 fach	6,1 fach	7,2 fach	7,4 fach

forderlichen Leistungen bei der Bearbeitung von Stählen verschiedener Festigkeit im Vergleich zu Schnellstahl angeführt. Die Steigerung der Schnittgeschwindigkeit ist beim festeren Werkstoff verhältnismäßig größer als die Erhöhung der Leistung. Angaben über die möglichen Schnittgeschwindigkeiten bei der Bearbeitung von Stahl

---

[1] Gilbert, W. E.: in „Machining-Theory and Practice", Am. Soc. Met., Cleveland 1950, S. 465/85.
[2] Burmester, H. J.: Werkstatt u. Betrieb 84 (1951), S. 512/16.
[3] Runkel, S.: Werkstatt und Betrieb 85 (1952), S. 63/64.
[4] Witthoff, J.: Werkstatt und Betrieb 85 (1952), S. 521/26.
[5] Beutel, H.: Werkstattstechn. Masch.-Bau 42 (1952), S. 428/34.

Zahlentafel 150. *Schnittgeschwindigkeiten* v_{240} *bei der Bearbeitung von Stahl St 70.11 mit Hartmetall und Schnellstahl* (F. Rapatz)

Vorschub mm	Schneidwerkstoff	Schnittgeschwindigkeiten v_{240} (m/Min.) bei Schnittiefen (mm) von					Durchschnittliche Steigerung
		0,5	1	2	4	8	
0,1	Hartmetall	310	300	285	—	—	9,5 fach
	Schnellstahl	32,5	31,5	29,5	—	—	
0,16	Hartmetall	275	250	240	—	—	8,5 fach
	Schnellstahl	32,5	30	28,5	—	—	
0,25	Hartmetall	260	225	200	185	—	7,5 fach
	Schnellstahl	30,5	29	27,5	25	—	
0,5	Hartmetall	—	160	143	133	128	6 fach
	Schnellstahl	—	27	25	23	20	
1,0	Hartmetall	—	—	110	101	98	5,6 fach
	Schnellstahl	—	—	20,5	18	16	

St 70.11 in Abhängigkeit von Schnittiefe und Vorschub, im Vergleich mit Schnellstahl, macht F. Rapatz[1] (Zahlentafel 150). Die Erhöhung der Schnittgeschwindigkeit ist bei kleinen Vorschüben besonders groß (Schlichten). Je mehr die Arbeit den Charakter des Schruppens annimmt (etwa Spanquerschnitte von 2 mm² und mehr), um so geringer ist verhältnismäßig die Leistungserhöhung. Trotzdem reichen die Leistungen der älteren Spezialmaschinen für Schrupparbeiten bei weitem nicht aus, um die Vorteile von Hartmetall auszunutzen.

In Abb. 237 ist diese Beziehung für das Beispiel der Bearbeitung eines Stahles von 70 kg/mm² Festigkeit wiedergegeben[2]. Während zum Abhe-

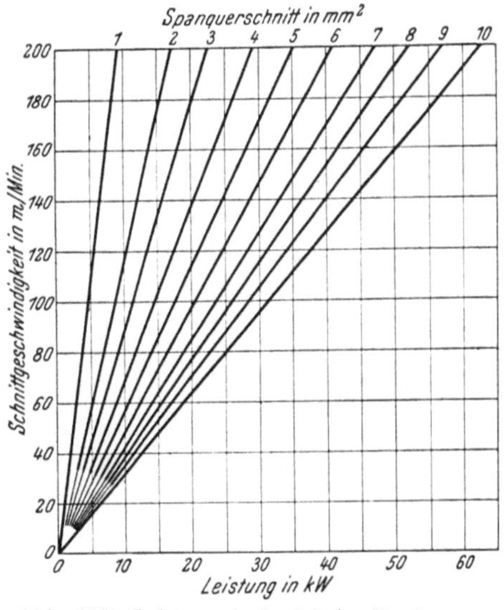

Abb. 237. Leistungsbedarf beim Drehen von Stahl (E. Hirschfeld)

---

[1] Rapatz, F.: Die Edelstähle, 3. Aufl., Springer-Verlag, Berlin 1951, S. 626.

[2] Hirschfeld, E.: Hartmetalle, Schweizer Druck- u. Verlagshaus A. G., Zürich 1950.

ben eines Spanes von 5 mm² Fläche mit einem Werkzeugstahl 5 kW, mit Schnellstahl etwa 10 kW erforderlich sind, müssen bei den Schnittgeschwindigkeiten, welche Hartmetall erlauben, 20 bis 30 kW aufgewendet werden. Bei noch größeren Spanquerschnitten ist der Bedarf im Verhältnis noch höher und erreicht das 5- bis 10fache des üblichen Kraftbedarfes. Da die Leistung älterer Standardmaschinen meist 5 kW nicht überschreitet, ist der Leistungsmangel, insbesondere beim Schruppen und Halbschruppen mit Hartmetallen, besonders fühlbar. Die Entwicklung geeigneter Bearbeitungsmaschinen für Hartmetallschneidwerkzeuge, die entsprechend leistungsfähig und stabil sind, hinkte zu Beginn des Einsatzes von Hartmetall zunächst stark nach. Erst in den letzten Jahren wurden Spezialmaschinen, insbesondere Schruppdrehbänke, Universaldrehbänke, Revolverdrehbänke, Bohrwerke, Fräs- und Hobelmaschinen u. a., gebaut, welche die volle Ausnutzung der überragenden Schneideigenschaften der Hartmetalle erlauben[1-4]. Bei den neuen hochzähen Schneidlegierungen von Art des S4T und S5T, welche die Lücke zwischen den bisherigen Hartmetallsorten und den Schnellstählen schließen, scheint, nach F. Kölbl, beim Schruppen und Hobeln die Leistungsfähigkeit auch dieser Maschinen noch nicht auszureichen.

E. Hirschfeld[1] faßt die Vorteile von Hartmetall für die spanabhebende Bearbeitung und seine wirtschaftliche Bedeutung ganz allgemein folgendermaßen zusammen:

1. Verkürzung der Hauptzeit (Schnittzeit). Infolge der hohen Schnittgeschwindigkeit und Verkürzung der Zeiten, die zum Werkzeugwechsel und Nachschleifen erforderlich sind (höhere Einzelstandzeit), wird die Hauptzeit verkürzt und die Zeit des Gesamteinsatzes der Werkzeuge verlängert.

2. Erhöhung der Werkstattkapazität. Auch bei älterem Maschinenpark können in der gleichen Zeit bei gleicher Maschinenzahl etwa 30% mehr Fertigerzeugnisse hergestellt werden. Bei Einsatz neuer Maschinen, die schon speziell für Zerspanung mit Hartmetall konstruiert sind, steigt die Leistungsfähigkeit der Werkstatt um ein Vielfaches.

3. Verringerung des Energieverbrauches. Für die Abnahme einer bestimmten Spanmenge ist im Vergleich zum Schnellstahl der Energieverbrauch wesentlich niedriger.

---

[1] Hirschfeld, E.: Hartmetalle, Schweizer Druck- u. Verlagshaus A. G., Zürich 1950.

[2] Dürr, A.: Werkstattstechn. Masch.-Bau 41 (1951), S. 427/31.

[3] Kienzle, O.: Z. VDI. 94 (1952), S. 299/305.

[4] Ballhausen, C.: Werkstattstechn. Masch.-Bau 42 (1952), S. 452/55.

4. Erniedrigung der Kosten für Werkzeuganschaffung und Werkzeugschliff. Hartmetallwerkzeuge haben längere Standzeiten und eine höhere Gesamtlebensdauer; entsprechend fallen die Schleifkosten.

5. Verbesserung der Qualitätserzeugnisse. Durch Erzielung glatterer Oberflächen, genauerer Maße und damit verbundener Vereinfachung des Arbeitsganges (Entfall von Schleifarbeit) ergeben sich beim Zerspanen mit Hartmetall bedeutende Vereinfachungen im Arbeitsgang und damit Ersparnisse.

6. Einsparung wertvoller Legierungsbestandteile. In der Gewichtseinheit Hartmetall wird der wertvolle Legierungsbestandteil Wolfram wesentlich besser ausgenützt als im Schnellstahl.

B. Die Herstellung von Hartmetallwerkzeugen

Die Herstellung von Hartmetallwerkzeugen gehört heute schon zum Allgemeingut der Werkstattstechnik und ist in zahlreichen Büchern und Werkstattanweisungen eingehend beschrieben worden[1-16].

[1] Becker, K.: Hochschmelzende Hartstoffe und ihre technische Anwendung, Verlag Chemie, Berlin 1933.

[2] AWF.: Hartmetallwerkzeug, Behandlung und Verwendung, 2. Aufl., Beuth-Verlag, Berlin 1935.

[3] Becker, K.:´Hartmetallwerkzeug, Wirkungsweise, Behandlung, Konstruktion und Anwendung, Verlag Chemie, Berlin 1935.; s. a. Becker, K.: Schrifttum über Hartmetallwerkzeuge, Maschinenbau, Betrieb 15 (1936), S. 25/26.

[4] Leier, F. W.: Hartmetalle in der Werkstatt, Springer-Verlag, Berlin 1937.

[5] Fehse, A.: Hartmetallwerkzeuge, Bearbeitung von Metallen und Isolierstoffen, Herausg. AWF., G. B. Teubner, Leipzig 1939.

[6] Bonthron, K.: Fagersta SECO Handbok, Fagersta Bruks A.B., Fagersta 1945.

[7] Woodcock, F. L.: Design of Metal Cutting Tools, McGraw Hill, New York 1948.

[8] Metal-Cutting Tool Handbook, Metal Cutting Tool Inst., New York 1949.

[9] Baker, W. u. J. S. Kozacka: Carbide Cutting Tools, How to make and use them., Am. Techn. Soc., Chicago 1949.

[10] Carboloy Tool Manual, GT-191, Detroit 1949.

[11] Hirschfeld, E.: Hartmetalle, Schweizer Druck- u. Verlagshaus A.G., Zürich 1949.

[12] Kieffer, R. u. F. Kölbl: Hartmetalle, Hartmetallwerkzeuge und ihre Verwendung, Österr. Gewerbeverlag, Wien 1949.

[13] Shute, D. H.: Cemented-Carbide Tools, Machinery Publ., London 1949.

[14] Am. Soc. Met.: Machining-Theory and Practice, Cleveland 1950.

[15] Pawlowitz, K.: Hartmetall-Dreh- und Bohrwerkzeuge, Österr. Gewerbeverlag, Wien 1950.

[16] WIDIA-Hartmetall, Fried. Krupp A. G., Essen, WIDIA-Fabrik, Essen 1951.

Wir wollen daher an dieser Stelle nur die Tatsachen zusammenfassen und lediglich auf Neuentwicklungen etwas näher eingehen.

1. Herstellung von hartmetallbestückten Werkzeugen

Hartmetall ist ein hochwertiger Werkstoff; seine Verwendung muß daher in wirtschaftlicher Weise erfolgen. Man wird deshalb größere Werkzeuge, Maschinenteile und Geräte nicht ganz aus Hartmetall herstellen, sondern Hartmetall nur dort verwenden, wo hohe Beanspruchungen auftreten. So wird man beispielsweise Dreh- und Hobelmesser oder sonstige Bearbeitungswerkzeuge nur an der Schneide mit Hartmetall bestücken, für den übrigen Teil des Werkzeuges jedoch Stahl verwenden. Das Hartmetall wird dabei in Form von Plättchen aufgesetzt und aufgelötet, die größtenteils genormt sind (z. B. DIN-Norm 4966, 1. und 2. Ausgabe). Für die üblichen Dreh- und Hobelwerkzeuge wird als Schaftmaterial Kohlenstoffstahl oder manganlegierter Kohlenstoffstahl mit etwa 70 kg/mm² Festigkeit benützt. Stähle wesentlich niedrigerer Festigkeit sind zu vermeiden, da sie den auftretenden Beanspruchungen nicht genügen. Ihre Verwendung könnte Bruch der Hartmetallplatte oder ein Aufreißen der Lötnaht zur Folge haben.

Für Sonderwerkzeuge, deren Schäfte besonders hoch in ihrer Festigkeit, Warmfestigkeit oder durch Verschleiß beansprucht werden, wie z. B. für schmale Nutenstähle, Spiralbohrer, Fräser, Senker, Reibahlen usw., müssen Kohlenstoffstähle höherer Festigkeit, legierte Werkzeugstähle oder niedrig legierte Schnelldrehstähle verwendet werden. Zum Teil sind dabei besondere Löt- oder Behandlungsverfahren anzuwenden.

Allgemein verwendet man bei Hartmetallwerkzeugen möglichst große Schaftquerschnitte, die stärker sein sollen als die von Schnellstahlwerkzeugen für gleichartige Arbeiten. Die Schafthöhe unter der Hartmetallplatte soll wenigstens die dreifache Plattenstärke betragen. Für die Bestimmung der Schaftgröße gibt es Nomogramme, in welchen allerdings nach H. Laussmann[1] auch der spezifische Schnittdruck für die jeweils zu bearbeitenden Werkstoffe in großen Stufen zu berücksichtigen ist.

Um eine einwandfreie Übertragung der Schnittkräfte auf den Schaft durch eine feste Lötverbindung zu erzielen, muß die Platte satt aufliegen und die Lötflächen müssen frei von Schmutz, Öl oder Zunder sein. In die auf Länge gesägten und (bei gebogenen oder gekröpften Schneidwerkzeugen) geschmiedeten Schäfte wird der Plattensitz im gewünschten Span- und Neigungswinkel durch Fräsen oder

---

[1] Laussmann, H.: Vortrag, Berlin 1951.

Hobeln eingearbeitet. Zweckmäßig arbeitet man die Auflagefläche etwas größer aus, so daß sie über die Unterkanten der Platte um wenigstens einige Zehntel Millimeter vorsteht (s. Abb. 238). Man erzielt dadurch mit Sicherheit eine bis an den Rand dichte Lötfuge unter der Haupt- und Nebenschneide.

Bei breiten Werkzeugen sehr geringer Schafthöhe hält man zweckmäßig den Schaft stärker, um Rißbildung in der Platte infolge Verziehens des Schaftes zu vermeiden. Nach dem Löten wird der überschüssige Schaftwerkstoff weggefräst oder abgeschliffen.

Die Sitzflächen der Platte werden an einer Siliziumkarbidscheibe blank und eben geschliffen. Zweckmäßig verwendet man dafür eine gröbere Scheibe, da das Lot auf einer rauhen Fläche besser haftet.

Nötigenfalls werden kurz vor dem Löten die Lötflächen mit einem Fettlösungsmittel, wie z. B. Tetrachlorkohlenstoff oder Trichloräthylen, gereinigt.

Normale Hartmetallwerkzeuge werden am besten mit Elektrolytkupfer (Schmelzpunkt etwa 1100°) aufgelötet, das in Form von kleinen Blech- oder Drahtstückchen zugegeben wird. Lediglich bei kleinen Werkzeugen, bei denen keine zu hohen Arbeitstemperaturen auftreten, empfiehlt sich die Verwendung von Lötmitteln mit niedrigerem Schmelzpunkt, wie z. B. Silber- oder Messinglot. Silberlote setzen sich neuerdings wegen der Schonung der Stahlschäfte bei der niedrigen Löttemperatur auch bei Normalwerkzeugen, Schlagbohrwerkzeugen (Schlitzlötung) u. a. durch. Als Flußmittel und Oxydationsschutz verwendet man bei der Kupferlötung entwässerten, pulverisierten Borax. Für Silberlötung werden andere niedriger schmelzende Flußmittel verwendet, die für Kupferlötung meist ungeeignet sind.

In Zahlentafel 151 sind nach J. Hinnüber und W. Hilbes[1] die Eigenschaften der heute üblichen Hart- und Weichlote für die Hartmetallötung zusammengestellt. Kupferlote sind dort vorzusehen, wo bei der Zerspanung am Werkzeug hohe Temperaturen auftreten. Beim Warmzerspanen verwendet man sogar mit Vorteil höher schmelzende Cu-Ni-Lote. Silberlote ergeben festere Verbindungen, können aber nur dort verwendet werden, wo keine allzu hohe Temperaturbeanspruchung auftritt. Weichlotverbindungen dürfen nicht temperaturbeansprucht werden; die Möglichkeit von Spanungsrissen im Hartmetall wird dabei aber vermieden.

Beim Löten treten durch Diffusion Umsetzungen sowohl zwischen Lot und Stahlschaft als auch zwischen Lot und Hartmetall ein.

---

[1] Hinnüber, J. u. W. Hilbes: Werkstattstechn. Masch.-Bau 41 (1951), S. 413/17.

Zahlentafel 151. *Eigenschaften von Loten für Hartmetallötung* (J. Hinnüber und W. Hilbes)

| Bezeichnung | Chemische Zusammensetzung % | Schmelzpunkt °C | Mechanische Eigenschaften im Gußzustand | | | | | | Mikrohärte (10 g Bel.) | |
| | | | bei 20° | | | bei 500° | | | | |
			Zugfestigkeit kg/mm²	Dehnung %	Einschnürung %	Zugfestigkeit kg/mm²	Dehnung %	Einschnürung %	Gußzustand	Lötnaht
Kupfer	Elektrolytkupfer	1083	14,3	16,5	19	5,0	4,7	9,5	118	140
Messinglot	60 Cu, 39,2 Zn, 0,26 Si	920	25	8,5	19	8,3	18,7	40	172	253
Degussalot 4900 Mn	18 Cu, 48,5 Ag, 20,5 Zn, 8 Mn, 5 Ni	690	35,4	2,7	8,1	4,5	11,6	28	185 (260)*	214 (350)*
LAg 50 Cd	16,7 Cu, 50,2 Ag 16,9 Cd, 15,9 Zn	650	32	22	36	10,6	35	43	168	168
Weichlot	50 Sn, 50 Pb	250	—	—	—	—	—	—	15	15

* Ausscheidungen

Dadurch werden die Eigenschaften des Lotes und der Oberfläche der Hartmetallplatte verändert, was durch Mikrohärtemessungen bewiesen werden kann. Durch Ausscheidungsvorgänge kann die Festigkeit der Lötverbindung über die dem Lot eigenen Werte gesteigert werden. Zur Vermeidung der dadurch häufig bedingten Spannungsrisse soll die Lötung möglichst kurzzeitig erfolgen; die ideale Lösung bietet hier die Hochfrequenzlötung (s. S. 624).

Bei größeren und formschwierigen Platten, ferner beim Auflöten der höher TiC-haltigen Sorten, empfiehlt sich die Verwendung einer Ausgleichsfolie als Zwischenlage zwischen Platte und Plattensitz (Folien- oder Sandwichlötung). Hierzu eignen sich feinmaschige, verzinkte oder verzinnte Eisendrahtgewebe oder Folien aus Spezialstählen, wie sie im Handel, zum Teil bereits mit Lötmittel versehen, erhältlich sind[1,2]. Letztere werden insbesondere bei Schlitzlötungen verwendet, bei denen die Platte an den beiden großen Auflageflächen verlötet wird. Die Platte mit Folie muß vor dem Löten in den Schlitz fest schließend hineinpassen. Sind sehr lange und dünne Platten zu löten, wie z. B. bei der Bestückung von Führungsschienen, so sollen die Platten vor dem Löten mit Kupfer überzogen werden, worauf dann mit Zinn gelötet werden kann. Auch Plättchen mit elektrolytisch aufgebrachten und nachträglich angesinterten Nickelschichten werden bei schwieriger Lötung erfolgreich verwendet[3]. Das Löten erfolgt in *Gasmuffelöfen, Elektromuffelöfen*[4] oder neuerdings in steigendem Maße mit *Hochfrequenzerhitzung*. Große Stückzahlen nicht zu großer Werkzeuge lötet man wirtschaftlich in einem elektrischen *Förderbandofen*; Werkzeuge mit kleineren Schaftquerschnitten als 25 × 25 mm mit *elektrischen Widerstandslötapparaten*, Werkzeuge mit sehr kleinen Schaftquerschnitten mit dem *Schweißbrenner* oder behelfsmäßig im *Schmiedefeuer*. Beim Löten mit dem Schweißbrenner ist darauf zu achten, daß der oxydierende Teil der Flamme die Hartmetallplatte nicht trifft. Man verwendet deshalb einen großen Brenner und erhitzt vom Schaft aus.

Beim behelfsmäßigen Löten im Schmiedefeuer schafft man sich mit einem Eisenrohr, einem Blech oder mit Schamottesteinen eine Art Heizkammer, um eine unmittelbare Einwirkung der Flammen auf die Hartmetallplatte zu vermeiden. In allen Fällen ist in reduzierender Atmosphäre zu löten, d. h. bei Gasfeuerung mit Gasüberschuß, im elektrischen Ofen mit Schutzgas (Wasserstoff, Ammoniak-Spaltgas u. ä.).

Der Lötvorgang ist je nach der vorhandenen Löteinrichtung, der Werkzeugform und den zu lötenden Stückzahlen verschieden. Die am häufigsten angewandte Art des Lötens eines Hartmetall - Schneidwerkzeuges erfolgt folgendermaßen:

Die lötfertige Platte wird mit Eisendraht oder Chrom-Nickel-Stahldraht auf den Schaft aufgebunden, um ein Abrutschen zu verhüten (Abb. 238). Das Festbinden kann unterbleiben, wenn größere Platten in

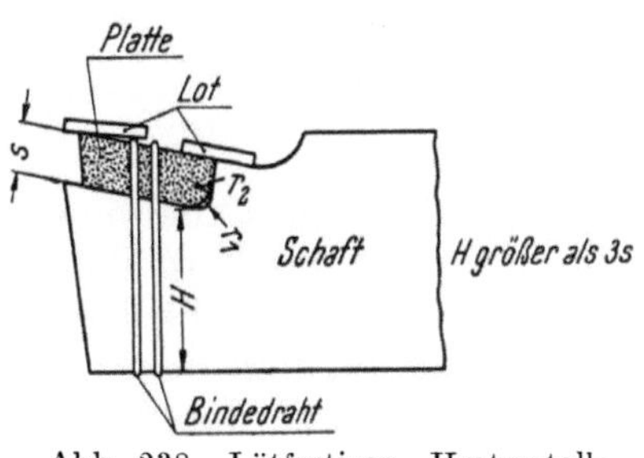

Abb. 238. Lötfertiges Hartmetallwerkzeug

nahezu waagrechter Lage aufzubringen sind oder wenn die Form des

---

[1] Beutel, H.: Werkstatt und Betrieb 85 (1952), S. 505/13.
[2] Ballhausen, C. u. C. Vieregge: Werkstatt u. Betrieb 85 (1952), S 657 63.
[3] Anonym: Machinery, Lond., 77 (1950), S. 485/86.
[4] Dawihl, W. u. F. Pawlek: Werkstatt u. Betrieb 84 (1951), S. 41/45.

Plattensitzes ein Abrutschen verhindert. Hierauf wird das Lötmittel auf die Platte bzw. über die Lötfuge aufgelegt, Borax aufgestreut und das Werkzeug in den Ofen eingebracht. Es ist günstig, während des Lötens eines Werkzeuges bereits das nächste in der Vorwärmkammer des Ofens vorzuwärmen. Nach der Vorwärmung und zweckmäßig auch während der weiteren Erhitzung wird nochmals Borax mit Hilfe einer dünnen, löffelförmig aus-

Abb. 239. Löten von Hartmetallwerkzeugen mittels Hochfrequenzerhitzung (Fagersta Bruks AB, Fagersta)

geschmiedeten Stange auf die Platte gegeben. Das Werkzeug wird so lange im Ofen gelassen, bis man das Lot schmelzen sieht. Nachdem das Lot in die Lötfugen geflossen ist, nimmt man das Werkzeug aus dem Ofen und hält die Platte mit einem *zugespitzten* Stab (eine zu breite Berührungsfläche würde eine plötzliche örtliche Abkühlung und die Gefahr von Rißbildung verursachen) unter leichtem Druck in der gewünschten Lage fest, bis das Lot erstarrt ist. Dann kann mit einer Drahtbürste Schlacke und Zunder entfernt werden. Hierauf läßt man das Werkzeug in Asche, Holzkohlenstaub, Elektrodenkohle oder an ruhiger Luft langsam erkalten. Plötzliches Abkühlen des Werkzeuges in Wasser ist unbedingt zu vermeiden, da hierdurch Spannungsrisse in der Platte entstehen können.

Eine recht vorteilhafte Art der Lötung wird neuestens mit Hochfrequenzerhitzung durchgeführt. Das Werkzeug wird wie üblich vorbereitet und durch Einführen in eine Hochfrequenzspule oder -schleife lediglich an der erforderlichen Stelle erhitzt[1-3] (Abb. 239). Diese Arbeitsweise hat große Vorteile bei Schaftmaterialien, z. B.

[1] Vernor, T. A. u. E. F. Adams: Steel Proc. 31 (1945), Oktober, S. 652/53, Prod. Engng. 16 (1945), November, S. 71, Ind. Heating 3 (1946), Mai, S. 807, 822, Welding Eng. 31 (1946), März, S. 53.

[2] Anonym: Automobile Eng. 39 (1949), September, S. 360.

[3] Baker, W. u. J. S. Kozacka: Carbide Cutting Tools, Am. Techn. Soc., Chicago 1949, S. 78/85.

hochfesten Stählen, bei denen eine Erwärmung unerwünscht ist. Beispielsweise werden heute Schrämpicken, Schlagbohrer usw. in großen Serien auf diese Weise hergestellt[1].

Da Mängel in der Lötung sich sehr ungünstig auf das Verhalten des Werkzeuges im Einsatz auswirken können (Rißbildung, Ausbrechen), kommt der zerstörungsfreien Werkstoffprüfung von Hartmetallöt-

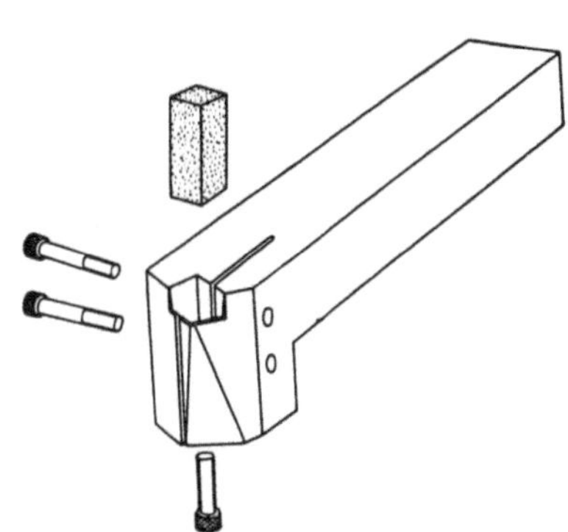

Abb. 240. Hartmetall-Klemmwerkzeug
(J. S. Gillespie)

verbindungen große Bedeutung zu[2].

Seit Einführung des Hartmetalles war man bemüht, die Lötverbindung der Platten durch mechanische Klemmverbindungen zu ersetzen. Unter Benutzung einfacher, oft durch Strangpressen hergestellter, dreieckiger, quadratischer, rechteckiger und runder Hartmetalleinsätze haben Klemmverbindungen z. B. gemäß Abb. 240 größere Verbreitung gefunden[3]. Wie aus der Gegenüberstellung in Abb. 241 hervorgeht, können viele Typen gelöteter Werkzeuge durch Klemmformen ersetzt oder auch Spezialwerkzeuge konstruiert werden (Abb. 242).

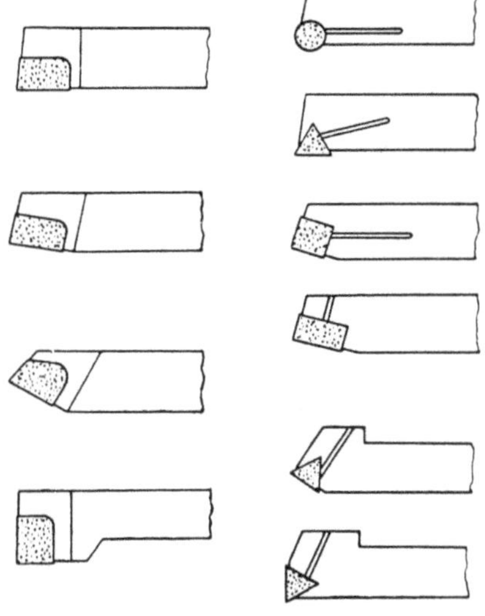

Abb. 241. Gegenüberstellung von gelöteten und geklemmten Hartmetalldrehmeißeln (J. S. Gillespie)

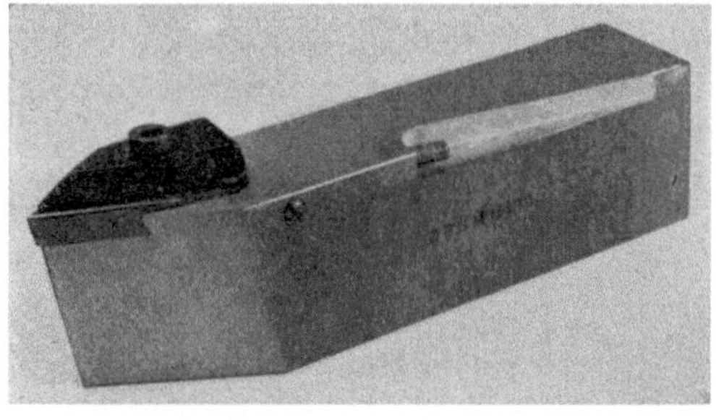

Abb. 242. Kopierdrehstahl mit geklemmter Hartmetallplatte. (C. Ballhausen)

---

[1] Hinnüber, J. u. W. Hilbes: Werkstattstechn. Masch.-Bau **41** (1951), S. 413/17.

[2] Anonym: Aircraft Prod. 11 (1949), September, S. 295/97.

[3] Gillespie, J. S.: Iron Age **163** (1949), Nr. 19, S. 84/89.

Die fertigen Werkzeuge erhalten am Schaft neben der Firmenbezeichnung insbesondere Angaben über die Hartmetallsorte und zwecks Erleichterung der Lagerhaltung auch eine Farbbezeichnung. Diese Farben sind zum Teil durch Normen festgelegt, einige Firmen haben aber auch selbständige Farbbezeichnungen. Die Farbnormung von Hartmetallwerkzeugen ist nach E. Hirschfeld[1] willkürlich und keineswegs den Werkstattanforderungen angepaßt. Er schlägt daher nur zwei unterschiedliche Farben (Rot und Blau) für die beiden Hauptgruppen der Hartmetalle für die Bearbeitung kurzspanender Werkstoffe (Guß, Buntmetalle, nichtmetallische Werkstoffe) und langspanender Werkstoffe (Stähle) vor. Innerhalb dieser Gruppen sollen die einzelnen Sorten durch Schattierungen der gleichen Farbe unterschieden werden. E. Hirschfeld schlägt auch eine einfache Bezeichnung der Schnittwinkel durch Streifen am Schaft vor. Zweckmäßig sollten Allzwecksorten, die zur Guß- und Stahlbearbeitung dienen, durch eine dritte Farbe gekennzeichnet werden.

Das Entfernen schadhafter Hartmetallplatten vom Schaft erfolgt durch Erhitzen auf Löttemperatur und Loslösen der Platte. Ist ein Erhitzen nicht möglich, dann werden die Werkzeugköpfe in Salpetersäure, Dichte 1,4, etwa eine Stunde auf 60° erwärmt. Die Platten lösen sich im allgemeinen leicht ab. Bei Verwendung alter Werkzeugschäfte ist darauf zu achten, daß wieder eine Hartmetallplatte der gleichen Sorte aufgelötet wird, ansonsten muß Farb- und Sortenbezeichnung geändert werden.

2. Das Schleifen von Hartmetallwerkzeugen

Dem Schleifen und Nachschleifen von Hartmetallwerkzeugen[2-4] muß wegen der hohen Härte, der verhältnismäßig großen Sprödigkeit, der insbesondere bei hoch titankarbidhaltigen Sorten geringeren Wärmeleitfähigkeit und der besonderen Bedeutung der Schneidenwinkel viel größere Sorgfalt gewidmet werden als bei Schnellstahl.

Scharfe und schartenfreie Schneiden sind eine Vorbedingung für einen einwandfreien Schnitt und eine gute Standzeit der Hartmetallwerkzeuge. Voraussetzung für die Erzielung einer einwandfreien Schneide sind Spezialschleifscheiben und geeignete Schleifmaschinen.

---

[1] Hirschfeld, E.: Hartmetalle, Schweizer Druck- u. Verlagshaus A. G., Zürich 1949.

[2] Hinnüber, J. u. F. Hettich: Werkstattsblatt Nr. **62**, C. Hanser, München 1949.

[3] Hinnüber, J. u. W. Hilbes: Werkstattstechn. Masch.-Bau **41** (1951), S. 413/17.

[4] Dinglinger, E.: Werkstattstechn. Masch.-Bau **40** (1950), S. 33/40.

Aus den eingangs erwähnten Gründen empfiehlt es sich, das Nachschleifen von Hartmetallwerkzeugen nicht dem einzelnen Arbeiter zu überlassen, sondern eine zentrale Schleiferei und Prüfstelle einzurichten[1].

Die für Stahlwerkzeuge gebräuchlichen Schleifscheiben aus Korund sind nur zum Abschleifen des überstehenden Schaftmaterials zu verwenden, dürfen aber zum Schleifen von Hartmetallplatten nicht benutzt werden, da sie das Hartmetall nur bei hohem Schleifdruck etwas angreifen, wobei starke Erwärmungen auftreten, die zu Rißbildung in den Platten führen können. Die Hartmetallplatten dürfen nur mit geeigneten Spezialscheiben aus Siliziumkarbid oder mit Diamantkorn enthaltenden Scheiben geschliffen werden[2,3].

Neben den üblichen flachzylindrischen Scheiben, die sich besonders für den Vorschliff eignen —, wobei man immer gegen die Schneide schleift, da das Gegenteil Ausbröckelungen zur Folge hat (Abb. 243) —, empfiehlt sich für den Fertigschliff die Verwendung

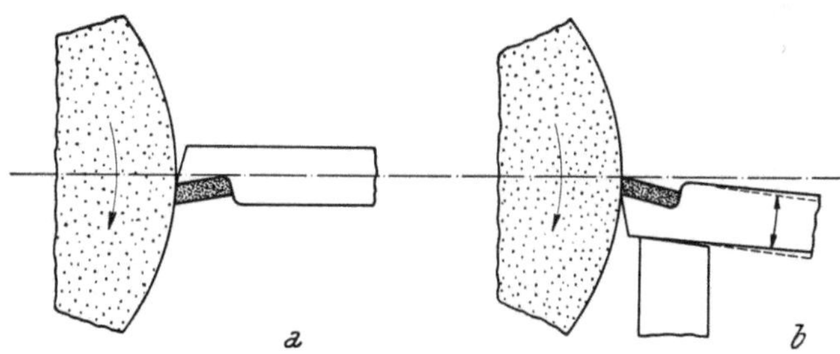

Abb. 243. Falsches (a) und richtiges (b) Schleifen von Hartmetall-Drehmeißeln

von Schleiftöpfen oder Schleifringen, da bei diesen fast alle vorkommenden Schleifarbeiten an der ebenen Schleiffläche vorgenommen werden können, ein Hohlschleifen der Freifläche vermieden wird (Abb. 244) und trotz der Scheibenabnützung die Umfangsgeschwindigkeit gleichbleibt.

Für die Auswahl der für die einzelnen Schleifvorgänge am besten geeigneten Körnung und Härte der Siliziumkarbidscheiben geben die Lieferfirmen Richtlinien heraus.

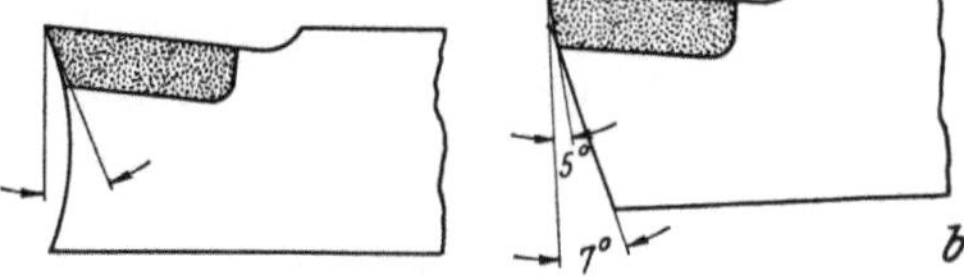

Abb. 244. Falsch (a) und richtig (b) geschliffene Freifläche von Hartmetallerkzeugen

[1] Dinglinger, E.: Werkststattechn. Masch.-Bau 40 (1950), S. 33/40.

[2] Dinglinger, E.: Werkstattstechn. Masch.-Bau 42 (1952), S. 50/56.

[3] Dawihl, W.: Werkstatt und Betrieb 85 (1952). S. 287/90.

Die Umfangsgeschwindigkeit der Scheiben bei Handschliff soll etwa 22 bis 25 m/sec betragen. Bei Diamantmetallschleifscheiben werden auch höhere Schleifgeschwindigkeiten angewandt.

Die Schleifmaschinen müssen stabil gebaut sein und kräftige und gepflegte Lager aufweisen, um einen ruhigen, schlagfreien Lauf der Scheibe zu gewährleisten. Verstellbare Auflagen erleichtern die Einhaltung der Schneidwinkel[1].

Es kann sowohl naß als auch trocken geschliffen werden, doch ist beim Trockenschleifen mehr Sorgfalt und Zeitaufwand erforderlich, um bei größeren Werkzeugen oder stärkeren Abschliffen Schleifrisse sicher zu vermeiden. Daher ist der Naßschliff im allgemeinen vorzuziehen, während das genaue Fertigschleifen von Formstählen, kleinen Werkzeugen für Revolverdrehbänke und Automaten und das Einschleifen der Spanstufe leichter trocken geschieht. Beim Naßschliff sorge man für reichliche Zufuhr von klarem, temperiertem Wasser, das zweckmäßig etwas Rostschutzmittel zum Schutz der Maschinenteile enthält. Der Zufluß des Wassers soll gleichmäßig und unter geringem Druck erfolgen, um eine stetige Kühlung zu erreichen und ein Spritzen zu verhindern.

Beim Trockenschliff ist ein Abkühlen der erwärmten Hartmetallschneiden mit Wasser unbedingt zu verhindern.

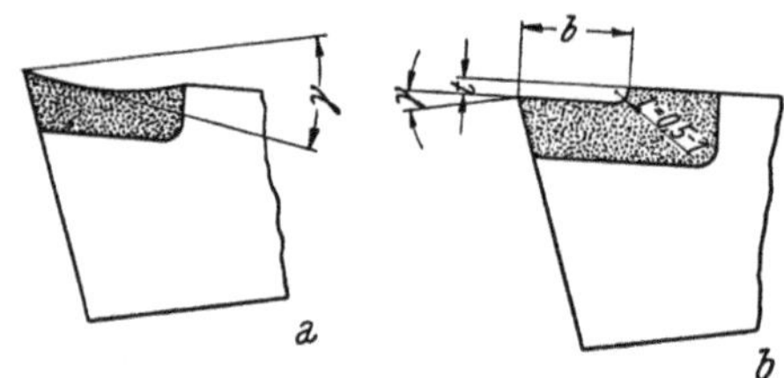

Abb. 245. Falsches (a) und richtiges (b) Schleifen einer Spanstufe

Beim Einschleifen der Spanstufe muß darauf geachtet werden, daß der Spanwinkel infolge von Hohlschliff nicht zu groß wird (Abb. 245).

Der Zweck des Schleifens ist das Schärfen der Schneide und der Anschliff der vorher für das betreffende Werkzeug festgelegten Schnittwinkel. Die Winkel am Werkzeug, insbesondere Spanwinkel, Freiwinkel und Neigungswinkel, müssen daher während und nach Beendigung des Schleifprozesses mit Hilfe eigener Winkelschablonen überprüft werden. Von der Schartenfreiheit des Werkzeuges überzeugt man sich durch Überprüfung mit einer Lupe oder einem Mikroskop. Insbesondere beim Nachschliff von Werkzeugen ist auf die Einhaltung der festgelegten Schneidenwinkel zu achten.

Bevor das Werkzeug in Verwendung genommen wird, oder auch bei schwach stumpf gewordenen Messern, zieht man die Schneide mit feinkörnigen Siliziumkarbid-Läppsteinen, noch besser mit einem

---

[1] Odenhausen, H.: Werkstattstechn. Masch.-Bau **42** (1952), S. 455/58.

Diamantmetall-Handläpper ab. Man soll dabei gegen die Schneide abziehen (Abb. 246a, b). Für Schrupparbeiten empfiehlt es sich, die Schneidenkante mit einem Handläpper schwach zu brechen. Man erhält dadurch eine kleine Fläche mit negativem Spanwinkel,

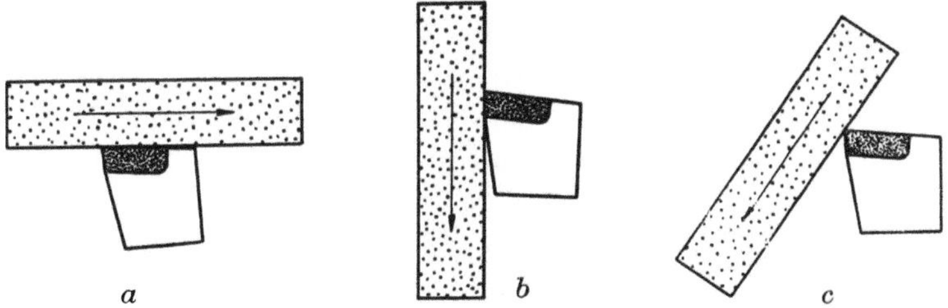

a   b   c

Abb. 246. Abziehen bzw. Brechen einer Hartmetall-Schneidenkante mittels Handabziehstein

wodurch die Empfindlichkeit der Schneide gegen Ausbrechen vermindert wird (Abb. 246c).

In Rußland ist ein Verfahren entwickelt worden, nach dem man durch elektrolytische Abtragung eine Glättung der Hartmetalloberfläche und damit also eine Schärfung der Werkzeugschneide erzielt. Diese Methode des Schleifens soll sehr rasch und wirtschaftlich arbeiten, eine Entstehung von Schleifrissen ist dabei natürlich nicht zu befürchten. Wegen Einzelheiten des Verfahrens sei auf das umfangreiche Schrifttum verwiesen[1-9].

C. Der Einsatz von Hartmetallwerkzeugen für Zerspanungszwecke

Über den Einsatz und die Behandlung von Hartmetallwerkzeugen aller Art für Zerspanungszwecke besteht seit deren Einführung in die Werkstattspraxis ein fast unübersehbares Schrifttum. Von einer eingehenden Behandlung dieser Fragen sei hier abgesehen, sie würde im Rahmen dieses Buches zu weit führen. Es sei lediglich auf das ebenfalls sehr umfangreiche Buchschrifttum verwiesen[10-38].

[1] Rekschinskaja, T. P.: Automobil. Prom. (1946), Nr. 5/6, S. 12/15.

[2] Zolotyk, B. N.: Stanki i Instr. 18 (1947), Nr. 3, S. 23/24.

[3] Noskov, S. E.: Stanki i Instr. 19 (1948), Nr. 10, S. 20/22.

[4] Popilov, L. J.: Zavod. Lab. 14 (1948), Nr. 3, S. 358/61.

[5] Ulitski, E. J.: Vestn. Machinostroj. 3 (1949), S. 47/55.

[6] Kolker, R. M.: Stanki i Instr. 20 (1949), Nr. 5, S. 17/19.

[7] Beljaev, G. S.: Stanki i Instr. 20 (1949), Nr. 12, S. 11/12.

[8] Muravtschik, L. V.: Gorny Z. (1949), Nr. 5, S. 25/27.

[9] Ulitin, M. N.: Stanki i Instr. 21 (1950), Nr. 10, S. 3/6.

[10] Becker, K.: Hochschmelzende Hartstoffe und ihre technische Anwendung, Verlag Chemie, Berlin 1933.

XV. Hochtemperaturwerkstoffe

A. Einführung

Das Interesse und der Bedarf an Werkstoffen, die hohe Festigkeit bei höheren Temperaturen haben, besteht in wachsendem Maße seit etwa 25 Jahren. Solange die Anforderungen beispielsweise durch den Bedarf für Dampfmaschinen, Dampfturbinen und Einrichtungen der chemischen Industrie bestimmt wurden, überstiegen die in

[11] A W F.: Hartmetallwerkzeug, Behandlung und Verwendung, 2. Aufl., Beuth-Verlag, Berlin 1935.

[12] Becker, K.: Hartmetallwerkzeug, Wirkungsweise, Behandlung, Konstruktion und Anwendung, Verlag Chemie, Berlin 1935; s. a. K. Becker: Schrifttum über Hartmetallwerkzeuge, Maschinenbau, Betrieb 15 (1936), S. 25/26.

[13] Leier, F. W.: Hartmetalle in der Werkstatt, Springer-Verlag, Berlin 1937.

[14] Leyensetter, W.: Grundlagen und Prüfverfahren der Zerspanung, im besonderen des Drehens, RKW.-Veröffentl. Nr. 114, G. B. Teubner, Leipzig 1938.

[15] Fehse, A.: Hartmetallwerkzeuge, Bearbeitung von Metallen und Isolierstoffen. Herausg. AWF., G. B. Teubner, Leipzig 1939.

[16] Anonym: Negative Rake Milling, Machinery Publ., Brighton 1945.

[17] Bonthron, K.: Fagersta SECCO Handbok, Fagersta Bruks A. B., Fagersta 1945.

[18] Colvin, F. H. u. F. A. Stanley: Turning and Boring Practice, McGraw-Hill, New York 1948.

[19] Woodcock, F. L.: Design of Metal Cutting Tools, Mc Graw-Hill, New York 1948.

[20] Anonym: Metal-Cutting Tool Handbook, Metal Cutting Tool Inst., New York 1949.

[21] Baker, W. u. J. S. Kozacka: Carbide Cutting Tools, How to make and use them, Am. Techn. Soc., Chicago 1949.

[22] Anonym: Carboloy Tool Manual GT-191, Detroit 1949.

[23] Hirschfeld, E.: Hartmetalle, Schweizer Druck- u. Verlagshaus A. G., Zürich 1949.

[24] Kieffer, R. u. F. Kölbl: Hartmetalle, Hartmetallwerkzeuge und ihre Verwendung, Österr. Gewerbe-Verlag, Wien 1949.

[25] Krekeler, K.: Die Zerspanbarkeit der Werkstoffe, 3. Aufl., Springer-Verlag, Berlin 1949.

[26] Lang, M.: Prüfen der Zerspanbarkeit durch Messung der Schnitttemperatur, C. Hanser, München 1949.

[27] Merchant, M. E. u. H. Ernst: Principes of Metal Cutting and Machinability, McGraw-Hill, New York 1949.

[28] Shute, D. H.: Cemented-Carbide Tools, Machinery Publ., London 1949.

[29] Am. Soc. Met.: Machining-Theory and Practice, Cleveland 1950.

[30] Brödner, E.: Zerspanung und Werkstoff, 2. Aufl., W. Girardet, Essen 1950.

[31] Chisholm, A. J.: The Theory of Cutting Tools in „Modern Workshop Technology", Cleaver-Hume Press, London 1950.

[32] Pawlowitz, K.: Hartmetall-Dreh- und Bohrwerkzeuge, Österr. Gewerbe-Verlag, Wien 1950.

Frage kommenden Arbeitstemperaturen nicht wesentlich 500°. Im allgemeinen konnte man noch mit Eisenlegierungen das Auslangen finden. Während dieser Periode wurden zahlreiche Werkstoffe auf Eisenbasis, insbesondere mit Nickel, Kobalt, Chrom, Silizium und anderen Legierungszusätzen, für die Verwendung bei höheren Temperaturen entwickelt.

Während der letzten zehn Jahre hat sich die Lage grundsätzlich geändert. Man benötigt nun Werkstoffe für Gasturbinen, Strahltriebe, Raketen und ähnliche Anwendungsgebiete, d. h. für Anwendungsfälle, bei denen die Arbeitstemperaturen bei 800 bis 1000° und sogar noch erheblich höher liegen. Legierungen auf Eisenbasis kommen für diese hohen Temperaturen kaum mehr in Betracht. Ein Kriterium für verstärkte Beweglichkeit der Atome und damit für verringerten Widerstand gegen Verformung ist das Rekristallisationsverhalten der Metalle oder der Legierungen. Für jedes gegebene Metall kann man daher hohe mechanische Festigkeit nur *unter* seiner Rekristallisationstemperatur erwarten. Seitdem es also nicht mehr gelang, durch legierungstechnische oder andere Maßnahmen die Rekristallisationstemperatur der Eisenlegierungen wesentlich über 800° zu erhöhen, waren derartige Werkstoffe für alle Anwendungsfälle, wo mechanische Festigkeit bei solchen Temperaturen gefordert wird, nicht mehr geeignet. Verbesserte Legierungen auf Nickel-, Kobalt- und Chrombasis rekristallisieren bei höheren Temperaturen. Sie kommen jedoch auch nicht für Arbeitstemperaturen über beispielsweise 950 bis 1000° in Frage.

Das Temperaturgebiet, in dem die Rekristallisation eines metallischen Werkstoffes bemerkbar wird, hängt eng mit dem Schmelzpunkt zusammen. Letzterer gibt daher einen ziemlich zuverlässigen Hinweis auf die Festigkeit, die man bei höheren Temperaturen erwarten kann. Höchste Festigkeit bei höchsten Temperaturen kann daher nur für diejenigen metallischen Werkstoffe vorausgesagt werden, welche höchste Schmelzpunkte haben. Diese Vorhersage ist durch Experimente bestätigt worden. Alle diesbezüglich bisher untersuchten hochschmelzenden Metalle, metallischen und nichtmetalli-

---

[33] Pütz, F.: Werkzeug-Handbuch über Schneidwerkzeuge für die Metallbearbeitung, C. Hanser, München 1950.

[34] Schallbroch, H. u. H. Bethmann: Kurzprüfverfahren der Zerspanbarkeit, B. G. Teubner, Leipzig 1950.

[35] Chisholm, A. J., J. M. Lickley u. J. P. Brown: The Action of Cutting Tools, Machinery Publ., London 1951.

[36] Krekeler, K.: Die Zerspanbarkeit der metallischen und nichtmetallischen Werkstoffe, Springer-Verlag, Berlin 1951.

[37] WIDIA-Hartmetall, F. Krupp A.G., WIDIA-Fabrik, Essen, 1951

[38] Hartmetall TITANIT, Deutsche Edelstahlwerke A. G., Krefeld, 1952.

Zahlentafel 152. *Schmelzpunkt, Dichte, Verformbarkeit und Zunder-*

	Werkstoff	Schmelz-punkt °C	Dichte g/cm³	Duktilität*	Oxydations-beständigkeit**
Hochschmelzende Übergangsmetalle	Wolfram	3380	19,3	1	4
	Tantal	3030	16,6	1	5
	Molybdän	2620	10,2	1	5
	Niob	2500	8,6	1	5
	Hafnium	2230	13,3	1	3
	Chrom	1920	7,2	2	3
	Zirkon	1860	6,5	1	3
	Thorium.	1830	11,7	1	3 bis 4
	Titan	1730	4,4	1	3
	Vanadin	1720	6,1	1	4
Edelmetalle	Rhenium	3170	20,5	1	4 bis 5
	Osmium	2700	22,5	3	5
	Ruthenium . . .	2500	12,4	3	4 bis 5
	Iridium.	2450	22,4	2 bis 3	4
	Rhodium	1970	12,4	1	1
	Platin	1773	21,4	1	1
	Palladium	1555	12,0	1	2
Metalloide	Kohlenstoff . . .	∼3900	3,5	3	5
	Bor	∼2300	∼2	3	3
	Silizium	1414	2,3	3	3
Karbide	HfC	3890	12,7	3	3
	TaC	3880	14,5	2 bis 3	3
	ZrC	3530	6,9	3	3
	NbC	3500	7,8	2 bis 3	3
	TiC	3140	4,9	3	3
	WC	2870	15,7	3	5
	VC	2830	5,4	3	4
	Mo_2C.	2690	9,2	3	5
	Cr_3C_2.	1895	6,7	3	3
	B_4C	2450	2,5	3	3
	SiC	∼2200	3,2	3	2

* 1 = kann stark verformt werden.
  2 = kann gering verformt werden.
  3 = kann nicht verformt werden, glasspröde.

schen hochschmelzenden Hartstoffe zeigen eine überlegene Hochtemperaturfestigkeit. Wegen des hohen Schmelzpunktes spielen bei
der Herstellung dieser Werkstoffe pulvermetallurgische Verfahren
eine wichtige Rolle[1,2]. In Zahlentafel 152 sind die Schmelzpunkte

---

[1] Schwarzkopf, P.: Powder Met. Bull. 1 (1946), S. 3/5, 86/91.
[2] Schwarzkopf, P.: Powder Metallurgy, Macmillan, New York 1947,
S. 313, 360.

beständigkeit hochschmelzender Stoffe (I. E. Campbell und Mitarbeiter)

	Werkstoff	Schmelzpunkt °C	Dichte g/cm³	Duktilität*	Oxydationsbeständigkeit**
Nitride	TaN	3090	14,1	3	5
	ZrN...........	2980	6,9	3	3
	TiN	2950	5,2	3	3
	NbN	2050	8,4	3	5
	VN	2050	6,0	3	5
	BN	2730	2,2	3	3
Boride	HfB_2	~3060	11,2	3	2 bis 3
	ZrB_2	2990	6,2	3	2 bis 3
	TiB_2	2900	4,4	3	2 bis 3
	TaB_2	~2900	11,7	3	3
	NbB_2	~2900	6,6	3	3
	W_2B	2770	16,0	3	3 bis 4
	MoB_2	2250	8,0	3	3
	VB_2..........	2100	5,1	3	3 bis 4
	CrB	1550	6,0	3	1 bis 2
Silizide	$TaSi_2$	2400	8,8	1 bis 2	3
	WSi_2	2150	9,3	3	1 bis 2
	$MoSi_2$	2030	6,1	2	1
	$NbSi_2$	1950	5,3	2	4
	$ZrSi_2$	1700	4,9	3	4
	$CrSi_2$	1570	4,4	3	1 bis 2
	$TiSi_2$.........	1540	4,4	3	4
Oxyde	ThO_2	3050	9,7	3	1
	MgO	2800	3,5	3	1
	ZrO_2	2690	5,8	3	1
	BeO	2530	3,0	3	1
	$MgO \cdot Al_2O_3$ ...	2140	—	3	1
	Al_2O_3	2050	3,9	3	1

** 1 = > 1700°.
   2 =   1400 bis 1700°.
   3 =   1100 bis 1400°.
   4 =   800 bis 1100°.
   5 =   500 bis 800°.

und Dichten der hochschmelzenden Metalle, Metalloide, Karbide, Nitride, Boride, Silizide und Oxyde zusammengestellt; ferner wurde auch eine Klassifizierung bezüglich der Duktilität und der Oxydationsbeständigkeit vorgenommen[1].

---

[1] Campbell, I. E., C. F. Powell, D. H. Nowicki u. B. W. Gonser: J. Electrochem. Soc. **96** (1949), S. 318/33.

Die Verwendbarkeit hochschmelzender Metalle, beispielsweise von Wolfram, Molybdän, Niob und Tantal als Hochtemperaturwerkstoffe, ist durch ihre ungenügende Oxydationsbeständigkeit bei hohen Temperaturen beschränkt. Bei Raketendüsen hat sich allerdings auch ungeschütztes Molybdän, ebenso wie Graphit, infolge der nur kurzfristigen Hochtemperaturbeanspruchung bestens bewährt.

Bei den normalen Hochtemperaturanwendungen kommt es bei den Arbeitstemperaturen zwangsläufig zur Einwirkung einer korrodierenden und oxydierenden Atmosphäre, so daß man die hochschmelzenden Metalle nur dann verwenden kann, wenn sie mit geeigneten zunderbeständigen festhaftenden Schutzüberzügen versehen werden. Solche Schutzüberzüge sind entwickelt worden, so daß z. B. oberflächengeschütztes Molybdän u. a. in Zukunft eine gewisse Rolle spielen dürften[1]. Die hochschmelzenden Edelmetalle bedürfen keines solchen Schutzes; ihrer Verwendung steht aber die hohe Dichte und der hohe Preis im Wege.

Die Vorhersage, daß Hartstoffe mit ihren extrem hohen Schmelzpunkten eine befriedigende Hochtemperaturfestigkeit haben dürften, wurde bereits in der Praxis bestätigt. Wie beispielsweise auf S. 600 schon ausgeführt wurde, ist das überlegene Verhalten von Hartmetallschneidwerkzeugen größtenteils auf ihre Warmhärte, d. h. auf ihren hohen Widerstand gegen Verformung bei höheren Temperaturen, die zwangsläufig bei hohen Schnittgeschwindigkeiten auftreten, zurückzuführen. Ein gewisses Maß an Oxydationsbeständigkeit ist auch Voraussetzung für ein befriedigendes Verhalten einer Schneidlegierung. Die heutigen marktgängigen Hartmetallsorten zeigen bei mäßigen Temperaturen genügende Oxydationsbeständigkeit, zundern jedoch bereits stark bei den Temperaturen, die bei Turbinen- und Düsenantrieben in Frage kommen. Von den Karbiden, die in Sinterhartmetallen verwendet werden, scheint nur das Titankarbid eine befriedigende Zunderbeständigkeit bei Temperaturen oberhalb 500° aufzuweisen. Diese Überlegenheit des Titankarbides steht in guter Übereinstimmung mit den Erfahrungen, die man in der Zerspanungstechnik gemacht hat.

Für Arbeitstemperaturen um 800° und vielleicht hinauf bis zu etwa 1100°, scheinen Hartlegierungen auf TiC-Basis sehr vielversprechend zu sein. Sie sind auch im Hinblick auf die niedrige Dichte dieses Karbides (d = 4,9 g/cm³) von besonderem Interesse.

Das Hochtemperaturverhalten gesinterter Werkstoffe auf Karbidbasis hängt offensichtlich aber nicht nur von den Eigenschaften

---

[1] Kieffer, R. u. E. Nachtigall: Heraeus Festschrift, Hanau 1950, S. 186/205.

der Karbidphase, sondern auch von denjenigen der metallischen Bindelegierungen ab. Selbst beim Einsatz oxydationsbeständiger Karbide wird sich eine wenig zunderfeste Bindelegierung sehr nachteilig auswirken. Das günstigste Hochtemperaturverhalten werden also solche TiC-Legierungen aufweisen, die mit warm- und zunderfesten Bindelegierungen auf Ni-Cr-, Co-Cr- und Ni-Co-Cr-Basis abgebunden sind[1].

Bei höheren Temperaturen wird die Anwendbarkeit des Titankarbides ebenso wie die anderer Karbide und von Karbidmischkristallen auch durch zunehmende Oxydationsneigung beschränkt. Der Einsatz von Hartmetallen auf Karbidbasis, die oxydierendem Einfluß bei Temperaturen oberhalb 1100° ausgesetzt sind, ist nur dann aussichtsreich, wenn diese Werkstoffe mit festhaftenden Schutzschichten überzogen werden[2].

Die Karbide sind allerdings keineswegs die einzigen in Betracht kommenden brauchbaren Hartstoffe. P. Schwarzkopf hat systematische Untersuchungen veranlaßt, welche das Ziel hatten, Hartmetalle mit anderen hochschmelzenden metallischen Hartstoffen zu entwickeln, welche ähnliche mechanische und thermische Eigenschaften wie die Karbide aufweisen und die jedoch die Karbide bezüglich Korrosions- und Oxydationsverhalten übertreffen[3-5]. Diese Versuchsarbeiten führten zur Entwicklung von gesinterten Werkstoffen auf Boridbasis, die sich, wenigstens bezüglich Warmhärte und Zunderverhalten, allen anderen Hochtemperaturwerkstoffen gegenüber als überlegen herausgestellt haben.

Eine besondere Bedeutung kommt neuerdings noch den Siliziden zu, die als Deckschichten auf hochschmelzenden Metallen und in massiver, gesinterter Form eingesetzt werden können. Aus den in Frage kommenden Siliziden sticht das Molybdändisilizid mit seiner hohen Oxydationsbeständigkeit bis 1700° hervor[6-8].

Wie bei Zerspanungsfragen scheint es zweckmäßig, die Besprechung der Hochtemperaturwerkstoffe nicht nur auf Hartstoffe

---

[1] Kieffer, R. u. F. Kölbl: Z. anorg. Chem. **262** (1950), S. 229/47, Berg- u. Hüttenmänn. Mh. **95** (1950), S. 49/58, Planseeber. 1 (1952), S. 17/35.

[2] Moore, G., St. G. Benner u. W. N. Harrison: NACA Techn. Note Nr. 2329 (1951).

[3] Sindeband, S. J.: Trans. AIME **185** (1949), S. 198/202.

[4] Norton, J. T., Blumenthal, H. u. S. J. Sindeband: Trans. AIME **185** (1949), S. 749/51.

[5] Glaser, F. W.: Powder Met. Bull. **6** (1951), S. 51/54.

[6] Beidler, E. A., C. F. Powell, I. E. Campbell u. L. F. Yntema: J. Electrochem. Soc. **98** (1951), S. 21/25.

[7] Kieffer, R. u. E. Cerwenka: Z. Metallkd. **43** (1952), S. 101/105.

[8] Fitzer, E.: Berg- und Hüttenmänn. Mh. **97** (1952), S. 81/91.

mit ausgeprägt metallischem Charakter zu beschränken. Außer Hartstoffen, deren metallischer Charakter noch nicht klarliegt, sollen auch solche Hartstoffe mitbesprochen werden, für die es feststeht, daß sie nichtmetallisch sind, wie z. B. Oxyde und Silikate. Da heute an vielen Stellen bei der systematischen Auffindung und Prüfung von Hochtemperaturwerkstoffen sowohl metallische Hartstoffe als auch Oxyde, Keramiken und Mischkörper untersucht werden, dürfte dies zur Abrundung des Bildes wesentlich beitragen.

B. Erforderliche Eigenschaften von Hochtemperaturwerkstoffen

Die Anforderungen, die an Hochtemperaturwerkstoffe auf Hartstoff- oder Oxydbasis gestellt werden, sind je nach Anwendungsgebiet sehr verschieden. Turbinenschaufeln z. B. werden sowohl durch Zentrifugalkräfte und Wärmespannungen als auch durch Schwingungskräfte beansprucht. Hohe Warmfestigkeit und günstiges Kriechverhalten sind unter den mechanischen Anforderungen besonders wichtig, wobei ein Material mit niedriger Dichte im Hinblick auf die starken Zentrifugalkräfte günstiger ist. Bei anderen Anwendungsfällen, wo keine Zentrifugalbeanspruchungen auftreten, z. B. bei feststehenden Leitschaufeln, spielt die Dichte des Werkstoffes eine untergeordnete Rolle.

Sehr häufig werden bei Turbinenschaufeln Ermüdungsbrüche beobachtet, wobei es jedoch sehr schwierig ist, aus der experimentell bestimmten Wechselfestigkeit auf das praktische Betriebsverhalten zu schließen. Anscheinend ist der Fehler auf eine Überlagerung von Wechselfestigkeit und Dauerstandsfestigkeit zurückzuführen. Der Einfluß von Schwingungsbeanspruchungen wird in stationären Teilen, wie Leitschaufeln usw., größer sein, so daß die Wechselfestigkeit hier eine größere Rolle spielen wird, als bei rotierenden Teilen.

Eine praktisch besonders wichtige Eigenschaftsgröße ist die Temperaturwechselbeständigkeit. Die meisten keramischen Materialien haben eine hohe Warmfestigkeit, sie versagen jedoch hinsichtlich ihrer Temperaturwechselbeständigkeit. Es gibt bis jetzt kein genormtes Standardverfahren für die Prüfung der Temperaturwechselbeständigkeit, so daß es schwierig ist, Werte verschiedener Autoren untereinander zu vergleichen. In Amerika ist eine Versuchseinrichtung üblich, welche in Abb. 247 schematisch wiedergegeben ist[1]. Die plattenförmige Probe wird in einen Haltering

---

[1] Hoffman, C. A., G. M. Ault u. J. J. Gangler: NACA Techn. Note Nr. 1836 (1949).

eingespannt, in einem Ofen auf entsprechende Temperatur erhitzt und dann unmittelbar in kalter Preßluft abgeschreckt. Dieser Vorgang wird bis zum Bruch der Platte, mindestens jedoch 25mal wiederholt. Nach W. G. Lidman und A. R. Bobrowsky[1] kann man aus der Beziehung

$$\frac{K \cdot T}{\alpha \cdot E},$$

wobei K die Wärmeleitfähigkeit, T die Zugfestigkeit, α der Wärmeausdehnungskoeffizient und E der Elastizitätsmodul bedeutet, rechnerisch Angaben über die Temperaturwechselbeständigkeit machen.

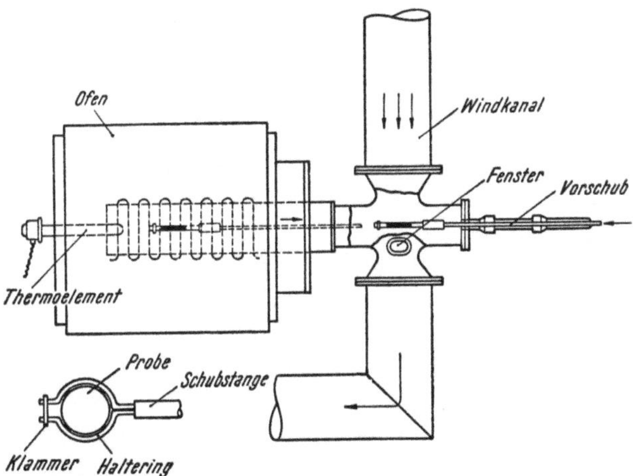

Abb. 247. Versuchseinrichtung zur Bestimmung der Temperaturwechselbeständigkeit, schematisch (C. A. Hoffman, G. M. Ault und J. J. Gangler)

Je größer der Wert ist, um so günstiger soll das praktische Verhalten gegen Temperaturwechselbeanspruchung sein (s. Zahlentafel 159, S. 647).

Der Wärmeausdehnungskoeffizient von Werkstoffen für Turbinenschaufeln sollte nicht zu verschieden sein von demjenigen des Laufrades, an welchem diese befestigt sind. Bei Gasturbinen und ähnlichen Maschinen ist die Schaufeltemperatur niedriger als die Eintrittstemperatur der Gase, wobei dieser Unterschied stets um so größer sein wird, je höher die Wärmeleitfähigkeit des Schaufelmaterials ist. Eine hohe Leitfähigkeit setzt jedoch nicht nur die Schaufeltemperatur herab, sondern steigert entsprechend auch die Temperatur des Laufrades, an dem die Schaufel sitzt. Brüche an Laufrädern sind tatsächlich schon bei Versuchen mit gut leitendem

---

[1] Lidman, W. G. u. A. R. Bobrowsky: NACA Techn. Note Nr. 1918 (1949).

Schaufelmaterial beobachtet worden. Um die Vorteile der hohen Leitfähigkeit von neuen Schaufelmaterialien voll ausnutzen zu können, wird es daher notwendig sein, entweder warmfeste Werkstoffe für die Laufräder (am besten wäre derselbe Werkstoff wie für die Schaufeln vorzusehen) zu verwenden oder für eine stärkere Kühlung des Laufrades durch konstruktive Maßnahmen zu sorgen.

Turbinenschaufeln wie auch Leitschaufeln werden zwangsläufig sehr schnellen Gasströmen ausgesetzt, so daß auch der Widerstand gegen Erosion eine wichtige Werkstofforderung ist. Dieselbe Anforderung muß beispielsweise auch an Materialien für Düsen- oder Raketenantrieb gestellt werden. Die Werte der Warmhärte bzw. eine bei Rotglut durchgeführte Sandstrahl-Verschleißbestimmung könnte als Maß für den Erosionswiderstand bei hohen Temperaturen herangezogen werden.

Schaufelmaterialien müssen auch einen gewissen Grad von Zähigkeit bei Raumtemperatur aufweisen, so daß manche Werkstoffe trotz ihrer guten Hochtemperaturfestigkeit im Hinblick auf ihre Kaltsprödigkeit unverwendbar sind. Da die praktische Bewährung eines Turbinenschaufelwerkstoffes von einem Komplex verschiedenster Werkstoffeigenschaften abhängt, wird die volle Ausnutzung eines neuartigen, überlegenen Materials unter Umständen die Umkonstruktion der Schaufeln oder selbst des gesamten Rotors notwendig machen. Es kann im Augenblick noch nicht überblickt werden, in welchem Ausmaß eine derartige Umkonstruktion die Anwendbarkeit von Materialien beeinflussen wird, deren Einsatz derzeit wegen ihrer Kaltsprödigkeit noch nicht in Frage kommt.

Allgemein kann man sagen, daß eine Erhöhung der Arbeitstemperatur den Wirkungsgrad der Gasturbinen und ähnlicher Maschinen erheblich steigern wird. Wenn daher ein neues Material eine Steigerung der Arbeitstemperatur von nur beispielsweise 50° zuläßt, dann würde die Anwendung dieses neuen Materials sich auf alle Fälle als sehr vorteilhaft erweisen. Die Verbesserungen hinsichtlich Warmfestigkeitseigenschaften dürfen dabei allerdings nicht mit einem zu starken Abfall anderer Eigenschaften, wie insbesondere der Oxydationsbeständigkeit oder der Temperaturwechselbeständigkeit begleitet sein.

Die Erhöhung der Arbeitstemperatur ist von großer Bedeutung für Strahltriebe und ähnliche Anwendungsfälle. Weniger ins Auge fallend, aber in wirtschaftlicher Hinsicht vielleicht noch von größerer Bedeutung, sind neue Schaufelwerkstoffe für stationäre Industrieturbinen und Schiffsturbinen. Bei diesen kommt es mehr auf eine Erhöhung der Standzeit als auf eine Steigerung der Arbeitstemperatur an. Die mittlere Lebensdauer einer Flugzeugturbine übersteigt nicht einige 1000 Betriebsstunden, während man von Gasturbinen für Kraftanlagen eine Lebensdauer von mehr als zehn Jahren erwartet. Während man derzeit beim Betrieb von Flugzeugstrahltriebwerken auf maximale Schaufeltemperaturen von etwa 850° beschränkt ist, liegen die Arbeitstemperaturen bei Gas- und Dampfturbinen der Industrie ganz erheblich niedriger. Man kann eine maximale Schaufeltemperatur von etwa 620° unterstellen. Hier würde sich schon eine Zunahme der Arbeitstemperatur von nur 30° in einem ausgeprägten Leistungszuwachs bemerkbar machen.

Bei Gasturbinen und auch Raketen sind in gewissen Fällen keine hohen Warmfestigkeitswerte erforderlich. Hier ist vielmehr die Dauerstandsfestigkeit (Kriechfestigkeit) wichtiger als die Zeitstandfestigkeit (Bruchfestigkeit in Abhängigkeit von der Temperatur für bestimmte Belastungszeiten). Sehr wichtig ist auch das Verhalten des Schaufelwerkstoffes gegen den chemischen Einfluß der Verbrennungsgase und gegen Verunreinigungen im Brennstoff (Vanadinasche!). In solchen Fällen sind die mechanischen Eigenschaften bei höherer Temperatur nicht von so ausschlaggebender Bedeutung.

Konstruktionsteile für Raketen, wie z. B. Düsen, sind gewöhnlich für eine Lebensdauer von Sekunden bestimmt. Dies bedeutet, daß die Kurzzeit-Bruchfestigkeit des Düsenwerkstoffes bei Arbeitstemperatur von größerer Wichtigkeit ist als die Dauerstandsfestigkeit und die Zeitstandfestigkeit.

Die Wärmeleitfähigkeit ist in Teilen, wie z. B. Raketendüsen, von ausschlaggebender Wichtigkeit, da eine gute Wärmeleitfähigkeit die Düsen unter der Temperatur der Verbrennungsgase halten wird. Die kurzzeitige Beanspruchung und die gute Wärmeleitfähigkeit erlauben es, z. B. ungeschütztes Molybdän — wie schon erwähnt — für Raketendüsen mit bestem Erfolg zu verwenden. Eine langzeitige Einwirkung höherer Temperatur führt in oxydierender Atmosphäre zur raschen Zerstörung.

Es steht fest, daß jedes Material, das entweder eine Verlängerung der Standzeit bei einer gegebenen Temperatur oder eine Temperaturerhöhung für eine gegebene Standzeit erlaubt, für die Hochtemperaturtechnik von besonderem Interesse ist. Es ist jedoch bis heute noch nicht möglich, Regeln oder Gesetze aufzustellen, denen man entnehmen kann, bis zu welchem Ausmaß Einbußen spezifischer Eigenschaften, so z. B. der Temperaturwechselbeständigkeit bei einem gegebenen Zuwachs, beispielsweise an Kriechfestigkeit, tragbar sind. Bei den derzeitigen Turbinenkonstruktionen sind die Bereiche noch eng, aber man kann sie vielleicht durch geeignete Umkonstruktion erheblich vergrößern.

Zahlentafel 153. *Zusammensetzung typischer hochwarmfester Legierungen*

Bezeichnung	Ur-sprungs-land*	Zusammensetzung %														Dichte g/cm³
		Ni	Co	Cr	Fe	Mo	W	Nb	Ti	Al	V	Mn	Si	C	N	
Timken 16-25-6	A	25	—	17	Rest	6	—	—	—	—	—	—	—	0,08	0,07	—
Vitallium (Stellit 21)	A	2	Rest	26	1	5,5	—	—	—	—	—	0,3	0,6	0,2	—	8,30
61 (Stellit 23)	A	2	Rest	28	1	—	6	—	—	—	—	0,3	0,6	0,4	—	8,54
422-19 (Stellit 30)	A	15	Rest	26	1	6	—	—	—	—	—	0,5	0,4	0,4	—	8,31
X-40 (Stellit 31)	A	10	Rest	25	1	—	7,5	—	—	—	—	0,6	0,7	0,5	—	8,61
Multimet N-155 (niedrig C)	A	20	20	20	30	3	2,5	1,3	—	—	—	1,5	0,6	0,18	0,15	8,20
Refractaloy 26	A	Rest	20	18	16	3,2	—	—	3	0,3	—	0,8	1,0	0,03	—	8,21
Refractaloy 70	A	20	30	20	14	8	—	—	—	—	—	2,0	0,3	0,04	—	8,62
S-590	A	20	20	20	27	4	4	4	—	—	—	1,5	0,6	0,4	—	—
S-816	A	20	Rest	20	4	4	4	4	—	—	—	1,5	0,6	0,4	—	—
Inconel X	A	Rest	—	15	7	—	—	1	2,5	0,7	—	0,7	0,4	0,04	—	8,30
Nimonic 80	E	Rest	—	20	—	—	—	—	2	1	—	—	—	0,1	—	—
Nimonic 90	E	Rest	20	20	—	—	—	—	2	1	—	—	—	—	—	8,27
Cromadur	D	—	—	12,5	Rest	—	1	—	—	—	0,25	18	—	—	0,2	—
Tinidur	D	30	—	15	Rest	—	—	—	1,8	—	—	—	—	0,1	—	—
Vanidur	D	10	—	18	Rest	—	—	—	0,6	—	1	—	—	0,1	—	—

* A = Amerika; E = England; D = Deutschland

Um einen Vergleich neuartiger Hochtemperaturwerkstoffe auf Hartstoffbasis mit bisher bekannten Legierungen zu ermöglichen, sind in Zahlentafel 153 die Zusammensetzung und Dichte, in Zahlentafel 154 die Warmfestigkeit und die Werte für den Elastizitätsmodul

Zahlentafel 154. *Warmzugfestigkeit typischer hochwarmfester Legierungen*

Bezeichnung	Zugfestigkeit kg/mm bei					Elastizitätsmodul kg/mm^2 bei	
	20°	540°	820°	870°	980°	540°	870°
Vitallium (Stellit 21)	71,2	60,6	41,5	29,3	22,9	23 400	10 800
61 (Stellit 23)	74,1	68,6	41,1	32,2	23,2	19 600	15 400
422-19 (Stellit 30)	68,0	44,2	45,0	34,4	26,6	18 000	12 200
X-40 (Stellit 31)	71,0	56,3	41,9	34,2	—	23 600	13 400
Inconel X	129	—	42,2	—	—	21 800	13 000 bei 820°
Nimonic 90	117	93,5 bei 590°	53,4	—	—	21 800	14 800 bei 820°

bei höherer Temperatur und in Zahlentafel 155 die Zeitstandfestigkeitswerte für die bekanntesten warmfesten Legierungen Amerikas, Englands und Deutschlands zusammengestellt.

C. Karbide als Hochtemperaturwerkstoffe

Von allen Hartstoffen, die für Schneidlegierungen verwendet werden, scheint das Titankarbid am geeignetsten für Hochtemperaturverwendung zu sein, und zwar nicht nur wegen seiner bereits erwähnten, verhältnismäßig guten Oxydationsbeständigkeit, sondern auch im Hinblick auf seine niedrige Dichte.

Schon 1933 verglich O. Klingohr[1] das Oxydationsverhalten eines Hartmetalles auf Titankarbidbasis (42,5% TiC, 42,5% Mo_2C, 14% Ni und 1% Cr, Titanit S) mit einer 94/6 WC-Co-Legierung bei 700° an Luft. Nach einer Oxydationsdauer von 30 Minuten beobachtete er die Bildung von losen Oxydschichten auf den WC-Plättchen, während das TiC-Mo_2C-Hartmetall keine merkbare Veränderungen zeigte. Versuche von W. Dawihl[2] mit WC-Co- und WC-TiC-Co-Legierungen zeigten eindeutig den günstigen Einfluß von TiC-Zusätzen auf die

---

[1] Klingohr, O: Werkstattstechnik **27** (1933), S. 133/34.
[2] Dawihl, W.: Chem. Fabr. **13** (1940), S. 133/35.

Zahlentafel 155. *Zeitstandfestigkeit einiger typischer hochwarmfester Legierungen*

Bezeichnung	Temperatur °C	Zugfestigkeit kg/mm² bei einer Belastungszeit von		
		10 Std.	100 Std.	1000 Std.
Vitallium	820	—	15,5	10,0
(Stellit 21)	930	11,9	9,1	7,0
	980	8,8	6,6	4,9
61 (Stellit 23)	820	—	19,1	15,3
	930	11,9	9,8	8,1
	980	8,8	6,0	3,8
422-19 (Stellit 30)	820	23,2	17,1	15,3
	930	13,4	11,3	8,1
	980	9,8	7,0	5,0
X-40 (Stellit 31)	820	24,6	20,0	16,5
	930	14,1	12,0	10,2
	980	9,1	7,9	6,9
Multimet N-155	820	19,7	15,1	8,8
(niedrig C)	930	8,8	5,3	3,4
	980	6,1	3,5	2,0
Refractaloy 26	820	28,1	18,6	12,7
S-590	820	—	14,1	10,6
S-816	820	—	18,3	13,4
	930	—	—	7,0
Inconel X	820	—	20,4	12,7
Nimonic 80	820	—	—	7,0
Nimonic 90	820	—	19,7	12,7

Oxydationsbeständigkeit bei erhöhten Temperaturen. Zahlentafel 156 gibt die Ergebnisse wieder, die beim Glühen von Probestücken $10 \times 20 \times 8$ mm während einer Stunde an Luft bei Temperaturen von 600 bis 900° erhalten wurden.

Zahlentafel 156. *Zunderung von WC-Co- und WC-TiC-Co-Hartmetallen* (W. Dawihl)

Temperatur °C	Gewichtsverlust in g/100 cm²/h bei der Legierung	
	WC + 6 % Co	WC + 15 % TiC + 6 % Co
600	0,4	0,05
700	11,0	2,2
800	44,0	13,5
900	67,6	24,5

Während W. Dawihl die Zunderschicht durch Abbürsten vor der Wägung entfernte und so das Zunderverhalten als Gewichtsverlust angibt, bestimmte J. Hinnüber[1] das Gewicht ohne Entfernung des Zunders und maß entsprechend die Oxydationsbeständigkeit am Gewichtszuwachs. Er berichtete, daß nach einer Luftglühung bei 800° die Gewichtszunahme einer 60/34,5/5,5 TiC-WC-Co-Legierung nur 20 g/m² · h, diejenige einer 94/6 WC-Co-Legierung 350 g/m² · h betrug. Den Effekt von TiC-Zusätzen auf die Oxydationsbeständigkeit von WC-Co-Hartmetallen untersuchten auch A. G. Metcalfe[2] und E. J. Sandford[3], die zeigten, daß die Stärke der gebildeten Zunderschicht deutlich durch die Gegenwart von TiC herabgesetzt wird.

Skelettkörper aus WC-, TiC- und WC-TiC-Mischkristallen, welche mit hochwarmfesten Legierungen von Nimonic-, Vitallium- bzw. Hastelloy-Typ getränkt sind, wurden von J. M. Krol und C. G. Goetzel[4] vorgeschlagen, wobei keine genaueren Angaben über die Zunderbeständigkeit gemacht werden.

R. Kieffer und F. Kölbl[5] untersuchten sehr eingehend das Zunderverhalten bekannter WC-Co- und WC-TiC-Co-Hartmetalle. In Zahlentafel 157 sind die Gewichtszunahmen bei verschieden langem Erhitzen gleich großer prismatischer Proben bei verschiedenen Temperaturen an Luft wiedergegeben. Vergleichsweise sind auch die Werte für reines TiC mitangeführt. In Abb. 248 ist ein Teil der Ergebnisse in Form einer Zunderisotherme bei 900° graphisch ausgewertet und in Abb. 249 ist die Beschaffenheit der Proben nach einstündiger Zunderung bei 800 bzw. 1000° zu sehen. Deutlich ist das günstigere Zunderverhalten der TiC-haltigen Sorten erkennbar, obzwar auch diese bei höheren Temperaturen keine festhaftenden Deckschichten ausbilden. Dies deutet auf einen linearen Zunderungsverlauf hin. Bemerkenswert ist, daß bei den hoch TiC-haltigen Legierungen im Temperaturbereich von 1100 bis 1200°, wahrscheinlich durch Auftreten einer flüssigen Phase in der Deckschicht, eine vorübergehende Verzögerung der Zunderung eintritt. Eine Hartmetallsorte auf TiC-Basis mit Ni-Cr-Bindung (s. S. 662), die auf Abb. 249 zum Vergleich zu sehen ist, veränderte sich bei den Versuchstemperaturen fast kaum. Bei dieser Legierung bildet sich eine festhaftende, dichte Zunderschicht aus; die Zunderung verläuft parabolisch.

---

[1] Hinnüber, J.: Maschinenmarkt **55** (1949), S. 38/40.
[2] Metcalfe, A. G.: Metal Treatment **13** (1946), S. 127/33.
[3] Sandford, E. J.: Alloy Metals Rev. 7 (1949), Nr. 52, S. 2/12.
[4] Goetzel, C. G.: Persönliche Mitt. 1949.
[5] Kieffer, R. u. F. Kölbl: Z. anorg. Chem. **262** (1950), S. 229/47. Planseeber. 1 (1952), S. 17/35.

Zahlentafel 157. *Zunderung von WC-Co- und WC-TiC-Co-Hartmetallen*
(R. Kieffer und F. Kölbl)

Temperatur °C	Zeit Stunden	Gewichtszunahme in % vom Ausgangsgewicht bei der Zunderung von				
		TiC	94 WC 6 Co	77 WC 17 TiC 6 Co	69 WC 25 TiC 6 Co	34,5 WC 60 TiC 5,5 Co
700	1	—	0,07	0,02	0,023	0,02
	5	—	0,32	0,09	0,114	0,06
	24	—	1,36	0,43	0,472	0,12
	48	—	2,47	0,91	0,78	0,28
800	1	—	0,78	0,57	0,50	—
900	1	0,056	3,48	2,30	2,18	1,96
	5	0,099	16,80	13,67	10,28	8,60
	6	—	18,30	—	—	—
	10	—	—	21,0	—	—
	14	—	—	—	21,7	—
	24	0,364	—	—	—	23,45
	48	0,91	—	—	—	—
1000	1	—	6,25	4,84	1,74	2,44
1100	1	—	4,44	—	0,695	1,51
1200	1	2,27	—	—	—	1,63
	5	10,48	—	—	—	5,17
	10	19,1	—	—	—	6,76
1300	1	—	—	—	—	3,88
Maximale Zunahme rechnerisch	—	33,3	18,60	21,44	22,5	25,92

A. G. Metcalfe[1] macht die Erhöhung der Zunderbeständigkeit von WC-Co-Legierungen durch TiC-Zusätze auch verantwortlich für die überlegene Drehleistung von WC-TiC-Co- und anderen TiC-enthaltenden Karbid-Mehrstofflegierungen bei der Stahlzerspanung. Gestützt auf Röntgenuntersuchungen deutet er die Erhöhung der Zunderbeständigkeit durch die Bildung von Titanmonoxyd (TiO). Dieses Monoxyd ist isotyp mit dem Karbid (TiC). Der Vergleich der Gitterparameter zeigt, daß der

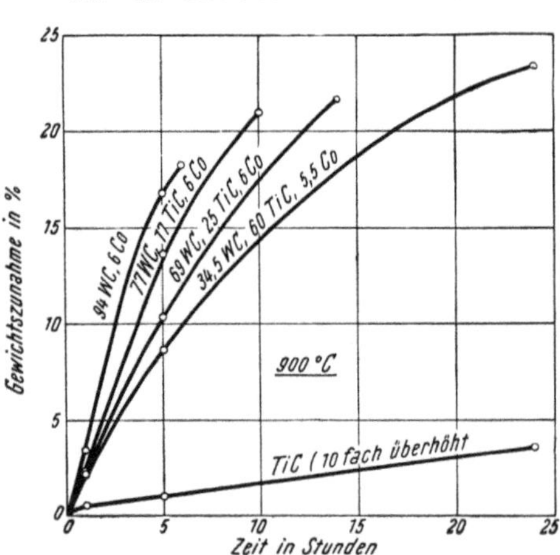

Abb. 248. Zunderisothermen für WC-Co- und WC-TiC-Co-Hartmetalle bei 900° (R. Kieffer und F. Kölbl)

---

[1] Metcalfe, A. G.: Metal Treatm. **13** (1946), S. 127/33.

Ti-Ti-Abstand im TiO fast der gleiche ist wie im TiC und in TiC-WC-Mischkristallen. Die Bildung des Monoxydes auf der Oberfläche des Karbides bedingt daher keinen störenden Transport von Ti-Atomen. Die TiO-Filme sind sowohl festhaftend als auch gasundurchlässig.

Nach Feststellung der Verfasser spielt jedoch bei Hartlegierungen, die Titan und Zirkon enthalten (z. B. Karbide oder Boride), auch die Bildung der mit den Karbiden und Monoxyden isotypen Nitride (z. B. TiN) eine wichtige Rolle, die bei der Zunderung solcher Legierungen an Luft auftreten können.

Nach der Erkenntnis der günstigen Wirkung von TiC-Zusätzen auf WC-Co-Legierungen lagen systematische Untersuchungen des Hochtemperaturverhaltens von Hartlegierungen auf TiC-Basis, und zwar von reinem, binderfreiem TiC oder von TiC mit verschiedenen Bindemetallen nahe.

94WC	77WC	69WC	34, 5WC	70TiC
6Co	17TiC	25TiC	60TiC	24Ni
	6Co	6Co	5,5Co	6Cr

Abb. 249. Körper aus WC Co-, WC-TiC-Co- und TiC-Ni-Cr-Hartmetallen bei 800° (oben) und 1000° (unten) gezundert (R. Kieffer und F. Kölbl)

1. Heißgepreßtes, bindemetallfreies Titan- und Zirkonkarbid

Die charakteristischen Eigenschaften von reinem, heißgepreßtem TiC und ZrC wurden von J. J. Gangler und Mitarbeitern[1] untersucht und mit den entsprechenden Eigenschaften anderer heißgepreßter oxydischer Werkstoffe verglichen. Zahlentafel 158 gibt die Dichten, Ausdehnungskoeffizienten und die Kurzzeit-Zugfestigkeitswerte bei erhöhten Temperaturen wieder. Bei einer Prüftemperatur von 980° hat TiC eine höhere Warmfestigkeit als ZrC, bei 1200° ist

---

[1] Gangler, J. J., C. F. Robards u. J. E. McNutt: NACA Techn. Note Nr. 1911 (1949), J. Am. ceram. Soc. **33** (1950), S. 367/74.

Zahlentafel 158. *Eigenschaften von bindemetallfreiem TiC und ZrC* (J. J. Gangler)

Karbid	Dichte gef. g/cm³	Dichte ber. g/cm³	Raumerfüllung %	Ausdehnungskoeffizient $\beta \cdot 10^6$	Glühtemperatur °C	Glühzeit Stunden	Zugfestigkeit kg/mm² bei °C	
							980	1200
TiC	4,74	4,91	96,5	7,4	1040	13¹/₂	11,1	—
					1040	4	12,0	—
					1260	4	—	5,6
					1260	—	—	6,6
ZrC	6,30	6,44	97,8	6,74	1040	13	8,2	—
					1040	4	10,2	—
					1260	4	—	9,1
					1260	4	—	11,1

das Verhältnis umgekehrt. Bei der kritischen Betrachtung der Festigkeitswerte muß man berücksichtigen, daß diese sehr stark von der Dichte der Probekörper abhängig sind. F. W. Glaser und W. Ivanick[1] fanden nämlich an heißgepreßten, hilfsmetallfreien Titankarbidkörpern (Heißpreßtemperatur: 2600 bis 3000°, Druck: 200 kg/cm², Zeit: 30 Sek.), daß die Biegebruchfestigkeit sehr stark von der Dichte abhängig ist und insbesondere ab etwa 98% Raumerfüllung sehr stark zunimmt (Abb. 250). Auch die Reinheit des Titankarbides und seine Korngröße sind für die erzielbare Dichte bzw. Biegebruchfestigkeit von Bedeutung. Die Titankarbidproben von J. J. Gangler hatten nur eine Dichte von 4,74 g/cm³ (entspricht einer Raumerfüllung von 96,5%), woraus sich die niedrigeren Festigkeitswerte, auch der Zirkonkarbidkörper, leicht erklären.

Für die Untersuchung der Temperaturwechselbeständigkeit von TiC und ZrC wurden plattenförmige Proben (etwa 50 mm Durchmesser und 6 mm Stärke) in einer Versuchseinrichtung gemäß Abb. 247 bis zum Bruche, mindestens jedoch 25mal, erhitzt und mit kalter Preßluft abgeschreckt. Das Ergebnis der Prüfung im Vergleich mit anderen Materialien ist in Zahlentafel 159 zusammengestellt. Titankarbid ist bezüglich seiner Temperaturwechselbeständigkeit allen geprüften Materialien deutlich überlegen. Die Zirkon-

---

[1] Glaser, F. W. u. W. Ivanick: J. Metals **4** (1952), S. 387/90.

karbidproben mußten nach 22 Wechseln nicht wegen Bruches, sondern wegen zu starker Oxydation ausgeschieden werden. In der letzten Spalte der Zahlentafel sind die Werte für den Quotienten $\dfrac{K \cdot T}{a \cdot E}$ eingetragen, welcher nach W. G. Lidman und A. R. Bobrowsky[1] (s. S. 637) zahlenmäßig die Temperaturwechselbeständigkeit ausdrücken soll. Bei jenen Werkstoffen, für welche die erforderlichen Daten erreichbar sind, zeigt sich, daß dieser Quotient tatsächlich eindeutig die Versuchsergebnisse bestätigt. Angaben über die Zunderbeständigkeit von Titankarbidkörpern werden auch von

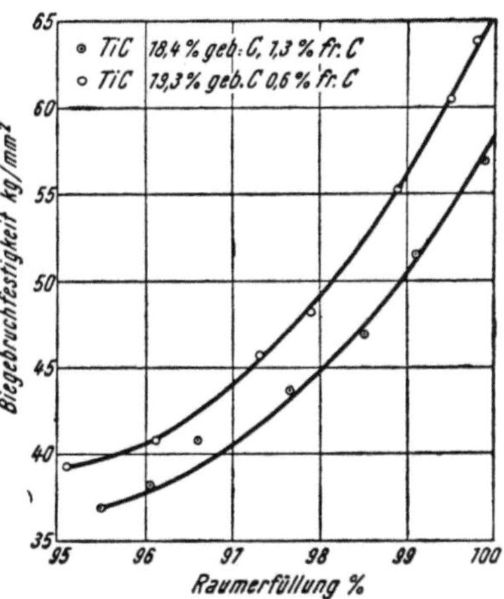

Abb. 250. Biegebruchfestigkeit von hilfsmetallfreien Titankarbidkörpern in Abhängigkeit von der Dichte (F. W. Glaser und W. Ivanick)

Zahlentafel 159. *Temperaturwechselbeständigkeit verschiedener heißgepreßter Karbide und Oxyde* (J. J. Gangler)

Werkstoff	Temperaturwechsel bis zum Bruch bei				Koeffizient für die Temperaturwechselbeständigkeit**
	980°	1090°	1200°	1320°	
TiC	25	25	25	21	18 200
85 % SiC, 15 % B$_4$C	25	25	2	—	—
BeO	25	3	—	—	6 390
ZrC	22*	—	—	—	—
Zirkonsilikat	1	—	—	—	2 345
B$_4$C	$^1/_2$	—	—	—	—
MgO	$^1/_2$	—	—	—	641 bis 1 480
ZrO$_2$ stab.	0	—	—	—	345

  * Die Probe fiel wegen starker Oxydation aus der Halterung.
  ** Gemäß Formel S. 637, Werte im amerikanischen Maßsystem.

R. Kieffer und F. Kölbl[2] gemacht (s. Zahlentafel 157). Zirkonkarbid verhält sich beim Erhitzen an Luft wesentlich ungünstiger.

2. Hilfsmetallhaltige Titankarbid-Legierungen

Die vergleichsweise sehr gute Temperaturwechselbeständigkeit des TiC, die noch durch den Zusatz von Bindelegierungen verbessert

---

[1] Lidman, W. G. u. A. R. Bobrowsky: NACA Techn. Note Nr. 1918 (1949).
[2] Kieffer, R. u. F. Kölbl: Z. anorg. Chem. **262** (1950), S. 229/47.

wird, war der Hauptgrund für ausgedehnte Untersuchungen an bindemetallhaltigen TiC-Legierungen. Während die ersten Versuche mit Kobalt und Nickel als Bindemetall durchgeführt wurden, umfaßten weitere Versuche eine große Anzahl verschiedener Metalle oder Metalllegierungen. W. J. Engel[1] untersuchte zunächst die Binde- oder Legierungseigenschaften einer Anzahl von Elementen dadurch, daß er dieselben auf fast dichtem TiC niederschmolz und metallographisch die Übergangszonen untersuchte. In Vertiefungen der heißgepreßten Karbidkörper wurden Pulver der Bindemetalle eingebracht und unter Helium eben gerade bis zum Schmelzpunkt erhitzt. Die Benetzungs- und Saugfähigkeit bzw. die Bildung einer neuen Phase zwischen den TiC-Kristallen wurde als Kriterium für das Bindungsverhalten herangezogen. Von den untersuchten Elementen netzten nur Nickel, Kobalt, Chrom und Silizium das TiC, während keine Netzung bzw. Bindung mit den Metallen Aluminium, Beryllium, Gold, Eisen, Blei, Magnesium, Mangan, Niob, Platin, Titan und Vanadin beobachtet wurde. Nickel und Kobalt bilden ausgeprägte, zusammenhängende Netzwerke um die Karbidkörner, wobei die Eindringtiefe des Nickels größer war als diejenige des Kobalts (Abb. 251 und Abb. 252). Chrom wird auch von dem TiC-Skelett schwach angesaugt, bildet jedoch keine gut zusammenhängende Bindephase. Silizium dringt nicht in den Skelettkörper ein, wobei sich jedoch mit Silizium ebenso wie mit Chrom neue Phasen an den TiC-Körnern bilden. Bei Nickel- und Kobalt-Tränkkörpern wurden kleine, nicht zusammenhängende eckige Ausscheidungen — wahrscheinlich TiC-Kriställchen — in der Hilfsmetallphase beobachtet.

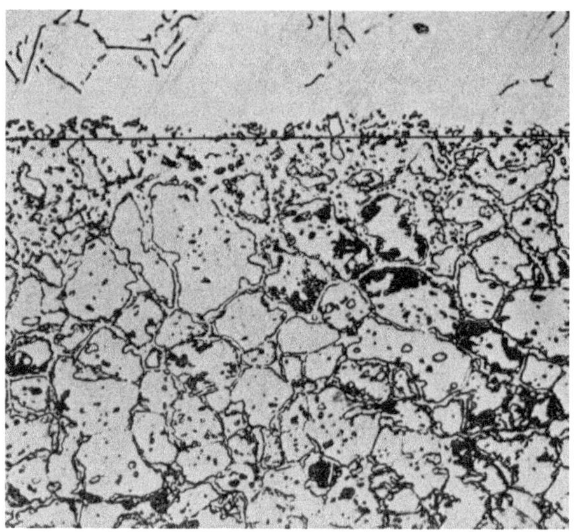

Abb. 251. Gefüge von Titankarbid mit Kobalt getränkt. (× 1000) (W. J. Engel)
Oben: kobaltreiche Zone, darunter: TiC-reiche Zone

---

[1] Engel, W. J.: NACA, Techn. Note Nr. 2187 (1950).

Aus den Untersuchungen von W. J. Engel kann man folgern, daß von den untersuchten Metallen nur Nickel, Kobalt und gegebenenfalls auch Chrom als Binder für TiC-Werkstoffe geeignet sind. In den Engelschen Untersuchungen wurden jedoch andere Metalle, wie z. B. die an sich gut bindenden Metalle Wolfram und Molybdän und besonders erfolgversprechende, legierte Binder nicht einbezogen. Günstige Festigkeitswerte wurden kürzlich von C. C. McBride[1] für TiC berichtet, das mit einer Nickel-Aluminium-Legierung getränkt wurde (Biegebruchfestigkeit bei 980° 25,3 kg/mm²). Er benützte auch Ferrosilizium als Tränkwerkstoff, wobei sich jedoch neue, nicht identifizierte Phasen bildeten.

G. C. Deutsch, A. J. Repko und W. G. Lidman[2] untersuchten die mechanischen Eigenschaften von TiC mit Kobalt, Molybdän und Wolfram als Binder. M. J. Whitman und A. J. Repko[3] prüften die Oxydationsbeständigkeit der betreffenden Legierungen. Die Hochtemperatur-Kurzzeitzugfestigkeit einer 80/20-TiC-Co-Legierung wurde kürzlich von C. A. Hoffman und Mitarbeitern[4] bestimmt, wobei ein besonderer für spröde Werkstoffe konstruierter Zerreißstab verwendet wurde. Unter Verwendung der gleichen Zerreißstabmuster untersuchten G. C. Deutsch und Mitarbeiter[2] die Zugfestigkeit von TiC-Legierungen mit 5, 10, 20 und 30% Co bei 980° und 1200°. Die Biegebruchfestigkeit der kobalt-, molybdän- und wolframgebundenen Körper wurde bei 870°, 1090° und 1315° bestimmt (Probengröße

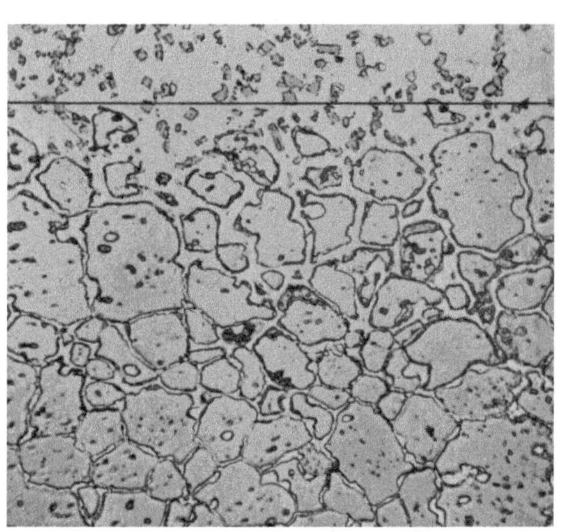

Abb. 252. Gefüge von Titankarbid mit Nickel getränkt (× 1000) (W. J. Engel)
Oben: nickelreiche Zone, darunter: TiC-reiche Zone.

---

[1] McBride, C. C., H. M. Greenhouse u. T. S. Shevlin: J. Am. ceram. Soc. 35 (1952), S. 28/32.

[2] Deutsch, G. C., A. J. Repko u. W. G. Lidman: NACA, Techn. Note Nr. 1915 (1949).

[3] Whitman, M. J. u. A. J. Repko: NACA, Techn. Note Nr. 1914 (1949).

[4] Hoffman, C. A., G. M. Ault u. J. J. Gangler: NACA, Techn. Note Nr. 1836 (1949).

etwa $6 \times 12 \times 100$ mm, Unterlagsabstand etwa 90 mm, Belastungs-
geschwindigkeit 1,4 kg/Min.). Die Zugfestigkeits- und Biegebruchfestigkeitswerte der TiC-Co-Legierungen sind in Zahlentafel 160 zusammengestellt. Zum Vergleich sind Kaltbiegebruchfestigkeitswerte
von J. C. Redmond und E. N. Smith[1] mitangeführt.

Zahlentafel 160. *Warmfestigkeit und Warmbiegebruchfestigkeit von TiC-Co-Legierungen* (G. C. Deutsch, A. J. Repko und W. G. Lidman)

TiC mit % Co	Zugfestigkeit kg/mm² bei		Biegebruchfestigkeit kg/mm² bei			
	980°	1200°	20°*	870°	1090°	1315°
5	15,9	6,9	88,6	31,2	28,4	1,8
	14,3	—	—	39,9	18,3	2,1
	—	—	—	—	31,0	—
10	17,3	10,1	85,8	42,8	28,1	1,2
	13,3	8,0	—	51,6	27,8	1,4
20	22,4	6,3	112,5	66,9	50,6	1,4
	24,3	9,3	—	70,9	26,3	1,7
	—	—	—	40,6	20,7	—
	—	—	—	—	22,3	—
30	15,7	10,3	106,8**	69,8	25,3	1,7
	15,9	6,5	—	65,7	46,0	1,5
	—	—	—	—	16,0	—
	—	—	—	—	20,8	—

* Werte von J. C. Redmond und E. N. Smith; Auflageweite 14 mm.
** 35% Co.

Der Vergleich der Zug- und Biegebruchfestigkeitswerte zeigt,
daß die Biegebruchfestigkeit bei den Legierungen mit 5, 10 und
20% Co 2,2- bis 2,5fach höher ist als die der Zugfestigkeit, während
das entsprechende Verhältnis für die Legierungen mit 30% Co 3,6
beträgt. Nach Untersuchungen der Engineering Experiment Station
der Ohio State University ergibt sich erfahrungsgemäß, daß die Biegebruchfestigkeitswerte von spröden Werkstoffen 1,67- bis 2,5fach
höher liegen als die Zugfestigkeitswerte. Auf Grund dieser Annahme
errechnete A. R. Bobrowsky[2] aus den Biegebruchfestigkeitswerten
von G. C. Deutsch und Mitarbeitern, durch Interpolation und Multiplikation mit einem mittleren Faktor 0,5, Warmzugfestigkeitswerte für
TiC-Co, TiC-Mo- und TiC-W-Legierungen und verglich sie mit einer
bekannten hochwarmfesten Legierung (Zahlentafel 161). Um den
Dichteunterschieden Rechnung zu tragen, wurden die Zugfestigkeits-

---

[1] Redmond, J. C. u. E. N. Smith: Trans. AIME **185** (1949), S. 987/93.
[2] Bobrowsky, A. R.: Trans. Am. Soc. Mech. Eng. **71** (1949), S. 621/29.

Zahlentafel 161. *Errechnete Warmzugfestigkeit von TiC-Legierungen*
(A. R. Bobrowsky)

Zusammensetzung	Dichte g/cm³	Warmzugfestigkeit* σ_W in kg/mm² bei			
		980°		1200°	
		σ_W	σ_W/γ_R**	σ_W	σ_W/γ_R**
TiC + 5% Co..............	5,06	21,0	29,8	9,5	15,5
TiC + 10% Co..............	5,07	16,8	32,5	7,8	12,8
TiC + 20% Co..............	5,37	30,7	47,2	14,6	22,4
TiC + 30% Co..............	5,61	29,7	43,6	12,7	18,8
TiC + 5% Mo.............	5,06	15,3	24,6	10,4	16,7
TiC + 10% Mo.............	5,12	17,3	28,3	11,4	18,7
TiC + 20% Mo.............	5,24	11,5	18,3	8,6	13,7
TiC + 30% Mo.............	5,77	17,5	24,0	10,6	15,2
TiC + 5% W.............	5,14	17,8	28,6	8,5	13,7
TiC + 10% W.............	5,22	14,5	23,0	9,1	14,3
TiC + 20% W.............	5,3	10,1	15,7	5,8	9,4
TiC + 30% W.............	5,81	8,4	11,9	4,9	7,0
Stellit 30 (422-19)	8,31	26,6	26,6	—	—

* Errechnet aus interpolierten Warmbruchfestigkeitswerten durch Multiplikation mit 0,5.
** Relative Dichte 8,31 = 1.

werte durch die entsprechenden relativen Dichten dividiert, wobei die Dichte der Schmelzlegierung von 8,3 g/cm³ mit 1 angesetzt wurde.

Die Werte der Zahlentafel 161 zeigen, daß bereits bei 980° die Zugfestigkeit von TiC-Legierungen mit 20 und 30% Co höher ist als diejenige der „Superlegierungen" und daß die anderen kobaltgebundenen Legierungen ebenso wie die Legierungen mit 10% Mo und 5% W auch überlegen sind, wenn man die geringere Dichte in Betracht zieht. Bei 1200° sind alle TiC-Legierungen dem bekannten hochwarmfesten Material festigkeitsmäßig überlegen.

In Abb. 253 sind die Warmbiegebruchfestigkeitswerte aller bei 870, 1090 und 1315° untersuchten Werkstoffe verglichen. Während bis zu 1090° die

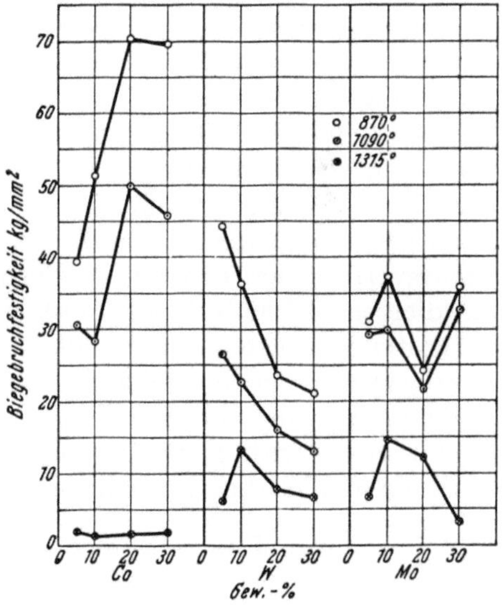

Abb.253. Warmbiegebruchfestigkeit von Titankarbid mit verschiedenen Bindern (G. C. Deutsch, A. J. Repko und W. G. Lidman)

Festigkeit der kobaltgebundenen Legierungen außerordentlich hoch ist, werden die Festigkeitswerte bei 1315° bereits sehr klein. Bei diesen hohen Temperaturen ist die Festigkeit der molybdän- und wolframgebundenen Proben bei weitem überlegen.

J. C. Redmond und E. N. Smith[1] fanden bei einer 80/20 TiC-Co- und 80/20 TiC-Ni-Legierung bei 980° Biegebruchfestigkeitswerte von 78 bzw. 64 kg/mm² (s. a. Abb. 260). Diese Werte sind erheblich höher als die von G. C. Deutsch und Mitarbeitern[2] angegebenen (s. Abb. 253). Der Grund hiefür dürfte wohl darin liegen, daß J. C. Redmond und E. N. Smith bei der Biegebruchprobe eine Auflagenweite von etwa 14 mm verwendeten, während G. C. Deutsch und Mitarbeiter etwa 50 mm Auflagenabstand benutzten, was zweifelsohne niedrigere Werte ergibt. Man muß ferner noch in Betracht ziehen, daß die Biegebruchfestigkeitswerte die Tendenz haben, mit steigender Bruchlast anzuwachsen. Es ist deshalb sehr schwierig, diese unter verschiedenen Prüfbedingungen gewonnenen Werte miteinander zu vergleichen.

Die Temperaturwechselbeständigkeit der 80/20 TiC-Co-Legierung wurde von C. A. Hoffman und Mitarbeitern[3] unter den vorher beschriebenen Bedingungen geprüft (s. S. 637). Die Proben hielten 25 Wechselbeanspruchungen bei 1315° stand, wodurch ihre Überlegenheit gegenüber heißgepreßtem, hilfsmetallfreiem TiC, ZrC und Oxyden bewiesen wurde.

In Ergänzung zu den Untersuchungen der mechanischen Eigenschaften von kobalt-, molybdän- und wolframgebundenen TiC-Legierungen bei höheren Temperaturen wurde von M. J. Whitman und A. J. Repko[4] auch das Zunderverhalten dieser Legierungen geprüft. Die Proben wurden an Luft bei 880°, 910° und 1090° verschieden lang geglüht. Da Molybdän bei den Prüftemperaturen ein flüchtiges Oxyd bildet, wurde als Vergleichsmaßstab nicht der Gewichtsverlust der Proben, sondern metallographisch die Stärke der oxydierten Schichten bestimmt und als Maß für das Oxydationsverhalten gewertet. Die erhaltenen Werte sind in Zahlentafel 162 auszugsweise wiedergegeben. Gemessen an der Stärke der Oxydschicht sind die molybdänhaltigen Legierungen den wolfram- und kobaltgebundenen gegenüber unterlegen. Kobalt scheint als Binder auch dem Wolfram hinsichtlich der Bildung eines dichteren, fest-

---

[1] Redmond, J. C. u. E. N. Smith: Trans. AIME **185** (1949), S. 987/93.

[2] Deutsch, G. C., A. J. Repko u. W. G. Lidman: NACA, Techn. Note Nr. 1915 (1949).

[3] Hoffman, C. A., G. M. Ault u. J. J. Gangler: NACA, Techn. Note Nr. 1836 (1949).

[4] Whitman. M. J. u. A. J. Repko: NACA, Techn. Note Nr. 1914 (1949).

haften den Oxydfilms überlegen zu sein. Die vergleichsweise mitangeführten Werte für hochwarmfeste Stähle zeigen, daß keine der untersuchten Hartlegierungen die hervorragende Zunderfestigkeit der hochlegierten geschmolzenen Werkstoffe besitzt.

Die Zunderschicht bei molybdängebundenem TiC war kreidig und porös und enthielt TiO_2. In den Zunderschichten der wolfram- und

Zahlentafel 162. *Zunderverhalten von Hartmetallen auf TiC-Basis mit verschiedenen Bindemetallen* (M. J. Whitman und A. J. Repko)

| | Stärke der Zunderschicht in mm | | | | | |
| Werkstoff | nach 50stündigem Glühen bei | | | nach 100stündigem Glühen bei | | |
	880°	980°	1090°	880°	980°	1090°
TiC, heißgepreßt	0,061	—	—	0,1*	—	—
TiC + 5% Co ...	0,058	0,16	0,53	0,089	0,25	0,86
TiC + 10% Co ...	0,048	0,14	0,74	0,089	0,23	1,2*
TiC + 20% Co ...	0,048	0,24	0,71	0,096	0,28	1,1*
TiC + 30% Co ...	0,081	0,25	0,54*	0,13	0,32	—
TiC + 5% W ...	0,031	0,094	0,38*	0,051	0,11*	—
TiC + 10% W ...	0,031	0,091*	—	0,051	0,1*	—
TiC + 20% W ...	0,091	0,25*	—	0,19	—	—
TiC + 30% W ...	0,18	0,31*	—	—	—	—
TiC + 5% Mo...	0,063	0,25*	2,5*	0,15	0,41*	4,1*
TiC + 10% Mo...	0,051	0,048	—	0,22	0,82*	—
TiC + 20% Mo...	0,058	1,3*	—	0,12	—	—
TiC + 30% Mo...	0,61*	3,8*	—	—	—	—
26% Cr, 20% Ni**	0,001	0,0025	0,005	0,002	0,005	0,01
25% Cr, 12% Ni**	0,0006	0,0025	0,007	0,0013	0,005	0,015

* Extrapoliert
** Warmfeste Stähle

molybdängebundenen Legierungen wurden die Trioxyde WO_3 und MoO_3 gefunden. Die Zunderschichten auf kobaltgebundenem TiC waren komplexer Art; die äußere Zunderschicht bestand aus $CoO \cdot Co_2O_3$, die innere aus $CoTiO_3$ (Abb. 254).

Bei 880° zeigte die 70/30 TiC-Co-Legierung eine besonders starke Zunderneigung. Es kann keine ausreichende Erklärung dafür gegeben werden, warum das Zunderverhalten derselben Legierung bei höheren Temperaturen erheblich besser ist. Abb. 254 zeigt jedenfalls, daß der Oxydationsmechanismus sehr verwickelt ist. Das Vordringen der Oxyde zwischen den TiC-Korngrenzen, das bei 70/30 TiC-W-Legierungen (Abb. 255) beobachtet wurde, tritt bei kobaltgebundenen Legierungen nicht auf. Das Oxydationsverhalten der TiC-Co-Legierungen wird von den Umsetzungen bestimmt, die sich in der Sauerstoffdiffusionszone der gasdichten Zunderschicht abwickeln.

Es wird angenommen, daß $CoO \cdot Co_2O_3$ sich mit einem Teil des gebildeten TiO_2 verbindet und daß sich das entstehende $CoTiO_3$ in TiO_2 löst.

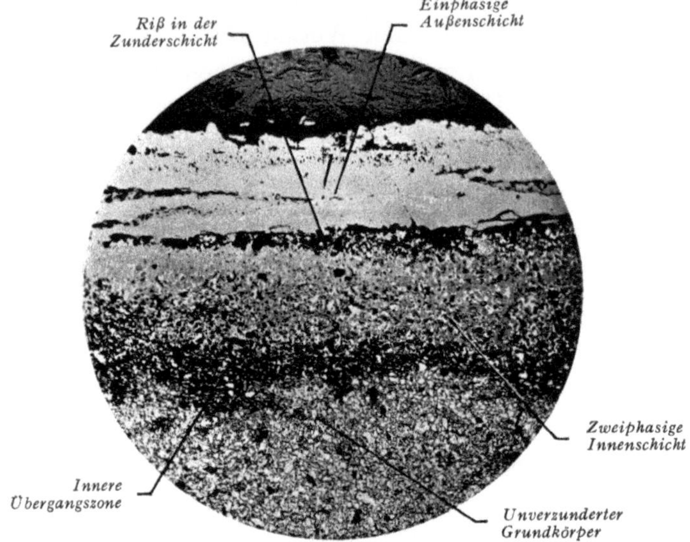

Abb. 254. Gefüge der Zunderschicht auf einem 70/30 TiC-Co-Hartmetall nach 100stündigem Glühen an Luft bei 880° (× 250) (M. J. Whitman und A. J. Repko)

Im Hinblick auf die mechanischen Eigenschaften, die Temperaturwechselbeständigkeit und das Zunderverhalten erscheint unter allen

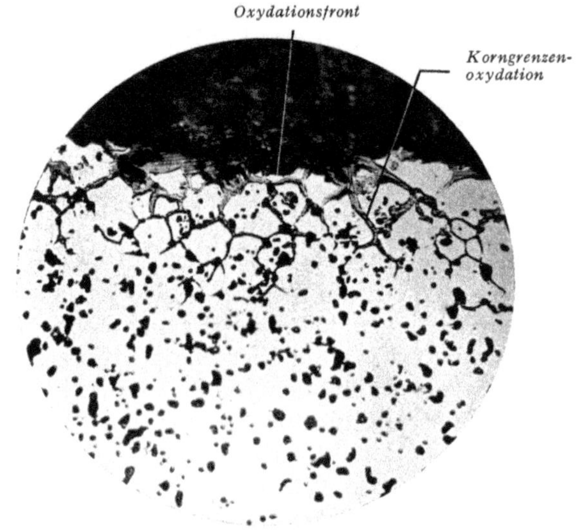

Abb. 255. Gefüge einer 70/30 TiC-W-Legierung nach 30stündigem Glühen an Luft bei 980° (× 750) (M. J. Whitman und A. J. Repko)

untersuchten kobalt-, molybdän- und wolframgebundenen TiC-Legierungen die 80/20 TiC-Co-Legierung am vielversprechendsten. Turbinenschaufeln aus diesem Material wurden von C. A. Hoffman und Mitarbeitern[1] in einer Versuchsturbine unter praktischen Arbeitsbedingungen untersucht. Die Schaufelkonstruktion ist aus Abb. 256

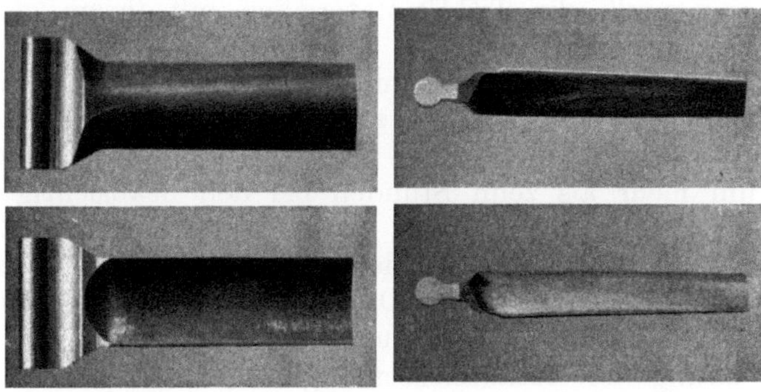

Abb. 256. Turbinenschaufeln aus Hartlegierungen auf TiC-Basis (C. A. Hoffman, G. M. Ault und J. J. Gangler)

zu ersehen. Es handelt sich um eine typische Turbolader-Schaufel; sie ähnelt mehr der üblichen Form von Metallschaufeln als derjenigen die F. J. Hartwig und Mitarbeiter[2] für keramische Prüfschaufeln entwickelt haben (Abb. 257).

Die praktischen Turbinenversuche wurden mit Gas-Einlaß-temperaturen herauf bis zu 1200° und mit Umdrehungszahlen bis zu 17.500 pro Minute

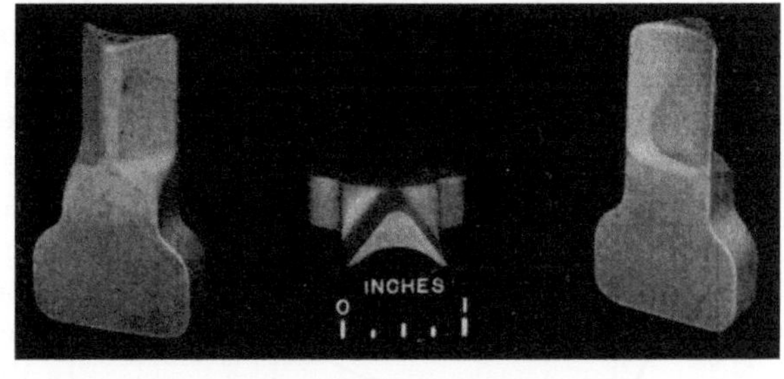

Abb. 257. Turbinenschaufel aus keramischen Werkstoffen (F. J. Hartwig, W. B. Sheflin und R. J. Jones)

durchgeführt. Verschiedene Schaufelbrüche wurden entweder auf kritische Schwingungen in der Maschine oder auf Spannungen in Nähe der Schaufelwurzel zurückgeführt. Andere Brüche traten im Turbinenrad selbst ein und konnten auf eine Überhitzung des Rades auf Grund der vergleichsweise hohen Leitfähigkeit

---

[1] Hoffman, C. A., G. M. Ault u. J. J. Gangler: NACA Techn. Note Nr. 1836 (1949).

[2] Hartwig, F. J., B. W. Sheflin u. R. J. Jones: NACA Techn. Note Nr. 1399 (1947).

des karbidischen Werkstoffes zurückgeführt werden. Aus diesen Feststellungen ergab sich klar die Notwendigkeit einer Umkonstruktion von Rad und Schaufeln für die in Betracht gezogenen höheren Arbeitstemperaturen. Obzwar man kein abschließendes Urteil geben kann, scheinen die praktischen Ergebnisse doch zu zeigen, daß es möglich sein muß, die TiC-Co-Materialien mit ihrem günstigeren Festigkeits-Dichteverhältnis bei höheren Temperaturen zu verwenden als hochwarmfeste Schmelzlegierungen. Zumindest sollte dies für kurzzeitige Anwendungen zutreffen. Keine der bis jetzt untersuchten Legierungen hatte jedoch eine genügend gute Zunderbeständigkeit, um mehr als zehn Stunden bei den beabsichtigten Temperaturen von 1150° und höher verwendet zu werden. Eine Verbesserung des Zunderverhaltens ist also unbedingte Voraussetzung für höhere Arbeitstemperaturen. Drei verschiedene Arbeitsrichtungen zeichnen sich in weiteren Untersuchungen ab:

1. Änderung der Zusammensetzung der Karbidphase,
2. Wahl anderer Bindelegierungen,
3. Aufbringen von Schutzüberzügen.

a) Änderung der Karbidphase in Hartlegierungen auf TiC-Basis

TiC-Co-Legierungen sind, wie bereits ausgeführt, nicht genügend zunderbeständig. J. C. Redmond und E. N. Smith[1] fanden, daß durch Zugabe von Mischkristallen aus Niob-, Tantal- und Titankarbid zu TiC-Co-Legierungen die Zunderfestigkeit erheblich verbessert wird. Abb. 258 zeigt die Wirkung von Zusätzen dieses ternären Mischkristalls auf das Zunderverhalten von TiC-Co-Legierungen mit einem konstanten Volumenanteil von 12,3% Co. Die Ergebnisse beziehen sich auf die Zunahme der Zunderschicht nach 64stündigem Glühen bei 980° in einem Muffelofen an Luft. Auffallend ist das besonders

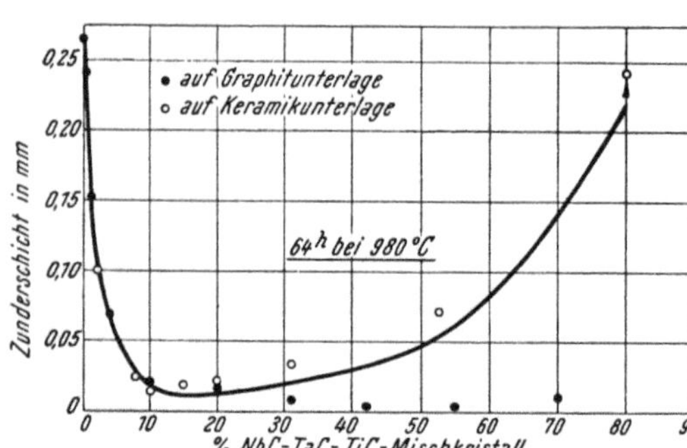

Abb. 258. Einfluß eines Zusatzes von NbC-TaC-TiC-Mischkristall auf das Zunderverhalten eines TiC-Co-Hartmetalles (J. C. Redmond und E. N. Smith)

günstige Zunderverhalten von Legierungen mit etwa 10 bis 20% Mischkristallzusatz.

Die Kalt- und Warmbiegebruchfestigkeitswerte der Legierungen fallen mit zunehmendem Gehalt an Mischkristall, wie die Abb. 259

---

[1] Redmond, J. C. u. E. N. Smith: Trans. AIME **185** (1949), S. 987/93.

und Abb. 260 zeigen. Der durch Legierungszusätze bedingte Festigkeitsabfall scheint für viele Anwendungsgebiete noch tragbar zu sein. Ein Werkstoff aus 65% TiC, 15% NbC-TaC-TiC-Mischkristall und 20% Co ist unter dem Handelsnamen Kentanium K 138 A bekanntgeworden. J. C. Redmond[1] gibt für diesen Werkstoff eine Biegebruchfestigkeit bei 980° von 70,2 kg/mm² an (dieser Wert ist höher als ein für eine ähnliche Zusammensetzung in Abb. 260 genannter), eine Dauerfestigkeit von über 31,6 kg/mm² bei 820°, einen Elastizitätsmodul von 40.000 kg/mm², eine Dichte von 5,8 g/cm³, einen Wärmeausdehnungskoeffizient zwischen 20 und 650° von $8,1 \cdot 10^{-6}$, und eine Wärmeleitfähigkeit von 0,075 cal/sec · cm · C°.

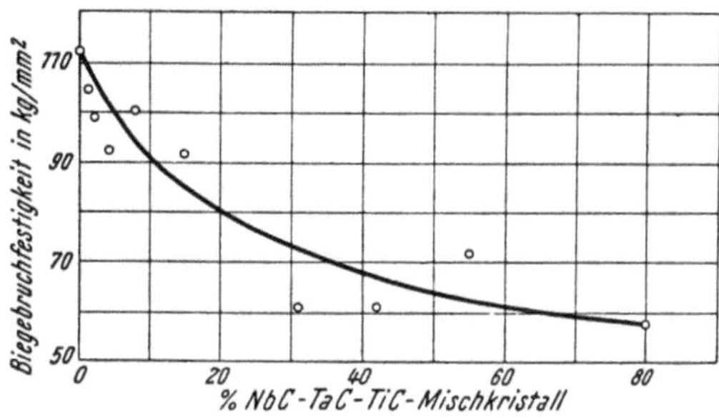

Abb. 259. Biegebruchfestigkeit von Hartmetallen auf TiC-Basis mit Zusätzen von NbC-TaC-TiC-Mischkristallen (J. C. Redmond und E. N. Smith)

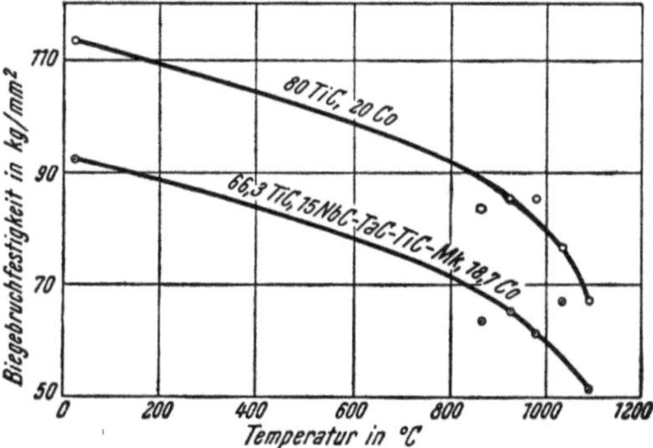

Abb. 260. Warmbiegebruchfestigkeit von Hartmetallen auf TiC-Basis (J. C. Redmond und E. N. Smith)

J. C. Redmond berichtet auch über Zeitstandfestigkeitswerte bei 980°. Gemäß Abb. 261 sieht man, daß die Zeitstandfestigkeit des K 138 A-Materials deutlich besser ist als die der typischen hochwarmfesten Legierungen. Diese Überlegenheit tritt besonders stark hervor, wenn noch die großen Unterschiede in der Dichte in Betracht gezogen werden (Abb. 262).

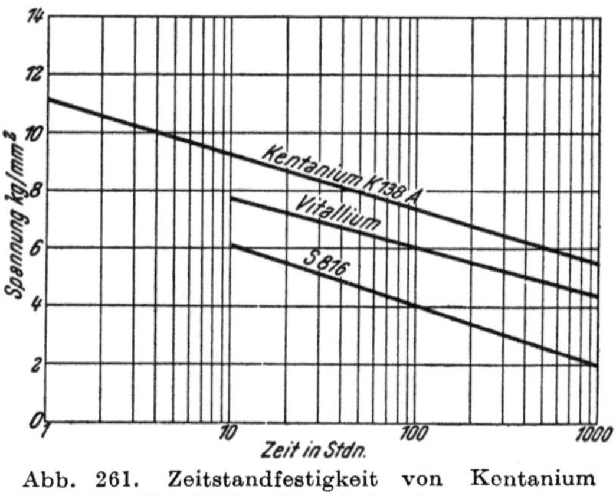

Abb. 261. Zeitstandfestigkeit von Kentanium K 138 A im Vergleich mit typischen hochwarmfesten Legierungen (J. C. Redmond)

[1] Redmond, J. C.: Vortrag Am. Soc. Mech. Eng., Pittsburgh 1950.

Auf Grund seiner Ergebnisse schließt J. C. Redmond, daß die Kennametallegierung K 138A und ähnliche Legierungen für Anwendungszwecke geeignet sind, die hohe Festigkeit, gute Oxydationsbeständigkeit und Temperaturwechselbeständigkeit hinauf bis 1200°

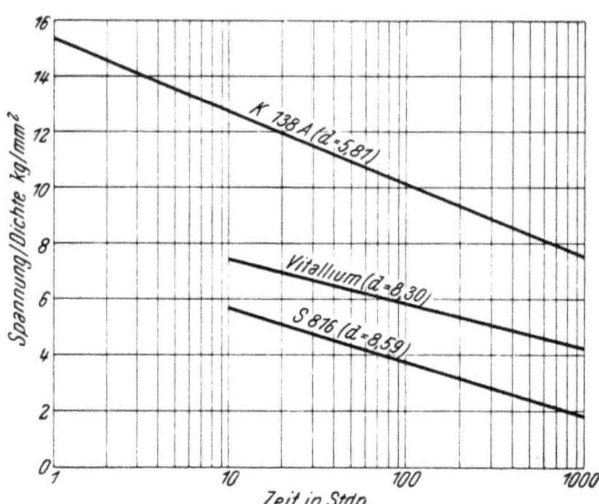

Abb. 262. Zeitstandsfestigkeit von Kentanium K138A im Vergleich mit typischen hochwarmfesten Legierungen unter Berücksichtigung der Dichte (J. C. Redmond)

verlangen. Beim Einsatz für Gasturbinenschaufeln werden sowohl im Rotor als auch im Stator Arbeitstemperaturen von 1090° für zulässig gehalten. Darüber hinaus glaubt J. C. Redmond, daß derartige Hartlegierungen auf TiC-Basis vorteilhaft auch dort angewendet werden könnten, wo ein hoher Verformungswiderstand und Gasdichtheit bei Temperaturen bis 1500° verlangt werden. Auch kurzzeitige Berührungen mit geschmolzenen Metallen, schnellströmenden Gasen usw. mit Temperaturen bis 2500° kämen in Frage.

J. C. Redmond erwähnt ferner den Bau einer Sondergasturbine, deren wichtigste Teile aus einer Hartlegierung auf TiC-Basis bestehen.

In einer neueren Arbeit berichten J. C. Redmond und J. W. Graham[1], daß das Oxydationsverhalten von TiC-Legierungen mit 15% NbC-TaC-TiC-Mischkristall und 20 bis 30% Nickel als Binder gegenüber den Legierungen mit Kobaltbindern überlegen sei. Sie berichten ferner über Zeitstandfestigkeitswerte für verschiedene neuartige Legierungen auf TiC-Basis (Zahlentafel 163) und diskutieren eingehender die Druck- und Zugbeanspruchungen bei Anwendungsfällen, wie z. B. Turbinenschaufeln, und die Konstruktionsprobleme, die sich hieraus ergeben.

Zunderversuche, die J. D. Roach[2] an hilfsmetallfreien TiC-Körpern durchführte, erscheinen in diesem Zusammenhang auch bedeutungsvoll, da ein anderer Weg eingeschlagen wurde, um die Oxydationsbeständigkeit durch Variation der Karbidphase zu ver-

---

[1] Redmond, J. C. u. J. W. Graham: Metal Progress **61** (1952), Nr. 4, S. 67/70.
[2] Roach, J. D.: J. Electrochem. Soc. **98** (1951), S. 160/65.

bessern. Aus dem Patentschrifttum[1] ergibt sich der Hinweis, daß ein TiC mit besonders hoher Härte und mit weniger als 0,2% freiem Kohlenstoff durch Reduktion von TiO_2 mit C in Gegenwart kleiner Mengen von Chromoxyd hergestellt werden kann (s. S. 75). In Weiter-

Zahlentafel 163. *Zeitstandfestigkeit von neueren Kentanium-Sorten*
(J. C. Redmond u. J. W. Graham)

Kentanium-Sorte	Temperatur °C	Festigkeit (kg/mm²) bei einer Belastungsdauer von		
		10 Std.	100 Std.	1000 Std.
K151A	870	19,3	16,2	13,4
	980	10,9	7,9	5,2
K152B	820	22,5	17,2	12,3
	870	14,8	10,6	—
	980	7,4	3,5	—

verfolgung dieser Patentanregung preßte J. D. Roach Mischungen von TiC und Cr_2O_3-Pulver (0, 0,5, 1,0, 2,0, 4, 6, 10 und 20% Chrom-

metall entsprechend) unter Zusatz eines flüchtigen Bindemittels mit 350 kg/cm². Die Preßlinge wurden in Graphittiegeln in rohem TiC eingebettet 25 bis 30 Minuten bei ungefähr 2200° geglüht. Die gesinterten Proben wurden in einem Muffelofen eine Stunde bei 650, 850, 1200 und 1400° gezundert und die Gewichtszunahmen ermittelt. Die Ergebnisse, die in Abb. 263 zusammengestellt sind, zeigen Bestwerte der Oxydationsbeständigkeit bei einem Chromgehalt von etwa 5%.

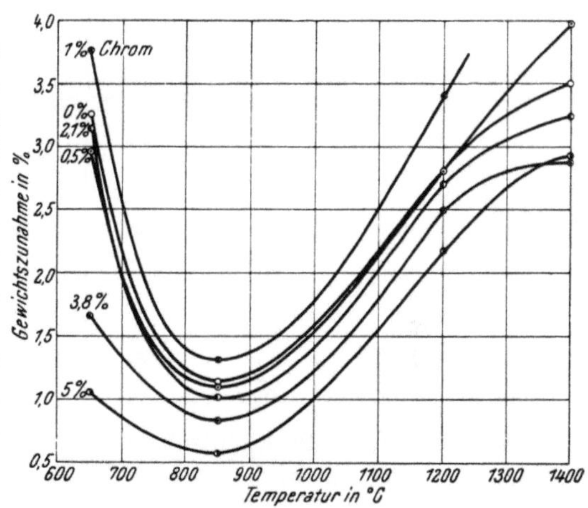

Abb. 263. Zunderverhalten von TiC mit Chromzusätzen (J. D. Roach)

Kleinere Gehalte von etwa 0,5 bis 1% und höhere von 10 bis 20% Chrom verminderten die Oxydationsbeständigkeit. Die Auslegung der Versuche ist schwierig. J. D. Roach beobachtete eine Änderung der TiC-Beugungslinie im Röntgenbild und schloß daraus auf die Bildung von Mischkristallen. Es ist jedoch auch möglich, daß

---

[1] A.P. 2491410 (1945).

zumindest ein Teil des intermediär gebildeten metallischen Chroms als Bindemittel wirkt, so daß die Versuche von J. C. Roach zweckmäßig im Zusammenhang mit den Versuchen von E. M. Trent und Mitarbeitern[1] und mit chromhaltigen Bindern nach R. Kieffer und F. Kölbl[2] betrachtet werden müssen. Auf alle Fälle kann man unterstellen, daß eine Schutzwirkung auf die Bildung einer festhaftenden, gasdichten, chromoxydhaltigen Deckschicht zurückzuführen ist.

Eingehende Untersuchungen an hochwarmfesten Karbidlegierungen auf Basis TiC-Cr_3C_2-Ni und TiC-Cr_3C_2-Co stammen von E. M. Trent, A. Carter und J. Bateman[1]. Die Chromkarbidgehalte wurden zwischen 4 und 12%, die Hilfsmetallgehalte auf Kosten des TiC-Gehaltes zwischen 20 und 60% variiert. Die Zusammensetzung und die physikalischen Eigenschaften der untersuchten Legierung gehen aus Zahlentafel 164 hervor. Ergänzend dazu wurden noch für eine typische Legierung der Elastizitätsmodul zu 35.000 kg/mm²

Zahlentafel 164. *Zusammensetzung und Eigenschaften von hochwarmfesten Hartmetallen auf TiC-Basis* (E. M. Trent, A. Carter und J. Bateman)

Zusammensetzung in %				Dichte g/cm³	Vickers-Härte kg/mm²	Biegebruch-festigkeit kg/mm²
TiC	Ni	Co	Cr_3C_2			
74	20	—	4	5,8	1400	70,3
63	30	—	7	5,9	900	91,4
48	40	—	12	6,25	800	126,6
47,5	50	—	2,5	6,4	720	161,7
32	60	—	8	6,8	560	154,7
80	—	20	—	5,4	1400	87,9
63	—	30	7	5,9	1200	80,9
48	—	40	12	6,29	1180	98,4
45	—	50	5	6,45	820	161,7
32	—	60	8	6,88	700	161,7

bei 20° und zu 27.000 kg/mm² bei 700°, sowie der Wärmeausdehnungskoeffizient zu 7,9 bis 11,3 · 10⁻⁶ bestimmt.

Mit Zunahme des Gehaltes der Karbidphase tritt eine Abnahme der Dichte, der Kaltfestigkeit und des Wärmeausdehnungskoeffizienten auf. Gleichzeitig nehmen Härte, Elastizitätsmodul und Dauerstandsfestigkeit zu.

Die Warmfestigkeitseigenschaften einiger typischer Legierungen gehen aus Abb. 264 und Abb. 265 hervor.

---

[1] Trent, E. M., A. Carter u. J. Bateman: Metallurgia **42** (1950), S. 111/15.

[2] Kieffer, R. u. F. Kölbl: Z. anorg. Chem. **262** (1950), S. 229/47, Planseeber. 1 (1952), S. 17/36

Das Zunderverhalten der Legierungen wurde durch 100-stündige Glühung an Luft bei 900° auf Grund der Gewichtszunahme untersucht. Diese betrug je nach dem Gehalt an Chromkarbid 0,004 bis 0,018 g/cm².

Was den mit Gefügebildern belegten, metallurgischen Aufbau der Legierungen anbetrifft, so wird — von geringen Mengen an freiem Chromkarbid abgesehen — die Karbidphase aus einem TiC-Cr₃C₂-Mischkristall gebildet. Es wird angegeben, daß die Löslichkeit des Chromkarbides in TiC bei 1700 bis 1800° über

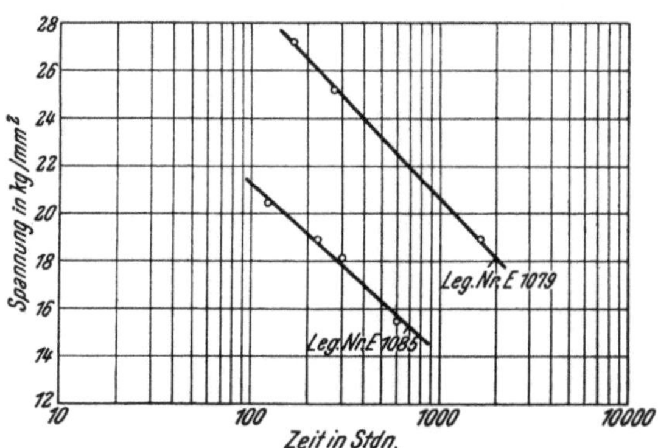

Abb. 264. Zeitstandfestigkeit bei 750° von verschiedenen Hartmetallen auf TiC-Basis (E. M. Trent, A. Carter und J. Bateman)

40 Gew.-% beträgt. Ferner wird gefolgert, daß auch die Hilfsmetallphase nach der Erstarrung Chrom enthält, das aus dem Chromkarbid bzw. dem Titankarbid-Chromkarbid-Mischkristall stammt.[1]

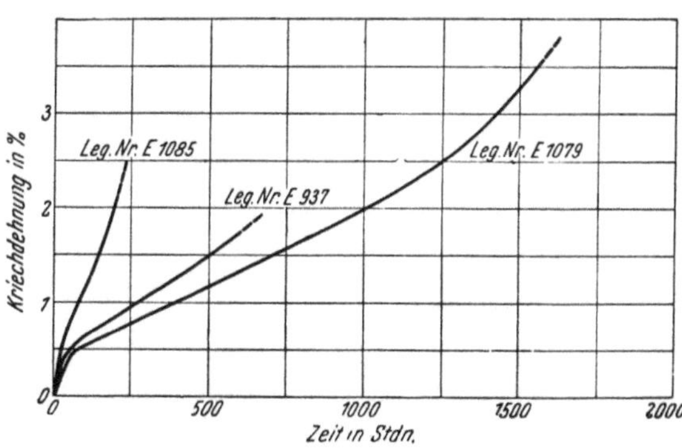

Abb. 265. Kriechdehnungskurven für Hartmetalle auf TiC-Basis bei 750° und 18,9 kg/mm² Belastung (E. M. Trent, A. Carter und J. Bateman)

Das Ergebnis ihrer Versuche fassen E. M. Trent, A. C. Carter und J. Bateman wie folgt zusammen:

1. Mit Erhöhung des Gehaltes an Bindemetall wird die Dauerstandsfestigkeit herabgesetzt. Das sekundäre Kriechen nimmt zu, die Gesamtdehnung steigt ebenfalls an.

2. Kobaltgebundene Legierungen haben eine höhere Dauerstandsfestigkeit, geringeres sekundäres Kriechen und höhere Gesamtdehnung als entsprechende nickelgebundene Legierungen.

3. Der Zusatz von Chrom zu TiC-Ni- oder TiC-Co-Legierungen setzt die Dauerstandsfestigkeit erheblich herauf, wobei es jedoch einen optimalen Chromgehalt gibt, oberhalb dessen die Kriechfestigkeit und die Gesamtdehnung wieder abnehmen.

---

[1] s. a. J. Hinnüber u. O. Rüdiger: Vortrag VDEh, Düsseldorf 1952.

4. Einige Kriechfestigkeitswerte bei 800° und höheren Temperaturen sind vielversprechend.

5. Die Streuungen der Werte sind verhältnismäßig klein und die Ergebnisse lassen sich reproduzieren.

6. Die Dauerstandsfestigkeit der Legierungen liegt in derselben Größenanordnung wie diejenige der bis heute verwendeten besten Hochtemperaturlegierungen.

b) Variation der Bindemetallegierung in TiC-Hartmetallen

Nach W. J. Engel[1] ist Chrom, hinsichtlich seines Legierungsverhaltens, ein brauchbares Hilfsmetall. Im Hinblick auf die günstigen Eigenschaften des Cr_2O_3 kann daher angenommen werden, daß die Verwendung von Chrom als Binder zu Hartlegierungen führt, die sowohl bezüglich Zunderverhalten als auch in ihren mechanischen Eigenschaften den Anforderungen der Hochtemperaturtechnik entsprechen. Während Versuche mit reinem Chrom als Bindemetall nach C. C. McBride und Mitarbeitern[2] zu keinen besonders guten Ergebnissen führten, sind Legierungen mit Co-Cr-, Ni-Cr- und Co-Ni-Cr-Bindern nach einem Vorschlag R. Kieffer[3] weitaus besser. Derartige Werkstoffe werden bereits in größerem Umfang erzeugt[4,5].

Diese Neuentwicklung beruht auf systematischen Untersuchungen der Zunderbeständigkeit von Hartmetallen von R. Kieffer und F. Kölbl[3]. Die Zusammensetzung, die Dichte, Härte und Biegebruchfestigkeit dieser Materialien sind in Zahlentafel 165 wiedergegeben;

Zahlentafel 165. *Eigenschaften von WZ-Legierungen* (R. Kieffer u. F. Kölbl)

Bezeichnung	Zusammensetzung in %					Dichte g/cm³	Härte H_V kg/mm²	Biegebruch-festigkeit kg/mm²
	TiC	TaC (Nbc)	Ni	Co	Cr			
WZ 1b.....	60	—	32	—	8	6,20	1010	135—150
WZ 1c.....	50	—	40	—	10	6,40	830	150—170
WZ 2......	60	—	—	28	12	6,10	1160	110—125
WZ 3......	50	10	32	—	8	6,30	1070	140—150
WZ 12a....	75	—	15	5	5	6,00	1220	105—115
WZ 12b....	60	—	24	8	8	6,20	1090	130—145
WZ 12c....	50	—	30	10	10	6,40	860	150—165
WZ 12d....	35	—	39	13	13	6,65	720	170—180

---

[1] Engel, W. J.: NACA, Techn. Note Nr. 2187 (1950).

[2] McBride, C. C., H. M. Greenhouse u. T. S. Shevlin: J. Am. ceram. Soc. **35** (1952) S. 28/32.

[3] Kieffer, R. u. F. Kölbl: Z. anorg. Chemie **262** (1950), S. 229/47. Planseeber. 1 (1952), S. 17/35.

[4] WZ-Legierungen der Metallwerk Plansee G. m. b. H., Reutte/Tirol.

[5] Ö.P. 165676 (1948).

Zahlentafel 166 enthält die Zunderergebnisse nach dem Glühen der Proben (Abmessungen $8 \times 8 \times 20$ mm) in einem offenen Muffelofen bei

Zahlentafel 166. *Zunderverhalten von WZ-Hartmetallen*

Temperatur °C	Zeit Stunden	Gewichtszunahme in % vom Ausgangsgewicht bei				
		WZ 1b	WZ 2	WZ 3	WZ 12b	WZ 1c
900	5	0,098	0,085	0,081	0,122	0,78
	10	0,185	0,165	0,105	0,155	0,91
	20	0,312	0,298	0,133	0,197	0,115
	30	0,396	0,370	0,152	0,212	0,135
	40	0,496	0,466	0,179	0,222	0,167
	50	0,556	0,537	0,197	0,230	0,187
1000	1	0,162	0,155	0,119	0,120	0,137
	5	0,212	0,208	0,185	0,210	0,139
	10	0,321	0,298	0,249	0,252	0,240
	20	0,596	0,566	0,317	0,279	0,306
	25	0,765	0,698	0,346	0,289	0,314
	50	0,843	0,785	0,372	0,305	0,328
1100	1	0,212	0,198	0,158	0,167	0,163
	5	0,511	0,422	0,354	0,254	0,285
	10	0,798	0,690	0,495	0,305	0,372
	20	1,14	0,912	0,782	0,364	0,526
	30	1,36	1,12	0,931	0,384	0,613

Temperaturen von 900 bis 1100° und Glühdauern bis zu 50 Stunden[1]. Vergleicht man die Werte mit den Ergebnissen der Zunderung üblicher Hartmetalle (Zahlentafel 157), dann sieht man deutlich die Überlegenheit der WZ-Legierungen.

Die Ergebnisse der Zunderversuche an der WZ-12b-Legierung sind in Form von Zunderisothermen bei 900, 1000 und 1100° in Abb. 266 wiedergegeben, wobei die Gewichtszunahmen in g/dm² gegen die Glühzeiten aufgetragen sind. Der Zunderungsverlauf folgt dem parabolischen Zundergesetz, d. h. es kommt zur Ausbildung einer festhaftenden, gasdichten Zunderschicht. Dies ist deutlich auch am Aussehen geglühter

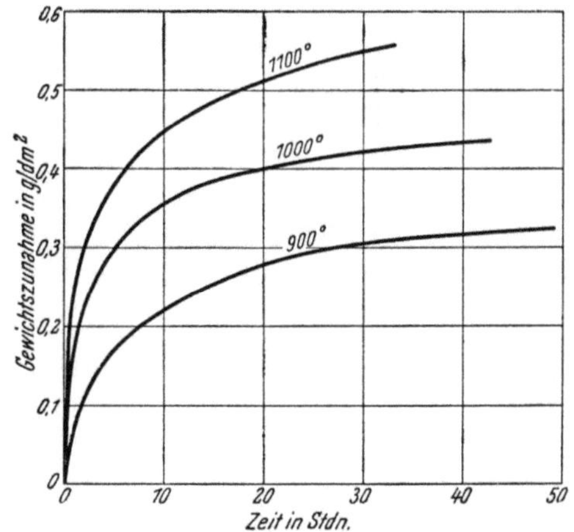

Abb. 266. Zunderisothermen von WZ12b bei 900, 1000 und 1100° (R. Kieffer und F. Kölbl)

---

[1] Kieffer, R. u. F. Benesovsky: unveröffentlichte Versuche 1951.

Abb. 267. Gezunderte Hartmetallkörper (R. Kieffer und F. Kölbl)

WZ-Proben im Vergleich mit einer anderen Hartlegierung in Abb. 267 zu sehen. Das Gefüge einer WZ-Legierung zeigt Abb. 268.

Die WZ-Werkstoffe verbinden hohe Oxydationsbeständigkeit bei hohen Temperaturen mit günstigen Hochtemperaturfestigkeitseigenschaften. Beispielsweise sind

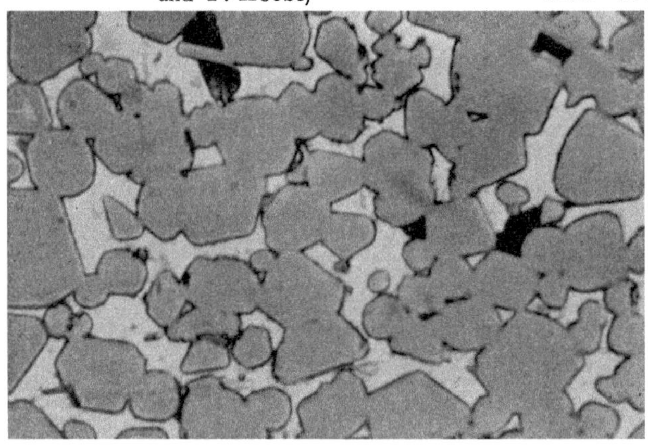

Abb. 268. Gefüge einer WZ-Legierung. (× 2000) (R. Kieffer und F. Kölbl)

die Werte für die Zeitstandsfestigkeit der Legierung WZ 1 b der Abb. 269 zu entnehmen. Diese WZ-Legierung ist bekannten geschmolzenen Superlegierungen gegenüber überlegen[1]; ein Vergleich über 820° ist allerdings nicht mehr möglich, weil dies ungefähr die höchste zulässige Arbeitstemperatur

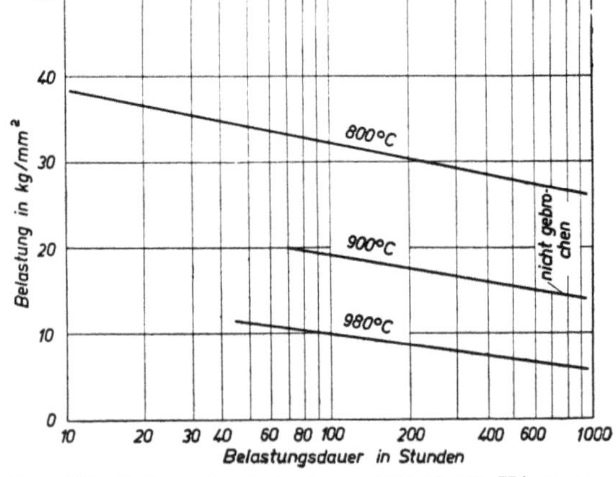

Abb. 269. Zeitstandfestigkeit von WZ 1 b (R. Kieffer und F. Kölbl)

[1] Kieffer R. u. F. Kölbl: Planseeber. 1 (1952), S. 17/35.

der Schmelzlegierungen ist und Prüfwerte oberhalb 900° in der Literatur nicht vorliegen.

Eine Turbine, deren Schaufeln, Wellen und Rotoren vollständig aus WZ-Werkstoffen bestehen, ist in Erprobung. Teile aus WZ-Hartmetall sind in Abb. 270 wiedergegeben.

Abb. 270. Verschiedene Teile aus WZ-Legierungen (Metallwerk Plansee Ges. m. b. H, Reutte/Tirol)

Neuartige Entwicklungen auf diesem Gebiet umfassen ferner TiC-Mischkristalle mit anderen hochschmelzenden Karbiden, wobei als Bindelegierung die korrosionsbeständigen und warmfesten Co-Cr-, Ni-Cr- und Co-Ni-Cr-Legierungen beibehalten wurden. In guter Übereinstimmung mit den Ergebnissen von J. C. Redmond und E. N. Smith wurden brauchbare Resultate mit Mischkristallen auf der Basis TiC-TaC-NbC erzielt (vgl. WZ 3). Versuche mit Co-Cr- und Ni-Cr-getränkten TiC-Mo_2C-Mischkristallen zeigten nach R. Kieffer und F. Kölbl[1], daß höhere Zusätze als 5 % Molybdänkarbid merklich die Oxydationsbeständigkeit herabsetzen.

---

[1] Kieffer, R. u. F. Kölbl: Berg- u. Hüttenmänn. Mh. **95** (1950), S. 49/58.

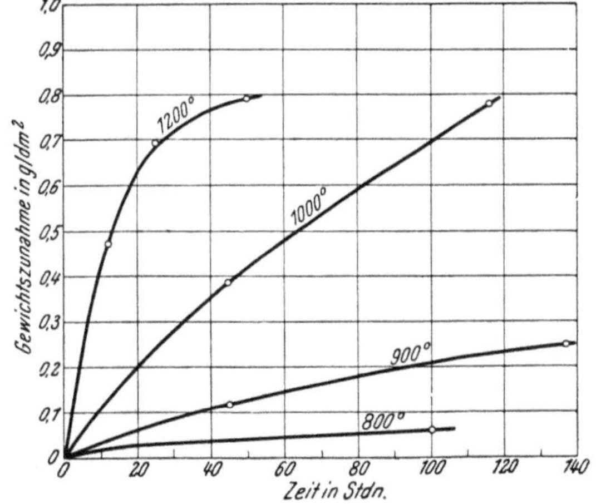

Abb. 271. Zunderisothermen von Elmet HR (50 % TiC, 25 % Ni, 14,25 % Cr, 10,75 % Co) bei 800, 900, 1000 und 1200°.

In England werden WZ-ähnliche Legierungen von der Metropolitan-Vickers Ltd. unter der Bezeichnung Elmet-HR erzeugt. Abb. 271 zeigt die Zunderisothermen einer Legierung mit 50% TiC, 25% Ni, 14,25% Cr und 10,75% Co bei 800, 900, 1000 und 1200°

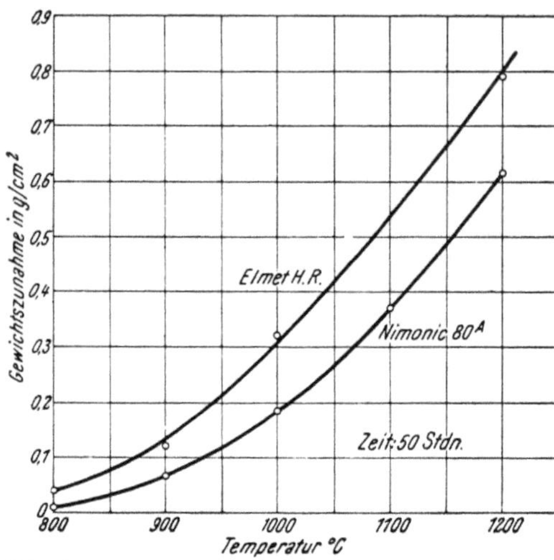

Abb. 272. Zunderverhalten von Elmet HR im Vergleich zu Nimonic 80A

nach Glühen der Proben in einem Paraffin-Luftgemisch. Gemäß Abb. 272 ist bezüglich des Zunderverhaltens die Legierung Nimonic 80 A der geprüften Elmet-Legierung geringfügig überlegen.

Temperaturwechselbeständigkeitsprüfungen zeigten, daß bei 850° 3500 bis 4000 Wechselbeanspruchungen gegenüber maximal 2000 für Ni-Cr-Ti-Legierungen durchgeführt werden konnten. Die Werte der Warmfestigkeit und der Zeitstandsfestigkeit stimmen mit den für die WZ-Legierungen gegebenen überein.

Der Mechanismus, welcher das gute Zunderverhalten der TiC-Legierungen mit chromhaltigen Bindemetallen bedingt, ist nicht genau geklärt. Es besteht jedoch kein Zweifel, daß die Zunderschichten vorwiegend aus Cr_2O_3 bestehen. Inwieweit hier noch die Oxyde des Nickels, Kobalts und Titans und deren Mischkristalle eine Rolle im Aufbau der Zunderschichten spielen, kann noch nicht mit Bestimmtheit ausgesagt werden. Es konnte auch noch nicht eindeutig geklärt werden, ob ein kleiner Teil des Chroms aus der Bindelegierung unter Mischkristallbildung in das TiC-Gitter eintritt. Beim Erhitzen an Luft können in der Zunderschicht auch Nitride des Titans und Chroms auftreten, insbesondere da TiN mit TiC und TiO Mischkristalle bildet.

Zusammenfassend kann festgestellt werden, daß die Kentaniumlegierungen, die WZ-Werkstoffe und ähnlich aufgebaute Legierungen augenblicklich die vielversprechendsten Entwicklungen hinsichtlich Verwendung von Karbidlegierungen für Hochtemperaturzwecke darstellen. Die Annahme, daß diese Werkstoffe für Anwendungen, wie z. B. Turbinenschaufeln, bei Arbeitstemperaturen von 1000° und möglicherweise 1100° geeignet sind, erscheint gerechtfertigt.

c) Keramische Schutzschichten

Die ungenügende Zunderbeständigkeit von Hartmetallen auf TiC-Basis ohne Zusatz von Zweitkarbiden, kann nach D. G. Moore und Mitarbeiter[1,2] durch Aufbringen emailleähnlicher keramischer Überzüge verbessert werden, ein Verfahren, welches auch zum Hochtemperaturschutz von Molybdän und Wolfram vorgeschlagen wurde. Ein Zusatz von metallischem Chrom zur Keramik begünstigt die Ausbildung einer Haftschicht. 20% einer alkalifreien Fritte, deren Zusammensetzung Zahlentafel 167 zu entnehmen ist, wurde mit 80% Chrompulver und 5% Kaolin zu einem Schlicker vermahlen,

Zahlentafel 167. *Zusammensetzung von Emails zum Hochtemperaturschutz von TiC-Hartmetallen* (D. G. Moore, St. G. Benner, W. N. Harrison)

Versatz %	Analyse %	Mühlenversatz %
Quarz 38,0	SiO_2 38,0	Fritte .... 200 g
Borsäure 11,5	B_2O_3 6,5	Chrompulver . 800 g
Bariumkarbonat .. 56,63	BaO 44,0	Kaolin ...... 50 g
Kalziumkarbonat . 7,14	CaO 4,0	$Na_4P_2O_7$ ges. . 7 cm³
Berylliumoxyd.... 2,5	ZnO 5,0	$NaNO_2$ ges.... 1,5 cm³
Zinkoxyd 5,0	BeO 2,5	
120,77	100,0	

dieser auf Probeplatten aus 80/20 TiC-Co-Hartmetall aufgetragen und bei 1200° 10 Minuten unter reinem Wasserstoff eingebrannt. Die Schichten waren hart, glatt und festhaftend. Eine deutlich sichtbare Haftschicht zwischen Emaille und Hartmetall enthielt Chromkarbide. Der Überzug war gut temperaturwechselbeständig und bei hohen Temperaturen genügend verformungsfähig, so daß er einem Kriechen des Grundwerkstoffes nachgeben konnte. Trotzdem keine Turbinenschaufeln mit derartigen Überzügen geprüft wurden, ist anzunehmen, daß die Lebensdauer bei Arbeitstemperaturen bis 980° im Vergleich zu ungeschützten Schaufeln beträchtlich verlängert wird.

3. Titankarbid-enthaltende Verbundwerkstoffe

Es wurden zahlreiche Versuche unternommen, die günstigen Hochtemperatureigenschaften des Titankarbides in Verbundwerkstoffen auszunutzen. J. A. Nelson, T. A. Willmore und R. C. Womeldorph[3]

---

[1] Moore, D. G., St. G. Benner u. W. N. Harrison: NACA, Techn. Note, Nr. 2329 (1951), Nr. 2386 (1951).

[2] Moore, D. G., L. H. Bolz, J. W. Pitts u. W. N. Harrison: NACA, Techn. Note Nr. 2422 (1951).

[3] Nelson, J. A., T. A. Willmore u. R. C. Womeldorph: J. Electrochem. Soc. **98** (1951), S. 465/73.

preßten Mischungen aus TiC und B_4C mit Bindemetallen (Fe, Co, Ni, Cr oder Ti) und sinterten die Preßlinge unter Argon bei Temperaturen zwischen 1930 und 2070°. Während der Sinterung bildete sich Titandiborid neben den Boriden der Bindemetalle und Graphit (vgl. S. 293). Die bekannt günstigen Hochtemperatureigenschaften des Titandiborides kommen hierbei jedoch nicht zur vollen Geltung, da die genannten Sinterlegierungen gegenüber einem Werkstoff aus reinem Titanborid mit einem Spezialbinder unterlegen sind. Über Kalt- und Warmfestigkeitseigenschaften werden keine Angaben gemacht.

H. N. Barr, G. D. Cremer und W. J. Koshuba[1] untersuchten TiC-Al_2O_3-Werkstoffe. Die Pulvermischungen wurden ohne Binder in Graphitformen bei 1800 bis 1850° und einem Preßdruck von 176 kg/cm² heißgepreßt. In Zahlentafel 168 sind die elektrischen Widerstandswerte der verschiedenen Sinterkörper aufgeführt. Entsprechend

Zahlentafel 168. *Elektrischer Widerstand von TiC-Al_2O_3-Mischungen in Abhängigkeit von der Temperatur* (H. N. Barr, G. D. Cremer und W. J. Koshuba)

Temperatur °C	Elektrischer Widerstand in Ohm · cm bei der Zusammensetzung		
	85% Al_2O_3 15% TiC	70% Al_2O_3 30% TiC	50% Al_2O_3 50% TiC
20	$1,2 \cdot 10^5$	$6,7 \cdot 10^{-3}$	$6,1 \cdot 10^{-4}$
820	$2,2 \cdot 10^2$	$1,1 \cdot 10^{-2}$	$9,5 \cdot 10^{-4}$
1370	$1,2 \cdot 10^2$	1,37	$1,4 \cdot 10^{-3}$

den Eigenschaften der Komponenten wächst der elektrische Widerstand mit zunehmendem Al_2O_3-Gehalt, wobei der Temperaturkoeffizient des Widerstandes für Legierungen mit hohem Aluminiumoxydgehalt negativ und für solche mit hohem Titankarbidgehalt positiv ist.

Werte für die Biegebruchfestigkeit (Probenabmessungen $3,2 \times 6,4 \times 32$ mm) und solche für die Druckfestigkeit (Probenabmessungen 20 mm Durchmesser, 38 mm Höhe) sind in Zahlentafel 169

Zahlentafel 169. *Festigkeitseigenschaften eines 70/30 Al_2O_3-TiC-Verbundkörpers* (H. N. Barr, G. D. Cremer und W. J. Koshuba)

	Biegebruch(Druck)-Festigkeit in kg/mm² bei einer Temperatur von				
	21°	32°	790°	1010°	1370°
Biegebruchfestigkeit kg/mm² ...	—	21,1	17,9	15,3	14,8
Druckfestigkeit kg/mm²	139,9 bis 140,6	—	—	—	38,7 bis 45,7

[1] Barr, H. N., G. D. Cremer u. W. J. Koshuba: Vortrag Electrochem. Soc., Cleveland 1950, Ref. Powder Met. Bull. 5 (1950), S. 62/63.

für einen 70/30 Al_2O_3-TiC-Verbundwerkstoff in Abhängigkeit von der Temperatur wiedergegeben.

Dieses Material wurde mehr im Hinblick auf seine elektrischen als auf seine mechanischen Eigenschaften entwickelt und wurde erfolgreich als elektrischer Widerstandskörper beim Studium der Hochtemperatureigenschaften keramischer Körper eingesetzt.

H. F. G. Ueltz[1] sinterte Mischungen aus Magnesiumoxyd und Titankarbid unter Helium bei Temperaturen zwischen 1600 und 1900°. Während nach H. N. Barr und Mitarbeitern sich bei Röntgenuntersuchungen von Al_2O_3-TiC-Körpern keine Änderung im Gitterparameter einer der beiden Komponenten zeigte, beobachtete H. F. G. Ueltz[1] im System MgO-TiC merkliche Abweichungen in den Gitterkonstanten nach der Hochsinterung. Diese Änderungen wurden auf Umsetzungen zwischen MgO und TiC zurückgeführt. Je nach der Zusammensetzung der Verbundkörper können TiO oder Mg_2TiO_4 bei diesen Reaktionen gebildet werden. Die Reduktion des MgO durch TiC bringt auch erhebliche Verluste an Mg durch Verflüchtigung bei gleichzeitiger Bildung von Kohlenmonoxyd, das sich in den kälteren Zonen des Ofens wieder mit Magnesiumdampf zu MgO und C umsetzt. Es kann auch unterstellt werden, daß sich außer festen Lösungen TiC und TiO auch solche aus MgO und TiO bilden.

Über Eigenschaften der gesinterten MgO-TiC-Werkstoffe wird nicht berichtet.

4. Hochtemperaturwerkstoffe auf Basis anderer Metallkarbide

Außer Heißpreßkörpern aus reinem TiC und ZrC (s. S. 645) sind auch andere Metallkarbide für hochwarmfeste Zwecke untersucht worden. So beschreibt A. E. Williams[2] die Herstellung und Eigenschaften von Heißpreßkörpern aus reinem WC (s. S. 146). P. Chiotti[3] hat ferner Formkörper aus TaC, NbC und UC hergestellt. Abgesehen von der ungenügenden Beständigkeit dieser Karbide in oxydierender Atmosphäre sind diese bindemetallfreien Hartstoffe verhältnismäßig spröde. Sie kommen gegebenenfalls als Tiegelmaterialien und Konstruktionsteile in Hochtemperaturöfen unter nichtoxydierenden Arbeitsbedingungen in Frage.

Verbundwerkstoffe aus Mo_2C und Al_2O_3 haben W. Seith und H. Schmeken[4] untersucht. An bei 1900° gesinterten Strangpreß-

---

[1] Ueltz, H. F. G.: J. Am. ceram. Soc. 33 (1950), S. 340/44.

[2] Williams, A. E.: Metal Treatment 18 (1951), S. 445/49.

[3] Chiotti, P.: J. Am. ceram. Soc. 35 (1952), S. 123/30.

[4] Seith, W. u. H. Schmeken: Heraeus Festschrift, Hanau 1950, S. 218/42.

körpern und Pulverpreßlingen wurden die physikalischen Eigenschaften bestimmt. Sie ändern sich mit der Zusammensetzung nicht stetig. Beispielsweise hatte ein Körper mit 80% Mo_2C und 20% Al_2O_3 eine Dichte von 7,1 g/cm³, eine relative Biegebruchfestigkeit von 4 kg/mm², eine Wärmeleitfähigkeit von 0,115 cal/cm · sec.° und eine elektrische Leitfähigkeit von $4 \cdot 10^4\ \Omega^{-1} \cdot cm^{-1}$. Letztere beiden Werte sind höher als bei reinem Mo_2C, was vielleicht auf chemische Umsetzungen und Auftreten metallischer Phasen zwischen Mo und Al zurückzuführen sein könnte.

Beim Heißpressen von Zirkonkarbid-Niobmischungen (12% Nb) beobachteten H. J. Hamjian und W. G. Lidman[1], daß das Niob sich mit dem Zirkonkarbid unter Bildung von Niobkarbid und Zirkon umsetzt. Das Niobkarbid bildet mit dem restlichen Zirkonkarbid Mischkristalle. Bei einer Dichte von 6,22 g/cm³ betrug der Bestwert der Biegebruchfestigkeit etwa 41 kg/mm².

Die Eigenschaften von heißgepreßtem Chromkarbid sind nach H. J. Hamjian und W. G. Lidman[2] stark von der Korngröße der Kristallite, bzw. von der Sintertemperatur und Sinterzeit abhängig. Bei 1540°, 45 Minuten heißgepreßte Proben hatten folgende Eigenschaften: Dichte 6,66 g/cm³, Härte R_A 92 und Biegebruchfestigkeit 35 kg/mm². Höhere bzw. längere Sintertemperaturen und Sinterzeiten ergaben infolge Kornwachstums Werkstoffe mit schlechteren Eigenschaften.

Hartmetalle auf Chromkarbidbasis mit Nickelbildung werden neuestens für korrosions- und zunderbeständige Verschleißteile empfohlen[2-7] (s. S. 502).

5. Hochschmelzende Karbide und andere Hartstoffe als Schutzüberzüge

An Stelle von kompakten Körpern aus Karbiden ist es auch möglich, Karbidschichten auf entsprechenden Trägermetallen aufzubringen. Fußend auf den Arbeiten von A. E. van Arkel[8] und ins-

---

[1] Hamjian, H. J. u. W. G. Lidman: NACA, Techn. Note Nr. 2198 (1950), J. Am. ceram. Soc. 35 (1952), S. 236/40.

[2] Hamjian, H. J. u. W. G. Lidman: NACA, Techn. Note. Nr. 2491 (1951), Nr. 2731 (1952).

[3] Patton, W. G.: Iron Age 168 (1951), Nr. 17, S. 57.

[4] Anonym: Machinery, N. Y. 58 (1951), Nr. 3, S. 185/86; Materials & Methods 34 (1951), Nr. 6, S. 69; Tool Eng. 87 (1951), November, S. 49; Iron Age 169 (1952), Nr. 1, S. 205; 170 (1952), Nr. 7, S. 129.

[5] Gillespie, J. S. u. I. L. Wallace: Steel 130 (1952), Nr. 16, S. 84.

[6] Kennedy, J. D.: Materials & Methods 36 (1952), Nr. 2, S. 166/74.

[7] Hinnüber, J. u. O. Rüdiger: Vortrag VDEh, Düsseldorf 1952.

[8] van Arkel, A. E.: Physica 4 (1924), S. 286/301.

besondere K. Moers[1] haben I. E. Campbell, C. F. Powell, D. H. Nowicki und B. W. Gonser[2] die Bildung von Karbidüberzügen durch Abscheidung aus der Gasphase untersucht.

Das Verfahren beruht darauf, daß man an einem entsprechend hoch erhitzten Träger Dampfgemische, bestehend aus einer Metallhalogenidverbindung, Kohlenoxyd oder einem Kohlenwasserstoff und Wasserstoff gleichzeitig zur Zersetzung und Reaktion bringt. Einzelheiten des Verfahrens sind auf S. 46 eingehend besprochen worden. Es ist auch möglich, Karbidüberzüge dadurch zu erzeugen, daß man erst Metalle niederschlägt und diese nachträglich aufkohlt. Metalle lassen sich auch häufig mit einer Schutzschicht aus dem eigenen Karbid durch eine Glühbehandlung in einer Kohlenwasserstoff-Atmosphäre überziehen.

Überzüge auf Teilen, wie z. B. Turbinenschaufeln, mit bei höheren Temperaturen korrosions- und oxydationsbeständigen Schutzschichten, würden die Verwendung von Werkstoffen erlauben, welche wohl die erforderlichen mechanischen Eigenschaften bei diesen Temperaturen haben, aber aus Korrosionsgründen ohne Schutzschicht nicht verwendet werden können. Die Hochtemperaturanwendung reiner Karbide wird eher durch ihre mangelnde Zunderbeständigkeit als durch mechanische Gründe eingeengt. Dies bedeutet, daß reine Karbidschutzschichten sowohl auf Karbidgrundkörpern als auch auf metallischen Trägern, z. B. aus Molybdän oder Wolfram, keine besonders großen Aussichten haben.

I. E. Campbell und Mitarbeiter beschrieben ferner auch die Abscheidung von Nitriden, Boriden, Siliziden und Oxyden aus der Gasphase (s. Abschnitt F). Da einige hochschmelzende Boride und Silizide, besonders das Molybdänsilizid, bei höheren Temperaturen viel oxydationsbeständiger als Karbide sind, erscheint die Verwendung dieser Hartstoffe bei hohen Temperaturen viel aussichtsreicher als die von reinen Karbiden.

D. Nitride

Über Versuche des Einsatzes von reinen Nitriden der Übergangselemente der 4. bis 6. Gruppe oder deren festen Lösungen mit den Karbiden dieser Metalle für Hochtemperaturanwendung sind bisher keine Einzelheiten bekanntgeworden, obzwar insbesondere die Nitride der 4. und 5. Gruppe hochschmelzende und beständige Körper sind. Schon mehrfach wurde auf das Auftreten von TiN in Zunderschichten TiC-haltiger Hartlegierungen hingewiesen (s. S. 666).

---

[1] Moers, K.: Z. anorg. allg. Chem. **198** (1931), S. 243/61.
[2] Campbell, I. E., C. F. Powell, D. H. Nowicki u. B. W. Gonser: J. Electrochem. Soc. **96** (1949), S. 318/33.

P. Chiotti[1] beschreibt zwar die Herstellung von Formkörpern aus TiN, ZrN, Ta_2N, UN und ThN; abgesehen von der Verwendung als Tiegelmaterial für Hochtemperaturumsetzungen werden aber keine Angaben über weitere Einsatzmöglichkeiten derartiger Materialien für hochwarmfeste Zwecke gemacht.

Mischungen aus MgO-TiN-NiO wurden eingehend durch L. D. Hower, H. F. G. Ueltz und J. W. Londeree[2] untersucht. Bei der Sintertemperatur finden trotz inerter Atmosphäre Umsetzungen zwischen MgO und TiN statt, die analog zu den kürzlich von H. F. G. Ueltz[3] im System MgO-TiC beobachteten verlaufen. MgO wird durch TiN teilweise reduziert, wobei angenommen wird, daß das entstehende TiO Mischkristalle mit MgO bildet. NiO wird gleichfalls bei Sintertemperatur reduziert, so daß es unerheblich ist, ob in den Ausgangsmischungen von NiO oder reinem Ni ausgegangen wird. Das TiN soll als Binder zwischen den hochschmelzenden Oxyden und dem Nickelmetall wirken. Die untersuchten Werkstoffe müssen als aussichtsreich angesehen werden, da sie eine sehr gute Temperaturwechselbeständigkeit mit vergleichsweise niedrigen Dichten und hohen Festigkeiten bis 1300° vereinigen. Die Biegebruchfestigkeit bei 820° bis 980° liegt unterhalb der Werte bei Raumtemperatur, steigt aber bei höheren Temperaturen an und erreicht bei 1090° einen Wert, der ungefähr 30% höher liegt als der bei Raumtemperatur. Dieser Festigkeitszuwachs wird auf Oxydationsvorgänge zurückgeführt, deren vorteilhafte oder nachteilige Auswirkung jedoch nach L. D. Hower und Mitarbeitern[2] noch nicht genau belegt werden kann.

Die Herstellung von zunderbeständigen Nitridschichten auf Drähten und Düsen durch Abscheidung aus der Gasphase (vgl. die Ausführungen auf S. 50 ff.) wird von I. E. Campbell und Mitarbeitern[4] beschrieben. Es werden aber keine Angaben über die praktische Bewährung gemacht.

E. Boride

Die hochschmelzenden Boride der Übergangsmetalle der 4. bis 6. Gruppe des Periodensystems (s. S. 258 ff.) werden als die vielversprechendsten Hartstoffe für Hochtemperaturanwendungen betrachtet[5]. Insbesondere die Titan- und Zirkonboride sind sehr harte,

---

[1] Chiotti, P.: J. Am. ceram. Soc. **35** (1952), S. 123/30.

[2] Hower, L. D., H. F. G. Ueltz u. J. W. Londeree: Vortrag Electrochem. Soc., Cleveland 1950.

[3] Ueltz, H. F. G.: J. Am. ceram. Soc. **33** (1950), S. 340/44.

[4] Campbell, I. E., C. F. Powell, D. H. Nowicki u. B. W. Gonser: J. Electrochem. Soc. **96** (1949), S. 318/33.

[5] Schwarzkopf, P.: Powder Met. Bull. 1 (1946), S. 86/91.

hochschmelzende und zunderbeständige Verbindungen (vgl. Zahlentafel 152, S. 632).

Die Tränkung von Chromborid-Skelettkörpern mit hochwarmfesten Legierungen (Nimonic, Vitallium, Hastelloy), die von C. G. Goetzel[1] vorgeschlagen wurde, ergibt zwar ziemlich zunderbeständige Körper, die aber uneinheitlich sind.

Chromborid CrB ist von S. J. Sindeband[2] in Form heißgepreßter mit Ni, Ni-Cu, Ni-Cr und Co abgebundenen Legierungen auf Hochtemperatureigenschaften untersucht worden. Eine heißgepreßte Legierung mit 15% Ni hatte eine Biegebruchfestigkeit von etwa 85 kg/mm² und eine hohe Warmhärte. Verglichen mit geschmolzenem Vitallium war die Dauerstandsfestigkeit wesentlich niedriger. Das Material war bis 950° zunderbeständig. Besser als Chromborid scheinen sich Werkstoffe auf Zirkonboridbasis bewährt zu haben[3]. Einzelheiten darüber, insbesondere über die Art des Binders, der es erst erlaubt, aus dem spröden und harten Borid entsprechend zähe Formkörper herzustellen, wurden bisher noch nicht veröffentlicht.

F. W. Glaser[4] konnte dichte ZrB_2-Körper auch ohne Bindemittelzusatz durch Heißpressen in Graphithülsen bei Temperaturen über 2500° herstellen. Im günstigsten Falle hatten die Proben 95,5% der theoretischen Dichte und hierbei eine Biegebruchfestigkeit von 17,5 kg/mm² und einen elektrischen Widerstand von 9 bis 11 Mikroohm · cm.

Das Gefüge von heißgepreßten TiB_2 und ZrB_2 zeigen die Abb. 273

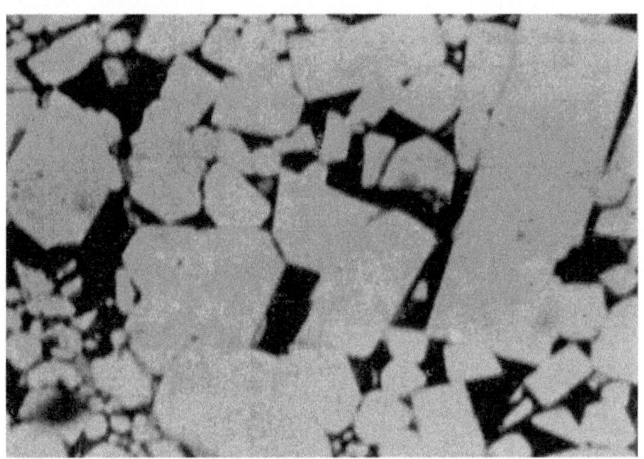

Abb. 273. Gefüge von TiB_2, heißgepreßt. Geätzt mit mit $H_2SO_4 - H_2O_2$. (× 2000)
(E. Honak)

---

[1] Goetzel, C. G.: Persönliche Mitt. 1949.
[2] Sindeband, S. J.: Trans. AIME. 185 (1949), S. 198/202.
[3] Anonym: Materials & Methods 30 (1949), Dezember, S. 41.
[4] Glaser, F. W.: Powder Met. Bull. 6 (1951), S. 51/54.

und 274[1-3]. Boridschichten kann man nach der von K. Moers[4] angegebenen Methode durch Überleiten von Metallhalogenid-Borbromid-Wasserstoff-Dampfgemischen über glühendes Trägermetall erzeugen

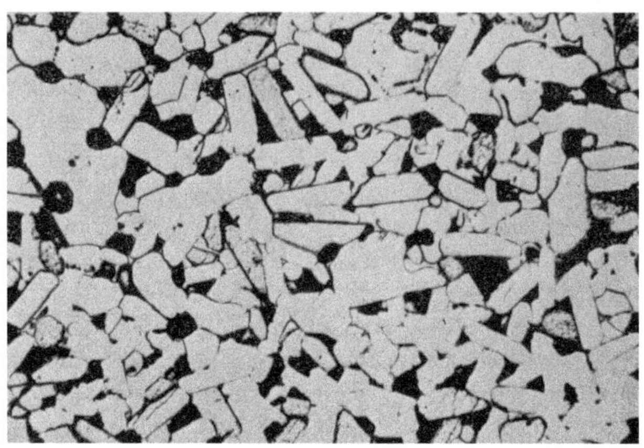

Abb. 274. Gefüge von ZrB_2, heißgepreßt. Geätzt mit Flußsäure-Essigsäure elektrolytisch (× 500) (R. Wachtell)

(vgl. S. 256). Auf diese Weise haben auch I. E. Campbell und Mitarbeiter[5] zunderfeste Boridschichten auf Drähten und Düsen abgeschieden (s. S. 257). Man kann auch zunächst abgeschiedene Metallschichten nachträglich mit BCl_3-H_2-Dampfgemischen borieren. Bislange haben derartige Boridschichten als zunderfeste Überzüge keine praktische Bedeutung erlangt. Im Hinblick auf die gute Beständigkeit z. B. des Zirkondiborides dürften solche Boridschichten gewisse Beachtung verdienen.

F. Silizide

Der technische Einsatz der Silizide für Hochtemperaturzwecke wird durch ihre verhältnismäßig hohen Schmelzpunkte sowie durch ihre große chemische Widerstandsfähigkeit und Zunderbeständigkeit nahegelegt (s. S. 316). In der mehrfach erwähnten Arbeit von I. E. Campbell und Mitarbeitern[5] wird die Herstellung von Silizidschichten auf Metallen der 4. bis 6. Gruppe des Periodensystems be-

[1] Honak, E.: Diss. Techn. Hochschule Graz 1951.

[2] Wachtell, R.: Powder Met. Bull. (1951), S. 62/66.

[3] Kieffer, R., F. Benesovsky u. E. Honak: Z. anorg. allg. Chem. **268** (1952), S. 191/200.

[4] Moers, K.: Z. anorg. allg. Chem. **198** (1931), S. 243/46.

[5] Campbell, I. E., C. F. Powell, D. H. Nowicki u. B. W. Gonser: J. Electrochem. Soc. **96** (1949), S. 318/33.

schrieben. Obzwar eine große Zahl von Anwendungsmöglichkeiten für derartige Schichten angedeutet werden, fehlen nähere Angaben über ihre Brauchbarkeit. Beispielsweise werden Molybdänsilizid-überzüge durch Überleiten eines $SiCl_4$-H_2-Dampfgemisches über Drähte oder Düsen, die auf 1100 bis 1800° erhitzt wurden, in einer Apparatur gemäß Abb. 275 erzeugt. Dabei wächst auf dem Molybdän-grundmetall zunächst eine dünnere, molybdänreichere Schicht (Mo_3Si, Mo_3Si_2 ?) und darauf eine stärkere Schicht aus $MoSi_2$ auf (Abb. 99). Diese Schicht hat nach R. Kieffer und E. Nachtigall[1], die gleich-falls Deckschichten auf hoch-schmelzenden Metallen unter-suchten, eine Vickers-Mikro-härte von etwa 950 kg/mm² (100 g Belastung), nach anderen Angaben[2] eine Knoop-Mikro-härte von 1160 kg/mm². Sie ist bis über 1700° an Luft beständig.

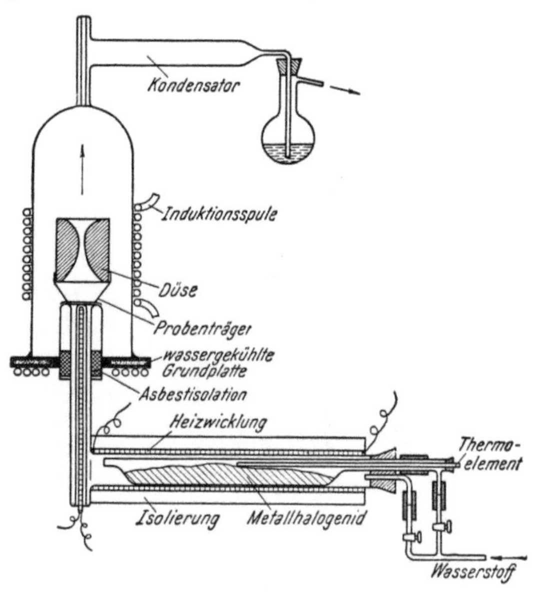

Abb. 275. Aufdampfapparatur für Düsen, schematisch (I. E. Campbell, C. F. Powell, D. H. Nowicki und B. W. Gonser)

In einer neuen Arbeit beschreiben E. A. Beidler, C. F. Powell, I. E. Campbell und L. F. Yntema[2] eingehend das Silizieren von Molyb-dändrähten. Insbesondere wurde der Einfluß der Fadentemperatur und der Behandlungsdauer auf die Stärke der Silizid-schicht untersucht. Ge-mäß Abb. 276 kann z. B.

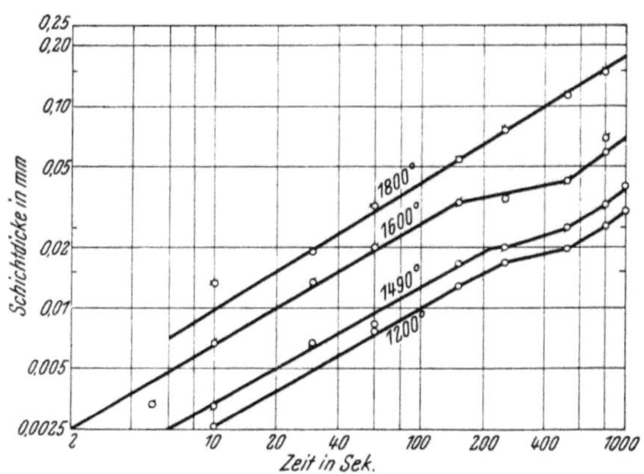

Abb. 276. Abhängigkeit der Schichtstärke von Molybdänsilizidüberzügen von der Silizierungstempe-ratur und Zeit (E. A. Beidler, C. F. Powell, I. E. Campbell und L. F. Yntema)

<hr>

[1] Kieffer, R. u. E. Nachtigall: Heraeus Fest-schrift, Hanau 1950, S. 186 bis 205.

[2] Beidler, E. A., C. F. Powell, I. E. Campbell u. L. F. Yntema: J. Electro-chem. Soc. 98 (1951), S. 21/25.

bei einer Fadentemperatur von 1800° bereits in 40 Sekunden eine Schicht von 25 μ Stärke aufgebracht werden. Die Lebensdauer der silizierten Molybdändrähte beim Erhitzen an Luft ist stark abhängig von der Schichtstärke. Beispielsweise konnte gemäß Abb. 277 ein 2 mm-Molybdändraht mit einer 100 μ starken Silizidschicht rund 100 Stunden bei 1700° an Luft erhitzt werden. Stärkere Schichten als 250 μ neigen zum Rissigwerden. Die „Zunderschicht", welche sich beim Erhitzen des Silizidüberzuges an Luft ausbildet, besteht wahrscheinlich aus einem Quarzfilm, in dem niedrige Molybdänoxyde gelöst sind. Bei Temperaturwechselbeanspruchung gegebenenfalls auftretende Risse werden durch „Selbstheilung" der plastischen Quarzschicht mit Hilfe kurzzeitig abrauchender Molybdänoxyde wieder verschlossen. Das Silizierungsverfahren eröffnet dem Molybdän in Fällen, wo dieses in oxydierender Atmosphäre erhitzt werden soll, z. B. bei Heizleitern, gewisse Anwendungsgebiete. Die verhältnismäßig hohen Silizierungstemperaturen bedingen allerdings eine nachteilige Rekristallisation des Molybdänträgers.

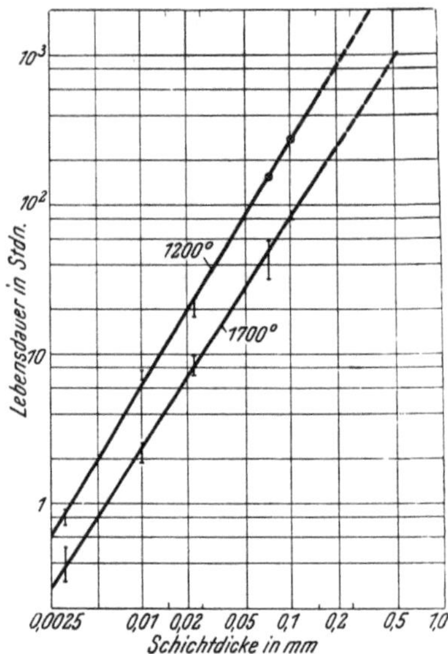

Abb. 277. Einfluß der Schichtstärke auf die Lebensdauer von siliziertem Molybdändraht bei Erhitzen an Luft auf 1200° und 1700° (E. A. B e i d l e r, C. F. P o w e l l, I. E. C a m p b e l l und L. F. Y n t e m a)

Im System Mo-Si (s. S. 315) existieren die Verbindungen Mo_3Si, Mo_3Si_2 und $MoSi_2$, von denen insbesondere letzterem die größte Bedeutung als zunderbeständiges Material zukommt[1-4]. Nach F. W. G l a s e r[5] ist $MoSi_2$ ein gutleitende Verbindung mit einem Widerstand von etwa 21 Mikroohm · cm. Die Druckfestigkeit schwankt nach E. R y s c h k e w i t s c h[6] zwischen 70,3 und 246 kg/mm².

Das Gefüge von geschmolzenem $MoSi_2$ zeigt Abb. 278[3].

Auf Grund der Untersuchungen von R. K i e f f e r und E. Cerwenka[1,2] über das Zunderverhalten von heißgepreßten Molybdän-Siliziumkörpern liegt der zunderbeständige Bereich, wie Abb. 279

[1] C e r w e n k a, E.: Diss. Techn. Hochschule Graz 1951.
[2] K i e f f e r, R. u. E. C e r w e n k a: Z. Metallkde. 43 (1952), S. 101/05.
[3] F i t z e r, E.: Berg- u. Hüttenmänn. Mh. 97 (1952) S 81/91, Vortrag, Plansee-Seminar, Reutte/Tirol 1952.
[4] D. R. P. 294 267 (1913).
[5] G l a s e r, F. W.: J. Appl. Phys. 22 (1951), S. 103.
[6] R y s c h k e w i t s c h, E.: AF, Techn. Rep. Nr. 6330 (1950).

zeigt, zwischen etwa 20 und 40 Gew.-% Si ($MoSi_2$ 36,9% Si). Die zahlenmäßige Gewichtszunahme beim Erhitzen an Luft bei 1500°

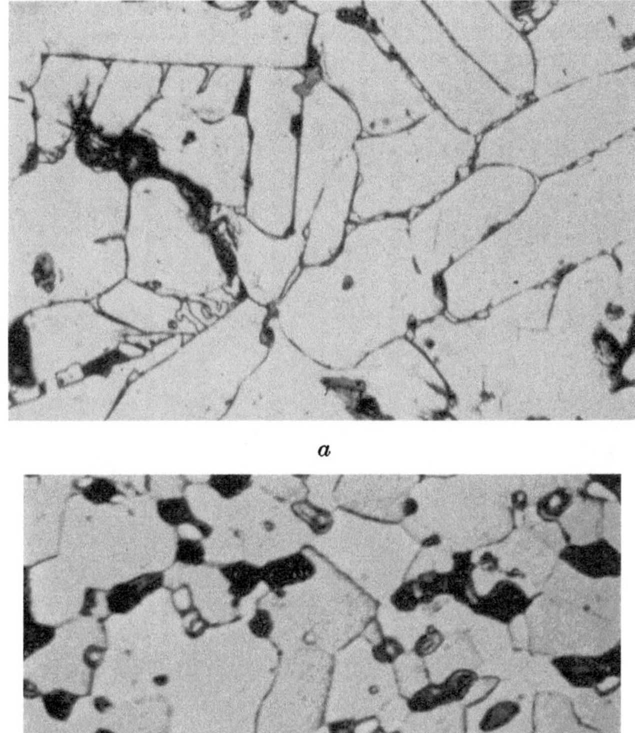

a

b

Abb. 278. Gefüge von geschmolzenem (*a*) und druckgesintertem (*b*) $MoSi_2$. Geätzt mit HF—HNO_3 (× 400 bzw. × 2000) (E. Cerwenka)

ist Zahlentafel 170 zu entnehmen. Dichte Körper aus reinem $MoSi_2$ kann man tagelang an Luft auf helle Rotglut erhitzen, ohne daß eine wesentliche Veränderung eintritt.

Es wurde daher von R. Kieffer, K. Konopicky und F. Benesovsky[1,2] der Versuch unternommen, aus $MoSi_2$-Pulver durch Drucksintern bzw. Strangpressen und Sintern Formkörper herzustellen und

---

[1] Österr. Patentanmeldung, 1951.
[2] Kieffer, R. u. F. Benesovsky: Metall **6** (1952), S. 243/50.

diese ähnlich wie Silitstäbe als Heizelemente zu benutzen (Abb. 280). Derartige dichte Stäbe haben metallischen Charakter, sie haben gute Festigkeit und sind bis 1700° hervorragend zunderbeständig.

Mo: 90,98 %   89,5 %   88 %   85 %   83,68 %   77,38 %
      (Mo$_3$Si)   (Mo$_3$Si$_2$)

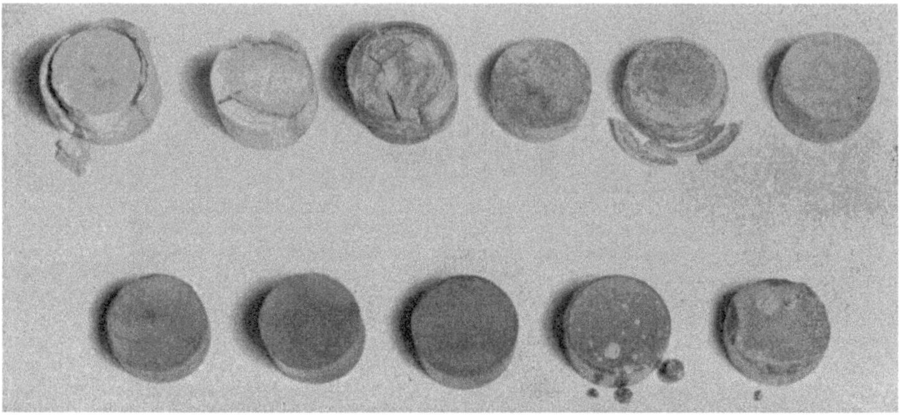

Mo: 69,5 % Mo   63,14 %   60 %   55 %   50 %
                     (Mo Si$_2$)

Abb. 279. Mo-Si-Legierungen nach viereinhalbstündigem Erhitzen auf 1500° an Luft
(R. Kieffer und E. Cerwenka)

Durch Zusatz von Bindemetallen kann die Festigkeit gesteigert werden; Zusätze beständiger Oxyde erhöhen den elektrischen Wider-

Zahlentafel 170. *Gewichtsänderung von Mo-Si-Legierungen nach 4^1/$_2$stündigem Glühen bei 1500° an Luft* (R. Kieffer und E. Cerwenka)

Zusammensetzung Gew.-% Mo	Mögliche Verbindung	Gewichtsänderung g/cm²
91	Mo$_3$Si	— 0,789
		— 0,835
89,5		— 0,693
88		— 0,603
85		— 0,0672
83,7	Mo$_3$Si$_2$	— 0,0516
		— 0,0751
77,4	(MoSi)	— 0,000815
69,5	(Mo$_2$Si$_3$)	+ 0,000281
63,14	MoSi$_2$	+ 0,001912
		+ 0,000942
60	MoSi$_2$ + Si	+ 0,001035
55	MoSi$_2$ + Si	— 0,00481
50	MoSi$_2$ + Si	— 0,0086

Abb. 280. Heizstab aus Molybdänsilizid für Betriebstemperaturen bis 1700°

stand. Weitere interessante Möglichkeiten ergeben sich durch Kombination mit anderen zunderbeständigen, hochschmelzenden Siliziden.

G. Sulfide

In der Gruppe der Metallsulfide bestehen auch einige hochschmelzende Verbindungen. E. D. Eastman und Mitarbeiter[1] untersuchten die Eigenschaften und die Struktur der Sulfide der Metalle Ce, Th und U. Diese Körper und insbesondere CeS, sind ausgezeichnete Tiegelwerkstoffe, z. B. für das Vakuumschmelzen von Metallegierungen bei vollständiger Abwesenheit von freiem Sauerstoff und Sauerstoff aus der Keramik. Nach F. H. Norton[2] kann CeS, das eine Dichte von 5,1 bis 5,8 g/cm³ hat, durch Pressen und Sintern hergestellt werden. Die Mischungen wurden mit einem geringen Druck unter Zusatz eines organischen Binders verpreßt, der bei 125° im Vakuum ausgetrieben wurde. Die Hochsinterung erfolgte bei 1850° im Hochvakuum.

H. Borkarbid, Bornitrid, Siliziumkarbid

Borkarbid der Formel B_4C hat eine Dichte von 2,52 g/cm³. E. Ryschkewitsch[3] beschrieb die elektrothermische Herstellung von B_4C und berichtet folgende Werte der Biegebruchfestigkeit an heißgepreßten Proben: 35,2 kg/mm² bei Raumtemperatur, 29,5 kg/mm² bei 650° und 24,6 kg/mm² bei 1100°. Den Elastizitäts-

---

[1] Eastman, E. D., L. Brewer, L. A. Bromley, P. W. Gilles u. N. L. Lofgren: J. Am. Ceram. Soc. 72 (1950), S. 2248/50, 4019/23.

[2] Norton, F. H.: Refractories, McGraw-Hill, New York 1950, S. 327/32.

[3] Ryschkewitsch, E.: Vortrag Electrochem. Soc., Cleveland 1950.

modul gibt der Verfasser zu 29.600 kg/mm² bei Raumtemperatur an. J. J. Gangler, C. F. Robards und McNutt[1,2] fanden eine Kurzzeitzugfestigkeit von 15,8 kg/mm² bei 980°, während W. G. Lidman und H. J. Hamjian[3] einen Wert von 16,5 kg/mm² bei 1425° angeben. Im Hinblick auf die niedrige Dichte des Borkarbides müssen diese Festigkeitswerte als außergewöhnlich hoch angesehen werden. Auf Grund des Festigkeits-Dichteverhältnisses ist Borkarbid allen Hochtemperatur-Werkstoffen einschließlich den besten Legierungen auf TiC-Basis erheblich überlegen. Leider hat Borkarbid eine sehr geringe Temperaturwechselbeständigkeit (vgl. Zahlentafel 159) und oxydiert außerdem an Luft bei erhöhten Temperaturen.

Sowohl die Temperaturwechselbeständigkeit als die Zunderbeständigkeit konnten durch Zusatz von Eisen merklich verbessert werden. H. J. Hamjian und W. G. Lidman[4] untersuchten metallographisch das Bindungsverhalten zwischen B_4C und Metallen. Sie fanden, daß sowohl Eisen als auch Nickel und Kobalt über Zwischenlegierungen binden und daß ferner Chrom besonders gut Borkarbid benetzt. Bei späteren Untersuchungen mahlten W. G. Lidman und H. J. Hamjian[3] reines Borkarbidpulver mit Chrom-Mangan-Stahlkugeln, wobei Kugelwerkstoff vom Mahlgut aufgenommen wurde. Das Borkarbid-Eisen-Mahlgut wurde eine Stunde bei 2065° gesintert, wobei sich eine Legierung mit 48,9% B, 36,4% Fe, 13,75% C und 0,3% Mn ergab. Diese Sinterkörper waren nicht so fest, wie solche aus reinem heißgepreßtem Borkarbid, waren jedoch bezüglich Temperaturwechselbeständigkeit und Zunderverhalten an Luft bei 870° dem reinen Borkarbid überlegen. Zahlentafel 171 gibt die Biegebruch

Zahlentafel 171. *Biegebruchfestigkeit von Borkarbidkörpern* (W. G. Lidman und H. J. Hamjian)

Material	Biegebruchfestigkeit kg/mm² bei	
	20°	1425°
B_4C, heißgepreßt	35,2	20,3
B_4C-Fe, gesintert	27,5	16,5

festigkeit von reinem Borkarbid und den gesinterten Borkarbid-Eisen-Körpern vergleichsweise wieder.

---

[1] Gangler, J. J., C. F. Robards u. J. E. McNutt: NACA, Techn. Note Nr. 1911 (1949).

[2] Gangler, J. J.: Vortrag Am. Ceram. Soc., New York 1950.

[3] Lidman, W. G. u. H. J. Hamjian: NACA, Techn. Note Nr. 2050 (1950).

[4] Hamjian, H. J. u. W. G. Lidman: NACA, Techn. Note Nr. 1948 (1949), J. Am. ceram. Soc. 35 (1952), S. 44/48.

Andere Versuche, um zu Borkarbid-Werkstoffen mit verbesserter Temperaturwechselbeständigkeit zu kommen, umfassen die bereits erwähnten Untersuchungen an B_4C-TiC[1,2], ferner B_4C-SiC-Sinterwerkstoffen. J. J. Gangler, C. F. Robards und J. E. McNutt[3] fanden, daß heißgepreßte Mischungen aus 85% SiC und 15% B_4C eine bessere Temperaturwechselbeständigkeit als reines B_4C (s. Zahlentafel 159) haben. Die Kurzzeitzugfestigkeit beträgt aber bei 980° nur 6,3 kg/mm², gegenüber 15,9 kg/mm² für reines Borkarbid. Die Zugfestigkeit eines 15/85 B_4C-SiC-Werkstoffes bei 1200° beträgt 5,0 kg/mm², während kein entsprechender Wert für reines Borkarbid angegeben werden kann. Bei der Auswertung dieser Festigkeitswerte muß man wiederum in Betracht ziehen, daß Siliziumkarbid-Borkarbid-Mischkörper Dichten von nur ungefähr 3 g/cm³ haben, so daß das Festigkeits-Dichteverhältnis dieser Materialien im Vergleich zu anderen Hochtemperaturwerkstoffen günstig erscheint.

Bornitrid hat nach E. Ryschkewitsch[4] praktisch keine nennenswerten Festigkeiten und ist bei hohen Temperaturen nicht oxydationsbeständig.

Die Verwendung von Siliziumkarbid in Form elektrischer Heizkörper ist sehr weit verbreitet (Silit-, Globar-Stäbe u. a. Bezeichnungen). Das reine Karbid erleidet nach H. N. Baumann[5] eine Kristallumwandlung bei hohen Temperaturen. Diese Umwandlung ist nach einigen Minuten bei 2300° vollständig, wobei die bei Raumtemperatur stabile Modifikation bis zu 2100° beständig ist. Käufliche Heizstäbe, die nach keramischen Verfahren hergestellt werden, enthalten gewöhnlich SiO_2 und Al_2O_3. Solche Heizleiter-Werkstoffe sind in oxydierender Atmosphäre bis 1300° beständig und können kurzzeitig bei erheblich höheren Temperaturen betrieben werden.

Ein neues Erzeugnis der Carborundum Company, das unter dem Handelsnamen „Durhy" auf den Markt kam, besteht aus mit Siliziummetall getränktem Siliziumkarbid. Die elektrothermische Herstellung dieses Werkstoffes und seine Eigenschaften werden von C. G. Rose[6] beschrieben. Das SiC-Si-Material hat bei 800° eine Zugfestigkeit von 42,2 kg/mm² (45,7 kg/mm² bei Raumtemperatur) und eine Biege-

---

[1] Nelson, J. A., T. A. Willmore u. R. C. Womeldorph: J. Electrochem. Soc. 98 (1951) S. 465/73.

[2] Greenhouse, H. M., Accountius, O. E. u. H. H. Sisler: J. Am. ceram. Soc. 73 (1951), S. 5086/87.

[3] Gangler, J. J., C. F. Robards u. J. E. McNutt: NACA, Techn. Note Nr. 1911 (1949).

[4] Ryschkewitsch, E.: Vortrag Electrochem. Soc., Cleveland 1950.

[5] Baumann, H. N. jr.: Vortrag Electrochem. Soc., Washington 1951.

[6] Rose, C. G.: Vortrag Electrochem. Soc., Cleveland 1950.

bruchfestigkeit von 23,2 kg/mm² bei 1320°. Im Hinblick auf die niedrige Dichte von 3,2 g/cm³ und die gute Wärmeleitfähigkeit handelt es sich hier um einen vielversprechenden Hochtemperaturwerkstoff. Der Wärmeausdehnungskoeffizient ist $4 \cdot 10^{-6}$ und die Wärmeleitfähigkeit beträgt 0,04 cal/° · cm · sec bei 850°.

Einen festigkeitserhöhenden, zunderfesten, metallischen Binder für Siliziumkarbid zu finden, scheiterte bis heute. So führten die Versuche, Siliziumkarbid mit Chrom abzubinden, nach A. R. Blackburn[1] wegen der Zersetzung des Siliziumkarbides unter Oxydation des Chroms während der Sinterung bzw. beim Erhitzen an Luft zu keinem Ergebnis.

I. Keramische Werkstoffe (Oxyde, Silikate)

1. Kompaktkörper

Reine, hochschmelzende Oxyde, wie z. B. BeO, Al_2O_3 und ZrO_2 und Oxydkombinationen sowie Silikate vereinigen gewöhnlich gute Oxydationsbeständigkeit mit hohen Festigkeiten bei höheren Temperaturen. Während des Krieges beschäftigten sich europäische Untersuchungen auf diesem Gebiete mit der Entwicklung von Ersatzwerkstoffen für hochlegierten Stahl, d. h. von Legierungen, die gewöhnlich bei Temperaturen unterhalb 800° verwendet werden. Derzeitige Entwicklungsarbeiten in den Vereinigten Staaten haben Werkstoffe zum Ziel, die Temperaturen von 1100° und höher ertragen sollen. Bei solchen Temperaturen zeigen keramische Werkstoffe, wie aus Zahlentafel 172 hervorgeht, merklich höhere Festigkeiten als die

Zahlentafel 172. *Festigkeitseigenschaften einiger Oxyde* (E. Ryschkewitsch)

Eigenschaft	Temperatur °C	BeO	Al_2O_3	ZrO_2	ThO_2
Elastizitätsmodul kg/mm²	20	30000	35000	17000	14000
	600	—	—	—	12600
	1000	—	31600	11400	10500
	1500	—	14800	—	—
Druckfestigkeit kg/mm²	20	77,3	295,3	203,9	147,7
	600	—	—	—	59,1
	1000	24,6	87,9	119,5	35,2
	1500	—	9,8	2,0	1,1
	1600	4,9	—	—	—
Zugfestigkeit kg/mm²	20	14,1	26,7	14,8	9,8
	1000	—	23,9	9,1	—
	1500	—	1,1	0,15	—
Dichte g/cm³	—	3,0	3,9	5,8	9,7

[1] Blackburn, A. R.: Persönliche Mitteilung 1950.

sogenannten Superlegierungen. Diese Überlegenheit wird besonders ausgeprägt, wenn der Vergleich auf Festigkeits-Dichte-Basis angestellt wird. Der praktische Wert von oxydischen Werkstoffen für Anwendungsfälle, wie z. B. Turbinenschaufeln, wird jedoch stark durch ihre Sprödigkeit und insbesondere durch ihre geringere Temperaturwechselbeständigkeit eingeschränkt (s. Zahlentafel 159)[1]. Es ist versucht worden, diese speziellen Nachteile durch Zugabe von Metallen zu beseitigen und es wurden aussichtsreiche Oxyd-Metallverbundkörper entwickelt, die in Analogie zu den Karbid-Hilfsmetalllegierungen (Hartmetalle) als Oxyd-Hilfsmetallegierungen bezeichnet werden können. Zahlentafel 172 gibt die Kurzzeitwarmfestigkeit und die Dichtewerte für einzelne Oxyde nach E. Ryschkewitsch[2] wieder.

Die Kurzzeitzugfestigkeit der besten „Superlegierungen" liegt bei 1000° unter 26,6 kg/mm² (s. Zahlentafel 154). Da die Dichte der „Superlegierungen" mehr als doppelt so hoch ist als diejenige von Aluminiumoxyd und Zirkonoxyd, zeigen die Werte in Zahlentafel 172, daß schon bei 1000° die Oxyde den Superlegierungen überlegen sind, wenn man das Festigkeits-Dichteverhältnis berücksichtigt.

Von den in Zahlentafel 172 aufgeführten Oxyden haben Aluminiumoxyd, Zirkonoxyd und Thoriumoxyd eine sehr niedrige Wärmeleitfähigkeit und dementsprechend (vgl. S. 647) eine sehr geringe Temperaturwechselbeständigkeit. Was das Thoriumoxyd anbetrifft, so wird seine Verwendbarkeit außerdem durch seinen hohen Preis und seine hohe Dichte eingeschränkt. Obwohl das BeO ein guter elektrischer Isolator ist, hat es eine vergleichsweise hohe Wärmeleitfähigkeit (das Wiedemann-Franzsche Gesetz läßt sich auf nichtmetallische Werkstoffe nicht anwenden), so daß die Temperaturwechselbeständigkeit zufriedenstellender ist. Die Anwendbarkeit dieses Oxydes ist jedoch durch die unbefriedigende chemische Beständigkeit (Neigung zu Reaktionen mit anderen Oxyden) und besonders durch die hohe Flüchtigkeit in Gegenwart von Wasserdampf beschränkt. Aus diesen Gründen kann keines der genannten Oxyde ohne Zusätze für Anwendungsfälle, wie z. B. Turbinenschaufeln, in Betracht gezogen werden. Sie haben jedoch alle praktische Verwendung als Tiegelwerkstoffe, Pyrometerschutzrohre und dergleichen gefunden.

Das sogenannte stabilisierte Zirkonoxyd besteht aus elektrisch geschmolzenem ZrO_2, das durch Zugabe von CaO, Y_2O_3 oder anderen Erdalkalioxyden in kubischer Form stabilisiert wurde. Es wird als Keramik in Hochtemperaturöfen, Wärmeisolator oder elektrisches

[1] Singer, F.: Sprechsaal 84 (1951), S. 362/66, 394/99 und 415/17.
[2] Ryschkewitsch, E.: AF, Techn. Report Nr. 6330 (1950).

Widerstandselement herauf bis zu Temperaturen von 2400° verwendet.

M. D. Burdick, R. E. Moreland und R. F. Geller[1] haben eine Reihe von MgO-BeO-ZrO_2, BeO-Al_2O_3-ZrO_2 und BeO-Al_2O_3-ThO_2-Zusammensetzungen untersucht und gefunden, daß Materialien mit hohen BeO-Gehalten eine verhältnismäßig zufriedenstellende Temperaturwechselbeständigkeit aufweisen. Diese Materialien (4811C und 16021T in Zahlentafel 173) zeigen keine Einbuße an Festigkeit nach 10fachem Abschrecken von 930° mit kalter Preßluft. Der Werkstoff 4811C hat eine Kurzzeit-Zugfestigkeit von 13,4 kg/mm² bei 980°

Zahlentafel 173. *Zeitstandfestigkeit keramischer Werkstoffe* (M. D. Burdick, R. E. Moreland und R. F. Geller)

Bezeichnung	Zusammensetzung	Dichte g/cm³	Zeitstandfestigkeit kg/mm² (100 Stunden) bei			
			980°		1040°	
			σ_W	σ_W/γ_R*	σ_W	σ_W/γ_R*
4811C	48 BeO · 2 Al₂O₃ · · ZrO₂ + 2% CaO	3,0	12,0	33,1	11,3	31,1
151	MgO · 5 BeO · ZrO₂	3,8	12,0	26,1	8,4	18,4
353	3 MgO · 5 BeO · 3 ZrO₂	4,4	12,7	23,9	7,0	13,3
358	3 MgO · 5 BeO · 8 ZrO₂	4,9	12,0	20,3	5,6	9,5
16021 T	160 BeO · 2 Al₂O₃ · · ThO₂ + 2% SiO₂	3,0	4,2	11,7	—	—
163	MgO · 6 BeO · 3 ZrO₂	4,4	11,3	21,3	7,0	13,3
Sillimanit Legierung	3 Al₂O₃ · 2 SiO₂ + SiO₂	2,8	3,9	11,5	2,5	7,3
422-19	s. Zahlentafel 155	8,3	7,1	7,1	—	—

* γ_R = relative Dichte 8,3 = 1.

— ein Höchstwert innerhalb der untersuchten Oxydsysteme. Da die Dichte des Werkstoffes nur 3,0 g/cm³ beträgt, ist das Festigkeits-Dichteverhältnis höher als für Superlegierungen. Die Zusammensetzung, die Dichten und die Zeitstandfestigkeitswerte dieser Werkstoffe sind in Zahlentafel 173 zusammengestellt. Diese Zahlentafel enthält auch Werte, die A. E. Kunen, F. J. Hartwig und J. R. Bressmann[2] an einem Sillimanit-Werkstoff fanden, der ungefähr dieselbe Kurzzeit-Zugfestigkeit wie das 4811C-Material bei einer Dichte von 2,8 g/cm³ hat. Zu den gemessenen Festigkeitswerten werden auch die Quotienten aus Festigkeit und der relativen Dichte (8,3 = 1) angegeben. Dies erlaubt einen direkten Vergleich aller hochwarmfesten Werkstoffe auf Festigkeits-Dichte-Basis.

[1] Burdick, M. D., R. E. Moreland u. R. F. Geller: NACA, Techn. Note Nr. 1561 (1949).

[2] Kunen, A. E., F. J. Hartwig u. J. R. Bressmann: NACA, Techn. Note Nr. 1165 (1949).

In Zahlentafel 174 sind die Werte der Dauerstandfestigkeit der von M. D. Burdick, R. E. Moreland und R. F. Geller[1] untersuchten Keramiken zusammengestellt und mit den Werten einer

Zahlentafel 174. *Dauerstandfestigkeit von keramischen Werkstoffen*
(M. D. Burdick, R. E. Moreland und R. F. Geller)

| Bezeichnung* | Dichte g/cm³ | Dauerstandfestigkeit kg/mm² (0,00001 % Dehnung pro Stunde) bei | | | | | |
| | | 870° | | 930° | | 980° | |
		σ_D	σ_D/γ_R**	σ_D	σ_D/γ_R**	σ_D	σ_D/γ_R**
4811 C	3,0	9,8	27,2	9,8	27,2	7,0	19,4
353	4,4	—	—	12,0	22,6	3,5	6,6
358	4,9	—	—	—	—	3,5	6,0
16021 T	3,0	9,1	25,3	8,4	23,3	3,5	9,7
163	4,4	—	—	11,3	21,2	2,8	5,3
Hochwarmfeste Legierung......	8,3	8,2	8,2	—	—	—	—

* Zusammensetzung s. Zahlentafel 155.
** γ_R = relative Dichte 8,3 = 1.

typischen hochwarmfesten Legierung verglichen, wobei nach Bobrowsky[2] die Festigkeitswerte durch das relative spezifische Gewicht dividiert wurden. Schon bei 870° ist die Dauerstandsfestigkeit der Keramik höher als diejenige der Superlegierung. Diese Überlegenheit wird besonders ausgeprägt, wenn der Vergleich auf Festigkeits-Dichte-Basis gemacht wird.

Das Material 4811 C war allen anderen Keramiken überlegen, die M. D. Burdick, R. E. Moreland und R. F. Geller[1] untersuchten. Die maximale Festigkeit, die für eine beachtliche Zeitdauer (wenigstens 160 Stunden) bei diesem Werkstoff ausgehalten wurde, betrug bei 820 und 930° 9,8 kg/mm², bei 980° 12,7 kg/mm² und wiederum nur 11,3 bzw. 4,2 kg/mm² bei 1040 bzw. 1150°. Andere Keramiken, die von den Autoren untersucht wurden, zeigen wohl auch Werte von 12,0 bis 12,7 kg/mm² bei 980°, bei höheren Temperaturen fallen sie jedoch sehr stark ab.

Rotorschaufeln aus 4811 C-Material wurden ebenso wie Sillimanit-Schaufeln in einer Versuchsturbine von J. C. Freche und B. W. Sheflin[3] und F. J. Hartwig, B. W. Sheflin und R. J. Jones[4] untersucht. Die Sprödigkeit der Werkstoffe verbietet die Anwendung

[1] Burdick, M. D., R. E. Moreland u. R. F. Geller: NACA, Techn. Note Nr. 1561 (1949).
[2] Bobrowsky, A. R.: Trans. Am. Soc. Mech. Eng. 71 (1949), S. 621/29.
[3] Freche, J. C. u. B. W. Sheflin: NACA, Res. Mem. E8G20 (1948).
[4] Hartwig, F. J., B. W. Sheflin u. R. J. Jones: NACA, Techn. Note Nr. 1399 (1947).

der bei Metallen üblichen Standardform, so daß eine Umkonstruktion für spröde Werkstoffe gemäß Abb. 257 vorgenommen wurde. Der längste Versuch mit Sillimanitschaufeln lief 38 Stunden bei Temperaturen von 940° und Drehzahlen von 8700 U/min. Der Bruch wurde auf Spannungskonzentration zurückgeführt, so daß verbesserte Schaufelkonstruktionen deren Lebensdauer gegebenenfalls verlängern können.

Die Ergebnisse mit 4811C-Schaufeln scheinen zu zeigen, daß dieses Material bei 980° und Drehzahlen bis 14.000 U/min (Spitzengeschwindigkeit ungefähr 225 m/sec) verwendet werden kann. Nach einem 50 stündigen Lauf unter diesen Bedingungen brachen die geprüften Schaufeln durch eine Temperaturwechselbeanspruchung, die durch ein Ausbleiben der Luftzufuhr verursacht wurde. Ähnliche Abschreckeffekte müssen jedoch im praktischen Betrieb erwartet werden, so daß der unbefriedigende Widerstand gegen Temperaturwechselbeanspruchung bis heute der Hauptfaktor zu sein scheint, der die Verwendung von keramischen Werkstoffen für Turbinenschaufeln u. a. ausschließt.

Kürzlich hat S. M. Lang[1] ein Porzellan auf der Basis BeO-Al_2O_3-TiO_2 entwickelt, von dem angenommen wird, daß es eine verbesserte Temperaturwechselbeständigkeit hat, da es die gute Wärmeleitfähigkeit des BeO mit dem niedrigen Ausdehnungskoeffizienten von Aluminium-Titanat vereinigt.

2. Keramische Schutzüberzüge

Keramische Schutzüberzüge wurden insbesondere für den Schutz von hochschmelzenden Metallen, z. B. Molybdän, entwickelt, die an sich sehr gute Hochtemperaturfestigkeitseigenschaften haben, aber bei höheren Temperaturen nicht oxydationsbeständig sind. Da im Falle von Metallteilen mit keramischen Deckschichten das Kernmetall Träger der Festigkeit ist, werden an die Deckschichten keine besonderen Festigkeitsforderungen gestellt. Der Widerstand gegen mechanische und thermische Beanspruchungen, chemische Beständigkeit und besonders Oxydationsbeständigkeit bei höheren Temperaturen, ferner ein Wärmeausdehnungskoeffizient, der sehr nahe an den des Grundmetalls herankommt, sind die wichtigsten Faktoren, die die Verwendbarkeit einer Schutzschicht bestimmen.

W. N. Harrison, D. G. Moore und J. C. Richmond[2] wendeten eine besonders entwickelte Fritte mit Zusätzen von Aluminiumoxyd,

<hr>

[1] Lang, S. M.: Vortrag Electrochem. Soc., Washington 1951.
[2] Harrison, W. N., D. G. Moore u. J. C. Richmond: NACA, Techn. Note Nr. 1186 (1947).

Chromoxyd und Kobaltoxyd als Deckschicht für typische Superlegierungen an und beobachteten hierbei eine erheblich verbesserte Oxydationsbeständigkeit. Einige der Proben mit Deckschichten hielten eine 500stündige Erhitzung an Luft bei 980° ohne sichtliche Veränderungen aus. Da in einigen Fällen die Verwendbarkeit der Überzüge durch Reaktionen zwischen der Keramik der Deckschicht und dem Grundmetall eingeschränkt wurden, studierten dieselben Forscher[1] die Wirkung von Einzelkomponenten üblicher Oxydmischungen auf Superlegierungen. Während beispielsweise einige dieser Oxydkomponenten die Metalle beim Erhitzen an Luft bei 980° heftig angreifen, findet in keinem Falle eine Reaktion statt, wenn die Glühung unter Kohlendioxyd oder in einer Heliumatmosphäre durchgeführt wird. Aus den Versuchsreihen wurde geschlossen, daß es möglich sein könnte, keramische Deckschichten und eine Aufbringungstechnik zu entwickeln, die die Lebensdauer beispielsweise von hochmolybdänhaltigen Legierungen bei solchen Arbeitsbedingungen verbessert, bei denen sonst schon starke Zerstörungen auftreten.

Über die geschichtliche Entwicklung des Oberflächenschutzes hochschmelzender Metalle, insbesondere Molybdän — ein technischer Wunsch, der schon so alt ist wie die industrielle Anwendung dieser Metalle —, berichten zusammenfassend R. Kieffer und E. Nachtigall[2]. Eine gewisse technische Bedeutung haben Heizstäbe (Stratit-Stäbe), bei denen Molybdändrähte in Sillimanitrohre vakuumdicht eingeschlossen sind, erlangt.

Neuerdings verwendeten D. G. Moore, L. H. Bolz und W. N. Harrison[3] Fritten, die Zirkondioxyd enthielten, für emailleähnliche Schutzschichten auf reinem Molybdän. Die Verfasser fanden, daß es möglich ist, für kurze Zeit (10 bis 45 Minuten) in oxydierender Atmosphäre bis 1920° einen vollkommenen Schutz zu erzielen. Dies ist zumindest von praktischem Wert für den Schutz von Maschinenteilen, wie z. B. Staurohren, Thermoelement-Schutzrohren u. a. Ein Zirkonsilikat-Emaille wurde von J. C. Horsfall[4] als Deckschicht für Wolfram vorgeschlagen, während J. M. Neff[5] Kombinationen von Boraten (Ca-, Ba- oder Na-Borat) mit hochschmelzenden Oxyden (ZrO_2, TiO_2, Al_2O_3 oder Cr_2O_3) entwickelte.

---

[1] Moore, D. G., J. C. Richmond u. W. N. Harrison: NACA, Techn. Note Nr. 1731 (1948).

[2] Kieffer, R. u. E. Nachtigall: Heraeus Festschrift, Hanau 1950, S. 186/205.

[3] Moore, D. G., L. H. Bolz u. W. N. Harrison: NACA, Techn. Note Nr. 1926 (1948), Nr. 2422 (1951).

[4] Horsfall, J. C.: Am. ceramic Soc. Bull. **29** (1950), S. 314/15.

[5] Neff, J. M.: Iron Age **162** (1948), Nr. 17, S. 60/63.

Bei der Herstellung von sillimanitähnlichen Überzügen auf Molybdän, z. B. für Heizleiter, kann man nach R. Kieffer und E. Nachtigall[1] auch so verfahren, daß man die Drähte in entsprechend zusammengesetzte Al-Si-Schmelzen taucht und den entstandenen Überzug an Luft oxydiert. Diese Schichten, welche dicht und festhaftend sind — in der Haftzone dürften Molybdänsilizide auftreten —, gewähren einen Oxydationsschutz an Luft bis 1500°.

3. Metalloxyd-Metall-Körper

Körper aus reinen Oxyden, Oxydmischungen bzw. Silikaten, haben wohl eine sehr gute Oxydationsbeständigkeit und gute Warmfestigkeitseigenschaften, ihre Temperaturwechselbeständigkeit läßt aber viel zu wünschen übrig. Außerdem sind sie spröde und ihr Wärmeausdehnungskoeffizient ist von den metallischen Werkstoffen, wie sie z. B. für Laufräder von Turbinen benutzt werden, verschieden. Die Befestigung von Schaufeln aus keramischen Materialien am metallischen Läufer ist daher schwierig.

Es ist denkbar, durch metallische Zusätze zu Oxyden diese Nachteile wenigstens teilweise zu vermeiden.

Die Wirkungsweise metallischer Zusätze zu Oxyden hat also den Zweck:

1. Die Bindungen zwischen den Oxydteilchen zu verstärken,
2. die Wärmeleitfähigkeit zu erhöhen und dadurch letzten Endes
3. die Temperaturwechselbeständigkeit zu verbessern.

Es kann auch erwartet werden, daß die Metallzusätze die Bildsamkeit der Oxyde verbessern, d. h. ihre Sprödigkeit vermindern. Selbstverständlich erhält man durch diese metallurgischen Maßnahmen zumindest eine gewisse Einbuße an Hochtemperaturfestigkeit und wahrscheinlich auch an Zunderbeständigkeit. Umgekehrt kann aber auch die Beständigkeit von Metallen durch Oxydzusätze verbessert werden. F. Skaupy[2] beobachtete z. B., daß gesinterte Verbundkörper aus Wolfram und ZrO_2 längere Zeit ohne durchgehende Oxydation auf 2000° erhitzt werden können und H. Bückle[3] fand eine bemerkenswert hohe Oxydationsbeständigkeit von gesinterten Körpern aus Niobpulver mit Al_2O_3- und ThO_2-Zusätzen.

Metall-Metalloxydkörper werden gewöhnlich nach pulvermetallurgischen Verfahren aus Mischungen der pulverförmigen Komponenten

---

[1] Kieffer, R. u. E. Nachtigall: Heraeus Festschrift, Hanau 1950, S. 186/205.
[2] Skaupy, F.: Die Technik 2 (1947), S. 157/58.
[3] Bückle, H.: Z. Metallkde. 37 (1946), S. 81/86.

hergestellt[1]. A. R. Blackburn, T. S. Shevlin und H. R. Lowers[2] sowie W. J. Koshuba und J. A. Stavrolakis[3] beschrieben sowohl die Herstellungsverfahren als auch die Prüfeinrichtungen für Metall-Metalloxydkörper und andere metallkeramische Erzeugnisse, die in den angelsächsischen Ländern auch als „Ceramets", „Ceramals", „Cerametalics", „Metal-Ceramics" u. a. bezeichnet werden.

Eisen-Aluminiumoxyd-Verbundkörper wurden in Deutschland für Turbinenschaufeln entwickelt[4]. Körper mit etwa 60% Eisen haben noch ungefähr die Hälfte der Festigkeit des reinen Oxydes. Andererseits erlaubt ein Zusatz von 30% Eisen das Abschrecken solcher Körper von 800° in Wasser oder Luft ohne Zerstörung derselben. Die aussichtsreichsten Mischungen sind diejenigen, die 40 bis 50% Eisen enthalten. Man hat dabei auch, um den Einbau von Schaufeln zu erleichtern, geschichtete Teile mit allmählichem Übergang von reinem Metall zu reiner Keramik hergestellt[5].

Neuerdings haben W. Seith und H. Schmeken[6] die Systeme Al_2O_3-Fe und Al_2O_3-Ni auf ihr Sinterverhalten hin untersucht und Dichte, Biegebruchfestigkeit sowie elektrische Leitfähigkeit und Wärmeleitfähigkeit derartiger Verbundwerkstoffe bestimmt.

W. Dawihl[7] hat den Sinterverlauf von Eisen-Metalloxydmischungen an Hand des Schwindungsverlaufes untersucht.

A. R. Blackburn, T. S. Shevlin und H. R. Lowers[2,8] untersuchten die Benetzbarkeit von Al_2O_3 durch Nickel, Kobalt, Eisen, Chrom und einer Chrom-Bor-Legierung. Durch Erhitzen der gepreßten Metallpulver auf einer Aluminiumoxyd-Unterlage in verschiedenen Gasen wurde ermittelt, daß die reinen Metalle wenig Neigung haben, das Oxyd zu benetzen und unterhalb 1650° daran zu haften. Es kann jedoch zufriedenstellende Bindung mit Hilfe der Oxyde der metallischen Komponenten erzielt werden. Es ist daher keinesfalls empfehlenswert, Metall-Metalloxyd-Mischungen unter stark reduzierenden Bedingungen zu sintern, sondern schwach oxydierende Atmosphären sind vorzuziehen.

---

[1] Ritzau, G.: Arch. Metallkde. 1 (1947), S. 305/07.

[2] Blackburn, A. R., T. S. Shevlin u. H. R. Lowers: J. Am. ceram. Soc. 32 (1949), S. 81/98.

[3] Koshuba, W. J. u. J. A. Stavrolakis: Iron Age 168 (1951), Nr. 22, S. 77/80, Nr. 23, S. 154/58.

[4] Meyer-Hartwig, E.: Mitt. deutsche Luftfahrtforschg. Nr. 785 (1944).

[5] Fahlenbrach, H.: ETZ 71 (1950), S. 295/96.

[6] Seith, W. u. H. Schmeken: Heraeus Festschrift, Hanau 1950, S. 218/42.

[7] Dawihl, W.: Z. Metallkde. 43 (1952), S. 138/42.

[8] Shevlin, T. S.: Vortrag Electrochem. Soc., Cleveland 1950. Eng. Exp. Stat. News Ohio Univ. 22 (1950), Nr. 4, S. 22, 41/46.

Ein Werkstoff aus 70% Al_2O_3 und 30% Cr wurde von A. R. Blackburn und T. S. Shevlin[1] systematisch untersucht. Als Ausgangsmaterial dienten Pulver unter 10 μ Korngröße. Durch die Mahlung gelangten etwa 3 bis 5% Fe, 2 bis 3% WC und 0,75% Co in die Ansätze. Die Herstellung der Probekörper erfolgte durch Schlauchpressen. Die Eigenschaften des Werkstoffes sind in Zahlentafel 175 zusammengestellt. Die Oxydationsbeständigkeit ist bis 1510° ausgezeichnet,

Zahlentafel 175. *Eigenschaften eines 70/30 Al_2O_3-Cr-Verbundwerkstoffes*
(A. R. Blackburn u. T. S. Shevlin)

Dichte	4,65 g/cm³
Vickers-Härte	1100 bis 1200 kg/mm²
Elastizitätsmodul	36 800 kg/mm²
Biegebruchfestigkeit	
bei 20°	38,7 kg/mm²
bei 1090°	23,0 kg/mm²
bei 1320°	17,2 kg/mm²
Zugfestigkeit	
bei 20°	24,6 kg/mm²
bei 1090°	14,1 kg/mm²
bei 1320°	9,9 kg/mm²
Druckfestigkeit	225 kg/mm²
Wärmeausdehnungskoeffizient	
(20 bis 1320°)	$9,45 \cdot 10^{-6}$
Wärmeleitfähigkeit	0,022 cal/° C · sec · cm
Zeitstandfestigkeit für 1000 Std.	
bei 980°	11,3 kg/mm²
bei 1090°	9,1 kg/mm²
bei 1200°	8,4 kg/mm²

die Festigkeit nimmt beim oxydierenden Glühen etwas zu. Die Temperaturwechselbeständigkeit beim raschen Abkühlen von 1320° ist gut, die mechanische Festigkeit gegen Schlagbeanspruchung verhältnismäßig schlecht.

Steigert man den metallischen Anteil in derartigen Werkstoffen, dann herrschen die Eigenschaften der metallischen Komponente vor. Ein Werkstoff mit 70% Cr und 30% Al_2O_3 ist unter dem Namen „Metamic LT" bekanntgeworden[2,3]. Die Temperaturwechselbeständigkeit dieses Materials ist sehr gut, die Festigkeit bei 980°

---

[1] Blackburn, A. R. u. T. S. Shevlin: J. Am. ceram. Soc. 34 (1951), S. 327/31.

[2] Sweeny, W. O.: Vortrag Electrochem. Soc., Cleveland 1950, Tool Eng. 24 (1950), Nr. 5, S. 21/23.

[3] Metamic-Metal Ceramics, Prospekt Haynes Stellite Div., Union Carbide and Carbon Corp. Kokomo.

höher als von Vitallium HS 21. Als Anwendungsbeispiele werden genannt: Tiegel, Düsen, Thermoelementschutzrohre, Verbrennungsrohre u. a., also Teile, die nicht festigkeitsbeansprucht werden.

Von weiteren Metalloxyd-Metall-Verbundkörpern sind noch zu erwähnen Kombinationen von Al_2O_3 und BeO mit Co, Ni und Fe, über welche V. D. Frechette und Mitarbeiter[1] berichten, ferner BeO-Nb-Verbundkörper, welche C. F. Robarts und J. J. Gangler[2] untersuchten und metallkeramische Materialien aus Al_2O_3 mit Wolfram-Chrom-Legierungen, die in einem Patent empfohlen werden[3].

Kürzlich haben J. E. Cline und J. Wulff[4] ein Verfahren beschrieben, um Metall-Metalloxyd-Körper aus Oxydteilchen mit metallischen Überzügen herzustellen. Die Überzüge wurden durch Niederschlagen aus der Gasphase gewonnen. Molybdänüberzüge auf SiO_2, SiC und Al_2O_3 können beispielsweise durch Wasserstoffreduktion von $MoCl_5$ und Nickelüberzüge durch die thermische Zersetzung von Nickelkarbonyl gewonnen werden. Versuche, Eisenüberzüge durch Wasserstoffreduktion von Eisenchlorid herzustellen, scheiterten, weil bei der Arbeitstemperatur von 650° das Eisen sehr starke Sinterneigung zeigt und es daher nicht möglich war, die Teilchen selbst durch einen starken Gasstrom oder Umrühren isoliert zu halten. Diese Isolation der Teilchen ist für die erfolgreiche Herstellung metallischer Deckschichten wesentlich. Körper aus SiO_2 mit Molybdän-Überzügen wurden durch Heißpressen bei 1600° gewonnen. Es wurde hierbei Quarzsand mit ungefähr 20 Gew.-% Mo versetzt.

K. Sonstige gesinterte Turbinenschaufel-Werkstoffe

Bei den von P. Schwarzkopf[5] und C. G. Goetzel[6] entwickelten Turbinenwerkstoffen aus kupfergetränktem Sinterstahl herrschte die Grundidee vor, durch Pressen und Sintern nicht zu Teilen mit hoher Temperaturbeständigkeit zu kommen, sondern massenfertigungstechnisch billiger und wirtschaftlicher zu arbeiten. Nach G. Stern und J. A. Gerzina[7] werden derartige Schaufeln aus Sinterstahl nach dem Doppelpreßverfahren hergestellt und durch Tränken mit einer

---

[1] Frechette, V. D., W. B. Crandall, H. S. Levine u. G. E. Lorey: Vortrag Electrochem. Soc., Cleveland 1950.

[2] Robarts, C. F. u. J. J. Gangler: NACA, Res. Mem. E50G21 (1951).

[3] E. P. 668 682 (1950).

[4] Cline, J. E. u. J. Wulff: Vortrag Electrochem. Soc., Washington 1951.

[5] Schwarzkopf, P.: Metal Progress 57 (1950), S. 64/68, Z. anorg. Chem. 262 (1950), S. 218/22.

[6] Goetzel, C. G.: Powder Met. Bull. 1 (1946), S. 37/43, Iron Age 161 (1948), Nr. 18, S. 78/81.

[7] Stern, G. u. J. A. Gerzina: Iron Age 165 (1950), Nr. 8, S. 74/77.

Kupferlegierung und nachfolgender Wärmebehandlung auf die geforderte Festigkeit und Dehnung gebracht. Die Zunderbeständigkeit bis etwa 500° wird durch eine Hartchromschicht bewirkt.

Werkstoffe, welche durch Tränkung von porösen Molybdän-, Wolfram- bzw. Wolfram-Molybdän-, Wolfram- und Molybdän-Chromskelettkörpern mit hochwarmfesten Legierungen von Art des Nimonic, Vitallium, Hastelloy u. a. hergestellt wurden, haben nach C. G. Goetzel[1] verhältnismäßig gute Warmfestigkeitseigenschaften, ihre Zunderbeständigkeit genügt aber nicht.

Da eine geringe Korngrenzenporosität bzw. kleine Oxydgehalte einen Einfluß auf die Rekristallisation und Warmfestigkeit von Metallen haben, lag der Versuch nahe, die bekannten Nimonic-, Vitallium- und Hastelloy-Legierungen durch Sintern herzustellen bzw. zu verbessern. Bei der pulvermetallurgischen Herstellung geht man nach R. W. A. Buswell, W. R. Pitkin und I. Jenkins[2] von spröden Kobalt-Chrom-Nickel-Vorlegierungen aus, preßt diese zu Formkörpern, wobei man den Vorteil hat, einen der Fertigform angepaßten Teil herzustellen und sintert im Hochvakuum oder unter reinstem Wasserstoff bei sehr hoher Temperatur. Wenn man von einer Einbuße an Zähigkeit absieht, läßt sich tatsächlich eine gewisse, wenn auch beschränkte Verbesserung der Dauerstandfestigkeit erzielen. Das Vorhandensein feinstverteilter Poren und Oxyde sowie eine zwangsläufige Kornverfeinerung dürften auch hier für die besseren Hochtemperatureigenschaften verantwortlich sein.

Zusammenfassung und Ausblick

Die bis heute zugänglichen Arbeiten genügen noch nicht, um einen verläßlichen Vergleich über die Bedeutung und die Möglichkeiten der verschiedenen Hochtemperaturwerkstoffe zuzulassen. Ohne Zweifel genügen die bisherigen Superlegierungen noch nicht, wenn beispielsweise für Turbinenschaufeln Arbeitstemperaturen von 1100° und höher in Betracht kommen.

Wenn man einen Vergleich allein auf Grund der Hochtemperaturfestigkeit und Oxydationsbeständigkeit anstellt, d. h. wenn man die Sprödigkeit und Empfindlichkeit gegen Temperaturwechsel beispielsweise von keramischen Werkstoffen nicht berücksichtigt, dann erlauben sowohl Hartmetalle als auch einige keramische Werk-

---

[1] Goetzel, C. G.: Precision Metal Molding 9 (1951), Nr. 10, S. 91/103, Powder Met. Bull. 6 (1951), S. 35/40.

[2] Buswell, R. W. A., W. R. Pitkin u. I. Jenkins: Symposium on High Temperature Steels and Alloys for Gas Turbines, Iron Steel Inst., London 1951, S. 258/68.

stoffe deutlich höhere Arbeitstemperaturen als die besten Superlegierungen. Fragen betreffend die Eignung und die Zukunfts-
aussichten der beiden Stoffklassen — Keramiken und Hartmetallen —
sind schwer zu beantworten. Vergleicht man die Kurzzeit-Zugfestig-
keiten, dann sind die Hartmetalle auf TiC-Basis den besten geprüften
Keramiken überlegen. Was die Zeitstandfestigkeit betrifft (Zahlentafel 176) sind TiC-Hartmetalle den Superlegierungen bei 980^0
überlegen, den besten untersuchten Keramiken aber unterlegen.

Zahlentafel 176. *Vergleich der Zeitstandfestigkeitswerte von Superlegierungen,
Hartmetallen und Keramiken*

Werkstoff	Zeitstandfestigkeit (kg/mm²) für 100stündige Belastung bei 980°	
	σ_W	σ_W/γ_R
422-19 (Stellit 30)	7,0	7,0
Kentanium 151 A	8,4	12,1
Tizit WZ 1.......................	9,8	14,6
Keramik 353	12,7	23,9
Keramik 4811C	12,0	33,1
Metamic	11,8	16,2

Noch deutlicher kommt die Überlegenheit der Keramiken und der
TiC-Hartmetalle gegenüber den Superlegierungen zum Ausdruck,
wenn man beim Vergleich die Dichten berücksichtigt.

Was die Kurzzeit-Zugfestigkeit anbelangt, so wird die Überlegenheit der besten TiC-Werkstoffe gegenüber Keramiken besonders
ausgeprägt, wenn die Prüftemperaturen von 980° auf 1200° gesteigert
werden. Es ist deshalb sehr wohl möglich, daß auch die Dauerstandfestigkeit von Hartmetallen auf TiC-Basis vergleichsweise gegenüber
Keramiken bei 1200° und höheren Temperaturen besser ist als bei
980°. Dieser Schluß ist jedoch nur von beschränkter Bedeutung, weil
die Verwendbarkeit von TiC-Werkstoffen wegen ihres Zunderverhaltens wahrscheinlich auf Temperaturen unterhalb 1100° beschränkt ist.

Bei Temperaturen oberhalb 1100° ist die Oxydationsbeständigkeit
von Keramiken zwangsläufig erheblich besser als die von Hartlegierungen auf TiC-Basis oder auf Basis anderer Karbide von Übergangselementen. Es gibt jedoch Hartstoffe, besonders in der Klasse
der Boride und Silizide der Übergangselemente, die bei Temperaturen
oberhalb 1100° außergewöhnliche chemische Beständigkeit und
Zunderfestigkeit aufweisen. Diese Hartstoffe haben bei höheren Temperaturen eine hohe Zugfestigkeit. Auf dem keramischen Gebiet er-
laubten die Kurzzeitfestigkeitsuntersuchungen ebenso wie auf dem
Gebiete der TiC-Werkstoffe eine ziemlich zuverlässige Voraussage über

die Dauerstandfestigkeitswerte, so daß es gerechtfertigt erscheint, anzunehmen, daß die Werkstoffe auf Borid- bzw. Silizid-Basis ebenfalls zufriedenstellende Dauerstand- und Kriechfestigkeit zeigen werden. Diese neuartigen Hartstoffe haben eine ausgeprägte metallische Leitfähigkeit und demzufolge eine sehr gute Temperaturwechselbeständigkeit. In dieser Hinsicht kann man erwarten, daß die neuen Werkstoffe den keramischen Materialien, die bislang für Turbinenschaufeln und ähnliche Anwendungen entwickelt wurden, überlegen sein werden.

Die Ergebnisse mit Schaufeln in Versuchsturbinen zeigen eindeutig eine Überlegenheit der Werkstoffe auf TiC-Basis gegenüber solchen auf Oxydbasis. Diese Überlegenheit im praktischen Betrieb ist vorzugsweise auf die Sprödigkeit und die schlechte Temperaturwechselbeständigkeit der Keramik und nicht auf die vergleichsweise guten Hochtemperaturfestigkeitswerte zurückzuführen. Hartmetallschaufeln wird man aus Gründen des Zunderverhaltens bei niedrigeren Temperaturen betreiben, wobei sie Temperaturwechselbeanspruchungen besser aushalten werden als Keramiken. Ob es möglich sein wird, die Wärmeleitfähigkeit und die Temperaturwechselbeständigkeit von Keramiken beispielsweise durch Zugabe von Metallen oder größeren Anteilen von BeO zu verbessern, ist noch abzuwarten. Sicher werden die Verbesserungen hinsichtlich Temperaturwechselbeständigkeit mit Einbußen an anderen günstigen Eigenschaften verbunden sein. Derzeit kann man annehmen, daß Hartmetalle auf TiC-Basis sich bei Temperaturen bis 1100° einführen werden. Für Verwendungen bei höheren Temperaturen kommen andere metallische Hartstoffe als Karbide, nämlich vorzugsweise Boride oder Silizide, in Frage. Wegen ihrer besseren Temperaturwechselbeständigkeit werden sich metallisch leitende Hartstoffe, wie Karbide, Boride und Silizide, keramischen Werkstoffen gegenüber stets als überlegen erweisen.

Namenverzeichnis

Aberg, S. 556.

Accountius, O. E. 254, 260, 262, 294, 681.

Acheson, E. G. 10.

Adamas Carbide Corp. 467.

Adams, E. F. 624.

Adamson, R. W. 547.

Adcock, F. 114, 230.

Adelsköld, V. 119, 125, 129, 145, 194, 396.

Agte, C. 8, 9, 38, 40, 56, 57, 60, 75, 79, 81, 88, 89, 90, 98, 99, 100, 101, 103, 105, 109, 111, 119, 124, 126, 144, 146, 147, 164, 183, 184, 185, 186, 187, 189, 190, 191, 192, 203, 208, 211, 213, 218, 220, 226, 230, 244, 245, 249, 252, 258, 264, 266, 284, 286, 341, 425, 452, 455, 461, 462.

Alexander, P. P. 213, 260, 297, 301.

Allard, G. 287.

Allen, A. H. 579.

Alterthum, H. 8, 9, 56, 57, 88, 90, 99, 101, 109, 111, 119, 124, 126, 144, 147, 164, 183, 184, 185, 186, 187, 189, 190, 191, 192, 203, 350.

Ammann, E. 338, 448, 452, 454, 455, 456, 457, 460, 461, 462, 463, 465, 466, 469, 471, 472, 473, 474, 475, 476, 482, 485, 508, 510, 518, 524, 558.

Amtsberg, H. C. 573.

Andersson, L. H. 18, 19, 261, 271, 272, 278, 287.

Andrew, K. F. 216, 220, 224, 226, 229.

Andrews, D. H. 228.

Andrews, M. R. 43, 102, 110, 129, 143, 144, 147, 148, 149, 229, 230.

Andrieux, J. L. 9, 18, 54, 55, 56, 119, 125, 137, 164, 255, 256, 259, 262. 263, 264, 266, 267, 268, 269, 270, 271, 272, 275, 276, 277, 278, 279, 282, 283, 284, 287, 288, 289, 300.

Antill, J. M. 556.

Antropoff, A. 3, 4, 5.

Aoki, Y. 145.

Archer, R. S. 524.

van Arkel, A. E. 9, 44, 47, 51, 60, 78, 81, 87, 89, 102, 109, 137, 210, 213, 215, 217, 219, 220, 221, 229, 230, 299, 670.

Armstrong, C. I. 227.

Armstrong, E. T. 600.

Arnfeld, K. 154.

Arnold, J. O. 6, 53, 91, 94, 114, 119, 128.

Ascherman, G. 226, 227, 228, 229.

Askenasy, P. 301.

Ault, G. M. 636, 637, 649, 652, 655.

Auwärter, M. 52.

Avery, H. S. 523, 524, 558, 559.

Babich, M. M. 396, 486.

Baenziger, N. C. 150, 152, 153, 154, 209, 238, 250, 289.

Baker, W. 583, 619, 624, 630.

Bailey, B. L. 516, 517.

Balke, C. W. 353.

Ballard, A. H. 516, 517.

Ballhausen, C. 71, 74, 160, 172, 348, 353, 360, 362, 367, 368, 370, 371, 372, 373, 375, 376, 377, 450, 452, 455, 457, 458, 460, 461, 469, 470, 471, 472, 473, 474, 475, 483, 578, 579, 614, 615, 618, 623, 625.

Bammer, G. 544, 547.

Bangert, W. M. 117.

Baraduc-Muller, L. 114, 301, 304, 306, 311, 313, 317.

Barker, A. 418, 419, 420, 421.

Barksdale, J. 354.

Barnes, B. T. 130, 144, 148, 149.

Barr, H. N. 668, 669.

Barth, W. J. 77. .

Barwell, F. T. 574.

Bas-Taymaz, E. 127, 147.

Basart, J. C. M. 50, 60, 76, 78, 81, 82, 87, 103, 107, 108, 109.

Bateman, J. 169, 660, 661.

Baukloh, W. 65.

Baumann, H. N. jr. 681.

Baumhauer, H. 11, 338, 414.

Baur, E. 232.

Beardslee, K. R. 534, 567, 571, 572, 573, 576.

Beattie, J., 548, 556.

Becker, G. 79, 88, 151.

Becker, K. 1, 2, 8, 43, 44, 56, 78, 87, 90, 97, 98, 99, 100, 101, 102, 103, 109, 110, 124, 125, 126, 127, 130, 131, 132, 133, 135, 143, 144, 145, 146,

Sachverzeichnis

Sintereisen und Sinterstahl. Von Dr. **R. Kieffer** und Dr. **W. Hotop.** Unter Mitarbeit von H. J. Bartels und Dipl.-Ing. F. Benesovsky, Metallwerk Plansee Ges. m. b. H., Reutte in Tirol. Mit 264 Textabbildungen. X, 556 Seiten. 1948. S 270.—, DM 54.—, $ 12.90, sfr. 55.50

Pulvermetallurgie. Vorträge, gehalten auf dem 1. Plansee-Seminar „De Re Metallica", 22. bis 26. Juni 1952, Reutte/Tirol. Herausgegeben von F. Benesovsky, Leiter der Versuchsanstalt, Metallwerk Plansee Ges. m. b. H., Reutte/Tirol. Mit 1 Porträt, 224 Abbildungen im Text und 4 farbigen Abbildungen auf 2 Tafeln. VII, 316 Seiten. 1953. Ganzleinen S 160.—, DM 32.—, $ 7.60, sfr. 32.80

Die Edelstahlerzeugung. Schmelzen, Gießen, Prüfen. Von Dr. mont., Dr. techn., Dipl.-Ing. **Franz Leitner,** Leoben, und Dr. mont., Dipl.-Ing. chem. **Erwin Plöckinger,** Leoben. Mit 174 Textabbildungen. VIII, 490 Seiten. 1950. S 285.—, DM 57.—, $ 13.60, sfr. 59.— Ganzleinen S 304.—, DM 60.—, $ 14.50, sfr. 62.50

Die Gasturbine. Ihre Theorie, Konstruktion und Anwendung für stationäre Anlagen, Schiffs-, Lokomotiv-, Kraftfahrzeug- und Flugzeugantrieb. Von Dipl.-Ing. **Julius Kruschik,** Rich. Klinger A. G., Wien-Gumpoldskirchen. Mit 153 Textabbildungen, 67 Tabellen und 9 Rechentafeln. XI, 469 Seiten. 1952. Ganzleinen S 315.—, DM 63.—, $ 15.—, sfr. 65.—

Korrosionstabellen metallischer Werkstoffe, geordnet nach angreifenden Stoffen. Von Dr. techn. **Franz Ritter,** Leoben-Linz. Dritte, erweiterte Auflage. Mit 29 Textabbildungen. IV, 283 Seiten. Lex.-8⁰. 1952. Ganzleinen S 172.—, DM 34.50, $ 8.20, sfr. 35.60

Der Ladungswechsel der Verbrennungskraftmaschine. (Band 4 „Die Verbrennungskraftmaschine", herausgegeben von Prof. Dr. Hans List, Graz.)

Teil 1: **Grundlagen.** Die rechnerische Behandlung der instationären Strömungsvorgänge am Motor. Von Prof. Dr. H. List, Graz, und Dr. G. Reyl, Graz. Mit 156 Abbildungen im Text, 2 Tafeln und 4 Tabellen. XI, 239 Seiten. 4⁰. 1949. Steif geheftet S 239.—, DM 48.—, $ 11.40, sfr. 49.60

Teil 2: **Der Zweitakt.** Von Prof. Dr. **H. List,** Graz. Mit 384 Abbildungen im Text. X, 370 Seiten. 4⁰. 1950. Steif geheftet S 347.—, DM 69.—, $ 16.50, sfr. 72.—

Teil 3: **Der Viertakt. Ausnützung der Abgasenergie für den Ladungswechsel.** Von Prof. Dr. **H. List,** Graz. Mit 172 Abbildungen im Text. VIII, 175 Seiten. 4⁰. 1952. Steif geheftet S 180.—, DM 36.—, $ 8.60, sfr. 37.30

Die Gasmaschine. Zweite, neubearbeitete und erweiterte Auflage. Von Dr.-Ing. **Max Leiker,** Oberingenieur der Klöckner-Humboldt-Deutz A. G., Köln-Deutz. Mit 358 Textabbildungen. IX, 260 Seiten. 4⁰. 1953. (Band 5 „Die Verbrennungskraftmaschine", herausgegeben von Prof. Dr. **Hans List,** Graz.) Steif geheftet S 290.—, DM 48.—, $ 11.45, sfr. 49.20

Verschleiß, Betriebszahlen und Wirtschaftlichkeit von Verbrennungskraftmaschinen. Von Dr.-Ing. **C. Englisch,** Göteborg. Zweite, erweiterte Auflage. Mit 393 Textabbildungen. X, 288 Seiten. 4⁰. 1952. (Band 14 „Die Verbrennungskraftmaschine", herausgegeben von Prof. Dr. **Hans List,** Graz.) Steif geheftet S 260.—, DM 52.—, $ 12.40, sfr. 53.30

Zu beziehen durch jede Buchhandlung